ANSYS工程结构数值分析

ANSYSGONGCHENGJIEGOU SHUZHIFENXI

王新敏 [编著]

人民交通出版社

内容提要

本书主要介绍了ANSYS的操作命令及其在工程结构数值分析中的使用方法与技巧。内容主要包括ANSYS与结构分析基础、几何建模技术与技巧、网格划分技术及技巧、加载与求解技术、通用与时间历程后处理技术、结构线性静力分析、结构弹性稳定分析、结构非线性分析和结构动力分析等。书中附有涵盖上述内容的近200道例题及命令流。

本书可作为高等院校土木工程、机械工程和工程力学及相关专业的本科生和研究生教材，也可供上述专业的工程技术人员参考使用。

图书在版编目（CIP）数据

ANSYS工程结构数值分析/王新敏编著. —北京：人民交通出版社，2007.10

ISBN 978-7-114-06810-2

Ⅰ.A… Ⅱ.王… Ⅲ.工程结构-有限元分析-应用程序，ANSYS Ⅳ.TU3

中国版本图书馆CIP数据核字（2007）第138918号

书　　名：ANSYS工程结构数值分析
著 作 者：王新敏
责任编辑：陈志敏
出版发行：人民交通出版社
地　　址：（100011）北京市朝阳区安定门外外馆斜街3号
网　　址：http://www.ccpress.com.cn
销售电话：（010）59757973
总 经 销：人民交通出版社发行部
经　　销：各地新华书店
印　　刷：北京市密东印刷有限公司
开　　本：787×1092　1/16
印　　张：35.5
字　　数：858千
版　　次：2007年10月　第1版
印　　次：2023年3月　第16次印刷
书　　号：ISBN 978-7-114-06810-2
定　　价：80.00元

前言

QIANYAN

现代工程科学技术的发展要求人才应具备完整的知识结构，即在工程实践、理论修养和计算能力三个方面有严格的、高水平的训练，三者缺一不可，否则在今后的竞争中就会十分被动。计算能力的提高有多种途径，应用大型商业通用程序就是其中之一。ANSYS功能强大，简便易学，是首选通用程序。目前，我国各高等院校为研究生教学的需要相继开设了这方面的课程内容。作者根据近年来的研究生教学内容和工程实践经验编写了本书，充分考虑了学生的教学要求，同时，本书也可供相关专业工程技术人员参考。

本书的目的是使读者系统掌握ANSYS的使用方法，能够对各种工程结构进行规划、建模、加载求解与结果处理，并编写相应的命令流文件。

本书共分九章，内容起点基于学习了“有限元基本原理”和“结构力学”等知识。前五章介绍ANSYS的基础操作，主要介绍了ANSYS基本知识、建立几何模型和有限元模型、加载求解、后处理等操作命令的使用方法和技巧；后四章以土木工程相关专业为主，详尽阐述了结构线性静力分析、结构稳定分析、结构非线性分析、结构动力分析等方面的内容和技巧。本书一大特色是对各种结构的建模与计算方法进行了系统的阐述，并配有大量计算例题和命令流。

在编写本书时，得到了张效松教授、苏木标教授和葛俊颖副教授及研究生赵曼、张文学、张岗、李义强、孙志星和许宏伟等的大力帮助和支持，在此表示衷心感谢。同时感谢中华钢结构论坛(http://www.okok.org)的交流。

希望本书能为读者的学习和工作提供帮助。限于作者的水平，书中难免有不妥之处，欢迎读者批评指正。(E-Mail：wangxm@sjzri.edu.cn)

作者

2007年5月

目录 MULU

第1章 ANSYS与结构分析

1.1 ANSYS功能与软件结构

工程和制造业的生命力在于产品的创新,而计算机的发展和广泛应用大大提高了产品开发、设计、分析和制造的效率和产品性能。用计算机对设计产品实时或进行随后的分析称为计算机辅助工程,即 CAE(Computer Aided Engineering)。该技术是由计算机技术和工程分析技术相结合形成的新兴技术,它涉及计算力学、计算数学、结构动力学、数字仿真技术、工程管理学与计算机技术等学科。随着有限元理论和计算机硬件的发展,CAE 技术和软件越来越成熟,已逐渐成为工程师实现工程创新和产品创新的得力助手和有效工具。大型通用 CAE 软件可对多种类型工程和产品的物理力学性能进行分析,其应用范围极其广泛,如 ANSYS、ADINA、NASTRAN、MARC、ABAQUS、ADAMS、I-DEAS、SAP 等。

ANSYS 软件是融结构、流体、电磁场、声场和热场分析于一体的大型通用有限元分析软件,可广泛应用于土木、地质、矿业、材料、机械、仪器仪表、热工、电子、水利、生物医学和原子能等工程的分析和科学研究。它可在大多数计算机和操作系统(如 Windows、UNIX、Linux、HP-UX 等)中运行,可与大多数 CAD 软件接口。

1970 年,Dr. John Swanson 成立了 Swanson Analysis System, Inc. ,后来重组后改称 ANSYS公司,总部设在美国宾西法尼亚州的匹兹堡。近几年来,ANSYS 软件发展迅速,功能不断增强,目前最高版本为 11. 0beta。

1.1.1 ANSYS 软件的技术特点

ANSYS 的主要技术特点如下:

(1)强大的建模能力:仅靠 ANSYS 本身就可建立各种复杂的几何模型,可采用自底向上、自顶向下或二者混合建模方法,通过各种布尔运算和操作建立所需几何实体。

(2)强大的求解能力:ANSYS 提供了数种求解器,主要类型有迭代求解器(预条件共轭梯度、雅可比共轭梯度、不完全共轭梯度)、直接求解器(波前、稀疏矩阵)、特征值求解法(分块

Lanczos 法、子空间法、凝聚法、QR 阻尼法)、并行求解器(分布式并行、代数多重网格)等,用户可根据问题类型选择合适的求解器。

(3)强大的非线性分析能力:可进行几何非线性、材料非线性、接触非线性和单元非线性分析。其中,材料非线性包括压电材料和形状记忆合金等。

(4)强大的网格划分能力:可智能网格划分,根据几何模型的特点自动生成有限元网格。也可根据用户的要求,实现多种网格划分。

(5)良好的优化能力:通过 ANSYS 的优化设计功能,确定最优设计方案;通过 ANSYS 的拓扑优化功能,可对模型进行外形优化,寻求物体对材料的最佳利用。

(6)单场及多场耦合分析能力:ANSYS 不但能进行诸如结构、热、流体运动、电磁等单场分析,还可进行这些类型的相互影响研究,即多物理场耦合分析。

(7)具有多种接口能力:ANSYS 提供了与多数 CAD 软件及有限元分析软件的接口程序,可实现数据的共享和交换,如 UG、Pro/Engineer、Parasolid、Solidwork、CADAM、Soldedge、Solid Designer、CADKEY、CADDS、AutoCAD 等,以及 NASTRAN、Algor-FEM、I-DEAS 等。

(8)强大的后处理能力:可获得任何节点和单元的数据,具有列表输出、图形显示、动画模拟等多种数据输出形式,可进行多种荷载工况的组合和各种数学运算,以及时间历程分析能力等。

(9)强大的二次开发能力:可利用 APDL、UPFs、UIDL 等进行二次开发,几乎可完成用户的任意功能要求,这点是很多软件所不能比拟的。

(10)强大的数据统一能力:ANSYS 使用统一的数据库储存模型数据和求解结果,实现前后处理、分析求解及多场分析的数据统一。

(11)支持多种硬件平台和操作系统平台。

1.1.2 ANSYS 软件的分析功能

ANSYS 软件功能非常强大,主要可进行下列五个方面的分析:

- 结构分析——分析结构的变形、应力和稳定问题;
- 热分析——分析系统或部件的温度分布;
- 流体分析——分析确定流体的流动状态和温度;
- 电磁场分析——分析计算电磁设备中的磁场;
- 耦合场分析——考虑两个或多个物理场之间的相互作用。

ANSYS 的结构分析有七种类型,结构分析的基本未知量是位移,其他未知量如应变、应力和反力等均通过位移量导出。七种类型的结构分析功能如下:

(1)静力分析:用于求解静力荷载作用下结构的静态行为,可以考虑结构的线性和非线性特性。非线性特性包括大变形、大应变、应力刚化、接触、塑性、超弹、蠕变等。

(2)特征屈曲分析:用于计算线性屈曲荷载和屈曲模态。非线性屈曲分析和循环对称屈曲分析属于静力分析类型,不属于特征值屈曲分析类型。

(3)模态分析:计算线性结构的固有频率和振型,可采用多种模态提取方法。可计算自然模态、预应力模态、阻尼复模态、循环模态等。

(4)谐响应分析:确定线性结构在随时间正弦变化的荷载作用下的响应。

(5)瞬态动力分析:计算结构在随时间任意变化的荷载作用下的响应,可以考虑与静态分析相同的结构非线性特性,可考虑非线性全瞬态和线性模态叠加法。

(6)谱分析:模态分析的扩展,用于计算由于响应谱或PSD输入(随机振动)引起的结构应力和应变。可考虑单点谱和多点谱分析。

(7)显式动力分析:ANSYS/LS-DYNA可用于计算高度非线性动力学和复杂的接触问题。

除上述七种分析类型外,还可进行特殊分析,包括断裂分析、复合材料分析、疲劳分析、p-方法、梁分析等。

1.1.3 ANSYS处理器

用户无需十分清楚ANSYS内部的运行过程,但有必要基本了解ANSYS内部的结构。

ANSYS按功能模块分为九个处理器,每个处理器执行不同的任务。通常一个命令必须在其所属的处理器下执行,否则会出现错误,但有的命令可以在多个处理器下使用,其目的在于方便操作。

当启动进入ANSYS时,ANSYS位于开始级,不处于任何处理器下。可采用菜单方式或命令方式进入处理器。当在某个处理器完成操作后,应先退出该处理器后再进入其他处理器。ANSYS的处理器如表1-1所示。

ANSYS的处理器　　表1-1

处理器名称	功能	路径	命令
prep7	建立几何模型,赋予材料属性,分网与施加边界条件等	Main Menu>Preprocessor	/prep7
solution	加载、求解	Main Menu>Solution	/solu
post1	查看某个时刻的计算结果	Main Menu>General Postproc	/post1
post26	查看时间历程上的计算结果	Main Menu>TimeHist Postpro	/post26
opt	优化设计	Main Menu>Design Opt	/opt
pds	概率设计	Main Menu>Prob Design	/pds
aux2	把二进制文件变为可读文件	Utility Menu>File>List>Ninary Files	/aux2
aux12	在热分析中计算辐射因子和矩阵	Main Menu>Radiation Opt	/aux12
aux15	从CAD或FEM程序中传递文件	Main Menu>File>Import	/aux15
runstat	估计计算时间、运行状态等	Main Menu>Run-Time Stats	/runst

1.1.4 ANSYS 文件类型和格式

当执行建立或分析任务时，ANSYS 自动创建大量文件，常用的文件如表 1-2 所示。

ANSYS 中的文件类型和格式　　表 1-2

文 件 类 型	文件扩展名	文 件 格 式
日志文件	.log	文本
错误文件	.err	文本
输出文件	.out	文本
数据库文件	.db	二进制
结果文件： 结构与耦合场分析 热分析 磁场分析 流体力学分析	 .rst .rth .rmg .rfl	二进制
图形文件	.grph	文本
三角化刚度矩阵文件	.tri	二进制
单元刚度矩阵	.emat	二进制
组集的整体刚度矩阵和质量矩阵	.full	二进制
荷载步文件	.snn	文本

ANSYS 的日志文件和错误文件总是追加的，不是覆盖方式。文件容量取决于系统的限制，对于 NTFS 格式的 Windows2000/NT/XP 等，其限制文件容量为 8GB，当超过此值时可采用文件分割程序或命令，以满足计算需要。

1.1.5 ANSYS 输入方式

ANSYS 的输入方式常规可分为菜单方式、命令方式、宏方式、函数方式、文件方式等。从使用角度来看，分为两大类较为合适，即 GUI(Graphical User Interface)方式和命令流方式。

1. GUI 方式

GUI 方式包括了多种输入方式，如常说的菜单方式、命令方式、函数方式，或者这些方式的组合(即通过点选菜单或输入单个命令的方式，都可归结为该类方式)。菜单方式是用鼠标在 ANSYS 菜单上进行选取，通过对话框完成各种操作。对于初学者，该方式比较简单，易于上手和使用。命令方式是从命令行输入命令及命令域的值。对于常用且熟悉的命令，用该方式更快捷，且因 ANSYS 提供联想式提示，可使命令输入更加快捷，参数及其顺序更加准确。函数方式也是从命令行中输入，但仅输入命令本身，其命令域的值将通过对话框输入，这种方式也可简化操作。

GUI 方式的特点是简单、易学，但对于复杂模型或实际模型的修改比较麻烦。

2. 命令流方式

命令流方式融 GUI 方式、APDL、UPFs、UIDL、MAC，甚至 TCL/TK 于一个文本文件中，可通过/input 命令(或 Utility Menu>File>Read Input From…)读入并执行,也可通过拷贝该文件的内容粘贴到命令行中执行。命令流方式可包含上述多种方式,如仅将命令罗列起来相当于命令方式,这对于初学者而言可能更容易接受。命令流方式的主要优点有以下几个方面:

(1)修改简单:不必考虑因操作错误造成模型的重大损失,也不必考虑 DB 文件的重要性而不断保存,可以随时修改参数,进而改变几何模型和有限元模型等,一切都变得特别简单和方便。

(2)可使用控制命令:类似于 if-then、do 等控制命令的使用,可大大提高工作效率。

(3)可结合用户界面处理:可将其他用户界面相关的命令融于命令流中。

(4)文件处理更加方便:文件的输入和输出可由用户控制,数据的处理将极其方便。

(5)交流和保存方便:命令流文件比较小,便于保存,也为相互交流提供便利。

所以,作者强烈推荐使用命令流方式进行操作!! 本书将以命令流文件为主进行介绍,而对于 GUI 方式则稍加介绍。因此,本书可能对初学者而言初始略有困难,但很快会从中受益。

1.1.6 ANSYS 软件的产品系列

近几年来,ANSYS 软件发展迅速,在国内使用的有 4.3、5.6、5.7、6.0、6.1、7.0、8.0、8.1 等版本。伴随着软件版本的升级,ANSYS 已开发出适应不同用途、不同工作环境和学科的产品系列,主要有如下产品:

- ANSYS/PrepPost——前后处理子系统;
- ANSYS/Structural——结构分析子系统;
- ANSYS/Thermal——温度场子系统;
- ANSYS/FLOTRAN——流场分析子系统;
- ANSYS/LS-DYAN——显式非线性瞬态动力分析子系统;
- ANSYS/Connection——和 CAD 软件的接口模块;
- ANSYS/CADfix——高级通用图形接口模块;
- ANSYS/CivilFEM——土木工程分析专用模块;
- ANSYS/CFX——流体动力分析子系统;
- DYNAFORM——板成形仿真专用模块;
- ANSYS/Linflow——气弹和颤振分析专用模块;
- ANSYS/ParaMesh——参数化变形工具;
- ANSYS/FE Modeler——有限元模型解读模块;
- FE-Safe——结构疲劳耐久性分析专用模块;
- AI NASTRAN——新一代动力分析系统;
- DesignSpace——智能化设计工具;
- DesignXPloere VT——多目标快速优化模块;
- DropTest——跌落仿真专用模块;
- Virtual. Motion——机构动力学分析专用模块;
- Workbench——协同仿真环境。

1.2 ANSYS 结构分析单元功能与特性

ANSYS 大多数单元为结构单元，可根据分析目的选择不同的单元类型，表 1-3 为结构分析单元概要。

结构分析单元 表 1-3

类别	单元名称
杆单元	LINK1,LINK8,LINK10,LINK11,LINK180
梁单元	BEAM3,BEAM4,BEAM23,BEAM24,BEAM44,BEAM54,BEAM188,BEAM189
管单元	PIPE16,PIPE17,PIPE18,PIPE20,PIPE59,PIPE60
2D 实体单元	PLANE2,PLANE25,PLANE42,PLANE82,PLANE83,PLANE145,PLANE146,PLANE182,PLANE183
3D 实体单元	SOLID45,SOLID46,SOLID64,SOLID65,SOLID72,SOLID73,SOLID92,SOLID95,SOLID147,SOLID148,SOLID185,SOLID186,SOLID187,SOLID191
壳单元	SHELL28, SHELL41, SHELL43, SHELL51, SHELL61, SHELL63, SHELL91, SHELL93,SHELL99,SHELL143,SHELL150,SHELL181,SHELL208,SHELL209
弹簧单元	COMBIN7,COMBIN14,COMBIN37,COMBIN39,COMBIN40
质量单元	MASS21
接触单元	CONTAC12, CONTAC52, TARGE169, TARGE170, CONTA171, CONTA172, CONTA173,CONTA174,CONTA175,CONTA178
矩阵单元	MATRIX27,MATRIX50
表面效应单元	SURF153,SURF154
黏弹实体单元	VISCO88,VISCO89,VISCO106,VISCO107,VISCO108
超弹实体单元	HYPER56,HYPER58,HYPER74,HYPER84,HYPER86,HYPER158
耦合场单元	SOLID5, PLANE13, FLUID29, FLUID30, FLUID38, SOLID62, FLUID79, FLUID80, FLUID81,SOLID98,FLUID129,INFIN110,INFIN111,FLUID116,FLUID130
界面单元	INTER192,INTER193,INTER194,INTER195
显式动力分析单元	LINK160, BEAM161, PLANE162, SHELL163, SOLID164, COMBI165, MASS166, LINK167,SOLID168

1.2.1 杆单元

杆单元适用于模拟桁架、缆索、链杆、弹簧等构件。该类单元只承受杆轴向的拉压，不承受弯矩，节点只有平动自由度。不同的单元具有弹性、塑性、蠕变、膨胀、大转动、大挠度(也称大变形)、大应变(也称有限应变)、应力刚化(也称几何刚度、初始应力刚度等)等功能，表 1-4 是该类单元较详细的特性。

杆单元特性　　表 1-4

单元名称	简　称	节点数	节点自由度	特　性	备　注
LINK1	2D 杆	2	Ux,Uy	EPCSDGB	常用杆元
LINK8	3D 杆		Ux,Uy,Uz	EPCSDGB	
LINK10	3D 仅受拉或仅受压杆			EDGB	模拟缆索的松弛及间隙
LINK11	3D 线性调节器			EGB	模拟液压缸和大转动
LINK180	3D 有限应变杆			EPCDFGB	另可考虑黏弹塑性

注：上表特性栏中的 EPCSDFGBA 为：E-弹性(Elasticity)，P-塑性(Plasticity)，C-蠕变(Creep)，S-膨胀(Swelling)，D-大变形或大挠度(Large deflection)，F-大应变(Large strain)或有限应变(Finite strain)，B-单元生死(Birth and dead)，G-应力刚化(Stress stiffness)或几何刚度(Geometric stiffening)，A-自适应下降(Adaptive descent)等。

单元使用应注意的其他问题：

(1)杆单元均为均质直杆，面积和长度不能为零(LINK11 无面积参数)。仅承受杆端荷载，温度沿杆元长线性变化。杆元中的应力相同，可考虑初应变。

(2)LINK10 属非线性单元，需迭代求解。LINK11 可作用线荷载，仅有集中质量方式。

(3)LINK180 无实常数型初应变，但可输入初应力文件，可考虑附加质量；大变形分析时，横截面面积可以是变化的，即可为轴向伸长的函数或刚性的。

(4)通常用 LINK1 和 LINK8 模拟桁架结构，如屋架、网架、网壳、桁架桥、桅杆、塔架等结构以及吊桥的吊杆、拱桥的系杆等构件。必须注意线性静力分析时，结构不能是几何可变的，否则会造成位移超限的提示错误。LINK10 可模拟绳索、地基弹簧、支座等，如斜拉桥的斜拉索、悬索、索网结构、缆风索、弹性地基、橡胶支座等。LINK180 除不具备双线性特性(LINK10)外，它均可应用于上述结构中，并且其可应用的非线性性质更加广泛，还增加了黏弹塑性材料。

(5)LINK1、LINK8 和 LINK180 单元还可用于普通钢筋和预应力钢筋的模拟，其初应变可作为施加预应力的方式之一。

1.2.2 梁单元

梁单元分为多种单元，分别具有不同的特性，是一类轴向拉压、弯曲、扭转的 3D 单元。该类单元有常用的 2D/3D 弹性梁元、塑性梁元、渐变不对称梁元、3D 薄壁梁元及有限应变梁元。此类单元除 BEAM189 实为 3 节点外，其余均为 2 节点，但有些辅以另外的节点决定单元的方向，该类单元特性如表 1-5 所示。

梁单元特性　　表 1-5

单元名称	简　称	节点数	节点自由度	特　性	备　注
BEAM3	2D 弹性梁	2	Ux,Uy,Rotz	EDGB	常用平面梁元
BEAM23	2D 塑性梁	2		EPCSDFGB	具有塑性等功能
BEAM54	2D 渐变不对称梁	2		EDGB	不对称截面，可偏移中心轴

续上表

单元名称	简　　称	节点数	节点自由度	特　　性	备　　注
BEAM4	3D 弹性梁	2	Ux,Uy,Uz Rotx,Roty,Rotz	EDGB	拉压弯扭,常用 3D 梁元
BEAM24	3D 薄壁梁	2+1		EPCSDGB	拉压弯及圣维南扭转,开口或闭口截面
BEAM44	3D 渐变不对称梁	2+1		EDGB	拉压弯扭,不对称截面,可偏移中心轴,可释放节点自由度,可采用梁截面
BEAM188	3D 线性有限应变梁	2+1	Ux,Uy,Uz Rotx,Roty,Rotz 或增加 warp	EPCDFGB 黏弹塑	Timoshenko 梁,计入剪切变形影响,可增加翘曲自由度,可采用梁截面
BEAM189	3D 二次有限应变梁	3+1			同 BEAM188,但属二次梁单元

单元使用应注意的其他问题:

(1)梁单元的面积和长度不能为零,且 2D 梁元必须位于 XY 平面内。

(2)剪切变形的影响:剪切变形将引起梁的附加挠度,并使原来垂直于中面的截面变形后不再和中面垂直,且发生翘曲(变形后截面不再是平面)。当梁的高度远小于跨度时,可忽略剪切变形的影响,但梁高相对于跨度不太小时,则要考虑剪切变形的影响。经典梁元基于变形前后垂直于中面的截面变形后仍保持垂直的 Kirchhoff 假定,如当剪切变形系数为零时的 BEAM3 或 BEAM4。但在考虑剪切变形的梁弯曲理论中,仍假定原来垂直于中面的截面变形后仍保持平面(但不一定垂直),ANSYS 的梁单元也均如此。考虑剪切变形影响可采用两种方法,即在经典梁元的基础上引入剪切变形系数(BEAM3/4/23/24/44/54)和 Timoshenko 梁元(BEAM188/189),前者的截面转角由挠度的一次导数导出,而后者则采用了挠度和截面转角各自独立插值,这是两者的根本区别。

(3)自由度释放:梁元中能够利用自由度释放的单元是 BEAM44 单元,通过 keyopt(7)和 keyopt(8)设定释放 I 节点和 J 节点的各个自由度。但要注意模型中哪些单元使用自由度释放的 BEAM44,而哪些为普通的 BEAM44 单元,否则可能造成几何可变体系。高版本中的 BEAM188/189 也可通过 ENDRELEASE 命令对自由度进行释放,如将刚性节点设为球铰等。

(4)梁截面特性:梁元中能够采用梁截面特性的单元有 BEAM44 和 BEAM188/189 三个单元,并且低版本中单元截面均为不变时才能采用梁截面。BEAM44 在不使用梁截面而输入实常数时可以采用变截面,且单元两节点的面积比或惯性矩比有一定要求。BEAM188/189 在 V8.0 以上版本中可使用变截面的梁截面,可根据两个不同梁截面定义,且可以采用不同材料组成的梁截面,而 BEAM44 则不可。同时,BEAM188/189 支持约束扭转,通过激活第七个自由度使用。

(5)BEAM23/24 因具有多种特性,故实常数的输入比较复杂。BEAM23 可输入矩形截面、薄壁圆管、圆杆和一般截面的几何尺寸来定义截面。BEAM24 则通过一系列的矩形段来定义截面。

(6)荷载特性:梁单元大多支持单元跨间分布荷载、集中荷载和节点荷载,但 BEAM188/

189 不支持跨间集中荷载和跨间部分分布荷载，仅支持在整个单元长度上分布的荷载。温度梯度可沿截面高度、单元长度线性变化。特别注意的是，梁单元的分布荷载是施加在单元上，而不是施加在几何线上，在求解时几何线上的分布荷载不能转化到有限元模型上。

（7）应力计算：对于输入实常数的梁元，其截面高度仅用于计算弯曲应力和热应力，并且假定其最外层纤维到中性轴的距离为梁高的一半。因此，关于水平轴不对称的截面，其应力计算是没有意义的。

1.2.3　管单元

管单元是一类轴向拉压、弯曲和扭转的 3D 单元，单元的每个节点均具有 6 个自由度，即三个平动自由度 Ux、Uy、Uz 和三个转动自由度 Rotx、Roty、Rotz，此类单元以 3D 梁元为基础，包含了对称性和标准管几何尺寸的简化特性。该类单元有直管、T 形管、弯管和沉管四种单元类型，详细特性如表 1-6 所示。

管单元特性　　表 1-6

单元名称	简　　称	节点数	特　　性	备　　注
PIPE16	3D 弹性直管元	2	EDGB	可考虑两种温度梯度及内部和外部压力
PIPE17	3D 弹性 T 形管元	2～4	EDGB	可考虑绝热、内部流体、腐蚀及应力强化
PIPE18	3D 弹性弯管元	2+1	EDB	
PIPE20	3D 塑性直管元	2	EPCSDGB	同 PIPE16
PIPE59	3D 弹性沉管元	2	EDGB	可模拟海洋波，可考虑水动力和浮力等，其余同 PIPE16，且可模拟电缆
PIPE60	3D 塑性弯管元	2+1	EPCSDB	同 PIPE18

单元使用应注意的其他问题：

（1）管元长度、直径及壁厚均不能为零；

（2）可计算薄壁管和厚壁管，但某些应力的计算基于薄壁管理论；

（3）管单元计入了剪切变形的影响，并可考虑应力增强系数和挠曲系数。

1.2.4　2D 实体单元

2D 实体单元是一类平面单元，可用于平面应力、平面应变和轴对称问题的分析，此类单元均位于 XY 平面内，且轴对称分析时 Y 轴为对称轴。单元由不同的节点组成，但每个节点的自由度均为 2 个（谐结构实体单元除外），即 Ux 和 Uy。各种单元的具体特性如表 1-7 所示。

单元使用应注意的其他问题：

（1）单元插值函数及说明：PLANE2 的插值函数取完全的二次多项式，是协调元。PLANE42 采用双线性位移模式，是协调元。当考虑内部无节点的位移项（即附加项）插值函数时则为非协调元；当退化时自动删除形函数的附加项变为常应变三角形单元。PLANE82 是 PLANE42 的高阶单元，采用 3 次插值函数，当退化时与 PLANE2 相同。PLANE182 与 PLANE42 具有相同的插值函数，但无附加位移函数项，也可退化为 3 节点三角形。PLANE183 是 PLANE182 的高阶单元，与 PLANE82 的插值函数相同，也可退化为 6 节点三角形。P 单元的插值函数可为 2～8 次，其中，PLANE145 是 8 节点四边形单元，而 PLANE146 是 6 节点的三角形单元。

2D 实体单元特性

表 1-7

单元名称	简称	节点自由度	特性	备注
PLANE2	6 节点三角形单元	Ux,Uy	EPCSD FGBA	适用于不规则的网格
PLANE42	4 节点四边形单元			具有协调和非协调元选项
PLANE82	8 节点四边形单元			是 PLANE42 的高阶单元，混合分网的结果精度高，适用于模拟曲线边界
PLANE145	8 节点四边形 P 单元		E	支持 2～8 阶多项式
PLANE146	6 节点三角形 P 单元			支持 2～8 阶多项式
PLANE182	4 节点四边形单元		EPCSD FGBA	具有更多的非线性材料模型
PLANE183	8 节点四边形单元			是 PLANE182 的高阶单元
PLANE25	4 节点谐结构单元	Ux,Uy,Uz	EGB	模拟非对称荷载的轴对称结构
PLANE83	8 节点谐结构单元			是 PLANE25 的高阶单元

(2)荷载特性：大多支持单元边界的分布荷载及节点荷载，但 P 单元的节点荷载只能施加在角节点。可考虑温度荷载，支持初应力文件等。特别地，对平面应力输入单元厚度时，施加的分布荷载不是线荷载(力/长度)，而是面荷载(力/面积)。如果不输入单元厚度，则为单位厚度。

(3)其他特点：

①除 6 节点三角形单元外，其余均可退化为三角形单元；

②除 P 单元和谐结构单元不支持读入初应力外，其余均支持；

③除 4 节点单元支持非协调选项外，其余都不支持；

④除 4 节点单元外，其余单元都适合曲边模型或不规则模型。

1.2.5 3D 实体单元

3D 实体单元用于模拟三维实体结构，此类单元每个节点均具有三个自由度，即 Ux、Uy、Uz 三个平动自由度，各种单元的特性如表 1-8 所示。

3D 实体单元特性

表 1-8

单元名称	简称/3D	节点数	特性	完全/减缩积分	初应力	备注
SOLID45	实体元	8	EPCSDFGBA	Y/Y	Y	正交各向异性材料
SOLID46	分层实体元	8	EDG	Y/N	N	层数达 250 或更多
SOLID64	各向异性实体元	8	EDGBA	Y/N	N	各向异性材料
SOLID65	钢筋混凝土实体元	8	EPCDFGBA	Y/N	N	开裂，压碎，应力释放
SOLID92	四面体实体元	10	EPCSDFGBA	Y/N	Y	正交各向异性材料
SOLID95	实体单元	20	EPCSDFGBA	Y/Y	Y	是 SOLID45 的高阶元

续上表

单元名称	简称/3D	节点数	特性	完全/减缩积分	初应力	备注
SOLID147	砖形实体 P 元	20	E	Y/N	N	P 可设置 2～8 阶
SOLID148	四面体实体 P 元	10	E	Y/N	N	P 可设置 2～8 阶
SOLID185	实体单元	8	EPCDFGBA	Y/Y 等	Y	可模拟几乎不可压缩的弹塑和完全不可压缩的超弹
SOLID186	实体单元	20	EPCDFGBA	Y/Y	Y	
SOLID187	四面体实体元	10	EPCDFGBA	Y/N	Y	
SOLID191	分层实体元	20	EGA	Y/N	N	层数≤100

单元使用应注意的其他问题：

(1)关于 SOLID72/73 单元：SOLID72 是 4 节点四面体实体元，SOLID73 是 8 节点六面体实体元，这两个单元每个节点均具有 6 个自由度，即 Ux，Uy，Uz，Rotx，Roty，Rotz。在较高版本中，ANSYS 已不再推荐使用，帮助文件中也不再介绍，但命令流仍然可用。其原因为：

①新的求解器 PCG 和 SOLID92/95 可以较好地解决原有的求解问题；

②防止不同单元使用中"误用"转动自由度，如与 BEAM 或 SHELL 混合建模时误用转动自由度。

(2)其他特点：

①除 8 节点单元具有非协调单元选项外，其余均不支持。单元退化时均自动变为协调元。

②除 8 节点单元外，其余均适合曲边模型或不规则模型。

③除 10 节点单元不能退化外，其余单元皆可退化为棱柱体和四面体单元，且 SOLID95/186 又可退化为金字塔(也称宝塔)单元。

(3)SOLID185 积分方式可选择完全积分的 $\overline{B}$ 方法、减缩积分、增强应变模式和简化的增强应变模式，且 SOLID185/186/187 单元均具有位移插值模式和混合插值模式(u-P 插值)，以模拟几乎不可压缩的弹塑材料和完全不可压缩的超弹材料。

1.2.6 壳单元

壳单元可以模拟平板和曲壳一类结构。壳元比梁元和实体元要复杂的多，因此，壳类单元中各种单元的选项很多，如节点与自由度、材料、特性、退化、协调与非协调、完全积分与减缩积分、面内刚度选择、剪切变形、节点偏置等，应详细了解各种单元的使用说明。表 1-9 给出了板壳单元的特点。

板壳单元特性　　表 1-9

单元名称	简称/3D	节点数	节点自由度	特性	备注
SHELL28	剪切/扭转板	4	Uxyz 或 Rxyz	EG	纯剪，无面荷载
SHELL41	膜壳	4	Uxyz	EDGBA	有仅拉选项
SHELL43	塑性大应变壳	4	Uxyz，Rxyz	EPCDFGBA	计入剪切变形
SHELL51	轴对称结构壳	2	Uxyz，Rotz	EPCSDG	有单元相交角度限制
SHELL61	轴对称谐波壳	2		EG	荷载可不对称

续上表

单元名称	简称/3D	节点数	节点自由度	特　性	备　注
SHELL63	弹性壳	4	Uxyz,Rxyz	EDGB	刚度选项,未计入剪切变形
SHELL91	非线性层壳	8		EPSDFGA	计入剪切变形影响,节点可偏置设置(93 除外)
SHELL93	结构壳	8		EPSDFGBA	
SHELL99	线性层壳	8		EDG	
SHELL143	塑性小应变壳	4		EPCDGBA	计入剪切变形
SHELL150	结构壳 P 元	8		E	
SHELL181	有限应变壳	4		EPCDFGBA 超弹,黏弹,黏塑	计入剪切变形,可为分层结构壳
SHELL208	有限应变轴对称结构壳	2	Uxy,Rotz		
SHELL209		3			

注:上表节点自由度栏中 Uxyz 表示 Ux、Uy、Uz,Rxyz 表示 Rotx、Roty、Rotz。

单元使用应注意的其他问题:

(1)通常不计剪切变形的壳元用于薄板壳结构,而计入剪切变形的壳元用于中厚度板壳结构。当计入剪切变形的壳元用于很薄的板壳结构时,会发生“剪切闭锁”(也称剪切自锁死、剪切自锁,Shear locking),在 Timoshenko 梁中,当梁高远远小于梁长时也会出现这种现象。为防止出现剪切闭锁,一般采用减缩积分(Reduced integration)或假设剪应变(Assumed shear strains)等方法,这两种方法对于 Timoshenko 梁效果是一样的,但对于板壳元是不同的。减缩积分比较常用,虽然有可能导致“零能模式”(zero energy mode),但一般是在板壳较厚且单元很少时发生,这在实际情况中出现的较少,且板壳较厚时可选择完全积分。

(2)其他特点。

①除 8 节点壳元外均具有非协调元选项;

②除 SHELL28/51/61 外均可退化为三角形形状的单元;

③仅 SHELL181 支持读入初应力且可仅选平动自由度(膜结构);

④仅 SHELL93/181 支持减缩积分;

⑤仅 SHELL43/63/143 具有面内 Allman 刚度选项,SHELL181 具有 Drill 刚度选项;

⑥大多数平板壳单元适合不规则模型和直曲壳模型,但一般限制单元间的交角不大于 15°;

⑦除 SHELL28 外,均支持变厚度、面荷载及温度荷载。

1.2.7 弹簧单元

弹簧单元是一类专门模拟“弹簧”行为的单元,不同于用结构单元(如 LINK 等)的模拟。当用于一般弹簧时比较简单,而当具有控制作用时则比较复杂。此类单元主要用于模拟铰销、轴向弹簧、扭簧及其控制行为,但都不考虑弯曲作用,且此类单元均无面荷载和体荷载。每个单元的特性如表 1-10 所示,其详细使用方法参见相关资料。

弹簧单元特性 表1-10

单元名称	简　称	节点数	节点自由度	特　性	备　注
COMBIN7	3D铰接连结单元	2+3	Uxyz,Rxyz	EDNA	具有转动控制功能
COMBIN14	弹簧阻尼器单元	2	1D: URPT之一 2D:Uxy 3D:Uxyz或Rxyz	EDGBN	无控制功能
COMBIN37	控制单元	2,3,4	URPT之一	ENA	具有滑动控制功能
COMBIN39	非线性弹簧单元	2	1D: URPT之一 2D:Uxy 3D:Uxyz或Rxyz	EDGN	无控制功能
COMBIN40	组合单元	2	URPT之一	ENA	具有滑动控制功能

注:1.上表节点自由度栏中的URPT表示:Uxyz(Ux,Uy,Uz),Rxyz(Rotx,Roty,Rotz),Pres,Temp。
2.上表特性栏中的N表示非线性(Nonlinear)。

1.2.8 质量单元

MASS21为具有6个自由度的点单元，即只有一个节点。节点自由度可为Ux、Uy、Uz、Rotx、Roty、Rotz,通过不同设置可仅考虑2D或3D内的平动自由度及其组合,每个坐标方向可以具有不同的质量和转动惯量。该单元无面荷载和体荷载,支持弹性、大变形和单元生死。

1.2.9 接触单元

ANSYS支持三种接触方式,即点对点、点对面和面对面的接触,接触单元是覆盖在模型单元的接触面之上的一层单元。点点单元用于模拟点对点的接触行为,且预先知道接触位置;点面单元用于模拟点对面的接触行为,预先不要确定接触位置,接触面之间的网格不要求一致;面面单元用于模拟面对面的接触行为,支持低阶和高阶单元,支持大变形行为等。各种单元的特性如表1-11所示。

接触单元特性 表1-11

单元名称	简　称	节点数	节点自由度	特性	备　注
CONTAC12	2D点点元	2	Ux,Uy	ENA	法向预加载或间隙。只受法向压力和切向剪力(库仑摩擦)
CONTAC52	3D点点元	2	Ux,Uy,Uz	ENA	
TARGE169	2D目标元	3	UTVAR	ENB	覆盖于实体元,可模拟复杂形状
CONTA171	2D2节点面面元	2	UTVA	ENDB	覆于平面单元和梁单元。可处理库仑摩擦和剪应力摩擦
CONTA172	2D3节点面面元	3	UTVA	ENDB	
TARGE170	3D目标元	8	UTVMR	ENB	覆盖于实体元,可模拟复杂形状
CONTA173	3D4节点面面元	4	UTVM	ENDB	覆于3D实体单元和壳单元。可处理库仑摩擦和剪应力摩擦
CONTA174	3D8节点面面元	8	UTVM	ENDB	
CONTA175	2D/3D点面元	1	UTVA	ENDB	点面/线面/面面,实体/梁/壳表面
CONTA178	3D点点元	2	Ux,Uy,Uz	EN	任意单元上的节点

注:1.节点自由度栏中U-Ux,Uy,Uz(3D),T-Temp,V-Vol,A-Az,M-Mag,R-Rotz。
2.CONTAC26(点对地基元)、CONTAC48/49(2D/3D点面元)在高版本中不再支持,故表中未列。
3.UTVAMR中不是全部同时存在的自由度,可通过Keyopt(1)设置不同的自由度。
4.此类单元均无面或体的结构荷载,但具有温度荷载。
5.TARGE169/170可用于MPCs模拟装配接触分析,如壳—壳、壳—实体、实体—实体、梁—实体等。

1.2.10 矩阵单元

MATRIX27 为刚度、阻尼、质量矩阵单元，可表示一种任意的单元。本单元具有两个节点，此两个节点可重合或不重合，每个节点有 6 个自由度，即 Ux、Uy、Uz、Rotx、Roty、Rotz。该单元无面荷载和体荷载，但支持单元生死功能。其矩阵可为对称或不对称形式，通过 Keyopt(3)设置为刚度矩阵、或阻尼矩阵、或质量矩阵。本单元可模拟任意类型的单元，如模拟特殊弹簧和节点柔性连接等。

MATRIX50 为超单元，它是预先装配好的、可独立使用的一组单元。该单元无节点和实常数，其自由度数目由所包含的单元决定，其面荷载和体荷载可通过总的荷载向量和比例系数施加，支持大变形功能。该单元不能包含基于拉格朗日乘子的单元(如 MPC184 等)，不支持非线性特征(忽略所包含的单元非线性)。超单元可包含其他超单元，2D 超单元只能用于二维分析，而 3D 超单元则只能用于三维分析。

1.2.11 表面效应单元

SURF153 和 SURF154 分别为 2D 和 3D 结构表面效应单元，可用于各种荷载(法向、切向、法向渐变、输入矢量方向等)及表面效应(基础刚度、表面张力及附加质量等)情况，可覆盖于任何二维(轴对称谐结构单元 PLANE25/83 除外)和三维结构实体单元表面。此类单元的主要特性如表 1-12 所示。

表面效应单元特性 表 1-12

单元名称	简　称	节点数	节点自由度	特 性	备　注
SURF153	2D 结构表面效应单元	2 或 3	Ux,Uy	EDGB	有中间节点时为 3 节点
SURF154	3D 结构表面效应单元	4 或 8	Ux,Uy,Uz	EDGB	有中间节点时为 8 节点

1.2.12 预紧、多点约束、网分单元

(1)PRETS179 为 2D/3D 预紧单元，用于定义网分后的二维或三维结构预紧区，可由任意结构单元(杆、梁、管、壳、2D 实体和 3D 实体)建立。该单元具有 3 个节点，每个节点具有一个自由度 Ux，该 Ux 为预紧方向的位移，ANSYS 通过几何条件将预紧力施加到指定的预紧荷载方向上，而不必考虑模型是如何定义的。

该单元不支持面荷载和体荷载，仅支持非线性特性。该单元不能使用约束方程和自由度耦合，NROTAT 命令不能用于节点 K，且 K 节点必须位于整体直角坐标系。

(2)MPC184 为多点约束单元，有刚性杆、刚性梁、滑移、球形、销钉、万向接头的约束，适用于使用拉格朗日乘子具有运动约束时的情况，该单元可用于机构运动学，如起重机、挖掘机、汽车、机床和机器人等。该单元有 2 个或 3 个节点，每个节点具有 Ux、Uy(2D)或 Ux、Uy、Uz(3D)或 Ux、Uy、Uz、Rotx、Roty、Rotz(3D)自由度。无实常数和面荷载，支持温度荷载及转动或转动力矩，支持大变形和单元生死。

(3)MESH200 是仅用来划分网格的单元，对计算结果毫无影响。它是为实现多步网格划

分的操作而设计的，如需要从低阶的网格划分创建高阶的网格划分等。该单元可用于划分二维或三维空间的线，三维空间中的三角形、四边形、四面体或六面体单元组成的面或体，且均包括是否存在中间节点的情况。MESH200 单元可与任意其他单元一起使用，当不再需要它时，可以将其删除或保留，它的存在不会影响计算结果。

该单元可由 2～20 个节点组成，且不具有自由度、材料特性、实常数及荷载。

利用 EMODIF 命令可将 MESH200 单元转换成其他单元类型。

关于黏弹实体单元、超弹实体单元、耦合场单元、界面单元及显式动力分析单元可参考 ANSYS 的相关资料，此不赘述。

1.3 ANSYS 结构分析材料模型

1.3.1 材料模型的分类

ANSYS 结构分析材料属性有线性（Linear）、非线性（Nolinear）、密度（Density）、热膨胀（Thermal Expansion）、阻尼（Damping）、摩擦系数（Friction Coefficient）、特殊材料（Specialized Materials）等七种，可通过材料属性菜单分别定义。材料模型可分为线性、非线性及特殊材料三类，每类材料中又可分为多种材料类型，而每种材料类型则有不同的属性。材料模型的分类说明如图 1-1 和图 1-2 所示。

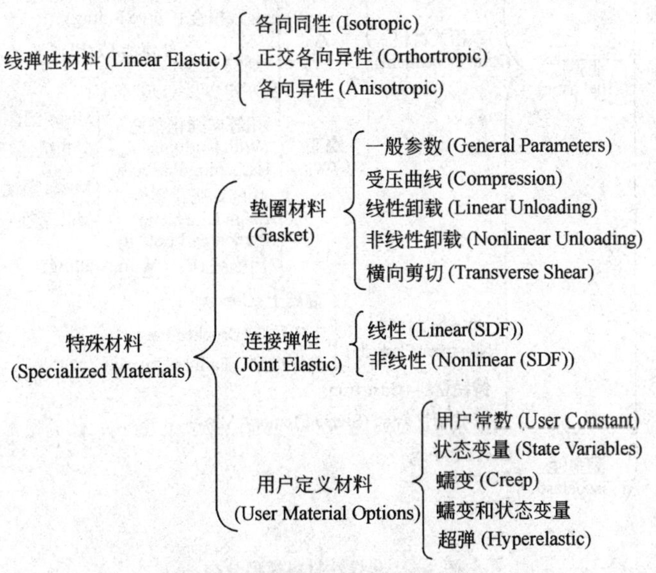

图 1-1　线弹性和特殊材料模型分类

为方便起见，在图 1-1 和图 1-2 中使用了几个缩写符号，其中，SDF 分别表示刚度（Stiffness）、阻尼（Damping）和摩擦（Friction）；BMNC 分别表示双线性（Bilinear）、多线性（Multilinear）、非线性（Nonlinear）及 Chaboche；EI 分别表示显式（Explicit）和隐式（Implicit），隐式均可选 13 项属性。需要说明的是，上述括号中均为可选项，例如，BMN 表示在该材料模型中可分别选择双线性、多线性或非线性模型。因此，ANSYS 材料模型很多，可模拟各种材料的特性。

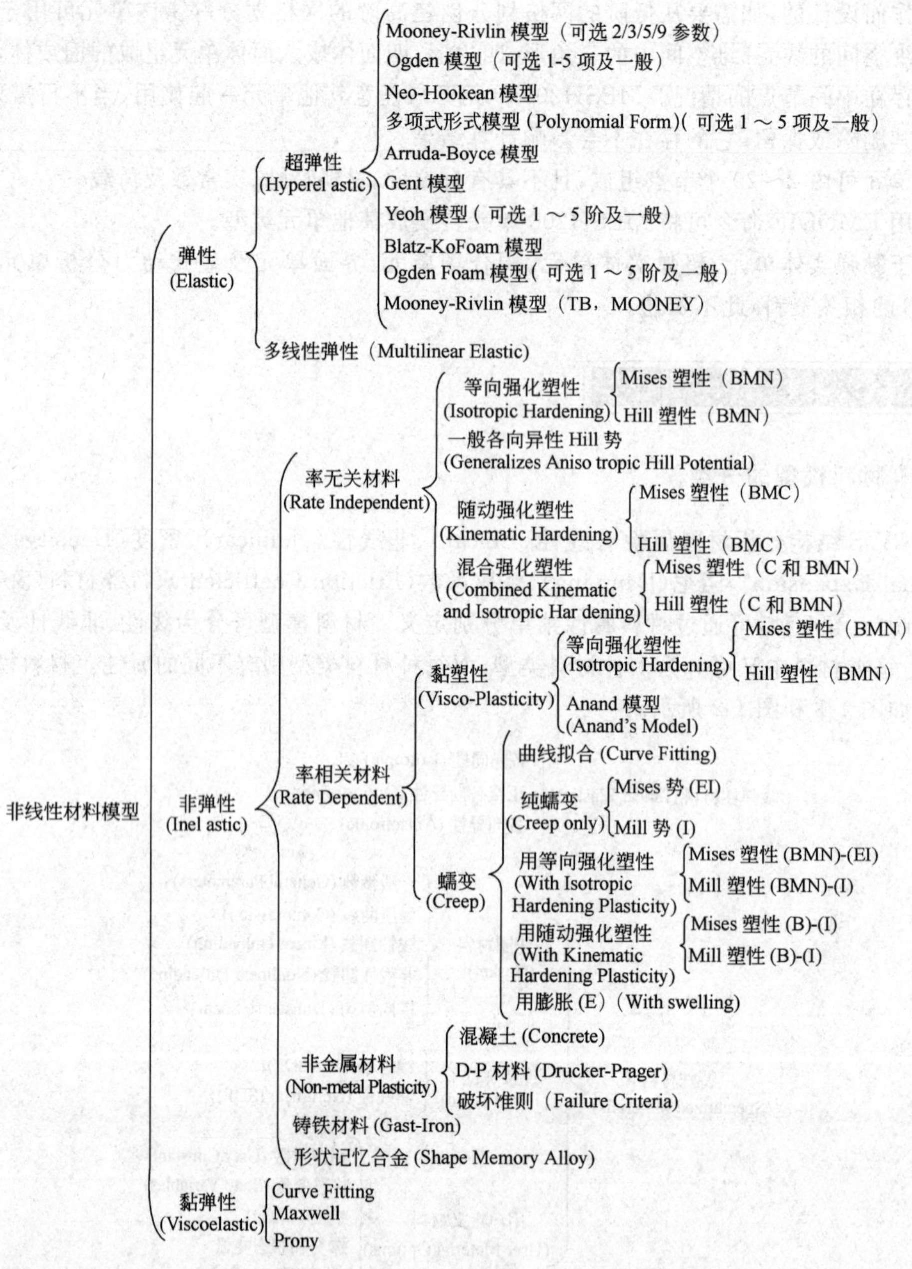

图 1-2　非线性材料模型分类

1.3.2　材料模型的定义及特点

材料模型及其属性均可通过 GUI 方式输入，这里仅介绍定义材料模型的命令流方式，其材料属性参数可参考相关资料。线弹性材料可通过 MP 命令输入，而非线性及特殊材料则通过 TB 命令定义，其属性通过 TBDATA 表输入。表 1-13 为结构分析所用非线性及特殊材料模型的定义方法及特点，其基本顺序与图 1-1 和图 1-2 相对应。

非线性及特殊材料模型　　表1-13

名　称	TB,Lab	屈服准则	流动法则	强化准则	材料响应
双线性等向强化	BISO	Mises/Hill	与屈服准则相关联	等向强化	双线性
多线性等向强化	MISO	Mises/Hill	与屈服准则相关联	等向强化	多线性
非线性等向强化	NLISO	Mises/Hill	与屈服准则相关联	等向强化	非线性
各向异性	ANISO	修正的 Mises	与屈服准则相关联	等向强化	双线性,每个方向及拉压不同
双线性随动强化	BKIN	Mises/Hill	与屈服准则相关联	随动强化	双线性
多线性随动强化	MKIN	Mises/Hill	与屈服准则相关联	随动强化	多线性(固定)
多线性随动强化	KINH	Mises/Hill	与屈服准则相关联	随动强化	多线性(一般)
非线性随动强化	CHAB	Mises/Hill	与屈服准则相关联	随动强化	非线性
D-P材料	D-P	考虑侧限压力的 Mises	与屈服准则关联或不关联	无	理想弹塑性
铸铁	CAST	考虑侧限压力的 Mises	与屈服准则不关联	等向强化	多线性
简 单 说 明					
超弹模型	HYPER	包括 MOONEY, OGDEN, NEO, POLY, BOYCE, GENT, YEOH, BLATZ, FOAM,USER 等模型			
多线性弹性	MELAS	保守系统无能量损失,卸载与加载曲线相同			
率相关材料	RATE	与其他材料选项组合使用,如分别与 BISO,MISO,NLSIO			
HILL 各向异性	HILL	与其他材料选项组合使用,如与:ISO,KIN,CHAB,ISO+CHAB, RATE+ISO, CREEP+ISO 等			
ANAND 材料	ANAN	无显式屈服条件			
蠕变	CREEP	各种蠕变选项,可与其他材料选项组合使用			
膨胀	SWELL	膨胀常数			
混凝土	CONCR	W-W 五参数屈服准则			
破坏准则	FAIL	复合材料破坏参数			
铸铁材料参数	UNIAXIAL	铸铁材料模型的单轴应力应变关系			
形状记忆合金	SMA	模拟形状记忆合金的超级弹性			
黏弹性材料	PRONY	黏弹性材料 Prony 常数			
黏弹性材料	SHIFT	黏弹性材料的转换函数			
垫圈	GASKET	垫圈材料的各种特性			
连接弹件	JOIN	连接刚度、阻尼和摩擦参数			
用户定义材料	USER	输入用户材料模型			
超弹参数	mooney	Mooney-Rivlin 超弹单元数据			
水运动信息	water	管内水流动参数			
各向异性弹性	anel	可直接定义弹性刚度矩阵			

注:其他如 plaw、foam、honey、comp、eos 用于显式动力单元分析的材料未列出。

表中前几项是常用的塑性材料模型,后面的材料模型有专用材料模型和可与前几项组合使用的材料模型。如相关材料中的黏塑性和蠕变、Hill 各向异性材料等均可与表中的前几项材料模型组合使用。而专用或特殊材料模型有些可以组合使用,有些则为专用,可参考其详细的材料模型解释。

表中屈服准则列中的 Mises/Hill,指针对不同的单元分别采用 Mises 屈服准则或 Hill 屈服准则,但并非可考虑塑性的单元均可采用这两个屈服准则。

1.4 ANSYS 结构分析与结构建模

有限元分析是对真实物理系统的数值近似。其物理解释为:以一组离散的单元集合体近似代替原连续结构,通过各单元分析获得单元组合体结构的特性,在给定的荷载与边界条件下,求得单元组合体各节点的位移,进而求得各单元应力等。从数学角度解释,如果将每个单元理解为一个子域,则每个子域的位移分布可用子域上某些点(也即节点)来表达,从而整个求解域的位移可用各子域位移表达,然后利用控制方程及边界条件,建立求解方程组。因此说,有限元分析是对真实情况的数值近似。

然而,采用何种单元集合体来近似代替真实的求解问题呢?这不是 ANSYS 本身所能解决的问题,需要使用者具有一定的力学、有限元、工程结构及专业基础知识。

如前所述,ANSYS 单元库中有如杆梁、板壳、2D/3D 实体等单元,而在实际工程结构仿真分析中,采用何种单元模拟实际结构?在模拟实际结构中要考虑哪些细节?本节就这些问题进行阐述和讨论。

1.4.1 结构分类及仿真单元

在结构分析中,“结构”一般指结构分析的力学模型。结构的类型很多,可以按不同的特征进行分类。

依照几何特征和单元种类,结构可分为杆系结构、板壳结构和实体结构。

所谓杆系结构,其杆件特征是一个方向的尺度远大于其他两个方向的尺度,如长度远大于截面高度和宽度的梁。杆系结构由若干根杆件组成。板壳结构的特征是一个方向的尺度远小于其他两个方向的尺度,若为平面板状物体时称为平板结构,若具有曲面外形则称为壳结构。实体结构则是指三个方向的尺度约为同量级的结构,如挡土墙、堤坝、基础等。

在 ANSYS 中,与杆系结构对应的单元类型有杆、梁和管单元(一般称为线单元);与板壳结构对应的单元为壳单元;与实体结构对应的单元为 3D 实体单元;2D 实体单元则解决能够按平面应力或平面应变计算的一类结构。

事实上,由于结构分类时使用了模糊的比较,如“远大于”或“远小于”等,而没有给出具体数值,所以具体应用时必须结合结构的力学行为。

(1)对于杆系结构,一般认为当杆件长度大于 5 倍截面特征尺寸时,可采用线单元进行模拟。若杆件不受弯矩,则采用杆单元模拟;若承受弯矩,则采用梁单元模拟;若杆件为圆管截面可采用管单元模拟。当构件长度大于截面尺寸 15 倍时,一般称为细长梁,此时可不考虑剪切变形的影响;而对于中等细长梁则要考虑剪切变形的影响;对于薄壁杆件结构,由于剪切变形影响很大，所以必须考虑剪切变形的影响。

(2)对于如板壳结构的板类结构，一般认为：

- 当 $L/h<(5\sim8)$ 时为厚板，其力学行为与 3D 实体相同，应采用实体单元。
- 当 $(5\sim8)<L/h<(80\sim10)$ 时为薄板，可选择 2D 实体单元或壳单元。
- 当 $L/h>(80\sim100)$ 时可采用薄膜单元。

(3)对于壳类结构，一般 $R/h\geqslant20$ 为薄壳结构，可选择薄壳单元，否则选择中厚壳单元。

上述各式中 h 为板壳厚度，L 为平板面内特征尺度，R 为壳体中面的曲率半径。

对于既非梁也非板壳结构，可选择 3D 实体单元。

根据实际结构的力学行为，一般也能够决定仿真单元的类型。如通常的桁架结构、框架结构、网架结构等均可采用线单元进行模拟；如薄壁箱梁、钢板梁桥、船舶、车体、罐体等主要由板件形成的结构可采用板壳单元模拟，或用线单元和板壳单元组合模拟；对于不能由上述二者模拟的结构，可采用实体单元模拟。

总之，采用何种单元模拟实际工程结构是个比较复杂的问题，上述仅仅为一般原则。实际仿真计算时，应根据结构的具体构成和力学行为，采用多种单元形式模拟，然后进行结果分析和评估，以确定最合理的仿真分析力学模型。

1.4.2 平面模型和空间模型

随着结构形式的不断发展，工程技术人员在进行结构设计时，对结构的分析计算提出了更高的要求，结构分析技术正逐步由平面分析向空间分析转变。然而，分析计算的精度应该根据不同的设计阶段而采用不同的计算模型，以便取得较高的计算效率。所以，平面模型和空间模型在结构分析中是共存的。下面以桥梁结构的设计为例进行介绍。

桥梁设计程序一般分为前期工作和设计阶段。前期工作包括编制预可行性研究报告和可行性研究报告，其重点在于论证建桥的必要性、可行性，并确定建桥的地点、规模、标准、投资控制等宏观问题和重大问题。设计一般按“三阶段设计”，即初步设计、技术设计和施工设计。初步设计的主要内容是桥式方案比选，此阶段对全部结构都要经过验算；技术设计的主要内容是对选定的桥式方案的各个结构总体的、细部的技术问题做进一步研究，对结构各部分的设计提出详尽的设计图纸；施工设计的主要内容是绘制施工详图，绘制过程中不宜对断面作大的变动，但细节处理及配筋等可作适当改进性变动。中、小桥的设计一般没有大型桥梁工程项目复杂，可将技术设计和施工设计合二为一。通常可将前期工作（一般不需要计算分析）和初步设计称为方案设计，而将技术设计和施工设计称为技术设计。

在方案设计过程中，一般可采用平面模型进行结构的计算分析。此阶段主要研究结构总体的力学行为，如结构设计参数等，以便得到理想的结构布置，而对结构内力和变形精度要求不高，因此可以采用平面模型。

在技术设计过程中，一般宜采用空间模型进行结构的计算分析。此阶段对结构的各种荷载效应要求有较高的精度和可靠性，以便对各个构件进行设计。过去因计算手段和技术的限制，在考虑结构空间效应时，采用简化方法计算，如荷载横向分布系数或偏载系数等。现在则可以直接建立空间力学模型进行各种效应分析。除此之外，许多结构按平面模型分析存在许多困难，如城市中的宽桥、斜交桥、弯梁桥及异形桥等，单拱面的拱桥或单索面的斜拉桥等。

1.4.3 模型深度与单元选择

建立何种"深度"的模型才能较好的模拟工程实际，是模型规划要解决的问题。采用何种单元模拟结构或构件，是保证计算结果合理的前提，甚至是计算结果正确与否的关键。

1. 选择单元类型的原则

一般考虑四个原则：实际结构或构件的力学行为与单元的力学行为相符；以线单元、板壳单元、实体单元为序，优先选择前者；在保证计算精度的前提下，可选择低阶单元；在同类单元中，优先选择建模方便者。对这四个原则分别说明如下：

(1)力学行为原则。

如前面 1.4.1 所述的杆系结构、板壳结构和实体结构划分，分别采用与之力学行为相符的线单元、板壳单元和实体单元进行模拟。

(2)单元维数原则。

从理论上讲，实体单元能够模拟各种结构的力学行为。但是，对于实际土木工程结构不可能全部采用实体单元进行模拟，也是不必要的。因为，此时有限元模型十分庞大，求解将变得非常困难，甚至无法求解。从建模、求解到结果评价等工作效率讲，在保证一定精度的前提下，采用的单元维数越低越好。因此，建议优先选择梁杆单元，其次是板壳单元，最后是实体单元。当采用低维单元达不到目的时，才选择高维单元。

(3)单元阶数原则。

在保证计算精度的情况下，优先选择低阶单元，但一般而言，高阶单元具有较好的计算结果。ANSYS 同类单元中，大多数有线性单元、二次单元和 P 单元。其中，线性单元和高阶单元的主要差别是，线性单元只有"角节点"，而高阶单元还有"边中节点"；线性单元的位移插值函数是线性的，高阶单元的位移插值函数是二次的，而 P 单元的位移插值函数则是 2～8 阶可选择的，且具有求解收敛自动控制功能。在大多数情况下，与线性单元相比，更高阶单元可以得到更好的计算结果。当没有足够的经验时，建议采用高阶单元以获得较好的计算结果，但同时要注意网格扭曲过大等问题。

(4)建模方便原则。

当确定了单元类型后，在能够达到同样目的时，应选择该类单元建模方便者。例如，对于梁单元，采用 BEAM4、BEAM188/189 均可行时，应该选择 BEAM188/189 单元，因为此单元可采用梁截面而不必计算大量的实常数，但 BEAM4 要确定每个单元的局部坐标，否则可能造成实常数混乱。

2. 模型深度

在有限元仿真分析中，可以将模型深度分为三级，即杆系级、板壳级和实体级。

(1)杆系级：主要采用杆单元和梁单元建立模型，以便获得结构总体的力学行为。平面模型的计算结果可用于方案设计，空间模型的计算结果可用于技术设计。例如，对于桥梁结构，主要包括桥梁结构施工过程中及成桥后主要构件的主要应力和标高变化。

(2)板壳级：主要采用板壳单元或与杆梁单元结合建立模型，以便获得结构构件的力学行为。一般而言，此种级别的模型多为空间模型，其分析结果可用于技术设计。例如，桥梁的主梁或主拱、主墩等可采用板壳单元模拟，其他构件可采用杆梁单元模拟，以得到结构构件较为精确的内力和变形。

(3)实体级：主要采用实体单元或与杆梁、板壳单元结合建立模型，以便获得结构细节或局部的力学行为。例如，墩梁连接处、支承处、预应力筋锚固端、斜拉索锚固区等应采用实体单元模拟，其他部分可采用杆梁单元或板壳单元模拟。此级别的分析结果除可用于技术设计外，亦可应用于结构健康监测之中。在实体级模型中，一般不采用全部实体单元，而是采用多种单元的组合进行模拟。

实际结构具体采用何种深度模型，除考虑分析目的外，还要考虑实际结构的力学行为。例如，钢桁梁桥、网架结构等，一般采用杆系级模型就能够满足各阶段设计要求，即采用空间杆系结构力学模型结果就比较可靠了；而钢板梁桥、大型屋面板等，则采用板壳级模型其效果较好，除非要对节点应力进行分析，可采用实体级模型。再如，混凝土箱梁，一般采用杆系级模型或板壳级模型即可，当要考虑锚固区、0号块等应力分析时，可采用实体级模型。

1.4.4 全结构仿真分析技术

全结构仿真分析不考虑人为的假设，建立“整个”结构的计算模型，该模型可准确模拟构件的空间位置、尺寸、材料特性、连接形式、荷载形式、初始内力和初始变形等，由此得到更加详尽、精确和可靠的分析结果。它摒弃了多年来结构计算所采用的人为假设条件，如假设计算体系或计算平面的划分与组合、假设连接形式为铰接或刚接、假设计算模型的边界条件和假设构件的平截面变形等。全结构仿真分析与传统结构分析计算的主要区别有如下六个方面：

(1)力学模型：全结构仿真分析采用完整的力学模型，由此区别于划分体系、层次、平面或构件，先分别计算再进行叠加组合的传统计算。通常建立3D力学模型，采用合适的单元类型和材料特性。

(2)结构连接：全结构仿真分析的力学模型精确模拟结构的实际连接，由此区别于传统计算因线单元节点连接而不能考虑连接的真实构成。

(3)部件模拟：传统计算常常不能考虑如箱形结构的隔板(纵向隔板和横向隔板)、加劲肋等构件，难以考虑二次效应影响(包括横截面畸变、局部屈曲和剪力滞后等)，而全结构仿真分析则能够真实模拟所有这些受力部件，较好地解决这一问题。

(4)加载模型：全结构仿真分析无需简化荷载模型，而可以采用包括模拟桥面车轮荷载在内的准确加载模型，由此可以用于结构的准确计算和检算。

(5)材料特性：全结构仿真分析可考虑材料的非线性性质，进行几何非线性、材料非线性和双非线性分析，以区别于传统的弹性分析方法，尤其是混凝土结构，可采用现场实测的混凝土本构关系和收缩徐变规律，也可采用来源于大量实测的本构关系和收缩徐变规律等。

(6)分析计算：全结构仿真分析模型详尽、复杂，计算工作量浩大，计算软硬件要求高。一般可用大型商用程序为核心，再进行必要的二次开发，实现全结构仿真分析。

全结构仿真分析技术较传统的桥梁分析计算有实质性的提高，可以应用到设计的各个阶段，甚至部分替代小比尺桥梁模型试验等。但是，要真正实现实际结构的“全结构仿真分析”是极其困难的，也根本没有必要。因此，可以针对仿真分析目的，考虑人为简化与假设条件等，进而实现某种目的下的结构仿真分析。正如1.4.3所述，可采用不同深度模型进行仿真分析。

1.5 结构分析的基本过程

1.5.1 基本过程

ANSYS具有十分强大的分析功能，此处仅介绍大多数分析都适用的基本步骤，以便对其分析和操作过程有一初步了解。ANSYS分析过程一般包括三个步骤：前处理、求解和后处理。

前处理主要包括创建几何模型或有限元模型、定义单元、定义材料属性、定义单元划分等，施加荷载和边界条件也可在该过程完成。求解过程主要包括施加荷载和边界条件、定义求解类型、定义求解器及求解方式等。后处理主要用于查看分析结果、结果计算与分析等。

为了较快的了解ANSYS的分析过程，建立起整个分析过程的印象，下面举例说明典型的分析过程。

1.5.2 几何建模-有限元模型分析过程的 GUI 方式

1.问题描述

如图1-3所示的平面桁架，其水平杆的截面面积为 $0.01m^2$，竖杆和中间两斜杆的截面面积为 $0.005m^2$，两边斜杆的截面面积为 $0.0125m^2$，材料的弹性模量为210GPa，结构尺寸和所受荷载如图中所示。

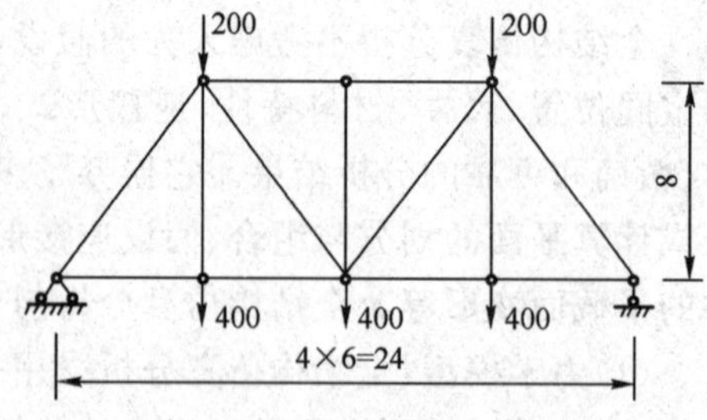

图1-3 平面桁架(尺寸单位：m，荷载单位：kN)

2.前处理

启动ANSYS，并设定工作目录。

(1)定义工作文件名：Utility Menu>File>Change Jobname，在弹出的对话框中输入“truss”，并将“New log and error files”后面的复选框选为“Yes”，单击“OK”。

(2)定义工作标题：Utility Menu>File>Change Title，在弹出的对话框输入栏中输入“The Analysis of Plane truss”，单击“OK”。

(3)重新显示：Utility Menu>Plot>Replot，则屏幕上显示出工作标题。

(4)创建关键点：Main Menu>Preprocessor>Modeling>Create>Keypoints>In Active CS，弹出“Create Keypoints in Active Coordinate System 对话框”，在“NPT Keypoint number”后面的输入栏中输入“1”，在“X,Y,Z Location in active CS”后面的输入栏中分别输入“0，0，0”，单击“Apply”，接着顺序输入其他关键点坐标，如表1-14所示，输入完关键点8的坐标后，单击“OK”。

关键点编号与坐标　　表1-14

关键点号	X坐标	Y坐标	Z坐标	关键点号	X坐标	Y坐标	Z坐标
2	6	0	0	6	6	8	0
3	12	0	0	7	12	8	0
4	18	0	0	8	18	8	0
5	24	0	0				

需要说明的是，坐标为“0”的数值可以不输入，当不输入数值时，ANSYS 默认为“0”值。

(5)创建线：Main Menu＞Preprocessor＞Modeling＞Create＞Lines＞Lines＞Straight line，弹出“Create Straight Line”拾取对话框，按图 1-2 所示分别两两拾取关键点即可创建所有线，最后单击拾取对话框“OK”。

(6)显示关键点号和线号：Utility Menu＞PlotCtrls＞Numbering＞，弹出“Plot Numbering Controls”对话框，分别单击“KP keypoint numbers”和“Line line numbers”后面的复选框，使其为“On”，单击“OK”。

(7)显示实体：Utility Menu＞Plot＞Lines，则屏幕上显示出了关键点、线及其编号。

(8)定义单元类型：Main Menu＞Preprocessor＞Element Types＞Add/Edit/Delete，弹出“Element Types”对话框，单击“Add…”；又弹出“Library of Element Types”对话框，在左边的滚动栏中单击选择“Structural”下面的“Link”，在右边的滚动栏中单击选择“2D spar 1”，单击“OK”关闭“Library of Element Types”对话框，再单击“Close”关闭“Element Types”对话框。

(9)定义单元实常数：Main Menu＞Preprocessor＞Real Constants＞ Add/Edit/Delete，弹出“Real Constant”对话框，单击“Add”，又弹出“Element Type for Real Constant”对话框，单击“OK”，接着弹出“Real Constant Set Number 1，for Link1”对话框，在“Cross-sectional area AREA”后面的输入栏中输入“0.01”，单击“Apply”，接着继续在“Real Constant Set No.”后面的输入栏中输入“2”，在“Cross-sectional area AREA”后面的输入栏中输入“0.005”，单击“Apply”，重复上述步骤，分别输入“3”和“0.0125”，并单击“OK”，这时在“Real Constant”对话框中可以看到刚刚定义的三个实常数组，单击“Close”关闭该对话框。

(10)定义材料属性：Main Menu＞Preprocessor＞Material Props＞ Models，弹出“Define Material Model Behavior”对话框，在右边栏中，连续双击“Structural＞Linear＞Elastic＞Isotropic”后，又弹出“Linear Isotropic Properties for Material Number 1”对话框，在“EX”后面的输入栏中输入“2.1e11”，在“PRXY” 后面的输入栏中输入“0.3”(或不输入，则弹出确认对话框)；单击“Material＞exit”退出材料属性定义。

(11)定义几何模型属性：Main Menu＞Preprocessor＞Meshing＞Mesh Attributes ＞Picked Lines，弹出“Line Attributes”拾取对话框，拾取所有的水平线，然后单击拾取框的“OK”，弹出“Line Attributes”对话框，其中，定义的“MAT Materail number”、“REAL Real constant set number”及“TYPE Element type number”等缺省值都为“1”，单击“Apply”。

接着拾取竖杆和中间两斜杆，单击拾取框的“OK”，弹出“Line Attributes”对话框，在“REAL Real constant set number”后面的下拉条中选择“2”，单击“Apply”。

接着再拾取两边斜杆，单击拾取框的“OK”，弹出“Line Attributes”对话框，在“REAL Real constant set number”后面的下拉条中选择“3”，单击“OK”完成模型属性定义。

(12)显示实体的属性编号：Utility Menu＞PlotCtrls＞Numbering＞，弹出“Plot Numbering Controls”对话框，在“Elem/Attrib numbering”后面的下拉条中，可选择单元号、材料号、单元类型号、实常数号、截面号等，单击选择“Real const num”以显示实常数号，单击“OK”关闭该对话框，则屏幕上显示出各个线的实常数号。

(13)定义单元网格划分参数：Main Menu＞Preprocessor＞Meshing＞Size Cntrls＞ManualSize＞Lines＞All Lines，弹出“Element Sizes on All Selected Lines”对话框，在“NDIV No. of element divisions”后面的输入栏中输入“1”，单击“OK”。

(14)划分单元：Main Menu>Preprocessor>Meshing>Mesh>Lines，弹出“Mesh Lines”对话框，单击该对话框下方的“Pick All”按钮。

3. 加载与求解

(1)定义分析类型：Main Menu>Solution>Analysis Type>New Analysis，弹出“New Analysis”，缺省选择为“Static”，直接单击“OK”。

(2)显示线实体：Utility Menu>Plot>Lines，则屏幕上显示出了关键点、线及其实常数编号。

(3)定义约束条件：Main Menu>Solution>Define Loads>Apply>Structural>Displacement>on Keypoints，弹出“Apply U,ROT on KPs”拾取对话框，拾取关键点“1”，单击拾取对话框的“OK”按钮，又弹出新对话框，选择右边顶部栏中的“All DOF”，单击“Apply”，接着拾取关键点“5”，并单击拾取对话框的“OK”按钮，在新对话框右边顶部栏中单击“All DOF”使其不选，然后选择“UY”，再单击“OK”。

(4)施加荷载：Main Menu>Solution>Define Loads>Apply>Structural>Force/Moment> on Keypoints，弹出“Apply F/M on KPs”拾取对话框，拾取关键点“6”和关键点“8”，单击拾取对话框的“OK”按钮，弹出“Apply F/M on KPs”对话框，在“Lab Direction of force/mom”后面的下拉条中选择“FY”，在“VALUE force/moment value”后面的输入栏中输入“−200000”，单击“Apply”。接着继续拾取关键点“2”、“3”、“4”，且单击拾取对话框的“OK”按钮。在弹出的“Apply F/M on KPs”对话框中，在“VALUE force/moment value”后面的输入栏中输入“−400000”，单击“OK”。

(5)关闭编号显示：Utility Menu>PlotCtrls>Numbering，弹出“Plot Numbering Controls”对话框，分别单击“KP keypoint numbers”和“Line line numbers”后面的复选框，使其为“Off”，在“Elem/Attrib numbering”后面的下拉条中，单击选择“No numbering”，单击“OK”关闭该对话框。

(6)显示边界条件及荷载：Utility Menu>PlotCtrls>Symbols，弹出“Symbols”对话框，单击选择“All Applied BCs”，再在“LDIV Line element divisions”后面的下拉条中选择“None”，再单击“OK”关闭该对话框。

(7)求解：Main Menu>Solution>Solve>Current LS，弹出“Solve Current Load Step”对话框，单击“OK”，同时弹出状态列表；求解完毕后，弹出“Note”提示条，单击“Close”。

4. 后处理

(1) 绘制变形图：Main Menu>General Postproc>Plot Results>Deformed Shape，弹出“Plot Deformed Shape”，单击“OK”；则可看到 DMX＝0.013952。

(2) 定义单元表：Main Menu>General Postproc>Element Table>Define Table，弹出“Element Table Data”对话框，单击“Add”按钮，又弹出“Define additional Element Table Items”对话框，在“Lab user lab for item”后面的输入栏中输入“Mforce”，在坐标的下拉条中选择“By sequenec num”，在右边的下拉条中选择“SMISC,”，在其下面的输入栏中输入“SMISC,1”，单击“Apply”。

同上，分别输入“Mstress”，选择“By sequenec num”，选择“LS,”，输入“LS,1”，再单击

"OK";可在"Element Table Data"对话框中看到刚刚定义的单元表项,单击"Close"。

(3)绘制轴力图:Main Menu>General Postproc>Plot Results>Contour Plot>Line Elem Res,弹出"Plot Line-Element Results",在"LabI Elem table item at node I"后面的下拉条中选择"Mforce",在"LabJ Elem table item at node J"后面的下拉条中也选择"Mforce",单击"OK"。

(4)绘制应力图:Main Menu>General Postproc>Plot Results>Contour Plot>Line Elem Res,弹出"Plot Line－Element Results",在"LabI Elem table item at node I"后面的下拉条中选择"Mstress",在"LabJ Elem table item at node J"后面的下拉条中也选择"Mstress",单击"OK"。

(5)查看支承反力:Main Menu>General Postproc>List Results>Reaction Solu,在弹出的对话框中直接单击"OK",则可看到节点 1 的 Fx=－0. 23 283E－09,Fy=0. 80 000E+06,节点 5 的 Fx=0,Fy=0. 80 000E+06。

退出 ANSYS 即可。

1.5.3 直接建立有限元模型的 GUI 方式

1. 前处理

启动 ANSYS,并设定工作目录。定义工作文件名和工作标题同前述。

(1)定义工作文件名、工作标题、单元类型、单元实常数、材料属性同前操作。

(2)定义节点:Main Menu>Preprocessor>Modeling>Create>Nodes>In Active CS,弹出"Create Nodes in Active Coordinate System 对话框",在"NODE Node number"后面的输入栏中输入"1",在"X,Y,Z Location in active CS"后面的输入栏中分别输入"0,0,0",单击"Apply",接着顺序输入其他节点坐标,如表 1-14 所示;输入完节点 8 的坐标后,单击"OK"。

(3)定义属性和单元:Main Menu>Preprocessor>Modeling>Create>Elements>Elem Attributes,弹出"Elements Attributes"对话框,采用其缺省数值,单击"OK"。

Main Menu>Preprocessor>Modeling>Create>Elements>Auto Numbered>Thru Nodes,弹出"Elements from Nodes"拾取对话框,拾取节点"1"和"2",单击拾取对话框中的"Apply",接着拾取"2"和"3",单击拾取对话框中的"Apply";依次再拾取"3,4"、"4,5"、"6,7"和"7,8"定义此类单元;最后单击拾取对话框中的"OK"。

Main Menu>Preprocessor>Modeling>Create>Elements>Elem Attributes,弹出"Elements Attributes"对话框,在"[REAL] Real constant set number"后面的下拉条中选择"2",单击"OK"。

Main Menu>Preprocessor>Modeling>Create>Elements>Auto Numbered>Thru Nodes,弹出"Elements from Nodes"拾取对话框,分别拾取"2,6"、"3,7"、"4,8"、"3,6"和"3,8"定义此类单元;最后单击拾取对话框中的"OK"。

Main Menu>Preprocessor>Modeling>Create>Elements>Elem Attributes,弹出"Elements Attributes"对话框,在"[REAL] Real constant set number"后面的下拉条中选择"3",单击"OK"。

Main Menu>Preprocessor>Modeling>Create>Elements>Auto Numbered>Thru

Nodes，弹出“Elements from Nodes”拾取对话框，分别拾取“1，6”、“8，5”定义此类单元；最后单击拾取对话框中的“OK”。

2. 加载与求解

（1）定义分析类型同前操作。

（2）定义约束条件：Main Menu>Solution>Define Loads>Apply>Structural>Displacement>on Nodes，弹出“Apply U，ROT on Nodes”拾取对话框，拾取节点“1”，单击拾取对话框的“OK”按钮，又弹出新对话框，选择右边顶部栏中的“All DOF”，单击“Apply”。接着拾取节点“5”，并单击拾取对话框的“OK”按钮，在新对话框右边顶部栏中单击“All DOF”使其不选，然后选择“UY”，再单击“OK”。

（3）施加荷载：Main Menu>Solution>Define Loads>Apply>Structural>Force/Moment> on Nodes，弹出“Apply F/M on Nodes”拾取对话框，拾取节点“6”和节点“8”，单击拾取对话框的“OK”按钮，弹出“Apply F/M on Nodes”对话框，在“Lab Direction of force/mom”后面的下拉条中选择“FY”，在“VALUE force/moment value”后面的输入栏中输入“－200000”，单击“Apply”。接着继续拾取节点“2”、“3”、“4”，且单击拾取对话框的“OK”按钮。在弹出的“Apply F/M on Nodes”对话框中，在“VALUE force/moment value”后面的输入栏中输入“－400 000”，单击“OK”。

（4）求解：Main Menu>Solution>Solve>Current LS，弹出“Solve Current Load Step”对话框，单击“OK”，同时弹出状态列表。求解完毕后，弹出“Note”提示条，单击“Close”。

3. 后处理

操作过程同前。

1.5.4 两种方式的命令流

这里给出上述分析的命令流，其中“$”为续行符，与另起一行效果相同。“!”表示注释行，可以放在命令行后面的任意位置，在“!”之后的本行内容 ANSYS 一律默认为注释，包括“$”。在 ANSYS 中除注释外，命令及命令参数不区分大小写，鉴于习惯和小写便于阅读，命令流中均可采用小写英文字母，但采用小写时许多印刷符号难以区分，故书中多采用大写。

（1）创建几何模型，再到有限元模型的分析过程命令流。

```
! EX1.1—平面桁架分析------------------------------------------------
! 1.前处理-----------------------------------------------------------
/FILNAME,TRUSS,1                                  ! 定义工作文件名
/TITLE,The Analysis of Plane truss                ! 定义工作标题
/REPLOT                                           ! 重新显示
/PREP7                                            ! 进入 PREP7 处理器
K,1$K,2,6$K,3,12$K,4,18$K,5,24                    ! 创建关键点
K,6,6,8$K,7,12,8$K,8,18,8                         ! 创建关键点
L,1,2$L,2,3$L,3,4$L,4,5$L,1,6$L,6,7               ! 创建线
L,7,8$L,5,8$L,2,6$L,3,7$L,4,8$L,6,3               ! 创建线
L,3,8                                             ! 创建线
```

```
/PNUM,KP,1                                        ! 设定显示关键点号
/PNUM,LINE,1                                      ! 设定显示线号
LPLOT                                             ! 绘制线
ET,1,LINK1                                        ! 定义单元类型
R,1,0.01$R,2,0.005$R,3,0.0125                     ! 定义单元实常数
MP,EX,1,2.1E11                                    ! 定义材料属性
MP,PRXY,1,0.3
LSEL,S,TAN1,Y$LATT,1,1,1                          ! 选择水平线并定义属性
LSEL,S,LOC,Y,1,7$LSEL,R,LOC,X,6,18$LATT,1,2,1     ! 选择竖杆和中间斜杆并定义属性
LSEL,S,LOC,Y,1,7$LSEL,U,LOC,X,6,18$LATT,1,3,1     ! 选择两边斜杆并定义属性
ALLSEL,ALL                                        ! 选择全部实体
/PNUM,REAL,1                                      ! 设置显示实常数号
/REPLOT                                           ! 显示各线的实常数号
LESIZE,ALL,,,1                                    ! 定义各个线所划分的单元个数
LMESH,ALL                                         ! 对所有线进行单元划分
FINISH                                            ! 退出 PREP7 处理器
! 2.加载和求解-------------------------------------------------------------------
/SOLU                                             ! 进入 SOLU 处理器
ANTYPE,0                                          ! 定义分析类型
LPLOT                                             ! 绘制线
DK,1,UX,,,,UY                                     ! 约束关键点 1 的 UX,UY
DK,5,UY                                           ! 约束关键点 5 的 UY
FK,6,FY,-200 000                                  ! 关键点 6 施加向下的荷载 200 000N
FK,8,FY,-200 000                                  ! 关键点 8 施加向下的荷载 200 000N
FK,2,FY,-400 000                                  ! 关键点 2 施加向下的荷载 400 000N
FK,3,FY,-400 000                                  ! 关键点 3 施加向下的荷载 400 000N
FK,4,FY,-400 000                                  ! 关键点 4 施加向下的荷载 400 000N
/PNUM,REAL,0                                      ! 关闭实常数号显示
/PNUM,LINE,0                                      ! 关闭线号显示
/PNUM,KP,0                                        ! 关闭关键点号显示
/PBC,ALL,,1                                       ! 显示实体上的边界条件和荷载
/PSYMB,LDIV,-1                                    ! 关闭线划分单元属性显示
LPLOT                                             ! 绘制线
SOLVE                                             ! 执行求解
FINISH                                            ! 退出 SOLU 处理器
! 3.后处理-----------------------------------------------------------------------
/POST1                                            ! 进入后处理器
PLDISP                                            ! 绘制变形图
ETABLE,MFORCE,SMISC,1                             ! 定义单元轴力表
ETABLE,MSTRESS,LS,1                               ! 定义单元应力表
PLLS,MFORCE,MFORCE,1                              ! 绘制单元轴力图
```

```
PLLS,MSTRESS,MSTRESS,1                          ! 绘制单元应力图
PRRSOL                                          ! 列出支承反力表
FINISH
! /EXIT,NOSAV
! ------------------------------------------------------------------------
```

（2）直接建立有限元模型的命令流。

```
! EX1.2—平面桁架分析-------------------------------------------------------
! 1.前处理----------------------------------------------------------------
/FILNAME,TRUSS,1                            ! 定义工作文件名
/TITLE,The Analysis of Plane truss          ! 定义工作标题
/PREP7                                      ! 进入 PREP7 处理器
ET,1,LINK1                                  ! 定义单元类型
R,1,0.01$R,2,0.005                          ! 定义单元实常数
R,3,0.0125                                  ! 定义单元实常数
MP,EX,1,2.1E11                              ! 定义材料属性
MP,PRXY,1,0.3
N,1$N,2,6$N,3,12$N,4,18$N,5,24              ! 创建节点
N,6,6,8$N,7,12,8$N,8,18,8                   ! 创建节点
TYPE,1$MAT,1$REAL,1                         ! 定义单元类型号为 1、材料类型号为 1、实常数号为 1
E,1,2$E,2,3$E,3,4$E,4,5$E,6,7$E,7,8         ! 定义单元
REAL,2                                      ! 定义实常数号为 2
E,2,6$E,3,7$E,4,8$E,6,3$E,3,8               ! 定义单元
REAL,3                                      ! 定义实常数号为 3
E,1,6$E,8,5                                 ! 定义单元
FINISH                                      ! 退出 PREP7 处理器
! 2.加载和求解------------------------------------------------------------
/SOLU                                       ! 进入 SOLU 处理器
ANTYPE,0                                    ! 定义分析类型
D,1,UX,,,,,UY                               ! 约束节点 1 的 Ux,Uy
D,5,UY                                      ! 约束节点 5 的 Uy
F,6,FY,-200 000                             ! 节点 6 施加向下的荷载 200 000N
F,8,FY,-200 000                             ! 节点 8 施加向下的荷载 200 000N
F,2,FY,-400 000                             ! 节点 2 施加向下的荷载 400 000N
F,3,FY,-400 000                             ! 节点 3 施加向下的荷载 400 000N
F,4,FY,-400 000                             ! 节点 4 施加向下的荷载 400 000N
SOLVE                                       ! 执行求解
FINISH                                      ! 退出 SOLU 处理器
! 3.后处理----------------------------------------------------------------
/POST1                                      ! 进入后处理
PLDISP                                      ! 绘制变形图
```

```
ETABLE,MFORCE,SMISC,1                    ! 定义单元轴力表
ETABLE,MSTRESS,LS,1                      ! 定义单元应力表
PLLS,MFORCE,MFORCE,1                     ! 绘制单元轴力图
PLLS,MSTRESS,MSTRESS,1                   ! 绘制单元应力图
PRRSOL                                   ! 列出支承反力表
FINISH
! /EXIT,NOSAV
```

第2章

几何建模技术与技巧

ANSYS 中的模型可分为几何模型(也称实体模型)和有限元模型,ANSYS 求解必须使用有限元模型。几何模型通过定义各种属性和网格划分生成有限元模型,进而才能计算分析。

ANSYS 的建模方法有直接建模、几何建模及混合建模三种。

(1)直接建模。

直接建模方法是指直接在 ANSYS 中建立有限元模型,而不必先建几何模型。其方法与我们较早编制的程序系统基本相同,即先对结构进行节点和单元编号,然后输入节点坐标建立节点,再输入每个单元的节点编号,从而建立有限元模型。该方法缺点是很明显的,仅大量输入数据就令人无法忍受,且对于复杂的 3D 实体靠人工去划分网格极易出错。

(2)几何建模。

几何建模方法主要是在 ANSYS 软件中建立模型和从其他 CAD 软件导入模型。由于 ANSYS 本身具有强大的建模功能,对于一般工程结构,在 ANSYS 中建立几何模型足够方便,不必再去学习其他建模软件,如 AutoCAD、Pro/E、SolidWork、UG、SolidEdge 等。几何建模的优点主要有:

①适用于任何结构,对复杂结构或 3D 实体结构更合适;

②便于修改几何参数、单元类型、网格密度等,如从低阶单元变为高阶、加密网格等;

③可使用多种几何图素,支持布尔运算及组合运算等,但有限元模型不能进行这些操作;

④可利用 APDL 实现参数化建模,便于模型修改或几何图素的组合;

⑤便于使用优化设计功能,也是自适应网格划分所需要的。

其缺点是在特殊条件下几何模型生成网格有一定困难。

(3)混合建模。

混合建模方法是在几何建模并网格划分后,再增加其他单元或特征的方法。该法基本是在有限元模型生成后,再建立少量的单元,如接触单元、约束方程、耦合自由度等。

基于上述理由,本章只介绍在 ANSYS 中创建几何模型的方法和技巧。本书均采用先建立几何模型,进而生成有限元模型的方法,并且结合命令方式进行介绍而不是 GUI 方式。当然几何建模和命令流的优越性只有通过读者慢慢体会才能领略。

ANSYS 建模的一般步骤：

(1)确定建模方法：可选择直接建模、几何建模及混合建模三种方法；

(2)规划几何模型：选择适当的单元类型，以确定建立何种几何模型；

(3)创建几何模型：利用几何图素、布尔运算等方法建立几何模型；

(4)定义单元属性：对几何模型定义单元属性；

(5)定义网格密度并划分：对几何模型设置网格参数，进行网格划分，生成有限元模型；

(6)增加其他特征：如增加接触单元、耦合自由度或约束方程等；

(7)保存日志文件或命令流文件，对数据库文件不必保存；

(8)退出前处理，进行后续操作。

2.1 坐标系和工作平面

2.1.1 坐标系类型

坐标系用于定义空间几何参数的位置、节点自由度、材料特性方向，以及改变图形显示和列表等。ANSYS 中提供了六类坐标系可供使用，即总体坐标系、局部坐标系、节点坐标系、单元坐标系、显示坐标系与结果坐标系。

1. 总体坐标系

总体坐标系用于确定空间几何结构的位置，是一个绝对的参考系。总体坐标系有三种坐标系，即直角坐标系、柱坐标系和球坐标系，这三种坐标系都由右手规则定义，且原点相同。对于不同的结构或结构的不同部分，分别采用不同的坐标系建模更加方便。这三种坐标系如图 2-1 所示。ANSYS 用坐标系号识别它们，0 代表直角坐标系，1 代表柱坐标系，2 代表球坐标系，ANSYS 默认的是直角坐标系，用户可使用多种任意坐标系，但某一时刻只能有一个坐标系被激活。总体坐标系均用 X、Y、Z 表示，当激活的不是直角坐标系时，应将 X、Y、Z 理解为柱坐标系的 R、θ、Z 或球坐标系的 R、θ、Φ。

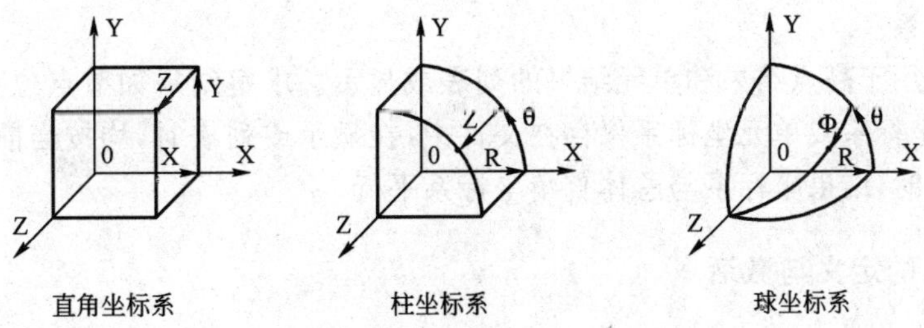

图 2-1 三种总体坐标系示意

2. 局部坐标系

对于复杂的几何模型，仅使用总体坐标系不够方便，这时可建立自己的坐标系，即局部坐标系。局部坐标系的原点和坐标轴方向可与总体坐标系不同，它有四种坐标系，即直角坐标系、柱坐标系、球坐标系、环坐标系，前三种坐标系比较常用，环坐标系比较复杂，因而不常用，多建议不用。局部坐标系的编号必须≥11，且为整数号码。

总体坐标系和局部坐标系主要用于几何建模。

3. 节点坐标系

节点坐标系主要用于定义节点自由度的方向。每个节点都有自己的节点坐标系，ANSYS缺省的节点坐标系方向平行于总体直角坐标系，而与建立节点时所用的坐标系无关。当施加不同于总体坐标系方向的约束或荷载时，需要旋转节点坐标系到需要的方向，然后再施加约束或荷载。在时程后处理(POST26)中，节点结果，如节点位移、节点荷载和支座反力等，都是用节点坐标系方向表示；而在通用后处理(POST1)中，节点结果数据均用结果坐标系表示。

4. 单元坐标系

每个单元都有自己的单元坐标系，用于定义单元各向异性材料性质的方向、面荷载方向和单元结果(如应力和应变等)的方向。单元坐标系都遵循右手规则，而大多数单元坐标系的缺省方向遵循以下规则：

(1)线单元(杆、梁单元)的 X 轴通常从 I 节点指向 J 节点，Y 和 Z 轴可由节点 K 或 θ 确定；当节点 K 省略且 $\theta=0$ 时，单元的 Y 轴总是平行于总体坐标系的 XY 平面；当单元的 X 轴平行于总体坐标系的 Z 轴时，单元的 Y 轴与总体坐标系的 Y 轴相同。

(2)壳单元的 X 轴通常也从 I 节点指向 J 节点，Z 轴通过 I 节点且与壳面垂直，其正方向由单元的 I、J、K 节点按右手规则确定，Y 轴垂直于 X 轴和 Z 轴。

(3)2D/3D 实体单元坐标系的方向总是平行于总体直角坐标系。

非上述类型单元，其单元坐标系的缺省方向可能不符合上述规则，可参考单元介绍。

5. 显示坐标系

显示坐标系用来定义几何元素被列表或显示的坐标系。缺省时，几何元素列表总是显示为总体直角坐标系，而不论它们是在何种坐标系下创建的。

显示坐标系的改变会影响到图形显示和列表，无论是几何图素还是有限元模型都将受到影响。但是边界条件符号、向量箭头和单元坐标系的三角符号都不会转换到显示坐标系下。显示坐标系的方向是 X 轴水平向右，Y 轴垂直向上，Z 轴垂直屏幕向外。当 DSYS>0 时，将不显示线和面的方向。

6. 结果坐标系

结果坐标系用于高点结果和单元结果的列表或显示。求解结果如节点位移、单元应力或应变等，以节点坐标系或单元坐标系保存在文件中，在显示或列表时，均按当前激活的结果坐标系输出。缺省时，结果坐标系与总体直角坐标系平行。

2.1.2 坐标系的定义与激活

ANSYS 缺省情况下总是激活总体直角坐标系，用户每定义一个局部坐标系则该坐标系自动被激活。如果要激活一个总体坐标系或以前定义的局部坐标系，则要通过菜单或命令。

1. 激活总体和局部坐标系

命令：CSYS，KCN

其中：

KCN——坐标系号码，0 为直角坐标系(缺省)，1 为柱坐标系，2 为球坐标系，4 为以工作平面为坐标系，5 为柱坐标系（以 Y 轴为转轴），≥11 为局部坐标系。由于工作平面可不断移动和旋转，因此，当采用 CSYS,4 时也相当于不断定义了局部直角坐标，在很多情况下应用非常方便。

2. 定义局部坐标系

局部坐标系有多种定义方式，可根据方便程度而确定采用何种定义方式。

(1)根据总体坐标系定义局部坐标系。

命令：LOCAL, KCN, KCS, XC, YC, ZC, THXY, THYZ, THZX, PAR1, PAR2

其中：

KCN——局部坐标系编号，此编号必须大于 10，如果与既有编号相同，则将重新定义。

KCS——坐标系类型，0 或 CART 为直角坐标系，1 或 CYLIN 为柱坐标系，2 或 SPHE 为球坐标系，3 或 TORO 为环坐标系。

XC,YC,ZC——新坐标系原点在总体直角坐标系中的坐标。

THXY,THYZ,THZX——新坐标系绕 Z,X,Y 轴的旋转角度，其正方向为：XY,YZ,ZX。

PAR1——适用于椭圆、类似球体或环形系统，当 KCS=1 或 2 时，其值为椭圆 Y 轴半径与 X 轴半径之比，缺省为 1 即圆。当 KCS=3 时，其值为环面的主半径。

PAR2——仅适用于类似球体的系统，当 KCS=2 时，其值为椭球体 Z 轴半径与 X 轴半径之比，缺省为 1。

例如：

LOCAL,11,0,3,4,5,10,15,20——定义了局部坐标系号为 11，原点为总体直角坐标系下的点(3,4,5)，绕 Z、X、Y 轴旋转角度分别为 10°、15°、20°的局部直角坐标系。

例如：

LOCAL,12,1,,,,,,,0.8——定义了局部坐标系号为 12，原点和方位与总体坐标系相同的柱坐标系，但 Y 轴半径与 X 轴半径之比为 0.8，用于定义椭圆。当 KCN=2 时，PAR2 为 Z 轴半径与 X 轴半径之比，用于椭球的定义。

(2)根据已有的三个节点定义局部坐标系。

命令：CS, KCN, KCS, NORIG, NXAX, NXYPL, PAR1, PAR2

其中：

NORIG——用于定义该坐标系原点的节点号。

NXAX——用于定义该坐标系方向的节点号。

NXYPL——与 NORIG 和 NXAX 一同用于定义该坐标系的 XY 平面。其余参数意义同前。

例如：

CS,11,0,3,5,9——定义的局部坐标系号为 11，原点在节点 3，X 轴方向为节点 3 到节点 5，XY 平面为节点 3,5,9 的直角坐标系。

(3)根据已有的三个关键点定义局部坐标系。

命令：CSKP, KCN, KCS, PORIG, PXAXS, PXYPL, PAR1, PAR2

其中：

PORIG——用于定义该坐标系原点的关键点号；

PXAXS——用于定义该坐标系方向的关键点号；

PXYPL——与 PORIG 和 DXAXS 一同用于定义该坐标系的 XY 平面，其余参数意义同前。

例如：

CSKP,11,0,3,5,9——定义的局部坐标系号为 11，原点在关键点 3，X 轴方向为关键点 3 到关键点 5，XY 平面由关键点 3,5,9 确定的直角坐标系。

(4)根据当前工作平面定义局部坐标系。

命令：CSWPLA, KCN, KCS, PAR1, PAR2

其中：参数意义同前。

例如：

CSWPLA,12,1——定义的局部坐标系号为 12，原点在工作平面的坐标原点，其 XY 平面与工作平面相同，为柱坐标系。

(5)根据激活的坐标系定义局部坐标系。

命令：CLOCAL, KCN, KCS, XL, YL, ZL, THXY, THYZ, THZX, PAR1, PAR2

其中：

XL, YL, ZL——被定义坐标系原点在激活的总体坐标系中的坐标。其余参数意义同前。

该命令与 LOCAL 命令类似，但所用参数是相对与激活坐标系的，而不是相对总体直角坐标系下的参数。

(6)删除局部坐标系。

命令：CSDELE, KCN1, KCN2, KCINC

其中：

KCN1——为要删除的局部坐标系的起始编号，如果 KCN1＝ALL，则其后参数将忽略。

KCN2——为要删除的局部坐标系的最终编号。

KCINC——为编号的递增数值，缺省为 1。

例如：

CSDELE,ALL——则删除了所有的局部坐标系。

CSDELE,11,15,2——则删除了 11、13、15 号局部坐标系。

(7)查看激活坐标系和局部坐标系。

命令：CSLIST, KCN1, KCN2, KCINC

例如：

CSLIST,ALL——则列表显示所有坐标系，并列出相关信息。

3. 节点坐标系的旋转与修改

(1)将某些节点的坐标系旋转到与当前激活坐标系(简称“当前坐标系”)方向一致。

命令：NROTAT, NODE1, NODE2, NINC

其中：

NODE1、NODE2、NINC——要旋转节点的起始号、末编号(缺省为 NODE1)及递增值(缺省值为 1)。如 NODE1＝ALL，则其后参数将被忽略，NODE1 也可为元件名。

例如：

NROTAT,3,6——使3,4,5,6节点的节点坐标系方向与当前坐标系方向相同。

(2)在创建节点时直接定义其坐标系的旋转角度。

命令:N, NODE, X, Y, Z, THXY, THYZ, THZX

其中:

NODE——节点号,如果与既有节点号相同,则原节点号将被重新定义;缺省时为当前最大节点号+1。

X,Y,Z——节点在当前坐标系下的坐标。

THXY,THYZ,THZX——节点坐标系绕当前坐标系Z,X,Y轴的角度。

例如:

N,4,1,2,4,10,15,30——表示新建4号节点在当前坐标系中的坐标为1,2,4,其节点坐标系绕Z,X,Y轴的角度分为10°、15°和30°。

(3)将既有节点的节点坐标系旋转某个角度。

命令:NMODIF, NODE, X, Y, Z, THXY, THYZ, THZX

其中:

NODE——节点号,也可为ALL或元件名。

X, Y, Z——该节点的新坐标值。其余参数意义同前。

例如:

NMODIF,8,,,,15——修改节点8的节点坐标系方向,使之绕Z轴旋转15°。

(4)按方向余弦旋转节点坐标系。

命令:NANG, NODE, X1, X2, X3, Y1, Y2, Y3, Z1, Z2, Z3

其中:

NODE——节点号;

X1,X2,X3——新节点坐标系X方向单位矢量在总体坐标系X,Y,Z的投影。

Y1,Y2,Y3——新节点坐标系Y方向单位矢量在总体坐标系X,Y,Z的投影。

Z1,Z2,Z3——新节点坐标系Z方向单位矢量在总体坐标系X,Y,Z的投影。

(5)节点坐标系列表。

命令:NLIST, NODE1, NODE2, NINC, Lcoord, SORT1, SORT2, SORT3

其中:

NODE1, NODE2, NINC——参数意义同(1)。

Lcoord——坐标列表信息,缺省为全部信息,=COORD时仅列XYZ坐标。

SORT1——用于排序的第1项内容,可以是NODE,X,Y,Z,THXY,THYZ,THXZ。

SORT2,SORT3——用于排序的第2项和第3项内容,其内容同SORT1。

例如:

NLIST,3,9,3,, THXY,THYZ,THXZ——列出节点3,6,9相对总体直角坐标系的旋转角度。

NLIST,3,9,3——则列出节点3,6,9所有信息。

4.单元坐标系的定义与修改

(1)设置单元坐标系。

命令:ESYS,KCN

其中:

KCN——坐标系编号,KCN=0(缺省)表示使用单元定义时规定的坐标系方向。当KCN=N(N>10)时使用编号为N的局部坐标系。也只能通过局部坐标系定义单元坐标系的方向,若要定义单元坐标系方向与总体坐标系方向相同,则应先定义一个与总体坐标系一致的局部坐标系,再利用该局部坐标系定义单元坐标系方向。

(2)修改单元坐标系方向。

命令:EMODIF, IEL, STLOC, I1, I2, I3, I4, I5, I6, I7, I8

其中:

IEL——单元编号,也可为ALL或元件名;

STLOC——将要修改的第一个节点序号或属性,属性之一为ESYS,则I1为局部坐标号。

例如:

EMODIF,4,ESYS,13——将4号单元的单元坐标系与12号局部坐标系一致。

5. 激活显示坐标系

命令:DSYS,KCN

其中:

KCN——坐标系号,可为0,1,2及局部坐标系号。缺省为总体直角坐标系。

6. 激活结果坐标系

命令:RSYS,KCN

其中:

KCN——坐标系号,可为0(缺省),1,2及局部坐标系号。当KCN=SOLU时,则与求解计算时采用的坐标系相同,实际上采用数据存储时的坐标系。

2.1.3 定义工作平面

工作平面是一个具有原点、二维坐标系、捕捉增量和格栅的无限大平面。在缺省情况下,工作平面是总体直角坐标系的XY平面,工作平面只有一个,且与坐标系是独立的。工作平面可以想象成一个绘图板,可拖动或旋转,其坐标系方位随着移动和旋转而不断变化,利用它可使建模更加灵活和方便。

1. 将既有坐标系的XY平面定义为工作平面

命令:WPCSYS,WN,KCN

其中:

KCN——既有坐标系号,可以是0,1,2,或局部坐标系号。缺省为激活的坐标系。

如果工作平面位于直角坐标系下,则工作平面的坐标系也为直角坐标系。如果位于柱或球坐标系下,则工作平面的坐标系为极坐标系。如果WN为负值,在不改变视图方向的条件下恢复到缺省状态,如WPCSYS,-1可将工作平面恢复。

如果总体坐标系是工作平面(CSYS,4)即打开了工作平面跟踪,则激活坐标系随之更新,但环坐标系将更新为柱坐标系,这种方式是强迫激活坐标系跟随工作平面变动。

2. 通过3个坐标点定义工作平面

命令:WPLANE, WN, XORIG, YORIG, ZORIG, XXAX, YXAX, ZXAX, XPLAN, YPLAN, ZPLAN

其中:

WN——显示窗口号,缺省为1。

XORIG, YORIG, ZORIG——在总体直角坐标系中,定义工作平面的原点坐标。

XXAX, YXAX, ZXAX——在总体直角坐标系中定义X轴方位点,通过原点与该点定义工作平面的X轴方向。

XPLAN, YPLAN, ZPLAN——在总体直角坐标系中定义第3个点,通过该点确定工作平面。

通过使用3个点定义工作平面,但这3个点不能共线。

3. 通过3个节点定义工作平面

命令:NWPLAN, WN, NORIG, NXAX, NPLAN

其中:

NORIG——定义工作平面原点的节点号,如NORIG=P则采用GUI方式拾取节点。

NXAX——指定X方向的节点号,缺省与总体X轴平行。

NPLAN——指定工作平面的节点号。

4. 通过3个关键点定义工作平面

命令:KWPLAN, WN, KORIG, KXAX, KPLAN

其中:

KORIG——定义工作平面原点的关键点号;

KXAX——指定X方向关键点号;

KPLAN——指定工作平面的关键点号。

5. 通过垂直于线上的某个位置定义工作平面

命令:LWPLAN, WN, NL1, RATIO

其中:

NL1——线编号,如NL1=P则采用GUI方式拾取线。

RATIO——在线上的位置,由线长的比率来确定,其值介于0～1之间。如RATIO=P则采用GUI方式拾取。

该命令默认是工作平面在Z=0.0处平行于总体坐标系的XY平面。

2.1.4 工作平面的操控

根据建模的需要,可用相关命令对工作平面进行操控,如工作平面的移动和旋转等。

1. 工作平面的当前状态

查看当前状态的命令:WPSTYL, STAT

恢复到ANSYS默认状态的命令:WPSTYL, DEFA

2. 移动工作平面

(1)将工作平面沿其自身坐标轴移动。

命令:WPOFFS, XOFF, YOFF, ZOFF

其中:

XOFF, YOFF, ZOFF——工作平面坐标系内沿其 X 轴、Y 轴和 Z 轴的偏移增量。

例如:

WPOFF,10,－20——将工作平面沿其 X 轴相对偏移 10,沿其 Y 轴相对偏移－20。

(2)将工作平面移动到一组关键点的中间位置。

命令:KWPAVE, P1, P2, P3, P4, P5, P6, P7, P8, P9

其中:

P1～P9——计算平均值的关键点号,至少定义一个关键点。如果 P1＝P 则采用 GUI 方式拾取关键点,P1 后的关键点将忽略。

例如:

KWPAVE,1,4,5——将工作平面移到关键点 1,4,5 中间。

KWPAVE,P——则采用 GUI 方式拾取关键点。

(3)将工作平面移动到一组节点的中间位置。

命令:NWPAVE, N1, N2, N3, N4, N5, N6, N7, N8, N9

其使用方法同上,但 N1～N9 为节点号。

(4)将工作平面移动到一组指定坐标的中间位置。

命令:WPAVE, X1, Y1, Z1, X2, Y2, Z2, X3, Y3, Z3

其中:

X1, Y1, Z1——在当前坐标系下,指定的第 1 点坐标。

X2, Y2, Z2——在当前坐标系下,指定的第 2 点坐标。

X3, Y3, Z3——在当前坐标系下,指定的第 3 点坐标。

例如:

WPAVE,0,0,0——将工作平面移到当前坐标系的原点。

CSYS,0$WPAVE,0,0,0——将工作平面移到总体直角坐标系的原点。

3. 工作平面的旋转

命令:WPROTA, THXY, THYZ, THZX

其中:

THXY, THYZ, THZX——绕工作平面坐标系 Z 轴、X 轴和 Y 轴的旋转角度。

例如:

WPROTA,90——将工作平面绕其 Z 轴旋转 90 度。

2.1.5 工作平面的显示样式

工作平面的显示和样式主要用于 GUI 方式,以方便拾取操作,对于命令流方式意义不大。可利用下面的命令控制工作平面的显示和样式。

命令:WPSTYL, SNAP, GRSPAC, GRMIN, GRMAX, WPTOL, WPCTYP, GRTYPE, WPVIS, SNAPANG

其中:

SNAP——拾取位置时的捕捉增量，最小值为 1×10^{-6}；如果为－1 则关闭捕捉功能，默认值为 0.05。如当 SNAP＝0.1 时，在拾取 1.2456 的位置，则拾取 1.2；如为 0.01，在拾取 1.25 的位置。

GRSPAC——网格栅点之间的间隔，默认值为 0.1；此值仅适用于图形显示，与捕捉无关。

GRMIN，GRMAX——指定显示在工作平面上正方形网格的大小，网格的相对角将位于最靠近工作平面坐标（GRMIN，GRMIN）和（GRMAX，GRMAX）的网格栅点上。如果使用的是极坐标，则 GRMAX 是网格的外半径，而 GRMIN 将被忽略。如果 GRMIN＝GRMAX 则不显示网格，GRMIN 和 GRMAX 的默认值为－1 和 1。

WPTOL——公差范围；即当图素偏离工作平面的距离位于这个公差范围之内时，就认为其位于工作平面上，仅适用于通过拾取顶点位置生成多边形和棱柱。缺省值为 0.003。

WPCTYP——工作平面坐标系类型。WPCTYP＝0（缺省），则为直角坐标系，如果工作平面跟踪打开（CSYS,4 或 WP），则激活坐标系更新为直角坐标系；WPCTYP＝1，则为极坐标系，如果工作平面跟踪打开，则激活坐标系更新为柱坐标系；WPCTYP＝2 也为极坐标系，但如果工作平面跟踪打开，则激活坐标系更新为球坐标系。

GRTYPE——网格类型控制参数。GRTYPE＝0，显示网格和工作平面坐标符号；GRTYPE＝1，仅显示网格；GRTYPE＝2，仅显示工作平面坐标符号（缺省）。

WPVIS——网格可视性控制参数。WPVIS＝0（缺省），不显示 GRTYPE 内容；WPVIS＝1，显示 GRTYPE 内容，如为直角坐标系则显示直角网格，如为极坐标系则显示极坐标网格。

SNAPANG——捕捉角度（0°～180°）。仅适用于 WPTYPE＝1 或 2，缺省为 5°。

例如：

WPSTYL——则打开或关闭网格。

WPSTYL，0.05，0.1，－1，1，0.003，0，2，0，5——为缺省设置。当然可用 WPSTYL，DEFA 恢复默认值。

该命令对应的 GUI 为：Utility Menu＞WorkPlane＞WP Settings，其设置操作更方便些。

2.2 创建几何模型

ANSYS 中几何模型等级由低向高依次为关键点、线、面和体（称为几何图素或图素）。几何模型的创建，可采用自底向上或自顶向下的方法。所谓自底向上建模就是首先创建最低级的图素——关键点，再通过关键点生成较高级的图素（如线、面、体）。而自顶向下建模就是首先创建较高级的图素（体或面），而自动生成较低级的图素，通过体或面的组合得到较复杂的模型。在实际建模时，不必区分自底向上建模或是自顶向下建模，也不必按其顺序建模，可以混合使用自底向上建模和自顶向下建模。例如，某些情况下，通过创建关键点再创建面或体方便，而有些情况下可能直接建立体或面更方便，均视模型情况而定。

一个模型可通过多种途径创建，没有固定的方法，只要熟悉某些常用命令，就可完成建模。正如利用 AutoCAD 绘图一样，它有很多命令，但利用不多的一些常用命令就可绘制精美的图形。ANSYS 也一样，我们不可能记住所有命令，但可以记住一些常用命令，这样可以大大提高建模效率。本书没有解释每个命令参数的意义，但对较为常用的命令参数进行解释，并给出应用示例。

2.2.1 创建关键点

ANSYS 提供了很多创建关键点的方法，表 2-1 为关键点创建及管理等命令。

关键点创建与管理命令 表 2-1

命　令	功　能	备　注
K	在给定坐标点创建关键点	基于当前坐标系
KBETW	在两关键点之间创建一个关键点	只能生成一个，位置与当前坐标系有关
KFILL	在两关键点之间创建多个关键点	也可生成一个，位置与当前坐标系有关
KGEN	复制创建关键点	可复制或移动，带关键点属性，位置与当前坐标系有关
KSYMM	通过坐标轴镜像创建关键点	带关键点属性，与当前坐标系有关
KL	在既有线的某位置上创建关键点	只能生成一个，位置与当前坐标系有关
KCENTER	在圆弧中心创建关键点	只能在直角坐标系中使用
KNODE	在既有节点上创建关键点	可用于修改模型
KPSCALE	比例创建一组关键点	按各轴坐标比例，与当前坐标系有关
KLIST	列表输出关键点信息	可复制为文本
KPLOT	显示关键点	可在屏幕上查看
KDELE	删除关键点	可删除独立的关键点
KSEL	选择一组关键点	命令流方式极为有用
KSLL	选择与所选线相关的关键点	命令流方式极为有用
KSLN	选择与所选节点相关的关键点	命令流方式极为有用
KMODIF	修改既有关键点坐标	依附较高级图素也可修改
KDIST	计算两关键点间的距离	在选择、运算或查询中用到
KSCALE	对关键点进行缩放	仅缩放既有的关键点
KTRAN	对关键点坐标进行转换	在不同坐标系之间转换
KMOVE	移动关键点到一个相交位置	可用 SOURCE 定义的点
SOURCE	为未定义的关键点定义坐标	
KSUM	对关键点进行计算并输出几何要素	
KEYPTS	指定后续关键点状态	

1. 在给定坐标点创建关键点

命令：K, NPT, X, Y, Z

其中：

NPT——关键点的编号，缺省时(0 或空)系统(如不加说明则指 ANSYS 程序，下同)自动指定为可用的最小编号。

X,Y,Z——在当前坐标系中的坐标值，当前坐标系可以是 CSYS 指定的坐标系。

如果输入的关键点号与既有关键点号相同，则覆盖既有关键点，即关键点是唯一的，并以最后一次输入的为准。如果既有关键点与较高级图素相连或已经划分网格，则不能覆盖，并给出错误信息。

例如：

```
/PREP7              ! 进入前处理
K,,10               ! 创建缺省编号的关键点，其编号为 1
K,15,10,5           ! 创建编号为 15 的关键点
K,16,10,5,5         ! 创建编号为 16 的关键点
K,,10,3             ! 创建缺省编号的关键点，其编号为 2
K,15,10,6           ! 重新定义编号为 15 的关键点
```

2. 在两关键点之间创建一个关键点

命令：KBETW，KP1，KP2，KPNEW，TYPE，VALUE

其中：

KP1，KP2——第 1 个和第 2 个关键点号。

KPNEW——指定创建的关键点号，缺省时系统自动指定为可用的最小编号。

TYPE——创建关键点的方式；当 TYPE＝RATIO 时（缺省），VALUE 为两关键点距离的比值，即（KP1 － KPNEW）/（KP1 － KP2）。当 TYPE＝DIST 时，VALUE 为 KP1 到 KPNEW 之间的距离，且仅限于直角坐标系。

VALUE——由 TYPE 决定的新关键点位置参数，缺省为 0.5。如果 TYPE＝RATIO，则 VALUE 为比率，若小于 0 或大于 1，则在两个关键点的外延线上创建一个新关键点。如果 TYPE＝DIST，则 VALUE 为距离值，若小于 0 或大于 KP1 与 KP2 之间的距离，也在外延线上创建一个新关键点。

新创建的关键点位置与当前坐标系有关，若为直角坐标系，新点将在 KP1 和 KP2 之间的直线上；否则将在由当前坐标系确定的线上。

例如：

```
/PREP7                  ! 进入前处理
CSYS,0                  ! 设定总体直角坐标系
K,1,2                   ! 创建关键点 1
K,2,10,10               ! 创建关键点 2
KBETW,1,2,3             ! 采用缺省比率在关键点 1 和 2 之间创建关键点 3
KBETW,1,2, ,DIST,15     ! 在关键点 1 和 2 之间创建关键点（编号为 4），距离 KP1 为 15
CSYS,1                  ! 设定总体柱坐标系
KBETW,1,2,10            ! 采用缺省比率在关键点 1 和 2 之间创建关键点 10
                        ! 可以看到与关键点 3 位置不同
```

3. 在两关键点之间创建多个关键点

命令：KFILL，NP1，NP2，NFILL，NSTRT，NINC，SPACE

其中：

NP1，NP2——两个既有关键点号；NP1 缺省值为最后指定关键点最相近的点号，NP2 缺

省为最后指定的关键点号。

NFILL——在 NP1 和 NP2 之间将要创建的关键点个数，缺省为|NP2－NP1|－1。

NSTRT——指定创建的第一个关键点号，缺省为 NP1＋NINC。此号最好指定，以防覆盖。

NINC——将要创建的关键点编号增量，其值可正可负，缺省为(NP2－NP1)/(NFILL＋1)。

SPACE——间隔比，即创建关键点后，最后一个间隔与第一间隔之比。缺省为 1.0，即等间隔。

与 KBETW 相同，新创建关键点位置与当前坐标相关。

例如：

```
/PREP7                              ! 进入前处理
K,1                                 ! 创建关键点 1
K,20,10                             ! 创建关键点 20
K,3,10,5                            ! 创建关键点 3
KFILL,1,20,8                        ! 采用缺省设置，在 1 和 20 之间创建 8 个关键点
                                    ! 其编号依次为 3,5,……,17。而原来的关键点 3 则被覆盖
K,50,10,5                           ! 创建关键点 50
KFILL,1,50,20,100,1                 ! 在 1 和 50 之间创建 20 个关键点，起始编号为 100，编号增量为 1
K,60,10,10                          ! 创建关键点 60
KFILL,1,60,15,222,3,2.5             ! 在 1 和 60 之间创建 15 个关键点，起始编号为 222，编号增量为 3
                                    ! 间隔比为 2.5，创建的关键点间隔越来越大
```

4. 复制创建关键点

命令：KGEN，ITIME，NP1，NP2，NINC，DX，DY，DZ，KINC，NOELEM，IMOVE

其中：

ITIME——复制次数，缺省为 2(含被复制的关键点自身)。

NP1，NP2，NINC——按增量 NINC 从 NP1 到 NP2 定义关键点的范围(缺省为 NP1)，NINC 缺省为 1，NP1 也可为 ALL 或元件名，此时 NP2 和 NINC 将被忽略。

DX，DY，DZ——在当前坐标系中，关键点坐标的偏移量；对于柱坐标系为——，Dθ，DZ；对于球坐标系为——，Dθ，——，其中——表示不可操作。

KINC——要创建的关键点编号增量，缺省时由系统自动指定(不会覆盖)。

NOELEM——是否创建单元和节点控制参数；NOELEM＝0(缺省)如果存在单元和节点则生成；NOELEM＝1 不生成单元和节点。

IMOVE——关键点是否被移动或重新创建；IMOVE＝0(缺省)原来的关键点不动，重新创建新的关键点；当 IMOVE＝1 不创建新关键点，原来的关键点移动到新位置，此时编号不变(即 ITIME、KINC 和 NOELEM 均无效)，且单元和节点一并移动。

例如：

```
/PREP7                              ! 进入前处理
K,1                                 ! 创建关键点 1
K,20,10                             ! 创建关键点 20
KGEN,,1,20,19,,5,,,,1               ! 移动关键点 1 和 20，沿 Y 轴偏移量为 5
```

```
KGEN,8,ALL,,,,,5                ! 沿 Z 轴偏移 5,复制 8 次(含自身,实际另外复制 7 次)
KGEN,3,ALL,,,,,15               ! 沿 Y 轴偏移 15,复制 3 次(实际另外复制 2 次)
KGEN,,ALL,,,,60,,,,1            ! 再将所有关键点沿 Y 轴移动 60
```

5. 镜像创建关键点

命令:KSYMM, Ncomp, NP1, NP2, NINC, KINC, NOELEM, IMOVE

其中:

Ncomp——对称控制参数,Ncomp=x,关于 X(或 R)轴对称(缺省);Ncomp=y,关于 Y(或 θ)轴对称;Ncomp=z,关于 Z(或 Φ)轴对称。其余参数同命令 KGEN 中的说明。

原关键点可在坐标轴的任何位置,即不一定位于同一象限中,与当前坐标系有关。可通过定义工作平面移动后,利用 CSYS,4 设定当前坐标系,则当前坐标系原点位置与工作平面相同,在利用镜像时,其几何位置也发生相应变化;当然也可通过局部坐标系对称。

例如:

```
/PREP7                          ! 进入前处理
K,1,1,1                         ! 创建关键点 1
K,20,10,10                      ! 创建关键点 20
KFILL,1,20,8,30                 ! 在 1 和 20 之间创建 8 个关键点,起始编号为 30
KSYMM,X,ALL                     ! 所有关键点关于 X 轴对称创建新的关键点
KSYMM,Y,ALL                     ! 所有关键点(包括上条创建的)关于 Y 轴对称创建新的关键点
```

6. 在线上创建关键点

命令:KL, NL1, RATIO, NK1

其中:

NL1——线编号。如为负值,则对 RATIO 而言线的方向相反。

RATIO——创建关键点位置与线长的比率,其值范围为 0.0~1.0,缺省为 0.5,即在线中点创建一个关键点。

NK1——要创建的关键点编号,缺省时由系统自动指定。

例如:

```
/PREP7                          ! 进入前处理
K,1,1,1                         ! 创建关键点 1
 K,2,5,4                        ! 创建关键点 2
L,1,2                           ! 创建线,其编号由系统指定为 1
KL,1                            ! 在线中点创建新关键点,且编号自动
KL,-1,0.1,10                    ! 在线上近关键点 2 比率为 0.1 创建关键点
```

7. 列表显示关键点信息

命令:KLIST, NP1, NP2, NINC, Lab

其中:

NP1,NP2,NINC 参数意义同命令 KGEN 中;

Lab——列表信息控制参数，Lab＝0 或空则列出全部信息；Lab＝COORD 则仅列出坐标值；Lab＝HPT 则仅列出硬点信息。

例如：

```
KLIST                                   ! 列出所选择的关键点的所有信息
KLIST,,,,COORD                          ! 列出所选择的关键点的坐标
```

8. 屏幕上显示关键点

命令：KPLOT，NP1，NP2，NINC，Lab

其中：

Lab——关键点或硬点控制参数。Lab＝0 或空，则显示所有关键点；Lab＝HPT 则仅显示硬点。

其余参数意义同 KGEN 命令中的说明。

例如：

```
KPLOT                                   ! 则显示所选择的关键点。
KPLOT,,,,HPT                            ! 则显示所选择的硬点。
```

9. 删除关键点

命令：KDELE，NP1，NP2，NINC

其参数意义同 KGEN 中的参数意义。

10. 选择关键点

命令：KSEL，Type，Item，Comp，VMIN，VMAX，VINC，KABS

其中：

Type——选择类型标识。其值可取：

＝S：从所有关键点中(全集)选择一组新的关键点子集为当前子集。

＝R：从当前子集中再选择一组关键点，形成新的当前子集。

＝A：从全集中另外选择一组关键点子集添加到当前子集中。

＝U：从当前子集中去掉一组关键点子集。

＝ALL：重新选择当前子集为所有关键点，即全集。

＝NONE：不选择任何关键点，当前子集为空集。

＝INVE：选择与当前子集相反的部分，形成新的当前子集。

＝STAT：显示当前子集状态。

Item——选择数据标识，仅适用于 Type＝S，R，A，U。缺省为 KP，如 Item＝P 则进入 GUI 方式拾取。Item 可选择的有：

＝KP：以关键点号选择，其后参数相应赋值。

＝EXT：选择当前线子集中线的最外面关键点，其后无参数赋值。

＝HPT：以硬点号选择，其后参数相应赋值。

＝LOC：以当前坐标系中的坐标值选择，其 Comp 可选择 X，Y，Z，且其后参数相应赋值。

=MAT:以跟关键点相关的材料号选择,其后参数相应赋值。

=REAL:以跟关键点相关的实常数号选择,其后参数相应赋值。

=TYPE:以跟关键点相关的单元类型号选择,其后参数相应赋值。

=ESYS:以跟关键点相关的单元坐标选择,其后参数相应赋值

Comp——选择数据的组合标识。如 Item=LOC 时的 X,Y,Z。其他项目无 Comp 标识。

VMIN——选择项目范围的最小值。可以是关键点号、坐标、属性及与选择项目相适应的数据等。当 VMIN 为元件名时,VMAX 和 VINC 将被忽略。当 Item=MAT,TYPE,REAL,ESYS 等且 VMIN>0 时,选择期间使用绝对值;如果这时 VMIN<0,则在选择期间检查值的符号。

VMAX——选择项目范围的最大值。缺省时 VMAX=VMIN;如果 VMAX=VMIN 则选择容差为±0.005×VMIN;如果 VMIN=0.0,则选择容差为±1.0E-6,如果 VMIN≠VMAX,则选择容差为±1.0E-8×(VMAX-VMIN)。选择容差的大小对于能否达到期望的结果有较大影响,例如当 VMIN=5 000=VMAX 时,选择容差为±25,则 4975~5025 均被选择。

VINC——在选择范围内的增量。仅适用于整数(如关键点编号),且不能为负,缺省为 1。

KABS——绝对值控制标识。如为 0,则在选择期间检查值的符号;如为 1,则在选择期间使用绝对值,即忽略值的符号。

在使用 KSEL 命令选择时,建议不要采用 Item=KP,即编号选择。因为在使用命令流建模过程中,关键点有时是不知道的,如用编号选择,则需要用 GUI 查看关键点编号,这样会降低建模效率,并且不同的 ANSYS 版本其编号顺序会有差别。因此,建议采用坐标或其他选择方法。

例如:

```
/PREP7                          ! 进入前处理
K,1                             ! 创建关键点 1
K,20,10                         ! 创建关键点 20
KFILL,1,20,8,30,1               ! 在 1 和 20 之间创建 8 个关键点,起始编号为 30,编号增量为 1
KSEL,S,KP,,32,35,1              ! 在全集中选择编号 32~35 的关键点(当前为 32~35)
KSEL,R,KP,,32,34,1              ! 在当前子集中重新选择编号 32~34 的关键点(当前为 32~34)
KSEL,A,KP,,1,20,19              ! 将全集中的 1 和 20 号添加到当前子集(当前为 32~34,1,20)
KSEL,U,KP,,1                    ! 在当前子集中去掉 1 号关键点(当前为 32~34,20)
KSEL,INVE                       ! 反选(当前为 1,30,31,35~37)
KSEL,STAT                       ! 列表显示选择信息
                                ! 如选择关键点 6 个,共 10 个关键点,最大关键点号为 37
KSEL,NONE                       ! 不选择任何关键点(如使用 KPLOT 命令则屏幕不变)
KSEL,ALL                        ! 选择全集,所有关键点均在当前子集中
KSEL,S,LOC,X,0,5                ! 选择 X 坐标为 0~5 的关键点(当前为 1,30~33)
K,100,2.22                      ! 在关键点 31 近处建立关键点 100
KSEL,S,LOC,X,2.22               ! 选择 X 坐标为 2.22 的关键点(当前为 31,100),将 31 点也选择了
                                ! 因 X31 = 2.222 222,而此时选择容差为 ± 0.005 × 2.22 = ± 0.0111,即坐标在
                                ! 2.2 089~2.2 311 之间的点都将被选择
```

```
KSEL,S,LOC,X,2.22,2.221          ! 选择 X 坐标为 2.22～2.221 之间的关键点(当前为 100),
                                 ! 是期望的。此时选择容差为 ±1.0E-8×(2.221-2.22)= ±1.0E-11,
                                 ! 显然非常严格
                                 ! 当关键点坐标值较大且较密时要特别注意
```

11. 选择与所选线相关的关键点

命令:KSLL, Type

其中:

Type——选择类型标识。取值可为 S,R,A,U。当使用 KSEL 不便选择关键点时,可先选择线子集,然后选择与线子集相关的关键点。该命令在建模过程中也较常用,类似的命令是 KSLN。

12. 修改关键点坐标

命令:KMODIF, NPT, X, Y, Z

其中:

NPT——要修改的关键点号。X,Y,Z 为替代原有的坐标输入的数值,其值处于当前坐标系下。

要修改的关键点所依附的较高级图素,如线、面或体必须被选择,改变关键点后其较高级图素会重新生成。与命令 K 不同,当所定义的关键点依附较高级图素时是不能覆盖的;而 KMODIF 是直接修改关键点坐标且会同时修改所依附的较高级图素。

如果被修改的关键点依附较高级图素,执行时此命令会出现确认提示对话框。

例如:

```
/PREP7                           ! 进入前处理
RECTNG,,1,,4                     ! 创建一矩形
KMODIF,3,2,5                     ! 修改关键点 3 的坐标,原坐标为(1,4),新坐标为(2,5)
                                 ! 则生成一四边形
```

13. 关于硬点的操作

硬点是一种特殊的关键点,可以利用硬点施加荷载或从线和面上的任意点获取数据。硬点不改变几何模型的几何形状和拓扑关系。大多数关键点的命令都可用于硬点,在使用更新模型命令时,任何与图素相关的硬点将被删除,因此,应在模型创建完毕后再创建硬点。如果删除与硬点相关的图素,当该硬点与其他图素无关时,则此硬点也被删除,否则此硬点不删除。

定义硬点的方法有两种,即在线上定义硬点和在面上定义硬点,命令均为 HPTCREATE;删除硬点命令为 HPTDELETE。

2.2.2 创建线

线也是在当前坐标系中定义的,在不同的坐标系中创建的线形状是不同的。当然不必总是明确创建所有的线,在创建较线高级的图素如面和体时,系统会自动创建线。在需要定义线单元(如 LINK 或 BEAM)或由线创建面时才需要创建线。而在土木工程中,线是经常需要创

建的，如杆系结构等。线的创建方法很多，其创建和管理命令如表 2-2 所示。

线创建与管理命令 表 2-2

命令	功能	备注
L	由两关键点创建线	与当前坐标系相关，可创建直线或曲线
LSTR	由两关键点创建直线	与当前坐标系无关，就是直线
LARC	通过关键点或半径创建圆弧线	与当前坐标系无关，就是圆弧线
CIRCLE	通过圆心和半径创建圆或圆弧线	与当前坐标系无关
LFILLT	倒角创建圆弧线	与当前坐标系无关，可倒直线或曲线
LGEN	复制创建线	与当前坐标系相关，可移动和旋转模型
LCOMB	将多条线合并创建一条线	便于映射网格划分
LDIV	将一条线分为多条线	与 LCOMB 相反的命令
LEXTND	延长一条线	延长部分总是直线
BSPLIN	通过关键点创建一条曲线	创建一条曲线
SPLIN	通过关键点按样条创建分段曲线	创建的曲线由多段组成
LANG	创建与一条线成某个角度的直线	新线将原线分为两段，角度不十分精确
L2ANG	创建与两条线成某个角度的直线	
LTAN	创建与一条既有线相切的线	
L2TAN	创建与两条既有线相切的线	
LAREA	创建面上两关键点之间最短的线	
LDRAG	关键点沿路径扫略创建线	
LROTAT	关键点绕轴线创建旋转线	总是创建圆曲线
LSYMM	通过坐标轴镜像创建线	只能在直角坐标系下操作，但原点可变
LTRAN	对线进行坐标系转换	
LSSCALE	对线进行缩放	
LLIST	列表输出线信息	
LPLOT	显示线	
LDELE	删除线	
LSEL	洗择一组线	
LSLA	选择与所选面相关的线	
LSLK	选择与所选关键点相关的线	

1. 通过两关键点创建线

命令：L，P1，P2，NDIV，SPACE，XV1，YV1，ZV1，XV2，YV2，ZV2

其中：

P1，P2——分别为线始端和末端的关键点号，如 P1＝P 则进入 GUI 方式拾取。

NDIV——线拟划分的单元数，通常不用，可使用 LESIZE 命令定义网格属性。

SPACE——划分网格的间隔比率，通常不用，可使用 LESIZE 命令定义网格属性。

XV1，YV1，ZV1——在当前坐标系中，与线的 P1 端点相关的斜率矢量末点位置。

XV2,YV2,ZV2——在当前坐标系中,与线的P2端点相关的斜率矢量末点位置。此两个矢量点用于确定线的两个端点的曲率,如果不指定矢量,则系统自动计算。

用L命令创建的线形状与当前坐标系相关,如直角坐标系生成直线,柱和球坐标系可生成曲线(如θ相同,则也生成直线)。一旦创建线,则与随后的坐标系改变无关。曲线限制在180°范围,只有没有依附面时才可修改。

例如:

```
/PREP7                    ! 进入前处理
K,1,1,1,1                 ! 创建关键点 1
K,2,3,5,8                 ! 创建关键点 2
L,1,2                     ! 创建线 L1,缺省为总体直角坐标系,因此线 1 是直线
CSYS,1                    ! 设定柱坐标系
L,1,2                     ! 创建线 L2,为柱面曲线
CSYS,2                    ! 设定球坐标系
L,1,2                     ! 创建线 L3,为球面曲线
```

2. 通过两关键点创建直线

命令:LSTR, P1, P2

其中:

参数意义同L命令中的参数意义。

在总体直角坐标系中生成线,即直线,与当前坐标系没有关系。

例如:

```
/PREP7                    ! 进入前处理
K,1,1,1,1                 ! 创建关键点 1
K,2,3,5,8                 ! 创建关键点 2
CSYS,1                    ! 设定柱坐标系
L,1,2                     ! 创建线 L1,为柱面曲线
LSTR,1,2                  ! 创建线 L2,为直线,与柱坐标系无关
```

3. 通过关键点创建圆弧线

命令:LARC, P1, P2, PC, RAD

其中:

P1——圆弧线始端关键点号。如P1=P,则采用GUI方式拾取。

P2——圆弧线末端关键点号。

PC——定义圆弧平面和圆弧曲率中心侧(RAD为正值)的关键点,该点不能位于P1和P2的直线上,在曲率中心一侧任意一个关键点;如果弧线角度大于180°则提示错误信息。

RAD——弧线的曲率半径,即圆弧半径;如果RAD为负,则曲率中心在关键点PC的相反位置;如果为空,则由系统通过这三个关键点自动计算半径。

例如:

```
/PREP7                    ! 进入前处理
K,1                       ! 创建关键点 1
K,2,1,-2                  ! 创建关键点 2
K,3,2,5                   ! 创建关键点 3
LARC,2,3,1                ! 创建线 L1,半径自动计算
LARC,2,3,1,2              ! 创建半径为 2 的线,提示错误,即在 2,3 点间不能创建半径为 2 的弧
LARC,2,3,1,5              ! 创建线 L2,半径为 5
 LARC,2,3,1,10            ! 创建线 L3,半径为 5
CSYS,1                    ! 设定总体柱坐标系
L,2,3                     ! 创建曲线 L4
LARC,2,3,1,10             ! 与弧线 L3 重合,不创建新线 L5
```

4. 创建圆或圆弧线

命令:CIRCLE, PCENT, RAD, PAXIS, PZERO, ARC, NSEG

其中:

PCENT——圆中心的关键点,如果 PCENT=P,则采用 GUI 拾取方式。

RAD——圆弧半径。如 RAD 为空,则半径为 PCENT 到 PZERO 的距离。

PAXIS——定义圆轴线(与 PCENT 点共同确定)的关键点,如果为空,轴线与工作平面正交。

PZERO——定义与圆面垂直的平面之关键点(PZERO、PCENT 和 PAXIS 三点定义面),此点它作为圆弧起点位置。当然这三个不能共线,且 PZERO 不必在圆面上。

ARC——圆弧长度(度);规定沿 PCENT-PAXIS 矢量按右手规则为正,缺省为 360°。

NSEG——沿圆周生成的线段数,缺省按 90°划分圆弧的线数。如 360°则由 4 条线段组成。生成的关键点对于 360°的圆为 4 个,小于 360°的圆弧生成 NSEG+1 个关键点。

例如:

```
/PREP7                        ! 进入前处理
K,1,5,5                       ! 创建关键点 KP1
CIRCLE,1,3                    ! 以 KP1 为圆心,以 3 为半径,采用缺省设置创建圆
CIRCLE,1,5,,,210              ! 以 KP1 为圆心,以 5 为半径,创建 250 度的圆弧
CIRCLE,1,6,,,260,8            ! 以 KP1 为圆心,以 6 为半径,创建 230 度的圆弧,且分为 8 段
K,50,1,5                      ! 创建关键点 KP50
K,51,0,5,5                    ! 创建关键点 KP51
CIRCLE,1,8,50,51,310,10       ! 以 KP1 为圆心,以 8 为半径,以 KP1 和 KP50 为圆轴线,以 KP1
                              ! KP50 和 KP51 组成的平面与圆垂直,创建 310 的圆弧,分段数为 10
                              ! 此圆弧与 X 轴垂直
```

5. 对两条相交线倒角创建圆弧线

命令:LFILLT, NL1, NL2, RAD, PCENT

其中:

NL1,NL2——相交线的线号,初始状态可不相交。

RAD——倒角半径,应小于两条线的长度;如果倒角半径不合适,则会给出提示信息。

PCENT——在圆弧中心创建的关键点号，缺省为空，则不创建关键点。

例如：

```
/PREP7                          ! 进入前处理
K,1,1,1$K,2,10$ K,3,10,5        ! 创建关键点 KP1,KP2,KP3
L,1,2$L,1,3                     ! 创建线 L1 和 L2
LFILLT,1,2,1,10                 ! 对 L1 和 L2 交角倒角,倒角半径为 1,在圆心创建关键点 10
CSYS,1                          ! 设定柱坐标系
L,2,3                           ! 创建曲线 L4
LFILLT,1,4,2                    ! 对直线 L1 和曲线 L4 倒角,倒角半径为 2,创建圆弧线 L5
L,3,4                           ! 创建曲线 L6
LFILLT,4,6,1                    ! 对两曲线 L4 和 L6 倒角,倒角半径为 1,创建弧线 L7
```

6. 复制创建线

命令：LGEN, ITIME, NL1, NL2, NINC, DX, DY, DZ, KINC, NOELEM, IMOVE

其中：

ITIME——复制次数，缺省为 2。

NL1,NL2,NINC——按增量 NINC 从 NL1 到 NL2 定义关键点的范围(缺省为 NL1)，NINC 缺省为 1；NL1 也可为 ALL 或元件名，此时 NP2 和 NINC 将被忽略。

DX,DY,DZ——在当前坐标系中，关键点坐标的偏移量。对于柱坐标系为—，Dθ，DZ；对于球坐标系为—，Dθ，—，其中—表示不可操作。

KINC——要创建的关键点编号增量，缺省时由系统自动指定(不会覆盖)。

NOELEM——是否创建单元和节点控制参数，NOELEM=0(缺省)如果存在单元和节点则生成；NOELEM=1 不生成单元和节点。

IMOVE——线是否被移动或重新创建，IMOVE=0(缺省)原来的线不动，重新创建新线；当 IMOVE=1 不创建新线，原来的线移动到新位置，此时编号不变(即 ITIME、KINC 和 NOELEM 均无效)，且单元和节点一并移动。

例如：接 LFILLT 命令中的例子。

```
CSYS,0                          ! 设定总体直角坐标系
LGEN,3,ALL,,,,10                ! 所有线沿着 Y 方向复制 3 次,DY = 10
CSYS,1                          ! 设定柱坐标系
LGEN,3,ALL,,,,90                ! 所有线沿着 θ 方向复制 3 次,Dθ = 90°
```

7. 合并两条或多条线

命令：LCOMB, NL1, NL2, KEEP

其中：

NL1,NL2——拟合并的两条线号，NL1 可为 ALL，P(进入 GUI 拾取)或元件名。

KEEP——是否保留输入的线及其公共关键点控制参数。KEEP=0 则删除 NL1 和 NL2 及其公共关键点，如果已经划分网格则不能删除，或者依附于其他图素也不能删除。KEEP=1 则保留线及其公共关键点，但公共关键点不依附于新创建的线。

该命令可以合并独立线或依附于同面上的线，合并后便于网格划分。可合并的线可为直线或曲线，以及直线与曲线，可共线或不共线。当为多条时，应为多条首尾相连的线。无论在何种坐标系下执行合并，合并后的线不改变合并前的空间位置。

例如：

```
/PREP7                                    ! 进入前处理
K,1,1,1$ K,2,10$ K,3,10,5$K,4,15,8        ! 创建关键点 KP1,KP2,KP3,KP4
L,1,2$L,2,3$L,3,4                         ! 创建线 L1,L2,L3
LCOMB,1,2                                 ! 合并 L1 和 L2,且删除 L1,L2 及共用关键点 KP2
LCOMB,ALL                                 ! 合并所有线,即将 L3 与刚刚创建的线合并
                                          ! 此时仅有一条线和两个关键点
                                          ! 上述合并过程可一次执行,即 LCOMB,ALL 即可
```

8. 将一条线分为多条线

命名：LDIV，NL1，RATIO，PDIV，NDIV，KEEP

其中：

NL1——拟分的线号。NL1 可为 ALL，P(进入 GUI 拾取)或元件名；如为负值，则表示按第二个端点计算 RATIO 的值，即反向间隔比。

RATIO——P1－PDIV 的长度与 P1－P2 的长度之比，其值在 0～1.0 之间，缺省为 0.5；如果创建线的条数大于 2(即 NDIV＞2)时，则 RATIO 无效，即只能创建 2 条以上的等间隔线。

PDIV——在分割处生成的关键点号，缺省时由系统自动编号；如果 NL1＝ALL 或 NDIV＞2 则输入无效，也即必须由系统自动编号；如果 PDIV 已经存在且位于 NL1 线上(例如使用 KL 命令在该线上创建关键点)，则线在 PDIV 点分割(这时 RATIO 无效)；如果 PDIV 存在，且不位于 NL1 线上，则 PDIV 通过投影移到 NL1 线最近的位置；PDIV 不能依附于其余线、面或体上。

NDIV——创建线的条数，缺省为 2；如果 NL1 为曲线，则弧长等分计算。

KEEP——线保留或删除参数。如 KEEP＝0，则删除旧线(缺省)；如 KEEP＝1，则保留旧线。

例如：

```
/PREP7                                    ! 进入前处理
K,1,1,1$ K,2,10,$K,3,20                   ! 创建关键点 KP1,KP2,KP3
L,1,2$L,2,3                               ! 创建线 L1,L2
LDIV,-1,0.1                               ! 将 L1 分为 2 段,且从 KP2 到分割点的距离与 L1 之比为 0.1
LDIV,2,,,5                                ! 将 L2 分为 5 等段,线编号由系统指定,且删除旧线
```

9. 延长一条线

命令：LEXTND，NL1，NK1，DIST，KEEP

其中：

NL1——要延长的线号；NL1 可为 P(进入 GUI 拾取)。

NK1——指定线 NL1 上被延长一端的关键点号，即指定延长方向。

DIST——线将要延长的距离；

KEEP——控制延长线是否保留参数。如 KEEP＝0（缺省），则表示不保留，仅创建一条新线；如 KEEP＝1，则保留旧线，创建一条新线，并且有各自的关键点。但当依附于较高图素上时，不管 KEEP 为何值，则系统保留旧线，并创建新线；这对于某些情况下的建模是很方便的。无论在何种坐标系下，也无论要延长的线原来是直线还是曲线，所延长部分总是直线。

例如：

```
/PREP7                        ! 进入前处理
K,1,1$ K,2,10,2               ! 创建关键点 KP1,KP2
L,1,2                         ! 创建线 L1
LEXTND,1,2,20                 ! 向 KP2 点延长 L1,且删除旧线
LEXTND,1,1,10,1               ! 向 KP1 点延长 L1,且保留旧线;此时有两条线存在
CSYS,1                        ! 设定总体柱坐标系
L,1,2                         ! 创建曲线 L3
LEXTND,3,2,15                 ! 延长曲线 L3
```

10. 通过多个关键点按样条创建一条曲线

命令：BSPLIN，P1，P2，P3，P4，P5，P6，XV1，YV1，ZV1，XV6，YV6，ZV6

其中：

P1，P2，P3，P4，P5，P6——样条曲线拟合的关键点，至少需要两个点。P1 可以为 P（进入 GUI 方式拾取关键点，且以拾取的顺序进行拟合）。当采用关键点号时，只可使用 6 个关键点定义，但对于多于 6 个关键点时，可以使用 ALL，此时与关键点编号顺序无关，起始关键点为编号最小的关键点，且按最接近上一个关键点的距离依次确定其他关键点顺序。当有两个关键点距离上一个关键点距离相同时，则按曲率方向变化数目较小的路径确定顺序。

XV1，YV1，ZV1——在 P1 点与创建线相切外矢量的末点坐标，矢量坐标系的原点在关键点 P1 上，缺省时其方向与当前坐标系方向相同。但创建的曲线与当前坐标系无关，总是按直角坐标系生成。

XV6，YV6，ZV6——在 P6 点与创建线相切外矢量的末点坐标。如果关键点数目少于 6 个，则指最后一个关键点，而不是 P6 点。矢量坐标系同上。

如果外矢量的末点坐标省略，则末端采用零曲率拟合，即自然顺滑的曲线。创建曲线后，所有关键点均保留，但曲线由首尾两个关键点组成。

例如：

```
/PREP7                        ! 进入前处理
PI = ACOS(-1)                 ! 利用函数得到 π = 3.1415926,并赋值给变量 PI
*DO,I,0,10,1                  ! 利用循环,循环变量从 0～10,增量为 1;创建 11 个关键点
X1 = I/5 * PI                 ! 求得 X
Y1 = SIN(X1)                  ! 求 Y,使用了内部函数
K,2 * I + 1,X1,Y1             ! 创建关键点
K,2 * I + 50,X1,Y1 + 1
```

```
*ENDDO                                 ! 结束循环
KSEL,S,,,1,21                          ! 仅选择下面形成正弦曲线上的点形成当前子集
BSPLIN,ALL                             ! 按样条创建曲线
BSPLIN,ALL,,,,,,0,5,0,10,-6            ! 利用同样的关键点但给定两端矢量,可看出 L1 和 L2 的区别
                                       ! 采用多个关键点时按距离确定顺序的情况
KSEL,ALL                               ! 选择全部关键点,即关键点全集
BSPLIN,ALL                             ! 按样条创建曲线 L3
```

11. 创建分段样条曲线

命令:SPLINE, P1, P2, P3, P4, P5, P6, XV1, YV1, ZV1, XV6, YV6, ZV6

其中参数意义同上。不同之处在于该命令创建的曲线由多条曲线组成,可将上述例子中的 BSPLIN 命令改为 SPLINE 命令即可观察异同。二者在建模时有不同的用途,在后面建模练习中结合使用再具体介绍。这两个命令对于给定曲线方程时,创建曲线较为快捷。

12. 创建与既有线成一定角度的直线

命令:LANG, NL1, P3, ANG, PHIT, LOCAT

其中:

NL1——既有线的编号。如果为负值,则假定 P1 是既有线的第二个端点,而不是第一端点。

P3——创建线的末端关键点号。此关键点必须确定,不能为空。

ANG——创建线 PHIT－P3 与既有线 P1－P2 在点 PHIT 相交的角度(度)。如果为 0(缺省)则创建与 NL1 在近 P1 点相切的线;如果为 90°,则创建线与 NL1 垂直;如果为 180°,则创建与 NL1 在近 P2 点相切的线。ANG 可以是任意角度,但如 LOCAT 存在,则必须调整到锐角。但由于 ANSYS 相交算法不够精确,可能使创建的线及其给定的夹角会有误差。

PHIT——创建位于既有线上相交处的关键点编号,缺省时系统自动编号。如果欲创建的线与既有线不能相交,则不创建新线。

LOCAT——以沿既有线长度比例确定的 PHIT 近似位置,LOCAT 取值为 0～1,如果为空则该点的位置确定精度较差,可能导致任意选取一个位置。所以,ANSYS 建议尽量输入 LOCAT 的数值,以便确定的位置更准确。

例如:

```
/PREP7                                 ! 进入前处理
K,1$K,2,4$L,1,2$K,3,6,3                ! 创建关键点和直线
LANG,1,3,30                            ! 创建过 3 点与线 1 成 30°的直线
LANG,1,3,90                            ! 则不能相交,故不创建新直线
LANG,-3,2,150                          ! 创建过 2 点与线 3(反向)成 150°的直线
LANG,4,2,50                            ! 创建过 2 点与线 4 成 50°的直线
K,50,-1,2$K,51,2,4                     ! 在创建两个关键点
CSYS,1                                 ! 设置总体柱坐标系
L,4,50                                 ! 创建曲线
LANG,8,2,180                           ! 过 2 点创建与曲线末端相切的直线(切点仅末端点)
```

```
LANG,8,51,90                    ! 过 51 点创建与曲线垂直的直线
LANG,8,51                       ! 过 51 点创建与曲线相切的直线(切点仅始端点)
LANG,6,2,130,,0.4               ! 使用 LOCAT
```

13. 关键点绕轴线创建旋转线

命令:LROTAT, NK1, NK2, NK3, NK4, NK5, NK6, PAX1, PAX2, ARC, NSEG

其中:

NK1,NK2,NK3,NK4,NK5,NK6——将要旋转的关键点编号。NK1 可为 P、ALL 或元件名。

PAX1,PAX2——旋转轴的关键点编号。

ARC——弧长(度),对 PAX1-PAX2 旋转轴按右手规则为正,缺省为 360°。

NSEG——沿圆周的线段数,最多为 8 段。缺省时按 90°划分线,即 360°按 4 个划分。

例如:

```
/PREP7                                          ! 进入前处理
K,1$K,2,4$K,3,3,2$K,4,5,5$K,5,1,-3$K,6,2,-4     ! 创建 6 个关键点
LROTAT,3,4,5,6,,,1,2,280,7                      ! 以 1 和 2 为旋转轴旋转 3,4,5,6,旋转角为 280,分为 7 段
```

14. 通过坐标轴镜像创建线

命令:LSYMM, Ncomp, NL1, NL2, NINC, KINC, NOELEM, IMOVE

其中:

Ncomp——对称控制选项,可选 X(缺省),Y,Z 值。其余参数意义可参考 LGEN 命令。但该命令要求当前坐标系为直角坐标系,线可以在任意象限。与 KSYMM 相同,可通过设定当前坐标系为工作平面或局部坐标系而改变镜像位置。

15. 列表输出线信息

命令:LLIST, NL1, NL2, NINC, Lab

其中:

Lab ——采用列表方式,可选择:

空:则显示所有信息;

=RADIUS:列表输出线上的关键点和圆弧半径。直线、非圆弧线和不能确定为圆弧的线均显示半径为 0;

=HPT:列表输出仅包含硬点的线;

=ORIENT:列表输出线的清单,列出确定方位的关键点和与线相关的截面 ID 号。用于具有方位点和截面号的梁单元(如 BEAM18X 等)。

其余参数同 LGEN 命令中的说明。

16. 显示线

命令:LPLOT, NL1, NL2, NINC

其中参数意义同上。

17. 删除线

命令:LDELE, NL1, NL2, NINC, KSWP

其中：

KSWP——控制是否删除关键点。当KSWP＝0(缺省)则仅删除线；当KSWP＝1则删除线及不依附于其他几何图素上的关键点。当线已经划分了单元网格，则不能删除。

其余参数意义同上。

18. 选择一组线

命令：LSEL, Type, Item, Comp, VMIN, VMAX, VINC, KSWP

其中：

Type——同KSEL命令。

Item——选择数据标识，仅适用于Type＝S,R,A,U。缺省为LINE，如Item＝P，则进入GUI方式拾取。Item可选择的有：

＝LINE：以线号选择，其后参数相应赋值；

＝EXT：选择当前线子集中面的最外面线，其后无参数赋值；

＝LOC：以当前坐标系中的坐标值选择，其Comp可选择X,Y,Z，而X,Y,Z为线的中点坐标，且其后参数相应赋值。注意采用的是当前坐标系的坐标值；

＝TAN1：以线始点外切单位矢量选择，其Comp可选择X,Y,Z，其后无参数；

＝TAN2：以线末点外切单位矢量选择，其Comp可选择X,Y,Z，其后无参数；

＝NDIV：以指定线的划分数目选择，其后参数相应赋值；

＝SPACE：以线的划分间隔率选择，其后参数相应赋值；

＝MAT, TYPE ,REAL,ESYS：以线相关的材料号、单元类型号、实常数号、单元坐标号选择，其使用方法同KSEL中。

＝SEC：以截面ID号选择，其后参数相应赋值；

＝LENGTH：以线的长度选择，其后参数相应赋值；

＝RADIUS：以线的半径选择，其后参数相应赋值；

＝HPT：仅选择包含硬点的线，其后无参数；

＝LCCA：仅选择连接线(使用LCCAT命令创建的线)，其后无参数。

VMIN, VMAX, VINC——同KSEL中。

KSWP——控制选择方式。当KSWP＝0(缺省)则仅选择线；当KSWP＝1则选择与线相关的关键点、节点和单元，但仅在Type＝S时有效。

19. 选择与面相关的线

命令：LSLA, Type

其中Type仅可为S,R,A,U，其意义同上。

20. 选择与关键点相关的线

命令：LSLK, Type, LSKEY

其中：

LSKEY——包含关键点控制，当LSKEY＝0(缺省)则只要线的任意一个关键点在选择集中(使用了KSEL命令)，则选择该线。当LSKEY＝1则要求线的所有关键点均在选择集中才选择该线。

Type意义同LSLA中。

最后三条命令在以后几何建模和网格划分中使用，这里不再给出例子。

2.2.3 创建面

采用自顶向下的方法创建面，则 ANSYS 自动创建其线和关键点，线和关键点编号由系统自定义。自顶向下建模时，几何图素均在工作平面内创建，因此，图素的方位均与工作平面方位和位置有关。面的面积必须大于零，即不能采用退化面定义线。

如果采用自底向上方法创建面，则必须预先创建关键点或线。

ANSYS 创建面的方法很多，其创建命令和管理命令如表 2-3 所示。

面的创建和管理命令

表 2-3

命令	功能	备注
A	通过关键点创建面	与当前坐标系相关，直边或曲边面
AL	由线创建面	由线形状确定面各边形状
ADRAG	线沿路径拖拉创建面	由路径确定面的形状
AROTAT	线绕轴旋转生成弧面	与当前坐标系无关
AOFFST	偏移既有面创建新面	沿既有面法线方向偏移一定距离
AFILLT	在相交面间创建倒角面	两面初始可不相交
ASKIN	蒙皮创建光滑曲面	便于创建复杂曲面
AGEN	复制创建新面	与当前坐标系相关，可复制或移动
ARSYM	通过坐标轴镜像创建新面	仅在直角坐标系中
ASUB	通过既有面的形状创建新面	
ATRAN	将既有面转换到另一坐标系	
ALIST	列表输出面信息	
ARSCALE	对面进行缩放	
APLOT	显示面	
ADELE	删除面	
ASEL	选择一组面	
ASLL	选择与所选线相关的面	
ASLV	选择与所选体相关的面	
以下为自顶向下建面命令，其几何图素均在工作平面内创建		
RECTANG	通过两角点坐标创建矩形面	在工作平面上的任意位置
BLC4	通过一角点坐标和尺寸创建矩形面	在工作平面上的任意位置，可创建体
BLC5	通过中心坐标和尺寸创建矩形面	在工作平面上的任意位置，可创建体
PCIRC	在工作平面原点创建圆面或环面	圆心在工作平面原点
CYL4	通过圆心坐标和半径等创建圆或环面	在工作平面上的任意位置，可创建体
CYL5	通过圆上直径端点坐标创建圆面	在工作平面上的任意位置，可创建体
RPOLY	在工作平面原点创建正多边形面	
POLY	通过坐标对创建任意正多边形面	较少使用
RPR4	在工作平面任意位置创建正多边形面	可创建体

1. 通过关键点创建面

命令:A, P1, P2, P3, P4, P5, P6, P7, P8, P9, P10, P11, P12, P13, P14, P15, P16, P17, P18

其中:

P1~P18——关键点号。P1 可为 P(进入 GUI 方式顺序拾取关键点)。最多 18 个关键点,最少为 3 个关键点。关键点必须按顺时针或逆时针顺序输入,同时按右手规则确定面的正法线方向。当关键点数≥4 时,应该保证所有关键点位于同一平面或曲面内,即在当前坐标系下有一相同的坐标值,如 Z 相同,则该面位于 XY 平面内。

如果相邻两关键点已经存在线(直线或曲线),则创建面时使用该线,该线形状与当前坐标系无关;如果存在多条线,则采用其中最短的线(直线)。如果相邻关键点没有线,则创建面时边的形状决定当前坐标系,如在直角坐标系下生成直线边,而在柱坐标系下生成曲线边。但是,一旦由这些关键点创建了面,再改变当前坐标系也不能改变面的形状。

例如:

```
/PREP7                                  ! 进入前处理
CSYS,1                                  ! 设定柱坐标系
K,1,1$ K,2,1,90                         ! 在柱坐标系下创建关键点
L,1,2                                   ! 在柱坐标系创建线
CSYS,0                                  ! 设定直角坐标系
K,3,-1$K,4,0,-1$ K,5,0.5,-0.7           ! 在直角坐标系下创建关键点
KPSCALE,ALL,,,3,3                       ! 用比例创建另外一组关键点
A,1,2,3,4,5                             ! 在直角坐标系下创建面
L,6,7                                   ! 在直角坐标系创建线
CSYS,1                                  ! 设定柱坐标系
A,6,7,8,9,10                            ! 在柱坐标系下创建面
```

2. 通过线创建面

命令:AL, L1, L2, L3, L4, L5, L6, L7, L8, L9, L10

其中:

L1~L10——线编号,最少要 3 条线,当采用输入线号时最多 10 条线。生成面的正法线方向按右手规则由 L1 的方向确定。当 L1 为负值时,则表示面的正法线方向相反。L1 可为 ALL、P 或元件名;当 L1=ALL 时,面的法线由 L2 定义面的法线方向;当 L2 为空时,则默认为最小编号的线,且此时线数不受限制。

线号可以按任意顺序,但这些线必须是首尾相连可形成封闭的面。当线数≥4 时,线必须在同一平面内或曲面内。由于采用既有线创建面,线形就决定了面边的形状。

例如:

```
/PREP7                                  ! 进入前处理
CSYS,1                                  ! 设定柱坐标系
*DO,I,1,12                              ! 用循环创建关键点
```

```
K,I,5,30*(I-1)
*ENDDO
*DO,I,1,11                                    ! 用循环创建直线
LSTR,I,I+1
*ENDDO
L,1,12                                        ! 在当前坐标系下创建线(曲线)
AL,ALL                                        ! 由上述线创建面
```

3. 沿路径拖拉创建面

命令：ADRAG，NL1，NL2，NL3，NL4，NL5，NL6，NLP1，NLP2，NLP3，NLP4，NLP5，NLP6

其中：

NL1～NL6——将要拖拉的线号，也可为 P、ALL 或元件名，线必须是连续的。

NLP1～NLP6——路径线的编号，也必须是连续的；也可为元件名或 P。

用 ADRAG 创建的面，其线和关键点号由系统自动定义，且相邻面共用线、相邻线共用关键点。拖拉线与拖拉路径不一定相交，拖拉线仅仅将路径作为方向和参考长度，该命令在创建复杂曲面时较为方便。

例如：

```
/PREP7                                        ! 进入前处理
PI=ACOS(-1)                                   ! 利用函数得到 π=3.1415926,并赋值给变量 PI
*DO,I,0,10,1                                  ! 利用循环创建 11 个关键点
K,2*I+1,I/5*PI,SIN(I/5*PI)
*ENDDO                                        ! 结束循环
SPLIN,ALL                                     ! 按样条创建曲线
CM,PATH1,LINE                                 ! 定义元件 PATH1
K,50,,,2                                      ! 创建关键点及线
K,51,,1,4
L,1,50$L,50,51
ADRAG,11,12,,,,,PATH1                         ! 沿路径 PATH1 拖拉线 L11 和 L12 创建面
```

4. 线绕轴旋转生成弧面

命令：AROTAT，NL1，NL2，NL3，NL4，NL5，NL6，PAX1，PAX2，ARC，NSEG

其中：

NL1，NL2，NL3，NL4，NL5，NL6——将要旋转的线号，必须位于旋转轴的一侧且与旋转轴共面，即旋转轴与线不能相交，但轴可通过线的端点；NL1 也可为 ALL、P 或元件名。

PAX1，PAX2——旋转轴的关键点编号。

ARC——弧长(度)，对 PAX1－PAX2 旋转轴按右手规则为正，缺省为 360°。

NSEG——沿圆周的线段数，最多为 8 段。缺省时按 90°划分线，即 360°按 4 个划分。

例如：

```
/PREP7                                      ! 进入前处理
PI = ACOS(-1)                               ! π = 3.1415926
*DO,I,0,10,1                                ! 利用循环创建 11 个关键点
K,I+1,I/5*PI,SIN(I/5*PI)
*ENDDO                                      ! 结束循环
*DO,I,1,10                                  ! 利用循环创建多段直线
L,I,I+1
*ENDDO
K,50,2,2                                    ! 创建旋转轴的关键点
K,51,8,3
AROTAT,ALL,,,,,,50,51,270,6                 ! 绕旋转轴旋转线创建 270°弧面,并分为 6 段
```

5. 既有面偏移创建新面

命令:AOFFST, NAREA, DIST, KINC

其中:

NAREA——既有面的编号,也可为 ALL 或 P。

DIST——偏移距离,按右手规则由关键点顺序确定面的正法线方向为偏移方向。

KINC——创建面上关键点编号增量,如缺省则由系统自动定义。

例如:

```
/PREP7                                      ! 进入前处理
BLC4,,,10,20                                ! 创建矩形面
AOFFST,ALL,10                               ! 偏移既有面创建新面
```

6. 在相交面间创建倒角面

命令:AFILLT, NA1, NA2, RAD

其中:

NA1,NA2——分别为第 1 个和第 2 个相交面的面号,其中 NA1 也可为 P;如果初始不相交也可生成倒角面;但对于两曲面的倒角要慎重,可采用先对线倒角,然后再拖拉创建面。

RAD——生成倒角面的半径。

例如:

```
/PREP7                                      ! 进入前处理
K,1,1$K,2,0,2$K,3,-1                        ! 创建关键点
K,4$K,5,,,2
L,1,2$L,2,3                                 ! 创建线
L,4,5
ADRAG,1,2,,,,,3                             ! 沿线 3 拖拉创建面
AFILLT,1,2,0.5                              ! 对这两个面以半径 0.5 倒角创建新面
```

7. 蒙皮创建光滑曲面

命令:ASKIN, NL1, NL2, NL3, NL4, NL5, NL6, NL7, NL8, NL9

其中：

NL1——创建蒙皮面的第 1 条引导线，也可为 P 或元件名。如果为负值，则开始和结束的线用于引导其他线的蒙皮；NL1 值不能为 ALL，当多于 9 条时，可先选择线集并定义元件名，然后使用元件名创建蒙皮。

NL2～NL9——创建蒙皮的其他引导线，使用编号输入时最多为 9 条；如果 NL1 为负值，则最后线和开始线交换引导创建蒙皮。

蒙皮创建面，这些引导线充当“肋骨”作用；而给定的第 1 条和最后 1 条线是蒙皮面的两个相对边框，另外两个边框由所有给定引导线的端点按样条自动生成，面的内部将由内部引导线生成。蒙皮面生成后，原来引导线及其关键点都存在，但仅 4 条边依附于蒙皮面。

例如：

通过蒙皮创建椭圆抛物面，设 $z=x^2/9+y^2/16$，命令如下：

```
/PREP7                          ! 进入前处理
*DO,I,1,20                      ! 设第 1 个循环
X=I-10                          ! 求得 X 值
KSEL,NONE                       ! 设置关键点空集
*DO,J,1,20                      ! 设第 2 个循环
Y=J-10                          ! 求得 Y 值
Z=X*X/9+Y*Y/16                  ! 求得 Z 值
K,,X,Y,Z                        ! 创建关键点，采用自动编号
*ENDDO                          ! 结束第 1 循环
BSPLIN,ALL                      ! 由上面关键点按样条生成曲线
*ENDDO                          ! 结束第 2 循环
ALLSEL,ALL                      ! 选择全部几何图素
CM,LINECOMP,LINE                ! 将当前线集定义为元件，元件名称为 LINECOMP
ASKIN,LINECOMP                  ! 蒙皮创建曲面
```

8. 复制创建面

命令：AGEN，ITIME，NA1，NA2，NINC，DX，DY，DZ，KINC，NOELEM，IMOVE

其中：

ITIME——复制次数，缺省为 2。

NA1，NA2，NINC——欲复制面的编号范围和编号增量，NA1 可以为 ALL 或元件名。

DX，DY，DZ——在当前坐标系中，关键点坐标的偏移量；对于柱坐标系为—，Dθ，DZ；对于球坐标系为—，Dθ，—，其中—表示不可操作。

KINC——要创建的关键点编号增量，缺省时由系统自动指定。

NOELEM——是否创建单元和节点控制参数，NOELEM＝0（缺省）如果存在单元和节点则生成；NOELEM＝1 不生成单元和节点。

IMOVE——面是否被移动或重新创建。IMOVE＝0（缺省）原来的面不动，重新创建新面；当 IMOVE＝1 不创建新面，原来的面移动到新位置，此时编号不变（即 ITIME、KINC 和 NOELEM 均无效），且单元和节点一并移动。

例如：

接蒙皮命令后：

```
AGEN,2,1,,,,,20                    ! 将上述蒙皮面复制一个,DZ = 20
AGEN,,ALL,,,50,,,,,1               ! 将上述两个蒙皮面沿 X 相对移动 50
CSYS,1                             ! 设定柱坐标系
AGEN,,ALL,,,,60,,,,1               ! 将模型旋转 60 度
```

9. 通过坐标轴对称创建面

命令：ARSYM, Ncomp, NA1, NA2, NINC, KINC, NOELEM, IMOVE

其中：

Ncomp——对称控制选项，可选 X(缺省)，Y，Z 值。在直角坐标系下，面可以在任意象限。

其余参数同 AGEN 命令中的说明。

例如：

接倒角命令后：ARSYM,Y,ALL

10. 通过既有面的形状创建新面

命令：ASUB, NA1, P1, P2, P3, P4

其中：

NA1——既有面号，也可为 P。

P1,P2,P3,P4——依次为创建面的第 1,2,3,4 角点的关键点号，这些关键点必须位于既有面内。

创建的新面与既有面形状相同，并将覆盖既有面，且与当前坐标系无关。

11. 将既有面转换到另一坐标系生成新面

命令：ATRAN, KCNTO, NA1, NA2, NINC, KINC, NOELEM, IMOVE

其中：

KCNTO——既有面被转换到的坐标系参考编号。转换要在当前坐标系下进行，即当前激活的坐标系就是 KCNTO 号定义的坐标系。

其余参数同 AGEN 命令中的说明。

转换的新面不覆盖既有面，有其自己的线和关键点。ASUB 和 ATRAN 命令对于构造比较复杂的面时常常用到，一般使用不多。

12. 列表输出面信息

命令：ALIST, NA1, NA2, NINC, Lab

其中：

Lab——采用列表方式，其值可取：

=空：则显示所有信息。

=HPT：列表输出仅包含硬点的面。

其余参数同 AGEN 中的说明。

13. 显示面

命令：APLOT, NA1, NA2, NINC, DEGEN, SCALE

其中：

NA1，NA2，NINC——同 AGEN 命令中的说明。

DEGEN——退化标记。如为空（缺省）则不使用退化标记；如为 DEGE 则在退化的关键点处显示红色一星状标志，如设置/FACET，WIRE 则该选择无效。

SCALE——退还标记星状标志的缩放系数，缩放依据窗口大小而定，缺省为 0.075。

其余参数同 AGEN 命令中的说明。

14. 删除面

命令：ADELE，NA1，NA2，NINC，KSWP

其中：

NA1，NA2，NINC——同 AGEN 命令中的说明。

KSWP——删除控制参数，当 KSWP＝0（缺省）时则仅删除面；当 KSWP＝1 时则删除其线和关键点，但线和关键点不依附其他图素。

15. 选择一组面

命令：ASEL，Type，Item，Comp，VMIN，VMAX，VINC，KSWP

其中：

Type——选择类型标识。其值可取：

＝S：从所有面中（全集）选择一组新的面子集为当前子集。

＝R：从当前子集中再选择一组面，形成新的当前子集。

＝A：从全集中另外选择一组面子集添加到当前子集中。

＝U：从当前子集中去掉一组面子集。

＝ALL：重新选择当前子集为所有面，即全集。

＝NONE：不选择任何关键点，当前子集为空集。

＝INVE：选择与当前子集相反的部分，形成新的当前子集。

＝STAT：显示当前子集状态。

Item——选择数据标识，仅适用于 Type＝S，R，A，U。缺省为 AREA。Item 可选择的有：

＝AREA：以面号选择，其后参数相应赋值。

＝EXT：选择当前体子集中最外侧的表面，其后无参数赋值。

＝LOC：以当前坐标系中的坐标值选择，其 Comp 可选择 X，Y，Z，而 X，Y，Z 为面的中心坐标，且其后参数相应赋值。

＝MAT，TYPE，REAL，ESYS：以与面相关的材料号、单元类型号、实常数号、单元坐标号选择，其后参数均要相应赋值。

＝SECN：以与面相关的截面选择，其后参数相应赋值。

＝HPT：仅选择包含硬点的面，其后无参数。

＝ACCA：仅选择连接面（使用 ACCAT 命令创建的面），其后无参数。

VMIN，VMAX，VINC——同 LSEL 中的说明。

KSWP——控制选择方式。当 KSWP＝0（缺省），则仅选择面；当 KSWP＝1，则选择与面相关的线、关键点、节点和单元，但仅在 Type＝S 时有效。

16. 选择与所选线相关的面

命令：ASLL，Type，ARKEY

其中：

Type——选择类型标识，其值可取R,S,A,U。

ARKEY——与面相关线的选择控制参数。ARKEY＝0（缺省），则只要面的任意一条线在选择集中（使用了LSEL命令），则选择该面；当ARKEY＝1，则要求面的所有线均在选择集中才选择该面。

17. 选择与所选体相关的面

命令：ASLV，Type

其中Type参数同ASLL命令中的说明。

18. 通过两角点坐标创建矩形面

命令：RECTNG，X1，X2，Y1，Y2

其中：

X1,X2——矩形面在工作平面X方向坐标值。

Y1,Y2——矩形面在工作平面Y方向坐标值。

该命令在工作平面上创建矩形，同时生成线和关键点。

例如：

```
/PREP7                    ! 进入前处理
WPOFF,1,1                 ! 将工作平面沿其坐标轴 X 和 Y 各移动 1
RECTNG,1,2,0,1            ! 创建矩形面 A1
WPROTA,,90                ! 将工作平面绕其 X 轴旋转 90 度
RECTNG,1,2,0,1            ! 创建矩形面 A2
WPROTA,,,90               ! 将工作平面绕其 Y 轴旋转 90 度
WPOFF,,,0.5               ! 将工作平面沿其坐标轴 Z 移动 1
RECTNG,0,1,0,1            ! 创建矩形面 A3
```

19. 通过一角点坐标和尺寸创建矩形面

命令：BLC4，XCORNER，YCORNER，WIDTH，HEIGHT，DEPTH

其中：

XCORNER,YCORNER——矩形面或块体第1个角点在工作平面上的X和Y坐标。

WIDTH——平行于工作平面X轴方向离XCORNER的距离。

HEIGHT——平行于工作平面Y轴方向离YCORNER的距离。

DEPTH——离工作平面的垂直距离，即平行于Z轴。DEPTH＝0（缺省），则牛成面；若WIDTH或HEIGHT或DEPTH为负值，则为反方向距离。

例如：

```
/PREP7                    ! 进入前处理
BLC4,,,1,2                ! 创建矩形面 A1，角点在原点
BLC4,,,-1,-2              ! 创建矩形面 A2，角点在原点
```

```
WPROTA,,90                              ! 将工作平面绕其 X 轴旋转 90 度
BLC4,1,1,1,2                            ! 创建矩形面 A3
```

20. 通过中心坐标和尺寸创建矩形面

命令:BLC5, XCENTER, YCENTER, WIDTH, HEIGHT, DEPTH

其中:

XCENTER,YCENTER——矩形面或块体中心在工作平面上的 X 和 Y 坐标值。

WIDTH——矩形面或块体的宽度,与工作平面 X 轴平行。

HEIGHT——矩形面或块体的高度,与工作平面 Y 轴平行。

DEPTH——到工作平面的垂直距离,与工作平面 Z 轴平行。DEPTH＝0(缺省),则生成面。

若 WIDTH 或 HEIGHT 为负值忽略其负号;若 DEPTH 为负值,则为反方向尺度。

例如:

```
/PREP7                                  ! 进入前处理
BLC5,,,1,2                              ! 创建矩形面 A1
BLC5,1,1,-2,-2                          ! 创建矩形面 A2,高度和宽度负号忽略
BLC5,-1,-1,1,2,3                        ! 创建体 V1
BLC5,-1,-1,1,2,-3                       ! 创建体 V2
```

21. 在工作平面原点创建圆面或环面

命令:PCIRC, RAD1, RAD2, THETA1, THETA2

其中:

RAD1,RAD2——圆面的内外半径,可按任意顺序输入,生成圆面时以较大值为外半径。RAD1 或 RAD2 中任意一个为 0 或空,或者二者相等,都生成一个实心圆面。圆面或环面均在工作平面内创建,其中心在工作平面原点。

THETA1,THETA2——圆面开始和结束的角度,也可不按顺序输入;缺省分别为 0°和 360°。

例如:

```
/PREP7                                  ! 进入前处理
PCIRC,1,2,0,250                         ! 创建内半径为 1、外半径为 2 的 250°扇环面
WPOFF,4                                 ! 移动工作平面
PCIRC,1,,0,110                          ! 创建半径为 1 的 110°扇面
PCIRC,2,,150,260                        ! 创建半径为 2 的从 150～260°扇环面
WPROTA,,,90                             ! 旋转工作平面
PCIRC,4,,,90                            ! 创建半径为 4 的 90°扇面
```

22. 通过圆心坐标和半径等创建圆或环面

命令:CYL4, XCENTER, YCENTER, RAD1, THETA1, RAD2, THETA2, DEPTH

其中:

XCENTER,YCENTER——圆面或圆柱体中心在工作平面上的X和Y坐标值。

RAD1,RAD2——圆面或圆柱体的内外半径,可按任意顺序输入;RAD1或RAD2中任意一个为0或空,或者二者相等,都生成一个实心圆面或实心圆柱体。

THETA1,THETA2——圆面或圆柱体开始和结束的角度,也可不按顺序输入。缺省分别为0°和360°。

DEPTH——到工作平面的垂直距离,即圆柱体高度,与工作平面Z轴平行。DEPTH=0(缺省)则生成圆面。

例如:

```
/PREP7                          ! 进入前处理
CYL4,,,1,90,2,270               ! 在工作平面原点创建内半径为1,外半径为2,从90°～270°的圆环面
CYL4,,,1,,,60                   ! 在工作平面原点创建半径为1的60°扇面
CYL4,3,,2                       ! 在X=3,Y=0处创建半径为2的实心圆面
WPROTA,,90                      ! 旋转工作平面
CYL4,6,,1,,2,260,3              ! 创建部分空心圆柱体
```

23. 通过圆上直径端点坐标创建圆面

命令:CYL5, XEDGE1, YEDGE1, XEDGE2, YEDGE2, DEPTH

其中:

XEDGE1,YEDGE1——圆面或圆柱体直径上的一个端点在工作平面上的X和Y坐标。

XEDGE2,YEDGE2——圆面或圆柱体直径上的另一个端点在工作平面上的X和Y坐标。

DEPTH同CYL4中的说明。

例如:

```
/PREP7                          ! 进入前处理
CYL5,1,-2,-1,3                  ! 创建圆面
CYL5,3,2,2,3,1                  ! 创建圆柱体
```

24. 在工作平面原点创建正多边形面

命令:RPOLY, NSIDES, LSIDE, MAJRAD, MINRAD

其中:

NSIDES——正多边形的边数,必须大于2。

LSIDE——正多边形的边长。

MAJRAD——多边形外接圆的半径。如输入LSIDE,则不使用该项。

MINRAD——多边形内接圆的半径。如输入LSIDE或MAJRAD,则不使用该项。

多边形在工作平面内创建,多边形中心在工作平面原点。

例如:

```
/PREP7                          ! 进入前处理
RPOLY,5,1                       ! 创建边长为1的5边形
WPOFF,2                         ! 移动工作平面
```

```
RPOLY,8,1                         ! 创建边长为 1 的 8 边形
WPOFF,0,3                         ! 移动工作平面
RPOLY,8,,2                        ! 创建外接圆半径为 2 的 8 边形
WPOFF,-2                          ! 移动工作平面
RPOLY,7,,,1                       ! 创建内接圆半径为 1 的 7 边形
```

25. 在工作平面任意位置创建正多边形面

命令:RPR4, NSIDES, XCENTER, YCENTER, RADIUS, THETA, DEPTH

其中:

NSIDES——正多边形的边数或棱柱体面数,必须大于 2。

XCENTER,YCENTER——多边形面或棱柱体中心在工作平面上 X 和 Y 的坐标。

RADIUS——外接圆或外接圆柱的半径。

THETA——从工作平面 X 轴到多边形或棱柱体顶点的第 1 个关键点的角度,用于确定多边形面或棱柱体的方向,缺省为 0。

DEPTH——到工作平面的垂直距离,如为 0(缺省)则生成面。

例如:

```
/PREP7                            ! 进入前处理
RPR4,3,1,1,2,90                   ! 创建中心在 X=1 和 Y=1 处外接圆半径为 2 的 3 边形,角度为 90°
RPR4,3,1,1,2                      ! 创建中心在 X=1 和 Y=1 处外接圆半径为 2 的 3 边形,角度为 0°
RPR4,5,3,3,2,90                   ! 创建中心在 X=3 和 Y=3 处外接圆半径为 2 的 5 边形,角度为 0°
WPROTA,,90                        ! 旋转工作平面
RPR4,7,-4,,3,,-1                  ! 创建中心在 X=-4 和 Y=0 处外接圆半径为 3 的 7 边形棱柱体,
                                  ! 角度为 0°,高度为 1(在 Z 反方向)
```

2.2.4 创建体

体用于描述 3D 几何实体,仅当需要用 3D 体单元时才必须建立几何体。几何体的创建命令大多可创建几何面,其方法是将某一方向的坐标设为空或零即可。

体的创建和管理命令如表 2-4 所示。

体的创建和管理命令 表 2-4

命　令	功　能	备　注
V	通过关键点创建体	形状与当前坐标系相关
VA	通过面创建体	与当前坐标系无关
VDRAG	沿路径拖拉面创建体	与当前坐标系无关
VROTAT	面绕轴旋转创建柱体	与当前坐标系无关
VOFFST	面偏移创建体	与当前坐标系无关
VEXT	通过面延伸创建体	与当前坐标系相关
VGEN	复制创建体	与当前坐标系相关

续上表

命　　令	功　　能	备　　注
VSYMM	通过坐标轴镜像创建体	必须在直角坐标系下
VTRAN	坐标系转换创建体	
VLSCALE	对体进行缩放创建体	
VLIST	列表输出体信息	
VPLOT	显示体	
VSEL	选择一组体	
VSLA	选择与所选面相关的体	
VDELE	删除体	
以下为自顶向下建面命令，其几何体素均在工作平面内创建		
BLOCK	创建长方体	在工作平面内任意位置创建
BLC4	通过一角点坐标和尺寸创建长方体	可创建面
BLC5	通过面中心坐标和尺寸创建长方体	可创建面
CYLIND	在工作平面原点创建圆柱体或部分圆柱体	
CYL4	通过圆心坐标和半径等创建圆柱体	可创建面
CYL5	通过圆上直径两端点坐标创建圆柱体	可创建面
RPRISM	在工作平面原点创建正棱柱体	实心正棱柱体
RPR4	在工作平面任意位置创建正棱柱体	可创建面
PRISM	通过工作平面坐标对创建正棱柱体	不常用
SPHERE	在工作平面原点创建球体	实心、空心或部分
SPH4	在工作平面任意位置创建球体	空心球体
SPH5	通过直径端点生成球体	实心球体
CONE	以工作平面原点为圆心创建圆锥体	圆锥、圆台或部分
CON4	在工作平面任意位置创建圆锥体	圆锥或台
TORUS	以工作平面原点为环心创建环体	实心、空心或部分

1. 通过关键点创建体

命令:V, P1, P2, P3, P4, P5, P6, P7, P8

其中:

P1～P8——体角点的关键点号。P1 也可为 P(进入 GUI 拾取关键点)。关键点顺序非常重要,应以顺时针或逆时针顺序输入底面的关键点,接着再输入顶面对应的关键点,或者逆时针也可。该命令创建体的形状与当前坐标系相关,如在柱坐标系下可创建圆柱体。最少要 4 个关键点,最多 8 个。

例如：

```
/PREP7                                    ! 进入前处理
K,1,1$K,2,0,1$K,3,-1$K,4,0,-1             ! 创建关键点
KGEN,2,ALL,,,,,4                          ! 复制关键点创建另外的四个
CM,KPCOMP,KP                              ! 定义关键点元件
KGEN,2,KPCOMP,,,3                         ! 复制上述元件中的关键点
KGEN,2,KPCOMP,,,6                         ! 复制上述元件中的关键点
KGEN,2,KPCOMP,,,10                        ! 复制上述元件中的关键点
V,1,2,3,4,5,6,7,8                         ! 创建长方体
CSYS,1                                    ! 设定总体柱坐标系
V,9,10,11,12,13,14,15,16                  ! 创建体(类似空心圆柱体切下来的一部分)
LOCAL,12,1,6                              ! 定义局部柱坐标系
V,20,19,18,17,24,23,22,21                 ! 创建圆柱体
LOCAL,13,2,10                             ! 定义局部球坐标系
V,25,26,27,28,29,30,31,32                 ! 创建的体为桶形体
```

2. 通过面创建体

命令：VA，A1，A2，A3，A4，A5，A6，A7，A8，A9，A10

其中：

A1～A10——面号，最少为 4 个，输入面号时最多为 10 个。A1 也可为 ALL、元件名或 P。面必须连续闭合，但输入的顺序可任意。当要创建的体关键点数目大于 8 时，可采用该命令。由于采用的是既有面，在创建体时其形状是确定的，因此与当前坐标系无关。当使用自顶向下建模有困难时，可采用该命令创建复杂几何实体，如两段等截面梁中的变截面部分等。

例如：

```
/PREP7                                    ! 进入前处理
RPR4,6,,,2                                ! 创建外接圆半径为 2 的正 6 边形，起始角为 0°
WPOFF,,,20                                ! 移动工作平面
RPR4,6,,,2,30                             ! 创建外接圆半径为 2 的正 6 边形，起始角为 30°
 *DO,I,1,5                                ! 循环创建外侧的三角形面
A,I,I+1,I+6
A,I+1,I+6,I+7
 *ENDDO
A,1,6,12                                  ! 创建最后两个三角形面
A,1,12,7
VA,ALL                                    ! 创建棱柱体
```

3. 沿路径拖拉面创建体

命令：VDRAG，NA1，NA2，NA3，NA4，NA5，NA6，NLP1，NLP2，NLP3，NLP4，NLP5，NLP6

其中：

NA1,NA2,NA3,NA4,NA5,NA6——将要拖拉的面号,NA1 也可为 ALL、元件名及 P;被拖拉的面均位于路径始点的一侧,否则可能会发生异常。

NLP1,NLP2,NLP3,NLP4,NLP5,NLP6——路径的线号。线必须是连续的,也可为一条线。当面和路径线不相交且不垂直时,所拖拉创建的体可能会发生异常。因面和路径是既有几何实体,因此,拖拉与当前坐标系无关。该命令可利用面的网格生成体单元网格。

例如:

```
/PREP7                              ! 进入前处理
RPOLY,6,2                           ! 创建正六边形
CYL4,8,0,1                          ! 创建实心圆形
K,120                               ! 创建关键点,如将此改为 K,120,,,4 则面与路径离开
K,121,,,40$K,122,,60,40
L,120,121$L,121,122                 ! 创建线
LFILLT,11,12,10                     ! 对上述线倒角
VDRAG,1,2,,,,,11,13,12              ! 沿线 11,13,12 组成的路径拖拉面 1 和 2,创建两体
```

4. 面绕轴旋转创建柱体

命令:VROTAT, NA1, NA2, NA3, NA4, NA5, NA6, PAX1, PAX2, ARC, NSEG

其中:

NA1～NA6——同 VDRAG 中的说明。所要旋转的面必须位于旋转同一侧,否则应分开旋转。

PAX1,PAX2——旋转轴的关键点编号。

ARC——弧长(度),对 PAX1－PAX2 旋转轴按右手规则为正,缺省为 360°。

NSEG——沿圆周的线段数,最多为 8 段。缺省时按 90°划分线,即 360°按 4 个划分。

该命令可利用面的网格生成体单元网格。

例如:

```
/PREP7                              ! 进入前处理
K,1$K,2,,3                          ! 创建关键点
RPR4,5,10,,2                        ! 创建 5 边形面
RPR4,6,-15,,1                       ! 创建 6 边形面
VROTAT,1,,,,,,1,2                   ! 先旋转面 1
VROTAT,2,,,,,,1,2                   ! 再旋转面 2
```

5. 面偏移创建体

命令:VOFFST, NAREA, DIST, KINC

其中:

NAREA——要偏移的面号,该面将作为创建体的一个面,面的关键点就是体的关键点。

DIST——沿法线方向的距离,法线正方向由关键点的顺序按右手规则确定。

KINC——关键点编号增量。如其为 0,则由系统自动编号。

该命令与当前坐标系无关。该命令可利用面的网格生成体单元网格。

例如：

```
/PREP7                         ! 进入前处理
RPR4,5,-10,,2                  ! 创建5边形面
WPROTA,,90                     ! 旋转工作平面
RPR4,7,8,,2                    ! 创建7边形面
VOFFST,1,20                    ! 偏移面1
VOFFST,2,10                    ! 偏移面2
```

6. 通过面延伸创建体

命令：VEXT，NA1，NA2，NINC，DX，DY，DZ，RX，RY，RZ

其中：

NA1,NA2,NINC——按增量NINC从NA1到NA2定义面的范围(NA2缺省为NA1)，NINC缺省为1,NA1也可为ALL或元件名,此时NA2和NINC将被忽略。

DX,DY,DZ——在当前坐标系中,关键点坐标值在X、Y和Z方向的增量(在柱坐标系中为DR,Dθ,DZ;在球坐标系中为DR，Dθ,DΦ)。

RX,RY,RZ——在当前坐标系中,将要生成的关键点坐标值在X、Y和Z方向的缩放系数(在柱坐标系中为RR,Rθ,RZ;在球坐标系中为RR，Rθ,RΦ;其中Rθ和RΦ为角度增量)。例如,当CSYS=1时,RX,RY,RZ分别输入1.5,10,3:将对半径值放大1.5倍,关键点增加10°偏移量,Z方向放大3倍。缩放系数为0、空或负时都假定为1.0。角度偏移量为0或空无效。当指定该缩放系数时,先执行缩放操作,然后再延伸。该命令可利用面的网格生成体单元网格。

例如：

```
/PREP7                         ! 进入前处理
 *DO,I,1,5                     ! 循环创建5个5边面
RPR4,5,8*(I-1),,2
 *ENDDO
VEXT,1,,,,,30,2,2,2            ! 延伸面1,X,Y,Z放大系数均为2,变截面棱柱体
VEXT,2,,,,,30                  ! 延伸面2,等截面棱柱体
VEXT,3,,,,,30,2                ! 延伸面3,歪棱柱体
CSYS,1                         ! 设定柱坐标系
VEXT,4,,,,30,10                ! 延伸面4,歪扭棱柱体
CSYS,2                         ! 设定球坐标系
VEXT,5,,,20,30,50              ! 延伸面5,歪扭棱柱体
```

7. 复制创建体

命令：VGEN，ITIME，NV1，NV2，NINC，DX，DY，DZ，KINC，NOELEM，IMOVE

其中：

ITIME——复制次数,缺省为2。

NV1,NV2,NINC——欲复制体的编号范围和编号增量,NV1可以为ALL或元件名。

DX,DY,DZ——在当前坐标系中,关键点坐标的偏移量。对于柱坐标系为--,Dθ,DZ;对于球坐标系为--,Dθ,--,其中--表示不可操作。

KINC——要创建的关键点编号增量,缺省时由系统自动指定。

NOELEM——是否创建单元和节点控制参数。NOELEM=0(缺省),如果存在单元和节点则生成;NOELEM=1,不生成单元和节点。

IMOVE——体是否被移动或重新创建。IMOVE=0(缺省),原来的体不动,重新创建新体;当IMOVE=1,不创建新体,原来的体移动到新位置,此时编号不变(即ITIME、KINC和NOELEM均无效),且单元和节点一并移动。

例如:

```
/PREP7                        ! 进入前处理
BLC4,4,5,1,2,3,6              ! 创建长方体
VGEN,2,1,,,6                  ! 复制长方体
CSYS,1                        ! 设定柱坐标系
VGEN,,2,,,,30,,,,1            ! 将V2旋转30°,即将几何模型旋转
```

8.通过坐标轴镜像创建体

命令:VSYMM, Ncomp, NV1, NV2, NINC, KINC, NOELEM, IMOVE

其中:

Ncomp——对称控制选项,可选X(缺省),Y,Z值。必须在直角坐标系下,体可以在任意象限。

其余参数同VGEN命令中的说明。

例如:

接着VGEN命令中的例子:

```
CSYS,0                        ! 必须在直角坐标系
VSYMM,X,ALL                   ! 镜像所有体创建新体
```

9.列表输出体信息

命令:VLIST, NV1, NV2, NINC

其中参数意义同VGEN中的说明。

10.显示体

命令:VPLOT, NV1, NV2, NINC, DEGEN, SCALE

其中NV1,NV2,NINC参数意义同VGEN中的说明,DEGEN,SCALE同APLOT中的说明。

11.选择一组体

命令:VSEL, Type, Item, Comp, VMIN, VMAX, VINC, KSWP

其中:

Type——选择类型标识,同ASEL中的说明。

Item——选择数据标识,仅适用于Type=S,R,A,U。缺省为VOLU。Item可选择的有:

=VOLU:以体号选择,其后参数相应赋值。

=LOC:以当前坐标系中的坐标值选择,其 Comp 可选择 X,Y,Z,而 X,Y,Z 为体的中心坐标,且其后参数相应赋值。

=MAT, TYPE ,REAL,ESYS:以与体相关的材料号、单元类型号、实常数号、单元坐标号选择,其后参数均要相应赋值。

VMIN, VMAX, VINC——同 ASEL 中的说明。

KSWP——控制选择方式。当 KSWP=0(缺省),则仅选择体;当 KSWP=1,则选择与体相关的面、线、关键点、节点和单元,但仅在 Type=S 时有效。

12. 选择与所选面相关的体

命令:VSLA, Type, VLKEY

其中 Type 仅可为 S,R,A,U,而 VLKEY 意义与 ASLL 中的类似。

13. 删除体

命令:VDELE, NV1, NV2, NINC, KSWP

其中:

NV1,NV2,NINC——同 VGEN 命令中的说明。

KSWP——删除控制参数,当 KSWP=0(缺省)时仅删除体;当 KSWP=1 时也删除其面、线和关键点,但线和关键点不依附其他图素。

14. 创建长方体

命令:BLOCK, X1, X2, Y1, Y2, Z1, Z2

其中:

X1, X2, Y1, Y2, Z1, Z2——分别为长方体在工作平面 X,Y,Z 坐标上的起始和结束的坐标值。该命令与当前坐标系无关,仅与工作平面位置和坐标系相关。

例如:

```
/PREP7                     ! 进入前处理
WPOFF,3,4,5                ! 移动工作平面
WPROTA,,90                 ! 旋转工作平面
BLOCK,0,1,0,2,0,3          ! 创建长方体
```

15. 通过一角点坐标和尺寸创建长方体

命令:BLC4, XCORNER, YCORNER, WIDTH, HEIGHT, DEPTH

其中参数意义见 2.2.3 中的 BLC4。

例如:

```
/PREP7                     ! 进入前处理
BLC4,5,0,2,3,4             ! 以(5,0)坐标点和尺寸创建长方体
```

16. 通过面中心坐标和尺寸创建长方体

命令:BLC5, XCENTER, YCENTER, WIDTH, HEIGHT, DEPTH

其中参数意义见 2.2.3 中的 BLC5。

例如：

接上例 BLC4 为：

```
BLC5,,,2,3,4                    ！面的中心坐标为原点,创建尺寸为2,3,4的长方体
```

17. 在工作平面原点创建圆柱体或部分圆柱体

命令：CYLIND, RAD1, RAD2, Z1, Z2, THETA1, THETA2

其中：

RAD1,RAD2——圆柱体的内外半径,可按任意顺序输入,RAD1 或 RAD2 任一值为 0 或空,或者 RAD1 和 RAD2 输入相同的值都创建一个实心圆柱体。

Z1,Z2——圆柱体在工作平面 Z 坐标上的起始和结束坐标值。

THETA1,THETA2——圆柱体起始和结束角,可创建部分圆柱体,缺省为 0 和 360°

例如：

```
/PREP7                          ！进入前处理
CYLIND,1.2,1,2,10,0,290         ！创建内半径为1外半径为1.2的部分圆柱体
WPROTA,,,90                     ！旋转工作平面
CYLIND,1.2,1,2,15               ！创建内半径为1外半径为1.2的圆柱体
WPROTA,,90                      ！旋转工作平面
CYLIND,1.2,1,2,-6,30,290        ！创建内半径为1外半径为1.2的圆柱体,角度从30到290°
```

18. 通过圆心坐标和半径等创建圆柱体

命令：CYL4, XCENTER, YCENTER, RAD1, THETA1, RAD2, THETA2, DEPTH

其中参数意义见 2.2.3 中的 CYL4。

例如：

```
/PREP7                          ！进入前处理
CYL4,,,4,30,5,210,10            ！创建圆部分柱壳
WPROTA,,90                      ！旋转工作平面
CYL4,10,0,5,,,,8                ！创建圆柱体
```

19. 通过圆上直径两端点坐标创建圆柱体

命令：CYL5, XEDGE1, YEDGE1, XEDGE2, YEDGE2, DEPTH

其中参数意义见 2.2.3 中的 CYL5。

例如：

接上例 BLC4 为：

```
CYL5,-1,-2,2,3,6                ！在工作平面上直径端点为(-1,-2)和(2,3),创建圆柱体
```

20. 在工作平面原点创建正棱柱体

命令：RPRISM, Z1, Z2, NSIDES, LSIDE, MAJRAD, MINRAD

其中：

Z1,Z2——在工作平面 Z 坐标上的起始和结束坐标值。

其余参数意义与 RPOLY 命令中的相同。

例如：

```
/PREP7                      ! 进入前处理
RPRISM,2,10,7,1             ! 创建正 7 边形棱柱体
WPROTA,,,90                 ! 旋转工作平面
RPRISM,2,10,6,1             ! 创建正 6 边形棱柱体
WPROTA,,90                  ! 旋转工作平面
RPRISM,2,10,3,1             ! 创建正 3 边形棱柱体
```

21. 在工作平面任意位置创建正棱柱体

命令：RPR4，NSIDES，XCENTER，YCENTER，RADIUS，THETA，DEPTH

其中参数意义见 2.2.3 中的 RPR4。

例如：

```
/PREP7                      ! 进入前处理
RPR4,5,,,4,,10              ! 在工作平面原点创建正 5 边形棱柱体
```

22. 在工作平面原点创建球体

命令：SPHERE，RAD1，RAD2，THETA1，THETA2

其中：

RAD1，RAD2——球体的内外半径，输入顺序任意，RAD1 或 RAD2 任一值为 0 或空，或者 RAD1 和 RAD2 输入相同的值都创建一个实心球体。

THETA1，THETA2——球体的起始和结束角，缺省为 0 和 360°。

例如：

```
/PREP7                      ! 进入前处理
SPHERE,1,1.2,0,180          ! 创建半个球壳
WPOFF,3                     ! 移动工作平面
SPHERE,1,1.2,0,-90          ! 创建 1/4 个球壳
```

23. 在工作平面任意位置创建球体

命令：SPH4，XCENTER，YCENTER，RAD1，RAD2

其中：

XCENTER，YCENTER——球体中心在工作平面上的 X 和 Y 坐标值。

RAD1，RAD2——球体的内外半径，输入顺序任意，同 SPHERE 要求。

例如：

```
/PREP7                      ! 进入前处理
SPH4,4,,1                   ! 在 X=4,Y=0 处创建半径为 1 的实心球体
SPH4,8,,2,1                 ! 在 X=8,Y=0 处创建外半径为 2 内半径为 1 的实心球体
```

24. 通过直径端点生成球体

命令:SPH5, XEDGE1, YEDGE1, XEDGE2, YEDGE2

其中:

XEDGE1,YEDGE1——球体直径一端在工作平面上X和Y方向的坐标值。

XEDGE2,YEDGE2——球体直径另一端在工作平面上X和Y方向的坐标值。

例如:

接上命令流:

```
SPH5,1,4,2,8                         ! 通过工作平面上(1,4)和(2,8)点创建球体
```

25. 以工作平面原点为圆心创建圆锥体

命令:CONE, RBOT, RTOP, Z1, Z2, THETA1, THETA2

其中:

RBOT,RTOP——圆锥体底面和顶面的半径。RBOT或RTOP任一值为0或空,则在中心轴上生成一个退化的面(即锥体顶点)。如RBOT=RTOP则生成一个圆柱体。RBOT和BTOP分别对应Z1和Z2,其决定了圆锥体的方向。

Z1,Z2——圆锥体在工作平面Z坐标上的起始和结束坐标值。

THETA1,THETA2——圆锥体起始和结束角,可创建部分圆锥体。缺省为0和360°。

例如:

```
/PREP7                               ! 进入前处理
CONE,2,,2,6                          ! 创建圆锥体
WPOFF,8                              ! 移动工作平面
CONE,0,2,2,6                         ! 创建倒圆锥体
WPOFF,8                              ! 移动工作平面
CONE,2,1,1,7                         ! 创建锥台
WPOFF,8                              ! 移动工作平面
CONE,1,2,1,7,30,270                  ! 创建部分锥台
```

26. 在工作平面任意位置创建圆锥体

命令:CON4, XCENTER, YCENTER, RAD1, RAD2, DEPTH

其中:

XCENTER,YCENTER——锥体中心轴在工作平面上的X和Y坐标值。

RAD1,RAD2——圆锥体或圆台两底面半径。RAD1或RAD2任一值为0或空,则在中心轴上生成一个退化的面(即锥体顶点)。如RAD1=RAD2则生成一个圆柱体。RAD1定义的面在工作平面上,RAD2定义的面与工作平面平行。

DEPTH——到工作平面的垂直距离即锥体的高度,平行于Z轴,此值不能为0。

例如:

接上命令流:

```
CON4,0,10,2,3,4
```

27. 以工作平面原点为环心创建环体

命令:TORUS, RAD1, RAD2, RAD3, THETA1, THETA2

其中:

RAD1,RAD2,RAD3——环体的 3 个半径,可按任意顺序输入。最小的半径为环内半径(环截面上),中间值为环外半径(环截面上),最大为环体的主半径(从原点到环截面中心)。如要创建实心环体,环内半径定义为 0 或空,但必须位于 RAD1 和 RAD2 位置。RAD1,RAD2,RAD3 中至少有两个值为正值。

THETA1,THETA2——环体起始和结束角,可创建部分环体。缺省为 0 和 360°。

例如:

```
/PREP7                          ! 进入前处理
TORUS,0.9,1,5,,310              ! 创建截面半径为 0.9～1 主半径为 5 的 310°空心环体
WPROTA,,,90                     ! 旋转工作平面
TORUS,,1,8,30,290               ! 创建截面半径为 1 主半径为 5 的 30°～290°实心环体
```

2.3 几何模型的布尔运算

创建复杂的几何模型,可运用布尔运算对模型进行加工和修改。无论是自顶向下建模或是自底向上建模创建的图素都可进行布尔运算,通过简单的几何模型进行一系列布尔操作可创建复杂的模型,使得建模较为容易和快捷。对于包含退化的模型,有时布尔运算是无法完成的。对于已经划分网格的图素不能进行布尔运算,在操作前应清除网格,否则提示错误信息;同样地,如果定义了荷载和单元属性,在布尔运算后这些属性不会转换到新图素上,需重新定义。

2.3.1 布尔运算的设置

1. 布尔运算的一般设置

命令:BOPTN, Lab, Value

其中:

Lab ——控制参数,其值可取:

=DEFA:恢复各选项的缺省设置。

=STAT:列表输出当前的设置状态。

=KEEP:删除或保留输入图素选项。

=NUMB:输出图素编号警告信息选项。

=NWARN:警告信息选项。

=VERSION:布尔操作兼容性选项。

Value——各种 Lab 对应不同的 Value。

当 Lab=KEEP 时:

Value＝NO(缺省)删除输入图素，除非输入图素已经网分或依附于更高图素。

Value＝YES 保留输入图素。

当 Lab＝NUMB 时：

Value＝0(缺省)不输出编号警告信息。

Value＝1 输出编号警告信息。

当 Lab＝NWARN 时：

Value＝0(缺省)布尔操作失败时产生一个警告信息。

Value＝1 布尔操作失败时不产生一个警告信息。

Value＝－1 布尔操作失败时产生一个错误信息。

当 Lab＝VERSION 时：

Value＝RV52(缺省)激活 5.2 版本兼容性选项，较 5.1 产生的编号方式不同。

Value＝RV51 激活 5.1 版本兼容性选项。

该命令的全部缺省设置是操作失败产生一个警告信息，删除输入图素，不输出编号警告信息，使用 5.2 版本布尔兼容性选项。该命令可多次设置，以便确定各个 Lab 及其 Value。

2. 布尔运算的容差设置

命令:BTOL，PTOL

其中：

PTOL——点重合容差，缺省为 1E-5。在布尔操作时，如果点之间的距离在此值范围之内，则认为这些点是重合的。放松此值则会增加运算时间和存贮需求，但会使较多的布尔运算成功；尽管如此当模型的拓扑关系比较复杂时，仍有可能不能完成布尔运算，此时应改变模型的创建方法以求能够完成布尔操作。PTOL＝DEFA 时恢复缺省设置；当 PTOL＝STAT 时列表输出当前设置。

2.3.2 交运算

交运算就是由图素的共同部分形成一个新的图素，其运算结果只保留两个或多个图素的重叠部分。交运算分为公共相交和两两相交两种。公共相交就是仅保留所有图素的重叠部分，即只生成一个图素，当图素很多时可能不存在公共部分，这时布尔运算不能完成。两两相交是保留任意两个图素的公共部分，有可能生成很多图素。

公共交运算对图素没有级别要求，即任何级别的图素都可作公共交运算，而不管其相交部分是何级别的图素。例如，线、面、体的两两与相互交运算都可；再如，体的交运算中，其相交部分可以是关键点、线、面或体等。

两两相交运算则要求为同级图素，但相交部分可为任何级别的图素。例如，只能作线与线(相交部分可为关键点、线)、面与面(相交部分可为关键点、线、面)、体与体的两两相交(相交部分可为关键点、线、面、体)。

交运算完成后，输入图素的处理采用 BOPTN 的设置。如采用缺省设置，则输入图素被删除，而不论某些输入图素是否有相交部分，即只生成相交部分的图素。

公共相交运算有 6 个命令，两两相交有 3 个命令，如表 2-5 所示。

交 运 算 命 令　　表 2-5

命　令	功　能	可能生成的新图素
LINL	线线相交运算	关键点,线
AINA	面面相交运算	关键点,线,面
VINV	体体相交运算	关键点,线,面,体
LINA	线面相交运算	关键点,线
AINV	面体相交运算	关键点,线,面
LINV	线体相交运算	关键点,线
以上为公共相交命令,以下为两两相交命令		
LINP	线线两两相交运算	关键点,线
AINP	面面两两相交运算	关键点,线,面
VINP	体体两两相交运算	关键点,线,面,体

1. 同级图素相交运算

线线相交运算命令:LINL, NL1, NL2, NL3, NL4, NL5, NL6, NL7, NL8, NL9

面面相交运算命令:AINA, NA1, NA2, NA3, NA4, NA5, NA6, NA7, NA8, NA9

体体相交运算命令:VINV, NV1, NV2, NV3, NV4, NV5, NV6, NV7, NV8, NV9

其中:

NX1～NX9 为相交图素的编号,NX1 可以为 P、ALL 或元件名(其中,X 表示 L、A 或 V)。

2. 不同级图素相交运算

线面相交运算命令:LINA, NL, NA

面体相交运算命令:AINV, NA, NV

线体相交运算命令:LINV, NL, NV

其中:

NL 为相交线号,NA 为相交面号,NV 为相交体号。如果为被交图素也可为 P,但不能为 ALL 或元件名,这对实际应用造成一定的不便。

3. 同级两两相交运算

线线两两相交运算命令:LINP, NL1, NL2, NL3, NL4, NL5, NL6, NL7, NL8, NL9

面面两两相交运算命令:AINP, NA1, NA2, NA3, NA4, NA5, NA6, NA7, NA8, NA9

体体两两相交运算命令:VINP, NV1, NV2, NV3, NV4, NV5, NV6, NV7, NV8, NV9

其中:

NX1～NX9 为相交 X 的编号,NX1 可以为 P、ALL 或元件名(其中 X 表示 L、A 或 V)。

4. 交运算的命令流示例

(1)线相交。

任意创建一组线,分别作交运算和两两相交运算,命令流如下:

```
/PREP7                              ! 进入前处理
*DO,I,1,20                          ! 利用DO循环创建关键点
*IF,MOD(I,2),EQ,0,THEN              ! 如果I能被2整除则执行下面命令
K,I,2*I,4                           ! 创建坐标为(2*I,4)的关键点
*ELSE                               ! 否则(I不能被2整除)
K,I,2*I,-4                          ! 创建坐标为(2*I,-4)的关键点
*ENDIF                              ! 结束IF语句
*ENDDO                              ! 结束循环语句
*DO,I,1,19$L,I,I+1$*ENDDO           ! 利用循环创建线
L,2,19$L,1,20
LINL,ALL                            ! 作线交运算,由于没有公共部分不能运算
LINP,ALL                            ! 作线两两相交运算,生成许多关键点,且删除了输入线
                                    ! 如果在执行LINP之前,设置BOPTN,KEEP,YES则输入线保留下来。
```

(2)玫瑰花瓣。

利用两个圆心分别在X和Y坐标轴上的圆相交即可得到单个玫瑰花瓣,如用四个圆作两两相交运算可得到四瓣,命令流如下:

```
/PREP7                              ! 进入前处理
R=1                                 ! 定义变量R
CYL4,R,,R$ CYL4,,R,R                ! 创建两个圆面
AINA,ALL                            ! 作面交运算(即以上两个圆的公共部分)
WPOFF,3*R                           ! 移动工作平面(避免图形覆盖,以利观察)
CYL4,R,,R$CYL4,,R,R                 ! 创建四个圆面
CYL4,-R,,R$CYL4,,-R,R
ASEL,S,LOC,X,2*R,4*R                ! 用坐标选择刚刚创建的四个圆面
AINP,ALL                            ! 作面两两相交运算
ASEL,ALL                            ! 选择所有面
APLOT                               ! 显示面
```

(3)两端为球面的圆柱体。

设球体直径与圆柱体全高相同,命令流如下:

```
/PREP7                              ! 进入前处理
R=3$ H=8                            ! 设置圆柱体半径和高度
SPH4,,,H/2                          ! 创建半径为H/2的球体
WPOFF,,,-H/2                        ! 沿Z轴移动工作平面
CYL4,,,R,,,H                        ! 创建半径为R高度为H的圆柱体
VINV,ALL                            ! 作体交运算
```

(4)两球体、两圆柱体、两棱柱体相交、两圆锥体、两环体相交。

```
/PREP7                              ! 进入前处理
```

```
SPH4,,,2$SPH4,1,,2                    ! 创建两球体
CYL4,8,,2,,,,6$RPR4,5,16,,2,,6        ! 创建圆柱体和棱柱体
CON4,24,,,2,6$TORUS,,0.5,4            ! 创建圆锥体和环体
WPROTA,,90                            ! 移动工作平面
TORUS,,0.6,4                          ! 创建环体
WPOFF,,3,-3                           ! 旋转工作平面
CYL4,8,,2,,,,6$RPR4,5,16,,2,,6        ! 再创建圆柱体和棱柱体
CON4,24,,,3,6                         ! 创建圆锥体
VINP,ALL                              ! 两两作交运算
```

但是,特殊情况下不能完成运算,或运算生成的新体不是所期望的。

例如:

```
/PREP7                                ! 进入前处理
TORUS,,1,4$CON4,10,,,2,6              ! 创建环体和圆锥体
WPROTA,,90                            ! 旋转工作平面
TORUS,,1,4                            ! 创建与上一环体相同但垂直的环体
WPOFF,,3,-3                           ! 移动工作平面特殊位置(高度一半)
CON4,10,,,2,6                         ! 创建与上一圆锥体相同但垂直的圆锥体
VINV,1,3                              ! 生成两个面素,不是期望的。两环体有四个退化点
VINV,2,4                              ! 无法完成操作,两锥体有两个退化点
```

2.3.3 加运算

加运算是由多个几何图素生成一个几何图素,而且该图素是一整体,即没有“接缝”(内部的低级图素被删除)。带孔的面或体同样可以进行加运算。

加运算仅限于同级几何图素,而且相交部分最好与母体同级,但在低于母体一级时也可作加运算。如体与体的相加,其相交部分如为体或面,则加运算后为一个体;如相交部分为线,则运算后不能生成一个体,但可公用相交的线;如相交部分为关键点,同样加运算后公用关键点,但体不是一个,不能作完全的加运算。

若面与面相加,其相交部分如果是面或线,则可完成加运算;如果相交部分为关键点,则可能生成的图素会有异常,当然一般情况下不会出现这种加运算。

加运算完成后,输入图素的处理采用 BOPTN 的设置,如采用缺省设置,则输入图素被删除。

加运算有 2 个命令,即 AADD 和 VADD。线合并 LCOMB 命令不属于布尔加运算,其命令说明详见前面创建线部分。

1. 加运算命令

面加运算命令:AADD, NA1, NA2, NA3, NA4, NA5, NA6, NA7, NA8, NA9

体加运算命令:VADD, NV1, NV2, NV3, NV4, NV5, NV6, NV7, NV8, NV9

其中:

NX1~NX9 为相加图素的编号,NX1 可以为 P、ALL 或元件名(其中 X 表示 A 或 V)。

2. 加运算的命令流示例

(1)单圆柱墩和基础。

```
/PREP7                                  ! 进入前处理
A = 3$H1 = 2$R = 0.6$H = 6              ! 定义参数
BLC5,,,A,A,H1                           ! 创建长方体
! CYL4,,,R,,,,H1 + H                    ! 此命令与下面两条命令结果不完全相同。该命令在 VADD 后将
                                        ! 在长方体底面有一圆面产生。
WPOFF,,,H1$CYL4,,,R,,,,H                ! 移动工作平面并创建圆柱体
VADD,ALL                                ! 作体加运算
```

(2)圆端形桥墩断面。

```
/PREP7                                  ! 进入前处理
A = 6$B = 1.5                           ! 设断面全宽和厚度参数
CYL4,,,B/2$CYL4,A - B,,B/2              ! 在不同位置创建两个圆面
RECTNG,,A - B, - B/2,B/2                ! 创建矩形面
AADD,ALL                                ! 作加运算,生成一个只有外边界线的圆端形面
```

2.3.4 减运算

减运算就是“删除”母体中一个或多个与子体重合的图素。与加运算不同,减运算可在不同级图素间进行,但相交部分最多与母体相差一级。例如,体体减运算时,其相交部分不能为线,为面或体均可完成运算。减运算结果的最高图素与母体图素相同。

实际上,减运算操作在很多情况下可解释为“切分”更容易理解。一般情况下切分是“仅切而不分”(SEPO 位置为空),这时所形成的新体是共用相交图素的。如果“切而分”(SEPO 位置为 SEPO),则相交部分的图素是分离的,相当于新生成的图素各自独立,两者之间没有任何联系,那么在生成有限元模型时,要考虑耦合等。

减运算完成后,输入图素的处理可采用 BOPTN 的设置,如采用缺省设置,则输入图素被删除。也可以不采用 BOPTN 的设置,而在减运算的参数中设置保留或删除,该设置高于 BOPTN 中的设置,并且减图素和被减图素均可设置删除或保留选项。

减运算在处理相交图素时,可选择共享或分离两种方式。

由于减运算可在不同等级图素间进行,其命令较多,如表 2-6 所示。

减 运 算 命 令　　表 2-6

命　令	功　能	备　注	命　令	功　能	备　注
LSBL	线线减运算	切分	LSBV	线减体运算	切分
ASBA	面面减运算	切分或减	ASBL	面减线运算	切分
VSBV	体体减运算	减	ASBV	面减体运算	减
LSBA	线减面运算	切分或减	VSBA	体减面运算	切分

1. 同级图素减运算

线线减运算命令:LSBL, NL1, NL2, SEPO, KEEP1, KEEP2

面面减运算命令:ASBA, NA1, NA2, SEPO, KEEP1, KEEP2

体体减运算命令:VSBV, NV1, NV2, SEPO, KEEP1, KEEP2

其中:

Nx1,Nx2——被减图素编号和减去图素编号。Nx1 也可为 P、ALL 或元件名(x 可为 L,A,V)。

SEPO——确定 NX1 和 NX2 相交图素的处理方式。SEPO=0(缺省),则新生成的图素共享该相交图素;SEPO=SEPO,则新生成的图素分开且各自独立,但位置上是重合的。

KEEP1 ——确定 NX1 是否保留控制参数。

=0 或空(缺省)使用 BOPTN 中的设置;

=DELETE 删除 NX1 图素(高于 BOPTN 中的设置);

=KEEP 保留 NX1 图素(高于 BOPTN 中的设置)。

KEEP2——与 KEEP1 类似。

2. 不同级图素减运算

线减面运算命令:LSBA, NL, NA, SEPO, KEEPL, KEEPA

线减体运算命令:LSBV, NL, NV, SEPO, KEEPL, KEEPV

面减线运算命令:ASBL, NA, NL, -, KEEPA, KEEPL

面减体运算命令:ASBV, NA, NV, SEPO, KEEPA, KEEPV

体减面运算命令:VSBA, NV, NA, SEPO, KEEPV, KEEPA

其中:

NL ,NA,NV ——线、面、体编号,也可为 ALL 或元件名,如是被减图素还可为 P。

其余参数意义类似于同级图素减运算命令中的说明。

3. 减运算的命令流示例

(1)井子框架线(线切分线)。

先创建通长的两组线,然后分别相减,生成相交部位存在关键点及其之间的线。

```
/PREP7                                          ! 进入前处理
  *DO,I,1,10$K,2*I-1,,I$K,2*I,11,I$L,2*I-1,
2*I$*ENDDO                                      ! 生成一组水平线(10 条)
  CM,LS1,LINE                                   ! 定义名为 LS1 的元件
  LSEL,NONE                                     ! 选择线的空集
  *DO,I,1,10$K,50+2*I-1,I,1$K,50+2*I,I,10       ! 生成一组竖直线(10 条)
  L,50+2*I-1,50+2*I$*ENDDO
  CM,LS2,LINE                                   ! 定义名为 LS2 的元件
  LSEL,ALL                                      ! 选择所有线
  LSBL,LS1,LS2,,KEEP,KEEP                       ! 作 LS1 - LS2 运算,并保留 LS1 和 LS2 选择集中的线
                                                ! 运算结果将 LS1 的线全部打断,但 LS2 中的仍为通长线
  LSBL,LS2,LS1                                  ! 再作 LS2 - LS1 运算,并删除 LS1 和 LS2
                                                ! 运算结果将 LS2 的线全部打断,但相交处有重合关键点
  NUMMRG,KP                                     ! 粘接重合的关键点
                                                ! 最终生成相交处存在关键点,及关键点间的多条短线。该
                                                  命令相当于线切分线。
```

(2)新月形面(面减面)。

利用两个圆面作减运算即可得到新月形面。

```
/PREP7                                    ! 进入前处理
CYL4,,,2$CYL4,,-1,2                       ! 创建两个圆面
ASBA,1,2                                  ! 生成上弦月形
! ASBA,2,1                                ! 生成下弦月形
```

(3)将柱面分为两部分(面切分面)。

```
/PREP7                                    ! 进入前处理
CSYS,1$R=2$CTA=150$Z=6                    ! 设定柱坐标系及变量
K,1,R$K,2,R,CTA$K,3,R,,Z$K,4,R,CTA,Z      ! 在柱坐标系中创建关键点
A,1,2,4,3                                 ! 创建部分圆柱面
CSYS,0$WPOFF,,,3$WPROTA,,,30              ! 设定直角坐标系,移动和旋转工作平面
BLC5,,,8,8                                ! 在工作平面内创建面
ASBA,1,2                                  ! 相当于切柱面,其相交部分的关键点和线是两个新面共享
! ASBA,1,2,SEPO                           ! 相当于切分柱面,即切而分开,相交部分的关键点和线是成对的
```

(4)具有多边形柱空心的球体(体减体)。

```
/PREP7                                    ! 进入前处理
SPH4,,,2                                  ! 创建半径为2的实心球体
WPOFF,,,-3$RPRISM,,6,7,1.5                ! 移动工作平面并创建7边形棱柱体
VSBV,1,2                                  ! 用球体减棱柱体
```

2.3.5 用工作平面切分图素

用工作平面切分图素实际上是布尔减运算,即图素(线、面、体)减工作平面的运算(相当与LSBA,ASBA,VSBA命令),但工作平面不存在运算后的删除问题,且利用工作平面不用预先创建减去的面,因此在很多情况下非常方便。

这里的切分也存在“仅切不分”和“切而分”两种情况。前者将图素用工作平面划分为新的图素,但与工作平面相交部分是共享的,或者说是“黏”在一起的;而后者将新生成的图素分开,是各自独立的,在同位置上存在重合的关键点、线或面。在网格划分中,常常将图素切分(仅切不分)以得到较为理想的划分效果。

切分运算完成后,输入图素的处理采用BOPTN的设置,如采用缺省设置,则输入图素被删除等。也可不采用BOPTN中的设置,而强制保留或删除。

该种运算命令仅有3个,即LSBW、ASBW、VSBW,格式如下:

切分线命令:LSBW, NL, SEPO, KEEP

切分面命令:ASBW, NA, SEPO, KEEP

切分体命令:VSBW, NV, SEPO, KEEP

其中:

NL ,NA,NV ——线、面、体编号,也可为 ALL、元件名或 P。

SEPO——同 2.3.4 中的命令参数说明。为空即切而不分,为 SEPO 即切而分。

KEEP——同前面 KEEP1 说明。

(1)体的切分。

```
/PREP7                                      ! 进入前处理
SPH4,,,2                                    ! 创建球体
CYL4,8,,2,,,,6$RPR4,5,16,,2,,6              ! 创建圆柱体和棱柱体
CON4,24,,,2,6$TORUS,,0.5,4                  ! 创建圆锥体和环体
WPROTA,,,90                                 ! 旋转工作平面
VSBW,ALL                                    ! 切分所有体
*DO,I,1,3$WPOFF,,,8$VSBW,ALL$*ENDDO         ! 移动工作平面并切分其余体
```

(2)面的切分。

```
                                            ! 将一环面分为 12 等份
/PREP7                                      ! 进入前处理
CYL4,,,1,,2                                 ! 创建环面
WPROTA,,,90                                 ! 旋转工作平面到与面垂直的位置
ASBW,ALL                                    ! 切分环面为 2 部分
*DO,I,1,5$WPROTA,,30$ASBW,ALL$*ENDDO        ! 循环切分面,将面 12 等份
```

(3)切分长方体。

```
                                            ! 将一长方体切分为 10 份
/PREP7$BLC4,,,1,2,20                        ! 进入前处理
*DO,I,1,9$WPOFF,,,2$VSBW,ALL$*ENDDO         ! 移动工作平面并切分体
```

2.3.6 分割运算

分割运算是将多个同级图素分为更多的图素,其相交边界是共享的,即相互之间通过共享的相交边界连接在一起。分割运算与加运算类似,但加运算是由几个图素生成一个图素,分割运算是由几个图素生成更多的图素,并且在搭接区域生成多个共享的边界。分割运算生成多个相对简单的区域,而加运算生成的是一个复杂的区域,因此分割运算生成的图素更易划分网格。

分割运算不要求相交部分与母体同级,相差级别也无限制。例如体的相交部分如果为关键点,进行分割运算后,体则通过共享关键点连接起来。面的相交部分如果为线,则共享该线并将输入面分为多个部分,分割运算容许不共面。

可以认为,分割运算包含了搭接运算,在建模过程中使用分割运算即可。

分割运算完成后,其输入图素的处理方式采用 BOPTN 中的设置。

分割运算只有三个命令。

命令:

LPTN, NL1, NL2, NL3, NL4, NL5, NL6, NL7, NL8, NL9

APTN，NA1，NA2，NA3，NA4，NA5，NA6，NA7，NA8，NA9

VPTN，NV1，NV2，NV3，NV4，NV5，NV6，NV7，NV8，NV9

其中：

NX1～NX9 为分割图素的编号，NX1 可以为 P、ALL 或元件名(其中 X 表示 L、A、V)。

(1)线分割。

线分割 LPTN、线分类 LCSL 及线搭接 LOVLAP 这 3 个命令相同。

例如：

```
/PREP7                                                    ! 进入前处理
*DO,I,1,10$K,2*I-1,,I$K,2*I,11,I$L,2*I-1,2*I$*ENDDO       ! 生成一组水平线(10 条)
*DO,I,1,10$K,50+2*I-1,I,1$K,50+2*I,I,10                  ! 生成一组竖直线(10 条)
L,50+2*I-1,50+2*I$*ENDDO
LPTN,ALL                                                  ! 作分割运算,则在所有相交点断开并生成关键
                                                          点,其通长线成为短线
! LCSL,ALL 或 LOVLAP,ALL 均与上述命令结果相同
```

如线不在一个平面内，结果也相同。

例如：

```
/PREP7
CSYS,1$K,1,1$K,2,1,170$L,1,2              ! 设置柱坐标系,并创建弧线
CSYS,0$LGEN,3,ALL,,,,,2                   ! 设置直角坐标系,并复制弧线
K,10,,1,-2$K,11,,1,10$L,10,11             ! 创建一条直线
LGEN,4,4,,,2                              ! 复制该直线
LPTN,ALL                                  ! 作分割运算
! LCLS,ALL! LOVLAP,ALL                    ! 或作分类运算或搭接运算结果相同
```

(2)面分割。

面分割 APTN 与面搭接 AOVLAP 很多情况下是相同的。

例如：

```
/PREP7                                    ! 进入前处理
CYL4,,,2                                  ! 创建一圆面
WPROTA,,90                                ! 旋转工作平面
CYL4,,,2                                  ! 创建一圆面与第一个垂直,其相交部分为线
APTN,ALL                                  ! 作分割运算生成 4 个面
! AOVLAP,ALL                              ! 作搭接运算结果相同
```

如果面与面相交部分为面，两个命令也相同。

例如：

```
/PREP7                                    ! 进入前处理
CYL4,,,1,,2                               ! 创建一圆环面
```

```
CYL4,0.5,,1,,2                              ! 创建第二个圆环面
APTN,ALL                                    ! 作分割运算生成 6 个面
! AOVLAP,ALL                                ! 作搭接运算也生成 6 个面
```

如果两个面在同一平面内,且相交部分为线,则不能完成搭接操作,但可完成 APTN 操作。

```
/PREP7                                      ! 进入前处理
BLC4,,,2,2$BLC4,2,,1,1                      ! 创建两个矩形面,两个面边界各自独立
AOVLAP,ALL                                  ! 不能运算
APTN,ALL                                    ! 运算成功,且两个面具有共同的边界
```

(3) 体分割。

体分割 VPTN 与体搭接很多情况结果也相同。

例如:

```
/PREP7                                      ! 进入前处理
RPRISM,,6,5,1                               ! 创建 5 边形棱柱体
CYL4,0.5,,1,,,,5                            ! 创建圆柱体
CYL4,4,,1,,,,4                              ! 再创建一个没有相交的圆柱体
VPTN,ALL                                    ! 生成 3 个新体和 1 个原体
! VOVLAP,ALL                                ! 结果同 VPTN 命令
```

但如果两个体相交部分为面,这时不容许搭接运算,但可进行分割运算。

例如:

```
/PREP7                                      ! 进入前处理
BLC5,,,8,8,4                                ! 创建一长方体
WPOFF,,,4                                   ! 移动工作平面
CYL4,,,1,,2,,6                              ! 创建一圆柱体
VOVLAP,ALL                                  ! 不能运算
VPTN                                        ! 运算成功,在长方体上创建了环面
```

2.3.7 分类运算

分类计算目前只能在线之间进行,即只有 LCSL 命令。其作用是在线的相交点将相交线断开,并生成新线,缺省时将直接删去原来的相交线。该命令在规则的杆系结构建模中十分方便。

分类运算完成后,采用 BOPTN 的设置,缺省时将删除输入图素。其结果与 LPTN 相同。

命令:LCSL, NL1, NL2, NL3, NL4, NL5, NL6, NL7, NL8, NL9

其中:

NL1～NL9 为相交线号。NL1 也可为 ALL 或 P。

2.3.8 搭接运算

搭接运算仅限于同等级图素，由几个图素生成更多的图素，并且在搭接区域生成多个共同的边界。

体搭接运算相交部分要求与母体同级，如体相交部分不能为面。但是，进一步的操作发现，当面面不在一个平面内相交时，其相交部分可以比母体低一级，如面相交部分可以为线；当面面在同一平面内相交时，其相交部分不能为线，如线线相交部分可以为点。因此与分割命令在某些情况下是相同的。

搭接运算完成后，其输入图素的处理方式采用 BOPTN 中的设置。

搭接运算只有 3 个命令如下：

线搭接命令：LOVLAP，NL1，NL2，NL3，NL4，NL5，NL6，NL7，NL8，NL9

面搭接命令：AOVLAP，NA1，NA2，NA3，NA4，NA5，NA6，NA7，NA8，NA9

体搭接命令：VOVLAP，NV1，NV2，NV3，NV4，NV5，NV6，NV7，NV8，NV9

其中：

NX1～NX9 为搭接图素的编号，NX1 可以为 P、ALL 或元件名(其中 X 表示 L、A、V)。

2.3.9 粘接

把两个或多个同级图素粘在一起，在其接触面上具有共享的边界，也称"合并"。

粘接运算要求参加运算的图素不能有与母体同级的相交图素。例如体体粘接时，其相交部分不能为体，但可为面、线或关键点，即相交部分的图素级别较母体低即可；面面粘接时，其相交部分只能为线或关键点，并且这些面必须共面；线线粘接时，其相交部分只能为线的端点，如两个不在端点相交的线是不能粘接的。

除上述外，粘接运算与加运算不同，加运算是将输入图素合为一个母体，而粘接运算后参与运算的母体个数不变，即母体不变但公共边界是共享的。粘接运算在网格划分中是非常有用的，即各个母体可分别有不同的物理和网格属性，进而得到优良的网格。粘接也不是分割运算的逆运算，因为分割运算后图素之间共享边界，此时无需粘接运算。

在建立比较复杂的模型时，可独立创建各个图素，然后通过粘接运算使其共享边界。这与采用各种方法创建一个母体，然后采用切分效果是一样的。如果图素之间本身就是共享边界的，当然也不需进行粘接运算。

粘接运算完成后，其输入图素的处理方式采用 BOPTN 中的设置。

黏接命令只有 3 个，说明如下：

线黏接命令：LGLUE,NL1,NL2,NL3,NL4,NL5,NL6,NL7,NL8,NL9

面黏接命令：AGLUE,NA1,NA2,NA3,NA4,NA5,NA6,NA7,NA8,NA9

体黏接命令：VGLUE,NV1,NV2,NV3,NV4,NV5,NV6,NV7,NV8,NV9

其中：

NX1～NX9 为粘接图素的编号，NX1 可以为 P、ALL 或元件名(其中 X 表示 L、A、V)。

(1)线粘接。

线粘接将端点重合或交叉的线粘接在一起,形成共享关键点。

例如:

```
/PREP7
K,1$K,2$K,3,1$K,4,3,1$K,5,2,3$K,6,2,3$  K,7,4,5      ! 创建7个关键点,且1,2重合,5,6重合
L,1,3$L,2,4$L,1,5$L,6,7                              ! 创建4条线
LGLUE,ALL                                            ! 作线粘接运算,关键点剩5个
```

(2)面粘接。

```
/PREP7                                               ! 创建4个面,作粘接运算
BLC4,,,2,2$BLC4,2,2,1,1$BLC4,4,4,2,2$BLC4,6,4,1,1$AGLUE,ALL
```

(3)体粘接运算。

```
/PREP7                                               ! 创建4个体,作粘接运算
BLC4,,,2,2,2$BLC4,2,2,1,1,-1$BLC4,8,8,2,2,2B$BLC4,10,8,1,1,1$VGLUE,ALL
```

2.4 几何建模的其他常用命令

2.4.1 图形控制命令

在采用命令流方式建模与求解过程中,一般不需要对屏幕的图形进行设置,但有时命令流中会用到,考虑到学习方便,这里简单进行介绍。需要说明的是,图形控制命令并不改变模型本身及其几何位置。

1. 视图显示控制

视图显示控制命令如表2-7所示。

视图显示控制命令　　表2-7

命　令	功能说明	命　令	功能说明
/ANGLE	设置视图旋转角度	/VCONE	设置透视图的角度
/AUTO	设置自动适合的观察方式	/VIEW	设置视图方向
/DIST	设置缩放比例	/VUP	设置坐标轴方向
/FOCUS	设置焦点位置	/XFRM	设置动态旋转坐标轴的中心位置
/USER	快捷设置到上一次设置	/ZOOM	窗口缩放显示

(1)图形平移、缩放和旋转。

GUI: Utility Menu>Plot Ctrls>Pan,Zoom,Rotate

该操作没有直接的对应方式,执行菜单后弹出操作工具框,读者可结合下面的命令练习。

(2)设置坐标轴方向。

GUI: Utility Menu>Plot Ctrls>View Setting>View Direction

命令:/VUP,WN,Label

其中:

Label——方向选择，其值可取：

=Y(缺省)表示X轴水平向右，Y，Z轴垂直屏幕向外。

=－Y表示X轴水平向左，Y轴竖直向下，Z轴垂直屏幕向外。

=X表示X轴竖直向上，Y轴水平向左，Z轴垂直屏幕向外。

=－X表示X轴竖直向下，Y轴水平向右，Z轴垂直屏幕向外。

=Z表示X轴垂直屏幕向外，Y轴水平向右，Z轴竖直向上。

=－Z表示X轴垂直屏幕向外，Y轴水平向左，Z轴竖直向下。

(3)设置视图方向。

GUI: Utility Menu>Plot Ctrls>View Setting>View Direction

命令: /VIEW，WN，XV，YV，ZV

其中：

WN——窗口号(下同)，即对哪个窗口进行视图设置，可为ALL，缺省为1。

XV，YV，ZV——总体坐标系下的某点坐标，此点与总体坐标系原点组成线的方向即为视图方向。缺省时为(0,0,1)即X轴水平向右，Y轴竖直向上，Z轴垂直屏幕。视图方向总是垂直屏幕，如需改变视图角度，可用/ANGLE命令设置，如要改变坐标轴方向，可用/VUP命令。如果XV=WP则视图方向垂直于当前工作平面，如/VIEW，1，WP。

(4)设置视图旋转角度。

GUI: Utility Menu>Plot Ctrls>View Setting>Angle of Rotation

命令: /ANGLE，WN，THETA，Axis，KINCR

其中：

THETA——要旋转的角度，如为负，则按逆时针旋转，单位为度。

Axis——旋转轴。旋转轴有两种，一种是屏幕坐标系，其值可取XS，YS，ZS(缺省)，另一种是总体直角坐标系(XM，YM，ZM)。二者不同之处是屏幕坐标系的轴旋转改变视图方向，模型不动，而总体直角坐标系的轴旋转是视图方向不变，而模型旋转，所有轴都过焦点(屏幕中心)。

KINCR——相对或绝对角度旋转。KINCR=0(缺省)采用绝对角度旋转；KINCR=1采用相对角度旋转，即在上次设置的基础上旋转该角度。

(5)设置自动适合的观察方式。

GUI: Utility Menu>Plot Ctrls>View Setting>Automatic Fit Mode

命令: /AUTO，WN

该命令确定焦点和距离为自动计算方式，在下一次显示时使用。缺省情况下该命令是激活的，如果用户改变了视图，可用此命令设置自动调整。

例如，设置为常用的Z轴向上，等轴测视图，自动合适的观察方式可为：

```
/VIEW,,1,1,1                    ! 设置等轴测视图
/ANG,,-120,ZS                   ! 设置视图角度,或者使用/VUP,,Z也可
/AUTO                           ! 设置为自动合适的观察方式
/PREP7                          ! 进入前处理
CYL4,,,1,,2,,4                  ! 创建圆柱体
```

2. 编号、边界条件及面荷载显示控制

控制命令如表 2-8 所示。

编号、边界条件显示控制　　表 2-8

命　令	功 能 说 明	命　令	功 能 说 明
/PNUM	编号显示控制	/PBF	体荷载显示控制
/NUM	颜色显示控制	/PICE	单元初始条件显示控制
/PBC	边界条件及数值显示控制	/PSYMB	其他符号显示控制
/PSF	面荷载显示控制		

(1)编号和颜色显示控制。

GUI: Utility Menu>Plot Ctrls>Numbering

①编号显示控制。

命令:/PNUM,Label,KEY

其中:

Label——编号与颜色类型,其值可取:

=NODE:在单元和节点上显示节点编号。

=ELEM:在单元上显示单元编号和颜色。

=DOMAIN:在域上显示域号(由 DECOMP 命令设置域)。

=SEC:在单元上显示截面号和颜色(由 SECTYPE 命令设置截面)

=MAT:在单元和几何图素上显示材料号和颜色。

=TYPE:在单元和几何图素上显示单元类型号和颜色。

=REAL:在单元和几何图素上显示实常数号和颜色。

=ESYS:在单元和几何图素上显示单元坐标系号。

=LOC:在单元上显示按求解排序的单元位置编号和颜色(WAVES 命令)。

=KP:在几何图素上显示关键点号。

=LINE:在几何图素上显示线号和/或颜色(可仅显示颜色)。

=AREA:在几何图素上显示面号和/或颜色。

=VOLU:在几何图素上显示体号和/或颜色

=SVAL:在模型上显示面荷载数值和颜色,或在后处理中显示应力与等值线。

=TABNAM:显示表格型边界条件名称。

=STAT:列表显示当前/PNUM 命令设置状态。也可采用/PSTATE 命令直接列出。

=DEFA:恢复所有的/PNUM 到缺省状态。

KEY——编号与颜色控制参数。KEY=0 时关闭指定类型的编号和颜色;KEY=1 时显示编号和颜色。如果显示较高级图素,则低级图素仅显示编号,编号的颜色和图素本身采用缺省方式;但显示本级图素时颜色和编号同色,不同的图素显示不同的颜色。

MAT,TYPE,REAL,ESYS 如为打开状态,则在命令 xPLOT(x 可为 E,K,L,A,V)执行时显示出来,并且这几项在显示时不能同时显示,只能逐项显示。当采用 Z-buffered 显示方式时,3D 单元号和体号不能显示出来。

②颜色显示控制。

命令:/NUM,NKEY

其中:

NKEY——显示控制参数。NKEY=0 时颜色和编号同时显示(缺省);NKEY=1 仅显示颜色;NKEY=2 仅显示编号(缺省的单一颜色);NKEY=-1 颜色和编号都不显示(缺省的单一颜色)。

(2)显示边界条件和荷载的符号及数值。

GUI:Utility Menu>Plot Ctrls>Symbols

①显示边界条件及数值。

命令:/PBC,Item,-,KEY,MIN,MAX,ABS

其中:

Item——显示内容参数,有很多项可选择。主要有:U 为平动自由度约束,ROT 为转动自由度约束,TEMP 为温度,F 为集中力,M 为弯矩,MAST 为主自由度,CP 为耦合节点,CE 为节点约束方程,NFOR 为节点力,NMOM 为节点弯矩,RFOR 为支反力,RMOM 为支反弯矩,PATH 为路径,ACEL 为加速度,ALL 为所有上述项目。

KEY——符号显示控制参数。KEY=0 不显示符号;KEY=1 显示符号;KEY=2 在符号附近显示数值。

MIN,MAX——在屏幕上要显示数值的最小和最大值范围,数值不在该范围内的不显示。

ABS——绝对值号。若 KEY=2 且 ABS=0(缺省),在 MIN~MAX 之间的数值将显示;若 KEY=2 且 ABS=1,绝对值在 MIN~MAX 之间的数值将显示;

该命令缺省值是没有符号显示。

②显示面荷载符号。

命令:/PSF,Item,Comp,KEY,KSHELL,Color

其中:

Item,Comp——显示内容参数,有很多项可选择。当 Item=PRES 时主要有:Comp=NORM 表示垂直面的压力荷载(实部),Comp=TANX 表示 X 切向压力荷载(相对面坐标系而言),Comp=TANY 表示 Y 切向压力荷载等。

KEY——面荷载符号显示控制参数。KEY=0(缺省)时关闭;KEY=1 时显示面荷载为面或单元面的轮廓;KEY=2 时,在面或单元面上显示为单箭头;KEY=3 时,在有限元模型上用颜色填充面,而在几何模型上还是单箭头。

KSHELL——壳单元上的可见性控制。KSHELL=0(缺省)时面荷载仅显示在可见的面上;KSHELL=1 时不管面是否可见,都显示面荷载。

Color——颜色可见性控制。Color=ON(缺省)符号用颜色显示,标注与其同色;Color=OFF 等值线注解不显示,符号显示为灰色,箭头大小与荷载成比例。

如果要显示面荷载的数值,则使用/PNUM,SVAL,1 命令先行设置。

使用/PSF,STAT 列出当前状态,使用/PSF,DEFA 则恢复缺省设置。

③显示体荷载符号。

命令:/PBF,Item,-,KEY

其中：

Item——显示内容参数，有很多项可选择。Item＝TEMP 时为温度等。

KEY——符号显示控制参数。KEY＝0 时不显示体荷载等值线；KEY＝1 时显示体荷载等值线；KEY＝2 时用向量显示当前的密度。

使用/PBF，STAT 列出当前状态，使用/PBF，DEFA 恢复缺省设置。

④显示单元初始条件。

命令：/PICE，Item，-，KEY

其中：

Item——显示内容参数，当前只有 VFRC 即体摩擦。

KEY——符号显示控制参数。KEY＝0 不显示初始条件；KEY＝1 以等值线显示初始条件。

使用/PICE，STAT 列出当前状态，使用/PICE，DEFA 则恢复缺省设置。

⑤显示其他各种符号。

命令：/PSYMB，Label，KEY

其中：

Label——显示内容参数，有很多项可选择。主要有：CS 为局部坐标系，NDIR 为节点坐标系（仅旋转的节点），ESYS 为单元坐标系（仅显示单元时），LDIR 为线方向（仅显示线时），ADIR 为面方向（显示关键点、线、面、体时），LDIV 为几何线上单元划分显示，LAYR 为层方向显示，STAT 为显示当前设置状态，DEFA 为恢复缺省设置。

KEY——符号显示控制参数。KEY＝0 不显示符号；KEY＝1 显示符号；KEY＝N 则为层号（当 Label＝LAYR 时）。对于已经设置了网格划分属性的线但没有进行网格划分，那么 KEY＝0 不显示网格划分属性，KEY＝1 显示网格属性；而对于已经划分网格的线，则相反。

边界条件和荷载的符号及数值，若在几何模型上施加，那么显示节点或单元时它们不显示，除非已经作了转换（如 DTRAN、FTRAN、SFTRAN 等）或者已经求解（求解时系统自动进行转换）；同样，若施加在有限元模型上，在显示几何模型时也不显示。

3. 显示风格设置

显示风格设置命令较多，如表 2-9 所示。

显示风格设置命令 表 2-9

类　别	命　令	功 能 说 明
隐藏线设置	/TYPE	设置显示类型
	/CPLANE	设置剖面显示的切平面
	/SHADE	表面阴影类型设置
	/GRAPHICS	设置图形显示模式
单元尺寸和形状	/SHRINK	图素收缩显示控制
	/ESHAPE	显示单元形状
	/EFACET	设置单元每边的分段数目
	/RATIO	设置图形显示的纵横比例
	/CFORMAT	控制字符串的图形显示

续上表

类　别	命　令	功能说明
单元边界显示控制	/EDGE	单元边缘显示控制
	/GLINE	单元轮廓显示控制
等值线显示控制	/CONTOUR	均匀等值线设置
	/CVAL	不均匀等值线设置
	/CTYPE	设置等值线的显示类型
	/SSCALE	设置等值线乘子
	/CLABEL	设置等值线的文字标注
设置结果图形的显示类型	/GROPT	设置图形显示选项
	/GTHK	设置图形的线宽
	/GMARKER	设置曲线标记符号
	/GRID	设置背景网格线
	/AXLAB	设置 X 和 Y 轴名称
	/GRTYP	设置多轴显示
	/XRANGE	设置 X 轴的坐标范围
	/YRANGE	设置 Y 轴的坐标范围
颜色设置	/COMP	颜色图谱设置
	/RGB	设置 GRB 颜色数值
	/COLOR	设置实体颜色
其他	/LIGHT	设置光源方向
	/TRLCY	设置透明显示
	/GFORMAT	设置浮点数显示方式
	/DSCALE	设置变形放大系数
	/UDOC	设置图例位置
	/VSCALE	缩放矢量显示长度
	/TXTRE	设置纹理

(1)隐藏线设置。

GUI: Utility Menu>Plot Ctrls>Style>Hidden－Line Options

①设置显示类型。

命令:/TYPE,WN,Type

其中:

Type——显示类型控制参数。对于光栅显示方式,其缺省值为 ZBUF;对于向量显示方式,其缺省值为 BASIC,显示方式可用/DEVICE 设置。Type 的值主要有:

=BASIC 或 0:基本显示方式,不隐藏和剖面显示,这时 3D 图形的显示很不理想。

=SECT 或 1:剖面显示(平面),如显示某个内部截面的应力。可用/CPLANE 定义剖面。

=ZBUF 或 6:Z 为缓冲器显示。这是光栅方式的缺省显示方式。

②设置剖面显示的切平面。

命令:/CPLANE,KEY

其中:

KEY——切平面控制参数。KEY=0 时切平面垂直于视图向量,并通过焦点;KEY=1 时工作平面就是切平面。因工作平面可任意移动和旋转,故利用工作平面作切平面可以十分方便的显示任意截面的结果。

③表面阴影类型设置。

命令:/SHADE,WN,Type

其中:

Type——阴影类型,Type=0(缺省)则面阴影法,即每个小面上有一种颜色,如球体其表面显示为多个小平面。Type=1(缺省)为采用 Gouraud 光滑阴影法,即以顶点的颜色进行插值对颜色的变化进行光滑处理,对几何面显示比较均匀;Type=2 时采用 Phong 光滑阴影法,即以顶点的法向进行插值对颜色的变化进行光滑处理,其效果与 Type=1 相差甚微。

④设置图形显示模式。

命令:/GRAPHICS,Key

其中:

KEY——模式控制参数,KEY=FULL 采用全模式显示;KEY=POWER(GUI 缺省)采用 Power Graphics 模式显示。

ANSYS 设有两种图形显示方式,即全模式和 Power Graphics 模式。对于结构分析而言,全模式和 Power Graphics 模式都有效,但 Power Graphics 模式较全模式有如下优点:显示速度快,可绘制曲面单元或子网格,当材料或实常数不连续时可显示不连续的结果,对于壳单元可同时显示顶面和底面的结果,当结果数据不支持 Power Graphics 模式时,结果将以全模式输出。Power Graphics 模式仅支持用于绘制结果数据的结果坐标系,而不支持单元坐标系。

由于 Power Graphics 模式绘制和列表用于模型的外表面,其平均计算仅包含模型表面的结果,而全模式的平均计算、绘图或列表包含整个模型(外表面和内表面),因此对于节点结果(不是单元结果),两种方法显示不同的结果值,如节点位移等。

xPLOT(x=E,A,V,L)、PLDISP、PLNSOL、PLESOL 命令在两种方式下显示的结果可能不同。

(2)单元尺寸和形状。

GUI:Utility Menu>Plot Ctrls

>Style>Sizeand Shape

①图素收缩显示控制。

命令:/SHRINK,RATIO

其中:

RATIO——图素的收缩比例,其值在 0.0~0.5 之间,缺省为 0.0,即没有收缩。当其值大于 0.5 时,都设为 0.1。当几何模型或有限元模型比较复杂时,为查看方便,使用此命令可使相邻的图素分开,其关系及其他显示更清晰和明确。

②显示单元形状。

命令:/ESHAPE,SCALE,KEY

其中：

SCALE——缩放系数，其值可取：

=0(缺省)：对线单元和面单元使用简单的形状显示。

=1：使用实常数或定义的截面以实体方式显示单元形状。

=FAC：以 FAC 乘以实常数(如壁厚)，以实体方式显示单元形状。

KEY——当前壳厚度显示控制参数。KEY=0(缺省)用当前厚度以实体方式显示壳单元(仅对 SHELL181、SHELL208 及 SHELL209 有效)；KEY=1 使用初始厚度以实体方式显示壳单元。

该命令对于梁壳及某些特殊要求的单元，可根据实常数或定义的截面来显示单元的形状。用实常数时其截面假定为矩形，管单元显示为环形，用定义的截面则显示其实际截面形状。

SOLID65 单元(弥散模型)用其内部的线来显示钢筋的大小和方向，每个单元中最大体积率的钢筋用红色线显示，其次是绿色线，最小的用蓝色线显示。应激活矢量方式显示。

CMBIN14、COMBIN39 和 MASS21 用图形和 KEYOPT 设置显示。

BEAM188 和 BEAM189 单元则用定义的截面显示单元的形状，内部线用于显示截面网格。在后处理中，使用 PowerGraphics 可显示等值线(如应力、应变等)；对于静力或瞬态分析，设置 OUTRES,MISC 或 OUTRES,ALL 后，可以显示 3D 变形图；如果要显示 3D 模态或特征值屈曲模态，则在扩展中必须将计算项设置为 YES(MXPAND 命令中的 Elcalc=YES)。

当/ESHAPE 打开时，位移结果显示(PLNSOL)和列表(PRNSOL)可能不同，ANSYS 有时在图形显示时旋转模型，可采用不打开形状显示来显示位移结果。

建议在结果显示中尽量不显示单元形状，在前处理中可用于检查。但当模型较大时，可能会出现异常情况，如死机或直接导致 ANSYS 退出等。

③设置单元每边的分段数目。

命令：/EFACET,NUM。

其中：

NUM——单元每边的分段数目(或小方格数目)。NUM=1 时每边 1 段(h 方法的缺省)；NUM=2 时每边 2 段(P 方法的缺省)；NUM=4 时每边 4 段。

该命令仅在 Power Graphics 方式下有效，它可控制单元显示时的图形质量。例如，曲边单元当分段数目较大时，单元形状显示比较光滑。该命令影响几何曲率显示和结果参数的列表输出，例如，在 POST1 中，实体单元导出结果的最大值显示和列表不同，在显示几何不连续的图形时，不进行平均计算，但列表则进行平均计算。

④设置图形显示的纵横比例。

命令：/RATIO,WN,RATOX,RATOY

其中：

RATOX——图素在 X 方向的比例(缺省为 1.0)。

RATOY——图素在 Y 方向的比例(缺省为 1.0)。

该命令对几何图素在特定方向上扭曲，可更好地显示图形。如将一个狭长矩形扭曲为一个正方形等，当然原图素实质上没有变化，仅仅是在显示上扭曲了。

⑤控制字符串的图形显示。

命令:/CFORMAT,NFIRST,NLAST

其中:

NFIRST——显示参数、元件或表格名的前 N 个字符,最多为 32 个字符(缺省)。

NLAST——显示参数、元件或表格名的后 N 个字符,最多为 32 个字符(缺省为 0)。

(3)单元边界显示控制。

GUI:Utility Menu>Plot Ctrls>Style>Edge Options

①单元边缘显示控制。

命令:/EDGE,WN,KEY,ANGLE

其中:

KEY——单元边界显示参数。显示单元时,KEY=0(缺省)显示相邻单元间的公共线;KEY=1 仅显示所有单元组成的共面区域的轮廓线。当显示等值线时,KEY=0 仅显示边缘轮廓;KEY=1 显示所有单元面的公共线。

ANGLE——两个面之间的最大角度(在 0°~180°之间,缺省为 45°),在此范围内将被认为是共面。一个小角度将产生更多的边缘线,大角度将显示较少的边缘线。

很明显,将"共面"单元的公共线从显示中移去,可去掉单元面上的很多细节,从而使(如位移等)显示更加漂亮。

/EDGE 命令在 PowerGraphics 方式,不支持 PLESOL 和/ESHAPE 命令,这时应使用/GLINE。

②单元轮廓显示控制。

命令:/GLINE,WN,STYLE

其中:

STYLE——单元轮廓类型控制参数。STYLE=0(缺省)用实线显示单元轮廓;STYLE=1 用虚线显示单元的轮廓;STYLE=-1 则不显示单元的轮廓。

该命令可在后处理中去掉单元轮廓线,以获得更好的显示效果;在前处理中,可防止轮廓线覆盖图素编号。

(4)等值线显示控制。

缺省情况下,ANSYS 从要显示的数据中自动选择最大值和最小值,并以 9 条等值线按均匀间隔显示数据的变化,但有时为观察方便,需要用户设置等值线的显示风格。

①均匀等值线设置。

GUI:Utility Menu>Plot Ctrls>Style>Contours>Uniform Contours

命令:/CONTOUR,WN,NCONT,VMIN,VINC,VMAX

其中:

NCONT——等值线数目。缺省情况下为 9 条,对 Win32 可小于等于 9 条;对 Win32c 可小于等于 128 条,当为 128 条时,等值线就成了连续光滑的阴影效果;对于 3D 图形设备,缺省时图形显示为连续光滑的阴影效果,横跨了 128 条可用等值线。缺省图例则采用 9 种颜色框,但它覆盖了图形窗口中所有的颜色范围,图例颜色框的变化与 NCONT 相关。图形设备的设置可采用/SHOW 命令。

VMIN——等值线的最小值。如 VMIN=AUTO 将根据 NCONT 自动在最小和最大范围内计算等值线的值;如 VMIN=USER 则采用上一次使用的值。

VINC——等值线间的增量,缺省为(VMAX-VMIN)/NCONT。

VMAX——等值线的最大值,如果指定了 VMIN 和 VINC 则此值将被忽略。

等值线与当前显示方式有关,当为矢量方式时,用线条表示等值线,可用到 128 条,但带文字标注时最多 24 条;如为光栅方式,则用彩色云图表示等值线,可用到 128 种颜色。

②不均匀等值线设置。

GUI:Utility Menu>Plot Ctrls>Style>Contours>Non-uniform Contours

命令:/CVAL,WN,V1,V2,V3,V4,V5,V6,V7,V8

其中:

V1~V8——按升序方式指定的 8 条等值线。0 值不能指定为最后的值,如果不指定数值,则所有的等值线设置将被删除,然后自动计算等值线。

该命令可根据输入的数值显示等值线,为后处理提供了方便,该命令与/CONTOUR 相互覆盖,即哪个在最后执行,哪个起作用。

③设置等值线的显示类型。

GUI:Utility Menu>Plot Ctrls>Style>Contours>Contours Style

命令:/CTYPE,KEY,DOTD,DOTS,DSHP,TLEN

其中:

KEY——等值线类型控制参数。KEY=0(缺省),采用标准等值线显示;KEY=1,采用等值面显示;KEY=2,采用带粒子的曲线显示;KEY=3,采用带三角符号的曲线表示。

DOTD,DOTS,DSHP——当 KEY=2 时,点密度的最大值、点的大小、点的形状。

TLEN——当 KEY=3 时,三角形的最大长度,缺省为 0.067,其含义是屏幕宽度的百分比。

该命令用于观察 3D 实体内部的数据结果,例如可以采用等值面以观察 3D 内部数值相等的曲面,仅 KEY=0 和 KEY=1 支持 Power Graphics 显示。

④设置等值线乘子。

命令:/SSCALE,WN,SMULT

其中:

SMULT——为等值线因子,缺省为 0.0。该命令可以将平面等值线结果显示转换为"三维"显示,其值越大图形变化越大。

⑤设置等值线的文字标注。

命令:/CLABEL,WN,KEY

其中:

KEY——文字标注控制参数。KEY=0 或 1(缺省),采用文字或颜色标注等值线,且有图例标注;KEY=-1 不进行文字标注且无图例,但用颜色标识;KEY=N 每隔 N 个单元显示其文字注解。

ANSYS 中的等值线在光栅模式中用颜色标识(云图),而在矢量模式中用线条标识(等高线),缺省采用光栅模式即颜色标识。在矢量模式中等值线加入字母标识,如 KEY=-1,等值线中不加入文字标注,且无图例;若 KEY=N,所加入的字母可以通过 N 值调整疏密,且有图例;而在光栅模式中,使用该命令可以增加(KEY=0 或 1)或移走(KEY=-1)图例,但结果仍采用云图标识。

(5)设置结果图形的显示类型。

在后处理 POST26 中,需要绘制各种结果曲线,如 P-f 曲线,下面几个命令用于对结果曲线的显示类型和风格等进行设置,以便得到理想的图线。

GUI: Utility Menu>Plot Ctrls>Style>Graphs

①设置图形显示选项。

命令: /GROPT,LAB,KEY

其中:

LAB——显示选项参数,有多个选项,常用的有:

=AXDV:坐标轴刻度线控制,KEY=ON(缺省)有可度线,KEY=OFF 则无。

=AXNSC:刻度值字符大小的缩放因子,缺省为 1,用 KEY 输入缩放因子。

=ASCAL:多条曲线时显示另外 Y 轴的自动缩放控制,可为 ON(缺省)或 OFF。

=LOGX:当 KEY=ON 时 X 轴为对数坐标轴,为 OFF(缺省)时采用线性坐标轴。

=LOGY:当 KEY=ON 时 Y 轴为对数坐标轴,为 OFF(缺省)时采用线性坐标轴。

=FILL:当 KEY=OFF(缺省)时曲线下方不填充色彩,为 ON 时则填充色彩。

=CGRID:当 KEY=OFF(缺省)时背景网格被填充色彩覆盖,为 ON 时不覆盖。

=DIG1:刻度值小数点前面的位数,缺省为 KEY=4 位,超过 4 位则采用幂形式。

=DIG2:刻度值小数点后面的位数,缺省为 KEY=3 位。

=VIEW:可控制图形的视图方式,KEY=OFF(缺省)为平面,且不能放大或缩小。为 ON 时可放大或缩小,与模型视图方式相同。

=REVX:当 KEY=OFF(缺省)时 X 轴为正序显示,当为 ON 时则为反序。

=REVY:当 KEY=OFF(缺省)时 Y 轴为正序显示,当为 ON 时则为反序。

=DIVX:设置 X 轴刻度的数目,即可控制 X 轴刻度的疏密(及 X 轴网格疏密)。

=DIVY:设置 Y 轴刻度的数目,即可控制 Y 轴刻度的疏密(及 Y 轴网格疏密)。

=LTYP:标识字体当 KEY=1 时由 ANSYS 产生,KEY=0(缺省)由系统产生。

=CURL:指定曲线标识的位置。若 KEY=1 曲线标识显示在注解栏中(屏幕左上角);若 KEY=0(缺省)曲线标识显示在曲线附近。

使用/GROPT,DEFA 恢复缺省设置,使用/GROPT,STAT 显示当前设置状态。

②设置图形的线宽。

命令: /GTHK,LABEL,THICK

其中:

LABEL——改变宽度的线选项。LABEL=AXIS 时为坐标轴的线宽度;LABEL=GRID 为网格线的宽度;LABEL=CURVE 为曲线的宽度。

THICK——线宽度比率,介于-1~10 之间。若为-1 不生成曲线,仅显示由命令/GMARKER 指定的标记;若为 0 和 1 用细线;若为 2(缺省)用缺省线宽;若为 3 则为缺省线宽的 3/2 倍,4 则为 4/2=2 倍,依此类推。

③设置曲线标记符号。

命令:/GMARKER,CURVE,KEY,INCR

其中:

CURVE——曲线号(1～10),当为多条曲线时以曲线号加以区分。

KEY——标记控制。KEY=0(缺省)无标记;KEY=1 为三角形标记;KEY=2 为正方形标记;KEY=3 为菱形标记;KEY=4 为交叉标记。

INCR——标记疏密频度,其值在 1～255 之间。若为 1 时在曲线的每个数据点都有标记;若为 N 时在每隔 N 个数据点有一标记。缺省时无标记。

④设置背景网格线。

命令:/GRID,KEY

其中:

KEY——网格控制参数。若为 0 或 OFF 没有网格线;若为 1 或 ON,X 和 Y 轴方向均有网格线;若为 2 或 X 则仅 X 轴方向有网格线;若为 3 或 Y 则仅 Y 轴方向有网格线。当具有多个 Y 轴时可以设多个网格线,第一条曲线的网格作为背景线,其他网格则位于其曲线之下。网格疏密由/GROPT,CGRID 确定,/GRID 仅仅用于显示与否设定。

⑤设置 X 和 Y 轴名称。

命令:/AXLAB,AXIS,LAB

其中:

AXIS——坐标轴控制参数。若为 X 则在 X 轴上显示名称;若为 Y 则在 Y 轴上显示名称。

LAB——坐标轴名称,其字符不能超过 30 个,当为空时采用缺省名称。

⑥设置多轴显示。

命令:/GRTYP,KAXI

其中:

KAXI——Y 轴显示控制参数,其值可取:

=0 或 1:(缺省)使用单个 Y 轴,最多可显示 10 个 Y 轴。

=2:使用另外的 Y 轴,一条曲线对应一个 Y 轴,最多可设定 3 条曲线。对于不同的数值范围,将采用一个较合适的曲线进行缩放。

=3:与 2 相似,但 Y 轴和曲线可以在平面外,最多可设定 6 条曲线。此时显示的是 3D 曲线,即曲线沿 Z 轴方向排列;同时应设置/GROPT,VIEW,1 可进行 3D 视图控制。

⑦设置 X 轴的坐标范围。

命令:/XRANGE,XMIN,XMAX

其中:

XMIN,XMAX——X 轴的最小和最大值。缺省值根据显示的数据范围自动确定。

使用/XRANGE,DEFA 恢复缺省设置。

⑧设置 Y 轴的坐标范围。

命令:/YRANGE,YMIN,YMAX

其中:

YMIN,YMAX——Y 轴的最小和最大值。缺省值根据显示的数据范围自动确定。

使用/YRANGE,DEFA 恢复缺省设置。

例如，二力杆的几何非线性分析及其荷载位移曲线如下：

```
FINISH$/CLEAR$/PREP7
PI = ACOS( - 1)$L0 = 1000$ET,1,LINK1$MP,EX,1,2.1E4$R,1,1
K,1$K,2,L0 * COS(15/180 * PI),L0 * SIN(15/180 * PI)$K,3,2 * KX(2)
L,1,2$L,2,3$LESIZE,ALL,,,1$LMESH,ALL$FINISH
/SOLU$DK,1,ALL$DK,3,ALL$FK,2,FY, - 200.0
ANTYPE,0$NLGEOM,1$NSUBST,500$OUTRES,ALL,ALL$ARCLEN,1
ARCTRM,U,600,2,UY$SOLVE
/POST26
NSOL,2,2,U,Y$PROD,3,2,,,,,, - 1$PROD,4,1,,,,,,200.0$XVAR,3
/AXLAB,X,DISPLACEMENTOFKP2(MM)                  ! 设置 X 轴名称
/AXLAB,Y,P(N)                                   ! 设置 Y 轴名称
/GROPT,VIEW,1                                   ! 设置视图控制
/GROPT,DIVX,12                                  ! 设置X轴为12等分刻度点,结合数值范围,为50一点
/GROPT,DIVY,16                                  ! 设置Y轴为16等分刻度点,结合数值范围,为25一点
/GTHK,CURVE,4                                   ! 设置曲线线宽为 2 倍的缺省线宽
/XRANGE,0,600                                   ! 设置 X 轴数据范围为 0～600
/YRANGE, - 200,200                              ! 设置 Y 轴数据范围为 - 200～200
PLVAR,4                                         ! 显示曲线。绘制变量 4 的曲线
/GMARKER,1,3,2                                  ! 设置曲线标记为菱形,且每隔两个数据点一个标记
/GTHK,CURVE, - 1                                ! 不绘制曲线,仅显示标记
PLVAR,4                                         ! 显示曲线。绘制变量 4 的曲线
/GRID,3                                         ! 仅 X 轴方向设置网格
/COLOR,AXES,8                                   ! 将坐标轴颜色设为绿色
/COLOR,AXNUM,4                                  ! 将坐标轴旁的刻度值设为蓝色
/COLOR,GRID,12                                  ! 将网格线颜色设为红色
/COLOR,AXLAB,10                                 ! 将坐标轴名称设为黄色
/COLOR,CURVE,2                                  ! 将曲线颜色设为洋红色
/COLOR,GRBAK,9                                  ! 将图形区背景色设为黄绿色
PLVAR,4                                         ! 显示曲线。绘制变量 4 的曲线
```

(6)颜色设置。

ANSYS 记录色彩的方法是对各种色彩定义不同的索引号，为每一索引号分配不同的色彩，通过索引号和所分配的色彩定义彩色图。通过 CMAP 程序可生成用户化的彩色图文件，其启动方式有两种，可在 ANSYS 内部启动 CMAP 程序，也可在外部启动 CMAP 程序。这里不作详细介绍，有兴趣的读者可参考帮助进行设置，下面仅介绍颜色设置命令。

GUI：Utility Menu＞Plot Ctrls＞Style＞Color＞……

命令：/COLOR，Lab，Clab，N1，N2，NINC

其中：

Lab ——设置颜色的项目标识，缺省采用默认的颜色图。有很多选项，常用的有：

＝AXES：坐标轴颜色设置，用于绘制曲线图形时。如/COLOR，AXES，8 将坐标轴设

为绿色。

=AXNUM:坐标轴刻度值的颜色设置,用于绘制曲线图形时。

=NUM:设置编号为NUM的图素及其他(单元类型、材料号等)颜色。

=OUTL:设置单元、面积、体等的边界颜色。如/COLOR,OUTL,4将边界设为蓝色。

=ELEM:设置以N1,N2,NINC为选择范围的单元颜色。如/COLOR,ELEM,12,30,40将编号为30～40的单元设为红色显示。当然也可采用其他选择方法,然后设置该选择集中所有单元的颜色。该命令仅对EPLOT命令有效。

=LINE:设置以N1,N2,NINC为范围的线颜色。如/COLOR,LINE,8,2,11将编号为2～11的线颜色设为绿色。该命令仅对LPLOT命令有效。

=AREA:设置以N1,N2,NINC为范围的面颜色。该命令仅对APLOT命令有效。

=VOLU:设置以N1,N2,NINC为范围的体颜色。该命令仅对VPLOT命令有效。

=ISURF:设置等值面的颜色(如应力等值面)。

=WBAK:设置窗口背景颜色。如/COLOR,WBAK,8,1将窗口1的背景颜色设为绿色。

=边界条件颜色设置,LAB可为U,ROT,TEMP,PRES,F,M,CP,CE,NFOR,PATH等。

=GRBAK:绘图(POST26)区的背景颜色。如/COLOR,GRBAK,15。

=GRID:设置网格线颜色;=AXLAB:设置坐标轴名称的颜色;=CURVE:设置曲线颜色。

=CM:设置元件颜色,N1为元件名。该命令可将某个元件以设定的颜色显示出来。

=PBAK:激活阴影背景参数。格式/COLOR,PBAK,KEY_ON_OFF,KEY_TYPE,KEY_INDEX

KEY_ON_OFF控制背景色的打开与关闭,数值为ON或1,OFF或0。

KEY_TYPE设定阴影背景的变化类型,其值可取0,1,2,3,-1(纹理图案背景)。

KEY_INDEX与背景色或纹理相应的整数值。如为纹理图案背景,则与/TXTRE命令的NUM相同,如为其他背景色,则与Clab设定的颜色号相同。

如/COLOR,PABK,ON,1,12将背景设为红色,且从上到下逐渐加深颜色。

如/COLOR,PBAK,ON,2,8将背景设为绿色,且从右到左逐渐变浅颜色。

如/COLOR,PBAK,ON,-1,15将背景设为砖墙式图案。

PBAK选项优于WBAK选项,即采用PBAK则覆盖了WBAK选项。

屏幕背景色为白色与背景色取反是不同的。

Clab为颜色号码或名称参数,其值可取:

=BLAC或0黑色;=MRED或1洋红色;=MAGE或2浅红;=BMAG或3紫红;

=BLUE或4蓝色;=CBLU或5青蓝;=CYAN或6青色;=GCYA或7青绿;

=GREE或8绿色;=YGRE或9浅黄;=YELL或10黄色;=ORAN或11橘红;

=RED或12红色;=DGRA或13暗灰;=LGRA或14亮灰;=WHIT或15白色。

使用/COLOR,DEFA可恢复缺省设置,使用/COLOR,STAT可列表显示当前设置。

(7)光源设置。

GUI:Utility Menu>Plot Ctrls>Style>Light Source

命令:/LIGHT,WN,NUM,INT,XV,YV,ZV,REFL

其中:

NUM——光源类型参数。NUM=0(缺省)为弥散光源;NUM=1 为方向光源。

INT——光强因子,对弥散光源缺省为 0.3,对方向光源缺省为 1,仅对 3D 图形设备有效。

XV,YV,ZV——用原点和该点(总体直角坐标系)的连线确定方向光源的方向。

REFL——光强反射系数,仅 NUM=1 和 3D 图形设备有效。

用该命令可改变模型的明暗分布,以获得特殊的视图效果。当 NUM=1 时缺省为视图方向。

(8)透明度设置。

GUI:Utility Menu>Plot Ctrls>Style>Tran slucency

命令:/TRLCY,Lab,TLEVEL,N1,N2,NINC

其中:

Lab——设置透明处理的选项,其值可取 ELEM、AREA、VOLU、ISURF、CM、CURVE、ZCAP、ON、OFF,依次为单元、面积、体、等值面、元件、曲线的填充部分、ZCAP、打开和关闭。

TLEVEL——透明度,其值从 0.0(不透明)~1.0(透明)。

N1,N2,NINC——为单元、面积、体、等值面、曲线的编号,Lab=CM 时 N1 为元件名。

如/TRLCY,VOLU,0.7 时每个体的编号可从多个方向显示出来。

(9)设置图形中浮点数显示方式。

GUI:Utility Menu>Plot Ctrls>Style>Floating Point Fromat

命令:/GFORMAT,Ftype,NWIDTH,DSIGNF

其中:

Ftype——类似 FORTRAN 语言中的数据格式,Ftype 可为 G,F,E 和 Automatic(缺省)。

NWIDTH——数据总长度,最大为 12(缺省)。

DSIGNF——小数点后的位数,缺省时根据 Ftype 和 NWIDTH 计算确定。

对于 F 格式,DSIGNF 范围为 0~NWIDTH-3。如/GFORMAT,F,10,4 则设置了总长度为 10,小数点后 4 位的显示方式,如果某些数据超出则显示该数据的整数部分。

对于 G 和 E 格式,DSIGNF 范围为 0~NWIDTH－6,如/GFORMAT,E,12,4。

(10)设置变形放大系数。

GUI:Utility Menu>Plot Ctrls>Style>Displacement Scaling

命令:/DSCALE,WN,DMULT

其中:

DMULT——变形放大系数,当 NLGEOM 为 ON 时缺省为 1.0;当 NLGEOM 为 OFF 时缺省为 AUTO。当 DMULT=AUTO 或 0 时,自动缩放位移,其最大位移值以 5%的模型最大长度进行显示,是 NLGEOM 为 OFF 时的缺省设置;当 DMULT=1 则不对位移进行缩放,是 NLGEOM 为 ON 时的缺省设置;当 DMULT=FACTOR(数值),则通过该 FACTOR 值缩放;当 DMULT=OFF 时则删除位移缩放;当 DMULT=USER 则采用上一次设置值。

在显示应力图时,如希望在没有位移的模型上显示,则可采用/DSCALE,,OFF。

4. 多窗口显示技术

多窗口显示技术可将屏幕分为几个窗口分别显示不同的内容，其命令如表 2-10 所示。

多窗口显示控制命令 表 2-10

类　别	命　令	功 能 说 明
设置窗口布局	/WINDOW	设置窗口布局
图素显示控制和显示	/GTYPE	图素显示控制
	GPLOT	显示所有图素
	IMMED	立即显示
	/GCMD	单元或图表显示控制
图形擦除	ERASE	立即清屏
	/ERASE	显示之前清屏
	/NOERASE	不清屏
图例设置	/PLOPTS	在随后显示中控制图形选项
	/UDOC	控制图例的位置
	/TRIAD	总体坐标符号显示控制

(1)设置窗口布局。

GUI: Utility Menu>PlotCtrls>Window Control

Utility Menu>Plot Ctrls>Multi－Window Layout

命令:/WINDOW,WN,XMIN,XMAX,YMIN,YMAX,NCOPY

其中:

WN——窗口编号(1～5),缺省为 1,也可为 ALL。

XMIN,XMAX,YMIN,YMAX——窗口大小的屏幕坐标。屏幕 X 坐标为－1～1.67,Y 坐标为－1～1,其原点在屏幕中心。若 XMIN＝OFF 关闭先前定义的窗口;若 XMIN＝ON 激活先前定义的窗口;若为 FULL 则为全屏幕窗口;若为 LEFT,RIGH,TOP,BOT 则半屏幕窗口;若为 LTOP,LBOT,RTOP,RBOT 则为 1/4 屏幕窗口;若为 SQUA 则在当前图形区域形成一个最大的正方形窗口;若为 DELE 则删除这个窗口。

NCOPY——从 NCOPY 号窗口复制其设置到当前的窗口,若为 0 或空则不复制。

该命令缺省为一个窗口,且为全屏幕。

例如:下列命令设置了四个窗口,1 和 2 在屏幕上半部的左右,3 和 4 在屏幕下半部的左右。

/WINDOW,1,LTOP $/WINDOW,2,RTOP $/WINDOW,3,LBOT $/WINDOW,4,RBOT

(2)图素显示控制和显示。

GUI: Utility Menu>Plot Ctrls>Multi-Plot Controls

①图素显示控制。

命令:/GTYPE,WN,LABEL,KEY

其中:

LABEL——显示图素选项，其值可取 NODE，ELEM，KEYP，LINE，AREA，VOLU 和 GRPH。

KEY——开关，为 0 关闭选定的图素显示，为 1 打开选定的图素显示。

该命令可为不同的窗口选择显示不同的图素及后处理结果显示。在缺省状态下，各种图素的显示处于打开状态。当为 ELEM 时，可通过/GCMD 命令控制单元显示；当为 GRPH 时，其他图素类型显示则关闭；相反的，当为其他图素类型时，GRPH 处于关闭状态。

该命令的设置不受当前窗口关闭的影响，一旦激活后使用/gplot 命令显示图素时也有效。

②显示所有图素。

命令:GPLOT

该命令显示/GTYPE 设置的所有图素。当为多重窗口时，只要该窗口是活动的，按/GTYPE 的设置显示各个窗口的图素。但是，GPLOT 命令同 xPLOT 不一样，在执行 GPLOT 前总是立即清屏，不管当前是否使用了/NOERASE 不清屏命令，而 xPLOT 则受/NOERASE 的约束。

这两个命令结合可同时显示带编号和颜色的不同级图素。

③立即显示。

GUI: Utility Menu＞PlotCtrls＞Erase Options＞Immediate Display

命令:IMMED,KEY

其中：

KEY——显示选项。当 KEY＝0 不立即显示，即需要显示命令，为 GUI 关闭时缺省；当 KEY＝1 立即显示，即在模型生成时便显示，不需要执行显示命令，为 GUI 打开时缺省设置。

④单元或图表显示控制。

GUI:Utility Menu＞Plot Ctrls＞Multi-Plot Contrls

命令:/GCMD, WN, Lab1, Lab2, Lab3, Lab4, Lab5, Lab6, Lab7, Lab8, Lab9, Lab10, Lab11,Lab12

其中：

Lab1～Lab12——命令输入参数，如/PLESOL,S,X。

当/GTYPE 参数为 ELEM 或 GRPH 时，该命令控制/GPLOT 显示，如为多重窗口亦然。

(3)图形擦除。

GUI:Utility Menu＞Plot Ctrls＞Erase Options

①立即清屏。

命令:ERASE

类似于硬件屏幕擦除键，执行该命令后立刻彻底清除屏幕，而不管随后执行何命令。该命令自动包含在了 xPLOT 命令之中，如果先执行了/NOERASE 命令，执行 ERASE 命令也清除掉显示区域，但随后的/REPLOT 命令则显示执行/NOERASE 前的内容；如果这两个命令之间使用了 xPLOT 命令，则/REPLOT 显示执行/NOERASE 之后的内容。

②显示之前清屏。

命令:/ERASE

执行该命令后，屏幕显示区域不马上清除，只有在随后的显示时才清除屏幕。系统缺省为

/ERASE,使用/NOERASE命令可反之。

③不清屏。

命令:/NOERASE

执行该命令后,当前显示的内容被保留,随后显示的内容在其上连续叠加显示。

(4)图例设置。

GUI:Utility Menu>Plot Ctrls>Window Control>Window Options

①在随后显示中控制图形选项。

命令:/PLOPTS,Label,KEY

其中:

Label——显示项目控制参数,其值可取:

=INFO:控制图例的显示,可打开、关闭、自动或多图例布置,由KEY确定。在GUI方式缺省KEY=3(多图例),其他方式为2(自动)。

=LEG1:图例栏中的标题部分,缺省KEY=ON,即当前显示的内容等。

=LEG2:图例中的视图部分,缺省KEY=ON,如焦点与放大比例等。在多图例中无效。

=LEG3:图例中的等值线图例,缺省KEY=ON,如颜色数值等。

=FRAME:窗口周边的边界线,缺省KEY=ON。

=TITLE:由/TITLE指定的标题,缺省KEY=ON。

=MINM:在等值线显示时最大-最小符号,缺省KEY=ON。

=LOGO:ANSYS图标。在自动图例中,缺省KEY=OFF,即用文本图标显示在图例栏顶部;如KEY=ON以图形方式显示在图形区。在多图例中,缺省为ON。

=WINS:根据不同的图例方式或打开与关闭,图形区域是否自动缩放,以适应屏幕。缺省KEY=ON,即自动缩放。

=WP:工作平面显示,缺省KEY=OFF。

=DATE:控制图例栏中的日期和时间。KEY=0或OFF不显示日期和时间;KEY=1仅显示日期;KEY=2日期和时间都显示(缺省)。

=FILE:图例栏中是否显示工作文件名,KEY=OFF(缺省)不显示,KEY=ON则显示。

在两种图例栏中,多图例栏可通过/UDOC控制图例的不同位置,但自动图例栏则只能位于屏幕的右侧或左侧。图例中的内容还可通过CLASS选项定义。

使用/PLOPTS,STAT显示当前状态,使用/PLOPTS,DEFA恢复缺省设置。

②控制图例的位置。

GUI:Utility Menu>Plot Ctrls>Style>Multi Legend Options>Text Legend

GUI:Utility Menu>Plot Ctrls>Style>Multi Legend Options>Contour Legend

命令:/UDOC,WN,Class,Key

其中:

WN——为窗口编号,缺省为1。

Class——图例项显示控制，有较多的选项，主要有：

=CNTR：等值线图例，该项与其他是独立的。

=DATE：日期和时间图例，与/PLOPTS，LOGO，1 相同。缺省为全显示。

=LOGO：ANSYS 图标，一旦 OFF 则不能再显示，否则必须重新启动。

=TYPE：图例栏中如 NODALSOLUTION 等格式的设置，缺省为全显示。

=TYP2：图例栏中如 DMAX 及荷载步等格式的设置，缺省为全显示。

=INUM：图例栏中 TYPE 格式注释的设置，缺省为全显示。

=BCDC：由/PBC 生成的注释设置，缺省为全显示。

=SURF：由/PSF 生成的注释设置，缺省为全显示。

=BODY：由/PBF 生成的注释设置，缺省为全显示。

=VIEW：图例栏中的视图显示设置，缺省为不显示。

=MISC：如切面应力的显示设置，缺省为不显示。

Key——控制参数。当 Key=0 或 OFF 则不显示图例；当 Class=CNTR 时，其图例可在屏幕不同的位置，如 Key 可为 LEFT，RIGHT，TOP，BOTTOM 值；如 Class 为其他项，则 Key 只能取 LEFT 和 RIGHT。

该命令的设置很多情况下可由/PLOPTS 进行设置，并且无论/UDOC 如何设置，如：

/PLOPTS，LEG1，OFF 将关闭 TYPE，TYP2，INUM 和 MISC 的显示；

/PLOPTS，LEG2，OFF 将关闭 VIEW 的显示；

/PLOPTS，LEG3，OFF 将关闭 PSTA 的显示。

③总体坐标符号显示控制。

GUI：Utility Menu>Plot Ctrls>Window Controls>Reset Window Options

GUI：Utility Menu>Plot Ctrls>Window Controls>Window Options

命令：/TRIAD，Lab

其中：

Lab——坐标系符号显示控制参数。Lab=ORIG（缺省）在总体坐标系原点显示；Lab=OFF 关闭坐标系符号显示；Lab=LBOT，RBOT，LTOP，RTOP 则分别在左下角、右下角、左上角和右上角显示坐标系符号。

例如：利用多窗口显示技术，在 4 个窗口中分别显示关键点及编号、线及编号、面及编号、体，并关闭总体坐标系显示等。

```
/PREP7                                                  ! 进入前处理
CYL4,,,1,,1.5,-200,3                                    ! 创建部分圆柱体
/WIN,1,LTOP$/WIN,2,RTOP$/WIN,3,LBOT$/WIN,4,RBOT         ! 设置 4 个窗口及其位置
/VIEW,ALL,1,1,1,1                                       ! 设置所有窗口的视图方式
/TRIAD,OFF$/PLOPTS,LOGO,0                               ! 关闭坐标符号，ANSYS 图标为文本方式
/WIN,ALL,OFF                                            ! 关闭所有窗口
ERASE$/NOERASE                                          ! 立即清屏，然后设置不清屏
/WIN,1,ON$/PNUM,KP,ON                                   ! 激活窗口 1，设置显示关键点号
KPLOT                                                   ! 显示关键点号，此处不能使用 GPLOT
```

```
/WIN,1,OFF$/PNUM,KP,OFF                                 ! 关闭窗口 1 和关键点号显示
/WIN,2,ON$/PNUM,LINE,ON                                 ! 激活窗口 2,设置显示线号
LPLOT                                                   ! 显示线
/WIN,2,OFF$/PNUM,LINE,OFF                               ! 关闭窗口 2 和线号显示
/WIN,3,ON$/PNUM,AREA,ON                                 ! 激活窗口 3,设置显示面号
APLOT                                                   ! 显示面
/WIN,3,OFF$/PNUM,AREA,OFF                               ! 关闭窗口 3 和面号显示
/WIN,4,ON$VPLOT                                         ! 激活窗口 4,并显示体
如果不分别显示图素编号,可采用如下命令:
/PREP7                                                  ! 进入前处理
CYL4,,,1,,1.5,-200,3                                    ! 创建部分圆柱体
/WIN,1,LTOP$/WIN,2,RTOP$/WIN,3,LBOT$/WIN,4,RBOT         ! 设置 4 个窗口及其位置
/VIEW,ALL,1,1,1,1                                       ! 设置所有窗口的视图方式
/GTYPE,ALL,GRPH,ON                                      ! 设置所有窗口中 GRPH 为开,则关闭了其他实体项
/GTYPE,1,KEYP,ON$/GTYPE,2,LINE,ON                       ! 设置窗口 1 显示关键点,窗口 2 显示线
/GTYPE,3,AREA,ON$/GTYPE,4,VOLU,ON                       ! 设置窗口 3 显示面,窗口 4 显示体
GPLOT                                                   ! 显示各个窗口中设置的显示项
```

5. 动画

动画的生成有两种方式,即直接生成和利用图形序列生成。结果的动画可直接生成,如结构变形、模态、等值线(云图或等高线)等。而几何模型则可利用保存图形序列生成动画。生成动画命令如表 2-11 所示。

生成动画命令 表 2-11

命　令	功能说明	命　令	功能说明
ANMODE	生成模态形状动画	ANDSCL	生成变形动画
ANTIME	在指定时间段内生成动画	ANCNTR	生成变形等值线动画
ANCUT	生成切片云图动画	ANISOS	生成等值面动画
ANIM	显示动画	ANFLOW	生成粒子流动画
/ANFILE	动画的保存与恢复	ANHARM	生成谐波分析动画
/SEG	将显示图形保存到内存段	ANDYNA	指定子步生成动画
ANDATA	在指定数据范围生成动画		

(1)生成模态形状动画。

GUI: Utility Menu>Plot Ctrls>Animate >ModeShape

命令: ANMODE,NFRAM,DELAY,NCYCL,KACCEL

其中:

NFRAM——捕捉帧的幅数,即整个动画的帧数,缺省为 5 帧。

DELAY——动画的延时时间,即帧间时间间隔,缺省为 0.1 秒。

NCYCL——动画循环次数,缺省为 5,仅用于非 GUI 方式,GUI 可采用 STOP 按钮停止。

KACCEL——指定加速度类型,如为 0,则采用线加速度播放;如为 1,则为正弦曲线加速度播放。

该命令可以生成如振动模态、屈曲模态等的模态形状动画，也可生成变形动画。该命令的执行实际上是调用了 ANSYS 的宏命令，且仅适用于支持/SEG 命令的图形平台。在 GUI 方式下，该命令的缺省值与非 GUI 不同。

该命令所创建的动画基于在此命令之前的绘图命令，如 PLDISP（位移）、PLNSOL（节点结果）、PLESOL（单元结果）等，动画由上述显示内容形成。在 GUI 方式可直接选择显示的内容，而在命令方式必须先执行一个显示命令，然后才能执行本命令创建动画，并且其动画内容的显示方式与绘图命令有关，例如，要生成未变形和变形的动画，则需执行 PLDISP，1。

(2)在指定时间段内生成动画。

GUI：Utility Menu>Plot Ctrls>Animate>Over Time

命令：ANTIME，NFRAM，DELAY，NCYCL，AUTOCNTRKY，RSLTDAT，MIN，MAX

其中：

AUTOCNTRKY——自动缩放等值线值，缺省为 0，即不自动缩放。

RSLTDAT——结果数据的类型。如为 0 使用当前荷载步的数据（缺省）；如为 1 使用荷载步的范围；如为 2 采用时间数据的范围。

MIN——最小值，缺省为第一个数据点。可为荷载步或时间的最小值。

MAX——最大值，缺省为最后一个数据点。可为荷载步或时间的最大值。

其余参数意义同 ANMODE 命令中的参数解释。

(3)生成切片云图动画。

GUI：Utility Menu>Plot Ctrls>Animate>Q－Slice Contours

GUI：Utility Menu>Plot Ctrls>Animate>Q－Slice Vectors

命令：ANCUT，NFRAM，DELAY，NCYCL，QOFF，KTOP，TOPOFF，NODE1，NODE2，NODE3

其中：

QOFF——切片工作平面增量，缺省为 0.1 个半屏幕。

KTOP——拓扑效应开关，YES 为打开，NO(缺省)为关闭

TOPOFF——拓扑偏移量，缺省为 0.1 个半屏幕。

NODE1，NODE2，NODE3——分别为切片开始的节点、切片方向节点、切片平面的节点。

生成矢量切面时需要用 PLVECT 命令设置矢量方式，且仅能创建位移矢量切片动画。

(4)动画显示。

GUI：Utility Menu>Plot Ctrls>Animate>Replay Animation

GUI：Utility Menu>Plot Ctrls>Animate>Restore Animation

命令：ANIM，NCYCL，KCYCL，DELAY

其中：

NCYCL——动画的循环次数，缺省为 5，仅用于非 GUI 方式。

KCYCL——动画的显示模式，如为 0 连续显示，即自动前后倒退循环；如为 1 不连续的动画循环，即仅从前向后循环。

DELAY——帧间时间间隔，缺省为 0.1 秒。

(5)动画的保存与恢复。

GUI: Utility Menu>Plot Ctrls>Animate>Save Animation

GUI: Utility Menu>Plot Ctrls>Animate>Restore Animation

命令:/ANFILE,LAB,Fname,Ext,--

其中:

LAB——保存或恢复控制参数。若为 SAVE 保存当前动画到文件;若为 RESUME 从文件中恢复动画。

Fname——路径名和文件名。缺省的是当前工作目录,文件名为当前工作文件名。最长为 248 个字符。

Ext——文件的扩展名,缺省为 ANIM。

(6)将显示图形保存到内存段。

GUI: Utility Menu>Plot Ctrls>Redirect Plots>Delete Segments

GUI: Utility Menu>Plot Ctrls>Redirect Plots>Segment Status

GUI: Utility Menu>Plot Ctrls>Redirect Plots>ToSegment Memory

命令:/SEG,Label,Aviname,DELAY

其中:

Label——存储方式参数,可取如下值:

=DELE:删除所有当前储存的段;=OFF:关闭段的存储操作;

=STAT:查看段的状态;=SINGL:单段方式存储显示,覆盖上次的存储;

=MULTI:用独立的段存储显示图形,不覆盖上次的存储。

=PC:该操作仅适用于 PC 版的 ANSYS,并且当使用 AVI 电影播放器播放动画时(/DEVICE,ANIM,2)可使用 ANIM 命令向动画文件中添加帧。播放时按添加的先后顺序播放,当然应事先生成一个 AVI 动画文件。

Aviname——当保存每帧图形时欲生成的文件名。缺省为工作文件名,扩展名为 AVI。

DELAY——每帧之间的延时,用秒表示,缺省为 0.015 秒。

6. 注释

为模型或结果的显示添加注释,可使图形更加漂亮。注释有文字、尺寸、多边形、符号、饼图等形式,且可 2D 或 3D 注释。2D 注释直接覆盖在屏幕图形上,并且不随图形显示(如放大或缩小等)而改变,因此,2D 注释多用于最终输出时。但 3D 注释因与坐标相关,所以这种注释会随着图形视图的改变而改变。

因为文字注释只能使用英文,且图形复制后有多种软件可以对图形加工,一般不必直接在 ANSYS 添加注释,因此,关于注释的命令此处不再赘述。

7. 图形设备

在 WINDOW 下设置图形显示设备、显示方式及显示选项等。

(1)设置图形设备和参数。

GUI: Utility Menu>Plot Ctrls>Device Options

命令:/SHOW,Fname,Ext,VECT,NCPL

其中:

Fname ——设备名、文件名或关键字，其主要值如下：

=有效的显示设备名：在 WINDOWS 下为 Win32、Win32c、3D，在 ANSYS 启动时进行设置，但 Win32 和 Win32c 在 GUI 中可以重新设置。其中 Win32c 为 128 等值线色彩。

=CLOSE：关闭图形显示。

=JPEG：定向到 JPEG 文件，文件名为 JOBNAMEnnn. JPG。

=TIFF：定向到 TIFF 文件，文件名为 JOBNAMEnnn. TIF。

=PNG：定向到 PNG 文件，文件名为 JOBNAMEnnn. PNG。

=TERM：定向到上次指定的图形设备，一般为屏幕。

Ext——文件扩展名，对于 JPEG、TIFF 及 PNG 无效。

VECT——设置光栅方式或矢量方式。0 为光栅方式，即用颜色填充图形；1 为矢量模式，即仅显示轮廓线。可参照/DEVICE 和/TYPE 命令。

NCPL——图形位平面数目(4 和 8)，其值依赖于图形显示设备。

对于 GUI 方式，缺省的为显示屏幕。使用/PSTATUS 可查看显示状态。一旦定向到文件，则此时屏幕不再响应显示请求，除非再重新定向到屏幕或关闭原来的定向。

(2)设置图形设备显示选项。

GUI：Utility Menu>Plot Ctrls>Device Options

命令：/DEVICE，Label，KEY

其中：

Label ——设备功能参数，可取下列值：

=BBOX：边界框模式。若 KEY=1 包含模型的边界框可以显示和旋转，是前处理的缺省方式；若 KEY=0 单元显示的动态旋转相对较慢，是后处理的缺省方式。

=VECTOR：矢量显示方式。在该方式下面、体、单元和后处理中的几何体都以轮廓显示，而当矢量方式关闭时便为光栅方式，即实体用颜色填充。

=DITHER：当该项打开时，颜色的明暗是光滑过渡的，仅适合于具有光滑阴影图像的实体，如 Z-buffered 等。KEY=0 关闭，KEY=1 打开。

=ANIM：在 PC 的 2D 设备上设置动画类型。当 KEY=BMP 时(缺省)，采用 ANSYS 动画控制器；当 KEY=AVI 时采用 AVI 电影播放器。

=FONT：设置图形窗口的字体。当 Label=FONT 时，该命令格式为：

/DEVICE，FONT，KEY，Val1，Val2，Val3，Val4，Val5，Val6。其中的 KEY 控制什么的字体，当 KEY=1 时为图例的字体；KEY=2 时为实体号的字体；KEY=3 时为注释的字体。Val1～Val6 对于 PC 的意义是，Val1 是一字符串，表示字体的名字；Val2 表示是否加粗显示，其值范围为 0～1000，当大于 700 时为粗体；Val3 表示方向，用 1/10 度为单位；Val4 表示高度，用逻辑单位，如果为负值则其顶空被忽略；Val5 表示宽度，也用逻辑单位，如果为 0 则由系统确定合适的宽度；Val6 表示正体与斜体(0 为正体，1 为斜体)。

=TEXT：图形窗口文本的字体大小。当 Label=TEXT 时，该命令格式为：

/DEVICE，TEXT，KEY，PERCENT。其中当 KEY=1 时为图例的字体；KEY=2 时为实体号的字体；PERCENT 时表示新的文本字体大小是缺省设置的百分数，如为 200

则表示是缺省大小的 2 倍。

该命令的缺省方式是关闭矢量方式，DITHER 打开。

例如，将图例的字体大小增大：/DEVICE，TEXT，1，200 除实体号之外的文本都扩大了 2 倍，如坐标符号、题目名称、ANSYS 图例等。如将实体编号放大 3 倍：/DEVICE，TEXT，2，300 则仅将实体号增大。

如将图例字体改变，命令/DEVICE，FONT，1，Times * New * Roman，700，0，－16，0，1 则设置图例字体为 TimesNewRoman(输入时空格用 * 号代替)，加粗显示，不旋转字体，逻辑高度为 16(小四号字体)，宽度由系统自定，斜体字符。

8. 图像输出

几何模型、有限元模型或结果图形等有时需要输出，保存到文件或直接打印等，其主要命令解释如下。通过 GUI 方式可以直接获得图形硬拷贝，但只能采用缺省的分辨率，而命令方式可以获得较高质量的图像。

(1)设置 JPEG 文件输出参数。

GUI：Utility Menu>Plot Ctrls>Redirect Plots>To JPEG File

命令：JPEG，Kywrd，OPT

其中：

Kywrd ——JPEG 文件输出设置参数，其可取值和 OPT 如下：

＝QUAL：JPEG 图像质量比例参数，其 OPT 范围为 0～100，缺省为 75。

＝ORIENT：图像方向控制参数，其 OPT 值可为水平 HORIZ(缺省)或竖向 VERT。

＝COLOR：颜色控制参数，其 OPT 值可为 0、1、2(缺省)，分别对应黑白、灰度和彩色。一般采用彩色图像输出，也是其缺省方式，故可不设置。

＝TMOD：文本方式控制，其 OPT 可为 0(缺省)和 1 分别对应 BMP 和线划方式。

＝DEFAULT：所有上述选项采用缺省设置。

该命令直接保存图形窗口中的图像，因此，其背景色与屏幕相同。如背景色关闭(黑色)则所保存的图形同样为黑色背景；如果要保存白色背景的图像，则必须将背景色取反。GUI 下可直接显示反相图像，然后保存，或在本命令的 GUI 方式下点击强制反色设置按钮也可。

(2)设置 TIFF 文件输出参数。

GUI：Utility Menu>Plot Ctrls>Redirect Plots>To TIFF File

命令：TIFF，Kywrd，OPT

其中：

Kywrd——COMP、ORIENT、COLOR、TMOD、DEFAULT，其参数意义同 JEPG 命令。如为 COMP 值，当 OPT＝0 时关闭压缩格式，当 OPT＝1 时打开压缩格式，即此时图像文件的大小相对较小。

(3)设置 PNGR 文件输出参数。

GUI：Utility Menu>Plot Ctrls>Redirect Plots>To PNG File

命令：PNGR，Kywrd，OPT，VAL

其中：

VAL——当 Kywrd=COMP 时图像的压缩程度，当 VAL=-1(缺省)时为最佳压缩速度和压缩量；当 VAL=1～9 时为不同程度的压缩，其中 1 为最低压缩水平，而 9 为最高压缩水平。

Kywrd——COMP、ORIENT、COLOR、TMOD、DEFAULT 及 STAT，其参数意义同上。如为 STAT 可查看当前的 PNG 输出设置状态。

(4)设置 Z-buffered 图像文件的像素。

GUI：Utility Menu>Plot Ctrls>Redirect Plots>To JPEG File

GUI：Utility Menu>Plot Ctrls>Redirect Plots>To TIFF File

命令：/GFILE,SIZE

其中：

SIZE——像素的分辨率，其范围为 256～2 400，缺省为 800。

(5)图形硬拷贝。

GUI：Utility Menu>Plot Ctrls>To File

该 GUI 没有对应的命令方式，但可用/UI 命令替代。

命令：/UI,COPY,SAVE,Format,Screen,Color,Krev,Orient,Compress,Quality

其中：

COPY,SAVE——分别为功能和格式的固定选项。

Fromat——图像格式，可为 TIFF、BMP、WMF、EMF、JPEG 等。

Screen——图像区域，FULL 为保存全屏，GRAPH 仅保存图形窗口的内容。

Color——图像颜色，可为 MONO、GRAY 和 COLOR，分别为单色、灰度和彩色。

Krev——若为 NORM 图像如屏幕显示；若为 REVERSE 背景色反色保存。

Orient——图像方向，如为 LANDSCAPE 则为竖向，如为 PORTRAIT 则为水平。

Compress——压缩设置选项，若为 YES 则压缩，NO 为不压缩。

Quality——JPEG 质量水平，其值为 1～100。

例如：/UI,COPY,SAVE,JPEG,GRAPH,COLOR,REVERSE,PORTRAIT,NO,100

该命令执行时对图形的背景色进行了取反，即当前无背景色(黑)，则硬拷贝的图像为白色背景；若当前背景色取反后为白色背景，硬拷贝的图像为黑色背景。

(6)捕捉图形。

GUI：Utility Menu>Plot Ctrls>Capture Image

命令：/IMAGE,Label,Fname,Ext,--

其中：

Label——操作选项。若为 CAPTURE 则从图形窗口捕捉图形到一个新窗口；若为 RESTORE 则从文件恢复图像到一个新窗口；若为 SAVE 则保存图形窗口中的内容到文件；若为 DELETE 则删除窗口。

Fname,Ext——分别为文件名和扩展名。对于 WINDOW 系统，扩展名只能为 BMP。

该命令捕捉图形窗口中的图像到文件或另外的窗口，其图像格式只能为 BMP 图。

(7)RGB 色彩与屏幕反色显示。

如前所述，色彩用索引和颜色表示，可通过/RGB 命令设置。屏幕图像的保存在 GUI 方式下操作比较简单，但在命令方式下相对较复杂。这里仅给出屏幕背景色取反的RGB设置。

例如：

```
/PREP7$/COLOR,PBAK,OFF$/VIEW,1,1,1,1                ! 进入前处理，关闭背景色，设置视图方式
CYL4,,,1,,1.1,-210,2                                ! 创建部分空心圆柱体
                                                    ! 以下将屏幕背景设置为反相(白色)
/RGB,INDEX,100,100,100,0$/RGB,INDEX,80,80,80,13
/RGB,INDEX,60,60,60,14$/RGB,INDEX,0,0,0,15
VPLOT
                                                    ! 以下再将屏幕背景设置为原来(黑色)，也可使用
                                                    /CMAP 直接恢复到原来设置
/RGB,INDEX,0,0,0,0
/RGB,INDEX,60,60,60,13
/RGB,INDEX,80,80,80,14
/RGB,INDEX,100,100,100,15
VPLOT
```

图形的输出及其质量是结果的一部分，其优劣在一定程度上反映工作水平。为了综合使用上述图形输出命令，下面结合一例子给出命令流及其解释。

例如：

```
/PREP7$/VIEW,1,1,1,1$CYL4,,,1,,1.1,-210,2          ! 进入前处理，设置视图方式，创建圆柱体
ET,1,SOLID45$ESIZE,0.1$VMESH,ALL                    ! 定义单元类型，单元尺寸，划分单元
                                                    ! 输出体的 PNG 图像
/SHOW,PNG                                           ! 定向到 PNG 文件，此时屏幕不响应显示请求
PNGR,COMP,1,-1                                      ! 设置最佳压缩速度和压缩比例(系统自定)
PNGR,ORIENT,HORIZ                                   ! 设置图像方向为水平，即屏幕图形不旋转
PNGR,COLOR,2                                        ! 采用彩色图像
PNGR,TMOD,1                                         ! 图中文本以线划方式而非 BMP 方式
/GFILE,1 200                                        ! 设置图像分辨率为 1 200
VPLOT                                               ! 显示体，该显示图像将输出为 PNG 图像
/SHOW,CLOSE                                         ! 关闭到 PNG 文件的输出定向，也可为/SHOW,TERM
                                                    ! 输出单元的灰度 JPEG 图像
/SHOW,JPEG                                          ! 定向到 JPEG 文件，此时屏幕不响应显示请求
JPEG,QUAL,100                                       ! 设置 JPEG 图像为最好质量水平
JPEG,ORIENT,HORIZ                                   ! 设置图像方向为水平
JPEG,COLOR,1                                        ! 采用灰度图像
JPEG,TMOD,0                                         ! 图中文本以 BMP 方式表达
/GFILE,900                                          ! 设置图像分辨率为 900
EPLOT                                               ! 显示单元，该显示图像将输出为 JPEG 图像
/SHOW,TERM                                          ! 关闭到 JPEG 文件的输出定向，并定向到屏幕
                                                    ! 以白色背景和缺省设置输出 JPEG 图像
/SHOW,JPEG$JPEG,DEFAULT                             ! 定向到 JPEG 文件，采用缺省 JPEG 设置
```

```
/GFILE,1 000                                                    ! 设置图像分辨率为 1 000
/RGB,INDEX,100,100,100,0                                        ! 设置反色背景
/RGB,INDEX,80,80,80,13
/RGB,INDEX,60,60,60,14
/RGB,INDEX,0,0,0,15
VPLOT                                                           ! 显示体,该显示图像将输出为 JPEG 图像
/SHOW,CLOSE                                                     ! 关闭到 JPEG 文件的输出定向
/CMAP                                                           ! 恢复缺省的色彩设置,即不再将背景反相
LPLOT                                                           ! 显示线
/UI,COPY,SAVE,JPEG,GRAPH,COLOR,REVERSE,PORTRAIT,NO,100          ! 屏幕硬拷贝
/PNUM,AREA,1                                                    ! 显示面积号
/DEVICE,TEXT,2,200                                              ! 设置实体号为缺省的 2 倍
APLOT                                                           ! 显示面积,可以看到面号字体增大
/UI,COPY,SAVE,JPEG,GRAPH,COLOR,REVERSE,PORTRAIT,NO,100          ! 屏幕硬拷贝
```

2.4.2 文件管理

在命令方式中有时会对文件操作和管理,如文件的更名、读入文件、创建文件及文件的管理等。内存的使用和管理大多数情况下用户不必考虑。

文件管理命令基本与 GUI 方式相对应,主要命令如表 2-12 所示。

文件操作命令 表 2-12

命　令	功能说明	命　令	功能说明
FINISH	正常退出处理模块	/RENAME	文件更名
/CLEAR	清除当前数据库	/COPY	文件复制
/FILNAME	改变工作文件名	/DELETE	删除文件
/CWD	改变当前工作目录	/EXIT	退出 ANSYS
/TITLE	指定主标题	/AUX2	解读二进制文件
SAVE	保存数据库	/ASSIGN	重新指定文件识别符
RESUME	恢复数据库	/FTYPE	设置二进制文件格式
LGWRITE	将数据库命令的日志记录写到文件	/FDELETE	删除二进制文件
/INPUT	从文件中输入命令	/BATCH	设置程序为命令流运行方式
/OUTPUT	将输出定向到文件或屏幕	/CLOG	复制 LOG 文件

(1)正常退出处理模块。

GUI: Main Menu>Finish

命令:FINISH

该命令退出 ANSYS 的四大处理模块或图形显示,回到 Begin 层。在各个处理模块之间使用该命令可保证数据库的完整,但数据库不会自动保存,需要执行 Save 命令或其他命令。

(2)清除当前数据库。

GUI: Utility Menu>File>Clear&Start New

命令:/CLEAR,Read

其中:

Read——是否重读 start81. ans 设置文件。当 Read=START(缺省)时,则在开始建立一个新的 ANSYS 文件时重新读入文件 start81. ans;当 Read=NOSTART 时,不重新读入 start81. ans。

该命令仅在 Begin 层有效,并且其命令行中不容许有其它内容,如注释等,但续行符号$及其后面内容是可以的。该命令将 ANSYS 数据库重置为开始时的状态,将输入和布尔运算恢复到缺省状态,所有的数据项都从数据库中删除,内存清零。

在清除数据库后,缺省时是重新读入 start81. ans 文件,如不读入可输入为 NOSTART。该文件是一些初始设置,在原始的文件中都被注释掉了,可根据需要释放或添加命令。因此,其读入与否对 ANSYS 没有实质影响。

(3)改变工作文件名。

GUI:Utility Menu>File>Change Jobname

命令:/FILNAME,Fname,Key

其中:

Fname——工作文件名称,不能超过 32 个字符。缺省值为 FILE 或用户自己定义的名称。

Key——LOG 和 ERR 文件是否改名。如为 0 或 OFF 则使用既有的 LOG 和 ERR 文件,而不另外再新建文件;如为 1 或 ON 则创建与工作文件名同名的 LOG 和 ERR 文件,但原来的 LOG 和 ERR 文件不删除。

该命令执行后,其后所有要生成的文件都会以新的文件名命名。工作文件名不能为中文,可以为数字、字母及特殊符号等组成;一旦不接受所给出的工作文件名,ANSYS 会直接采用缺省工作文件名。

(4)改变当前工作目录。

GUI:Utility Menu>File>Change Directory

命令:/CWD,DIRPATH

其中:

DIRPATH——新工作目录的全路径名。当指定的新工作路径不存在时,不会改变路径,且给出错误信息。该命令可以使用系统认可的任何目录,包括中文命名的目录。

(5)指定主标题。

GUI:Utility Menu>File>Change Title

命令:/TITLE,Title

其中:

Title——主标题,最多 72 个字符,用%将参数或表达式括起来也可进行替换。该主标题可显示在屏幕上的图形区,还可用/STITLE 指定子标题。

(6)保存数据库。

GUI:Utility Menu>File>Save as

GUI:Utility Menu>File>Save as Jobname. db

命令:SAVE,Fname,Ext,--,Slab

其中：

Fname,Ext——Fname 数据库路径和文件名，最多可用 248 个字符。缺省时，路径为当前工作目录，文件名为当前工作文件名。Ext 为扩展名，可用 8 个字符，缺省为“DB”。

Slab——保存方式参数。如为 ALL(缺省)，保存模型数据、求解数据和后处理数据；如为 MODEL 则仅保存模型数据；如为 SOLU 则保存模型数据和后处理数据。

该命令将当前的数据信息保存到文件中，而且可产生备份(扩展名为 DBB)，以防系统崩溃或操作失误时恢复上次保存的数据库。事实上，当采用命令流时不必担心这个问题，也不必经常保存数据库，除非求解或后处理花费时间较长；或者在编写命令流时需要通过 GUI 方式得到验证，可不断保存和恢复数据库，以加快编写速度和质量。

(7)恢复数据库。

GUI:Utility Menu>File>Resume from

GUI:Utility Menu>File>Resume Jobname. db

命令:RESUME,Fname,Ext,-,NOPAR,KNOPLOT

其中：

Fname 和 Ext 同上。

NOPAR——参数恢复控制。如为 0(缺省)，包括标量参数在内，所有在当前数据库中的数据都会被文件“Fname. Ext”中的数据代替，当 Fname 和 Ext 为空时，为“缺省文件. DB”。如为 1，除标量参数外，其他所有在当前数据库中的数据都会被文件“Fname. Ext”中的数据代替，当有数组参数时应避免使用此选项，以防用任意值赋给数组参数。

KNOPLOT——自动显示控制参数，当为 1 时不自动显示。

(8)将数据库命令的日志记录写到文件。

GUI:Utility Menu>File>Write DBLog File

命令:LGWRITE,Fname,Ext,-,Kedit

其中：

Fname,Ext 同 Save 命令中的解释，缺省时扩展名为 LGW，但文件名不能缺省。

Kedit——压缩标记，若 Kedit=NONE(缺省)，不压缩任何命令；若 Kedit=COMMENT 将不必要的命令注释起来；若 Kedit=REMOVE 不写入不必要的命令或注释行到文件中。

数据库命令日志记录着生成当前数据库的所有命令，执行该命令可将命令日志写入到一个命名文件。一般情况下在 LOG 或命令流文件损坏时，可从数据库中提取。

(9)从文件中输入命令。

GUI:Utility Menu>File>Read Input from

命令:/INPUT,Fname,Ext,-,LINE,LOG

其中：

LINE ——输入文件中的一个行号或标记，系统从该行或标记处开始读入。其值可取：

=空、0 或 1(缺省)：从文件的第 1 行开始读入；

=LINE_NUMBER：从文件指定的行号开始读入；

=:Label：从与这个标记相匹配的行开始读入，标记前有一个冒号。

LOG——是否将命令计入到 LOG 文件和数据库中。LOG=0(命令)仅记录/INPUT 命令到 LOG 文件中；LOG=1 从指定的第 2 行开始记录到 LOG 和数据库中。

从文件读入命令，当遇到文件结束标志（/EOF 命令）或最后一行时，该文件才结束。当遇到文件结束时系统自动回到调用处（如系统、调用该文件的文件），文件之间最多嵌套 20 层，当包含 * DO、* USE、* ULIB 等命令时嵌套层数会减少。交互方式下，命令"/INPUT，TERM"可将命令转到终点，从终点读入"/EOF"命令又返回到上一层文件。命令"/INPUT"可以返回到第 1 个输入文件中。

(10)将输出定向到文件或屏幕。

GUI：Utility Menu>File>Switch Output to>File

GUI：Utility Menu>File>Switch Output to>Output Window

命令：/OUTPUT，Fname，Ext，－，Loc

其中：

Fname——文件名或屏幕。在 GUI 方式下，若 Fname=TERM 或空系统的文本输出到屏幕上（输出窗口）。在命令流中，Fname=空则输出到缺省的输出文件中；如给定文件名，则系统创建该文件，并将系统的输出文本写入到文件中，而输出窗口的屏幕上不再显示，除非再定向到屏幕。

Loc——当输出定向到文件时，文本的写入位置。如为空（缺省）在文件第 1 行写入；如为 APPEND 在既有文件的末尾添加。

系统输出文本为对命令的响应、注释、警告、错误和其他信息等，执行该命令可以将这些文本定向到文件保存，再次执行无参数的该命令又回到缺省位置（输出窗口）。但是该命令不能将在新窗口出现的文本写入文件，如 KLIST、NLIST、LLIST 等的文本显示，它只能将输出窗口（ANSYSn. nOutputWindow）中的内容定向到文件或屏幕。

(11)文件更名。

GUI：Utility Menu>File>File Operations>Rename

命令：/RENAME，Fname1，Ext1，－，Fname2，Ext2，－

该命令仅能对 ANSYS 的二进制文件更名，对其他文件可使用/SYS 命令更名。

(12)文件复制。

GUI：Utility Menu>File>File Operations>Copy

命令：/COPY，Fname1，Ext1，－，Fname2，Ext2，－

其中：

Fname1，Ext1——为带路径的原文件名及扩展名，缺省为当前工作目录和当前工作文件名。

Fname2，Ext2——带路径的复制文件名和扩展名，缺省时为当前目录和原文件名。该命令对任何文件都可复制。

例如：

```
/COPY,A,,,B             ! 将当前工作目录下的 A 文件复制为 B
/COPY,A,LOG,,,TXT       ! 将当前工作目录下的 A.LOG 复制为 A.TXT
```

(13)删除文件。

GUI：Utility Menu>File>File Operations>Delete

命令：/DELETE，Fname，Ext，－

该命令可以删除某个文件，同样可以带路径。一般情况下尽量在操作系统中进行文件操作，除非不得已才在命令流中进行文件操作，以防出错。

(14)退出 ANSYS。

GUI:Utility Menu>File>Exit

命令:/EXIT,Slab,Fname,Ext,—

其中 Slab 与 SAVE 命令中的参数相同。执行该命令会退出 ANSYS。

2.4.3 选择与组件

图素选择是建模和结果处理的重要手段，而在选择中使用组件将更加方便。本章前面叙述的内容中也介绍了一些选择命令，选择命令如表 2-13 所示。

选择命令一览　　表 2-13

图素	命令	功能说明	图素	命令	功能说明
节点	NSEL	选择节点的基本命令	单元	ESEL	选择单元的基本命令
	NSLE	选择与所选单元相关的节点		ESLN	选择与所选节点相关的单元
	NSLK	选择与所选关键点相关的节点		ESLL	选择与所选线相关的单元
	NSLL	选择与所选线相关的单元		ESLA	选择与所选面相关的单元
	NSLA	选择与所选面相关的节点		ESLV	选择与所选体相关的单元
	NSLV	选择与所选体相关的节点	线	LSEL	选择线的基本命令
关键点	KSEL	选择关键点的基本命令		LSLA	选择与所选面相关的线
	KSLN	选择与所选节点相关的关键点		LSLK	选择与所选关键点相关的线
	KSLL	选择与所选线相关的关键点	体	VSEL	选择体的基本命令
面	ASEL	选择面的基本命令		VSLA	选择与所选面相关的体
	ASLL	选择与所选线相关的面	组件	CMSEL	选择组件
	ASLV	选择与所选体相关的面			
	ALLSEL	选择所有图素		DOFSEL	选择自由度

关于关键点、线、面、体的选择命令和方法前面都已介绍，下面主要介绍节点、单元及组件选择的相关命令和使用方法。很多选择命令的使用方法类似，大多可参照使用。

1. 节点选择

(1)选择一组节点。

命令:NSEL,Type,Item,Comp,VMIN,VMAX,VINC,KABS

其中：

Type ——选择类型标识。其值可取：

　　=S:从所有节点中(全集)选择一组新的节点子集为当前子集。

　　=R:从当前子集中再选择一组节点，形成新的当前子集。

　　=A:从全集中另外选择一组节点子集添加到当前子集中。

　　=U:从当前子集中去掉一组节点子集。

　　=ALL:重新选择当前子集为所有节点，即全集。

=NONE:不选择任何关键点,当前子集为空集,忽略其后参数。

=INVE:选择与当前子集相反的部分,形成新的当前子集。

=STAT:显示当前子集状态。

以下参数均在 Type=S,R,A,U 时才有效,Item 和 Comp 详见下述。

VMIN——选择项目范围的最小值。可以是关键点号、组号、坐标值、荷载值以及与选择项目相适应的数据等。当 VMIN 为元件名时,VMAX 和 VINC 将被忽略。

VMAX——选择项目范围的最大值。缺省时 VMAX=VMIN;如果 VMAX=VMIN 选择容差为±0.005×VMIN;如果 VMIN=0.0 选择容差为±1.0E-6,如果 VMIN≠VMAX,选择容差为±1.0E-8×(VMAX-VMIN)。

VINC——在选择范围内的增量。仅适用于整数(如节点编号),且不能为负,缺省为 1。

KABS——绝对值控制标识。如为 0,则在选择期间检查值的符号;如为 1,则在选择期间使用绝对值,即忽略值的符号。

主要的有效项目和组合标识如表 2-14 所示。

主要的有效项目和组合标识　　表 2-14

类别	Item	可用的 Comp	选择内容说明	VMIN,VMAX,VINC 输入说明
模型	NODE		节点号	节点号或范围
	EXT		所选单元表面上的节点(面单元为外轮廓上的节点)	
	LOC	X,Y,Z	当前坐标系中的坐标值	坐标值或范围
	ANG	XY,YZ,ZX	THXY,THYZ,THZX 旋转角	节点旋转角度或范围
	M		主自由度号	主自由度号或范围
	CP		耦合组编号	编号或范围
	CE		约束方程组编号	编号或范围
	D 约束	U	X,Y,Z 任一平动位移	位移值或范围
		UX,UY,UZ	X,Y,Z 方向的位移(仅实部)	位移值或范围
		ROT	X,Y,Z 任一转动位移(仅实部)	转角位移值或范围
		ROTX,ROTY,ROTZ	X,Y,Z 转动位移(仅实部)	转角位移值或范围
		TEMP 等	温度	温度或范围
	F	F	X,Y,Z 任一集中力(仅实部)	集中力值或范围
		FX,FY,FZ	X,Y,Z 方向集中力(仅实部)	集中力值或范围
		M	X,Y,Z 任一力矩(仅实部	力矩值或范围
		MX,MY,MZ	X,Y,Z 方向力矩(仅实部)	力矩值或范围
	BF	TEMP	节点温度	温度或范围
节点 DOF 结果	U	X,Y,Z,SUM	X,Y,Z 方向位移或总位移	位移值或范围
	ROT	X,Y,Z,SUM	X,Y,Z 方向转角或总转角	转角位移值或范围
	TEMP		温度	温度或范围
	PRES		压力	压力或范围

续上表

类别	Item	可用的 Comp	选择内容说明	VMIN,VMAX,VINC 输入说明
单元结果	S	X,Y,Z,XY,YZ,XZ	应力分量	应力值或范围
		1,2,3	主应力	应力值或范围
		INT,EQV	应力密度或等效应力	值或范围
	EPTO	X,Y,Z,XY,YZ,XZ	总应变分量,即（EPEL+EPPL+EPCR)	应变值或范围
		1,2,3	主总应变	应变值或范围
		INT,EQV	总应变密度或总等效应变	值或范围
	EPPL	X,Y,Z,XY,YZ,XZ	弹性应变	应变值或范围
		1,2,3	弹性主应变	应变值或范围
		INT,EQV	弹性应变密度或弹性等效应变	值或范围
单元结果	EPPL	X,Y,Z,XY,YZ,XZ	塑性应变	应变值或范围
		1,2,3	塑性主应变	应变值或范围
		INT,EQV	塑性应变密度或塑性等效应变	值或范围
	EPCR	X,Y,Z,XY,YZ,XZ	蠕变应变	应变值或范围
		1,2,3	蠕变主应变	应变值或范围
		INT,EQV	蠕变应变密度或蠕变等效应变	值或范围
	EPTH	X,Y,Z,XY,YZ,XZ	温度应变	应变值或范围
		1,2,3	温度主应变	应变值或范围
		INT,EQV	温度应变密度或温度等效应变	值或范围
	EPSW		膨胀应变	应变值或范围
	NL 非线性	SEPL	等效应力(应力应变曲线)	应力值或范围
		SRAT	应力状态率	值或范围
		HPRES	静水压力	值或范围
		EPEQ	累积等效塑性应变	应变值或范围
		PSV	弹性状态变量	值或范围
		PLWK	塑性功和体积之比	值或范围
	CONT 接触	STAT	接触状态 3-粘性密贴;2-密贴滑移 1-打开近接触;0-打开无接触	状态值或范围
		PENE	接触穿透	穿透值或范围
		PRES	接触压力	值或范围
		SFRIC	接触摩擦应力	值或范围
		STOT	接触总应力(压力+摩擦应力)	值或范围
		SLIDE	接触滑动距离	值或范围
	TG	X,Y,Z,SUM	热梯度分量或总矢量	值或范围
	TOPO		拓扑优化密度	值或范围

(2)选择与所选单元相关的节点。

命令:NSLE,Type,NodeType,Num

其中:

Type——选择类型,其值可取 S(缺省)、R、A 或 U。

NodeType——节点类型控制参数,其值可取:

=ALL(缺省):选择所选择单元的所有节点。

=ACTIVE:仅选择活动节点,即对 DOF 有贡献的节点。

=INACTIVE:仅选择不活动节点,如方向节点。

=CORNER:仅选择角节点。

=MID:仅选择中间节点。

=POS:仅选择 Num 位置的节点。

=FACE:仅选择 Num 面的节点。

Num——位置和面号(仅对 POS 和 FACE)。

当使用退化的六面体单元时,命令 NSLE,U,CORNER 和 NSLE,S,MID 所得到的选择集不一定相同,其原因是有些节点不能完全确定属于角节点或是中间节点。

(3)选择与所选关键点相关的节点。

命令:NSLK,Type

其中 Type 可为 S(缺省)、R、A 或 U。

(4)选择与所选线相关的节点。

命令:NSLL,Type,NKEY

其中:

NKEY——控制是否选择线两端的节点,若 NKEY=0(缺省)仅选择线中间的节点,而不选择线两端的端节点;若 NKEY=1 选择线上的所有节点。Type 同 NSLK 命令中的参数。

(5)选择与所选面相关的节点。

命令:NSLA,Type,NKEY

其中:

NKEY——控制面内部节点的选择,控制是否选择面轮廓线上的节点。

(6)选择与所选体相关的节点。

命令:NSLV,Type,NKEY

其中:

NKEY——控制是否选择体表面上的节点。

2. 单元选择

(1)选择一组单元。

命令:ESEL,Type,Item,Comp,VMIN,VMAX,VINC,KABS

其中 Type,VMIN,VMAX,VINC,KABS 与 NSEL 命令中的参数意义类似。

而 Item 和 Comp 的主要选项如表 2-15 所示。

单元选择的 Item 和 Comp 一览　　表 2-15

Item	可用的 Comp	选择内容说明	VMIN,VMAX,VINC 输入说明
ELEM		单元编号	编号或范围
ADJ		临近 VMIN 的单元	仅输入 VMIN
TYPE		单元类型	单元类型号或范围
ENAME		单元名称或识别号	名称或识别号与范围
MAT		单元材料号	材料号或范围
REAL		单元实常数号	实常数号或范围
ESYS		单元坐标系号	坐标系号或范围
LIVE		生死单元中的活动单元	(同 EALIVE)
LAYER		层号	层号或范围
SEC		梁截面号	ID 号或范围
SFE	PRES	单元分布压力	压力值或范围
BFE	TEMP	单元温度	温度值或范围
PATH	Lab(路径名)	穿过路径 Lab 的单元	也可为 ALL
ETAB	Lab	单元表中的 Lab	详见 ETAB 命令

从表中可以看出,单元选择无坐标方式。

(2)选择与所选节点相关的单元。

命令:ESLN,Type,EKEY,NodeType

其中:

EKEY——与节点相关的选择方式控制参数。当 EKEY=0(缺省)时,只要某个单元的任一节点包含在节点集中则选择该单元;当 EKEY=1 时,要求某个单元的所有节点都在节点集中才选择该单元,很明显后者的要求要严格的多,当然选择的单元数目一般少于前者。

NodeType——节点类型控制参数,其值可取:

=ALL(缺省):选择包含所有节点的单元。

=ACTIVE:仅选择包含活动节点的单元。

=INACTIVE:仅选择包含不活动节点的单元。

=CORNER:仅选择包含角节点的单元。

=MID:仅选择包含中间节点的单元。

(3)选择与所选节点相关的单元。

命令:ESLL,Type

其中 Type 可取 S(缺省)、R、A 或 U 值。

相同使用方法的命令有 ESLA 和 ESLV。

3. 选择所有图素

命令:ALLSEL,LabT,Entity

其中:

LabT——选择类型。LabT = ALL(缺省)选择所有指定图素的类型及其低级图素。

LabT＝BELOW 选择所有直接相关的图素项及其低级图素。

Entity——选择所依据的图素类型。其值可取 ALL(缺省,即所有图素类型)、VOLU、AREA、LINE、KP、ELEM、NODE。

图素可分为几何图素(体、面、线、关键点)和有限元图素(单元和节点)。当 Entity 为几何图素时,且 LabT＝ALL 时,仅选择几何图素及其低级几何图素;而当 LabT＝BELOW 时,则除选择几何图素外,还选择了有限元图素。

例如:

```
ALLSEL,ALL,VOLU                          ! 选择所有的体、面、线、关键点
ALLSEL,BELOW,VOLU                        ! 选择所有的体、面、线、关键点、单元、节点
ALLSEL                                   ! 选择所有素图,包括几何图素和有限元图素
                                         ! 该命令利用了缺省参数,与 ALLSEL,ALL 或 ALLSEL,ALL,ALL 相同。
```

4. 选择自由度

命令:DOFSEL,Type,Dof1,Dof2,Dof3,Dof4,Dof5,Dof6

其中:

Type——选择类型标识。其值可取:S,A,U,ALL 和 STAT。

Dof1～Dof6——自由度标识。对结构可取:UX,Uy,UZ;U(UX,Uy,UZ);ROTX,ROTY,ROTZ;ROT(ROTX,ROTY,ROTZ);DISP(U,ROT);TEMP。FX,FY,FZ;F(FX,FY,FZ);MX,MY,MZ;M(MX,MY,MZ);FORC(FandM)等。

该命令所选择的自由度为其他命令所使用,如可被 D 或 F 命令使用。

例如:

```
DOFSEL,S,UZ                              ! 选择 UZ 自由度
D,ALL,ALL                                ! 约束所有节点的 UZ 自由度
```

5. 组件及其选择

ANSYS 中将由同类型图素组成的集称为“元件”(component),而由多个元件组成的集称为“组件”(assembly),多个组件也可组成新的组件,有时不必区分元件和组件。利用组件可方便建模和处理数据,是十分有用的命令。组件命令如表 2-16 所示。

组件命令一览　　表 2-16

命　令	功能说明	命　令	功能说明
CM	定义元件	CMLIST	列表输出元件或组件内容
CMMOD	编辑修改元件名称	CMPLOT	显示元件或组件
CMGRP	由元件或组件定义新组件	CMDELE	删除元件或组件
CMEDIT	编辑修改组件	CMSEL	选择元件或组件

(1)定义元件。

命令:CM,Cname,Entity

其中:

Cname——元件名称，最多为 32 个字符，以字母开头，可包含字母、数字及下划线。以下划线开头的元件名是 ANSYS 保留的，且不能使用如 ALL、STAT 和 DEFA 等元件名。使用该命令可直接覆盖同名元件。

Entity——图素类型，其值可取 VOLU、AREA、LINE、KP、ELEM、NODE。

元件可组装成组件，使用元件可更加方便的选择或反选择，任何一种图素的选择集都可定义成元件。元件只能由同类图素组成，但一个图素可以包含在不同的元件中。元件可以被修改、删除、列表和显示等，如果用其他命令删除了某个图素，则该图素也会自动从元件或组件中删除，即元件或组件是自动更新的。如果元件中没有图素，则该元件会被自动删除，并给出提示信息。

组件也是自动更新的，如果所有元件和子组件均被删除，组件名并不删除。

(2)定义组件。

命令：CMGRP，Aname，Cnam1，Cnam2，Cnam3，Cnam4，Cnam5，Cnam6，Cnam7，Cnam8

其中：

Aname——组件名，定义规则同 CM 中的 Cname。

Cnam1～Cnam7——既有元件名或组件名。

组件最多嵌套 5 层，它可以像元件一样使用。一个元件可以属于不同的组件，使用 CMEDIT 命令可以对既有组件管理，如添加元件或组件、删除其元件或组件等。

(3)编辑修改组件。

命令：CMEDIT，Aname，Oper，Cnam1，Cnam2，Cnam3，Cnam4，Cnam5，Cnam6，Cnam7

其中：

Oper——对组件的操作方式。Oper＝ADD 时向组件中添加元件或组件，被添加的元件或组件的图素要低于指定组件中的图素；Oper＝DELE 从组件中删除元件或组件。

Cnam1～Cnam7——添加或删除的元件或组件名。

(4)列表输出元件或组件内容。

命令：CMLIST，Name，Key，Entity

其中：

Name——要列出的元件或组件名。如为空，列出所有元件或组件的名称及类型；如指定 Name 则参数 Entity 将被忽略。

Key——列表输出内容的扩展控制。若为 0 不列出元件中的单个图素；若为 1 列出元件中的单个图素及其编号。对于组件 Key 无效。

Entity——当 Nmae 为空时，其值可取 VOLU、AREA、LINE、KP、ELEM、NODE。

例如：

```
CMLIST                          ! 列表输出所有元件的名称及类型
CMLIST,,1                       ! 列表输出所有元件名称、类型及其包含的图素编号
CMLIST,MYNAME,1                 ! 列表输出 MYNAME 元件的图素及其编号
```

(5)显示元件或组件。

命令：CMPLOT，Label，Entity，Keyword

其中：

Label——要显示的元件或组件名，其值可取：

=空(缺省)：显示所有元件或组件，但最多可显示 11 个组件(一组)，超过部分在图例中显示元件或组件名，同时显示出组号或总组数。

=ALL：显示所有元件或组件，图例中元件或组件不显示名称。

=N：显示下一组元件或组件。

=P：显示上一组元件或组件。

=Cname：显示指定的元件或组件

=SetNo.：显示指定的组号。每 11 个组件自动定义为一组并编号。

Entity——当 Label 为空或 ALL 时，Entity 可取值为 VOLU，AREA，LINE，KP，ELEM，NODE。

KEYWORD——当为 ALL 时，显示与在 Label 指定的元件名同类图素。当 Label 为空或 ALL 时，该参数无效。

例如：

```
CMPLOT                              ! 显示所有元件或组件，多组时仅显示 1 组，其余显示名称
CMPLOT,MYNAME                       ! 显示名称为 MYNAME 的元件或组件
CMPLOT,ALL                          ! 显示所有元件或组件，不再显示元件或组件名
CMPLOT,N                            ! 显示下一组元件或组件，如只有一组(11 个)则无效
CMPLOT,ALL,AREA                     ! 显示具有 AREA 类型的所有元件或组件
CMPLOT,,LINE                        ! 显示具有 LINE 类型的第 1 组元件或组件
```

(6)删除元件或组件。

命令：CMDELE，Name

删除指定的元件或组件，该删除并不影响包含在其中的图素或组件，相当于仅删除了一个元件或组件名，并不删除原来元件或组件中所选择的图素。

(7)选择元件或组件。

命令：CMSEL，Type，Name，Entity

其中：

Type——选择类型标识。其值可取：S(缺省)，R，A，U，ALL 和 NONE。

Name——当 Type=S，R，A 或 U 时，将要选择的元件或组件名。

Entity——当 Name 为空时，其值可取 VOLU，AREA，LINE，KP，ELEM，NODE。

2.4.4　图素缩放与几何要素计算

通过图素缩放可创建图素，例如可进行几何模型的缩放，可进行不同长度单位间的换算。几何计算主要是输出图素的几何要素，如形心位置、惯性矩等。

1. 图素缩放

几何图素都可进行缩放，而有限元图素仅可进行节点缩放。缩放过程中直接缩放原图素而不生成新图素，也可保留原图素而创建新图素，各个坐标轴的缩放比例可不相同等；同时通过缩放操作可进行长度单位间的转换、创建椭圆等。缩放命令如表 2-17 所示。

图素缩放命令一览 表 2-17

命　令	功 能 说 明	命　令	功 能 说 明
KPSCALE	对关键点进行缩放操作	VLSCALE	对体进行缩放操作
LSSCALE	对线进行缩放操作	NSCALE	对节点进行缩放操作
ARSCALE	对面进行缩放操作		

(1)几何图素缩放操作。

命令：

KPSCALE,NP1,NP2,NINC,RX,RY,RZ,KINC,NOELEM,IMOVE

LSSCALE,NL1,NL2,NINC,RX,RY,RZ,KINC,NOELEM,IMOVE

ARSCALE,NA1,NA2,NINC,RX,RY,RZ,KINC,NOELEM,IMOVE

VLSCALE,NV1,NV2,NINC,RX,RY,RZ,KINC,NOELEM,IMOVE

其中：

NP1,NP2,NINC——为进行缩放的关键点的编号范围。其中 NP1 也可为 ALL 或组件名。

NL1,NL2,NINC——为进行缩放的线的编号范围。其中 NL1 也可为 ALL 或组件名。

NA1,NA2,NINC——为进行缩放的面的编号范围。其中 NA1 也可为 ALL 或组件名。

NV1,NV2,NINC——为进行缩放的体的编号范围。其中 NV1 也可为 ALL 或组件名。

RX,RY,RZ——在当前坐标系下，关键点的 X、Y、Z 方向坐标值的比例因子(在柱坐标系中为 RR,Rθ,RZ;在球坐标系中为 RR,Rθ,RΦ;其中 Rθ 和 RΦ 为角度增量)。例如，当 CSYS＝1 时，RX,RY,RZ 分别输入 1.5,10,3:将对半径值放大 1.5 倍，关键点增加 10°偏移量，Z 方向放大 3 倍。缩放系数为 0、空或负时都假定为 1.0。角度偏移量为 0 或空无效。

KINC——生成关键点的编号增量。为 0 时由系统自动编号。

NOELEM——是否生成节点和单元的控制参数，其值可取：

＝0:如果存在节点和单元，则按比例生成相关的节点和单元。

＝1:不生成点和单元。

IMOVE——移动和创建新图素的控制参数，其值可取：

＝0:原来图素不变，重新按比例创建图素；

＝1:不创建新的图素，原来的图素移动到新位置。此时 KINC 和 NOELEM 参数无效。当不需要保留原图素和网格划分时，可使用该参数，其网格划分也一起移走。

该组命令可按一定的比例缩放或创建新图素及其网格划分，新创建图素的 MAT、TYPE、REAL 和 ESYS 与原图素相同，而与当前的属性设置无关。比例缩放与当前坐标系相关，而与原图素在何种坐标系创建无关。

例如：

```
FINISH$/CLEAR
/PREP7$BLC4,4,,8,8,8$BLC4,12,,6,6,6$CYL4,24,,2,,,,4          ! 创建三个几何实体
A = 1 000                                                    ! 设定放大比例为 1 000
VLSCALE,ALL,,,A,A,A,,,1                                      ! 不创建新几何体，缩放所有几何体
```

(2)节点缩放操作。

命令:NSCALE,INC,NODE1,NODE2,NINC,RX,RY,RZ

其中:

INC——节点编号增量,每缩放一次都按此数值增加,为0时重新定义被缩放的位置。其余参数同上。

2. 几何要素计算

几何要素计算命令有KSUM、LSUM、ASUM、VSUM及GSUM,其中GSUM命令是前4个命令的综合。KSUM、LSUM和GSUM命令无参数。ASUM和VSUM命令均有参数Lab,它表示计算面积时所使用的小方格疏密,Lab=DEFAULT采用通过/FACET命令设置的小方格密度;Lab=FINE使用较优的小方格密度计算面积。

命令的输出根据几何图素的不同略有不同,可输出长度、面积、体积、形心位置、惯性矩或转动惯量等。几何要素在总体直角坐标系中生成,如果未由xATT(x=K,L,A,V)命令定义相关属性,则几何要素的计算均采用单位物理量(如单位质量、单位密度、单位厚度等)。

小方格疏密程度对计算精度有一定的影响,越密计算精度越高,特别是对于薄壁结构影响较大。但是较密的小方格花费的时间较长,对于特别细长的面或很薄的体(最小尺寸长/最大尺寸<0.01)命令会给出错误信息。为保证计算精度,确定细分时至少使最小尺寸与最大尺寸之比为0.05。

例如:

```
FINISH$/CLEAR
/PREP7$BLC4,,,12,4                          ! 创建一矩形面
ASUM                                        ! 面几何要素输出
ET,1,82$MP,EX,1,2.1E11                      ! 定义单元与弹性模型
MP,PRXY,1,0.3$MP,DENS,1,780 0               ! 定义泊松比与密度
R,1,1$AATT,1,1,1                            ! 定义实常数与面属性
ASUM                                        ! 面几何要素输出
                                            ! 通过上述两个ASUM可以看出定义属性与否的异同。
```

当不同的图素具有不同的属性时,例如不同的材料,这时其密度和弹性模量等可能均不相同。几何要素的计算仅与材料的密度有关,与弹性模量无关。如果没有定义密度或为单位密度,则几何要素中的转动惯量即为惯性矩;如果定义了密度,则质量的计算考虑了材料的密度,转动惯量当然也考虑了密度的影响。

2.4.5 图素法线方向修改

在几何模型加载或后处理中,有时需要改变线或面的法线方向,以便更好地进行操作。ANSYS提供了3个修改法线的命令,分别为ANORM、LREVERSE和AREVERSE。

(1)修改面的正法线方向。

命令:ANORM,ANUM,NOEFLIP

其中:

ANUM——参考面的编号,即将所有相邻面的法线方向修改为与其法线方向相同。

NOEFLIP——是否修改面上单元的法线方向，为 0(缺省)时修改单元的法线方向与面的法线方向相同；为 1 时不改变单元的法线方向，即与面法线方向不同。

可通过/PSYMB 命令设置显示面的方向，并通过 APLOT 命令查看。

该命令改变相邻面的法线方向与指定面法线方向相同，但当面上已经施加了面荷载或体荷载时，不能使用该命令改变面的法线方向，所以建议在确定单元的法线方向正确后再施加荷载。对于非均匀厚度壳或变截面梁，使用该命令可能导致实常数无效。

如果没有与指定面相邻的面，系统给出警告信息。

(2)反转指定线的法线方向。

命令：LREVERSE，LNUM，NOEFLIP

其中：

LNUM——指定线的编号，可以为 ALL 或组件名。即反转指定线的法线方向，而不必考虑该线是否有相邻线等。NOEFLIP 与 ANORM 命令中的参数意义类似。

(3)反转面的正法线方向。

命令：AREVERSE，ANUM，NOEFLIP

其中：

ANUM——指定反转法线方向的面编号，与 ANORM 命令不同，该命令反转指定面的法线方向，而不是修改与之相邻面的法线方向。其中，NOEFLIP 与 ANORM 命令中的参数意义相同。可通过/PSYMB 命令设置显示选项，并通过 APLOT 命令查看。

2.5 几何建模技巧

本节主要介绍几何建模过程中的一些问题，并就某些建模的技巧与方法进行讨论和比较，以提高几何建模的速度和水平。

2.5.1 ANSYS 的单位

1. 结构分析的单位

ANSYS 软件不进行计算单位的换算，默认用户使用的单位制是统一的。虽然有/UNITS 命令，但该命令仅仅是“注释”用户使用了何种单位制，以便他人阅读，该命令并不进行单位制的换算，即并不影响计算结果。因此，要求用户使用统一的单位制。

一般可从量纲分析出发，可将单位统一或匹配。在力学范围内，国际单位制的基本物理量仅 3 个，即长度、质量和时间，其单位分别为米(m)、千克(kg)、秒(s)。其他物理量如力、力矩、应力、弹性模量、加速度、截面特性等的单位都可用上述基本单位表示。

设长度用 L 表示，质量用 m 表示，时间用 t 表示，则常用物理量的量纲如下：

面积-L^2， 体积-L^3， 惯性矩-L^4， 速度-L/t， 加速度-L/t^2， 密度-m/L^3

力＝质量×加速度-$m\cdot L/t^2$， 力矩＝力×长度-$m\cdot L^2/t^2$

应力，面压力，弹性模量＝力/面积-$m/(L\cdot t^2)$

当采用国际单位制时，即长度-m、质量-kg、时间-s(称为 m-kg-s)，则导出的物理量单位分别为：面积-$\mathrm{m^2}$、体积-$\mathrm{m^3}$、惯性矩-$\mathrm{m^4}$、速度-m/s、加速度-$\mathrm{m/s^2}$、密度-$\mathrm{kg/m^3}$、力-$\mathrm{kg\cdot m/s^2}$＝N、力矩-

kg · m^2/s^2＝N · m、应力等-kg/(m · s^2)＝kg · $m/s^2/m^2$＝N/m^2＝Pa。

当采用长度-mm、质量-kg、时间-s(称为 mm-kg-s)，则导出的物理量单位分别为：面积-mm^2、体积-mm^3、惯性矩-mm^4、速度-mm/s、加速度-mm/s^2、密度-kg/mm^3、力-kg · mm/s^2＝10^{-3}N、力矩-kg · mm^2/s^2＝10^{-3}N · mm、应力等-kg/(mm · s^2)＝kg · $mm/s^2/mm^2$＝$10^{-3}N/mm^2$＝10^{-3}MPa＝kPa。

从上述量纲和单位可以得知，当采用 mm－kg－s 时，力的单位不是 N，而是 10^{-3}N，应力或弹性模量的单位将为 kPa，而不是 Pa 或 MPa，因此，在加载或输入数据时要进行单位的换算或统一，否则容易出现错误。同样可以推出 mm－g－s 和 m－t－s 的单位制，常用的四个单位制如表 2-18 所示。

常用单位制及其换算 表 2-18

物理量	量纲	m-kg-s 制	mm-kg-s 制	mm-g-s 制	m-t-s 制
长度	L	m	mm	mm	m
质量	m	kg	kg	g	t
时间	t	s	s	s	s
面积	L^2	m^2	mm^2	mm^2	m^2
体积	L^3	m^3	mm^3	mm^3	m^3
惯性矩	L^4	m^4	mm^4	mm^4	m^4
速度	L/t	m/s	mm/s	mm/s	m/s
加速度	L/t^2	m/s^2	mm/s^2	mm/s^2	m/s^2
密度	m/L^3	kg/m^3	kg/mm^3	g/mm^3	t/m^3
力	$m \cdot L/t^2$	N＝kg · m/s^2	10^{-3}N＝kg · mm/s^2	10^{-6}N＝g · mm/s^2	kN＝t · m/s^2
力矩	$m \cdot L^2/t^2$	N · m＝kg · m^2/s^2	10^{-3}N · mm ＝kg · mm^2/s^2	10^{-6}N · mm＝g · mm^2/s^2	kN · m＝t · m^2/s^2
应力，弹性模量，压力	$m/(L \cdot t^2)$	Pa＝N/m^2＝kg/(m · s^2)	kPa＝kg/(mm · s^2)	Pa＝g/(mm · s^2)	kPa＝t/(m · s^2)

从表中可以看出，基本物理量单位不同，导出物理量的单位也不同，如力、应力、面压力或弹性模量等，这样可能会给实际使用上带来不便。由于实际工程中常用 N 和 Pa 或 MPa 单位，而长度单位会随模型的大小常取 m 或 mm，因此可以将上述物理量的单位进行换算，即采用长度、力和时间为基本物理量，然后导出其他物理量的单位，这样仅存质量和密度两个物理量。

根据量纲分析可得，质量的量纲为力×时间^2/长度，而密度单位为力×时间^2/长度^4。当长度单位为 m 时，同表 2-18 中的 m－kg－s 制。而当长度单位为 mm 时，各物理量单位如下：

长度－mm，　力－N，　时间－s

面积－mm^2，　体积－mm^3，　惯性矩－mm^4

速度－m/s，　加速度－mm/s^2，　力矩－N · mm

应力、弹性模量、面压力－N/mm^2＝MPa，线分布力－N/mm

质量－N · s^2/mm，密度－N · s^2/mm^4

例如：以钢材为例，设其密度为 7 800kg/m^3，质量为 100kg，弹性模量为 2.1×10^{11}Pa，利用牛顿定义 1N=1kg·m/s^2，换算如下：

密度：7 800kg/m^3=7 800×(1/1 000N·s^2/mm)/(10^9mm^3)=7 800×10^{-12}N·s^2/mm^4

100kg 质量：100kg=100×(1/1 000N·s^2/mm)=0.1N·s^2/mm

弹性模量：2.1×10^{11}Pa=2.1×10^5MPa

不管如何换算，要求单位必须是统一的。具体采用何种单位制可根据习惯而定，建议尽量采用 m-kg-s 制，以减少不必要的换算。

2. 函数中的角度单位

在 ANSYS 中经常用到关于角度的设置，如三角函数 SIN、COS、TAN 等的角度输入，反三角函数 ASIN、ACOS、ATAN、ATAN2 中的角度输出，及角度测量函数 ANGLEK 和 ANGLEN 的角度输出等，这些输入和输出角度在 ANSYS 中缺省情况下均采用弧度(rad)，也可以采用 * AFUN 函数设置为度(°)，以便运算和操作。该命令仅对上述函数有作用，对建模中采用的角度不起作用。

命令：* AFUN,Lab

其中：

Lab——设置单位的参数。若 Lab=RAD(缺省)，输入角度和输出角度的单位采用弧度(rad)；若 Lab=DEG，输入角度和输出角度的单位采用度(°)；若 Lab=STAT，则显示角度单位的状态。

例如：

```
PI = ACOS( - 1)                    ! 得到 PI = 3.1 415 926
A1 = SIN(PI/6)                     ! 得到 A1 = sin(π/6) = 0.5
 * AFUN,DEG                        ! 设置角度的输入输出单位为度
PI1 = ACOS( - 1)                   ! 得到 PI = 180
A2 = SIN(30)                       ! 得到 A2 = sin(30°) = 0.5
```

3. 频率的单位

ANSYS 模态分析结果之一是模态频率 f，其单位为 Hz(即 1/s)，也就是常说的工程频率。而频率或圆频率 $\omega=2\pi f$，其单位为 rad/s。

2.5.2 椭圆与椭球的建模

椭圆与椭球在几何建模中虽然用的不多，但由于其较为特殊，这里主要介绍椭圆线、椭圆面、旋转椭球和椭球的几何建模方法与技巧。

1. 椭圆线与椭圆面

设椭圆的标准方程为：$\frac{x^2}{a^2}+\frac{y^2}{b^2}=1$，创建椭圆线及椭圆面。

创建椭圆的核心是建立一个局部坐标系，该局部坐标系定义椭圆 Y 轴半径与 X 轴半径之比，如 LOCAL 和 CSWPLA 命令等。

例如：

```
FINISH$/CLEAR
/PREP7$A = 5$B = 2                           ! 进入前处理,并定义 a 和 b 参数
CSWPLA,12,1,B/A                              ! 根据当前工作平面定义局部柱坐标系,
                                             ! 且 Y 轴半径与 X 轴半径之比为 b/a
K,1,-A$K,2,A$L,1,2                           ! 创建关键点和椭圆线
CSYS,0$LSYMM,Y,ALL                           ! 激活总体直角坐标系,对称创建线
NUMMRG,KP$AL,ALL                             ! 消除重合关键点,并由线创建面
                                             ! 至此,形成了椭圆面。该椭圆面可进行布尔运算等操
                                             作,例如可将该面分为四部分:
WPROTA,,90$ASBW,ALL                          ! 旋转工作平面,切分该面
WPROTA,,,90$ASBW,ALL                         ! 再旋转工作平面,切分所有面
WPCSYS                                       ! 设置工作平面与总体坐标系一致
```

2. 旋转椭球面和椭球体

设椭球面或体的标准方程为$\frac{x^2}{a^2}+\frac{y^2}{b^2}+\frac{z^2}{c^2}=1$,当为旋转面或体时 $b=c$,命令流如下：

```
FINISH$/CLEAR
/PREP7$A = 5$B = 2                           ! 进入前处理,并定义 a 和 b 参数
CSWPLA,12,1,B/A                              ! 定义局部柱坐标系,Y 轴半径与 X 轴半径之比为 b/a
K,1,-A$K,2,A$L,1,2                           ! 创建关键点和椭圆线
CSYS,0$AROTAT,1,,,,,,1,2,,8                  ! 激活总体直角坐标系,旋转线创建椭球面
                                             ! 该椭球面可以进行布尔运算,如切分等运算。
! ------------------------------------------------------------------------------
! 创建旋转体命令流如下:
FINISH$/CLEAR
/PREP7$A = 5$B = 2                           ! 进入前处理,并定义 a 和 b 参数
CSWPLA,12,1,B/A                              ! 定义局部柱坐标系,Y 轴半径与 X 轴半径之比为 b/a
K,1,-A$K,2,A$L,1,2                           ! 创建关键点和椭圆线
CSYS,0$L,1,2$AL,ALL                          ! 激活总体直角坐标系,创建直线,并由线创建面
VROTAT,1,,,,,,1,2                            ! 旋转面创建椭球体
! 该旋转椭球体也可以进行布尔运算。
```

3. 任意椭球面和椭球体

设椭球标准方程如上,且 $a\neq b\neq c$。创建该椭球体或面也有多种方法,如采用直接创建椭球体法、由蒙皮创建体等。但是,直接创建椭球体法不能进行布尔运算,因此该法创建的椭球体仅可用于具有规则椭球体的受力分析,如 1/8、1/4、3/8、1/2 或整个椭球体的分析,而不能与其他模型进行布尔运算创建更复杂的模型;蒙皮创建的椭球体可以进行布尔运算,进而可创建更复杂的模型。例如,直接法创建 1/8 椭球体及全椭球的命令流为：

```
FINISH$/CLEAR
/PREP7$A = 5$B = 4$C = 3                                  ! 定义参数
K,1,A$K,2,,B$K,3,,,C$K,4                                  ! 创建关键点
LOCAL,12,2,,,,,,,B/A,C/A                                  ! 定义局部球坐标系
V,1,2,3,4$CSYS,0                                          ! 创建 1/8 椭球体,如使用 A,1,2,3 则创建椭球面
VSYMM,X,ALLVVSYMM,Y,ALLVVSYMM,Z,ALL                       ! 对称创建整个椭球
! VADD,ALL                                                ! 不能进行布尔加运算
! VGLUE,ALL                                               ! 不能进行布尔粘接运算
NUMMRG,ALL                                                ! 通过消除重合图素,达到粘接目的
! 将体删除即可得到椭球面
```

4. 通过图素缩放创建椭圆或椭球

虽然可通过蒙皮创建椭球体或面,但该方法毕竟要复杂的多。而通过图素比例缩放创建椭圆面、椭球面和椭球体比较方便,且创建的椭圆面、椭球面和椭球体均可进行布尔运算,因此是非常好的方法,也是创建椭圆相关的图素的最佳方法。

如设圆的方程为 $x^2+y^2=a^2$,图素缩放比例为 $x_1=x$,$y_1=b/ay$,将 x,y 代入圆的方程并整理可得标准椭圆方程 $\frac{x_1^2}{a^2}+\frac{y_1^2}{b^2}=1$,此为将圆缩放为椭圆的原理,创建椭球面或椭球体的原理相同。例如,通过如下命令可创建椭圆和椭球:

```
FINISH$/CLEAR
/PREP7$A = 5$B = 4$C = 3                    ! 定义参数
CYL4,,,A                                    ! 创建半径为 A 的圆
ARSCALE,1,,,1,B/A,,,1                       ! 以 X 轴比例为 1,Y 轴的比例为 B/A 缩放圆创建椭圆
SPH4,3 * A,,A                               ! 创建半径为 A 的球体
                                            ! 以 X 轴和 Z 轴的比例为 1,Y 轴的比例为 B/A 缩放球,! 创
VLSCALE,1,,,1,B/A,1,,,1                       建椭球(同旋转椭球)
SPH4,6 * A,,A                               ! 创建半径为 A 的球体
VLSCALE,2,,,1,B/A,C/A,,,1                   ! 以 X 轴的比例为 1,Y 轴的比例为 B/A 缩放球,Z 轴的比例
                                            ! 为 C/A 创建椭球
```

为说明该方法创建的椭球可进行布尔运算,用下面命令流证明:

```
FINISH$/CLEAR
/PREP7$A = 5$B = 4$C = 3                         ! 定义参数
SPH4,,,A                                         ! 创建半径为 A 的圆
VLSCALE,ALL,,,1,B/A,C/A,,,1                      ! 以 X 轴,Y 轴,Z 轴的不同比例创建椭球
WPOFF,,, - C                                     ! 移动工作平面
* DO,I,1,19$WPOFF,,,C/10$ASBW,ALL$ * ENDDO       ! 切分椭球
WPCSYS$WPOFF, - A$WPROTA,,,90                    ! 移动和旋转工作平面
* DO,I,1,19$WPOFF,,,A/10$ASBW,ALL$ * ENDDO       ! 切分椭球
WPCSYS
! 可提取表面关键点坐标,对椭球方程进行验证。
```

2.5.3 图片保存与模型动画

在命令流中常常需要创建图形文件并保存在硬盘中，以便编制结果文档。创建结果动画文件比较简单，而让模型“动”起来就要复杂一些，下面分别介绍其方法技巧。

1. 命令流中保存图片

采用/SHOW 命令定向显示设备，可得到各种效果的图片。

例如：

```
FINISH$CLEAR
/PREP7$/VIEW,1,1,1,1$BLC4,,,1,2,3               ! 设置视图方式，创建一长方体
/SHOW,JPEG                                      ! 将图形显示定向到 JPEG 文件
KPLOT                                           ! 显示关键点，创建第 1 幅图片
LPLOT                                           ! 显示线，创建第 2 幅图片
APLOT                                           ! 显示面，创建第 3 幅图片
VPLOT                                           ! 显示体，创建第 4 幅图片
/SHOW,CLOSE                                     ! 将图形显示定向关闭，自动定向到屏幕
```

可以看出，只要将图形显示定向到文件，所执行的每个显示命令都将产生一幅图片，并保存到硬盘，其文件名为 JOBNAMEnnn. JPEG。无论将命令粘贴到命令行或采用/INPUT 等，效果是一样的，这为用命令流创建图片提供了很大方便。

2. 模型动画

创建模型动画要用到图形内存段(又称内存片等)，即将不同视图角度显示的模型保存在内存中的某个区域，然后生成动画文件。

例如：

```
FINISH$/CLEAR
/PREP7$/VIEW,1,1,1,1$CYL4,,,1,,1.1,220,2        ! 设置视图方式，创建部分空心圆柱体
/PNUM,AREA,1$/NUMBER,1$/TRIAD,OFF               ! 用颜色显示面积，关闭坐标系符号
/PLOPTS,INFO,OFF$APLOT                          ! 关闭图例，显示面积
/SEG,DELE                                       ! 删除所有当前储存的段，防止出现混乱
/SEG,MULTI,NAME1,1                              ! 用独立的段存储图形且采用不覆盖方式，文件名
                                                  为 NAME1
*DO,I,1,24                                      ! 用循环改变视图角度
/ANG,1,15,YS,1                                  ! 每次相对改变 15 度
/REPLOT                                         ! 重绘图形，也可采用 APLOT 命令
*ENDDO                                          ! 结束循环
/SEG,OFF                                        ! 关闭段的存储操作
/ANFILE,SAVE,NAME1,AVI                          ! 保存 AVI 文件，文件为 NAME1.AVI
! 文件 NAME1.AVI 可用 WINDOWS 媒体播放器或 ANIM 命令播放。
```

采用上述方法可让模型动起来，从不同的角度观察模型。当然对有限元模型也可采用上述方法。

2.5.4 模型移动、旋转与装配

几何模型或有限元模型有时需要移动或旋转。例如，用其他软件分别建模然后导入 ANSYS，然后对模型进行移动或旋转以装配成整体；或者为建模方便在某个位置或方向建模，然后将模型移动或旋转到某个位置或方向；或者采用不同的单位制分别建模，分别导入后再行装配等。这些情况下，就需要对模型移动或旋转。

模型的移动或旋转前文中已有介绍，主要是利用 xGEN(x=K,L,A,V,N,E)命令。

1. ANSYS 中模型的移动和旋转

为说明问题，这里以随意创建一立方体和圆柱体，然后装配成墩柱与承台。

```
FINISH$/CLEAR
/PREP7$/VIEW,1,1,2,3                   ! 进入前处理，设置视图方式
BLC4,6,6,4,2,4                         ! 在当前工作平面的(6,6)创建 X,Y,Z 分别为 4,2,4 的长方体
CYL4,,,1,,,,6                          ! 在当前工作平面的原点创建半径为 1 高为 6 的圆柱体
LOCAL,12,1,,,,,,90                     ! 设置编号为 12 的局部柱坐标系，THXZ 旋转 90 度
VGEN,1,2,,,,90,,,,1                    ! 旋转圆柱体 90 度，即 Dy=90
CSDELE,12                              ! 删除编号为 12 的局部坐标系，回到总体直角坐标系
VGEN,1,2,,,0,8,0,,,1                   ! 沿 Y 方向移动圆柱体 8 个单位
VGEN,1,1,,,-8,-6,-2,,,1                ! 移动长方体使其底面中心在原点，Dx=-8,Dy=-6,Dz=-2
 VGLUE,ALL                             ! 粘接两体
```

2. 用 ANSYS 独立建模再装配

假设由甲乙两人分别创建一个模型的两部分，甲用长度单位为 m，乙用长度单位为 mm，分别创建了几何模型。将所创建的多个独立模型组合成一个模型，称为模型装配。模型装配主要通过三种途径，即用 IGESOUT 和 IGESIN 命令、CDWRITE 和 CDREAD 命令及命令流合并。命令流合并详见 2.5.7 中的 NUMOFF 命令。

(1)采用 IGES 输出和输入的直接装配。

模型的装配，可借助 ANSYS 中的几何模型输入与输出文件，这样就不必考虑两个独立模型的图素编号等问题，读入模型文件后再行装配。

例如：

```
! 创建一长方体并输出到 NAME1.IGES 文件
 FINISH$/CLEAR
 /PREP7$BLC5,,,4,4,2                   ! 创建一长方体
 IGESOUT,NAME1,IGES                    ! 将几何模型以 IGES 格式输出
 ! 创建一圆柱体并输出到 NAME2.IGES 文件
 FINISH$/CLEAR
 /PREP7$CYL4,,,1 000,,,,6 000          ! 创建一圆柱体，且采用 mm 单位
 IGESOUT,NAME2,IGES                    ! 将几何模型以 IGES 格式输出
 ! 以上产生了两个独立的模型，下面进行装配
 FINISH$/CLEAR
```

```
/AUX15                                          ! 进入 AUX15 处理
IGESIN,NAME1,IGES                               ! 读入 NAME1.IGES 模型文件
IGESIN,NAME2,IGES                               ! 读入 NAME2.IGES 模型文件
/PREP7                                          ! 进入前处理
VLSCALE,2,,,1/1 000,1/1 000,1/1 000,,,1         ! 将圆柱体缩小 1 000 倍
VGEN,1,2,,,,,2,,,1                              ! 移动圆柱体
VADD,ALL                                        ! 将两个体相加成为一体
```

上述示例采用的体模型,如果为线或面亦然。

(2)采用 CDWRITE 和 CDREAD 进行模型装配。

实际上这种方式也是利用 IGES 的输入和输出进行模型装配的,但可以包含材料属性、荷载及边界条件等。例如,同上的两个模型,其命令流为:

```
! 创建一长方体并输出到 NAME1 文件
FINISH$/CLEAR
/PREP7$BLC5,,,4,4,2                             ! 创建一长方体
CDWRITE,,NAME1                                  ! 写入文件 NAME1 中(所有数据)
! 创建一圆柱体并输出到 NAME2 文件
FINISH$/CLEAR
/PREP7$CYL4,,,1,,,,6                            ! 创建一圆柱体
CDWRITE,,NAME2                                  ! 写入文件 NAME2 中(所有数据)
! 以上产生了两个独立的模型,下面进行装配
FINISH$/CLEAR
/PREP7                                          ! 进入前处理
CDREAD,,NAME1                                   ! 读入 NAME1 文件
CDREAD,,NAME2                                   ! 读入 NAME2 文件
VGEN,1,1,,,,,2,,,1                              ! 移动圆柱体(注意图素的编号)
VADD,ALL                                        ! 将两个体相加成为一体
```

2.5.5 ANSYS 查询函数

在用命令流建模、求解及后处理过程中,常常需要获得模型的许多参数,如几何图素和有限元图素的数量等。普通的方法是通过 * GET 命令或内部函数等得到这些参数,并在 ANSYS 中有详细的帮助文件。而较为便捷的方法是采用 ANSYS 的查询函数,查询函数在帮助文件中没有介绍,查询函数通过访问数据库返回要查询的数值。

查询函数通常有两个变量,第一个变量为所要查询的图素或图素编号,第二个变量为所要查询的内容。查询函数的种类和数量很多,这里仅介绍 KPINQR、LSINQR、ARINQR、VLINQR、NDINQR、ELMIQR、ETYIQR、RLINQR、SECTINQR、CSYIQR 及 ERINQR 等 11 个函数及其主要查询标识。

1. 关键点查询函数

命令:KPINQR(kpid,key)

其中：

kpid——要查询的关键点号，当 key=12,13,14 时为 0。

key——查询信息标识，其值可取：

=1：选择状态；　=12：已定义数目；　=13：被选择的数目；

=14：定义的最大编号；　=−1：材料号；　=−2：单元类型号；

=−3：实常数号；　=−4：节点号（已分网）；　=−7：单元号（已分网）。

当 key=1 时，函数的返回值：

=−1：未选择；　=0：未定义；　=1：被选择。

例如：A=KPINQR(0,12)则返回已定义的关键点最大数目，并赋值给参数 A。

2. 线查询函数

命令：LSINQR(lsid,key)

其中：

lsid——要查询的线号，当 key=12,13,14 时为 0。

key——查询信息标识，其可取值及返回值：

=1：选择状态；　=2：长度；　=12：已定义数目；

=13：被选择的数目；　=14：定义的最大编号；　=−1：材料号；

=−2：单元类型号；　=−3：实常数号；　=−4：节点数（已分网）；

=−6：单元数目（已分网）；=−8：分网的线拟化分数目　=−9：关键点 1；

=−10：关键点 2；　=−15：截面号 ID　=−16：单元拟划分数目。

当 key=1 时，函数的返回值同上。

例如：A=LSINQR(0,12)则返回线的最大数目，并赋值给参数 A。

3. 面查询函数

命令：ARINQR(arid,key)

其中：

arid——要查询的面号，当 key=12,13,14 时为 0。

key——查询信息标识，其可取值及返回值：

=1：选择状态；　=12：已定义数目；　=13：被选择的数目；

=14：定义的最大编号；　=−1：材料号；　=−2：单元类型号；

=−3：实常数号；　=−4：节点数（已分网）；　=−6：单元数（已分网）；

=−8：单元形状；　=−10：单元坐标系；　=−11：面约束信息。

当 key=1 时，函数的返回值同上。

当 key=−11 时，函数返回值：

=0：没有约束；=1：对称约束；=2：反对称约束；=3：对称与反对称约束。

4. 体查询函数

命令：VLINQR(vlid,key)

其中：

vlid——要查询的体号，当 key=12,13,14 时为 0。

key——查询信息标识，其可取值及返回值：

=1：选择状态；　=12：已定义数目；　=13：被选择的数目；
=14：定义的最大编号；　=－1：材料号；　=－2：单元类型号；
=－3：实常数号；　=－4：节点数(已分网)；　=－6：单元数；
=－8：单元形状；　=－10：单元坐标系。

当 key=1 时，函数的返回值同上。

5. 节点查询函数

命令：NDINQR(node,key)

其中：

node——要查询的节点号，当 key=12,13,14 时为 0。

key——查询信息标识，其可取值及返回值：

=1：选择状态；　=12：已定义数目；　=13：被选择的数目；
=14：定义的最大编号；　=－1：材料号；　=－2：超单元标记；
=－3：主自由度；　=－4：活动自由度；　=－5：依附的实体模型。

当 key=1 时，函数的返回值同上。

6. 单元查询函数

命令：ELMIQR(elid,key)

其中：

elid——要查询的单元号，当 key=12,13,14 时为 0。

key——查询信息标识，其可取值及返回值：

=1：选择状态；　=12：已定义数目；　=13：被选择的数目；
=14：定义的最大编号；　=－1：材料号；　=－2：单元类型号；
=－3：实常数号；　=4：截面号 ID；　=5：单元坐标系号；
=7：实体模型号。

当 key=1 时，函数的返回值同上。

7. 单元类型查询

命令：ETYIQR(itype,key)

其中：

itype——要查询的单元类型号，当 key=12,14 时为 0。

key——查询信息标识，其可取值及返回值：

=1：选择状态；　=12：已定义数目；　=14：定义的最大编号；

当 key=1 时，函数的返回值同上。

8. 实常数查询函数

命令：RLINQR(nreal,key)

其中：

nreal——要查询的实常数号，当 key=12,13,14 时为 0。

key——查询信息标识，其可取值及返回值：

=1：选择状态；　=12：已定义数目；　=13：被选择的数目；

=14:定义的最大编号。

当 key=1 时,函数的返回值同上。

9. 截面号查询函数

命令:SECTINQR(nsect,key)

其中:

nsect——要查询的截面号,当 key=12,13,14 时为 0。

key——查询信息标识,其可取值及返回值:

=1:选择状态; =12:已定义数目; =13:被选择的数目;

=14:定义的最大编号。

当 key=1 时,函数的返回值同上。

10. 当前坐标系查询函数

命令:CSYIQR(csysid,key)

其中:

csysid——要查询的坐标号,当 key=12,14 时为 0。

key——查询信息标识,其可取值及返回值:

=1:状态查询;

=12:定义的局部坐标系数目,不包括系统原有的几个坐标系数目。

=14:定义的局部坐标系最大号,如假设使用了 12 和 16,则返回值为 16。

当 key=1 时,函数的返回值:

=0:未定义; =1:已定义。

11. 警告和错误信息查询函数

命令:ERINQR(key)

其中:key——查询信息标识,其可取值及返回值:

=3:提示总数; =4:警告总数; =5:错误总数; =6:致命错误总数。

12. 系统信息查询命令

命令:/INQUIRE,StrArray,FUNC

其中:

Strarray——存放返回值的字符数组参数名。字符数组参数与字符数组类似,但每个数组元素可存放 128 个字符,如果字符数组参数不存在则创建之。

FUNC——返回系统信息类型,其值可取:

=LOGIN:返回缺省工作目录的路径名,如 D:\Myworkansys;如果改变启动时的工作目录则返回登录 WINDOW 系统时的路径名。

=DOCU:返回 ANSYS 文档路径,如 C:\Program Files\Ansys Inc\v81\ANSYS\docu\

=APDL:返回 ANSYS 的 APDL 路径,如 C:\Program Files\Ansys Inc\v81\ANSYS\apdl\

=PROG:返回执行文件路径,如 C:\Program Files\Ansys Inc\v81\ANSYS\bin\intel\

=AUTH:返回执照文件路径名,如 C:\Program Files\Ansys Inc\v81\ANSYS\bin\

=USER:返回当前登录的用户名。

=DIRECTORY:返回缺省工作目录名,如 D:\Myworkansys。

=JOBNAME:返回工作文件名,如 Truss 等,其长度可达 250 个字符。

当 FUNC=ENV 时,命令格式为:/INQUIRE,StrArray,ENV,ENVNAME,Substring

其中:

ENVNAME——操作系统环境变量名称,如 ANSYSLMD_LICENSE_FILE,TEMP 等。

Substring——返回字符串的";"的级数,为 0 或空时,则返回全部变量值。

当 FUNC=TITLE 时,命令格式为:/INQUIRE,StrArray,TITLE,Title_num

其中:Title_num——返回工作文件标题控制参数,其值可取 1~5。如为空或 1 返回主标题名,为 2 返回第 1 子标题名,如为 3 返回第 2 子标题名,以此类推。

当查询文件时,其命令格式为:/INQUIRE,Parameter,FUNC,Fname,Ext

其中:

Parameter——存放返回值,由用户确定。

FUNC ——查询的信息类型,其值可取:

=EXIST:如果指定的文件存在,返回 1,否则返回 0。

=DATE:用格式 yyyyymmdd. hhmmss 返回指定文件的日期。

=SIZE:返回指定文件的大小,单位为 MB。

=WRITE:返回文件的写属性,A0 表示不允许写入,A1 表示可以写入。

=READ:返回文件的读属性,A0 表示不允许读,A1 表示可以读。

=EXEC:返回文件的执行属性,A0 表示不允许执行,A1 表示可以执行。

=LINES:返回 ASCⅡ文件的行数。

2.5.6 *GET 命令与 GET 函数

*GET 命令几乎可以提取 ANSYS 数据库中的任何数据,并赋值给全局变量。如任何图素(关键点、线、面、体、节点和单元)的相关数据信息、各处理器的设置与状态、系统或环境等数据信息。

***GET 命令**:*GET,Par,Entity,ENTNUM,Item1,IT1NUM,Item2,IT2NUM

其中:

Par——欲赋值的变量名称,即将提取结果赋给该变量,由用户定义。

Entity——被提取图素的关键字,如 NODE,ELEM,KP,LINE,AREA,VOLU,PDS 等。

ENTNUM——图素编号,如为 0 表示全部图素。

Item1,IT1NUM,Item2,IT2NUM——某个图素的项目及其编号。

该命令几乎可提取数据库中的任何数据,因此参数极多,有些亦比较复杂,详细说明参见 ANSYS 命令参考手册(ANSYSCommandsReference),此处不再介绍。

*GET 命令有许多等价的内部函数(称 GET 函数),可以替代*GET 命令直接提取数据,这些内部提取函数既可将返回值赋给变量,也可直接在命令流中使用,比*GET 命令更加方便。常用 GET 函数表如表 2-19 所示。

常用 GET 函数一览　　表 2-19

GET 函数	返回值
图素选择状态	
NSEL(N)	返回节点 N 的选择状态(－1＝未被选择,0＝未定义,1＝被选择)
ESEL(E)	返回单元 E 的选择状态(－1＝未被选择,0＝未定义,1＝被选择)
KSEL(K)	返回关键点 K 的选择状态(－1＝未被选择,0＝未定义,1＝被选择)
LSEL(L)	返回线 L 的选择状态(－1＝未被选择,0＝未定义,1＝被选择)
ASEL(A)	返回面 A 的选择状态(－1＝未被选择,0＝未定义,1＝被选择)
VSEL(V)	返回体 V 的选择状态(－1＝未被选择,0＝未定义,1＝被选择)
选择集中下一个图素的编号	
NDNEXT(N)	返回节点编号大于 N 的下一个节点编号
ELNEXT(E)	返回单元编号大于 E 的下一个单元编号
KPNEXT(K)	返回关键点编号大于 K 的下一个关键点编号
LSNEXT(L)	返回线编号大于 L 的下一个线编号
ARNEXT(A)	返回面编号大于 A 的下一个面编号
VLNEXT(V)	返回体编号大于 V 的下一个体编号
指定图素上的位置坐标	
CENTRX(E)	返回单元 E 的质心在总体直角坐标系中的 X 坐标值
CENTRY(E)	返回单元 E 的质心在总体直角坐标系中的 Y 坐标值
CENTRZ(E)	返回单元 E 的质心在总体直角坐标系中的 Z 坐标值
NX(N)	返回节点 N 在当前坐标系中的 X 坐标值
NY(N)	返回节点 N 在当前坐标系中的 Y 坐标值
NZ(N)	返回节点 N 在当前坐标系中的 Z 坐标值
KX(N)	返回节点 K 在当前坐标系中的 X 坐标值
KY(N)	返回节点 K 在当前坐标系中的 Y 坐标值
KZ(N)	返回节点 K 在当前坐标系中的 Z 坐标值
LX(L,LFRAC)	返回线 L 在 LFRAC(0～1.0)长度比例处的 X 坐标值
LY(L,LFRAC)	返回线 L 在 LFRAC(0～1.0)长度比例处的 Y 坐标值
LZ(L,LFRAC)	返回线 L 在 LFRAC(0～1.0)长度比例处的 Z 坐标值
LSX(L,LFRAC)	返回线 L 在 LFRAC(0～1.0)长度比例处的 X 斜率分量
LSY(L,LFRAC)	返回线 L 在 LFRAC(0～1.0)长度比例处的 Y 斜率分量
LSZ(L,LFRAC)	返回线 L 在 LFRAC(0～1.0)长度比例处的 Z 斜率分量
距离给定坐标最近的点图素	
NODE(X,Y,Z)	返回距当前坐标系中坐标(X,Y,Z)点最近的节点编号
KP(X,Y,Z)	返回距当前坐标系中坐标(X,Y,Z)点最近的关键点编号
图素间的距离量测	
DISTND(N1,N2)	回节点 N1 和节点 N2 之间的距离

续上表

GET 函 数	返 回 值
DISTKP(K1,K2)	返回关键点 K1 和关键点 K2 之间的距离
DISTEN(E,N)	返回单元 E 的质心和节点 N 之间的距离
图素间的夹角量测	
ANGLEN(N1,N2,N3)	返回两条线之间的夹角，缺省为弧度 (由三个节点点确定该两条线，其中 N1 为顶点)
ANGLEK(K1,K2,K3)	返回两条线之间的夹角，缺省为弧度 (由三个关键点确定该两条线，其中 K1 为顶点)
获得最近的图素	
NNEAR(N)	返回距离最接近节点 N 的节点编号
KNEAR(N)	返回距离最接近关键点 K 的关键点编号
ENEARN(N)	返回距离最接近节点 N 的单元编号
据关联关系获得图素	
ENEXTN(N,LOC)	返回与节点 N 相连的单元；如有很多单元与节点 N 相连，则由 LOC 定位，如 1,2,3 等，其顺序以编号从小到大为序
NELEM(E,NPOS)	返回单元 E 中，在 NPOS(1～20)位置上的节点号
获得节点自由度结果	
UX(N)	返回节点 N 在 X 方向的位移
UY(N)	返回节点 N 在 Y 方向的位移
UZ(N)	返回节点 N 在 Z 方向的位移
ROTX(N)	返回节点 N 绕 X 轴的转角
ROTY(N)	返回节点 N 绕 Y 轴的转角
ROTZ(N)	返回节点 N 绕 Z 轴的转角
TEMP(N)	返回节点 N 上的温度
PRES(N)	返回节点 N 上的压力
字符与数值转换函数	
VALCHR(A8)	返回字符串 A8(十进制)的数值
CHRVAL(DP)	返回双精度数值 DP 的字符串

2.5.7 几何建模其他问题与技巧

几何建模命令众多，除上述内容外，尚有其他一些问题和技巧，这里就几何建模的常见问题或技巧介绍如下：

1. 撤销操作命令 UNDO

在 GUI 方式操作下，有时要取消上一次所执行的操作，这时可使用 UNDO 命令。该命令类似于 AutoCAD 中的 U 命令(UNDO)，但在 GUI 方式的保存和恢复数据库之后进行操作。

该命令在不同的版本中用法有所不同，在较低的版本中(如 Ver5.6 及以下)可使用/UNDO,ON 激活 UNDO 命令，然后使用/UNDO 取消上一次所执行的操作，这种方式加大了数据库的存储量，同时增加了 CPU 的负担，执行一次 UNDO 要花费较多的资源。

但在高版本中（如 Ver8.1 中），ANSYS 采用了另外的一种方式，即保存 SAVE 命令之后的所有命令集，通过修改命令集中的某个命令（如可删除上次操作命令），然后恢复上次 SAVE 的数据库，同时执行上次 SAVE 之后修改的所有命令。该方法实质上是重新执行修改后的命令流，因此还是强烈建议使用命令流建模，根本不存在 UNDO，亦即可任意 UNDO。

具体命令解释：

GUI：MainMenu>SessionEditor

命令：UNDO，Kywrd

其中：

Kywrd——关键词，且必须为 NEW，表示建立一个可编辑的 GUI 窗口，允许用户修改最后一次执行 RESUME 或 SAVE 命令后的命令流。

使用 UNDO，NEW 打开文字窗口编辑器（SESSIO NEDITOR），其中显示了最后一次执行 RESUME 或 SAVE 命令后的所有操作命令。可以编辑该命令文件，删除拟删除的操作命令，点击“OK”即可完成 UNDO 操作。该编辑器有“OK”、“SAVE”、“CANCEL”和“HELP”四个菜单命令，其中，“OK”是退出该编辑器且执行 UNDO 操作，“SAVE”是保存该命令集到文件，“CANCEL”是退出该编辑器但不执行 UNDO 操作。保存该命令集到文件的文件名为 JOBNAMEnnn.cmds，连续保存则创建系列.cmds 文件。

2. ANSYS 配置参数命令/CONFIG

命令：/CONFIG，Lab，VALUE

其中：

Lab——要修改的配置参数，VALUE 为配置参数的数值（整数），其值可取：

=NRES：VALUE 表示结果文件中允许的结果组数（SET），最小为 10，缺省为 1 000，最大值没有限制（Ver8.1 及以上）。改变此设置可以获得更多的荷载数，例如在非线性分析可设置的更多。但在某些版本中其最大限制为 9999。

=NORSTGM：是否将几何数据写入结果文件的控制参数，VALUE=0（缺省）写入，VALUE=1 不写入结果文件。

=NBUF：VALUE 表示求解时存储每个文件的磁盘缓存块数（1～32），缺省为 4。该缓存是将文件写入硬盘前内存中用于存放数据的空间块，程序等待该缓存区完全写满，然后才将数据写入硬盘，以避免频繁的磁盘读写。在具有较大物理内存的操作系统中，可增加 NBUF 的 VALUE 或 SZBIO 的 VALUE，从而使求解文件在内存中而不是在硬盘上，以加快求解速度，尤其是对于多荷载步的求解。求解文件包括 EROT、ESAV、EMAT、FULL 及 TRI 文件，即修改 NBUF 对上述文件起作用。

=NPROC：VALUE 表示可使用的 CPU 数目，缺省为 1。当设置的 CPU 数目大于操作系统本身的 CPU 数目时，ANSYS 则使用所有可用 CPU；如系统有 4 个 CPU，建议使用 3 个。

=LOCFL：VALUE 表示文件打开与关闭操作。VALUE=0（缺省）为整体关闭；VALUE=1 为局部关闭。该操作仅对 EROT、ESAV、EMAT、FULL 及 TRI 文件有效。该选项对于大型复杂分析有作用，整体关闭的文件在运行结束时才关闭，并且每个子步不进行打开与关闭操作，从而节省了时间。

=SZBIO:VALUE 表示每个文件缓存区的大小(1 024～4 194 304 个整型字),缺省为 16 384。其中 1 024×32/8=40 96B=4kB,4 194 304×4=16 777 216B=16MB,16 384×4=65 536B=64kB。

=ORDER:控制自动单元排序方案。VALUE=0 采用 WSORT,ALL;VAL UE=1 采用 WAVES;VALUE=2(缺省)采用上述两者。

=FSPLIT:控制文件分割点,以 Mwords 为单位(1Mwords=4MB)。缺省为操作系统的最大文件限制,也即 ANSYS 本身对文件大小没有限制,但受所使用的操作系统限制。该命令仅对 EROT、ESAV、EMAT、FULL 及 TRI 文件有效。例如,在 Windows2000 系统下的 VALUE=32768Mwords=128GB,但实际上 FAT 32 文件系统最大单个文件的限制为 4GB;如果文件格式为 NTFS,理论上单个文件最大可达 64GB,但操作系统限制在 8GB 以下,而将一个文件用此命令分割为多个文件后其总的大小可超过 8GB(如设结果文件 20GB,则可分割为 3 个 7GB 的文件)。如果设置 VALUE=750,所产生的文件大小在 3GB 左右。用该命令参数可以自动分割文件,从而突破操作系统对文件大小的限制,并且结果文件虽被分为多个文件,但对结果的处理没有影响。如果使用了/CONFIG,FSPLIT,但没有指定 VALUE,则缺省到 256Mwords=1GB。

ANSYS 遇到下列未指定的 9 个关键词任一个时,均将其设为 100(可称为"首值")。当超出当前最大值时,则自动增加一倍,即最大值动态膨胀。

=MXND:节点最大数目。

=MXEL:单元最大数目。

=MXKP:关键点最大数目。

=MXLS:线最大数目。

=MXAR:面最大数目。

=MXVL:体最大数目。

=MXRL:实常数最大数目。

=MXCP:耦合自由度集的最大数目。

=MXCE:约束方程的最大数目。

上述 9 个参数即为 9 个关键词。

=STAT:列表显示当前的配置状态。

例如:

文件分割点设置及其考证如下:

```
FINISH$/CLEAR
/CONFIG,FSPLIT,2                          ! 设置 2Mwords 分割点,即大小为 8MB 文件
/PREP7$ET,1,SOLID45                       ! 定义单元
MP,EX,1,2E11$MP,PRXY,1,0.3                ! 定义材料属性
BLC4,,,100,10,10$ESIZE,1$VMESH,ALL        ! 创建长方体,定义单元尺寸,划分单元
/SOLU$DA,5,ALL$SFA,4,1,PRES,1             ! 施加约束和荷载
SOLVE$/POST1$PLNSOL,S,X                   ! 求解、在后处理中显示应力分布图
```

运行上述命令流后，可以到当前工作目录中查看文件，会有许多大小为 8 192kB 的文件。

3. 关闭警告信息

在命令流建模和求解过程中，由于各种原因系统会产生许多"警告"和"错误"信息，如果这些信息过多会引起系统中断，或者有时不希望出现这些不影响计算结果的警告信息，可采用/NERR 和/UIS 命令进行控制。

(1)/NERR 命令。

命令：/NERR,NMERR,NMABT,－－,IFKEY,NUM

其中：

NMERR——每条命令显示的警告和错误的最大数。对交互式 GUI 方式缺省为 5 个，对交互式 GUI 关闭方式缺省为 20 个，对批处理方式缺省为 200 个。写入.ERR 文件中的数目与显示的最大数限制是相同的。当 NMERR＝0 时不显示警告和错误信息，但会写入.ERR 文件中，并记录为"SUPPRESSED MESSAGE"。当 NMERR＝－1 时每条命令仅显示和写入一条。

NMABT——允许每条命令产生的警告和错误信息的最大数目，超过此数目则中断系统。最大数目可达 99 999 999，缺省为 10 000。

IFKEY——当采用/INPUT 读入命令流时，如果发生"错误"是否中断控制。若 IFKEY＝0 或 OFF(缺省)则不中断；若 IFKEY＝1 或 ON 则中断运行。

NUM——关闭警告显示前的无效命令警告数。若 NUM＝0 废除"关闭警告功能"；若 NUM＝n(缺省 n＝5)，在提示用户关闭前所达到的警告数。

使用/NERR,STAT 可查看当前设置；/NERR,DEFA 则恢复系统设置。

例如：

```
/NERR,0                    ! 关闭所有警告和错误信息的显示，但不能关闭写入.ERR 文件。
/NERR,,20000               ! 则允许警告和错误信息达 20000 条之多，在此之下不中断系统。
/NERR,,,-1                 ! 会忽略所有错误信息，该命令参数未公开。
```

(2)控制 GUI 行为的/UIS 命令。

命令：/UIS,Label,VALUE

其中：

Label——行为控制参数，其值有很多，这里仅介绍其中之一。当 Label＝MSGPOP 时用于控制 ANSYS 产生何种信息对话框。若 VALUE＝0 显示信息所有对话框；若 VALUE＝1 显示"注意、警告、错误"对话框；若 VALUE＝2 显示"警告和错误"对话框；若 VALUE＝3 显示"错误"对话框。

例如：

```
/UIS,MSGPOP,3              ! 仅显示错误对话框信息
```

4. 编号控制与操作

编号控制有 NUMOFF、NUMSTR、NUMCMP 和 NUMMRG 等命令。前两个命令可为编号控制命令，NUMCMP 为编号管理命令，而 NUMMRG 实际上为合并图素命令。

(1)为已创建的图素指定一个编号增量。

命令:NUMOFF,Label,VALUE

其中:

Label——图素类型参数,其值可取:

=NODE:节点;=ELEM:单元;=KP:关键点;=LINE:线;=AREA:面;

=VOLU:体;=MAT:材料号;=TYPE:单元类型号;=REAL:实常数号

=CP:耦合组号;=SECN:截面号;=CE:约束方程组;=CSYS:坐标系号。

VALUE——增量号(不能为负值)。

该命令用于当读入一个模型时,避免覆盖现有模型中的编号数据而对既有图素设置一个增量。当对于与温度相关的对流或面对面的辐射荷载、多材料单元(如 SOLID65 等)实常数及多材料截面信息(如 BEAM18x 等),可能会造成材料定义与材料号之间不协调,所以,这种情况下应仔细核实模型的相关参数。

实际上,该命令在用于读入模型(CDREAD)时系统自动设置了相近的增量(相当与自动执行了 NUMOFF 命令),无需用户再另行定义,也不会覆盖原有模型的相关数据。但两种情况下可使用该命令,一种是需要明确设置既有图素编号以便操作和选取,另外一种是分别读入独立的命令流建模时。

例如,用命令流分别创建了两个模型,首先读入第一个命令流创建模型,如果直接读入第二个命令流必然会造成数据混乱或覆盖,这时可使用 NUMOFF 命令为既有模型设置编号增量(此增量足够使得第二个模型的数据不覆盖原有模型数据),然后再读入第二个命令流,从而实现命令流及其模型的合并(或装配)。

例如:

```
! NAME1.TXT,第一个命令流文件
FINISH$/CLEAR
/PREP7$CSYS,1
*DO,I,1,36$K,I,10,10*I$*ENDDO                    ! 创建编号为 1~37 的关键点
CSYS,0$K,37$*DO,I,1,36$L,37,I$*ENDDO             ! 创建编号为 1~36 的线
! NAME2.TXT,第二个命令流文件,也可将此两个文件合并为一个文件保存
NUMOFF,KP,100                                    ! 设置关键点编号增量,即将既有关键点编号增加 100
NUMOFF,LINE,100                                  ! 设置线编号增量,即将既有线编号增加 100
/PREP7$CSYS,1
*DO,I,1,36$K,I,20,10*I-5$*ENDDO                  ! 再创建编号编号为 1~37 的关键点
CSYS,0$K,37$*DO,I,1,36$L,37,I$*ENDDO             ! 再创建编号为 1~36 的线
LPLOT
! 实现两个独立命令流的合并,不必担心数据混乱或覆盖
```

(2)为自动图素编号设置起始编号。

命令:NUMSTR,Label,VALUE

其中:

Label——图素类型,其值可取 NODE、ELEM、KP、LINE、AREA、VOLU。VALUE 为所选图素的起始编号。当 Label 为有限元图素时,VALUE 缺省为既有模型中的节点或单元编号+1;当 Label 为几何图素时,VALUE 缺省为 1,且只有未使用的编号才能使用,已经存在的图素不会覆盖。

该命令必须是对自动编号,对于明确编号的图素无效。

例如:

```
FINISH$/CLEAR
/PREP7$CSYS,1
*DO,I,1,36$K,I,10,10*I$*ENDDO                          ! 创建编号为 1~37 的关键点
CSYS,0$K,37$*DO,I,1,36$L,37,I$*ENDDO                   ! 创建编号为 1~36 的线
NUMSTR,KP,100                                          ! 设置自动编号的起始编号为 100
CSYS,1$*DO,I,1,36$K,,20,10*I-5$*ENDDO                  ! 用自动编号创建关键点,起始号为 100
CSYS,0$K,                                              ! 在原点创建一关键点,编号采用自动编号
*DO,I,1,36$L,136,100-1+I$*ENDDO                        ! 创建线
```

该命令是对其后创建模型的图素给定一起始编号,并且必须是自动编号。而 NUMOFF 是对既有模型的图素增加某一编号,二者是不同的。

使用 NUMSTR,DEFA 可查看当前设置状态。

(3)编号压缩。

在建模过程中,因用户可任意定义编号(如 KP)或者因布尔运算等造成某类图素的编号不连续,使用该命令能够有效地通过重新编号方式对没有使用的编号进行压缩,可使新的编号从 1 开始对整个模型连续编号。重新编号的顺序遵循初始编号顺序,即仅仅降低编号的最大号码。该命令不管图素使用与否、选择与否,都进行重新编号。当压缩材料号时并不更新与温度相关的对流或面对面的辐射荷载、多材料单元的实常数及多材料截面信息(如 BEAM18x 等)。

当编号序列中存在较大的间距或受到内存限制时,可使用该命令对编号进行压缩。但对于通过 FACETED 转换器读入的 IGES 模型不能使用编号压缩命令。

命令:NUMCMP,Label

其中 Label 可取 NODE、ELEM、KP、LINE、AREA、VOLU、MAT、TYPE、REAL、CP、CE 及 ALL。使用 ALL 选项则压缩上述所有参数的编号。

(4)合并图素。

命令:NUMMRG,Label,TOLER,GTOLER,Action,Switch

其中:

Label——要合并的图素类型,其值可取:NODE、ELEM、KP、MAT、TYPE、REAL、CP、CE 及 ALL。

TOLER——重合范围容差,对 Label=NODE 和 KP,缺省值为 1.0E-4(基于直角坐标

系中点间的最大坐标差，而不是两点间的距离）；对 Label＝MAT、REAL 和 CE，缺省值为 1.0E－7。只有在 TOLER 范围之内才认为是重合的或相同的，才能合并。

GTOLER——全局实体模型公差，仅适用于依附线上关键点的合并。如果设置了该值，则覆盖内部相对实体模型公差值。此值是一长度值，缺省为 1.0E－5×最大线长。合并线上关键点的条件是两点各坐标方向的差值小于 TOLER 和两点之间的距离小于 GTOLER。

Action——合并与选择操作控制。当 Action＝SELE 时仅选择但不合并（仅适用于节点）；当 Action＝空（缺省）时合并重合或相同项。该参数可用于检查合并操作是否为预期的内容。

Switch——在合并操作时，编号保留小号和大号的控制参数，该选项对于关键点无效，关键点合并时总是保留较小的编号；当 Switch＝LOW（缺省）时保留较小编号；当 Switch＝HIGH 时保留较大编号。

该命令执行后，由于合并可能造成面积（ASUM）和体积（VSUM）有很小的变化，可使用/FACET 和/NORMAL 两个命令从而获得与合并前相同的面积和体积。

合并操作可将模型中重合（在 TOLER 范围之内）的项合并为一，例如，几个重合的关键点合并后仅为一个关键点，使得本来各自独立的模型连为一体。节点、关键点和单元可使用选择集，只有被选择的图素才能合并，不在当前选择集中的不予合并。

合并操作对模型的关联性进行检查，以保证模型的正确性。例如，合并节点并保留较小的编号，与较大号相关的单元自动用较小关键点号取代，同时耦合自由度、约束方程、节点荷载、节点边界条件等均会自动取代。同样地，材料号的合并不更新与温度相关的对流或面对面的辐射荷载、多材料单元的实常数及多材料截面信息（如 BEAM18x 等）。

当连接两个已经划分网格的区域时，必须首先合并节点，然后合并关键点。如果先合并关键点，会使一些节点成为“孤节点”，从而失去与模型的联系，造成荷载或边界条件转换时发生错误。而如果仅仅合并节点而不合并关键点，也会发生类似的错误。

合并操作虽然某些情况下与粘接布尔运算相同，但对于几何模型，建议使用粘接布尔运算，如 LGLUE、AGLUE 和 VGLUE 命令。例如，对于体的粘接，执行 NUMMRG,KP 命令，虽然关键点合并了（同时会合并重合的线和面等），但可能仍会有重合或叠合的线和面；如使用粘接运算则不存在这种问题，但可能对网格划分造成影响。因此，何时使用 NUMMRG 或 xGLUE 需要根据具体模型而定。

例如：

两个同样大小的体，采用合并和粘接布尔运算效果是相同的。

```
FINISH$/CLEAR
/PREP7$BLC4,,,4,6$BLC4,4,,4,6                    ！创建两个大小相同的几何体
NUMMRG,KP                                        ！合并节点号。如采用 AGLUE,ALL 效果相同
ET,1,82$ESIZE,1$AMESH,ALL                        ！定义单元、单元尺寸，并划分网格
```

但是对于两个相邻图素不完全相同时，情况就不同了，例如用两个面示例如下：

```
！两个独立面，分别划分单元后连为一体
FINISH$/CLEAR
/PREP7$BLC4,,,4,4$BLC4,4,,4,6                  ！创建两个大小不同的几何面
ET,1,82$ESIZE,1$AMESH,ALL
                                               ！定义单元、单元尺寸并划分网格
NUMMRG,NODE                                    ！合并节点，相当于将有限元模型连为一体
NUMCMP,NODE                                    ！压缩节点编号
！上述面如采用 AGLUE 命令时，命令流如下：
FINISH$/CLEAR
/PREP7$BLC4,,,4,4$BLC4,4,,4,6                  ！创建两个大小不同的几何面
AGLUE,ALL                                      ！布尔粘接运算，将两个面粘接在一起
WPOFF,,4$WPROTA,,90$ASBW,3                     ！将面 3 切分为两部分，以划分同上网格。如
                                                 果不切分该面，则不能进行映射网格划分。
ET,1,82$ESIZE,1$AMESH,ALL                      ！定义单元、单元尺寸并划分网格
```

因为上述面较为规则且划分单元时其相邻节点都是对应的，因此合并了相邻的所有节点，也即将有限元模型完全“粘接”起来了。但如果两个面的网格划分不同，则其相邻的节点就不是一一对应的，这时虽然可合并节点，却不是完全“粘接”在一起的，即相邻边界上变形不协调。这个问题在后面章节进行介绍，这里不再赘述。然而通过 AGLUEM 粘接后，其相邻边界总是完全“粘接”的，即变形协调。

关于容差的校核命令流如下：

```
FINISH $/CLEAR
/PREP7
K,1,10$K,2,11$K,3,10.001$K,4,13,1              ！创建 4 个关键点
！①如采用 NUMMRG,KP 不能合并 1 和 3 关键点，因为其之间距离 DK13 = 0.001，
  而缺省
！TOLER = 1.0E－4，显然 DK13＞TOLER，故不能合并。
！②如采用 NUMMRG,KP,0.01 此时 DK13＜TOLER = 0.01，故可合并关键点 1
  和 3。
！③如采用 NUMMRG,KP,1 此时 DK13 和 DK12 均≤TOLER = 1，合并关键点 1、
  2、3。
L,1,2$L,3,4                                    ！创建线
！①如采用 NUMMRG,KP,0.01 给出警告信息，其中之一是 K1 和 K3 两点之间的
  距离超过
！了 3.161328993E－05。GTOLER 的缺省值为 1.0E－5 * KDIST(3,4) = 1.
  0E－5 * 3.161328993
！ = 3.161328993E－05，显然不满足 DK13＜GTOLER 的条件，故不能合并。
！②如采用 NUMMRG,KP,0.01,0.005 将 1 和 3 关键点合并。
```

5. 改变面小方格疏密命令/FACET

命令：/FACET,Lab

其中：

Lab——疏密控制参数，其值可取：

=FINE：使用了较多的小方格(facets)数目，显示效果最好，但降低了操作速度。

=NORML(缺省)：使用基本小方格数显示。

=COAR：使用了较少的小方格数显示，操作速度较快，但降低了显示质量。

=WIRE：使用"线框"显示模型，操作速度最快，但不显示表面(不填色)。

该命令仅对 APLOT、VPLOT、ASUM 和 VSUM 有影响，即对面和体的显示质量和几何特性计算有影响，同时对操作速度也有一定影响，尤其是模型特别复杂时。

如要查看小方格数目或隐藏面的小方格数目，可使用 SPLOT 命令。

6. ANSYS 调用 EXE 命令/SYS

命令：/SYS,String

其中：

String——命令串，最长可达 75 个字符(包括空格和逗号等)。

该命令的缺省路径为当前工作目录，但其搜索范围为 ANSYS 设置的路径。

例如：

```
/SYS,COPYFILE.LOGTEST.LOG                  ! 在工作目录下，将文件 FILE.LOG 复制为 TEST.LOG
/SYS,COPYD:\ZFORTRAN\README.TXTR1.TXT      ! 复制某个目录下的文件到当前目录
/SYS,NOTEPAD                               ! 启动 WINDOW 操作系统的"记事本"程序。
```

该命令后面的 String 与 DOS 操作系统下的操作命令相同。当然除操作系统命令外，还能运行可执行文件或命令，如 FORTRAN 语言程序编译形成的 EXE 文件，与 APDL 恰当结合可进行二次开发等。

如果路径、文件或命令等不存在或不正确，则在文本输出窗口给出错误信息。执行该命令后，ANSYS 执行 String 表示的命令，直到结束 String 表示的命令操作才能返回 ANSYS。如在命令流中执行，只有结束 String 表示的命令操作才能进行下一条 ANSYS 命令。

2.6 几何建模实例

本节结合土木工程和机械工程，介绍典型的几何建模过程，且全部以命令流方式表述。

2.6.1 弹簧

按力学行为弹簧可分为压缩弹簧、拉伸弹簧、扭转弹簧及弯曲弹簧；按弹簧外形可分为螺旋弹簧、蝶形弹簧、环形弹簧和板簧等。仅就单个弹簧进行力学分析时，可采用 3D 实体单元进行模拟，以分析弹簧的各种力学行为及其参数；如果将弹簧与结构共同分析，可采用弹簧单元，其实常数可采用单个实体弹簧分析得到的参数或弹簧本身的出厂参数。

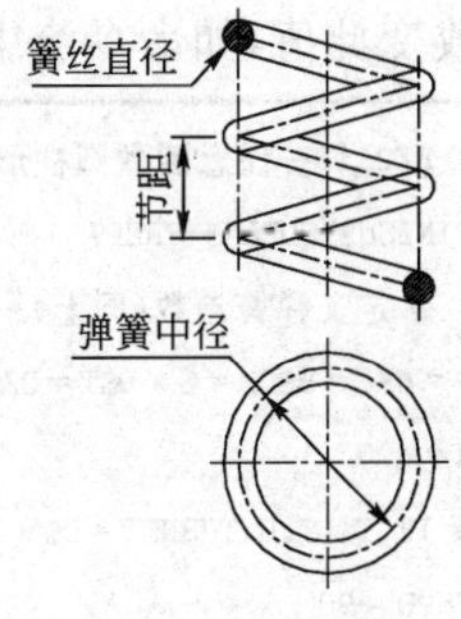

图 2-2　弹簧几何参数

圆柱形压缩弹簧和拉伸弹簧的节距不同，但建模方法是相同的。基本方法都是利用面沿路径拖拉创建体，由于 ANSYS 命令众多，具体方法多种多样，下面介绍不同的建模方法。

图 2-2 为弹簧簧身一般几何参数。

1. 整圈数圆柱形螺旋弹簧的建模

整圈数时，弹簧的建模方法可先创建 1/2 螺旋线，然后利用对称性生成一圈的螺旋线；在螺旋线端部创建簧丝断面，然后沿路径拖拉该面创建一圈簧身；利用体复制生成其他部分。

```
! EX2.1A—整圈数圆柱形螺旋弹簧的几何建模
FINISH$/CLEAR$/PREP7
! 1.定义弹簧参数……………………………………………………………………………………………
D = 4                                       ! 簧丝直径
C = 8                                       ! 旋绕比，簧丝直径不同，旋绕比的范围也不相同
N = 10                                      ! 圈数(设为整数)，即螺旋线的圈数
DZ = C * D                                  ! 弹簧中径，即螺旋线的直径
T = DZ/2.5                                  ! 节距(螺距)
* IF,T,LT,D,THEN$T = D$ * ENDIF             ! 节距的最小值为簧丝直径，拉伸弹簧的 T = D
! 2.创建一圈螺旋线……………………………………………………………………………………………
CSYS,1                                      ! 设置当前坐标系为柱坐标系
K,1,DZ/2,0,-T/2$K,2,DZ/2,180                ! 创建两个关键点
L,1,2                                       ! 创建半圈螺旋线
CSYS,0                                      ! 设置直角坐标系
LSYMM,Z,1$LSYMM,Y,2,,,,,1                   ! 利用对称性生成另外半圈螺旋线
NUMMRG,ALL$CM,L1,LINE                       ! 合并关键点，并将此两条线定义为元件 L1
! 3.在螺旋线端部创建簧丝截面……………………………………………………………………………………
KWPAVE,1$WPROTA,,90                         ! 移动工作平面并旋转
CYL4,,,D/2                                  ! 创建直径为 D 的圆面(簧丝截面)
! 4.沿 L1 路径拖拉圆面创建体、复制体等……………………………………………………………………
VDRAG,1,,,,,,L1                             ! 拖拉面创建体
VGEN,N,ALL,,,,,T                            ! 复制体 N 次
NUMMRG,KP$WPCSYS                            ! 合并关键点，并将工作平面归位
! 如采用 SOLID45 可划分映射网格；如采用 SOLID95 见下文方法。
```

2. 任意圈数圆柱形螺旋弹簧的建模

当不为整圈数时，弹簧的建模方法可先创建螺旋线；在螺旋线端部创建簧丝断面，然后沿路径拖拉该面创建簧身。螺旋线每圈用 4 条线表达，即两关键点对应的角度为 90 度，当然也可改变此值，如命令流中的 90 度改为 10 度等。

```
! EX2.1B—任意圈数圆柱形螺旋弹簧的几何建模
FINISH$/CLEAR$/PREP7
! 1.定义弹簧参数(同上)…………………………………………………………………………………………
D = 4$C = 8$DZ = C * D$T = DZ/6              ! 簧丝直径、旋绕比、弹簧中径、节距
N = 4.7                                     ! 圈数，可以为小数，即使小于 1 也可
* IF,T,LT,D,THEN$T = D$ * ENDIF             ! 节距的最小值为簧丝直径
TKPD = 90                                   ! 定义两关键点对应的角度为 90 度
```

```
! 2.创建全部螺旋线………………………………………………………………………………………………
CSYS,1                                          ! 设置当前坐标系为柱坐标系
TDEG = N * 360                                  ! 总度数,即螺旋线的总旋转角度
TDEG1 = MOD(TDEG,TKPD)                          ! 求余数,即以 TKPD 度为一点时余下的度数
N0 = (TDEG - TDEG1)/TKPD + 1                    ! 整 TKPD 度的数目,增加 1 点
*AFUN,DEG                                       ! 设置角度单位为度
*DO,I,1,N0                                      ! 用循环创建关键点
CTA = (I - 1) * TKPD$Z = T/360 * CTA            ! 求得 Rθ 和 RZ 坐标
K,I,DZ/2,CTA,Z                                  ! 创建关键点(柱坐标系下)
*ENDDO                                          ! 结束循环
*IF,TDEG1,LT,1.0E - 2,THEN                      ! 如果 N 为整数,则不创建非 TPKD 度点
*ELSE                                           ! 否则,要创建此关键点
N0 = N0 + 1                                     ! 再增加最后的非 TKPD 度点
CTA = CTA + TDEG1                               ! 求得最后一点的 Rθ 坐标
Z = T/360 * CTA                                 ! 求得最后一点的 RZ 坐标
K,N0,DZ/2,CTA,Z                                 ! 创建最后一个关键点
*ENDIF
*DO,I,1,N0 - 1$L,I,I + 1$*ENDDO                 ! 利用循环创建螺旋线
CM,L1,LINE                                      ! 将上述线定义为元件 L1
! 此处不宜将线 LCOMB,虽然生成的体外观简洁,但会影响某些布尔运算
! 3.在螺旋线端部创建簧丝截面………………………………………………………………………………
CSYS,0                                          ! 设置直角坐标系
WPOFF,DZ/2$WPROTA,,90                           ! 移动工作平面并旋转
CYL4,,,D/2                                      ! 创建直径为 D 的圆面(簧丝截面)
VDRAG,1,,,,,,L1                                 ! 拖拉面创建体
CMSEL,S,L1$LDELE,ALL,,,1                        ! 删除螺旋线及元件 L1
ALLSEL$WPCSYS                                   ! 选择所有图素并将工作平面归位
```

本几何模型采用 SOLID45 可划分映射网格;采用 SOLID95 则不能划分映射网格,但可划分自由网格。如要划分 SOLID95 之映射网格,将簧丝截面切分为 4 个部分即可。如将上面命令流中创建面之后的命令删除,并写成如下命令:

```
WPROTA,,,90$ASBW,ALL                            ! 旋转工作平面切分圆面
WPROTA,,90$ASBW,ALL                             ! 再旋转工作平面切分圆面
CM,A1,AREA                                      ! 定义该圆面(4 个面)为元件 A1
VDRAG,A1,,,,,,L1                                ! 沿 L1 拖拉 A1 面创建体
CMSEL,S,L1$LDELE,ALL,,,1                        ! 删除螺旋线及元件 L1
ALLSEL$WPCSYS                                   ! 选择所有图素并将工作平面归位
ET,1,SOLID95$VMESH,ALL                          ! 定义单元类型并划分网格
```

3. 弹簧的端部建模

无论是压缩弹簧还是拉伸弹簧,其端部都有特定的构造。压缩弹簧端部有两种构造,即

"并紧磨平端"和"并紧不磨平端";而拉伸弹簧端部则设有"钩环"。

这些构造的建模相对简单些,如压缩弹簧的并紧磨平端部分,建模基本方法是改变端部螺旋的节距,利用上述命令流可创建端部构造,然后用工作平面切分并删除不需要的即可。

由于螺旋模型面的扭曲较大,有可能用垂直弹簧方向的面切分时布尔操作失败,这时可修改上述命令中的 TKPD 参数为较小的值。为方便起见,可将模型分为两部分创建,即一部分为簧身,采用上述命令流直接创建;另外一部分为端部构造,对上述命令流简单修改,如节距、TKPD 等,然后仅仅切分此部分体,最后与第一部分模型装配即可。

2.6.2 螺纹

螺纹连接是最为常用的连接形式。螺纹除有外螺纹和内螺纹之分外,螺纹可分为圆柱螺纹和圆锥螺纹,其中最常用的是圆柱螺纹。常用螺纹按牙形主要有普通螺纹、管螺纹、矩形螺纹、梯形螺纹和锯齿形螺纹等,其特点和应用各不相同。

螺纹在几何模型的创建过程中较为困难,其基本方法也是创建螺旋线、创建牙形截面、拖拉面创建体等步骤,而内外螺纹无非是略加修改参数即可。这里仅以螺栓连接中的螺杆为例介绍其建模过程,采用 GB 5782 中 86－Md×L 系列螺栓,其螺栓几何尺寸和螺纹如图 2-3 所示。

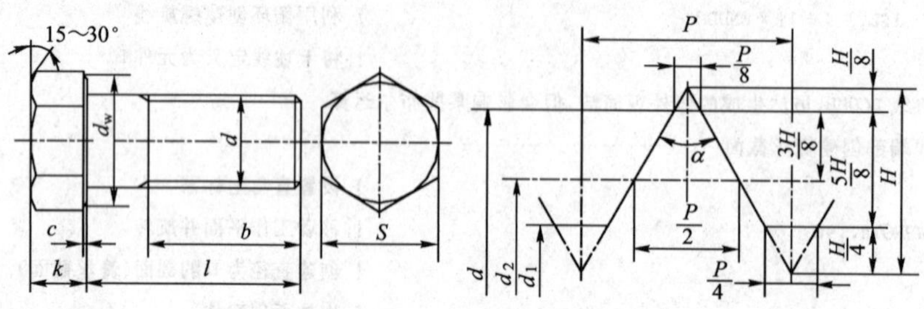

图 2-3　六角头螺栓和螺纹几何尺寸

```
! EX2.2 螺栓杆建模命令流
FINISH$/CLEAR$/PREP7
! 1.定义几何参数..................................................................
D = 20$ L = 60$ B = 46                        ! 公称直径 = 外螺纹大径、螺杆长度、螺纹长度
P = 2.5$ DW = 28.2$SMAX = 30                  ! 螺距、DW 的最小值、S 最大值,可据公称直径查得
KGC = 12.5$C = 0.8                            ! K 公称值、C 的最大值
REFA = 60                                     ! 齿形角 60°,标准螺栓采用值
 * AFUN,DEG                                   ! 设置角度单位为度
H = 0.5 * P * COS(REFA/2)/SIN(REFA/2)         ! 计算参数 H
D1 = D - 2 * 5/8 * H$D2 = D - 2 * 3/8 * H     ! 外螺纹小径! 外螺纹中径
DBANGL = 30                                   ! 螺杆头部正六棱柱的倒角
TKPD = 30                                     ! 齿部螺旋线两关键点所对的圆心角度
! 2.创建螺旋线(采用分段螺旋线)....................................................
CSYS,1                                        ! 设置当前坐标系为柱坐标系
```

```
N = (B - 3 * P/4)/P                                   ! 计算齿部螺旋线的总圈数
TDEG = N * 360                                        ! 总度数,即螺旋线的总旋转角度
TDEG1 = MOD(TDEG,TKPD)                                ! 求余数,即以 TPKD 度为一点时余下的度数
N0 = (TDEG - TDEG1)/TKPD + 1                          ! 整 TPKD 度的数目,增加 1 点
 * DO,I,1,N0                                          ! 用循环创建关键点
CTA = (I - 1) * TKPD                                  ! 求得 Rθ 坐标
Z = P/360 * CTA                                       ! 求得 RZ 坐标
K,I,D1/2,CTA,Z                                        ! 创建关键点(柱坐标系下)
 * ENDDO                                              ! 结束循环
 * IF,TDEG1,LT,1.0E - 2,THEN                           ! 如果 N 为整数,则不创建非 TPKD 度点
 * ELSE                                               ! 否则,要创建此关键点
N0 = N0 + 1                                           ! 再增加最后的非 TPKD 度点
CTA = CTA + TDEG1                                     ! 求得最后一点的 Rθ 坐标
Z = P/360 * CTA                                       ! 求得最后一点的 RZ 坐标
K,N0,D1/2,CTA,Z                                       ! 创建最后一个关键点
 * ENDIF
 * DO,I,1,N0 - 1$L,I,I + 1$ * ENDDO                   ! 利用循环创建螺旋线
CM,L1CM,LINE                                          ! 将上述线定义为元件 L1CM
! 3.在螺旋线端部创建齿截面------------------------------------------------
CSYS,0                                                ! 设置直角坐标系
KM = KPINQR(0,14)                                     ! 查得当前关键点最大号
K,KM + 1,D1/2,, - 3 * P/8                             ! 创建 4 个关键点
K,KM + 2,D1/2,,3 * P/8$K,KM + 3,D/2,,P/16$K,KM + 4,D/2,, - P/16
A,KM + 1,KM + 2,KM + 3,KM + 4                         ! 由关键点创建齿截面
VDRAG,1,,,,,,L1CM                                     ! 拖拉齿截面创建体
NUMCMP,ALL                                            ! 压缩图素编号
! 4.创建圆柱体(未考虑退刀槽)------------------------------------------------
WPOFF,0,0, - 3 * P/8                                  ! 移动工作平面
CYL4,,,D1/2,,,,B                                      ! 创建圆柱体
V1 = VLINQR(0,14)                                     ! 查得当前体最大编号
! 5.创建部分螺杆的圆柱体及头部圆柱体------------------------------------------
WPOFF,,,B$CYL4,,,D/2,,,,L - B$V2 = V1 + 1
WPOFF,,,L - B$CYL4,,,DW/2,,,,C$V3 = V1 + 2
! 6.螺杆头部,正六边形棱柱----------------------------------------------------
RPRISM,C,KGC,6,,,SMAX/2$V4 = V1 + 3
! 7.螺杆齿部端倒角处理------------------------------------------------------
! 以下创建两个圆锥体相减,形成空心锥体,再与螺杆齿部端体相减,作倒角
WPCSYS
CONE,D,D, - 3 * P/8,(D - D1)/2 - 3 * P/8$CONE,D1/2,D/2, - 3 * P/8,(D - D1)/2 - 3 * P/8
V5 = VLINQR(0,14)$VSBV,V5 - 1,V5 $V5 = VLINQR(0,14)
VSEL,S,LOC,Z,0,2 * P$VSEL,A,,,V1$VSEL,U,,,V5$CM,V2CM,VOLU
```

```
VSEL,A,,,V5$VSBV,V2CM,V5$ALLSEL
! 8.倒C处角,方法同上……………………………………………………………………
VSEL,NONE$WPOFF,,,L-3*P/8$CONE,D,D,0,C$CONE,DW/2-C,DW/2,0,C
*GET,V5,VOLU,0,NUM,MIN$V6=VLNEXT(V5)$VSBV,V5,V6
*GET,V5,VOLU,0,NUM,MIN$ALLSEL
VSBV,V3,V5
! 9.螺杆头倒角,即对正六棱柱倒角,采用球体相减完成……………………………………
VSEL,NONE$RQ=SMAX/2/SIN(DBANGL)$WPOFF,,,KGC-RQ*COS(DBANGL)
SPHERE,RQ,RQ+KGC$*GET,V5,VOLU,0,NUM,MIN$ALLSEL
VSBV,V4,V5$WPCSYS$NUMCMP,ALL
! 10 粘接运算。如果不能粘接,可通过调正布尔容差或将 TKPD 设置更小些,如将
! 参数 TKPD=10,可将所有体粘接在一起。建议采用后者,而不建议改变布尔容差。
! VGLUE,ALL$/VIEW,1,1,1,1$/ANG,1,-60,YS,1$VPLOT
```

以上命令流可创建完整的螺杆,其他形式的螺杆或螺母均可采用类似的方法建模。

2.6.3 花键

花键按齿形分为矩形花键和渐开线花键两种,按形式分为内花键和外花键。矩形花键的齿廓为矩形;渐开线花键的齿廓为渐开线,按分度圆压力角的不同又分为 30°压力角渐开线花键和 45°压力角渐开线花键(也称三角形花键)两种。其建模基本方法为先创建键齿,再利用复制命令复制各个键齿,生成花键断面;拖拉或偏移面创建花键体。下面仅以矩形花键为例说明花键的建模过程和方法,矩形花键基本几何尺寸和键槽截面尺寸如图 2-4 所示,命令流中没有考虑键槽部分,请读者自己完成。

下面给出矩形外花键自顶向下建模方法,也可采用自底向上方法。

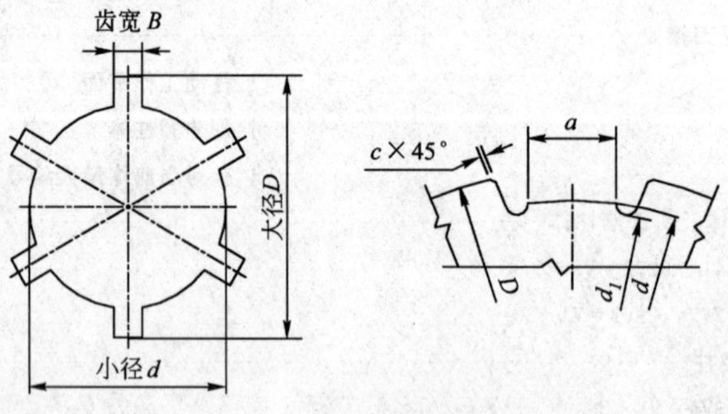

图 2-4 矩形花键和键槽尺寸

```
! EX2.3—矩形花键建模命令流
FINISH$/CLEAR$/PREP7
! 定义花键参数……………………………………………………………………………
ND=10$WD=12$B=4$N=6$ L0=20                                  ! 花键小径、大径、齿宽、齿数和花键长度
```

```
  REF = 360/N$ * AFUN,DEG                            ! 定义每齿范围所对应的α角度,并设角度单位为度
  ALLB = ND * SIN(REF/2)                             ! 求得在小径、大径和齿数一定时所允许的齿宽
  * IF,B,GT,ALLB,THEN                                ! 如果齿宽不合理则采用允许齿宽的一半
  B = NINT(ALLB/2)$ * ENDIF
CYL4,,,ND/2,,,REF/2                                  ! 创建半径为 ND/2 圆心角为 REF/2 的圆面
  CYL4,,,WD/2,,,REF/2                                ! 创建半径为 WD/2 圆心角为 REF/2 的圆面
  APTN,ALL                                           ! 分割上述两个面(布尔运算)
  WPOFF,,B/2$WPROTA,,90                              ! 移动工作平面 Y = B/2 并旋转
  ASBW,3$ADELE,4,,,1                                 ! 切分面 A3,并删除面 A4
  ARSYMM,Y,ALL$AADD,ALL                              ! 以 Y 轴对称生成上述面,并相加形成一齿面
  WPCSYS$CSYS,1                                      ! 工作平面归位,且设置柱坐标系
  LSEL,S,LOC,X,WD/2$ LCOMB,ALL                       ! 选择最外圆弧线,并合并它们
  ALLSEL$AGEN,N,ALL,,,,REF                           ! 选择所有图素,然后复制
  AADD,ALL                                           ! 将全部面相加,得到矩形花键断面
  * DO,I,1,N                                         ! 以下采用 DO 循环合并内侧的圆弧线
  LSEL,S,LOC,X,ND/2                                  ! 选择半径为 ND/2 的所有线
  LSEL,R,LOC,Y,(I - 1) * REF,I * REF                 ! 再从中以角度进行选择
  LCOMB,ALL$ * ENDDO                                 ! 合并所选择的线(可使所创建的体简洁)
  ALLSEL$NUMCMP,ALL                                  ! 选择所有图素,并压缩编号
  * GET,KPMAX,KP,0,NUM,MAX                           ! 得到当前最大关键点号
  K,KPMAX + 1$K,KPMAX + 2,,,L0                       ! 创建两个关键点
  L,KPMAX + 1,KPMAX + 2                              ! 创建直线,为拖拉面的路径
  * GET,L1,LINE,0,NUM,MAX                            ! 得到当前最大线号,即刚刚创建的线号
  VDRAG,ALL,,,,,,L1                                  ! 沿 L1 拖拉所有面创建花键体
  LDELE,L1,,,1                                       ! 删除拖拉路径及其关键点
```

2.6.4 带轮

带轮分为平带轮和 V 带轮,平带轮建模较为简单,这里主要介绍 V 带轮的建模。V 带轮按结构分为实心式、腹板式、孔板式和轮幅式等,其基本建模方法均可先创建带轮断面,再绕轴旋转创建带轮体。对于孔板式和轮幅式则对模型再进一步处理即可。下面为一孔板式 V 带轮的建模命令流,其结构如图 2-5 所示。

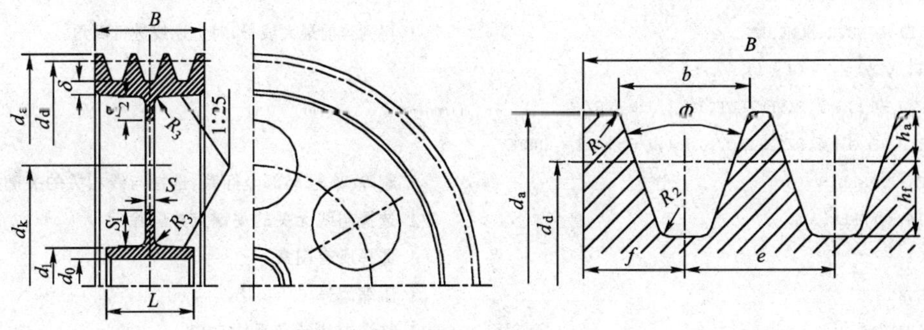

图 2-5　V 带轮几何和沟槽尺寸

```
! EX2.4—V 带轮建模命令流(未含键槽)
FINISH$/CLEAR$/PREP7
! 1.定义几何参数------------------------------------------------------------------------
DD = 200$ FAI = 38$B = 13$Z = 4                    ! 带轮基准圆直径、V 带楔角、沟槽顶宽、轮槽数
S = 14$HA = 3                                      ! 孔板厚度(可查表得到)、基准圆到沟槽顶高度
HF = 9$E = 15$ F = 10                              ! 基准圆到沟槽底高度、沟槽间距、沟槽中心到边缘距离
KS = 8$R1 = 0.5$R2 = 1.0                           ! 孔数、齿顶倒角半径、齿根倒角半径
R3 = 1.5$ DTA = 6                                  ! 孔板与沟槽部或与轴部的倒角半径、轮缘厚度(可查表)
C1 = 2$C2 = 2                                      ! 轮槽外侧倒斜角尺寸(45 度)、轴倒斜角尺寸(45 度)
PD = 25$D0 = 24                                    ! 轮槽部底缘面的倾斜比例(1:25)、轴直径
D1 = 1.9 * D0                                      ! 一般采用(1.8～2.0)D0
S1 = 1.5 * S                                       ! 一般 S1≥1.5S
S2 = 0.5 * S                                       ! 一般 S2≥0.5S
L = 2 * D0                                         ! 轴长度一般采用(1.5～2.0)D0
DA = DD + 2 * HA                                   ! 带轮外径
UB = (Z - 1) * E + 2 * F                           ! 带轮宽
RK1 = DD/2 - HF - DTA - 0.5 * (UB - S)/PD - S2
RK2 = D1/2 + 0.5 * (L - S)/PD + S1
RK = (RK1 - RK2)/2                                 ! 圆孔半径
DK = RK1 + RK2                                     ! 孔分布直径
! 2.创建轮槽部分截面--------------------------------------------------------------------
*AFUN,DEG$ Y0 = HF + HA                            ! 设定角度单位为度、求沟槽全深
B0 = B - 2 * TAN(FAI/2) * Y0                       ! 求沟槽底宽
LOCAL,12,0, - UB/2,DD/2 - HF                       ! 设置 12 号局部坐标系
K,,0,Y0$K,,F - B/2,Y0$K,,F - B0/2                  ! 最左侧 3 个关键点
*DO,I,1,Z - 1                                      ! 中间部分关键点
X0 = F + (I - 1) * E$K,,X0 + B0/2
K,,X0 + B/2,Y0$K,,X0 + E - B/2,Y0
K,,X0 + E - B0/2$ *ENDDO
K,,UB - F + B0/2$K,,UB - F + B/2,Y0                ! 最右侧 3 个关键点
K,,UB,Y0
*GET,KP1,KP,0,NUM,MAX                              ! 得到当前最大关键点号,循环创建线
*DO,I,1,KP1 - 1$L,I,I + 1$ *ENDDO
*GET,L1,LINE,0,NUM,MAX                             ! 得到当前最大线号,对上述线进行倒角
*DO,I,1,Z$J = 4 * (I - 1)
LFILLT,J + 1,J + 2,R1$LFILLT,J + 2,J + 3,R2
LFILLT,J + 3,J + 4,R2$LFILLT,J + 4,J + 5,R1$ *ENDDO
CSDELE,12$KSLL,S                                   ! 删除 12 号局部坐标系、选择与线相关的关键点
KSEL,INVE$KDELE,ALL                                ! 选择与线无关的关键点并删除
ALLSEL                                             ! 选择所有图素
NUMCMP,ALL                                         ! 压缩编号
CM,L1CM,LINE                                       ! 将当前线定义元件 L1CM
```

```
！3.创建带轮腹板及轴部------------------------------------------------
！3.1 创建关键点和线--------------------------------------------------
*GET,KP1,KP,0,NUM,MAX
Y0 = DD/2 - HF - DTA$K,, - UB/2,Y0 + C1 - C1/PD$K,, - UB/2 + C1,Y0 - C1/PD
K,, - S/2,Y0 - 0.5 * (UB - S)/PD$K,, - S/2,D1/2 + 0.5 * (L - S)/PD
K,, - L/2,D1/2$K,, - L/2,D0/2 + C2$K,, - L/2 + C2,D0/2$L,1,KP1 + 1
*DO,I,KP1 + 1,KP1 + 6$L,I,I + 1$ *ENDDO
！3.2 对腹板与轴部或轮槽部分倒角---------------------------------------
LSEL,S,LOC,Y,Y0 - C1/PD,D1/2 + 0.5 * (L - S)/PD$ *GET,L1,LINE,0,NUM,MIN
L2 = LSNEXT(L1)$LFILLT,L1,L2,R3$LSEL,ALL$LFILLT,L2,L2 + 1,R3
CMSEL,U,L1CM
！3.3 对称生成另侧腹板及轴截面-----------------------------------------
LSYMM,X,ALL$KSEL,S,LOC,Y,D0/2$ *GET,KP1,KP,0,NUM,MIN
KP2 = KPNEXT(KP1)$L,KP1,KP2$ALLSEL
NUMMRG,ALL$NUMCMP,ALL
！4.创建带轮截面并旋转创建体-------------------------------------------
AL,ALL                                        ！由所有线创建面
*GET,KP1,KP,0,NUM,MAX                         ！得到当前最大关键点号,创建两个关键点
K,KP1 + 10, - UB/2$K,KP1 + 20,UB/2
VROTAT,ALL,,,,,,KP1 + 10,KP1 + 20,,KS         ！旋转面创建体(KS 个体)
KDELE,KP1 + 10,KP1 + 20,10                    ！删除上述两个关键点
！5.创建腹板上的圆孔---------------------------------------------------
CM,V1CM,VOLU                                  ！定义上述体为元件 V1CM
WPOFF,UB/2$WPROTA,,,90                        ！移动工作平面并旋转
X0 = DK/2 * SIN(180/KS)                       ！圆孔中心 X 坐标
Y0 = DK/2 * COS(180/KS)                       ！圆孔中心 Y 坐标
CYL4,X0,Y0,RK,,,, - UB                        ！创建圆柱体,拟与带轮体相减
*GET,V1,VOLU,,NUM,MAX                         ！得到圆柱体编号
CSWPLA,12,1                                   ！在当前工作平面原点定义 12 号局部柱坐标系
VGEN,KS,V1,,,,360/KS                          ！复制 V1 圆柱体
CMSEL,U,V1CM                                  ！不选择元件 V1CM
CM,V2CM,VOLU                                  ！定义这些柱体为元件 V2CM
ALLSEL
VSBV,V1CM,V2CM                                ！V1CM 减 V2CM,形成板孔式带轮
！6.整理和视图---------------------------------------------------------
CSDELE,12$WPCSYS$NUMCMP,ALL
/VIEW,1,1,1,1$/ANG,1, - 90,YS,1$VPLOT
```

2.6.5 齿轮

齿轮按齿向分为直齿轮、斜齿轮和人字齿轮，按齿廓分为渐开线齿轮、摆线齿轮和圆弧齿轮，另外又分圆柱齿轮和圆锥齿轮。常用齿轮主要有盘式齿轮、腹板式齿轮和轮幅式齿轮，并

且都有圆柱齿轮和圆锥齿轮两种。齿轮形式较多,其建模方式也不相同,并且在建模过程中尚要考虑将来的网格划分,因此齿轮建模要复杂一些。

腹板式渐开线直齿标准外齿轮结构如图 2-6 所示,其计算公式在命令流中给出,详细可参考有关资料。

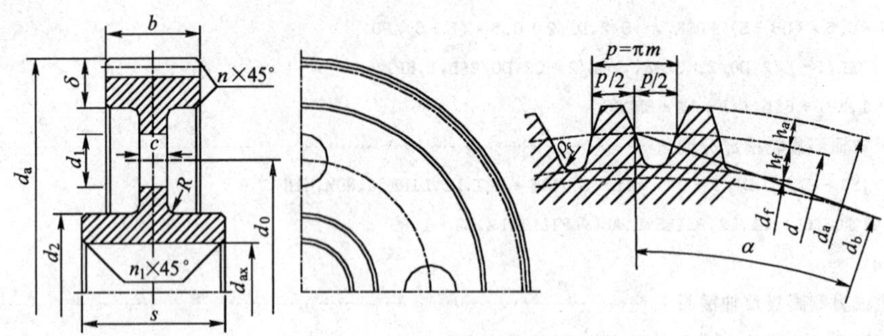

图 2-6 标准圆柱齿轮几何尺寸

渐开线是基圆的渐开线,因此,齿廓线是整个渐开线的一部分,即从齿根到齿顶为一段渐开线。又因基圆直径可能大于齿根圆直径,此时基圆以内到齿根部分的齿廓线采用渐开线始点的切线,即相切于渐开线始点(在基圆上)的向心线,也可采用平行于半齿中线的直线,以避免发生根切现象。

```
! EX2.5  腹板式渐开线直齿圆柱齿轮建模
FINISH$/CLEAR$/PREP7
! 1.定义齿轮参数
M = 5$ Z = 55$REFA = 20                       ! 齿轮模数、齿轮齿数、齿形角(即分度圆上的压力角)
HAX = 1$CX = 0.25                             ! 齿顶高系数、顶隙系数
ROUF = 0.38 * M$KS = 6                        ! 齿根圆角半径、腹板上的圆孔数
! 1.1 以下多为计算值,也可调正,但注意相互关系
HA = HAX * M$HF = (HAX + CX) * M              ! 齿顶高、齿根高
PI = ACOS( - 1)                               ! 参数 π
D = M * Z                                     ! 分度圆直径
DB = D * COS(REFA * PI/180)                   ! 基圆直径
DA = D + 2 * HA$DF = D - 2 * HF               ! 齿顶圆直径、齿根圆直径
ALFAD = ACOS(DB/DA)                           ! 齿顶圆压力角
 * IF,DB,GT,DF,THEN                           ! 如果基圆直径大于齿顶圆直径则
ALFAG = 0.0$ * ELSE                           ! 令齿根圆压力角为 0,否则
ALFAG = ACOS(DB/DF)$  * ENDIF                 ! 齿根求得圆压力角
B = 0.22 * D                                  ! 齿宽,可根据齿的软硬及与轴承相对位置选择系数
! 1.2 轴孔参数设定
DTA = 6 * M                                   ! 轮齿部厚度,一般为(5~6)M
DAX = D/5                                     ! 轴孔直径,可据自行设定,这里为 1/5 分度圆直径
D2 = 1.6 * DAX                                ! 轴孔壁外缘直径
D1 = 0.25 * (DA - 2 * DTA - D2)               ! 腹板上圆孔直径
D0 = 0.5 * (DA - 2 * DTA + D2)                ! 腹板上圆孔中心的分布圆直径
```

```
C=0.3*B                                             ! 腹板厚度,一般为 0.3B
NJ=0.5*M$NJ1=0.5*M                                  ! 外部倒角和轴孔内部倒角
R=5                                                 ! 腹板倒角半径
S=1.5*DAX                                           ! 轴孔长度,一般采用(1.2～1.5)DAX 且≥B
! 2.创建齿廓面----------------------------------------------------------------
! 2.1 用极坐标方程计算渐开线上的点,取 20 个点拟合该渐开线--------------------------
! 方程为:ρ=a/cosα,θ=tanα—α,其中 a 为基圆半径,α 为压力角,θ 为极角
CSYS,1$N=20                                         ! 设置柱坐标系,并设 20 个点
*DO,I,1,N                                           ! 利用 DO 循环创建关键点
ALFAI=ALFAG+((ALFAD-ALFAG)/(N-1))*(I-1)             ! 求得 I 点的 α
ROUI=0.5*DB/COS(ALFAI)                              ! 求得 I 点的 ρ
CTAI=TAN(ALFAI)-ALFAI                               ! 求得 I 点的 θ
K,I,ROUI,CTAI*180/PI$*ENDDO                         ! 在柱坐标系中创建关键点
! 2.2 利用上述关键点创建线,并合并之----------------------------------------------
*DO,I,1,N-1$L,I,I+1$*ENDDO                          ! 利用 DO 循环创建线
CTAI=(TAN(REFA*PI/180)-REFA*PI/180)*180/PI          ! 求得齿形角的 θ
CTAI=CTAI+360/(4*Z)                                 ! 求得上述渐开线的旋转角
LGEN,,ALL,,,,-CTAI,,,,1                             ! 旋转该渐开线
CSYS,0                                              ! 设置直角坐标系创建关键点,并准备对称生成线
*IF,DB,GT,DF,THEN                                   ! 如果基圆直径大于齿顶圆直径则在齿根圆上创建
K,N+1,KX(1)-(DB-DF)/2,KY(1)                         ! 创建关键点,采用渐开线始点的切线
L,1,N+1$*ENDIF                                      ! 并于原关键点 1 连线
LCOMB,ALL$NUMCMP,ALL                                ! 合并所有线,并压缩图素编号
! 2.3 做对称操作----------------------------------------------------------------
LSYMM,Y,ALL                                         ! 设置直角坐标系,并关于 Y 轴对称操作
! 2.4 在齿根圆上创建单齿部分的两个关键点,并倒角------------------------------------
CSYS,1                                              ! 设置柱坐标系
K,5,0.5*DF,360/(2*Z)                                ! 创建关键点 5
K,6,0.5*DF,-360/(2*Z)                               ! 创建关键点 6
KP1=KNEAR(6)$L,6,KP1                                ! 得到距离关键点 6 最近的点,并创建线
KP1=KNEAR(5)$L,5,KP1                                ! 得到距离关键点 5 最近的点,并创建线
LFILLT,1,3,ROUF$LFILLT,2,4,ROUF                     ! 对线实施倒角操作
KSEL,S,LOC,X,DA/2                                   ! 选择齿顶的两个关键点
*GET,KP1,KP,0,NUM,MIN                               ! 得到选择集中的最小关键点号
KP2=KPNEXT(KP1)$L,KP1,KP2                           ! 得到另外一个关键点号,并创建线
ALLSEL
NUMCMP,ALL
! 2.5 复制单齿齿廓线 Z 个,利用线创建面;建议一另外圆面相减,形成齿廓面---------------
LGEN,Z,ALL,,,,360/Z                                 ! 复制单齿齿廓线 Z 次,形成整个齿廓线
NUMMRG,KP$AL,ALL                                    ! 合并关键点,创建齿廓面
CYL4,,,DA/2-0.5*(DTA+HA+HF)                         ! 创建圆面,其大小在齿根和腹板齿缘之间
ASBA,1,2$NUMCMP,ALL                                 ! 齿廓面减上述圆面,形成中空的齿廓面
```

```
CSYS,0$AGEN,1,1,,,,,B/2,,,1                              ! 设置直角坐标系,移动该面到 B/2 位置
! 上述操作目的是由面拖拉形成体后即为齿部,但由于与腹板部分创建方法(旋转)不同,
! 因此需要找寻一个结合面,这里取 δ- h 的 1/2 处。
! 3.创建腹板及轴孔的截面--------------------------------------------------------------
! 3.1 创建腹板及轴孔截面的一半线-------------------------------------------------------
*GET,KP0,KP,0,NUM,MAX                                     ! 得到当前最大关键点号,并创建关键点
K,KP0+1,0,DAX/2$K,KP0+2,0,DAX/2,S/2-NJ1$K,KP0+3,0,DAX/2+NJ1,S/2
K,KP0+4,0,D2/2-NJ,S/2$K,KP0+5,0,D2/2,S/2-NJ$K,KP0+6,0,D2/2,C/2
K,KP0+7,0,DA/2-DTA,C/2$K,KP0+8,0,DA/2-DTA,B/2-NJ$K,KP0+9,0,DA/2-DTA+NJ,B/2
K,KP0+10,0,DA/2-0.5*(DTA+HA+HF),B/2$K,KP0+11,0,DA/2-0.5*(DTA+HA+HF)
*DO,I,1,10$L,KP0+I,KP0+I+1$*ENDDO                         ! 创建线
! 3.2 对上述线进行倒角-----------------------------------------------------------------
LSEL,S,LOC,X,0                                            ! 选择 X=0 的线
LSEL,R,LOC,Y,D2/2,DA/2-DTA-0.01                           ! 从中选择 Y 在 D2/2 和 DA/2-DTA-0.01 之间的线
*GET,L1,LINE,0,NUM,MIN                                    ! 得到当前选择集中最小线号
L2=LSNEXT(L1)                                             ! 得到另外一条线的线号
LFILLT,L1,L2,R                                            ! 倒角操作
LSEL,S,LOC,X,0$LSEL,R,LOC,Y,D0/2-D1/2,DA/2-DTA
*GET,L1,LINE,0,NUM,MIN
L2=LSNEXT(L1)$LFILLT,L1,L2,R                              ! 同上倒角操作过程
! 3.3 创建腹板及轴孔截面---------------------------------------------------------------
LSEL,S,LOC,X,0                                            ! 选择腹板及轴孔截面的线
LSEL,R,LOC,Y,DAX/2,DA/2-0.5*(DTA+HA+HF)
LSYMM,Z,ALL                                               ! 关于 Z 轴对称生成线
NUMMRG,KP$NUMCMP,ALL                                      ! 合并关键点并压缩编号
AL,ALL                                                    ! 创建腹板及轴孔截面
! 3.4 旋转面创建体---------------------------------------------------------------------
*GET,KP0,KP,0,NUM,MAX                                     ! 得到当前最大关键点号
K,KP0+100,,,B/2$K,KP0+101,,,-B/2                          ! 创建两个关键点,用于旋转轴
VROTAT,2,,,,,,KP0+100,KP0+101,,KS                         ! 旋转腹板及轴孔截面创建体
! 3.5 拖拉齿廓面创建体-----------------------------------------------------------------
L,KP0+100,KP0+101                                         ! 连接旋转轴的两个关键点
*GET,L1,LINE,0,NUM,MAX                                    ! 得到该线的编号
VDRAG,1,,,,,,L1                                           ! 沿该线拖拉创建齿部体
ALLSEL                                                    ! 选择所有图素
NUMMRG,ALL$NUMCMP,ALL                                     ! 合并所有图素,并压缩编号
! 4.创建圆孔,方法同 V 带轮-------------------------------------------------------------
CM,V1CM,VOLU                                              ! 定义上述体为元件 V1CM
*AFUN,DEG$WPOFF,,,-B                                      ! 设置角度单位,移动工作平面
X0=D0/2*SIN(180/KS)                                       ! 圆孔中心 X 坐标
Y0=D0/2*COS(180/KS)                                       ! 圆孔中心 Y 坐标
```

```
CYL4,X0,Y0,D1/2,,,,2*B                 ! 创建圆柱体,拟与齿轮体相减
*GET,V1,VOLU,,NUM,MAX                  ! 得到圆柱体编号
WPCSYS
CSYS,1                                 ! 设置柱坐标系
VGEN,KS,V1,,,,360/KS                   ! 复制 V1 圆柱体 KS 个
CMSEL,U,V1CM                           ! 不选择元件 V1CM
CM,V2CM,VOLU                           ! 定义这些柱体为元件 V2CM
ALLSEL
VSBV,V1CM,V2CM                         ! V1CM 减 V2CM,形成板孔式带轮
! 5.整理和视图------------------------------------------------
/VIEW,1,1,1,1$VPLOT
```

将上述 Z 改为 35 即可使基圆直径大于齿顶圆直径。需要注意的是上述命令流未考虑齿轮键槽和齿顶倒角,同时对于其他几何关系未进行检查操作,在使用该命令流时应保证各种几何关系是相容的,但建模方法基本相同,作局部修改即可适用于各种齿轮。

锥齿轮的建模较圆柱齿轮要复杂一些,其困难在于齿廓线由一系列相似的"球面渐开线"组成,该球面渐开线又不可展。因此,在实际制造加工时采用"锥面渐开线",即将背锥展为平面时,齿廓线为一条"渐开线"。

2.6.6 型钢

型钢种类较多,但其建模相对齿轮建模要简单的多。其方法是利用自底向上创建截面,然后沿着某个路径线拖拉截面成体。如图 2-7 为工字钢、槽钢及不等边角钢的几何尺寸。

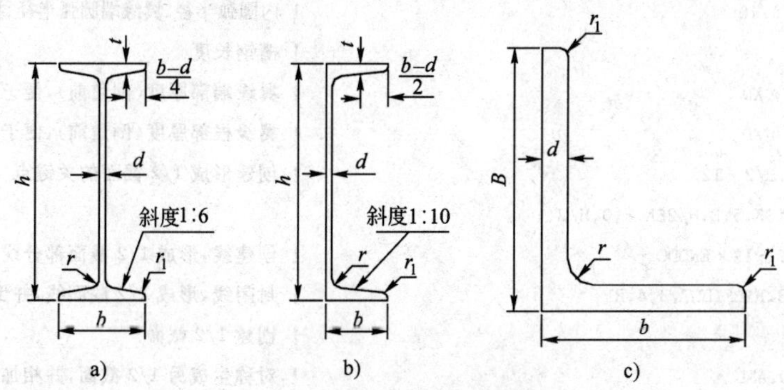

图 2-7 工字钢、槽钢及不等边角钢的几何尺寸

a)工字钢;b)槽钢;c)不等边角钢

1.热轧普通工字钢(GB 706—65)

```
! EX2.6A—工字钢实体建模
FINISH$/CLEAR$/PREP7
H=360$B=136$D=10$T=15.8$R=12          ! 高度、翼缘宽度、腹板厚度、平均翼厚、内圆弧半径
XD=1/6$R1=R/2                          ! 翼缘斜度及翼缘端圆弧半径(此二参数自动确定)
L=300                                  ! 工字钢长度(任意)
T1=T-(B-D)/4*XD                        ! 翼缘端部厚度(倒角前),便于建模
```

```
T2 = T + (B - D)/4 * XD                                    ! 翼缘根部厚度(倒角前),便于建模
K,1$K,2,D/2$K,3,D/2,H/2 - T2                               ! 创建关键点(1/4 截面关键点)
K,4,B/2,H/2 - T1$K,5,B/2,H/2$K,6,0,H/2
*DO,I,1,5$L,I,I + 1$ *ENDDO                                 ! 创建线,形成 1/4 截面的线
L,1,6$LFILLT,2,3,R$LFILLT,3,4,R1                           ! 封闭线,并倒角
AL,ALL                                                     ! 由上述线创建 1/4 截面
ARSYM,Y,ALL$ARSYM,X,ALL                                    ! 对称生成全部截面
AADD,ALL                                                   ! 将 4 个面相加生成一个面
! 可合并一些线,以显简洁(也可不合并)
LSEL,S,LOC,Y, - H/2$LCOMB,ALL$LSEL,S,LOC,Y,H/2$LCOMB,ALL
LSEL,S,LOC,X, - D/2$LCOMB,ALL$LSEL,S,LOC,X,D/2$LCOMB,ALL$ALLSEL
NUMCMP,ALL                                                 ! 压缩图素编号
VOFFST,1,L                                                 ! 利用面偏置命令创建实体
! 如为曲线则采用拖拉方式创建实体
LOCAL,12,1,L,,,, - 90$ *GET,KP0,KP,0,NUM,MAX
K,KP0 + 1,L, - 180$K,KP0 + 2,L,0$L,KP0 + 1,KP0 + 2$ *GET,L0,LINE,0,NUM,MAX
VDRAG,1,,,,,,L0                                            ! 沿路径线 L0 拖拉 A1 创建实体
```

2. 热轧普通槽钢(GB 707—88)

```
! EX2.6B—热轧普通槽钢实体建模
FINISH$/CLEAR$/PREP7
H = 360$B = 96$D = 9$T = 16                                ! 高度、翼缘宽度、腹板厚度、平均翼缘厚度
R = T$R1 = R/2$XD = 1/10                                   ! 内圆弧半径、翼缘端圆弧半径、翼缘斜度
L = 300                                                    ! 槽钢长度
T1 = T - (B - D)/2 * XD                                    ! 翼缘端部厚度(倒角前),便于建模
T2 = T + (B - D)/2 * XD                                    ! 翼缘根部厚度(倒角前),便于建模
K,1$K,2,D$K,3,D,H/2 - T2                                   ! 创建形成 1/2 截面的关键点
V  K,4,B,H/2 - T1$K,5,B,H/2$K,6,0,H/2
*DO,I,1,5$L,I,I + 1$ *ENDDO                                 ! 创建线,形成 1/2 截面部分线
L,1,6$LFILLT,2,3,R$LFILLT,3,4,R1                           ! 封闭线,形成 1/2 截面线,并倒角
AL,ALL                                                     ! 创建 1/2 截面
ARSYM,Y,ALL$AADD,ALL                                       ! 对称生成另 1/2 截面,并相加
LSEL,S,LOC,X,0$LCOMB,ALL$LSEL,S,LOC,X,D$LCOMB,ALL          ! 合并线
ALLSEL
NUMCMP,ALL
VOFFST,1,L                                                 ! 创建实体
! 如为曲线则采用拖拉方式创建实体
LOCAL,12,1,L,,,, - 90$ *GET,KP0,KP,0,NUM,MAX
K,KP0 + 1,L, - 180$K,KP0 + 2,L,0$L,KP0 + 1,KP0 + 2
 *GET,L0,LINE,0,NUM,MAX
VDRAG,1,,,,,,L0                                            ! 沿路径线 L0 拖拉 A1 创建实体
```

3.热轧不等边角钢(GB 9 788—88)

```
！EX2.6C—热轧不等边角钢实体建模
FINISH$/CLEAR$/PREP7
DB = 100$XB = 80$D = 10$R = 10                    ！长边宽度、短边宽度、边厚、内圆弧半径
R1 = D/3$XD = 1/10                                ！边端外弧半径、翼缘斜度
L = 300                                           ！角钢长度
K,1$K,2,XB$K,3,XB,D$K,4,D,D                       ！创建关键点
K,5,D,DB$,6,0,DB
*DO,I,1,5$L,I,I+1$*ENDDO                          ！创建线
L,1,6                                             ！封闭线
LFILLT,3,4,R$LFILLT,2,3,R1$LFILLT,4,5,R1          ！倒角
AL,ALL$VOFFST,1,L                                 ！创建面和体
```

4.钢轨

钢轨分为轻型和重型两种，其中，重型钢轨主要有75kg/m、60kg/m、50kg/m、45kg/m、43kg/m及38kg/m，并且因历史和使用环境的不同，各种钢轨除尺寸有差别外，其结构也存在些微差别，且在同级钢轨中因标准不同也有差异，其详细结构尺寸可参见相关标准。下面以当前60kg/m主型轨的建模过程为例介绍，其结构参数如图2-8所示，具体尺寸如命令流中的参数。

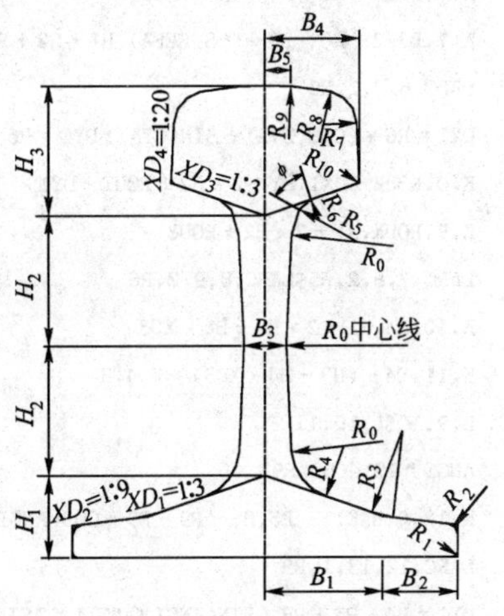

图2-8 60kg/m钢轨截面结构尺寸

在一般标准或教科书中，钢轨的尺寸特别多，但图2-8所示的尺寸能够确定钢轨的截面，可称其为结构尺寸，其他尺寸均可由结构尺寸求得，可谓“导出”尺寸，图中未示。同时，用结构尺寸建模可有多种方法，例如，可采用与AutoCAD类似的绘制过程，即可通过作辅助线确定各个圆心等，然后删除多余的线。本例通过计算和作图相结合创建钢轨截面。

```
！EX2.6D  60kg/m钢轨实体建模
！修改参数可用于75kg/m和45kg/m两种，而50kg/m和43kg/m则略需修改
FINISH$/CLEAR$/PREP7
！1.定义参数
H1 = 30.5$H2 = 48.5$H3 = 48.5                                 ！高度参数
B1 = 45.75$B2 = 29.25$B3 = 16.5$B4 = 36.5$B5 = 10             ！宽度参数
XD1 = 1/3$XD2 = 1/9$XD3 = 1/3$XD4 = 1/20                      ！斜度参数
R0 = 400$R1 = 2$R2 = 4$R3 = 40$R4 = 20$R5 = 25                ！圆弧半径参数
R6 = 8$R7 = 13$R8 = 80$R9 = 300$R10 = 2
FAI = 43                                                      ！R6圆心角
H = H1 + 2*H2 + H3                                            ！钢轨全高
！2.创建轨底主要组成部分的线
K,1$K,2,B1 + B2$K,3,B1 + B2,H1 - B1*XD1 - B2*XD2$K,4,B1,H1 - B1*XD1$K,5,0,H1
```

```
*DO,I,1,4$L,I,I+1$*ENDDO
!3.计算确定轨头下三个圆弧的位置------------------------------------------------
!方程为 A*SIN(Y)+COS(Y)=C
!解为 SIN(Y)=(AC-SQRT(A*A-C*C+1))/(A*A+1)
CTA=ATAN(XD3)$BTA=(90-FAI)*ACOS(-1)/180-CTA$A=1/TAN(CTA)
C1=B3/2+R0-R6*SIN(CTA)-(R5-R6)*COS(BTA)
C2=R5*SIN(BTA)+R6*COS(CTA)-R6*SIN(BTA)-H2
C=(C1-C2/TAN(CTA))/(R0-R5)$C3=A*C-SQRT(A*A-C*C+1)$C3=C3/(A*A+1)
REFA=ASIN(C3)                                          !此角为R0终点到中线的夹角
C1=R6*SIN(CTA)+(R5-R6)*COS(BTA)+(R0-R5)*COS(REFA)
!4.创建轨腰和轨头结构线------------------------------------------------
ROUX=B3/2+R0-C1$ROUY=ROUX*TAN(CTA)$ANGI=ASIN((H1+H2)/R0)
K,6,B3/2+R0-R0*COS(ANGI)                               !定义R0弧的始点(与XD1相交)
K,7,B3/2+R0-R0*COS(REFA),H1+H2+R0*SIN(REFA)           !定义R0弧的终点(与R5切点)
LARC,6,7,2,R0                                          !连接R0弧线
DX1=R6*(COS(BTA)-SIN(CTA))$DY1=R6*(COS(CTA)-SIN(BTA))
K,8,ROUX-DX1,H1+2*H2+ROUY-DY1                          !定义R5终点(与R6切点)
K,9,ROUX,H1+2*H2+ROUY                                  !定义R6终点(与XD3切点)
LARC,7,8,2,R5$LARC,8,9,2,R6                            !创建R5和R6弧线
K,10,B4,H1+2*H2+B4*XD3                                 !定义XD3最外侧点
K,11,B4-(H3-B4*XD3)*XD4,H                              !定义XD4上的一个点
L,9,10$L,10,11                                         !创建XD3和XD4线
ANGI=ASIN(B5/R9)
K,12,0,H$K,13,B5,H-(R9-R9*COS(ANGI))                  !轨头顶部关键点
LARC,12,13,1,R9                                        !轨头顶部弧线
DX1=B4-B5+R8*SIN(ANGI)$ANGI1=ASIN(DX1/R8)
Y1=R8*COS(ANGI)-R8*COS(ANGI1)
K,14,B4,KY(13)-Y1$LARC,13,14,1,R8                     !R8弧线
!5.倒角或弧线连接------------------------------------------------
LFILLT,1,2,R1$LFILLT,2,3,R2$LFILLT,3,4,R3             !R1、R2、R3倒角
LPTN,4,5$LFILLT,17,18,R4                               !线的搭接运算,并倒角创建弧线
LFILLT,8,9,R10                                         !R10倒角
LPTN,9,11$LFILLT,20,22,R7                              !线的搭接运算,并倒角创建弧线
LDELE,15,16,1,1$LDELE,19,21,2,1                        !删除多余的线
LSYMM,X,ALL$NUMMRG,ALL$NUMCMP,ALL                      !对称、合并、编号压缩
AL,ALL$ASUM                                            !创建面并查看截面特性
VOFFST,1,300                                           !创建体
```

2.6.7 桥墩

常用桥墩按截面形式分为矩形桥墩、圆形桥墩、圆端型桥墩、尖端型桥墩和双柱式桥墩,几何上多为圆柱体、长方体及棱柱体的组合,创建模型相对容易。而高墩常用的截面形式有圆形

空心、双圆孔空心、圆端型空心、圆端型中间设纵隔板空心、矩形空心、矩形中间设纵隔板空心等,下面结合两种桥墩说明建模过程。

1.双线圆端型桥墩

图 2-9 为某铁路双线整孔简支箱形梁桥墩,箱梁跨度为 40m。其建模难点在于托盘中的锥体部分,可采用自底向上和自顶向下相结合的方法,命令流及解释如下:

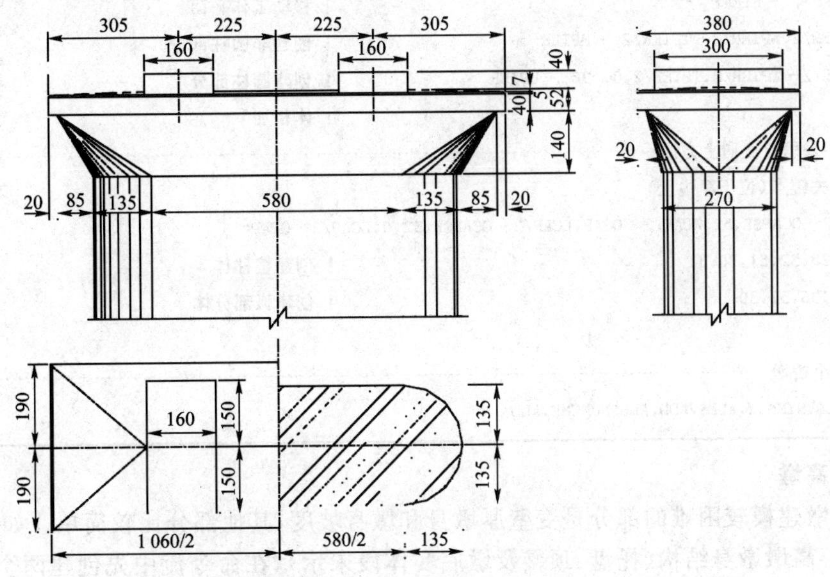

图 2-9 某铁路双线整孔简支箱形梁桥墩一般构造(尺寸单位:cm)

```
! EX2.7A—铁路双线整孔简支箱形梁桥墩实体建模
FINISH$/CLEAR$/PREP7
! 1.定义参数
LCAP = 10.6$WCAP = 3.8$HCAP = 0.4                  ! 顶帽长度(横桥向)、顶帽宽度(顺桥向)、顶帽高度
CAPFI = 0.05$HWSD = 0.07                           ! 顶帽倒角高度与宽度、流水坡高度
HBS = 0.4$LBS = 1.6$WBS = 3.0                      ! 垫石高度、垫石长度(横桥向)、垫石宽度(顺桥向)
DBS = 4.5                                          ! 两垫石中心距离(横桥向)
HTRAY = 1.4                                        ! 托盘高度
TPIER = 2.7$WPIER = 8.5$HPIER = 3.0                ! 墩厚、墩宽、墩高
OCAP = 0.2                                         ! 顶帽的净边(横桥和顺桥向相同)
! 2.创建顶帽及排水坡体(1/4 几何体)
BLC4,,,WCAP/2,LCAP/2,HCAP                          ! 创建顶帽长方体
RX1 = (WCAP/2 - CAPFI)/WCAP * 2                    ! 计算收台比例 Rx
RY1 = (LCAP/2 - CAPFI)/LCAP * 2                    ! 计算收台比例 Ry
VEXT,2,,,,,CAPFI,RX1,RY1                           ! 延伸面 2 创建 5cm 倒角体
K,30,, DBS/2 + LBS/2, HCAP + CAPFI                 ! 创建流水坡上的关键点,然后创建体
K,31,, DBS/2 + LBS/2, HCAP + CAPFI + HWSD
K,32,,, HCAP + CAPFI + HWSD
V,11,12,30,31$V,9,10,32,30,11,31                   ! 创建流水坡几何体
```

```
 ! 3.创建支承垫石……………………………………………………………………………………………………
 WPOFF,,,HCAP + CAPFI                                    ! 移动工作平面
 BLC4,,DBS/2 - LBS/2,WBS/2,LBS,HBS + CAPFI               ! 创建支承垫石(侵入流水坡)
 VADD,ALL$NUMCMP,ALL                                     ! 体相加,且压缩图素编号
! 4.创建墩身……………………………………………………………………………………………………
 WPCSYS$WPOFF,,, - HTRAY                                 ! 移动工作平面
 BLC4,,,TPIER/2,WPIER/2 - TPIER/2, - HPIER               ! 创建非圆柱部分
 CYL4,,WPIER/2 - TPIER/2,TPIER/2,0,,90, - HPIER          ! 创建圆柱部分
 VADD,2,3                                                ! 体相加
! 5.创建托盘-采用自底向上方法……………………………………………………………………………………
 ! 创建 3 个关键点(位于净边上)
 K,50,WCAP/2 - OCAP$K,51,WCAP/2 - OCAP,LCAP/2 - OCAP$K,52,0,LCAP/2 - OCAP
 V,2,50,29,28,52,51,30,31                                 ! 创建棱柱体
 V,36,52,31,36,51,30                                      ! 创建弧部分体
 VADD,ALL
 ! 6.创建整个桥墩……………………………………………………………………………………………………
 VSYMM,X,ALL$VSYMM,Y,ALL$VADD,ALL$NUMCMP,ALL
```

2. 空心高墩

空心高墩建模较困难的部分是变壁厚墩身和墩身坡度,其他部分比较简单。如图 2-10 所示,为某空心高墩墩身结构(托盘、顶帽及墩底实体段未示),在命令流中先创建两个圆端型截面,各自按一定的收坡创建几何体,此二体相减即可得到带收坡变壁厚的墩身。

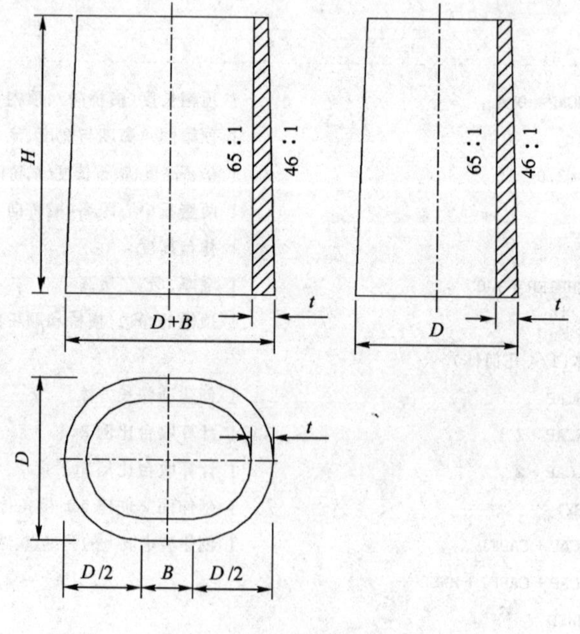

图 2-10 空心高墩墩身构造

```
! EX2.7B—空心高墩墩身建模
FINISH$/CLEAR$/PREP7
H = 30$D = 5.78$B = 1.9$T = 0.8                 ! 定义墩高、D、B 及墩底壁厚 t
INSL = 1/65$OUTSL = 1/46                         ! 定义墩身外坡与内坡
CYL4,B/2,,D/2,,,90                               ! 创建外圆面(1/4)
BLC4,,,B/2,D/2                                   ! 创建矩形面
AADD,ALL$NUMCMP,ALL                              ! 相加上述两面,并压缩图素编号
CYL4,B/2,,D/2 - T,,,90                           ! 创建内圆面
BLC4,,,B/2,D/2 - T                               ! 创建与内圆面相应的矩形面
AADD,2,3$NUMCMP,ALL                              ! 上述两面相加,并压缩图素编号
RX1 = 1 - H * OUTSL/(0.5 * (B + D))              ! 计算 Rx,用于外侧 X 方向收坡
RY1 = 1 - H * OUTSL/(0.5 * D)                    ! 计算 Ry,用于外侧 Y 方向收坡
VEXT,1,,,0,0,H,RX1,RY1                           ! 延伸面 1 创建体
RX1 = 1 - INSL * H/((B + D)/2 - T)               ! 计算 Rx,用于内侧 X 方向收坡
RY1 = 1 - INSL * H/(D/2 - T)                     ! 计算 Ry,用于内侧 Y 方向收坡
VEXT,2,,,0,0,H,RX1,RY1                           ! 延伸面 2 创建体
VSBV,1,2                                         ! 体 1 减去体 2 创建空心体
VSYMM,X,ALL$VSYMM,Y,ALL                          ! 对称创建整个墩身
VGLUE,ALL$NUMCMP,ALL                             ! 粘接运算,并压缩图素编号
```

2.6.8 桥台

铁路桥台形式主要有 U 形桥台、T 形桥台、耳墙式桥台和埋式桥台等四种类型,而公路桥台常用形式有 U 形桥台、埋式桥台、八字式或一字式桥台、框架桥台(肋板或柱组成)等。桥台在几何上多为长方体和圆柱体的组合,一般采用自上而下方法建模较方便,这里仅以铁路 T 形桥台为例,说明其建模过程。单线 T 形桥台的构造如图 2-11 所示。

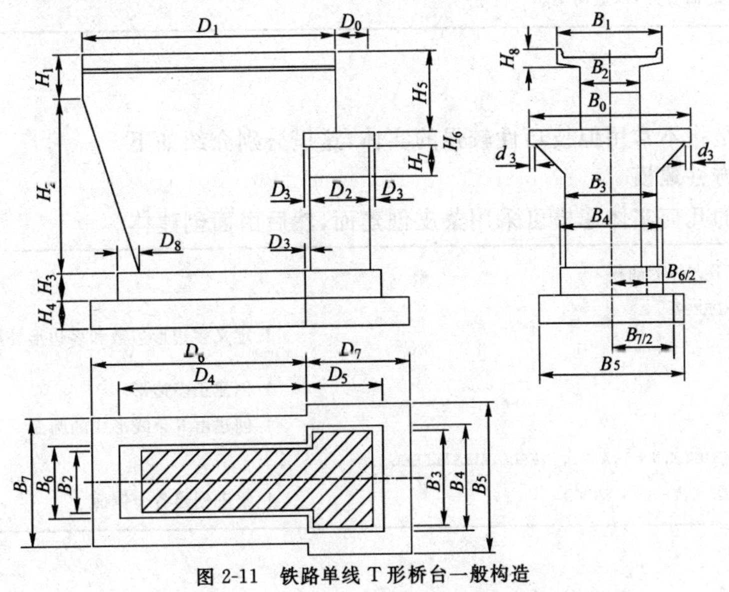

图 2-11　铁路单线 T 形桥台一般构造

```
! EX2.8   铁路单线T形桥台
FINISH$/CLEAR$/PREP7
! 定义参数······························································
B0 = 5$B1 = 3.9$B2 = 2.2$B3 = 3.4$B4 = 3.8$B5 = 5.0$B6 = 2.6$B7 = 4.2
D0 = 1.1$D1 = 5.65$D2 = 2.0$D3 = 0.2$D4 = 3.55$D5 = 2.4$D6 = 4.35$D7 = 3.3$D8 = 0.2
H1 = 1.58$H2 = 6.0$H3 = 1.0$H4 = 1.0$H5 = 2.38$H6 = 0.5$H7 = 1.1$H8 = 0.65
H9 = H1 + H2 - H5 - H6 - H7
! 创建台身各部实体······························································
BLC4,,,D6,B7/2,H4$BLC4,D6,,D7,B5/2,H4                    ! 创建第一层基础
WPOFF,D6 - D4,,H4$BLC4,,,D4,B6/2,H3$BLC4,D4,,D5,B4/2,H3  ! 创建第二层基础
WPOFF,D8,,H3$BLC4,,,D4 + D3 - D8,B2/2,H1 + H2 - H8       ! 创建前墙
BLC4,D4 + D3 - D8,,D2,B3/2,H9                            ! 创建部分台身
WPOFF,D4 - D8,,H9 + H7$BLC4,,,D2 + 2 * D3,B0/2,H6        ! 创建台帽
VEXT,32,,,,,H7,,(B0/2 - D3)/B3 * 2                       ! 创建托盘
WPOFF,D3,,H6$BLC4,,,D2 - D0,B2/2,H5 - H8                 ! 创建部分台身(前端)
WPCSYS
X1 = D1 + D0 - D2 - D3 - D6$Z1 = H4 + H3 + H2 + H1 - H8$WPOFF, - X1,,Z1
X2 = D1 + D0 - D2 - D3 - D4 + D8$BLC4,,,X2,B2/2, - (H1 - H8)   ! 创建部分台身(台尾)
V,69,71,33,70,72,34                                      ! 创建部分台身(台尾)
! 道碴槽建模(常规尺寸)······························································
CSWPLA,12,0$K,500$K,501,,B2/2$K,502,,B1/2,0.13$K,503,,B1/2,H8
K,504,,B1/2 - 0.14,H8$K,505,,B1/2 - 0.245,H8 - 0.3$K,506,,,H8 - 0.3
A,500,501,502,503,504,505,506                            ! 创建道碴槽断面
* GET,A1,AREA,0,NUM,MAX                                  ! 得到该断面面号
VOFFST,A1,D1                                             ! 创建道碴槽
VSYMM,Y,ALL$VADD,ALL$NUMCMP,ALL                          ! 形成整个桥台
! 可将能够合并的面合并,以显简捷。
```

2.6.9 异体

所谓异体是指不常用但技巧性较强的实体,这里分别介绍如下:

1. 上圆下方柱建模

圆顶方底的几何实体建模可采用蒙皮创建面,然后由面创建体。

```
! EX2.9A—上圆下方体的建模
FINISH$/CLEAR$/PREP7
N = 7$A = 4                                  ! 定义多边形边数和多边形外接圆半径
RPOLY,N,,A                                   ! 创建正多边形
LSEL,NONE                                    ! 创建由N条线形成的圆面
K,N + 1,,,3 * A$CIRCLE,N + 1,A/2,,,,N$AL,ALL$ALLSEL
* DO,I,1,N$ASKIN,I,I + N$ * ENDDO            ! 蒙皮创建各个侧面
```

```
VA,ALL                                                  ! 创建体
! 如果底面是正方形,也可直接采用 V 命令创建体
```

2. 斜向圆台建模

圆台的两个端面圆心不重合,半径不相等即形成斜向圆台。这种斜向圆台在金属结构中时有采用,如薄壁管件或其接头等。其建模方法可采用蒙皮或面的延伸形成。

例如:

```
! EX2.9B—斜向圆台建模
FINISH$/CLEAR$/PREP7
R0 = 3$R1 = 2$H = 4                          ! 定义圆台底面半径、顶面半径及台高
! 采用蒙皮方法创建圆台
CYL4,,,R0                                    ! 创建圆台底面
WPOFF,R1,,H$CYL4,,,R1                        ! 移动工作平面,并创建圆台顶面
*DO,I,1,4$ASKIN,I,I+4$*ENDDO                 ! 蒙皮创建台身侧表面
VA,ALL                                       ! 由面创建体
! 采用斜向延伸创建圆台
VGEN,1,1,,,,3*R0,,,,1                        ! 移动前一圆台
WPCSYS$CYL4,,,R0                             ! 恢复工作平面,并创建圆台底面
VEXT,7,,,R1,,H,R1/R0,R1/R0                   ! 延伸面 7 创建圆台(圆面移到 R1,,H,且按比例缩小)
```

3. 函数方程建模

已知函数方程创建曲线、曲面或几何体时,多采用自底向上的方法建模。首先需要创建离散点,再由这些离散点创建线(直线、曲线、样条线等)、面(平面、曲面)及几何体,下面几例的命令流说明基本过程。

```
! EX2.9C—已知函数方程时的建模
! 玫瑰线 1 ------------------------------------------------------------
! 极坐标方程为 ρ= asin(4φ/3)
FINISH$/CLEAR$/PREP7
A = 20$CSYS,1                                ! 定义参数,设置柱坐标系
*DO,I,0,360*3                                ! 循环创建 3×360 个点,即每 1 度创建一个关键点
FEI = I*ACOS(-1)/180                         ! 计算 φ 值(采用弧度)
R0 = A*SIN(FEI4/3)                           ! 计算该点的 ρ 值
K,,R0,I$*ENDDO                               ! 创建关键点
*DO,I,1,360*3$L,I,I+1$*ENDDO                 ! 循环创建线
! 玫瑰线 2 ------------------------------------------------------------
! 极坐标方程为 ρ= asin(4φ)
FINISH$/CLEAR$/PREP7
A = 20$CSYS,1                                ! 定义参数,设置柱坐标系
```

```
*DO,I,0,360$FEI = I*ACOS(-1)/180$R0 = A*SIN(FEI*4)$K,,R0,I$*ENDDO
*DO,I,1,360$L,I,I+1$*ENDDO                                   ! 基本玫瑰线 1
! 长辐圆内旋轮线……………………………………………………………………
! 参数方程 x = (a - b)cost + λcos((a - b)t/b)
! 参数方程 y = (a - b)sint - λcos((a - b)t/b)
FINISH$/CLEAR$/PREP7
A = 50$B = 5$LMDA = 15$*AFUN,DEG                              ! 定义参数,设置角度单位为度
*DO,I,0,360                                                  ! 利用循环从 0°～360°
X1 = (A - B)*COS(I) + LMDA*COS((A - B)/B*I)                   ! 求得 X 坐标
Y1 = (A - B)*SIN(I) - LMDA*SIN((A - B)/B*I)                   ! 求得 Y 坐标
K,,X1,Y1$*ENDDO                                              ! 定义关键点
*DO,I,1,360$L,I,I+1$*ENDDO                                   ! 创建线
! 椭圆抛物面……………………………………………………………………
! 方程为 z = x²/a² + y²/b²
! 使用蒙皮方法
FINISH$/CLEAR$/PREP7
A = 20$B = 10$N = 20                                         ! 定义参数
*DO,I,1,N                                                    ! 设置循环
IZ = I/10                                                    ! 以 0.1 为步距做椭圆
LSEL,NONE                                                    ! 不选择任何线
WPOFF,,,IZ                                                   ! 将工作平面沿着 Z 轴移动 IZ 距离
CYL4,,,1                                                     ! 创建半径为 1 的圆面
ADELE,ALL                                                    ! 删除该圆面,但留下线及关键点
LSSCALE,ALL,,,A*SQRT(IZ),B*SQRT(IZ),,,,1                     ! 将圆线变为椭圆线
*ENDDO                                                       ! 循环结束
ALLSEL                                                       ! 选择所有图素
*DO,I,1,4*(N - 1),4                                          ! 循环创建蒙皮面
ASKIN,I,I+4$ASKIN,I+1,I+5$ASKIN,I+2,I+6$ASKIN,I+3,I+7$*ENDDO
```

4.旋转曲面或旋转体

此类建模较为简单,如关键点旋转创建线、线旋转创建面、面旋转创建体等,但均需要预先设置旋转轴,在旋转时可设置旋转角度及分段。在土木工程中这种旋转结构较少,但在机械工程中有很多旋转结构,掌握旋转建模大有裨益。

```
! EX2.9D—旋转图素建模
! 类花瓶建模……………………………………………………………………
FINISH$/CLEAR$/PREP7
K,1$K,2,100$K,3,300,400$K,4,150,550$K,5,130,880              ! 定义系列关键点
K,6,300,1150$K,7,400,1100$K,8,500,1150                       ! 定义系列关键点
BSPLIN,ALL                                                   ! 利用关键点创建样条曲线
```

```
K,1001,,1000$AROTAT,ALL,,,,,,1,1001,360,5                     ! 创建旋转轴,并旋转线创建旋转面
! 类轮建模--------------------------------------------------------------------------------
FINISH$/CLEAR$/PREP7
BLC4,,,4,6$CYL4,2,6,1.5$ASBA,1,2                              ! 先创建类轮结构的一个断面,然后旋转之
K,100,-3$K,101,-3,10                                          ! 设置旋转轴位置
VROTAT,ALL,,,,,,100,101                                       ! 旋转上述面创建旋转体
```

第3章

网格划分技术及技巧

创建几何模型后，如何生成有限元模型，是本章介绍的重点内容，同时对直接创建有限元模型也略作介绍。几何模型不能用于计算分析，必须将其生成有限元模型。生成有限元模型的方法就是对几何模型进行网格划分。网格划分主要包括以下三个步骤：

(1)定义单元属性。

单元属性包括单元类型、实常数、材料特性、单元坐标系和截面号等。

(2)定义网格控制选项。

对几何图素边界划分网格的大小和数目进行设置，以得到理想的网格。网格的疏密对结果的好坏影响很大，合理的网格密度是经济性和结果良好性的统一，没有固定的网格密度可供参考，但可通过评估结果来评价网格密度的合理性。

一般而言，如果要得到较好的网格质量，该过程是非常重要的；如果对网格质量要求不是很高，也可采用系统缺省的设置自动划分网格，而不必大费周折定义网格控制。

(3)生成网格。

完成上述两步后就可以进行网格划分，产生节点和单元，生成有限元模型。如果对所生成的网格不满意，可清除已经生成的网格并重新划分，或者对局部进行细化等。

3.1 定义单元属性

单元的功能与特性在第1章1.2节中作了介绍，这里仅介绍如何定义单元属性。

3.1.1 单元类型

1. 定义单元类型

命令：ET，ITYPE，Ename，KOP1，KOP2，KOP3，KOP4，KOP5，KOP6，INOPR

其中：

ITYPE——用户定义的单元类型参考号，缺省值为当前最大单元类型参考号+1。

Ename——ANSYS单元库中给定的单元名或编号，它由一个类别前缀和惟一的编号组成，例如BEAM4。在定义时，类别前缀可以省略，而仅使用单元编号。如果Ename=0，则定义一个空单元。

KOP1～KOP6——单元描述选项，此值在单元库中有明确的定义，可参考单元手册，也可通过命令KEYOPT进行设置。

INOPR——如果此值为1，不输出该类单元的所有结果。

例如：

```
ET,1,LINK8                    ! 定义LINK8单元，其参考号为1；也可用ET,1,8定义
ET,3,BEAM4                    ! 定义BEAM4单元，其参考号为3；也可用ET,3,4定义
```

2. 自由度集

命令：DOF，Lab1，Lab2，Lab3，Lab4，Lab5，Lab6，Lab7，Lab8，Lab9，Lab10

其中：

Lab1～Lab10——自由度标识，其值可取UX、UY、UZ、ROTX、ROTY、ROTZ、TEMP等。在定义单元类型后，系统采用缺省的自由度集，如仅定义了LINK1则自由度集为UX和UY；如果同时定义了LINK1和BEAM3则自由度集为UX、UY、ROTZ。

命令DOF(无参数)可显示当前的自由度集。

命令DOF，DELETE删除增加的自由度，恢复到缺省状态。

该命令只能在缺省自由度集的基础上增加自由度，而不能从缺省自由度集中删除自由度，使用中有些不便。例如，用3D梁BEAM18X单元分析2D结构问题，不能从自由度集中删除平面外的自由度，而只能采用约束这些自由度的方式。

3. 改变单元类型

命令：ETCHG，CNV

其中：

CNV——转换到相应单元类型参数，可用的值有：ETI——显式到隐式；ITE——隐式到显式；TTE——热到显式；TTS——热到结构；STT——结构到热；FTS——流体到结构等。

在不同场或耦合场进行分析时，可转换当前单元类型到相应的单元类型，但当前单元类型必须有对应的单元类型，否则只能用ET命令定义适当的单元类型，而不能直接转换。转换后单元的KEYOPT应重新设置，同时实常数也应重新设置。关于"单元对"可参考相关帮助文件，其给出了可相互转换的单元对。

4. 单元类型的删除与列表

删除命令：ETDELE，ITYP1，ITYP2，INC

列表命令：ETLIST，ITYP1，ITYP2，INC

其中：

ITYP1，ITYP2，INC——单元类型编号范围和编号增量，缺省时，ITYP2等于ITYP1且INC=1。ITYP1也可为ALL。

5. 单元类型的KEYOPT

命令：KEYOPT，ITYPE，KNUM，VALUE

其中：

ITYPE——由 ET 命令定义的单元类型参考号。

KNUM——要定义的 KEYOPT 顺序号。

VALUE——KEYOPT 值。

该命令可在定义单元类型后，分别设置各类单元的 KEYOPT 参数。

例如：

```
ET,1,BEAM4                                  ! 定义 BEAM4 单元的参考号为 1
ET,3,BEAM189                                ! 定义 BEAM189 单元的参考号为 3
KEYOPT,1,2,1                                ! BEAM4 单元考虑应力刚度时关闭一致切线刚度矩阵
KEYOPT,3,1,1                                ! 考虑 BEAM189 的第 7 个自由度，即翘曲自由度
! 当然这些参数也可在 ET 命令中一并定义，如上述四条命令与下列两条命令等效：
ET,1,BEAM4,1
ET,3,BEAM189,1
```

3.1.2 实常数

定义单元类型后需要定义实常数，一种单元类型可定义多种实常数组，但也不是所有单元都需要定义实常数。

1. 定义实常数

命令：R，NSET，R1，R2，R3，R4，R5，R6

续：RMORE，R7，R8，R9，R10，R11，R12

其中：

NSET——实常数组号(任意)，如果与既有组号相同，覆盖既有组号定义的实常数。

R1～R12——该组实常数的值。使用 R 命令一次只能定义 6 个值，如果多于 6 个值采用 RMORE 命令增加另外的值。每重复执行 RMORE 一次，该组实常数增加 6 个值，如 7～12、13～18、19～24 等。

各类单元有不同的实常数值，值的输入必须按单元说明中的顺序，如果实常数值多于单元所需要的，则仅使用需要的值；如果少于所需要的，则以零值补充。一种单元可有多组实常数，也有单元不需要实常数。

例如，BEAM4 单元，需要的实常数值有 AREA、IZZ、IYY、TKZ、TKY、THETA 和 ISTRN、IXX、SHEARZ、SHEARY、SPIN、ADDMAS 等 12 个。设采用直径为 0.1m 的圆杆，其实常数可定义为：

```
D=0.1$PI=ACOS(-1)$A0=PI*D*D/4$I0=PI*D**4/64$IX=PI*D**4/32
R,3,A0,I0,I0,D,D,0                          ! 定义第 3 组实常数的 AREA、IZZ、IYY、TKZ、TKY、THETA
RMORE,0,IX,0,0,0,2.0                        ! 定义第 3 组实常数的其他实常数值
```

2. 变厚度壳实常数定义

命令：RTHICK，Par，ILOC，JLOC，KLOC，LLOC

其中：

Par——节点厚度的数组参数(以节点号引用)，如 MYTHICK(19)表示在节点 19 的壳体厚度。

ILOC——单元 I 节点的厚度在实常数组中的位置，缺省为 1。

JLOC——单元 J 节点的厚度在实常数组中的位置，缺省为 2。

KLOC——单元 K 节点的厚度在实常数组中的位置，缺省为 3。

LLOC——单元 L 节点的厚度在实常数组中的位置，缺省为 4。

该命令后面的四个参数顺序与节点厚度的关系比较复杂，例如，设某个单元的节点编号按 IJKL 的顺序分别为 NI,NJ,NK,NL，节点厚度数组为 MYTH。设 RTHICK 命令后面的四个参数顺序为 3241，则该单元的 IJKL 节点厚度应分别取 MYTH(NL)、MYTH(NJ)、MYTH(NI)、MYTH(NK)，即 NI 节点厚度为 MYTH(NL)、NJ 节点厚度为 MYTH(NJ)、NK 节点厚度为 MYTH(NI)、NL 节点厚度为 MYTH(NK)。

例如，下面的命令流可说明问题：

```
FINISH $/CLEAR $/PREP7
ET,1,SHELL63 $ BLC4,,,50,100 $ ESIZE,50 $ AMESH,ALL          ! 单元类型、面、网分参数、网分
 * DIM,MYTH,,6                                               ! 定义数组参数，6 个元素
MYTH(1) = 1 $ MYTH(2) = 5 $ MYTH(3) = 10                     ! 为数组赋值
MYTH(4) = 15 $ MYTH(5) = 20 $ MYTH(6) = 25                   ! 设置较大的厚度差别以观察
RTHICK,MYTH(1),3,2,4,1                                       ! 定义各单元的节点厚度常数
/ESHAPE,1 $ EPLOT                                            ! 显示单元形状
RLIST                                                        ! 列表显示实常数组及值
```

对于上述例子中的单元 1，其 IJKL 顺序的节点编号分别为 1-2-4-6，而位置参数顺序为 3241，即应按 6-2-1-4 顺序对应的节点厚度，故该单元的 IJKL 节点分别对应的厚度为 MYTH(6)、MYTH(2)、MYTH(1)、MYTH(4)，厚度值分别为 25、5、1、15，最后是节点编号分别为 1-2-4-6所对应的节点厚度值为 25-5-1-15。同样对于单元 2，其 IJKL 顺序的节点编号分别为 6-4-3-5，应按 5-4-6-3 顺序对应的节点厚度，故该单元的 IJKL 节点分别对应的厚度为 MYTH(5)、MYTH(4)、MYTH(6)、MYTH(3)，厚度值分别为 20、15、25、10，最后是节点编号分别为 6-4-3-5 所对应的节点厚度值为 20-15-25-10。

典型的如壳厚度为位置的函数，其命令流如下：

```
FINISH $/CLEAR $/PREP7
ET,1,63 $ BLC4,,,10,10 $ ESIZE,0.5 $ AMESH,1                  ! 定义单元、面、网分参数和网分
MXNODE = NDINQR(0,14)                                        ! 得到最大节点号
 * DIM,THICK,,MXNODE                                         ! 定义数组，以存放节点厚度
 * DO,I,1,MXNODE                                             ! 以节点号循环对厚度数组赋值
THICK(I) = 0.5 + 0.2 * NX(I) + 0.02 * NY(I) * * 2            ! 厚度 = 0.5 + 0.2x + 0.02y^2
 * ENDDO                                                     ! 结束循环
RTHICK,THICK(1),1,2,3,4                                      ! 赋壳厚度
/ESHAPE,1.0 $ EPLOT                                          ! 带厚度显示壳单元
```

3. 实常数组的删除与列表

删除命令：RDELE，NSET1，NSET2，NINC

列表命令：RLIST，NSET1，NSET2，NINC

其中：

NSET1，NSET2，NINC——实常数组编号范围和编号增量，缺省时，NSET2 等于 NSET1 且 NINC＝1；NSET1 也可为 ALL。

3.1.3 材料属性

材料属性如弹性模量、泊松比、密度等，它与单元类型无关，但大多数单元需要定义材料属性以计算单元刚度等。ANSYS 根据不同的应用，将材料属性分为线弹性和特殊材料两大类，如第 1 章 1.3 节中的内容。

在 ANSYS 中每一组材料属性有一个材料参考号，该参考号是唯一的，用于识别各个材料特性组。一个模型中可有多种材料特性组，即可用多种材料。

1. 定义线性材料属性

命令：MP，Lab，MAT，C0，C1，C2，C3，C4

其中：

Lab——材料性能标识，其值可取：

＝EX：弹性模量（也可为 EY、EZ）。

＝ALPX：线膨胀系数（也可为 ALPY、ALPZ）。

＝CTEX：瞬间线膨胀系数（也可为 CTEY、CTEZ）。

＝THSX：热应变（也可为 THSY、THSZ）。

＝REFT：参考温度。

＝PRXY：主泊松比（也可为 PRYZ、PRXZ）。

＝NUXY：次泊松比（也可为 NUYZ、NUXZ）。

＝GXY：剪切模量（也可为 GYZ、GXZ）。

＝DAMP：用于阻尼的 K 矩阵乘子，即阻尼比。

＝DMPR：均质材料阻尼系数。

＝MU：摩擦系数。

＝DENS：质量密度。

＝C：比热容。

＝ENTH：热焓。

＝QRATE：热生成率。

＝HF：对流或散热系数。

＝KXX：热传导率（也可为 KYY、KZZ）

MAT——材料参考号，缺省为当前的 MAT 号（由 MAT 命令确定）。

C0——材料属性值，如果该属性是温度的多项式函数，则此值为多项式的常数项。

C1～C4——分别为多项式中的一次、二次、三次、四次项系数，如为 0 或空，则定义一个常数的材料性能。该多项式为 $C0+C1(T)+C2(T)^2+C3(T)^3+C4(T)^4$。

例如：

```
MP,EX,1,2.1E5                    ! 定义材料组 1 的弹性模量为 2.1E5
MP,PRXY,1,0.3                    ! 定义材料组 1 的主泊松比为 0.3
MP,DENS,1,7 850                  ! 定义材料组 1 的质量密度为 7 850
```

2. 定义线性材料属性的温度表

命令：MPTEMP,STLOC,T1,T2,T3,T4,T5,T6

其中：

STLOC——输入温度的在数据表中的起始位置，缺省为最后填充值+1。如 STLOC=1，则 T1 在数据表中为第 1 个常数，如 STLOC=7，则 T1 为数据表中第 7 个常数等等。即重复执行该命令可定义多达 100 个温度值，温度值必须按升序方式定义。

T1～T6——从 STLOC 开始赋给 6 个位置的温度值。如果某位置的值存在则覆盖之，若 T1=0 则将 STLOC 位置处的值赋 0，若 T2～T6 为 0 或空，对应位置的原有值不变。可利用命令的这些特性对某一数据进行修改，但对于命令流文件不建议使用这种修改方式。

缺省没有温度表。

若所有的选项为空（仅执行 MPTEMP 命令），则删除温度表。

使用该命令定义的温度值与 MPDATA 中定义的材料特性相对应，同时这些温度值可在材料性能多项式中使用。

例如，Q235 钢不同温度下的弹性模量也不同，温度及与常温弹性模量的比值如下：

温度：16,50,100,150,200,250,300,350,400,450,500,550,600

比值：1,0.993,0.983,0.972,0.961,0.947,0.926,0.891,0.835,0.748,0.618,0.432,0.172

用 MPTEMP 定义温度表及用 MPDATA 定义材料的弹性模量如下：

```
MPTEMP,1,16,50,100,150,200,250                       ! 定义 T1～T6 温度值
MPTEMP,7,300,350,400,450,500,550                     ! 定义 T7～T12 温度值
MPTEMP,13,600                                        ! 定义 T13 温度值
E0 = 2.1E5                                           ! 设置常温弹性模量及对应的各个温度时的弹性模量
MPDATA,EX,1,1,E0,0.993 * E0,0.983 * E0,0.972 * E0,0.961 * E0,0.947 * E0
MPDATA,EX,1,7,0.926 * E0,0.891 * E0,0.835 * E0,0.748 * E0,0.618 * E0,0.432 * E0
MPDATA,EX,1,13,0.172 * E0                            ! 定义完毕
```

也可以采用 MP 命令代替 MPDATA 定义该不同温度时的弹性模量，如可采用：

```
MP,EX,1,2.104 8E + 05, - 29.604, - 0.205 39,1.216 8E - 03, - 2.6651E - 06
```

3. 定义与温度对应的线性材料特性

命令：MPDATA,Lab,MAT,STLOC,C1,C2,C3,C4,C5,C6

其中：

Lab——材料性能标识，同 MP 命令中的参数。

MAT——材料参考号，缺省或 0 或空均为 1。

STLOC——在数据表中的起始位置，与 MPTEMP 命令中的 STLOC 参数意义相同。

C1～C6——从 STLOC 开始赋给 6 个位置的材料性能数据值，与 MPTEMP 命令中的 T1～T6参数意义相同。

该命令定义与温度相对应的材料性能数据表，如上面的例子。如果与 MPTEMP 的数据点不匹配，则 ANSYS 只使用两个命令中都定义了数据点的位置。如果要为下一个材料特性定义一组不同的温度，首先通过执行 MPTEMP(不带参数)删除当前的温度表，然后定义新的温度表。

4. 复制线性材料属性组

命令：MPCOPY,-,MATF,MATT

其中：

MATF——为既有材料参考号。

MATT——为复制生成的新材料参考号。

5. 改变指定单元的材料参考号

命令：MPCHG,MAT,ELEM

其中：

MAT——材料参考号。

ELEM——单元编号，若为 ALL 则改变所有被选择单元的材料参考号。

该命令可用于求解过程中的各荷载步间，但不能从线性改为非线性，或从一种非线性改为另一种非线性等。

6. 线性材料属性列表和删除

列表命令：MPLIST,MAT1,MAT2,INC,Lab,TEVL

删除命令：MPDELE,Lab,MAT1,MAT2,INC

其中：

MAT1,MAT2,INC——为材料参考号范围和编号增量，MAT2 缺省为 MAT1 且 INC 缺省为 1，MAT1 缺省为 ALL。

Lab——同 MP 命令中的参数，如为空或 ALL 则列出所有材料特性表，如为 EVLT 则列出所有在 TEVL 求值的材料特性。

7. 修改与线胀系数相关的温度

命令：MPAMOD,MAT,DEFTEMP

其中：

MAT——材料参考号，缺省为 1。

DEFTEMP——将要修改线胀系数对应的温度，缺省为 0。

该命令将用户定义温度(DEFTEMP)的线胀系数转换到由“MP,REFT”或“TREF”定义的参考温度上，如果“MP,REFT”和“TREF”都定义了，则参考温度采用“MP,REFT”定义的。该命令对瞬间线胀系数或热应变无效。

8. 计算生成线性材料温度表

命令：MPTGEN,STLOC,NUM,TSTRT,TINC

其中：

STLOC——计算温度将要填充在温度数据表中的开始位置，缺省为最后填充的位置＋1。

NUM——要计算生成的温度个数。

TSTRT——赋给 STOLC 位置的温度值。

TINC——赋给下一个位置的温度增量，直到 NUM 个位置被填满。

例如，温度数据：16,50,100,150,200,250,300,350,400,450,500,550,600 可为：

```
MPTEMP,1,16                          ! 定义数据表中第 1 个位置的温度为 16
MPTGEN,2,12,50,50                    ! 计算 12 个位置的温度，起始位置为 2 且温度为 50，温度增量为 50
```

9. 绘制线性材料特性曲线

命令：MPPLOT，Lab，MAT，TMIN，TMAX，PMIN，PMAX

其中：

TMIN，TMAX——最小和最大横坐标值。

PMIN，PMAX——最小（原点）和最大纵坐标（材料特性值）。

其余参数意义同 MP 命令，上述四个值可缺省，由系统自动确定。

10. 设置材料库读写的缺省路径

命令：/MPLIB，R-W_opt，PATH

其中：

R-W_opt——路径操作方式控制参数。如＝READ 则为读路径；如＝WRITE 则为写路径；如＝STAT 则显示当前路径状态。

PATH——材料库文件所在的目录。如果指定的目录不存在，则指向当前工作目录。

11. 读入材料库文件

命令：MPREAD，Fname，Ext，-，LIB

其中：

Fname——文件名及其路径（可达 248 个字符）。如果未指定 LIB 参数，则缺省目录为当前工作目录；如果指定了 LIB 参数，则缺省的搜索路径为：当前工作目录、用户主目录、MPLIB_DIR（由/MPLIB，READ，PATH 指定）及/ansys_dir/matlib 等。

Ext——文件名的扩展名，缺省为“MP”。当使用单位时，缺省扩展名为“units_MPL”，如设置为“SI”，则扩展名为“SI_MPL”。如没有定义单位，则扩展名为“UNDF_MPL”。

LIB——读入由命令 MPWRITE 写入的材料库文件，“LIB”为唯一标识。支持线性和非线性材料，但如果没有使用“LIB”参数写到文件中则不支持非线性，仅支持线性材料性能。

该命令读入的材料属性赋给由“MAT”命令指定的参考号，缺省则赋给参考号 1。

12. 将材料属性写入文件

命令：MPWRITE，Fname，Ext，-，LIB，MAT

其中：

MAT——材料参考号，必须输入此参数。如果该材料参考号尚没有定义，ANSYS 也不予理会，照样向文件中写入（但为仅有表头的空文件）。

其余参数同 MPREAD 命令。

该命令生成的文件为文本格式,可用记事本或写字板打开。

例如,写入与读入材料属性命令的应用示例如下:

```
FINISH $/CLEAR $/PREP7
MPTEMP,1,16 $ MPTGEN,2,12,50,50                    ! 定义温度数据表
MP,EX,1,2.104 8E + 05, - 29.604, - 0.205 39,
1.216 8E - 03, - 2.665 1E-06                       ! 定义相应的弹性模量
MPWRITE,MYEXT,TXT,,LIB,1                           ! 将此材料属性写入当前工作目录,文件为 myext.txt
! 清除当前数据库,读入刚写入的文件
FINISH $/CLEAR $/PREP7
MAT,3                                              ! 指定材料参考号
MPREAD,MYEXT,TXT,,LIB                              ! 读入 myext.txt 材料属性文件
MPLIST                                             ! 列表显示材料特性数据
MPPLOT,EX,3                                        ! 绘制 EX-T 曲线
```

使用/MPLIB、MPWRITE、MPREAD 三个命令可创建自己的材料库文件,尽管有许多优点,如可重复使用这些文件、可定义材料库路径、便于管理的文件名等,但对于使用命令流格式而言,这些优点并不突出,因此不建议使用该组命令。

13. 激活非线性材料属性的数据表

命令:TB,Lab,MAT,NTEMP,NPTS,TBOPT,EOSOPT

其中:

Lab——数据表类型,其值可取:BISO,MISO,NLISO,ANISO,BKIN,MKIN,KINH,CHAB,DP,CAST,HYPER,MELAS,RATE,HILL,ANAN,CREEP,SWELL,CONCR,FAIL,UNIAXIAL,SMA,PRONY,SHIFT,GASKET,JOIN,USER,MOONEY,WATER,ANEL 等,各类型材料的具体意义详见第 1 章 1.3 节中的表 1-13 所示。

MAT——材料参考号,缺省为 1(最大为 100 000)。

NTEMP——设置欲提供数据的不同温度个数,温度值由 TBTEMP 定义。

NPTS——给定温度下的数据点个数,对于大多数 Lab 此值已被定义。由 TBDATA 或 TBPT 定义数据点个数。

EOSOPT——指定使用的状态模型方程,仅使用于 Lab=EOS 时的显式动力分析。

不同数据类型相差较大,应仔细查看各种材料类型的输入数据。

14. 定义 H 温度值

命令:TBTEMP,TEMP,KMOD

其中:

TEMP——温度值,当 KMOD 为空时缺省为 0.0。

KMOD——如为空,则 TEMP 定义一个新的温度;如果是整数 1~NTEMP(TB 命令参数),则修改既有的温度值 TEMP 同时激活该温度值,除非原来的 TEMP 为空;如果 KMOD=CRIT 且 TEMP 为空,则下一命令 TBDATA 的数据为破坏准则;如果 KMOD=STRAIN 且 TEMP 为空,则为 MKIN 材料性质的应变数据。

该命令为后续定义的数据表中的数据(如 TBDATA 或 TBPT 等)定义相关的温度值,其

有效范围为直到出现下一条 TBTEMP 命令。该温度值也必须按升序定义。

15. 定义 TB 数据表中的数据

命令:TBDATA,STLOC,C1,C2,C3,C4,C5,C6

其中:

STLOC——输入数值在数据表中的起始位置,缺省为最后填充值+1。

C1~C6——从 STLOC 开始赋给 6 个位置的数据值。

TB、TBTEMP 和 TBDATA 使用示例如下:

```
!定义与温度无关的非材料特性表------------------------------------------------
FINISH $/CLEAR $/PREP7
MP,EX,1,2.1E5 $ MP,PRXY,1,0.3                  !定义线性材料特性
TB,BISO,1,1,2                                  !激活 BISO 材料特性表,材料参考号 1,1 个温度点,2 个数据点
TBTEMP,0                                       !缺省的温度值(可不要该命令)
TBDATA,1,240,1.0E4                             !定义 BISO 数据表中的数据,起始位置为 1,
                                               !屈服强度为 240,切线模量为 1E4
TBPLOT,,1                                      !绘制该材料特性曲线
!定义与温度相关的非线性材料特性表------------------------------------------------
!设不同温度下的屈服强度如下:
!温度值:100,1 000,2 400,2 700,3 000
!弹性模量:30E6,30E6,10E6,5E6,0.2E6
!屈服强度:36 000,36 000,5 000,1 000,500
!切线模量:1E6,1E6,1E6,0.5E6,0.1E6
FINISH $/CLEAR $/PREP7
MPTEMP,1,100,1 000,2 400,2 700,3 000           !定义线性材料的温度表
MPDATA,EX,1,1,30E6,30E6,10E6,5E6,0.2E6         !定义线性材料的弹性模量
TB,BISO,1,5,2                                  !激活 BISO 材料数据表,参考号 1,温度个数 5,2 个数据点
TBTEMP,100 $ TBDATA,1,36 000,1E6               !定义温度 100 及相应的数据点值
TBTEMP,1000 $ TBDATA,1,36 000,1E6              !定义温度 1000 及相应的数据点值
TBTEMP,2400 $ TBDATA,1,5 000,1E6               !定义温度 2400 及相应的数据点值
TBTEMP,2700 $ TBDATA,1,1 000,0.5E6             !定义温度 2700 及相应的数据点值
TBTEMP,3000 $ TBDATA,1,500,0.1E6               !定义温度 3000 及相应的数据点值
TBPLOT,,1                                      !绘制曲线
```

16. 定义非线性数据曲线上的一个点

命令:TBPT,Oper,X,Y

其中:

Oper ——拟进行的操作参数,其值可取:

=DEFI:定义一个新的数据点(缺省),将以升序的 X 值插入到当前数据表中,如果与 X 有相同的点则覆盖之。

=DELE:删除一个与 X 相同的既有数据点,忽略 Y 值。

X——数据点的 X 值,例如应变。

Y——数据点的 Y 值,例如应力。X 和 Y 将依 TB 激活的数据表类型而定。

例如,多线性弹性的应力应变曲线数据表如下:

```
MP,EX,1,12E4                        ! 定义线性弹性模量
TB,MELAS,1,1,5                      ! 激活 MELAS 材料数据表,5 个数据点
TBPT,DEFI,0.002,43.2                ! 第 1 个数据点的应变和应力
TBPT,DEFI,0.004,105.6               ! 第 2 个数据点的应变和应力
TBPT,DEFI,0.006,206.4               ! 第 3 个数据点的应变和应力
TBPT,DEFI,0.008,364.8               ! 第 4 个数据点的应变和应力
TBPT,DEFI,0.01,600                  ! 第 5 个数据点的应变和应力
```

17. 非线性材料数据表的删除和列表

删除命令:TBDELE,Lab,MAT1,MAT2,INC

列表命令:TBLIST,Lab,MAT

其中:

Lab——数据表类型标识,与 TB 命令中的参数相同。

MAT1,MAT2,NINC——数据表参考号范围和增量,MAT1 可为 ALL。

MAT——参考号,缺省为当前激活的数据表,可为 ALL。

列表命令用于查看输入的数据表数据是否正确,删除命令则删除数据表。

18. 非线性材料数据表的绘图

命令:TBPLOT,Lab,MAT,TBOPT,TEMP,SEGN

其中:

Lab——数据表类型标识,有效的标识有:

MKIN,KINH,MELAS,MISO,BKIN,BISO,BH,GASKET,JOIN。

MAT——材料参考号,缺省为当前激活的材料。

TBOPT、TEMP 和 SGEN 为 GASKET 和 JOIN 材料选项。

另外,非线性材料数据命令还有 TBCOPY、TBMODIF、TBFT 和 TBLE 等命令,这些命令使用较少,可查看帮助文件,在此不做介绍。

3.1.4 梁截面

BEAM188 和 BEAM189 单元,需定义单元的横截面(称为梁截面),BEAM44 既可使用梁截面,也可输入截面特性实常数。但仅 BEAM188 和 BEAM189 可使用多种材料组成的截面(复合截面),而 BEAM44 则只能使用同种材料组成的截面。

1. 定义截面类型和截面 ID

命令:SECTYPE,SECID,Type,Subtype,Name,REFINEKEY

其中:

SECID——截面识别号,也称为截面 ID 号。如不设置,则为当前最大 ID+1;如果与既有截面识别号相同,则相当于重新定义该梁截面。

Type——截面用途类型,其值可取:

=BEAM:定义梁截面,应用于等截面时,见下文。

=TAPER:定义渐变梁截面(变截面梁),两端点截面的拓扑关系相同。

=SHELL:定义壳。

=PRETENSION:定义预紧截面。

=JOINT:连接截面,如万向铰。

Subtype——截面类型,对于不同的 Type,该截面类型不同,如:

当Type=BEAM 时,Subtype 可取:

RECT:矩形截面; QUAD:四边形截面; CSOLID:实心圆形截面;
CTUBE:圆管截面; CHAN:槽形截面; I:工字形截面;
Z:Z 形截面; L:L 形截面; T:T 形截面;
HATS:帽形截面; HREC:空心矩形或箱形 ASEC:任意截面;
MESH:自定义截面。

当Type=JOINT(有刚度可大角度旋转)时,Subtype 可取:

UNIV:万向铰; REVO:销铰或单向铰。

Name——八个字符的截面名,以方便阅读,字符可包含字母和数字。

REFINEKEY——设置薄壁梁截面网格的精细水平,有 0(缺省)~5(最精细)六个水平。

2. 定义梁截面几何数据(Type=BEAM)

命令:SECDATA, VAL1, VAL2, VAL3, VAL4, VAL5, VAL6, VAL7, VAL8, VAL9, VAL10

其中 VAL1~VAL10 为数值,如厚度、边长、沿边长的栅格数等,每种截面的值是不同的。

ANSYS 定义了 11 种常用的截面类型,每种截面输入数据如下:

(1)Subtype=RECT:矩形截面(如图 3-1A)。

输入数据:B,H,Nb,Nh

其中:

B——截面宽度。

H——截面高度。

Nb——沿宽度 B 的栅格数(cell),缺省为 2。

Nh——沿高度 H 的栅格数,缺省为 2。

(2)Subtype=QUAD:四边形截面(如图 3-1B)。

输入数据:yI,zI,yJ,zJ,yK,zK,yL,zL,Ng,Nh

其中:

yI,zI,yJ,zJ,yK,zK,yL,zL——各点坐标值。

Ng,Nh——沿 g 和 h 的栅格数,缺省均为 2。

如退化为三角形也可,输入一个相同的坐标。

(3)Subtype=CSOLID:实心圆截面(如图 3-1C)。

输入数据:R,N,T

其中:

R——半径。

N——圆周方向划分的段数，缺省为 8。

T——半径方向划分的段数，缺省为 2。

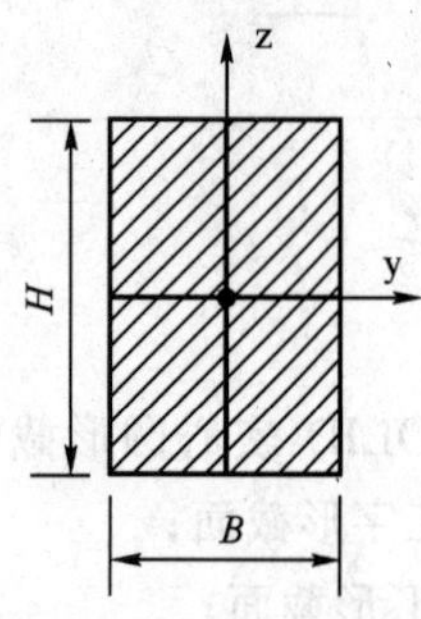

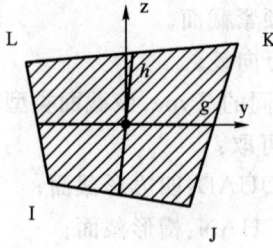

图 3-1A 矩形截面

图 3-1B 四边形截面

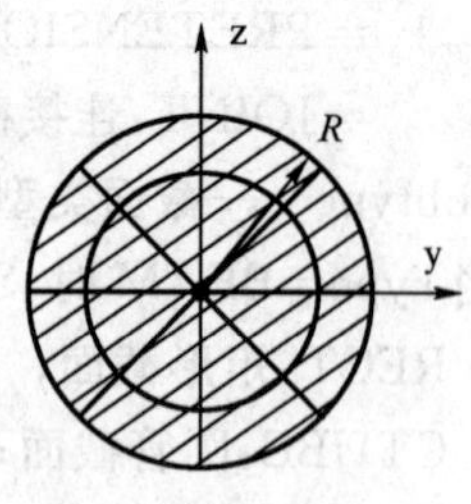

图 3-1C 实心圆截面

(4)Subtype＝CTUBE：圆管截面(如图 3-1D)。

输入数据：Ri，R0，N

其中：

Ri——管的内半径。

R0——管的外半径。

N——沿圆周的栅格数，缺省为 8。

(5)Subtype＝CHAN：槽形截面(如图 3-1E)。

输入数据：W1，W2，W3，t1，t2，t3

其中：

W1，W2——翼缘宽度。

W3——全高。

t1，t2——翼缘厚度。

t3——腹板厚度

(6)Subtype＝I：工字形截面(如图 3-1F)。

输入数据：W1，W2，W3，t1，t2，t3

其中：

W1，W2——翼缘宽度。

W3——全高。

t1，t2——翼缘厚度。

t3——腹板厚度

(7)Subtype＝Z：Z 形截面(如图 3-1G)。

输入数据：W1，W2，W3，t1，t2，t3

其中：

W1，W2——翼缘宽度。

W3——全高。

t1，t2——翼缘厚度。

t3——腹板厚度

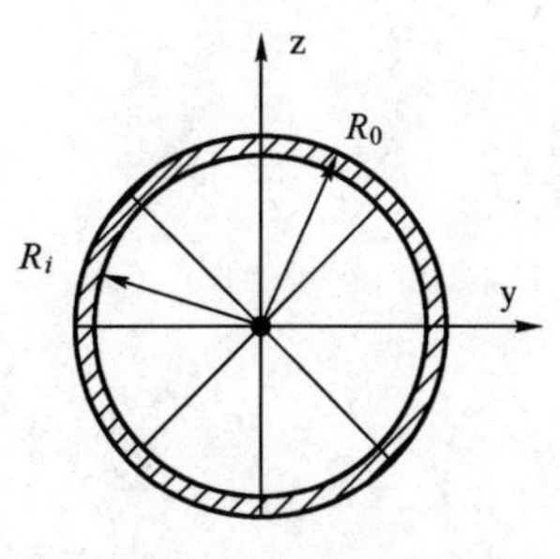

图 3-1D　圆管截面

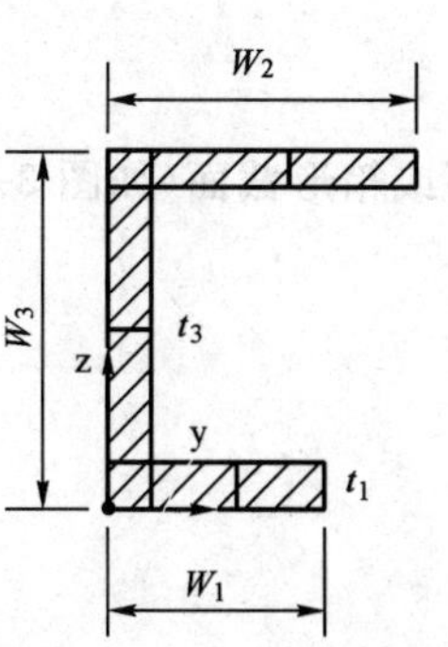

图 3-1E　槽形截面

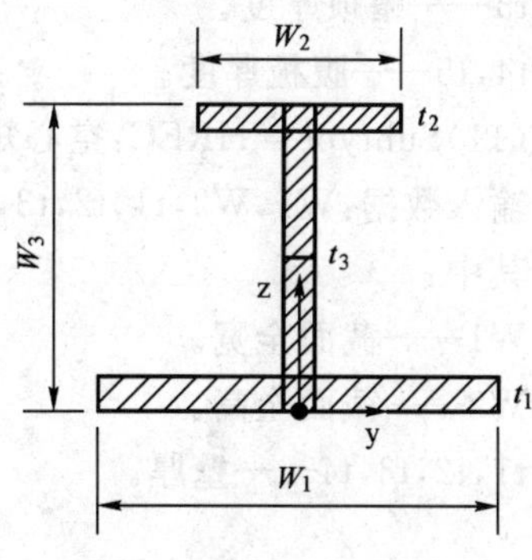

图 3-1F　工字形截面

(8)Subtype＝L：L 形截面(如图 3-1H)。

输入数据：W1，W2，t1，t2

其中：

W1，W2——腿长。

t1，t2——腿厚度。

(9)Subtype＝T：T 形截面(如图 3-1I)。

输入数据：W1，W2，t1，t2

其中：

W1——翼缘宽长。

W2——全高。

t1——翼缘厚度。

t2——腹板厚度。

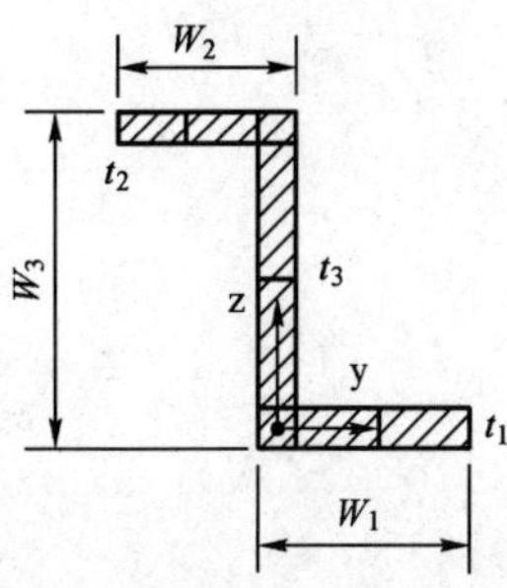

图 3-1G　Z 形截面

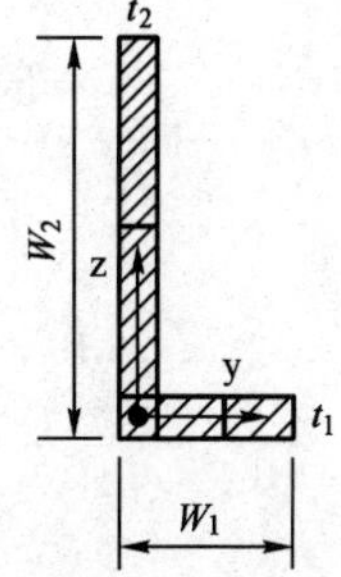

图 3-1H　L 形截面

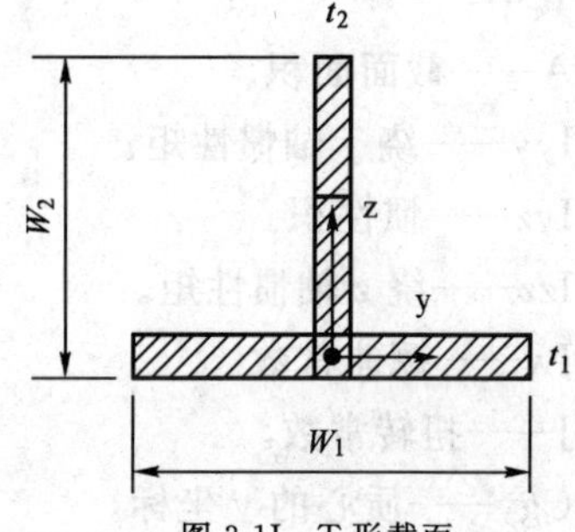

图 3-1I　T 形截面

(10)Subtype＝HATS：帽形截面(如图 3-1J)。

输入数据：W1，W2，W3，W4，t1，t2，t3，t4，t5

其中：

W1，W2——帽沿宽度。

W3——帽顶宽度。

W4——全高。

t1，t2——帽沿厚度。

t3——帽顶厚度。

t4,t5——腹板厚度。

(11)Subtype＝HREC:空心矩形截面或箱形截面(如图 3-1K)。

输入数据:W1,W2,t1,t2,t3,t4

其中:

W1——截面全宽。

W2——截面全高。

t1,t2,t3,t4——壁厚。

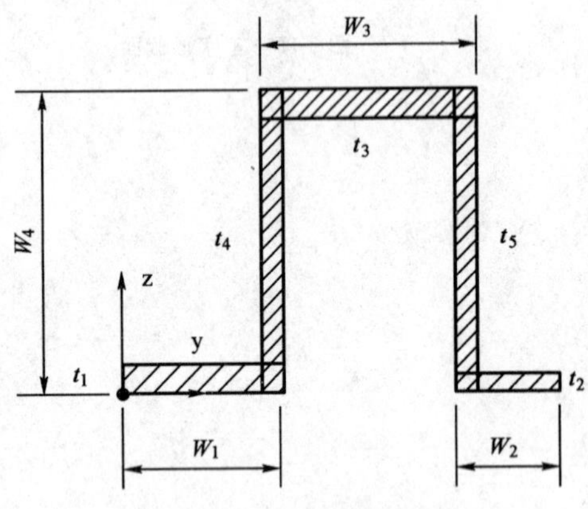

图 3-1J 帽形截面

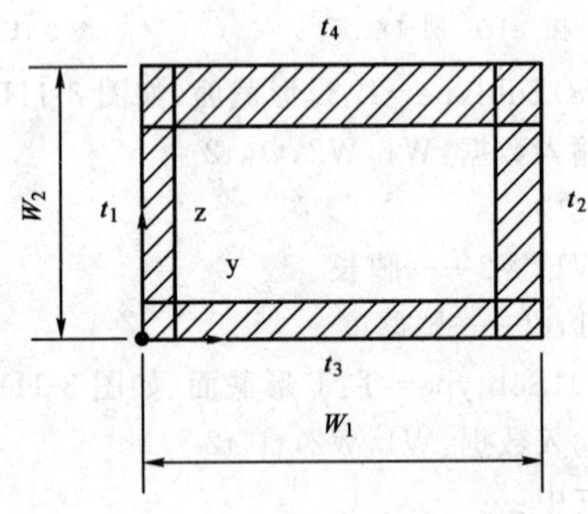

图 3-1K 空心矩形截面或箱形截面

(12)Subtype＝ASEC:任意截面。

输入数据:A,Iyy,Iyz,Izz,Iw,J,CGy,CGz,SHy,SHz

其中:

A——截面面积。

Iyy——绕 y 轴惯性矩。

Iyz——惯性积。

Izz——绕 z 轴惯性矩。

Iw——翘曲常数。

J——扭转常数。

Cgy——质心的 y 坐标。

CGz——质心的 z 坐标。

SHy——剪切中心的 y 坐标。

SHz——剪切中心的 z 坐标。

(13)Subtype＝MESH:自定义截面。

当截面不是常用的 11 个截面时,可采用自定义截面。自定义截面具有很大的灵活性,可定义任意形状的截面,材料也可不同,因此,对于梁截面该自定义截面可满足各种情况下的使用要求。自定义截面要使用 SECWRITE 命令和 SECREAD 命令,后文给出命令流示例。

例如,各种常用截面的定义命令流如下:

```
FINISH $/CLEAR $/PREP7
SECTYPE,1,BEAM,RECT                                  ! 定义矩形截面,ID=1
SECDATA,2,3
SECTYPE,2,BEAM,QUAD                                  ! 定义四边形截面,ID=2
SECDATA,-1,-1,1.2,-1.2,1.4,1.3,-1.1,1.2
SECTYPE,3,BEAM,CSOLID                                ! 定义实心圆截面,ID=3
SECDATA,4
SECTYPE,4,BEAM,CTUBE                                 ! 定义圆管截面,ID=4
SECDATA,8,9
SECTYPE,5,BEAM,CHAN                                  ! 定义槽形截面,ID=5
SECDATA,80,90,160,10,12,8
SECTYPE,6,BEAM,I                                     ! 定义工字形截面,ID=6
SECDATA,80,60,150,10,8,12
SECTYPE,7,BEAM,Z                                     ! 定义 Z 形截面,ID=7
SECDATA,70,80,120,10,10,8
SECTYPE,8,BEAM,L                                     ! 定义 L 形截面,ID=8
SECDATA,120,70,8.5,8.5
SECTYPE,9,BEAM,T                                     ! 定义 T 形截面,ID=9
SECDATA,120,140,10,12
SECTYPE,10,BEAM,HATS                                 ! 定义帽形截面,ID=10
SECDATA,40,50,60,130,10,12,16,10,10
SECTYPE,11,BEAM,HREC                                 ! 定义箱形截面,ID=11
SECDATA,40,50,10,10,10,10
! 可采用 SECPLOT,ID(ID 输入相应的号)查看截面及数据
```

3. 定义变截面梁几何数据(Type=TAPER)

命令:SECDATA,Sec_IDn,XLOC,YLOC,ZLOC

其中:

Sec_IDn——已经定义的梁截面识别号,用于端点 1(I)和 2(J)截面 ID。

XLOC,YLOC,ZLOC——整体坐标系中 Sec_IDn 的位置坐标。

变截面梁的定义首先需要定义两个梁截面,然后根据拟定义的变截面梁再定义各个梁截面 ID 所在的空间位置。两端的两个截面拓扑关系相同,即必须满足具有相同的 Subtype 类型、相同的栅格数和相同的材料号。

例如,下面给出了工字形截面的变截面应用示例:

```
FINISH $/CLEAR $/PREP7
SECTYPE,1,BEAM,I $ SECDATA,160,120,200,10,10,8       ! 定义梁截面 ID=1 及其数据
SECTYPE,2,BEAM,I $ SECDATA,320,240,300,16,16,12      ! 定义梁截面 ID=2 及其数据
K,1 $ K,2,800,300 $ K,100,400,400 $ L,1,2            ! 创建 3 个关键点和一条线
SECTYPE,3,TAPER                                      ! 定义变截面梁 ID=3
```

```
SECDATA,1,KX(1),KY(1),KZ(1)                          ! 一个端点的截面采用 ID1,位置用坐标给出
SECDATA,2,KX(2),KY(2),KZ(2)                          ! 另一端点的截面采用 ID2,位置用坐标给出
ET,1,BEAM189 $ MP,EX,1,2.1E5 $ MP,PRXY,1,0.3         ! 定义单元及材料属性
LESIZE,ALL,,,8 $ LATT,1,,1,,100,,3 $ LMESH,ALL       ! 网分控制、为线赋单元属性、网分
/ESHAPE,1 $ EPLOT                                    ! 查看单元形状
```

4. 定义层壳单元的数据(Type＝SHELL)

命令:SECDATA,TK,MAT,THETA,NUMPT

其中:

TK——壳的该层厚度,使用 SECFUNCTION 命令也可设置变厚度壳。

MAT——该层的材料号。

THETA——该层单元坐标系相对于单元坐标系的角度(度)。

NUMPT——该层中的积分点个数。

该命令仅适用于 SHELL131、SHELL132、SHELL181、SHELL208、SHELL209 单元,对各单元的具体使用又有进一步的规定,可参看后文或帮助文件。

5. 定义预紧截面的数据(Type＝PRETENSION)

命令:SECDATA,node,nx,ny,nz

其中:

node——预紧节点号。

nx,ny,nz——在总体直角坐标系中的单位方向矢量。

例如,可定义如下预紧截面数据:

```
SECTYPE,1,PRETENSION          ! 定义预紧截面 ID＝1
SECDATA,131,0,0,1             ! 定义预紧节点为 131,单位方向为 0,0,1。
```

修改预紧截面数据可采用 SECMODIF 命令。

6. 定义连接数据(Type＝JOINT)

当 Subtype＝REVO 时命令:SECDATA,,,angle1

其中:

angle1——绕旋转轴的旋转角度限值。

当 Subtype＝UNIV 时命令:SECDATA,,,angle1,,angle3

其中:

angle1 和 angle3——铰相对转动的旋转角限值。

7. 定义截面偏移

当 Type＝BEAM 时命令:SECOFFSET,Location,OFFSETY,OFFSETZ,CG－Y,CG－Z,SH-Y,SH-Z

其中:

Location——偏移有 4 个选择位置,分别为:

CENT:梁节点偏移到质心(缺省)。

SHRC:梁节点偏移到剪心。

ORIGIN:梁节点偏移到横截面原点(横截面原点如图 3.1 中 y 轴和 z 轴交点)。

USER:梁节点偏移到用户指定位置(相对横截面原点),由 OFFSETY,OFFSETZ 确定。

OFFSETY,OFFSETZ——仅当 Location=USER 时,梁节点相对于横截面原点的偏移量,如图 3-2 所示。

CG-Y,CG-Z,SH-Y,SH-Z——用于覆盖程序自动计算的质心和剪心位置。高级用户可用其创建复合材料的横截面模型。还可使用 SECCONTROL 命令控制横截面剪切刚度。

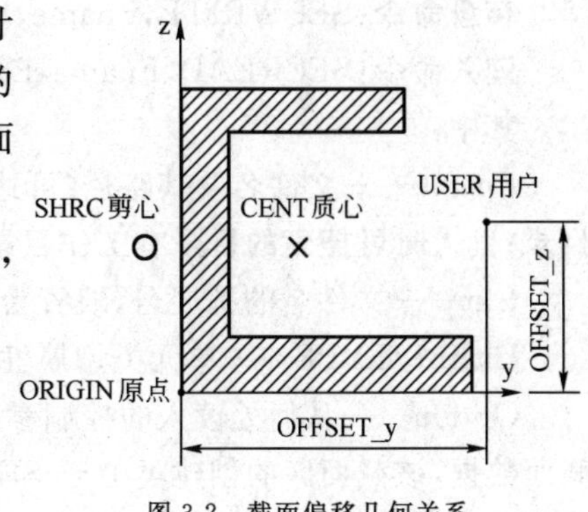

图 3-2　截面偏移几何关系

当 Type = SHELL 时命令:SECOFFSET, Location, OFFSET

其中:

Location——偏移也有 4 个选择位置,分别为:

TOP:壳节点偏移到顶面。

MID:壳节点偏移到中面。

BOT:壳节点偏移到底面。

USER:用户定义,偏移梁由 OFFSET 指定。

OFFSET——仅当 Location=USER 时,相对于中面的偏移距离。

8. 梁截面特性列表

命令:SLIST,SFIRST,SLAST,SINC,Details,Type

其中:

SFIRST,SLAST,SINC——ID 号范围和编号增量,缺省时分别为第 1 个和最后一个 ID 号且增量为 1。注意该命令仅汇总用 SECTYPE 命令定义的截面特性。

Details——汇总梁或壳特性内容的信息,可选择:

BRIEF(缺省)——对梁仅汇总积分性质的特性,如面积和惯性矩等。

FULL——对梁为全部信息,如面积和惯性矩外的栅格、栅点坐标、栅格积分点坐标等;对壳则为各种刚度,如膜、弯曲、耦合等刚度。

44——可列出与 BEAM44 类似的实常数数据。

Type——截面类型,如 BEAM,SHELL,JOINT 等,可为 ALL。

9. 删除所定义的截面

命令:SDELETE,SFIRST,SLAST,SINC,KNOCLEAN

其中:

KNOCLEAN——预紧单元清除参数,如为 0,则删除预紧单元并通过 PMESH 时再形成;如为 1,则不删除预紧单元。

其余参数同 SLIST 命令。

10. 绘制所定义截面

命令:SECPLOT,SECID,VAL1,VAL2

其中:

SECID——截面 ID 号。

VAL1,VAL2——输出控制参数。

对 BEAM:VAL1=0 则不显示栅格;VAL1=1 则现实栅格。

对 SHELL:VAL1 和 VAL2 表示显示层号的范围。

11. 自定义截面的存盘和读入

存盘命令:SECWRITE,Fname,Ext,--,ELEM_TYPE

读入命令:SECREAD,Fname,Ext,--,Option

其中:

Fname——文件名及其路径(可达 248 个字符)。如果未指定目录名,则缺省为当前工作目录;读入时可搜索的目录有工作目录、主目录及由/SECLIB 指定的目录。

Ext——文件名的扩展名,缺省为"SECT"。

ELEM_TYPE——单元类型属性指示器,此参数意义不大。

Option——从何处读入的控制参数。当 Option=LIBRARY(缺省)时,从截面库中读入截面数据,该截面库的创建类似于 SECTYPE 和 SECDATA 组成的命令集,一般使用此项的必要性不大;当 Option=MESH 时,从用户网分的截面文件中读入,该文件包含了栅格和栅点等数据。

创建自定义截面的基本步骤:

①创建 2D 面,可完全表达截面形状。

②定义且仅能定义 PLANE82 或 MESH2000 单元,如果有多种材料则定义材料号。

③定义网分控制并划分网格。

④用 SECWRITE 命令写入文件。

⑤用 SECTYPE 和 SECREAD 命令定义截面 ID 等。

对于如图 3-3 所示截面几何,定义梁截面命令流如下:

```
! EX3.1  自定义箱形截面
FINISH $/CLEAR $/PREP7
K,1 $ K,2,2 $ K,3,2,2.2 $ K,4,3,2.3 $ K,5,3,2.5 $ K,6,0,2.5          ! 定义半截面关键点
A,1,2,3,4,5,6 $ BLC4,,0.2,1.7,2 $ ASBA,1,2                           ! 创建截面
WPOFF,1.7 $ WPROTA,,,90 $ ASBW,ALL                                   ! 将截面切分对规则四边形
WPOFF,,,0.3 $ ASBW,ALL $ WPOFF,,0.2 $  WPROTA,,90 $ ASBW,ALL $ WPOFF,,,-2 $ ASBW,ALL
ARSYM,X,ALL $ WPCSYS $ AGLUE,ALL                                     ! 创建整个箱形截面
ET,1,PLANE82 $ LESIZE,ALL,,,1 $ AMESH,ALL                            ! 定义单元、网分控制及网分
SECWRITE,MYBOX                                                       ! 采用缺省扩展名写入 MYBOX 文件
! 使用刚刚定义的截面
FINISH $/CLEAR $/PREP7
ET,1,BEAM189 $ MP,EX,1,3.0E10 $ MP,PRXY,1,0.167                      ! 定义单元及材料属性
SECTYPE,1,BEAM,MESH                                                  ! 定义梁截面(MESH)
SECREAD,MYBOX,,,MESH                                                 ! 读入截面数据文件
K,1 $ K,2,10 $ K,100,5,5 $ L,1,2                                     ! 创建关键点及线
```

```
LESIZE,ALL,,,20 $ LATT,1,,1,,100,,1 $ LMESH,ALL          ! 定义线网分控制、属性、网分
/ESHAPE,1 $ EPLOT                                        ! 显示单元形状
```

对于如图 3-4 所示的截面，由两种材料组成，其分界线如图中所示，其自定义截面命令流如下：

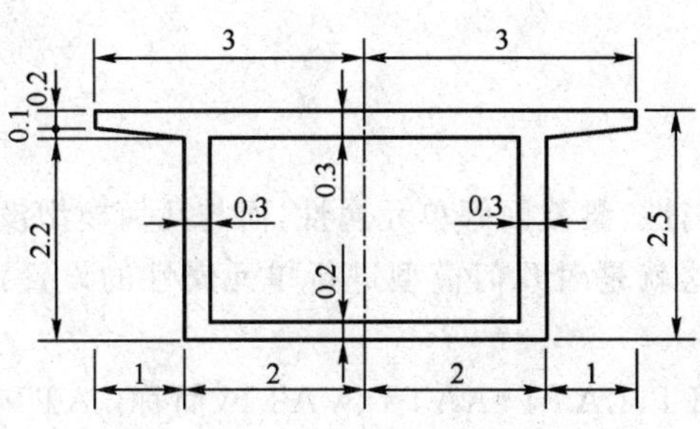

图 3-3 箱形截面构造

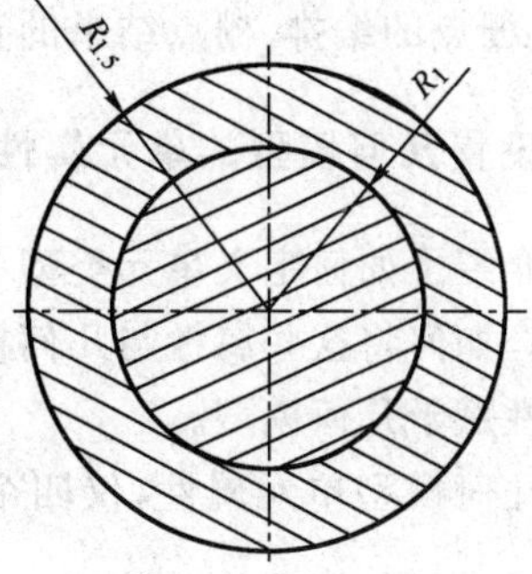

图 3-4 两种材料的圆截面

```
! EX3.2  自定义多种材料截面
FINISH $/CLEAR $/PREP7
RO = 1.5 $ RI = 1.0                              ! 定义两个半径
CSYS,1 $ CYL4,,,RI $ CYL4,,,RO                   ! 设置柱坐标系，创建两个圆面
APTN,ALL                                         ! 作面分割运算
WPROTA,,90 $ ASBWA,ALL                           ! 切分面
WPROTA,,,90 $ ASBW,ALL $ WPCSYS                  ! 切分面
ET,1,PLANE82                                     ! 定义单元类型为 PLANE82
MYMAT1 = 4 $ MYMAT2 = 7                          ! 定义两个材料参数，分别赋值 4 和 7
MP,EX,MYMAT1,1.0 $ MP,EX,MYMAT2,2.0              ! 定义材料参考号，具体特性值可任意
ASEL,S,LOC,X,0,RI $ AATT,MYMAT1,,1               ! 内部圆面为材料 MYMAT1
ASEL,S,LOC,X,RI,RO $ AATT,MYMAT2,,1              ! 外部环面为材料 MYMAT2
ALLSEL $ ESIZE,0.25 $ MSHAPE,0,2D                ! 定义网格控制、单元形状
MSHKEY,1 $ AMESH,ALL                             ! 定义网格划分方式并网分
SECWRITE,MYCSOLID,SECT                           ! 将截面写入 MYCSOLID.SECT 文件
! 下面准备读入截面并使用
FINISH $/CLEAR $/PREP7
ET,1,BEAM189                                     ! 定义单元类型为 BEAM189
MYM1 = 4 $ MYM2 = 7                              ! 定义两个材料参数，此值与 MYMAT 对应
MP,EX,MYM1,3.0E10 $ MP,PRXY,MYM1,0.167           ! 定义材料参考号 MYM1 和具体特性值
MP,EX,MYM2,2.1E11 $ MP,PRXY,MYM2,0.3             ! 定义材料参考号 MYM2 和具体特性值
SECTYPE,1,BEAM,MESH                              ! 定义用户梁截面
SECREAD,MYCSOLID,SECT,,MESH                      ! 读入 MYSOLID.SECT 文件
K,1 $ K,2,,,10 $ L,1,2 $ LESIZE,ALL,,,20         ! 创建关键点和线，及线的网格划分控制
LATT,,,1,,,,1                                    ! 此处采用了缺省材料参考号，即便指定材料参考号也不起作用
```

```
LMESH,ALL $/ESHAPE,1                    ! 划分网格,打开单元形状
/PNUM,MAT,1 $ EPLOT                     ! 显示单元材料参考号,并显示单元
```

特别注意的是,材料参考号在 SECWRITE 之前就确定了,在使用该截面时只能使用相同的材料参考号。但在前者中可任意设置材料特性值,也就是说,在前者中的材料具体特性值没有意义,仅材料参考号有意义。这与 SECT 文件有关,在后处理中再解读该 SECT 文件的格式、栅格和栅点的编排、栅点结果的查询等。

3.1.5 设置几何模型的单元属性

前面介绍了如何定义单元类型、实常数、材料属性、梁截面等单元属性,而与几何模型没有任何关系。如何将这些属性与几何模型关联呢?这就是对几何模型进行单元属性的设置,即将这些属性赋予几何模型。

赋予几何模型单元属性,仅四个命令,即 KATT、LATT、AATT、VATT(简称 xATT 命令)。

1. 设置关键点单元属性

命令:KATT,MAT,REAL,TYPE,ESYS

其中:

MAT,REAL,TYPE,ESYS——分别为材料号、实常数号、单元类型号、坐标系编号。

该命令为选择的所有关键点设置单元属性,通过这些关键点复制生成的关键点也具有相同的属性。如果关键点在划分网格时没有设置属性,则其属性由当前的“MAT、REAL、TYPE、ESYS”等命令设置。在划分网格前,如要改变其属性,只需重新执行 KATT 命令设置,如果其命令参数为 0 或空,则删除相关的属性。

如果 MAT、REAL、TYPE、ESYS 参数中任意一个定义为-1,则设置保持不变。

2. 设置线的单元属性

命令:LATT,MAT,REAL,TYPE,-,KB,KE,SECNUM

其中:

MAT,REAL,TYPE——同 KATT 中的参数。

KB,KE——线始端和末端的方位关键点。ANSYS 在对梁划分网格时,使用方位关键点确定梁截面的方向。对于梁截面沿线保持同一方位时,可仅使用 KB 定位;预扭曲梁(麻花状)可能需要两个方位关键点定位(ANSYS 通过线的 KP1 到 KB、KP2 到 KE 确定方向矢量,该方向矢量用于计算单元的方位节点)。

SECNUM——梁截面 ID 号。

该命令为所选择的线设置单元属性,但由 KB 和 KE 指定的值仅限于所选择的线。因此,通过这些线复制生成的线则不具有这些属性(即 KB 或 KE 不能一同复制);如不使用 KB 和 KE 时,通过这些线复制生成的线具有同样的属性。不指定单元属性、修改其单元属性与 KATT 命令类似,可参照处理。

在命令 LATT 中如果没有指定 KB 和 KE,则采用缺省的截面方位,缺省截面方位的确定方法为截面的 xoz 坐标平面总是垂直总体直角坐标系的 XOY 平面,且截面至少有一个坐标

轴与总体坐标轴方向相同或接近。截面 y 和 z 坐标轴如图 3-1 中各图所示。

如果使用 KB 和 KE 确定截面方位，则始点截面 yoz 平面垂直于 KP1、KP2 和 KB 组成的平面且截面的 z 轴指向 KB 侧；同理，末端截面 yoz 平面也垂直于 KP1、KP2 和 KE 组成的平面且截面的 z 轴指向 KE 侧。如果 KB 和 KE 在不同的方向，则截面方位是变化的，沿线形成麻花状截面。

例如，仅使用 KB 或 KE 定位的截面如下命令流所示：

```
! EX3.3A  单个方位关键点示例
FINISH $/CLEAR $/PREP7
ET,1,BEAM189 $ MP,EX,1,2.1E5 $ MP,PRXY,1,0.3           ! 定义单元类型和材料属性
SECTYPE,1,BEAM,I $ SECDATA,100,40,160,10,10,8          ! 定义梁截面 ID = 1 和截面数据
K,1 $ K,2,,,1000 $ L,1,2                               ! 创建关键点和线
K,100,,500,500                                         ! 定义方位关键点 100,作为 KB 或 KE 是相同的
LATT,1,,1,,100,,1                                      ! 赋予线的材料号 1、单元类型号 1、定位点 KB = 100、截面 ID = 1
LGEN,4,1,,,500                                         ! 复制生成另外的 3 条线,拟查看单元形状
LESIZE,ALL,,,10                                        ! 所有线均拟划分 10 个单元
LMESH,ALL                                              ! 划分单元,因后 3 条线没有赋予单元属性,直接采用了由 MAT 等
                                                       ! 命令设置的缺省属性(MAT 等命令有缺省参数)。
/ESHAPE,1 $ EPLOT                                      ! 可以看到线 1 的截面是“立”的,而其他是“卧”的
```

再如，同时使用 KB 和 KE 定位截面命令流如下：

```
! EX3.3B  同时使用 KB 和 KE 方位关键点示例
FINISH $/CLEAR $/PREP7
ET,1,BEAM189 $ MP,EX,1,2.1E5 $ MP,PRXY,1,0.3           ! 定义单元类型和材料属性
SECTYPE,1,BEAM,I $ SECDATA,100,40,160,10,10,8          ! 定义梁截面 ID = 1 和截面数据
L0 = 1 000 $ DL = 500 $ DXC = 400                      ! 定义几个参数
K,1 $ K,2,,,L0 $ L,1,2                                 ! 创建关键点和线
K,100,,DL $ K,200,DXC,-DL $ K,300,2*DXC,DL             ! 定义定位关键点
K,301,2*DXC+DL $ K,400 $ K,500,8*DXC
LGEN,5,1,,,DXC                                         ! 复制生成 5 条线
LSEL,S,,,1 $ LATT,1,,1,,100,,1                         ! 线 1 定位点 KB = 100
LSEL,S,,,2 $ LATT,1,,1,,200,,1                         ! 线 2 定位点 KB = 200
LSEL,S,,,3 $ LATT,1,,1,,300,301,1                      ! 线 3 定位点 KB = 300,KE = 301
LSEL,S,,,4 $ LATT,1,,1,,400,,1                         ! 线 4 定位点 KB = 400
LSEL,S,,,5 $ LATT,1,,1,,500,,1                         ! 线 5 定位点 KB = 500
LSEL,ALL $ LESIZE,ALL,,,50                             ! 定义网格划分控制
LMESH,ALL $/ESHAPE,1 $ EPLOT                           ! 划分网格并显示
```

从本例可以看出方位关键点及其与截面方位的关系。在实际结构应用中，如果多个杆件的截面方位一致，即可定义很远的 KB 或 KE 从而能够共用方位关键点。

如果同时使用 KB 和 KE 且二者相差 180 时，因两向量采用线性插值造成单元的不连续，这时可采用将线定义为两段，中间再定义一个共同的方位关键点，从而实现该设置。

例如：

```
! EX3.3C  双方位关键点翻转示例
FINISH $/CLEAR $/PREP7
ET,1,BEAM189 $ MP,EX,1,2.1E5 $ MP,PRXY,1,0.3                 ! 定义单元类型和材料属性
SECTYPE,1,BEAM,I $ SECDATA,100,40,160,10,10,8                ! 定义梁截面 ID=1 和截面数据
L0 = 1000 $ DL = 500 $ DXC = 400                             ! 定义几个参数
K,1 $ K,2,,,L0 $ K,3,DXC $ K,4,DXC,,L0/2 $ K,5,DXC,,L0       ! 创建关键点
L,1,2 $ L,3,4 $ L,4,5                                        ! 创建 3 条线
K,100,,DL $ K,101,,-DL $ K,200,DXC,DL                        ! 定义定位关键点
K,201,2*DXC $ K,202,DXC,-DL
LSEL,S,,,1 $ LATT,1,,1,,100,101,1 $ LESIZE,ALL,,,100         ! 线 1 定位点 KB=100,KE=101
LSEL,S,,,2 $ LATT,1,,1,,200,201,1 $ LESIZE,ALL,,,50          ! 线 2 定位点 KB=200,KE=201
LSEL,S,,,3 $ LATT,1,,1,,201,202,1 $ LESIZE,ALL,,,50          ! 线 3 定位点 KB=201,KE=202
LSEL,ALL $ LMESH,ALL $/ESHAPE,1 $ EPLOT                      ! 网格划分及显示
```

3. 设置面的单元属性

命令：AATT,MAT,REAL,TYPE,ESYS,SECN

其中：

MAT,REAL,TYPE——同 KATT 中的参数。

SECN——截面 ID 号(由 SECTYPE 命令定义)。

该命令为所选择的面设置单元属性，通过这些面复制生成的面也具有同样的属性。

4. 设置体的单元属性

命令：VATT,MAT,REAL,TYPE,ESYS

其中参数与 KATT 命令中的参数意义相同。

上述四个命令中，LATT 略复杂些，主要是定义梁截面的方位，其余命令则相对容易。xATT 命令都是对所选择的没有划分网格的几何图素设置的单元属性，一旦划分网格，不容许再用 xATT 命令设置属性。

5. 在直接创建有限元时的属性定义

上述均为对几何模型赋予单元属性，如果直接建立有限元模型，可采用如下命令为后续创建的单元指定属性。这些命令是 MAT、REAL、TYPE、ESYS，其命令分别为：

- 材料属性：MAT,NMAT。命令表示为后续单元指定材料号 NMAT，缺省为 1。
- 实常数：REAL,NSET。命令表示为后续单元指定实常数号 NSET，缺省为 1。
- 单元类型：TYPE,ITYPE。命令表示为后续单元指定单元类型号 ITYPE，缺省为 1。
- 坐标系：ESYS,KCN。命令表示为后续单元指定单元坐标号 KCN，缺省为 0。

3.2 网格划分控制

在 3.1 节中介绍了如何定义单元属性和怎样赋予几何图素这些性质，这里将介绍如何控制网格密度或大小、划分怎样的网格及如何实施划分网格等问题。网格划分控制不是必须的，因为采用缺省的网格划分控制对多数模型都是合适的；若不设置网格划分控制，则 ANSYS 自

动采用缺省设置对网格进行划分。

3.2.1 单元形状控制及网格类型选择

1. 单元形状控制

命令:MSHAPE,KEY,Dimension

其中:

KEY——划分网格的单元形状参数,其值可取:

=0:如果 Dimension=2D,用四边形单元划分网格;

如果 Dimension=3D,用六面体单元划分网格。

=1:如果 Dimension=2D,用三角形单元划分网格;

如果 Dimension=3D,用四面体单元划分网格。

在设置该命令的参数时,应考虑所定义的单元类型是否支持这种单元形状。

2. 网格类型选择

命令:MSHKEY,KEY

其中:

KEY——网格类型参数,其值可取:

=0(缺省):自由网格划分(free meshing)。

=1:映射网格划分(mapped meshing)。

=2:如果可能,则采用映射网格划分,否则采用自由网格划分。如果设置了此项,即使对不能使用映射网格划分的面采用了自由网格划分,也不会激活智能化网格,并且在执行过程中 ANSYS 会给出警告信息(即设置 SMRTSIZE 无效)。

单元形状和网格划分类型的设置共同影响网格的生成,二者的组合不同,所生成的网格也不相同。表 3-1 为 ANSYS 支持的单元形状和网格划分类型组合,表 3-2 为没有指定单元形状和网格划分类型时将发生的情况。

ANSYS 支持的单元形状和网格划分类型组合 表 3-1

单元形状	自由网格划分	映射网格划分	如果可能则用映射网格,否则采用自由网格
四边形	可	可	可
三角形	可	可	可
六面体	不可	可	不可
四面体	可	不可	不可

没有指定单元形状和网格划分类型时将发生的情况 表 3-2

用户设置	对网格划分的影响
仅使用无参数的 MSHAPE 命令	根据模型是几何面或是几何体,使用四边形或六面体单元对模型划分网格
不指定单元形状,但指定了网格划分类型	使用缺省的单元形状(与单元类型相关),按指定的网格划分类型对模型实施网格划分
既不指定单元形状,也不指定网格划分类型	使用缺省的单元形状,和对某种单元形状缺省的网格划分类型对模型进行网格划分

3. 中间节点的位置控制

命令:MSHMID,KEY

其中:

KEY——边中间节点位置控制参数,其值可取:

=0(缺省):边界区域单元边上的中间节点与区域线或面的曲率一致。

=1:设置所有单元边上的中间节点使单元边为直的,允许沿曲线进行粗糙的网格划分。

=2:不生成中间节点,即消除单元的中间节点。

例如,应用上述几条命令的命令流:

```
! EX3.4A   两种单元形状和两种网格划分比较
FINISH $/CLEAR $/PREP7
ET,1,PLANE82                                  ! 定义单元类型
K,1 $ K,2,8 $ K,3,7,6 $ K,4,1,6               ! 创建关键点
A,1,2,3,4 $ ESIZE,1                           ! 创建面、定义单元尺寸
MSHAPE,0 $ MSHKEY,0                           ! 四边形形状、自由网格划分,见图 3-5a)
! MSHAPE,0 $ MSHKEY,1                         ! 四边形形状、映射网格划分,见图 3-5b)
! MSHAPE,1 $ MSHKEY,0                         ! 三角形形状、自由网格划分,见图 3-5c)
! MSHAPE,1 $ MSHKEY,1                         ! 三角形形状、映射网格划分,见图 3-5d)
AMESH,ALL                                     ! 划分网格
```

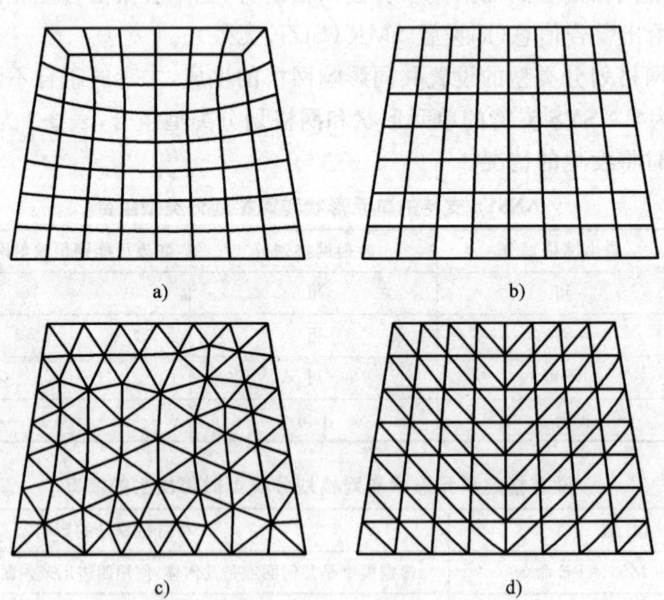

图 3-5　两种单元形状和网格划分比较

a)四边形形状与自由网格划分;b)四边形形状与映射网格划分;c)三角形形状与自由网格划分;d)三角形形状与映射网格划分

对于中间节点的位置控制比较如下命令流所示：

```
! EX3.4B   中间节点位置控制网格划分比较
FINISH $/CLEAR $/PREP7
ET,1,PLANE82 $ CYL4,,,4,,8,60 $ LESIZE,ALL,,,2        ! 定义单元类型、创建面、设置单元尺寸
MSHAPE,0 $ MSHKEY,1                                   ! 设置四边形单元形状、映射网格划分类型
MSHMID,0                                              ! (缺省)中间节点在曲边上，与几何模型一致见图 3-6a)，
! MSHMID,1                                            ! 中间节点在直线的单元边上，与几何模型有差别见图 3-6b)，
! MSHMID,2                                            ! 无中间节点，与几何模型有差别见图 3-6c)，
AMESH,ALL                                             ! 划分网格
```

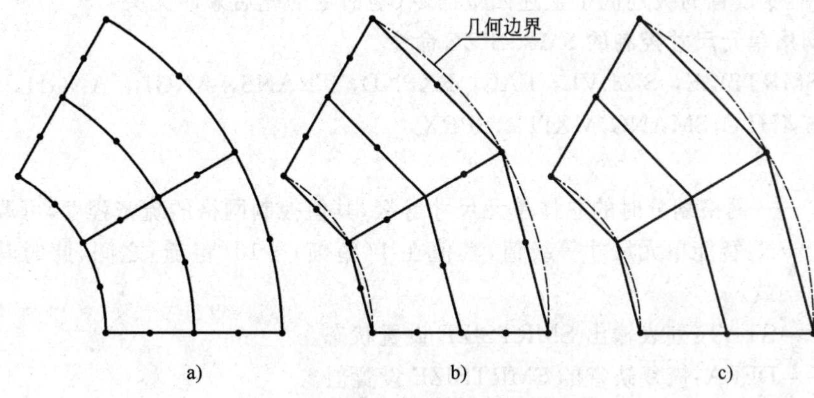

图 3-6　中间节点位置控制网格划分比较

a)中间节点在曲边上；b)中间节点在直线的单元边上；c)无中间节点

3.2.2 单元尺寸控制

单元尺寸控制命令有 DESIZE、SMRTSIZE 及 AESIZE、LESIZE、KESIZE、ESIZE 等 6 个命令。DESIZE 命令为缺省的单元尺寸控制，通常用于映射网格划分控制，也可用于自由网格划分，但此时必须关闭 SMRTSIZE 命令；SMRTSIZE 命令仅用于自由网格划分而不能用于映射网格划分。因此可以说，映射网格划分采用 DESIZE 命令，而自由网格划分采用 SMRTSIZE 命令。

1. 映射网格单元尺寸控制的 DESIZE 命令

命令：DESIZE，MINL，MINH，MXEL，ANGL，ANGH，EDGMN，EDGMX，ADJF，ADJM

其中：

MINL——当使用低阶单元时每条线上的最小单元数，缺省为 3。当 MINL＝DEFA 时，采用缺省值；当 MINL＝STAT 时，列表输出当前的设置状态；当 MINL＝OFF 时，关闭缺省的单元尺寸设置；当 MNIL＝ON 时，重新激活缺省的单元尺寸设置(缺省时该命令是激活的)。

MINH——当使用高阶单元时每条线上的最小单元数，缺省为 2。

ANGL——曲线上低阶单元的最大跨角，缺省为 15°。

ANGH——曲线上高阶单元的最大跨角，缺省为 28°。

EDGMN——最小的单元边长，缺省则不限制。

EDGMX——最大的单元边长,缺省则不限制。

ADJF——仅在自由网格划分时,相近线的预定纵横比。对 h 单元缺省为 1(等边长),对 p 单元缺省为 4。

ADJM——仅在映射网格划分时,相邻线的预定纵横比。对 h 单元缺省为 4(矩形),对 p 单元缺省为 6。

DESIZE 命令通常用于映射网格划分时的控制,也可用于自由网格划分,但此时必须设置 SMRTSIZE=OFF(缺省);如 SMRTSIZE 被激活,DESIZE 命令的设置(如最大和最小边长等)会影响自由网格的密度。

DESIZE 命令的缺省设置仅在没有用 KESIZE、LESIZE、AESIZE、ESIZE 指定单元尺寸时使用,即该命令设置的级别低于上述四个命令(与命令的先后顺序无关)。

2. 自由网格单元尺寸控制的 SMRTSIZE 命令

命 令: SMRTSIZE, SIZLVL, FAC, EXPND, TRANS, ANGL, ANGH, GRATIO, SMHLC,SMANC,MXITR,SPRX

其中:

SIZLVL ——网格划分时的总体单元尺寸等级,其值控制网格的疏密程度,可取:

=N:智能单元尺寸等级值,其值在 1(精细)~10(粗糙)之间,此时其他参数无效。

=STAT:列表输出 SMRTSIZE 设置状态。

=DEFA:恢复缺省的 SMRTSIZE 设置值。

=OFF:关闭智能化网格划分。

FAC——用于计算缺省网格尺寸的缩放因子,对 h 单元缺省为 1,其值范围为 0.2~5.0。

EXPND——网格扩展或收缩系数,该系数与 MOPT,EXPND,Value 相同。根据面的边界单元尺寸,用 EXPND 值设置面的内部单元尺寸。例如,SMRTSIZE,,,2,则表示面的内部单元尺寸大约是边界单元尺寸的 2 倍。如果此值小于 1,则面的内部单元尺寸要小于面的边界单元尺寸。EXPND 的取值范围为 0.5~4,对 h 单元缺省为 1,即不对内部单元尺寸进行缩放。同时,面内部单元尺寸也受 TRANS 参数、AESIZE 和 ESIZE 命令的影响。

TRANS——网格过渡系数,该系数与 MOPT,TRANS,Value 相同。TRANS 参数控制从边界单元尺寸到内部单元尺寸的过渡,对 h 单元缺省为 2,即内部单元尺寸大约是边界单元尺寸的 2 倍。TRANS 的取值范围为 1~4,同时网格尺寸也受 EXPND 参数、AESIZE 和 ESIZE 命令的影响。

ANGL——曲线上低阶单元的最大跨角,缺省为 22.5°。如果遇到内部的小孔或内圆角等可能会超过此值,且该设置不适合 p 单元。

ANGH——曲线上高阶单元的最大跨角,缺省为 30°。

GRATIO——相邻性检查的允许增长率,取值范围为 1.2~5.0,推荐取 1.5~2.0,对 h 单元缺省值为 1.5。

SMHLC——小孔的粗糙控制参数。如为 ON(缺省)则曲率细化导致很小的单元。

SMANC——小角度的粗糙控制参数。如为 ON(缺省)则细化,如为 OFF 则不细化。

MXITR——尺寸迭代的最大次数,缺省为 4。

SPRX——相邻面细化控制参数，其值可取 OFF 或 ON（SPRX＝1 或 SPRX＝2）。若 SPRX＝1，相邻面细化并修改壳单元；若 SPRX＝2，相邻面细化但不修改壳单元。

对于 SMRTSIZE 命令的参数设置，一般采用 SIZLVL（1～10），其余参数采用 SIZLVL 一定时的缺省设置即可，除非特殊情况才设置其余参数。

3. 局部网格划分单元尺寸控制

映射网格和自由网格划分的单元尺寸控制，总体上可分别采用 DESIZE 和 SMRTSIZE 命令进行设置，以获得缺省的单元尺寸和网格。但大多数情况下仍需要深入网格划分过程，以获得较满意的网格和单元尺寸，这时可通过 LESIZE、KESIZE 和 ESIZE 更多地进行控制。

(1)线的单元尺寸定义。

命令：LESIZE，NL1，SIZE，ANGSIZ，NDIV，SPACE，KFORC，LAYER1，LAYER2，KYNDIV

其中：

NL1——线编号，其值可取 ALL、元件名或组件名及 P 进入 GUI 选择线。

SIZE——若 NDIV 为空，SIZE 为单元边长。分段数将自动根据线长计算并圆整，若 SIZE 为 0 或空，采用 ANGSIZ 或 NDIV 参数。

ANGSIZE——将曲线分割成许多角度，按此角度将线划分为多段。该参数仅在 SIZE 和 NDIV 为空或 0 时有效。对直线设置此项参数总是将线划分为 1 段。

NDIV——如为正，则表示每条线的分段数。若为－1（且 KFORC＝1），表示每条线的分段数为 0，即不划分网格。对于 TARGE169 单元 NDIV 选项无效，且总是对每条线用一个单元划分。

SPACE——分段的间隔比率。若为正，表示最后一个分段的长度与第 1 段长度之比（大于 1 表示单元尺寸越来越大，小于 1 表示单元尺寸越来越小）。若为负，则|SPACE|表示中间的分段长度与两端的分段长度之比。若 SPACE＝1，则为均匀间距，如果为层网格则通常取 SPACE＝1；如果 SPACE＝FREE，则分段比率由其他因素决定。

KFORC ——修改线分段控制参数，仅用于 NL1＝ALL 时。KFORC 可取：

＝0：仅修改没有指定划分段的线。

＝1：修改所有线。

＝2：仅修改划分段数小于本命令设定值的线。

＝3：仅修改划分段数大于本命令设定值的线。

＝4：仅修改 SIZE、ANGSIZ、NDIV、SPACE、LAYER1、LAYER2 不为 0 的线。

如果 KFORC＝4 或 0 或空，则原有设置保持不变。

LAYER1——层网格控制参数，用来指定内层网格的厚度。该层网格的单元尺寸相同，其边长等于在线上设置的单元尺寸。如果 LAYER1 为正，表示绝对长度；若为负，则为线上设置单元长度的乘子。一般地，内层网格的厚度应该大于或等于线上设置的单元尺寸。如果 LAYER1＝OFF，则层网格控制参数从线中删除，LAYER1 的缺省设置为 0。

LAYER2——层网格控制参数，用于设置外层网格的厚度，该层网格的单元尺寸是从内层单元尺寸到整体单元尺寸的过渡。如果 LAYER2 为正，表示绝对长度；如为负，则表示网格过渡因子；若 LAYER2＝－2，表示外层网格厚度是内层网格厚度的 2 倍。LAYER2 的缺省设置为 0。

KYNDIV——当 KYNDIV=0、NO 或 OFF 时，表示 SMRTSIZE 设置无效；如果线的分段数不匹配，则映射网格划分失败。当 KYNDIV=1、YES 或 ON 时，表示 SMRTSIZE 设置优先，即对大曲率或相邻区域优先采用 SMRTSIZE 的设置。

例如：

```
! EX3.5  线上单元尺寸设置示例
! 下边密上边稀
FINISH $/CLEAR $/PREP7
ET,1,PLANE82 $ BLC4,,,10,10                          ! 定义单元类型、创建面
LSEL,S,TAN1,Y $ LESIZE,ALL,,,10                       ! 水平线定义 10 个分段数 LS
EL,S,LOC,X,0 $ LESIZE,ALL,,,9,1/8                     ! 左侧线定义 SPACE = 1/8
LSEL,S,LOC,X,10 $ LESIZE,ALL,,,9,8                    ! 右侧线定义 SPACE = 8,左右侧线起终点方向不同
LSEL,ALL $ MSHAPE,0 $ MSHKEY,1                        ! 定义单元形状和划分类型
AMESH,ALL
! 中间密外边稀
FINISH $/CLEAR $/PREP7
ET,1,PLANE82 $ BLC4,,,10,10                          ! 定义单元类型、创建面
LSEL,S,TAN1,Y $ LESIZE,ALL,,,10,-1/5                  ! 水平线中间段是两边段的 1/5
LSEL,S,TAN1,X $ LESIZE,ALL,,,9,-1/8                   ! 竖直线中间段是两边段的 1/8
LSEL,ALL $ MSHAPE,0 $ MSHKEY,1                        ! 定义单元形状和划分类型
AMESH,ALL
```

利用 SPACE 参数可以划分不均匀的网格，如常用于土体或大坝等的网格划分中。

(2)关键点最近处单元边长定义。

命令：KESIZE,NPT,SIZE,FACT1,FACT2

其中：

NPT——关键点编号，也可为 ALL、P、元件名或组件名。

SIZE——沿线接近关键点 NPT 处单元的边长(覆盖任何较低级的尺寸设置)。若 SIZE=0 或空，则使用 FACT1 和 FACT2 参数。

FACT1——比例因子，作用于以前既有的 SIZE 上，仅在本 SIZE=0 或空时有效。

FACT2——比例因子，作用于与关键点 NPT 相连的线上设置的最小分段数。该参数适用于自适应网格细分，仅在本 SIZE 和 FACT1 为 0 或空时有效。

(3)线划分的缺省尺寸。

命令：ESIZE,SIZE,NDIV

其中：

SIZE——线上单元边长，线的分段数根据边长自动计算。若 SIZE=0 或空使用 NDIV 参数。

NDIV——线上单元的分段数，如果输入了 SIZE，则该参数无效。

该命令设置区域边界线上的分段数或单元长度，也可用 LESIZE 或 KESIZE 命令设置。

(4)面内部的单元尺寸定义。

命令：AESIZE,ANUM,SIZE

其中：

ANUM——面的编号，也可为 ALL、P、元件名或组件名。

SIZE——单元尺寸值。

该命令对面内部的单元网格设置尺寸，而 LESIZE、KESIZE 和 ESIZE 等则设置面边界线的分段或单元尺寸。对于没有指定单元尺寸的线和关键点，AESIZE 命令也可用于线的单元尺寸设置，此时如 SMRTSIZE 激活，对于曲率或过渡区域可能会细化网格。

(5)单元尺寸定义的优先级。

因单元尺寸设置命令较多，并可一起使用，这样就可能会出现设置尺寸上的冲突，所以，ANSYS 提供了应遵循的级别规则。这种级别因使用 DESIZE 还是 SMRTSIZE 方法定义缺省单元尺寸而有所不同，分别说明如下：

用 DESIZE 定义单元尺寸的优先级，对任何给定线定义的单元尺寸为：

- 用 LESIZE 命令设置的划分常是高级别。
- 如果未用 LESIZE 设置划分，则用 KESIZE 定义单元尺寸。
- 如果未用 LESIZE 和 KESIZE 设置划分，则用 ESIZE 定义单元尺寸。
- 如果上述都未用，则用 DESIZE 命令控制线上的单元尺寸。

用 SMETSIZE 定义单元尺寸的优先级，对任何给定线定义的单元尺寸为：

- 用 LESIZE 命令设置的划分常是高级别。
- 如果未用 LESIZE 设置划分，则用 KESIZE 定义单元尺寸；但在曲率和一些小的几何区域将被代替。
- 如果未用 LESIZE 和 KESIZE 设置划分，则用 ESIZE 定义起始单元尺寸；但在曲率和一些小的几何区域将被代替。
- 如果上述都未用，则用 SMRTSIZE 命令控制线上的单元尺寸。

对于用 KESIZE 或 ESIZE 命令设置的线划分，在线列表(LLIST)时会出现负值，而由 LESIZE 命令设置的线划分则为正编号。这些号码的符号反映在清除网格命令(ACLEAR，VCLEAR)之后，ANSYS 如何处理线的网格划分设置。如果为正号，则在清除网格时不消除原有线划分；如果为负号，则在清除网格的同时消除原有线划分。

3.2.3 内部网格划分控制

前述内容集中在几何实体模型的边界外部单元尺寸的定义上，如 KESIZE、LESIZE 和 ESIZE 命令等，然而，在面的内部可采用 MOPT 命令和方法进行网格划分控制。

命令：MOPT，Lab，Value

其中 Lab 和 Value 有较多的控制选项，这里分别一一介绍如下：

(1)划分面的顺序(Lab＝AORDER)。

Value＝ON 首先划分较小的面，即按面尺寸从小到大的顺序划分网格。缺省为 OFF。

(2)网格扩展控制(Lab＝EXPND)。

参见 SMRTSIZE 命令。

(3)网格过渡控制(Lab＝TRANS)。

参见 SMRTSIZE 命令。

(4)三角形面网格划分器控制(Lab=AMESH)。

Value=DEFAULT:由系统选择三角形表面网格划分器,这是建议设置和缺省设置。多数情况下,ANSYS选择主三角网格划分器,即黎曼(Riemann)空间网格划分器。无论何种原因网格划分失败,ANSYS都要更换网格划分器重新执行网格划分操作。

Value=MAIN:采用主三角网格划分器,如果划分失败并不更换网格划分器。

Value=ALTERNATE:采用第一备用三角形网格划分器(3-D tri-mesher),如果划分失败也不更换其他网格划分器。对于退化表面该网格划分器效果较好,对高度各向异性的区域也建议使用该网格划分器。

Value=ALT2:采用第二备用三角形网格划分器(2-D 参数空间网格划分器),如果划分失败也不更换其他网格划分器。对于退化表面,如球、锥或参数化较差的表面建议不使用。

(5)四边形面网格划分器控制(Lab=QMESH)。

Value=DEFAULT:由系统选择四边形表面网格划分器。在多数情况下,ANSYS选择主四边形网格划分器,即 Q-Morph 网格划分器。对十分粗糙的网格,ANSYS会选择备用四边形网格划分器。无论何种原因网格划分失败,ANSYS都要更换网格划分器重新执行网格划分操作。

Value=MAIN:采用主四边形网格划分器,如果划分失败也不更换备用四边形网格划分器。

Value=ALTERNATE:采用备用四边形网格划分器,如果划分失败也不更换主网格划分器。

(6)四面体网格划分器控制(Lab=VMESH)。

Value=DEFAULT:由系统选择四面体形网格划分器。只要可能,ANSYS则选择主四面体网格划分器;否则采用备用四面体网格划分器(P单元常用的划分器)。

Value=MAIN:采用主四面体网格划分器(Delauay 技术网格划分器),多数情况下,其较备用四面体网格划分器速度快。

Value=ALTERNATE:采用备用四面体网格划分器。该网格划分器不支持从面网格生成四面体网格(FVMESH),如果选择了该划分器且执行 FVMESH 命令,ANSYS会利用主四面体网格划分器由面生成四面体。

(7)自由网格划分时四边形分割控制(Lab=SPLIB)。

Value=1、ON 或 ERR(缺省):将超过形状误差极限的四边形单元分割为三角形单元。

Value=2 或 WARN:将超过形状误差或警告极限的四边形单元分割为三角形单元。

Value=OFF:不管单元质量如何不进行分割。

(8)线光滑处理的控制(Lab=LSMO)。

Value=ON:在划分网格时对面边界上的节点进行光滑处理,节点位置可以调正,以得到更好的单元质量。

Value=OFF(缺省):不进行光滑处理。

(9)清除网格后的单元和节点编号控制(Lab=CLEAR)。

Value=ON(缺省):在单元和节点被删除后,起始节点和单元编号使用最小的可用编号。

Value=OFF:在单元和节点被删除后,起始节点和单元编号不再重新设置。

(10)过渡金字塔单元控制(Lab＝PYRA)。

体的有些区域可用六面体网格划分,而有些复杂区域可能需要用四面体网格划分。但在同一网格中,混用六面体网格和四面体网格会造成单元之间的不连续,而采用金字塔单元可解决二者之间的连接。

生成过渡金字塔单元应满足下列条件:

①赋予体的单元类型必须可以退化为金字塔单元,如 SOLID62/73/90/95/96/97/122 等单元。

②设置网格划分控制时,激活过渡单元选项,表明可让三维单元退化。

Value＝ON(缺省):自动生成过渡金字塔单元,但要执行 MSHAPE,1,3D 设置。

Value＝OFF:不生成过渡金字塔单元。

(11)四面体单元的改进控制(Lab＝TIMP)。

Value＝1～6:数值 1 只提供最小的改进(仅主四面体网格划分器支持),数值 5 对线性四面体网格划分提供最大程度的改进,数值 6 则对二次四面体网格提供了最大程度的改进。当然改进程度越大,单元质量越好。

(12)显示 MOPT 状态(Lab＝STAT)。

命令为 MOPT,STAT:其他参数均无效。

(13)恢复 MOPT 缺省设置(Lab＝DEFA)。

命令为 MOPT,DEFA。

3.2.4 划分网格

划分网格主要有 xMESH 系列命令,对于不同的单元类型使用相应的划分网格命令。

1. 在关键点处生成点单元

命令:KMESH,NP1,NP2,NINC

其中:

NP1,NP2,NINC——指定的关键点范围和编号增量,按增量 NINC(缺省为 1)从关键点 NP1 到关键点 NP2(缺省为 NP1)划分网格。NP1 可取 ALL、P、元件名或组件名。

该命令在生成单元的同时,生成单元所需要的节点,并自动进行节点编号(从最低可用节点编号开始)。如 MASS21 等单元,可采用 KMESH 命令。

2. 在几何线上生成线单元

命令:LMESH,NL1,NL2,NINC

其中:

NL1,NL2,NINC——线编号范围和编号增量,NL1 可取 ALL、P、元件名或组件名。

该命令在线上生成线单元和所需节点,如 LINK 系列和 BEAM 系列等单元。

3. 在几何面上生成面单元

命令:AMESH,NA1,NA2,NINC

其中:

NA1,NA2,NINC——面编号范围和编号增量,NA1 可取 ALL、P、元件名或组件名。

该命令在面上生成单元和所需节点,如 PLANE 系列和 SHELL 系列单元等。如为

PLANE 系列，则拟划分网格的面必须平行于总体直角坐标系的 XY 平面。

4. 在几何体上生成体单元

命令：VMESH，NV1，NV2，NINC

其中：

NV1，NV2，NINC——体编号范围和编号增量，NV1 可取 ALL、P、元件名或组件名。

该命令在体上生成单元和所需节点，如 SOLID 系列单元等。

其他划分网格命令如 AMAP、IMESH、VSWEEP、FVMESH 等，将在后文中介绍。

网格划分的步骤总结如下：

(1)定义单元属性。

单元类型如 ET 命令；

实常数如 R、RMORE 命令；

材料特性如 MP、MPTEMP 和 MPDATA、TB 和 TBDATA 等命令；

截面号如 SECTYPE、SECDATA 等命令。

(2)赋予几何模型单元属性。

xATT 系列命令，如 KATT，LATT，AATT，VATT 命令。

(3)定义网格划分控制。

定义单元形状和网格划分类型，如 MSHAPE 和 MSHKEY 等命令。

单元尺寸设置，如 DESIZE、SMRTSIZE 及 LESIZE、KESIZE、ESIZE 等命令。

内部单元尺寸设置，如 AESIZE、MOPT 等命令。

(4)划分网格。

对几何图素划分网格，如 KMESH、LMESH、AMESH 和 VMESH 命令等。

3.3 网格划分高级技术

在 3.2 中介绍了基本的网格划分技术，对于自由网格划分一般不必刻意设置便可对几何模型划分网格，但对于映射网格划分和体扫掠网格划分则必须满足一定的条件，甚至刻意设置才能得到满意的网格。

自由网格划分时，对面可全部采用四边形单元、三角形单元或者是二者的混合单元；对体一般为四面体单元，金字塔单元作为过渡也可使用。但是，映射网格划分则只能全部用四边形单元或全部用三角形面单元或全部用六面体单元。

如前所述，SMRTSIZE 设置和硬点不支持映射网格划分。

3.3.1 面映射网格划分

1. 面映射网格划分的条件

(1)必须是 3 条或 4 条边组成的面，并且允许连接线(LCCAT)或合并线(LCOMB)；

(2)面的对边必须划分为相同数目的单元，或其划分与一个过渡网格的划分相匹配；

(3)该面如仅有 3 条边，则划分的单元必须为偶数且各边单元数相等。

同时要注意下面几个问题：

(1)必须设置映射网格划分(MSHKEY,1)。根据 MSHAPE 的设置,划分结果全是四边形或全是三角形单元的映射网格。

(2)如果生成三角形映射网格,还可用 MSHPATTERN 命令设置三角形网格的模式。

(3)如果一个面多于 4 条边,则不能使用映射网格划分。但可合并线和连接线使总线数减少到 4 条,从而实现映射网格划分。该方法多数情况下不如将复杂的面切分(ASBW 等命令)为边数不大于 4 条的多个面,因为这种方法更加方便和快捷。

(4)使用连接线的替代方法是用 AMAP 命令,该命令直接拾取 3 个或 4 个角点进行面的映射网格划分,其实质是内部连接两关键点间的所有线。

2. 连接线和合并线

为满足映射网格划分的条件,可将部分线合并(LCOMB)或连接(LCCAT)以减少线的条数。LCOMB 命令优于 LCCAT 命令,因 LOCMB 命令可用于相切或不相切的线,节点也不必产生在线的接头处。连接线和合并线的删除与普通线的删除方法相同。

线连接命令:LCCAT,NL1,NL2

其中:

NL1 和 NL2——拟连接的线编号。如果 NL1=ALL,则连接所选择的所有线,NL1 也可为 P 进入 GUI 方式选择线、元件名或组件名,但不可以为连接线与其他线再连接。

该命令不支持用 IGES 缺省功能输入的模型,但可用 LNMERGE 命令将从 CAD 文件导入的模型线连接。LCOMB 命令可参见 2.2.2 中的说明。

如图 3-7 所示的面有 6 条线,采用合并线和连接线生成 4 条边的面,从而实现映射网格划分,其命令流如下:

```
! EX3.6  合并线和连接线以进行映射网格划分
FINISH $/CLEAR $/PREP7
ET,1,PLANE82                                          ! 定义单元类型
K,1,5 $ K,2,10 $ K,3,11,6 $ K,4,6,15 $ K,5,-1,8 $ K,6,,4   ! 创建关键点
L,1,2 $ L,2,3 $ L,3,4 $ LARC,4,5,3,10 $ L,5,6 $ L,6,1      ! 创建线
AL,ALL $ ESIZE,3 $ MSHAPE,0 $ MSHKEY,1                 ! 创建面、定义单元尺寸和划分类型
LCCAT,1,2                                             ! 将线 1 和 2 连接,生成连接线 7
LCOMB,4,5                                             ! 将线 4 和 5 合并,生成合并线,其线号为 4
AMESH,ALL                                             ! 网格划分
```

3. 线网格划分设置的传递

映射网格划分的条件(2)要求面的对边必须划分为相同数目的单元。不必对所有线设置划分控制,网格划分器会自动将线的划分设置传递到对边上;特别地,对于由三条边组成的面,只需定义一条边的单元划分数目即可。LESIZE、KESIZE 或 ESIZE 等命令的级别同样适用于传递边的划分设置,即 LESIZE、KESIZE、ESIZE 优先级别逐渐降低。

ESIZE 等命令设置的单元划分数是对原线的,不能对连接线设置单元划分数,但可对合并线设置单元划分数。线、面和体的关键点上一般将生成节点,因此,连接线上至少有原线上隐含的关键点划分的数目,并且也不允许更少的划分数目;但对于合并线,原来的关键点上就不一定生成节点。

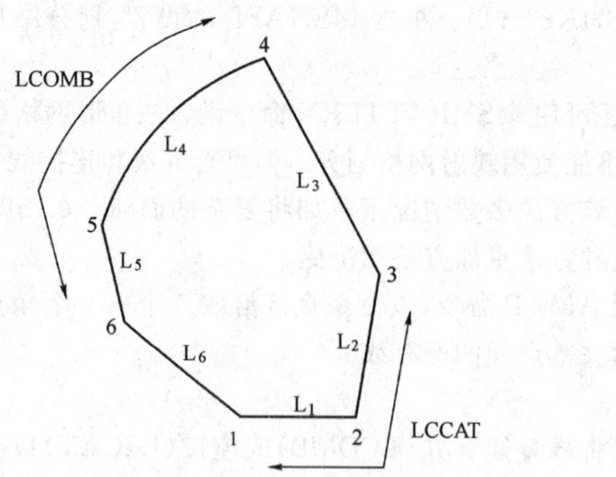

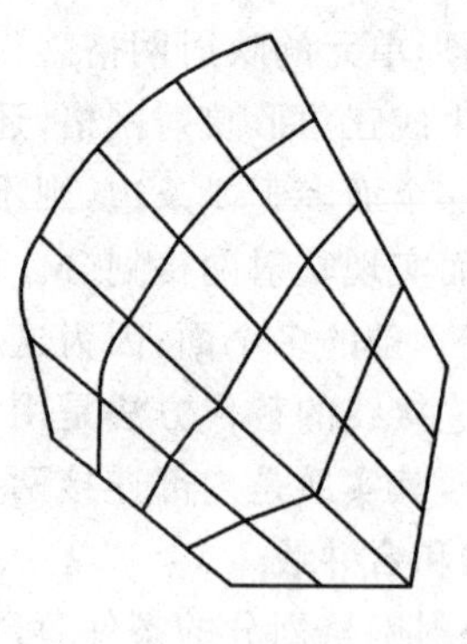

图 3-7 合并线和连接线以进行映射网格划分

在划分网格时，网格划分器引用的是合并或连接后线上设置的划分数。没有合并或连接的线原有设置有效；合并后的线则需要设置网格划分控制（属于新建线，原来线上设置的划分数与新建线无关），如果不重新设置（如 LESIZE、KESIZE、ESIZE 等）则采用系统缺省设置（如 DESIZE 的缺省设置）；而连接线上的划分数则采用原线划分数之和，且其级别与原级别相同。

例如，上述示例命令流如下：

```
! EX3.7  合并线或连接线的网格划分设置
FINISH $/CLEAR $/PREP7
ET,1,PLANE82                                            ! 定义单元类型
K,1,5 $ K,2,10 $ K,3,11,6 $ K,4,6,15 $ K,5,-1,8 $ K,6,,4  ! 创建关键点
L,1,2 $ L,2,3 $ L,3,4 $ LARC,4,5,3,10 $ L,5,6 $ L,6,1   ! 创建线
AL,ALL $ ESIZE,,10                                      ! 创建面,并设置每条线的划分数为 10
LESIZE,6,,,8                                            ! 设置线 6 的划分数目为 8
LESIZE,1,,,4                                            ! 设置线 1 的划分数目为 4
LESIZE,2,,,3                                            ! 设置线 2 的划分数目为 3
LESIZE,4,,,5                                            ! 设置线 4 的划分数目为 5
LESIZE,5,,,2                                            ! 设置线 5 的划分数目为 2
MSHAPE,0 $ MSHKEY,1                                     ! 定义单元形状和网格划分类型
LCOMB,1,2                                               ! 合并线 1 和 2,该新线划分数,则划分时采用 ESIZE 的设置
! 如上述采用 LCATT,1,2 则采用原有线划分数之和,即 7 个划分数,并传递给对边线。
LCOMB,4,5                                               ! 合并线 4 和 5,该新线划分数。
AMESH,ALL                                               ! 划分网格
```

4. 简化面映射网格划分 AMAP

由于上述操作较为复杂，ANSYS 提供了获得映射网格的最简捷方法，即由 AMAP 命令采用指定的关键点作为角点，不需要 MSHKEY 命令参数，自动地进行面的网格划分（全部四边形和全部三角形）。该命令操作前不需要连接线或合并线，而是自动作内部连接并删除，组成面的线并未改变。

命令:AMAP,AREA,KP1,KP2,KP3,KP4

其中:

AREA——拟划分的面号。如用 PLANE 单元,该面必须平行于总体直角坐标系的 XY 平面。

KP1,KP2,KP3,KP4——指定的角点,3 个或 4 个都可,并可以任意顺序。

同上例子,创建面后接下面的命令流:

```
MSHAPE,0                          ! 设置四边形单元形状
AMAP,1,2,5,3,4                    ! 直接划分面 1,角点顺序随意输入,但不同的角点,网格效果不同。
```

可以看出,其划分效果不比上述划分的网格质量差。因此,该方法也比较优秀。

5. 过渡四边形映射网格划分

过渡四边形映射网格只适用于四边形面(有连接或无连接均可),同时应满足下列条件之一:

(1)两对边网格划分数目之差相等,如图 3-8 所示,|N1－N3|＝|N2－N4|。

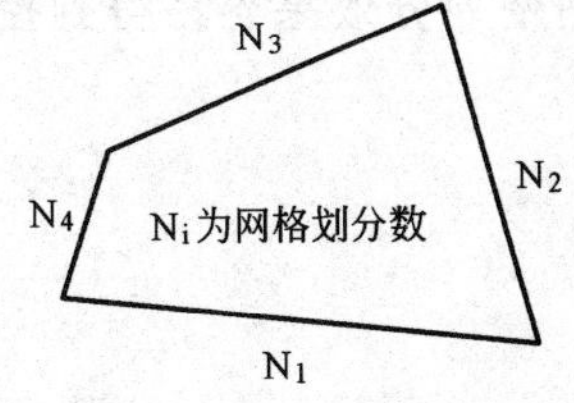

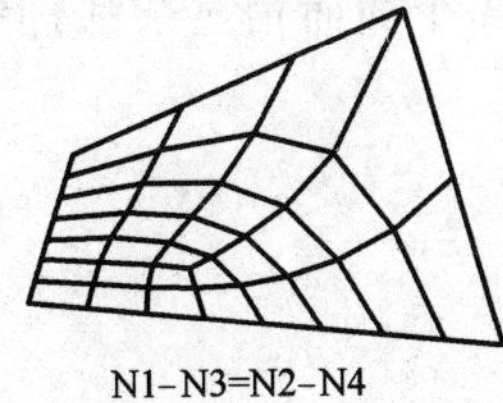

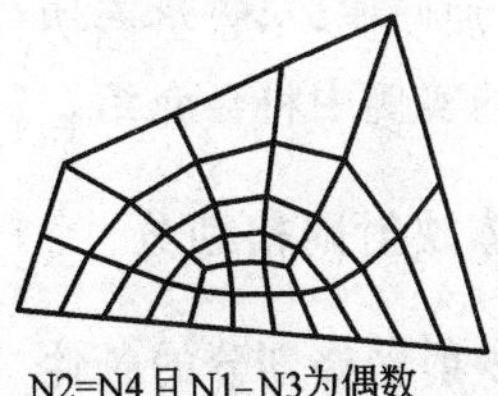

图 3-8 过渡四边形映射网格划分

(2)一对边划分数之差等于零,另一对边划分数之差为偶数,即 N2＝N4 且 N1－N3 为偶数。

当然所定义的单元类型支持四边形单元划分,并且设置 MSHAPE,0,2D 和 MSHKEY＝1(有时等于 0 的效果与 1 相同,即在满足上述条件之一时的自由网格划分同映射网格划分;但当单元形状比较差时就不同了)。

命令流如下:

```
! EX3.8A  过渡四边形映射网格
FINISH $/CLEAR $/PREP7
ET,1,PLANE42 $ K,1 $ K,2,10,-1 $ K,3,8,6 $ K,4,1,3 $ A,1,2,3,4
LESIZE,1,,,8                      ! 设置线 1 的划分数为 8
LESIZE,3,,,3                      ! 设置线 3 的划分数为 3,该对边划分数之差为 5
LESIZE,4,,,7                      ! 设置线 4 的划分数为 7
LESIZE,2,,,2                      ! 设置线 2 的划分数为 2,这对边划分数之差为 5
MSHAPE,0,2D $ MSHKEY,1 $ AMESH,ALL
! EX3.8B 过渡四边形映射网格
FINISH $/CLEAR $/PREP7
ET,1,PLANE42 $ K,1 $ K,2,10,-1 $ K,3,8,6 $ K,4,1,3 $ A,1,2,3,4
LESIZE,1,,,11                     ! 设置线 1 的划分数为 11
LESIZE,3,,,3                      ! 设置线 3 的划分数为 3,该对边划分数之差为 8(偶数)
LESIZE,4,,,2                      ! 设置线 4 的划分数为 2
```

```
LESIZE,2,,,2                        ! 设置线 2 的划分数为 2,这对边划分数之差为 0
MSHAPE,0,2D $ MSHKEY,1 $ AMESH,ALL
```

从上述例子可以看出,过渡四边形网格划分在很多情况下有很大的优势,因其可较好的控制网格的疏密,对计算资源而言比较经济。

6. 过渡三角形映射网格划分

与过渡四边形映射网格相同,过渡三角形映射网格划分也仅适用于四边形面,且应满足的条件相同。实际上,过渡三角形映射网格是以过渡四边形网格划分开始的,然后自动将四边形单元再分为三角形单元而已。

读者可将上例中 EX3.8 中的 MSHAPE,0,2D 改为 MSHAPE,1,2D 即可,然后与原例子比较。

7. 切分面进行映射网格划分

虽然可以采用合并线或连接线以满足映射网格划分,但将面切分(ASBW 或 ASBA 等命令)可能更加便捷,尽管将面切分为多个面而稍显杂乱,但网格划分效果容易得到控制。该方法在 3.4 的实例中将会介绍。

3.3.2 体映射网格划分

1. 体映射网格划分的条件

要将几何体全部划分为六面体单元,必须满足下列条件:

(1)该体的外形为块状(6 个面)、楔形或棱柱(5 个面)、四面体(4 个面);

(2)体的对边必须划分相同数目的单元,或其划分符合过渡网格要求的的划分条件;

(3)如体为棱柱或四面体,则三角形面上的单元数必须为偶数。

2. 连接面和面加运算

与线一样,也可对面进行加运算(AADD 命令)或连接(ACCAT 命令)以减少面数,从而达到体映射网格划分的条件。与线类似,AADD 命令要优于 ACCAT 命令。

连接面时,如果连接面有边界线,线也必须连接在一起,并且必须先连接面,再连接线。但是如果相连接的两个面都由四条边组成,线的连接操作会自动进行。当删除连接面时并不自动删除相关的连接线,应用 LDELE 命令删除连接线。

连接面命令:ACCAT,NA1,NA2

其中:

NA1,NA2——面的编号。

与面的网格划分相同,很多情况下可采用体切分(ASBW 等命令)将体分为多个满足映射网格划分的小体,这样就避开连接面或合并面的操作,实施起来会更容易些。

3. 过渡六面体映射网格划分

过渡六面体映射网格划分仅适用于有六个面的体(可由连接面或无连接面),同时也要设置六面体单元形状和映射网格划分类型。

过渡六面体映射网格划分的条件是每个面都应满足过渡四边形网格划分的条件(两个条件之一)。

例如，正方体划分过渡六面体映射网格的命令流如下：

```
! EX3.9  过渡六面体映射网格划分
FINISH $/CLEAR $/PREP7
ET,1,95 $ BLC4,,,8,8,8                    ! 定义单元类型，创建六面体
LESIZE,ALL,,,4                            ! 所有线均划分 4 个分段
LESIZE,7,,,12                             ! 线 7 定义 12 个分段
MSHAPE,0,3D $ MSHKEY,1                    ! 单元形状和划分类型定义
VMESH,ALL                                 ! 划分网格
```

3.3.3 扫掠生成体网格

对于 3D 几何体，除采用自由网格划分和映射网格划分外，还可采用“扫掠(sweep)网格划分”，体扫掠网格划分就是从源面(如边界面)网格扫掠整个体生成体单元。如果源面网格由四边形网格组成，则扫掠生成的均为六面体单元；如果源面网格由三角形网格组成，则扫掠生成的均为楔形体单元；如果源面网格由四边形和三角形网格组成，则扫掠生成六面体和楔形体单元。

1. 体扫掠器的激活

命令：VSWEEP，VNUM，SRCA，TRGA，LSMO

其中：

VNUM——体的编号，还可取 ALL、P 及元件名或组件名。

SRCA——源面编号。如果该源面尚未划分网格，则系统自动对其划分网格然后再扫掠。SRCA 不能为 ALL 或元件名，如果不指定 SRCA 则由系统自动确定源面。

TRGA——目标面编号，即 SRCA 面的对面。如果不指定该面号，系统自动确定目标面。

LSMO——在扫掠时线光滑处理控制参数。若 LSMO＝0(缺省)，不进行光滑处理；若 LSMO＝1，进行光滑处理，

2. 体扫掠的基本步骤与条件

在执行体扫掠之前，应按下述步骤进行操作：

(1)切分体满足扫掠网格划分条件。

如果体的拓扑关系属下述情况则不能进行扫掠网格划分：

①有内腔，即体内存在一个连续封闭的边界；

②源面与目标面不是相对面，即 SRCA 和 TRGA 不是对应的面；

③体内存在一不穿过源面和目标面的孔洞，如平行于此两面的孔洞。

如果存在上述情况，可采用体切分命令(VSBW 等命令)将体切分为多个体。

(2)定义合适的 2D 和 3D 单元类型。

如果对源面进行网格划分，并拟扫掠成六面体单元，必须定义 2D 和 3D 的单元类型，以能够划分相应的单元；并且 2D 单元和 3D 的单元类型宜相互协调，如均为二次单元等。

如果对网格无特殊要求，也可不对源面进行网格划分，由系统自动进行。

(3)设置扫掠方向的单元数目或单元尺寸。

①用 ESIZE 命令设置单元尺寸，此为首选控制网格划分方法；

②用 EXTOPT 命令设置体的侧面线划分数目,可设置间隔比;

③用 LESIZE 命令设置体的一条或多条侧线的划分数目,也可设置间隔比;

④在一个或多个侧面或相邻的体内或面上生成映射网格;

⑤在一条或多条侧边上生成梁单元网格(LMESH 命令);

⑥激活 SMRTSIZE 命令的设置;

⑦上述均未设定时,采用 DESIZE 命令的缺省设置。

(4)定义源面和目标面。

为扫掠网格划分指定源面和目标面。如果不指定源面或目标面,ANSYS 将自动确定源面和目标面,如果自动确定失败,将停止扫掠划分;如果有多个体进行扫掠网格划分,多于一个源面或目标面的设置将为忽略。

(5)对源面、目标面或侧面进行网格划分。

扫掠前面的网格划分不同会影响到扫掠生成的单元网格。如果不进行任何面的网格划分,系统则自动对其进行面的网格划分,然后再进行扫掠网格划分。

是否在扫掠前划分网格应考虑以下几个因素:

①如果不对面划分网格,ANSYS 将采用 MSHAPE 命令的设置对面进行网格划分,但使用一个 VSWEEP 命令对所有体进行网格划分时,源面总是划分为四边形单元。

②如果用 KSCON 命令设置源面网格划分,应对源面先划分网格。

③如果有硬点存在,且没有划分面网格,则不能进行扫掠网格划分。

④如果源面和目标面都划分了网格,二者必须是匹配的,否则不能进行扫掠网格划分。源面和目标面的网格不必是映射网格。

例如,一个设有两孔的长方体的扫掠网格划分如下:

```
! EX3.10  设两孔的长方体的扫掠网格划分
FINISH $/CLEAR $/PREP7
A = 10 $ R = 2                                      ! 定义两个参数,边长和半径
ET,1,MESH200,6                                      ! 定义 2D 单元类型为 4 节点的 MESH200,未用 PLANE 单元
ET,2,SOLID45                                        ! 定义 3D 单元类型为 8 节点的 SOLID 单元
BLC4,,,2 * A,A,A $ CYL4,A/2,A/2,R,,,,A              ! 创建长方体和圆柱体 1
WPROTA,,90 $ CYL4,1.5 * A,A/2,R,,,,- A              ! 旋转工作平面,创建圆柱体 2
VSBV,1,2 $ VSBV,4,3                                 ! 减去两个圆柱体形成基本模型
WPROTA,,,90 $ WPOFF,,,A/2 $ VSBW,ALL                ! 旋转并移动工作平面,切分体
WPOFF,,,A/2 $ VSBW,ALL $ WPOFF,,,A/2 $ VSBW,ALL
WPCSYS $ WPOFF,,A/2,A/2 $ VSBW,ALL
WPROTA,,90 $ VSBW,ALL $ WPCSYS                      ! 将体切分为多个体,以扫掠网格
ESIZE,1                                             ! 设置基本单元尺寸
AMAP,105,15,16,26,63 $ AMAP,107,16,13,60,26         ! 用 AMPA 生成四边形网格
AMAP,108,13,14,28,60 $ AMAP,103,15,14,28,63
LESIZE,94,,,4 $ LESIZE,79,,,4                       ! 设置扫掠方向的单元尺寸
VSEL,S,LOC,X,0,A $ VSWEEP,ALL                       ! 扫掠创建一部分体的单元网格
ASEL,S,LOC,Y,A $ ASEL,R,LOC,X,A,2 * A               ! 另一部分体的源面划分用连接线
```

```
LCCAT,2,45 $ LCCAT,57,71                    ! 连接所选面的线,便于映射网格划分
LCCAT,68,78 $ LCCAT,65,72
MSHAPE,0,2D $ MSHKEY,1 $ AMESH,ALL          ! 映射网格划分四个面
VSEL,S,LOC,X,A,2 * A $ VSWEEP,ALL           ! 扫掠另一部分体生成单元网格
ALLSEL $/VIEW,1,1,2,3 $ EPLOT               ! 改变视图并显示单元
```

3. 体扫掠策略及其注意事项

如果体扫掠网格划分因单元形状差而失败,可考虑如下对策:

(1)如果没有指定源面和目标面,指定并重新执行扫掠划分。

(2)交换源面和目标面,重新执行扫掠划分。

(3)另选一组完全不同的源面和目标面,重新执行扫掠划分。

(4)使用单元形状检查工具。可降低单元形状检查的尺度为警告模式,并重新执行扫掠划分;利用结果信息清除差单元,并修改该区域的设置,如单元尺寸、切分体、划分侧面等。

(5)采用光滑处理,重新执行扫掠划分。

同时,在扫掠网格划分中要注意:

(1)源面和目标面不必平行,也不一定为平面,可为曲面或组合面等。

(2)如果源面和目标面的几何形状不同而拓扑关系相同时,仍可扫掠划分网格。

(3)可用二次面单元扫掠生成线性体单元或二次体单元,也可用线性面单元扫掠生成线性体单元或二次体单元,但对于不支持去掉中间节点的二次体单元可能造成扫掠失败。

(4)如果未指定源面和目标面,则忽略 EXTOPT 命令定义的单元尺寸设置。

(5)如果对源面、目标面或侧面进行了网格划分,希望在扫掠之后自动删除这些单元,可采用命令 EXTOPT 设置为 EXTOPT,ACLEAR,1。

(6)扫掠网格划分不一定为等截面。当为变截面时,从一端到另一端为线性变化的扫掠效果较好;如为任意变化的,应注意单元网格质量。

(7)可扫掠零半径轴,即源面和目标面相邻。

4. 其他命令生成体单元及其区别

与 VSWEEP 命令比较,VROTAT、VEXT、VOFFST、VDRAG 等拉伸命令也可生成类似于扫掠生成的单元网格,但它们有如下区别:

(1)VSWEEP 是在未划分网格的既有体上,通过扫掠产生单元网格;而上述拉伸命令在生产体的同时生成单元网格;

(2)VSWEEP 可在执行前不划分面的网格,而拉伸命令则必须划分网格,否则不生成网格;

(3)拉伸命令执行前必须设置 ESIZE 命令中的 NDIV 参数。

例如,下面为 VROTAT、VEXT、VOFFST、VDRAG 几个命令生成单元网格示例:

```
! EX3.11   拉伸类命令生成体单元网格
FINISH $/CLEAR $/PREP7
ET,1,82 $ ET,2,95                           ! 定义 2D 和 3D 单元类型
```

```
BLC4,,,4,4 $ BLC4,6,,4,4                    ! 在不同位置创建 4 个面
BLC4,12,,4,4 $ BLC4,18,,4,4
ESIZE,1 $ AMESH,ALL                         ! 定义单元尺寸并划分所有面的单元网格
ESIZE,,8                                    ! 为下面 4 个命令定义 NDIV
VROTAT,1,,,,,,1,4,90                        ! 旋转面 1,生成体和单元
VEXT,2,,,,,10,0.5,0.5                       ! 延伸面 2,生成体和单元
VOFFST,3,10                                 ! 偏移面 3,生成体和单元
VDRAG,4,,,,,,35                             ! 拖拉面 4,生成体和单元(仅拖拉可不设置 NDIV)
```

3.3.4 单元有效性检查

不良的单元形状会导致不准确的结果,然而,并没有判别单元形状好坏的通用标准。也就是说,一种单元形状对一个分析可能导致不准确的结果,但可能对另一种分析的结果又是可接受的。在计算过程中,ANSYS 有时不出现单元形状警告信息,有时会出现很多个单元形状警告信息,这都不能说明单元形状就一定会导致准确或不准确的结果。因此,单元形状的好坏和结果的准确性完全依赖用户的判断和分析。

1. 单元形状参数限值设置

命令:SHPP,Lab,VALUE1,VALUE2

在 ANSYS 中,单元形状检查是缺省的,但控制单元形状检查的参数可以修改。其中的参数及其参数值说明如下:

(1)Lab=ON:激活单元形状检查。VALUE1 可取:

ANGD:SHELL28 单元角度检查。

ASPECT:单元纵横比检查。单元某个方向的长度远远大于另外方向的长度时,单元的形状必然不良。如四边形单元,该项警告限值为 20,错误限值为 1E6;如果纵横比超过了 20,显然就不如纵横比为 1 的形状好。同样地,对三角形单元也适用。纵横比率的计算可参考理论手册。

PARAL:对边平行度检查。四边形单元的对边夹角如果超过一定限值说明单元的形状不够好,比较合适的角度为 0(平行)。如无中间节点的四边形该项的警告限值为 70°;超过 70°,则给出警告信息;如超过 150°,则给出错误信息。

MAXANG:最大角度检查。单元内某个角度过大时,导致单元形状不好。如无中间节点的四边形单元该项警告限值为 155°,而其错误限值为 179.9°;当每个角度超过 155°时,给出警告信息;如超过 179.9°,则给出错误信息。显然如果某个角度超过了 155°,则必定会出现较小的角度,因此单元的形状就不够好。

JACRAT:雅可比率检查。简单地说,雅可比率表达了“单元”模拟“实际”的计算可靠性,比率越高越不可靠。如 h 单元的警告限值为 30,超过 30 单元形状就很不理想(与母单元形状相差甚远)。

WARP:歪曲率检查。对于四边形面单元、壳单元或体单元的面等,其“面”不一定为“平面”,当其严重歪曲时造成不好的单元形状,此值越高表示单元歪曲越严重。

也可用 ALL 关闭或激活所有选项。

(2)Lab＝WARN：仅激活警告模式，对超过错误限制的单元只给出警告信息而不致网格划分失败。而 Lab＝ON 则一旦超过错误限制时将导致网格划分失败(其他命令参数无效)。

(3)Lab＝OFF：完全关闭单元形状检查，可通过设置 VALUE1 的值而关闭个别形状检查。如 VALUE1 可取 ANGD、ASPECT、PARAL、MAXANG、JACRAT、WARP 及 ALL 等。

(4)Lab＝STATUS：列表输出当前形状检查限制参数及检查结果情况(其他命令参数无效)。

(5)Lab＝SUMMARY：列表输出所选择单元的形状检查结果(其他命令参数无效)。

(6)Lab＝DEFAULT：恢复单元形状检查限值的缺省值(其他命令参数无效)。

(7)Lab＝OBJECT：是否将单元形状检查结果保存于内存中的控制参数；若 VALUE1＝1、YES 或 ON(缺省)，保存在内存中；若 VALUE1＝0、NO 或 OFF，不保存在内存中。

(8)Lab＝LSTET：检查雅可比率时选择在积分点还是角点取样控制；如 VALUE＝1、YES 或 ON，则选择积分点；如 VALUE1＝0、NO 或 OFF(缺省)，则选择角点取样。

(9)Lab＝MODIFY：重新设置一个形状参数检查限值，此时 VALUE1 为修改的形状参数限值的数据位置，而 VALUE2 则为修改的新限值。

如拟修改纵横比率检查的警告限值，通过 SHPP，STATUS 列表可以看出，该数据的位置为 1，缺省设置为 20.0。可用 SHPP，MODIFY，1，1000 将此限值修改为 1000。

如拟修改 h 单元的雅可比率警告限值，通过 SHPP，STATUS 列表查得该数据的位置为 31，其缺省设置为 30.0。可用 SHPP，MODIFY，31，100 将此限值修改为 100。

使用 SHPP，DEFA 将恢复系统的缺省限值设置。

(10)Lab＝FLAT：确定显示非零或非常数 Z 坐标单元的警告和错误限值。

2. 网格检查命令

(1)逐个单元数据完整性检查。

命令：CHECK，Sele，Levl

其中：

Sele——拟检查的单元。若 Sele 为空，检查所有单元数据；若 Sele＝ESEL，检查被选择的单元和没有被选择但不能生成检查信息的单元。

Levl——仅当 Sele＝ESEL 时，其值可取 WARN(选择生成警告和错误信息的单元)和 ERR(仅检查生成错误信息的单元，这是缺省选项)。

该命令对每个单元的数据完整性和单元形状进行检查，也是在求解之前自动进行的检查，如单元材料、实常数、约束及单元形状等，然后在输出窗口列出结果。

(2)网格连通性检查。

命令：MCHECK，Lab

其中：

Lab＝ESEL，该选项可不选择正确的单元，仅选择有问题的单元。

CHECK 命令对单个单元进行检查，而 MCHECK 则根据单元的连接方式检查网格潜在的问题，如单元的交叠等。其检查内容主要有：

①方向：当两个面单元共线时，检查每个单元的节点顺序是否与其法线方向一致；

②体:当两个体单元共面时,检查每个单元的完整体符号是否一致;

③封闭面:检查形成封闭面的单元外表面,以防网格中出现"裂缝";

④网格空洞:当环绕内部空腔的单元面数量很少时,有可能出现遗漏的单元从而形成空洞。

3.3.5 网格修改

如果对生成的网格不满意,可用下列方法改变网格:

(1)重新设置单元尺寸,并划分网格(只有 GUI 才可以,命令流不可);

(2)清除网格,重新设置单元尺寸,并划分网格;

(3)细化局部网格;

(4)改进网格(仅实用于四面体网格)。

1. 清除网格

关键点网格清除命令:KCLEAR,NP1,NP2,NINC

线网格清除命令:LCLEAR,NL1,NL2,NINC

面网格清除命令:ACLEAR,NA1,NA2,NINC

体网格清除命令:VCLEAR,NV1,NV2,NINC

其中:

NP1,NP2,NINC——关键点号范围和编号增量,NP1 可取 ALL 或组件名;

NL1,NL2,NINC——线号范围和编号增量,NL1 可取 ALL 或组件名;

NA1,NA2,NINC——面号范围和编号增量,NA1 可取 ALL 或组件名;

NV1,NV2,NINC——体号范围和编号增量,NV1 可取 ALL 或组件名。

该系列命令用于清除既有网格,并可重新对线设置单元网格划分数目或尺寸,然后再重新对几何模型进行网格划分。

2. 细化局部网格

节点附近细化命令:NREFINE,NN1,NN2,NINC,LEVEL,DEPTH,POST,RETAIN

单元附近细化命令:EREFINE,NE1,NE2,NINC,LEVEL,DEPTH,POST,RETAIN

关键点附近细化命令:KREFINE,NP1,NP2,NINC,LEVEL,DEPTH,POST,RETAIN

线附近细化命令:LREFINE,NL1,NL2,NINC,LEVEL,DEPTH,POST,RETAIN

面附近细化命令:AREFINE,NA1,NA2,NINC,LEVEL,DEPTH,POST,RETAIN

其中:

Nx1,Nx2,NINC——图素编号范围与编号增量,同清除网格命令中的参数(x=N、E、P、L、A)。

LEVEL——细化等级,其取值范围 1(缺省)~5,值越高网格越密。当 LEVEL=1 时,则采用单元边长的 1/2 进行细化生成新的单元。

DEPTH——从所选图素向外根据单元数设置网格细化的深度,缺省为 1。

POST——单元细化时质量处理控制参数。当 POST=SMOOTH,进行光滑处理,且可能会改变节点位置;当 POST=CLEAN(缺省),进行光滑处理,可能会删除存在的单元而重新细分,且节点位置也会改变;当 POST=OFF,不进行任何处理,即节点位置不变也不删除重分。

RETAIN——所有单元都是四边形网格在细化时,当 RETAIN=ON(缺省),细化网格也为四边形网格，而不管单元质量如何；当 RETAIN＝OFF，允许用三角形网格，以保证网格质量。

该系列命令对模型局部进行网格细化，并可进行一定的控制。对相邻图素的所有面单元和四面体单元进行细化，但对于下列情况则不能细化：

(1)含有初始条件的节点、耦合节点、约束方程的节点等；

(2)含有边界条件、荷载的节点或单元；

(3)六面体单元、楔形单元和金字塔单元不能细化。

3. 四面体网格的改进

命令：VIMP，VOL，CHGBND，IMPLEVEL

其中：

VOL——体的编号，也可取值为 ALL(缺省)和元件名。

CHGBND——体边界修改控制参数，表示更改边界单元表面和其他节点的连通性。若为0，表示不对边界修改；若为 1(缺省)，对边界修改。

IMPLEVEL——改进等级，范围为 0～3(缺省)，值越高则品质越高。

对网格的改进技术，主要通过面交换和节点光滑技术实现。在许多情况下，ANSYS 自动地进行四面体网格的改进。网格改进是一个迭代过程，每处理一次报告一次信息，并可反复执行网格改进，直至得到满意的网格或者直到已收敛并且不再有明显的改进。

对四面体网格改进的限值条件如下：

(1)网格必须全部为线性或全部为二次单元；

(2)单元必须具有相同属性，如单元类型等(因六面体可退化为四面体单元)。

对输入几何和网格信息的四面体单元网格改进使用 TIMP 命令。

3.4 网格划分实例

对任何实际结构，要获得高质量的单元网格，通常都要控制网格划分。本节结合一些典型实例，介绍网格控制及其划分技术和技巧。

3.4.1 基本模型的网格划分

1. 圆

圆面的网格划分一般可将圆切分为四等份或八等份，进而实现映射网格划分。如图 3-9所示的单元网格，其中，图 3-9a)是四边形映射网格，图 3-9b)为过渡四边形映射网格。命令流如下：

```
! EX3.12  圆的网格划分
FINISH $/CLEAR $/PREP7
ET,1,PLANE82 $ R0 = 10                    ! 定义单元类型和圆半径参数
CYL4,,,R0 $ CYL4,3 * R0,,,,R0             ! 创建两个圆面 A 和 B,拟分别进行不同的网格划分
WPROTA,,90 $ ASBW,ALL                     ! 将圆面水平切分
WPROTA,,,90 $ ASBW,ALL                    ! 将圆面 A 竖向切分
WPOFF,,,3 * R0 $ ASBW,ALL                 ! 移动工作平面,将圆面 B 竖向切分
```

```
WPCSYS, - 1                           ! 工作平面复位但不改变视图方向
ASEL,S,LOC,X, - R0,R0                 ! 选择圆面 A 的所有面
LSLA,S                                ! 选择与圆面 A 相关的所有线
LESIZE,ALL,,,8                        ! 对上述线设置网格划分个数为 8(三条边时相等且为偶数)
MSHAPE,0,2D $ MSHKEY,1                ! 设置四边形单元、映射网格划分
AMESH,ALL                             ! 圆面 A 划分网格
ASEL,S,LOC,X,2 * R0,4 * R0            ! 选择圆面 B 的所有面
LSLA,S                                ! 选择与圆面 B 相关的所有线
LESIZE,ALL,,,8                        ! 对上述线设置网格划分个数为 8
LSEL,R,LENGTH,,R0                     ! 选择上述线中长度为半径的线
LESIZE,ALL,,,8,0.1,1                  ! 设置这些线的网格划分数和间隔比
AMESH,ALL $ ALLSEL                    ! 圆面 B 划分网格
```

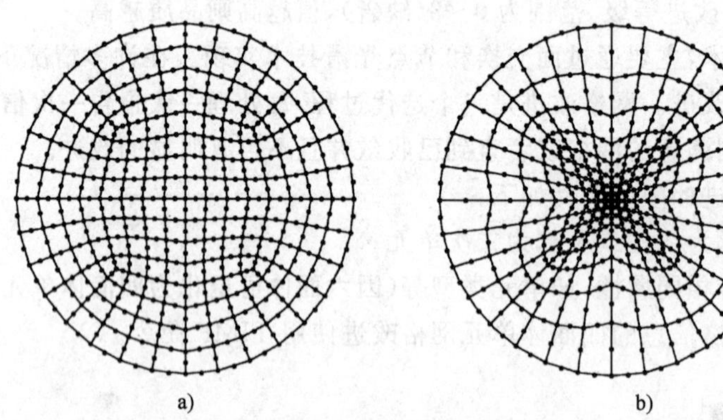

图 3-9　圆面网格划分

a)四边形映射网格划分;b)过渡四边形映射网格划分

2. 圆环

圆环面的网格划分与圆面类似,但因由 4 条边组成,可更加方便地对网格进行控制。下面取 1/4 圆环面为例进行单元划分(如图 3-10 所示):

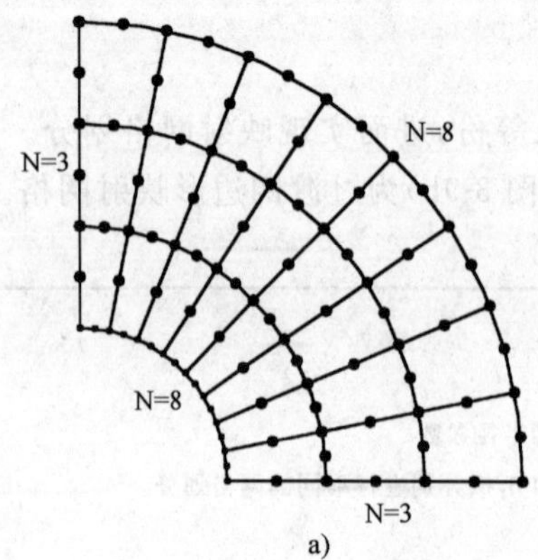

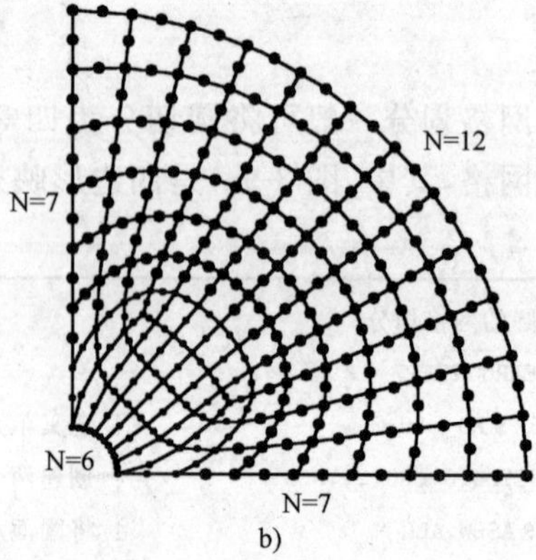

图 3-10　圆环面网格划分

a)四边形映射网格划分;b)过渡四边形映射网格划分

```
! EX3.13 圆环的网格划分
FINISH $/CLEAR $/PREP7
ET,1,PLANE82 $ R0 = 10                                  ! 定义单元类型和圆半径参数
CYL4,,,R0/3,,R0,90 $ CYL4,2 * R0,,R0/10,,R0,90          ! 创建两个 1/4 环面
ASEL,S,LOC,X,- R0,R0                                    ! 选择环面 A
LSLA,S $ LESIZE,ALL,,,8                                 ! 选择环面 A 的所有线,定义网分数
LSEL,R,LENGTH,,R0 * 2/3 $ LESIZE,ALL,,,3,,1             ! 选择径向线,网分数修改为 3
MSHAPE,0,2D $ MSHKEY,1 $ AMESH,ALL                      ! 定义单元形状、划分类型、划分单元
ALLSEL $ ASEL,S,LOC,X,2 * R0,4 * R0                     ! 选择环面 B
LESIZE,5,,,12 $ LESIZE,7,,,6                            ! 定义外周线和内周线网分数分别为 12 和 6
LSEL,S,LENGTH,,R0 * 9/10 $ LESIZE,ALL,,,7               ! 选择径向线,网分数为 7
AMESH,ALL                                               ! 划分环面 B 的单元网格
```

3. 圆柱

柱体的网格划分方法与圆面类似,空心柱体的网格划分方法同环面类似,而柱面则可直接划分网格。

例如:

```
! EX3.14  圆柱面和圆柱体的网格划分
! 圆柱面的网格划分
FINISH $/CLEAR $/PREP7
R0 = 10 $ H0 = 50 $ ET,1,SHELL63                        ! 定义参数和单元类型
CYL4,,,R0 $ ADELE,1 $ CM,L1CM,LINE                      ! 创建面,删除面保留线,定义元件
K,50 $ K,51,,,H0 $ L,50,51 $ ADRAG,L1CM,,,,,,5          ! 创建拖拉路径并拖拉线创建柱面
LSEL,S,LOC,Z,0 $ LESIZE,ALL,,,6                         ! 每条圆周线网格划分数为 6
LSEL,S,LENGTH,,H0 $ LESIZE,ALL,,,8                      ! 每条柱面侧线网格划分数为 8
MSHAPE,0,2D $ MSHKEY,1 $ AMESH,ALL                      ! 定义单元形状、网格划分类型、划分网格
! 圆柱体
FINISH $/CLEAR $/PREP7
BR0 = 10 $ H0 = 50 $ ET,1,SOLID95                       ! 定义参数和单元类型
CYL4,,,R0,,,H0                                          ! 创建圆柱体
WPROTA,,90 $ VSBW,ALL                                   ! 切分圆柱体
WPROTA,,,90 $ VSBW,ALL                                  ! 再切分圆柱体
MSHAPE,0,3D $ MSHKEY,1                                  ! 定义单元形状、网格划分类型
LSEL,S,LOC,Z,0 $ LESIZE,ALL,,,6                         ! 每条圆周线网格划分数为 6
LSEL,S,LENGTH,,H0 $ LESIZE,ALL,,,8                      ! 每条柱面侧线网格划分数为 8
VMESH,ALL                                               ! 划分网格
```

4. 锥和圆台

圆锥体的网格划分应以 1/4 圆锥进行,再利用对称命令创建其余体和网格。

图 3-11 和图 3-12 分别为扫掠和映射网格划分的结果,其中,右侧图为底面的网格样式。命令流如下:

```
! EX3.15  圆锥的网格划分
! 扫掠网格划分
FINISH $/CLEAR $/PREP7
CONE,10,,,15,,90                            ! 创建 1/4 锥体。如为整锥切分有困难。
ET,1,200,7 $ ET,2,95                        ! 定义 MESH200 和 SOLID95 单元类型
LSEL,S,,,5,6 $ LESIZE,ALL,,,12,0.5          ! 定义网格划分数
LSEL,ALL $ LESIZE,3,,,6                     ! 定义扫掠路径网格数
MSHAPE,0,2D $ MSHKEY,1 $ AMESH,3            ! 划分源面网格
VSWEEP,1,3,4                                ! 扫掠体 1,属于 0 半径扫掠
VSYMM,X,ALL $ VSYMM,Y,ALL                   ! 对称创建其余部分体和网格
VGLUE,ALL
! 六面体映射网格划分
FINISH $/CLEAR $/PREP7
CONE,10,,,15,,90 $ ET,2,95                  ! 创建 1/4 锥体,定义单元类型
LESIZE,ALL,,,8                              ! 定义网格划分数
MSHAPE,0,3D $ MSHKEY,1                      ! 定义单元形状、网格划分类型
VMESH,ALL                                   ! 划分网格
VSYMM,X,ALL $ VSYMM,Y,ALL                   ! 对称创建其余部分体和网格
VGLUE,ALL
! 圆台的映射网格划分较为简单,与圆柱体类似,例如:
FINISH $/CLEAR $/PREP7
CONE,10,5,,15,,90 $ ET,2,95                 ! 创建 1/4 圆台,定义单元类型
LESIZE,ALL,,,8                              ! 定义网格划分数
MSHAPE,0,3D $ MSHKEY,1 $ VMESH,ALL          ! 划分网格
```

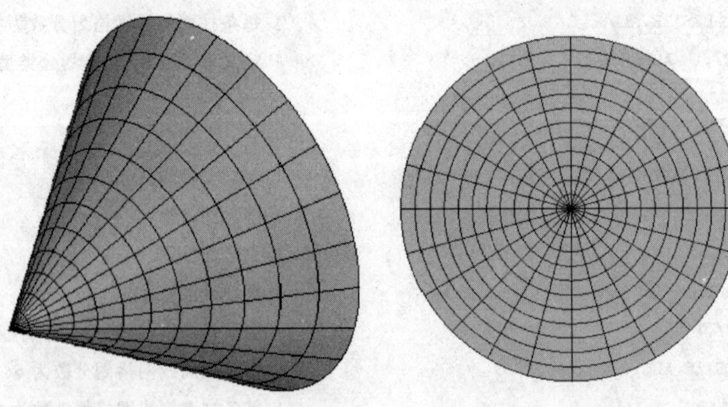

图 3-11　圆锥的扫掠网格划分

5. 多边形面和棱柱体

多边形面和棱柱体的网格划分与底面或顶面的边数相关,当不满足映射网格划分的条件时,可连接面或切分面或体,一般可根据快捷或习惯做法确定使用何种方法。

多边形面的网格划分可按偶数边和奇数边分别考虑,当为偶数边时,可将整个面按两边对

应一个扇面切分；而为奇数边时，可切分为三边的扇面。当然也可采用其他切分方法，只要满足网格划分条件即可。

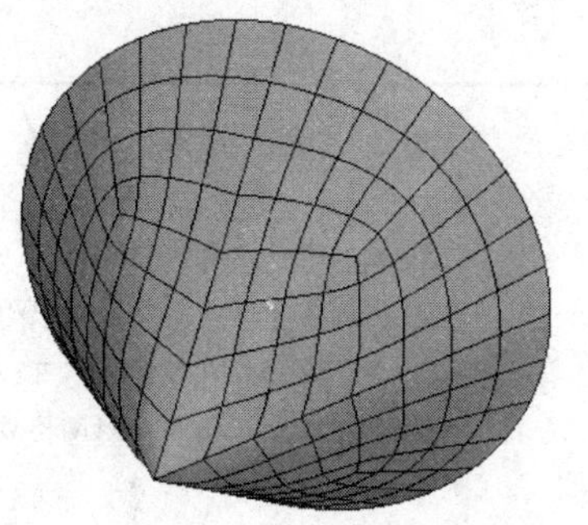
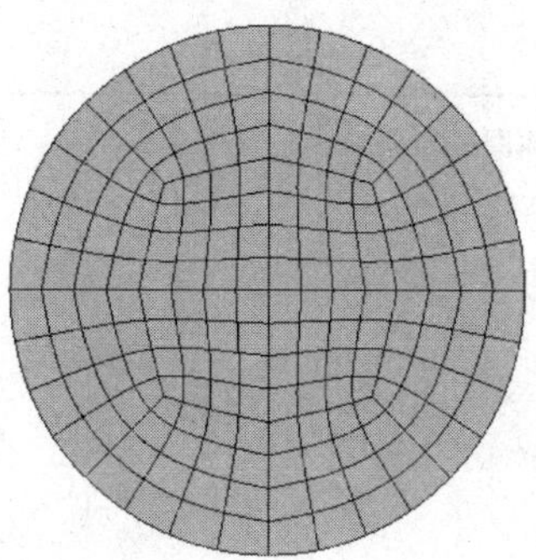

图 3-12　圆锥的映射网格划分

例如，下面的命令流为通用的正多边形网格划分方法：

```
! EX3.16  正多边形面的通用网格划分
FINISH $/CLEAR $/PREP7
NS = 10                                          ! 多边形边数参数，可输入大于 4 的任意整数
ET,1,PLANE82 $ RPR4,NS,,,10                      ! 定义单元类型，创建正多边形
KP0 = 100 + NS $ K,KP0                           ! 在正多边形中心创建一关键点 KP0
*IF,MOD(NS,2),EQ,0,THEN                          ! 如果为偶数边时
*DO,I,1,NS/2 $ L,KP0,2*I-1 $ *ENDDO              ! 连接 KP0 和每两条边的一个关键点
*ELSE                                            ! 如果为奇数边时
*DO,I,1,NS $ L,KP0,I $ *ENDDO                    ! 连接 KP0 和每个关键点
*ENDIF                                           ! 结束 IF 语句
LSEL,S,,,NS+1,2*NS                               ! 选择上述连线
CM,L1CM,LINE $ ALLSEL                            ! 定义为元件 L1CM
ASBL,1,L1CM                                      ! 面减线操作，将整个面切分为多个面
*IF,MOD(NS,2),EQ,0,THEN                          ! 如果为偶数边时
CMSEL,S,L1CM $ LESIZE,ALL,,,8                    ! 选择 L1CM，并定义网格划分数为 8
LSEL,INVE $ LESIZE,ALL,,,4                       ! 其余线网格划分数目设为 4
*ELSE $ LESIZE,ALL,,,8 $ *ENDIF                  ! 如果为奇数边，则网格划分数全部设为 8
ALLSEL $ MSHAPE,0 $ MSHKEY,1                     ! 定义单元形状和网分类型
AMESH,ALL                                        ! 划分网格
```

对于棱柱体或棱台采用扫掠网格划分或拖拉方式均可，也可将体按类似面的方法切分，然后进行映射网格划分。

例如，采用拖拉网格划分的命令流如下：

```
! 接 EX3.16
ET,2,SOLID95                                     ! 定义单元类型 2 为 SOLID95 单元
ESIZE,,24                                        ! 定义网格划分数
VEXT,ALL,,,,,30,0.5,0.5                          ! 延伸创建体和网格
```

6. 球及球面

球面及球体的网格划分可采用 1/8 球面或球体进行映射网格划分，其效果与圆面相同。命令流如下：

```
! EX3.17 球体及球面网格划分
FINISH $/CLEAR $/PREP7
R0 = 10 $ SPHERE,,R0,,90                 ! 定义半径及 1/4 球体
VSBW,ALL $ VDELE,2,,,1                   ! 将球体切分并删除一半,仅保留 1/8 球体
ET,1,SOLID95 $ ESIZE,2                   ! 定义单元类型和单元尺寸
MSHAPE,0,3D $ MSHKEY,1                   ! 定义单元形状和映射网格划分
VMESH,ALL                                ! 划分网格
VSYMM,X,ALL $ VSYMM,Y,ALL                ! 生成整个球体及其网格
VSYMM,Z,ALL $ VGLUE,ALL
! 球面网格划分
FINISH $/CLEAR $/PREP7
R0 = 10 $ SPHERE,,R0,,90                 ! 定义半径及 1/4 球体
VSBW,ALL $ VDELE,2,,,1                   ! 将球体切分并删除一半,仅保留 1/8 球体
VDELE,ALL                                ! 再删除体,但保留体以下的图素
ASEL,S,LOC,X,0 $ ASEL,A,LOC,Y,0          ! 选择除球面外的面,并全部删除
ASEL,A,LOC,Z,0 $ ADELE,ALL,,,1
ET,1,SHELL63                             ! 定义单元类型。不能定义 2D 的 PLANE 系列
ALLSEL $ ESIZE,2                         ! 定义单元尺寸
MSHAPE,0,2D $ MSHKEY,1                   ! 定义单元形状和映射网格划分
AMESH,ALL                                ! 划分网格
ARSYM,X,ALL $ ARSYM,Y,ALL                ! 生成整个球面及其网格
ARSYM,Z,ALL $ NUMMRG,ALL
```

椭球体和椭球面的网格划分，与球体和球面一样，但创建模型时，建议先创建球体然后再采用比例命令（VLSCALE）创建椭球。

3.4.2 复杂面模型的网格划分

1. 孔板

钢结构螺栓连接中如图 3-13a）所示的节点板，其板上都设有一定数量的螺栓孔，这些栓孔可能对称布置也可能不对称布置。要得到四边形映射网格必须满足其要求的条件，可对板进行适当的切分或连接。本例采用切分命令将面切成多个小面，有些满足 4 边的条件，但包含曲线的面则不满足，可分别采用 AMESH 和 AMAP 命令（如用 LCCAT 需要不断连接、划分、删除连接线等操作）进行映射网格划分，网格如图 3-13b）所示。

```
! EX3.18   孔板网格划分
FINISH $/CLEAR $/PREP7
A0 = 300 $ B0 = 800 $ R0 = 15            ! 定义参数
```

```
BLC4,,,A0,B0 $ CYL4,A0/4,B0/8,R0                          ! 创建矩形面和一个圆面
AGEN,2,2,,,A0/2 $ AGEN,2,2,3,1,,B0/8                      ! 复制生成其他圆面
AGEN,2,2,5,1,,B0 * 5/8 $ ASEL,S,,,2,9,1                   ! 选择圆面
CM,A2CM,AREA $ ALLSEL                                      ! 将所选择圆面定义为元件
ASBA,1,A2CM                                                ! 用矩形面减圆面,形成孔板
WPROTA,,-90                                                ! 将孔板竖向切分
 * DO,I,1,5 $ WPOFF,,,B0/16 $ ASBW,ALL $ * ENDDO
WPOFF,,,B0 * 5/16 $ * DO,I,1,5 $ WPOFF,,,B0/16 $ ASBW,ALL $ * ENDDO
WPROTA,,,90                                                ! 将孔板横向切分
 * DO,I,1,3 $ WPOFF,,,A0/4 $ ASBW,ALL $ * ENDDO
WPCSYS,-1 $ NUMCMP,ALL
```

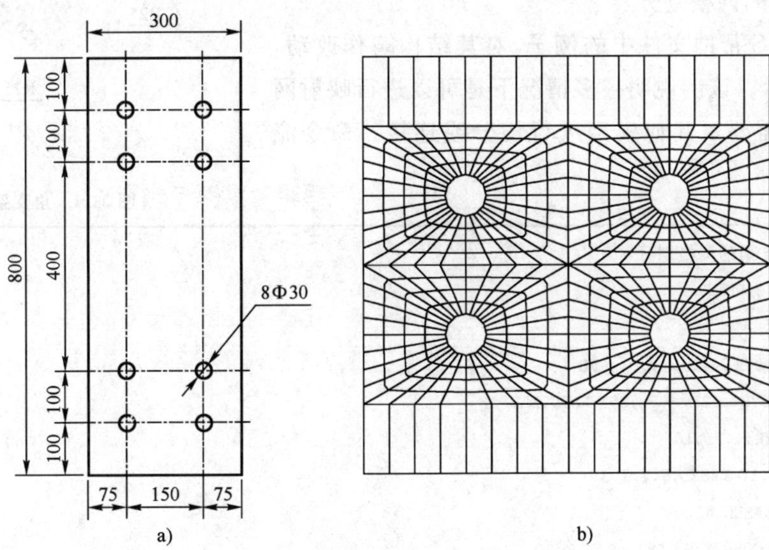

图 3-13　孔板的网格划分

a)孔板构造;b)部分孔板网格划分

```
LSEL,S,RADIUS,,R0 $ LESIZE,ALL,,,8                        ! 选择圆孔边界线,定义网分数为 8
LSEL,INVE $ LESIZE,ALL,,,4 $ LSEL,ALL                     ! 其余线网分数为 4
ET,1,82 $ MSHAPE,0,2D $ MSHKEY,1                          ! 定义单元类型、单元形状及网分类型
ASEL,U,LOC,Y,B0/16,B0 * 5/16                              ! 不选择带圆孔的面
ASEL,U,LOC,Y,B0 * 11/16,B0 * 15/16                        ! 不选择带圆孔的面
LSLA,S $ LSEL,R,TAN1,X                                    ! 选择竖向线
LESIZE,ALL,50,,,,1                                         ! 修改这些线的网分尺寸
AMESH,ALL $ ALLSEL                                         ! 划分这些面的网格
! 以下用 AMAP 划分各个 5 边形面的网格
AMAP,21,30,31,54,62 $ AMAP,22,31,32,54,64 $ AMAP,32,29,30,62,76 $ AMAP,33,29,32,64,76
AMAP,42,34,35,76,82 $ AMAP,43,35,36,76,84 $ AMAP,41,33,34,53,82 $ AMAP,44,33,36,53,84
```

```
AMAP,19,22,23,49,64 $ AMAP,20,23,24,49,60 $ AMAP,9,21,22,64,74 $ AMAP,31,21,24,60,74
AMAP,38,26,27,74,84 $ AMAP,39,27,28,74,80 $ AMAP,37,25,26,50,84 $ AMAP,40,25,28,50,80
AMAP,17,14,15,43,59 $ AMAP,18,15,16,43,63 $ AMAP,7,13,14,59,73 $ AMAP,8,13,16,63,73
AMAP,34,18,19,73,79 $ AMAP,30,17,18,79,44 $ AMAP,35,19,20,73,83 $ AMAP,36,17,20,44,83
AMAP,15,6,7,39,63 $ AMAP,16,7,8,39,58 $ AMAP,4,6,5,63,71 $ AMAP,5,5,8,58,71
AMAP,27,10,11,71,83 $ AMAP,28,11,12,71,78 $ AMAP,26,9,10,83,40 $ AMAP,29,9,12,40,78
```

对于本例也可采用先创建部分面并划分网格，然后利用对称生成其余部分。本例旨在说明全部创建几何模型后，进行网格划分的方法和思路。

2. 角支架的网格划分

如 ANSYS 帮助文件中的例子，对其结构略作改动，如图 3-14 所示。该例说明很多情况下是可以进行映射网格划分的，但需要对几何模型进行切分或连接。命令流如下：

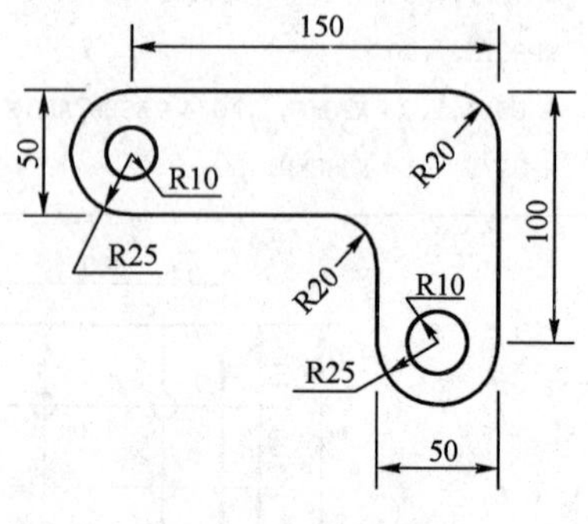

图 3-14　角支架构造

```
! EX3.19　角支架的网格划分
FINISH $/CLEAR $/PREP7
! 创建几何模型
BLC4,,,150,50 $ BLC4,100,,50,-50
CYL4,,25,25 $ CYL4,125,-50,25 $ AADD,ALL
NUMCMP,ALL $ CYL4,,25,10
CYL4,125,-50,10 $ ASEL,S,,,2,3
CM,A1CM,AREA $ ASEL,ALL
ASBA,1,A1CM $ LCOMB,1,6 $ LFILLT,1,2,20
ASBL,4,6 $ ADELE,1,,,1 $ LFILLT,3,4,20
AL,18,19,20 $ AADD,ALL $ NUMCMP,ALL
! 将几何模型切分为满足映射网格划分的面
WPROTA,,90 $ WPOFF,,,-25 $ ASBW,ALL
WPOFF,,,75 $ ASBW,ALL $ WPROTA,,,90 $ ASBW,ALL $ WPOFF,,,125 $ ASBW,ALL
WPCSYS,-1 $ WPOFF,25 $ WPROTA,,,90 $ ASBW,ALL $ KWPAVE,18 $ ASBW,ALL
KWPAVE,3 $ WPROTA,,90 $ ASBW,ALL $ KWPAVE,21 $ WPROTA,,-45
ASBW,8 $ WPCSYS,-1
! 定义单元类型、网格划分尺寸，划分网格
ET,1,PLANE82 $ MSHAPE,0,2D $ MSHKEY,1 $ ESIZE,6
LESIZE,33,,,6 $ LESIZE,37,,,6 $ LESIZE,42,,,6 $ AMESH,3,5,2
AMAP,6,9,10,4,23 $ AMAP,7,9,12,1,23 $ AMESH,11,13,2 $ AMESH,1,9,8
AMESH,2,4,2 $ AMAP,16,3,18,26,28 $ AMAP,12,14,15,5,28 $ AMAP,15,13,14,6,28
LCOMB,19,22 $ LCOMB,27,46 $ AMESH,10,14,4
```

3. 大板小孔的网格划分

实际工程中,经常遇到很大的板上有一很小孔,且要考虑小孔的影响。其网格划分可将整个面分为两部分,即小孔区域和远离小孔的区域,并采用过渡映射网格划分或间隔比,从而得到既满足精度要求又不浪费资源的网格。如 3-15 所示的面,其中虚线部分为两部分的分界线,当然也可采用直线分割区域。

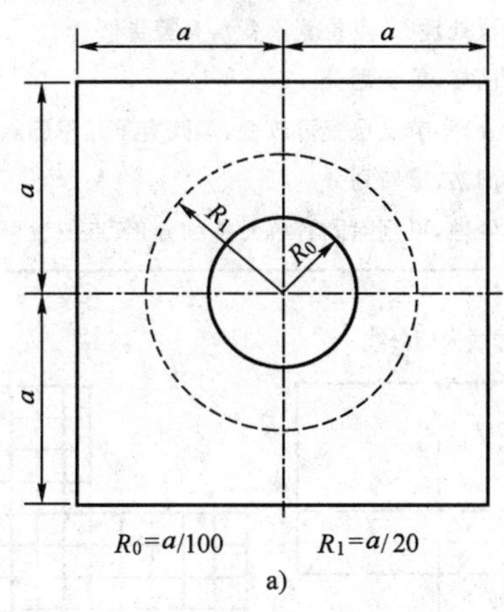

a)

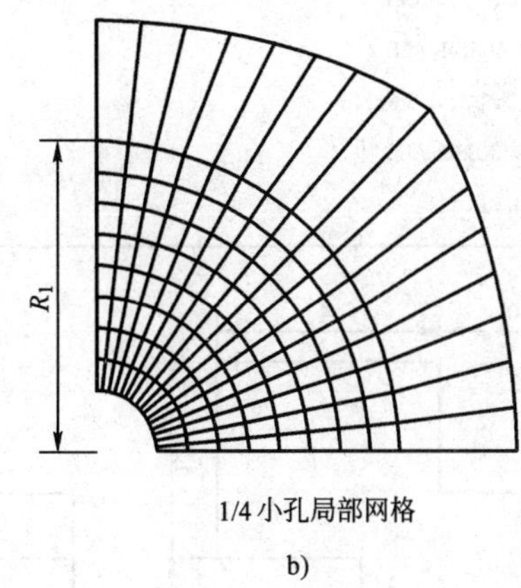

1/4 小孔局部网格

b)

图 3-15 大板小孔的网格划分

```
! EX3.20  大板小孔的网格划分
FINISH $/CLEAR $/PREP7
A0 = 100                                        ! 定义参数 A0 = 100
BLC4,,,A0,A0 $ CYL4,,,A0/100 $ ASBA,1,2         ! 创建几何模型
CSYS,1 $ K,50,A0/20 $ K,51,A0/20,90             ! 创建两个关键点 R1 = A0/20
L,50,51 $ ASBL,ALL,1                            ! 将面分为两部分
ET,1,82 $ MSHAPE,0,2D $ MSHKEY,1                ! 定义单元类型及网格划分类型
LESIZE,5,,,8 $ LESIZE,1,,,10                    ! 设置周向线网格数
LESIZE,4,,,8,5 $ LESIZE,6,,,8,5 $ AMESH,1       ! 设置径向线的网格数及间隔比,划分区域 1
LESIZE,7,,,20,0.1 $ LESIZE,8,,,20,0.1           ! 设置大区域的网格数及间隔比
AMAP,2,50,51,2,4                                ! 划分区域 2
CSYS,0 $ ARSYM,X,ALL $ ARSYM,Y,ALL $ NUMMRG,ALL
```

4. Z 形面的网格划分与局部细化

如图 3-16a) 所示的面,其正常网格划分和局部细化比较如图 3-16b)、图 3-16c)、图 3-16d)、图 3-16e)、图 3-16f)、所示。通过该例可以看出,不同的细化方式对网格的影响,同时也可比较网格的质量。其命令流如下:

```
! EX3.21  Z 形面网格划分及局部细分
FINISH $/CLEAR $/PREP7
BLC4,,,15,10 $ BLC4,10,6,14,12 $ AADD,ALL       ! 创建两个面并相加
WPROTA,,-90 $ WPOFF,,,6 $ ASBW,ALL              ! 切分面
```

```
WPOFF,,,4 $ ASBW,ALL                                    ! 切分面
WPROTA,,,90 $ WPOFF,,,10 $ ASBW,ALL                     ! 切分面
WPOFF,,,5 $ ASBW,ALL $ WPCSYS,-1                        ! 切分面
ET,1,82 $ ESIZE,2 $ MSHAPE,0,2D $ MSHKEY,1              ! 定义单元及网格划分类型等
AMESH,ALL                                               ! 划分网格
KREFINE,9,10,1,1,,OFF                                   ! 不光滑处理(节点位置不变),有警告信息
ACLEAR,ALL $ AMESH,ALL                                  ! 清除网格,重新划分
KREFINE,9,10,1,1,,SMOOTH                                ! 光滑处理,节点位置可改变,但既有单元不删除
ACLEAR,ALL $ AMESH,ALL                                  ! 清除网格,重新划分
KREFINE,9,10,1,1                                        ! 光滑处理,可删除既有单元重细分,节点位置可改变
```

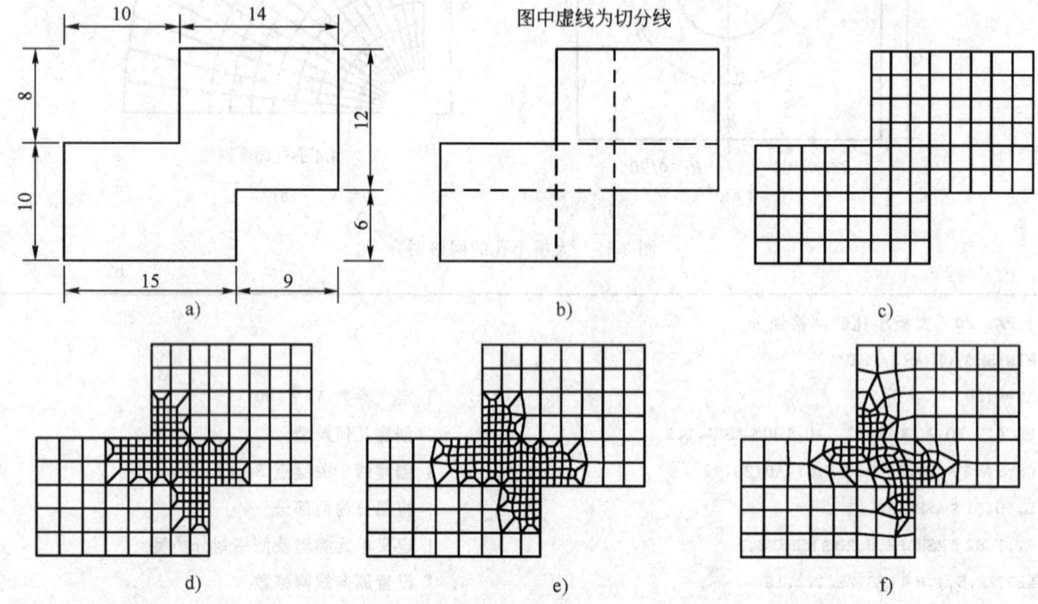

图 3-16　Z 形面的网格划分及局部细化处理

a)Z 形面构造；b)正常划分的网格；c)未细分时的网格；d)细分时不光滑处理(POST＝OFF)；e)细分时光滑处理(POST＝SMOOTH)；f)细分时光滑处理(POST＝CLEAN)

5. 分布小孔环形面的网格划分

如图 3-17 所示，一环形面上分布若干个圆孔，其网格划分方法是将圆环面根据孔数切分为多个面，然后进行网格划分，但较为繁琐。可创建包含半个圆孔的扇形面并划分网格。然后复制几何模型和网格。命令流如下：

```
! EX3.22   分布小孔环形面的网格划分
FINISH $/CLEAR $/PREP7
R1 = 15 $ R2 = 25 $ R3 = 3 $ N = 8                      ! 定义几个半径及小孔个数(可任意)
CYL4,,,R1,,R2,180/N                                     ! 创建扇面(1/2N 圆环)
CYL4,0.5 * (R1 + R2),,R3                                ! 创建小孔
ASBA,1,2                                                ! 减运算,生成扇面
```

```
KL,2 $ LARC,6,8,4,0.5 * (R1 + R2)                         ! 在线 2 的中点创建关键点 8,并创建圆弧线
ASBL,ALL,4                                                ! 用圆弧线将面分为两部分
! 设置各条线的网格划分数目
LESIZE,4,,,4 $ LESIZE,10,,,4 $ LESIZE,6,,,8 $ LESIZE,3,,,6 $ LESIZE,8,,,4
LESIZE,5,,,8 $ LESIZE,9,,,4 $ LESIZE,1,,,6 $ LESIZE,7,,,4
ET,1,PLANE82 $ MSHAPE,0,2D                                ! 定义单元类型和单元形状
AMAP,2,6,7,4,8 $ AMAP,1,5,6,8,1                           ! 划分过渡四边形映射网格
! LREFINE,5,6,1,1,SMOOTH                                  ! 对小孔进行局部细化
ARSYM,Y,ALL                                               ! 对称 Y 轴创建另外一半,形成整个小孔的扇面
CSYS,1 $ AGEN,N,ALL,,,,360/N                              ! 复制创建全部环面和网格
NUMMRG,ALL                                                ! 将所有重合的图素黏接
```

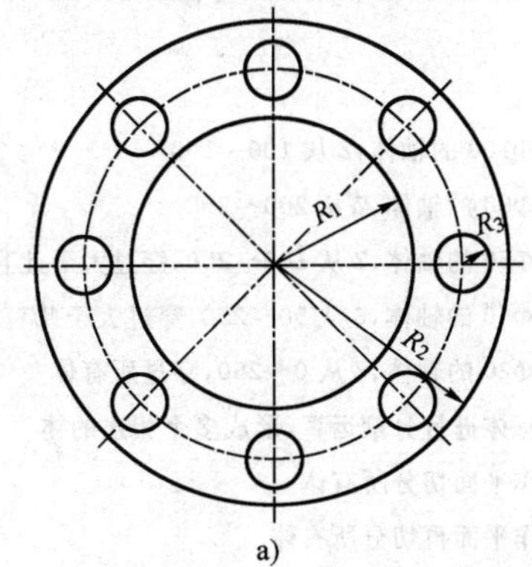

a)

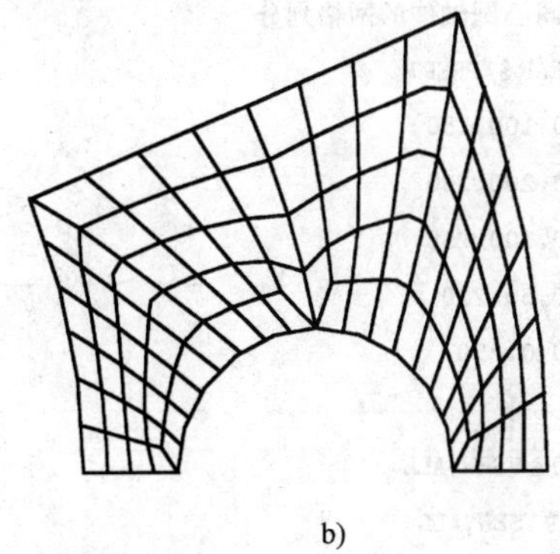
b)

图 3-17　分布小孔环形面的网格划分

a)环面构造;b)1/16 环面网格划分

3.4.3 复杂体模型的网格划分

与复杂面网格划分相同,复杂体的网格划分主要是采用何种手段来满足网格划分的条件。对同一个模型,网格划分可有多种方法,其效果也不尽相同,但其策略基本是一样的,即采用某种手段使所网分的几何体满足一定的条件,然后进行网格划分数目或单元尺寸设定,最后划分网格。本节所给出的网格划分实例是开拓思路,采用不同的手段,以获得较满意的网格划分效果。

为满足网格划分条件,主要有采用工作平面切分体(VSBW)、作体减面运算(VSBW)、体分割(VPTN)及面连接(ACCAT)等四种手段。网格划分时可采用映射网格划分(VMESH)、过渡映射网格划分(VMESH)及扫略网格划分(VSWEEP)。

1. 轴

如图 3-18 所示的同心圆轴体,以六面体单元划分网格。轴类几何实体的网格划分可基本采用这种思路和方法,需要在建模之前对网格划分有所考虑,否则直接创建轴体后,需要用柱面切分(VSBA 命令)柱体,形成类似本例的多个几何实体。该轴的命令流及解释如下:

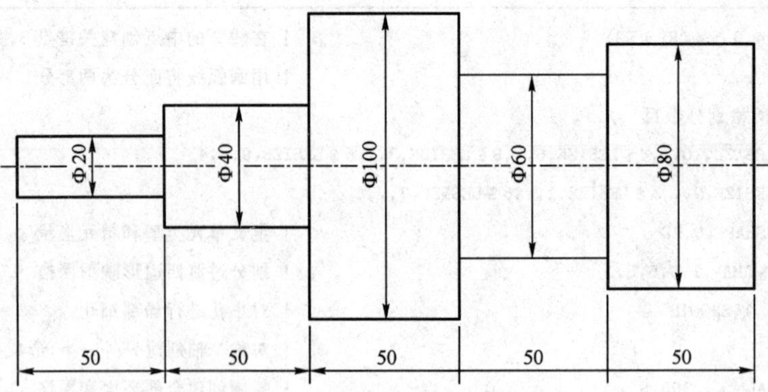

图 3-18　同心圆轴的一般构造

```
! EX3.23  同心圆轴体的网格划分
FINISH $/CLEAR $/PREP7
CYLIND,50,0,100,150                 ! 创建 Φ100 的轴体,Z 从 100～150
CYLIND,40,0,200,250                 ! 创建 Φ80 的轴体,Z 从 200～250
CYLIND,30,0,100,250                 ! 创建 Φ60 的轴体,Z 从 100～250,穿过大于此直径的体
CYLIND,20,0,50,250                  ! 创建 Φ40 的轴体,Z 从 50～250,穿过大于此直径的体
CYLIND,10,0,0,250                   ! 创建 Φ20 的轴体,Z 从 0～250,穿过所有体
VPTN,ALL                            ! 对所有体进行分割运算,形成多个相连的体
WPROTA,,,90 $ VSBW,ALL              ! 用工作平面切分所有体
WPROTA,,90 $ VSBW,ALL               ! 用工作平面再切分所有体
ET,1,95 $ CSYS,1                    ! 定义单元类型,并设置总体柱坐标系
LSEL,S,LENGTH,,50                   ! 选择所有轴向的线
LESIZE,ALL,,,5                      ! 定义网分数目为 5 个
LSEL,INVE                           ! 反选线,即选择除轴向线外的所有线
LSEL,U,RADIUS,,10,50                ! 从上述线集中去掉半径从 10～50 的弧线,仅剩下径向线
LESIZE,ALL,,,4                      ! 定义网分数目为 4 个
! 下面定义几个参数,其中,N1 必须为偶数,故 N2,N3,N4,N5 也为偶数,但 N1～N5 可全部相等。如果 N2,N3,N4,N5 不
! 相等,生成过渡六面体网格;如果 N2,N3,N4,N5 相等,则直接生成六面体映射网格。读者可改变这些参数,以观察网格
! 划分效果。
N1 = 6 $ N2 = 6 $ N3 = 8 $ N4 = 10 $ N5 = 12
LSEL,R,LOC,X,0,10 $ LESIZE,ALL,,,N1,,1        ! 修改 R10 体的径线网分数目(注意最后参数 1)
LSEL,S,RADIUS,,10 $ LESIZE,ALL,,,N1           ! 定义 R10 弧线的网分数目为 N1(必须为 N1)
LSEL,S,RADIUS,,20 $ LESIZE,ALL,,,N2           ! 定义 R20 弧线的网分数目为 N2
LSEL,S,RADIUS,,30 $ LESIZE,ALL,,,N3           ! 定义 R30 弧线的网分数目为 N3
LSEL,S,RADIUS,,40 $ LESIZE,ALL,,,N4           ! 定义 R40 弧线的网分数目为 N4
LSEL,S,RADIUS,,50 $ LESIZE,ALL,,,N5           ! 定义 R50 弧线的网分数目为 N5
ALLSEL $ MSHAPE,0,3D $ MSHKEY,1               ! 定义单元形状和网分类型
VMESH,ALL                                     ! 划分网格
```

2. 圆柱与长方体的组合

如图 3-19 所示的圆柱体与长方体，对其进行六面体网格划分。这类几何体组合的网格划分可采用以下两种方法：

(1)创建 1/4 几何体并划分网格，然后利用对称命令生成其余部分的几何体和网格，最后黏接所有图素形成无缝模型；

(2)创建整个模型，用工作平面切分整个模型以满足映射网格划分要求。

不管怎样建模，最后都归结为 1/4 几何实体的网格划分。

对于 1/4 几何实体的网格划分，可采用六面体映射网格划分或过渡六面体映射网格划分。采用过渡六面体映射网格划分的效果单元尺寸更容易控制，且更均匀些。

该类组合体的网格划分可用于工程中基础和柱的分析，如桥梁中的承台和墩柱、建筑工程中的扩大基础和圆柱等。下面是图 3-19 所示网格划分的两个命令流及解释：

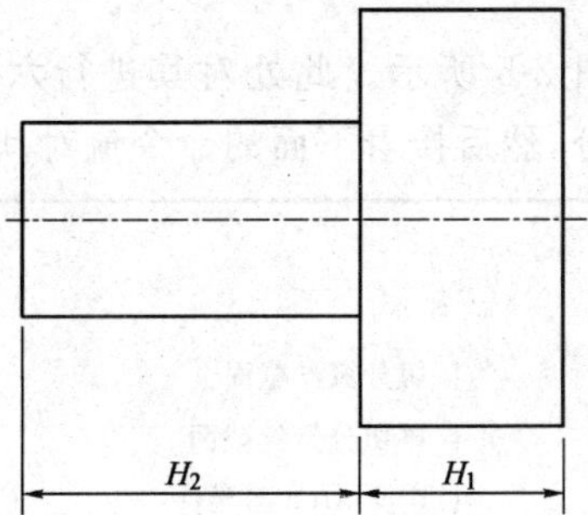

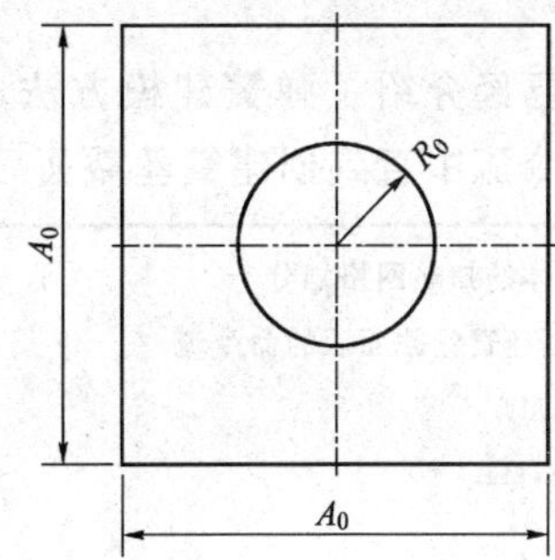

图 3-19　圆柱与长方体组合模型的一般构造

```
! EX3.24A  圆柱与长方体组合模型的网格划分——六面体映射网格划分
FINISH $/CLEAR $/PREP7
A0 = 30 $ H1 = 15 $ H2 = 25 $ R0 = 7                    ! 定义模型参数
BLC4,,,A0/2,A0/2,H1 $ CYL4,,,R0,,,90,H1 + H2            ! 创建长方体和柱体(1/4 模型)
VPTN,ALL                                                ! 分割体
ET,1,95 $ ESIZE,3 $ MSHAPE,0,3D $ MSHKEY,1              ! 定义单元类型、单元尺寸等
ACCAT,4,6 $ VMESH,ALL                                   ! 连接面 4 和 6,划分网格
ASEL,S,ACCA $ ADELE,ALL                                 ! 删除连接面(也可不删除,对分析无影响)
LSEL,S,LCCA $ LDELE,ALL                                 ! 删除连接面自动生成的连接线
ALLSEL $ VSYMM,X,ALL $ VSYMM,Y,ALL                      ! 对称创建其余几何体和单元网格
NUMMRG,ALL                                              ! 黏接所有图素
! ----------------------------------------------------------------------------------------
! EX3.24B  圆柱与长方体组合模型的网格划分——过渡六面体映射网格划分
FINISH $/CLEAR $/PREP7
A0 = 30 $ H1 = 15 $ H2 = 25 $ R0 = 7                    ! 定义模型参数
BLC4,,,A0/2,A0/2,H1 $ CYL4,,,R0,,,90,H1 + H2            ! 创建长方体和柱体(1/4 模型
VPTN,ALL                                                ! 分割体
LSEL,S,RADIUS,,R0 $ LSEL,A,LENGTH,,R0                   ! 选择半径为 R0 的弧线及长度为 R0 的径线
```

```
LESIZE,ALL,,,6                                    ! 定义上述线的网分数目为 6 个
LSEL,S,LOC,Z,0 $ LSEL,A,LOC,Z,H1                  ! 选择 Z = 0 和 Z = H1 面上的线
LESIZE,ALL,,,7                                    ! 定义上述线的网分数目为 7 个
ASEL,S,LOC,X,A0/2 $ ASEL,A,LOC,Y,A0/2             ! 选择两个面
ACCAT,ALL                                         ! 连接上述两个面
ALLSEL $ ET,1,95 $ ESIZE,3 $ MSHAPE,0,3D          ! 定义单元类型、单元尺寸等
MSHKEY,1 $ VMESH,ALL                              ! 划分网格等
ASEL,S,ACCA $ ADELE,ALL                           ! 删除连接面
LSEL,S,LCCA $ LDELE,ALL $ ALLSEL                  ! 删除连接线
VSYMM,X,ALL $ VSYMM,Y,ALL                         ! 对称创建其余几何体和单元网格
NUMMRG,ALL                                        ! 黏接所有图素
```

3. 弹簧

在第 2 章中已经介绍了弹簧建模方法，如图 2-5 所示。此处对其进行六面体网格划分。取用 EX2.1B 命令流中直到创建簧丝截面后部分，然后接着下面的命令流对其进行网格划分：

```
! EX3.25  弹簧实体的扫略网格划分
! 以上为 EX2.1B 创建簧丝截面后的命令流
WPROTA,,90 $ ASBW,ALL                             ! 切分簧丝截面
WPROTA,,,90 $ ASBW,ALL                            ! 再切分簧丝截面
CM,A1CM,AREA                                      ! 定义 A1CM 面元件
VDRAG,A1CM,,,,,,L1                                ! 拖拉面创建体
ET,1,MESH200,7 $ ET,2,SOLID95                     ! 定义两种单元类型，即 MESH200 和 SOLID95
CMSEL,S,A1CM $ LSLA,S                             ! 选择 A1CM 面元件，及附属线
LESIZE,ALL,,,6 $ AMESH,ALL                        ! 定义线网分数目，划分面单元网格
ALLSEL $ ESIZE,D/2                                ! 定义扫略方向的单元尺寸为 D/2
VSWEEP,ALL                                        ! 扫略生成六面体单元
```

对于类似拖拉创建的几何实体，均可采用扫掠网格划分。

4. 具坑缺陷圆柱的网格划分

圆柱体受意外撞击或锈蚀形成一圆台形状的小坑，其网格划分既要考虑小坑处的网格密度，又要考虑采用六面体网格，具有一定的难度。该缺陷圆柱的网格划分命令流如下：

```
! EX3.26  具坑缺陷圆柱的网格划分
FINISH $/CLEAR $/PREP7
! 定义柱体长及半径，台体半径 1 和半径 2 及高度
L0 = 50 $ R0 = 10 $ R1 = 5 $ R2 = 1 $ H0 = 5
! 创建圆柱体，移动工作平面并旋转创建圆台，并两体相减
CYL4,,,R0,,,,L0 $ WPAVE,0,R0,L0/2 $ WPROTA,,90 $ CON4,,,R1,R2,H0 $ VSBV,1,2
! 采用工作平面将体纵、横、水平各三次，将体切分
WPROTA,,90 $ VSBW,ALL $ WPOFF,,,R1 + 3 $ VSBW,ALL $ WPOFF,,, - 2 * (R1 + 3)$ VSBW,ALL
WPROTA,,,90 $ VSBW,ALL $ WPOFF,,,R1 + 1 $ VSBW,ALL $ WPOFF,,, - 2 * (R1 + 1)$ VSBW,ALL
```

```
WPCSYS,-1 $ WPROTA,,90 $ VSBW,ALL $ WPOFF,,,-R1 $ VSBW,ALL $ WPOFF,,,2*R1
VSBW,ALL $ WPCSYS,-1 $ NUMCMP,ALL
! 创建一个对应的圆台面,然后再次切分体
KSEL,S,LOC,Z,L0/2 $ KSEL,R,LOC,X,0 $ KSEL,U,LOC,Y,0
*GET,KP1,KP,0,NUM,MIN $ KP2 = KPNEXT(KP1)
KSEL,S,LOC,Z,L0/2+R2 $ *GET,KP3,KP,0,NUM,MIN $ ALLSEL
K,1000,,-R0,L0/2+5 $ L,KP3,1000 $ ASEL,NONE
*GET,L1,LINE,0,NUM,MAX $ AROTAT,L1,,,,,,KP1,KP2
CM,A1CM,AREA $ ALLSEL $ VSBA,ALL,A1CM
! 连接面,以满足映射网格划分条件
! VSEL,S,LOC,Z,17,33 $! VSEL,R,LOC,X,-6,6 $! ASLV,S $! APLOT   ! 用于查看面编号
ACCAT,128,61 $ ACCAT,160,138 $ ACCAT,224,202 $ ACCAT,183,35
ACCAT,31,134 $ ACCAT,151,164 $ ACCAT,215,231 $ ACCAT,82,195
ACCAT,130,5 $ ACCAT,162,145 $ ACCAT,229,209 $ ACCAT,192,89
ACCAT,12,123 $ ACCAT,117,155 $ ACCAT,109,219 $ ACCAT,14,178
! 定义单元类型、单元形状、划分方式、单元尺寸、划分网格
ET,1,SOLID45 $ MSHAPE,0,3D $ MSHKEY,1 $ ESIZE,1 $ VMESH,ALL
```

5. 长方体开圆柱槽的网格划分

在一长方体表面上,开不同半径的两个圆柱槽,对该几何体进行六面体网格划分。命令流如下:

```
! EX3.27 长方体开圆柱槽的网格划分
FINISH $/CLEAR $/PREP7
! 创建开圆柱槽长方体模型
BLC5,,,20,10,30 $ WPOFF,,5,5 $ CYL4,,,8,,,,10 $ WPOFF,,,10 $ CYL4,,,4,,,,12
VSEL,S,,,2,3 $ CM,V1CM,VOLU $ ALLSEL $ WPCSYS,-1 $ VSBV,1,V1CM
! 再创建几个柱体将模型分割。也可用 VSBW 命令切分体
VOFFST,15,5 $ VOFFST,16,3 $ VOFFST,17,15 $ VPTN,ALL
! 用工作平面将体切分
WPROTA,,,90 $ VSBW,ALL $ WPCSYS,-1 $ WPOFF,,,5 $ VSBW,ALL $ WPOFF,,,10
VSBW,ALL $ WPOFF,,,12 $ VSBW,ALL
! 定义单元类型,并划分两个端面的网格,成为扫掠的始面
ET,1,MESH200,7 $ ESIZE,2 $ MSHAPE,0,2D $ MSHKEY,1
ASEL,S,LOC,Z,30 $ LCCAT,6,74 $ LCCAT,8,68 $ AMESH,ALL
ASEL,S,LOC,Z,0 $ LCCAT,3,73 $ LCCAT,1,67 $ AMESH,ALL
! 定义实体单元类型,并划分网格
ALLSEL $ ET,2,SOLID95 $ MSHAPE,0,3D $ MSHKEY,1 $ VSWEEP,ALL
! 本例采用了 ESIZE 命令设置了网格尺寸,也可采用 LESIZE 命令分别设置网格数目,以便得到更均匀的网格划分
```

第4章

加载与求解技术

本章主要介绍的内容是创建几何模型进而生成有限元模型后，如何加载求解、如何查看结果，包括荷载及其施加、求解方式及控制、通用后处理和时程后处理。

4.1 荷载及其施加

4.1.1 荷载

在 ANSYS 中，荷载包括边界条件和外部或内部作用力函数，对结构分析和热分析如下：

- 结构分析：位移、力、压力、温度、重力；
- 热分析：温度、热流率、对流、内部热生成、无限表面。

一般可将荷载分为六类，如表 4-1 所示。

ANSYS 的荷载分类　　表 4-1

名　　称	说　　明	结构分析中示例
自由度约束 (DOF constraint)	定义模型的自由度值	固定约束、支座沉降等
集中荷载 (Force)	施加在模型上的集中荷载	力、力矩等
表面荷载 (Surface load)	施加在模型面上的分布力	压力、线荷载
体荷载 (Body load)	施加体积荷载或场荷载	温度
惯性荷载 (Inertia loads)	施加物理惯性引起的荷载	重力加速度、角速度、角加速度等
耦合场荷载 (Coupled-field loads)	从一种分析得到的结果，作为另一种分析的荷载	热分析的温度等

在 ANSYS 中,荷载既可施加在几何模型(关键点、硬点、线、面、体)上,也可施加在有限元模型(节点、单元)上,或者二者混合使用。

当使用命令流加载时,就方便程度而言,二者相差不多,但施加在几何模型上的荷载独立于有限元网格,不必为修改网格而重新加载;若施加在有限元模型上当要修改网格时,则必须先删除荷载再修改网格,然后重新施加荷载。

不管施加到何种模型上,在求解时荷载全部转换(自动或人工)到有限元模型上。

4.1.2 施加自由度约束

在结构分析中自由度共有 7 个,即平动自由度 Ux、Uy、Uz,转动自由度 ROTx、ROTy、ROTz 和翘曲自由度 WRAP,这些自由度的方向均依从节点坐标系。约束可施加在节点、关键点、线和面上,相关命令如表 4-2 所示。下面介绍主要命令:

施加约束及其相关命令 表 4-2

位置	命令	功能	备注
节点	D	对节点施加自由度约束	在当前节点坐标系施加
	DLIST	节点自由度约束列表	查看节点自由度约束的详细信息
	DDELE	删除节点自由度约束	
	DSYM	对节点施加对称自由度约束	施加对称和反对称约束
	DSCALE	比例缩放节点自由度约束的值	仅适用于有限元模型施加的约束
	DCUM	累加节点自由度约束	替代、累加和忽略三种方式
关键点	DK	对关键点施加自由度约束	关键点或关键点之间的节点
	DKLIST	关键点自由度约束列表	
	DKDELE	删除关键点自由度约束	
线	DL	对线施加自由度约束	线上所有节点,可 SYMM
	DLLIST	线自由度约束列表	
	DLDELE	删除线自由度约束	
面	DA	对面施加自由度约束	面上所有节点,可 SYMM
	DALIST	面约束自由度列表	
	DADELE	删除面自由度约束	
转换	DTRAN	将几何模型上的约束传到有限元模型上	仅仅转换自由度约束
	SBCTRAN	将几何模型上的所有边界条件传到有限元模型上	转换自由度约束和荷载

1. 节点自由度约束及相关命令

(1)对节点施加自由度约束。

命令:D,NODE,Lab,VALUE,VALUE2,NEND,NINC,Lab2,Lab3,Lab4,Lab5,Lab6

其中:

NODE——拟施加约束的节点号,其值可取 ALL(此时忽略 NEND 和 NINC 参数)、元件名。

Lab——自由度标识符，如 Ux、ROTz 等。如为 ALL，则为所有有效的自由度。

VALUE——自由度约束位移值或表式边界条件的表格名称。

VALUE2——约束位移值的第二个数，如为复数输入时，VALUE 为实部，而 VALUE2 为虚部。

NEND，NINC——节点编号范围和编号增量，缺省时 NEND＝NODE，NINC＝1。

Lab2，Lab3，Lab4，Lab5，Lab6——其他自由度标识符，VALUE 对这些自由度也有效。

各自由度的方向用节点坐标系确定，转角约束位移用弧度输入

例如：

```
D,ALL,ALL                          ! 对所选节点的全部自由度施加约束
D,18,UX,,,,,UY,UZ                  ! 对节点 18 的 3 个平动自由度全部施加约束
D,20,UX,1.0E-4                     ! 对节点 20 的 Ux 施加约束，且约束位移值为 1.0E-4
D,22,UX,0.1,,25,,UY,ROTY           ! 对节点 22～25 的 Ux，Uy，ROTy 施加约束，且位移值均为 0.1
```

（2）节点自由度约束列表。

命令：DLIST，NODE1，NODE2，NINC

其中：

NODE1，NODE2，NINC——节点编号范围及编号增量。缺省时，NODE2＝NODE1，且 NINC＝1。NODE1 可取 ALL（缺省）或元件名。

（3）删除节点自由度约束。

命令：DDELE，NODE，Lab，NEND，NINC

其中各参数意义同 D 命令中的参数。

（4）在节点上施加对称和反对称约束。

命令：DSYM，Lab，Normal，KCN

其中：

Lab——对称标识。当为 SYMM 时，生成对称约束；当为 ASYM 时，生成反对称约束。

Normal——约束的表面方向标识，一般垂直于参数 KCN 坐标系中的坐标方向。其值有：

＝X（缺省）：表面垂直于 X 方向，非直角坐标系为 R 方向；

＝Y：表面垂直于 Y 方向，非直角坐标系为 θ 方向；

＝Z：表面垂直于 Z 方向，球和环坐标系为 Φ 方向。

KCN——用于定义表面方向的整体或局部坐标系的参考号。

对称和反对称自由度约束在不同的 Normal 参数下的约束如表 4-3 所示。

对称和反对称生成的自由度约束　　表 4-3

Normal 参数	对称边界条件		反对称边界条件	
	2D	3D	2D	3D
X	Ux，ROTz	Ux，ROTz，ROTy	Uy	Uy，Uz，ROTx
Y	Ux，ROTz	Uy，ROTz，ROTx	Ux	Ux，Uz，ROTy
Z	—	Uz，ROTx，ROTy	—	Ux，Uy，ROTz

(5)比例缩放节点自由度约束值。

命令:DSCALE,RFACT,IFACT,TBASE

其中:

RFACT,IFACT——自由度约束位移值的实部和虚部的缩放系数,0或空时缺省为1。如欲设为0,可采用一个很小的数值替代。

TBASE——温度差分的基温值,仅对温度自由度。

该命令对数据库中的自由度值进行缩放,对所选节点(NSEL命令)和所选自由度(DOFSEL命令)都进行缩放。

(6)累加节点自由度约束。

命令:DCUM,Oper,RFACT,IFACT,TBASE

其中:

Oper——累加控制参数,其值可取:

=REPL(缺省):后定义的自由度约束值替代前面定义的值;

=ADD:后定义的自由度约束值与前面定义的值相加;

=IGNO:忽略后定义的自由度约束值,即不起作用。

RFACT,IFACT,TBASE——同DSCALE命令中的参数。

使用DCUM,STAT列出当前的处理方式,查看是替代、累加或忽略等方式。

例如:

```
! EX4.  累加节点自由度约束值
FINISH$/CLEAR$/PREP7
ET,1,BEAM3$K,1$K,2,10                  ! 定义单元类型、创建关键点
L,1,2$ESIZE,1$LMESH,ALL                ! 创建线、定义单元尺寸并划分单元
D,1,UX,1E-2,,,,UY                      ! 节点 1 的 Ux 和 Uy 的约束位移值为 0.01
D,1,ROTZ$D,2,ALL$DLIST                 ! 节点 1 的 ROTz 和节点 2 的全部自由度约束,位移值为 0
NSEL,S,D,U,0,0.1                       ! 选择约束位移值(任一平动自由度)在 0~0.1 之间的节点
DOFSEL,S,UY                            ! 选择其中的 Uy 自由度
DSCALE,2.5                             ! 比例缩放 2.5 倍,此时 Uy1 = 0.025
DLIST$DOFSEL,ALL                       ! 自由度列表(仅有 1 和 2 的 Uy),然后选择所有自由度
DCUM,ADD$D,1,UX,2E-2                   ! 自由度约束值为累加方式,并再次设置节点 1 的 Ux
DLIST                                  ! 自由度列表,此时 Ux1 = 0.03
DCUM,IGNO$D,2,UY,1.0                   ! 自由度约束值为忽略方式,并施加节点 2 的 Uy
DLIST                                  ! 自由度列表,可以看出 Uy2 没有改变,即为 0
```

2. 关键点自由度约束及相关命令

尽管几何图素没有自由度,但划分网格后可转换到有限元模型上,或求解前由系统自动转换,在关键点、线、面上施加的自由度约束均转换到有限元模型的节点上。

命令:DK,KPOI,Lab,VALUE,VALUE2,KEXPND,Lab2,Lab3,Lab4,Lab5,Lab6

其中:

KPOI——关键点编号,也可取 ALL 或元件名。

KEXPND——扩展控制参数。当为 0 时仅施加约束到关键点上的节点;当为 1 时扩展到关键点之间(两关键点所连线)的所有节点上,且包括关键点上的节点,当然约束位移值相同。

其余参数同 D 命令中的参数。

列表和删除关键点自由度约束的命令分别为:

列表:DKLIST,KPOI

删除:DKDELE,KPOI,Lab

例如:

```
DK,ALL,ALL                              ! 约束所选择全部关键点的全部自由度
DK,1,UY                                 ! 对关键点 1 施加 Uy 自由度约束
DK,2,UX,0.01,,,UY,ROTZ                  ! 对关键点 2 的 Ux,Uy,ROTz 施加约束,且位移值均为 0.01
```

3. 对线施加自由度约束

命令:DL,LINE,AREA,Lab,Value1,Value2

其中:

LINE——线编号,也可为 ALL(缺省)或元件名。

AREA——包含该线的面编号,并假定对称与反对称面垂直于该面,且线位于对称或反对称面内,缺省为包含该线的所选择面中的最小编号;如不是对称或反对称约束,则此面号无意义。

Lab——自由度标识符,其值可取:

=SYMM:对称约束,按 DSYM 命令的方式生成;

=ASYM:反对称约束,按 DSYM 命令的方式生成;

=Ux,Uy,Uz,ROTx,ROTy,ROTz,WRAP:各自由度约束;

=ALL:所有有效的自由度约束(与单元相关)。

Value1——自由度约束位移值或表格边界条件的表格名称。表格边界条件仅对 Ux、Uy、Uz、ROTx、ROTy、ROTz 有效,且 Value1=%tabname%。

Value2——仅对 FLOTRAN 分析时有用,对结构分析无意义。

该命令对线上的所有节点施加自由度约束。而列表和删除线上自由度约束的命令分别为:

列表:DLLIST,LINE

删除:DLDELE,LINE,Lab

例如:

```
! EX4.2  对线施加约束并转换
FINISH$/CLEAR$/PREP7
ET,1,95$BLC4,,,10,10,10                 ! 定义单元类型、创建长方体
DL,7,,UX,0.1                            ! 线 7 施加 Ux 自由度约束,位移值为 0.1
DL,5,,ALL                               ! 线 5 施加全部自由度约束
DL,11,6,SYMM                            ! 线 11 施加对称约束,面号为 6
DL,10,6,ASYM                            ! 线 10 施加反对称约束,面号为 6
DL,6,,SYMM                              ! 线 6 施加对称约束,面号缺省
```

```
DLLIST                                    ! 列表显式线约束信息
ESIZE,2$VMESH,ALL                         ! 划分单元
DTRAN$DLIST                               ! 转换约束到有限元模型,并列表显式节点自由度约束信息
```

4. 对面施加自由度约束

命令:DA,AREA,Lab,Value1,Value2

其中:

AREA——拟施加约束的面号,也可为 ALL 或元件名。

其余同 DL 命令中的参数。

该命令对面上的所有节点施加自由度约束。

列表和删除面上自由度约束的命令分别为:

列表:DALIST,AREA

删除:DADELE,AREA,Lab

5. 约束转换命令

仅转换约束自由度命令:DTRAN

边界条件和荷载转换命令:SBCTRAN

这两命令将几何模型施加的约束和荷载转换到有限元模型上,也可不执行这两个命令而在求解时由系统自动转换。

6. 自由度约束的冲突

对于 DK、DL 和 DA 命令施加的自由度约束参数可能会发生冲突。

例如:

DL 指定会与相邻线(有公共关键点)上的 DL 指定冲突;

DL 指定会与任一关键点上的 DK 指定冲突;

DA 指定会与相邻面(有公共关键点和公共线)上的 DA 指定冲突;

DA 指定会与任一线上的 DL 指定冲突;

DA 指定会与任一关键点上的 DK 指定冲突。

ANSYS 按下列顺序将施加到几何模型上的自由度约束转换到有限元模型上:

①按面号增加的顺序,将 DA 的自由度约束转换到面上的所有节点;

②按面号增加的顺序,将 DA 约束的 SYMM 和 ASYM 转换到面上的所有节点;

③按线号增加的顺序,将 DL 自由度约束转换到线上的所有节点;

④按线号增加的顺序,将 DL 的 SYMM 和 ASYM 约束转换到线上的所有节点;

⑤将 DK 自由度约束转换到关键点上的所有节点。

所以,对冲突的约束,DK 命令改写 DL 命令,DL 命令改写 DA 命令,施加在较大编号图素上的约束改写较低编号上的约束。这种冲突的处理与命令执行的前后顺序没有关系,但当发生冲突时,系统会发出警告信息。

4.1.3 施加集中荷载

ANSYS 结构分析中的集中荷载及其标识符为力 FX,FY,FZ 及力矩 MX,MY,MZ,其相关命令如表 4-4 所示。

施加集中荷载及其相关命令　表 4-4

位　置	命　令	功　能	备　注
节点	F	对节点施加集中荷载	在当前节点坐标系施加
	FLIST	节点集中荷载列表	查看节点集中荷载的详细信息
	FDELE	删除节点集中荷载	
	FSCALE	比例缩放节点集中荷载	仅适用于有限元模型
	FCUM	累加节点集中荷载	替代、累加和忽略三种方式
关键点	FK	对关键点施加集中荷载	
	FKLIST	关键点集中荷载列表	
	FKDELE	删除关键点集中荷载	
转换	FTRAN	将几何模型上的集中荷载传到有限元模型上	仅仅转换集中荷载
	SBCTRAN	将几何模型上的所有边界条件传到有限元模型上	转换自由度约束和荷载

1. 施加节点集中荷载

命令：F,NODE,Lab,VALUE,VALUE2,NEND,NINC

其中：

NODE——节点编号，也可为 ALL 或元件名。

Lab——集中荷载标识符，如 FX,FY,FZ,MX,MY,MZ 其中的任何一个。

VALUE——集中荷载值或表式边界条件的表格名称。

VALUE2——集中荷载值的第二个数，当为复数输入时，VALUE 为实部，而 VALUE2 为虚部。

NEND,NINC——节点编号范围和编号增量，缺省时 NEND=NODE,NINC=1。

节点集中荷载列表 FLIST 和删除节点集中荷载命令 FDELE 的使用方法与 DLIST 和 DDELE 命令类似；而 FSCALE 和 FCUM 命令与 DSCALE 和 DCUM 命令类似。

2. 施加关键点集中荷载

命令：FK,KPOI,Lab,VALUE,VALUE2

其中：

KPOI——关键点号，也可取 ALL 或元件名。

其余参数同 F 命令。

FKLIST 命令和 FKDELE 命令的使用方法与 DKLIST 命令和 DKDELE 命令类似。转换命令 FTRAN 仅将集中荷载转换到有限元模型的节点上，而 SBCTRAN 命令与前相同。

不管在何种模型上施加集中荷载，都与节点坐标系相关。

如果尚没有生成有限元模型，因无节点存在，对节点坐标系操作无效，所施加的荷载仅与总体坐标系相关，与局部坐标系无关；如果几何模型和有限元模型同时存在，则节点坐标系的设置就有效了。不管是在何时何模型上施加的荷载，如果节点坐标系重新设置了，则荷载也随之而改变。所以，在改变节点坐标系时应慎重，以避免出现错误。

例如：

```
! EX4.3  施加集中荷载与节点坐标系
FINISH$/CLEAR$/PREP7
ET,1,BEAM4                          ! 定义单元类型
K,1$K,2,5$K,3,10                    ! 创建 3 个关键点
L,1,2$L,2,3                         ! 创建 2 条线
LOCAL,12,0,,,,90                    ! 设置 12 号局部坐标系,其 X12 轴与总体直角坐标系的 Y 轴相同,
                                    ! 而其 Y12 轴与总体坐标系的 X 轴平行,但方向相反。
NROTAT,ALL                          ! 此时对节点坐标系的操作无效
DK,1,ALL                            ! 关键点 1 自由度全部约束
FK,2,FY,-1000                       ! 在当前节点坐标系(与总体坐标系相同)于关键点 2 施加Fy=-1000,
                                    ! 其力的作用方向与总体直角坐标系的 Y 轴平行。
ESIZE,1$LMESH,ALL                   ! 划分网格,生成有限元模型
NROTAT,ALL                          ! 设置所有节点的节点坐标系与当前激活坐标系相同(12 号坐标系)
LPLOT                               ! 可以看到关键点 2 上的 Fy=-1000 方向与 Y12 轴平行,而与总体坐
                                    ! 标系的 X 轴平行了(节点坐标系改变了,荷载跟着改变)
FK,3,FY,1000                        ! 在关键点 3 施加 Fy=1000,方向与 Y12 轴平行
F,6,FX,-1000                        ! 在节点 6 施加 Fx=-1000,其方向与 X12 轴平行
SBCTRAN                             ! 转换所有边界条件到有限元模型
EPLOT                               ! 显示单元与边界条件
```

4.1.4 施加面荷载

ANSYS 结构分析中的面荷载为压力，其标识符为 PRES，其相关命令如表 4-5 所示。

施加面荷载及其相关命令 表 4-5

位 置	命 令	功 能	备 注
节点	SF	对节点群施加面荷载	由节点群确定面
	SFSCALE	比例缩放节点群面荷载	仅适用于有限元模型
	SFCUM	累加节点群面荷载	替代、累加和忽略 3 种方式
	SFFUN	定义节点号与面荷载的函数关系	也可用于单元加载命令
	SFGRAD	定义面荷载的梯度	也用于单元、线、面加载命令
	SFLIST	节点群面荷载列表	
	SFDELE	删除节点群面荷载	
单元	SFE	在单元上施加面荷载	单元的任一面，各节点可不等
	SFBEAM	在梁单元施加面荷载	分布荷载、跨间集中荷载等
	SFELIST	单元面荷载列表	
	SFEDELE	删除单元面荷载	

续上表

位　置	命　令	功　能	备　注
线	SFL	在线上施加面荷载	2D 面单元、壳单元
	SFLLIST	线上面荷载列表	
	SFLDELE	删除线上面荷载	
面	SFA	在面上施加面法向的面荷载	3D 体单元、壳单元
	SFALIST	面上面荷载列表	
	SFADELE	删除面上面荷载	
转换	SFTRAN	将几何模型上的面荷载传到有限元模型上	仅仅转换面荷载
	SBCTRAN	将几何模型上的所有边界条件传到有限元模型上	

虽然线分布荷载和面分布荷载都称为压力，但对不同的单元类型，其荷载单位不尽相同。

对于 2D 面单元，无论面荷载施加在单元边或边界线(LINE)，其荷载单位都是“力/面积”。

对于 SHELL 单元，施加中面法向的面荷载单位为“力/面积”，而单元边或单元边界线上的面荷载单位为“力/长度”。

对于梁单元，其分布荷载单位为“力/长度”，单元端部荷载单位为“力”。

对于 3D 实体单元，其面荷载的单位为“力/面积”。

1. 施加节点面荷载

(1)对节点群施加面荷载。

命令：SF，Nlist，Lab，VALUE，VALUE2

其中：

Nlist——节点群，可取 ALL 或元件名，也可为 P(进入 GUI 方式拾取节点)。

Lab——面荷载标识符，结构分析为 PRES。

VALUE——面荷载值或表格型面荷载的表格名称。

VALUE2——复数输入时面荷载值的第二个值。

对于单个节点不能使用该命令。

对于 3D 体单元面的所有节点在 Nlist 表示的节点群中时才能施加该荷载，否则不予施加，即由 Nlist 节点群能够确定多少个单元面就施加多少单元面(与几何面无关)。此时与单元是否被单独选择无关。面荷载的方向与单元面法向相同。利用该命令的特点可以解决大面上局部加载的问题(其他命令也可)，只需在划分网格时加以控制生成比较规则的单元面即可。

对于 2D 面单元，当在单元外部边界(不是单元边)上加载时，可仅选择外部边界上的节点群即可加载；当节点群不在单元外部边界时，尚须单独选择包含这些节点的单元，否则不予施加。面荷载的方向与单元面平行，且指向单元面边界。该特点对于单元周边施加相同面荷载时比较简单,当然也可施加单元任一边的面荷载,但稍稍麻烦些。

例如:

```
! EX4.4A  3D单元SF加载示例
FINISH$/CLEAR$/PREP7
ET,1,95$BLC4,,,10,10,20                    ! 定义单元类型,创建长方体
ESIZE,,4$VMESH,ALL                         ! 定义单元网格数目,划分单元网格
ASEL,S,LOC,Y,10                            ! 选择Y=10的几何面
NSLA,S                                     ! 选择与面相关的节点,但不包含面边界节点
SF,ALL,PRES,1000                           ! 施加节点群压力荷载(力/面积),仅4个单元面
ASEL,S,LOC,Z,20                            ! 选择Z=20的面
NSLA,S,1                                   ! 选择与面相关的所有节点
SF,ALL,PRES,1000                           ! 施加节点群压力荷载(力/面积),所有单元面
! EX4.4B  2D单元SF加载示例
FINISH$/CLEAR$/PREP7
! 1.定义单元,创建带孔面
ET,1,82$BLC4,,,100,200$BLC4,30,60,40,80$ASBA,1,2
WPROTA,,-90$WPOFF,,,60$ASBW,ALL
! 2.切分面,以便划分网格
WPOFF,,,80$ASBW,ALL$WPROTA,,,90$WPOFF,,,30$ASBW,ALL$
WPOFF,,,40$ASBW,ALL
WPCSYS,-1$ESIZE,5$AMESH,ALL$/PSF,PRES,NORM,2
SF,ALL,PRES,100                            ! 对所有单元施加面荷载,即外部边界加载
SFDELE,ALL,PRES                            ! 删除上述面荷载
NSEL,S,LOC,X,0                             ! 选择X=0的节点群
SF,ALL,PRES,100                            ! 对上述节点群施加面荷载
NSEL,S,LOC,X,15,20                         ! 选择X=15～20的节点
ESLN,S,1                                   ! 选择上述节点能够确定的全部单元
NSEL,R,LOC,X,15                            ! 从中选择X=15的节点群
SF,ALL,PRES,110                            ! 对上述节点群施加面荷载(内部单元的一边上)
NSEL,S,LOC,X,40,60                         ! 选择X=40～60的节点
NSEL,R,LOC,Y,10,30                         ! 从中选择Y=10～30的节点
ESLN,S,1                                   ! 选择上述节点能够确定的全部单元
SF,ALL,PRES,100                            ! 对上述节点群施加面荷载(内部单元的周边上)
LSEL,S,LOC,X,100                           ! 选择X=100的线
NSLL,S,1$ESLN,S                            ! 选择与线相关的全部节点,再选择与节点相关的全部单元
NSEL,S,LOC,X,95                            ! 重新选择节点群(在上述单元范围内)
SF,ALL,PRES,-100                           ! 对上述节点群施加面荷载(内部单元的一边上)
ALLSEL$EPLOT
```

该命令仅适用于面单元和体单元,在限定条件下壳单元也可使用。

(2)定义节点号与面荷载的函数关系。

命令:SFFUN,Lab,Par,Par2

其中：

Lab——面荷载标识符，结构分析为 PRES。

Par——储存面荷载值的参数名（数组参数）。

Par2——用于复数输入时的第二个值。

该命令定义节点号与面荷载的函数关系，数组中值的位置（数组下标）表示节点号，数组值表示面荷载的大小。该命令对于施加由其他软件计算出的节点面荷载时比较适用，但对于 ANSYS 自动生成的有限元模型，其节点编号由系统自动确定，显然要直接应用这种函数关系并不容易。该命令所定义的函数关系，可用于 SF 和 SFE 命令。

例如：

```
! EX4.5  节点号及其荷载函数
FINISH$/CLEAR$/PREP7
ET,1,45$BLC4,,,10,10,20                        ! 定义单元类型，创建长方体
ESIZE,5$VMESH,ALL                              ! 定义单元尺寸，划分网格
*DIM,MYPRES,,100                               ! 定义数组 MPPRES
*DO,I,1,100$MYPRES(I) = I*10.0$*ENDDO          ! 为数组赋值
SFFUN,PRES,MYPRES(1)                           ! 定义节点号与面荷载函数关系
NSEL,S,LOC,Y,10$SF,ALL,PRES,10                 ! 选择节点群，施加面荷载
SFLIST                                         ! 该面荷载的节点上的值为 10+I*10
*DO,I,1,100$MYPRES(I) = I*50.0$*ENDDO          ! 为数组重新赋值，定义另组关系
NSEL,S,LOC,Z,20$SF,ALL,PRES,0                  ! 选择节点群，并施加面荷载
ALLSEL$SFLIST                                  ! 列表显示所有面荷载的值
```

(3)定义面荷载梯度。

命令：SFGRAD，Lab，SLKCN，Sldir，SLZER，SLOPE

其中：

Lab——面荷载标识符，结构分析为 PRES。

SLKCN——斜率坐标系的参考号，缺省为 0（总体直角坐标系）。

Sldir——在 SLKCN 坐标系中梯度（或斜率）的方向，其值可取：

=X（缺省）：沿 X 方向的斜率，对非直角坐标系为 R 方向；

=Y：沿 Y 方向的斜率，对非直角坐标系为 θ 方向；

=Z：沿 Z 方向的斜率，对球或环坐标系为 ϕ 方向；

SLZER——斜率基值为 0 的坐标位置。如为角度则单位为度，如果奇点在 180°，则 SLZER 在±180°之间，如果奇点在 0°，则 SLZER 在 0°～360°之间。

SLOPE——斜率值，即单位长度或单位角度的荷载值，沿 Sldir 正方向递增为正，递减为负。

该命令所定义的梯度（斜率）可为随后的 SF、SFE、SFL 和 SFA 命令使用，每个节点处的荷载按下式计算：

CVALUE＝VALUE＋(SLOPE×(COORD－SLZER))

其中：

VALUE——命令 SF、SFE、SFL 和 SFA 中的参数值，

COORD——节点坐标。

定义的梯度仅在当前被激活，即如果定义了多个梯度，后面定义的梯度将替代前面已定义的。特别要注意的是，一旦设定了荷载梯度，则对随后的荷载施加命令都有效。因此，应该及时取消荷载梯度，无参数的 SFGRAD 命令，则取消此命令的所有设置。命令 SFGRAD，STAT 可显示当前的状态。该命令不能对 PIPE 系列单元施加梯度荷载，且该命令不能采用表格型边界条件。

其使用方法详见 SFL 和 SFA 命令中的示例。

其余命令如 SFSCALE、SFCUM、SFLIST 和 SFDELE 等使用方法与前面同类命令类似。但 SFSUM 仅对节点群荷载有效（SF 命令施加的荷载），对于 SFE、SFL 及 SFA 无效。

2. 施加单元荷载

(1)在单元上施加面荷载。

命令：SFE，ELEM，LKEY，Lab，KVAL，VAL1，VAL2，VAL3，VAL4

其中：

ELEM——拟施加面荷载的单元号，也可为 ALL 或元件名。

LKEY——与面荷载相关的荷载控制参数，缺省为 1，在每个单元的帮助中有说明。如 PLANE42 单元，其节点编号顺序为 IJKL（逆时针），每边的编号为①-IJ②-JK③-KL④-LI，LKEY＝1，2，3，4 对应边为①②③④。

Lab——面荷载标识符，结构分析为 PRES。

KVAL——当 Lab＝PRES 时，KVAL＝0 或 1 表示 VAL1～VAL4 为压力的实部，KVAL＝2 表示 VAL1～VAL4 为压力的虚部。

VAL1——第一个面荷载值或表格边界条件名称，比较典型的是在面上的第 1 个节点上，节点的顺序在单元中明确地给定（如上述 PLANE42 单元），依次类推其他荷载值及对应的节点。

VAL2～VAL4——为面上节点的第 2、3、4 个面荷载值，如果为空，则与 VAL1 相等；如果为 0 或其他空值则均为 0；当然也可用作表格边界条件名称。

对于 2D 平面单元，可对单元的任一面（实为单元边界）施加面荷载，荷载施加到该单元面的角节点上（高次单元的中间节点荷载由系统自动处理），相邻角节点的数值可以不等。

对于 3D 体单元，用 SFE 施加面荷载时，也要确定面号及方向才能保证正确（可根据单元节点列表确定单元面号），同样也可施加不同的荷载值使得该面上各节点荷载不同。

对于 SHELL 单元，其①和②面为地面和顶面，其余为侧面（侧边）。

SF 和 SFE 比较而言，对 2D 平面单元，SF 施加单元周边面荷载较为方便，而 SFE 对施加单元任一边面荷载较为方便；对于 3D 体单元，SF 施加的面荷载对各节点是等值的（除非使用 SFFUN 定义），而 SFE 可施加各节点不等值和等值两种面荷载；对于 SHELL 单元，SFE 较 SF 方便。一般而言，对于通过几何模型生成的有限元模型，通过 SFL 和 SFA 命令施加荷载更加便捷，且不易出错。

例如，下面是对 2D 平面单元、3D 体单元和 SHELL 单元应用示例。

```
! EX4.6A  2D 平面单元 PLANE82
FINISH$/CLEAR$/PREP7
ET,1,82$BLC4,,,10,50                        ! 定义单元,创建平面
ESIZE,2$AMESH,ALL                           ! 定义单元尺寸,划分单元网格
SFE,1,4,PRES,,100,50                        ! 单元 1 的第 4 面施加压力 100,50,0,0
SFE,6,4,PRES,,200,40                        ! 单元 6 的第 4 面施加压力 200,40,0,0
NSEL,S,LOC,X,10$ESLN,S                      ! 选择单元
SFE,ALL,2,PRES,,-100                        ! 施加所选单元的第 2 面压力为 -100(各点均为 -100)
/PSF,PRES,NORM,2,0,1$ALLSEL                 ! 显示荷载
EPLOT
! EX4.6B  3D 体单元 SOLID95
FINISH$/CLEAR$/PREP7
ET,1,95$BLC4,,,10,10,30                     ! 定义单元,创建长方体
ESIZE,5$VMESH,ALL                           ! 定义单元尺寸,划分单元网格
/PSF,PRES,NORM,2,0,1                        ! 设置荷载显示方式为箭头
SFE,22,3,PRES,,100                          ! 单元 22 的第 3 面施加压力为 100(各点均为 100)
SFE,22,6,PRES,,100,110,120,130              ! 单元 22 的第 6 面施加压力为 100,110,120,130
SFELIST
! EX4.6C  3D 壳单元 SHELL63
FINISH$/CLEAR$/PREP7
ET,1,63$WPROTA,,90                          ! 定义单元,旋转工作平面
BLC4,,,10,10                                ! 在总体坐标系 XZ 平面创建面
ESIZE,5$AMESH,ALL                           ! 定义单元尺寸,划分单元网格
/PSF,PRES,NORM,2,0,1                        ! 设置荷载显示方式为箭头
SFE,1,1,PRES,,100                           ! 单元 1 的第 1 面施加面荷载 100(各点均为 100)
SFE,1,3,PRES,,100                           ! 单元 1 的第 3 面施加面荷载 100(各点均为 100)
SFE,1,6,PRES,,100                           ! 单元 1 的第 6 面施加面荷载 100(各点均为 100)
SFE,4,1,PRES,,100,110,120,130               ! 单元 4 的第 1 面施加面荷载 100,110,120,130
```

(2)在梁单元施加面荷载。

命令:SFBEAM,ELEM,LKEY,Lab,VALI,VALJ,VAL2I,VAL2J,IOFFST,JOFFST

其中:

ELEM——拟施加面荷载的单元号,也可为 ALL 或元件名。

LKEY——荷载面号(缺省为 1),在每个梁单元的帮助中有说明。

Lab——面荷载标识符,结构分析为 PRES。

VALI,VALJ——节点 I 和 J 附近的荷载数值。当 VALJ 为空时,与 VALI 相同,否则为其输入值。

VAL2I,VAL2J——当前未启用。

IOFFSET——VALI 荷载值的作用点离开 I 节点的距离。

JOFFSET——VALJ 荷载值的作用点离开 J 节点的距离。

该命令是对梁单元(BEAM 系列)施加单元荷载的唯一命令,施加到梁单元线(LINE)上

的荷载不能转换到有限元模型。梁单元荷载有线性分布荷载、局部线性分布荷载、跨间集中力三种。对于梁单元的垂直和切向分布荷载其单位为“力/长度”，而对于端部荷载其单位则为“力”。

线性分布荷载：如节点 I 和节点 J 的横向分布集度分别为 Q1 和 Q2，其命令为：

SFBEAM,ELEM,1,PRES,Q1,Q2

局部线性分布荷载，Q1 到节点 I 的距离为 A1，Q2 到节点 J 的距离为 A2，其命令为：

SFBEAM,ELEM,1,PRES,Q1,Q2,,,A1,A2

跨间集中力：设集中力为 P1，到节点 I 的距离为 A1，其命令为：

SFBEAM,ELEM,1,PRES,P1,,,,A1,－1 ！注意 JOFFSET 必须设为－1

所有荷载均相对于单元而言，对每个单元可施加多个 LKEY 不同的荷载，但对于同一 LKEY 值，只能施加一种。如 BEAM3 单元，LKEY＝1 为垂直单元轴线的荷载，LKEY＝2 为平行单元轴线的分布荷载，而 LKEY＝3 或 4 时为单元端部面荷载（力）；同时可利用 KEYOPT(10)设置长度或长度比确定 IOFFSET 或 JOFFSET。

例如：

```
! EX4.7  在梁单元上施加荷载
FINISH$/CLEAR$/PREP7                          ! 定义单元类型
ET,1,BEAM3
K,1$K,2,10$L,1,2                              ! 创建关键点和线
ESIZE,,10$LMESH,ALL                           ! 定义单元数目,划分单元
/PNUM,ELEM,1                                  ! 设置单元号显示
SFBEAM,3,1,PRES,50,100                        ! 单元 3 施加垂直线性分布荷载,值分别为 50 和 100
SFBEAM,5,1,PRES,100                           ! 单元 5 施加垂直均布荷载,值为 100
SFBEAM,7,1,PRES,50,100,,,0.2,0.1              ! 单元 7 施加垂直局部线性分布荷载,值为 50 和 100
                                              ! 50 距离 I 节点 0.2,100 距离 J 节点为 0.1
SFBEAM,9,1,PRES,100,,,,0.4,-1                 ! 单元 9 施加集中荷载 100,距离 I 节点 0.4
SFBEAM,3,2,PRES,50,100,,,0.2,0.1              ! 单元 3 施加切向局部线性分布荷载
```

3. 在线上施加面荷载

命令：SFL,LINE,Lab,VALI,VALJ,VAL2I,VAL2J

其中：

LINE——拟施加荷载的线号，也可为 ALL 或元件名。

Lab——面荷载标识符，结构分析为 PRES。

VALI——线始端关键点处的面荷载值，也可为表格型边界条件的表格名。

VALJ——线末端关键点处的面荷载值，也可为表格型边界条件的表格名。若为空（缺省），与 VALI 相等，否则采用输入数据。

VAL2I,VAL2J——为复数输入时的虚部，而 VALI 和 VALJ 则为实部。

该命令仅对 2D 面单元的边界（线）、轴对称单元本身、壳单元边界（线）有效，对 3D 实体单元的线无效。

对于 2D 面单元，其输入的面荷载值为“力/面积”；而对壳单元，其输入的面荷载值为“力/

长度”,这点需要特别注意。

例如:

```
! EX4.8  在线上施加面荷载
FINISH$/CLEAR$/PREP7
ET,1,82$BLC4,,,10,30                          ! 定义单元类型,创建面
ESIZE,5$AMESH,ALL                             ! 定义单元尺寸,划分网格
/PSF,PRES,NORM,2                              ! 设置荷载显示方式为箭头
SFL,4,PRES,10,60                              ! 在线 4 上施加线性分布荷载
SFL,2,PRES,60                                 ! 在线 2 上施加均布荷载
SFTRAN$EPLOT
FINISH$/CLEAR$/PREP7
ET,1,SHELL63$WPROTA,,90                       ! 定义单元类型,旋转工作平面
BLC4,,,10,30$ESIZE,5$AMESH,ALL                ! 创建面,定义单元尺寸,划分网格
SFL,3,PRES,100                                ! 在线 3 上施加均布荷载
SFTRAN$EPLOT
```

4. 在面上施加面荷载

命令:SFA,AREA,LKEY,Lab,VALUE,VALUE2

其中:

AREA——拟施加面荷载的面号,也可为 ALL 或元件名。

LKEY——荷载施加的面号(缺省为 1)。如果面为体单元的表面,LKEY 将被忽略;对壳单元 LKEY 可取 1 或 2,而其他值无效,单元帮助中有详细说明。

Lab——面荷载标识符,结构分析为 PRES。

VALUE——面荷载值,也可为表格名称。

VALUE2——对结构分析无意义。

该命令对壳单元和 3D 体单元的面施加法向面荷载,对 2D 面单元无效。

5. 面荷载梯度及其加载

定义面荷载梯度后,可在 SF、SFE、SFL 和 SFA 命令中使用。如前所述,SFE、SFL 及 SFBEAM 命令可以直接施加线性分布荷载。当采用 SFGRAD 命令定义荷载梯度后,使用 SF 和 SFA 命令施加线性分布荷载比较方便,如静水压力、圆柱体分布压力等,下面结合例子说明其使用方法。

```
! EX4.9  利用荷载梯度在直角坐标系下的施加方法
FINISH$/CLEAR$/PREP7
ET,1,82$BLC4,,,10,60                          ! 定义单元类型,创建面
ESIZE,2$AMESH,ALL                             ! 定义单元尺寸,划分网格
/PSF,PRES,NORM,2                              ! 设置荷载显示方式
SFGRAD,PRES,,Y,0,-5                           ! 定义荷载梯度,SLZER=0,沿 Y 正方向递减 5 单位/长度
NSEL,S,LOC,X,0                                ! 选择 X=0,且 Y=0～40 的节点群
NSEL,R,LOC,Y,0,40
```

```
SF,ALL,PRES,600                          ! 对节点群施加面荷载,基值(Y=SLZER=0 处)为 600
! 上述荷载施加结果:Y=0 处为 600,Y=40 处为 600+(40-0)×(-5)=400
SFGRAD,PRES,,Y,30,-20                    ! 再重新定义梯度荷载,SLZER=30,斜率为-20
NSEL,S,LOC,X,10                          ! 选择 X=10 的节点群
SF,ALL,PRES,0                            ! 对节点群施加面荷载,基值(Y=SLZER=30 处)为 0
ALLSEL$EPLOT                             ! 如图 4-1 所示
! ------------------------------------------------------------------------------
```

柱坐标系下的施加方法,应该注意坐标系奇点和 SLZER 的关系。奇点的位置可用 CSCIR 命令设定,如 CSCIR,12,0(缺省),则设定奇点在 180°;而 CSCIR,12,1,则设定奇点在 0°。应该遵循两个原则,其一是拟加载的表面不通过奇点;其二是 SLZER 与奇点位置协调,如奇点在 180°,SLZER 应该在±180°之间;如奇点在 0°,SLZER 应该在 0°～360°之间。不满足这两个原则时,施加的荷载可能与拟施加荷载不同。

例如:

```
! EX4.10  利用荷载梯度在柱坐标系下的施加方法
FINISH$/CLEAR$/PREP7
CSYS,1$K,1,10,-90$K,2,10,90$K,3,10,90,30     ! 定义柱坐标系,创建关键点
L,1,2$L,2,3$ADRAG,1,,,,,,2$LDELE,2,,,1       ! 创建圆弧线和直线,拖拉创建面
NUMCMP,ALL$ET,1,63$ESIZE,2$AMESH,ALL         ! 定义单元类型和尺寸,划分网格
SFGRAD,PRES,1,Y,-90,1                        ! 设定荷载梯度:坐标号为 1,θ 方向,基点-90°,斜率 1/度
SFA,ALL,2,PRES,400                           ! 施加面荷载,在 θ=-90°处为 400
SFTRAN                                       ! 如图 4-2 所示
! 可考察下述命令及其施加方法,其结果不是图 4-2 所要求的结果
! 1.SZLER=270°,不在-180°～+180°之间,违背原则 1
! SFGRAD,PRES,1,Y,270,1$SFA,ALL,2,PRES,400$SFTRAN
! 2.SZLER=270,拟施加的荷载面通过奇点,违背原则 2
! LOCAL,12,1$CSCIR,12,1$SFGRAD,PRES,12,Y,270,1$SFA,ALL,2,PRES,400$SFTRAN
```

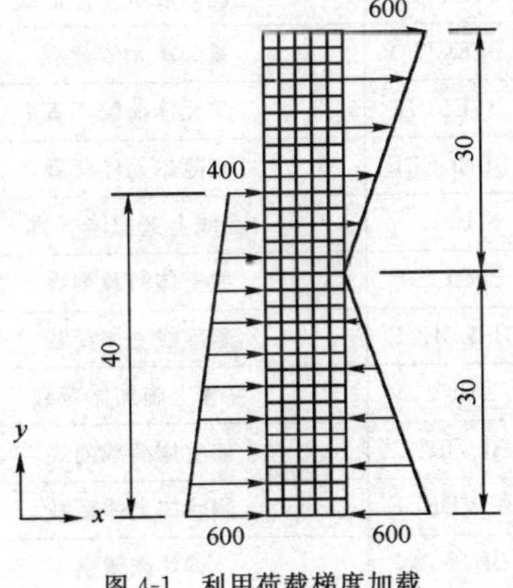

图 4-1　利用荷载梯度加载

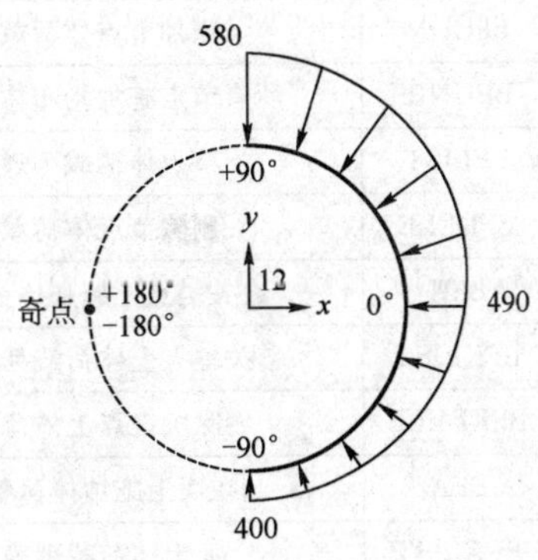

图 4-2　利用荷载梯度加载(非直角坐标系)

6. 表面效应单元施加面荷载

如前所述，施加具有 LKEY 参数的面荷载与单元类型相关。对于 2D 面单元，仅可在单元边上或边界上施加平行于单元面的荷载；对于 3D 体单元，仅可施加单元面法向面荷载；对于 3D 壳单元，可施加单元面法向面荷载和在单元边上或边界上施加平行于单元面的荷载。但有时所要施加的荷载不属于上述情况，如面的切向荷载或其他非法向面荷载等，此时可使用表面效应单元覆盖所要施加荷载的表面，并用这些单元作为“管道”施加所需荷载。如 2D 面单元和 3D 单元可分别使用 SURF153 单元和 SURF154 单元，SURF153 也可用于 2D 梁单元。

例如：

```
FINISH$/CLEAR$/PREP7
ET,1,SOLID95$ET,2,SURF154                ! 定义 SOLID95 单元和表面效应单元 SURF 154
BLC4,,,10,10,40                          ! 创建长方体
ESIZE,5$VMESH,ALL                        ! 定义单元尺寸，划分网格
/PSF,PRES,TANY,2                         ! 设置压力显式方式(单元坐标系 Y 切向)
NSEL,S,LOC,Y,10                          ! 选择 Y = 10 的所有节点
TYPE,2$ESURF                             ! 设置单元类型 2，生成表面效应单元
ESEL,S,TYPE,,2                           ! 选择单元类型为 2 的单元(表面效应单元)
SFE,ALL,3,PRES,,100                      ! 施加 LKEY = 3 的面荷载(切向)
ALLSEL                                   ! 可查看单元荷载(求解过程与 SURF154 无关)
```

4.1.5 施加体荷载

在结构分析中，ANSYS 的体荷载只有温度和流通量，其标识符分别为 TEMP 和 FLUE。用于体荷载施加的命令如表 4-6 所示。

施加体荷载及其相关命令

表 4-6

位置	命　令	功　能	位置	命　令	功　能
节点	BF	对节点施加体荷载	单元	BFE	在单元上施加体荷载
	BFSCALE	比例缩放节点体荷载		BFESCALE	比例缩放单元体荷载
	BFCUM	累加节点体荷载		BFECUM	累加单元体荷载
	BFUNIF	所有节点施加均布体荷载		BFELIST	单元体荷载列表
	BFLIST	节点体荷载列表		BFEDELE	删除单元体荷载
	BFDELE	删除节点体荷载	线	BFL	在线上施加体荷载
关键点	BFK	在关键点上施加体荷载		BFLLIST	线上体荷载列表
	BFKLIST	关键点上体荷载列表		BFLDELE	删除线上体荷载
	BFKDELE	删除关键点上体荷载	体	BFV	在体上施加体荷载
面	BFA	在面上施加体荷载		BFVLIST	体上体荷载列表
	BFALIST	面上体荷载列表		BFVDELE	删除体上体荷载
	BFADELE	删除面上体荷载	转换	BFTRAN	体荷载转换

几个主要的体荷载施加命令如下(仅 Lab=TEMP 时)：

- BF,NODE,Lab,VAL1
- BFE,ELEM,Lab,STLOC,VAL1,VAL2,VAL3,VAL4
- BFK,KPOI,Lab,VAL1
- BFL,LINE,Lab,VAL1
- BFA,AREA,Lab,VAL1
- BFV,VOLU,Lab,VAL1

其使用方法与面荷载施加命令类似,如第 1 个参数均为图素编号,也可为 ALL 或元件名；第 2 个参数 Lab=TEMP 或 FLUE;VAL1～VAL4 为体荷载值,可为单元不同位置上的体荷载值;STLOC 为 VAL1 指定一个对应的起始位置等。

这里不再一一介绍各个命令的具体使用方法,可参考相关文件。

4.1.6 施加惯性荷载

惯性荷载的施加有加速度、角速度和角加速度,其施加命令及相关命令如表 4-7 所示。

施加惯性荷载及其相关命令 表 4-7

命　令	功　能	备　注
ACEL	对物体施加加速度	在总体直角坐标系下
OMEGA	对旋转物体施加角速度	在总体直角坐标系下
DOMEGA	对旋转物体施加角加速度	在总体直角坐标系下
CGLOC	定义参考坐标系原点	相对于总体直角坐标系
CGOMGA	施加参考坐标系下的角速度	在参考坐标系下
DCGOMG	施加参考坐标系下的角加速度	在参考坐标系下
CMOMEGA	在单元元件上施加参考坐标系下的角速度	绕参考坐标系旋转轴
CMDOMGA	在单元元件上施加参考坐标系下的角加速度	绕参考坐标系旋转轴
IRLF	惯性释放计算	见 4.2.1 中的介绍
STAT,INRTIA	列表显式惯性荷载	

惯性荷载没有删除命令,要删除惯性荷载,需将荷载值设为 0,且为斜坡荷载。

ACEL、OMEGA 和 DOMEGA 命令分别用于施加在总体直角坐标系中的加速度、角速度和角加速度。需要注意的是,ACEL 命令施加的是加速度不是重力场,因此要施加一个－Y 方向的重力场,必须施加一个＋Y 方向的加速度。

使用 CGOMGA 和 DCGOMG 命令定义一转动物体的加速度和角加速度,但为相对于参考坐标系转动时的物理量(该物体绕参考坐标系转动)。CGLOC 命令用于指定参考坐标系相对于整个笛卡尔坐标系的位置。

CMOMEGA 和 CMDOMGA 命令在单元元件上施加参考坐标系下的角速度和角加速度。

ANSYS 定义的三种类型转动为：

①整个结构绕总体直角坐标系转动(OMEGA 和 DOMEGA 命令输入)；

②单元元件绕参考坐标系轴的转动(CMOMEGA 和 CMDOMEGA 命令输入);

③整体直角坐标系绕加速度原点的转动(CGOMGA、DCGOMG 和 CGLOC 命令输入)。

以上三种类型转动中,可两两组合同时施加到结构上。

此处仅介绍 ACEL 命令及使用方法,命令如下:

命令:ACEL, ACELX, ACELY, ACELZ

其中:

ACELX, ACELY, ACELZ——总体直角坐标系 X 轴、Y 轴和 Z 轴的结构线加速度值。

4.1.7 施加耦合场荷载

在耦合场分析中,通常将包含一个分析中的结果施加在第二个分析中作为荷载。例如,可将热分析中计算得到的节点温度,作为体积荷载施加到结构分析中,形成耦合场荷载。

施加耦合场荷载的命令为 LDREAD 命令,该命令是从一个结果文件读出数据然后作为荷载施加到模型上。因此,该命令不仅仅在施加耦合场荷载时使用,也可用于其他分析目的,如可用于结构分析中读入反作用力作为进一步分析的荷载等。

命令:LDREAD,Lab,LSTEP,SBSTEP,TIME,KIMG,Fname,Ext

其中:

Lab ——荷载标识符,其值可取(主要标识符):

=TEMP:来自于热分析的温度,可在结构分析、显式动力分析等作为体荷载施加,也可作为节点力和初始条件施加。来自于使用单元 SHELL131/132 热分析的温度,可作为体荷载施加到结构壳上;除使用“截面”(SECDATA)输入的单元 SHELL181/91 外,只有顶面和底面温度可施加到结构壳上,而忽略内部温度点;但对于使用“截面”输入的单元 SHELL181/191,则使用所有的温度。因此对于层壳,热分析和结构分析中的层数必须精确匹配。

=PRES:来自于 FLOTRAN 分析中的压力,可在结构分析中作为面荷载施加。对于壳单元则使用参数 KIMG 建立一个施加荷载的面。

=REAC:来自于任何分析中的支承反力,作为集中荷载施加到其他分析中,其值位于节点坐标系中。施加任意荷载并约束全部节点自由度可得到任意荷载的节点等效荷载,然后用此命令可施加等效节点荷载。

LSTEP——拟读入数据的荷载步,缺省为 1。若为 LAST 则读入最后一步的数据。

SBSTEP——在 LSTEP 荷载步内的子步数,空或 0 表示 LSTEP 荷载步的最后一个子步。

TIME——当 LSTEP 和 SBSTEP 为空时,拟读入数据的时间点。当 TIME 位于两个求解时间点之间时,采用线性插值结果。当 TIME 超过了结果文件的最后时间点,则采用文件的最后时间点的结果数据。

KIMG——当来自于谐分析的结果时,该参数控制读入实部或虚部数据。若为 0,读入实部,为 1,则读入虚部等。当 Lab=PRES 时,KIMG 为施加面荷载的壳单元面(单元中的面标识,如①或②等)。当 Lab=TEMP 时,在显式动力分析中,KIMG=0 表示作为体荷载施加,KIMG=1 表示作为节点荷载施加,KIMG=2 表示作为初始条件施加。

Fname——目录及文件名。缺省为当前工作目录下的工作文件名。

Ext——文件扩展名，缺省为“RST”。

该命令在使用时，节点荷载仅施加到所选择的节点上，单元荷载也仅施加到所选择的单元上。施加单元面荷载到所选择的单元上，该面上的所有节点也要同时被选择。耦合场荷载也可被比例缩放或累加，但不能使用表格型边界条件。当使用不同的荷载步求结果时，可多次执行 LDREAD 命令以重新定义荷载值。

例如，下面是在结构分析使用 LDREAD 命令的示例。

```
! EX4.11   LDREAD 命令的示例
FINISH$/CLEAR$/FILNAME,LDTEST1$/PREP7                    ! 定义工作文件名为 LDTEST1
ET,1,PLANE82$MP,EX,1,2.1E5$MP,PRXY,1,0.3                 ! 定义单元、材料特性等
BLC4,,,10,40$ESIZE,2$AMESH,ALL                           ! 创建面、划分单元
D,ALL,ALL$SFL,3,PRES,100                                 ! 约束所有节点及自由度，施加面荷载
/SOLU$SOLVE                                              ! 求解
/POST1$PRRSOL$FINISH                                     ! 在/POST1 中对支反力列表
/FILENAME,LDTEST2                                        ! 定义工作文件名
/SOLU
LSCLEAR,ALL                                              ! 删除所有荷载及边界条件
NSEL,S,LOC,Y,0$D,ALL,ALL$ALLSEL                          ! 选择 Y=0 的节点，并约束所有自由度
LDREAD,REAC,,,,,LDTEST1,RST                              ! 从 LDTEST1.RST 中读入支反力结果
SOLVE$/POST1$PLNSOL,S,Y                                  ! 求解，显示结果。
! 与直接施加荷载和约束的计算结果相同
```

在耦合场荷载的施加过程中，要注意单元的兼容性和单元是否支持耦合场分析。

4.1.8 初应力荷载及施加

初应力(Initial Stress)可以指定为一种“荷载”进行施加，但仅在静态分析和全瞬态分析中使用，可以用于线性分析或非线性分析。初应力荷载只能在第一个荷载步中施加，且 ANSYS 支持初应力荷载的单元类型有：PLANE2、PLANE42、PLANE82、PLANE182、PLANE183、SOLID45、SOLID92、SOLID95、SOLID185、SOLID186、SOLID187、SHELL181、SHELL208、SHELL209、LINK180、BEAM188、BEAM189 单元。初应力荷载是单元坐标系下的值，如果单元坐标系与总体坐标系不同应谨慎。初应力荷载只能在求解层施加(有些荷载可以在前处理层施加)，施加方法只有采用表 4-8 中的前 3 个命令，且不能采用 ISFILE 和 USTRESS 同时给单元施加初应力荷载。初应力荷载的施加采用覆盖方式，即多次施加时后面命令结果覆盖前面的命令结果。

初应力荷载及其相关命令　　　　表 4-8

命　　令	功　　能	备　　注
ISTRESS	施加初始常应力荷载	在求解层使用
ISFILE	从文件施加初应力荷载	在求解层使用
USTRESS	用户子程序施加初应力荷载	可参考用户子程序
ISWRITE	生成初应力文件	在求解层使用

初应力荷载施加在被选择的单元上，如果单元选择集为空或不选择某些单元，则不施加初应力荷载。初应力荷载相关命令如表 4-8 所示。

1. 施加初始常应力荷载

命令：ISTRESS，Sx，Sy，Sz，Sxy，Syz，Sxz，

MAT1，MAT2，MAT3，MAT4，MAT5，MAT6，MAT7，MAT8，MAT9，MAT10

其中：

Sx，Sy，Sz，Sxy，Syz，Sxz——初始的常应力值。

MAT1～MAT10——初应力拟施加到的材料编号，如没有指定，则施加到所有材料上。

该命令对所选择的单元施加一组初始常应力值。

2. 从文件施加初应力荷载

命令：ISFILE，Option，Fname，Ext，－，LOC，

MAT1，MAT2，MAT3，MAT4，MAT5，MAT6，MAT7，MAT8，MAT9，MAT10

其中：

Option ——初应力荷载操作控制参数，其值可取：

＝READ(缺省)：从文件读入初应力数据；

＝LIST：列出已经读入的初应力，也可为单元的 ID 或 ALL 列出一个单元的特定层；

＝DELE：删除已经读入的初应力，也可为单元的 ID 或 ALL 删除一个单元的特定层。

Fname——当 Option＝READ 时，Fname 为一目录和文件名。当 Option＝LIST 或 DELE 时，Fname 为列表或删除单元编号上的初应力，若为空则为当前所选择的所有单元；对于层壳单元(如 SHELL181)下一个参数 Ext 可用于表示列表或删除单元指定层上的初应力，此时忽略其他参数。

Ext——文件扩展名或层号，当 Fname 为空时，Ext 缺省为"IST"。当 Option＝LIST 或 DELE 时 Ext 为层壳单元的层号。

LOC ——总体位置标志，它确定每个单元内初应力要施加的位置，其值可取：

＝0(缺省)：在单元质心上施加初应力；

＝1：单元积分点上施加初应力；

＝2：在单元指定位置上施加初应力。在初应力文件的各单元应力数据标志区，有一个位置标志，该位置标志值可取 0 或 1(质心或积分点上)，即由初应力文件确定将初应力荷载施加到什么位置，此时各个单元施加的位置可以不相同。

＝3：常应力状态。用初应力文件中的第一个应力数据将所有单元初始化为一个常应力。

MAT1～MAT10——初应力拟施加到的材料编号，如没有指定，则施加到所有材料上。

该命令对所选择的单元施加初应力荷载，初应力的单元号与所选择的单元号相对应。材料号的输入也可采用材料编号范围，其方法为在 MATx 位置连续输入三个数值，第一个为范围左端，第二个为范围右端，第三个为编号增量但必须用负值。例如，将初应力荷载施加到 1 号材料、2～8 号间的偶数材料，则可采用 1，2，8，－2 输入(与 1，2，4，6，8 效果相同)。

3. 生成初应力文件

命令:ISWRITE,Switch

其中:

Switch——参数控制初应力文件是否生成文件,其中可取:

ON:以工作文件及扩展名 IST 生成初应力文件,并写入数据;

OFF:不生成初应力文件。

该命令仅在求解层有效,如果已有同名文件存在则覆盖之。该命令不支持 CDWRITE 命令。

用 ISWRITE 命令写出的应力为单元积分点应力,对于非线性分析,写入的应力数据为收敛后应力;对于线性分析,为求解完成后的应力。因此,其初应力文件标志区数据总为 eis,elemno,1。其中:elemno 为单元号,而 1 表示积分点应力的位置标识。在用 ISFILE 命令读入时,如果位置标志为 0,则采用各单元的第一个应力记录;如果位置标志为 2,则采用初应力文件中的位置标志(即 1);如果位置标志为 3,则采用应力文件的第一个应力数据。

下面以采用 2D 面单元的柱为例,说明上述命令的使用方法和效果。

```
! EX4.12  初应力荷载
FINISH$/CLEAR$/FILNAME,COLU1$/PREP7              ! 定义工作文件名为 COLU1
ET,1,PLANE82$MP,EX,1,2E5$MP,NUXY,1,0.3           ! 定义单元类型和材料属性
BLC4,,,1,10$ESIZE,2$AMESH,ALL                    ! 创建面,定义网格尺寸,划分网格
NSEL,S,LOC,Y,0$D,ALL,UY$D,1,UX                   ! 施加约束条件
NSEL,S,LOC,Y,10$SF,ALL,PRES,-10                  ! 施加节点面荷载
ALLSEL$FINISH
/SOLU$ISWRITE,ON                                 ! 进入求解层,打开初应力文件生成开关
SOLVE$FINISH                                     ! 求解生成初应力文件(在当前工作目录中)
! 为说明问题,这里重新建模
FINISH$/CLEAR$/FILNAME,COLU2$/PREP7              ! 定义工作文件名为 COLU2
ET,1,PLANE82$MP,EX,1,2E5$MP,NUXY,1,0.3           ! 定义单元类型和材料属性
BLC4,,,1,10$ESIZE,2$AMESH,ALL                    ! 创建面,定义网格尺寸,划分网格
NSEL,S,LOC,Y,0$D,ALL,UY$D,1,UX$ALLS              ! 施加约束条件
/SOLU                                            ! 进入求解层
LOC=2                                            ! 定义位置参数,改变此参数可得到不同的加载效果
ISFILE,READ,COLU1,IST,,LOC                       ! 从文件 COLU1.IST 中读入初应力并作为荷载施加
ISFILE,LIST                                      ! 查看施加的初应力荷载
SOLVE                                            ! 求解并可查看结果
! ......................................................................
```

施加初应力荷载时,要注意支持的单元类型、所选择的单元集、荷载施加位置等问题。同时必须明确,初应力荷载不是施加“应力历史”而是一种“荷载”。因此,对于用 ISWRITE 命令生成的初应力文件,再用 ISFILE 命令读入后,当仅有初应力荷载时,其效果是模型中应力为零而位移与原荷载产生的位移反向。要消除由于初应力荷载引起的位移且保持模型中应力不

变，可将原荷载一并施加，此时模型中应力与原荷载产生的应力相同，但位移场为零（位移很小，可认为是零）。例如，一悬臂梁在端部受集中力作用，先生成初应力文件；然后再施加初应力荷载和集中力；计算后可得到荷载作用下的应力场但无位移场。

```
! EX4.13  悬臂梁荷载作用下的应力场但无位移场
FINISH$/CLEAR$/FILNAME,CANT1$/PREP7                  ! 定义工作文件名等
ET,1,PLANE42$MP,EX,1,2E5$MP,NUXY,1,0.3               ! 定义单元类型、材料特性等
BLC4,,,10,1$ESIZE,0.5$AMESH,ALL                      ! 创建面、划分网格等
NSEL,S,LOC,X,0$D,ALL,ALL$ALLSEL                      ! 施加约束等
F,2,FY,-10$FINISH                                    ! 施加端部集中荷载等
/SOLU$ISWRITE,ON$SOLVE                               ! 求解，生成初应力文件等
/POST1$PLDISP$PLNSOL,S,X                             ! 查看求解结果等
/SOLU                                                ! 再次进入求解层，也可重新开始一个工作和恢复模型等
ISFILE,READ,CANT1,IST,,2                             ! 读入初应力文件，作为荷载施加
! FDELE,ALL,ALL                                      ! 如果删除原荷载则仅有初应力荷载，否则为二者共同作用
SOLVE                                                ! 求解（此时荷载为原荷载和初应力荷载）
/POST1$PLDISP$PLNSOL,S,X                             ! 查看求解结果
```

这种方法是求解地应力问题的常用方法，即由重力引起的应力场但无位移场。

4.1.9 荷载步及相关概念

在 ANSYS 分析中，与荷载有关的几个术语或概念为：荷载步（Load Steps）、荷载子步（Substeps）、斜坡荷载（Ramped Loads）、阶跃荷载（Stepped Loads）、时间（Time）及时间步（Time step）、平衡迭代（Equilibrium Iterations）。概念与土木工程相同，如荷载工况和荷载组合等，将在后处理中予以介绍。

1. 荷载步、荷载子步和平衡迭代

荷载步是为求解而定义的荷载配置，可根据荷载历程（时间和空间）在不同的荷载步内施加不同的荷载。在时间上，ANSYS 只支持斜坡荷载和阶跃荷载，并以不同的荷载步表示出来。例如，在结构线性静态分析中，可将结构自重和外荷载分两步施加到结构上，第一个荷载步可施加自重，第二个荷载步可施加外荷载等。

荷载子步是在某个荷载步之内的求解点（由程序定义荷载增量），不同分析中荷载子步有不同的目的。例如，在线性静态或稳态分析中，使用子步逐渐增加荷载可获得精确解；在瞬态分析中，使用子步可得到较小的积分步长，以满足瞬态时间积累法则；在谐分析中，使用子步可获得不同频率下的解。

平衡迭代是在给定子步下为了收敛而进行的附加计算。在非线性分析中，平衡迭代作为一种迭代修正具有重要作用，迭代计算多次收敛后得到该荷载子步的解。

荷载步、荷载子步及时间如图 4-3 所示。

2. 斜坡荷载和阶跃荷载

当在一个荷载步中设置一个以上子步时，就必须定义荷载是斜坡荷载或是阶跃荷载。

阶跃荷载是指荷载全值施加在第一个荷载子步，其余荷载子步内荷载保持不变。如图

4-4a)所示，对于荷载步 2 按要求是由荷载步 1 的全值荷载突然卸载，而程序实际上是从荷载步 1 的终点到荷载步 2 的第一个子步内完成的，所以可增加荷载步 2 的子步数(减小时间增量)以模拟突然卸载过程。

斜坡荷载是指在每个荷载子步，荷载逐渐增加，在该荷载步结束时达到荷载全值。如图 4-4b)所示，各荷载步内子步的荷载采用线性内插。

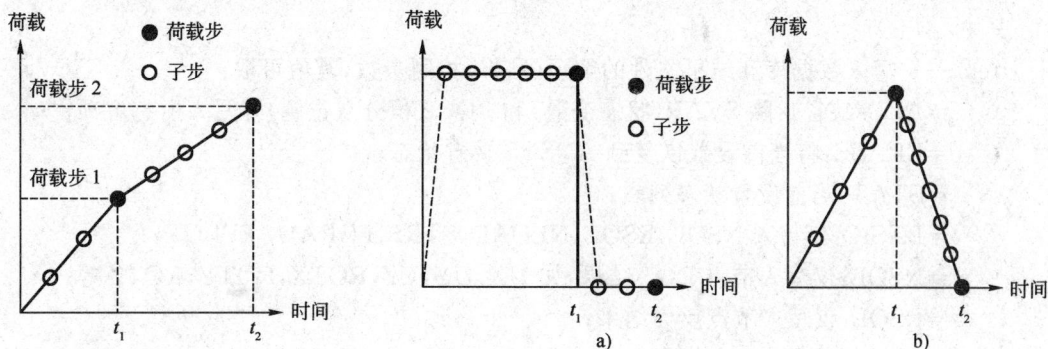

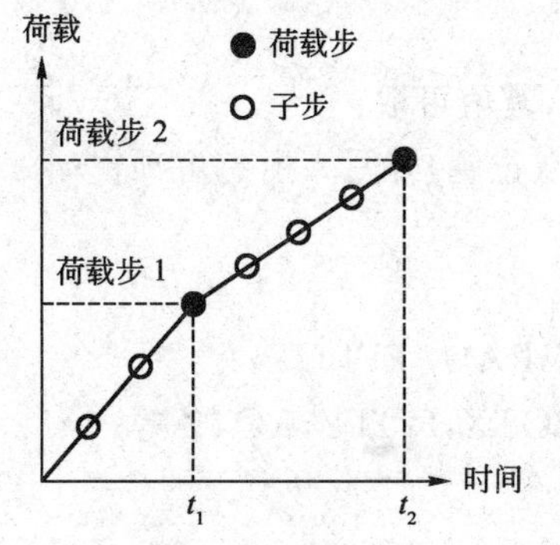

图 4-3　荷载步及荷载子步

荷载
荷载步
子步
时间
t_1
t_2
a)

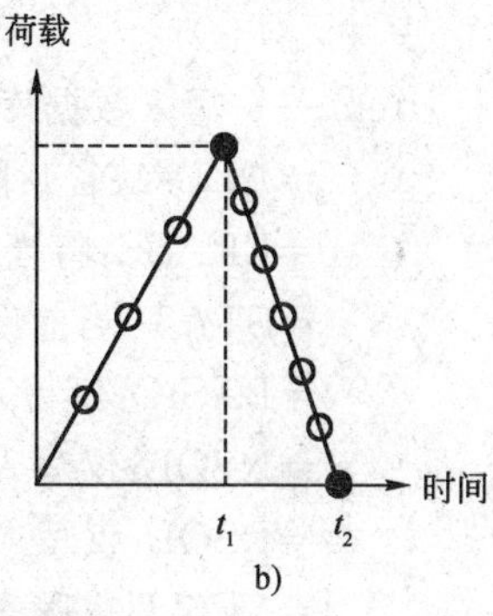

图 4-4　阶跃荷载和斜坡荷载示意

a)阶跃荷载；b)斜坡荷载

3. 时间及时间步

在所有静态和稳态分析中，不管是否与时间"真实"相关，ANSYS 都使用时间作为跟踪参数。在所有情况下，时间可以作为一个"计数器"或"跟踪器"，且时间总是单调增加的。

在瞬态分析或与速率有关的静态分析(如蠕变或粘塑性)中，时间代表实际的按年月顺序的时间，可用小时、分、秒等表示。在指定荷载历程的同时，在每个荷载步终点给时间赋值。

对于与速率无关的静态分析，时间仅仅成为识别荷载步和子步的计数器，每一个荷载步和子步都与唯一的时间点对应，故子步也称时间步。因此这种情况下，"time"可用任意单位和数值。在缺省情况下，程序自动对 time 赋值，例如，在荷载步 1 结束时，time＝1；在荷载步 2 结束时，time＝2 等。该 time 在后处理的时间(荷载)—变形曲线中非常有用。

当采用弧长法求解时，时间等于荷载步开始时的时间值加上弧长荷载系数(当前所施加荷载的放大系数)的数值，此时时间不必单调增加，可以为负值。在每个荷载步的开始时重新置零，因此在弧长法求解时，时间不作为计数器。

荷载步和子步都与时间点对应，即荷载步或子步是一定时间间隔内的系列荷载。两个连续子步之间的时间差称为时间步长或时间增量。平衡迭代就是为收敛在给定时间点上进行迭代求解的方法。荷载步、子步和时间的关系如图 4-3 所示。

上述概念的相关命令将在求解控制中予以解释。

4.2　荷载步选项及设置

荷载步选项主要包括输出选项、其他选项、荷载步文件等内容(不同版本略有差别)，这些选项绝大多数都有缺省的设置值，分别介绍如下：

4.2.1 输出选项

输出选项控制输出结果数据、求解追踪、PGR 文件、参考温度、结果插值方式等。

1. 控制写入数据库和结果文件的结果数据

命令:OUTRES,Item,FREQ,Cname

其中:

Item ——写入数据库和结果文件的解项(结果)控制参数,其值可取:

=ALL(缺省):除 SVAR(状态变量)和 LOCI(积分点位置)外写入所有解项;

=ERASE:将当前设置恢复到 ANSYS 缺省状态;

=STAT:当前设置状态列表;

=BASIC:仅写入 NSOL,RSOL,NLOAD,STRS,FGRAD, FFLUX;

=NSOL:仅写入节点 DOF 结果,如 UX,UY,UZ,ROTX,ROTY,ROTZ 等;

=RSOL:仅写入节点反力结果;

=V:仅写入瞬态分析时的节点速度;

=A:仅写入瞬态分析时的节点加速度;

=ESOL:仅写单元结果,包括单元节点力 NLOAD,单元节点应力 STRS,单元弹性应变 EPEL,单元热、初始和膨胀应变 EPTH,单元塑性应变 EPPL,单元蠕变应变 EPCR,单元节点梯度 FGRAD,单元节点流量 FFLUX,积分点位置 LOCI,状态变量 SVAR(仅 USERMAT 时),单元表数据 MISC 等。

FREQ ——写入内容的频率(即写入哪个子步的结果),其值可取:

=NONE:禁止写入所有子步的内容;

=ALL:写入每个子步的内容,是谐分析或 EXPASS 打开时的缺省状态;

=LAST:写入每个荷载步的最后子步内容,是静态分析或瞬态分析的缺省状态;

=n:写入荷载步中每隔 n 个子步的内容(包括最后子步);

=-n:写入荷载步中按子步均匀分割的 n 个子步的内容(仅为自动时间步打开时);

=%array%:存有 N 个时间值的数组,程序根据这些值写入数据,时间值为升序,且数值介于荷载步的开始和结束时间之间。多荷载步时,必须改变时间值以保证在荷载步开始和结束时间之间(可重新定义数组和时间)。

Cname——CM 命令创建的存放单元或节点的元件名。若为空时为所有有限元图素,当 Item=ALL 或 BASIC 或 RSOL 等就不能使用元件名。

该命令控制写入数据库和结果文件的数据,当分析生成的结果文件特别大时,可采用该命令有选择的写入数据,以控制 RST 文件的大小并节约资源。

该命令如重复执行,则采用后执行的设置。可利用此特性先后设置不同的参数,写入不同荷载步下的不同数据内容。

该命令对应的 GUI 在求解控制对话框下,不属于荷载步选项的设置。

2. 结果输出控制

命令:OUTPR,Item,FREQ,Cname

其中参数意义同 OUTRES 命令的参数，但该命令是控制向输出文件.OUT 写入的内容。

利用 OUTRES 和 OUTPR 组合可严格控制输出的内容和数据，同时要注意各个命令的先后顺序，如果按 OUTRES 中列出的 Item 参数值顺序，可达到目的，反之则可能遭到覆盖而失效。

3.图形求解追踪器

命令：/GST，Lab

其中：

Lab——打开或关闭图形求解追踪器控制参数，当 Lab＝ON 时打开，当 Lab＝OFF 时关闭。对于 GUI 模式，ANSYS 直接将 GST 显示在用户屏幕上；对于批处理模式（从 MSDOS 窗口直接运行 ANSYS，如输出"c:\Program Files\Ansys Inc\V81\ANSYS\bin\intel\"ansys81 -b-i name1.txt-o name2。一般在 WINDOWS 环境下多采用 GUI 方式，然后以命令流方式执行），GST 将保存在以 GST 为扩展名的文件中（GST 文件以 ANSYS 的 DISPLAYW 程序阅读）。

GST 方式仅适用于非线性结构分析等模拟，如求解时平衡迭代与收敛过程的图形等。

4.积分点结果外插控制

命令：ERESX，Key

其中：

Key——外插控制参数，其值可取：

＝DEFA（缺省）：除具有塑性、蠕变和膨胀特性的单元外，将积分点的结果外插扩展到所有单元的节点上；

＝YES：积分点的结果外插扩展到所有单元的节点上，对于具有塑性、蠕变和膨胀特性的单元，仅将线性结果外插扩展到单元的节点上，其余则采用复制方法；

＝NO：复制积分点结果到单元的节点上，不采用外插法。

该命令对结构应力、弹性和热应变等有影响，非线性数据（塑性、蠕变和膨胀应变）总是采用复制方法而不采用外插法。对壳单元，该命令仅适用于面内积分点的结果控制。

5.惯性释放计算控制

命令：IRLF，KEY

其中：

KEY——是否考虑惯性释放控制参数，其值可取：

＝0（缺省）：无惯性释放计算；

＝1：用惯性释放力平衡荷载；

＝－1：仅为输出计算的总质量，不考虑惯性释放。

可使用 IRLIST 命令显示惯性释放计算结果。

惯性释放（inertia relief）就是通过计算加速度施加惯性力来平衡外荷载，利用惯性释放可求解"全自由"结构，如水中的船舶、空中的飞机、航天器等结构的静力分析；当然也可利用惯性释放求解外荷载自平衡结构的内力和变形（此时加速度为 0）。

在求解全自由结构或自平衡结构的内力和变形时，可不施加任何约束，也可施加且仅可施加一个节点的"虚约束"，该节点约束仅仅为防止刚体位移或刚体转动所必须的约束（如对 2D

结构，可施加 3 个自由度约束；对 3D 结构可施加 6 个自由度约束）。在求解时，程序先计算在外荷载作用下结构各节点的加速度，然后将加速度转化为惯性力反向施加到每个节点上，由此构造一个平衡的力系（支座反力为 0），从而求解得到所有节点相对“虚支座”的位移及结构的荷载响应。各节点加速度通过结构质量矩阵和外荷载计算得到，当然包括平移加速度和转动加速度。

惯性释放仅用于静态分析，且非线性、子结构、点单元及轴对称单元等不支持惯性释放，梁单元和层壳单元的质心偏置和变截面梁单元也不支持惯性释放；同时使用 2D 和 3D 单元的结构模态分析也不推荐使用。如果在第二及后续荷载步使用惯性释放，则必须在第一荷载步打开 EMATWRITE 命令，以便使用单元刚度矩阵。

例如，一开口框架受自平衡的外荷载作用，求其结构内力和变形，其命令流如下：

```
! EX4.14  利用惯性释放求解自平衡结构的内力和变形
FINISH$/CLEAR$/PREP7
ET,1,BEAM3$MP,EX,1,2.1E11                        ! 定义单元类型及材料特性
MP,PRXY,1,0.3$MP,DENS,1,7800$R,1,0.2,0.05,0.2    ! 定义质量密度和实常数
K,1,10,10$K,2,15,10$K,3,15,15$K,4,10,15          ! 创建关键点
L,1,2$L,2,3$L,3,4$LESIZE,ALL,,,10$LMESH,ALL      ! 创建线,并划分网格等
/SOLU                                            ! 进入求解层
ANTYPE,0$IRLF,1                                  ! 定义分析类型,打开惯性释放
D,19,ALL                                         ! 对节点 19 施加约束(可对任意一个节点施加约束)
F,22,FY,1000$F,1,FY,-1000                        ! 施加一对集中力(自平衡)
SOLVE$FINISH$/POST1                              ! 求解并进入后处理层
PLDISP,1                                         ! 显示变形图(约束仅对刚体位移有影响,对变形形状无影响)
ETABLE,MI,SMISC,6                                ! 定义单元弯矩表
ETABLE,MJ,SMISC,12
PLLS,MI,MJ,-1                                    ! 显示弯矩图(与静力计算结果相等)
IRLIST                                           ! 显示惯性释放加速度等数据
PRRSOL                                           ! 显示支座反力(极小,属于计算误差)
```

如上例子，如果不施加节点 1 的荷载，则结构变为“全自由”结构，同样可求解出结构的内力和变形。此内力和变形可根据达朗贝尔原理得到验证，此处从略。

惯性释放的另外一个应用就是可以对结构局部进行分析。可先进行简化的结构整体分析，得到各构件的内力；然后对结构局部构件建立精确的计算模型，施加结构整体分析得到的内力，而不必考虑局部结构的边界条件，用惯性释放即可求得局部构件的结构内力和变形。

输出控制另外尚有 PGR 文件的系列命令，此不介绍。

4.2.2 其他选项

荷载步选项的其他控制命令主要包括参考温度、三角矩阵、谐荷载、生死单元、约束方程常数、端点自由度释放、节点坐标更新、改变材料等内容。

1. 定义参考温度

命令：TREF，TREFV

其中：

TREFV——热膨胀的参考温度，缺省值为0.0℃。如果没有使用命令TUNIF定义均布温度，也可用此值作为均布温度使用。

该命令为结构和显式动力分析中的热应变计算设定参考温度，热应变将按α×(T－TREFV)计算，其中α为热膨胀系数，T为单元温度。如果α为随温度变化时，TREFV也应有一定的温度范围。

参考温度也可在MP命令中使用REFT参数定义，如MP,REFT,MAT,C0;C0必须为一常数（不随温度变化），且此值将施加到MAT号材料上。但TREF命令所定义的参考温度将施加到所有材料上。

2.重新使用三角化矩阵的设置

命令：KUSE,KEY

其中：

KEY——重新使用三角化矩阵的控制参数，其值可取：

=0（缺省）：由程序自动确定是否再使用以前用过的三角化刚度矩阵；

=1：强迫使用以前用过的三角化刚度矩阵，主要用在重启动分析中。此项选择是一个非标准的程序调用，需谨慎使用。如果使用了此选项，但随后又改变了单元数或自由度类型或个数，都将导致程序终止。

=－1：生成所有单元刚度矩阵，并用于重新形成一个新的三角化刚度矩阵。

该命令定义在当前荷载步的子步中是否要使用以前的三角化刚度矩阵，仅对静态分析或完全瞬态分析适用，如后续荷载步的频率不变也可适用与完全谐分析（－1参数无效）。

3.定义当前荷载步的谐荷载项

命令：MODE,MODE,ISYM

其中：

MODE——谐荷载项沿周边的谐波数，缺省为0。

ISYM——谐荷载的对称条件，当MODE=0时无效。其值可取：

=1（缺省）：对称，UX、UY、ROTZ、TEMP使用余弦，UZ使用正弦；

=－1：反对称，UX、UY、ROTZ、TEMP使用正弦，UZ使用余弦。

在非轴对称荷载和轴对称单元一起使用时，对MODAL、HARMIC、TRANS或SUBSTR等分析类型，此项定义必须在第1荷载步，并在随后的荷载步中不能改变。

4.定义生死单元

杀死命令：EKILL,ELEM

激活命令：EALIVE,ELEM

其中：

ELEM——拟杀死或激活的单元号，也可为ALL或元件名。

EKILL命令“杀死单元”，被杀死的单元仍然保存在模型中，但对总体刚度矩阵的贡献为0（或接近0，见下面的ESTIF命令），对整体质量矩阵也无贡献，可在适当的时候用EALIVE命令激活。

EALIVE命令“激活被杀死的单元”，被激活的单元具有“零”应变状态。

单元杀死后，其接近零刚度的定义由命令 ESTIF，KMULT 定义，其中 KMULT 为杀死单元的刚度矩阵乘子，其缺省值为 1E－6。

在模拟施工过程和材料相变等分析中生死单元用途很大，在后面相关章节中介绍。

5. 修改约束方程的常数项

命令：CECMOD，NEQN，CONST

其中：

NEQN——约束方程的参考编号。

CONST——方程的常数项。

在求解之前，可以定义或修改约束方程，但在求解过程中不能修改。

6. 定义端点自由度释放

命令：ENDRELEASE，-，TOLERANCE，Dof1，Dof2，Dof3，Dof4

其中：

TOLERANCE——相邻单元的角度容差（度），缺省为 20°。TOLERANCE＝－1 为所选择的所有单元，并对所选择单元的交点进行自由度释放。

Dof1～Dof4 ——拟释放的自由度。若 Dof1 为空则假定为 WARP，且忽略 Dof2～Dof4。可取：

＝WARP（缺省）：使用翘曲自由度；　＝ROTX：释放绕 X 轴的转动自由度；
＝ROTY：释放绕 Y 轴的转动自由度；＝ROTZ：释放绕 Z 轴的转动自由度；
＝UX：释放 X 方向的平动自由度；　＝UY：释放 Y 方向的平动自由度；
＝UZ：释放 Z 方向的平动自由度；
＝BALL：形成球铰（等于释放 WARP，ROTX，ROTY，ROTXZ）。

该命令对所选择的单元和节点进行自由度释放，且仅适用于 BEAM188 和 BEAM189 单元。当相邻单元的连接角度超过设定容差（TOLERANCE）时，进行自由度释放。BEAM18x 单元系列支持“约束翘曲”，但当单元的连接角度超过一定角度时，应释放“翘曲自由度”；同时也可释放其他自由度。自由度释放实质上是耦合自由度，但由程序自动耦合（程序又指定了新的节点，并进行了单元节点调整，然后建立耦合集），其优点是用户不必在同一位置创建两个节点，然后用 CP 设置自由度耦合。自由度释放生成的耦合集可用 CPLIST 命令查看。

例如，下面的例子可说明自由度释放等相关使用方法。

```
! EX4.15  端点自由度释放
FINISH$/CLEAR$/PREP7
ET,1,BEAM189$MP,EX,1,2.1E11$MP,PRXY,1,0.3
SECTYPE,1,BEAM,CSOLID$SECDATA,0.2
K,1$K,2,10$K,3,15,5$K,4,10,5$L,1,2$L,2,3
LATT,1,,1,,4,,1$LESIZE,ALL,,,10$LMESH,ALL
FINISH$/SOLU
LSEL,S,LOC,Y,0$ESLL$SFBEAM,ALL,1,PRES,40000
DK,1,ALL$DK,3,ALL$ALLSEL
NLIST$ELIST                        ! 可查看节点数为 61,并注意 10 和 11 单元的节点号
```

```
ENDRELEASE,,30,BALL
NLIST$ELIST$CPLIST                 ! 自动生成了节点 62,并注意 11 单元的节点号有改变
SOLVE$FINISH$/POST1
ETABLE,M1,SMISC,2
ETABLE,M2,SMISC,15
PLLS,M1,M2
```

7. 根据位移更新当前激活节点的坐标

命令:UPCOORD,FACTOR,Key

其中:

FACTOR——拟累加到节点坐标上的位移缩放因子,如果 FACTOR=1,则按位移值直接累加到节点的坐标上;FACTOR=0.5,则累加位移值的一半到节点的坐标上;FACTOR=−1,节点坐标减去实际位移值。

Key——数据库中位移是否清零的控制参数,其值可取:

=OFF(缺省):数据库中的位移值不清零;

=ON:数据库中的位移值清零。

该命令仅对保存在 ANSYS 数据库中的位移进行相关操作,而不是那些保存在结果文件 RST 中的位移。该命令每执行一次,节点坐标就更新一次,如 Key=ON 则在更新后,数据库中的位移就置为零值。与此命令类似的是 UPGEOM 命令,命令如下:

命令:UPGEOM,FACTOR,LSTEP,SBSTEP,Fname,Ext

其中:

FACTOR——同 UPCOORD 命令中的参数。

LSTEP——结果数据的荷载步编号,缺省为最后一个荷载步。

SBSTEP——荷载步的子步编号,缺省为该荷载步的最后一个子步。

Fname——结果文件名和目录名,目录缺省时为当前工作目录,但文件名不能缺省。

Ext——文件扩展名且必须为 RST。

UPGEOM 命令将以前分析所得到的位移累加到有限元模型上,并生成一个已变形的几何形状,缺省时该命令作用在所有节点上,当然也可仅选择一组节点。如果重复执行该命令,同样将累加更新。此命令也不更新几何模型,即几何模型保持最初的构形不变。

UPCOORD 可在前处理层和求解层使用,但 UPGEOM 必须在前处理层使用;UPCOORD 采用的是数据库中的位移且可清零,而 UPGEOM 采用的是保存在 RST 文件中的位移;二者都改变节点坐标并生成变形的有限元模型,且都不改变几何模型的构形;UPCOORD 只能采用当前的位移结果,而 UPGEOM 可采用任意荷载和任意子步的结果;一般 UPCOORD 用在荷载步中,而 UPGEOM 用在不同的分析类型之间。

8. 改变材料性质

该选项中包括了材料库的创建与存取(/MPLIB、MPWRITE、MPREAD)、温度零点偏置(TOFFST)、改变指定单元的材料号(MPCHG)等,这里主要介绍 MPCHG 命令。

命令:MPCHG,MAT,ELEM

其中：

MAT——材料参考号(由 MP 命令定义)。

ELEM——单元编号，可取 ALL 以改变所有被选择单元的材料号。

该命令可以在求解层的各荷载步之间执行(即连续的 SOLVE)，但不能用于荷载步文件(见 4.2.3)。不能从线性材料改为非线性材料，也不能从一种非线性材料改为另外一种非线性材料。

该命令可以用于材料性能变化的荷载步中，如混凝土滞回分析。

9. 任意荷载步总刚的输出

命令：WRFULL，Ldstep

其中：

Ldstep——输出控制参数，其值可取：

=0(缺省)：关闭该特性，即不专门输出某个荷载步的总刚矩阵。

=N：打开该特性，并在形成第 N 荷载步总刚后写入文件。

该命令适用于线性静态、完全谐分析、完全瞬态分析且采用稀疏矩阵直接求解方法情况，以及模态和屈曲分析，对非线性分析和 P 方法不适用。一般求解时都生成.FULL 文件，但当荷载步较多时，该命令则指定输出特定荷载步时的总刚度矩阵。

所写出的.FULL 文件为二进制文件，可进入/AUX2 层，使用 FILE 和 HBMAT 命令将文件转换为 ASCII 文件。

4.2.3 生成荷载步文件

如前所述，荷载步包括荷载及荷载步选项。当有多个荷载步时，可将每个荷载步存入一个文件(称为荷载步文件)，求解时调入某个荷载步文件并从中读取数据，然后求解。

使用多荷载步文件需要注意如下几个问题：

①荷载步文件不能用于生死单元，也不能用于 FLOTRAN 分析。

②荷载步文件不捕捉实常数(R、RMODIF 等命令)和材料特性(MP、MPCHG 等命令)的变化，即不写入文件中，当然求解时也就不存在这些命令。

③当写荷载步文件时，自动将几何实体模型上的荷载转换到有限元模型上，即所有荷载以有限元荷载命令的形式写入文件。特别是面荷载，不管是如何施加的，总是以 SFE 命令或 SFBEAM 命令记录在文件中。

④写入硬盘的荷载步文件的扩展名为 Sn，如第 21 荷载步文件的扩展名为 Sn21。

荷载步文件的相关命令如表 4-9 所示。

荷载步文件相关命令 表 4-9

命令	功能	备注
LSWRITE	生成荷载步文件	将当前荷载及荷载步选项写入文件
LSREAD	从文件读取荷载步数据	修改荷载步数据或施加荷载到当前数据库
LSDELE	删除一个荷载步数据	
LSCLEAR	清除全部荷载步数据	
LSSOLVE	多荷载步求解	

1. 生成荷载步文件

命令:LSWRITE,LSNUM

其中:

LSNUM——荷载步文件的编号,缺省为最大荷载步文件编号+1,且小于99。

用LSWRITE,STAT列出当前的LSNUM值。

用LSWRITE,INT将LSNUM的值初始化为1。

写入荷载步文件的求解缺省值受SOLCONTROL命令的影响。若打开SOLCONTROL(缺省状态为开),LSWRITE命令不写入求解缺省值,反之则写入求解缺省值。

每个荷载步必须写入一个文件,即有多少个荷载步就应有多少个文件生成。

2. 从文件读入荷载步数据

命令:LSREAD,LSNUM

其中:

LSNUM——荷载步文件的编号,缺省为最大荷载步文件编号+1,且小于99。

用LSREAD,STAT列出当前的LSNUM值。

用LSREAD,INT将LSNUM的值初始化为1。

该命令从荷载步文件读入荷载步数据到数据库中,它不清除数据库的荷载,但会覆盖既有荷载。LSREAD命令会移去SFGRAD施加的荷载。该命令用于GUI方式可修改荷载步文件,对于命令流方式一般不用。

3. 删除荷载步文件

命令:LSDELE,LSMIN,LSMAX,LSINC

其中:

LSMIN,LSMAX,LSINC——荷载步文件编号的起始和结束范围,及荷载步文件编号增量。LSMAX缺省为LSMIN,且LSINC缺省为1。LSMIN若取ALL则所有荷载步文件将被删除。

该命令删除硬盘上当前工作目录下的荷载步文件。

4. 删除数据库中的荷载步数据

命令:LSCLEAR, Lab

其中:

Lab——拟删除的荷载标识,其值可取:

=SOLID:删除几何实体模型上的荷载;

=FE:删除有限元模型上的荷载;

=INER:删除惯性荷载;

=LFACT:仅初始化命令DCUM、FCUM、SFCUM中的荷载缩放系数;

=LSOPT:仅初始化荷载步选项;

=ALL:删除以上所有荷载及初始化项目。

该命令删除荷载,荷载步选项及初始化系数等将恢复其缺省设置。

5. 多荷载步文件的求解

命令:LSSOLVE,LSMIN,LSMAX,LSINC

其中参数意义同 LSDELE 命令。

该命令采用 LSSOLVE. MAC 宏命令读入荷载步文件并求解。该命令不支持重启动分析、生死单元及 FLOTRAN 分析。

用该命令可以求解任意一个荷载步或荷载步范围。

关于荷载步求解的详细讨论详见本章 4.6 节。

4.3 分析类型与求解控制选项

进入求解层(/SOLU 命令)后，应先定义分析类型，唯一的命令如下：

命令：ANTYPE，Antype，Status，LDSTEP，SUBSTEP，Action

其中：

Antype ——分析类型，缺省时为上一次指定的分析类型，如无指定则为静态(STATIC)分析。

有如下一些分析类型选项：

=STATIC 或 0：静态分析，对所有自由度均有效；

=BUCKLE 或 1：屈曲分析，仅对结构自由度有效(已完成预应力效应的静态分析)；

=MODAL 或 2：模态分析，仅对结构和流体自由度有效；

=HARMIC 或 3：谐分析，仅对结构、流体、磁场和电场自由度有效；

=TRANS 或 4：瞬态分析，对所有自由度均有效；

=SUBSTR 或 7：子结构分析，对所有自由度均有效；

=SPECTR 或 8：谱分析，仅对结构自由度有效(已完成模态分析)。

Status ——定义分析的状态，可选择状态有两种：

=NEW(缺省)：新的分析，忽略其后的命令参数(如 LDSTEP 等 3 个参数)；

=REST：重启动分析，见 4.5 节。

LSDTEP，SUBSTEP，Action——均为重启动参数，见 4.5 节。

在定义分析类型后，就需要设置求解控制选项，这些选项为获得满意结果有极大作用。尽管大多数情况下，程序已经设置了通用或比较合理的缺省值，但有些情况下必须进行设置。这些选项用于求解时控制怎样使用荷载和求解策略，不同的分析类型其求解控制选项不同。以下根据不同的分析类型介绍其求解控制选项，但此处不对各种分析进行详细的介绍。

4.3.1 静态分析求解控制选项

静态分析是 ANSYS 缺省的分析类型，该分析不考虑结构的惯性和阻尼，但静惯性力(如重力和离心力等)和惯性释放除外。静态分析所能施加的荷载包括外荷载、静惯性力、强迫位移、温度荷载等。

静态分析求解有四大选项，其中每个大选项又包括多条选项。四大选项为基本选项、求解器选项、非线性选项及高级 NL 选项。由于各个版本的 GUI 方式对话框不尽相同，为方便起见，在内容上不与任何版本的对话框一一对应。

1. 分析选项

分析选项包含大变形效应(NLGEOM 命令)和预应力效应(PSTRES 命令)。

(1)大变形效应。

命令:NLGEOM,Key

其中:

Key——大变形效应参数,其值可取:

=OFF 或 0(缺省):忽略大变形效应,同时指定为小变形效应。

=ON 或 1:计入大变形(大转动)效应,根据单元类型也可以是大应变效应。

ANSYS 的几何非线性包括大应变效应、大变形(也可称为大转动或大挠度)、应力刚化及旋转软化效应。大多数实体单元和部分壳单元支持大应变效应;所有梁单元和大多数壳单元支持大变形(大转动)效应,支持大应变的单元都支持大变形效应。

需要注意的是,ANSYS 计入大变形或大转动效应时是小应变,且大变形分析时惯性荷载和集中荷载的方向不随变形改变,但面荷载的方向则随变形而改变(即随动荷载)。

NLGEOM 命令如在/SOLU 层执行,必须在第一个荷载步内指定。

(2)预应力效应。

命令:PSTRES,Key

其中:

Key——预应力效应控制参数,其值可取:

=OFF 或 0(缺省):不计入预应力效应;

=ON 或 1:计入预应力效应。

预应力效应(Prestress Effects)与土木工程中预应力混凝土(Prestressed Concrete)概念上是不同的,预应力效应是计算应力刚度矩阵。在为屈曲分析、模态分析、完全法或缩减法的谐分析、缩减法的瞬态分析、子结构分析等所作的静态或瞬态分析中考虑预应力效应时,应设置为 PSTRES,ON(激活预应力效应)。

PSTRES 命令如在/SOLU 层执行,必须在第一个荷载步内指定。

PSTRES 命令和 STIFF 命令不能被同时激活。

2. 时间

命令:TIME,TIMEV

其中:

TIMEV——荷载步结束时的时间值。对第 1 荷载步,缺省时或 TIMEV=0 或 TIMEV 为空,TIMEV=1.0;其他荷载步为前一时间+1.0。

该命令为各荷载步结束时设置一时间值(时间点),即用时间识别各个荷载步。

对于与速率相关的分析,时间的单位应与分析中所用的单位相同,并且要设置时间值。如果分析必须从 0.0 开始,则可设置 TIMEV=1E-6 或更小的值,而不能设置 TIMEV=0.0。

对于与速率无关的分析,时间可作为“计数器”使用,其值可为任意非零非负值,如其值可等于荷载值。此时,时间仅仅用于识别各荷载步和子步,可在/POST1 中使用 SET,LIST 命令得到时间、荷载步、子步及平衡迭代的列表。

3. 子步数和时间步长

命令:NSUBST,NSBSTP,NSBMX,NSBMN,Carry

其中:

NSBSTP——当前荷载步的子步数,缺省时,为以前荷载步中设置的子步数;如果以前也没有设置,则缺省为1。如果使用了自动时间步(即 AUTOTS,ON),则该子步数仅用于第一子步,也即第一子步的荷载增量用 NSBSTP 求得,其余子步的荷载增量由程序自动确定。如果 SOLCONTROL 打开(SOLCONTROL 命令的缺省状态是打开的)且使用了接触单元,根据问题的物理特性缺省为 1 或 20 子步数。如果 SOLCONTROL 打开但没有使用接触单元,缺省为 1 个子步数。

NSBMX——当 AUTOTS 打开时,NSBMX 为最大子步数。缺省时,如果 SOLCONTROL 打开则由系统确定该最大子步数;如果 SOLCONTROL 关闭,缺省时为以前设置的最大子步数或 NSBSTP(以前没有设置最大子步数时)。

NSBMN——当 AUTOTS 打开时,NSBMN 为最小子步数。缺省时,如果 SOLCONTROL 打开则由系统确定该最小子步数;如果 SOLCONTROL 关闭,缺省时为以前设置的最小子步数或 1(以前没有设置最大子步数时)。

Carry——时间步长继承控制参数,其值可取:

=OFF:使用 NSBSTP 确定每个荷载步开始时的时间步长;

=ON:如果 AUTOTS 打开,使用前一荷载步的最后时间步长作为该荷载步开始的时间步长。如果 SOLCONTROL 打开,ANSYS 根据问题的物理特性自动确定;如果是关闭的,则 Carry 缺省为 OFF。

该命令中的 NSBSTP 参数用于确定在当前荷载步内,每个子步(或时间步)荷载增量的大小(斜坡荷载,如为阶跃荷载则一个子步到全值)。

最小和最大子步数在采用自动时间步时,影响结果点的多少和收敛控制。例如,问题容易收敛,程序会采用较小的子步数(时间步长大,荷载增量大)得到的结果点就少;如果问题收敛困难,程序会采用较大的子步数(时间步长小,荷载增量小),可得到较多的结果点;但是如果问题特别难以收敛,程序会采用最大子步数(最小时间步长)求解以获得收敛结果,通过平衡迭代一定次数后(NEQIT 命令设置)仍然不能收敛,则程序判定为不收敛并结束求解。

因此,该命令的设置(尚有其他设置的影响)对于非线性问题的求解收敛性有影响,尤其是材料非线性问题。建议对该命令的各个参数都要设置,但是对于一类问题设置多大的数目合适呢?这个问题只能靠求解控制经验或试算确定。一般可采用缺省的设置选项,不能收敛时可不断调整参数并逐步逼近收敛。上述不收敛是指在数值计算上,如果物理问题根本就是不收敛或已经达到不收敛的程度,那么采用何种帮助收敛的措施都是无效的,如钢筋混凝土梁濒临破坏状态时。

与 NSUBST 命令互为替代的命令是 DELTIM 命令,其格式如下:

命令:DELTIM,DTIME,DTMIN,DTMAX,Carry

其中:

DTIME——当前荷载步的时间步长值。如果使用了自动时间步,则为第一子步的时间步长。如果 SOLCONTROL 打开且使用了接触单元,缺省为 1 或整个荷载步时间间隔的 1/20。

如果 SOLCONTROL 打开但没有使用接触单元,缺省值为荷载步的时间间隔。如果 SOLCONTROL 关闭,缺省为以前荷载步中设置时间步长,如果以前也没有设置则缺省为 1。

DTMIN,DTMAX——当采用自动时间步时的最小时间步长和最大时间步长。

Carry——意义同 NSUBST 命令。

该命令与 NSUBST 命令的设置结果是一样的,但参数是倒数关系。

4. 自动时间步

命令:AUTOTS,Key

其中:

Key——自动时间步控制参数。当 Key=OFF 时,不采用自动时间步;当 Key=ON 时,采用自动时间步。缺省时,如 SOLCONTROL 打开,则采用自动时间步,如 SOLCONTROL 关闭,则不采用自动时间步。

自动时间步技术(时间步长预测和时间步长对分)是在求解时,程序根据问题的荷载响应计算每个子步结束时的最优时间步长,以采用较少的资源获得有效解。在非线性静态或瞬态分析中,自动时间步确定了子步之间荷载增量的大小。

该命令确定在当前荷载步内是否使用自动时间步。如果 SOLCONTROL 打开但没有执行 AUTOTS 命令,则由程序选择是否使用自动时间步,并在 LOG 文件中记录"AUTOTS,−1"字样。

不能将自动时间步(AUTOTS)、线性搜索(LNSRCH)、DOF 结果预测(PRED)与弧长法一起使用,否则会给出警告信息并使得自动时间步、线性搜索和结果预测设置失效。

5. 输出控制

参见 OUTRES 命令,需要注意程序缺省的输出结果为 999 个结果点(包括所有荷载步和子步对应的时间点),可采用/CONFIG 改变该设置以输出更多的结果点。

以上为基本选项中的内容,以下为求解器选项的内容。

6. 求解器选择

命令:EQSLV,Lab,TOLER,MULT

其中:

Lab——方程求解器类型,其值可取如表 4-10 所示的求解方法。

求解器一览表　　表 4-10

求解器(Lab)	特点和典型应用场合	自由度数(万个)	内存需求	硬盘需求
波前法或直接求解法 FRONT	不组集总刚,在处理单刚时直接组集和求解非线性分析或内存受限时	≤5	低	高
稀疏矩阵直接法 SPARSE	以消元法为基础的迭代求解,适用于对称和非对称矩阵的求解,特别是非确定矩阵的非线性分析 可在静态、谐分析、瞬态、子结构和 PSD 谱分析中应用	1~50	中	高
雅可比共轭梯度法 JCG	不采用三角化矩阵而采用总体矩阵的迭代求解,适用于对称矩阵、非对称矩阵、复矩阵确定与非确定矩阵的求解 可在静态、模态谐波、瞬态分析中应用	≥5~100	中	低

续上表

求解器(Lab)	特点和典型应用场合	自由度数(万个)	内存需求	硬盘需求
雅可比共轭梯度法 JCGOUT	同 JCG 一样,但内存受限时可采用 它借助硬盘存储和交换而求解	≥5~100	低	高
不完全乔氏共轭梯度法 ICCG	与 JCG 类似,但对于病态矩阵的求解更有效可在静态、完全谐波、完全瞬态分析中应用	≥5~100	高	低
预条件共轭梯度法 PCG	与 JCG 类似,但速度快、使用 EMAT 文件而非 FULL 文件、先决条件复杂等 可在静态、模态、瞬态分析中应用	≥5~100	高	低
预条件共轭梯度法 PCGOUT	与 PCG 相同,但当内存受限时可将刚度和预置条件矩阵存放在硬盘中	≥5~100	低	高
代数多栅法 AMG	基于多级方法的迭代求解,是一种并行解法可在静态和瞬态分析中应用	≥5~100	高	低
区域求解法 DDS	将大模型分解为多个小域,对小域进行求解 可在大型静态分析和完全瞬态分析中应用	≥10~100	高	低

TOLER——具有对称矩阵静态分析时的误差,缺省值为 1.0E−8。具有非对称矩阵静态分析或谐分析或 DDS 求解器的误差,缺省值为 1.0E−6。在大多数情况下,误差值可以使用 1.0E−5。对于 DDS 求解器,如果 TOLER 小于 1.0E−6 可能导致不收敛。因此,当缺省值难以收敛时,也可适当调整求解器的误差值。

MULT——仅适用于 PCG 求解器。在迭代收敛计算过程中,MULT 用来控制拟完成最大迭代次数的乘子,当 SOLCONTROL 打开时缺省为 2.0,当 SOLCONTROL 关闭时缺省为 1.0。最大迭代次数等于 MULT×自由度个数。一般而言,缺省的最大迭代次数对于收敛是足够的,但对于病态矩阵,可适当增大 MULT 以求收敛。建议 MULT 值的范围在 1.0~3.0 之间,当大于 3.0 时,对于帮助收敛已无多大意义;如果在 1.0~3.0 之间不能收敛,则只好检查模型或其他选项了。

除包含 P 单元和约束方程的分析、谐分析和子结构分析外,该命令的缺省设置为稀疏矩阵直接法。求解器的不同对求解速度和精度有影响,且对内存和硬盘的需求也不相同。

执行 EQSLV,−1 则由程序自动选择求解器,一般的用户无需选择求解器。

7. 非线性选项

(1)线性搜索。

命令:LNSRCH,Key

其中:

Key——线性搜索控制。当 Key=OFF 时,关闭线性搜索;当 Key=ON 时,打开线性搜索;当 Key=AUTO 时,ANSYS 自动选择打开或关闭线性搜索。当 SOLCONTROL 打开时,缺省为关闭线性搜索,除非存在接触单元。

该命令打开时自适应下降不被自动激活,除非执行 NROPT 命令明确请求激活自适应下降,但一般不推荐同时使用两者,因为线性搜索是自适应下降的替代方法。

(2)非线性分析预测器。

命令:PRED,Sskey,——,Lskey

其中:

Sskey——子步预测控制参数。当 Sskey=OFF 时,关闭预测;当 Sskey=ON(缺省)时,打开预测,并在第 1 子步后的所有子步中使用预测(当存在转角自由度或使用 SOLID65 单元时为关闭)。

Lskey——荷载步预测控制参数,当 Lskey=OFF(缺省)时,在所有荷载步中关闭预测;当 Lskey=ON 时,打开预测,并从荷载步的第 1 子步使用预测,但 Sskey 必须为 ON。

该命令作用是加速收敛,在非线性响应相对平滑时效果显著,对于振荡收敛也特别有效。在大转动或黏弹性分析中可能导致发散,此时应关闭预测器。

(3)定义平衡迭代的最大次数。

命令:NEQIT,NEQIT

其中:

NEQIT——每个子步中平衡迭代的最大次数,即在一个子步中如果超过该次数则认为该子步不能收敛,需要采取其他措施。

如果 SOLCONTROL 打开,缺省时依据问题的物理特性为 15~26;如果 SOLCONTROL 关闭,则缺省为 25 次。该命令在具有收敛趋势但需要更多的迭代次数时很有用。

该命令对每个子步中的平衡迭代次数进行限制,如果在 NEQIT 迭代次数之内不能收敛,且自动时间步是打开的,程序则尝试使用二分法。如果二分法已不可能再进行,程序将终止或进行下一荷载步(依据 NCNV 命令的设置)。

(4)收敛准则。

命令:CNVTOL,Lab,VALUE,TOLER,NORM,MINREF

其中:

Lab——收敛标识符,其值可取 STAT(列表显示当前的收敛准则)、U(位移)、ROT(转角)、F(力)、M(力矩)、TEMP(温度)、PRES(压力)等。

VALUE——当前分析中上述标识符的典型值。当为负时删除前已定义的收敛值,但不能删除缺省的收敛值。缺省收敛值是程序计算参考值的最大值或 MINREF,对于 DOF 其参考值是所选择的 NORM 和当前总的 DOF 值;对于力荷载,其参考值是所选择的 NORM 和所施加的外荷载。

TOLER——当 SOLCONTROL 打开时,TOLER 为 VALUE 的误差。对力和力矩,缺省为0.5%;对无转角自由度的 DOF 缺省为 5%。如果 SOLCONTROL 为关闭,力和力矩,缺省为 0.1%。

NORM——指定范数选项。当等于 2(缺省)时为 L2 范数,用于检查残差范数 SRSS,即残差平方和的根值;当等于 1 时为 L1 范数,用于检查残差绝对值的和;当等于 0 时为无穷范数,分别检查每个 DOF 的值。

MINREF——程序计算参考值所允许的最小值。当 VALUE 为空且 MINREF 为负时,则无最小值。对力和力矩缺省为 0.01,但当 SOLCONTROL 关闭时缺省为 1.0。

一般情况下,缺省的收敛准则就能满足要求。命令 CNVTOL 用于改变缺省的收敛准则,只要改变了收敛准则,程序就自动删除了所有缺省收敛准则。例如,改变了位移的收敛准则,则力的缺省准则就删除了，如果同时要使用力的收敛准则必须重新定义。

通常情况下，修改收敛准则时不改变 VALUE 的值，而调整 TOLER 的值。

(5)回退控制。

命令：CUTCONTROL，Lab，VALUE，Option

其中：

Lab——回退准则控制，其值可取：

=PLSLIMIT：在一个时间步长(子步)内允许的最大等效塑性应变。当计算结果超过 VALUE 则 ANSYS 执行一次回退(二分)，VALUE 的缺省值为 15%。

=CRPLIMIT：在一个时间步长(子步)内允许的最大等效蠕变应变。当计算结果超过 VALUE 则 ANSYS 执行一次回退(二分)。对隐式蠕变分析，VALUE 的缺省值为 0；对显式隐式蠕变分析，VALUE 的缺省值为 0.1；最大允许值为 0.25。

=DSPLIMIT：在一个时间步长(子步)内允许的最大位移增量。当计算结果超过 VALUE 则 ANSYS 执行一次回退(二分)，VALUE 的缺省值为 1.0E7。

=NPOINT：在二阶动力学方程中，一次循环中的点数，可用于控制自动时间步长。如果点数超过了 VALUE，则 ANSYS 执行一次回退，VALUE 的缺省值为 13。

=NOITERPREDICT：如 VALUE=0(缺省)，则内部的自动时间步长规划将预测收敛的迭代次数，并在由 NEQIT 指定的迭代次数之前执行回退。如 VALUE=1，在回退之前，必须达到 NEQIT 指定的迭代次数，适用于不收敛的情况，较少采用。

VALUE——定义回退准则的数值，缺省值如上。

Option——蠕变分析类型，仅对 Lab=CRPLIMIT 有效。当 Option=0 或 ON，为隐式蠕变分析；

当 Option=1 或 OFF，为显式蠕变分析。

回退是一种帮助收敛的方法，即通过自动减小时间步长来提高收敛性。当收敛失败时，ANSYS 自动减小时间步长，并从原来收敛的地方重新求解；如果再次失败，ANSYS 再次减小时间步长并求解，如此下去，直到收敛或达到指定的最小时间步长。

(6)荷载步中的蠕变效应。

命令：RATE，Option

其中：

Option——隐式蠕变分析打开与关闭选项。当 Option=0 或 OFF(缺省)时关闭蠕变分析；当 Option=1 或 ON 时打开蠕变分析。

该命令定义在荷载步求解中是否包含蠕变分析。

8. 高级 NL 选项

(1)终止分析选项。

命令:NCNV,KSTOP,DLIM,ITLIM,ETLIM,CPLIM

其中:

KSTOP——不收敛时程序的行为,有三个选项:

=0:不终止分析,继续运行。即尽管不收敛,也要继续下一荷载步的运行。

=1(缺省):终止分析并退出程序。

=2:终止分析但不退出程序,可在收敛失败后进入后处理等。

DLIM——如果节点最大自由度值超过这个限值,终止程序。对结构分析此值缺省为1.0E6。

ITLIM——累加的平衡迭代次数超过此值则终止程序,缺省时不限制。

ETLIM——用时超过此值则终止程序,缺省时不限制。

CPLIM——CPU 用时超过此值则终止程序,缺省时不限制。

该命令定义收敛失败后程序的行为,主要用于非线性分析和瞬态分析中。其他终止条件则为用户终止程序运行提供了手段,如估计累加迭代次数超过某个值时可终止等。

(2)激活弧长法。

命令:ARCLEN,Key,MAXARC,MINARC

其中:

Key——弧长法控制参数。若 Key=OFF(缺省)不使用弧长法;若 Key=ON 打开弧长法。

MAXARC——参考弧长半径的最大乘子,缺省为 25。

MINARC——参考弧长半径的最小乘子,缺省为 1/1000。

参考弧长半径根据第 1 子步的首次迭代的荷载增量或位移增量确定,即其值按下式确定:

参考弧长半径=总荷载(或位移)/NSBSTP

其中,NSBSTP 由命令 NSUBST 定义。而弧长半径的限值按下式确定:

下限: MINARC×参考弧长半径

上限: MAXARC×参考弧长半径

后续子步的弧长半径首先根据上一子步的弧长半径求得并求解,然后再依据当前子步修改弧长半径,并使其落在下限和上限弧长半径之间。当采用弧长半径下限求解而收敛失败时,程序将终止。

弧长法不能同时使用下列收敛控制手段:自动时间步(AUTOTS)、线性搜索(LNSRCH)、自由度预测(PRED)等。如果同时使用上述命令,ANSYS 将给出警告信息,并且在继续激活弧长法时,其他设置将被忽略或无效。

另外使用弧长法时应注意下列问题:

①参考弧长半径与子步数相关,而弧长半径与参考弧长半径相关。因此,合适的子步数需要不断试算确定,子步数越大求解时间越长。弧长半径很大或很小时,容易造成“回漂”,也需要调整,即改变 NSBSTP 数值修改弧长半径。

②由于弧长法通过在球面弧获得平衡状态,通常较难在某个固定的荷载处获得一个解,但通过标准的 NR 方法确定此解可能更方便。在后处理中使用荷载—位移曲线比较容易评估结果。

③弧长法应避免与 JCG 或 PCG 求解器一起使用,因弧长法可能产生一个负定刚度矩阵,用这些求解器可能导致收敛失败。

④在弧长法中,时间 TIME 可正可负,负值表示弧长特征正以反向加载,以保持结构的稳定性,如“跃越”屈曲分析中。

(3)弧长法求解的终止控制。

命令:ARCTRM,Lab,VAL,NODE,DOF

其中:

Lab——求解终止的控制参数,其值可取:

=OFF(缺省):不使用该命令控制求解终止。

=L:当第 1 限制点达到后终止求解。限制点为响应历史中切线刚度矩阵奇异,如在该点结构开始变得不稳定。若 Lab=L,则忽略其他命令参数。

=U:当位移首次达到或超过设定的位移时终止求解。

VAL——当 Lab=U 时,设定的位移值(绝对值)。如果自由度为转角,其单位为弧度。

NODE——当 Lab=U 时,与设定位移值进行比较的节点号。如为空,则采用最大位移值。

DOF——当 Lab=U 且 NODE>0 时,可取 Ux,Uy,Uz,ROTx,ROTy,ROTz 中的任一个。

该命令用于弧长法求解时的终止控制。例如,在某些不考虑材料非线性的后屈曲分析中,可能施加了一个永远都达不到的很大荷载,而 NCNV 又没有设置终止限制,将导致程序一直运行下去,典型的例子如二力杆的后屈曲分析。

9. 定义 H 法选项

命令:NROPT,Option,-,Adptky

其中:

Option——选项控制,其值可取:

=AUTO(缺省):由程序自动选择;

=FULL:采用完全的 Newton-Raphson 法(简称 NR 法);

=MODI:采用改进的 Newton-Raphson 法;

=INIT:采用初始刚度矩阵法(以前的计算矩阵);

=UNSYM:与单元的非对称矩阵一起使用完全的 NR 法。

Adptky——自适应下降控制参数,其值可取:

=ON:采用自适应下降,且只能在完全 NR 法中使用。对于存在摩擦接触单元、塑性单元等时,缺省状态为 ON。

=OFF:不采用自适应下降。

实际上,该命令控制在荷载步中怎样修改刚度矩阵及修改频次。

①完全 NR 法:此法每进行一次平衡迭代就修改一次刚度矩阵。如果自适应下降关闭,平衡迭代采用切线刚度矩阵。如果自适应下降打开,只要迭代残项减少且无负主元出现,平衡迭代将仅使用切线刚度矩阵;一旦在某次平衡迭代中出现不收敛或负主元出现,程序将重新采用切线刚度矩阵和正割刚度矩阵的加权组合求解,当再次达到收敛后,程序又重新开始采用切线

刚度矩阵求解。因此，自适应下降具有较高的收敛能力。

②改进的 NR 法：程序在每一子步中都修正切线刚度矩阵，但在每个子步的平衡迭代中不修改。所以，其计算速度比完全 NR 法快，但可能出现收敛失败。该法不适用于大变形分析，且不能采用自适应下降。

③初始刚度矩阵法：在每次平衡迭代中都采用初始刚度矩阵，其需要更多的迭代步才能收敛。因此，其速度较完全 NR 法更慢，但求解过程更稳定。

④UNSYM 法：与完全 NR 法一样，在每次平衡迭代中都修改刚度矩阵。由于采用不对称单元刚度矩阵，可以进行压力驱动坍塌、不对称材料及不对称接触等分析。

⑤程序选择时：程序根据模型的非线性性质，自动选择上述方法。如果选择了完全 NR 法，将在合适的时候自动激活自适应下降。

10. 激活应力刚化效应

命令：SSTIF，Key

其中：

Key——应力刚化效应控制参数。当 Key＝OFF(缺省，除非 NLGEOM 打开)时不包含应力刚化效应；当 Key＝ON(如 NLGEOM 打开，则也缺省为开)时包含应力刚化效应。也就是说，只要 NLGEOM 为开，则 SSTIF 也为开，否则为关闭状态。

当命令 SOLCONTROL 和 NLGEOM 为 ON 时，SSTIF 也为 ON。正常情况下，它都形成一致切线刚度矩阵。然而在某些特殊的非线性情况，因有些单元不提供完全一致正切矩阵，从而导致发散，此时建议将 SSTIF 关闭。

对于 18x 系列单元，因其单元矩阵考虑了应力刚化效应，当 NLGEOM 打开时，SSTIF 命令的 OFF 设置已经没有意义了，此时不起作用。

大多数单元都能考虑应力刚化效应，但有些单元是通过 KEYOPT 的设置激活应力刚化效应(如 BEAM4 和 SHELL63 单元)，如果 NLGEOM 打开并且通过 KEYOPT 激活了应力刚化效应，则 SSTIF 命令也就不起作用了。

PSTRES 也为考虑应力刚度矩阵的命令，因此不能与 STIFF 同时打开。二者虽然都计算应力刚度矩阵，但 PSTRES 所计算的应力刚度矩阵不参与平衡迭代求解(仅仅告诉 ANSYS 要保存应力刚度矩阵，后面的分析还要用到此矩阵)，而 SSTIF 所计算的应力刚度矩阵参与平衡迭代，影响到计算结果。所以，PSTRES 用于“线性”情况，如特征值屈曲分析、模态分析(预应力模态分析、大变形预应力分析)、完全法或缩减法的谐分析、缩减法的瞬态分析、子结构分析等所作的静态或瞬态分析中考虑预应力效应时的情况；而 SSTIF 用于“非线性”情况，如几何非线性分析(SSTIF 打开就是几何非线性)、非线性屈曲分析或后屈曲分析、完全瞬态分析中。

如一悬臂梁静力分析，考虑两种开关的作用其计算结果如下：

- PSTRES 和 SSTIF 全部关闭，悬臂端挠度为－5；(线性静力分析)
- PSTRES 打开而 SSTIF 关闭，悬臂挠度也为－5；(线性静力分析)
- PSTRES 关闭而 SSTIF 打开，悬臂挠度也为－3.133；(非线性静力分析)

两者都打开，在后面执行者起作用，即后面的覆盖前面命令。

命令流如下：

```
! EX4.16  命令 PSTRES 和 SSTIF 比较
FINISH$/CLEAR$/PREP7
ET,1,3$R,1,300,10000,20$MP,EX,1,2E5$MP,NUXY,1,0.3      ! 定义单元、实常数、及材料
K,1$K,2,100$L,1,2$ESIZE,,10$LMESH,ALL$FINISH           ! 建模并划分单元等
/SOLU$ANTYPE,STATIC                                    ! 进入求解层,并定义分析类型
! SSTIF,ON$! PSTRES,ON                                 ! 可分别都关闭、打开其中之一、都打开先后不同等 5 次计算
DK,1,ALL$FK,2,FX,300000$FK,2,FY,-30000                 ! 施加约束和荷载
SOLVE$FINISH$/POST1$SET,LAST$PLNSOL,U,Y                ! 求解和后处理查看结果等
```

11. 非线性缺省求解设置与算法控制

命令:SOLCONTROL,Key1,Key2,Key3,Vtol

其中:

Key1 ——已优化的缺省激活参数,其值可取:

=ON 或 1(缺省):对应用于非线性求解的系列命令采用已优化的缺省设置;

=OFF 或 0:恢复缺省值到 ANSYS5.4 版本以前的值,其内部算法如同以前版本。

Key2 ——接触状态检查参数。该选项只在已优化的缺省设置被激活(Key1=ON)并且在模型中存在接触或非线性状态单元时才可使用。其值可取:

=ON 或 1:由接触单元中的 KEYOPT(7)的设置或非线性状态单元预测时间步长;

=OFF 或 0(缺省):不以上述依据预测时间步长。

Key3 ——压力荷载刚度控制参数。通常采用缺省设置,但当收敛困难时可使用非缺省设置。在特征值屈曲分析中,已自动包含了压力荷载刚度(等同于 Key3=INCP),其他类型分析可选择:

=NOPL:任何单元都不包括压力荷载刚度;

=空(缺省):包括压力荷载刚度的单元为 SURF153/154、SHELL181、PLANE182/183、SOLID185/186/187、BEAM188/189;不包括压力荷载刚度的单元为 PLANE2/42/82、SOLID45/46/64/65/92/95/191 等。

=INCP:上述单元均包括压力荷载。

Vtol——当采用混合 U-P 公式时,在 18x 的平面单元和实体单元中进行体积兼容性检查的误差。缺省值为 1.0E-5,其值可在 0.0~1.0 之间变化,但建议在 1.0E-5~1.0E-2 之间取值。

对于单物理场的结构非线性分析、完全瞬态分析、热分析等,采用 SOLCONTROL 可提供可靠而有效的求解设置,但对缩减法瞬态分析不适用。缺省时,SOLCONTROL 命令为打开状态,多数情况下用户指定下列设置即可:

NLGEOM,ON:考虑大变形;

NROPT,UNSYM:可进行非对称的压力荷载矩阵、材料刚化、摩擦等求解;

NSUBST 命令:设置初始子步。

执行一次无参数的 SOLCONTROL 命令,所有设置将恢复缺省设置。

对 CDWRITE 和 LSWRITE 要谨慎处理该命令的设置,以防出错。

4.3.2 屈曲分析求解控制选项

ANSYS 屈曲分析有特征值屈曲分析(也称线性屈曲分析)和非线性屈曲分析，非线性屈曲分析的求解控制选项与静态分析选项基本相同，这里主要介绍特征值屈曲分析的求解控制选项，与其相关的命令主要有 BUCOPT 命令及 PSTRES、OUTRES 命令(见 4.3.1)，而 EXPASS 和 MXPAND 命令在屈曲分析中一般不用。下面主要介绍屈曲特征值提取方法：

命令:BUCOPT,Method,NMODE,SHIFT,LDMULTE

其中：

Method——特征值提取方法，没有缺省方法必须指定，其值可取：

=SUBSP:子空间迭代法；

=LANB:分块兰索斯法(Block Lanczos)。这两种方法都不需事先定义主自由度。

NMODE——拟提取的特征值数，缺省为1。

SHIFT——特征值计算的起始点，缺省为 0.0。对于负特征值引起的问题较为有用。

LDMULTE——感兴趣的荷载因子上限，缺省为 0.0。

在特征值屈曲分析中必须指定特征值的提取方法，特征值数目一般一个即可。

对于特征值屈曲分析，一般情况下无需扩展。

除上述选项外，尚有 PSTRES 和 OUTRES 命令与特征值屈曲分析有关。

4.3.3 模态分析求解控制选项

模态分析求解控制选项主要包括 MODOPT、EXPASS、MXPAND、LUMPM、SUBOPT、RIGID、MSAVE 及 PSTRES 等命令。

1. 定义模态分析方法

命令:MODOPT,Method,NMODE,FREQB,FREQE,PRMODE,Nrmkey

其中：

Method——模态分析的模态提取方法，其值可取：

=LANB(缺省):分块兰索斯法；

=SUBSP:子空间迭代法；

=REDUC:缩减法或凝聚法；

=UNSYM:非对称法(不能用于随后的谱分析)；

=DAMP:阻尼法(不能用于随后的谱分析)；

=QRDAMP:QR 阻尼法(不能用于随后的谱分析)；

=SX:变换技术求解。

NMODE——要提取的模态数目。当为缩减法时缺省为主自由度数(建议小于主自由度的一半)，其他提取方法无缺省数目需要指定。当为子空间迭代法时，能提取的最大模态数目为总自由度的一半，即使定义的 NMODE 大于总自由度数目的一半也无效。

FREQB——感兴趣的频率范围的起点或低端频率。对 Method=LANB、SUBSP、UNSYM、DAMP 和 QRDAMP 时，FREQB 也代表特征值迭代过程中的第一个频移点，若指定一个正值开始频率，程序将从该点开始计算和输出特征值。对 UNSYM 和 DAMP 法，若指定一个负的特征值，程序将从 0 开始计算和输出。缺省时，对 SUBSP、UNSYM 和 DAMP 为－1。

FREQE——结束频率或高端频率，缺省时对 LANB、SUBSP 和 QRDAMP 为 1.0E8。对其他提取方法，缺省为所有模态而不管此值的设置。

PRMODE——对缩减法定义输出的缩减模态数。定义该值后，会在输出文件 OUT 中列出所定义数目的缩减振型。

Nrmkey——定义模态形状标准化控制。当 Nrmkey＝OFF（缺省）时，相对质量矩阵进行归一化处理，如要进行谱分析或模态叠加分析，应该选择此项。当 Nrmkey＝ON 时，相对单位矩阵进行归一化处理，如在后续分析中要获取各阶模态的最大响应则应选择此项。

关于模态的各种提取方法，这里简单说明如下：

①分块兰索斯法：采用一组特征向量实现 Lanczos 迭代计算，其内部自动采用稀疏矩阵直接求解器（SPARSE）而不管是否指定了求解器。该方法的计算精度很高，速度很快。当已知系统的频率范围时，该法是理想的选择，此时程序求解高频部分与低频部分的速度几乎一样快。

②子空间迭代法：其缺省求解器是 JCG，该法采用完整的[K]和[M]矩阵，计算精度与分块兰索斯法相同，但速度要慢得多。该方法适用于无法选择主自由度时的情况，特别是对大型对称矩阵特征值求解。

③缩减法：用主自由度计算特征值和特征向量，该法可生成精确的[K]矩阵，但只能生成近似的[M]矩阵，从而导致一定的质量损失。因此，这种方法速度很快，但精度不如上述两种方法的精度高，其精度受选择的主自由度数目和位置的影响。

④非对称法：该法也采用完整的[K]和[M]矩阵，且采用兰索斯算法。如果系统为非保守系统，该法可得到复特征值和复特征向量。其主要在声学或流固耦合分析中使用。

⑤阻尼法：也采用兰索斯算法，并可得到复特征值和复特征向量。主要用于阻尼不能忽略的特征值和特征向量的求解问题，如转子动力学问题等。该法计算速度慢，且可能遗漏高端频率。

⑥QR 阻尼法：同时采用兰索斯算法和 Hessenberg 算法。该法可很好地提取大阻尼系统的模态解，不管是比例阻尼还是非比例阻尼。使用该法时，应当提取足够多的基频模态，以保证计算结果的精度。对临界阻尼或过阻尼系统，则不要使用该方法。

⑦变换求解技术：是一种不同于传统有限元的分析计算，在 ANSYS 的其他产品中应用。

2. 定义分析的扩展过程

命令：EXPASS，Key

其中：

Key ——扩展过程选项，其值可取：

＝OFF（缺省）：没有扩展过程；

＝ON：使用扩展。

该命令指定模态分析、子结构分析、屈曲分析、瞬态分析和谐分析的扩展过程。其使用方法是必须先明确执行“FINISH”并再次进入求解层/SOLU 后执行。

3. 定义模态扩展数目

命令：MXPAND，NMODE，FREQB，FREQE，Elcalc，SIGNIF

其中：

NMODE——扩展和写入的模态数目，为空则在指定的频率范围内对所有模态进行扩展。

FREQB——感兴趣的频率范围的起点或下限，若 FREQB 和 FREQE 都为空，扩展数目与频率范围无关，缺省为整个频率范围。

FREQE——感兴趣的频率范围的终点或低端频率。

Elcalc——单元计算控制。若 Elcalc=NO(缺省)，不计算单元结果和支承反力；若 Elcalc=YES(缺省)，计算单元结果和支承反力。

SIGNIF——仅扩展显著级超过 SIGNIF 阀值的模态。显著级除以所有模态中的最大模态系数可作为各个模态的模态系数。任何低于 SIGNIF 阀值的模态均不扩展，SIGNIF 阀值越高，扩展的模态数越少。SIGNIF 的缺省值为 0.001，SIGNIF 仅适用于单点或 DDAM 响应分析中。

该命令的缺省设置是扩展模态形状并写入文件，以便检查模态形状而不需再次进入求解层，但单元应力不扩展。对于缩减法、非对称法和阻尼法需要进行扩展分析。

4. 定义质量矩阵公式

命令：LUMPM，Key

其中：

Key——控制参数，Key=OFF(缺省)采用与单元相关的质量矩阵公式，即一致质量矩阵；Key=ON 采用集中质量矩阵，对于细长梁或非常薄壳可获得较好的结果。

关于子空间迭代法的另外两个选项命令 SUBOPT 及 RIGID 命令此处不再介绍。

4.3.4 瞬态分析求解控制选项

瞬态分析求解控制选项除静态分析中的基本选项外主要有 TIMINT、KBC、ALPHAD、BETAD、DMPRAT、MDAMP、TRNOPT、TINTP、LVSCALE、DMPEXT、MDPLOT 等命令，常用命令介绍如下：

1. 打开瞬态效应

命令：TIMINT，Key，Lab

其中：

Key——瞬态效应开关。若 Key=OFF 不使用瞬态效应(静态或稳态)；若 Key=ON 计入瞬态效应(质量或惯性)。

Lab——瞬态效应应用的自由度标识符，其值主要可取：

=ALL(缺省)：应用于所有可用的自由度上；

=DTRUC：仅用于结构分析的自由度。

该命令缺省时，如 ANTYPE，STATIC 则为关闭状态；如 ANTYPE，TRANS 则为打开状态。

在完全瞬态分析的荷载步中，定义是否要使用时间积分，即是否要包含瞬态效应。当打开时，瞬态的初始条件将被引入到荷载步中，且初始条件由前两个子步确定，如果前面无子步，则假设初始速度和加速度均为零。

2. 阶跃荷载和斜坡荷载

命令:KBC,KEY

其中:

KEY——荷载设置参数。KEY=0 为斜坡荷载,KEY=1 为阶跃荷载。

当某个荷载步中的子步数大于 1 时,需要指明荷载是何种荷载。缺省值取决于学科和分析类型,缺省时下列情况可使用不同的荷载方式,如:

使用斜坡荷载:

①SOLCONTROL,ON 且 ANTYPE,STATIC 时;

②ANTYPE,TRANS 且 TIMINT,OFF 时;

③SOLCONTROL,OFF 时。

使用阶跃荷载:

仅在 ANTYPE,TRANS 且 TIMINT,ON 时才使用。

如果指定为阶跃荷载,则程序按同样方式处理所有荷载,如约束位移、集中荷载、表面荷载、体荷载及惯性荷载等。

如果指定为斜坡荷载,大部分荷载当为第一次施加时,都是从零到当前荷载步之间的插值。删除荷载则是阶跃荷载方式,但体积荷载是渐变的,因惯性荷载不能删除只能重新设置为 0,故也是渐变的。表格型边界条件不支持斜坡荷载方式,所以使用时应注意。

3. 定义质量阻尼系数

命令:ALPHAD,VALUE

其中:

VALUE——质量阻尼系数 α,黏性阻尼矩阵的计算公式为:

$$[C]=\alpha[M]+\beta[K]$$

式中,$[M]$为质量矩阵;$[K]$为刚度矩阵。

关于 ANSYS 中五类阻尼说明:

(1)Rayleigh 阻尼:包含 Alpha 阻尼(也称质量阻尼系数)和 Beta 阻尼(也称刚度阻尼系数),上述两个命令即可指定这两个阻尼。通常这两个阻尼通过振型阻尼比计算得到。

(2)材料阻尼:MP 中定义的 Beta 阻尼。但在谱分析中通过 MP 定义的是阻尼比,而不是刚度阻尼系数。由于刚度阻尼系数与刚度矩阵相乘,当刚度矩阵变化时从而引起阻尼与物理问题可能不符,造成不精确的计算结果。

(3)常阻尼比:实际阻尼与临界阻尼之比。是结构分析中指定阻尼最简单的方法,但应用范围较窄,只能用于谐响应分析、模态叠加法的瞬态分析、谱分析等。

(4)振型阻尼:对不同振型模态指定不同的阻尼比,也仅适用于谐响应分析、模态叠加法的瞬态分析、谱分析等。

(5)单元阻尼:单元本身具有黏性阻尼特征,如 COMBIN 系列单元等。

4. 定义刚度阻尼系数

命令:BETAD,VALUE

其中:

VALUE——刚度阻尼系数 β,也可用 MP 命令定义。

5. 定义常阻尼比

命令：DMPRAT,RATIO

其中：

RTATIO——阻尼比，如为2%则输出0.02。该阻尼比可用于谐响应分析、瞬态分析的模态叠加、谱分析等中。

6. 定义振型阻尼

命令：MDAMP,STLOC,V1,V2,V3,V4,V5,V6

其中：

STLOC——输入数据的起始位置，缺省为上次填充最后位置+1。如STLOC=7，则数据V1将作为第7个常数(与MPTEMP命令中的STLOC类似)。最多可达300个阻尼比数据。

V1～V6——阻尼比，各模态的阻尼比与位置上的数据相对应。

使用MDAMP,STAT可列表显示阻尼比数据。

7. 定义瞬态分析选项

命令：TRNOPT,Method,MAXMODE,Dmpkey,MINMODE,MCout,TINTOPT

其中：

Method——瞬态分析的求解方法，其值可取：

=FULL(缺省)：完全瞬态分析法；

=REDUC：缩减法；

=MSUP：模态叠加法。

MAXMODE，MINMODE——当Method=MSUP时，用于计算响应的最大和最小模态数。前者缺省为模态分析时的最大模态数，后者缺省为1。

Dmpkey——当Method=REDUC时的缩减选项，其值可取：

=DAMP(缺省)：考虑阻尼影响；

=NODAMP：不考虑阻尼影响，即使有也不考虑。

Mcout——当Method=MSUP时的模态坐标输出控制。当为NO时，不输出；当为YES时，输出到扩展名为MCF的文件中。

TINTOPT——瞬态分析的时间积分方法，可选择：

=NMK或0(缺省)：纽马克(Newmark)法；

=HHT或1：HHT法(改进的NMK法，仅适用于FULL方法)。

关于三种求解方法的说明：

(1)FULL法：无其他假定，直接求解方程。该法适用范围广，求解简单，但速度慢。

(2)REDUC法：缩减法采用缩减结构刚度矩阵求解平衡方程。采用了常阻尼、刚度和质量矩阵，即不考虑大变形、应力刚化和塑性等影响；仅有主自由度上的节点荷载和缩减质量矩阵上的惯性效应，故无单元荷载；非零位移只有主自由度上存在，其他自由度上位移均为零。其求解速度较FULL法快的多。使用缩减法要用到模态扩展分析。

(3)MSUP：模态叠加法采用结构的固有频率和振型确定瞬态力函数的响应。其假设常质量、阻尼和刚度，无单元阻尼矩阵，不能施加时变的位移约束。使用该法也要用到模态扩展分析。

8. 定义瞬态积分常数

命令:TINTP,GAMMA,ALPHA,DELTA,THETA,OSLM,TOL,－－,－－,AVSMOOTH,ALPHAF,ALPHAM

其中:

GAMMA——二阶瞬态积分的振型衰减系数,缺省为0.005。

ALPHA——仅当GAMMA为空时的二阶瞬态积分参数,缺省为0.2525。

DELTA——仅当GAMMA为空时的二阶瞬态积分参数,缺省为0.5020。

THETA——一阶瞬态积分参数,缺省为1.0。

OSLM——一阶瞬态分析的自动时间步长的振动极限准则,缺省为0.5×TOL。

TOL——OSLM的误差限,缺省为0.0。

AVSMOOTH——光滑选项,如为0(缺省)则包含初始速度(一阶系统)和初始加速度(二阶系统)的光滑处理;如为1则不进行光滑处理。

ALPHAF——仅当GAMMA为空时的HHT法中力和阻尼的插值系数,缺省为0.005。

ALPHAM——仅当GAMMA为空时的HHT法中惯性的插值系数,缺省为0.0。

一般而言,用该命令定义GAMMA参数就可以了,除非是非常熟悉积分过程。

9. 提取模态阻尼系数

命令:DMPEXT,SMODE,TMODE,Dmpname,Freqb,Freqe,NSTEPS

其中:

SMODE——源模态号,无缺省需输入。

TMODE——目标模态号,缺省为SMODE。

Dmpname——包含阻尼结果的数组参数名,缺省为d_damp。

Freqb,Freqe——低端频率和高端频率。当Freqb=EIG(源模态的固有频率)时Freqe必须为空。

NSTEPS——子步号,缺省为1。

该命令是ANSYS宏命令,提取阻尼系数为后续分析使用。另外可参见ABEXTRACT宏。

4.3.5 谐分析求解控制选项

谐分析也称谐响应分析,其求解有一定的条件,如常刚度、阻尼和质量,所有荷载和约束位移都以相同的频率变化,不考虑瞬态效应,不考虑非线性性质(属于线性分析),但可考虑有预应力的情况等。因此,其求解控制选项比较简单,主要有HROPT、HROUT、HARFRQ、HREXP及LUMPM、EXPASS相关命令。

1. 定义谐分析选项

命令:HROPT,Method,MAXMODE,MINMODE,MCout,Damp

其中:

Method——谐分析方法,可选择:

=FULL(缺省):完全法;不能用于有预应力的分析。

=REDUC:缩减法;可用于有预应力的分析。

=MSUP:模态叠加法;可用于有预应力的分析,可考虑阻尼系数为模态函数的情况。

=SX:变换求解技术;仅用于 ANSYS DesignXplorer VT 产品中。

=SXRU:再利用 SX 结果的变换求解。仅用于 ANSYS DesignXplorer VT 产品中。

Damp——仅用于 ANSYS DesignXplorer VT 产品中。

其余参数见 TRNOPT 命令中的参数。

2. 定义谐分析的输出选项

命令:HROUT,Reimky,Clust,Mcont

其中:

Reimky——实部和虚部输出控制。为 ON(缺省)时,以实部-虚部方式输出;为 OFF 时,以振幅—相位方式输出。

Clust——仅当采用模态叠加法(HROPT,MSUP)时,频率分割控制参数。为 OFF(缺省)时,为均匀分割频率;为 ON 时,以固有频率分割。

Mcont——仅当采用模态叠加法(HROPT,MSUP)时,模态贡献输出控制。为 OFF(缺省)时,不输出每一频率的模态贡献;为 ON 时,输出每一频率的模态贡献。

命令 HARFRQ 为谐分析定义低端和高端频率,命令 HREXP 为谐分析扩展定义相位角等。另外,前述的 LUMPM、EXPASS、NSUBST 等命令也相关。

4.3.6 谱分析求解控制选项

谱分析是一种将模态分析和已知谱联系起来,计算模型位移和应力的分析技术。其过程要用到各种分析方法的具体设置,如单点谱分析设置等。这里仅介绍谱分析的求解控制选项。

命令:SPOPT,Sptype,NMODE,Elcalc

其中:

Sptype——谱响应方法,可选择:

=SPRS(缺省):单点响应谱分析;

=MPRS:多点响应谱分析;

=DDAM:动力设计分析方法;

=PSD:随机振动谱,使用功率密度谱分析方法。

NMODE——使用模态分析的前 NMODE 个模态,缺省为所有模态,但不得大于 1000。

Elcalc——仅当 Sptype=PSD 时的单元结果计算控制。为 NO(缺省)时,不包括应力响应;为 YES 时包括应力响应。

其他命令或设置不在这里介绍,可参见后义或相关资料。

4.3.7 子结构分析求解控制选项

子结构求解控制选项主要有 SEOPT 命令及 SEGEN 、LUMPM、EQSLV、EXPASS 等命令。下面介绍子结构分析选项。

命令:SEOPT,Sename,SEMATR,SEPR,SESST,EXPMTH

其中：

Sename——超单元矩阵文件名，其扩展名为 SUB，即文件全名为 Sename. SUB。

SEMATER ——矩阵生成控制，其值可选：

=1(缺省)：生成刚度矩阵；

=2：生成刚度矩阵和质量矩阵；

=3：生成刚度矩阵、质量矩阵和阻尼矩阵。

SEPR ——输出选项，其值可取：

=0(缺省)：不输出超单元矩阵和荷载向量；

=1：输出超单元矩阵和荷载向量；

=2：输出超单元荷载向量但不输出超单元矩阵。

SESST ——应力刚度控制保存控制，其值可取：

=0：不保存应力刚度矩阵；

=1：保存应力刚度矩阵。

EXPMTH ——扩展方法，可选择：

=BACKSUB(缺省)：保存为扩展过程所需的三角化矩阵；

=RESOLVE：不保存三角化矩阵，在扩展过程中重新形成总体刚度矩阵。

4.4 求解代价估计

对中小规模的分析，一般无需估计求解代价。但对于大规模的分析，因其运行时间很长、生成的文件特大、内存需要很高，为防止运行过程中出现异常终止，应了解求解代价。但 ANSYS 也不能准确计算上述量值，只能对其进行估算。

ANSYS 估计求解代价采用 RUNSTAT 模块，即用/RUNST 先进入该模块。

4.4.1 估计运行时间

1. 输入计算机性能信息

命令：RSPEED，MIPS，SMFLOP，VMFLOP

其中：

MIPS——每秒执行的指令数，以百万条计算，缺省为 4。

SMFLOP——每秒进行的标量浮点运算，以百万条计，缺省为 MIPS/4。

VMFLOP——每秒进行的矢量浮点运算，以百万条计，缺省为 MIPS/2。

上述信息一般用户不易确定，可通过运行 ANSYS 中的 ANSSPD. EXE 获得(同时产生一个 SETSPEED 宏文件)。ANSSPD. EXE 在 ANSYS 安装目录下(如 C:\Program Files\Ansys Inc\V81\ANSYS\bin\intel\下)，这是一个 DOS 窗口运行的程序，运行它可获得计算机的上述三个参数。它所创建的 SETSPEED 宏文件仅有一条带参数的 RSPEED 命令，并且如果 VMFLOP 小于 SMFLOP 时，宏文件中这两个参数相等且采用较小者。

例如，DELL 某款笔记本的测试结果为：MIPS=321，SMFLOP=160，VMFLOP=111；而

所创建的宏文件中为：RSPEED,,111,111。

2. 输入求解所需的迭代数

命令：RITER,NITER

其中：

NITER——分析过程中的迭代次数，线性分析或静态分析的荷载步数，缺省为1。显然该次数并不能事先准确确定，也仅仅是估计值，但此值对估计运行时间影响较大。

3. 运行时间估计

命令：RTIMST

该命令无参数，在执行RSPEED和RITER命令后，ANSYS给出估计运行时间列表。如果不输入用户计算机的上述信息，也能采用缺省的参数估计运行时间并给出列表。

4.4.2 估计文件大小

ANSYS可估计以下文件的大小：ESAV、EMAT、EROT、TRI、FULL、RST、RTH、RFL等文件，文件大小以MB为单位。命令为RFILSZ，无命令参数。

该命令列表显示可能生成的文件的大小，并同时给出工作目录所在分区的剩余空间。

4.4.3 估计内存需求

ANSYS可估计求解所需内存，也可给出模型的统计量(如节点和单元信息)及内存统计量等。

1. 估计求解所需内存

命令：RWFRNT

该命令可给出波前估计值，以及根据不同的求解器而需要的内存。如可给出自由度数目、方程数、求解器估计内存等，还可给出求解内存总空间、在内存中的数据库空间及整个求解所需空间等。

2. 有限元模型的统计量

命令：RSTAT

该命令可列表显示节点总数、单元总数，以及定义的和被选择的节点和单元数。

3. 内存统计量

命令：RMEMRY

该命令对既有的内存进行统计并列表显示。可给出临时内存状态、数据库状态及求解内存等。

4. 上述命令的简捷执行

命令：RALL

该命令是集RSTAT、RWFRNT、RTIMST及RMEMRY命令为一体，可列表显示这些命令的所有信息。

4.5 重启动分析

在完成一个初始分析过程之后，可能需要再次运行并继续分析，重启动则允许修改并继续一个分析，而不是从开始进行分析。

(1)重启动分析的目的有如下几个：

①在线性静力分析中增加更多的荷载步继续分析，如另外施加荷载等。

②在非线性分析中从收敛失败处恢复，改进收敛策略后继续分析。

③在瞬态分析中加入另外的时间—历程曲线，以研究不同的加载序列等。

(2)重启动分析的两种类型：

①单点重启动分析：只能从初始分析的终止点开始继续计算(也称一般重启动分析)。

②多点重启动分析：能够在初始分析的任何点开始继续分析。

(3)重启动分析的前提条件：

①分析类型必须是静态(稳态)或完全法瞬态分析，其他分析不能进行重启动分析。

②重启动前的初始分析至少完成了一次迭代。

③初始分析的运行不能是系统中断、系统崩溃或强行杀死进程而终止的。

④初始分析和所生成的重启动分析文件必须是在同一 ANSYS 版本下完成的。

4.5.1 单点重启动分析

单点重启动分析除要满足上述前提条件外，还必须存在初始分析所产生的下列文件：

(1)Jobname. DB：初始分析后保存的数据库文件。该文件在初始求解完成之后应立即保存，如果在以后的任何点保存数据库文件，边界条件和其他变量的初始值有可能被改变，从而导致重启动不能正常运行。

(2)Jobname. EMAT：单元矩阵文件。

(3)Jobname. ESAV 或 Jobname. OSAV：单元数据(ESAV)或旧的单元数据(OSAV)。只有在 ESAV 文件丢失、损坏或求解发散、位移超限、负主元等时才需要 OSAV 文件。该文件在 NCNV 命令的 KSTOP 参数等于 1 或 2，或者自动时间步打开时才生成，并且在重启动分析前应将 OSAV 文件改为 ESAV 文件。

(4)Jobname. RST：结果文件。该文件不是必须的，但如果存在该文件，将把重启动分析的结果用适当的荷载步和子步号追加到该文件中，以方便用户在后处理中的操作。但如果子步数超过 1000(缺省)，则程序将在该点终止，即刚刚重启动分析但因子步数超限而终止；为解决这个问题可在重启动分析前，将初始分析的结果文件改名。

同时应注意下列问题：

(1)对因收敛失败、时间超限、异常中断等引起初始分析终止的情况，数据库会自动保存。

(2)如果初始分析运行产生了 RDB、LDHI、Rnnn 文件，在单点重启动分析前应删除。

(3)交互式运行中会产生 DBB 文件，即 DB 文件的备份文件，但批处理方式不产生备份。

4.5.2 单点重启动分析的步骤

在完成一个初始分析过程后，单点重启动分析的过程如下：

(1)进入 ANSYS，用/FILNAME 命令将工作名指定为初始分析工作名。

(2)进入求解层,用 RESUME 命令恢复数据库。

(3)用 ANTYPE,,REST 设置为重启动分析。

(4)按需要修改或施加另外的荷载,修改的斜坡荷载从以前的值开始,新施加的斜坡荷载从零开始,新施加的体荷载从初始值开始。删除荷载后重新施加按新施加处理,而不是修改荷载。删除的体荷载或面荷载以斜坡荷载减小到零或初始值,而不是阶跃荷载突然减小到零或初始值,这样才能使 ESAV 和 OSAV 与数据库文件保持一致。

(5)指定三角化矩阵是否重新使用,用 KUSE 命令设置。

(6)用 SOLVE 命令进行求解。

(7)对另外的荷载步重复第(4)(5)(6)步。当然也可采用荷载步文件进行求解。

当数据库前后不一致时如何进行重启动分析呢?如果在重启动分析之前进入了后处理,并执行了 SET 命令和 SAVE 命令,就可能导致数据库中的边界条件与重启动所需要的不一致。缺省情况下,ANSYS 在求解完成后,最后一个荷载步的边界条件是自动保存在内存中的。为在数据库不一致情况下进行重启动分析,可以首先进行一个"虚假"荷载步,以保证边界条件等的正确性。其方法是在上述第(4)中,重新定义与初始分析的最后一子步相同的边界条件即可。

4.5.3 单点重启动分析示例

1.线性/非线性静力分析的重启动

以图 4-5 所示的悬臂梁为例,采用单点重启动分析的过程如下:

```
! EX4.17  线性静力分析的单点重启动分析
FINISH$/CLEAR$/FILNAME,RTEST1                              ! 定义工作文件名为 RTEST1
L0 = 1000$ B0 = 10$ H0 = 20$/PREP7 $K,1$K,2,L0$L,1,2     ! 定义参数,创建几何模型
ET,1,BEAM3$MP,EX,1,2.0E5$MP,PRXY,1,0.3                    ! 定义单元类型及材料特性
R,1,B0 * H0,B0 * H0 * H0 * H0/12,H0                       ! 定义实常数
LESIZE,ALL,,,10$LMESH,ALL$D,1,ALL                          ! 划分单元,施加约束
/SOLU$ANTYPE,0                                             ! 进入求解层,定义静力分析类型
! NLGEOM,ON                                                ! 关闭则为线性分析,打开则为非线性
OUTRES,ALL,ALL$AUTOTS,OFF                                  ! 定义输出选项,关闭自动时间步
NSUBST,10$F,2,FY,2000$SOLVE                                ! 定义子步数、施加荷载,求解
SAVE                                                       ! 保存数据库文件,即 RTEST1.DB
FINISH$/CLEAR$/FILNAME,RTEST1                              ! 重新开始一个工作,并指定同名工作名
/SOLU$RESUME                                               ! 进入求解层,恢复数据库
ANTYPE,,REST                                               ! 定义分析类型为重启动分析
F,7,FY,4440$NSUBST,20                                      ! 施加荷载,定义子步数
SOLVE                                                      ! 求解
FINISH$/POST26                                             ! 进入时间后处理,查看结果
NSOL,2,2,U,Y$RFORCE,3,1,F,Y
PROD,4,3,,,,,,,-1$XVAR,2$PLVAR,4$PRVAR,2,4
```

从上述分析可以看出,重启动分析是“后续荷载步在前步的基础上计算”。

2. 重启动分析中的生死单元示例

以平面框架为例,说明有生死单元时使用重启动的过程,命令流如下:

```
! EX4.18A  有生死单元时的重启动分析
FINISH $/CLEAR$/FILNAME,FRAME1
! 初始分析:建模、划分单元、求解等
/PREP7$L0 = 1000$D0 = 10$ET,1,BEAM3$MP,EX,1,2.0E5$MP,PRXY,1,0.3
A0 = ACOS( - 1) * D0 * * 2/4$I0 = ACOS( - 1) * D0 * * 4/64$R,1,A0,I0,D0$K,1$K,2,,L0$K,3,L0,L0
K,4,L0$L,1,2$L,2,3$L,3,4$LESIZE,ALL,,,10$LMESH,ALL$DK,1,ALL$DK,4,ALL
/SOLU$ANTYPE,0$OUTRES,ALL,ALL$AUTOTS,OFF$NROPT,FULL$TIME,1$NSUBST,10
F,17,FY, - 20$LSEL,S,LOC,X,L0$ESLL,S$CM,E1CM,ELEM$EKILL,ALL$ALLSEL
! 求解并立即保存初始分析的数据库
SOLVE$SAVE
! 重新开始一个工作,以说明重启动分析过程
FINISH$/CLEAR$/FILNAME,FRAME1                          ! 注意工作名与初始分析相同
/SOLU$RESUME$ANTYPE,,REST                              ! 进入求解层、恢复数据库、设置重启动分析
TIME,2$CMSEL,S,E1CM$EALIVE,ALL                         ! 激活原来杀死的单元
ALLSEL$F,16,FY, - 44$NSUBST,20                         ! 施加新的荷载及求解选项
SOLVE$FINISH$/POST26                                   ! 求解完毕后进入时间后处理,考察结果
NSOL,2,17,U,Y$RFORCE,3,1,F,Y$RFORCE,4,22,F,Y$ADD,5,3,4
PROD,6,2,,,,,, - 1$XVAR,6$PLVAR,5$PRVAR,2,3,4,5,6
! ------------------------------------------------------------------------------------
! EX4.18B  正常生死单元分析
FINISH$/CLEAR$/PREP7$L0 = 1000$D0 = 10$ET,1,BEAM3$MP,EX,1,2.0E5$MP,PRXY,1,0.3
A0 = ACOS( - 1) * D0 * * 2/4$I0 = ACOS( - 1) * D0 * * 4/64$R,1,A0,I0,D0
K,1$K,2,,L0$K,3,L0,L0$K,4,L0$L,1,2$L,2,3$L,3,4$LESIZE,ALL,,,10$LMESH,ALL
DK,1,ALL$DK,4,ALL
/SOLU$ANTYPE,0$OUTRES,ALL,ALL$AUTOTS,OFF$NROPT,FULL$TIME,1$NSUBST,10
F,17,FY, - 20$LSEL,S,LOC,X,L0$ESLL,S$CM,E1CM,ELEM$EKILL,ALL$ALLSEL
SOLVE$TIME,2$CMSEL,S,E1CM$EALIVE,ALL$ALLSEL
F,16,FY, - 44$NSUBST,20$SOLVE$FINISH
/POST26$NSOL,2,17,U,Y$RFORCE,3,1,F,Y$RFORCE,4,22,F,Y$ADD,5,3,4$PROD,6,2,,,,,, - 1
XVAR,6$PLVAR,5$PRVAR,2,3,4,5,6
```

通过分析可以看出,重启动分析实质上是在原来分析的某个基础上继续计算,与常规连续计算是一样的,不应赋予重启动分析太多的其他作用(如下文的时变结构及其处理等)。当然,重启动分析的其他目的(如非线性分析中继续收敛计算等)还是可以达到的。

4.5.4 多点重启动分析

多点重启动分析就是可以从某个荷载步的某个子步开始重启动分析。如果是非线性静态或完全法瞬态分析,缺省情况下程序会建立多点重启动参数,当然也可使用 RESCONTROL

命令改变缺省的重启动参数。

多点重启动文件的写入采用下面命令控制：

命令：RESCONTROL，Action，Ldstep，Frequency，MAXFILES

其中：

Action——定义命令操作，其值可选：

=DEFINE(缺省)：对每个荷载步，定义重启动文件“.Rnnn”被写入的频率；

=FILE_SUMMARY：列表显示当前工作目录下当前工作名的“.Rnnn”文件中的荷载步和子步信息；当为此选项时，其后命令参数均被忽略；

=STATUS：列表显示当前重启动控制的状态。

Ldstep——定义写入“.Rnnn”文件的方式，其值可选：

=ALL：对所有荷载步按相同频度写入；

=LAST(缺省)：仅写入最后一个荷载步；

=N：仅写入第N个荷载步，其他荷载步按缺省或以前定义的频度写入；

=NONE：不生成多点荷载步文件(.RDB、.LDHI和.Rnnn)。

Frequency——定义写入“.Rnnn”文件的频度，其值可选：

=NONE：该荷载步不写任何“.Rnnn”文件；

=LAST(缺省)：仅写入该荷载步的最后一个子步；

=N：如果N为正，该荷载步每隔N个子步写入文件；如果为负则该荷载步按子步数均匀分割写入N个文件(仅打开自动时间步时有效)。

MAXFILES——Ldstep保存文件“.Rnnn”的最大个数，其值可选：

=0(缺省)：不覆盖任何已经存在的“.Rnnn”文件，一次运行的最大个数为999；

=N：每个荷载步要保存“.Rnnn”文件的最大个数，如果在一个荷载步中超过了此值则开始覆盖前面的文件。

该命令为重启动分析准备重要的参数，但如果写入很多“.Rnnn”文件，可能会造成硬盘空间不足，故应恰当设置写入频度。通过RESCONTROL，FILE_SUMMARY可查看写入的文件信息，如哪个荷载步和子步等。

多点重启动仅适用于非线性静态或完全法瞬态分析，其所需文件如下：

①Jobname.RDB：该文件为在第1荷载步的第1子步的第1次迭代自动保存的数据库信息，即保存了在所有初始条件下的求解信息。但不保存所定义的参数信息，参数信息可采用命令PARSAV保存，在重启动时采用PARRES恢复。该文件用于恢复有限元模型数据库。

②Jobname.LDHI：荷载时间历程文件，类似于荷载步文件，保存了荷载和边界条件。在多点重启动时从该文件读取，以建立荷载条件和边界条件，并在此基础上继续分析和计算。

③Jobname.Rnnn：单元数据文件，保存了特定子步的单元数据、求解命令和状态。该文件只有在子步收敛时才写入，而收敛失败时则不写入.Rnnn文件。

同时，多点重启动尚有如下限制条件：

①不支持KUSE命令，重新形成新的刚度矩阵和TRI文件。

②尽管有生死单元时也可使用重启动分析，但.Rnnn 文件不保存 EKILL 和 EALIVE 命令。如果在初始分析的第 1 个荷载步之后，使用了 EKILL 或 EALIVE 命令，就必须在重启动分析中重新执行 EKILL 或 EALIVE 命令。因为数据库文件是从 RDB 恢复的，不是从用 SAVE 命令（多点重启动的初始分析后不必 SAVE）生成的 DB 数据库恢复。

这点应特别注意，否则就出现"死不死，活不活"的问题。所以，建议在有生死单元过程的分析中使用重启动分析时，应当谨慎以防出错。

③当使用了弧长法时，不支持 ANTYPE 命令参数 Action＝ENDSTEP 项。

④重启动分析不能进行方程求解器级（迭代），而只能进行子步级重启动。

⑤LDHI 文件所保存的荷载和边界条件全部是基于有限元模型的（不管原来施加在何模型），因此在初始分析中，删除几何模型上的荷载并不能表示也删除了有限元模型上的荷载，而必须直接删除节点或单元上的荷载或边界条件。

多点重启动分析的定义命令如下：

命令：ANTYPE，，REST，LDSTEP，SUBSTEP，Action

其中：

LDSTEP——多点重启动开始的荷载步号，缺省为".Rnnn"文件中最高的荷载步号。

SUBSTEP——多点重启动开始的子步号，缺省为指定的 LDSTEP 荷载步的最高子步号。

Action——定义多点重启动的行为，其值可取：

＝CONTINUE（缺省）：ANSYS 将根据定义的 LDSTEP 和 SUBSTEP 继续分析，除非在文件".Rnnn"中遇到该荷载步的结束标志，否则当前的荷载步会继续下去。而超过重新开始点的所有".Rnnn"文件均被删除，且计算以新荷载（如有改变）形式计算，直到该荷载步结束。如有新的荷载步将会更新文件"LDHI"的内容。

＝ENDSTEP：在重新开始时，强迫定义的荷载步 LDSTEP 到达定义的子步 SUBSTEP 的末端，所有荷载按该子步所到达的荷载内插计算，并保存在 LDHI 文件中。其后如有新施加的荷载将在一个新的荷载步处开始运行。而超过 ENDSTEP 点的所有".Rnnn"文件将被删除，并更新 LDHI 文件。

＝RSTCREATE：在重新开始时，恢复所定义的荷载步 LDSTEP 和子步 SUBSTEP 的信息并写入结果文件中，超过 RSTCREATE 点保存在 RST 文件中的结果将被删除。必须明确使用 OUTRES 命令将结果写入到 RST 文件中，它不影响 LDHI 和 Rnnn 文件。

4.5.5 多点重启动分析的过程及示例

多点重启动的过程相对比较简单，步骤如下：

(1)进入 ANSYS，将工作名定义为初始分析的工作名，然后进入求解层。

(2)查看并决定重启动从哪个荷载步和子步开始，命令为 RESCONTROL，File_Summary。

(3)恢复数据库文件并定义重启动分析，命令为 ANTYPE，，REST，LDSTEP，SUBSTEP，Action。

(4)按需要修改和追加荷载，或修改收敛措施等。

(5)求解。

(6)后处理。

为说明多点重启动使用方法,示例如下:

```
! EX4.19  非线性分析的多点重启动分析
! 初始分析过程(说明从略)
FINISH $/CLEAR$/FILNAME,RTEST1$L0 = 1000$B0 = 10$H0 = 20$/PREP7
K,1$K,2,L0$L,1,2$ET,1,BEAM3$MP,EX,1,2.0E5$MP,PRXY,1,0.3
R,1,B0*H0,B0*H0*H0*H0/12,H0$LESIZE,ALL,,,10$LMESH,ALL$D,1,ALL
/SOLU$ANTYPE,0$RESCONTROL,,ALL,1                          ! 重启动信息生成控制
NLGEOM,ON$OUTRES,ALL,ALL$AUTOTS,OFF
TIME,1$F,2,FY,2000$NSUBST,4$SOLVE
TIME,2$F,2,FY,3000$NSUBST,8$SOLVE
TIME,3$F,2,FY,3600$NSUBST,6$SOLVE
RESCONTROL,FILE_SUMMARY                                   ! 重启动文件信息列表,18 个 RNNN 文件
! 下面重新开始工作进行重启动分析
FINISH$/CLEAR$/FILNAME,RTEST1$/SOLU                       ! 工作名定义与初始分析同名
ANTYPE,,REST,2,4                                          ! 在第 2 荷载步的第 4 子步开始重启动分析
! 上句中可用 ACTION 参数选用 CONTINUE,ENDSTEP,RESCREATE 等以考察计算结果
F,7,FY,4400$NSUBST,10$SOLVE                               ! 施加荷载并对重启动分析求解
F,6,FY,1000$NSUBST,5$SOLVE                                ! 再施加荷载继续求解
! 进入后处理查看结果情况
FINISH$/POST26$NSOL,2,2,U,Y$RFORCE,3,1,F,Y$PROD,4,3,,,,,,-1
XVAR,2$PLVAR,4$PRVAR,2,4
```

通过不同的 Action 参数可以查看荷载的变化、求解过程等内容。很明显,无论 Action 取何种参数,初始分析中的第三荷载步都没有意义了。可通过 SET,List 查看荷载步、子步、时间及迭代次数的变化,通过 RESCONTROL,file_summary 查看重启动文件信息,通过 PRVAR 查看最后的求解结果信息,进行比较即可知道 Action 取值不同时的异同。

4.6 时变结构的多荷载步求解

时变结构指其自身随时间变化而变化,一般可分为以下三类:

(1)快速时变结构:荷载和结构迅速变化,其特点是必须考虑结构惯性影响,如车桥耦合和可展式航天器等问题。

(2)慢速时变结构:结构和荷载随时间变化缓慢,可用离散的时间近似处理,形成一系列的时不变结构的分析,如施工过程结构及其荷载的变化。

(3)超慢速时变结构:结构和荷载的变化极其缓慢,如工程结构服役期间的健康状态问题等。

这里主要以慢速时变结构为例,结合荷载步的求解进行讨论。

利用荷载步文件求解(LSSOLVE)和荷载步直接求解(连续的 SOLVE)有时是不同的,如考虑结构变化(R 或 MP 命令)、生死单元等时荷载步文件无法实现,而荷载步直接求解则可解

决此类问题，这里根据计算讨论其异同等问题。

4.6.1 结构不变时的求解

结构变化是指材料特性的改变、实常数的改变、边界条件的改变等，而结构不变就是指上述参量在整个加载过程中不变化。结构不变并非结构刚度不变，如考虑大变形时，结构刚度总是在变化中或材料非线性分析时刚度也总在变化中。

当结构不变时，对线性分析或非线性分析，无论是荷载步文件求解或是荷载步直接求解，其结果是一致的，且结果总是“后续荷载步在前步的基础上计算”。

如图 4-5a）所示一悬臂梁受两个集中荷载作用，按线性静态分析采用两种求解方法，支座竖向反力与悬臂端竖向位移的关系曲线如图 4-5b）所示；按几何非线性静态分析采用两种求解方法，所得曲线如图 4-5c）所示；荷载步和子步与时间的关系如图 4-5d）所示。

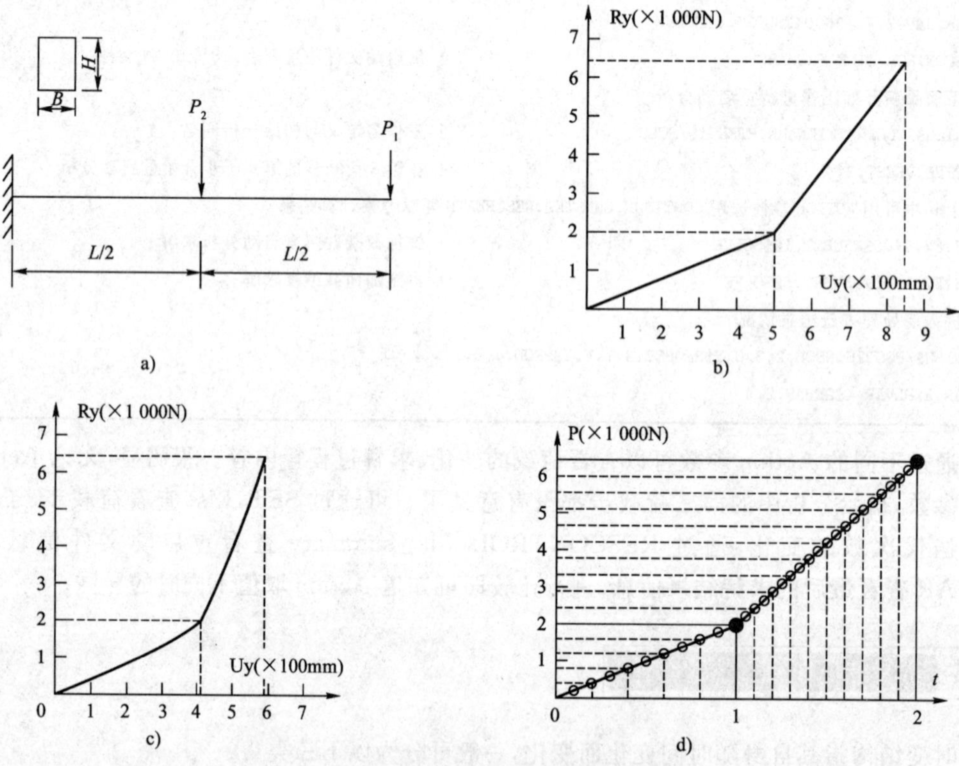

图 4-5 悬臂梁静态线性/非线性两种求解结果

a）悬臂梁示意；b）线性分析；c）非线性分析；d）荷载步与时间关系

由上图可知，支承反力 Ry 在 $t_1=1.0$ 时达到 $P_1=2000$N，在 $t_2=2.0$ 时达到 $P_1+P_2=6440$N。在 $t=0\sim1.0$ 之间，支承反力 Ry 在荷载步 LS1 的各个子步为线性内插；而在 $t=1.0\sim2.0$之间时，Ry 在荷载步 LS2 的各个子步内插再加 $t_1=1.0$ 时对应的 Ry，即此时支承反力 Ry 为在 $P_1=2000$N 的基础上逐渐增加，按 $Ry=2000+(t_i-t_1)\times4440$ 求得。其中，t_i 为第 2 荷载步的第 i 子步所对应的时间点，t_1 为第 1 荷载步结束时的时间（$t_1=1.0$）。因此可以说，当结构不变时“后续荷载步在前步的基础上计算”。

```
! EX4.20  线性/非线性静态分析的荷载步直接求解
FINISH$/CLEAR$/PREP7
L=1000$B=10$H=20                        ! 定义长度、截面宽度和高度参数
ET,1,BEAM3                              ! 定义单元类型
MP,EX,1,2.0E5$MP,PRXY,1,0.3             ! 定义材料性质
R,1,B*H,B*H*H*H/12,H                    ! 定义实常数
K,1$K,2,L$L,1,2                         ! 创建关键点与线
LESIZE,ALL,,,10$LMESH,ALL               ! 定义单元划分个数并划分单元
D,1,ALL                                 ! 施加固定约束
/SOLU$ANTYPE,0                          ! 进入求解层,定义分析类型为静态分析
! NLGEOM,ON                             ! 关闭大变形则为线性分析,打开则为非线性分析
OUTRES,ALL,ALL                          ! 输出所有荷载步及子步的结果
AUTOTS,OFF                              ! 关闭自动时间步(为方便对比结果数据)
TIME,1$NSUBST,10                        ! 定义第1荷载步时间为1,子步数为10个
F,2,FY,-2000$SOLVE                      ! 施加集中力P1=2000,并求解
TIME,2$NSUBST,20                        ! 定义第2荷载步时间为2,子步数为20个
F,7,FY,-4440$SOLVE                      ! 施加集中力P2=4440,并求解
FINISH$/POST26                          ! 进入后时间处理
NSOL,2,2,U,Y                            ! 定义变量2为节点2的Y向位移
RFORCE,3,1,F,Y                          ! 定义变量3为单元1的节点1的Y向反力
PROD,4,2,,,,,,-1                        ! 变量数值计算,即将变量2乘-1(变符号了)
/AXLAB,X,Uy                             ! 定义曲线的X轴标识符号
/AXLAB,Y,Fy                             ! 定义曲线的Y轴标识符号
XVAR,4$PLVAR,3                          ! 以变量4为X轴,绘制变量3
PRVAR,3,4                               ! 列表输出变量3和变量4
! ------------------------------------------------------------------------------
! EX4.21  线性/非线性静态分析的荷载步文件求解
FINISH$/CLEAR$/PREP7
L=1000$B=10$H=20$ET,1,BEAM3$MP,EX,1,2.0E5$MP,PRXY,1,0.3
R,1,B*H,B*H*H*H/12,H$K,1$K,2,L$L,1,2$LESIZE,ALL,,,10$LMESH,ALL$D,1,ALL
/SOLU$ANTYPE,0$! NLGEOM,ON$OUTRES,ALL,ALL$AUTOTS,OFF
TIME,1$NSUBST,10$F,2,FY,-2000
! 以上同EX4.20解释
LSWRITE,1                               ! 生成荷载步文件1
TIME,2$NSUBST,20$F,7,FY,-4440
LSWRITE,2                               ! 生成荷载步文件2
LSSOLVE,1,2                             ! 求解荷载文件1,2
! 以下同EX4.20中的时间后处理,不再给出。
```

4.6.2 结构变化—材料性质或实常数变化时的求解

一般结构材料性质随时间的变化可以忽略,除非与温度相关的材料。而结构构件的实常数可能会随时间变化,如钢管混凝土施工(先安装空钢管,然后在钢管中浇筑混凝土)等。这种

时变结构的求解比较困难，即在材料性质或实常数变化时，如何才能实现“后续荷载步在前步的基础上计算”这样的问题呢？

按照常规方法，虽然可以改变材料性质或实常数，但不能达到所预期的结果，如直接利用前面的重启动分析、初应力分析、荷载步直接法或荷载步文件法等均不能达到目的，不管是线性分析或是非线性分析。因为重启动分析本质上是一种在某个位置开始的继续分析，在某种程度上与连续求解相同；而初应力问题是作为荷载施加到结构上的，并不是保持在结构的应力或变形；荷载步文件法和荷载步直接法虽有不同，但也不能解决结构这种变化时的问题。

例如，图 4-5 所示的悬臂梁，如果在第 2 荷载步中利用 MPCHG 命令（或直接用 MP 命令）改变单元的材料号，计算分析在第 1 荷载步结果正确，即在材料号 Mat1 下作用有 P1 荷载的解；但在第 2 荷载步，结果就成为在材料号 Mat2 下作用有（P1＋P2）荷载的解，而不是在 P1（对应 Mat1）解的基础上施加 P2（对应 Mat2）的解。

为达到要求的目的，可以采用重叠单元和生死单元实现这种结构变化的求解。重叠单元就是在两个节点（如 I 和 J）之间生成两个独立的单元，可以对这两个单元赋予不同的材料或实常数属性；同时再利用生死单元模拟变化过程，就可实现这个目的。

1. 改变材料性质时的求解

仍以如图 4-5 所示的悬臂梁为例，设结构截面不变，在 P1 荷载作用时材料的弹性模量为 E0；之后材料弹性模量变为 E1 且又增加了 P2 作用。常规计算结果如图 4-6 中的“直接解”，而采用重叠单元和生死单元的计算结果如图 4-6 中的“重叠单元解”，其命令流如下：

```
! EX4.22  改变材料性质的求解——利用重叠单元和生死单元
FINISH$/CLEAR$/PREP7
! 定义参数、单元类型、材料特性 1 和材料特性 2.实常数等
L0 = 1000$B0 = 10$H0 = 20$E0 = 2.0E5$A0 = B0 * H0$I0 = B0 * H0 * H0 * H0/12$COEF1 = 3
ET,1,3$MP,EX,1,E0$MP,PRXY,1,0.3$MP,EX,2,COEF1 * E0$MP,PRXY,2,0.3$R,1,A0,I0,H0
K,1$K,2,L0$L,1,2$LESIZE,ALL,,,10$LMESH,ALL           ! 创建几何模型并划分单元
EGEN,2,0,ALL,,,1$D,1,ALL                             ! 复制单元,节点号不变,材料号 + 1
/SOLU$ANTYPE,0$NLGEOM,ON$AUTOTS,OFF                  ! 进入求解层,打开大变形等
OUTRES,ALL,ALL$NROPT,FULL                            ! 输出选项,定义完全 NR 法(生死单元必须的)
TIME,1$NSUBST,10$F,2,FY,2000                         ! 荷载步 1 的子步数,在悬臂端施加荷载 2000N
ESEL,S,MAT,,2$EKILL,ALL$ALLSEL                       ! 杀死材料号为 2 的所有单元
SOLVE                                                ! 求解第 1 荷载步
TIME,2$ESEL,S,MAT,,2$EALIVE,ALL                      ! 荷载步 2,激活被杀死的单元
ALLSEL$F,7,FY,4440$NSUBST,20                         ! 施加荷载,定义子步数
SOLVE                                                ! 求解第 2 荷载步
! 以下为进入时间后处理定义变量、变量计算及结果查看等
FINISH$/POST26$NSOL,2,2,U,Y$NSOL,3,2,U,X$NSOL,4,7,U,Y$NSOL,5,7,U,X
RFORCE,6,1,F,Y$RFORCE,7,1,M,Z$PRVAR,2,3,4,5,6,7$PROD,8,6,,,,,,-1$XVAR,2$PLVAR,8
```

2. 改变实常数时的求解

与改变材料性质时类似，但这时不改变材料仅改变实常数，命令流的结果如图 4-6 中的重

叠单元解，而命令流如下：

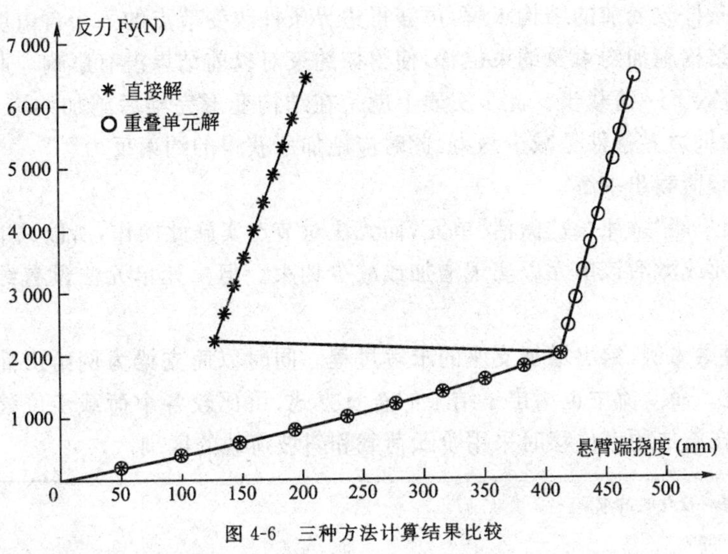

图 4-6　三种方法计算结果比较

```
! EX4.23　改变实常数的求解
! 利用重叠单元和生死单元
FINISH$/CLEAR$/PREP7
L0 = 1000$B0 = 10$H0 = 20$E0 = 2.0E5$A0 = B0 * H0$I0 = B0 * H0 * H0 * H0/12$COEF1 = 3
ET,1,BEAM3$MP,EX,1,E0$MP,PRXY,1,0.3                 ! 定义单元类型、材料性质 1
R,1,A0,I0,H0$R,2,COEF1 * A0,COEF1 * I0,H0           ! 定义两种实常数
K,1$K,2,L0$L,1,2$LESIZE,ALL,,,10$LMESH,ALL          ! 创建几何模型并划分单元
EGEN,2,0,ALL,,,,,1$ D,1,ALL                          ! 复制单元,节点号不变,实常数号 +1
/SOLU$ANTYPE,0$NLGEOM,ON$AUTOTS,OFF                  ! 进入求解层,打开大变形等
OUTRES,ALL,ALL$NROPT,FULL                            ! 输出选项,定义完全 NR 法
TIME,1$NSUBST,10$F,2,FY,2000                         ! 荷载步 1 及子步数,施加荷载 2000N
ESEL,S,REAL,,2$EKILL,ALL$ALLSEL                      ! 杀死实常数号为 2 的所有单元
SOLVE                                                ! 求解第 1 荷载步
TIME,2$ESEL,S,REAL,,2$EALIVE,ALL$ALLSEL              ! 激活实常数号为 2 的所有单元
F,7,FY,4440$NSUBST,20$SOLVE$FINISH                   ! 施加荷载并求解第 2 荷载步
! 时间后处理同 EX4.22 中。
```

不同材料或实常数的重叠单元与等效的一个单元结果相同，当材料和实常数同时变化时，可采用等效材料或实常数的方法实现。在单元内力的后处理中，重叠单元对应的内力应相加为该单元的内力。

4.6.3　结构变化—边界条件变化时的求解

当结构边界条件变化时，情况较材料或实常数变化更为复杂，也需要特殊处理才能得到“后续荷载步在前步的基础上计算”这样的结果。

其计算可采用两种方法，其一是约束位移法，其二是生死单元法。

约束位移法的基本思路是：

(1)对边界条件改变前的结构求解，可获得边界条件改变节点的某个自由度解；

(2)对上述结构施加约束及约束位移，使得该约束对以前结果没有影响。此步可求解也可不求解而直接进入下一荷载步。此步实质上就是在结构变形完毕后施加约束，多个约束改变时依然如此。如果边界条件是减少约束，此时应施加所获得的约束反力。

(3)继续后续荷载步求解。

生死单元因只能“杀死”或“激活”单元，而无法对节点实施此操作，所以只能用刚性单元模拟边界条件，杀死或激活该单元以实现增加或减少约束。但生死单元法没有约束位移法简便而直观。

下面以悬臂梁为例，给出增加支座的求解过程。同时以简支梁为例给出简支状态转固结状态的求解过程。命令流中也给出了结果的查看方式，可比较各个荷载步位移和内力的变化过程，并且注意在施加约束位移时采用阶跃荷载和斜坡荷载的区别。

```
! EX4.24  边界条件变化时的求解
FINISH$/CLEAR$/PREP7
! 1.创建模型——定义单元类型、材料性质、实常数、几何模型和有限元模型
ET,1,BEAM3$MP,EX,1,2.1E5$MP,PRXY,1,0.3$R,1,100,10 * * 4/12,10
K,1$K,2,1000$L,1,2$ESIZE,100$LMESH,ALL$D,1,ALL
! 2.第 1 荷载步的求解——线性静力
/SOLU$ANTYPE,0$OUTRES,ALL,ALL$AUTOTS,OFF
TIME,1$NSUBST,5$F,2,FY,-10.0$SOLVE
! 3.第 2 荷载步的求解——仅施加了约束位移(Uy(7)为节点 7 的竖向位移)
! KBC 的设置对最终结果没有影响，但可观察各子步中位移和内力的变化
TIME,2$D,7,UY,UY(7)$KBC,1$NSUBST,5$SOLVE
! 4.后续荷载步的计算
TIME,3$KBC,0$F,11,FY,-12.0$NSUBST,6$SOLVE
! 5.通用后处理过程
FINISH$/POST1
SET,1,LAST$PLDISP,1
ETABLE,MI,SMISC,6$ETABLE,MJ,SMISC,12$PLLS,MI,MJ,-1$PRETAB,MI,MJ
SET,2,LAST$PLDISP,1$ETABLE,REFL$PLLS,MI,MJ,-1$PRETAB,MI,MJ
SET,3,LAST$PLDISP,1$ETABLE,REFL$PLLS,MI,MJ,-1$PRETAB,MI,MJ
! 时间后处理过程
/POST26$NSOL,2,2,U,Y$RFORCE,3,1,F,Y$RFORCE,4,7,F,Y
ADD,5,3,4,,,,,1,1$PROD,6,2,,,,,,-1$PLVAR,6$PLVAR,3,4,5
! ----------------------------------------------------------------------------------------
! EX4.25  简支转固结的过程
! 1.创建几何和有限元模型
FINISH$/CLEAR$/PREP7$B0=0.2$H0=0.3$LP=4.0
ET,1,BEAM3$MP,EX,1,2E11$MP,PRXY,1,0.3$R,1,B0 * H0,B0 * H0 * * 3/12,H0
K,1$K,2,LP/2$K,3,LP$L,1,2$L,2,3$LESIZE,ALL,,,5$LMESH,ALL
```

```
！2.简支时跨中作用一集中荷载 P0 的求解
/SOLU$P0 = 8000$D,1,UX,,,,,UY$D,7,UY$F,2,FY,-P0$SOLVE
！3.将简支变为固结,并施加新荷载的求解
D,1,ROTZ,ROTZ(1)$D,7,ROTZ,ROTZ(7)$D,7,UX,UX(7)
SFBEAM,ALL,1,PRES,1200$SOLVE
！4.通用后处理
/POST1$ETABLE,MI,SMISC,6$ETABLE,MJ,SMISC,12$PLLS,MI,MJ,-1
```

第5章

通用与时间历程后处理技术

ANSYS 在求解完成后，并不直接显示求解结果，而需要进入后处理层。后处理用于查看分析结果及结果的各种处理，以便指导设计等。

ANSYS 有两个后处理器，即通用后处理器 POST1 和时间历程后处理器 POST26。通用后处理器通常查看整个模型在各个时间点上的结果，如某个荷载步或子步的结果等。而时间历程后处理器则查看整个模型上的某一点结果随时间的变化曲线，如某节点的某个自由度位移随时间的变化曲线等。

后处理可在求解完后直接进入，也可在重新进入 ANSYS 后读入文件进入后处理。

5.1 通用后处理

5.1.1 读入结果文件

在求解完毕后直接进入后处理和重新进入 ANSYS 后再进入后处理略有差别，后者需要将模型数据(DB)和结果数据(RST)读入到当前数据库中，除此之外二者基本相同。读入结果文件及其相关命令如表 5-1 所示。

读入结果文件相关命令 表 5-1

命　令	功　能	备　注
INRES	指定从结果文件恢复的数据	影响 SET、SUBSET 及 APPEND
FILE	指定拟读入的结果文件	对该结果文件进行后处理
SET	从结果文件中读出指定的数据组	读出并可同时缩放、插值等运算
SUBSET	为所选择的模型读入结果	需有模型数据
APPEND	从结果文件读入数据追加到当前数据库	需有模型数据
LCZERO	将数据库中的结果置零	便于多次荷载工况组合
RESUME	恢复模型数据库	通常不必使用

1. 指定从结果文件恢复的数据

命令：INRES，Item1，Item2，Item3，Item4，Item5，Item6，Item7，Item8

其中：

Item1～Item8——指定的数据项，其值可取：

=ALL(缺省)：所有数据项；

=BASIC：基本数据项，包括 NSOL、RSOL、NLOAD、STRS、FGRAD 等；

=NSOL：节点自由度解；

=RSOL：节点反力；

=ESOL：单元解项，包括下面的所有单元项；

=NLOAD：单元节点荷载；　=STRS：单元节点应力；　=EPEL：单元弹性应变；

=EPTH：单元热应变、初应变及膨胀应变等；　=EPPL：单元塑性应变；

=EPCR：单元蠕变应变；　=FGRAD：单元节点梯度；

=MISC：单元其他数据，如 SMISC 和 NMISC 等。

通常，该命令不必单独执行，因缺省时为读入所有结果数据项。但当结果文件特别大，而仅需要处理其中部分结果时，可执行该命令以减少读入数据库中的数据。同时，因命令 OUTRES 设置了输出选项，所以 INRES 应该与其匹配。

2. 指定拟读入的结果文件

命令：FILE，Fname，Ext

其中：

Fname——目录及文件名。缺省目录为当前工作目录，缺省文件名为当前工作名。

Ext——结果文件的扩展名，对结构分析缺省为 RST。

3. 从结果文件中读出指定的数据组

命令：SET，Lstep，SBSTEP，FACT，KIMG，TIME，ANGLE，NSET，ORDER

其中：

Lstep——拟读出的荷载步数，缺省值为 1。其值可取：

=N：读出第 N 个荷载步的数据；

=FIRST：读出第 1 个荷载步的数据(忽略 SBSTEP 和 TIME 参数)；

=LAST：读出最后一个荷载步的数据(忽略 SBSTEP 和 TIME 参数)；

=NEXT：读出下一个荷载步的数据(忽略 SBSTEP 和 TIME 参数)；如果已经到最后一个荷载步，则读入第 1 个荷载步数据。

=PREVIOUS：读出前一个荷载步的数据(忽略 SBSTEP 和 TIME 参数)；如果当前为第 1 个荷载步，则读入最后一个荷载步数据。

=NEAR：读出最接近 TIME(忽略 SBSTEP 参数)，如果为空，则读出第 1 个数据组。

=LIST：列表显示荷载步的汇总，如 SET、TIME、LOADSTEP、SUBSTEP 等数据。(忽略 FACT、KIMG、TIME、ANGLE 参数)。

SBSTEP——在 Lstep 内的子步数。对模态分析或特征值屈曲分析，子步数即为模态数。其缺省值为荷载步的最后一个子步。当 Lstep=LIST 且 SBSTEP=0 或 1 时，列出荷载步的基本信息；当 Lstep＝LIST 且 SBSTEP＝2 时，可能列出荷载步的标题和标识符号。SBSTEP 缺省时最大为 1000，超过此限值后可使用/CONFIG 命令增加，或可用 SET，Lstep，LAST 读出该荷载步的最后子步数据。

FACT——读入数据的缩放因子，如为空或 0 则缺省为 1.0。

KIMG——仅使用从复数分析的数据。如为 0 则存储实部；如为 1 则存储虚部。

TIME——指定要读出数据的时间值，对于谐响应分析时间是指频率，对于特征值屈曲分析时间是指屈曲系数。当 Lstep＝NEAR 时，读出最接近 TIME 的数据；当 Lstep 和 SBSTEP 为零时，读出在时间点为 TIME 的数据；当 TIME 值在两个时间点之间时，则通过线性内插读出数据；如果所给 TIME 值超过了文件中的最后时间点，则采用最后时间点的数据。采用弧长法时，建议不要使用 TIME 来读入数据。

ANGLE——圆周位置（0°～360°），用于谐响应分析。

NSET——拟读入的数据组编号（即 SET，LIST 列表显示的 SET 编号）。

ORDER——按固有频率的升序方式对谐响应分析结果排序或特征值屈曲系数排序。此参数仅对循环对称屈曲分析或模态分析有效。

该命令确定要读出的结果数据，其方法或参数较为灵活。控制数据可用 SET，LIST 命令列表。

4. 为所选择的模型读入结果

命令：SUBSET，Lstep，SBSTEP，FACT，KIMG，TIME，ANGLE，NSET

其中的参数意义同 SET 中的参数。该命令在执行前应有模型数据库，否则应采用 RESUME 恢复模型数据库。该命令重复执行则覆盖数据库中的数据。

5. 从结果文件读入数据追加到当前数据库

命令：APPEND，LSTEP，SBSTEP，FACT，KIMG，TIME，ANGLE，NSET

其中的参数意义类同 SET 中的参数。该命令将读入的数据追加到当前数据库中。

6. 将数据库中的结果置零

命令：LCZERO

该命令同“LCOPER，ZERO”结果相同，即将数据库中的当前结果数据置零。当采用荷载工况时，用该命令可清除数据库中的结果数据，然后编制不同的荷载工况组合。

5.1.2 结果输出控制选项

输出控制选项用于图形显示和列表显示，如导出结果的方式和显示比例等设置，其相关命令如表 5-2 所示。

输出控制选项及其相关命令 表 5-2

命　令	功　能	备　注
AVPRIN	定义矢量和主轴的计算方法	用于计算主应力或主应变等时
AVRES	定义结果数据平均处理	仅适用于 PowerGraphics 模式
/EFACET	设置单元每边的分段数目	见 2.4.1 中
/DSCALE	设置变形放大系数	见 2.4.1 中

续上表

命　令	功　能	备　注
/VSCALE	缩放矢量显示长度	改变矢量的显示长度和方式
ERNORM	误差估算控制	不能用于 PowerGraphics 模式
FORCE	单元节点力输出类型控制	影响较多输出命令
LAYER	指定层单元要处理的层	
RSYS	激活输出和显示的结果坐标系	可在不同的坐标系获得结果
SHELL	控制壳或层壳单元数据的位置	可选择壳的中、底、顶面
/FORMAT	定义数据输出格式	影响结果数据的输出
/HEADER	每页的标题输出控制	页间不输出标题，为连续效果
IRLIST	惯性释放数据汇总列表	无参数
/PAGE	定义输出和屏幕页长度	用于批处理方式

1. 定义矢量和主轴的计算方法

命令：AVPRIN，KEY，EFFNU

其中：

KEY ——平均计算控制参数，其值可取：

=0(缺省)：对相关公共节点单元的节点分量取平均，然后再用平均值计算矢量和主轴；

=1：用每个单元的公共节点分量计算矢量和主轴，然后对矢量和主轴取平均值。

EFFNU——计算 VonMises 等效应变(EQV)的有效泊松比，仅适用于线单元。

该命令定义导出数据结果的计算方法，如当多个单元有公共节点时，其节点主应力或主应变的计算，可使用如上两种方法。即先计算各单元在节点的应力分量平均值，然后再计算主应力及其主轴；第二种方法则反之，先计算各个单元上的主应力，然后对主应力取平均值。很显然，这两种方法结果是有差别的，且主要用于主应力、主应变、矢量求和、排序和输出(PLNSOL 和 PRNSOL 命令)等。

当计算 VonMises 等效应变时，采用输入有效泊松比，此时下列所有单元的泊松比将被覆盖，但可用 RESET 恢复。

(1)用户输入的 EPEL 和 EPTH；

(2)EPPL 和 EPCR 被赋值为 0.5；

(3)超弹材料赋值为 0.5；

(4)对于线单元和循环对称分析，赋值为 0.0。

2. 定义结果数据平均处理

命令：AVRES，KEY，Opt

其中：

KEY ——数据平均控制参数，其值可取：

=1：对所有公共子网格位置的结果进行平均；

=2（缺省）：除材料类型不连续的位置外，对其他所有公共子网格位置的结果进行平均；

=3：除实常数不连续的位置外，对其他所有公共子网格位置的结果进行平均；

=4：除上述两个不连续位置外，对其他所有公共子网格位置的结果进行平均；

Opt——平均方式选项。如为空，则仅对外单元面的结果进行平均；如为 FULL，则对内外单元面的结果数据平均。

该命令对公共区域的结果数据进行平均，仅适用于 PowerGraphics 模式。该命令会影响到等值线、节点结果和子网格结果的显示，尤其是在/EFACET 和/TYPE 不同的设置时，但对节点自由度的结果没有影响。

3. 缩放矢量显示长度

命令：/VSCALE，WN，VRATIO，KEY

其中：

WN——窗口编号，缺省为 1。也可取 ALL。

VRATIO——对自动计算缩放因子的比率，缺省为 1.0。

KEY——相对缩放控制参数。当 KEY=0 时，根据矢量大小采用相对长度缩放；当 KEY=1 时，对所有矢量使用相同的长度进行缩放。

该命令对矢量的自动显示进行缩放，如原自动计算的集中力荷载的显示长度为 D，现在则为 VRATIO×D；当 KEY=0 时，根据力的大小其显示长度是不同的，而当 KEY=1 时，不管荷载的大小是多少，其显示长度是相同的。

该命令除对 PLVECT 命令显示矢量长度缩放外，也可对/PBC、/PSF 及/PSYMM 的 ESYS 和 NSYS 参数进行缩放，即可对荷载、节点坐标符号和单元坐标符号缩放。

例如：/PBC，F，，2$/VSCALE，，2$EPLOT 则可缩放集中力荷载的显示长度。

4. 单元节点力输出类型控制

命令：FORCE，Lab

其中：

Lab——与集中力一致的力类型。若 Lab=TOTAL（缺省），包括所有力类型；若 Lab=STATIC，仅为静态力；若 Lab=DAMP，则为阻尼力；若 Lab=INERT，则为惯性力。

该命令对 POST1 的 PRESOL、PLESOL、PRRFOR、NFORCE、FSUM 命令有影响，对 POST26 的 ESOL 和/PBC 命令有影响等。

5. 指定层单元要处理的层

命令：LAYER，NUM

其中：

NUM——层单元的层号，缺省时为底层的底面和顶层的顶面。对于不同的层单元有不同的限制，可参考帮助文件。

6. 激活输出和显示的结果坐标系

命令:RSYS,KCN

其中:

KCN——坐标系编号,其值可为0(缺省)、1、2或既有局部坐标系号。若KCN=SOLU(PowerGraphics模式不支持)激活的坐标系与求解结果所用坐标系相同。对层单元和实体单元,如果LAYER=0或没有执行LAYER命令,其数据将以单元坐标系输出。

该命令对梁单元无效,梁单元的结果总是以单元坐标系输出。

7. 控制壳或层壳单元数据的位置

命令:SHELL,Loc

其中:

LOC——壳(层)单元应力的位置控制参数,其值可取:

=TOP(缺省):壳(层)单元的顶面;

=MID:壳(层)单元的中面;

=BOT:壳(层)单元的底面。

缺省时,中面应力采用底面和顶面应力的平均值,但对于单元SHELL93/181/208/209可设置KEYOPT(8)=2或SHELL63设置KEYOPT(11)=2直接从结果文件得到中面应力。此命令不仅影响到应力,对应变等也起作用,影响到这些数据的排序、输出、路径操作等。

8. 定义数据输出格式

命令:/FORMAT,NDIGIT,Ftype,NWIDTH,DSIGNF,LINE,CHAR

其中:

NDIGIT——数据第1栏的位数,缺省为7。通常第1栏为节点或单元号。

Ftype,NWIDTH,DSIGNF——同/GFORMAT命令中的参数。

LINE——每页的行数,最小为11行。缺省为/PAGE命令指定的ILINE或BLINE。

CHAR——换行前每行的字符数(因系统各异,41~240),缺省为/PAGE命令指定的ICHAR或BCHAR。

该命令用于数据表的输出控制,如/POST1中的PRNSOL、PRESOL、PRETAB、PRRSOL、PRPATH等命令。该命令及其参数Ftype、NWIDTH和DSIGNF对/POST26中的PRVAR命令,可控制时间的输出格式。如果命令参数为空则保持原有设置不变,采用/FORMAT,STAT可查看当前的定义状态,采用/FORMAT,DEFA可恢复程序的缺省设置。

/FORMAT命令仅用于列表显示的结果数据,而/GFORMAT则用于图形显示数据的格式。

9. 每页的标题输出控制

命令:/HEADER,Header,Stitle,Idstmp,Notes,Colhed,Minmax

其中:

Header——ANSYS页标题,如系统、数据、时间、版本、版权、标题等。其值可取:

=ON:打开(对批处理模式为缺省状态,对GUI模式无效);

=OFF:关闭上述标题;

=空:采用以前的设置。

Stitle——子标题的打开与关闭,其值可取 ON、OFF 或空。

Idstmp——荷载步信息(如荷载步、子步、时间等)的打开与关闭,其值可取 ON、OFF 或空。

Notes——数据相关的特殊信息的打开与关闭,其值可取 ON、OFF 或空。

Colhed——数据表栏头的打开与关闭,其值可取 ON、OFF 或空。

Minmax——最小和最大值信息或数据表后总计信息的打开与关闭,其值可取 ON、OFF 或空。

该命令对/POST1 中的 PRNSOL、PRESOL、PRETAB、PRRSOL、PRPATH 有效。如有时需要将页间的说明和栏头等信息去掉,以方便进入 EXCELL 软件处理,这时可用该命令,如可用:/HEADER,OFF,OFF,OFF,OFF,OFF 达到目的。

/HEADER,STAT 可查看当前状态,/HEADER,DEFA 可恢复到缺省设置。

5.1.3 图形显示结果

这里主要介绍常用的图形显示结果命令如表 5-3 所示,其他图形显示命令在下文中结合具体操作介绍。

常用图形显示结果命令 表 5-3

命　令	功　能	备　注
PLDISP	显示结构变形图	
PLNSOL	显示节点结果图	结果内容很多,根据需要选用 Item 及 Comp
PLESOL	显示单元结果图	结果内容很多,根据需要选用 Item 及 Comp
PLVECT	以矢量方式显示结果图	如 U、S 等
PLCRACK	显示裂缝或压碎图	用于混凝土单元 SOLID65

1. 显示结构变形图

命令:PLDISP,KUND

其中:

KUND——控制参数,其值可取:

=0:仅显示结构变形图;

=1:重叠显示结构变形前后的形状图;

=2:重叠显示结构变形前后的形状图,但仅显示变形前结构的边界形状。

该命令显示结构变形前后的形状,当然可选择部分结构(用单元选择)以更清楚的显示变形,这时可用/DSCALE,,1.0 设置以显示真实的变形情况。

2. 显示节点结果

命令:PLNSOL,Item,Comp,KUND,Fact,FileID

其中:

Item——显示结果的标识符,主要标识符如表 5-4 所示。

Comp——标识符组项的符号,如表 5-4 所示。

KUND——同 PLDISP 中的参数。

Fact——对接触分析的结果数据,2D 显示的缩放因子,缺省为 1.0。负数时可反向显示。

FileID——文件索引号(可通过非线性诊断命令 NLDIAG 得到),仅用于 Item = NRRE 时。

该命令对所选择的单元和节点,其节点结果以连续的等值线穿过单元边界。等值线采用单元内节点结果线性插值确定,公共节点则取平均值确定。如要显示中节点(高阶单元)的值,可执行/EFACET 命令设置。

PLNSOL 的主要 Item 及 Comp 一览表 表 5-4

Item	Comp	说　明
节点自由度结果		
U	X,Y,Z,SUM	结构 X,Y,Z 平动位移及矢量和
ROT	X,Y,Z,SUM	结构 X,Y,Z 转角位移及矢量和
WARP		翘曲
V	X,Y,Z,SUM	瞬态分析中节点的 X,Y,Z 速度及矢量和
A	X,Y,Z,SUM	瞬态分析中节点的 X,Y,Z 加速度及矢量和
单元结果		
S	X,Y,Z,XY,YZ,XZ	应力分量
	1,2,3	主应力
	INT	应力密度
	EQV	等效应力
与 S 项及其 Comp 相同的有: 弹性应变 EPEL、热应变 EPTH、塑性应变 EPPL、蠕变应变 EPCR、 力学总应变 EPTO(=EPEL+EPPL+EPCR)、 力学总应变与热应变之和 EPTT(=EPEL+EPPL+EPCR+EPTH)		
EPSW		膨胀应变
SEND	ELASTIC	弹性应变能密度
	PLASTIC	塑性应变能密度
	CREEP	蠕变应变能密度

3. 显示单元结果

命令:PLESOL,Item,Comp,KUND,Fact

其参数意义同 PLNSOL 命令的参数意义。Item 选项与 PLNSOL 基本相同,但可使用 SMISC、NMISC、TOPO 等 Item,而 SMISC 和 NMISC 的 Comp 可为 nnn 顺序号。

4. 以矢量方式显示结果图

命令:PLVECT,Item,Lab2,Lab3,LabP,Mode,Loc,Edge

其中:

Item——预定的矢量标识符或矢量的分量标识符,预定的矢量标识符主要有:U、ROT、V、A、S、EPTO、EPEL、EPPL、EPCR、EPTH 等。

Lab2,Lab3——用户定义的分矢量标识符,如 Item 为预定标识符,则此二者必须为空。

LabP——合成矢量标识符,缺省为 Item。

Mode——显示方式控制。若为空，采用/DEVICE 中的 KEY 参数指定的方式；若 MODE=RAST，采用光栅模式；若 MODE=VECT，采用矢量模式显示。

Loc——显示单元场结果的矢量位置。若 Loc=ELEM(缺省)，在单元质心处显示；若 Loc=NODE，在单元节点上显示。

Edge——单元边界的显示方式。若为空，则采用/DEGE 中的 KEY 参数指定的方式；若 Edge=OFF，不显示单元边界；若 Edge=ON，显示单元边界。

该命令可结合/VSCALE 命令调整矢量符号的大小。

例如，以带孔板说明上述命令的使用方法和效果。

```
! EX5.1  结果的显示方式
FINISH$/CLEAR$/PREP7
! 1.建模、施加荷载、施加约束等-----------------------------------------------
ET,1,PLANE82$MP,EX,1,2.1E5$MP,PRXY,1,0.3$BLC4,,,60,40$CYL4,30,20,10$ASBA,1,2
WPROTA,,90$WPOFF,,,-20$ASBW,ALL$WPOFF,30$WPROTA,,,90$ASBW,ALL
WPCSYS,-1$LCCAT,14,15$LCCAT,9,16$LCCAT,2,13$LCCAT,10,18$ESIZE,2
MSHAPE,0,2D$MSHKEY,1$AMESH,ALL$LSEL,S,LOC,X,0$LSEL,A,LOC,X,60
SFL,ALL,PRES,-100$LSEL,S,LOC,X,30$DL,ALL,,UX$LSEL,S,LOC,Y,20$DL,ALL,,UY
ALLSEL
! 2.求解并进入后处理层-----------------------------------------------------
FINISH$/SOLU$SOLVE$/POST1
/EFACET,2                                   ! 设置单元边界分段数,对曲线边界显示的更加精细
/GFORMAT,F,15,6                             ! 设置图形中数字的格式为 F15.6
PLDISP,1                                    ! 带变形前的图显示变形图
PLNSOL,U,Y,2                                ! 显示 Y 方向变形,但变形前采用边界
/GFORMAT,F,15,2                             ! 设置图形中数字的格式为 F15.2
PLNSOL,S,X                                  ! 显示 X 方向应力
PLNSOL,S,1$PLNS  OL,S,EQV                   ! 显示主应力 1 和等效应力
/GFORMAT,E,12,6                             ! 设置图形中数字的格式为 E12.6
PLNSOL,EPEL,X                               ! 显示 X 方向的弹性应变
! 3.恢复缺省格式,并显示单元的 Uy,Sx,Seqv -------------------------------------
/GFORMAT,DEFA$PLESOL,U,Y$PLESOL,S,X$PLESOL,S,EQV
PLVECT,U$PLVECT,S                           ! 显示位移矢量和应力矢量图
PLVECT,S,,,,VECT                            ! 用矢量方式显示应力矢量
/VSCALE,,2$PLVECT,S,,,,VECT                 ! 调正矢量符号(双箭头)的大小,再次显示应力矢量
/GLINE,,-1$PLVECT,S                         ! 取消单元边界线,再次显示应力矢量
/DSCALE,,OFF$PLNSOL,S,1                     ! 关闭结构变形,并显示节点主应力 1
/DSCALE,DEFAS$/GLINE,1                      ! 恢复变形比例缺省,显示单元边界线
/DEVICE,VECTOR,1                            ! 设置矢量显示模式
/CLABEL,,5                                  ! 设置等高线上文字的间隔距离(5 个单元显示一个)
/CONTOUR,,18,-16,,500                       ! 设置等高线数为 18,最小和最大为 -16 和 500
PLNSOL,S,X                                  ! 显示节点 X 方向应力
```

可利用显示的控制命令和显示命令组合各种图形效果，根据问题的类型选择较好效果的组合方式，这需要一定的使用经验。

5. 显示裂缝或压碎图

命令：PLCRACK，LOC，NUM

其中：

LOC——裂缝显示位置控制，其值可取：

=0(缺省)：在积分点显示裂缝；　　=1：在单元质心显示裂缝(平均)。

NUM——拟显示裂缝，其值可取：

=0(缺省)：所有裂缝；　　=1：仅显示第1次开裂的裂缝；

=2：仅显示第2次开裂的裂缝；　　=3：仅显示第3次开裂的裂缝；

该命令用于SOLID65单元混凝土的开裂和压碎显示，开裂的表示方法是在开裂平面内显示圆圈，而压碎则用一个八面体轮廓显示。如果裂缝开裂后又闭合，则在圆内打上交叉符号。每个积分点最多在3个平面上开裂，因此在积分点上的第1条裂缝用红色圆圈表示，第2条裂缝用绿色圆圈表示，第3条裂缝则用蓝色圆圈表示。

当显示在单元质心时，程序根据单元积分点的状态确定。如单元中所有积分点都已压碎，则压碎显示在单元质心；如单元所有积分点都已开裂或开裂后又闭合，则开裂符号显示在单元质心；但多于5个积分点开裂时，开裂符号也显示在单元质心；如果多于1个积分点开裂，则在单元质心处圆圈中显示出开裂平面的平均方位。

5.1.4 列表显示结果

除图形直观地显示结果外，还可列表显示结果，以便形成文本供设计或分析使用。列表显示结果较图形显示结果的命令要多，可以对结果数据进行简单的处理，然后列表给出。列表显示结果的相关命令如表5-5所示。

列表显示结果及其相关命令　　表5-5

命　令	功　能	备　注
NSORT	对节点数据排序	可定义拟要个数，而不必将节点数据全部输出
NUSORT	恢复缺省的节点排序方式	即按节点号升序方式排序
ESORT	对单元数据排序	仅可对ETAB排序
EUSORT	恢复缺省的单元排序方式	即按单元号升序方式排序
PRNSOL	列出节点结果	
PRESOL	列出单元结果	
PRSSOL	列出单元剖面结果	仅用于BEAM188和BEAM189单元
PRRSOL	列出约束节点反力	支点反力和力矩列表
PRNLD	列出单元节点荷载的总和	

续上表

命　令	功　能	备　注
PRVECT	列出矢量大小和方向余弦	
PRJSOL	列出结合单元结果	用于 MPC184 单元
PRRFOR	列出节点约束反力	与 FORCE 命令联用，效果与 PRRSOL 相同
PRITER	列出求解信息汇总数据	

1. 对节点数据排序

命令：NSORT，Item，Comp，ORDER，KABS，NUMB，SEL

其中：

Item，Comp——排序的结果标识符和组项标识符，如表 5-4 所示。但增加了 LOC 和 ANG 结果标识符，且其组项分别为 X，Y，Z 和 XY，YZ，ZX。

ORDER——排序方式。若为 0 按降序，若为 1 按升序。

KABS——绝对值选择。若为 0 根据实数排序，若为 1 根据绝对值排序。

NUMB——拟记录排序后的节点结果记录个数，缺省为所有节点。如只要位移矢量模最大的 10 个节点，则 NUMB＝10，其余节点数据不作记录也不输出。

SEL——在排序后的节点中可选择节点。如为空则不允许选择（缺省），假如排序后又使用了 NSEL 命令，则排序结果就直接恢复为缺省排序方式了；如为 SELECT 则可选择节点，此时可使用 NSEL 命令从排序结果中选择节点，如节点不在排序后的记录中，则也恢复缺省排序。

该命令缺省时按节点号升序方式排序。

该命令对节点结果（如表 5-4 所示）进行排序，一旦按某项内容排序后，PRNSOL 命令的所有结果显示则按排序后结果输出。

例如：NSORT，U，SUM，0，，10 表示根据位移矢量模大小按降序排序，仅记录最大的 10 个。

例如：NSORT，LOC，X 根据位置的 X 坐标按升序对节点数据排序。

2. 恢复缺省的排序方式

命令：NUSORT

该命令恢复缺省的排序方式，即按节点号升序方式。如上 NSEL 也可恢复缺省方式。

3. 对单元数据排序

命令：ESORT，Item，Lab，ORDER，KABS，NUMB

其中：

Item——单元结果的标识符，目前仅为 ETAB。

Lab——单元表标识符，由用户在 ETABLE 命令中定义的标识符，如 Mi 或 Mj 等。

ORDER，KABS——同 NSORT 中的参数。

NUMB——与 NSORT 中类似，不过这里为单元数据个数。

例如：

```
ETABLE,S1I,NMISC,1            ! 将 PLANE82 单元的 I 节点的主应力 1，定义为 S1I。
ESORT,ETAB,S1I,0,1,20         ! 根据 S1I 绝对值大小排序，只需记录前 20 个单元。
```

单元数据缺省的排序方式是以单元号的大小按升序排列。

4. 恢复缺省的单元排序方式

命令:EUNORT

使用 ESEL 命令也可恢复缺省排序方式。

5. 列出节点结果

命令:PRNSOL,Item,Comp

其中:

Item 和 Comp——节点结果标识符和组项标识符,其主要取值如表 5-6 所示。

该命令列出所选择节点的结果数据(可采用缺省排序方式,也可在自定义排序后)。除非使用了 RSYS 命令对结果进行了转换,否则结果总是位于总体直角坐标系中。列出的结果与 AVPRIN、LAYER 及 SHELL 等设置有关。FORCE 命令用于定义哪类节点荷载分量(如静态、阻尼、惯性或总荷载)。

PowerGraphics 影响列出的结果数据,如公共节点或边界不连续可能列出不一致的结果,在列出时并不平均这些结果,且在该模式下,列表输出模型外表面的结果;如果使用了 NSORT、ESORT 或/ESHAPE 命令,则列出与全图形模式相同的结果。

如果要列出中间节点的结果(高阶单元),应先执行命令/EFACET,2。

PRNSOL 的主要 Item 及 Comp 一览表 表 5-6

Item	Comp	说 明
节点自由度结果		
U	X,Y,Z	结构 X,Y,Z 平动位移(任一)
	COMP	结构 X,Y,Z 平动位移及矢量和(所有)
ROT	X,Y,Z	结构 X,Y,Z 转角位移(任一)
	COMP	结构 X,Y,Z 转角位移及矢量和(所有)
V	X,Y,Z	瞬态分析中 X,Y,Z 节点速度(任一)
	COMP	瞬态分析中 X,Y,Z 节点速度及矢量和(所有)
A	X,Y,Z	瞬态分析中 X,Y,Z 节点加速度(任一)
	COMP	瞬态分析中 X,Y,Z 节点加速度及矢量和(所有)
DOF		所有自由度(最大 10 个)
单元结果		
S	COMP	所有 X,Y,Z,XY,YZ,XZ 应力分量
	PRIN	主应力 S1、S2、S3,应力密度 SINT,等效应力 SEQV
与 S 项及其 Comp 相同的有: 弹性应变 EPEL、热应变 EPTH、塑性应变 EPPL、蠕变应变 EPCR、 力学总应变 EPTO(=EPEL+EPPL+EPCR)、 力学总应变与热应变之和 EPTT(=EPEL+EPPL+EPCR+EPTH)		

续上表

Item	Comp	说 明
EPSW		膨胀应变
SEND	ELASTIC	弹性应变能密度
	PLASTIC	塑性应变能密度
	CREEP	蠕变应变能密度
NL		非线性项 SEPL,SRAT,HPRES,EPEQ,CREQ,PSV,PLWK

6. 列出单元结果

命令:PRESOL,Item,Comp

其中:

Item 和 Comp——节点结果标识符和组项标识符,其主要取值如表 5-7 所示。

该命令列出所选择单元的结果数据(可采用缺省排序方式,也可在自定义排序后)。除非使用了 RSYS 命令对结果进行了转换,否则结果总是位于总体直角坐标系中。壳单元列出的结果与 SHELL 命令相关。FORCE 命令用于定义哪类节点荷载分量(如静态、阻尼、惯性或总荷载等)。

在 PowerGraphics 该模式下,列表输出单元表面的结果。

7. 列出 BEAM188/189 单元剖面结果

命令:PRSSOL,Item,Comp

其中 Item 和 Comp 如表 5-8 所示。该命令仅适用于 BEAM188 和 BEAM189 单元,且用户自定义截面无效。截面的相关信息可使用 SLIST 命令列表显示。

PRESOL 的主要 Item 及 Comp 一览表 表 5-7

Item	Comp	说 明
S		所有 X,Y,Z,XY,YZ,XZ 应力分量
与 S 项及其 Comp 相同的有: 弹性应变 EPEL、热应变 EPTH、塑性应变 EPPL、蠕变应变 EPCR、 力学总应变 EPTO(=EPEL+EPPL+EPCR)、膨胀应变 EPSW、 力学总应变与热应变之和 EPTT(=EPEL+EPPL+EPCR+EPTH)		
NL		非线性项 SEPL,SRAT,HPRES,EPEQ,CREQ,PSV,PLWK
SEND	ELASTIC	弹性应变能密度
	PLASTIC	塑性应变能密度
	CREEP	蠕变应变能密度
以下数据均不支持 PowerGraphics 模式		
F		结构 X,Y,Z 力分量,与 FORCE 命令相关
M		结构 X,Y,Z 弯矩分量,与 FORCE 命令相关

续上表

Item	Comp	说 明
FORC		所有力和弯矩分量，与 FORCE 命令相关
ELEM		单元的所有结果(仅适用线单元)
SERR		结构误差能量
SDSG		节点应力分量最大增量的绝对值
KENE		动能
VOLU		单元体积
CENT		单元质心位置坐标
LOCI		积分点位置
SMISC	Snum	单元表数据
NMISC	Snum	单元表数据

PRSSOL 命令的 Item 和 Comp 一览表 表 5-8

tem	Comp	说 明
S	COMP	所有 X,XZ,XY 应力分量
	PRIN	主应力 S1、S2、S3，应力密度 SINT，等效应力 SEQV
EPTO	COMP	所有总应变(＝EPEL＋EPPL＋EPTH)
	PRIN	总主应变、应变密度、等效应变
EPPL	COMP	所有塑性应变分量
	PRIN	塑性主应变、塑性应变密度、塑性等效应变
EPCR	COMP	所有蠕变应变分量
	PRIN	蠕变主应变、蠕变应变密度、蠕变等效应变
EPTH		热应变
NL		非线性塑性功项
BMOM		双力矩

关于 BEAM188 和 BEAM189 单元的后处理问题，这里简要介绍如下：

以如图 5-1 所示的矩形截面为例，截面划分为多个栅格(cell)。每个栅格边界上定义了 8 个点和栅格中心的一个点，称为栅点(section node)，其中位于栅格角上的栅点可称为角栅点。例如，图中的截面数据为 SECDATA,B,H,NB,NH，其中 NB＝NH＝2(缺省)，即 B 方向上划分 NB 个栅格，H 方向划分为 NH 个栅格，故整个截面划分为 NB×NH＝4 个栅格。整个截面上栅点数为(2×NB＋1)×(2×NH＋1)＝25 个，其中角栅点的数目为(NB＋1)×(NH＋1)＝

9 个。角栅点上的结果采用 PRSSOL 命令可以直接获得。

因 BEAM189 单元为 3 节点单元，故一个单元的栅点数为 3 倍的截面栅点数，如上的截面则有 75 个栅点，27 个角栅点。如果 NB＝NH＝3 则有 294 个栅点，48 个角栅点。一般不进行塑性分析时，建议采用缺省的栅格划分。

截面的栅格与组成栅点、栅点编号与坐标、积分点编号与坐标、截面几何特性等可采用 SLIST 命令和 SECPLOT 命令获得。截面栅格编号和栅点编号顺序按从下到上、从左到右方式；积分点则以栅格为基础，按逆时针编号。

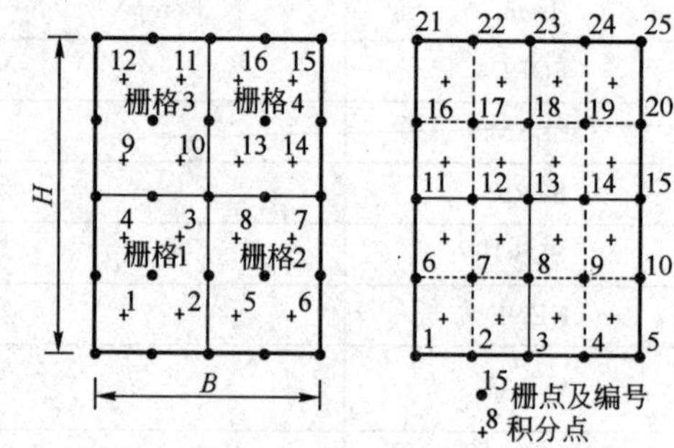

图 5-1 矩形截面栅格、栅点与积分点（NB＝NH＝2）

PRSSOL 命令仅输出角栅点上的结果和积分点上的结果（与 KEYOPT 有关）。以 BEAM189 单元的应力输出为例，其输出内容按单元编排，每个单元输出 3 个节点（称为单元节点）截面，每个单元节点截面给出其角栅点的应力结果，因此其列表显示的结果内容很多。

在命令流中，可通过 ETABLE 命令获得角栅点的各种结果。这里以应力结果为例说明如下：

(1)定义单元表 ETABLE,myvar,LS,myno;

(2)通过 * GET,var1,ELEM,elemno,ETAB,myvar 得到某个单元的某个单元节点截面的某个角栅点的某个应力分量的数值。

显然需要解决如下几个问题：

(1)单元表中 myno 的最大值：该最大值是一个单元的总角栅点数＝单元节点数×一个节点截面上的角栅点数×3 个应力分量。如 BEAM189 单元且 NB＝NH＝2，则 myno 的最大值为 3×(NB＋1)×(NH＋1)×3＝81。

(2)myno 与角栅点对应关系：同样以 BEAM189 单元和 NB＝NH＝2 为例，按 PRSSOL 命令的输出顺序有如下对应关系：

LS,1～LS,3 对应单元节点 1 截面上的角栅点 1 的 Sxx,Sxy,Sxz;

LS,4～LS,6 对应单元节点 1 截面上的角栅点 3 的 Sxx,Sxy,Sxz;

LS,7～LS,9 对应单元节点 1 截面上的角栅点 13 的 Sxx,Sxy,Sxz;

LS,10～LS,12 对应单元节点 1 截面上的角栅点 11 的 Sxx,Sxy,Sxz;

LS,13～LS,15 对应单元节点 1 截面上的角栅点 5 的 Sxx,Sxy,Sxz;

LS,16～LS,18 对应单元节点 1 截面上的角栅点 15 的 Sxx,Sxy,Sxz;

LS,19～LS,21 对应单元节点 1 截面上的角栅点 23 的 Sxx,Sxy,Sxz;

LS,22～LS,24 对应单元节点 1 截面上的角栅点 21 的 Sxx,Sxy,Sxz;

LS,25～LS,27 对应单元节点 1 截面上的角栅点 25 的 Sxx,Sxy,Sxz;

LS,28～LS,30 对应单元节点 2 截面上的栅点 1 的 Sxx,Sxy,Sxz;

……

LS,52～LS,54 对应单元节点 2 截面上的栅点 25 的 Sxx,Sxy,Sxz;

LS,55～LS,57 对应单元节点 3 截面上的栅点 1 的 Sxx,Sxy,Sxz;

……

LS,79～LS,81 对应单元节点 3 截面上的栅点 25 的 Sxx,Sxy,Sxz。

(3)如何得到某一单元某一节点截面上某一角栅点的某一应力分量。如想得到第 5 个单元的第 2 个节点截面上第 23 角栅点的 Sxx,可通过如下定义获得：

```
ETABLE,VAR1,LS,46                      ! 定义第 2 个节点截面第 23 角栅点的应力分量 Sxx
*GET,VAR2,ELEM,5,ETAB,VAR1             ! 得到第 5 个单元的该数值
```

下面以命令流方式说明该命令及上述内容的应用。

```
! EX5.2  BEAM18X 系列后处理示例
! 1.创建模型,定义截面----------------------------------------------------------
FINISH$/CLEAR$/PREP7$K,1$K,2,5$K,3,5,5$L,1,2
ET,1,BEAM189$KEYOPT,1,4,2$MP,EX,1,2E11$MP,PRXY,1,0.3
SECTYPE,1,BEAM,RECT$SECDATA,0.24,0.3,2,2
LATT,1,,1,,3,,1$ENO = 20$LESIZE,ALL,,,ENO
LMESH,ALL$DK,1,ALL$FK,2,FY,-100000.0
! 绘图和列表显式栅格、栅点及积分点信息
SECPLOT,1,1$SLIST,1,1,,1,ALL
! 2.求解并进入后处理----------------------------------------------------------
FINISH$/SOLU$SOLVE$/POST1
/ESHAPE,1$PLESOL,S,EQV$/PNUM,SVAL,1$PLNSOL,S,X
PLNSOL,S,X$PRSSOL,S,COMP$PRSSOL,,PRIN
! 3.得到各单元最大和最小正应力------------------------------------------------
*DIM,V1,,ENO$*DIM,V2,,ENO
*DO,I,1,ENO$*GET,V1(I),SECR,I,S,X,MAX
*GET,V2(I),SECR,I,S,X,MIN$*ENDDO
! 4.得到各单元各节点截面各角栅点的应力分量 SXX,SXZ,SXY ----------------------
CSNNUM = 81$*DIM,MYSSS,,ENO,CSNNUM
*DO,I,1,ENO
*DO,K,1,CSNNUM$ETABLE,VAR%K%,LS,K$*ENDDO
*DO,J,1,CSNNUM$*GET,MYSSS(I,J),ELEM,I,ETAB,VAR%J%$*ENDDO
*ENDDO
! ---------------------------------------------------------------------------
! 5.输出到文件(必须用读入文件方式执行,即/INPUT)--------------------------------
*CFOPEN,MYRES,TXT
*VWRITE,
('***********单元最大应力和最小应力——SXX **********')
*VWRITE
('单元号   最大应力   最小应力')
*DO,I,1,ENO$A1 = V1(I)$A2 = V2(I)
*VWRITE,I,A1,A2
```

```
(F6.0,2X,E15.6,5X,E15.6)
*ENDDO
*VWRITE
('**********各单元各节点截面各角栅点应力分量****************')
*DO,I,1,ENO
*VWRITE,I
('单元编号=',F6.0)
*VWRITE
('顺序号',8X,'应力')
*DO,J,1,CSNNUM/3
A1=MYSSS(I,3*J-2)$A2=MYSSS(I,3*J-1)$A3=MYSSS(I,3*J)
*VWRITE,J,A1,A2,A3
(F6.0,8X,E15.6,2X,E15.6,2X,E15.6)
*ENDDO$*ENDDO$*CFCLOSE
```

8. 列出约束节点反力

命令:PRRSOL,Lab

其中:

Lab——节点反力类型,对结构分析有:

力:FX、FY、FZ;　　力:F(包含 FX、FY、FZ);

弯矩:MX、MY、MZ;　　弯矩:M(包含 MX、MY、MZ);

双力矩:BMOM;　　Lab 空时:列出前 10 个反力。

该命令对所选择的节点按排序的方式输出约束节点的反力。对耦合节点则以主节点输出。如未采用 RSYS 命令转换结果,则结果总是位于总体直角坐标系中。约束反力是保持结构平衡的一组力,即按其结果方向施加在结构上便可保持结构平衡,是相对结构而言的。

该命令在下列情况下不能使用或无效:约束节点施加了荷载、使用了 LCOPER 命令或使用了 LCASE 命令。

该命令的替换命令是 PRRFOR 命令,但使用 PRRFOR 命令结合 FORCE 命令可对反力分类(如静态、阻尼、惯性等)列出。

```
例如:PRRSOL,F$PRRSOL,M          ! 列出支点反力和力矩
     PRRSOL                     ! 列出前 10 个反力
```

9. 列出单元节点荷载的总和

命令:PRNLD,Lab,TOL,Item

其中:

Lab——节点反力类型,同 PRRSOL 命令,当 Lab 为空时列出前 10 项。

TOL——相对零的误差限,即在此范围内的荷载不列表显示(如某个单元节点荷载都在此范围,则不列出该节点;如仅某项结果在此范围,则该项无值),缺省为 1.0E−9。当 TOL=0 时则所有单元节点都列出。

Item——节点选择集。若为空(缺省),列出所有选择的单元节点荷载之和;若 Item=

CONT,列出接触节点的单元节点荷载之和;若 Item=BOTH,列出以上两项。

该命令列出单元节点荷载和的反力,如列出受荷载作用的节点和约束节点荷载之和的反力。同样地,如果没有结果转换(RSYS 命令),其结果总是位于总体直角坐标系中。该命令所列出的结果是保持"节点平衡"的反力,因此结果是约束节点正好与 PRRSOL 命令所列结果相反。缺省时,该命令不包括 TARGE169～CONTA175 单元,而"PRNLD,,,CONT"仅对所选择的单元"CONTA171～CONTA175"有效。

单元杆端力列表(对线单元)采用"PRESOL,FORC"可列出各个单元的杆端力,并可指定荷载类型(FORCE 定义)。

10. 列出矢量大小和方向余弦

命令:PRVECT,Item,Lab2,Lab3,LabP

其中参数意义同 PLVECT 命令。

11. 列出结合单元结果

命令:PRJSOL,Label,Comp

其中:

Label——结果项标识符,其值有:

=REAC:支承反力和弯矩; =DISP:平动位移;

=ROT:转角位移; =SMISC:单元其他结果。

Comp——与 Label 对应的组项标识符。对 Label=DISP 或 ROT 则可为 X、Y、Z;对 Label=SMISC 则为序列编号。

该命令仅适用于 MPC184 单元。

12. 列出求解信息汇总数据

命令:PRITER

该命令列出求解数据,如时间步、荷载步、平衡迭代、收敛值等,仅适用于静态或完全瞬态分析,对其他分析类型不输出数据。

5.1.5 节点特殊结果计算

节点特殊结果包括力素求和、强度因子、外表面节点结果积分等内容,其计算均基于"单元节点力",因此要同时确定单元选择集和节点选择集,相关命令如表 5-9 所示。

节点特殊结果计算命令 表 5-9

命 令	功 能	备 注
FSUM	对所选择的节点力素求和	用 NSEL 选择节点,仅列出总和
NFORCE	对所选择的节点力素求和	用 NSEL 选择节点,列出每个节点力素及总和
SPOINT	定义力矩求和的位置点	力矩求和参考点
KCALC	计算强度因子	用于断裂力学中
INTSRF	对外表面节点结果积分	如压力之和等

1. 对所选择节点的节点力和力矩求和

命令：FSUM,LAB,ITEM

其中：LAB ——求和坐标系控制参数，其值可取：

=空(缺省)：在总体直角坐标系中对所有节点力和力矩求和；

=RSYS：在当前激活的 RSYS 坐标系中对所有节点力和力矩求和；

ITEM ——节点集选择，其值可取：

=空(缺省)：除接触单元之外，对所有选择节点的节点力和力矩求和；

=CONT：仅对接触节点的节点力和力矩求和；

=BOTH：上述两项均包括在内。

该命令计算所选择单元集中所选择节点集的所有节点力的合力和合力矩，合力矩点的位置由 SPOINT 命令定义，缺省时为总体直角坐标系的原点。可用于求板壳单元或实体单元的结构截面内力，如用板壳单元划分的结构，可获取某个截面的内力。

2. 对所选择节点的节点力和力矩求和

命令：NFORCE,ITEM

其中：ITEM 同 FSUM 命令中的参数。该命令与 FSUM 命令类似，但列出了选择集中各个节点的力和力矩之和，而 FSUM 只列出了选择集的总结果。如果仅选择了一个单元及其节点，则列出该单元保持平衡所需的力和力矩，此时与线单元的 PRESOL,FORC 所列结果相同，即单元的杆端力。该命令受单元选择集和节点选择集的影响，使用时应当注意。

3. 定义力矩求和的位置点

命令：SPOINT,NODE,X,Y,Z

其中：

NODE——拟定义位置的节点编号，如为空或 0 则使用 X、Y、Z 定义。

X,Y,Z——拟定义位置在总体直角坐标系下的坐标。当 NODE=0 时，缺省为坐标点(0,0,0)。

该命令为力矩求和指定一个位置点，如果求和不拟位于总体直角坐标系下，可输入 NODE 定义或采用 RSYS 命令定义。

5.1.6 单元表及操作

通过 PRESOL 和 PLESOL 等命令可获得大部分单元结果，而有些结果则必须通过单元表解决，如梁单元的内力图等。该节介绍单元表及其操作，其相关命令如表 5-10 所示。

1. 生成单元表

命令：ETABLE,Lab,Item,Comp

其中：

单元表相关命令　　表 5-10

命　令	功　能	备　注
ETABLE	生成单元表	全部的输出结果均可填入各个单元表中
PLETAB	云图显示单元表结果	结果云图不连续效果

续上表

命 令	功 能	备 注
PRETAB	列表显示单元表结果	可分次列出所定义的单元表结果
PLLS	沿单元用等值面显示结果	可用于线单元的内力图和应力图
SABS	单元表绝对值操作	用于 SADD,SMULT,SMAX,SMIN 和 SSUM 命令
SSUM	计算并输出单元表数据之和	选择某些单元,可获得期望的结果
SADD	单元表相加生成新的单元表	
SMULT	单元表相乘生成新的单元表	
SMAX	单元表取最大值生成新的单元表	
SMIN	单元表取最小值生成新的单元表	
SEXP	单元表幂运算生成新的单元表	
VCROSS	矢量叉积生成新单元表	
VDOT	矢量点积生成新单元表	

Lab——用户定义的单元表名称(为一个单元表项的唯一识别名),不超过 8 个字符,是在随后操作中唯一可引用的。缺省时,用 Item 和 Comp 标识符的前 4 个字符组成。如果与既有名称同名,则覆盖之,最多可定义 200 个单元表名称。单元表名称不能使用 ANSYS 预定义标识符,如 REFL、STAT、ERAS。若 Lab=REFL,则根据最近的 ETABLE 命令重新填充单元表,如在荷载步改变后重新填充单元表显然比较方便。若 Lab=STAT,则列表显示已经存在的单元表。若 Lab=ERAS,则删除整个单元表,如使用“ETABLE,Lab,ERAS”则删除该单元的该列。

Item,Comp——结果项的标识符和组项标识符。其可用结果如 PLNSOL 和 PLESOL 两个命令中的内容,特别注意 SMISC 和 NMISC 两结果项标识符的使用。

该命令生成结果的单元表,对单元表可进行运算。一些填入单元表的结果数据(如包含分量结果)位于结果坐标系中,其他结果则不进行转换而直接填入单元表。缺省的结果坐标系为总体直角坐标系,即“RSYS,0”。

很多 Item 和 Comp 项与具体单元有关,在单元库中有详细介绍。

2. 云图显示单元表结果

命令:PLETAB,Itlab,Avglab

其中:

Itlab——用户在 ETABLE 命令中定义的单元表名称。

Avglab——公共节点结果平均控制参数,其值可取:

=NOAV(缺省):不平均公共节点的结果;

=AVG:平均公共节点的结果。

该命令用图形显示单元表中的结果数据,显示时假定单元上的数据是常数,并赋给单元上的各个节点。等值线则由单元上的节点值线性插值得到。公共节点的结果值可采用相关单元的平均值或不采用平均值。

由于显示时的假定造成单元之间结果的不连续，因此在单元间出现梯度变化。其效果不如 PLNSOL 或 PLESOL 命令，但有些结果此二命令不能显示时可用 PLETAB 命令。

3. 列表显示单元表结果

命令：PRETAB，Lab1，Lab2，Lab3，Lab4，Lab5，Lab6，Lab7，Lab8，Lab9

其中：

Lab1～lab9——命令 ETABLE 定义的单元表标识符，为空时列出前 10 个标识符的内容。Lab1 也可用组标识符，如 GRP1 储存 1～10 项(按 ETABLE 定义的先后顺序确定)，GRP2 储存 11～20 项，以此类推。

4. 沿单元用等值面显示单元表结果

命令：PLLS，LabI，LabJ，Fact，KUND

其中：

LabI，LabJ——单元节点 I 和 J 的单元表名称。

Fact——用于显示的缩放系数，可将图形适当缩放，缺省为 1.0。负值则用反向显示。

KUND——同 PLNSOL 命令中的参数。

该命令用于线单元和 2D 轴对称单元的单元表结果显示，用垂直单元轴线的梯形采用图形表示，图形在 I 节点和 J 节点的长度与其数据成比例。如线单元的内力图和应力图等，可用这种方式绘制，同时可用"/PNUM，SVAL，1"显示数据大小。

该命令与 PLETAB 不同的是其以节点 I 和节点 J 数据按比例绘制，而不是假定在单元上是常数，且 PLETAB 命令只能一次显示一个单元表项的结果，而 PLLS 则显示节点 I 和节点 J 两项单元表结果。因此，PLLS 命令可以绘制连续的内力图或应力图等，但对于 BEAM188 单元因单元本身的计算方法，会出现突变的图形。

5. 单元表绝对值操作

命令：SABS，KEY

其中：

KEY——绝对值控制参数。KEY＝0(缺省)，采用代数值；KEY＝1，采用绝对值。该命令可用于 SADD、SMULT、SMAX、SMIN 和 SSUM 命令操作中。如采用绝对值，则在执行该命令后，其后的运算全部采用单元表数据的绝对值。

6. 计算并输出单元表数据之和

命令：SSUM

该命令对所选择的单元，计算并输出既有单元表结果数据之和。如需绝对值，则用 SABS 定义；如对某位移分量求和，采用绝对值和代数值其结果是不同的。

7. 单元表相加生成新的单元表

命令：SADD，LabR，Lab1，Lab2，FACT1，FACT2，CONST

其中：

LabR——用户定义的拟生成结果的名称，如果与既有单元表名称相同则覆盖之。

Lab1，Lab2——加运算中两个相加项的单元表名称，Lab2 可以为空。

FACT1，FACT2——分别为 Lab1 和 Lab2 项的缩放系数，若为空或 0 则缺省为 1.0。

CONST——常数值。

单元表加运算按 LabR＝(FACT1×Lab1)＋(FACT2×Lab2)＋CONST 计算结果。

类似地，单元表乘、取最大值、最小值、幂运算生成新单元表的命令及算法如下：

单元表乘命令：SMULT，LabR，Lab1，Lab2，FACT1，FACT2

计算公式：LabR＝(FACT1×Lab1)×(FACT2×Lab2)

单元表取最大值命令：SMAX，LabR，Lab1，Lab2，FACT1，FACT2

计算公式：LabR＝(FACT1×Lab1)和(FACT2×Lab2)取较大值

单元表取最小值命令：SMIN，LabR，Lab1，Lab2，FACT1，FACT2

计算公式：LabR＝(FACT1×Lab1)和(FACT2×Lab2)取较小值

单元表幂运算命令：SEXP，LabR，Lab1，Lab2，EXP1，EXP2

计算公式：LabR＝($|Lab1|^{EXP1}$)x($|Lab2|^{EXP2}$)，注意为绝对值的幂次运算

8. 矢量叉积生成新单元表

命令：VCROSS，LabXR，LabYR，LabZR，LabX1，LabY1，LabZ1，LabX2，LabY2，LabZ2

其中：

LabXR，LabYR，LabZR——拟生成矢量的 X、Y、Z 矢量的单元表名称。

LabX1，LabY1，LabZ1——第 1 个矢量的 X、Y、Z 分量单元表名称。

LabX2，LabY2，LabZ2——第 2 个矢量的 X、Y、Z 分量单元表名称。

计算公式为：{LabXR，LabYR，LabZR}＝{LabX1，LabY1，LabZ1}×{LabX2，LabY2，LabZ2}

9. 矢量点积生成新单元表

命令：VDOT，LabR，LabX1，LabY1，LabZ1，LabX2，LabY2，LabZ2

其中：

LabR——生成点积的结果单元表名称。

其余参数同 VCROSS 命令。

点积的计算公式为：LabR＝{LabX1，LabY1，LabZ1}·{LabX2，LabY2，LabZ2}

这里以 BEAM3 单元为例，说明单元表的操作与应用。

```
! EX5.3  单元表操作
FINISH$/CLEAR$/PREP7
! 1.创建模型并求解 ..............................................................
ET,1,BEAM3$MP,EX,1,2.1E11$R,1,0.06,0.00045,0.3
K,1$K,2,,6$K,3,,12$KGEN,3,ALL,,,5
L,1,2$L,2,3$L,4,5$L,5,6$L,7,8$L,8,9$L,2,5$L,5,8$L,3,6$L,6,9$! /PSYMB,LDIR,1
KSEL,S,LOC,Y,0$DK,ALL,ALL
KSEL,S,LOC,Y,6,12$KSEL,R,LOC,X,10$FK,ALL,FX,250000
ALLSEL$LESIZE,ALL,,,4$LMESH,ALL
LSEL,S,TAN1,Y$ESLL,S$SFBEAM,ALL,1,PRES,40000
LSEL,S,LOC,X,0$ESLL,S$SFBEAM,ALL,1,PRES,10000$ALLSEL
FINISH$/SOLU$SOLVE$FINISH$/POST1
PLDISP,1$PLVECT,U                                         ! 显示变形图、矢量显示变形图
```

```
PLNSOL,U,X$PLNSOL,U,Y                              ! 显示 Ux 和 Uy 云图
PRRSOL                                             ! 列表显示支座反力
PRNLD$FSUM$NFORCE                                  ! 节点力列表与比较
! 2.定义单元表----------------------------------------------------------------
ETABLE,UX,U,X$ETABLE,UY,U,Y                        ! Ux 和 Uy
ETABLE,ROTZ,ROT,Z                                  ! 转角位移 ROTz
ETABLE,M1,SMISC,6$ETABLE,M2,SMISC,12               ! 弯矩 MI 和 MJ
ETABLE,FX1,SMISC,1$ETABLE,FX2,SMISC,7              ! X 方向内力 FxI 和 FxJ
ETABLE,FY1,SMISC,2$ETABLE,FY2,SMISC,8              ! Y 方向内力 FyI 和 FyJ
ETABLE,SMAX1,NMISC,1$ETABLE,SMAX2,NMISC,3          ! 最大应力 σI 和 σJ
ETABLE,SMIN1,NMISC,2$ETABLE,SMIN2,NMISC,4          ! 最小应力 σI 和 σJ
PLLS,M1,M2,-1                                      ! 绘制弯矩图
PLLS,FX1,FX2                                       ! 绘制 X 方向内力图
PLLS,FY1,FY2                                       ! 绘制 Y 方向内力图
PLLS,SMAX1,SMAX2                                   ! 绘制最大应力图
PLLS,SMIN1,SMIN2                                   ! 绘制最小应力图
PRETAB,GRP1                                        ! 列表显示第 1 组单元表结果
PRETAB,GRP2                                        ! 列表显示第 2 组单元表结果
```

5.1.7 路径及操作

对 2D 平面单元、3D 实体单元及壳单元，ANSYS 后处理功能强大且非常有用的是路径操作功能。用户可以根据需要创建各种路径，将结果映射到路径上，并可对路径结果进行各种数学运算和微积分运算，从而获得更多有意义的结果。例如路径上的应力和位移分布等，并可用图形或列表显示路径结果。路径操作的相关命令如表 5-11 所示。

路径相关的操作命令 表 5-11

命　令	功　能	备　注
PATH	定义路径名及路径参数	可定义多条路径
PPATH	定义路径的几何结构	必须在一个 PATH 之后接着定义
PDEF	映射结果到路径上	在一条路径上可映射多个路径项数据
PLPATH	图形显示路径项数据	展直路径显示数据，X 轴为 S 变量
PLPAGM	沿路径几何形状显示路径项数据	在路径原形上显示数据
PLSECT	图形显示膜应力及弯曲应力	便于轴对称结构结果显示
PRPATH	列表显式路径项数据	数据量根据 PATH 参数确定
PRSECT	列表显示膜应力及弯曲应力	便于轴对称结构结果显示
PMAP	定义插值点创建路径几何映像	定义插值点生成方式
PRANGE	定义路径长度的范围	可定义 X 轴变量，替代缺省的 S 变量
PADELE	删除既有路径	以路径名删除不易出错
PCALC	对路径项数据运算	加减乘除幂微积分等运算

续上表

命令	功能	备注
PCROSS	路径项矢量叉积	与 VCROSS 类似
PDOT	路径项矢量点积	与 VOT 类似
PVECT	在路径上创建一组单位矢量	可完成路径项几何运算
PASAVE	保存路径及数据	建议分别保存各路径到文件中
PARESU	恢复路径及数据	从文件中恢复路径及数据
PAGET	将路径信息据存入数组	可保存路径点、路径项数据、路径项名
PAPUT	从数组中取出路径项信息	可恢复路径点、路径项数据、路径项名
PSEL	选择路径	当路径多于一条时选择并激活

1. 定义路径名及路径参数

命令:PATH,NAME,nPts,nSets,nDiv

其中:

NAME——用户定义的路径名,不超过8个字符。如相同路径名已经存在则覆盖之。若NAME=STAT则显示路径的设置状态。

nPts——定义路径的点数,即确定路径几何结构的点数。最小为2,最大为1000个。

nSets——映射到路径上的路径项个数,至少要指定4个(即X、Y、Z、S),缺省为30个。

nDiv——相邻点之间的等分数,缺省为20,无最大数限制。

该命令用于创建一个路径并赋予其名称,定义路径参数以便后续命令定义路径几何结构。可定义多条路径,但对路径操作时只有一条可激活。路径几何结构和数据保存在内存中,一旦离开POST1层将删除路径数据,可使用PASAVE命令保存路径的几何结构和数据到文件中,使用PARESU命令恢复到内存中。

一般地,nSets和nDiv参数采用缺省值即可,除非相邻两点距离很大,可适当增大nDIV。

2. 定义路径几何结构

命令:PPATH,POINT,NODE,X,Y,Z,CS

其中:

POINT——路径点(由PATH命令中nPts参数确定总数)编号。

NODE——该路径点的节点号。如为空,则采用坐标方式确定该路径点,但节点号方式优先。

X,Y,Z——总体直角坐标系下的路径点坐标。

CS——路径点之间结果插值时采用的坐标系,缺省时,为当前激活的坐标系(CSYS确定)。如果相邻的两个路径点坐标系不同,则后面的路径点必须输入CS值。

线性化应力计算必须使用节点号定义路径点,而不能使用坐标点。

既有路径显示可采用"/PBC,PATH,1",并重新显示单元即可。对于直线路径或圆弧路径采用两端点定义即可,圆弧中心需设置柱坐标原点,需要的时候尚要首先改变圆的奇异点位置(CSCIR命令)。

3. 映射结果到路径上

命令:PDEF,Lab,Item,Comp,Avglab

其中：

Lab——在路径上拟映射结果数据的标识符(称为路径项名)，不超过 8 个字符。

Item，Comp——映射结果项标识符和组项标识符，基本同 PLNSOL 命令中。

Avglab ——单元边界上的结果平均与否控制参数，其值可取：

=AVG(缺省)：平均单元结果；

=NOAV：不平均单元结果；如在 PMAP 命令中定义了 DISCON=MAT，则自动设为 NOAV。

PATH 和 PPATH 命令仅仅定义了一个路径及几何结构等，此时该路径上没有任何数据。要映射结果到路径上使用 PDEF 命令，一条路径上可映射多个路径项(由 PATH 命令中的 nSets 确定总数)，因此也要用户定义路径项名称，该名称在后续命令中要被引用。

当第 1 个路径项数据映射到路径上后，系统自动将路径几何参数(XG、YG、ZG 为插值点的总体坐标，S 为距离起始点的路径长度；这些数据在路径项运算中是有用的)映射到路径上，这些结果也可图形显示或列表显示。需要注意的是，结果映射到路径上是插值计算，与直接显示的节点结果或单元结果会有差别。

命令“PDEF，CLEAR”可清除路径项信息；命令“PDEF，STAT”可查看路径项信息。

4. 图形显示路径项数据

命令：PLPATH，Lab1，Lab2，Lab3，Lab4，Lab5，Lab6

其中：

Lab1～Lab6——某条路径上的路径项名称，即由 PDEF、PVECT、PCALC、PDOT、PCROSS 等命令中定义的路径项名。该命令将路径沿长度展为直线用曲线显示结果集，而 PLPAGM 则沿着路径的几何形状用云图显示路径项。

5. 沿路径几何形状显示路径项数据

命令：PLPAGM，Item，Gscale，Nopt

其中：

Item——路径项名，由 PDEF 命令中的 Lab 参数定义。

Gscale——结果图形的缩放显示比例，缺省为 1.0。

Nopt——显示图形时的节点显示控制参数。当为空时不显示节点；当为 NODE 时显示节点。

该命令用云图沿路径原几何形状显示路径项数据。

6. 图形显示膜应力及弯曲应力

命令：PLSECT，Item，Comp，RHO，KBR

其中：

Item，Comp——拟显示的结果标识符及组项标识符，如表 5-12 所示。

RHO——轴对称剖面的内外表面在 XY 面内的平均曲率半径。如为 0 或空，则为平面结构或 3D 结构；如为非零值则为轴对称结构，对轴对称的直剖面可使用很大的数或 -1 表示。

KBR——轴对称分析时壁厚上弯曲应力的处理。如 KBR=10，则包含壁厚方向的弯曲应力;如 KBR=1,则不计壁厚方向的弯曲应力。

PLSECT 命令的 Item 和 Comp 一览表　　表 5-12

Item	Comp	说　明
S	X,Y,Z,XY,YZ,ZX	应力分量
	1,2,3	主应力 S1、S2、S3
	INT,EQV	应力密度 SINT,等效应力 SEQV

该命令以图形方式沿路径显示薄膜应力、薄膜与弯曲应力之和。该命令路径点必须采用节点定义,且总是在路径点间划分 48 等分,而忽略 PATH 命令中的 nDivs 参数。

7. 列表显式路径项数据

命令:PRPATH,Lab1,Lab2,Lab3,Lab4,Lab5,Lab6

其中:

Lab1～Lab6——路径项名,每次最多可输出 6 个。路径项名必须事先已由 PDEF、PVECT、PCALC、PDOT 或 PCROSS 命令定义。预定义的 XG、YG、ZG 和 S 参数也可输出。

8. 定义插值点创建路径几何映像

命令:PMAP,FORM,DISCON

其中:

FORM ——等分点生成方式控制参数。其值可取:

=UNIFORM(缺省):在路径点之间生成均匀等分;

=ACCURATE:在每段的开始和结束处设置一个较小的分段。

DISCON——对不连续点映像时的控制参数。缺省为不连续,即在不连续点的前后设置一个等分点。对于材料不连续则采用 MAT 标识符识别。

9. 定义路径长度的范围

命令:PRANGE,LINC,VMIN,VMAX,XVAR

其中:

LINC,VMIN,VMAX——图形显示或列表显示数据位置的范围,该范围介于路径长度在 VMIN 和 VMAX 之间,长度增量为 LINC(缺省为 1.0),第 1 个位置在 VMIN 处。

XVAR——X 轴的路径变量项,由 PDEF 命令定义的任何路径项名均可使用,缺省为 S。

该命令定义图形显示和列表显示时数据的显示范围,可以由用户定义 X 轴变量,如可采用路径几何参数 XG、YG、ZG 等变量。

采用"PRANGE,DEFA"可恢复缺省设置。

10. 删除既有路径

命令:PADELE,DELOPT

其中:

DELOPT ——路径删除控制参数,其值可取:

=ALL:删除所有路径;

=路径名:由 PATH 命令定义的路径名。

该命令缺省时删除当前的路径，路径名可用“PATH,STAT”列表查看。

11. 对路径项数据运算

命令：PCALC,Oper,LabR,Lab1,Lab2,FACT1,FACT2,CONST

其中：

Oper——运算标识符。其值有 ADD 加运算、MULT 乘运算、DIV 除运算、EXP 幂运算、DERI 求导、INTG 积分、SIN 正弦、COS 余弦、ASIN 反正弦、ACOS 反余弦、LOG 自然对数。

LabR——运算结果路径项名。

Lab1,Lab2——参与运算的两个路径项名。对于 MULT、DIV、DERI 和 INTG 运算 Lab2 不能为空，其余运算 Lab2 可为空。

FACT1,FACT2——施加到 Lab1 和 Lab2 路径项数据的系数，如为空或 0，则为 1.0。

CONST——运算式中的常数项，缺省为 0.0。

各种运算命令及其运算公式如下：

(1)加运算。

命令：PCALC,ADD,LabR,Lab1,Lab2,FACT1,FACT2,CONST

公式：LabR=(FACT1×Lab1)+(FACT2×Lab2)+CONST

(2)乘运算。

命令： PCALC,MULT,LabR,Lab1,Lab2,FACT1

公式：LabR=Lab1×Lab2×FACT1

(3)除运算。

命令：PCALC,DIV,LabR,Lab1,Lab2,FACT1

公式：LabR=(Lab1/Lab2)×FACT1

(4)幂运算。

命令：PCALC,EXP,LabR,Lab1,Lab2,FACT1,FACT2

公式：$LabR=(|Lab1|^{FACT1})+(|Lab2|^{FACT2})$

(5)求导运算。

命令：PCALC,DERI,LabR,Lab1,Lab2,FACT1

公式：LabR=FACT1×d(Lab1)/d(Lab2)

(6)积分运算。

命令：PCALC,INTG,LabR,Lab1,Lab2,FACT1

公式：$LabR=FACT1\times\int_s Lab1\times d(Lab2)$

(7)函数运算(SIN、COS、ASIN、ACOS、LOG)。

命令：PCALC,Oper,LabR,Lab1,,FACT1,FACT2,CONST

公式分别为：

正弦：LabR=FACT2×sin(FACT1×Lab1)+CONST

余弦：LabR=FACT2×cos(FACT1×Lab1)+CONST

反正弦：LabR=FACT2×arcsin(FACT1×Lab1)+CONST

反余弦：LabR=FACT2×arccos(FACT1×Lab1)+CONST

自然对数：LabR=FACT2×log(FACT1×Lab1)+CONST

12. 路径的保存与恢复

保存命令：PASAVE,Lab,Fname,Ext

恢复命令：PARESU,Lab,Fname,Ext

其中：

Lab——路径保存控制参数，其值可取：

=S：仅保存选择的路径(用 PSEL 命令选择)；

=Pname：保存指定的路径名为"Pname"的路径。

=ALL(缺省)：保存所有路径(为恢复时的唯一选项)。

Fname——目录及保存的路径文件名称。缺省为当前工作目录和当前工作名称。

Ext——路径文件扩展名，缺省为"PATH"，此文件为二进制。

此二命令将路径及其几何参数写入文件(PATH 及 PPATH 命令定义的数据)或从文件中读入。路径恢复后，可使用命令 PSEL 选择某个路径为当前路径(同时也就激活该路径)，然后映射各种路径项等操作。若分别保存各条路径，可同时将路径的路径项数据写入文件中。

13. 选择路径

命令：PSEL，Type，Pnam1，Pnam2，Pnam3，Pnam4，Pnam5，Pnam6，Pnam7，Pnam8，Pnam9，Pnam10

其中：

TYPE——路径选择类型控制参数，其值可取：S、R、A、U、ALL、NONE、INVE 等。

Pnam1～Pnam10——既有路径名称。该命令用于选择路径，没有缺省值。

在 EX5.1 例子求解后，下面为路径操作的命令流示例。

```
! EX5.4  路径操作，上接 EX5.1 例子求解完毕。
/POST1
! 1.通过圆孔中心从下到上定义一条路径，并显示 X 和 Y 方向应力分布------------------------------
PATH,MYPA1,2$PPATH,1,,30$PPATH,2,,30,40          ! 定义路径 MYPA1 及路径几何结构
PDEF,MYSX,S,X$PDEF,MYSY,S,Y                      ! 映射 Sx 到 MYSx,Sy 到 MYSy
PLPATH,MYSX,MYSY                                 ! 显示路径项 MYSx 和 MYSy
! 2.用节点号通过顶边从左到右定义一条路径，并显示 X、Y 方向位移及总位移--------------------
PATH,MYPA2,2$PPATH,1,872$PPATH,2,72              ! 定义路径 MYPA2 及路径几何结构
PDEF,MYUX,U,X$PDEF,MYUY,U,Y                      ! 映射 Ux 到 MYUx,Uy 到 MYUy
PDEF,MYU,U,SUM                                   ! 映射 USUM 到 MYU
PLPATH,MYUX,MYUY,MYU                             ! 显示路径项 MYUx、MMYUY 及 MYU
! 3.沿圆弧定义一条圆弧路径，并显示主应力 1 和 3 ------------------------------------------
LOCAL,12,1,30,20                                 ! 在圆中心定义局部坐标(也是当前坐标系)
PATH,MYPA3,3$PPATH,1,,30,10                      ! 定义路径 MYPA3 及路径几何结构
PPATH,2,,30,30$PPATH,3,,20,20
PDEF,MYS1,S,1$PDEF,MYS3,S,3                      ! 映射 S1 到 MYS1,S3 到 MYS3
PLPATH,MYS1,MYS3                                 ! 显示路径项 MYS1 和 MYS3
! 4.沿着路径形状显示路径项数据——当前路径为 MYPA3 ---------------------------------------
PLPAGM,MYS1,20,NODE$PLPAGM,MYS3,20
```

```
! 5.列表显示路径项数据及路径几何参数——当前路径为 MYP0A3 ······························
PRPATH,MYS1,MYS3,XG,YG,ZG
! 6.定义路径长度范围并显示路径项——当前路径为 MYPA3,X 轴为 XG(路径点的 X 坐标)······················
PRANGE,1,10,40,XG$PLPATH,MYS1,MYS3
! 7.恢复路径长度范围,对 MYS1 路径项进行加运算,然后显示路径项 ADDMYS1 ···························
PRANGE,DEFA$PCALC,ADD,ADDMYS1,MYS1,,1.2,,-10$PLPATH,ADDMYS1
! 8.分别保存各条路径到文件,然后所有路径又保存到一个文件 PAFILE.PATH ·························
PASAVE,MYPA1,PA1FILE,PATH$PASAVE,MYPA2,PA2FILE,PATH
PASAVE,MYPA3,PA3FILE,PATH$PASAVE,ALL,PAFILE,PATH
! 9.离开 POST1 再进入 ·······························································
FINISH$/PREP7$EPLOT$FINISH$/POST1
! 10.显示路径状态,恢复路径 MYPA1,并显示路径项 ······················································
PATH,STAT$PARESU,,PA1FILE,PATH$PLPATH,MYSX,MYSY
! 11.恢复路径 MYPA2,并显示路径项 ······························································
PARESU,,PA2FILE,PATH$PLPATH,MYUX,MYUY,MYU
12.恢复路径 MYPA3,并显示路径项 ·······························································
PARESU,,PA3FILE,PATH$PLPATH,MYS1,MYS3$PLPATH,ADDMYS1$PLPAGM,MYS3,20
```

5.1.8 荷载工况及操作

荷载工况类似于土木工程中的各种加载工况,创建荷载工况后可对各种工况的结果进行组合或运算。荷载工况不同于荷载步或子步,但又可从荷载步或子步结果而来,由于在数据库中每次只能存储一组数据结果,也就是某时刻只能处理该组结果,而不能处理或显示多组结果;但是利用荷载工况可将多组结果同时处理。例如,定义了 5 个荷载步,每个荷载步都为不同的荷载条件,可将 5 个荷载步分别定义为 5 个荷载工况,然后可对这 5 个荷载工况进行组合与运算。荷载工况及操作的相关命令如表 5-13 所示。

荷载工况操作是利用当前数据库(在内存中)的数据和另外的荷载工况数据(在结果文件或荷载工况文件中)运算和组合,即利用荷载工况及其运算不断改变当前数据库中的结果数据,所有的图形显示和列表都是基于当前数据库中的结果,荷载工况只是个手段。

荷载工况相关命令　　表 5-13

命　令	功　能	备　注
LCDEF	从结果文件创建一个荷载工况	
LCFILE	从荷载工况文件创建一个荷载工况	
LCWRITE	写入数据到文件创建一个荷载工况	
LCASE	将荷载工况数据读入到数据库中	
LCOPER	荷载工况运算	
LCSEL	选择一组荷载工况	
LCABS	对荷载工况取绝对值	
LCFACT	定义荷载工况的缩放系数	
LCZERO	对数据库中的荷载工况结果清零	

1. 从结果文件创建一个荷载工况

命令:LCDEF,LCNO,LSTEP,SBSTEP,KIMG

其中:

LCNO——任意的工况号(1～99),缺省为当前工况号+1。

LSTEP——荷载步数,即第几个荷载步拟作为荷载工况,缺省为1.0。

SBSTEP——子步数,缺省为LSTEP荷载步的最后一个子步。

KIMG——复数分析控制参数,若为0,则用实部;若为1,则用虚部。

该命令通过结果文件的每个荷载步结果定义荷载工况,其荷载工况号用于LCASE命令和LCOPER命令。

命令“LCDEF,,ERASE”可删除所有的荷载工况号及荷载工况文件。

命令“LCDEF,LCNO,ERASE”可仅删除指定的荷载工况号及荷载工况文件。

命令“LCDEF,STAT”可列出所有选择的荷载工况的状态。

命令“LCDEF,STAT,ALL”可列出所有的荷载工况的状态。

2. 从荷载工况文件创建一个荷载工况

命令:LCFILE,LCNO,Fname,Ext

其中:

LCNO——任意的工况号(1～99)。

Fname——目录及文件名称,缺省目录为当前工作目录,缺省文件名为当前工作名。

Ext——文件扩展名。缺省时为L与LCNO的组合(10～99)或,L0与LCNO的组合(1～9)。

该命令通过一个既有荷载工况文件创建另外一个荷载工况,当然,一个荷载工况文件可以建立多个荷载工况号。

3. 写入数据到文件创建一个荷载工况

命令:LCWRITE,LCNO,Fname,Ext

其中参数意义同LCFILE命令。该命令通过将数据库中的结果写入到一个文件从而创建一个荷载工况,而数据库中的数据是不发生变化的。缺省时,只有可以求和的结果数据写入到荷载工况文件,而不可求和的结果数据则不写入。

4. 将荷载工况数据读入到数据库中

命令:LCASE,LCNO

其中LCNO为既有荷载工况文件号,可用“LCDEF,STAT”列表显示。

该命令读入一个荷载工况数据到数据库中,在读入前数据库中原有的结果、施加的荷载和位移等会被清除,在读入时也可使用缩放系数和绝对值操作。

5. 荷载工况运算

命令:LCOPER,Oper,LCASE1,Oper2,LCASE2

其中:

Oper——运算标识符。其值可取:

=ZERO:将数据库的结果部分清零(忽略LCASE1参数);

=SQUA:对数据库中的数据平方(忽略LCASE1参数);

=SQRT:对数据库中的数据绝对值开平方(忽略LCASE1参数);

=LPRIN:重新计算线单元的主应力,其主应力可通过 ETABLE 命令的 NMISC 参数定义(忽略 LCASE1 参数);

=ADD:将 LCASE1 加到数据库中;

=SUB:从数据库中减去 LCASE1;

=SRSS:数据库中的数据与 LCASE1 的平方和再开方;

=MIN:取数据库中的数据与 LCASE1 的代数最小值,并保存到数据库中;

=MAX:取数据库中的数据与 LCASE1 的代数最大值,并保存到数据库中;

=ABMN:取数据库中的数据与 LCASE1 的绝对值最小值,并保存到数据库中;

=ABMX:取数据库中的数据与 LCASE1 的绝对值最大值,并保存到数据库中。

LCASE1——参与运算的第 1 个荷载工况号,如为 ALL 则对所有选择的荷载工况运算。

Oper2——运算符为 MULT,即表示 LCASE1×LCASE2。

LCASE2——参与运算的第 2 个荷载工况号,仅 Oper2 不为空时。

该命令对数据库中的数据与荷载工况数据运算,其公式可表达为:

Database=Database Oper(LCASE1 Oper2 LCASE2)

在运算之前可以使用缩放系数(LCFACT)和绝对值(LCABS);在运算中,如果数据库中或荷载工况中没有某个结果项,则生成一个空项;所有运算及其结果都位于求解结果坐标系中,可用 RSYS 命令转换到结果坐标系中显示和列表。

6. 选择一组荷载工况

命令:LCSEL,Type,LCMIN,LCMAX,LCINC

其中:

Type——选择控制参数,其值可取 S、R、A、U、ALL、NONE、INVE、STAT。

LCMIN,LCMAX,LCINC——荷载工况编号范围和增量。

7. 对荷载工况取绝对值

命令:LCABS,LCNO,KABS

其中:

LCNO——既有荷载工况编号。若为 ALL,则为所有荷载工况。

KABS——绝对值控制参数。若 KABS=0(缺省),则采用代数运算;若 KABS=1,则采用绝对值运算。

该命令对 LCASE 命令和 LCOPER 命令的操作有效,绝对值命令优先于 LCFACT 命令。

8. 定义荷载工况的缩放系数

命令:LCFACT,LCNO,FACT

其中:

LCNO——既有荷载工况编号。如为 ALL,则为所有荷载工况。

FACT——对 LCNO 荷载工况的缩放系数。如为 0 或空,则为 1.0。如要缩放系数为 0.0,可用一个很小的数值替代 0.0,而不能直接输入为 0。

该命令对 LCASE 命令和 LCOPER 命令的操作有效。

9. 对数据库中的荷载工况结果清零

命令:LCZERO

该命令对数据库中的“结果部分”清零，常常用于 LCOPER 命令之前。该命令与“LCOPER,ZERO”效果相同。

下面以简支梁弯矩包络图为例说明荷载工况的用法，设该简支梁跨度为 8m，恒载为 $q=400\text{N/m}$，受一活载 $P=5000\text{N}$ 作用，计算后用荷载工况操作并显示结果。

```
! EX5.5  简支梁荷载工况组合及弯矩包络图
FINISH$/CLEAR$/PREP7
! 定义集活载参数、恒载参数、划分单元数
P = 5000$Q = 400$NE = 8
! 定义单元类型、实常数、材料特性、创建几何模型、定义单元数、生成有限元模型
ET,1,BEAM3$R,1,0.06,0.00045,0.3$MP,EX,1,2.1E11$MP,PRXY,1,0.3
K,1$K,2,8$L,1,2$LESIZE,ALL,,,NE$LMESH,ALL$DK,1,UX,,,,UY$DK,2,UY
FINISH$/SOLU$ANTYPE,0                                    ! 进入求解层和分析类型
SFBEAM,ALL,1,PRES,Q$SOLVE                                ! 施加恒载并求解
SFEDELE,ALL,ALL,ALL                                      ! 删除恒载
! 将活载施加到每个节点上(除两端节点 1 和 2 外),同时删除其他荷载,并求解
*DO,I,2,NE$FDELE,ALL,ALL$F,I+1,FY,-P$SOLVE$*ENDDO
FINISH$/POST1
! 定义单元表,绘制各荷载步的弯矩图并保存到文件中
ETABLE,M1,SMISC,6$ETABLE,M2,SMISC,12
/SHOW,JPEG$*DO,I,1,NE$SET,I$ETABLE,REFL$PLLS,M1,M2,-1$*ENDDO
/SHOW,TERM
*DO,I,1,NE$LCDEF,I,I$*ENDDO                              ! 创建荷载工况
LCFACT,1,1.2                                             ! 定义恒载的组合系数为 1.2
*DO,I,2,NE$LCFACT,I,1.4$*ENDDO                           ! 定义活载的组合系数为 1.4
LCZERO$LCASE,1$ETABLE,REFL                               ! 数据库结果清零,并读入工况 1
PLLS,M1,M2,-1$PRETAB,M1,M2                               ! 显示和列表弯矩
LCWRITE,NE+1,MMIN                                        ! 将数据库的结果写入荷载工况 NE+1
LCZERO$LCSEL,S,2,NE,1                                    ! 数据库结果清零,并选择工况 2～NE
LCOPER,ABMX,ALL                                          ! 取所选择工况中的绝对值最大值
ETABLE,REFL$PLLS,M1,M2,-1                                ! 显示图形
LCWRITE,NE+2,MMAX                                        ! 将数据库的结果写入荷载工况 NE+2
LCZEROS$LCSEL,S,NE+1,NE+2,1                              ! 数据库中结果清零,并选择最后两个工况
LCOPER,ADD,ALL                                           ! 将最后两个工况相加
ETABLE,REFL$PLLS,M1,M2,-1                                ! 显示弯矩图(组合后的最大弯矩包络图)
PRETAB,M1,M2
! 本例仅为说明命令使用方法,荷载组合也可使用其他方法。
```

5.1.9 面及操作

通过定义一个面(Surface)，将节点结果映射到该面上并进行各种运算，以获得有意义的结果，如可获得该面上的合力、平均应力及运算后的各种结果(如弯矩)。面操作仅适用于 3D

实体单元,不支持其他单元类型;因 3D 实体单元的自由度仅有 3 个平动自由度,当然就没有与其对应的内力—弯矩了,而采用面操作可获得这些结果,该操作仅用于高版本。面操作有些类似于路径及其操作,步骤为先定义面、映射结果、运算、显示等。面及其操作命令如表 5-14 所示。

面操作命令　　表 5-14

命令	功能	备注
SUCR	定义面	可定义平面(横截面)或球面
SUMAP	映射结果到面上	与 SUCR 命令配合使用
SUPL	图形显示面结果项	云图显示,也可矢量显示
SUPR	列表显示面结果项	面总信息、面项及结果
SUSEL	选择面或面集	类同常用图素选择命令
SUDEL	删除面或面集	类同常用图素删除命令
SUEVAL	面项结果计算与保存	基于面积的面项计算
SUCALC	既有面项运算生成新的面项	对既有面项的数学运算
SUGET	将面几何和面项赋予数组	
SUSAVE	保存面几何和面项结果到文件	
SURESU	从文件恢复面几何和面项结果	
SUVECT	既有矢量结果生成新的矢量结果	

1. 定义面

命令:SUCR,SurfName,SurfType,nRefine,Radius

其中:

SurfName——面名称,不超过 8 个字符。

SurfType ——面类型,其值可取:

=CPLANE:用切面定义面(工作平面)。命令"/CPLANE,1"表示工作平面为切面。

=SPHERE:以工作平面原点为中心的球面。

nRefine——精细水平。若 SyrfType=CPLANE,则为面网格的精细程度,其值在 0~3 之间,缺省为 0,数目越大,则精细水平越高。若为 1,则将原来面上的小面(facet)分为 4 个更小的小面。若 SyrfType=SPHERE,则以 90°弧的划分数,其值在 9~90 之间,缺省为 9。该参数的大小对与距离相乘的面项积分结果影响较大,如截面弯矩计算等。

Radius——当 SyrfType=SPHERE 时的球面半径。

该命令一旦执行,则会存储如下参数:

GCX、GCY、GCZ:面上各点的总体直角坐标;

NORMX、NORMY、NORMZ:面上各点的法线分量(单位矢量);

DA:各点的作用面积。

2. 映射结果到面上

命令:SUMAP,RSetName,Item,Comp

其中:

RSetName——映射结果的名(称为面项名),不超过8个字符。

Item,Comp——与PLNSOL命令中的相同。

命令"SUMAP,RSetName,CLEAR",则删除该面项。

命令"SUMAP,ALL,CLEAR",则删除所有面项。

3. 图形显示面结果项

命令:SUPL,SurfName,RSetName,KWIRE

其中:

SurfName——既有面名称。若为ALL,则为选择的所有面。

RSetName——既有面项名。

KWIRE——模型显示控制参数。若为0,则无单元边界;若为1,则显示单元边界。

该命令显示面结果,当RSetName为空时则显示几何结构。

如面项名具有矢量特性时(如mysx,mysy,mysz,则mys即为矢量特性名),可用命令及参数"SUPL,SurfName,mys"显示矢量图形。

4. 列表显示面信息和结果

命令:SUPR,SurfName,RSetName

其中命令参数同上。如果无命令参数时则列表显示面的总体特征参数;如果仅有面名参数则列出面几何特征数据(如点坐标、点作用面积等);如果两个参数都有时,再增加面项结果数据。因该命令所列数据分点列出,所以数据比较庞大。

5. 选择面或面集

命令:SUSEL,Type,Name1,Name2,Name3,Name4,Name5,Name6,Name7,Name8

其中:

Type——选择控制参数,其值可取S、R、A、U、ALL、NONE。

Name1～Name8——既有面名称。

该命令所选择的面,对命令SUMAP、SUDEL、SUCALC、SUEVAL、SUVECT有效。

6. 删除面或面集

命令:SUDEL,SurfName

其中:

SurfName——面名称,若为ALL,则删除所选择的所有面。

7. 面项结果计算与保存

命令:SUEVAL,Parm,lab1,Oper

其中:

Parm——保存计算结果的变量名,符合APDL命名规则。

Lab1——面项名。

Oper——拟完成的操作控制参数,其值可取:

=SUM:Lab1项求和,即$\sum(Lab1)$;

=INTG:在面上对Lab1项积分,即$\sum(Lab1\times DA)$;

=AVG:结果的加权平均值,即$\sum(Lab1\times DA)/\sum(DA)$。

该命令对面项结果在面上求和、积分及求加权平均结果,可直接得到面上映射结果的一些结果,如轴力、剪力、平均应力等。

8. 既有面项运算生成新的面项

命令:SUCALC,RSetName,lab1,Oper,lab2,fact1,fact2,const

其中:

RSetName——拟生成的面项名。

Lab1——参与运算的第 1 个面项名。

Oper——数学运算标识符,其值可为:

=ADD:加运算,公式为(lab1+lab2+const);

=SUB:减运算,公式为(lab1-lab2+const);

=MULT:乘运算,公式为(lab1×lab2+const);

=DIV:除运算,公式为(lab1/lab2+const);

=EXP:幂运算,公式为($lab1^{fact1}+lab2^{fact2}$+const);

=COS:余弦运算,公式为(cos(lab1)+const);

=SIN:正弦运算,公式为(sin(lab1)+const);

=ACOS:反余弦运算,公式为(acos(lab1)+const);

=ASIN:反正弦运算,公式为(asin(lab1)+const);

=ATAN:反正切运算,公式为(atan(lab1)+const),(返回弧度);

=ATAN2:反正切运算,公式为(atan2(lab1)+const),(返回度);

=LOG:自然对数运算,公式为(log(lab1)+const);

=ABS:绝对值运算,公式为(abs(lab1)+const);

=ZERO:清零运算,公式为(0+const)。

Lab2——参与运算的第 2 个面项名。

fact1,fact2——幂运算时的幂次。

const——常数,如上述公式中。

该命令通过对面项的运算创建新的面项,然后可运算面项的操作命令新的面项操作。

面操作命令的综合示例命令流如下:

以悬臂梁为例,计算某个截面上的各种内力并与理论计算值进行比较。

```
! EX5.6  面操作及悬臂梁的内力计算
FINISH$/CLEAR$/PREP7
ET,1,SOLID95$MP,EX,1,2E11$MP,PRXY,1,0.3                    ! 定义单元类型、材料特性
BLC4,2,3,0.2,0.3,4$DA,2,ALL$FK,1,FY,-2E4$FK,3,FY,-2E4      ! 创建几何模型、加约束和荷载
FK,3,FX,0.8E4$FK,4,FX,0.8E4$SFA,1,1,PRES,1E6               ! 施加荷载
ESIZE,0.05$VMESH,ALL$FINISH$/SOLU$SOLVE                    ! 生成有限元模型并求解
FINISH$/POST1                                              ! 进入后处理层
WPOFF,,,2$SUCR,SUZ2,CPLANE,3                               ! 移动工作平面、创建面 SUZ2
SUMAP,MYSX,S,X$SUMAP,MYSY,S,Y                              ! 映射 X 和 Y 方向应力
SUMAP,MYSZ,S,Z$SUMAP,MYSXY,S,XY                            ! 映射 Z 和 XY 方向应力
SUMAP,MYSYZ,S,YZ$SUMAP,MYSXZ,S,XZ                          ! 映射 YZ 和 XZ 方向应力
```

```
SUPL,SUZ2$SUPL,SUZ2,MYSZ                          ! 显示面本身、面项 MYSZ
SUPL,SUZ2,MYSYZ$SUPL,SUZ2,MYS                     ! 显示面项 MYSYZ,矢量显示应力
SUPR,ALL,MYSZ                                     ! 列表显示 MYSZ 面项
SUEVAL,XFORCE,MYSXZ,INTG                          求截面上 Fx,理论结果为-16000,误差 1%
SUEVAL,YFORCE,MYSYZ,INTG                          ! 求截面上 Fy,理论结果为 40000,误差 0.5%
SUEVAL,ZFORCE,MYSZ,INTG                           ! 求截面上 Fz,理论结果为-60000,没有误差
SUEVAL,MYA,DA,SUM                                 ! 求截面面积并赋给 MYA 变量
SUEVAL,MYYA,GCY,INTG                              ! 求关于 X 轴的面积矩并赋给变量 MYYA
MYYA = MYYA/MYA                                   ! 得到面积重心到 X 轴的距离 = 面积矩/面积
SUEVAL,MYXA,GCX,INTG                              ! 求关于 Y 轴的面积矩并赋给变量 MYXA
MYXA = MYXA/MYA                                   ! 得到面积重心到 Y 轴的距离 = 面积矩/面积
SUCALC,SZGCY,MYSZ,MULT,GCY                        ! 计算 MYSZ×GCY,并赋给面项 SZGCY
SUEVAL,MX1,SZGCY,INTG                             ! 对面项 SZGCY 在面上积分得到 MX1
SUCALC,SZGCX,MYSZ,MULT,GCX                        ! 计算 MYSZ×GCZ,并赋给面项 SZGCX
SUEVAL,MY1,SZGCX,INTG                             ! 对面项 SZGCX 在面上积分得到 MY1
! 上述弯矩基于总体直角坐标系原点而言的,应对面积重心取矩,将内力简化到面积重心上
MX1 = MX1—ZFORCE*MYYA                             ! 理论结果为 80000,误差为 0.08%
MY1 = MY1—ZFORCE*MYXA                             ! 理论结果-32000,误差为 0.2%
```

从命令流结果可以看出,使用面操作对实体单元的内力计算比较准确。

5.2 时间历程后处理

时间历程后处理器 POST26 用于处理模型中点的结果与时间或频率的关系,主要应用于动力学分析或非线性分析中,如动位移—时间关系、荷载—位移曲线等。POST26 的操作均基于变量,即定义变量后的所有操作均针对变量。

尽管 POST26 处理器的 GUI 方式比较强大,但这里也仅介绍其命令方式。

5.2.1 定义变量

定义变量有多种方式,在用命令定义变量时实际上是建立了一个变量号与结果数据项的关系,而并没有从结果文件读入变量数据到数据库中(称为存储变量),即命令方式的变量定义与变量存储是两步完成的。变量定义及其相关命令如表 5-15 所示。

变量定义及其相关命令 表 5-15

命 令	功 能	备 注
NSOL	以节点数据定义变量	节点结果,如自由度等
ESOL	以单元的节点数据定义变量	导出结果数据
RFORCE	以节点反力定义变量	如 F 或 M 的分量
EDREAD	以显式动力分析结果定义变量	适用于 LSDYNA 模块
GAPF	以间隙力定义变量	类同常用图素删除命令

续上表

命　令	功　能	备　注
ANSOL	以平均的节点数据定义变量	导出的结果数据，如应力等
SOLU	以结果总体数据定义变量	PRITER 命令可直接输出
NUMVAR	定义 POST26 中允许的变量数	不能超过 200 个
TVAR	以平衡迭代次数替代 TIME 变量	
VARNAM	为变量命名或重命名	给变量一个识别符以显示
TIMERANGE	定义拟存储数据的时间范围	可减少内存占用
LAYERP26	定义取用层单元何层的数据	指定层号
FORCE	定义取用何类型的力数据	指定静态、阻尼、惯性及总力
SHELL	定义取用 SHELL 何处的数据	指定壳顶、中及底面
STORE	指定变量存储	储存到数据库中
NSTORE	指定 TIME 点存储	
RESET	将 POST1 和 POST26 恢复缺省	全部恢复到初始的缺省设置
FILE	指定数据文件	

1. 以节点数据定义变量

命令：NSOL，NVAR，NODE，Item，Comp，Name

其中：

NVAR——变量号或变量名。变量号应大于 2，小于 NUMVAR 命令规定的最大号。变量名不超过 8 个字符。变量定义采用覆盖方式，即如与既有变量号或变量名重名则覆盖之。

NODE——拟取数据的节点号。

Item，Comp——结果项与组项标识符，主要标识符如表 5-16 所示。

Name——用于图形显示和列表显示的项目内容标识，不超过 32 个字符。缺省由 Item 和 Comp 的前两个字符组成。

NSOL 命令参数 Item 和 Comp 一览表　　表 5-16

Item	Comp	说　明
U	X，Y，Z	结构 X、Y、Z 方向平动位移
ROT	X，Y，Z	结构 X、Y、Z 方向转动位移
V	X，Y，Z	结构 X、Y、Z 方向速度
A	X，Y，Z	结构 X、Y、Z 方向加速度

2. 以单元数据定义变量

命令：ESOL，NVAR，ELEM，NODE，Item，Comp，Name

其中：

ELEM——拟取数据的单元号。

NODE——拟取数据且位于单元 ELEM 上的节点号。若为空，则取出单元上的平均值。

Item，Comp——结果项与组项标识符，主要标识符如表 5-17 所示。

NVAR 及 Name 参数同 NSOL 命令中的参数。

ESOL 命令参数 Item 和 Comp 一览表　　表 5-17

Item	Comp	说　明
S	X，Y，Z，XY，YZ，XZ	X、Y、Z、XY、YZ、XZ 方向应力
	1，2，3	主应力 1，2，3
	INT	应力密度
	EQV	等效应力
与 S 相同的结果项与组项标识符有：EPEL、EPTH、EPPL、EPCR		
F	X，Y，Z	结构 X、Y、Z 方向的力
M	X，Y，Z	结构 X、Y、Z 方向的力矩
VOLU		体单元的体积

当采用序列号法提取数据时，Item 可为 LS、LEPEL、LEPTH，、SMISC、NMISC 等，此时 Comp 参数为顺序编号，其数值可参考每个单元的单元表说明。

单元结果位于单元坐标系内，但层单元结果位于层坐标系内。可使用 SHELL、LAYERP26 和 FORCE 定义结果的具体位置或类型。

3. 以节点反力定义变量

命令：RFORCE，NVAR，NODE，Item，Comp，Name

其中：

NVAR，NODE，Name——同 NSOL 命令中的参数。

Item，Comp——反力结果项和组项标识符。对结构分析 Item 可取 F 或 M，而 Comp 可取 X、Y、Z 方向。该命令将节点的总反力赋予变量。

4. 以间隙力定义变量

命令：GAPF，NVAR，NUM，Name

其中：

NUM——间隙编号，可用 GPLIST 命令列表显示间隙编号。NVAR 和 Name 与 NSOL 命令中的参数相同。该命令仅适用于缩减法瞬态分析，数据文件为“Fname. RDSP”。

5. 以平均的节点数据定义变量

命令：ANSOL，NVAR，NODE，Item，Comp，Name，Mat，Real，Ename

其中：

NVAR，NODE，Name——同 NSOL 命令中的参数。

Item，Comp——同 ESOL 命令中的参数，即主要项目如表 5-17 所示。

Mat——材料号。基于指定材料号的单元子集计算平均值，缺省为当前选择集中的所有单元，除非指定了参数 Real 或 Ename 之一。

Real——实常数号。基于指定实常数号的单元子集计算平均值,缺省为当前选择集中的所有单元,除非指定了参数 Mat 或 Ename 之一。

Ename——单元类型名。基于指定的单元类型的单元子集计算平均值,缺省为当前选择集中的所有单元,除非指定了参数 Mat 或 Real 之一。

所有单元节点结果数据均来自“RSYS,SOLU”下的平均值。除层单元外,所有单元节点的结果均位于单元坐标系中,并且不能使用 RSYS 命令转换结果到其他坐标系中。在壳单元中,必须保证相邻单元的单元坐标系一致,否则 ANSOL 命令会出现错误结果。可利用 AVPRIN 命令定义“平均”的计算方法。

如果 Mat、Real、Ename 参数均未指定,缺省时考虑所有与节点相关的单元。

6. 以结果总体数据定义变量

命令:SOLU,NVAR,Item,Comp,Name

其中:

NVAR,Name——同 NSOL 命令中的参数。

Item,Comp ——总体数据项和组项标识符,目前 Comp 无。Item 可取:

=ALLF:总弧长荷载系数;	=ALDLF:弧长荷载系数增量;
=ARCL:规格化的弧长半径;	=CNVG:收敛指示器;
=CRPRAT:最大蠕变率;	=CSCV:当前阶段的收敛值;
=CUCV:当前收敛值;	=DICV:平动位移收敛值;
=DSPRM:下降参数;	=DTIME:时间步大小;
=EQIT:平衡迭代数;	=FOCV:力收敛值;
=NCMIT:累计平衡迭代数;	=NCMLS:荷载步累计迭代数;
=NCMSS:子步累计迭代数;	=MOCV:弯矩收敛值;
=MXDVL:最大自由度值;	=PRCV:压力收敛值;
=PSINC:最大塑性应变增量;	=RESFRQ:二阶系统的响应频率;
=RESEIG:一阶系统的响应特征值;	=ROCV:转动位移收敛值;
=VECV:速度收敛值。	

7. 定义 POST26 中允许的变量数

命令:NUMVAR,NV

其中:

NV——允许的变量总数,最大数目不能超过 200 个,缺省为 10 个(显式动力分析缺省为 30 个)。TIME 变量(变量号为 1)也包括在内。

此命令应该在进入 POST26 之后马上执行,如果一旦有变量被存储,则此数值不可再改变。

8. 以平衡迭代次数替代 TIME 变量

命令:TVAR,KEY

其中:

KEY——变量控制参数。若 KEY=0(缺省),则以 TIME 为变量 1;若 KEY=2,则以平衡迭代次数 NCUMIT 为变量 1。

该命令将变量1定义为时间TIME变量或NCUMIT变量。

9. 为变量命名或重命名

命令:VARNAM,IR,Name

其中:

IR——既有变量编号。

Name——32个字符以内的描述字符。

5.2.2 变量运算

变量运算命令如表5-18所示,利用变量运算可得到一些期望的结果。变量运算后均生成一新的变量,与原定义变量处理方法相同。

变量运算命令　　表5-18

命令	功能	最多变量数	命令	功能	最多变量数
ADD	加减运算	三变量	DERIV	求导运算	两个变量
PROD	相乘运算	三变量	INT1	积分运算	两个变量
QUOT	相除运算	两个变量	ATAN	反正切运算	单变量(复)
ABS	取绝对值运算	单变量	CONJUG	共轭计算	单变量(复)
SQRT	开平方运算	单变量	REALVAR	实部运算	单变量(复)
EXP	指数运算	单变量	IMAGIN	虚部运算	单变量(复)
CLOG	常用对数运算	单变量	RPSD	响应PSD计算	两个变量
NLOG	自然对数运算	单变量	CVAR	协方差计算	两个变量
LARGE	取最大值运算	三变量	RESP	生成响应谱	生成变量
SMALL	取最小值运算	三变量	FILLDATA	函数填充变量	生成变量

1. 变量加减运算

命令:ADD,IR,IA,IB,IC,Name,-,-,FACTA,FACTB,FACTC

公式:IR=(FACTA×IA)+(FACTB×IB)+(FACTC×IC)

其中:

IR——运算结果变量号,如与既有变量号相同则覆盖之。

IA,IB,IC——参与运算的3个变量号。当仅有1个变量时,IB和IC为空;当有两个变量时,IC为空。

FACTA,FACTB,FACTC——作用于变量IA、IB、IC的系数,缺省时全部为1.0。

以下运算的参数意义相同,不再解释。

2. 变量相乘运算

命令:PROD,IR,IA,IB,IC,Name,-,-,FACTA,FACTB,FACTC

公式:IR=(FACTA×IA)×(FACTB×IB)×(FACTC×IC)

3. 变量相除运算

命令:QUOT,IR,IA,IB,-,Name,-,-,FACTA,FACTB

公式:IR=(FACTA×IA)/(FACTB×IB)

4. 变量取绝对值运算

命令:ABS,IR,IA,-,-,Name,-,-,FACTA

公式:IR=|FACTA×IA|

复数($a+bi$)的绝对值运算为求模,即 IR=$\sqrt{a^2+b^2}$

5. 变量开平方运算

命令:SQRT,IR,IA,-,-,Name,-,-,FACTA

公式:IR=SQRT(IA×FACTA)

6. 变量指数运算

命令:EXP,IR,IA,-,-,Name,-,-,FACTA,FACTB

公式:IR=FACTB×EXP(FACTA×IA)

7. 变量常用对数运算

命令:CLOG,IR,IA,-,-,Name,-,-,FACTA,FACTB

公式:IR=FACTB×LOG(FACTA×IA)

8. 变量自然对数运算

命令:NLOG,IR,IA,-,-,Name,-,-,FACTA,FACTB

公式:IR=FACTB * LN(FACTA×IA)

9. 变量取最大值运算

命令:LARGE,IR,IA,IB,IC,Name,-,-,FACTA,FACTB,FACTC

公式:IR=取大者(FACTA×IA,FACTB×IB,FACTC×IC)

10. 变量取最小值运算

命令:SMALL,IR,IA,IB,IC,Name,-,-,FACTA,FACTB,FACTC

公式:IR=取小者(FACTA×IA,FACTB×IB,FACTC×IC)

11. 变量求导运算

命令:DERIV,IR,IY,IX,-,Name,-,-,FACTA

公式:IR=FACTA×d(IY)/d(IX)

12. 变量积分运算

命令:INT1,IR,IY,IX,-,Name,-,-,FACTA,FACTB,CONST

公式:IR=∫(FACTA×IY)d(FACTB×IX)+CONST

13. 复变量相位角反正切运算

命令:ATAN,IR,IA,-,-,Name,-,-,FACTA

公式:IR=ATAN(FACTA×b/a),其中 a 和 b 如复数($a+bi$)。

14. 变量共轭运算

命令:CONJUG,IR,IA,-,-,Name,-,-,FACTA

公式:IR=FACTA×IA

15. 复变量的实部运算

命令:REALVAR,IR,IA,-,-,Name,-,-,FACTA

公式:IR=Real(FACTA×IA)

16. 复变量的虚部运算

命令：IMAGIN,IR,IA,-,-,Name,-,-,FACTA

公式：IR＝IMAG(FACTA×IA)

17. 计算响应 PSD

命令：RPSD,IR,IA,IB,ITYPE,DATUM,Name

其中：

ITYPE——响应 PSD 计算类型，其值可取：

＝0 或 1(缺省)：平动位移；　＝2：速度；　＝3：加速度。

DATUM——PSD 响应参考。如 DATUM＝1 则为绝对值；如 DATUM＝2(缺省)则采用关联基。

其余参数意义同 ADD 命令。

18. 两个变量的协方差计算

命令：CVAR,IR,IA,IB,ITYPE,DATUM,Name

其中参数意义同前。

19. 生成响应谱变量

命令：RESP,IR,LFTAB,LDTAB,ITYPE,RATIO,DTIME,TMIN,TMAX

其中：

IR——同上运算命令中参数。

LFTAB——包含频率表的变量号(由命令 FILEDATA 或 DATA 生成)。

LDTAB——包含位移时间历程的变量号。

ITYPE——响应计算类型，其值可取为：

＝0 或 1(缺省)：平动位移；　＝2：速度；　＝3：加速度。

RATIO——黏性阻尼与临界阻尼的比值。

DTIME——积分时间步长，此值应大于或等于瞬态分析开始时的时间。

TMIN,TMAX——响应谱计算的时间历程子集，缺省为整个时间范围。

20. 函数填充变量

命令：FILLDATA,IR,LSTRT,LSTOP,LINC,VALUE,DVAL

其中：

IR——拟将数据填充到的变量号。

LSTRT,LSTOP,LINC——填充数据从位置 LSTRT 开始，到位置 LSTOP 结束，位置增量为 LINC。缺省时，LSTRT 和 LINC 为 1，LSTOP 为既有最大位置。

VALUE——赋给位置 LSTRT 的值。

DVAL——值的增量，即有前一个位置的值加上该增量赋给下一位置。

5.2.3 变量与数组转换

变量与数据可以转换，可将变量赋给数组以便计算或输出等，也可以将数组赋给变量以便运算和显示等。同时可从文件读入数据赋给变量，也可将变量赋给数组后写入文件。

与此相关的命令有：VGET、VPUT、DATA、* VWRITE 命令。

1. 将变量赋给数组

命令:VGET,Par,IR,TSTRT,KCPLX

其中:

Par——数组名,同时数组元素的起点可以指定。

IR——变量号,在 1～NV 之间。

TSTRT——与 IR 变量数据起点相关的时间点或频率,如在两个结果点之间,则采用最近的点。

KCPLX——复变量控制参数。若为 0 则,使用 IR 实部;若为 1,则采用 IR 的虚部。

该命令将变量数据赋给数组,但该数组应事先由 *DIM 命令定义。当采用循环赋值时,可使用 *VLEN 命令控制循环次数,且对多维数组只有第 1 个下标可增加。

2. 数组赋给变量

命令:VPUT,Par,IR,TSTRT,KCPLX

各命令参数同 VGET 命令中。该命令通过数组赋给变量从而生成新的变量。执行该命令前至少定义一个变量。

3. 从文件读入数据赋给变量

命令:DATA,IR,LSTRT,LSTOP,LINC,Name,KCPLX

其中各参数与 5.2.2 节中的参数相同。

该命令从文件读入数据生成新的变量,在被读文件的第 1 行必须为 DATA 命令及其参数,第 2 行为数据格式说明,第 3 行开始是数据。数据格式类似 FORTRAN 语言的读入数据格式,但仅为 FORMAT 后面括号及括号中的内容。DATA 命令读入数据时不能使用整型、字符型和自由等数据格式。所建立的数据文件采用/INPUT 命令读入并执行。

如果要使用自由格式读入数据,可先用 *TREAD 命令读入表数组,然后用 VPUT 命令将表数组数据赋给变量。关于数组输出详见后文中的 APDL 介绍。

5.2.4 变量图形显示与列表显示

定义变量、通过运算后生成变量或其他命令生成的变量均可采用图形或列表方式显示。变量显示的相关命令如表 5-19 所示。

变量显示及其相关命令 表 5-19

命 令	功 能	命 令	功 能
XVAR	定义图形显示的 X 轴	NPRINT	定义列表的时间点
PLTIME	定义图形显示的时间范围	SPREAD	为后续显示打开虚线误差曲线
PLCPLX	定义图形显示复数的组成	PLVAR	图形显示变量
PRCPLX	定义列表显示复数的格式	PRVAR	列表显示变量
PRTIME	定义列表显示的时间范围	EXTREM	列表显示变量的极值
LINES	定义列表显示每页的行数		

1. 定义图形显示的 X 轴

命令:XVAR,N

其中:

N ——变量号,其值可取:

=0 或 1(缺省):用时间或频率作为 X 轴变量;

=n:用既有变量号(2～NV);

=－1:将时间变量与所显示的变量交换,即时间变量为 Y 轴,显示的变量为 X 轴。

2. 定义显示的时间范围

命令:PLTIME,TMIN,TMAX

其中:

TMIN 和 TMAX——分别为最大最小时间,缺省时,分别为第 1 个时间点和最后一个时间点。该命令为将要显示的数据设定时间范围,对于 3D 图形显示,时间轴总是 Z 轴。如 XVAR=1(即时间变量),则时间显示在 X 轴上。

而列表显示时间范围控制命令为:PRTIME,TMIN,TMAX

3. 定义图形显示复数的组成

命令:PLCPLX,KEY

其中:

KEY——复变量显示控制参数,其值可取=0:模;=1:相位角;=2:实部;=3:虚部。

4. 定义列表显示复数的格式

命令:PRCPLX,KEY

其中:

KEY——复变量显示格式控制参数,其值可取为=0:实部和模;=1:模和相位角。

5. 定义列表显示每页的行数

命令:LINES,N

其中:

N——每个显示的行数,缺省为 20 行,最小为 11 行。

当列表显示变量数据时,如希望将全部数据显示在 1 页上,可采用该命令定义较大的行数。

6. 定义列表的时间点

命令:NPRINT,N

其中:

N——从第 1 个存储的时间点开始,列出每隔 N 个时间点的数据,缺省为 1。当不需要列表显示全部时间点数据时,可用该命令进行定义拟显示输出的时间点。

7. 为后续显示打开虚线误差曲线

命令:SPREAD,VALUE

其中:

VALUE——误差范围的大小,如 0.1 表示±10%。该值用于显示在给定误差时图形曲线的误差曲线(用虚线表示)。例如,估计误差为 0.05(±5%),则在显示曲线时图中给出两条曲线,误差曲线距离变量曲线的距离为 VALUE×变量。

8. 图形显示变量

命令：PLVAR，NVAR1，NVAR2，NVAR3，NVAR4，NVAR5，NVAR6，NVAR7，NVAR8，NVAR9，NVAR10

其中：

NVAR1～NVAR10——变量号或变量名。该命令用于显示变量曲线，曲线的 X 轴坐标采用 XVAR 命令定义。当用多个 Y 轴显示变量时采用/GRTYP 命令定义格式。

除上述各项用于显示和列表的命令外，对于曲线的控制和设置，可参见 2.4.1 中/GROPT、/GTHK、/GMARKER、/GRID、/AXLAB、/GRTYP、/XRANGE、/YRANGE 等命令。

9. 列表显示变量

命令：PRVAR，NVAR1，NVAR2，NVAR3，NVAR4，NVAR5，NVAR6

其中：

NVAR1～NVAR6——变量号或变量名。

该命令列表显示时间(变量 1)及所定义的 NVAR1～NVAR6 变量。

10. 列表显示变量的极值

命令：EXTREM，NVAR1，NVAR2，NINC

其中：

NVAR1，NVAR2，NINC——变量号范围和变量号增量。缺省时，为全部变量。

该命令列出变量各个变量的最大和最小值及相关信息。该值也可用 * GET 命令获得。

下面以圆弧无铰拱的几何非线性分析为例，说明变量及其相关命令的使用方法。

```
! EX5.7  圆弧无铰拱几何非线性分析
FINISH$/CLEAR$/PREP7
! 1.创建几何模型,并生成有限元模型------------------------------------------------
ET,1,BEAM3$MP,EX,1,2.0E5$MP,PRXY,1,0.3$R,1,300,8000,20
CSYS,1$K,1,2000,60$K,2,2000,90$K,3,2000,120$L,1,2$L,2,3
CSYS,0$LESIZE,ALL,,,20$LMESH,ALL$FINISH
! 2.打开大变形和弧长法,输出每步的所有结果,施加荷载与约束,求解-----------------------
/SOLU$ANTYPE,0$NLGEOM,ON$NSUBST,50$ARCLEN,ON
OUTRES,ALL,ALL$DK,1,ALL$DK,3,ALL$P = 20000$FK,2,FY,-P
SOLVE$FINISH
! 3.进入时程后处理层------------------------------------------------------------
/POST26
NUMVAR,50                                   ! 最大变量数为 50
NSOL,2,2,U,Y,UY_MIDNODE                     ! 跨中竖向位移(节点 2 的 Y 方向位移)为变量 2
RFORCE,3,1,M,Z,MZ_ENDNODE                   ! 固节点弯矩(节点 1 的 Z 方向弯矩)为变量 3
PROD,4,2,,,UY_MIDNODE,,,-1                  ! 变量 4 = 变量 2×(-1),即反号
PROD,5,1,,,P_LOAD,,,P                       ! 变量 5 = 变量 1(时间)×P,即不同时刻的荷载变量
/AXLAB,X,UY_MIDNODE(MM)                     ! 曲线 X 轴注释符号
/AXLAB,Y,P_LOAD(N)                          ! 曲线 Y 轴注释符号
```

```
XVAR,4$PLVAR,5                          ! 定义变量 4 为 X 轴,显示变量 5,即荷载-位移曲线
/AXLAB,Y,MZ_ENDNODE(N-MM)               ! 曲线 Y 轴注释符号
PLVAR,3                                 ! 以上述 X 轴(变量 4),显示变量 3
ESOL,10,21,2,M,Z                        ! 变量 10 为单元 21 之节点 2 的弯矩
ESOL,11,21,2,SMISC,6                    ! 变量 11 也为单元 21 之节点 2 的始点弯矩
XVAR,5$/AXLAB,X,P_LOAD(N)               ! 定义 X 轴及其注释
/AXLAB,Y,MZ_MIDNODE(N-MM)               ! 曲线 Y 轴注释符号
PLVAR,10,11                             ! 显示变量 10 和 11
LINES,100$PRVAR,2,3,4,5,10,11           ! 定义每页显示 100 行,并显示变量 2,3,4,5,10,11
EXTREM                                  ! 显示所有变量的极值
/AXLAB,X,UY_MIDNODE(MM)                 ! 定义 X 轴及其注释
/AXLAB,Y,MZ(N-MM)                       ! 定义 Y 轴及其注释
VARNAME,10,MZ_MIDNODE                   ! 变量 10 更名
XVAR,4$PLVAR,3,10                       ! 定义变量 4 为 X 轴,显示变量 3 和变量 10
/AXLAB,X,UY_MIDNODE(MM)                 ! 定义 X 轴及其注释
/AXLAB,Y,NANDN-MM                       ! 定义 Y 轴及其注释
/GRTYP,3                                ! 以多个 Y 轴形式显示变量
XVAR,4$PLVAR,3,5,10,11                  ! 定义变量 4 为 X 轴,显示变量 3,5,10,11
```

第6章

结构线性静力分析

在实际工程结构中，最常用的结构分析方法是结构的线性静力分析。尽管结构形式与建筑材料多种多样，设计规范与设计原理也不尽相同，但在设计过程中结构分析却是一致的，基本上采用线弹性分析结构的内力，除非结构的非线性性质不可忽略时才进行非线性分析，然后根据内力进行构件的设计。因此，结构的线性静力分析应用非常广泛，并且是其他各种分析的基础。

本章主要介绍不同结构形式及其组合结构的线性静力分析技术。

6.1 结构线性静力分析概述

结构分析的四个基本步骤是：创建几何模型、生成有限元模型、加载与求解、结果评价与分析。具体步骤与结构分析类型有关，并且有些步骤可省略或相互之间可交叉，如简单结构的几何模型创建过程可省略而直接创建有限元模型，加载可在前处理层也可在求解层等，需根据具体情况以便利原则而定。

结构线性静力分析的步骤为：

1. 创建几何模型

(1)清除当前数据库。

①回到开始层：FINISH 命令。清除数据库的操作要在开始层。

②清除数据库：/CLEAR 命令。不管当前数据库中是否有数据，在开始新工作前清除数据库中的数据既是必须的，也是比较好的习惯。

(2)工作文件名与主标题。

①工作文件名：/FILNAME 命令。练习时可使用缺省的工作名，实际分析建议用户定义。

②主标题：/TITLE 命令。用于在图形区显示。子标题可用/STITLE 命令定义。

(3)创建具体的几何模型。

2. 生成有限元模型

(1)定义单元类型、实常数和材料性质。

①定义单元类型，设置单元的 KEYOPT 的选项。

②定义单元实常数，如有初应变时也应设置。

③定义弹性模量，如为各项同性时只需定义 EX 即可。

④定义质量密度，以便计算自重影响或惯性释放计算。

⑤定义热膨胀系数等。

此部分常常在创建具体的几何模型之前定义，以便在几何模型上施加荷载与约束。

(2)定义网格划分属性。

①定义单元划分数目或大小。

②定义单元划分类型和划分方式，如映射网格或自由网格等。

③对几何模型实施网格划分。

3. 加载与求解

(1)定义求解选项。

①进入求解层。有些荷载可以在前处理层施加，不必一定到求解层施加。

②定义分析类型。ANSYS 缺省分析类型为静态分析，也可省略此步。

③定义求解选项。如输出、求解器等选项的设置。

(2)加载。

①划分荷载步。

②施加约束，约束可在几何模型上施加，也可在有限元模型上施加。

③施加荷载，静力分析的荷载如集中荷载、分布荷载、温度、自重和旋转惯性力。对梁单元的分布荷载必须施加在有限元模型上。

(3)求解。

4. 结果评价与分析

①进入通用后处理，一般不必进入时程后处理。

②读入结果数据。如当有荷载步时，需要确定读入哪个荷载步的结果。

③对结果处理，并图形显式和列表显示结果。

④误差估计，仅 SOLID 和 SHELL 单元可考察网格密度对结果的影响。

6.2 桁架结构

桁架结构是由若干杆件在每杆两端用铰联结而形成的结构，各铰结点为无摩擦的理想铰，各杆轴线通过铰中心，荷载和支座反力作用在结点上。在 ANSYS 中，桁架结构用 LINK 系列单元模拟，该类单元只承受杆轴向的拉压，不承受弯矩，节点只有平动自由度。桁架结构的荷载仅有集中力和温度。平面桁架使用 2D 的 LINK 单元，而空间桁架采用 3D 的 LINK 单元，当然也可采用 3D 的 LINK 单元分析平面桁架(将所有节点面外的自由度约束)。

桁架多用钢材、木材或钢筋混凝土结构制作，在桥梁、房建和水工等结构中广泛应用。实际工程中的桁架结构，并非"理想桁架"，如结点刚性、轴线偏心、荷载不作用在结点上等，但通过一定的力学简化可以用桁架结构计算与分析。具体何时采用桁架结构，可参见第 1 章中所述原则。

6.2.1 平面桁架

平面桁架结构分析比较简单，这里主要说明斜支承和斜荷载等问题，以及后处理中的一些技巧。如图 6-1 所示的平面桁架，设桁架中各杆件的面积均为 100mm²，材料弹性模量为 210GPa，对此桁架进行静力分析的命令流如下：

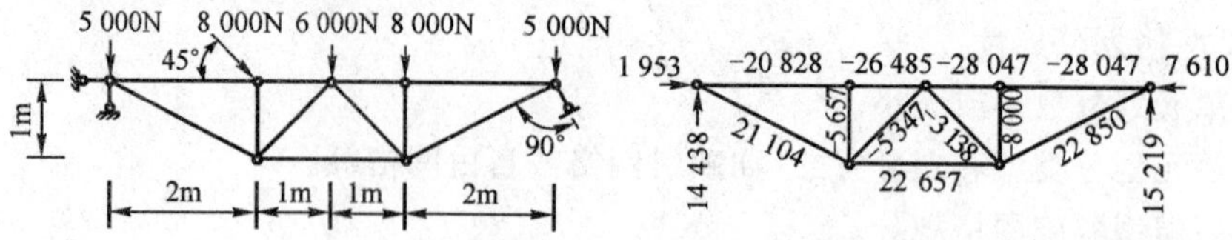

图 6-1 平面桁架及其内力图

```
! EX6.1  平面桁架线性静力分析
FINISH $/CLEAR $/PREP7
ET,1,LINK1 $R,1,1E-4 $MP,EX,1,2.1E11          ! 定义单元类型、实常数和材料性质
K,1 $K,2,2 $K,3,3 $K,4,4 $K,5,6               ! 创建关键点
K,6,2,-1 $K,7,4,-1
L,1,2 $L,2,3 $L,3,4 $L,4,5 $L,1,6 $L,2,6      ! 创建线
L,3,6 $L,3,7 $L,4,7 $L,6,7 $L,5,7
FK,1,FY,-5000 $FK,2,FY,-8000                  ! 在几何模型上施加荷载
FK,3,FY,-6000 $FK,4,FY,-8000
DK,1,UX,,,,UY                                 ! 在关键点 1 施加两个方向的约束，等效于 DK,1,ALL
LESIZE,ALL,,,1 $LMESH,ALL                     ! 每根线划分 1 个单元，对 LINK1 必须如此。并划分网格
*AFUN,DEG                                     ! 定义三角函数的计算采用度，而不是弧度
REF=ASIN(1/SQRT(5))                           ! 求右端支座方向与竖直方向的夹角 REF
NMODIF,5,,,,REF                               ! 修改节点 5 的节点坐标系方向
D,5,UY                                        ! 节点 5 施加 Y 方向约束
F,5,FY,-5000*COS(REF)                         ! 在节点 5 按旋转后的节点坐标系施加荷载
F,5,FX,-5000*SIN(REF)                         ! 这里将 5000 分解到旋转后的节点坐标系 X 和 Y 方向
NMODIF,2,,,,45                                ! 修改节点 2 的节点坐标系(转 45°)，其上荷载随着转动
FTRAN $DTRAN                                  ! 将荷载与约束传到有限元模型上(不是必须的)
/PBC,F,,2 $EPLOT                              ! 显示荷载符号并在旁边标注荷载值
FINISH $/SOLU $SOLVE                          ! 进入求解层，求解
FINISH $/POST1                                ! 进入通用后处理
PLDISP,1                                      ! 显示变形图，并同时显示变形前形状
/PNUM,SVAL,1                                  ! 在图上显示应力、内力等值
ETABLE,AXST,LS,1                              ! 以单元应力定义单元表 AXST
PLLS,AXST,AXST,0.5                            ! 显示单元应力，且显示比率为 0.5
PLETAB,AXST                                   ! 用云图显示单元应力
ETABLE,AXFOR,SMISC,1                          ! 以单元轴力定义单元表 AXFOR
PLLS,AXFOR,AXFOR,0.5                          ! 显示单元轴力，且显示比率为 0.5
```

```
PLETAB,AXFOR                                    ! 用云图显示单元轴力
PLESOL,SMISC,1                                  ! 直接用云图显示单元轴力
! 列表显示结果
PRRSOL $PRNSOL,U $PRNLD $PRESOL,FORC $PRESOL,SMISC,1
```

该例中需要注意以下几个问题：

(1)斜向荷载的处理：可采用分解法将荷载分解为与节点坐标系平行的荷载，也可旋转节点坐标系进而施加整个荷载。节点坐标系在缺省时与总体直角坐标系相同，如想旋转某些节点到当前总体坐标系可采用 NROTAT 命令，而修改某个节点坐标系到任意方向采用 NMODIF 命令比较方便。在几何模型上施加的荷载，当荷载向有限元模型传递时依据每个节点的节点坐标系，如上例的关键点 5 所施加的荷载。

(2)斜向支承的处理：斜向支承(约束)处理同斜向荷载的处理，但当同时具有荷载和约束时，要注意应避免所加非所想的情况，如上例中右端支承问题。

(3)后处理技巧：线单元的内力一般需要单元表操作，图形显示可采用云图和线性化图两种方式；而标注结果值时，采用云图可使结果更加直观。

6.2.2 空间桁架

空间桁架一般存在一定的构成规律，这时可利用复制功能建模。如图 6-2 所示为一吊车梁桁架，采用 N 型万能杆件拼组而成，吊重为 600kN 且在跨中 16m 范围内的两个对应上弦节点上移动。在下平纵联平面内，一端支座固定，其中一个为固定，另外一个横向可动；另外一端支座纵向可动，但与固定支座位于一侧的支座横向固定。假设节点板与螺栓等重量为杆件重量的 7%且分布在杆件上，活载冲击系数为 1.1。工作状态横向风压强度为 500Pa，风力计算按主桁一侧轮廓面积乘以填充系数，填充系数取为 0.4，且均匀分布在上下弦节点上。要求计算结构杆件最大内力与挠度，下面是计算分析的命令流：

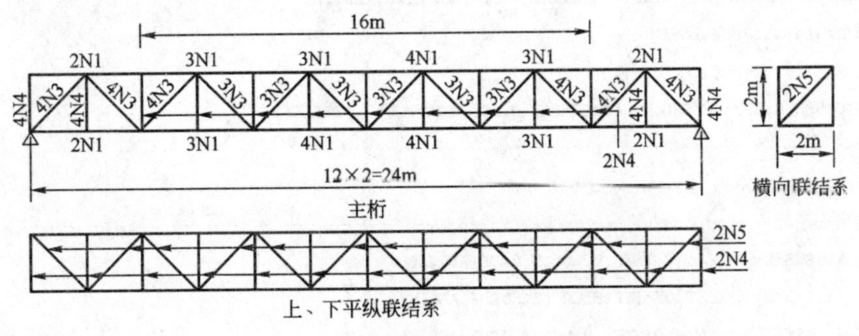

图 6-2 N 型万能杆件吊车梁桁架

```
! EX6.2  N型万能杆件桁架
FINISH$/CLEAR/PREP7
! 1.定义单根杆件的面积参数……………………………………………………………
AREAN1 = 2330E - 6 $ AREAN3 = 1670E - 6 $ AREAN45 = 1150E - 6 $SL = 2.0
! 2.定义单元类型、实常数及材料性质……………………………………………………
```

```
ET,1,LINK8$R,1,2*AREAN1$R,2,3*AREAN1$R,3,4*AREAN1$R,4,3*AREAN3
R,5,4*AREAN3$R,6,4*AREAN45$R,7,2*AREAN45$MP,EX,1,2.1E11$MP,DENS,1,7850*1.07
!3.创建几何模型——主桁……………………………………………………………………
K,1$K,2,SL$K,3,2*SL$KGEN,2,ALL,,,,SL$L,1,2$L,2,3$L,4,5$L,5,6$L,1,4$L,2,5$L,3,6$L,1,5
L,5,3$LGEN,6,ALL,,,2*SL$NUMMRG,ALL$LGEN,2,ALL,,,,,SL
!3.创建几何模型——上下平纵联
LSEL,NONE$K,101,,,SL$K,102,SL,,SL$K,103,2*SL,,SL
L,1,101$L,2,102$L,3,103$L,1,102$L,3,102$LGEN,6,ALL,,,2*SL$LGEN,2,ALL,,,,SL
LSEL,ALL$L,1,16$*GET,L1,LINE,,NUM,MAX$LGEN,13,L1,,,SL
NUMMRG,ALL$NUMCMP,ALL
!4.赋予线属性——2N1类杆件……………………………………………………………………
LSEL,S,LOC,X,0,4$LSEL,A,LOC,X,20,24$LSEL,R,TAN1,Y$LSEL,R,TAN1,Z
CM,L2N1,LINE$LATT,1,1,1
!4.赋予线属性——3N1类杆件……………………………………………………………………
LSEL,S,LOC,X,4,8$LSEL,A,LOC,X,16,20$LSEL,R,TAN1,Y$LSEL,R,TAN1,Z
CM,L3N1,LINE$LATT,1,2,1
!4.赋予线属性——4N1类杆件,并将弦杆定义为组件XG……………………………………
LSEL,S,LOC,X,8,16$LSEL,R,TAN1,Y$LSEL,R,TAN1,Z$CM,L4N1,LINE$LATT,1,3,1
CMSEL,A,L3N1$CMSEL,A,L2N1$CM,XG,LINE
!4.赋予线属性——3N3类杆件……………………………………………………………………
LSEL,S,LOC,X,6,18$CMSEL,U,XG$LSEL,U,TAN1,Y$LSEL,U,TAN1,X
LATT,1,4,1$CM,L3N3,LINE
!4.赋予线属性——4N3类杆件……………………………………………………………………
LSEL,S,LOC,X,0,6$LSEL,A,LOC,X,18,24$CMSEL,U,XG$LSEL,U,TAN1,Y$LSEL,U,TAN1,X
LATT,1,5,1$CM,L4N3,LINE
!4.赋予线属性——4N4或4N5类杆件
LSEL,S,LOC,X,0,2$LSEL,A,LOC,X,22,24$LSEL,R,TAN1,X$LSEL,R,TAN1,Z
LATT,1,6,1$CM,L4N4,LINE$ALLSEL
!4.赋予线属性——2N4或2N5类杆件
CMSEL,U,XG$CMSEL,U,L3N3$CMSEL,U,L4N3$CMSEL,U,L4N4$LATT,1,7,1$ALLSEL
!5.划分单元……………………………………………………………………………………
LESIZE,ALL,,,1$LMESH,ALL
!6.施加约束……………………………………………………………………………………
KSEL,S,LOC,X,0$KSEL,R,LOC,Y,0$KSEL,R,LOC,Z,0$DK,ALL,ALL
KSEL,S,LOC,X,0$KSEL,R,LOC,Y,0$KSEL,R,LOC,Z,SL$DK,ALL,UY
KSEL,S,LOC,X,24$KSEL,R,LOC,Y,0$KSEL,R,LOC,Z,0$DK,ALL,UY,,,,UZ
KSEL,S,LOC,X,24$KSEL,R,LOC,Y,0$KSEL,R,LOC,Z,SL$DK,ALL,UY
ALLSEL$FINISH
!7.进入求解层,施加荷载,定义荷载步等……………………………………………………
/SOLU$ACEL,,9.8$SOLVE                                          !自重为第1荷载步
ACEL,,0$P1=500*SL$NSEL,S,LOC,Z,0$F,ALL,FZ,P1
NSEL,U,LOC,X,1,23$F,ALL,FZ,P1/2$NSEL,ALL$SOLVE                 !风载为第2荷载步
```

```
*DO,I,1,5$FDELE,ALL,ALL
NSEL,S,LOC,X,(I+1)*SL$NSEL,R,LOC,Y,SL
F,ALL,FY,-300000$NSEL,ALL$SOLVE$*ENDDO                    !移动荷载定义为后续荷载步
FINISH
!8.进入后处理,定义荷载工况并组合,输出图片和文本文件------------------------------------
/POST1$SET,LIST$*DO,I,1,7$LCDEF,I,I$*ENDDO
LCFACT,1,1.0$LCFACT,2,1.0$*DO,I,3,7$LCFACT,I,1.1$*ENDDO
LCZERO$LCASE,1$LCOPER,ADD,2
*DO,I,3,7$J=I+5$LCOPER,ADD,I$LCWRITE,J,LC%J%$LCOPER,SUB,I$*ENDDO
/OUTPUT,RESFILE0,TXT$/VIEW,1,1,2,3$/ANG,1,-6,XS,1
ETABLE,STRE,LS,1$ETABLE,FORC,SMISC,1
*DO,IC,1,12$/OUTPUT,RESFILE%IC%,TXT$LCZERO$LCASE,IC$ETABLE,REFL
/SHOW,JPEG$PLETAB,STRE$PLDISP,1$/SHOW,TERM
/COM,-----荷载工况或组合%IC%的结果------
PRETAB$PRRSOL$PRNSOL,U$*ENDDO$/OUTPUT
```

该例中需要注意以下几个问题:

(1)建模:创建几何模型时,可采用先建局部再重复模型,然后利用复制功能创建相同部分,最后消除重合关键点和线;也可利用 APDL 中的循环语句直接创建各个关键点和线,但需要较好的控制技巧,以便编程创建几何模型。在创建几何模型过程中,可给线赋予材料属性,也可在几何模型创建完成后赋予属性。

(2)荷载工况:具有移动荷载时,将荷载划分不同的荷载步求解,后处理时再利用荷载工况处理技术进行组合并输出。该项操作在计算或求解时要有一定的规划,以便后处理时使用各荷载步的结果。

(3)图素选择与组件:图素选择是 ANSYS 的一大技巧,编制命令流文件必须掌握该技巧。图素的选择有很多选项,需根据几何模型的特点灵活运用。在选择某些图素后可定义为元件,在后续选择中可适当利用。

6.2.3 网架及面荷载的施加

网架结构可采用桁架模型,单层网壳结构采用刚架模型,双层网壳结构可采用桁架模型,可根据相关技术规程确定,这里不做具体讨论。然而,在进行网架和网壳计算分析时,由于其构件主要为杆单元而不是面单元,在对其施加如风、雪等面荷载时就不能方便地加载;即便使用面单元建模,在创建关键点和线后识别出面可更快地建模。因此必须对由关键点和线构成的空间曲面结构进行识别,识别出构成平面和曲面的各个多边形,然后才能准确地加载或创建几何面生成面单元。各个多边形可通过识别算法或采用 ANSYS 建模技术获得,然后再施加面荷载并转换为结点荷载。

1. 面的识别

这里采用 ANSYS 建模技术识别由杆件组成的各个多边形,基本假定如下:

(1)网架或网壳为单层。如为双层可分别识别,然后再编程处理。

(2)网架在某个平面内的投影不重叠。如投影到 XY 平面内时,由线构成的多边形不重

叠,即投影前和投影后的结构拓扑关系没有改变。

(3)网架处于一个单连通域内。虽然有开洞时也可识别,但需要人工删除该区域。

识别的基本方法和步骤如下:

(1)首先进行保存数据库等操作。

(2)利用 ADRAG 命令将网架既有线沿某个方向拖拉成面;为叙述方便,设网架高度方向为 Z,拟向 XY 平面投影,因此该步为沿着 Z 轴拖拉成面。

(3)在适当 Z 位置创建平面(称为 ZP 平面),该平面大于网架在 XY 平面上的投影区域。

(4)利用 APTN 命令将上述所有面分割,从而在 ZP 平面上形成多个多边形面。

(5)删除无用的面。

(6)提取 ZP 平面上各个面的构成图素,再获得网架上对应关键点号并记录。

(7)利用构成网架各多边形的关键点可确定多边形线,并记录线号。

(8)利用 PARSAV 保存参数。

(9)利用 RESUME 命令恢复数据库和 PARRES 命令参数等操作。

通过上述方法获得的是构成网架各多边形的关键点和线信息。如无面单元,则可施加面荷载并转换到结点;如拟生成面单元,则可利用关键点信息创建各个多边形面。

2. 面荷载的转换

网架或网壳结构的外荷载可按静力等效原则,将结点所辖区域内的荷载集中作用在该结点上。按照此原则且当为均布外荷载时,如果结点组成的区域为三角形,则可按各结点承担该区域荷载的 1/3 处理;如果该区域为矩形则可按各结点承担该区域荷载的 1/4 处理;如果该区域为不规则四边形或多边形,则较难处理。因此,可不采用公式计算,而采用 ANSYS 自动计算。其计算原理是创建各个多边形面并划分为 SHELL 单元,在该面或 SHELL 单元上施加荷载或利用换算质量密度加载;对所有结点(即关键点)处的节点施加约束,求解得到所有结点处的支承反力,该支承反力反向即为等效荷载;记录这些等效荷载,并进行参数保存;恢复数据库和参数;对关键点施加等效荷载,至此完成面荷载的等效。

从上述过程可以看出,对于杆件系统组成的曲面施加面荷载确实要复杂一些,但如果编制为 APDL 程序将具有较好的使用效果和效率。

6.3 梁结构

梁是工程结构最为常用的结构形式之一。ANSYS 中的梁单元有多个种类,分别具有不同的特性,是一类轴向拉压、弯曲、扭转(3D)单元。梁单元在应用中应考虑许多问题,如自由度释放(铰接)、剪切变形的影响、梁截面特性、截面方向、应力计算、内力处理等。在实际结构简化时,尚应考虑梁单元的适用条件、结点偏心与刚臂、边界条件确定等问题。本节不讨论梁单元与其他单元的连接问题,该问题参见后面章节。

6.3.1 几种梁单元用法与结果

如图 6-3 所示的空间结构,分别采用 BEAM4、BEAM24、BEAM44、BEAM188、BEAM189 单元进行分析,所有单元均采用缺省设置,计算结果如表 6-1 所示。

几种梁单元的计算结果比较　　　　表 6-1

单元及结果项	BEAM4	BEAM24	BEAM44	BEAM188	BEAM189
A 点 Ux(m)	0.01381	0.01351	0.01385	0.01385	0.01385
A 点 Uy(m)	−0.02467	−0.02411	−0.02486	−0.02487	−0.02486
A 点 Uz(m)	4.9306E−06	4.8729E−06	4.9342E−06	4.9292E−06	4.9342E−06
B 截面应力(MPa)	−114.0	−107.6	−114.0	−110.0	−113.9
B 点反力 Fx(N)	−8972.3	−9063.0	−8977.1	−8969.2	−8977.1
B 点反力 Fy(N)	20896.9	20898.4	20893.5	20893.6	20893.5
B 点反力 Fz(N)	−2657.2	−2597.0	−2653.3	−2658.7	−2653.3
B 点反力 Mx(N·m)	−10835.0	−10591.0	−10826.0	−10847.0	−10826.0
B 点反力 My(N·m)	−84.0	−83.1	−85.8	−85.7	−85.8
B 点反力 Mz(N·m)	65580.0	65947.0	65589.0	65558.0	65589.0
C 点反力 Fx(N)	−5027.7	−4937.0	−5022.9	−5030.8	−5022.9
C 点反力 Fy(N)	103.1	101.6	106.5	106.4	106.5
C 点反力 Fz(N)	−5342.8	−5403.0	−5346.7	−5341.3	−5346.7

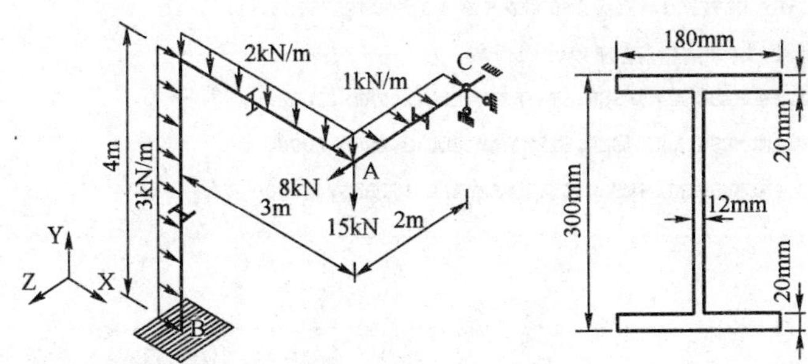

图 6-3　空间结构几何和截面尺寸

在计算过程中,需要注意以下几个问题:

(1)单元坐标系:单元坐标系的 X 轴总是从 I 节点指向 J 节点,BEAM4 单元当采用缺省定义时(不输入 K 节点或 Θ 角),单元坐标系的 Y 轴与总体坐标系的 Y 轴平行;如果单元坐标系的 X 轴平行于总体坐标系的 Y 轴,则单元坐标系的 Z 轴与总体坐标系的 Z 轴平行;用右手法则可确定单元坐标系的另外一轴的方向。

BEAM24 必须定义方位点。BEAM44、BEAM188、BEAM189 可采用缺省(不定义方位点),但不一定是期望的截面方向,因此建议定义方位点。这五种梁单元如果采用定位点,则由定位点和始末节点构成的平面包含单元的 X 轴和 Z 轴。

(2)实常数:BEAM4 单元输入实常数时,必须明确单元坐标系的方向,否则容易将惯性矩输错,即 IZZ 和 IYY 交换;对 BEAM4 的扭转惯矩 IXX 不宜缺省(缺省时为 IYY 和

IZZ之和，即极惯性矩），因为扭转惯矩一般小于极惯性矩，如此缺省对结构的扭转刚度影响很大。

BEAM44 当为等截面梁时可采用梁截面输入（类同 BEAM188 和 189），而当为变截面梁时，则只能用实常数输入。而 BEAM188 和 BEAM189 单元则可用于等截面或变截面梁。当采用梁截面时，实常数不必定义。

（3）剪切模量：剪切模量可根据实际材料确定。当 GXY、PRXY 和 NUXY 都不定义时，ANSYS 会发出警告且采用 GXY＝EX/2.6；如仅定义了主泊松系数 PRXY，则 ANSYS 按着 GXY＝0.5×EX/(1＋PRXY)计算。

为减少篇幅，下面仅给出了 BEAM4 单元的部分后处理命令，如/ESHAPE、/VSCALE、/TRIAD、/PNUM、/VIEW 及 PLNSOL、PLESOL、PLLS 和 PR 类等命令不再给出，读者可结合相关命令查看结果。命令流如下：

```
！EX6.3 几种梁单元用法与结果
！EX6.3A BEAM4 单元
FINISH$/CLEAR$/PREP7
！1.定义单元类型、材料特性、实常数等……………………………………………………
ET,1,BEAM4$MP,EX,1,2.1E11$MP,PRXY,1,0.3
R,1,1032E-5,158936E-9,1947744E-11,0.18,0.3$ RMORE,,110976E-11
R,2,1032E-5,1947744E-11,158936E-9,0.3,0.18$RMORE,,110976E-11
！2.创建几何模型、施加约束和集中荷载、定义所有线都划分 10 个单元……………………
K,1$K,2,,4$K,3,3,4$K,4,3,4,-2$L,1,2$L,2,3$L,3,4
DK,1,ALL$DK,4,UX,,,,UY,UZ$FK,3,FY,-15000$FK,3,FZ,8000$LESIZE,ALL,,,10
！3.选择线、定义线属性、划分网格、施加单元线荷载……………………………………
LSEL,S,,,1$LATT,1,1,1$LMESH,ALL$ESLL,S$SFBEAM,ALL,2,PRES,3000
LSEL,S,,,2$LATT,1,1,1$LMESH,ALL$ESLL,S$SFBEAM,ALL,2,PRES,2000
LSEL,S,,,3$LATT,1,2,1$LMESH,ALL$ESLL,S$SFBEAM,ALL,1,PRES,-1000
！4.求解……………………………………………………………………………………
ALLSEL$/SOLU$SOLVE
！5.后处理…………………………………………………………………………………
/POST1$PLDISP,1
！5.A 定义单元表
ETABLE,FXI,SMISC,1$ETABLE,FXJ,SMISC,7                    ！单元杆端 Fx
ETABLE,FYI,SMISC,2$ETABLE,FYJ,SMISC,8                    ！单元杆端 Fy
ETABLE,FZI,SMISC,3$ETABLE,FZJ,SMISC,9                    ！单元杆端 Fz
ETABLE,MXI,SMISC,4$ETABLE,MXJ,SMISC,10                   ！单元杆端 Mx
ETABLE,MYI,SMISC,5$ETABLE,MYJ,SMISC,11                   ！单元杆端 My
ETABLE,MZI,SMISC,6$ETABLE,MZJ,SMISC,12                   ！单元杆端 Mz
ETABLE,SMINI,NMISC,2$ETABLE,SMINJ,NMISC,4                ！单元最小应力
！特别地，BEAM4 单元的应力计算基于输入的截面高度 TKz 和 TKy，按中性轴在其 1/2 处
！计算应力，因此该应力对于双轴对称截面可用，其他截面形式要慎用，以免出错。
！5.B 显示单元坐标系中的结果
PLLS,FXI,FXJ$PLLS,FYI,FYJ$PLLS,FZI,FZJ$PLLS,MXI,MXJ$PLLS,MYI,MYJ
```

```
PLLS,MZI,MZJ$PLLS,SMINI,SMINJ$PRNSOL,U$PRRSOL
!------------------------------------------------------------------------
! EX6.3BBEAM24 单元
FINISH$/CLEAR$/PREP7
! 1.定义单元类型、材料特性、实常数等--------------------------------------------
ET,1,BEAM24,1$MP,EX,1,2.1E11$MP,PRXY,1,0.3$R,1,-0.09,-0.14,0,0.09,-0.14,0.02
RMORE,0,-0.14,0,0,0.14,0.012$RMORE,-0.09,0.14,0,0.09,0.14,0.02
! 2.创建几何模型、施加约束和集中荷载、定义所有线都划分10个单元----------------------
K,1$K,2,,4$K,3,3,4$K,4,3,4,-2$K,51,-3,2$K,52,2,6$K,53,0,4,-1$L,1,2$L,2,3$L,3,4
DK,1,ALL$DK,4,UX,,,,UY,UZ$FK,3,FY,-15000$FK,3,FZ,8000$LESIZE,ALL,,,10
! 3.选择线、定义线属性、划分网格、施加单元线荷载------------------------------------
LSEL,S,,,1$LATT,1,1,1,,,51$LMESH,ALL$ESLL,S$SFBEAM,ALL,1,PRES,3000
LSEL,S,,,2$LATT,1,1,1,,,52$LMESH,ALL$ESLL,S$SFBEAM,ALL,1,PRES,2000
LSEL,S,,,3$LATT,1,1,1,,,53$LMESH,ALL$ESLL,S$SFBEAM,ALL,1,PRES,1000$ALLSEL
! 4.求解------------------------------------------------------------------
/SOLU$SOLVE
!------------------------------------------------------------------------
! EX6.3CBEAM44 单元
FINISH$/CLEAR$/PREP7
! 1.定义单元类型、材料特性、梁截面等--------------------------------------------
ET,1,BEAM44$MP,EX,1,2.1E11$MP,PRXY,1,0.3
SECTYPE,1,BEAM,I$SECOFFSET,CENT$SECDATA,0.18,0.18,0.3,0.02,0.02,0.012
! 2.创建几何模型、施加约束和集中荷载、定义所有线都划分10个单元----------------------
K,1$K,2,,4$K,3,3,4$K,4,3,4,-2$K,51,-3,2$K,52,2,6$K,53,0,4,-1$L,1,2$L,2,3$L,3,4
DK,1,ALL$DK,4,UX,,,,UY,UZ$FK,3,FY,-15000$FK,3,FZ,8000$LESIZE,ALL,,,10
! 3.选择线、定义线属性、划分网格、施加单元线荷载------------------------------------
LSEL,S,,,1$LATT,1,,1,,,51,1$LMESH,ALL$SFBEAM,ALL,1,PRES,3000
LSEL,S,,,2$LATT,1,,1,,,52,1$LMESH,ALL$ESLL$SFBEAM,ALL,1,PRES,2000
LSEL,S,,,3$LATT,1,,1,,,53,1$LMESH,ALL$ESLL$SFBEAM,ALL,1,PRES,1000$ALLSEL
/SOLU$SOLVE
!------------------------------------------------------------------------
! EX6.3DBEAM188/189 单元(仅改变188或189即可)
FINISH$/CLEAR$/PREP7
! 1.定义单元类型、材料特性、梁截面等--------------------------------------------
ET,1,BEAM189$MP,EX,1,2.1E11$MP,PRXY,1,0.3
SECTYPE,1,BEAM,I$SECOFFSET,CENT$SECDATA,0.18,0.18,0.3,0.02,0.02,0.012
K,1$K,2,,4$K,3,3,4$K,4,3,4,-2$K,51,-3,2$K,52,2,6$K,53,0,4,-1$L,1,2$L,2,3$L,3,4
DK,1,ALL$DK,4,UX,,,,UY,UZ$FK,3,FY,-15000$FK,3,FZ,8000$LESIZE,ALL,,,10
! 2.选择线、定义线属性、划分网格、施加单元线荷载------------------------------------
LSEL,S,,,1$LATT,1,,1,,,51,1$LMESH,ALL$SFBEAM,ALL,1,PRES,3000
LSEL,S,,,2$LATT,1,,1,,,52,1$LMESH,ALL$ESLL$SFBEAM,ALL,1,PRES,2000
LSEL,S,,,3$LATT,1,,1,,,53,1$LMESH,ALL$ESLL$SFBEAM,ALL,1,PRES,1000$ALLSEL
/SOLU$SOLVE
```

6.3.2 梁单元自由度释放与耦合自由度

在实际的梁结构中，梁与梁之间的连接不总是刚性连接，有时采用单向铰接、双向铰接或球铰等连接方式，这时就涉及到节点自由度释放或自由度耦合等。铰接点的特点是铰接于该节点上的各杆具有相同的线位移，但截面转动不相同；而刚接于该节点上的各杆则具有相同的截面转动。铰接点上具有铰接的杆端不承受对应的弯矩，仅仅刚接于该节点上的各杆杆端弯矩参与该节点的力矩平衡。

节点自由度释放（与自由度凝聚相同）就是将该节点的某个自由度“放松”，即铰接于该节点的单元的单元杆端力为零。ANSYS 中具有自由度释放功能的有 BEAM44、BEAM188/189 三个单元，且它们的释放方式不同。BEAM188/189 单元采用 ENDRELEASE 命令释放自由度，相当于耦合自由度，其操作可在全刚接有限元模型的基础上进行；而 BEAM44 采用 KEYOPT(7)释放自由度，其方法是释放“刚度矩阵”，其操作是在建立单元的过程中完成的。

耦合自由度就是强迫两个或多个自由度“相等”，耦合自由度集包含一个主自由度和一个或多个从自由度，只有主自由度保存在矩阵方程中，而其他从自由度则从方程中删除，故耦合自由度实际上是降低了平衡方程的个数。对梁结构而言，在创建模型或单元时铰接于一点的各杆件的端点（关键点或节点）各自独立，如三个杆件铰接在一起，则在同一几何位置创建三个关键点或节点，进而耦合其自由度。

在大变形时，BEAM44 单元的节点自由度释放会“随动”，而耦合自由度则不会。耦合自由度可用于各种单元或组合中，但自由度释放仅仅相对某种单元类型。

1. 耦合自由度命令

创建耦合自由度集的相关命令如表 6-2 所示。

耦合自由度及其相关命令　　表 6-2

命　令	功　能	备　注
CP	定义、修改耦合自由度集	可增加或删除节点
CPINTF	耦合重合节点	在重合节点对上创建耦合自由度集
CPLGEN	由既有耦合集创建新的耦合集	采用相同的节点号，但自由度不同
CPLIST	对耦合自由度集列表	可查看既有耦合自由度集
CPDELE	删除耦合自由度集	
CPNGEN	添加节点到某个耦合自由度集	将一些节点号添加到既有耦合集中
CPSGEN	复制既有耦合集	

(1)定义、修改耦合自由度集。

命令：CP，NSET，Lab，NODE1，NODE2，NODE3，NODE4，NODE5，NODE6，NODE7，NODE8，NODE9，

NODE10，NODE11，NODE12，NODE13，NODE14，NODE15，NODE16，NODE17

其中：

NSET——耦合自由度集编号，其值可取：

=N：任意号；

=HIGH：最高既有集号，为 Lab≠ALL 时的缺省设置。该参数对向既有集中添加节点号时较为有用。

=NEXT：最高既有集号+1，为 Lab=ALL 时的缺省设置。

Lab——拟耦合的自由度标识符，对结构分析可用的有：UX、UY、UZ、ROTX、ROTY、ROTZ 或 ALL（这些自由度均位于节点坐标系）。当 Lab=ALL 时，NSET 自动增加以防覆盖既有集、采用所有激活的自由度、不能修改既有耦合集等。

NODE1～NODE17——节点号。节点号不能重复，负节点号表示从耦合集中删除该节点；第 1 个节点为主节点；也可为 ALL，表示节点选择集中的所有节点号。

该命令创建或修改耦合自由度集。同一自由度只能出现在一个耦合集中，否则会出现错误。有约束的自由度不能包含在耦合集中。在减缩自由度分析中，如果主自由度(MDOF)包含在耦合集中，则必须是耦合集中的主自由度（相对从自由度而言）。对显式动力分析，仅 UX、UY、UZ 自由度可耦合，转动自由度不能耦合。耦合集中的节点不必是重合的，也不必是位于同一线上，它们可以是任意的。

(2)耦合重合节点。

命令：CPINTF，Lab，TOLER

其中：

Lab——拟耦合的自由度标识符，同 CP 命令中的参数。

TOLER——判定节点是否重合的误差，缺省为 0.0001。TOLER 的计算基于总体直角坐标系中节点坐标的最大差值，只有在误差范围内的节点才被认为是重合的。

2. 梁结构耦合自由度示例

如图 6-4 所示平面结构，首先创建几何模型，然后由几何模型生成有限元模型。图中关键点编号和线编号说明了几何模型的创建方法，在铰接点位置创建了重合的关键点编号，在生成有限元模型时便创建了重合的节点，即铰接于一点的各单元具有独立的节点。耦合自由度是对有限元模型的节点操作，因此关键点不能直接进行自由度的耦合操作。

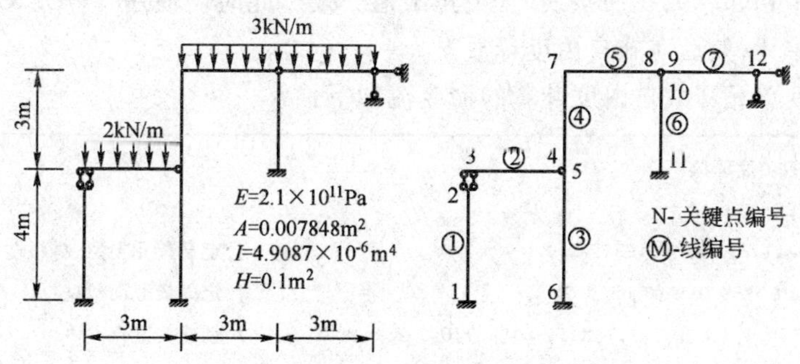

图 6-4 结构几何与关键点编号

```
! EX6.4  耦合自由度 FINISH$/CLEAR$/PREP7
! 1.定义单元类型、材料性质、实常数、几何模型、施加约束----------------------------------------
ET,1,BEAM3$MP,EX,1,2.1E11$MP,PRXY,1,0.3$R,1,0.007848,4.9087E-6,0.1
K,1$K,2,0,4$K,3,0,4$K,4,3,4$K,5,3,4$K,6,3,0$K,7,3,7$K,8,6,7
K,9,6,7$K,10,6,7$K,11,6,4$K,12,9,7$L,1,2$L,3,4$L,6,5$L,5,7$L,7,8$L,11,10$L,9,12
DK,1,ALL$DK,6,ALL$DK,11,ALL$DK,12,UX,,,,UY
! 2.生成有限元模型,施加单元荷载--------------------------------------------------------------
LESIZE,ALL,,,8$LMESH,ALL$LSEL,S,,,2$ESLL$SFBEAM,ALL,1,PRES,2000
LSEL,S,,,5,7,2$ESLL$SFBEAM,ALL,1,PRES,3000$ALLSEL
! 3.A 关键点 2 和 3 位置的节点创建约束方程,Uy 和 ROTz 相等
KSEL,S,,,2,3$NSLK,S$CP,NEXT,ROTZ,ALL$CP,NEXT,UY,ALL
! 3.B 关键点 4 和 5 位置的节点创建约束方程,Ux 和 Uy 相等
KSEL,S,,,4,5$NSLK,S$CP,NEXT,UX,ALL$CP,NEXT,UY,ALL
! 3C 关键点 8、9 和 10 位置的节点创建约束方程,Ux 和 Uy 相等
KSEL,S,,,8,10$NSLK,S$CP,NEXT,UX,ALL$CP,NEXT,UY,ALL$ALLSEL$FINISH
! 4.求解及后处理----------------------------------------------------------------------------
/SOLU$SOLVE$FINISH$/POST1$PLDISP,1
ETABLE,MI,SMISC,6$ETABLE,MJ,SMISC,12$PLLS,MI,MJ,-1
```

上述示例采用了耦合自由度的方法,在处理梁结构中的铰接情况时,该方法无论是通过几何模型生成有限元模型或是直接创建有限元模型,都需要建立重合关键点或节点,虽然略显麻烦,但其概念、思路与方法特别清楚,因此是处理"自由度相等"的较好方法。

3. BEAM18X 系列单元的端点自由度释放

采用图 6-4 所示的结构,以 BEAM189 为例,说明端点释放的操作过程。

采用自由度释放时,按刚接点创建几何模型,不需要在同一位置创建多个关键点。因 BEAM18X 系列端点自由度释放采用的自动创建耦合自由度集,因此也要遵循自由度耦合规则,如多杆铰接时应同时释放自由度,否则在不同的耦合自由度集中会出现同一自由度。另外,自由度释放与直接创建耦合自由度互补,即释放某个自由度,则在耦合自由度集中无该自由度。BEAM18X 系列所释放的自由度基于节点坐标系。

在 ENDRELEASE 命令中,相邻单元的夹角限值为 TOLERANCE(缺省为 20°)。一种特殊的情况是仅两个相邻单元在一条线上(夹角限值失效),此时需使用 TOLERANCE=−1 参数并选择这两个单元,然后实施自由度释放。

用 BEAM189 单元释放自由度计算的命令流如下:

```
! EX6.5  BEAM189 自由度释放
FINISH$/CLEAR$/PREP7
ET,1,BEAM189$MP,EX,1,2.1E11$MP,PRXY,1,0.3                    ! 定义单元类型、材料性质
SECTYPE,1,BEAM,CSOLID$SECDATA,0.05                            ! 定义梁截面数据
K,1$K,2,0,4$K,3,3$K,4,3,4$K,5,3,7$K,6,6,4$K,7,6,7$K,8,9,7    ! 创建关键点
K,100,-10,110                                                 ! 创建定位点
L,1,2$L,3,4$L,4,5$L,2,4$L,6,7$L,5,7$L,7,8                     ! 创建线
```

```
DK,1,ALL$DK,3,ALL$DK,6,ALL$DK,8,UX,,,,UY                          ！施加约束(因固结未约束 Uz)
LATT,1,,1,,100,,1$LESIZE,ALL,,,9$LMESH,ALL                        ！对线赋属性、划分单元
LSEL,S,LOC,Y,4$ESLL$SFBEAM,ALL,1,PRES,2000                        ！施加单元荷载
LSEL,S,LOC,Y,7$ESLL$SFBEAM,ALL,1,PRES,3000                        ！施加单元荷载
LSEL,S,,,1,4,3$ESLL$ENDRELEASE,,,UX                               ！最左边位置,释放自由度 Ux
LSEL,S,,,2,4,2$ESLL$ENDRELEASE,,,ROTZ                             ！中间位置,释放自由度 ROTz
LSEL,S,,,5,7$ESLL$ENDRELEASE,,,ROTZ$ALLSEL                        ！最右边位置,释放自由度 ROTz
CPLIST$FINISH$/SOLU$SOLVE$FINISH                                  ！求解与后处理
/POST1$PLDISP,1$ETABLE,MI,SMISC,2$ETABLE,MJ,SMISC,15$PLLS,MI,MJ
```

4. BEAM44 单元自由度释放

BEAM44 单元的自由度释放采用 KEYOPT(7)设置,有多少不同的自由度释放就需要定义多少种单元,因此其自由度释放要比前两种方法繁琐。当采用定位点定义 BEAM44 单元截面方位时,由 IJK 构成的平面包含单元的 X 轴和 Z 轴,与缺省时的单元坐标系不同。

BEAM44 单元释放的自由度基于单元坐标系,这与自由度耦合和 BEAM18X 系列不同。

```
！EX6.6  BEAM44 自由度释放
FINISH$/CLEAR$/PREP7
ET,1,BEAM44$ET,2,BEAM44$ET,3,BEAM44                               ！定义单元类型 3 种
KEYOPT,2,7,100000                                                 ！释放第 2 种单元的 I 节点的 Ux
KEYOPT,3,8,10                                                     ！释放第 3 种单元的 J 节点的 ROTy
MP,EX,1,2.1E11$MP,PRXY,1,0.3                                      ！定义材料性质
SECTYPE,1,BEAM,CSOLID$SECDATA,0.05                                ！定义梁截面数据
K,1$K,2,0,4$K,3,3,0$K,4,3,4$K,5,3,7$K,6,6,4$K,7,6,7$K,8,9,7       ！创建关键点
K,100,-10,110$L,1,2$L,3,4$L,4,5$L,2,4$L,6,7$L,5,7$L,7,8           ！创建定位点和线
DK,1,ALL$DK,3,ALL$DK,6,ALL$DK,8,UX,,,,UY                          ！施加约束
LATT,1,,1,,100,,1$LESIZE,ALL,,,9$LMESH,ALL                        ！划分单元
LSEL,S,LOC,Y,4$ESLL$SFBEAM,ALL,1,PRES,2000                        ！施加单元荷载
LSEL,S,LOC,Y,7$ESLL$SFBEAM,ALL,1,PRES,3000$ALLSEL
EMODIF,28,TYPE,2                                                  ！将 28 单元修改为单元类型 2,即该单元的 I
                                                                    节点释放 Ux
EMODIF,36,TYPE,3                                                  ！将 36,54,45 单元修改为单元类型 3,即释放
                                                                    这些单元的 J 节点
EMODIF,54,TYPE,3                                                  ！的 ROTy。最右边位置上的 3 个杆件,释放两
                                                                    个即可
EMODIF,45,TYPE,3
FINISH$/SOLU$SOLVE$FINISH$/POST1
PLDISP,1$ETABLE,MI,SMISC,5$ETABLE,MJ,SMISC,11$PLLS,MI,MJ
```

6.3.3 曲梁及线荷载的施加

曲梁结构可采用直线梁单元近似模拟,如采用适当数量的单元也可获得较为满意的结果。采用 3 节点 BEAM189 单元更加准确的模拟曲梁,因 3 节点 BEAM189 可适应曲线边界。曲

梁结构施加非径向分布荷载较为困难，这里结合计算示例讨论如下：

1. 斜梁

在梁结构上施加分布荷载，不能施加到线上（几何模型）而只能施加到单元上（有限元模型），并且只可施加垂直单元轴线或平行单元轴线的分布荷载，而不能施加与单元轴线有夹角的分布荷载。因此，对于斜向分布荷载可用等效到节点上的集中荷载、分解后分别施加、用惯性荷载施加（模拟自重）、表面效应单元等方法。某些情况下等效到节点上也很困难，如承受水平均布荷载的曲梁；而惯性荷载是场荷载，虽然也可局部加载，但需要另外定义该局部单元的材料种类（质量密度）和换算密度；2D 表面效应单元较上述两种方法略方便些，但比较方便的方法还是分解后两次施加，虽然需要一定的计算，但由程序直接完成相对容易些。

如图 6-5a）所示斜梁及所受均布线荷载，可首先将分布荷载 Q_H 转化到沿斜梁轴线分布的荷载 Q_S（见图 6-5b）），然后再将 Q_S 分解为 Q_{SV}（见图 6-5c））和 Q_{SP}（见图 6-5d）），此时可用 SFBEAM 命令施加，具体过程如命令流中的详细说明：

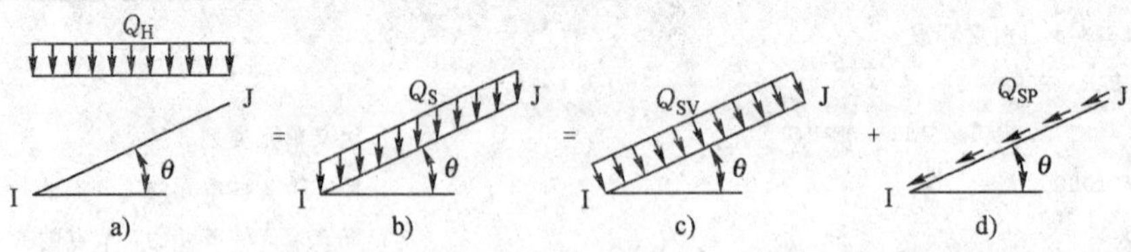

图 6-5　斜梁均布荷载等效与分解

图 6-5 中的符号根据静力学原理推导结果如下：

$$Q_S = Q_H\cos\theta \tag{6-1}$$

$$Q_{SV} = Q_S\cos\theta = Q_H\cos^2\theta \tag{6-2}$$

$$Q_{SP} = Q_S\sin\theta = Q_H\cos\theta\sin\theta \tag{6-3}$$

以上式中：Q_H——已知的均布荷载集度；

θ——杆件轴线与均布荷载基线的夹角；

I 和 J——节点号。

一人字结构，承受均布荷载如图 6-6 所示，其计算分析命令流如下：

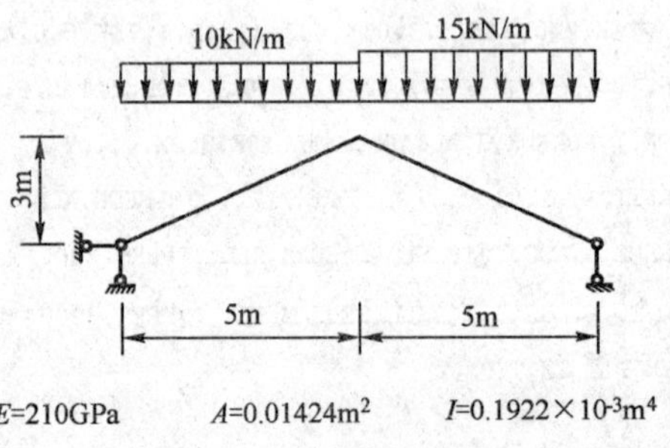

图 6-6　人字梁及均布荷载

```
! EX6.7  斜梁施加水平均布荷载
FINISH$/CLEAR$/PREP7
! 1.定义两个均布荷载参数、定义单元类型、材料性质、单元实常数、创建模型……………………………
QH1 = 10000 $QH2 = 15000 $ET,1,BEAM3 $MP,EX,1,2.1E11 $MP,PRXY,1,0.3
R,1,0.01424,0.1922E - 3,0.3 $K,1 $K,2,5,3 $K,3,10 $L,1,2 $L,2,3 $DK,1,UX,,,,UY $DK,3,UY
LESIZE,ALL,,,5 $LMESH,ALL
! 2.选择线 L1 及相关单元，等效并分解荷载，施加两方向荷载……………………………………………
LSEL,S,,,1 $ESLL
CSREF = (KX(2) - KX(1))/DISTKP(1,2)$SIREF = (KY(2) - KY(1))/DISTKP(1,2)
```

```
QS = QH1 * CSREF $QSV = QS * CSREF $QSP = QS * SIREF
SFBEAM,ALL,1,PRES,QSV $SFBEAM,ALL,2,PRES, - QSP
! 3.选择线 L2 及相关单元,等效并分解荷载,施加两方向荷载------------------------------
LSEL,S,,,2 $ESLL
CSREF = (KX(3) - KX(2))/DISTKP(2,3)$SIREF = (KY(3) - KY(2))/DISTKP(2,3)
QS = QH2 * CSREF $QSV = QS * CSREF $QSP = QS * SIREF
SFBEAM,ALL,1,PRES,QSV $SFBEAM,ALL,2,PRES, - QSP $ALLSEL
! 4.求解及后处理------------------------------
/SOLU $SOLVE $/POST1 $PRRSOL
ETABLE,MI,SMISC,6 $ETABLE,MJ,SMISC,12 $PLLS,MI,MJ, - 1
```

2. 曲梁

曲梁径向和切向分布荷载可在圆柱坐标系下直接施加，而非径向和切向分布荷载也可采用类似斜梁的方法，即将荷载等效到沿曲梁轴线分布，然后将荷载分解为径向和切向两部分施加。曲线较斜直线等效与分解要复杂，如图 6-7 所示的结构简图，其分解后为：

$$Q_{SV} = Q_H/(1+y'^2) \text{ 和 } Q_{SP} = Q_H y'/(1+y'^2) \tag{6-4}$$

其中，$y'=\mathrm{d}f(x)/\mathrm{d}x$。当单元划分的足够小时，可采用 $y'\approx\Delta y/\Delta x$，$\Delta x$ 和 Δy 为单元两节点的坐标差。实际上，当单元大小适当时，结果就具有足够的精度。斜梁为当 $\Delta y/\Delta x$=常数时曲梁的特例。

如图 6-8 所示的圆环，受沿水平均布荷载的作用。可采用 1/2 结构或 1/4 结构进行分析，这里采用 1/2 结构进行分析。采用 BEAM3 单元，当单元面积扩大 10^5 倍时，划分 60 个单元时与结构力学解相等，而划分 10 个单元时误差不足 2%；如采用 BEAM189 单元时，划分 10 个单元时就几乎与结构力学解相等了。下面给出用 BEAM3 单元对圆环进行分析的命令流。

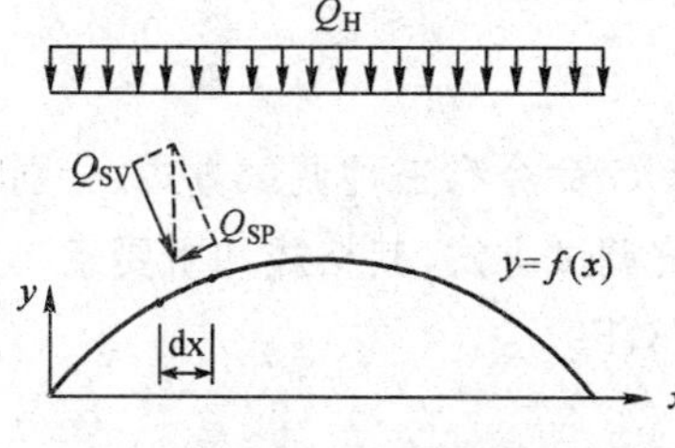

图 6-7 曲梁均布荷载等效与分解

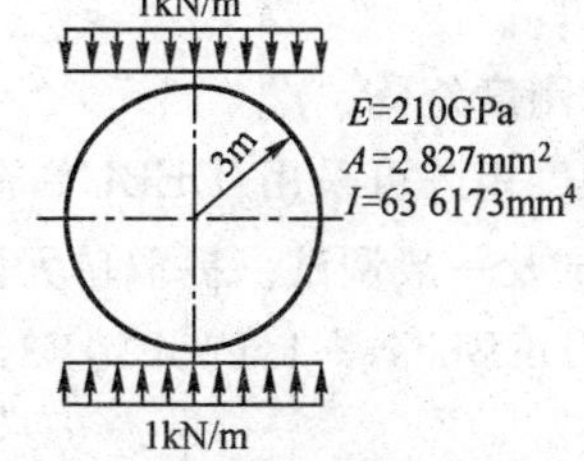

图 6-8 圆环受力分析

```
! EX6.8  圆环受力分析
FINISH $/CLEAR $/PREP7 $QH = 1000 $R0 = 3 $ET,1,BEAM3                ! 定义参数与单元类型
MP,EX,1,2E11 $MP,PRXY,1,0.3 $R,1,2827E - 1,636173E - 12,0.06         ! 定义材料与实常数
CSYS,1 $K,1,R0 $K,2,R0,90 $K,3,R0,180 $L,1,2 $L,2,3                 ! 创建几何模型
CSYS,0 $DK,1,UY,,,,ROTZ $DK,2,UX $DK,3,UY,,,,ROTZ                   ! 施加约束
LESIZE,ALL,,,15 $LMESH,ALL $ * GET,NE,ELEM,,COUNT                    ! 划分单元,并得单元总数
* DO,I,1,NE                                                          ! 按单元总个数循环,如不是所有单元,则可采
                                                                     用选择集
NI = NELEM(I,1)                                                      ! 得到单元 I 的起始节点号 NI(内部函数)
```

```
NJ = NELEM(I,2)                                    ! 得到单元 I 的末节点号 NJ(内部函数)
DY = NY(NJ) - NY(NI)                               ! 计算节点 Y 坐标差(用内部函数得到节点坐标)
DX = NX(NJ) - NX(NI)                               ! 计算节点 X 坐标差
DYX = DY/DX                                        ! 计算比值,相当于计算 dy/dx
DYX2 = 1 + DYX * DYX                               ! 计算过程参数
QSV = QH/DYX2                                      ! 计算 QSV
QSP = QH * DYX/DYX2                                ! 计算 QSP
SFBEAM,I,1,PRES, - QSV                             ! 施加该单元的荷载(与轴线垂直)
SFBEAM,I,2,PRES,QSP                                ! 施加该单元的荷载(与轴线平行)
 * ENDDO                                           ! 结束循环。
/SOLU$SOLVE$/POST1                                 ! 求解及后处理
ETABLE,MI,SMISC,6$ETABLE,MJ,SMISC,12$PLLS,MI,MJ, - 1
```

空间曲梁也是仅可施加沿轴线分布的垂直或平行荷载,其处理原理和方法同上。

SURF153 单元可用于 2D 梁单元特殊荷载的施加,其方法是创建梁单元有限元模型后,指定单元类型为 SURF153 单元(TYPE),然后选择施加特殊荷载的梁单元,用 ESURF 命令生成表面效应单元,在表面效应单元上可施加荷载。

6.3.4 刚度矩阵的提取

在结构健康诊断、损伤识别、车桥耦合等分析中,根据不同需要有时要提取刚度矩阵、质量矩阵、阻尼矩阵等。刚度矩阵包括单元刚度矩阵、原始结构刚度矩阵(未引入边界条件)、结构刚度矩阵(引入边界条件)等。任何单元类型的刚度矩阵、质量矩阵和阻尼矩阵均可提取,之所以在梁单元中解释其提取方法,是因为梁单元简单熟知,便于直接与手算结果进行对比。

1. 单元刚度矩阵

单元刚度矩阵可采用/DEBUG 命令输出。/DEBUG 命令有三种调试方式,分别为求解调试、单元调试及一般调试。提取单元刚度矩阵可用求解调试方式,其格式和主要意义如下:

命令:/DEBUG,−1,F1,F2,F3,F4,F5,F6,F7,F8,F9

其中:

F1 =1:输出基本求解结果控制。

F2 =1:输出使用 Newmark 常数的瞬态计算;

=2:输出使用速度与加速度的瞬态计算。

F3 =1:输出单元矩阵,包括单元矩阵与单元荷载矢量;

=2:输出单元矩阵,只包括单元荷载矢量;

=3:输出单元矩阵,包括单元矩阵对角元素和单元荷载矢量。

F4 =1:输出自动时间步长。

F5 =1:输出多物理场结果。

F6 =1:输出弧长调试结果。

F7 =1:输出基本 Newton−Raphson 调试结果。

=2:输出 Newton—Raphson 调试结果,包括不平衡力或增量位移或每个 DOF;

=3:输出 Newton—Raphson 调试结果,包括施加荷载与每个 DOF 上的 NR 恢复力。

F8 =1:输出位移矢量以及位移指针;

=2:输出位移矢量以及增量位移;

=3:输出位移矢量以及接触数据库调试结果。

F9 =1:输出临时程序员调试结果。

例如,可在求解命令前执行:/DEBUG,-1,,,1 则可输出单元刚度矩阵。所输出的单元刚度位于节点坐标系下(缺省时节点坐标系与总体直角坐标系一致),且为整个单元刚度矩阵。

也可编程直接从 FILE. EMAT 文件读入,注意该文件保存的单元刚度矩阵为"下三角"。

例如,可通过下列语句读取二进制的 FILE. EMAT 文件:

/AUX2$FORM,LONG$FILEAUX2,FILE,EMAT$DUMP,ALL$FINISH

2. HBMAT 命令法提取整体矩阵

整体矩阵(刚度、质量及阻尼矩阵)的提取主要有三种方法:HBMAT 命令法、用户程序法、超单元法。其中,用户程序法就是通过编制外部用户程序直接从 FILE. FULL 文件中读取,需要 ANSYS 二次开发知识。而 HBMAT 命令法和超单元法较为简单,用户可很快掌握。HBMAT 命令方法是 ANSYS 提供的提取整体矩阵的直接方法。

(1)HBMAT 命令。

命令:HBMAT,fname,ext,--,form,matrx,rhs

其中:

Fname——输出矩阵的路径和文件名,缺省为当前工作路径和当前工作文件名。

ext——输出矩阵文件的扩展名,缺省为. matrix。

form ——定义输出矩阵文件的格式,其值可取:

=ASCⅡ:ASCⅡ码格式;

=BIN:二进制格式。

matrix——定义输出矩阵的类型,其值可取:

=STIFF:输出刚度矩阵。可用于写入了. FULL 文件的任何类型的分析。

=MASS:输出质量矩阵。可用于特征值屈曲、子结构分析、模态分析。

=DAMP:输出阻尼矩阵。仅用于有阻尼的模态分析。

rhs——右边项输出控制(右边项指用矩阵所表示方程的等号右端矢量,这里可为节点荷载向量),如 rhs=YES 则输出,如 rhs=NO 则不输出。

模态分析时,因仅用 LANB 和 QR 法可生成完整的质量矩阵,因此也仅采用这两种方法时才可使用 HBMAT 命令得到质量矩阵文件。

(2)Harwell-Boeing 文件格式。

用 HBMAT 命令可输出结构刚度矩阵、质量矩阵和阻尼矩阵,其文件记录格式为大型稀疏矩阵的标准交换格式,采用索引存储方法仅记录矩阵的非零元素。文件基本格式是前面有 4 或 5 行描述数据,其后为单列矩阵元素值,说明如下:

第 1 行:格式(A72),为文件头的字符型解释,如刚度矩阵或质量矩阵等标题。

第 2 行:格式(5I14),分别表示该文件的总行数(不包括文件头)、矩阵列指针的总行数、矩阵行索引的总行数、矩阵元素数值的总行数、右边项总行数。

第 3 行：格式(A3,11X,4I14)，分别为矩阵类型、矩阵行数、矩阵列数、矩阵行索引数（对组装后的矩阵，该值等于矩阵行索引数）、单元元素数（对组装后的矩阵此值为 0）。

第 4 行：格式(2A16,2A20)，分别表示列指针格式、行索引格式、系数矩阵数值格式、右边项数值格式。

第 5 行：格式(A3,11X,2I14)，A3 各列分别表示右边项格式、应用高斯起始矢量、应用 eXact 求解矢量；两个整数分别表示右边项列数、行索引数。三个字符中的第 1 个字符可取：F---全部存贮（如节点荷载向量的全部元素）、M---与系数矩阵相同方法。

第 6 行后：矩阵元素值（单列）。

矩阵类型用三个字符表示，第 1 个字符可取：R-实数矩阵、C-复数矩阵、P-仅矩阵结构（无元素数值）；第 2 个字符可取：S-对称矩阵、U-不对称矩阵、H-Hermitian 矩阵、Z-病态对称矩阵；R-带状矩阵；第 3 个字符可取：A-组装的矩阵、E-单元矩阵（未组装）。对称矩阵只存储下三角元素，如结构刚度矩阵为对称矩阵，Harwell-Boeing 格式则仅记录下三角元素。

根据 Harwell-Boeing 文件格式，可读取矩阵的任意行列元素的数值，也可编程还原为满矩阵存储，以便使用。很显然，这种提取方式比较方便。如当生成. FULL 文件后，可采用命令 /AUX2＄FILE，mywork，full＄HBMAT，mystiff，txt，ASCⅡ，STIFF，YES＄FINISH 将二进制 mywork. full 文件输出为 ASCII 码文件 mystiff. txt，并输出右边项。

(3)原始结构矩阵与结构矩阵。

原始结构矩阵（刚度、质量、阻尼等）与结构矩阵（引入边界条件后）的可分别提取，不施加任何约束条件可得原始结构矩阵，施加约束条件则得结构矩阵。但是不施加约束条件，在 ANSYS 求解时候会出现错误，这时可采用 WRFUL 命令设置求解中断，即在生成 FULL 文件后停止求解。

命令：WRFULL，Ldstep

其中：Ldstep ——控制参数，其值可取：

=OFF 或 0（缺省）：关闭该功能，即不使用求解中断。

=N：打开该功能，并且在第 N 荷载步组集整体矩阵和输出 FULL 文件后中断求解。

该命令仅能用于线性静态、完全法谐分析、完全法瞬态分析，并且求解器为稀疏矩阵直接求解；也可用于特征值屈曲分析、模态分析，但不能用于非线性分析或包含 P 单元的分析。

3. 超单元法提取整体矩阵

利用超单元矩阵可列出特性提取整体矩阵。其基本步骤是：

(1)创建几何模型并生成有限元模型，对结构施加约束（提取结构矩阵）或不施加约束（提取原始结构矩阵）；

(2)定义分析类型为子结构（ANTYPE 命令）；

(3)定义输出何种矩阵（SEOPT 命令，第 4 章已介绍）；

(4)选择并定义所有节点为主自由度（M 命令）；

(5)求解（SOLVE 命令）；

(6)列出矩阵（SELIST 命令）。

4. 综合举例

如图 6-9 所示结构简图，图中编排了节点号和单元号以便对比。采用 BEAM3 单元，仅以提取单元刚度矩阵、原始结构刚度矩阵、结构刚度矩阵、原始节点荷载向量、结构节点荷载向量等为例，其他矩阵方法相同。为方便矩阵表达，这里采用了较小的弹性模量。

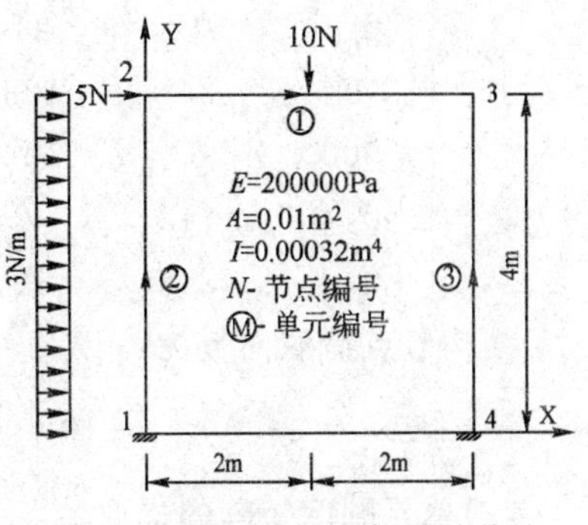

图 6-9　平面刚架几何及单元节点编号

(1)结构矩阵分析的各刚度矩阵。

根据结构矩阵分析原理，可得到各单元刚度矩阵、原始结构刚度矩阵和结构刚度矩阵如下：

整体坐标系下单元①的单元刚度矩阵：

$$K^{①}=\begin{bmatrix} 500 & 0 & 0 & -500 & 0 & 0 \\ 0 & 12 & 24 & 0 & -12 & 24 \\ 0 & 24 & 64 & 0 & -24 & 32 \\ -500 & 0 & 0 & 500 & 0 & 0 \\ 0 & -12 & -24 & 0 & 12 & -24 \\ 0 & 24 & 32 & 0 & -24 & 64 \end{bmatrix} \tag{6-5}$$

整体坐标系下单元②和③的单元刚度矩阵：

$$K^{②}=K^{③}=\begin{bmatrix} 12 & 0 & -24 & -12 & 0 & -24 \\ 0 & 500 & 0 & 0 & -500 & 0 \\ -24 & 0 & 64 & 24 & 0 & 32 \\ -12 & 0 & 24 & 12 & 0 & 24 \\ 0 & -500 & 0 & 0 & 500 & 0 \\ -24 & 0 & 32 & 24 & 0 & 64 \end{bmatrix} \tag{6-6}$$

原始结构刚度矩阵设为 K_0：

$$K_0=\begin{bmatrix} 12 & 0 & -24 & -12 & 0 & -24 & 0 & 0 & 0 & 0 & 0 & 0 \\ 0 & 500 & 0 & 0 & -500 & 0 & 0 & 0 & 0 & 0 & 0 & 0 \\ -24 & 0 & 64 & 24 & 0 & 32 & 0 & 0 & 0 & 0 & 0 & 0 \\ -12 & 0 & 24 & 512 & 0 & 24 & -500 & 0 & 0 & 0 & 0 & 0 \\ 0 & -500 & 0 & 0 & 512 & 24 & 0 & -12 & 24 & 0 & 0 & 0 \\ -24 & 0 & 32 & 24 & 24 & 128 & 0 & -24 & 32 & 0 & 0 & 0 \\ 0 & 0 & 0 & -500 & 0 & 0 & 512 & 0 & 24 & -12 & 0 & 24 \\ 0 & 0 & 0 & 0 & -12 & -24 & 0 & 512 & -24 & 0 & -500 & 0 \\ 0 & 0 & 0 & 0 & 24 & 32 & 24 & -24 & 128 & -24 & 0 & 32 \\ 0 & 0 & 0 & 0 & 0 & 0 & -12 & 0 & -24 & 12 & 0 & -24 \\ 0 & 0 & 0 & 0 & 0 & 0 & 0 & -500 & 0 & 0 & 500 & 0 \\ 0 & 0 & 0 & 0 & 0 & 0 & 24 & 0 & 32 & -24 & 0 & 64 \end{bmatrix} \tag{6-7}$$

结构刚度矩阵设为 K：

$$K=\begin{bmatrix} 512 & 0 & 24 & -500 & 0 & 0 \\ 0 & 512 & 24 & 0 & -12 & 24 \\ 24 & 24 & 128 & 0 & -24 & 32 \\ -500 & 0 & 0 & 512 & 0 & 24 \\ 0 & -12 & -24 & 0 & 512 & -24 \\ 0 & 24 & 32 & 24 & -24 & 128 \end{bmatrix} \tag{6-8}$$

结构节点荷载向量为：

$$P=[11 \quad -50 \quad -10 \quad 0 \quad -50 \quad 50]^{-1} \tag{6-9}$$

(2)单元刚度矩阵的提取。

```
! EX6.9A  提取单元刚度矩阵
FINISH$/CLEAR$/PREP7
ET,1,BEAM3$MP,EX,1,2E5$R,1,1E-2,32E-5,0.5                    ! 定义单元类型、材料、实常数
N,1$N,2,0,4$N,3,4,4$N,4,4,0$EN,1,2,3$EN,2,1,2$EN,3,4,3       ! 按图 6-9 所示创建有限元模型
F,2,FX,5$SFBEAM,1,1,PRES,10,,,,2,-1$SFBEAM,2,1,PRES,3        ! 施加节点荷载和单元荷载
D,1,ALL$D,4,ALL                                              ! 施加节点约束
/SOLU$/OUTPUT,ELEMSTIFF,TXT                                  ! 进入求解层,定义输出单元刚度矩阵文件名和扩展名
/DEBUG,-1,,,1                                                ! 设置输出单元刚度矩阵和单元荷载向量
SOLVE$/OUTPUT$FINISH                                         ! 求解,设置输出到终端
```

用任一文本编辑器打开 ELEMSTIFF. TXT 文件可得到单元刚度矩阵(从略),其值与上述刚度矩阵式(6-6)和式(6-7)完全相等。

(3)用 HBMAT 提取原始刚度矩阵和右边项。

```
! EX6.9B  提取原始结构刚度矩阵-HBMAT 命令
FINISH$/CLEAR$/FILNAME,HBFILE$/PREP7                         ! 定义工作文件名 HBFILE.TXT
ET,1,BEAM3$MP,EX,1,2E5$R,1,1E-2,32E-5,0.5                    ! 定义单元类型、材料、实常数
N,1$N,2,0,4$N,3,4,4$N,4,4,0$EN,1,2,3$EN,2,1,2$EN,3,4,3       ! 按图 6-9 所示创建有限元模型
F,2,FX,5$SFBEAM,1,1,PRES,10,,,,2,-1$SFBEAM,2,1,PRES,3        ! 施加节点荷载和单元荷载
/SOLU$WRFULL,1                                               ! 进入求解层,设置求解中断(因无约束条件)
SOLVE$FINISH                                                 ! 求解(生成 FULL 文件后不再继续求解)
/AUX2$FILE,HBFILE,FULL                                       ! 进入/AUX2 处理器,指定转换的文件
HBMAT,HBFILE,TXT,,ASCII,STIFF,YES                            ! 将 HBFILE.FULL 转换为 HBFILE.TXT 文件
FINISH
```

用文本编辑器打开 HBFILE. TXT 可看到用 Harwell-Boeing 格式记录的文件,前 5 行为：

```
Stiffness matrix from ANSYS FULL file dumped into Harwell-Boeing format
            91            13            33            33            12
RSA                       12            12            33             0
(I14)         (I14)         (D25.15)              (D25.15)
F                          1            12
```

第1行为解释性文件头。

第2行的数字分别表示：该文件共有91行数据，13行列指针数据，33行矩阵行索引数据，33个矩阵元素，右边项为12行数据。

第3行：RSA表示实数矩阵、对称、组集矩阵；该矩阵为12行12列，有33个非零元素。

第4行：指针和索引数据的输出格式均为I14，矩阵Y和右边项元素输出格式为D25.15。

第5行：右边项为全部存储，共1列12行。

其后为13行列指针数据、33行矩阵行索引数据，33个矩阵元素和12个右边项数据。

其结果与式(6-7)的原始结构刚度矩阵相等。

(4)用HBMAT提取刚度矩阵和右边项。

与(3)相同，但施加约束条件即可。所生成的HBFILE.TXT的前5行为：

```
Stiffness matrix from ANSYS FULL file dumped into Harwell-Boeing format
            43                7                5               15               6
RSA                           6                6               15               0
(I14)              (I14)          (d25.15)            (d25.15)
F                             1                6
```

其意义同③，但数值有变化。结构刚度矩阵为6行6列，有15个非零元素，其下三角元素数值与式(6-8)结构刚度矩阵 K 相等。

(5)用超单元提取原始结构刚度矩阵。

```
! EX6.9D  提取原始结构刚度矩阵-超单元
FINISH$/CLEAR$/PREP7
ET,1,BEAM3$MP,EX,1,2E5$R,1,1E-2,32E-5,0.5            ! 定义单元类型、材料、实常数
N,1$N,2,0,4$N,3,4,4$N,4,4,0$EN,1,2,3$EN,2,1,2$EN,3,4,
3                                                     ! 按图6-9所示创建有限元模型
F,2,FX,5$SFBEAM,1,1,PRES,10,,,,2,-1$SFBEAM,2,1,PRES,3  ! 施加节点荷载和单元荷载
/SOLU$ANTYPE,7                                        ! 进入求解层，设置子结构分析类型
SEOPT,SUBMAT,1                                        ! 输出刚度矩阵，文件名为SUBMAT.SUB(扩展名缺省为SUB)
M,ALL,ALL                                             ! 定义全部节点为主自由度
SOLVE                                                 ! 求解生成SUBMAT.SUB文件(二进制文件)
SELIST,SUBMAT,3                                       ! 列表全部输出SUBMAT.SUB文件
```

所列出的结构刚度矩阵为全部元素(满矩阵)，按行列出各列元素数值，当结构节点较多时，其数据量非常庞大；同时列出节点荷载向量。

(6)用超单元提取结构刚度矩阵。

与(5)相同，但要施加约束条件。所列出结构刚度矩阵的部分数据为：

```
ROW              1 MATRIX           1
  512.000 00        0.000 000 0        24.000 000        -500.000 00        0.000 000 0
  0.000 000 0
......
LOAD VECTOR          1
```

```
11.000 000         -5.000 000 0        -1.000 000 0        0.000 000 0         -5.000 000 0
5.000 000 0
```

5. 矩阵文件处理

单元刚度矩阵和超单元法提取的整体矩阵可输出或导入文本文件，根据其数据格式可采用任何高级语言编程读入处理。但是其不便之处是有时需要手工操作，或针对单一情况可编程自动处理，而如果采用 HBMAT 命令结合 APDL 命令直接实现整体矩阵的处理。

根据结构刚度矩阵的特殊性，文件中的某些记录可不予读取，只需读取控制数据和矩阵元素即可。以上述 HBMAT 提取的结构刚度矩阵为例，用 APDL 读取该文件并以满矩阵存储方式存入数组中，下面是其命令流。但是，因受 ANSYS 数组大小的限制，较大数组无法定义，因此采用其他高级语言（如 FORTRAN、C、VB 等）将更加方便处理。

```
! EX6.10  提取结构刚度矩阵及处理
FINISH$/CLEAR$/FILNAME,HBFILE$/PREP7                              ! 定义工作文件名 HBFILE.TXT
ET,1,BEAM3$MP,EX,1,2E5$R,1,1E-2,32E-5,0.5                        ! 定义单元类型、材料、实常数
N,1$N,2,0,4$N,3,4,4$N,4,4,0$EN,1,2,3$EN,2,1,2$EN,3,4,3           ! 按图 6-9 所示创建有限元模型
F,2,FX,5$SFBEAM,1,1,PRES,10,,,,2,-1$SFBEAM,2,1,PRES,3           ! 施加节点荷载和单元荷载
D,1,ALL$D,4,ALL                                                   ! 施加约束
/SOLU$SOLVE$FINISH$/AUX2                                          ! 进入求解层求解后再进入 AUX2 处理器
FILE,HBFILE,FULL                                                  ! 指定文件 HBFILE.FULL
HBMAT,HBFILE,TXT,,ASCII,STIFF,YES                                 ! 转换刚度矩阵和右边项为 HBFILE.TXT 文件
FINISH
! 以下从 HBFILE.TXT 读入数据，并还原为满矩阵存储
*DIM,CONTLINE,,5                                                  ! 定义一维数组
*VREAD,CONTLINE(1),HBFILE,TXT,,,5,,,1                             ! 跳过第 1 行后读入 5 个数据
(5F14.0)
PTRCRD=CONTLINE(2)                                                ! 保存列指针总行数
INDCRD=CONTLINE(3)                                                ! 保存行索引总行数
VALCRD=CONTLINE(4)                                                ! 保存矩阵元素总行数
RHSCRD=CONTLINE(5)                                                ! 保存右边项总行数
*VREAD,CONTLINE(1),HBFILE,TXT,,,4,,,2                             ! 跳过第 2 行后读入 4 个数据
(A3,11X,4F14.0)
NROW=CONTLINE(2)$NCOL=CONTLINE(3)                                 ! 保存刚度矩阵的行列数
STRLINE=$CONTLINE=                                                ! 删除数组
*IF,RHSCRD,EQ,0,THEN                                              ! 如果无右边项取 LS0=4 行，否则取 LS0=5
LS0=4$*ELSE$LS0=5$*ENDIF
*DIM,POINTR,,PTRCRD                                               ! 定义列指针数组
*DIM,ROWIND,,INDCRD                                               ! 定义行索引数组
*DIM,VALUES,,VALCRD                                               ! 定义矩阵元素值数组
*DIM,RHSVAL,,RHSCRD                                               ! 定义右边项元素值数组
*VREAD,POINTR(1),HBFILE,TXT,,,PTRCRD,,,LS0
(F14.0)                                                           ! 读入列指针数据
*VREAD,ROWIND(1),HBFILE,TXT,,,INDCRD,,,LS0+PTRCRD
```

```
(F14.0)                                                                 ! 读入行索引数据
 * VREAD,VALUES(1),HBFILE,TXT,,,VALCRD,,,LS0 + PTRCRD + INDCRD
(D25.15)                                                                ! 读入矩阵元素数据
 * VREAD,RHSVAL(1),HBFILE,TXT,,,RHSCRD,,,LS0 + PTRCRD + INDCRD + VALCRD
(D25.15)                                                                ! 读入右边项元素数据
 * DIM,SMATR,,NROW,NCOL                                                 ! 定义矩阵行列数,满矩阵存储的矩阵
 * DO,ICOL,1,NCOL                                                       ! 以列数循环
STACOL = POINTR(ICOL)                                                   ! 得到当前列指针(元素的列号)
ENDCOL = POINTR(ICOL + 1)                                               ! 得到下一列指针
 * DO,IROW,STACOL,ENDCOL - 1                                            ! 以当前列中的非零元素个数循环
TRUEROW = ROWIND(IROW)                                                  ! 得到当前元素的行号
SMATR(TRUEROW,ICOL) = VALUES(IROW)                                      ! 按行列号将元素值保存到矩阵中
 * ENDDO$ * ENDDO                                                       ! 结束两个循环
 * DO,IROW,1,NROW                                                       ! 形成上三角元素,进而得到满矩阵
 * DO,ICOL,1,NCOL
SMATR(IROW,ICOL) = SMATR(ICOL,IROW)
 * ENDDO$ * ENDDO
! 以下为删除临时变量和数组变量
POINTR = $ROWIND = $VALUES = $RHSVAL = $ICOL = $IROW = $LS0 = $STACOL =
ENDCOL = $TRUEROW = $TOTCRD = $PTRCRD = $INDCRD = $VALCRD = $RHSCRD =
```

6.3.5 变截面梁

实际工程结构中有大量变截面梁。变截面梁的模拟一般有如下几种方法:近似刚度法、BEAM44 单元法、BEAM188/189 单元法。近似刚度法是采用较密单元网格,用该单元两端位置上的截面特性平均值近似表示单元实常数,该方法在适当单元网格密度下结果也较令人满意,但输入工作量较大。BEAM44 单元法是利用 BEAM44 单元的变截面特性,分别输入单元两端的截面特性,其输入工作量要小很多,但不能使用梁截面输入,只能采用实常数输入。BEAM188/189 单元法可采用梁截面输入,其输入工作量小且直观,是变截面梁常用的模拟方法,但该方法要求两端的梁截面拓扑关系相同。

第 3 章中已介绍了变截面梁及其应用,这里不再赘述。

6.3.6 剪切变形影响

在有限元分析中,一般认为当杆件较为纤细时,也即当一个方向的尺度较另外两个方向的尺度远大时可采用梁单元(如无弯矩则为杆单元)离散。

经典的梁弯曲理论采用平截面假定,即假设变形前垂直于梁中心线的截面,变形后仍保持为平面,且仍垂直于中心线。以平面梁单元为例,按经典梁弯曲理论可推得梁单元的刚度矩阵如下式中 $\phi=0$ 时的刚度矩阵。

$$
K^e=\begin{bmatrix}
\frac{EA}{l} & 0 & 0 & -\frac{EA}{l} & 0 & 0 \\
 & \frac{12EI}{l^3(1+\phi)} & \frac{6EI}{l^2(1+\phi)} & 0 & -\frac{12EI}{l^3(1+\phi)} & \frac{6EI}{l^2(1+\phi)} \\
 & & \frac{(4+\phi)EI}{l(1+\phi)} & 0 & -\frac{6EI}{l^2(1+\phi)} & \frac{(2-\phi)EI}{l(1+\phi)} \\
 & & & \frac{EA}{l} & 0 & 0 \\
 & \text{对} & & & \frac{12EI}{l^3(1+\phi)} & -\frac{6EI}{l^2(1+\phi)} \\
 & & \text{称} & & & \frac{(4+\phi)EI}{l(1+\phi)}
\end{bmatrix} \tag{6-10}
$$

式中，$\phi=\frac{12EIk}{GAl^2}$，其中 G 为剪切模量，A 为单元的截面积，k 为剪切形状系数，其表达式为：$k=\frac{A}{I^2}\int_A \frac{S^2}{b^2}\mathrm{d}A$，对于矩形为 6/5，圆形为 10/9，薄壁管为 2，薄壁箱形为 12/5 等。

对于高跨比不太小的情况，剪切变形将引起梁的附加挠度，并使原来垂直于中面的截面变形后不再与中面垂直，且发生翘曲，因此这种情况下必须考虑剪切变形的影响。但在考虑剪切变形影响的梁单元中，仍假定原来垂直于中面的截面变形后仍保持为平面。在推导时计入剪切应变能的影响，且为考虑横截面上剪应力不均匀分布，引入截面的剪切形状系数。据此可得到如式(6-10)的平面梁单元的刚度矩阵。因为这种梁单元的转角是由挠度函数求导得到的，而不是各自独立插值，所以这种单元属于 C_1 型单元。

为构造 C_0 型梁单元，采用梁的挠度和截面转动独立插值来考虑剪切变形的影响，这就是 Timoshenko 梁单元，其单元刚度矩阵如下式所示：

$$
K^e=\begin{bmatrix}
\frac{EA}{l} & 0 & 0 & -\frac{EA}{l} & 0 & 0 \\
 & 0 & 0 & 0 & 0 & 0 \\
 & & \frac{EI}{l} & 0 & 0 & -\frac{EI}{l} \\
 & & & \frac{EA}{l} & 0 & 0 \\
 & \text{对} & & & 0 & 0 \\
 & & \text{称} & & & \frac{EI}{l}
\end{bmatrix}+\frac{GA}{kl}\begin{bmatrix}
0 & 0 & 0 & 0 & 0 & 0 \\
 & 1 & \frac{l}{2} & 0 & -1 & \frac{l}{2} \\
 & & \frac{l^2}{3} & 0 & -\frac{l}{2} & \frac{l^2}{6} \\
 & & & 0 & 0 & 0 \\
 & \text{对} & & & 1 & -\frac{l}{2} \\
 & & \text{称} & & & \frac{l^2}{3}
\end{bmatrix} \tag{6-11}
$$

但是这种单元在 $l/h\to\infty$ 时，由于约束条件不能精确满足，导致夸大了剪切应变能的量级，从而产生零解，即所谓的“剪切锁死”(Shear Locking)。为避免剪切锁死现象，可采用减缩积分(Reduced Integration)、假设剪切应变(Asuumed Shear Strains)和替代插值函数(Substitutive Interpolation Function)等方法。

对于 ANSYS 而言,其弹性梁单元 BEAM3、BEAM23、BEAM54 等(2D 梁单元)和 BEAM4、BEAM24、BEAM44(3D 梁单元)均可不考虑或考虑剪切变形的影响,当考虑剪切变形的影响时,采用式(6-10)的刚度矩阵。而 BEAM188 和 BEAM189 则是采用的 Timoshenko 梁单元来考虑剪切变形的影响,当然也可不考虑该影响;BEAM188 为两节点 Timoshenko 梁元,由于其位移模式中没有精确地包含三次函数,所以必须通过增加单元个数以提高计算精度;而 BEAM189 则为 3 节点高次 Timoshenko 梁单元,可避免在采用精确积分时发生剪切锁死现象,并且提高了计算精度。

一般情况下,对于工程结构当具有实体截面时建议如下:

①当结构构件的 $15>l/h\geqslant 4$ 时,可采用考虑剪切变形的梁单元。

②当结构构件的 $l/h\geqslant 15$ 时,可采用不考虑剪切变形的梁单元。

③BEAM18X 系列可不必考虑 l/h 的上限,但在使用时必须达到一定程度的网格密度。

6.3.7 节点连接刚度及处理

对于实际工程结构,如以梁单元模拟计算通常假定节点为刚性连接,如以桁架单元模拟计算则假定节点没有转动刚度。在实际结构中,铰接、销接及万向连接等特殊连接都可以认为是铰接或某个自由度铰接,与实际结构受力情况相符。其他如铆接、栓接及焊接等常假定为刚性连接,如果杆件的长细比较大时,这些刚性连接也可假定为铰接。例如,铁路或公路钢桁架桥均可按“桁架结构”计算,即其杆件连接按铰接处理,在一定条件下才考虑次内力的影响。

除特殊连接外,节点按“铰接”处理可以大大简化计算工作,尤其是在计算手段不够先进的年代,尽管计算技术有了很大的进步,按“刚接”处理也是为了简化计算。但是节点连接实际上既不是“铰接”也不是“刚接”,而是弹性连接,也即节点连接有着一定的刚度。而节点连接刚度对结构的力学行为存在一定的影响,其影响程度会因结构不同而不同,通常这种影响可不必考虑,但对于某些特殊结构如网架结构,其影响就相对较大,应予以考虑。

节点连接刚度可根据试验数据确定,也可根据板壳单元或实体单元的节点受力分析得到,进而应用到梁结构中,以减少计算花费。当然也可采用全壳或实体单元模拟整个结构,即所谓“全结构仿真分析”,从而获得更加精确的结果,但计算花费较大。

节点连接刚度可采用 MATRIX27 单元模拟,该单元的两个节点可重合或不重合,每个节点有 6 个自由度,其单元刚度为 12×12 的矩阵,矩阵元素通过实常数读入。对称的单元刚度矩阵输入上三角元素 C1～C78,不对称时还要输入下三角元素 C79～C144。

如图 6-10 所示的平面梁结构,假定两杆在 A 点连接刚度分别为:

①平动刚度和转动刚度都为 0,则为两个独立的悬臂梁,其弯矩图如图 6-10a)所示;

②平动刚度为无穷大,而转动刚度为 0,则 A 点相当于铰接,其弯矩图如图 6-10b)所示;

③平动刚度和转动刚度均取一定数值,则 A 点为弹性连接,其弯矩图如图 6-10c)所示;

④平动刚度和转动刚度都为无穷大,则 A 点相当于刚性连接,其弯矩图如图 6-10d)所示;

示例的命令流如下,改变各个参数可分别用于计算上述四种情况。

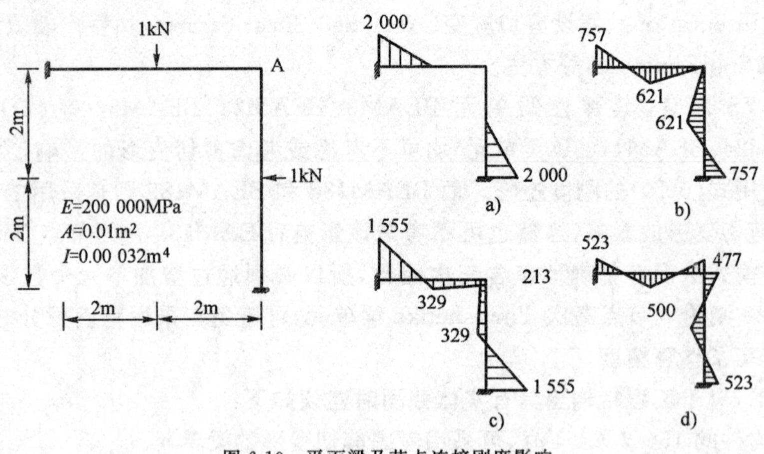

图 6-10 平面梁及节点连接刚度影响

```
! EX6.11  不同节点连接刚度分析
FINISH$/CLEAR$/PREP7
DOF,UX,UY,ROTZ                                    ! 定义自由度,取 MATRIX27 为 6 个自由度的 3 个
ET,1,BEAM3$ET,2,MATRIX27,,,4                      ! 定义平面梁单元和矩阵单元(定义刚度矩阵)
MP,EX,1,2E11$MP,PRXY,1,0.3                        ! 定义材料性质,用于平面梁单元
R,1,1E-2,32E-5,0.5                                ! 定义实常数 1,用于平面梁单元
KX1=0$KY1=0$KRZ1=0                                ! 定义 Ux、Uy 和 ROTz 对应的刚度参数
! 对应于①②③④情况,各参数取值分别为 KX1=0、1E20、1E6、1E20;
! KY1=0、1E20、1E6、1E20;KRZ1=0、0、1E7、1E20
! 定义实常数 2 及其实常数(刚度矩阵的元素)如下
R,2$RMODIF,2,1,KX1$RMODIF,2,7,-KX1$RMODIF,2,58,KX1
RMODIF,2,13,KY1$RMODIF,2,19,-KY1$RMODIF,2,64,KY1
RMODIF,2,51,KRZ1$RMODIF,2,57,-KRZ1$RMODIF,2,78,KRZ1
K,1,,4$K,2,2,4$K,3,4,4$K,4,4,4                    ! 创建几何模型,注意 A 点创建了两个关键点
K,5,4,2$K,6,4,0$L,1,2$L,2,3$L,4,5$L,5,6
DK,1,ALL$DK,6,ALL                                 ! 关键点 1 和关键点 6 施加所有自由度约束
FK,2,FY,-1000$FK,5,FX,-1000                       ! 在关键点上施加集中力
LATT,1,1,1$LESIZE,ALL,,,1$LMESH,ALL               ! 划分单元
TYPE,2$REAL,2$E,3,4                               ! 通过节点定义单元(矩阵单元)
/SOLU$SOLVE$/POST1                                ! 求解进入后处理
ETABLE,MI,SMISC,6$ETABLE,MJ,SMISC,12$PLLS,MI,MJ,-1
```

6.4 板壳结构

6.4.1 板壳弯曲理论简介

板壳结构广泛应用于各个工程领域,而且板壳理论文献浩如烟海。至今,既有较高精度又有便于计算的各种新型理论和板壳单元不断推出。

1. 板壳分类

(1)板类结构一般按其平板面内特征尺寸与厚度之比加以划分：

当 $L/h<(5\sim8)$时为厚板，其力学行为与3D实体相同，应采用实体单元。

当$(5\sim8)<L/h<(80\sim100)$时为薄板，可选择2D实体单元或壳单元。

当 $L/h>(80\sim100)$时为薄膜，可采用薄膜单元。

(2)壳类结构一般按曲率半径与壳厚度之比加以划分：

当 $R/h\geqslant20$ 为薄壳结构，可选择薄壳单元。

当 $6<R/h<20$ 为中厚壳结构，选择中厚壳单元。

当 $R/h\leqslant6$ 时为厚壳结构。

上述各式中，h 为板壳厚度，L 为平板面内特征尺度，R 为壳体中面的曲率半径。

2. 薄板理论的基本假定

薄板所受外力有如下三种情况：

(1)外力为作用于中面内的面内荷载。此种情况是典型的弹性力学平面应力问题。

(2)外力为垂直于中面的侧向荷载。此种情况是薄板弯曲问题。

(3)面内荷载与侧向荷载共同作用。

所谓薄板理论即板的厚度元小于中面的最小尺寸，而挠度又远小于板厚的情况，也称为古典薄板理论。除采用弹性力学中材料是均匀、连续、各向同性和线弹性的假设外，通常称为Kirchhoff-Love(克希霍夫·勒夫或Kirchhoff)的基本假定如下：

(1)平行于板中面的各层互不挤压，即 $\sigma_z=0$，其相对误差为$(h/L)^2$ 量级。该假定在荷载高度集中的区域并不适用。

(2)直法线假定：变形前垂直于中面的直线，变形后仍为直线并垂直于变形后的中面，且长度不变。该假定忽略了剪应力 τ_{xz}和 τ_{yz}所引起的剪切变形，且认为板弯曲时沿板厚方向各点的挠度相等。该假定的相对误差也为$(h/L)^2$ 量级。

(3)中面内各点都无平行于中面的位移。当挠度远小于厚度时，可忽略中面的变形，但当挠度与厚度量级相当时，必须采用大挠度理论。

薄板小挠度理论在板的边界附近、开孔板、复合材料板等情况中，其结果不够精确。

3. 中厚板理论的基本假定

考虑横向剪切变形的板理论，一般称为中厚板理论或 Reissner(瑞斯纳)理论。该理论不再采用直法线假定，而是采用直线假定，即变形前垂直于中面的直线变形后仍为直线，但不再垂直于中面；同时板内各点的挠度不等于中面挠度。

自 Reissner 提出考虑横向剪切变形的平板弯曲理论后，又出现了许多精化理论。但大致分为两类，如 Mindlin(明特林)等人的理论和符拉索夫等人的理论。

后板理论是平板弯曲的精确理论，即从3D弹性力学出发研究弹性曲面的精确表达式。

4. 薄壳理论的基本假定

薄壳理论的基本假定也称为 Kirchhoff-Love(克希霍夫·勒夫)假定，内容如下：

(1)薄壳变形前与中曲面垂直的直线，变形后仍然位于已变形中曲面的垂直线上，且其长度保持不变。

(2)平行于中曲面的面素上的正应力与其他应力相比，可忽略不计。

研究表明，如果壳很薄是符合实际情况的，其相对误差为(h/R)级或$(h/L)^2$级。

但上述假定同时假定了不相容的两种变形状态，即平面应变和平面应力状态。因此，许多学者如 Flugge、Sanders、Reissner、Byrne、诺伏日洛夫、钱伟长等人基于 Kirchhoff-Love 假定又提出了许多修正的理论，但是只要是以 Kirchhoff-Love 假定为基础的薄壳理论，其精度都不会超过 Kirchhoff-Love 理论的精度范围。

为构造协调的薄板壳单元，可采用多种方法，如增加自由度法、再分割法(也称复合法)、离散克希霍夫(Discrete Kirchhoff Theory)法等，但都适用于薄板壳结构，也不考虑横向剪切变形的影响。

5. 考虑横向剪切变形的壳理论

可考虑横向剪切变形影响的理论，一般称为 Mindlin-Reissner 理论，是将 Reissner 关于中厚板理论的假定推广到壳中。

6.4.2 板壳有限元与 SHELL 单元

薄板壳单元基于 Kirchhoff-Love 理论，即不计横向剪切变形的影响；中厚板壳单元则基于 Mindlin-Reissner 理论，考虑横向剪切变形的影响(一阶剪切变形理论)。

在 ANSYS 中，SHELL 单元采用平面应力单元和板壳弯曲单元的叠加。除 SHELL63、SHELL51、SHELL61 不计横向剪切变形外(用于薄板壳分析)，其余均计入横向剪切变形的影响(用于中厚板壳分析)。除轴对称壳单元和 SHELL28 单元外，四边形单元均可退化为三角形单元，4 节点四边形可退化为 3 节点三角形，8 节点四边形可退化为 6 节点三角形。ANSYS 结构分析的主要单元特点如表 6-3 所示。

常用板壳单元特点 表 6-3

单元名称	简称 /3D	节点	RDOF	SD	ESF	备注
SHELL41	膜壳	4	×	√	√/×	□非协调 QM6/协调等参 Q4
						△CST
SHELL43	塑性大应变壳	4	√	√	√/×	□QM6/Q4＋Mindlin-Reissner
						△CST＋ Mindlin-Reissner
SHELL63	弹性壳	4	√	×	√/×	□QM6/Q4＋再分割法板壳
						△CST＋DKT(离散克希霍夫)
SHELL91	非线性层壳	8	√	√	—	□Q8＋ Mindlin-Reissner △LST＋ Mindlin-Reissner
SHELL93	结构曲壳	8	√	√	—	□Q8＋ Mindlin-Reissner △LST＋ Mindlin-Reissner
SHELL99	线性层壳	8	√	√	—	□Q8＋ Mindlin-Reissner △LST＋ Mindlin-Reissner
SHELL143	塑性小应变壳	4	√	√	√/×	□QM6/Q4 ＋Mindlin-Reissner
						△CST＋ Mindlin-Reissner
SHELL181	有限应变壳	4	√	√	—	□Q4＋Mindlin-Reissner

注：RDOF-转动自由度；SD-剪切变形(shear deflections)影响；ESF-位移函数的附加项(extra shape functions)。

对于板壳单元还应注意以下几个问题：

(1)面内行为。

由于面内采用平面应力状态，因此不存在"体积锁死"问题。SHELL181 还可用于完全不可压缩的超弹分析。但"剪切自锁"问题依然存在，因此许多单元采用了 ESF 以响应面内行为，如 SHELL41、SHELL43 和 SHELL63 单元等，SHELL181 支持横向剪切刚度的读入。

(2)面内转动自由度。

面内转动自由度(Drilling DOF，简称 DDOF)也称为法线自转自由度、旋转自由度、第 6 自由度等，因面内平动自由度可完全描述面内行为，故 DDOF 为"虚假"的自由度，其引入目的是便于单元刚度矩阵的转换。该自由度对应一个"假设刚度"，为防止整体刚度矩阵奇异，其处理方法一般有以下三种：

①扭簧型刚度：赋予极小值(如 1.0E-5)，相当于增加一个"扭簧"控制面内转动自由度，如 SHELL43、SHELL63 和 SHELL143 的 KEYOPT(3)≠2 时的情形。

②Allman 型转动刚度：用沿边界二次变化的位移模式构造单元，如 SHELL43、SHELL63 和 SHELL143 的 KEYOPT(3)＝2 时的情形。

③罚函数法：利用罚函数建立面内转动自由度和面内平移自由度之间的关系，进而考虑面内转动刚度，如 SHELL181。

空间梁单元有 6 个自由度，但与 DDOF 对应的转角自由度意义完全不同，因此不能直接相连于壳的法线方向。因 DDOF 不是"物理上"的自由度而是"数值原因"，所对应的转动刚度是没有意义的。如果在壳的法线方向直接连接梁单元，则梁单元的扭矩将传给壳的极小转动刚度，除结果可能不正确外，还引起求解困难(小主元)。另外，梁单元自由度与板壳单元自由度也不尽相同，梁单元几何上简化为 1D，其杆端弯矩和杆端力"集中"作用于整个梁截面上；而板壳单元面内行为用 4 个节点可完全定义，仅仅在厚度方向做了简化，面内力不是"集中力"而是"局部力"，因此二者不完全相同。

同样的情况是板壳与实体单元的连接。因此，在不同单元类型连接时要谨慎处理，如利用约束方程等，以保证弯矩传递的连续性。

(3)中面与偏置。

大多数板壳单元的节点描述单元中面的位置，低阶单元如 SHELL181 可使用 SECOFFSET 将节点偏置到单元的顶面、底面或用户指定位置，高阶单元如 SHELL91 和 SHELL99 可使用 KEYOPT(11)将节点偏置到单元的顶面或底面，即节点所描述的不再是单元中面，而是单元的顶面或底面等。

(4)小应变与有限应变。

所有板壳单元都支持大变形(大转动)，但 SHELL63 不支持材料非线性和有限应变，SHELL43、SHELL91、SHELL93 和 SHELL181 支持有限应变，SHELL181 可计算因板壳"伸展"而引起的厚度变化，而 SHELL93 则不能。此类特性可参见第 1 章中的 2.6 节内容。

6.4.3 四边简支方板与单元计算比较

四边简支的方形薄板，承受均布荷载。设边长 $L=1\text{m}$，板厚度 $t=0.01\text{m}$，弹性模量 $E=2.1\text{E}11\text{Pa}$，泊松系数 $\mu=0.3$，均布荷载为 $q=40\,000\text{N/m}^2$，对其进行静态计算分析。该板中心

挠度的精确解为 $0.004\ 602qL^4/D$，其中 $D = Et^3/12(1-\mu^2)$；板中心弯矩 $Mx = My = 0.047\ 9qL^2$；板中心最大应力为 $6Mx/t^2$。

1. SHELL63 不同网格划分时的计算结果

该方板是典型的薄板，按不同网格划分数计算的结果如表 6-4 所示。

SHELL63 单元计算的四边简支方板中心挠度、弯矩和最大应力 表 6-4

网　格	节点数	挠度(m)	误差%	弯矩(N·m/m)	误差%	应力(MPa)	误差%	SEPC
2×2	9	0.006 693	20.8	−420.80	78.0	153.30	−33.3	40.4
4×4	25	0.007 971	5.7	−1 470.02	23.3	125.80	−9.4	20.6
8×8	81	0.008 327	1.4	−1 800.08	6.1	117.71	−2.4	10.9
16×16	289	0.008 419	0.4	−1 866.38	2.6	115.63	−0.6	5.7
32×32	1 089	0.008 442	0.1	−1 908.17	0.4	115.10	−0.1	2.9
64×64	4 225	0.008 448	0.0	−1 913.63	0.1	114.97	0.0	1.5
128×128	16 641	0.008 449	0.0	−1 915.00	0.1	114.94	0.0	0.7
精确解		0.008 449		−1 916.00		114.97		

从表中可以看出，网格数目不能太小即单元尺寸不能太大，否则可能导致错误或误差过大的结果；但单元数目也不必过多即单元尺寸过小，这样导致过大的资源占用。合适的单元数目需要一定的分析经验，一般可以划分不同数目的两次计算结果比较来确定，也可用单元能量误差百分比评估计算结果的可靠性。

误差评估基于能量分布，考虑的是由于离散化导致的能量百分比误差，主要考虑了单元网格的尺寸精细程度。但误差评估只能用于线性结构分析或非线性热分析，且必须为实体单元或板壳单元。由于结构系统是连续的，当将实际物理模型离散为有限元模型后，单元与单元间的位移通常是连续的，但作为导出结果的应力场就不能保证是连续的。为获得可接受的应力结果，在单元节点处通常要进行平均化(光滑化)处理，这样节点应力和平均应力就存在差值，从而可计算出每个单元的能量误差和整个模型的能量误差，以应变能为基础进行标准化，可得到能量的百分比误差。

列表显示能量百分比误差的命令为 PRERR。就本例而言，结果可接受时的 SEPC 在 10%以下，如 SEPC=5.7%时的结果与精确解的误差均可接受，但对于不同结构，合适的 SEPC 值又不相同。

用 SHELL63 计算的命令流如下：

```
! EX6.12   SHELL63 不同网格划分时的计算
FINISH$/CLEAR$/PREP7
ET,1,SHELL63$ R,1,0.01                          ! 定义单元类型及实常数(板厚)
MP,EX,1,2.1E11$MP,PRXY,1,0.3                    ! 定义材料性质(弹性模量与泊松系数)
BLC4,,,1,1$N=8                                  ! 创建几何模型;定义网格划分个数为参数
LESIZE,ALL,,,N$AMESH,ALL                        ! 定义每条线的划分数目,并划分网格
DK,1,UX,,,,UY$DK,2,UY                           ! 将 KP1 的 Ux,Uy 约束,将 KP2 的 Uy 约束
DL,ALL,,UZ                                      ! 约束所有线的 Uz
SFA,ALL,1,PRES,-40000                           ! 施加均布荷载
```

```
/SOLU$SOLVE$/POST1                              ! 求解并进入后处理
PLDISP,1                                        ! 观察变形结果
ETABLE,MX,SMISC,4$PLETAB,MX                     ! 显示弯矩图
PLNSOL,S,X                                      ! 显示节点的 X 方向应力结果
/GRAPHICS,FULL$PRERR                            ! 关闭 POWERGRAP 模式,显示能量误差百分比
```

2. 几种单元的计算结果比较

采用上述结构参数,均采用 32×32 的网格密度,各种单元的计算结果如表 6-5 所示。命令流基本同上,仅层单元的实常数输入略有差别。

相同网格密度下几种单元的计算结果 表 6-5

单元类型	挠度(m)	误差%	弯矩(N·m/m)	误差%	应力(MPa)	误差%	SEPC
SHELL63	0.008 442	0.1	−1 908.17	0.4	115.10	−0.1	2.9
SHELL43	0.008 451	0.0	−1 911.06	0.3	114.93	0.0	4.0
SHELL91/93/99	0.008 454	−0.1	−1 911.22	0.2	115.05	−0.1	
SHELL143	0.008 451	0.0	−1 911.06	0.3	114.93	0.0	4.0
SHELL181	0.008 455	−0.1	−1 911.75	0.2	115.47	−0.4	6.8
精确解	0.008 449		−1 916.00		114.97		

6.4.4 板壳单元计算的几个问题

在板壳单元的计算中,有些容易出错或混淆的问题,这里分别解释如下:

1. 变厚度板壳的建模

当采用板壳单元计算实际工程结构时,有时要用到变厚度板壳,如薄壁墩及板厚变化的箱梁等,其厚度变化一般是连续的,可表示为空间位置的函数。设一矩形空心截面柱结构如图 6-11 所示,创建其板壳单元模型。由于板壳单元多以中面表达几何位置,故可取上下截面的中线为板壳中面位置创建几何面,在划分单元后赋予各单元厚度。为方便起见,这里取 1/4 结构创建模型,具体命令流如下:

```
! EX6.13  变壁厚柱结构建模
FINISH$/CLEAR$/PREP7
A = 6$B = 8$H = 15$T1 = 0.8$T2 = 0.3                  ! 定义几何参数(仅为建模假定尺寸)
ET,1,SHELL93                                          ! 定义单元类型
K,1,B/2-T1/2$K,2,B/2-T1/2,A/2-T1/2                    ! 创建关键点
K,3,0,A/2-T1/2$K,4,B/2-T2/2,,H                        ! 用中面表示结构几何
K,5,B/2-T2/2,A/2-T2/2,H$K,6,0,A/2-T2/2,H
A,1,2,5,4$A,2,3,6,5                                   ! 创建几何面
ESIZE,0.5$MSHKEY,1$AMESH,ALL                          ! 定义单元尺寸、单元形状、单元划分
*GET,NODEMAX,NODE,,COUNT                              ! 得到节点总数 NODEMAX
*DIM,THICK,,NODEMAX                                   ! 定义 THICK 为数组,元素数 NODEMAX
*DO,I,1,NODEMAX                                       ! 循环生成各节点厚度
```

```
THICK(I) = T1-(T1-T2)/H * NZ(I)$ * ENDDO
RTHICK,THICK(1)                                    ! 赋予各节点厚度
/ESHAPE,1$/VIEW,1,1,1,1$/ANG,1,-120,ZS,1          ! 查看单元形状
/ANG,1,180,YS,1$/ANG,1,60,XS,1$EPLOT              ! 可以看出与结构形状相同
```

如为如图 6-12 所示圆柱，因该圆柱体中面为等直径柱面（半径为 R_0），故其建模时可采用拖拉方法创建几何面，划分单元后赋予节点厚度即可。其方法与图 6-11 建模原理相同，这里仅给出无解释的命令流。

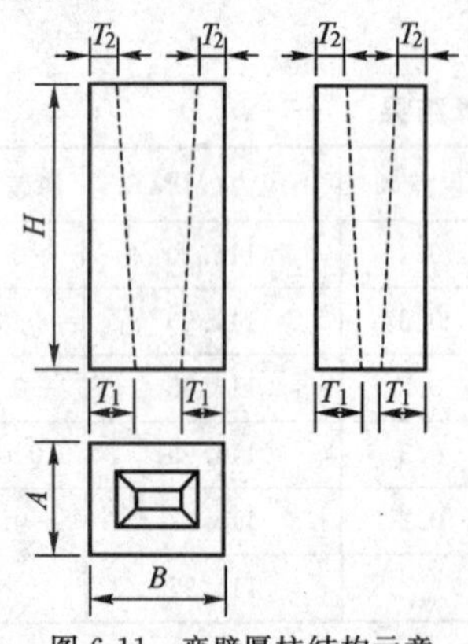

图 6-11　变壁厚柱结构示意

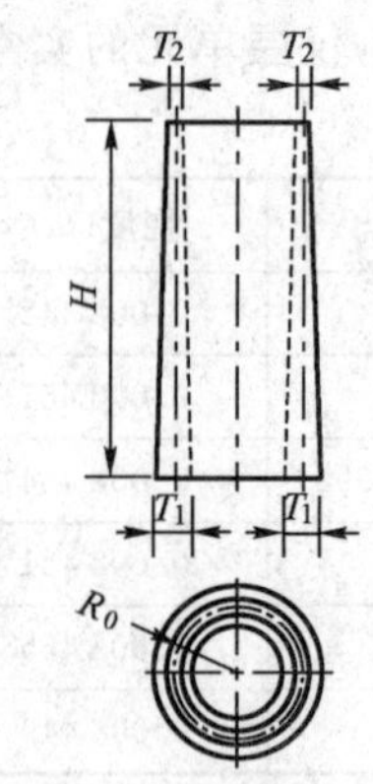

图 6-12　变壁厚圆柱结构

```
! EX6.14   变壁厚圆柱建模(1/4 结构)
FINISH$/CLEAR$/PREP7$R0 = 6$H = 15$T1 = 0.8$T2 = 0.3$ET,1,SHELL93
CSYS,1$K,1,R0,0$K,2,R0,90$K,3,R0,,H$L,1,2$L,1,3$ADRAG,1,,,,,,2
ESIZE,0.5$MSHKEY,1$AMESH,ALL$ * GET,NODEMAX,NODE,,COUNT
 * DIM,THICK,,NODEMAX$ * DO,I,1,NODEMAX$THICK(I) = T1 - (T1 - T2)/H * NZ(I)$ * ENDDO
RTHICK,THICK(1)$/ESHAPE,1$EPLOT
```

2. 应力结果的处理

通常求解给出两种结果数据形式，即基本结果和导出结果。基本结果为节点自由度结果数据，如节点位移和温度等，是通过求解刚度方程直接计算得到的；导出结果是指从基本结果中计算出的结果数据，如应力、应变和热流等，其结果是针对单元计算的，通常其结果位置有：单元的节点、积分点、单元质心等。

例如，某个节点上的应力结果由与该节点相连的单元在节点上取几何平均，即：

$$\sigma_{ik} = \left(\sum_{j=1}^{N} \sigma_{ijk}\right) / N_k \tag{6-12}$$

式中，N_k是与节点 k 相连的单元数；σ_{ik}是节点 k 的 i 分量平均值；σ_{ijk}是单元 j 在节点 k 上的导出结果数据，也就是节点 k 的导出结果与其相连的单元在该节点上取几何平均值，但主应力或主应变等结果可采用不同的计算方法（AVPRIN 命令）。可以从下面例子中节点 134 的 S_x 应力计算窥一斑而知全豹。

如上所述单元结果有不同位置，而积分点是单元的求解点，可采用不同的外推方式（ERESX 命令）得到单元节点结果数据。当结果位置在节点上时，就为“单元节点结果”（与节

点结果不同)，因依据单元积分点结果外推，所以显示或列表单元结果时，同一节点上的结果数据是不同的。并且因节点结果采用与其相连单元的节点结果数据平均值，使节点结果与单元节点结果也存在差别。如查看应力，节点应力(PRNSOL)与单元节点应力(PRESOL)不同；并且在单元节点应力中，同一节点的应力在不同单元中会有不同的数值。通常情况下，采用节点结果比较合理，可用于应力校核等。

结果数据受显示模式(GRAPHICS 命令)的影响，因 PowerGraphics 模式平均(AVRES 命令)计算仅包含模型表面的结果，而全模式的平均计算则包含整个模型(外表面和内表面)，因此两种方法显示的结果不同，但列表时数据不受显示模式的影响。

下面以一悬臂板为例，说明上述输出结果及其差异。选择节点 134 及其相连的 4 个单元。

命令 PLNSOL,S,X 图形显示的结果：SMN＝－35.13MPa(底面)，SMX＝35.13MPa(顶面)，如果使用菜单的查询命令可以得到节点 134 的结果分别为－29.84MPa 和 29.84MPa；也就是该命令图显所选择单元的所有单元节点结果。而用 PLESOL,S,X 命令图显结果与上述结果相同。

命令 PRNSOL,S 列表显示节点 134 的 SX 结果为：－29.84MPa 和 29.84MPa，且仅列表显示节点 134 的结果。命令 PRESOL,S 可列表显示出所选择单元的各个单元的单元节点结果，各单元中节点 134 的 SX 结果如表 6-6 所示。从中可以看出，节点 134 的 SX 在不同的单元中结果是不同的，或者说每个单元对同一节点的节点结果是不同的，而这些单元节点结果的平均值即为－29.84MPa 和 29.84MPa，即按式(6-12)的计算结果。

各单元中节点 134 的 SX 结果(Pa) 表 6-6

单　元	底　面	项　面	备　注
70	－0.308 36E＋08	0.308 36E＋08	
71	－0.288 31E＋08	0.288 31E＋08	
90	－0.308 31E＋08	0.308 31E＋08	
91	－0.288 73E＋08	0.288 73E＋08	
平均	－0.298 43E＋08	0.298 43E＋08	

节点结果和单元节点结果的数值(PRNSOL 和 PRESOL 命令)都不会因显示模式的改变而改变。但当关闭 PowerGraphics 模式时，图形显示效果(云图或等值线)会因两种显示模式的不同而不同，如 PLNSOL,S,X 仅显示节点 134 的结果(平均值)，而 PLESOL,S,X 则显示 134 节点的 SX 结果范围为－28.83～30.84MPa，即与 134 节点相关的各单元节点结果范围。

该例命令流如下：

```
! EX6.15  悬臂板梁应力结果与比较
FINISH$/CLEAR$/PREP7
L = 4$T = 0.02$B = 1.8                       ! 定义悬臂板梁长度、板厚、板宽
BLC4,,,L,B$ET,1,SHELL63                      ! 创建几何模型,定义单元类型
MP,EX,1,2.1E11$MP,PRXY,1,0.3$R,1,T           ! 定义材料与实常数
ESIZE,0.2$MSHKEY,1$AMESH,ALL                 ! 定义单元尺寸、单元形状并划分单元
```

```
DL,4,,ALL$SFA,ALL,2,PRES,1000                    ! 施加约束和均布荷载
/SOLU$SOLVE$/POST1$PLDISP,1                      ! 求解并进入后处理
NSEL,S,,,134$ESLN,S                              ! 选择节点 134 及相连的单元
PLNSOL,S,X$PLESOL,S,X                            ! 图显节点结果和单元结果 - Sx
PRNSOL,S$PRESOL,S                                ! 列表显示节点结果和单元结果 - S
/GRAPHICS,FULL                                   ! 设置图形显示模式为 FULL,关闭 POWER
PLNSOL,S,X$PLESOL,S,X                            ! 图显节点结果和单元结果 - Sx
PRNSOL,S$PRESOL,S                                ! 列表显示节点结果和单元结果 - S
```

3. 应力和内力输出

薄壳单元和中厚板壳单元应力和内力的输出项目不尽相同,对于薄壳单元如 SHELL63 就不输出次要应力(τ_{xz}、τ_{yz})和内力(N_x、N_y),而中厚板壳单元则输出这些应力和内力,薄壳单元和中厚板壳单元的内力分别如图 6-13a)和图 6-13b)所示,其应力或内力均可通过单元表获得。

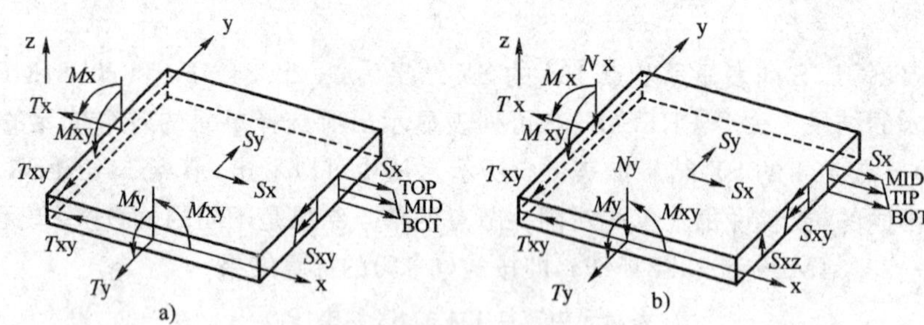

图 6-13　板壳单元应力和内力

a)薄板壳;b)中厚板壳

图 6-13 中所示的内力均相对单元坐标系,单元各边内力相同,为该单元单位长度上的内力,如 M_x 的单位为"力×长度/长度",如需该单元的总弯矩则再乘以单元边长即可。由于 SHELL63 单元的次要应力和内力不予考虑和输出,这时可采用 SHELL93 单元。在中厚板壳单元中的 Sxz 和 Syz 的分布因单元类型不同而有所不同,如在厚度方向上有常量或线性分布等假设。

在实际工程结构中,如板梁或箱梁结构采用板壳单元时,常常需要获取某个截面的内力,但是板壳单元不能直接获取这些内力,此时就必须通过计算获取。截面内力计算可通过路径积分法或单元节点力求和法。下面以上述悬臂板梁为例采用路径积分方法和单元节点力求和法说明其计算方法和过程。

```
! EX6.16   悬臂板梁内力计算
! 同 EX6.15 部分,但采用 SHELL93 单元
FINISH$/CLEAR$/PREP7$L=4$T=0.02$B=1.8$BLC4,,,L,B$ET,1,SHELL93
MP,EX,1,2.1E11$MP,PRXY,1,0.3$R,1,T$ESIZE,0.2$MSHKEY,1$AMESH,ALL
DL,4,,ALL$SFA,ALL,2,PRES,1000$/SOLU$SOLVE$/POST1
! 定义单元表
ETABLE,MYTX,SMISC,1$ETABLE,MYTY,SMISC,2$ETABLE,MYTXY,SMISC,3
ETABLE,MYMX,SMISC,4$ETABLE,MYMY,SMISC,5$ETABLE,MYMXY,SMISC,6
```

```
ETABLE,MYNX,SMISC,7$ETABLE,MYNY,SMISC,8
！路径积分方法……………………………………………………………………………
！略复杂些,其内力计算依赖单元坐标系
PATH,MIDL,2                              ！定义路径,路径名为MIDL,采用2点定义路径
PPATH,1,,L/2,0$PPATH,2,,L/2,B            ！定义路径几何结构
PDEF,PMX,ETAB,MYMX,NOAV                  ！映射单元表项MYMX到PMX
PCALC,INTG,PTMX,PMX,S                    ！沿路径长度S对PMX积分,得路径项PTMX
*GET,TMX,PATH,,LAST,PTMX                 ！获取PTMX的最后值赋予TMX变量
！1/2L的截面弯矩理论值为3 600N-M,而TMX=3 611.99N-M,误差为0.3%。
PDEF,PNX,ETAB,MYNX,NOAV                  ！映射单元表项MYNX到PNX
PCALC,INTG,PTNX,PNX,S                    ！沿路径长度S对PNX积分,得路径项PTNX
*GET,TNX,PATH,,LAST,PTNX                 ！获取PTNX的最后值赋予TNX变量
！1/2L的截面剪力理论值为3 600N,而TMX=359 9.49N-M,误差为0.01%。
！单元节点力求和法……………………………………………………………………………
！该方法极为简单,其内力计算基于单元节点力,内力可分别基于总体直角坐标系(缺省)
！或RSYS。具体方法是如求L/2截面的内力,可选择该截面的节点及其！一侧的单元,然后
！指定力矩点执行FSUM即可。
NSEL,S,LOC,X,L/2-0.2,L/2                 ！选择L/2截面及其一侧单元的节点(用于选择单元)
ESLN,,1                                  ！选择包含上述节点的单元(即上述节点确定的单元)
NSEL,R,LOC,X,L/2                         ！再从中选择L/2截面的所有节点
SPOINT,,L/2,B/2                          ！指定力矩求和点(L/2截面与板横向中心)
FSUM                                     ！节点力求和
！列表的Fz=3600,My=-3600,与理论解相等。注意,此处是基于总体直角坐标系的。
```

当采用路径积分法而结构截面形状复杂时,可分别求得各部位的内力并移轴计算获取截面内力。如箱形截面,可分别求得顶板、底板、腹板的内力,然后通过静力计算得到截面的总内力。对多方向板壳单元组成的结构,当计算截面内力时,要注意单元坐标系的方向,以免内力及其方向发生错误。可用命令"/PSYMB,ESYS,1"图显单元坐标系,并可用命令"/VSCALE,,2"改变坐标系符号的大小以便观察,单元坐标系的坐标轴以与总体坐标系坐标轴相同的颜色区分,如缺省时X轴为白色,Y轴为青色,Z轴为蓝色。

如采用单元节点力求和法求取截面内力,则比较简单,以箱形截面为例其命令流如下:

```
！EX6.17 箱形截面悬臂板梁内力计算
FINISH$/CLEAR$/PREP7
L=4$TF=0.02$TH=0.01$B=0.4$H=0.3          ！定义跨度、翼缘厚、腹板厚、截面宽和高度
WPROTA,,90$BLC4,,,B,L$AGEN,2,1,,,,H      ！旋转工作平面,创建底板并复制为顶板
WPROTA,,,90$BLC4,,,H,L$AGEN,2,3,,,B      ！旋转工作平面,创建腹板并复制为另侧腹板
NUMMRG,ALL                               ！黏接重合图素=ALGUE,ALL
ET,1,SHELL63                             ！定义单元类型为SHELL63或93
MP,EX,1,2.1E11$MP,PRXY,1,0.3             ！定义材料特性
R,1,TF$R,2,TH                            ！定义实常数1和实常数2
ASEL,S,,,1,2$AATT,1,1,1                  ！顶底板面赋予实常数1
```

```
ASEL,S,,,3,4$AATT,1,2,1$ALLSEL,ALL                          ! 腹板面赋予实常数 2
LSEL,S,LOC,Z,0$DL,ALL,,ALL                                  ! 施加约束(根部截面所有线)
SFA,2,1,PRES,1000$SFA,4,1,PRES,1500                         ! 在两个面上分别施加均布荷载
ALLSEL,ALL$ESIZE,0.1$MSHKEY,1                               ! 定义单元尺寸、单元形状
AMESH,ALL$/SOLU$SOLVE$/POST1                                ! 划分单元、求解、进入后处理
NSEL,S,LOC,Z,L/2+0.1,L/2$ESLN,,1                            ! 选择跨中截面及附近的一列单元和节点
NSEL,R,LOC,Z,L/2$SPOINT,,B/2,H/2,L/2                        ! 仅选择跨中截面节点,指定力矩中心
FSUM$ALLSEL,ALL                                             ! 节点力求和
! 得到结果为:Fx=900,Fy=-800,Mx=799.998 1,My=899.994 9
! 理论结果为:Fx=900,Fy=-800,My=800,My=900
NSEL,S,LOC,Z,0.25*L+0.1,0.25*L$ESLN,,1                      ! 选择距悬臂端截面附近单元和节点
NSEL,R,LOC,Z,0.25*L                                         ! 仅选择 3/4 截面节点
SPOINT,,B/2,H/2,0.25*L$FSUM                                 ! 指定力矩中心并求和
! 得到结果为:Fx=1350,Fy=-1200,Mx=1 799.997,My=2024.993
! 理论结果为:Fx=1 350,Fy=-1 200,Mx=1 800,My=2 025
```

用单元节点力求和法所得内力方向与总体直角坐标轴方向相同(缺省时),但还有相对截面(类似于材料力学中截面左侧或右侧)。确定方法是内力相对于选择单元非选择节点侧面而言,如上述例子中,截面均在单元－Z 方向侧,则相对截面的＋Z 侧面;而如果截面在单元＋Z 方向,则相对于截面的－Z 侧面(如上例中可改变选择节点时用的＋0.1 为－0.1 即可)。

4. 节点偏置

当节点表示的不是单元中面位置时,就需要采用节点偏置。可采用节点偏置的板壳单元仅为层壳单元 SHELL91 和 SHELL99。节点偏置可用于不同厚度板壳结构、与梁单元混合建模、与实体单元混合建模等情况。如图 6-14 所示不同厚度的板组成的悬臂梁,顶面受均布荷载作用,用节点偏置分析其受力行为。

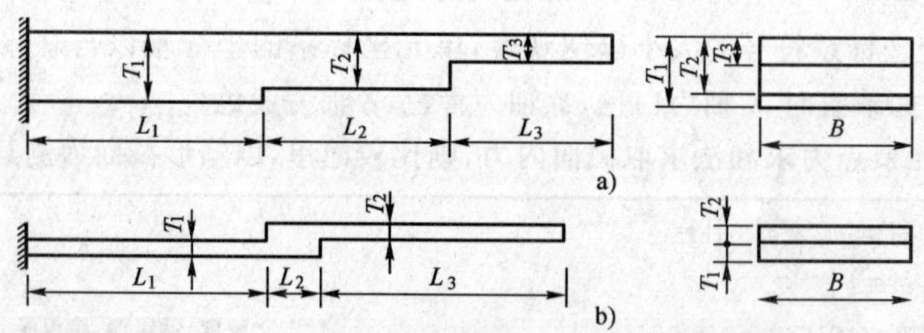

图 6-14　悬臂板壳几何尺寸

图 6-14a)所示结构,采用节点偏置到板壳顶面。图 6-14b)所示的结构可设置两种单元,第一种偏置到单元底面,第二种偏置到单元顶面,搭接处采用顶底的共用节点。由于结构在几何上不连续,因此不连续处的应力存在较大差别,如采用 PLNSOL 图形这些几何变化处的应力可能会产生较大的误差,应采用 PLESOL 图形较合适,而在几何变化两侧的应力可通过列表显示。

```
! EX6.18A  板壳单元的节点偏置 - 图 6-14a)
FINISH$/CLEAR$/PREP7
L1 = 1.6$L2 = 1.2$L3 = 0.8$T1 = 0.02$T2 = 0.016$T3 = 0.01$B = 1.4          ! 定义参数
BLC4,,,L1,B$BLC4,L1,,L2,B$BLC4,L1 + L2,,L3,B                              ! 创建几何模型
AGLUE,ALL$NUMCMP,ALL                                                      ! 黏接所有面并压缩编号
ET,1,SHELL91,,1$KEYOPT,1,8,1$KEYOPT,1,11,2                                ! 定义单元及单元 KEYOPT
MP,EX,1,2.1E11$MP,PRXY,1,0.3                                              ! 定义材料特性
R,1,1$RMORE$RMORE,1,,T1                                                   ! 定义实常数 1,板厚度为 T1
R,2,1$RMORE$RMORE,1,,T2                                                   ! 定义实常数 2,板厚度为 T2
R,3,1$RMORE$RMORE,1,,T3                                                   ! 定义实常数 3,板厚度为 T3
ASEL,S,,,1$AATT,1,1,1$ASEL,S,,,2$AATT,1,2,1                               ! 赋予各面材料、实常数等属性
ASEL,S,,,3$AATT,1,3,1$ASEL,ALL
ESIZE,0.2$MSHKEY,1$AMESH,ALL                                              ! 定义单元尺寸和形状、划分单元
/ESHAPE,1$EPLOT                                                           ! 图显单元形状
LSEL,S,LOC,X,0$DL,ALL,,ALL                                                ! 选择线并施加约束
ASEL,ALL$SFA,ALL,2,PRES,1000                                              ! 施加均布荷载
/SOLU$SOLVE$/POST1$PLDISP,1                                               ! 求解并进入后处理
NSEL,S,LOC,X,L1 - 0.2,L1 + 0.2$ESLN,,1                                    ! 选择 L1 处左右单元及节点
PLESOL,S,X$PRESOL,S                                                       ! 图显和列表显示结果
! 75 单元 24 节点应力 SXTOP = 46.46MPA,SXBOT = - 46.31MPA,材料力学应力为 ± 46.88MPA
! 32 单元 24 节点应力 SXTOP = 29.79MPA,SXBOT = - 29.65MPA, 材料力学应力为 ± 30MPA
! -----------------------------------------------------------------------------------------
! EX6.18B  板壳单元的节点偏置 - 图 6-14b)
FINISH$/CLEAR$/PREP7
L1 = 1.6$L2 = 0.4$L3 = 1.6$T1 = 0.02$T2 = 0.01$B = 1.4                    ! 定义几何参数
BLC4,,,L1 + L2,B$BLC4,L1,,L2 + L3,B                                       ! 创建两个部分叠合的面
ET,1,SHELL91,,1$KEYOPT,1,8,1$KEYOPT,1,11,1                                ! 定义单元 1 及其 KEYOPT
ET,2,SHELL91,,1$KEYOPT,2,8,1$KEYOPT,2,11,2                                ! 定义单元 2 及其 KEYOPT
MP,EX,1,2.1E11$MP,PRXY,1,0.3                                              ! 定义材料性质
R,1,1$RMORE$RMORE,1,,T1                                                   ! 定义实常数 1,板厚为 T1
R,2,1$RMORE$RMORE,1,,T2                                                   ! 定义实常数 2,板厚为 T2
ASEL,S,,,1$AATT,1,1,1                                                     ! 定义面 1 的单元属性
ASEL,S,,,2$AATT,1,2,2$ASEL,ALL                                            ! 定义面 2 的单元属性
ESIZE,0.2$MSHKEY,1$AMESH,ALL                                              ! 定义单元尺寸和形状、划分单元
NUMMRG,ALL$/ESHAPE,1$EPLOT                                                ! 将叠合部分的单元节点黏接
LSEL,S,LOC,X,0$DL,ALL,,ALL                                                ! 施加约束
ESEL,S,TYPE,,1$SFE,ALL,2,PRES,,1 000                                      ! 选择单元类型 1,施加均布荷载
NSEL,S,LOC,X,L1 + L2,L1 + L2 + L3D                                        ! 选择节点,X 范围为 L3 部分
ESLN,,1$SFE,ALL,2,PRES,,1 000$ ALLSEL,ALL                                 ! 选择包含所有节点的单元并施加荷载
/SOLU$SOLVE$/POST1$PLDISP,1                                               ! 求解后进入后处理
NSEL,S,LOC,X,L1 - 0.2,L1 + 0.2                                            ! 选择 L1 处的节点
ESLN,,1$PLESOL,S,X$PRESOL,S                                               ! 选择单元并观察结果
```

```
! 38 单元 213 节点应力 SXTOP = 31.46MPa,材料力学应力为 ± 30MPa
! 39 单元 213 节点应力 SXTOP = 13.55MPa,材料理论应力为 ± 13.33MPa
```

6.5 实体结构

理论上实体单元可用于任何结构的分析,但对于实际工程结构却不一定必要,并且实体单元的计算花费要比其他单元昂贵。当结构不宜采用梁杆单元和板壳单元时,可采用实体单元模拟结构的行为。

在 ANSYS 中,实体单元分为 2D 实体单元和 3D 实体单元,2D 实体单元相对比较简单,这里以 3D 实体单元为主进行介绍。实体结构分析的难点在于建模和单元划分,已在前述章节中有所介绍。这里结合建模和单元划分技术,主要介绍各种荷载的施加、应力显示及内力计算等问题。

6.5.1 施加荷载

3D 实体单元的荷载主要有集中荷载(集中力)、表面荷载(垂直面的分布荷载)、惯性荷载等,这些荷载都比较容易施加。而诸如局部表面荷载、切向荷载、集中弯矩、梯度荷载等的施加就比较困难,下面逐一进行介绍。

1. 局部表面荷载

对实体的整个面施加表面荷载比较简单,但有时需要在某个面的局部范围施加表面荷载,如桥墩支座、大梁传递于柱顶的荷载、轮压荷载等。此时可采用以下两个方法:

(1)在表面创建荷载作用的局部几何面;

(2)控制单元划分精度保证在荷载作用面的范围内生成单元。

显然第一种方法比较简单,可创建任何形状的几何面。

如图 6-15 所示三种结构,柱体顶部作用有局部表面荷载,底部为光滑面支承,以 SOLID95 对其分网并计算。其中,图 6-15a)为圆柱体受圆面局部荷载,图 6-15b)为圆柱体受正方形面局部荷载,图 6-15c)为方形柱体受圆面局部荷载。

在建模和分网上有两种方式,第一是直接创建柱体,然后在柱体顶部生成局部荷载作用面,该局部面必须属于体,如可用体减体方法生成,而不是直接建立一个几何面,因直接创建的局部面与体无关,且因与顶面无重合关键点也不能粘接在一起。这种方法在直接分网时不能生成规则的六面体单元,正如在表面设置了硬点一样不满足规则单元的分网条件。

第二种方法则在创建几何模型时就考虑分网条件,创建两个体(其中一个包含局部面)将体分为两部分,然后再利用工作平面等手段将几何实体切分为规则六面体进行网格划分。下面均以此种方法为例,并取 1/4 结构创建并分析图 6-15 的各种结构。同一结构可通过不同的几何建模方法,也可通过不同的方法生成有限元模型。为说明问题,图 6-15a)结构先对面进行映射网格划分和过渡四边形网格划分,然后采用拉伸创建六面体网格。图 6-15b)和图 6-15c)结构采用直接创建几何实体模型,然后划分六面体网格。

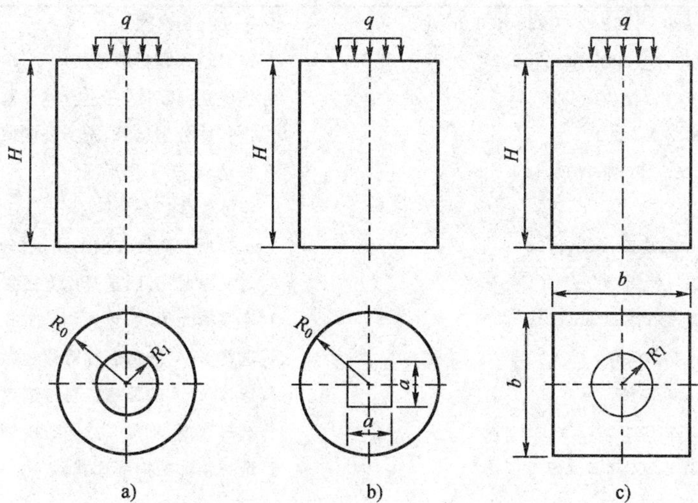

图 6-15 受局部荷载作用的柱体

```
! EX6.19A  圆柱体受局部圆面荷载
FINISH$/CLEAR$/PREP7
R0 = 150$R1 = 50$H = 450                        ! 定义几何参数
ET,1,PLANE82$ET,2,SOLID95                       ! 定义两种单元,即 2D 和 3D 实体单元
MP,EX,1,3E4$MP,PRXY,1,0.2                       ! 定义材料性质
CYL4,,,R1,,,90$CYL4,,,R0,,,90$APTN,ALL          ! 创建几何模型,并进行面分割
LSEL,S,,,1,3,1$LESIZE,ALL,,,6                   ! 选择小圆部分的线,定义划分单元个数为 8
LSEL,S,,,7,8$LESIZE,ALL,,,10                    ! 选择环面径向线,定义划分单元个数为 10
LSEL,S,,,4$LESIZE,ALL,,,12$LSEL,ALL             ! 选择环面外弧线,定义划分单元个数为 12
MESHAPE,0,2D$MSHKEY,1$AMESH,ALL                 ! 定义单元形状、单元划分方式、划分面
ESIZE,,20$VOFFST,1,H$VOFFST,3,H                 ! 定义高度方向单元个数,拉伸生成 3D 单元
NUMMRG,ALL                                      ! 黏接所有重合图素(VOFFST 各自独立)
ASEL,S,LOC,X,0$DA,ALL,SYMM                      ! 选择 X = 0 的面施加对称边界条件
ASEL,S,LOC,Y,0$DA,ALL,SYMM                      ! 选择 Y = 0 的面施加对称边界条件
ASEL,S,LOC,Z,0$DA,ALL,UZ                        ! 选择底面,施加 Z 方向约束条件
CSYS,1                                          ! 设为总体柱坐标系
ASEL,S,LOC,Z,H$ASEL,R,LOC,X,0,R1                ! 选择顶部的局部荷载面
SFA,ALL,1,PRES,20$ALLSEL,ALL                    ! 施加均布荷载
FINISH$/SOLU$SOLVE$/POST1                       ! 求解并进入后处理层
/VIEW,1,1,1,1$/ANG,1,-120,ZS,1                  ! 设置视图方向,并显示变形图
/ANG,1,180,YS,1$/ANG,1,75,XS,1$PLDISP
/EXPAND,4,POLAR,FULL,,90                        ! 将 1/4 结构扩展为全部结构
PLNSOL,S,Z$PLNSOL,U,Z                           ! 图显 Z 方向应力和变形
! ------------------------------------------------------------------------
! EX6.19B  圆柱体受局部方形面荷载
```

```
FINI$/CLEAR$/PREP7$R0=150$A=50$H=450                    ! 定义几何参数
ET,1,SOLID95$MP,EX,1,3E4$MP,PRXY,1,0.2                  ! 定义单元和材料性质
CYL4,,,R0,,,90,H$BLC4,,,A/2,A/2,H                       ! 创建几何实体,并进行体分割
VPTN,ALL$VSEL,S,LOC,X,A/2,R0                            ! 进行体分割运算,选择外侧体
WPOFF,A/2,A/2$WPROTA,,,90$WPROTA,,45                    ! 移动、旋转工作平面
VSBW,ALL                                                ! 将外侧体切分为两部分
LSEL,S,LOC,Z,A,H-A$LESIZE,ALL,,,20                      ! 选择所有高度方向的线,划分为 20 个单元
ESIZE,20$ALLSEL,ALL                                     ! 定义单元尺寸,选择所有图素
MESHAPE,0,3D$MSHKEY,1$VMESH,ALL                         ! 定义单元形状、单元划分方式、划分体
ASEL,S,LOC,X,0$DA,ALL,SYMM                              ! 选择 X=0 的面施加对称边界条件
ASEL,S,LOC,Y,0$DA,ALL,SYMM                              ! 选择 Y=0 的面施加对称边界条件
ASEL,S,LOC,Z,0$DA,ALL,UZ$ CSYS,1                        ! 选择底面,施加 Z 方向约束条件
ASEL,S,LOC,Z,H$ASEL,R,LOC,X,0,A/2                       ! 选择顶部的局部荷载面
SFA,ALL,1,PRES,20$ALLSEL,ALL
FINISH$/SOLU$SOLVE$/POST1                               ! 求解并进入后处理层
/VIEW,1,1,1,1$/ANG,1,-120,ZS,1$/ANG,1,180,YS,1$/ANG,1,75,XS,1$PLDISP$PLNSOL,S,Z
!---------------------------------------------------------------------------------
! EX6.19C  方形体受局部圆面荷载
FINISH$/CLEAR$/PREP7
B=150$R1=25$H=450$ET,1,SOLID905                         ! 定义几何参数、单元类型、材料性质
MP,EX,1,3E4$MP,PRXY,1,0.2                               ! 定义材料性质
CYL4,,,R1,,,90,H$BLC4,,,B/2,B/2,H$VPTN,ALL              ! 创建几何模型
ASEL,S,LOC,X,B/2$ASEL,A,LOC,Y,B/2$ACCAT,ALL             ! 选择两个外侧面并连接
ESIZE,20$ALLSEL,ALL                                     ! 定义单元尺寸、选择所有图素
MESHAPE,0,3D$MSHKEY,1$VMESH,ALL                         ! 定义单元形状、单元划分方式、划分体
ASEL,S,LOC,X,0$DA,ALL,SYMM                              ! 选择 X=0 的面施加对称边界条件
ASEL,S,LOC,Y,0$DA,ALL,SYMM                              ! 选择 Y=0 的面施加对称边界条件
ASEL,S,LOC,Z,0$DA,ALL,UZ                                ! 选择底面,施加 Z 方向约束条件
CSYS,1                                                  ! 设为总体柱坐标系
ASEL,S,LOC,Z,H$ASEL,R,LOC,X,0,R1                        ! 选择顶部的局部荷载面
SFA,ALL,1,PRES,20$ALLSEL,ALL
FINISH$/SOLU$SOLVE$/POST1$PLDISP                        ! 求解并进入后处理层
```

2. 表面切向荷载

"表面效应单元"可施加任意方向的荷载,因此可利用该单元施加表面切向分布荷载。首先生成实体有限元模型,然后在实体单元表面上生成表面效应单元,再将荷载施加到表面效应单元即可。表面效应单元分为 2D 和 3D 单元,2D 表面效应单元有两节点和三节点两种,3D 表面效应单元有 4 节点和 8 节点两种,可根据不同的实体单元选择其 KEYOPT 参数,以配合使用。下面的命令流说明其使用方法:

```
! EX6.20  表面切向荷载
FINISH$/CLEAR$/PREP7
```

```
BLC4,,,10,20,30$ET,1,SOLID95$ET,2,SURF154              ! 创建几何模型,定义两种单元类型
ESIZE,2$MSHAPE,0,3D$MSHKEY,1$VMESH,ALL                 ! 定义单元尺寸,划分3D实体单元
NSEL,S,LOC,Z,30$ESLN                                   ! 选择Z=30的所有节点及单元
TYPE,2$ESURF                                           ! 定义为单元类型2,创建表面效应单元
ESEL,S,TYPE,,2                                         ! 选择单元类型为2的单元
/PSF,PRES,TANX,2$SFE,ALL,2,PRES,,1                     ! 施加X方向的分布荷载并显示
/PSF,PRES,TANY,2$SFE,ALL,3,PRES,,3$ALLSEL              ! 施加Y方向的分布荷载并显示
```

3. 梯度荷载

梯度荷载在前面章节中作了介绍,是一种线性分布荷载,如水压力荷载等。对于3D实体结构,可在几何实体上施加梯度荷载,也可在有限元模型施加梯度荷载,可根据施加荷载的方便程度而定。当在某个几何面上施加梯度荷载时,定义荷载梯度后直接施加即可;如果在某个几何面的局部范围内施加,则需要将该几何面切分,或者在有限元模型的局部单元上施加。例如,下面的命令流分别在两个整几何面上施加梯度荷载,在有限元模型上施加梯度荷载。

```
! EX6.21  梯度荷载与函数加载
FINISH$/CLEAR$/PREP7
BLC4,,,10,20,30$ET,1,SOLID95$ESIZE,2                   ! 创建模型、定义单元类型和单元尺寸
MSHAPE,0,3D$MSHKEY,1$VMESH,ALL                         ! 划分单元
SFGRAD,PRES,,Y,10,-8                                   ! 定义荷载梯度:Y方向,零点在Y=10,斜率为-8
SFA,6,1,PRES,10                                        ! 对几何面6施加上述梯度荷载,初值为10
NSEL,S,LOC,Y,0,10                                      ! 选择Y=0~10的节点
NSEL,R,LOC,Z,30                                        ! 从中选择端面节点
SF,ALL,PRES,0                                          ! 按上述梯度施加荷载
SFGRAD,PRES,,Z,0,10                                    ! 定义荷载梯度:Z方向,零点在Z=0,斜率为10
SFA,4,1,PRES,12                                        ! 对几何面4施加上述梯度荷载,初值为12
SFTRAN                                                 ! 将几何模型上的面荷载传递到有限元模型上
SFGRAD                                                 ! 取消荷载梯度,如继续定义面荷载将不受梯度影响
/VIEW,1,1,1,1$/VSCALE,,3$/PSF,PRES,NORM,2$EPLOT
```

4. 函数加载

当表面压力荷载不是均匀分布或线性变化时,如荷载随结构位置而变化的情况下,就需要另外的施加方法。这种变化的荷载(通常是坐标的函数)可以通过三种方法施加,第一是直接计算后施加到单元或节点上,第二是通过表型数组施加,第三是函数加载,下面给出直接加载和函数加载实例。

```
! EX6.22A  通过计算直接加载
FINISH$/CLEAR$/PREP7$A=10$L=100                        ! 定义几何参数
BLC4,,,A,A,L$ET,1,SOLID95$ET,2,SURF154                 ! 创建几何模型、定义两种单元类型
ESIZE,2$MSHAPE,0,3D$MSHKEY,1$VMESH,ALL                 ! 划分3D单元
NSEL,S,LOC,Y,A$ESLN$TYPE,2$ESURF                       ! 选择节点和单元,创建表面效应单元
ESEL,S,TYPE,,2                                         ! 选择表面效应单元
```

```
*GET,ELEMNUM,ELEM,,COUNT                                  ! 得到表面效应单元的个数 ELEMNUM
*GET,ETEMPNO,ELEM,,NUM,MIN                                ! 得到其中的最小单元编号 ETEMPNO
X1 = CENTRX(ETEMPNO)                                      ! 得到 ETEMPNO 单元的形心 X 坐标
Z1 = CENTRZ(ETEMPNO)                                      ! 得到 ETEMPNO 单元的形心 Z 坐标
Q = 10 + 0.5 * X1 * X1 + 0.01 * Z1 * Z1                   ! 计算该单元的分布荷载 Q = 10 + 0.5X² + Z²/100
SFE,ETEMPNO,1,PRES,,Q                                     ! 施加该单元的分布荷载(单元形心)
*DO,I,2,ELEMNUM                                           ! 其余单元用循环计算并施加荷载
ETEMPNO = ELNEXT(ETEMPNO)                                 ! 得到下一个大于 ETEMPNO 单元编号的编号
X1 = CENTRX(ETEMPNO)                                      ! 得到 ETEMPNO 单元的形心 X 坐标
Z1 = CENTRZ(ETEMPNO)                                      ! 得到 ETEMPNO 单元的形心 Z 坐标
Q = 10 + 0.5 * X1 * X1 + 0.01 * Z1 * Z1                   ! 计算该单元的分布荷载 Q = 10 + 0.5X² + Z²/100
SFE,ETEMPNO,1,PRES,,Q                                     ! 施加该单元的分布荷载
*ENDDO$ALLSEL,ALL                                         ! 结束循环
! ------------------------------------------------------------------------------------------
! EX6.22B   函数加载
FINISH$/CLEAR$/PREP7$A = 10$L = 100                       ! 定义几何参数
BLC4,,,A,A,L$ET,1,SOLID95$ET,2,SURF154                    ! 创建几何模型、定义两种单元类型
ESIZE,2$MSHAPE,0,3D$MSHKEY,1$VMESH,ALL                    ! 划分 3D 单元
NSEL,S,LOC,Y,A$ESLN$TYPE,2$ESURF                          ! 选择节点和单元,创建表面效应单元
ESEL,S,TYPE,,2                                            ! 选择表面效应单元
*DIM,Q,TABLE,6,12,1                                       ! 定义表形数组
! BEGIN OF EQUATION: 10 + 0.5 * {X}^2 + 0.01 * {Z}^2,以函数方式赋值(通过 GUI 得到)
Q(0,0,1) = 0.0, -999$Q(0,1,1) = 1.0, -1, 0, 2, 0, 0, 2$Q(0,2,1) = 0.0, -2, 0, 1, 2, 17, -1
Q(0,3,1) = 0, -1, 0, 0.5, 0, 0, -2$Q(0,4,1) = 0.0, -3, 0, 1, -1, 3, -2
Q(0,5,1) = 0.0, -1, 0, 10, 0, 0, -3$Q(0,6,1) = 0.0, -2, 0, 1, -1, 1, -3
Q(0,7,1) = 0.0, -1, 0, 2, 0, 0, 4$Q(0,8,1) = 0.0, -3, 0, 1, 4, 17, -1
Q(0,9,1) = 0.0, -1, 0, 0.01, 0, 0, -3$Q(0,10,1) = 0.0, -4, 0, 1, -1, 3, -3
Q(0,11,1) = 0.0, -1, 0, 1, -2, 1, -4$Q(0,12,1) = 0.0, 99, 0, 1, -1, 0, 0
                                                          ! 结束函数赋值
SFE,ALL,1,PRES,,%Q%                                       ! 施加该单元的分布荷载
ALLSEL,ALL
```

6.5.2 后处理技术

前文介绍了后处理的相关技术,此处针对 3D 实体单元的特殊问题,介绍后处理的几个技巧性问题,如任意点应力、端面应力、路径及其应用等。

1. 任意点应力的获取

有时需要知道任意坐标位置(X,Y,Z)处的应力,该位置可能不在单元的结果点或节点上,无法直接获得该位置的应力,此时就要通过编程计算获得。计算原理为在坐标点定义很小的路径,将某个结果数据映射到路径上,而路径上的应力最大值即为所求。下面给出求任意坐标点应力的命令流,该命令流没有设置错误检查、坐标输入及应力输出等,同时给出的是平均

应力(AVG),如需不平均应力仅在 PDEF 命令中采用 NOAVG 参数即可。

```
! EX6.23  3D 实体单元任意点应力
FINISH$/POST1
X1 = 2$Y1 = 2$Z1 = 10$E0 = 0.000 01                 ! 定义任意点的 X,Y,Z 坐标
PATH,PATH1,2                                         ! 定义路径名
PPATH,1,,X1 - E0,Y1 - E0,Z1$PPATH,2,,X1,Y1,Z1        ! 定义路径几何
PDEF,SX,S,X,AVG$*GET,ASX,PATH,,MAX,SX                ! 映射并获取 SX 赋予变量 ASX
PDEF,SY,S,Y,AVG$*GET,ASY,PATH,,MAX,SY                ! 映射并获取 SY 赋予变量 ASY
PDEF,SZ,S,Z,AVG$*GET,ASZ,PATH,,MAX,SZ                ! 映射并获取 SZ 赋予变量 ASZ
PDEF,SXY,S,XY,AVG$*GET,ASXY,PATH,,MAX,SXY            ! 映并获取 SXY 赋予变量 ASXY
PDEF,SYZ,S,YZ,AVG$*GET,ASYZ,PATH,,MAX,SYZ            ! 映并获取 SYZ 赋予变量 ASYZ
PDEF,SXZ,S,XZ,AVG$*GET,ASXZ,PATH,,MAX,SXZ            ! 映并获取 SXZ 赋予变量 ASXZ
PDEF,S1,S,1,AVG$*GET,AS1,PATH,,MAX,S1                ! 映射并获取 S1 赋予变量 AS1
PDEF,S2,S,2,AVG$*GET,AS2,PATH,,MAX,S2                ! 映射并获取 S2 赋予变量 AS2
PDEF,S3,S,3,AVG$*GET,AS3,PATH,,MAX,S3                ! 映射并获取 S3 赋予变量 AS3
PDEF,SINT,S,INT,AVG$*GET,ASINT,PATH,,MAX,SINT        ! 映射并获取 SINT 赋予变量 ASINT
PDEF,SEQV,S,EQV,AVG$*GET,ASE,PATH,,MAX,SEQV          ! 映射并获取 SEQV 赋予变量 ASE
*STATUS                                              ! 列出变量
```

2. 路径的应用

利用路径可列表和图形显示沿某条线(路径)的某个结果分量,如上述求任意点应力就采用了路径技术。很多时候,需要沿着某条线的应力和位移等分布情况,这时就可采用路径技术,并可对路径结果进行各种计算。对于 2D 或 3D 实体单元或板壳单元,该技术非常方便。关于该技术的具体使用前文已介绍,此不赘述。

3. 切面应力

当需要 3D 实体结构内部的任意剖面应力分布时,可采用切面技术和面操作技术。

切面操作技术中,切面的定义采用/CPLANE 命令,切面的显示方式可采用/TYPE 命令定义。因工作平面既可移动也可旋转,因此通常以工作平面定义为基础定义切面。而切面的显示方式有多种,常用的是 SECT、CAP 和 ZQSL 三种,其中 SECT 仅仅显示切面模型,CAP 显示切面及切面前的模型,ZQSL 显示切面及模型的几何线。但是,尽管切面所显示的模型不同,但显示的结果范围(云图颜色标识)是相同的,不是基于切面而是基于所选择的整个模型,因此只有通过人工调整云图的大小范围才能取得比较好的显示效果。

面操作技术已在 4.7.9 节中做了介绍,它可以基于工作平面或球面定义切面,并且其显示仅仅为切面本身范围内的结果云图,因此不需人工调整云图的大小范围。

例如,接着 EX6.21A 命令流分析,然后进入后处理并查看如下:

```
! EX6.24  切面技术。前接 EX6.21A 命令流。
MP,EX,1,2E5$MP,PRXY,1,0.3$DA,1,ALL,ALL              ! 定义材料和约束
/SOLU$SOLVE$/POST1$PLNSOL,S,Z                        ! 求解并进入后处理
```

```
! 采用切面技术显示应力…………………………………………
WPOFF,,,50$/CPLANE,1                    ! 移动工作平面,以工作平面定义切面
/CONTOUR,,9,-7300,,7300                 ! 定义云图显示范围(可通过结果列表确定)
/TYPE,1,1$PLNSOL,S,Z                    ! 仅仅显示切面及其结果云图
/TYPE,1,5$PLNSOL,S,Z                    ! 显示切面及切面前面模型的结果云图(云图显示
                                        范围应调整)
/TYPE,1,8$PLNSOL,S,Z                    ! 显示切面结果云图及模型的边界线
! 采用面操作技术显示应力…………………………………………
/TYPE$/CONTOUR                          ! 恢复切面显示方式和云图范围
SUCR,SUZ1,CPLANE,3                      ! 以工作平面定义面
SUMAP,MYSZ,S,Z                          ! 映射 SZ 到面项 MYSZ 上
SUPL,SUZ1,MYSZ                          ! 显示面项 MYSZ
```

6.5.3 内力计算

正如板壳单元内力一样,很多情况下也需要3D实体结构的截面内力,但3D实体单元不能直接得到截面内力,这就需要通过一定的计算求得。

通常3D实体单元截面内力有三种求法:截面分块积分法、面操作法、单元节点力求和法。截面分块积分法的原理就是采用路径技术将截面划分为条状,当划分的条很窄时,认为其在宽度上的应力相等,从而可用路径获得每条长度方向的应力,对这些应力沿着路径运算(如求和、积分等)即可得到该条上的合力,而截面上的内力就是各条合力的总和。

面操作法如4.7.9节中所述,并从EX5.6例中可以看出其截面内力的求解也比较简单。其计算截面内力的原理是依据所定义的面,通过映射各种应力到面上,然后对面上的应力进行积分或求和得到该截面上的各种内力。上述两种方法可求得任意截面上的近似内力。

单元节点力求和法与板壳单元中的方法相同,即通过选择节点和单元,然后对单元节点力求和即可得到某个截面的内力。但该法需要所求内力的截面为一列单元的边界,或者说截面不穿过单元(节点分布在截面上),这样所求截面内力是精确的。

同样以EX5.6为例,在求解后进入后处理,其命令流和结果如下:

```
NSEL,S,LOC,Z,2,2+0.05$ESLN,,1           ! 选择 L/2 截面及截面右侧的节点和单元
NSEL,R,LOC,Z,2                          ! 从中再选择 L/2 截面的节点
SPOINT,,2.1,3.15,2                      ! 指定力矩求和中心(L/2 截面的中心)
FSUM                                    ! 单元节点力求和,并给出列表结果
! 结果分别为 Fx=-16 000,Fy=40 000,Fz=-60 000
! Mx=80 000,My=32 000,Mz=-0.164 398 3E-04
```

除 Mz 很小可忽略外,其余与理论值完全相等,这是截面分块积分法和面操作法不可比的,并且可以看出该方法的求解及其简单。但对于复杂结构,由于单元划分控制不可能那么好,就不如面操作法准确,除非在划分单元时就决定求解内力的截面,然后将几何实体在此位置切分。

6.6 杆梁壳体的连接处理

在实际工程结构中，常常需要采用杆单元、梁单元、板壳单元及实体单元（简称为“杆梁壳体”）等的组合模拟，这就需要考虑各种单元间的连接。尽管大部分不同种类单元的自由度是相同的，但有些自由度是不同的。当不同种类单元的自由度相同时，采用共用节点即可；而当不同种类单元的自由度不同时，则需要建立“约束方程”。单元自由度异同有两个含义，即单元自由度个数和自由度物理意义。本节讨论不同种类单元连接时的处理。

6.6.1 约束方程的建立

约束方程是一种联系自由度值的线性方程，其形式如下：

$$\text{Const}=\sum_{I=1}^{N}(Coefficient(I)\times U(I)) \tag{6-13}$$

式中，$U(I)$为自由度项；$Coefficient(I)$为自由度项$U(I)$的系数；N为方程中项的编号。约束方程可代替自由度耦合，比自由度耦合更加通用。约束方程的建立有多种方法，相关命令如表6-7所示。

约束方程的相关命令　　表6-7

命　令	功　能	备　注
CE	直接生成约束方程	需人工填写约束方程的各项信息
CEINTF	在界面上生成约束方程	选择节点与单元后，自动生成约束方程
CERIG	定义刚性区区域	用于不同自由度单元的连接时很方便
CESGEN	根据既有约束方程生成约束方程	按节点编号增量复制生成约束方程
CECYC	循环对称分析生成约束方程	用于循环对称分析时生成约束方程
CELIST	约束方程列表	
CEDELE	删除约束方程	
CECHECK	检查约束方程和耦合的刚体运动	
CECMOD	求解期间修改约束方程的常数项	
RBE3	向从节点分配力和弯矩	以权重系数分配

1. 直接生成约束方程

命令：CE，NEQN，CONST，NODE1，Lab1，C1，NODE2，Lab2，C2，NODE3，Lab3，C3

其中：

NEQN——约束方程编号，其值可取：

=N：任意编号；

=HIGH（缺省）：既有约束方程的最高编号，特别适于向既有约束方程组中添加自由度；

=NEXT：既有约束方程的最高编号+1，为自动编号。

CONST——方程的常数项，即式(6-13)的左端项。

NODE1——约束方程第一项的节点号，若为－NODE1则从约束方程中删除该项（可用于修改）。

Lab1——第一项的节点自由度标识符，结构分析可为平动自由度 Ux、Uy、Uz 及转动自由度 ROTx、ROTy、ROTz(以弧度表示)。

C1——约束方程第一项的系数，若为 0 则不计该项。

NODE2，Lab2，C2——约束方程第二项的节点编号、自由度标识符、系数。

NODE3，Lab3，C3——约束方程第三项的节点编号、自由度标识符、系数。

当某个约束方程中的项数多于三项时，重复执行 CE 命令向该约束方程中增加其他项；若修改约束方程的常数项，则采用不带节点参数的 CE 命令。求解期间只能修改约束方程的常数项，且仅可采用 CECMOD 命令修改。

建立约束方程需要注意的几个问题：

(1)约束方程中的第一项自由度为特殊自由度，该自由度不能包含在耦合节点集、约束位移集或主自由度集中，否则将被删除。如果该特殊自由度包含在其他约束方程中，程序会根据其他项自由度进行调整，即将该特殊自由度与第二项或第三项交换，交换出现冲突时将删除该特殊项。

(2)约束方程中的所有项不能包含在耦合自由度集中。

(3)同一自由度可以包含在多个约束方程中，但必须谨慎，以防出现不相容的约束方程。

(4)约束方程中的自由度必须是模型中存在的，且节点也必须是单元节点，不能是孤立节点。

(5)所有约束方程都基于小变形和小应变理论，当在大变形或大应变分析中使用时，应当只约束那些自由度方向为小变形和小应变的方向。

(6)与耦合自由度相同，约束方程也可能产生不可预料的反作用力和节点力。

(7)自由度与当前节点坐标系相关，如可将节点坐标系与总体柱坐标系一致等。

CE 命令定义的约束方程可写为：

$$CONST = Lab1 \times C1 + Lab2 \times C2 + Lab3 \times C3 + Lab4 \times C4 + \cdots\cdots$$

例如：

```
CE,3,-2.5,8,UY,1.3,10,UY,-1.2,9,ROTZ,-8.8
CE,,,12,UX,-3.0,14,UY,-2.0
```

所表达的约束方程编号为 3，表达式为：

$$-2.5 = 1.3 \times UY_8 - 1.2 \times UY_{10} - 8.8 \times ROTZ_9 - 3.0 \times UX_{12} - 2.0 \times UY_{14}$$

2. 在界面上自动生成约束方程

命令：CEINTF，TOLER，DOF1，DOF2，DOF3，DOF4，DOF5，DOF6，MoveTol

其中：

TOLER——单元选择容差，缺省值为单元尺寸的 25%，超过此范围的节点不在界面上。

DOF1～DOF6——写入约束方程的自由度，缺省为所有有效自由度。DOF1 也可为 ALL。

MoveTol——容许的节点“移动”距离，为第二容差，即界面上节点贴近单元表面的距离小于该容差则将节点移动到表面上。该距离依据单元坐标(－1～1)，典型值为 0.05，缺省时为 0(相等)。MoveTol 的值可小于或等于 TOLER，但不得大于 TOLER。

该命令将两个具有不同网格的区域通过约束方程联系起来，即通过所选择某个区域的节点与另外区域的所选择的单元建立约束方程。节点应从网格密度大的区域(设为 A)选择，而单元则从网格密度小的区域(设为 B)选择，A 区域节点的自由度用 B 区域单元节点的自由度内插建立约束方程，内插方法采用B区域单元的形函数。

与CEINTF等效的方法有耦合节点自由度（命令CPINTF）、建立线性单元（命令EINTF）、MPC方法、接触单元等。

3. 生成刚性区域

命令：CERIG，MASTE，SLAVE，Ldof，Ldof2，Ldof3，Ldof4，Ldof5

其中：

MASTE——刚性区域保留的节点，也称主节点。

SLAVE——刚性区域去掉的节点，也称从节点，若为ALL则为所有选择的节点。

Ldof——约束方程中的自由度，其值可取：

=ALL（缺省）：所有有效自由度，若为3D，根据Ux、Uy、Uz、ROTx、ROTy、ROTz生成6个约束方程；若为2D，根据Ux、Uy、ROTz生成3个约束方程，2D刚性区域必须位于XY平面，当然每个节点都有相应的自由度。

=Uxyz：平动自由度。若为3D，根据从节点的Ux、Uy、Uz及主节点的Ux、Uy、Uz、ROTx、ROTy、ROTz自由度生成3个约束方程。若为2D，根据从节点的Ux、Uy及主节点的Ux、Uy、ROTz自由度生成2个约束方程。该参数对于具有不同自由度单元的共用节点传递弯矩非常有用。

=Rxyz：转动自由度。若为3D，根据ROTx、ROTy、ROTz自由度生成3个约束方程。若为2D，根据ROTz自由度生成1个约束方程。

=Ux：仅从节点的Ux自由度；

=Uy：仅从节点的Uy自由度；

=Uz：仅从节点的Uz自由度；

=ROTx：仅从节点的ROTx自由度。

=ROTy：仅从节点的ROTy自由度。

=ROTz：仅从节点的ROTz自由度。

Ldof2，Ldof3，Ldof4，Ldof5——当Ldof不等于ALL、Uxyz或Rxyz时，才定义的其余自由度。

该命令连接主节点和从节点的自由度通过约束方程生成刚性线，而具有公共节点的刚性线连接为刚性面或刚性体。建立刚性区域时，会生成一个或多个约束方程，约束方程编号会自动在原有最大编号上加1。

与CERIG命令等效的方法有MPC方法和接触单元。

4. 根据既有约束方程生成约束方程

命令：CESGEN，ITIME，INC，NSET1，NSET2，NINC

其中：

ITIME，INC——生成约束方程的次数和每次的节点增量，ITIME必须大于1。

NSET1，NSET2，NINC——以NINC为增量从NSET1到NSET2范围的既有约束方程生成新的约束方程，NINC缺省为1。

5. 约束方程列表

命令:CELIST,NEQN1,NEQN2,NINC,Nsel

其中:

NEQN1,NEQN2,NINC——以 NINC(缺省为 1)为增量从 NEQN1 到 NEQN2(缺省为 NEQN1)对约束方程列表显示。若 NEQN1=ALL,则忽略其后的命令参数。

Nsel ——节点选择控制,其值可取:

=ANY(缺省):列出包含选择节点集中任一节点的约束方程;

=ALL:仅仅列出包含选择集中全部节点的约束方程。

6. 删除约束方程

命令:CEDELE,NEQN1,NEQN2,NINC,Nsel

其中命令参数意义同 CELIST 中。

6.6.2 杆与梁壳体的连接

2D 杆单元每个节点仅有 2 个平动自由度,即 Ux 和 Uy;3D 杆单元每个节点则仅有 3 个平动自由度,即 Ux、Uy 和 Uz;而梁壳体单元都包含了这 3 个平动自由度,并且具有相同的物理意义。因此,杆单元与梁壳体单元的连接采用公共节点即可,无需建立约束方程。

如当 2D 杆单元与 2D 梁单元或 2D 实体单元连接时,只要二者具有公共节点,则 Ux 和 Uy 自由度值就相等;再如 3D 杆单元与 3D 实体单元或板壳单元连接时,只要二者具有公共节点,则 Ux、Uy 和 Uz 自由度值就相等,均不需建立约束方程。

实际工程结构中,如比较复杂的杆系结构,为简化计算用杆元模拟长细比很大的杆件,或者两端构造非常明确的铰销连接杆件,其余采用梁单元模拟。如桁架结构中的腹杆可用杆元模拟,而弦杆等采用梁单元模拟,从而形成“杆梁”单元连接。同样地,当杆件支承在刚度较大的实体上时,可用杆元模拟杆件,而用实体单元模拟几何实体时就形成“杆体”单元连接。下面以图 6-16 所示结构为例说明使用方法。

```
! EX6.25   桁架、梁和实体组合结构计算
FINISH$/CLEAR$/PREP7
L1 = 0.8$L2 = 2$L3 = 1$H1 = 3$H2 = 1.2$B = 1.5$ERR = 0.1                ! 定义参数
ET,1,SOLID95$ET,2,LINK8$ET,3,BEAM4                                      ! 定义 3 种单元类型
MP,EX,1,3.3E10$MP,PRXY,1,0.2                                            ! 定义材料 1 性质
MP,EX,2,2.1E11$MP,PRXY,2,0.3                                            ! 定义材料 2 性质
R,1,0.25 * ACOS(-1) * (0.16 * 0.16 - 0.144 * 0.144)                     ! 定义实常数 1
R,2,0.00908,2.14E-3,1.45E-2,0.3,0.2$RMORE,,6.52E-5                      ! 定义实常数 2
R,3,0.00908,1.45E-2,2.14E-3,0.2,0.3$RMORE,,6.52E-5                      ! 定义实常数 2
/VIEW,1,1,1,1$/ANG,1,-120,ZS,1                                          ! 设置视图方向
BLC4,,,L1,B,H1$WPOFF,,,H1-H2$VSBW,ALL                                   ! 创建长方体并切分为 2 个体
WPCSYS,-1                                                               ! 工作平面恢复,并创建关键点和线
K,20,L1+L2,,H1$K,21,L1+L2+L3,,H1$K,22,L1+L2+2*L3,,H1$K,23,L1+L2+3*L3,,H1
```

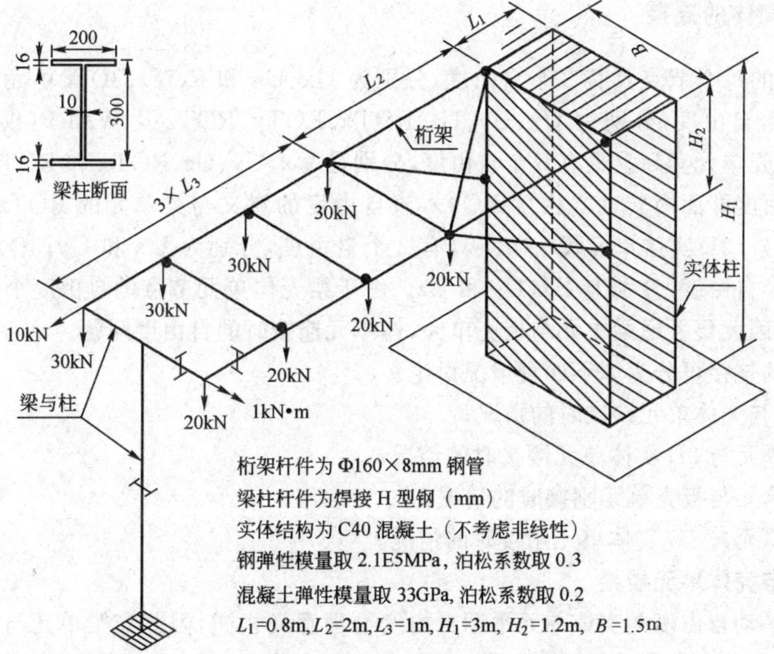

图 6-16　桁架、梁和实体组合结构

```
K,24,L1 + L2,B,H1$K,25,L1 + L2 + L3,B,H1$K,26,L1 + L2 + 2 * L3,B,H1$K,27,L1 + L2 + 3 * L3,B,H1
K,28,L1 + L2 + 3 * L3,B/2,H1$K,29,L1 + L2 + 3 * L3,B/2
L,6,20$L,12,20$L,20,21$L,21,22$L,22,23$L,7,24$L,11,24$L,24,25$L,25,26$
L,26,27$L,6,24$L,20,24$L,21,25$L,22,26$L,23,28$L,28,27$L,28,29
DK,29,ALL$DA,1,ALL                                   ! 在关键点和面施加约束
KSEL,S,,,20,23$FK,ALL,FZ,-3E4                        ! 对 4 个关键点各施加 30kN 荷载
KSEL,S,,,24,27$FK,ALL,FZ,-2E4$KSEL,ALL               ! 对 4 个关键点各施加 20kN 荷载
FK,23,FX,1E4$FK,27,MY,1000                           ! 对另外两个关键点施加荷载和扭矩
ESIZE,0.2$MSHAPE,0$MSHKEY,1                          ! 定义单元网格尺寸、类型等
VATT,1,,1$VMESH,ALL                                  ! 赋予几何体材料和单元属性,划分网格
LSEL,S,LOC,X,L1 + ERR,L1 + L2                        ! 选择拟划分为桁元的线,并定义元件
LSEL,A,LOC,X,L1 + L2 + L3$LSEL,A,LOC,X,L1 + L2 + 2 * L3$CM,LINKLINE,LINE
LATT,2,1,2                                           ! 赋予线材料 2、实常数 1 和单元 2 属性
LESIZE,ALL,,,1$LMESH,ALL                             ! 定义每线划分一个单元,并划分之
LSEL,S,LOC,X,L1 + L2 + ERR,L1 + L2 + 3 * L3          ! 选择除几何体外的线
CMSEL,U,LINKLINE$LSEL,U,LOC,Z,0,H1 - ERR             ! 从中去掉桁元线和柱线
LATT,2,2,3$LESIZE,ALL,,,4$LMESH,ALL                  ! 赋予线材料 2、实常数 2、单元 3 属性
LSEL,S,LOC,X,L1 + L2 + 3 * L3                        ! 选择柱竖线,赋予属性,划分单元
LSEL,R,LOC,Z,0,H1 - ERR$LATT,2,3,3$LESIZE,ALL,,,4$LMESH,ALL$ALLSEL,ALL
FINISH$/SOLU$SOLVE$/POST1$PLDISP,1                   ! 求解并进入后处理
```

6.6.3 梁与壳体的连接

2D 梁单元的每个节点具有 3 个自由度，分别为 Ux、Uy 和 ROTz；3D 梁单元的每个节点具有 6 个或 7 个自由度，分别为 Ux、Uy、Uz、ROTx、ROTy、ROTz 及 WARP(仅 BEAM18X 系列单元)。板壳单元实际上具有 5 个自由度，分别是 Ux、Uy、Uz、ROTx 和 ROTy，但是大多引入第 6 个自由度即面内转动自由度 ROTz，该自由度的意义与梁单元的 ROTz 不同(详见 6.4.2中的说明)。2D 实体单元每个节点具有 2 个自由度，分别为 Ux 和 Uy；3D 实体单元每个节点具有 3 个自由度，分别为 Ux、Uy 和 Uz。由于梁壳体单元节点的自由度个数或自由度物理意义不同，因此要考虑梁单元与板壳单元、体单元连接时的自由度问题。

梁与壳体的连接可分为如下四种情况讨论：

(1)梁单元与壳体单元铰接时的情况；

(2)2D 梁单元与 2D 实体单元刚接时的情况；

(3)3D 梁单元与板壳单元刚接时的情况；

(4)3D 梁单元与 3D 实体单元刚接时的情况。

1. 梁单元与壳体单元铰接

因梁单元平动自由度与实体单元平动自由度物理意义相同，因此当梁单元与实体单元铰接时，只要具有公共节点就无需约束方程，或者不具有公共节点但具有重合的节点时，直接耦合节点的平动自由度即可。

然而梁单元与板壳单元因有 5 个自由度物理意义相同，因此当单元间具有公共节点时，不是铰接，而是除 ROTz 外的一种刚性连接。如果欲使梁单元与板壳单元铰接，就必须采用主从节点的方法，即无公共节点但在同一位置建立各自的节点，然后耦合平动自由度。

例如，图 6-17 所示的结构，梁一端固结，一端铰接于几何体侧面的中心，几何体的另一侧面固结。所受荷载如图所示，对其进行计算分析的命令流如下：

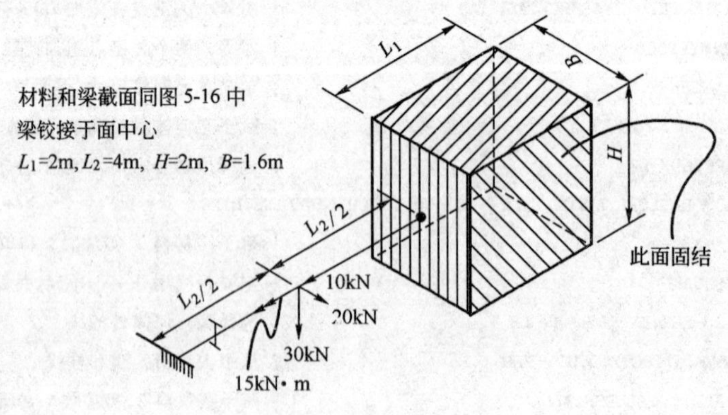

图 6-17　梁铰接于体

```
! EX6.26  梁单元与实体单元的铰接
FINISH$/CLEAR$/PREP7$L1 = 2$L2 = 4$B = 1.6$H = 2$ERR = 0.1        ! 定义参数
ET,1,SOLID95$ET,2,BEAM4$MP,EX,1,3.3E10                          ! 定义 2 种单元类型
```

```
MP,PRXY,1,0.2$MP,EX,2,2.1E11$MP,PRXY,2,0.3                    ! 定义材料 1 和材料 2 性质
R,1,0.00908,2.14E-3,1.45E-2,0.3,0.2$RMORE,,6.52E-5            ! 定义实常数 1
/VIEW,1,1,1,1$/ANG,1,-120,ZS,1                                ! 设置视图方向
BLC4,,,L1,B,H$WPOFF,,,H/2$VSBW,ALL                            ! 创建几何体并切分
WPOFF,,B/2$WPROTA,,90$VSBW,ALL$WPCSYS,-1
K,50,L1+L2/2,B/2,H/2$K,51,L1+L2,B/2,H/2                       ! 创建关键点
L,16,50$L,50,51                                               ! 创建线(梁)
ASEL,S,LOC,X,0$DA,ALL,ALL                                     ! 选择面施加约束
KSEL,S,LOC,X,L1+L2$DK,ALL,ALL                                 ! 选择关键点施加约束
FK,50,FX,1E4$FK,50,FY,2E4$FK,50,FZ,-3E4                       ! 施加集中荷载
FK,50,MX,1.5E4
VSEL,ALL$VATT,1,,1                                            ! 赋予几何体材料、单元属性
ESIZE,0.2$MSHAPE,0$MSHKEY,1$VMESH,ALL                         ! 划分几何体为 3D 单元
LSEL,S,LOC,X,L1+ERR,L1+L2$LATT,2,1,2                          ! 选择线,定义属性
LESIZE,ALL,,,4$LMESH,ALL$ALLSEL                               ! 划分梁单元
FINISH$/SOLU$SOLVE$/POST1$PLDISP,1                            ! 求解并进入后处理
ETABLE,FXI,SMISC,1$ETABLE,FXJ,SMISC,7                         ! 单元杆端 Fx
ETABLE,FYI,SMISC,2$ETABLE,FYJ,SMISC,8                         ! 单元杆端 Fy
ETABLE,FZI,SMISC,3$ETABLE,FZJ,SMISC,9                         ! 单元杆端 Fz
ETABLE,MXI,SMISC,4$ETABLE,MXJ,SMISC,10                        ! 单元杆端 Mx
ETABLE,MYI,SMISC,5$ETABLE,MYJ,SMISC,11                        ! 单元杆端 My
ETABLE,MZI,SMISC,6$ETABLE,MZJ,SMISC,12                        ! 单元杆端 Mz
PLLS,MXI,MXJ$PLLS,MYI,MYJ$PLLS,MZI,MZJ                        ! 绘制内力图
```

2. 2D 梁单元与 2D 实体单元刚接

2D 梁单元与 2D 实体单元刚接的处理有多种方法,如约束方程法、虚梁法、MPC 法等。其原理都是建立自由度之间的关系方程,由于所建立自由度之间的关系都采用了局部区域的节点,因此所得结果在局部范围内可能造成应力集中,后处理中应予以注意。

(1)约束方程法。

根据节点的连接特性,建立梁单元节点和实体单元节点自由度之间的关系,即约束方程。如图 6-18a)所示的几何模型,图 6 18b)为其简化的 2D 分析模型。以下面命令流中的参数为例,其有限元模型如图 6-18c)所示,图中的 3 个数字为节点编号。

在图 6-18c)中,如果不建立约束方程,由于 BEAM3 和 PLANE42 单元共用节点 1,因此相当于梁单元与 2D 实体单元铰接。要模拟刚接,就要建立梁单元与 2D 实体单元节点自由度的关系,即梁单元的转角自由度与 2D 实体单元平动自由度之间的关系。按照图中所示节点编号,其节点自由度关系为:

$$\frac{Ux_{37}-Ux_{19}}{Dy_{37-19}}=-ROTz_1 \tag{6-14}$$

式中,Dy_{37-19}为节点 37 和节点 19 的 Y 坐标之差。上式写成标准方程为:

$$0=Ux_{37}-Ux_{19}+ROTz_1\times Dy_{37-19} \tag{6-15}$$

再写成命令方式为:CE,1,0,37,U,1,19,UX,−1, 1,ROTZ,NY(39)−NY(19)

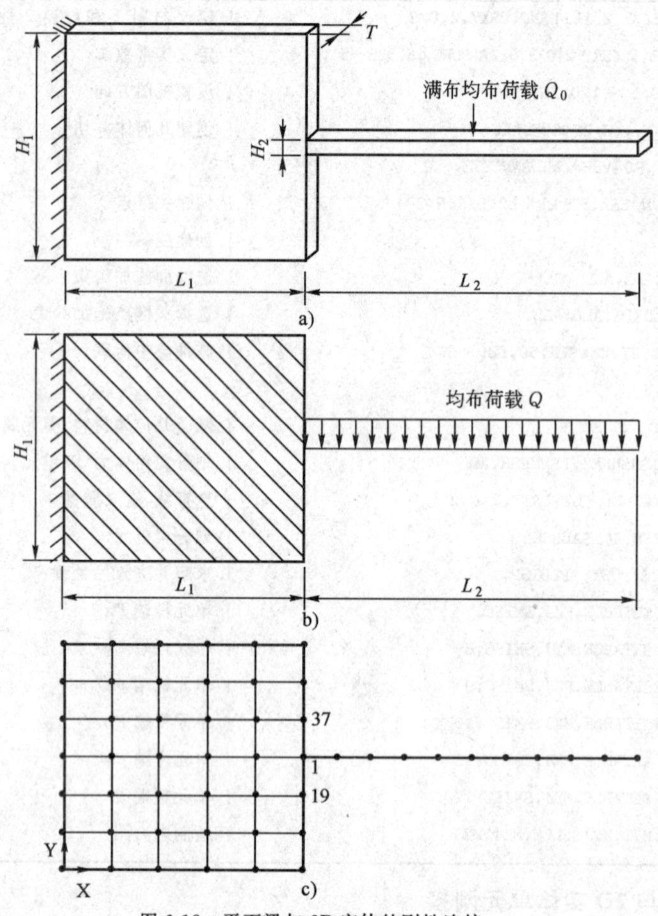

图 6-18　平面梁与 2D 实体的刚性连接

本例全部命令流如下：

```
! EX6.27  平面梁与 2D 实体的刚性连接
FINISH$/CLEAR$/PREP7
! 定义几何参数及其计算参数
L1 = 0.5$L2 = 2$H1 = 0.6$H2 = 0.02$T = 0.016$Q0 = 3000$Q = Q0 * T$A0 = T * H2$I0 = T * H2 * H2 * H2/12
! 定义两种单元、材料属性及两种实常数
ET,1,BEAM3$ET,2,PLANE42,,,3$MP,EX,1,2.1E11$MP,PRXY,1,0.3$R,1,T$R,2,A0,I0,H2
! 创建面并切分、创建关键点、得到面上与线相连的关键点、创建线
BLC4,,,L1,H1$WPOFF,,H1/2$WPROTA,,90$ASBW,ALL$WPCSYS,-1$K,50,L1 + L2,H1/2
KSEL,S,LOC,X,L1$KSEL,R,LOC,Y,H1/2$*GET,KP0,KP,,NUM,MAX$KSEL,ALL$L,KP0,50
! 对几何图素赋予单元、材料、实常数等属性
LSEL,S,LOC,Y,H1/2$LSEL,R,LOC,X,L1,L1 + L2$CM,L1CM,LINE$LATT,1,2,1
LESIZE,ALL,,,10$LMESH,ALL$ASEL,ALL
AATT,1,1,2$ESIZE,0.1$MSHAPE,0$MSHKEY,1$AMESH,ALL
! 施加约束和单元荷载(梁单元均布荷载必须施加到单元上)
LSEL,S,LOC,X,0$DL,ALL,,ALL$CMSEL,S,L1CM$ESLL,S$SFBEAM,ALL,1,PRES,Q
```

```
! 此处利用选择命令及 * GET 函数确定节点编号,以便建立约束方程
KSEL,S,,,KP0 $NSLK,S$ * GET,N1,NODE,,NUM,MAX
NSEL,S,LOC,X,L1 $NSEL,R,LOC,Y,H1/2,H1 $N2 = NNEAR(N1)
NSEL,S,LOC,X,L1 $NSEL,R,LOC,Y,0,H1/2 $N3 = NNEAR(N1)
CE,1,0,N2,UX,1,N3,UX,-1,N1,ROTZ,NY(N2)-NY(N3)$ALLSEL,ALL
! 求解后进入后处理,可查看结果
/SOLU$SOLVE$/POST1 $PLDISP,1
```

从本例建模及求解结果可以看出,几何面上的节点位置因网格密度不同而不同,约束方程所表达的自由度关系也不同,因此造成的应力集中位置和程度也不相同。而实际连接(见图6-18a))所造成的应力集中位置在梁与体连接的上下角点处。所以,在后处理中可以看到,因网格密度不同,这些点的应力误差很大,或者讲这些点的应力不便采用。

(2)伪梁法。

伪梁法可分为插入伪梁法和十字伪梁法,前者是用"虚假梁单元"插入到实体单元中一定长度,该长度至少要跨越一个实体单元,即伪梁单元应至少与实体单元的两个节点相连;后者在连接处沿着几何面边线方向上创建伪梁单元,该伪梁单元所跨越的长度至少也为一个实体单元长度(梁单元与实体单元无共用节点),或应跨越两个实体单元长度(梁单元与实体单元有共用节点)。伪梁抗弯刚度可设为无穷大或实际梁元刚度的1E4倍左右。

伪梁法就是强制满足刚性连接条件。例如,插入伪梁时,伪梁与梁单元共用节点,其间连接是刚性的,伪梁与实体单元共用节点但为铰接,通过两个以上的铰接传递弯矩,进而达到刚性连接的目的。对于十字伪梁法亦然,即先在面上建立几个伪梁单元,这些伪梁单元与实体单元通过两个以上铰接节点传递弯矩,然后伪梁单元与梁单元刚接。该原理同样适合梁单元与板壳单元的连接中,如可建立十字交叉的伪梁单元与板壳单元共用节点,然后再用伪梁与梁单元连接即可。例如,上例采用插入伪梁法和十字伪梁法的命令流如下:

```
! EX6.28  插入伪梁法模拟刚性连接----------------------------------------------------------
! 这里同 EX6.27 中的命令流,直到施加约束和单元荷载
R,3,A0,1E4 * I0,H2 $ALLSEL,ALL                    ! 定义伪梁的实常数为 3 号
TYPE,1 $REAL,3 $E,24,1                            ! 在节点 1 和 24 上建立伪梁单元,实常数号为 3
/SOLU$SOLVE$/POST1 $PLDISP,1
! EX6.29  十字伪梁法模拟刚性连接----------------------------------------------------------
! 这里同 EX6.27 中的命令流,直到施加约束和单元荷载
R,3,A0,1E4 * I0,H2 $ALLSEL,ALL                    ! 定义伪梁的实常数为 3 号
TYPE,1 $REAL,3 $E,1,37 $E,1,19                    ! 在节点 1 和 37 及 1 和 19 上建立伪梁单元
/SOLU$SOLVE$/POST1 $PLDISP,1                      ! 结果与 EX6.27 相同
```

(3)MPC 法。

该法利用 ANSYS 的 MPC184 单元,该单元可设为(用 KEYOPT)刚性杆、刚性梁、滑移约束、球形约束、万向节、旋转铰等运动关节,广泛应用于运动结构系统的建模。该单元支持大位移、生死单元等非线性行为。

当 MPC184 做为刚性梁(KEYOPT(1)=1 时)使用时,与伪梁法的原理相同,但不用定义

实常数，与结构力学中常用的“刚臂”相同。当定义为刚性梁时，该梁有两个节点，每个节点有6个自由度。在杆系结构分析中，因为用“线”表达结构，为确定结构位置常常要用到“刚臂”，即 MPC184 刚性梁单元，所以说该单元是既重要而又很有用的单元。

MP 法与虚梁法类同，同样以图 6-18 为例，其命令流如下：

```
! EX6.30  MPC 法模拟刚性连接
! 这里同 EX6.27 中的命令流，直到施加约束和单元荷载
ALLSEL,ALL
ET,3,MPC184,1                    ! 定义刚性梁单元(KEYOPT(1) = 1)
TYPE,3                           ! 指示下面定义的单元采用单元类型 3
E,24,1                           ! 用节点 24 和 1 定义单元
D,1,UZ,,,,,ROTY,ROTX             ! 约束节点 1 的面外自由度(刚性梁有每个节点 6
                                 个自由度)
/SOLU$SOLVE$/POST1$PLDISP,1
```

3.3D 梁单元与板壳单元刚接

如前所述，梁单元与板壳单元有 5 个自由度物理意义相同。因此，当单元间具有公共节点时，只需建立梁单元自由度 ROTz 与板壳单元其他自由度之间的约束方程。同样，由于所建立的约束方程涉及到局部节点，该局部节点的应力也不宜采用，特别是网格密度不同时，其数值相差较大。所以，当采用约束方程建立二者的刚性连接时，应避免采用局部范围内的数值结果。

3D 梁单元与板壳单元的刚性连接，可分为梁与壳面垂直或穿过壳面、梁包含在壳面内、梁在壳面内但不包含三种情况考虑。

(1)梁与壳面垂直或穿过壳面的情况。

梁垂直于板壳或穿过壳面的情况，可建立梁单元自由度 ROTz 与板壳单元其他自由度之间的约束方程。以图 6-19 所示结构为例，说明其具体方法。

图 6-19a)为一方板，在方板中心位置焊接一圆柱杆件，圆柱杆件顶端固结，方板四角作用有集中力。图 6-19b)为梁与壳简化计算的几何模型，图 6-19c)为有限元模型，图 6-19d)为梁与壳连接点局部的单元节点编号，按图中坐标系，节点 2 自由度 ROTz 与其余节点自由度之间的关系为：

$$\frac{-Ux_{143}+Ux_{23}}{Dy_{143-23}}=ROTz_2 \tag{6-16}$$

$$\frac{Uy_{92}-Uy_{30}}{Dx_{92-30}}=ROTz_2 \tag{6-17}$$

写成标准方程形式如下：

$$0=Ux_{143}-Ux_{23}+ROTz_2\times Dy_{143-23} \tag{6-18}$$

$$0=Uy_{92}-Uy_{30}-ROTz_2\times Dx_{92-30} \tag{6-19}$$

式中，Dy_{143-23}为节点 143 与节点 23 的 Y 坐标之差；Dx_{92-30}为节点 92 与节点 30 的 X 坐标之差。

根据式(6-18)和(6-19)利用 CE 命令可编写约束方程，整个分析的命令流如下：

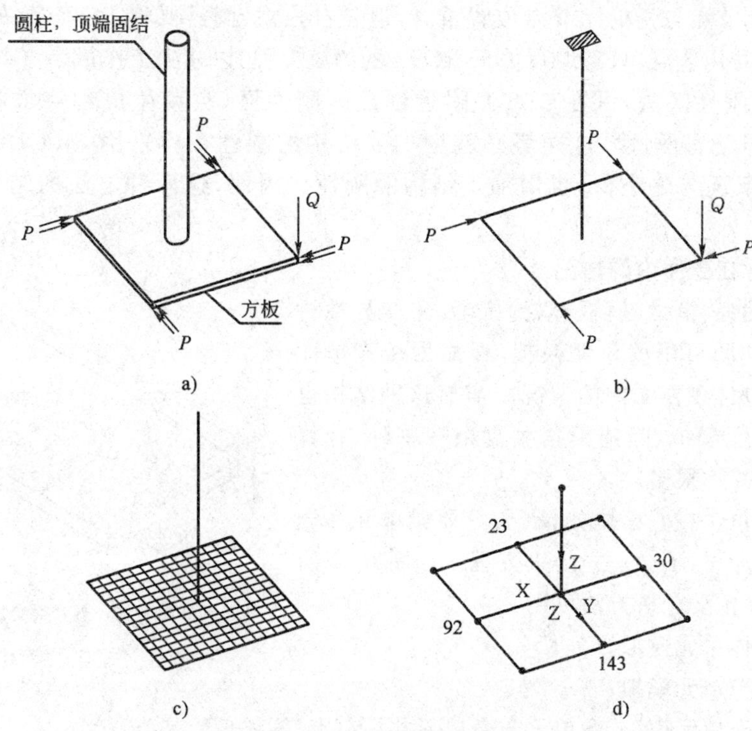

图 6-19　空间梁与板壳单元的刚性连接

a)实际模型；b)简化模型；c)单元划分；d)连接局部节点

```
! EX6.31   3D 梁单元与板壳单元刚接
FINISH$/CLEAR$/PREP7
L1 = 1.4$T = 0.02$L2 = 1$R = 0.1$P = 20 000$Q = 3 000      ! 板宽、板厚、柱高、柱半径、荷载
ET,1,SHELL63,,,2$ET,2,BEAM189                              ! 定义两类单元：壳和梁单元
MP,EX,1,2.1E11$MP,PRXY,1,0.3$R,1,T                         ! 定义材料性质及实常数（壳厚度）
SECTYPE,1,BEAM,CSOLID$SECDATA,R                            ! 定义梁截面及数据：实心圆柱
BLC5,,,L1,L1$WPROTA,,90$ASBW,ALL                           ! 创建方板，并切分为 4 部分
WPROTA,,,90$ASBW,ALL$WPCSYS,-1
  K,50,,,L2 + T/2$KP0 = KP(0,0,0)$L,50,KP0                 ! 创建点 50、获取 0,0,0 处点号、连线
LSEL,S,LOC,Z,0.1,L2                                        ! 选择（柱）线
LATT,1,,2,,,,1$LESIZE,ALL,,,4$LMESH,ALL                    ! 赋予属性、定义划分个数、划分网格
AATT,1,1,1$ESIZE,0.1                                       ! 赋予面属性、定义单元尺寸
MSHAPE,0,2D$MSHKEY,1$AMESH,ALL                             ! 定义网格形状、划分类型、划分网格
DK,50,ALL$FK,1,FY,P$FK,4,FX,P                              ! 在几何模型上施加约束和荷载
FK,3,FY,-P$FK,2,FX,-P$FK,4,FZ,-Q$ALLSEL,ALL
CE,1,0,143,UX,1,23,UX,-1,2,ROTZ,NY(143)-NY(23)             ! 建立约束方程 1（对应式(6-18)）
CE,2,0,92,UY,1,30,UY,-1,2,ROTZ,-(NX(92)-NX(30))            ! 建立约束方程 2（对应式(6-19)）
/SOLU$SOLVE$/POST1$PLDISP,1                                ! 求解并进入后处理等
```

上述示例中，梁单元与壳单元共用节点，如不共用节点或各自节点独立，也可采用约束方程。如梁单元节点位于某个壳单元的某位置，需要编写除 ROTz 外的其余自由度的约束方

程；如果梁单元节点与壳单元节点位置重合，但各自独立，则需要将 ROTz 外的自由度耦合。因此建议采用共用节点，只需编写关于 ROTz 的约束方程，以减少工作量。

如果采用刚性区法，可在节点 2 附近创建一刚性区（自动生成约束方程），即将该小区域的 SHELL 视为刚性，这样势必就增加了结构的刚性。当采用 MPC184 建立几个刚性梁单元时，情况与之类似，也增加了结构的刚性。因此，这两种方法的结果不如编写约束方程合理。

(2)梁包含在壳面内的情况。

如带加劲肋的箱梁、模板、双壁围堰、正交异性桥面板等，其加劲肋可用梁单元模拟，板面用板壳单元模拟，即为梁包含在壳面内的情况。当然这种结构也可采用全壳单元模拟，除建模稍稍复杂一些外，计算费用方面相差并不很多。

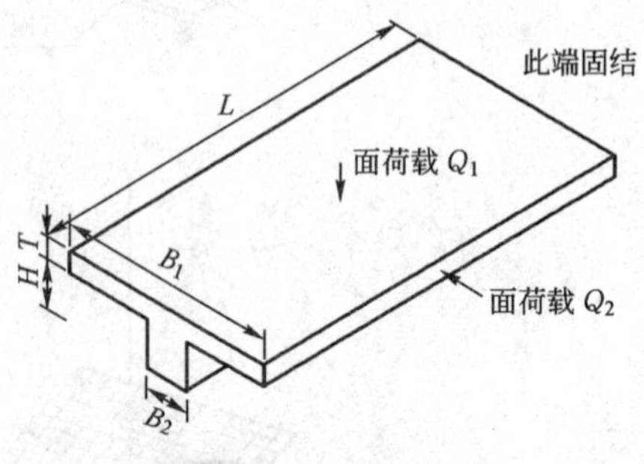

图 6-20　悬臂梁结构示意

对这种梁包含在壳面内的情况，只要梁单元和壳单元共用节点即可，不必建立约束方程。如图 6-20 所示的悬臂梁，其主要分析方法可用：

①采用实体单元模拟；

②采用全壳单元模拟；

③采用梁壳单元模拟，梁单元与壳单元共用节点，需梁偏置或壳偏置；

④采用梁壳单元模拟，梁单元与壳单元节点独立，但必须建立约束方程；

⑤采用梁截面系列的梁单元，如 BEAM44 或 BEAM18X 单元等；

⑥采用输入实常数系列的梁单元，如 BEAM4 等。

以上方法各有利弊，不做讨论，此处仅仅考虑偏置梁壳单元模拟图 6-20 的悬臂梁。其基本思路是创建面，切分面形成拟用梁单元模拟的线（简称梁线），即此梁线同时为组成面的线；定义梁截面和偏置量；赋予面和梁线属性、划分网格、加载、求解等。命名流如下：

```
! EX6.32  梁包含在壳面内的情况——梁偏置
FINISH$/CLEAR$/PREP7
L = 500$B1 = 200$B2 = 12$T = 2$H = 15              ! 定义几何参数
Q1 = 0.01$Q2 = 10                                   ! 定义 Q1(N/mm²)和 Q2(N/mm²)
ET,1,SHELL63$ET,2,BEAM188                           ! 定义单元类型 SHELL63 和 BEAM188
MP,EX,1,2E5$MP,PRXY,1,0.3$R,1,T                     ! 定义材料性质和实常数(板厚)
SECTYPE,1,BEAM,RECT                                 ! 定义梁截面为矩形
SECDATA,B2,H,3,3                                    ! 定义矩形截面数据及格栅数
SECOFFSET,USER,0,H/2 + T/2                          ! 将截面原点偏置到(H + T)/2
WPROTA,,90$RECTNG,- B1/2,B1/2,0,L                   ! 旋转工作平面,创建矩形面
WPROTA,,,90$ASBW,ALL$WPCSYS,- 1                     ! 旋转工作平面,切分面形成梁线
LSEL,S,TAN1,X$LESIZE,ALL,,,50                       ! 选择纵向线、定义划分个数为 50
LSEL,S,TAN1,Z$LESIZE,ALL,,,10                       ! 选择横向线、定义划分个数为 10
AATT,1,1,1$AMESH,ALL                                ! 赋予面属性,划分单元
```

```
K,100,,100,100                                    ! 创建关键点 100,用于梁截面的方向点
LSEL,S,LOC,X,0$LATT,1,,2,,100,,1                  ! 选择梁线、赋予属性和截面 ID
LMESH,ALL                                         ! 对梁线划分单元
LSEL,S,LOC,Z,0$DL,ALL,,ALL                        ! 选择线、施加约束
LSEL,S,LOC,X,B1/2$SFL,ALL,PRES,Q2                 ! 选择线、施加分布荷载 Q2
SFA,ALL,1,PRES,Q1$ALLSEL,ALL                      ! 施加面荷载 Q1
/SOLU$SOLVE$/POST1$PLDISP,1                       ! 求解及后处理等
```

(3)梁在壳面内但不包含的情况。

此种情况为梁与板壳位于同一面内,但面不包含梁线,如一工字形截面悬臂梁(截面如图6-21a)),承受竖向和横向均布面荷载作用,其模拟方法可采用下述方法之一:

①采用实体单元模拟;

②采用全壳单元模拟;

③采用任意梁单元,如 BEAM4、BEAM44 或 BEAM18X 系列等;

④采用梁壳单元模拟,将梁单元插入到壳单元中至少一个壳单元长度,并共用节点;

⑤采用梁壳单元模拟,共用节点,并在与梁连接的壳单元端部创建 MPC184 刚性梁单元;

⑥采用梁壳单元模拟,共用节点,并在与梁连接的壳单元端部创建刚性区。

分别采用不同的计算模型的计算结果比较接近,如表 6-8 所示。在考虑梁壳结合的模型中,刚性梁和刚性区法较为方便。刚性梁法(连接部位示意如图 6-21b)所示)的命令流如下:

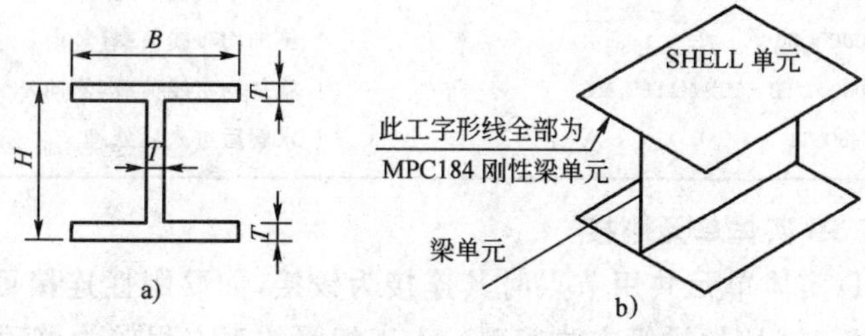

图 6-21 悬臂梁截面及其梁壳连接部位示意

几种模型的计算结果比较(位移:mm,应力:MPa) 表 6-8

计算模型	U	Uy	Ux	Szmin	Szmax
SHELL63 模型	9.595	−6.645	6.916	−65.4	65.7
BEAM4 模型	9.770	−6.888	6.929	−61.2	61.2
BEAM189 模型	9.790	−6.919	6.926	−61.2	61.2
SHELL63+插入 BEAM188	9.904	−6.847	7.157	−64.8	65.1
SHELL63 + BEAM189 + MPC184 刚性梁	9.606	−6.666	6.915	−64.8	65.1
SHELL63+BEAM189+刚性区	9.601	−6.666	6.915	−64.8	65.1

```
! ------------------------------------------------------------------------------------------------
! EX6.33  梁在壳面内但不包含的情况——采用MPC184单元模拟连接部位
FINISH$/CLEAR$/PREP7
B0 = 0.1$H0 = 0.09$T0 = 0.01$L0 = 3                          ! 定义几何参数
ET,1,SHELL63,,,2$ET,2,BEAM188$ET,3,MPC184,1                  ! 定义3种单元类型
MP,EX,1,2.1E11$MP,PRXY,1,0.3$R,1,T0                          ! 定义材料属性及实常数
SECTYPE,1,BEAM,I$SECDATA,B0,B0,H0,T0,T0,T0                   ! 定义梁截面及其数据
WPROTA,,90$BLC4,,,B0,L0/2$AGEN,2,ALL,,,,H0 - T0              ! 旋转工作平面,创建上下翼板
WPOFF,B0/2$WPROTA,,,90$BLC4,,,H0 - T0,L0/2                   ! 移动并旋转工作平面,创建腹板
AGLUE,ALL$WPCSYS,-1                                          ! 黏接各板
WPOFF,,(H0 - T0)/2$WPROTA,,90$ASBW,ALL                       ! 移动并旋转工作平面,切分腹板
ESIZE,B0/6$MSHAPE,0$MSHKEY,1                                 ! 定义单元尺寸、形状、网分类型
AATT,1,1,1$AMESH,ALL                                         ! 赋予面属性,划分单元
KP0 = KP(B0/2,(H0 - T0)/2,L0/2)                              ! 得到与梁连接部位的关键点号
K,100,KX(KP0),KY(KP0),L0$K,200,KX(KP0),L0,L0                 ! 创建两个关键点
LSEL,NONE$L,KP0,100$LESIZE,ALL,,,10                          ! 选择线空集,创建线,定义划分
LATT,1,,2,,,200,,1$LMESH,ALL                                 ! 赋予线属性,划分单元
LSEL,S,LOC,Z,L0/2$LATT,1,,3$LMESH,ALL                        ! 选择连接断面的线,并划分单元
LSEL,S,LOC,Z,0$DL,ALL,,ALL                                   ! 选择线,施加所有约束
ASEL,S,LOC,Y,H0 - T0$SFA,ALL,1,PRES,5000                     ! 选择面,施加均布荷载(顶面)
ASEL,S,LOC,X,B0/2$SFA,ALL,1,PRES,3000                        ! 选择面,施加均布荷载(侧面)
LSEL,S,LOC,Z,L0/2 + 0.1,L0$ESLL,S                            ! 选择梁线及单元
SFBEAM,ALL,1,PRES,5000 * B0                                  ! 施加均布线荷载(竖向)
SFBEAM,ALL,2,PRES,-3000 * (H0 - T0)$ALLSEL,ALL               ! 施加均布线荷载(侧向)
FINISH$/SOLU$SOLVE$/POST1                                    ! 求解后进入后处理
```

4. 3D 梁单元与 3D 实体单元刚接

3D 梁单元与 3D 实体单元共用节点时其连接为铰接,如要刚性连接可通过建立约束方程、设置刚性区、MPC184 刚性梁等方法实现。人工编写约束方程较为繁琐,MPC184 刚性梁法易产生应力集中。因此,CERIG 自动建立约束方程为最佳方法。

例如,一尺寸为 $B \times H$ 的矩形截面悬臂梁,一部分采用实体单元,另一部分采用普通梁单元,两种单元的连接采用刚性区(CERIG 命令),其命令流如下:

```
! EX6.34A  3D梁单元与3D实体单元刚接——采用刚性区法
FINISH$/CLEAR$/PREP7
B = 10$H = 20$L1 = 100$L2 = 150                              ! 定义梁宽、高、实体长度、普通梁长度
A1 = B * H$I1 = B * H * * 3/12$I2 = H * B * * 3/12           ! 计算梁单元截面特性
ET,1,SOLID95$ET,2,BEAM4                                      ! 定义两种单元,实体单元和BEAM4单元
MP,EX,1,3E5$MP,PRXY,1,0.3$R,1,A1,I1,I2,B,H                   ! 定义材料性质和梁单元的实常数
BLC5,,,B,H,L1$WPROTA,0,90$VSBW,ALL                           ! 创建实体部分,旋转工作平面,切分体
WPROTA,,90$VSBW,ALL$WPCSYS,-1                                ! 旋转工作平面,再次切分体
```

```
KP0=KP(0,0,L1)$K,100,,,L1+L2$L,KP0,100                   ! 获取关键点,创建关键点和线
LSEL,S,LOC,Z,L1+1,L1+L2$LATT,1,1,2                       ! 选择普通梁线,赋予属性
LESIZE,ALL,,,10$LMESH,ALL                                ! 定义划分单元数目,划分单元
VATT,1,,1$ESIZE,2.5$MSHAPE,0$MSHKEY,1                    ! 赋予体属性,定义单元形状和划分类型
LSEL,S,LOC,Z,1,L1-1$LESIZE,ALL,B/2                       ! 选择实体部分纵向线,定义网分尺寸
VMESH,ALL                                                ! 划分实体单元网格
ASEL,S,LOC,Z,0$DA,ALL,ALL                                ! 选择固结端面,施加约束
FK,100,FX,100$FK,100,FY,-200                             ! 施加集中荷载
NSEL,S,LOC,Z,L1$CERIG,1,ALL$ALLS,ALL                     ! 选择连接截面节点,创建刚性区
/SOLU$SOLVE$/POST1$PLDISP,1                              ! 求解并进入后处理
```

上述例子中,如采用刚性区法也可不必切分几何体,即几何实体和梁线独立不共用关键点(也不共用节点),而通过建立刚性区连接其结果相同。命令流如下:

```
! EX6.34B                                                3D梁单元与3D实体单元刚接——采用刚性区法,
                                                         几何实体和梁各自独立建模
FINISH$/CLEAR$/PREP7
B=10$H=20$L1=100$L2=150                                  ! 定义梁宽、高、实体长度、普通梁长度
A1=B*H$I1=B*H**3/12$I2=H*B**3/12                         ! 计算梁单元截面特性
ET,1,SOLID95$ET,2,BEAM4                                  ! 定义两种单元,实体单元和BEAM4单元
MP,EX,1,3E5$MP,PRXY,1,0.3$R,1,A1,I1,I2,B,H               ! 定义材料性质和梁单元的实常数
BLC5,,,B,H,L1                                            ! 创建实体部分
K,99,,,L1$K,100,,,L1+L2$L,99,100                         ! 创建两个关键点和线
LSEL,S,LOC,Z,L1+1,L1+L2$LATT,1,1,2                       ! 选择普通梁线,赋予属性
LESIZE,ALL,,,10$LMESH,ALL                                ! 定义划分单元数目,划分单元
VATT,1,,1$ESIZE,2.5$MSHAPE,0$MSHKEY,1                    ! 赋予体属性,定义单元形状和划分类型
LSEL,S,LOC,Z,1,L1-1$LESIZE,ALL,B/2                       ! 选择实体部分纵向线,定义网分尺寸
VMESH,ALL                                                ! 划分实体单元网格
ASEL,S,LOC,Z,0$DA,ALL,ALL                                ! 选择固结端面,施加约束
FK,100,FX,100$FK,100,FY,-200                             ! 施加集中荷载
NSEL,S,LOC,Z,L1$CERIG,1,ALL$ALLS,ALL                     ! 选择连接截面节点,创建刚性区
/SOLU$SOLVE$/POST1$PLDISP,1                              ! 求解并进入后处理
```

从梁单元与壳单元或体单元连接分析可知,实现其连接的方法有多种,主要有约束方程法、刚性区法、MPC184法及伪梁法等。其中,刚性区法较为优越,该法自动建立约束方程(可通过CELIST命令查看),减少了出错的机率。

6.6.4 壳与体的连接

板壳单元与3D实体单元当仅共用节点时其连接可认为是铰接,而刚性连接的实现也要通过约束方程,当然也可采用创建刚性区自动建立约束方程。

如图6-22所示结构,悬臂部分采用壳单元,其余采用实体单元,在壳与实体单元连接部位建立竖向刚性线,而不能将连接部位的整个面作为刚性区。为减少约束方程的数量,建模时使

壳单元与体单元共用节点；以壳单元的节点为主节点，以体单元的节点为从节点，考虑主节点的自由度与从节点 Ux 和 Uz 建立约束方程，即建立刚性线自动生成约束方程。其基本方法是选择连接区域的节点，再从中选择 Y 向某一列节点，利用 CERIG 命令自动生成约束方程，其命令如 CERIG,1,ALL,Ux,Uz,而不是 CERIG,1,ALL(LDOF 缺省为 ALL)。

图 6-22 结构的分析命令流如下：

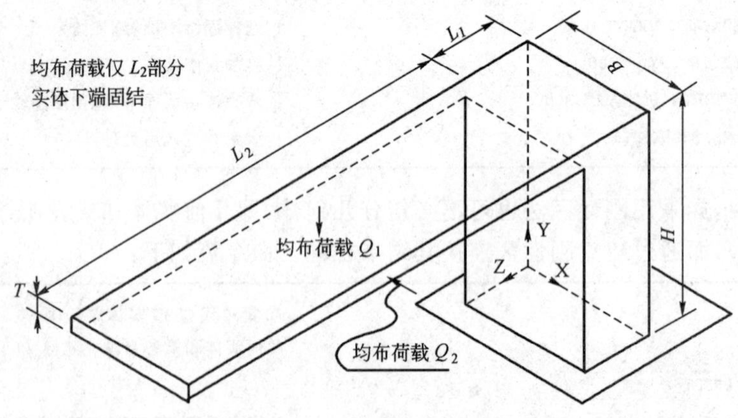

图 6-22 壳与 3D 实体的刚性连接

```
！EX6.35  壳与 3D 实体的刚性连接
FINISH$/CLEAR$/PREP7
H = 2.4$B = 2.0$L1 = 1.8$L2 = 3.0$T = 0.3                         ！定义几何参数
Q1 = 10000$Q2 = 50000                                              ！定义面荷载值
ET,1,SOLID95$ET,2,SHELL93                                          ！定义两类单元
MP,EX,1,3.0E10$MP,PRXY,1,0.2$R,1,T                                 ！定义材料性质及实常数
BLC4,,,B,H,L1$WPOFF,,H - T/2,L1$WPROTA,,90$VSBW,ALL
                                                                   ！创建体,并用工作平面切分体
BLC4,,,B,L2$NUMMRG,ALL                                             ！创建面,粘接图素(面体共用线)
VATT,1,,1$ESIZE,T/2$VMESH,ALL                                      ！赋予体属性和单元尺寸,划分体
ASEL,S,LOC,Z,L1 + T,L1 + L2$AATT,1,1,2$AMESH,ALL                   ！选择面,赋属性,划分面
SFA,ALL,1,PRES,Q1                                                  ！施加面荷载 Q1
LSLA,S$LSEL,R,LOC,X,B$SFL,ALL,PRES,Q2 * T                          ！选择线,施加线荷载 Q2 × T
ASEL,S,LOC,Y,0$DA,ALL,ALL$ALLSEL,ALL                               ！选择面,施加约束
NSEL,S,LOC,Z,L1$NSEL,R,LOC,Y,H - T,H                               ！选择连接区域的节点
CM,NODCM,NODE                                                      ！定义节点元件,名为 NODCM
 * DO,I,1,29$CMSEL,S,NODCM$NSEL,R,LOC,X,NX(I)                      ！循环选择某列节点
CERIG,I,ALL,UX,UZ$ * ENDDO$ALLSEL,ALL                              ！创建刚性线,结束循环
/SOLU$SOLVE$/POST1$PLDISP,1                                        ！求解进入后处理
```

6.6.5 多种单元的组合结构

根据实际结构的建模需要，一个模型中会出现多种单元的组合，但所有结构单元类型出现在一个模型中的情况是很少的。经常出现的组合可能是杆单元(LINK 系列)、梁单元(BEAM

系列)、板壳单元(SHELL 系列)、实体单元(SOLID 系列)、弹簧单元(COMBIN 系列)、质量单元(MASS21)和接触单元,以及它们之间的某些单元的组合。各单元间的连接处理已在上述作了介绍,此处仅就两端固结梁的典型例子予以介绍。

以 $B \times H$ 的矩形截面两端固结板梁为例,分别采用梁单元、壳单元、实体单元以及三者组合进行分析,其主要结果如表 6-9 所示。

两端固结板梁不同模型的计算结果 表 6-9

计 算 模 型	U	Ux	Uy	跨中上缘 σ_z	跨中下缘 σ_z	固端上缘 σ_z	固端下缘 σ_z
实体模型	8.608	0.243 6	−8.605	−133.0	132.4	272.1	−273.2
全壳模型	8.661	0.223 8	−8.658	−133.4	132.8	256.3	−257.2
全梁模型	8.846	0.225 4	−8.843	−133.5	133.5	266.5	−266.5
梁壳模型	8.613	0.224 2	−8.610	−132.1	131.8	256.0	−256.0
梁体模型	8.565	0.223 5	−8.562	−131.8	131.5	273.8	−274.5
壳体模型	8.612	0.222 8	−8.609	−133.1	133.5	273.4	−274.5
梁壳体模型	8.647	0.223 9	−8.644	−133.3	133.0	264.2	−264.7
				−135.0	134.3	272.9	−273.6

注:1. 表中位移单位为 mm,应力单位为 MPa。

2. 最后一行结果中,跨中应力上面一行是梁单元结果,下面一行是壳单元结果。

3. 固端应力上面一行是壳单元结果,下面一行是实体单元结果。

4. 所有模型中,梁单元采用 BEAM189,壳单元采用 SHELL93,实体单元采用 SOLID95。

以梁壳体模型为例,其分析的命令流如下:

```
! EX6.36  两端固结梁——梁壳体模型
FINISH$/CLEAR$/PREP7
! 定义几何参数、单元类型、材料性质、实常数、梁截面、创建模型
B = 300$H = 30$L = 2 000$Q1 = 0.1$Q2 = 2$ET,1,SOLID95$ET,2,SHELL93$ET,3,BEAM189
MP,EX,1,2.1E5$MP,PRXY,1,0.3$R,1,H$SECTYPE,1,BEAM,RECT$SECDATA,B,H
BLC4,,,B,H,L/4$WPOFF,,H/2$WPROTA,,90$BLC4,,L/4,B,L/4$VSBW,ALL$NUMMRG,ALL
WPOFF,B/2$WPROTA,,,90$VSBW,ALL$ASBW,ALL
K,100,B/2,H/2,L$K,200,B/2,L/2,L/2$L,KP(B/2,H/2,L/2),100
! 赋予几何模型单元属性、定义划分尺寸、划分各种单元
ESIZE,H/2$VATT,1,,1$VMESH,ALL$ASEL,S,LOC,Z,L/4 + 1,L/2$AATT,1,1,2$AMESH,ALL
LSEL,S,LOC,Z,L/2 + 1,L$LATT,1,,3,,200,,1$LMESH,ALL
! 选择面、线等,施加荷载与约束
ASEL,S,LOC,Y,H$SFA,ALL,1,PRES,Q1$ASEL,S,LOC,X,0$SFA,ALL,1,PRES,Q2
ASEL,S,LOC,Z,L/4 + 1,L/2$SFA,ALL,1,PRES,Q1$LSEL,S,LOC,X,0$LSEL,R,LOC,Z,L/4 + 1,L/2
SFL,ALL,PRES,Q2 * H$LSEL,S,LOC,Z,L/2 + 1,L$ESLL,S$SFBEAM,ALL,1,PRES,Q1 * B
SFBEAM,ALL,2,PRES, - Q2 * H$DK,100,ALL$ASEL,S,LOC,Z,0$DA,ALL,ALL$ALLSEL,ALL
! 以下创建连接部位的约束方程
NSEL,S,LOC,Z,L/2$CERIG,7 986,ALL                          ! 梁单元与壳单元连接部位创建刚性区
```

```
NSEL,S,LOC,Z,L/4$CM,N1CM,NODE                         ! 选择壳与实体单元连接处的所有节点
NSEL,R,LOC,Y,H/2                                      ! 从中选择壳单元的所有节点
*GET,NODTOL,NODE,,COUNT                               ! 得到连接部位处壳单元节点总数
*DIM,NODENUM,,NODTOL                                  ! 定义数组,以存放壳单元的节点号
*GET,NODENUM(1),NODE,,NUM,MIN                         ! 获取最小节点号,并赋予数组;然后循环获取
*DO,I,2,NODTOL$NODENUM(I)=NDNEXT(NODENUM(I-1))$*ENDDO
*DO,I,1,NODTOL$CMSEL,S,N1CM                           ! 对连接处壳节点总数循环,并选择 N1CM 元件
NSEL,R,LOC,X,NX(NODENUM(I))                           ! 从中选择与壳单元某节点 X 坐标相同的节点
CERIG,NODENUM(I),ALL,UX,UZ                            ! 建立刚性线,主节点为壳单元的节点
*ENDDO$ALLSEL,ALL                                     ! 循环结束,刚性线全部生成
/SOLU$SOLVE$/POST1$PLDISP,1                           ! 求解并进入后处理
```

6.7 结构分析的特殊问题

实际结构分析中,不同的行业有不同的问题。例如,桥梁工程的影响线或影响面、动态加载等问题,隧道工程中的初始地应力、开挖过程中的应力释放等问题,路基工程中的固结问题等。这里针对线性静力分析类型的问题予以介绍,以开拓思路并给出解决问题的办法。

6.7.1 影响线的计算与绘制

影响线的计算可采用静力法或机动法。所谓静力法就是用单位力依次作用在活载所有可能的作用点,从而得到关心截面的力素;而机动法则采用位移互等、内力—位移互等、反力—位移互等三个影响线定理,一次求解即可得到关心截面某个力素的影响线。当所求关心力素的影响线与单位力作用点数目相当时,两种方法的效率相当;而当所求关心力素的影响线多于单位力作用点时,静力法的效率要高于机动法的求解效率。

考虑到实际结构自由度数有限,ANSYS 荷载步求解效率高及静力法概念清晰等特点,这里采用静力法求解影响线。用 ANSYS 求解影响线的基本步骤是:

(1)创建几何模型和有限元模型,同常规方法。

(2)确定单位力作用的节点群及起始节点,并顺序记录节点号和节点坐标,以便逐点加载。

(3)利用循环加载并求解。可采用定义荷载步文件求解或连续荷载步求解。

(4)进入时程后处理,将节点坐标数组赋予变量,直接绘制某个力素的影响线。

用静力法可求得内力、反力、位移、应力等影响线,下面结合具体实例进行介绍。

1. 连续梁的影响线

如图 6-23a)所示三跨连续梁,为简化建模设为等截面梁。实际结构计算中,可能出现各种单元长度,故第一跨划分 50 个单元、第二跨和第三跨均划分 40 个单元。其影响线计算的命令流如下:

```
! EX6.37  连续梁的影响线计算
FINISH$/CLEAR$/PREP7
 L1 = 40$L2 = 60$L3 = 40$ET,1,BEAM3                        ! 定义参数及单元类型
 MP,EX,1,3.3E10$MP,PRXY,1,0.2$R,1,7.5,7,2.4               ! 定义材料性质及实常数
 ! ①创建几何模型和有限元模型------------------------------------------------
 K,1$K,2,L1$K,3,L1 + L2$K,4,L1 + L2 + L3                   ! 创建关键点
 L,1,2$L,2,3$L,3,4                                         ! 创建线
 LESIZE,1,,,50$LESIZE,2,,,40$LESIZE,3,,,40                 ! 定义各线的单元划分数目
 LMESH,ALL$DK,ALL,UY$DK,2,UX                               ! 划分单元并施加约束
 ! ②确定单位力作用节点群和起始节点(由用户确定,这里未自动实现)--------------
 NSEL,ALL$N0 = 1                                           ! 选择所有节点为作用节点群,起始节点号为 1
 NMAX = NDINQR(0,13)                                       ! 获取作用节点群总数,即单位力作用点数
 *DIM,P1NODE,,NMAX                                         ! 定义作用节点群数组,存放单位力作用的节点号
 *DIM,NODEX,,NMAX                                          ! 定义节点群 X 坐标数组,存放与节点号对应的 X 坐标
 P1NODE(1) = N0                                            ! 将起始节点号赋予作用节点群数组 P1NODE(1)
 NODEX(1) = NX(N0)                                         ! 将 N0 节点的 X 坐标赋予数组 NODEX(1)
 *DO,I,2,NMAX                                              ! 循环,从 2～NMAX(节点群总数)
 NI = NNEAR(N0)                                            ! 获取距离 N0 节点最近的节点号,并赋予 N_I
 P1NODE(I) = NI                                            ! 将 N_I 存入数组 P1NODE(I),注意下标为节点群序号
 NODEX(I) = NX(NI)                                         ! 将 N_I 节点的 X 坐标存入数组 NODEX(I)
 NSEL,U,,,N0                                               ! 从当前节点集体中去掉 N_0 节点,以单向获取节点号
 N0 = NI$*ENDDO                                            ! 将 N_I 节点号赋予变量 N_0,实现循环中节点号的变化
 ! ③加载求解,这里定义荷载步并连续求解-------------------------------------
 /SOLU$ALLSEL,ALL                                          ! 选择所有图素,防止出现模型不完整
 *DO,I,1,NMAX                                              ! 以作用节点群总数循环
 TIME,I$FDELE,ALL,ALL                                      ! 定义时间标识,删除所有节点荷载(此命令必须)
 F,P1NODE(I),FY,-1                                         ! 顺序按节点群中的节点编号施加单位荷载
 SOLVE$*ENDDO                                              ! 求解,并继续循环直到结束
 ! ④进入时程后处理,绘制各种力素的影响线-----------------------------------
 /POST26
 NSOL,3,72,U,Y                                             ! 先任意定义一个变量,以便执行 VPUT 命令
 VPUT,NODEX,2                                              ! 将数组 NODEX 赋予变量 2,即变量 2 为 X 坐标
 XVAR,2                                                    ! 将变量 2 定义为 X 轴,也就是通常的影响线横坐标
 /XRANGE,NX(P1NODE(1)),NX(P1NODE(NMAX))                    ! 定义影响线长度范围
 /AXLAB,X,LENGTH(M)                                        ! 定义 X 轴名称
 /GROPT,DIVX,(NX(P1NODE(NMAX)) - NX(P1NODE(1)))/10         ! 定义 X 轴刻度数
 /GROPT,VIEW,ON                                            ! 将所绘制的影响线图设为可缩放模式(缺省为不缩放)
 NSOL,3,72,U,Y,UY_72                                       ! 定义节点 72 的 UY 为变量 3,名称为 UY_72
 /AXLAB,Y,UY_72                                            ! 定义 Y 轴名称为 UY_72
 PLVAR,3                                                   ! 绘制变量 3,即以变量 2 为 X 轴,以变量 3 为 Y 轴绘制曲线
 ESOL,4,70,72,M,Z,MZ_70R                                   ! 定义单元 70 节点 72 端的 MZ 为变量 4,名称为 MZ_70R
```

```
/AXLAB,Y,MZ_70R                         ! 定义Y轴名称为MZ_70R
PLVAR,4                                 ! 以变量2为X轴,以变量4为Y轴绘制曲线
ESOL,5,70,72,F,Y,FY_70R                 ! 定义单元70节点72端的FY为变量5,名称为FY_70R
/AXLAB,Y,FY_70R                         ! 定义Y轴名称为FY_70R
PLVAR,5                                 ! 以变量2为X轴,以变量5为Y轴绘制曲线
RFORCE,6,2,F,Y,RY_2                     ! 定义节点2的FY为变量6(反力节点)
/AXLAB,Y,RY_2$PLVAR,6                   ! 定义Y轴名称,绘制曲线
```

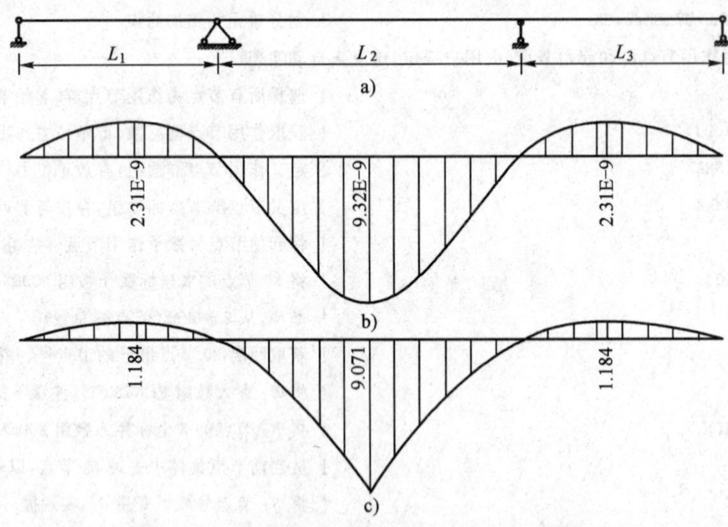

图 6-23　三跨连续梁及其中跨跨中挠度和弯矩影响线

为清晰起见,将上述变量列表输出(PRVAR 命令),并保存为文本文件;然后用 EXCELL 打开,此时可用该软件绘制影响线。如欲用 AutoCAD 绘制影响线,则需要在 EXCELL 中形成坐标点对,其方法为:在新建单元格中写入=B2&","&C2 计算式,拖拉列形成其他单元格数据。复制该列坐标点对数据到"剪贴板"中,到 AutoCAD 中执行画线命令,然后右键"粘贴"即可绘制影响线。本例仅给出中跨跨中截面挠度和弯矩影响线如图 6-23b)和图 6-23c)所示。需要说明的用时程后处理得到的具有突变的影响线,如剪力影响线中的突变点,有一个数据点没有,其原因是变量数据是一一对应的。

2. 斜腿刚构桥的影响线

斜腿刚构如图 6-24 所示,其力素影响线计算方法同上,命令流如下:

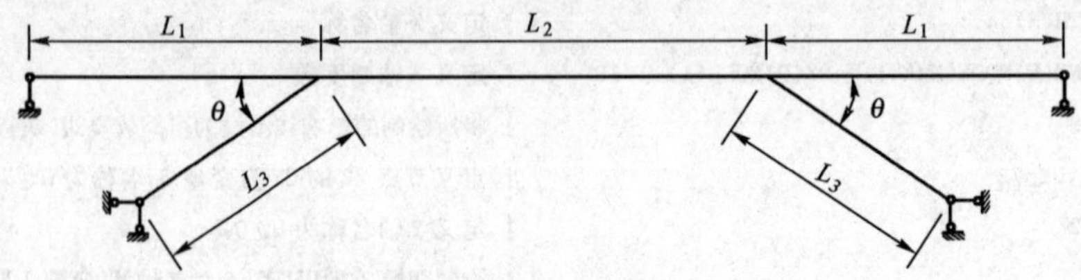

图 6-24　斜腿刚构结构示意

```
! EX6.38  斜腿刚构影响线
FINISH$/CLEAR$/PREP7
L1 = 30$L2 = 50$L3 = 20$CITA = 35 * ACOS( - 1)/180
! 1.创建几何模型和有限元模型------------------------------------------------
K,1,L1 - L3 * COS(CITA), - L3 * SIN(CITA)$K,2,L1 + L2 + L3 * COS(CITA), - L3 * SIN(CITA)
K,3$K,4,L1$K,5,L1 + L2$K,6,L1 * 2 + L2$L,1,4$L,3,4$L,4,5$L,5,6$L,2,5
ET,1,BEAM3$MP,EX,1,3.3E10$MP,PRXY,1,0.2$R,1,1.4,2.3,2.1$R,2,0.7,2.0,1.6
LESIZE,ALL,,,20$LSEL,S,LOC,Y, - 1, - L3$LATT,1,2,1$LSEL,S,LOC,Y,0$LATT,1,1,1
LSEL,ALL$LMESH,ALL$DK,1,UX,,,,UY$DK,2,UX,,,,UY$DK,3,UY$DK,6,UY
! 2.确定单位力作用节点群和起始节点------------------------------------------
NSEL,S,LOC,Y,0$NO = 22$NMAX = NDINQR(0,13)$ * DIM,P1NODE,,NMAX
 * DIM,NODEX,,NMAX$P1NODE(1) = NO$NODEX(1) = NX(NO)
 * DO,I,2,NMAX$NI = NNEAR(NO)$P1NODE(I) = NI$NODEX(I) = NX(NI)$NSEL,U,,,NO
NO = NI$ * ENDDO$FINISH
! 3.加载求解----------------------------------------------------------------
/SOLU$ALLSEL,ALL
 * DO,I,1,NMAX$TIME,I$FDELE,ALL,ALL$F,P1NODE(I),FY, - 1$SOLVE$ * ENDDO
! 4.进入时程后处理,绘制各种力素的影响线-------------------------------------
/POST26$NSOL,3,52,U,Y$VPUT,NODEX,2$XVAR,2$PLVAR,3
ESOL,4,51,52,M,Z$PLVAR,4$RFORCE,5,1,F,Y$PLVAR,5$RFORCE,6,1,F,X$PLVAR,6
```

6.7.2 影响面的计算与绘制

影响面的计算与影响线计算方法类似,可获得任意关心截面某力素的影响面,但无直接绘制影响面曲面的命令。影响面的数据提取不同于影响线的数据提取,需要在 POST1 中采用 GET 命令或函数逐一提取,提取数据后可采用第三方软件绘制曲面,或者利用 ANSYS 的特殊命令与特殊方法实现曲面的显示。

利用 ANSYS 中提取与绘制影响面的方法与步骤如下：

(1)创建几何模型和有限元模型,同常规方法。

(2)确定单位力作用的节点群及其节点编号,以便逐点加载,但无需始点编号。

(3)利用循环加载并求解。可采用定义荷载步文件求解或连续荷载步求解。

(4)进入一般后处理,定义所需影响面数组,提取结果形成所需影响面数据;主要利用 SET 命令和结果获取命令,如 * GET 命令和 GET 函数。

(5)改变图形模式,修改数据库结果(DNSOL),显示影响面曲面(PLNSOL)。此步主要利用结果修改命令 DNSOL,在原模型上直接显示修改后的结果。由于单位力大都在某个面内(平面或曲面,设为 XOY 平面),可将影响面数据以垂直 XOY 面绘制,因此可将所有影响面数据赋予 Uz,以 PLNSOL,U,Z 显示该曲面。

以图 5-24 所示结构为例,假设桥面宽度和斜腿宽度相同,且均采用等厚度矩形板。采用壳单元建模,单位力可在桥面的任意位置移动。其命令流如下：

```
! EX6.39  影响面及其显示
! 创建几何模型和有限元模型(解释从略)
FINISH$/CLEAR$/PREP7
L1 = 6$L2 = 8$L3 = 4$B = 5$T = 0.4$ CITA = 35 * ACOS( - 1)/180
ET,1,SHELL63$MP,EX,1,3.0E10$MP,PRXY,1,0.2$R,1,T
K,1$K,2,L1$K,3,L1 + L2$K,4,L1 * 2 + L2$K,5,L1 - L3 * COS(CITA),, - L3 * SIN(CITA)
K,6,L1 + L2 + L3 * COS(CITA),, - L3 * SIN(CITA)$L,1,2$L,2,3$L,3,4$L,2,5$L,3,6$K,10,,B
L,1,10$ * DO,I,1,5$ADRAG,I,,,,,,6$ * ENDDO
LDELE,6$AGLUE,ALL
ESIZE,1$AMESH,ALL
DK,1,UX,,,,UY,UZ$KSEL,S,,,4,6$DK,ALL,UZ,,,,UY
LSEL,S,LOC,X,KX(1)$LSEL,A,LOC,X,KX(4)$DL,ALL,,UZ$LSEL,S,LOC,Z,KZ(5)
DL,ALL,,UX$DL,ALL,,UZ$ALLSEL,ALL
NMAXT = NDINQR(0,13)                                    ! 获取节点总数
NSEL,S,LOC,Z,0$NMAX = NDINQR(0,13)                      ! 选择单位力作用节点群,获取节点数
 * GET,N0,NODE,,NUM,MIN                                 ! 获取单位力作用节点群最小节点编号
 * DIM,P1NODE,,NMAX                                     ! 定义节点群编号数组循环获取其他节点编号
P1NODE(1) = N0                                          ! 将最小节点编号赋予节点群编号数组
 * DO,I,2,NMAX                                          ! 循环获取其他节点编号
P1NODE(I) = NDNEXT(P1NODE(I - 1))$ * ENDDO
FINISH$/SOLU$ALLSEL,ALL                                 ! 进入求解层,循环求解,然后进入 POST1
 * DO,I,1,NMAX$FDELE,ALL,ALL$F,P1NODE(I),FZ, - 1$SOLVE$ * ENDDO
FINISH$/POST1
 * DIM,N2UZ,,NMAX                                       ! 定义节点 2 的 Uz 影响面数组
 * DIM,N47UZ,,NMAX                                      ! 定义节点 47 的 Uz 影响面数组
 * DIM,N155RZ,,NMAX                                     ! 定义节点 155 的 Fz 反力影响面数组
 * DIM,E57MX,,NMAX                                      ! 定义单元 51 的 Mx 影响面数组
 * DO,I,1,NMAX                                          ! 循环获取上述影响面数据
SET,I                                                   ! 设置荷载步,以获取各个荷载步中的影响面数据
N2UZ(I) = UZ(2)                                         ! 将节点 2 的 Uz 赋予数组 N2Uz(I)
N47UZ(I) = UZ(47)                                       ! 将节点 47 的 Uz 赋予数组 N47Uz(I)
 * GET, N155RZ(I),NODE,155,RF,FZ                        ! 获取节点 155 的反力 Fz 结果,并赋予变量
 * GET, E57MX(I),ELEM,51,SMISC,4                        ! 获取单元 51 的 Mx 结果,并赋予数组 N51MX(I)
 * ENDDO
/GRAPHICS,FULL                                          ! 设置图形模式,准备修改结果
 * DO,I,1,NMAXT$DNSOL,I,U,Z,0$ * ENDDO                  ! 循环将所有节点的 Uz 赋 0
 * DO,I,1,NMAX$DNSOL,P1NODE(I),U,Z,N2UZ(I)$ * ENDDO     ! 循环修改节点的 Uz 结果
PLNSOL,U,Z                                              ! 绘制节点 2 的 Uz 影响面
 * DO,I,1,NMAX$DNSOL,P1NODE(I),U,Z,N47UZ(I)$ * ENDDO
PLNSOL,U,Z                                              ! 绘制节点 47 的 Uz 影响面
 * DO,I,1,NMAX$DNSOL,P1NODE(I),U,Z,N155RZ(I)$ * ENDDO
```

```
PLNSOL,U,Z                                             ! 绘制节点 155 的 Fz 反力影响面
 *DO,I,1,NMAX$DNSOL,P1NODE(I),U,Z,E57MX(1)$*ENDDO
PLNSOL,U,Z                                             ! 绘制单元 51 的 Mx 影响面
/DEVICE,VECTOR,1$PLNSOL,U,Z! 以等高线方式绘制影响面
```

6.7.3 结构温度应力的计算

结构温度应力的计算是指已知温度场或温度梯度下的结构力学行为分析，而获取结构的温度场或温度梯度则需要热分析，当然也可进行热-结构耦合场分析直接获知结构的力学行为。考虑到一般应用条件，这里仅指已知结构的温度场或温度梯度的情况。

1. 温度输入

温度作为一种体荷载，可施加到有限元模型上，也可施加到几何模型上。对于可施加体荷载的单元，每个单元的帮助文件中到明确指定了温度荷载的施加位置。

例如，BEAM3 单元共有 4 个温度施加位置，即 T_1、T_2、T_3、T_4，每个节点有两个温度施加位置，如此可形成沿着截面高度和杆件长度方向都变化的温度场；而 BEAM4 则有 8 个温度施加位置，每个节点 4 个，可形成沿着截面高度、宽度和杆件长度方向变化的温度场。上述两个单元的温度施加可采用 BFE 命令，利用该命令的 STLOC 参数可输入多于 4 个的温度值。除上述两个单元外，BEAM23、BEAM44 和 BEAM54 单元也可采用相同的施加温度方法。充分利用其缺省设置，可减少数据的输入。

BEAM24 和 BEAM18X 系列单元采用的温度施加方法与上述梁单元不同。例如，BEAM189 单元，每个端节点可输入 3 个位置的温度，分别是 T(0,0)——单元 X 轴的温度，$T(1,0)$——单元 Y 轴方向离开 X 轴单位长度位置的温度，$T(0,1)$——单元 Z 轴方向离开 X 轴单位长度位置的温度。$T(0,0)$缺省温度为 TUNIF，若其他位置温度为输入，则缺省为第一个温度值；若 I 节点的温度全部输入而 J 节点温度没有输入，则 J 节点温度缺省为与 I 节点对应的温度。一般地，截面的高度或宽度并不等于单位长度，故需要将温度换算到单位长度位置的温度，然后依此数值施加。

2D 平面单元通常可在单元的各个节点施加温度。

SHELL 单元因有顶面和底面，其温度施加位置在每个角节点且每个节点为两个。

3D 体单元的每个节点都可施加温度，且每个节点一个温度值。

其他单元温度的施加位置可参见其单元帮助或单元介绍。

2. 2D 梁单元温度应力计算

如图 6-25a)所示的静定平面刚架，建成时的温度为 20℃（相当于合龙温度），求当结构内侧温度为 0℃而外侧温度为－10℃时的变形。已知 $L=4\text{m}$，截面尺寸为 $b\times h=0.2\text{m}\times 0.4\text{m}$，膨胀系数为 10^{-5}/℃，材料的弹性模量取 $E=2.1\text{E}11\text{Pa}$。

其计算分析的命令流如下：

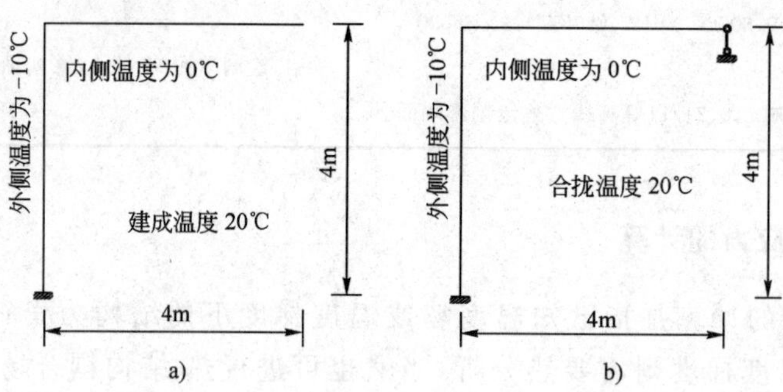

图 6-25 刚架结构几何尺寸

```
! EX6.40  静定平面刚架的温度变形——BEAM3 单元
FINISH$/CLEAR$/PREP7                                              ! 几何建模及有限元模型生成
L=4$H=0.4$B=0.2$A0=B*H$I0=B*H**3/12$ET,1,BEAM3$MP,EX,1,2.1E11$MP,PRXY,1,0.3
MP,ALPX,1,1.0E-5$R,1,A0,I0,H$K,1$K,2,,L$K,3,L,L$L,1,2$L,2,3$DK,1,ALL
LESIZE,ALL,,,10$LMESH,ALL
TREF,20                                                           ! 设置温度参考值,即合拢温度
BFE,ALL,TEMP,,-10,0,0,-10                                         ! 施加单元温度荷载,全部 4 个位置的温度都输入
! TREF,0                                                          ! 若温度参考值设为 0,则需要计算内外侧相对温度
! BFE,ALL,TEMP,,-30,-20,-20,-30                                   ! 上句和本句与前两句效果相同
/ESHAPE,1$/PBF,TEMP,,1$EPLOT                                      ! 查看单元形状和温度分布云图
/SOLU$SOLVE$/POST1$PLDISP,1$PLNSOL,U,Y                            ! 求解并进入后处理
```

3. 3D 梁单元温度应力计算

如图 6-25b)所示的超静定平面刚架,条件同上例中。该处采用 BEAM4 和 BEAM189 单元,其温度输入要注意单元坐标系及位置,BEAM189 单元尚要注意温度的输入方法。命令流如下:

```
! EX6.41A  超静定梁的温度内力与变形——BEAM4 单元
FINISH$/CLEAR$/PREP7
L=4$H=0.4$B=0.2$A0=B*H$I1=B*H**3/12$I2=H*B**3/12
ET,1,BEAM4$MP,EX,1,2.1E11$MP,PRXY,1,0.3$MP,ALPX,1,1.0E-5$R,1,A0,I1,I2,B,H
K,1$K,2,,L$K,3,L,L$L,1,2$L,2,3$DK,1,ALL$DK,3,UY$LESIZE,ALL,,,10$LMESH,ALL
TREF,20$BFE,ALL,TEMP,1,0,,,-10                                    ! 设置合拢温度,施加单元温度荷载
/SOLU$SOLVE$/POST1$PLDISP,1                                       ! 求解并进入后处理
!-----------------------------------------------------------------------------------
! EX6.41B  超静定梁的温度内力与变形——BEAM189 单元
FINISH$/CLEAR$/PREP7
L=4$H=0.4$B=0.2$ET,1,BEAM189$MP,EX,1,2.1E11$MP,PRXY,1,0.3$MP,ALPX,1,1.0E-5
SECTYPE,1,BEAM,RECT$SECDATA,B,H$K,1$K,2,,L$K,3,L,L$K,10,-L,2*L$L,1,2$L,2,3
```

```
DK,1,ALL$DK,3,UY$LATT,1,,1,,10,,1$LESIZE,ALL,,,10$LMESH,ALL
TREF,20                                        ! 设置合拢温度
BFE,ALL,TEMP,1,-5,-5,-10/H*(1+H/2)             ! 施加单元 I 节点的温度荷载
BFE,ALL,TEMP,4,-5,-5,-10/H*(1+H/2)             ! 施加单元 J 节点的温度荷载
/SOLU$SOLVE$/POST1$PLDISP,1                    ! 求解并进入后处理
ETABLE,MYI,SMISC,2                             ! 定义单元表为 MyI
ETABLE,MYJ,SMISC,15                            ! 定义单元表为 MyJ
PLLS,MYI,MYJ                                   ! 绘制单元弯矩曲线
```

其他单元的温度输入比较简单,这里不再举例说明。

第 7 章

结构弹性稳定分析

众所周知，结构在荷载作用下由于材料的弹性性能而发生变形，若变形后结构上的荷载保持平衡，这种状态称为弹性平衡。如果结构在平衡状态时，受到扰动而偏离平衡位置，当扰动消除后仍能恢复原来平衡状态的，这种平衡状态称为稳定平衡状态。反之，如果受到扰动而偏离平衡位置，即使扰动消除了，结构仍不能恢复原来的平衡状态，而结构在新的状态下平衡，则原来的平衡状态就称为不稳定平衡状态。

当结构所受荷载达到某一值时，若增加一微小的增量，则结构的平衡位形将发生很大的改变，这种现象叫做结构失稳或结构屈曲。

根据失稳的性质，结构稳定问题可分为以下三类：

第一类失稳是理想化情况，即达到某个荷载时，除结构原来的平衡状态可能存在外，出现第二个平衡状态，故又称为平衡分岔失稳或分枝点失稳，而数学处理上是求解特征值问题，故又称为特征值屈曲分析。结构失稳时，相应的荷载可称为屈曲荷载、临界荷载、压屈荷载或平衡分枝荷载。如完善的(无缺陷且挺直的)中心受压柱、中面受压的平板、受弯构件及受压的柱壳等的失稳都属于第一类失稳。

第二类失稳是结构失稳时，变形将大大发展，而不会出现新的变形形式，即平衡状态不发生质变，也称为极值点失稳。结构失稳时，相应的荷载称为极限荷载或压溃荷载。理想的结构或完善结构是不存在的，总是存在这样或那样的缺陷，如初始弯曲、残余应力及荷载作用位置偏差等。大多数结构的失稳属于第二类失稳问题。

第三类失稳是当荷载达到某值时，结构平衡状态发生一明显的跳跃，突然过渡到非邻近的另一具有较大位移的平衡状态，称为跃越失稳或跳跃失稳(Snap-Through)。跃越失稳没有平衡分岔点，也没有极值点，如坦拱、扁壳、扁平网壳结构、二力杆等的失稳都属于此类。因在跳跃时结构可能破坏，故失稳后的状态一般不能利用。

结构弹性稳定分析属于第一类失稳问题，其目的就是要求解临界荷载值，在 ANSYS 中对应的分析类型就是特征值屈曲分析(Buckling Analysis)。第二类失稳和第三类失稳问题，在 ANSYS 中对应的是结构静力非线性分析，无论前屈曲平衡状态或后屈曲平衡状态均可一次求得，即“全过程分析”。

本章介绍 ANSYS 特征值屈曲分析的相关技术。在本章中如无特殊说明，单独使用的“屈曲分析”均指“特征值屈曲分析”。

7.1 特征值屈曲分析基础

在稳定平衡状态，考虑到轴向力或中面内力对弯曲变形的影响，根据势能驻值原理得到结构的平衡方程为：

$$([K_E]+[K_G])\{U\}=\{P\} \tag{7-1}$$

式中，$[K_E]$为结构的弹性刚度矩阵；$[K_G]$为结构的几何刚度矩阵，也称为初应力刚度矩阵；$\{U\}$为节点位移向量；$\{P\}$为节点荷载向量。上式也是几何非线性分析的平衡方程。

为得到随遇平衡状态，应使系统势能的二阶变分为零，即：

$$([K_E]+[K_G])\{\delta U\}=0 \tag{7-2}$$

因此必有：

$$|[K_E]+[K_G]|=0 \tag{7-3}$$

式(7-3)中的结构弹性刚度矩阵为已知，因外荷载也就是待求的屈曲荷载，故几何刚度矩阵为未知的。为求得该屈曲荷载，任意假设一组外荷载$\{P^0\}$，与其对应的几何刚度矩阵为$[K_G^0]$，并假定屈曲时的荷载为$\{P^0\}$的 λ 倍，故有$[K_G]=\lambda[K_G^0]$，从而式(7-3)可化为：

$$|[K_E]+\lambda[K_G^0]|=0 \tag{7-4}$$

将式(7-4)写成特征值方程为：

$$([K_E]+\lambda_i[K_G])\{\phi_i\}=0 \tag{7-5}$$

式中，λ_i 为第 i 阶特征值；$\{\phi_i\}$为与 λ_i 对应的特征向量，是相应该阶屈曲荷载时结构的变形形状，即屈曲模态或失稳模态。

在 ANSYS 的特征值屈曲分析中，其结果给出的是 λ_i 和$\{\phi_i\}$，即屈曲荷载系数和屈曲模态，而屈曲荷载为 $\lambda_i\{P^0\}$。

7.2 特征值屈曲分析的步骤

特征值屈曲分析的主要步骤如下：

①创建模型；

②获得静力解；

③获得特征值屈曲解；

④查看结果。

7.2.1 创建模型

特征值屈曲分析的建模与大多数分析并无不同，但是需要注意以下三点：

(1)仅考虑线性行为。若定义了非线性单元将按线性单元处理。刚度计算基于初始状态，并在后续计算中保持不变。例如，若包含接触单元，其刚度则基于静力预应力分析后的状态进行计算，且不再改变。

(2)必须定义材料的弹性模量或某种形式的刚度。材料性质可为线性、各向同性或各向异性,其数值可以为常值,也可与温度相关。非线性性质即便定义了也将被忽略。

(3)单元网格密度对屈曲荷载系数影响很大。例如,采用结构自然节点划分时(一个构件仅划分一个单元)可能产生100%的误差甚至出现错误结果,尤其对高阶屈曲模态的误差可能更大,其原因与形成单元应力刚度矩阵有关。经验表明,仅关注第1阶屈曲模态及其屈曲荷载系数时,每个自然杆应不少于3个单元。从此点也可看出采用几何建模的优越性。

7.2.2 获得静力解

该过程与静力分析过程一致,但需要注意如下几个问题:

(1)必须激活预应力效应。命令 PSTRES 设为 ON 便可考虑预应力效应。对于后面要进行的特征值屈曲分析,因要使用几何刚度矩阵,激活预应力效应才能生成和保存该矩阵。但静力解也可为非线性分析,即非线性分析完成后生成几何刚度矩阵。

(2)由屈曲分析所得到的特征值是屈曲荷载系数,而屈曲荷载等于该系数乘以所施加的荷载。若施加单位荷载,则该屈曲荷载系数就是屈曲荷载;若施加了多种不同类型的荷载,则将所有荷载按该系数缩放即为屈曲荷载。对实际结构而言,其荷载往往不止一个,因此施加单位荷载的情况很少。

(3)ANSYS 容许的最大特征值是 1 000 000。若求解时特征值超过此限值,可施加一个较大的荷载值。若有多种荷载,可全部放大某个倍数后施加。

(4)恒载和活载共同作用。由于屈曲荷载系数对所有荷载都进行缩放,不会区分恒载或是活载。但是实际荷载有恒载和活载之分,分析中常常需要求解在恒载作用下活载的屈曲荷载,而不是"恒载+活载"的屈曲荷载,这就需要保证在特征值求解时恒载应力刚度不被缩放。例如:

正常求解:屈曲荷载 = 屈曲荷载系数 ×(恒载 + 活载)

实际要求:屈曲荷载 = 1.0 ×(恒载 + K × 活载)

也即如果屈曲荷载系数为1.0时,就不会对所施加的荷载进行缩放,也就保证了恒载不被缩放。其实现方法是通过调整所施加的活载大小(如放大 K 倍),然后进行屈曲分析,如果所求得的屈曲荷载系数不等于1.0,则继续修改 K 值重新分析,直到屈曲荷载系数为1.0为止。K 的初值通常可采用第一次的屈曲荷载系数,然后调整3~4次即可达到要求。

(5)非零约束。如同静力分析一样,可以施加非零约束。同样以屈曲荷载系数对非零约束进行缩放得到屈曲荷载,只不过在这些自由度上,屈曲模态值为0。

(6)静力求解完成后,退出求解层。

7.2.3 获得特征值屈曲解

该过程需要静力分析中得到的.EMAT 和.ESAV 文件,且数据库中包含有模型数据,以备需要时恢复。获得特征值屈曲解有如下步骤:

(1)进入求解层。

命令格式:/SOLU

与常规进入求解层相同,一般其前面的命令为 FINISH,即从开始层进入。

(2)定义分析类型。

命令格式:ANTYPE,BUCKLE 或 ANTYPE,1

需要注意的是在特征值屈曲分析中,重启动分析无效。

(3)定义求解控制选项。

命令格式:BUCOPT,Method,NMODE,SHIFT,LDMULTE

用此命令定义特征值提取方法、拟提取的特征值个数、特征值计算的起始点等参数。一般情况下建议采用 LANB(分块兰索斯法)、特征值数目为 1。

(4)定义模态扩展数目。

命令格式:MXPAND,NMODE,FREQB,FREQE,Elcalc,SIGNIF

若想观察屈曲模态形状和应力分布,就应该定义模态扩展数目,也可在提取特征值后再次进入求解层单独进行模态扩展分析。在特征值屈曲分析中,"应力"并非真实的应力,仅表示各个模态中的相对应力概念,缺省时不计算"应力"。

(5)定义荷载步输出选项。

命令格式:OUTRES,Item,FREQ,Cname

命令格式:OUTPR,Item,FREQ,Cname

前者定义向数据库及结果文件中写入的数据,而后者定义向文件中写入的数据。

(6)求解。

命令格式:SOLVE

求解过程的输出主要有特征值(屈曲荷载系数)、屈曲模态形状、相对应力分布等。

(7)退出求解层。

命令格式:FINISH

7.2.4 查看结果

特征值分析求解后,需要查看荷载屈曲系数和屈曲形状等,其结果在 POST1 中查看。

(1)列表显示所有屈曲荷载系数。

命令格式:SET,LIST

显示的内容主要是模态数(SET)、时间或频率(TIME/FREQ)、荷载步(LOAD STEP)、荷载子步(SUBSTEP)及平衡迭代次数(CUMULATIVE)等栏,其中 SET 栏对应的数据为模态数阶次,TIME/FREQ 栏对应的数据为该阶模态的特征值,即屈曲荷载系数。荷载步均为 1,但每个模态都为一个子步,以便结果处理。

(2)定义查看模态阶次。

命令格式:SET,1,SBSTEP

(3)显示该阶屈曲模态形状。

命令格式:PLDISP

(4)显示该阶屈曲模态相对应力分布。

命令格式:PLNSOL 或 PLESOL 等。

在各阶屈曲模态形状中,ANSYS 在模态扩展时都进行了归一化处理,因此位移不表示真实的变形,仅表示屈曲模态的"形状"。在归一化处理时(缺省方式),位移分量为 1 的节点是所有节点位移中位移分量最大的那个节点。若不进行模态扩展操作，也可观察模态形状，但不作归一化处理。

若用命令流获取第 N 阶屈曲模态的特征值（屈曲荷载系数），不必先定义查看该阶模态，而直接采用如下命令格式便可获得：

```
*GET,FREQN,MODE,N,FREQ
```

其中 FREQN 为用户定义的变量，存放第 N 阶模态的屈曲荷载系数，其余为既定标识符。

7.3 结构的特征值屈曲分析

本节先以简单结构，如柱、梁或拱等为例，介绍屈曲分析的各种应用和分析技术，随后介绍复杂结构特征值屈曲分析的一些注意问题。

7.3.1 受压柱屈曲分析

两端简支的受压柱如图 7-1 所示，设截面尺寸为 $B\times H=0.03\text{m}\times0.05\text{m}$，柱长 $L=3\text{m}$，弹性模量 $E=210\text{GPa}$，密度 $\rho=7800\text{kg/m}^3$。

根据欧拉临界力公式，其临界荷载为：

$$P_{cr}=\frac{n^2\pi^2EI}{L^2}(n=1,2,3\cdots\cdots) \tag{7-6}$$

因 BEAM3 单元为 2D 梁单元，故只能计算荷载作用平面内的屈曲分析，当如图 7-1 所示仅一个荷载作用时，每次特征值屈曲分析只能计算在 XY 平面内的屈曲荷载，或者计算在 YZ 平面内的屈曲荷载，而式(7-6)亦然。很显然，当用空间模型分析时，其 1 阶屈曲模态在 XY 平面内，而第 2 阶屈曲模态就可能不在 XY 平面内，而在 YZ 平面内。为比较方便起见，表 7-1 均以空间屈曲模态描述，并在备注栏中给出 BEAM3 单元对应的屈曲平面和模态阶次。

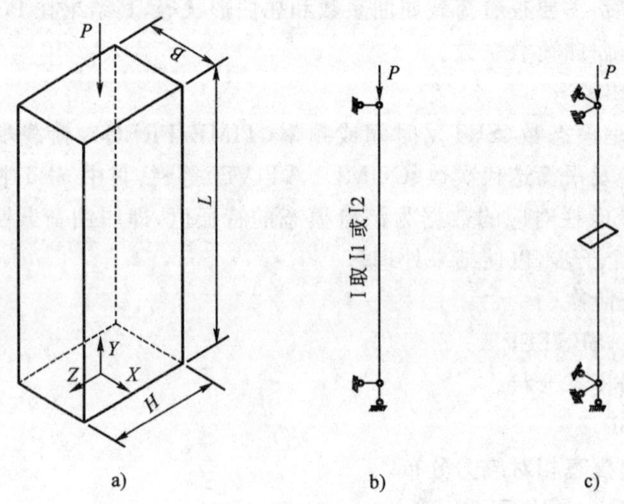

图 7-1 两端铰支柱和计算模型

a)两端铰支柱；b)BEAM3 计算模型；c)BEAM4 计算模型

两端铰支柱不同计算模型时的前 5 阶屈曲荷载比较　　表 7-1

模 态	理 论	BEAM3	BEAM4	BEAM188	BEAM189	SHELL63	SOLID95	备 注
1	25.91	25.91	25.91	26.00	25.90	25.96	25.66	$XY, n=1$
2	71.97	71.97	71.97	72.18	71.92	71.11	71.28	$YZ, n=1$
3	103.63	103.63	103.63	105.08	103.53	104.40	103.04	$XY, n=2$
4	233.17	233.19	233.19	240.62	232.67	237.05	233.33	$XY, n=3$
5	287.86	287.87	287.87	291.36	287.06	287.29	285.11	$YZ, n=2$

采用 BEAM4 和 BEAM188/189 单元时，需要约束绕单元轴的转动自由度(图 7-1 坐标系中的 ROTY)，否则虽可进行静力分析，但会出现异常屈曲模态(模态分析时会出现零值)。

采用 SHELL63 和 SOLID95 单元时，为模拟与 BEAM4 相同的约束条件，仅在下端截面中心约束 Y 方向平动自由度，而不能约束整个截面，否则与简支约束条件不符。BEAM 单元的荷载为集中力，但 SHELL63 施加的为线荷载，SOLID95 施加的为面荷载，其原因是 BEAM 单元的集中力作用在整个截面上。

表 7-1 中的各种单元均采用相同的单元尺寸，如梁单元均划分 20 个单元。

下面给出采用 BEAM3、BEAM189、SHELL63 及 SOLID95 计算的命令流。

```
! ------------------------------------------------------------------------------------------
! EX7.1A  两端铰支柱特征值屈曲分析——BEAM3 单元
FINISH$/CLEAR$/PREP7
! 创建几何模型和有限元模型(此部分命令流说明从略)
B = 0.03$H = 0.05$L = 3$E = 2.1E11$A0 = B * H$I1 = H * B * * 3/12$I2 = B * H * * 3/12$ET,1,BEAM3
MP,EX,1,E$MP,PRXY,1,0.3$R,1,A0,I1,B$K,1$K,2,,L$L,1,2$DK,1,UX,,,,UY
DK,2,UX$LATT,1,1,1$LESIZE,ALL,,,20$LMESH,ALL$FINISH
/SOLU                                  ! 进入求解层——进行静力分析获得静力解
FK,2,FY,-1                             ! 施加单位荷载，也可在前处理中施加
PSTRES,ON                              ! 打开预应力效应开关
SOLVE$FINISH                           ! 求解并退出求解层
/SOLU                                  ! 再次进入求解层——进行特征值屈曲分析获得屈曲荷载系数
ANTYPE,BUCKLE                          ! 定义分析类型为"特征值屈曲分析"，与 ANTYPE,1 相同
BUCOPT,LANB,5                          ! 定义特征值提取方法为 LANB，提取特征值数为 5 阶
MXPAND,5                               ! 扩展 5 阶屈曲模态的解，以便查看屈曲模态形状
OUTRES,ALL,ALL                         ! 定义输出全部子步的全部结果
SOLVE$FINISH                           ! 求解并退出求解层
/POST1                                 ! 进入后处理
SET,LIST                               ! 列表显示所有屈曲模态信息及屈曲荷载系数
SET,1,1$PLDISP                         ! 显示 1 阶屈曲模态形状
SET,1,2$PLDISP                         ! 显示 2 阶屈曲模态形状
SET,1,5$PLDISP                         ! 显示 5 阶屈曲模态形状
! ------------------------------------------------------------------------------------------
! EX7.1B  两端铰支柱特征值屈曲分析——BEAM188/189 单元
```

```
FINISH$/CLEAR$/PREP7
! 创建几何模型和有限元模型(此部分命令流说明从略)
B = 0.03$H = 0.05$L = 3$E = 2.1E11$ET,1,BEAM189$MP,EX,1,E$MP,PRXY,1,0.3
SECTYPE,1,BEAM,RECT$SECDATA,B,H
K,1$K,2,,L$K,10,0,L/2,L/2$L,1,2$DK,1,UX,,,,UY,UZ,ROTY$DK,2,UX,,,,UZ,ROTY
LATT,1,,1,,10,,1$LESIZE,ALL,,,20$LMESH,ALL$FINISH
! 获得静力解——注意打开预应力效应开关
/SOLU$FK,2,FY,-1$PSTRES,ON$SOLVE$FINISH
! 获得特征值屈曲解与查看结果——与 BEAM3 单元相同,不再进行说明
/SOLU$ANTYPE,BUCKLE$BUCOPT,LANB,5$MXPAND,5
OUTRES,ALL,ALL$SOLVE$FINISH$/POST1$SET,LIST
! ------------------------------------------------------------------------
! EX7.1C  两端铰支柱特征值屈曲分析——SHELL63 单元
FINISH$/CLEAR$/PREP7
B = 0.03$H = 0.05$L = 3$E = 2.1E11$ET,1,SHELL63$MP,EX,1,E$MP,PRXY,1,0.3$R,1,B
WPROTA,,,-90$BLC4,,,H,L$WPCSYS,-1$WPOFF,,,H/2$ASBW,ALL$ESIZE,3/20
AMESH,ALL$LSEL,S,LOC,Y,0$LSEL,A,LOC,Y,L$DL,ALL,,UX$DL,ALL,,UZ
DK,KP(0,0,H/2),UY$LSEL,S,LOC,Y,L$SFL,ALL,PRES,1/H$ALLSEL,ALL
/SOLU$PSTRES,ON$SOLVE$FINISH
/SOLU$ANTYPE,BUCKLE$BUCOPT,LANB,5$MXPAND,5$OUTRES,ALL,ALL
SOLVE$FINISH$/POST1$SET,LIST
! ------------------------------------------------------------------------
! EX7.1D  两端铰支柱特征值屈曲分析——3D 实体 SOLID95 单元
FINISH$/CLEAR$/PREP7
B = 0.03$H = 0.05$L = 3$E = 2.1E11$ET,1,SOLID95$MP,EX,1,E$MP,PRXY,1,0.3
BLC4,,,B,L,H$WPOFF,B/2,,H/2$VSBW,ALL$WPROTA,,,90$VSBW,ALL$WPCSYS,-1
ESIZE,3/20$VMESH,ALL
DK,KP(B/2,0,H/2),UY$ASEL,S,LOC,Y,0$ASEL,A,LOC,Y,L$DA,ALL,UX$DA,ALL,UZ
ASEL,S,LOC,Y,L$SFA,ALL,1,PRES,1/B/H$ALLSEL,ALL
/SOLU$PSTRES,ON$SOLVE$FINISH
/SOLU$ANTYPE,BUCKLE$BUCOPT,LANB,5$MXPAND,5$OUTRES,ALL,ALL
SOLVE$FINISH$/POST1$SET,LIST
```

本例仅对两端铰支柱进行了特征值屈曲分析,其他如悬臂柱、单端固结柱、两端固结柱等仅需改变约束条件即可。读者可采用上述命令流改变网格划分密度、约束条件等进行分析,以考察并比较计算结果。

7.3.2 圆弧拱的屈曲分析

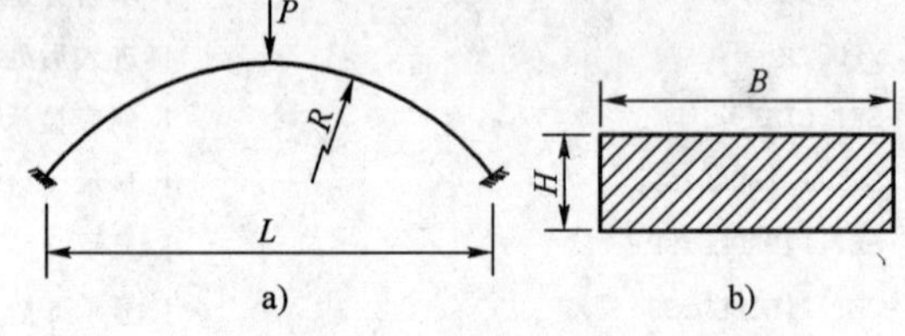

图 7-2 圆弧无铰拱

a)圆弧拱结构与荷载;b)拱圈截面尺寸

如图 7-2 所示圆弧无铰板拱,跨中承受竖向集中荷载,分别采用 SOLID95、SHELL93、

BEAM189 和 BEAM4 单元对其进行特征值屈曲分析。各类单元划分的单元数目,以此类单元计算的结果不受单元数目影响为原则。SHELL 和 SOLID 单元以线荷载施加,以便与 BEAM 单元的集中荷载比较,均计算前两阶屈曲模态,计算结果如表 7-2 所示。

集中荷载作用下圆弧无铰拱的屈曲特征值($\times 10^8$)　　表 7-2

屈曲模态	SOLID95	SHELL93	BEAM189	BEAM4
1-面内反对称	12.678	13.552	12.636	13.211
2-面内对称	19.828	20.001	19.174	20.554

从表 7-2 可以看出,采用不同单元其结果存在一定的差异。其原因主要在模型简化方面,如荷载的模拟和边界条件的处理;其次是在单元本身的特性,如单元刚性和所考虑的某些特性等;再次与结构本身的力学行为有关。

下面给出各个单元分析的命令流。

```
! EX7.2A  集中荷载作用下圆弧无铰拱的屈曲特征值——BEAM189 单元
FINISH$/CLEAR$/PREP7
! 1.创建几何模型和有限元模型----------------------------------------------------
R = 8$L = 10$B = 7$H = 0.5$P = 1E8$ET,1,BEAM189,1,1$MP,EX,1,3.3E10$MP,PRXY,1,0.3
SECTYPE,1,BEAM,RECT$SECDATA,B,H$ * AFUN,DEG$CITA = ASIN(0.5 * L/R)
CSYS,1$K,1,R,90 + CITA$K,2,R,90$K,3,R,90 - CITA$K,10,2 * R,90$L,1,2$L,2,3
CSYS,0$DK,1,ALL$DK,3,ALL$LATT,1,,1,,10,,1$LESIZE,ALL,,,10$LMESH,ALL
FK,2,FY, - P$FINISH
! 2.打开预应力开关,获得静力结果------------------------------------------------
/SOLU$PSTRES,ON$SOLVE$FINISH
! 3.获得特征值屈曲分析结果并查看结果--------------------------------------------
/SOLU$ANTYPE,1$BUCOPT,LANB,2$MXPAND,2$OUTRES,ALL,ALL
SOLVE$FINISH$/POST1$SET,LIST
! -------------------------------------------------------------------------------
! EX7.2B  集中荷载作用下圆弧无铰拱的屈曲特征值——BEAM4 单元
FINISH$/CLEAR$/PREP7
R = 8$L = 10$B = 7$H = 0.5$P = 1E8$ET,1,BEAM4$MP,EX,1,3.3E10$MP,PRXY,1,0.3
R,1,B * H,B * H * * 3/12,H * B * * 3/12,B,H$RMORE,,B * H * * 3/3$ * AFUN,DEG
CITA = ASIN(0.5 * L/R)$CSYS,1$K,1,R,90 + CITA$K,2,R,90$K,3,R,90 - CITA$K,10,2 * R,90
L,1,2$L,2,3$CSYS,0$DK,1,ALL$DK,3,ALL$LATT,1,1,1$LESIZE,ALL,,,10$LMESH,ALL
FK,2,FY, - P$FINISH$/SOLU$PSTRES,ON$SOLVE$FINISH
/SOLU$ANTYPE,1$BUCOPT,LANB,2$MXPAND,2$OUTRES,ALL,ALL
SOLVE$FINISH$/POST1$SET,LIST
! -------------------------------------------------------------------------------
! EX7.2C  集中荷载作用下圆弧无铰拱的屈曲特征值——SHELL93 单元
FINISH$/CLEAR$/PREP7
R = 8$L = 10$B = 7$H = 0.5$P = 1E8$ET,1,SHELL93$MP,EX,1,3.3E10$MP,PRXY,1,0.3$R,1,H
* AFUN,DEG$CITA = ASIN(0.5 * L/R)$CSYS,1$K,1,R,90 + CITA$K,2,R,90$K,3,R,90 - CITA
```

```
K,10,R,90,B$L,1,2$L,2,3$L,2,10$CSYS,0$ADRAG,1,2,,,,,3$LDELE,3$DL,8,,ALL$DL,5,,ALL
ESIZE,0.5$AMESH,ALL$NSEL,S,LOC,X,0$ * GET,NODENUM,NODE,,COUNT
F,ALL,FY,-P/NODENUM$ALLSEL,ALL
FINISH$/SOLU$PSTRES,ON$SOLVE$FINISH$/SOLU$ANTYPE,1$BUCOPT,LANB,2
MXPAND,2$OUTRES,ALL,ALL$SOLVE$FINISH$/POST1$SET,LIST
! ----------------------------------------------------------------------------
! EX7.2D  集中荷载作用下圆弧无铰拱的屈曲特征值——SOLID95 单元
FINISH$/CLEAR$/PREP7
R = 8$L = 10$B = 7$H = 0.5$P = 1E8$ET,1,SOLID95$MP,EX,1,3.3E10$MP,PRXY,1,0.3
* AFUN,DEG$CITA = ASIN(0.5 * L/R)$CYL4,,,R-H/2,90-CITA,R+H/2,90+CITA,B
ASEL,S,,,5,6$DA,ALL,ALL$ALLSEL,ALL
ESIZE,0.5$VMESH,ALL$NSEL,S,LOC,X,0$NSEL,R,LOC,Y,R+H/2
* GET,NODENUM,NODE,,COUNT$F,ALL,FY,-P/NODENUM$ALLSEL,ALL
FINISH$/SOLU$PSTRES,ON$SOLVE$FINISH$/SOLU$ANTYPE,1$BUCOPT,LANB,2
MXPAND,2$OUTRES,ALL,ALL$SOLVE$FINISH$/POST1$SET,LIST
! ----------------------------------------------------------------------------
```

本例仅以圆弧拱为例说明其特征值屈曲荷载求解过程，对于拱轴线为其他形式如悬链线或抛物线等结构方法相同，不过是建模不同而已。

就特征值屈曲分析而言，BEAM188 或 BEAM189 需要考虑截面翘曲自由度和截面刚性假设，否则会出现异常屈曲模态。BEAM4 单元由于以截面中心为轴线建立模型，在高阶屈曲模态中必然会丢失中间模态，如与实体或壳比较，其 3 阶以上的屈曲模态形状就不相同了。但是对于实际结构而言，通常只需要获得第一阶屈曲模态荷载及形状就够了，因此一般不会出现很大的差别。

7.3.3 梁的侧倾屈曲分析

梁的侧倾屈曲也称为弯扭屈曲或梁丧失整体稳定，属于特征值屈曲分析的一种。其特征是在临界荷载作用下，梁突然发生侧向弯曲，且同时伴随着扭转变形而破坏。其实质是受压翼缘由于腹板提供的连续支持作用，受压翼缘只能侧向变形，并带动梁的整个截面一起发生侧向变形并伴随扭转。

梁单元中 BEAM44 和 BEAM18X 系列可以考虑梁的侧倾屈曲，SHELL 和 SOLID 单元当然也可进行梁的侧倾屈曲分析。简单梁的侧倾屈曲荷载大多有理论解，当与理论解进行比较时，特别注意荷载作用位置和边界条件。

1. 矩形截面悬臂梁的侧倾屈曲

设在悬臂端作用集中荷载的悬臂梁，长度为 $L=1\text{m}$，截面为 $B\times H=0.02\text{m}\times0.05\ \text{m}$ 的矩形，材料的弹性模量为 210GPa，泊松系数取 0.3，用 BEAM189、SHELL93（中厚壳）和 3D 实体单元 SOLID95 分别进行特征值屈曲分析。其一阶屈曲荷载的理论解为：

$$P_{cr}=\frac{4.01\sqrt{EI_yGJ}}{L^2} \tag{7-7}$$

式(7-7)得理论解为30112N。3种单元计算的一阶屈曲荷载分别为30482N、30622N和30677N,单元大小全部采用ESIZE命令定义为$B/2$(单元密度对结果有较大影响),可知与理论解的误差均较小。

上述3种单元分析的命令流如下:

```
! EX7.3A  矩形截面悬臂梁的侧倾屈曲分析——BEAM189单元
FINISH$/CLEAR$/PREP7
H=0.05$B=0.02$L=1$P=1                                    ! 定义参数
ET,1,BEAM189$MP,EX,1,2.1E11$MP,PRXY,1,0.3                ! 定义单元与材料特性
SECTYPE,1,BEAM,RECT$SECDATA,B,H                          ! 定义截面类型和数据
K,1$K,2,,,L$K,3,,L/2,L/2$L,1,2                           ! 创建几何模型
LATT,1,,1,,3,,1$LESIZE,ALL,B/2$LMESH,ALL                 ! 定义线属性、单元尺寸、划分网格
DK,1,ALL$FK,2,FY,-P                                      ! 定义约束和荷载
/SOLU$PSTRES,ON$SOLVE$FINISH                             ! 获得静力解
/SOLU$ANTYPE,1$BUCOPT,LANB,1$SOLVE                       ! 获得特征值屈曲荷载系数
/POST1$SET,LIST                                          ! 查看结果
! ----------------------------------------------------------------------------
! EX7.3B  矩形截面悬臂梁的侧倾屈曲分析——SHELL93单元
FINISH$/CLEAR$/PREP7
H=0.05$B=0.02$L=1$P=1                                    ! 定义参数
ET,1,93$MP,EX,1,2.1E11$MP,PRXY,1,0.3$R,1,B               ! 定义单元、材料特性和实常数
WPROTA,,,-90$BLC4,,,L,H$ESIZE,B/2$AMESH,ALL              ! 创建几何模型和有限元模型
LSEL,S,LOC,Z,0$DL,ALL,,ALL                               ! 施加约束
NSEL,S,LOC,Z,L$*GET,NODENUM,NODE,,COUNT                  ! 施加荷载(节点平均)
F,ALL,FY,-P/NODENUM$ALLSEL,ALL
/SOLU$PSTRES,ON$SOLVE$FINISH                             ! 获得静力解
/SOLU$ANTYPE,1$BUCOPT,LANB,1$SOLVE                       ! 获得特征值屈曲荷载系数
/POST1$SET,LIST                                          ! 查看结果
! ----------------------------------------------------------------------------
! EX7.3C  矩形截面悬臂梁的侧倾屈曲分析——SOLID95单元
FINISH$/CLEAR$/PREP7
H=0.05$B=0.02$L=1$P=1                                    ! 定义参数
ET,1,SOLID95$MP,EX,1,2.1E11$MP,PRXY,1,0.3                ! 定义单元与材料特性
BLC4,,,B,H,L$ESIZE,B/2$VMESH,ALL                         ! 创建几何模型和有限元模型
ASEL,S,LOC,Z,0$DA,ALL,ALL                                ! 施加约束
NSEL,S,LOC,Z,L$*GET,NONUM,NODE,,COUNT                    ! 施加荷载(节点平均)
F,ALL,FY,-P/NONUM$ALLSEL,ALL
/SOLU$PSTRES,ON$SOLVE$FINISH                             ! 获得静力解
/SOLU$ANTYPE,1$BUCOPT,LANB,1$SOLVE                       ! 获得特征值屈曲荷载系数
/POST1$SET,LIST                                          ! 查看结果
```

对悬臂梁而言,上述3种单元的约束条件十分简单,集中荷载的处理略有不同。考虑到

BEAM189 单元施加的集中荷载作用在节点，实质是作用在整个截面上，因此对 SHELL 或 SOLID 单元，采用在截面上平均分布策略，即集中荷载除以截面上节点总数。如果在截面中心施加单一集中力，则与 BEAM189 单元所施加的荷载就不吻合了。

2. 工字形截面简支梁的侧倾屈曲

对简支梁进行侧倾屈曲分析，其特别之处在于边界条件和荷载的处理。当采用不同类型的单元计算时，如果边界条件或荷载作用形式不同，其结果当然也就不同。例如，边界条件中何方向施加约束是简支条件(尤其是 SHELL 和 SOLID 单元)、荷载作用在杆件的何位置(杆件顶面、中心或是底面)等，没有相同“基础”的条件，不同单元的结果就无法比较。

如图 7-3 所示的双轴对称工字形截面简支梁，按“梁”计算的侧倾屈曲理论解为：

$$M_{cr} = 1.3659\frac{\pi^2 EI_y}{l^2}\left(-0.5536a+\sqrt{0.3065a^2+\frac{I_\omega}{I_y}\left(1+\frac{GI_t l^2}{\pi^2 EI_\omega}\right)}\right) \tag{7-8}$$

式中，a 为荷载作用点到剪心的距离；再根据 $M_{cr}=P_{cr}l/4$ 求得到 P_{cr}。

采用图 7-3 所示的截面尺寸，且设弹性模量为 2.06×10^{11}Pa，剪切模量为 7.9×10^{10}Pa，当集中荷载分别作用在上翼缘、剪切中心和下翼缘时，屈曲荷载 P_{cr} 分别为：290.0kN、481.8kN和 800.5kN。

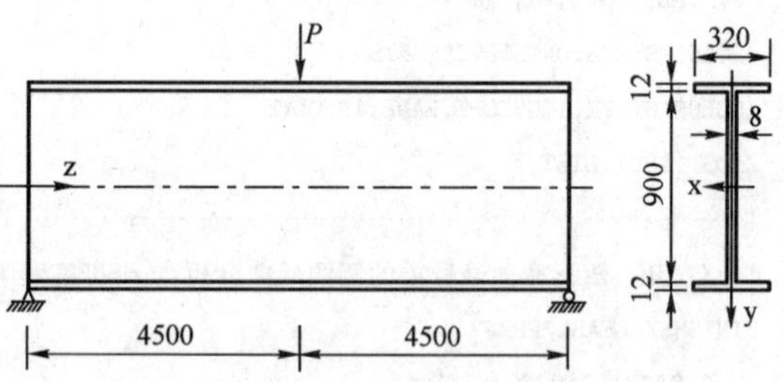

图 7-3　跨中作用集中荷载的简支梁及截面尺寸(单位：mm)

如采用 BEAM18X 系列进行特征值屈曲分析，简支梁边界条件中的平动自由度约束同常规简支梁的约束，另需约束两端绕梁轴的转动自由度。在自由度的考虑上，要计入翘曲自由度。荷载作用位置不同，其屈曲荷载也不相同，采用 SECOFFSET 命令可将截面偏置到不同位置，因荷载施加到关键点或节点上，也就将荷载的作用位置改变了。当采用 60 个 BEAM189 单元计算时，其屈曲荷载分别为 287.8kN、480.9kN 和 798.0kN，与理论解的误差均不超过 1%。

上述简支梁特征值屈曲分析的命令流如下：

```
! EX7.4  荷载在不同位置时简支梁的侧倾屈曲
FINISH$/CLEAR$/PREP7
L = 9$W = 0.32$TW = 0.012$TF = 0.008$H = 0.924              ! 定义几何参数
ET,1,BEAM189,1                                              ! 定义 BEAM189 单元并考虑翘曲自由度
MP,EX,1,2.06E11$MP,GXY,1,7.9E10                             ! 定义材料性质 E 和 G
SECTYPE,1,BEAM,I                                            ! 定义梁截面为工字形截面
SECOFFSET,USER,,H                                           ! 定义截面偏置——上翼缘
! SECOFFST,CENT                                             ! 定义截面偏置——剪心(本截面的质心)
! SECOFFST,ORIGIN                                           ! 定义截面偏置——下翼缘(截面原点)
SECDATA,W,W,H,TW,TW,TF                                      ! 定义截面数据
K,1$K,2,,,L/2$K,3,,,L$K,4,,L/2,L/2$L,1,2$L,2,3              ! 创建关键点和线
LATT,1,,1,,4,,1$LESIZE,ALL,,,30$LMESH,ALL                   ! 定义线属性、单元个数、划分网格
DK,1,UX,,,,UY,UZ,ROTZ                                       ! 施加约束条件(固定铰端)
```

```
DK,3,UX,,,,UY,ROTZ                                    ! 施加约束条件(滑动铰端)
FK,2,FY,-1                                            ! 施加单位集中荷载
/SOLU$PSTRES,ON$SOLVE$FINISH                          ! 获取静力解(打开预应力效应开关)
/SOLU$ANTYPE,1$BUCOPT,LANB,1                          ! 获取特征值屈曲解并查看结果
SOLVE$FINISH$/POST1$SET,LIST
```

若采用 SHELL 或 SOLID 单元求解时,按"梁"计算的理论边界条件很难模拟,但实际边界条件较容易实现。因此上述侧倾屈曲荷载是按"梁"和理论边界条件导出的,若按 SHELL 或 SOLID 单元求解,当边界条件较"梁边界条件"刚时,其侧倾屈曲荷载会大,反之会小。

7.3.4 柱壳屈曲分析

两端简支轴向受压圆柱壳屈曲的经典解为:

$$\sigma_{cr}=\frac{1}{\sqrt{3(1-\mu^2)}}\frac{Et}{R} \tag{7-9}$$

式中,E 为材料的弹性模量;t 为壳厚度;R 为圆柱壳中面的曲率半径;μ 为泊松系数。式(7-9)的基本假定是薄壳、径向挠度很小、材料均匀各向同性且符合虎克定律、直法线假设、理想圆柱、横截面的荷载均匀分布,在两端的边界条件为无径向位移和切向位移。

当分别取 $E=2.0\times10^5$MPa,$t=4$mm,$R=500$mm,$\mu=0.3$ 时,可得 $\sigma_{cr}=968.4$MPa。

SHELL63 单元为 4 节点平面壳单元,当采用该单元建立模型求解时,是用多个平面壳元拟合曲壳,因此单元网格密度对计算结果影响较大。设拟划分的单元边长为 LEE,当采用不同的 R/LEE 时的屈曲荷载曲线如图 7-4 所示,可以看出当单元边长 LEE<R/26 时的计算结果与理论结果的误差才小于 5%。值得注意的是,单元边长之比不当时会影响到屈曲模态形状;当单元网格过密时可能会较难求得屈曲模态,这时需要设定求解参数。

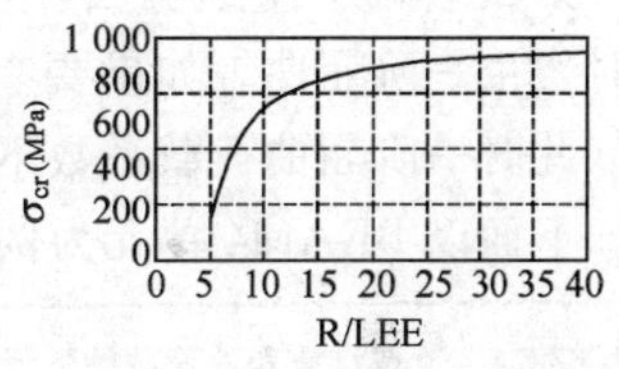

图 7-4 单元尺寸对屈曲荷载的影响

SHELL93 为 8 节点曲壳单元,模拟曲壳的精度和效果较 SHELL63 好的多,如当 LEE=R/5 时,其计算结果与理论解的误差就在 2%之内;如取 LEE=R/8,二者几乎相等。

下面仅给出采用 SHELL93 单元计算的命令流。

```
! EX7.5  两端简支轴向受压圆柱壳的特征值屈曲——采用 SHELL93 单元
FINISH$/CLEAR$/PREP7
! 1.定义几何参数、单元类型、材料性质、实常数……………………………………………………………………………
T=0.004$R=0.5$L=1$XIGM=1$ET,1,SHELL93$MP,EX,1,2.0E11$MP,PRXY,1,0.3$R,1,T
! 2.创建几何模型、切分面、定义单元尺寸、划分网格……………………………………………………………………
CYL4,,,R,,,,L$VDELE,ALL$ASEL,S,LOC,Z,0$ASEL,A,LOC,Z,L$ADELE,ALL$ASEL,ALL
WPROTA,,,90$ASBW,ALL$WPCSYS$ESIZE,R/8$MSHAPE,0,3D$MSHKEY,1$AMESH,ALL
! 3.施加荷载与约束——旋转节点坐标系,并施加径向和切向约束……………………………………………………
LSEL,S,LOC,Z,L$SFL,ALL,PRES,XIGM*T$LSEL,S,LOC,Z,0$DL,ALL,,UZ
```

```
LSEL,A,LOC,Z,L$CSYS,1$NSLL,S,1$NROTAT,ALL$D,ALL,UX,,,,,UY$ALLSEL,ALL
! 4.获得静力解(打开预应力效应开关)………………………………………………………………
/SOLU$ANTYPE,0$PSTRES,ON$SOLVE$FINISH
! 5.获得特征值屈曲解,查看结果………………………………………………………………………
/SOLU$ANTYPE,1$BUCOPT,LANB,1$SOLVE$/POST1$SET,LIST
```

轴向受压圆柱壳可发生两种性质不同的屈曲,即类似柱子的屈曲和壳体表面屈曲。屈曲模态与壳体的长度和直径之比有关,十分细长壳体的屈曲模态与柱子相同,非常短粗的壳体类似两端支承的宽板即只在纵向发生变形,而中等长度的壳体则发生表面屈曲。圆柱壳表面屈曲形式是在纵向和圆周向都产生表面变形,上述例子中,屈曲模态仅在纵向出现波形但在圆周向无波形,如将柱壳长度增大一倍就会发生正常的表面屈曲,即在纵向和圆周向都产生波形,但屈曲应力相同。

7.3.5 考虑恒载与活载时的屈曲分析方法

如 7.2.2 中所述,当恒载为一定值,仅仅求解活载增大到何值时结构失稳,这种情况需要不断改变活载的大小,通过迭代求解(用户编制 APDL)使得屈曲荷载系数等于 1.0,此时的荷载(恒载+增大后的活载)即为结构屈曲时的荷载,而增大后的活载与原活载之比称为活载的屈曲系数,这种情况在实际工程结构中经常遇到。

如图 7-2 所示结构,当计入自重但仅考虑外荷载为多大时结构屈曲,其结果是当外荷载略小时发生一阶屈曲。如果要考虑二阶屈曲荷载,同样需要迭代求解使得二阶屈曲荷载系数为 1.0(此时一阶屈曲荷载系数不等于 1.0),以此类推,可求得多阶屈曲模态的外荷载。

下面以 BEAM4 单元为例,并设质量密度为 2600kg/m³,其分析的命令流如下:

```
! EX7.6  考虑自重和外荷载圆弧无铰拱的屈曲特征值——BEAM4 单元
FINISH$/CLEAR$/PREP7
R=8$L=10$B=7$H=0.5$P=1E8$ET,1,BEAM4                    ! 定义几何参数和单元类型
MP,EX,1,3.3E10$MP,PRXY,1,0.3$MP,DENS,1,2600            ! 定义材料性质
R,1,B*H,B*H**3/12,H*B**3/12,B,H$RMORE,,B*H**3/3        ! 定义实常数
*AFUN,DEG$CITA=ASIN(0.5*L/R)$CSYS,1                     ! 求角度参数,定义坐标系
K,1,R,90+CITA$K,2,R,90$K,3,R,90-CITA$K,10,2*R,90        ! 创建关键点
L,1,2$L,2,3$CSYS,0$DK,1,ALL$DK,3,ALL                    ! 施加约束
LATT,1,1,1$LESIZE,ALL,,,10$LMESH,ALL$FINISH             ! 划分网格
ERR=1/100$PMODI=1.0                                     ! 定义误差限值、初始荷载缩放系数
*DOWHILE,ERR                                            ! 死循环设置,由下面控制跳出
FINISH$/SOLU$ANTYPE,0$ACEL,,10                          ! 指定求解类型、施加加速度
FKDELE,ALL,ALL$FK,2,FY,-P*PMODI                         ! 删除关键点荷载、重新施加
PSTRES,ON$SOLVE$FINISH                                  ! 打开预应力效应开关,获取静力解
/SOLU$ANTYPE,1$BUCOPT,LANB,1$SOLVE                      ! 获取特征值屈曲解
*GET,FREQ1,MODE,1,FREQ                                  ! 获得第一阶模态的屈曲荷载系数
```

```
*IF,ABS(FREQ1-1),LE,ERR,THEN                         ! 比较是否满足误差要求
*EXIT                                                ! 如果满足要求则跳出循环
*ELSE                                                ! 否则改变缩放系数,继续循环
PMODI=PMODI*FREQ1$*ENDIF$*ENDDO                      ! 修改缩放系数,结束 IF 块和 DO 块
FINISH$/POST1$SET,LIST                               ! 查看结果(PMODI 是最终缩放系数)
```

在不考虑自重时,其屈曲荷载为 13.211×10^8N,考虑自重时屈曲荷载为 13.143×10^8N。即当考虑自重,施加的外荷载为 13.143×10^8N 时得到的屈曲荷载系数为 1.0。由于本例自重荷载较小,屈曲荷载的改变不大,此处仅为说明求解方法。

7.3.6 有预应力的结构屈曲分析

实际工程结构经常采用预应力结构,如先张梁或后张梁、斜拉桥、系杆拱桥、张拉弦结构及预应力钢梁等,此时其特征值屈曲分析又有不同。

(1)索通常采用 LINK10 单元模拟,该单元是一非线性单元,采用非线性分析获得静力解,即得到结构在变形后位置的平衡结果,此时得到的几何刚度矩阵可用于特征值屈曲分析。

(2)不管采用初应变方法或是降温方法施加预应力,所生成的几何刚度都将被同时缩放(如式(7-5)),因此其屈曲荷载求解方法与有恒载和活载时的方法相同,即不能将预应力同时缩放,应采用迭代方法——保持预应力不变,不断改变外荷载值,直到屈曲荷载系数为 1.0 为止。

如图 7-5 所示的两端简支柱,安装一对预应力索,索支架为刚性。设钢柱的直径为 50mm,索的直径为 ϕ5mm,索同时张拉且张拉力为 15kN。钢柱弹性模量为 2.1×10^5MPa,索的弹性模量为 1.95×10^5MPa,几何尺寸如图所示。仅考虑面内屈曲对该结构进行特征值屈曲分析,柱采用 BEAM3 单元模拟,索采用 LINK10(仅受拉)模拟,刚性支架采用 BEAM3 模拟。

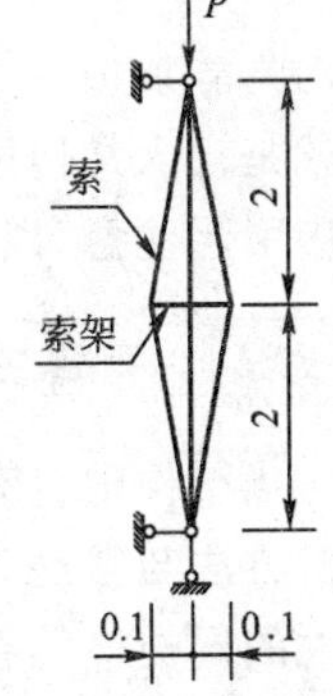

图 7-5 施加预应力的简支柱

当不考虑索时,两端简支柱屈曲荷载的理论值为 39742N。

当考虑索但不计张拉力时,ANSYS 求得屈曲荷载也为 39742N。此时索不起作用,若进行非线性屈曲分析则不同,因索在非线性分析中会因结构变形而伸展。

当考虑索并计入张拉力时,在静力分析完成后应当使索力达到张拉力 15kN,因张拉力为已知,且在张拉过程中结构变形一同发生,故索的张拉力为变形后的结果。若采用初应变法施加预应力,必须略微增大初应变值。因结构在施加预应力后必然发生变形,而发生变形使得索力随之发生变化,也必然不等于张拉力。获得“略微增大”数值的方法也采用迭代法,即通过不断修改初应变,使结构变形完成后索力达到张拉力。

通过上述分析可知,有两个参数需要迭代确定,即不断修改初应变和外荷载,使得静力分析结果中索力达到张拉力,而特征值屈曲分析中屈曲荷载系数为 1.0。一般地,因实际结构刚度较大,结构变形对张拉力的影响很小,几次迭代可便可获得结果。对于该例,初应变增大系数为 1.049,当外荷载为 $1.2266\times39742=48747$N 时结构屈曲,即施加预应力后结构的屈曲荷载增大了约 22.7%。

```
! EX7.7  施加预应力简支柱的屈曲分析
FINISH$/CLEAR$/PREP7
L = 4$A = 0.1$D = 50/1000$FAI = 5/1000$P1 = 39742                ! 定义几何参数和初始外荷载
PI = ACOS( - 1)$E0 = 2.1E11$E1 = 1.95E11                          ! 定义π和弹性模量参数
A0 = PI * D * D/4$I0 = PI * D * * 4/64$A1 = PI * FAI * FAI/4      ! 求截面特性
PS = 15000$ISTA = PS/A1/E1                                        ! 张拉力参数和初应变
ET,1,BEAM3$ET,2,LINK10                                            ! 定义两种单元
MP,EX,1,E0$MP,PRXY,1,0.3$MP,EX,2,E1$MP,PRXY,2,0.3                 ! 定义两种材料特性
R,1,A0,I0,D$R,2,1E4 * A0,1E4 * I0,D$R,3,A1,ISTA * 1.049           ! 定义三种实常数
K,1$K,2,,L$K,3, - A,L/2$K,4,,L/2$K,5,A,L/2                        ! 创建关键点
L,1,4$L,4,2$L,3,4$L,4,5$L,1,3$L,1,5$L,3,2$L,5,2                   ! 创建线
LSEL,S,LOC,Y,L/2$LATT,1,2,1$LESIZE,ALL,,,3                        ! 定义索支架单元特性
LSEL,S,LOC,X,0$LATT,1,1,1$LESIZE,ALL,,,10                         ! 定义柱单元特性
LSEL,INVE$LSEL,U,LOC,Y,L/2$LATT,2,3,2$LESIZE,ALL,,,1              ! 定义索单元特性
DK,1,UX,,,,,UY,UZ$DK,2,UX,,,,,UZ$FK,2,FY, - P1 * 1.2266           ! 施加约束和外荷载
ALLSEL,ALL
LMESH,ALL$FINISH                                                  ! 划分网格并退出前处理
/SOLU$ANTYPE,0$NSUBST,10$PSTRES,ON$SOLVE                          ! 获得静力解(非线性分析)
FINISH$/SOLU$ANTYPE,1$BUCOPT,LANB,1$SOLVE                         ! 获得特征值屈曲解
/POST1$SET,LIST                                                   ! 查看结果
```

与施加预应力用的初应变方法类似，如约束位移和温度等影响都将被荷载屈曲系数缩放，也就是计入几何刚度矩阵中的所有因素都将被缩放。因此，在实际工程结构的特征值屈曲分析应引起注意，以防出现不合理的结果或在出现不合理结果时进行原因分析。

7.3.7 有自由度耦合或约束方程时结构屈曲分析

当结构中含有自由度耦合(包括自动耦合)或约束方程(包括自动生成)时，其特征值屈曲分析方法与常规方法相同。但在特征值屈曲分析中不应当包含 MPC184 单元，此时可用刚度较大的同类单元替代。如下命令流为一平面刚架，其中含有耦合自由度或约束方程时的求解过程，具体尺寸和截面特性如命令流中，此例仅为说明性示例。

```
! EX7.8  含有耦合或约束方程的特征值屈曲分析
FINISH$/CLEAR$/PREP7
ET,1,BEAM3$MP,EX,1,2.1E11$MP,PRXY,1,0.3$R,1,0.1,0.01,0.1$L = 4$K,1$K,2,0,L$K,3,L/2,L
K,4,L/2,L$K,5,L,L$K,6,L$L,1,2$L,2,3$L,4,5$L,5,6$LESIZE,ALL,,,5$LMESH,ALL$DK,1,ALL
DK,6,ALL$LSEL,S,LOC,Y,L$ESLL,S$SFBEAM,ALL,1,PRES,1.0$ALLSEL,ALL
CPINTF,UX$CPINTF,UY                                               ! 耦合自由度
! CE,1,0,7,UX,1,12,UX, - 1$! CE,2,0,7,UY,1,12,UY, - 1             ! 或编写约束方程
/SOLU$ANTYPE,0$PSTRES,ON$SOLVE$FINISH
/SOLU$ANTYPE,1$BUCOPT,LANB,2$SOLVE$/POST1$SET,LIST
```

7.4 特征值屈曲分析的其他问题

7.4.1 结构屈曲分析

结构的特征值屈曲分析方法与构件的分析方法相同，其步骤也类似。但要注意以下两个问题：①结构较构件建模、边界条件和荷载等要复杂；②结构特征值屈曲模态也可能为整体屈曲或局部屈曲，与结构及其构造有关。

这里仅以杆系结构为例说明结构屈曲分析的过程，杆系结构一般指用杆单元和梁单元模拟的结构，如桁架结构、网架结构和屋架等。其他结构的分析过程，如板壳或实体结构等，其过程可参见上文中相关例题。

1. 六角星形穹顶

如图 7-6 所示结构，六个支承为铰结，分别按空间桁架和空间刚架分析。空间桁架采用 LINK8 单元，参数如图中所示；空间刚架采用 BEAM4 单元，并设 $I_x = 9180\text{mm}^4$，$I_y = 2950\text{mm}^4$，$I_z = 23770\text{mm}^4$。

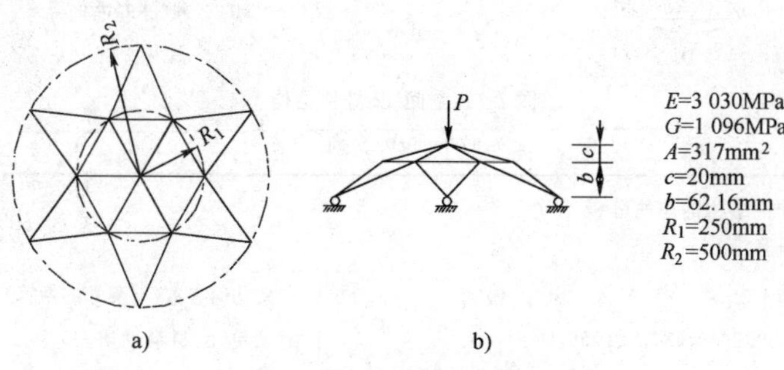

图 7-6 六角星形穹顶结构

a)平面；b)立面

```
! EX7.9  六角星形穹顶结构的特征值屈曲
FINISH$/CLEAR$/PREP7
R1 = 250$R2 = 500$C = 20$B = 62.16
ET,1,LINK8$MP,EX,1,3030.0$MP,GXY,1,1096$R,1,317          ! 定义 LINK8 单元及实常数等
! ET,1,BEAM4$! R,1,317,23770,2950,1,1$! RMORE,,9180      ! 定义梁单元及其实常数
CSYS,1$K,1,R2,30$KGEN,6,1,1,,,60$K,7,R1,,B               ! 定义柱坐标系、创建关键点
KGEN,6,7,7,,,60$K,13,,,C + B                             ! 创建关键点
CSYS,0$ * DO,I,1,5$L,I,I + 6$L,I,I + 7$ * ENDDO          ! 定义直角坐标系、创建线
L,6,7$L,6,12$ * DO,I,7,11$L,I,I + 1$ * ENDDO$L,12,7      ! 创建线
 * DO,I,7,12$L,I,13$ * ENDDO                             ! 创建线
LESIZE,ALL,,,1$! LESIZE,ALL,,,5                          ! LINK8 单元每线划分一个单元,梁则划分 5 个
LMESH,ALL                                                ! 划分单元(采用梁元时解除注释,并注释杆元)
KSEL,S,LOC,Z,0$DK,ALL,ALL$KSEL,ALL                       ! 施加约束
```

```
FK,13,FZ,-1                                    ! 施加单位集中荷载
/SOLU$ANTYPE,0$PSTRES,ON$SOLVE$FINISH          ! 获得静力解
/SOLU$ANTYPE,1$BUCOPT,LANB,1$SOLVE             ! 获得特征值屈曲解
/POST1$SET,LIST                                ! 查看结果
```

由本例计算结果，采用 LINK8 时其屈曲荷载为 1460.9N，采用 BEAM4 时结果为 1687.6N，二者结果的差别较大。因采用梁单元计算时结构的刚度要大于采用杆元时的刚度，故屈曲特征值不同。但二者的第一阶屈曲模态形状基本一致，即都是顶点向上而中间一环向下的屈曲形状，说明该阶屈曲模态最为容易发生，而不是顶点向下的屈曲模态。

2. 空间 12 杆件结构

如图 7-7 所示较为典型的空间结构，它由 12 根杆件组成。很多学者都作过算例研究，假定六个边结点均为滑动铰支座。采用空间刚架(BEAM4 单元)进行特征值屈曲分析。

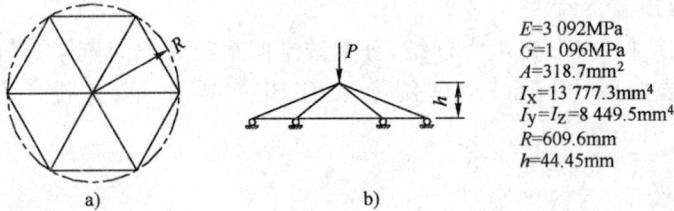

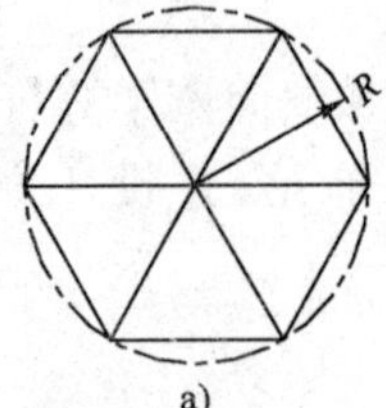

a)

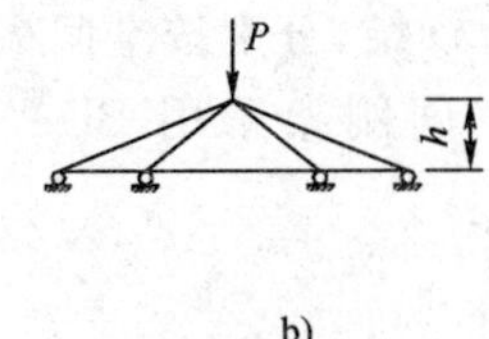

b)

E=3 092MPa
G=1 096MPa
A=318.7mm^2
I_X=13 777.3mm^4
I_Y=I_Z=8 449.5mm^4
R=609.6mm
h=44.45mm

图 7-7 空间 12 杆件结构

a)平面；b)立面

```
! EX7.10  空间 12 构件结构的屈曲分析
FINISH$/CLEAR$/PREP7
R=24*25.4$H=1.75*25.4                          ! 定义几何参数(与英寸的换算)
ET,1,BEAM4$MP,EX,1,3092$MP,GXY,1,1096          ! 定义单元、材料性质
R,1,318.7,8449.5,8449.5,1,1$RMORE,,13777.3     ! 定义实常数
CSYS,1$K,1,R,0$KGEN,6,1,1,,,60$K,7,0,0,H       ! 定义柱坐标系、创建关键点
CSYS,0$*DO,I,1,5$L,I,I+1$*ENDDO$L,6,1          ! 定义直角坐标系、创建线
*DO,I,1,6$L,I,7$*ENDDO                         ! 创建线
LESIZE,ALL,,,5$LMESH,ALL                       ! 定义单元划分个数、划分单元
KSEL,S,LOC,Z,0$DK,ALL,UZ$KSEL,ALL              ! 施加底层关键点的约束
DK,7,UX,,,,,UY,ROTZ$FK,7,FZ,-1.0               ! 施加顶点的约束、施加荷载
/SOLU$PSTRES,ON$SOLVE$FINISH                   ! 获取静力解
/SOLU$ANTYPE,1$BUCOPT,LANB,1$SOLVE             ! 获取特征值屈曲解
/POST1$SET,LIST                                ! 查看结果
! 如果需要将屈曲模态输出到文件,可采用*GET 函数或命令得到各节点自由度值,然后输出即可。如上例中可采用下列
! 命令流写出全部屈曲模态:
/POST1
NODTOL=NDINQR(0,13)                            ! 获得节点总数
*CFOPEN,FREQ,TXT                               ! 打开文件 FREQ.TXT 准备写入数据
FREQ1=1                                        ! 定义模态总数,也可在求解时定义这里引用
```

```
*DO,J,1,FREQ1                                        ! 按模态总数循环
SET,1,J                                              ! 设置第 J 个模态的结果
*VWRITE,J                                            ! 写入注释行
('BUCKLING MODE NUMBER =',F6.1)                      ! 定义注释行及其输出格式
*DO,I,1,NODTOL                                       ! 按节点总数循环,每个节点一行数据
*VWRITE,I,UX(I),UY(I),UZ(I),ROTX(I),ROTY(I),ROTZ(I)  ! 写出节点位移
(F6.1,6E15.6)                                        ! 定义节点位移的输出格式
*ENDDO                                               ! 结束 I 循环
*ENDDO                                               ! 结束 J 循环
*CFCLOSE                                             ! 关闭文件 FREQ.TXT
! 注意上述命令流不可直接粘贴到命令行执行,应当用/INPUT 命令执行。
```

7.4.2 整体屈曲与局部屈曲

ANSYS 特征值屈曲分析不区分整体失稳或局部失稳,其计算结果包括二者在内,需要用户加以分析确定,即其第一阶失稳模态总是最容易发生失稳的形式,可能是整体失稳也可是局部失稳。如较复杂的刚架结构(用梁单元),第一阶失稳模态可能是某个杆件发生失稳;再如板壳结构(用板壳单元)第一阶失稳模态可能是杆件局部如翼缘板发生失稳等。

对于实际的工程结构,一般采用"等稳原则",即整体失稳和局部失稳的临界荷载相等,或者局部失稳的临界荷载略大些。在应用 ANSYS 求解时,当必须得到整体失稳的模态,此时可修改局部杆件的刚度、增加求解的模态数或者改变单元划分策略等;对于板壳结构可适当增加局部板厚或设置构造措施等。

如图 7-8 所示平面刚架结构,其第一阶屈曲模态为单根杆件(图中 B 杆),第 2 阶模态才为整体屈曲。因此,可增大拟求的模态数目,结构复杂时需要很大的模态数,甚至可能得不到;或可修改 B 杆刚度与 A 杆相同,相当于修改设计;或者将 B 杆仅仅划分为"一个单元",这时也可以得到整体屈曲模态和近似的屈曲荷载系数。本例结构十分简单,因此单元数目对屈曲荷载影响较大,对于复杂结构,仅改变单根杆件的单元划分数目所得结果可以接受。

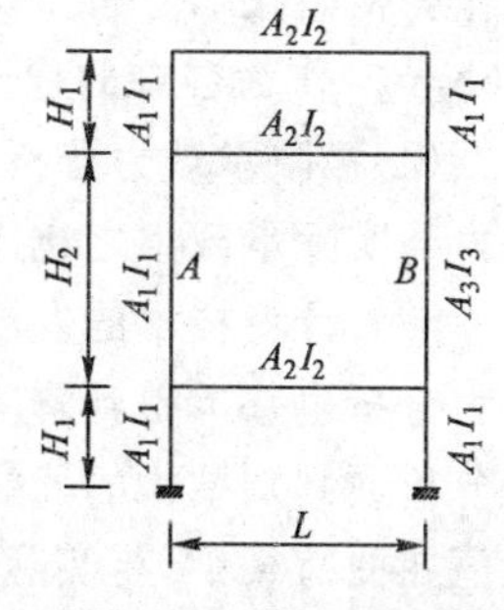

图 7-8 平面刚架结构示意

本例仅为说明获得杆系结构整体屈曲模态的方法,但实际结构中也有应用。例如,在结构中总有些构造杆件(当然也可在建模时不考虑这些杆件),其所受内力很小,即便其失稳也不会对结构造成影响,如果为获得整体失稳模态而改变刚度又无必要,且可能会改变结构的内力分布,但用 ANSYS 求解时可能低阶模态总是这些杆件的失稳,显然不是所关心的屈曲模态,这时可采用本例方法克服此问题。

```
! EX7.11  杆系结构的整体与局部屈曲
FINISH$/CLEAR$/PREP7
L=4$H1=2$H2=4
K,1$K,2,L$K,3,,H1$K,4,L,H1$K,5,,H1+H2$K,6,L,KY(5)
```

```
K,7,,H1 * 2 + H2$K,8,L,KY(7)$L,1,3$L,3,5$L,5,7$L,2,4
L,4,6$L,6,8$L,3,4$L,5,6$L,7,8
ET,1,BEAM3$MP,EX,1,3E10$MP,PRXY,1,0.2
R,1,0.1,0.0010,0.3$R,2,0.12,0.0016,0.4$R,3,0.1,0.00007,0.3
LESIZE,ALL,,,5                        ! 每根杆件划分单元数目为 5 个
LESIZE,5,,,1,,1                       ! 修改 L5 的划分数目为 1 或其他数目(整体与局部屈曲控制)
LSEL,S,,,1,4$LSEL,A,,,6$LATT,1,1,1$LSEL,S,,,5$LATT,1,3,1
LSEL,S,TAN1,Y$LATT,1,2,1$LSEL,ALL$LMESH,ALL
DK,1,ALL$DK,2,ALL
LSEL,S,LOC,Y,H1 * 2 + H2$ESLL,S$SFBEAM,ALL,1,PRES,1E6$ALLSEL,ALL
/SOLU$ANTYPE,0$PSTRES,ON$SOLVE$FINISH
/SOLU$ANTYPE,1$BUCOPT,LANB,2$MXPAND,2$SOLVE$/POST1$SET,LIST
```

7.4.3 弹性整体稳定安全系数

目前结构稳定设计的方法主要有如下四种：

(1)构造限值法：当主桁(主梁)中心距不小于跨度的 1/20 时，一般情况下可不进行整体稳定验算。我国公路和铁路桥涵设计规范都采用这种方法，因桥梁的横向联结系刚度较大，一般情况下满足该限值均能保证桥梁的整体稳定性，但当横向联结系的刚度较弱时未必适用。

(2)计算长度方法：我国现行钢结构设计规范就采用该方法，这类方法主要用于规则的框架体系。对于复杂的任意空间结构，该方法就不便使用。

(3)二阶弹性分析方法：我国现行网壳结构技术规程采用该方法，即取结构最低阶屈曲模态作为初始缺陷分布，通过对结构进行几何非线性分析获得弹性稳定承载力，该值除以系数 $K(K=5)$作为容许的稳定承载力。

(4)极限承载力分析方法：通过双非线性分析，精确计算结构的实际极限承载力。极限承载力与实际承载力之比应大于某个系数 K。

随着计算技术的发展，不但结构特征值屈曲分析得到解决，结构的二阶弹性分析或极限承载力分析也基本得到解决，也就是说，结构在不同条件下的临界荷载或极限荷载可求得，但如何分析或判别结构的稳定性是需要研究的问题。例如，就弹性整体稳定而言，所求得的结构特征值屈曲荷载 P_{cr}与实际荷载 P 之比可定义为弹性整体稳定安全系数 K_{eb}，该值的容许值无从查得。

现行各种规范中轴心受压构件稳定设计公式的一般形式为：

$$\frac{P}{\phi A} \leqslant f$$

或

$$P \leqslant \phi A f \tag{7-10}$$

以两端简支中心受压构件为例，其最低阶屈曲特征值即欧拉荷载为：

$$P_{cr} = \frac{\pi^2 EI}{L^2} \tag{7-11}$$

引入
$$i=\sqrt{\frac{I}{A}}\ 和\ \lambda=\frac{L}{i}\ 有:\sigma_{cr}=\frac{P_{cr}}{A}=\frac{\pi^2E}{\lambda^2} \tag{7-12}$$

因此可得
$$K_{eb}=\frac{P_{cr}}{P}\geqslant\frac{\pi^2E}{f}\cdot\frac{1}{\phi\lambda^2} \tag{7-13}$$

由式(7-13)可知，弹性整体稳定安全系数是λ的函数，且随λ的增大而减小，也即弹性整体稳定安全系数K_{eb}的容许值不是一个恒值。对于整体结构而言，在无可靠经验或试验数据时，可通过特征值屈曲分析获得屈曲荷载及屈曲应力，然后通过式(7-12)求得换算长细比λ_{eb}，再按照长细比为λ_{eb}的轴心受压构件验算其稳定性，或者通过式(7-13)验算弹性整体稳定安全系数。

第8章 结构非线性分析

固体力学问题中的所有现象都是非线性的。然而，对于许多工程问题，近似地用线性理论来处理可使计算简单切实可行，并符合工程的精度要求，如前述的线性静力分析，最后导致了一个线性的代数方程组，即结构的刚度不变化，荷载与位移为线性关系。但是许多问题的荷载与位移为非线性关系，结构的刚度是变化的，用线性理论就完全不合适，必须用非线性理论解决。

本章主要介绍结构非线性分析的基本概念，几何非线性、材料非线性、接触非线性及单元非线性等问题的求解技术。

8.1 结构非线性分析概述

8.1.1 基本概念

1. 结构非线性问题的分类

结构非线性问题可分为三大类：

- 几何非线性问题：如大应变、大位移、应力刚化及旋转软化等；
- 材料非线性问题：如塑性、超弹、蠕变及其他材料非线性等；
- 状态非线性问题：如接触、单元生死及特殊单元等。

通常结构非线性不是单纯某类问题，如可能要同时考虑几何和材料非线性问题，称为双重非线性问题，甚至要考虑上述三类非线性并存的情况，这些问题 ANSYS 均可解决。

2. 非线性方程的求解

非线性方程一般采用 Newton-Raphson 方法（简称 NR 法），它是求解非线性方程的线性化方法。以几何非线性问题为例，结构的平衡方程为：

$$[K(\{u\})]\{u\} = \{F\} \tag{8-1}$$

写成 NR 法迭代公式为：

$$\left.\begin{aligned}[K_T(\{u\}_n)]\{\Delta u\}_{n+1} &= \{F\}-\{F\}_n\\ \{u\}_{n+1} &= \{u\}_n+\{\Delta u\}_{n+1}\end{aligned}\right\} \tag{8-2}$$

式中，$\{F\}_n=[K(\{u\}_n)]\{u\}_n$ 如以单自由度系统描述上式，可用图 8-1a)进行图解表示，在ANSYS 中称为完全 NR 法(NROPT 命令中的 Option＝Full)。

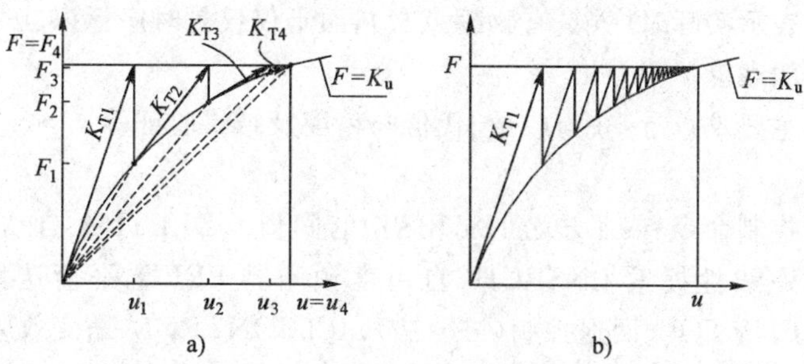

图 8-1　完全 NR 法和改进 NR 法

由于完全 NR 法每次平衡迭代都要修改一次刚度矩阵，计算工作量很大，因此可采用改进的 NR 法(NROPT 命令中的 Option＝MODI)。该法在每个子步中修正切线刚度矩阵，但在每个平衡迭代中不变，如图 8-1b)所示。另外，ANSYS 中还有初始刚度法(NROPT 命令中的Option＝INIT)，即在所有平衡迭代中都采用初始的切线刚度矩阵，其收敛速度较慢但求解稳定。

每种方法的计算速度和收敛速度会因问题的类型而不相同，并且各有适用的范围，因此在选择 NR 方法上有一定的困难，幸好 ANSYS 提供了程序自动选择的方式(NROPT 命令中的Option＝AUTO 为缺省方式)，所以一般情况下不必刻意选择 NR 方法。

ANSYS 为获得收敛结果，提供了很多帮助收敛的选择，见下文介绍。

3. 非线性分析的基本信息

(1)变形前后荷载方向。

无论结构如何变形，自重和集中荷载都保持恒定的方向，如图 8-2a)和图 8-2b)所示。但面荷载方向会随着单元方向的改变而变化，通常称为“随动荷载”，如图 8-2c)所示。

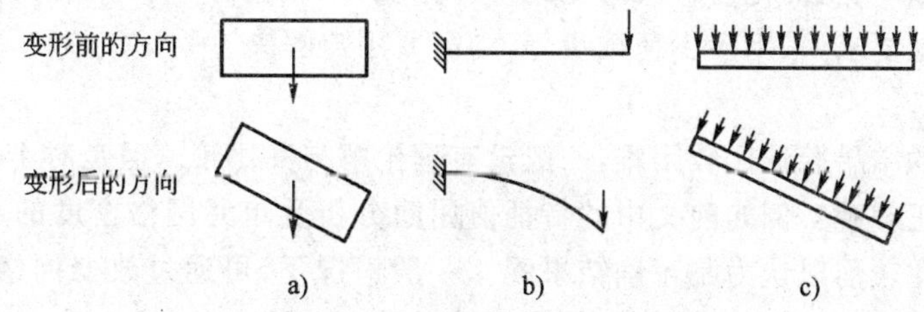

图 8-2　变形前后荷载的方向

a)重力加速度；b)集中荷载；c)单元面荷载

(2)保守系统与非保守系统。

保守系统是指通过外载输入系统的总能量在荷载移去后复原，而非保守系统是指通过外载输入系统的总能量被系统消耗(如塑性变形、滑动摩擦等)，荷载移去后不能复原。

保守系统的分析与加载过程无关，即可以采用任何顺序和任何数目的增量加载而不影响最终的结果。非保守系统的分析与过程有关，即必须根据系统的实际加载历史才能获得精确解。但对保守系统而言，如果对于给定的荷载范围可能有多解时，其分析也可能与过程有关，如跳越问题等。与过程相关的问题通常要求缓慢加载。

(3)非线性瞬态分析。

非线性瞬态分析与非线性静态分析类似,也是采用荷载增量加载,在每一步中进行平衡迭代。非线性静态和瞬态分析的主要区别是瞬态分析中要激活时间积分效应,即在非线性瞬态分析中“时间”总是表示实际时序(具有物理意义),而不仅仅是时序标识。

4. 非线性分析的难度

非线性分析的主要难点有:获得收敛、代价与精度及结果验证等。

(1)收敛控制。

与收敛相关的控制命令有:子步数 NSUBST、时间步长 DELTIM、自动时间步 AUTOTS、求解器选择 EQSLV、线性搜索 LNSRCH、自由度预测器 PRED、平衡迭代的最大容许次数 NEQIT、收敛准则 CNVTOL、回退控制(二分法)CUTCONTROL、蠕变效应 RATE、终止分析选项 NCNV、弧长法 ARCLEN、弧长法求解终止控制 ARCTRM、NR 法选项 NROPT、应力刚化效应 SSTIF、缺省求解设置与算法控制 SOLCONTROL、荷载类型 KBC 等。

对需要进行参数设置的命令,大多数情况下采用 ANSYS 的缺省设置即可,因 ANSYS 都对这些参数进行了优化设置,一般无需用户设置每个参数。

当不能获得收敛结果时,一般可通过调整收敛准则、荷载步和子步、弧长半径、迭代次数及单元特性(KEYOPT)等,该过程是一个“试错”过程,需要不断调整参数并求解,可能要较大的时间代价。对于某类问题,当具有一定的收敛经验时,可大大减小试错工作量。

(2)代价与精度。

非线性分析需要占用大量的时间、内存和磁盘空间等,应与求解精度权衡利弊。更多细节和网格细化一般可获得更精度的结果,但需要更多的时间和系统资源;对于大型复杂结构,求解有时可能需要几个昼夜。较多的荷载增量步可提高精度,但也会增大求解代价,如占用的系统资源可能超过用户硬件条件等。

权衡代价与精度需要结合问题的类型和结构模型,需要用户具有工程判断能力,程序无法解决该问题。例如,模型简化与否及简化到何种程度,采用何种单元及单元网格细分,何种精度的结果能够满足要求,采用多少荷载步等,均需要用户解决。

(3)结果验证。

非线性分析的结果验证比较困难,一般没有理论解与其比较。但是对于一个特定的结构,有限元结果是否正确呢?例如前文中的特征值屈曲分析受单元网格密度的影响就很大,如果不进一步的分析比较何以认为是正确结果呢?一般情况下,可通过改变网格密度、荷载增量、模型与模型参数等进行结果的比较,以便判断结果的正确性。

例如,对于特定的结构,可分别采用不同的单元建立模型,比较各种模型的计算结果,进而判断结果的正确性;又如,可分别采用 3D 实体单元、SHELL 单元和 BEAM 单元建立模型,对其结果进行研究和比较。当然模型比较时可采用与真实结构力学特性类似的“小模型”,但也可采用真实结构直接进行对比分析,不过代价较大。

例如,对于特定的分析模型,仅改变网格密度,对结果进行比较(所谓灵敏度分析),若前后两次结果满足一定的误差要求时,即可认为结果正确,否则应继续改变网格密度进行比较。需要说明的是,“网格密度越大,结果不一定越精确”;对于荷载增量而言,也是如此。因此合适的网格密度、合适的荷载增量、合适的求解控制参数等才能获得正确的结果，但怎样才是“合适”，只有在大量训练和工程计算过程中，不断摸索，慢慢积累经验，才能获得“合适”的参数。

8.1.2 基本步骤与过程

尽管非线性分析较线性分析复杂，但基本步骤相同，只是在线性分析的基础上，增加一些必要的非线性特性。非线性静态分析是静态分析的一种特殊形式，如同任何静态分析，其主要步骤有：创建模型、设置求解控制参数、加载求解及查看结果。

1. 创建模型

有些情况下，其建模与线性静力分析相同；当存在特殊的单元或非线性材料性质时，需要考虑特殊的非线性特性；如果模型中包含大应变效应，应力-应变数据必须依据真实应力和真实应变表示。该过程详见后文例子的说明。

2. 设置求解控制参数

线性静力分析中一般不需要设置求解控制参数，但在非线性分析中其设置却非常重要。相关命令的解释详见 4.3 中的内容，这里仅就一般设置过程建议如下：

(1)设置分析类型和分析选项。

用 ANTYPE 设置分析类型，缺省为静态分析(0)，或瞬态分析(4)或重启动分析。

用 NLGEOM 命令设置是否考虑大变形效应，缺省时为关闭状态。

对非线性分析，其组合有小变形静态分析、大变形静态分析、小变形瞬态分析、大变形瞬态分析和重启动分析。

(2)设置时间和时间步。

时间(荷载步结束时)用 TIME 命令设置，可缺省为荷载步数，也可将其指定为荷载值。

时间步与子步数可互逆转换，通常用子步数设置。用 NSUBST 命令设置初始子步数、最大子步数和最小子步数。这些数值都有缺省设置，当不能确定“合适”值时，可考虑采用缺省设置，此时会出现警告信息；缺省设置倾向于易于收敛但不倾向于求解效率。

若采用缺省设置不能收敛，可多次改变子步数多次求解，从而获得“合适”的子步数。

当自动时间步 AUTOTS 打开时(缺省时由程序根据问题的类型自动选择打开或是关闭)，仅初始子步数用于第一个子步，其后由程序控制时间步长。

(3)设置输出控制。

用 OUTRES 命令设置输出结果类型及其频度。

(4)设置求解器选项。

用 EQSLV 命令选择求解器，可选择稀疏矩阵直接求解器、PCG 求解器和波前求解器。波前求解器仅用于小规模问题，一般对于大规模问题，可依据下列原则选择：

①梁、壳或梁、壳、实体结构，选择稀疏矩阵求解器；

②3D 实体结构，自由度数相对较大(20 万个自由度或以上)，选择 PCG 求解器；

③问题存在病态(由不良单元形状引起)，或在模型的不同区域材料特性相差巨大，或者位移边界条件不足，选择稀疏矩阵求解器。

(5)设置重启动控制。

用 RESCONTROL 命令设置重启动控制参数。

(6)设置帮助收敛选项。

用 LNSRCH 命令打开线性搜索,若存在接触单元缺省是打开的。线性搜索对超弹、接触、大变形桁架或柔化-刚化响应的模型有利,对克服振荡收敛尤其有效,但一般会增大求解代价。

用 PRED 打开预测器,缺省时预测器是打开的,除非存在转动自由度或包括 SOLID65 单元;当问题具有光滑的非线性响应时,预测器有用;若响应不光滑或分析中存在大转动,预测器会导致发散。

用 NEQIT 设置容许的最大平衡迭代次数,若在 NEQIT 迭代次数之内不能收敛,且自动时间步是打开的,程序则尝试使用二分法。可用 CUTCONTROL 命令控制二分法的参数。一般情况下,程序缺省的平衡迭代次数是比较合理的,增大此值将会增大求解代价。

用 CNVTOL 命令设置收敛准则,收紧收敛准则会增大求解代价,但放松收敛准则可能会获得不正确的结果,一般需要结合问题的类型可适当放松收敛准则帮助收敛。但很多情况下,造成不收敛的原因与收敛准则关系并不大。

(7)设置弧长法和终止求解。

用 ARCLEN 命令激活弧长法,对于非线性屈曲分析中的跳跃屈曲尤其有效。

用 ARCTRM 命令对弧长法求解进行终止控制。

弧长法详细说明与注意事项详见 4.3.1 中的内容。

(8)定义 NR 法选项。

用 NROPT 命令设置适当的 NR 选项,一般可由程序选择。

(9)激活应力刚化效应。

用 SSTIF 命令激活应力刚化效应,在几何非线性分析均包括应力刚化效应。除非确认可以关闭该效应,否则不要关闭;并且有些是在单元特性中考虑的,也无法关闭该效应。

(10)其他控制参数的设置。

开放时间步 OPENCONTROL、求解监视 MONITOR、算法控制 SOLCONTROL、终止分析选项 NCNV、蠕变效应 RATE、蠕变准则 CRPLIM 等不常用,可采用缺省设置。

3. 加载求解

加载求解与线性静力分析步骤相同,但非线性分析中应注意变形前后荷载的方向,并且非线性分析必然存在较多的平衡迭代,其求解时间可能要远大于线性静力分析。

4. 查看结果

非线性分析的结果可采用/POST1 和/POST26 查看。用/POST1 可查看某个时间点的所有结果、生成结果动画等;而在/POST26 中可查看结果随着时间的变化曲线,如荷载位移曲线、应力应变曲线等。对于非线性分析的结果,由于叠加原理不成立,故不能使用荷载工况。可使用结果观察器提高后处理速度。

收敛检查可采用如下方法:

(1)通过输出文件(可在输出窗口观察或输出到文件,用/OUTPUT 命令),查看收敛情况;该文件给出每一子步的收敛信息,通过荷载步、时间等查看是否收敛。

(2)通过查看错误文件(.err 文件),检查收敛情况。如果没有正常收敛,会给出警告信息。

(3)通过查看监控文件(.mntr 文件),检查收敛情况。

(4)在/POST1 中用 SET,list 命令查看结果,不收敛的结果写入子步 999999 中。

(5)在/POST26 中用荷载—位移曲线检查,不收敛时会在曲线的最后出现一直线跳跃。

结果正确性检查时需要注意的问题:

(1)正常收敛的分析,其结果并不一定正确。各种建模问题会导致不正确的结果,但能够正常收敛,如太粗糙的网格、扭曲的网格、材料性质输入错误、不能识别潜在的接触区域、不正确的边界条件等。

(2)力学行为判断:非线性分析的结果是否正确,对于实际结构而言是否合理,首先应该基于结构的力学行为。通常可根据经验、模型试验或结构的已知行为等判断。

(3)后处理中的检查手段:

通过单元等值线检查网格粗糙程度,中断和消失的等值线较多表示网格太粗糙。

通过路径结果也可检查网格粗糙程度,通常路径结果图为光滑曲线而非锯齿状曲线。

变形形状图可检查扭曲的网格。一般在求解时单元形状检查是打开的,若出现扭曲的单元形状程序会发出警告;在大应变分析中,第一次迭代后可能会出现单元扭曲过大的警告;在后处理中显示变形图,检查是否存在过度扭曲的单元。

绘制应力应变图与输入的应力应变数据进行对比,以检查是否匹配。

若存在接触,显示变形图可检查"穿透"情况,用动画可显示未知的接触区域。

时间历程图通常为光滑曲线,如出现锯齿状图形,应检查是否是正确的物理现象。

通过两个后处理器可获得各种结果,仔细分析所得结果进而判别是否"合理"是非常重要的,不能直接将分析结果提交出来而不管是否正确。事实上,有限元软件仅仅是一个"工具",不仅要能正确使用,更重要的是能够获得正确结果,从而为工程设计、研究和施工服务。

8.1.3 几何非线性分析

因几何变形引起结构刚度改变的一类问题都属于几何非线性问题。换言之,结构的平衡方程必须在未知的变形后的位置上建立,否则就会导致错误的结果。有限元分析中的结构刚度矩阵由总体坐标系下的单元刚度矩阵集成,总体坐标系下的单元刚度矩阵又由单元局部坐标系下的单元刚度矩阵(单刚)转换而来,因此导致结构刚度变化有三种原因:

(1)单元形状改变(如面积、厚度等),导致单刚变化;

(2)单元方向改变(如大转动),导致单刚向总体坐标系下转换时发生变化;

(3)单元较大的应变使得单元在某个面内具有较大的应力状态,从而显著影响面外的刚度。如张弦或薄膜具有较高拉应力时,可提高垂直轴向或薄膜面外刚度;而受压柱具有较高压应力时,又降低了柱子的刚度等。在 ANSYS 中称为"应力刚化"效应。

旋转软化是指动态质量效应改变(软化)旋转物体的刚度矩阵,由于在小变形中这种效应近似于因大的环形运动而导致几何形状改变的效应,故也列入几何非线性问题中。通常它和预应力 PSTRES 一起使用,但不与大位移、大应变等一起使用,旋转软化用 OMEGA 命令激活。

1. 几何非线性的类型

几何非线性通常分为大应变、大位移(也称为大转动、大挠度等)和应力刚化。

大应变包括上述三种导致结构刚度变化的因素,即单元形状改变、单元方向改变和应力刚化效应。此时应变不再假定是"小应变",而是有限应变或"大的"应变。

大位移包括上述原因中的后两种,即考虑"大转动"和应力刚化效应,但假定为"小应变"。

应力刚化如上所述，当被激活时，程序计算应力刚度矩阵并将其添加到结构刚度矩阵中。应力刚度矩阵仅是应力和几何的函数，因此又称为“几何刚度”。

很明显，大应变包括了大位移和应力刚化，而大位移又包括了其自身和应力刚化。大变形一般指包含大应变、大位移和应力刚化，而不会加以区分。

2. 应力和应变的表示

ANSYS 采用三种应变和应力，分别为工程应变和工程应力、对数应变和真实应力、Green-Lagrange 应变和第二 Piola-Kirchoff 应力。以如图 8-3 所示的受拉一维杆为例分别说明如下：

(1)工程应变和工程应力。

$$工程应变\ \varepsilon=\frac{\Delta l}{l_0} \tag{8-3}$$

$$工程应力\ \sigma=\frac{F}{A_0} \tag{8-4}$$

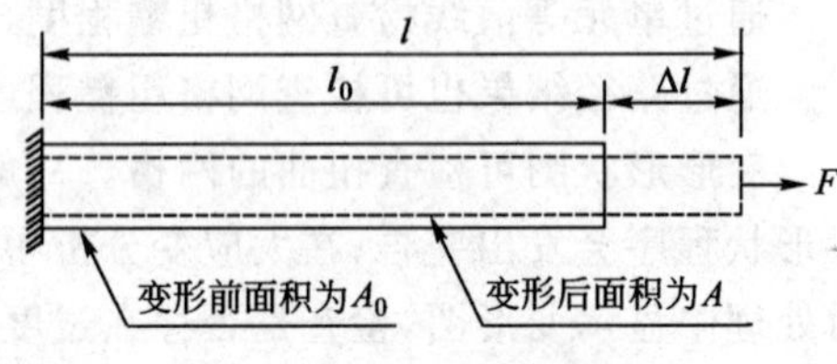

图 8-3　变形前后的受拉杆

工程应变依赖于初始几何构形，用于小挠度分析。但是，对于支持大位移但不支持大应变单元的大变形分析中，程序从总位移中分离出刚体转动以排除由于大转动引起的非零应变，只保留小应变，因此大位移分析(小应变)也采用工程应变和工程应力。

(2)对数应变和真实应力。

对数应变是一种大应变度量，而真实应力也称为 Cauchy 应力。

$$对数应变\ \varepsilon_l=\int_{l_0}^{l}\frac{dl}{l}=\mathrm{Ln}\left(\frac{l}{l_0}\right) \tag{8-5}$$

$$真实应力\ \tau=\frac{F}{A} \tag{8-6}$$

ANSYS 将其用于大变形分析中支持大应变的大多数单元。

(3)Green-Lagrange 应变和第二 Piola-Kirchoff 应力。

$$\text{Green-Lagrange 应变}\ \varepsilon_G=\frac{1}{2}\left(\frac{l^2-l_0^2}{l_0^2}\right) \tag{8-7}$$

$$\text{第二 Piola-Kirchoff 应力}\ S=\frac{l_0}{l}\frac{F}{A_0} \tag{8-8}$$

Green-Lagrange 应变在大应变问题中，它自动包含任何大转动，ANSYS 将它用于大变形分析中支持大应变的一些单元，但其应力没有物理意义，因此在输出时总是将其转换为真实应力。

具体采用何种应变和应力，程序根据分析类型和采用的单元自动选择。一般地，ANSYS 将工程应力和工程应变用于小变形分析或仅支持大位移单元的大变形分析；将对数应变和真实应力用于支持大应变的大多数单元的大变形分析。

3. 一致切线刚度矩阵和压力荷载刚度

大变形分析中，可通过 NROPT 选择使用多种刚度矩阵求解，如初始刚度、割线刚度和切线刚度等。其中切线刚度当采用一致切线刚度矩阵(consistent tangent stiffness matrix)时可加速收敛。一致切线刚度矩阵包括三部分，其表达式如下：

$$[K_e^{nl}]=[K_e^{inc}]+[K_e^{\sigma}]+[K_e^{a}] \tag{8-9}$$

式中，$[K_e^{inc}]$ 为主切线刚度矩阵；$[K_e^\sigma]$ 为应力刚化矩阵；$[K_e^a]$ 为压力荷载刚度矩阵（考虑随动荷载引起的刚度变化）。

大多数单元的大变形分析均包括前两项，压力荷载刚度矩阵可采用设置 SOLCONTROL 命令设置是否考虑。缺省时，单元 SURF153、SURF154、SHELL181、PLANE182、PLANE183、SOLID185，SOLID186、SOLID187、BEAM188 和 BEAM189 自动计入压力荷载刚度，通常仅当遇到收敛困难问题时采用非缺省设置。对不直接支持压力荷载刚度的单元，可以通过在施加压力的表面上用 SURF154 单元包括该影响。

4. 几何非线性分析应注意的问题

(1)单元选择：不是所有的单元都具有几何非线性分析能力，而有些单元具有大位移分析能力但不具有大应变分析能力等，应对所使用单元的特性充分了解，如 1.2 中所介绍。

(2)单元形状：应使得单元网格的高宽比适当，并且不出现扭曲的单元网格。

(3)网格密度：网格密度对收敛有较大影响，同时影响到结果的正确性，应进行灵敏度分析。

(4)耦合和约束方程要慎用：自由度耦合和约束方程形成的自由度关系是线性的，不应在出现大变形的位置使用，某些情况下可采用其他方式替代。但在刚体边界或大应变小位移条件下可以使用。

(5)荷载与边界条件：应避免单点集中力和单点约束，以及“过约束条件”等。

(6)节点结果与单元结果：在大变形分析中，节点坐标系不随变形更新，因此节点结果均以原始节点坐标系列出。但多数单元坐标系跟随单元变形，因此单元应力或应变会随单元坐标系而转动，超弹单元例外。

(7)单元形函数附加项：一些单元可通过形函数的附加项设为“不协调”元，为加强收敛可关闭此项（通过单元的 KEYOPT 设置）。

8.1.4　材料非线性分析

ANSYS 中的材料模型详见 1.3 中的介绍，它可分为线性、特殊材料和非线性三类，而非线性材料模型包括弹性（超弹和多线性弹性）、黏弹性和非弹性，非弹性材料模型中又包括率无关、率相关、非金属、铸铁、形状记忆合金等材料。在本章中，主要介绍非弹性材料中的率无关材料、非金属材料和蠕变等，关于超弹性、黏弹性和形状记忆合金等内容可参见其他资料。

1. 塑性力学的基本法则

通常可通过试验得到单轴应力状态下的材料行为，如材料的应力应变曲线及其典型特征。但当处于复杂应力状态时，就需要将单轴应力状态的概念推广，这就需要增量理论的基本法则。塑性力学的基本法则为屈服准则（也称屈服条件或法则）、流动法则、强化准则（或法则）。

(1)屈服准则。

屈服准则规定材料开始塑性变形的应力状态，它是应力状态的单值度量（标量），以便与单轴状态比较，ANSYS 主要使用 Von. Mises 屈服准则和 Hill 屈服准则。

①Mises 屈服准则（也称八面体剪应力或变形能准则）可写为：

$$\sigma_e - \sigma_y = 0 \tag{8-10}$$

式中，σ_e 为等效应力；σ_y 为屈服应力。

σ_e 计算式如下：

$$\sigma_e = \sqrt{\frac{1}{2}((\sigma_1 - \sigma_2)^2 + (\sigma_2 - \sigma_3)^2 + (\sigma_1 - \sigma_3)^2)} \tag{8-11}$$

或

$$\sigma_e = \sqrt{\frac{1}{2}((\sigma_x - \sigma_y)^2 + (\sigma_y - \sigma_z)^2 + (\sigma_z - \sigma_x)^2 + 6(\tau_{xy}^2 + \tau_{yz}^2 + \tau_{xz}^2))} \tag{8-12}$$

式中，σ_1、σ_2 和 σ_3 为主应力；σ_x、σ_y、σ_z、τ_{xy}、τ_{yz}、τ_{xz} 为应力分量。

Mises 屈服准则用于各向同性材料，ANSYS 缺省时，所有的率无关模型均采用 Mises 屈曲准则，如双线性等向强化(BISO)、多线性等向强化(MISO)、非线性等向强化(NLISO)、双线性随动强化(BKIN)、多线性随动强化(KINH 和 MKIN)和 Chaboche 非线性随动强化(CHAB)等。

②Hill 屈服准则可用于各向异性材料，可看作是 Mises 屈服准则的延伸。Hill 屈服准则用 Mises 屈服准则作为“参考”屈服准则，即用 Hill 模型确定六个方向的实际屈服应力，在使用时需要输入六个参数(R_{xx}、R_{yy}、R_{zz}、R_{xy}、R_{yz}、R_{xz})以便确定屈服比率。但是，由于 Hill 不描述强化准则，故必须和等向强化、随动强化或混合强化模型相结合，在定义强化准则时输入的屈服应力分别乘以六个参数，即为各方向的实际屈服应力。

(2)流动法则。

流动法则定义塑性应变增量的分量和应力分量及应力增量分量之间的关系，它描述屈服时塑性应变的方向。当塑性流动方向与屈服面的外法线方向相同时称为关联流动法则，如金属和其他呈现不可压缩非弹性行为的材料；当塑性流动方向和屈服面法线不同时称为非关联流动法则，如摩擦材料或 DP 材料(剪切角和内摩擦角不同时)。ANSYS 缺省时，所有的率无关模型均采用关联流动法则，也称 Mises 流动法则或法向流动法则。

(3)强化准则。

在单向应力状态下，如钢的应力应变曲线有弹性阶段、屈服阶段、强化阶段和破坏阶段等，若在强化阶段卸载并再次加载时其屈服应力会提高。而在复杂应力状态时，就需要强化准则定义材料进入塑性变形后的后继屈服面的变化(包括大小、中心和形状)，即在随后的加载或卸载时，材料何时再次进入屈服状态。

对于理想的弹塑性材料，因无应力强化效应，其后继屈服面和初始屈服面相同。

对于硬化材料，通常有等向强化、随动强化和混合强化准则。

等向强化规定在材料进入塑性变形后，后继屈服面在各方向均匀地向外扩张，其形状、中心和在应力空间的方位均保持不变，意味着由于硬化引起的拉伸屈服强度的增加会导致压缩屈服强度有同等的增加，故也称各向同性强化准则。等向强化适用于大应变、单调加载情况，不适于循环加载的情况。等向强化又分为线性等向强化和非线性等向强化，如双线性等向强化 BISO 和多线性等向强化 MISO 及非线性等向强化 NLISO。

随动强化规定材料进入塑性变形后，后继屈服面在应力空间作刚体移动，而其形状、大小和方位均保持不变。随动强化意味着屈服后最初的各向同性塑性行为不再各向同性，弹性范围等于 2 倍的初始屈服应力，也即由于拉伸屈服强度增加而使压缩屈服强度相应减小，称为包辛格效应(Bauschinger)。随动强化适用于小应变、循环加载的情况。同样也有分为线性随动强化和非线性随动强化，如双线性随动强化 BKIN 和多线性随动强化 MKIN，以及 Chaboche

非线性随动强化 CHAB。

混合强化同时考虑等向强化和随动强化，适用于大应变和循环加载的情况，可模拟棘轮、安定、循环强化或软化等问题。如 CHAB 和 xISO 结合时，便可得到混合强化模型。

常用材料模型及其应用将在后文的实例中予以说明。

2. 求解与后处理应注意的问题

(1)单元类型：材料进入屈服状态后就变得不可压缩，使得收敛十分缓慢或收敛困难，可通过单元选项改善收敛行为。通常，弯曲变形占主要地位时，可采用不协调模式；几乎不可压缩材料体积变形占主要地位时，可采用缩减积分(B-Bar)；几乎不可压缩材料但体积和弯曲变形相当时，可采用一致缩减积分(URI)；不可压缩和几乎不可压缩材料，可采用混合 U-P 公式等。一般推荐采用 18x 系列单元。

(2)网格密度：网格划分时应考虑所采用的单元类型、结构各尺度方向的单元数、塑性铰位置处应具有更密的网格、网格形状等。

(3)材料属性的输入：首先定义弹性材料属性，然后给出非线性材料属性。大应变塑性分析时，输入的数据为真实应力对数应变，而小应变塑性分析可用工程应力应变数据。如果所提供的试验数据为工程应力应变曲线，且进行大应变塑性分析，应在输入之前转换为真实应力-对数应变数据。由于小应变塑性分析中，真实应力对数应变和工程应力应变几乎相等，故可不进行转换。

(4)荷载步与子步：由于塑性问题与荷载历史相关，因此荷载应逐渐施加即应有较多的荷载步；在每个荷载步中应该保证有较多的子步数，以保证塑性应变的计算精度。

(5)激活线性搜索：大应变塑性分析有时会出现振荡收敛行为，这时可激活线性搜索改善收敛。

(6)导致收敛困难的几个原因：

零切线模量可导致收敛困难，它有理想的塑性响应即实际的物理不稳定性，一般可修改切线模量，仅在应力应变曲线的最后数据点时才使剪切模量为零。

如果采用不协调单元模式，"体积锁死"也会导致收敛困难，可细化网格或改变单元类型。

如果采用缩减积分，"沙漏"也可能导致收敛困难，可细化网格或增加沙漏刚度系数。

应力奇异引起局部单元扭曲，也会导致收敛困难，应尽量避免应力奇异，如尽量避免单点加载或单点约束、凹角、模型间的单节点联结、单节点耦合或接触条件等。为改善收敛性能，也可对发生应力奇异的单元采用弹性材料属性。

除上述因素外，子步数设置不当也会造成收敛困难，应经过试算确定适当的子步数；弧长法使用不当也会造成收敛困难，应检查是否可能存在零刚度或负刚度状态。

收敛困难检查中，应注意是"数值收敛困难"还是"物理收敛困难"，如果是数值收敛困难可采取一定的措施而改善收敛；如果为物理收敛困难，就需要检查模型，如果混凝土结构已经达到极限状态，继续加载可能就不收敛了。

(7)塑性分析的后处理：除常规结果外，塑性分析增加了如下一些结果项：

- EPEL——弹性应变分量，是模型的弹性应变。
- EPPL——塑性应变分量，是塑性应变增量的总和。
- EPTO——总应变分量，是弹性应变分量(EPEL)与塑性应变分量(EPPL)之和。

• EPEQ——累积等效塑性应变。等效应变一般采用 Mises 公式计算，等效弹性应变计算时采用的有效泊松系数为 MP 命令输入的 PRXY 值，等效塑性应变计算时采用的有效泊松系数通常为 0.5。累积等效塑性应变是等效塑性应变增量的和。

• SEQV——等效应力，采用 Mises 公式计算的等效应力。

• HPRES——静水压力，其定义为 $\sigma_m = \frac{1}{3}(\sigma_1 + \sigma_2 + \sigma_3)$。非平均的单元 HPRES 图可以帮助观察体积锁死问题，HPRES 值的棋盘状方式暗示体积锁死。

• SRAT——应力比率，表示应力与屈服面上应力的比。若 SRAT<1，则节点处于弹性状态；如果 SRATK≥1，则节点处于塑性状态。

• PLWK——单位体积累积的塑性功，Shell181、Plane182、Plane183 和 Solid186 等单元输出累积塑性功。

• SEND——应变能量密度。

8.1.5 接触分析

当两个分离的表面互相碰触并互切时，就称它们处于接触状态。一般地，处于接触状态的表面具有不互相穿透、能够传递法向压力和切向摩擦力、不传递法向拉力的特点，因此接触表面可以自由地分开并相互远离。接触是一种高度的状态非线性行为，其求解的困难除因刚度突变而造成收敛困难外，尚有分析之初接触区域是未知的；大多数接触包含摩擦，而摩擦是非保守系统，因此需要较小的荷载步和精确的加载历史；除了和其他部件接触，某些部件可能是自由的即无约束。这些问题 ANSYS 都已解决，只需要少量的用户干涉即可轻松完成。这里仅介绍隐式接触分析，显示接触分析（如碰撞问题）详见 ANSYS/LS-DYNA 部分。

1. 基本概念

接触一般可分为刚体-柔体接触和柔体-柔体接触两类。刚体-柔体接触是指一个或更多的接触表面看作刚性体（与它接触的变形体相比，有大得多的刚度），刚性体应力不计算，如金属成形等问题。柔体-柔体接触是指两个或所有的接触体都可变形（所有表面的刚度相近），如螺栓连接、过盈配合等问题。

由于实际接触体相互不穿透，必须在这两个面间建立一种关系，以防止有限元分析时相互穿过，这种关系称为强制接触协调。强制接触协调的方法有三种：罚函数法、Lagrange 乘子法和增广 Lagrange 法。

罚函数法：用一"弹簧"在两个面间建立关系，弹簧刚度称为罚参数，俗称接触刚度。当面分开时，弹簧不起作用；当面开始穿透时，弹簧才起作用。有限的穿透量才能产生接触力，因此该穿透量必须大于零；但实际上又不能相互穿透，因此穿透量越小精度越高；越小的穿透量表示接触刚度越大，而很大的接触刚度会导致收敛困难。

Lagrange 乘子法：采用增加一个附加自由度（接触压力）来满足不可穿透条件。

增广 Lagrange 法：是将罚函数法和 Lagrange 乘子法混合使用。在迭代的开始，接触协调基于罚函数法即采用接触刚度，一旦达到平衡检查穿透容差，此时如有必要，增加接触压力，继续迭代。

ANSYS 中接触方式有三种，分别为面-面接触、点-面接触和点-点接触，其常用接触单元及其特性如表 8-1 所示。

接触单元及其特性　　表 8-1

单　元	CONTAC 12	CONTAC 26	CONTAC 48	CONTAC 49	CONTAC 52	CONTAC171,172 TARGET169	CONTAC173,174 TARGET170
点-点	√				√		
点-面		√	√	√			
面-面		√	√	√		√	√
2D	√	√	√	√		√	
3D					√		√
滑移	小	大	大	大	小	大	大
曲面						√	√
接触刚度	用户定义	用户定义	用户定义	用户定义	用户定义	半自动	半自动
自动单元网格工具	EINTF	无	GCGEN	GCGEN	EINTF	ESURF	ESURF
低阶	√	√	√	√	√	√	√
高阶		√				√	√
刚-柔	√	√	√	√	√	√	√
柔-柔	√		√	√	√	√	√

本节仅简介面-面接触分析，关于点-面接触分析和点-点接触分析不再介绍。

2. 面-面接触

面-面接触分析支持刚体-柔体和柔体-柔体的接触单元，应用“目标”面和“接触”面来形成接触对。为了建立一个“接触对”，给目标单元和接触单元指定相同的实常数号即可。面-面接触单元非常适合于过盈装配、安装接触或嵌入接触、锻造、深拉等问题。

(1)面-面接触特点。

从表 8-1 可知，面-面接触具有如下特点：

①支持面上的低阶单元和高阶单元；

②支持有大滑动和摩擦的大变形，计算一致刚度矩阵，且单元提供不对称刚度矩阵选项；

③不限制刚体表面形状，允许有自然或网格离散引起的表面不连续；

④使用的接触单元数目较点-面接触少。

⑤允许多种建模控制，如绑定接触、不分离接触、粗糙接触；渐变初始穿透；目标面自动移动到初始接触；用户定义的接触偏移可平移接触面；支持单元生死等。

⑥提供丰富的接触分析结果，如法向应力、摩擦应力等。

⑦支持热-结构耦合分析。

(2)面-面接触分析的基本步骤。

①创建模型，并划分网格。

接触单元基于有限元模型，因此必须在建立几何模型后划分网格生成有限元模型。若为刚体-柔体模型，仅对用作柔体接触面的部分分网；若建立柔体-柔体接触模型，则应对所有用作接触面的部件进行分网。

②识别接触对。

必须判断模型在变形过程中可能发生接触的区域，并通过目标单元和接触单元定义它们，目标单元和接触单元将跟踪变形过程。接触区域可以任意定义，然而为了更有效地进行计算可定义较小的接触区域，但要保证它足以描述所需要的所有接触行为。不同的接触对通过不同的实常数号定义，即使实常数没有任何变化。

有时候一个接触面的同一区域可能与多个目标面产生接触关系。在这种情况下，应该定义多个接触对（使用多组覆盖接触单元），每个接触对有不同的实常数号。

③指定接触面和目标面。

接触单元不得穿透目标面，但目标单元可以穿透接触面。对于刚体-柔体接触，目标面总是刚体表面，而接触面总是柔体表面。对于柔体-柔体接触，选择不同的接触面或目标面可能会引起不同的穿透量，从而影响求解结果，可根据“凸密柔高小为接触面”的原则确定，即：

凸面定义为接触面，平面或凹面为目标面；

较密网格的面定义为接触面，较粗网格的面为目标面；

较柔（软）的面定义为接触面，较刚（硬）的面定义为目标面；

高阶单元定义为接触面，低阶单元为目标面；

较小的面定义为接触面，较大的面为目标面。

④定义刚性目标面。

2D 目标面可以为一系列直线、圆弧和抛物线，用 TARGE169 单元模拟。

3D 目标面可以为三角面、圆柱面、圆锥面和球面，用 TARGE170 单元模拟。

⑤定义柔体的接触面并生成接触单元。

2D 接触面可以用 CONTA171（2 节点）和 CONTA172（3 节点）模拟；

3D 接触面可以用 CONTA173（4 节点）和 CONTA174（8 节点）模拟。

选择节点和单元，生成接触单元。

⑥定义实常数、单元及其 KEYOPT。

实常数和单元 KEYOPT 控制接触行为。

⑦刚性目标面的运动控制。

通过定义“控制节点（Pilot）”控制目标面的运动，每个目标面只能有 1 个控制节点。对于圆、圆弧、圆柱和球，只能定义第一个节点为控制节点。荷载只能施加在控制节点上，只有力矩或转动时控制节点的位置才比较重要。定义控制节点后，不能使用耦合或约束方程控制目标面的自由度；若不定义控制节点，则目标面只做刚体运动。

⑧施加必要的边界条件。

⑨定义求解选项并求解。

接触分析一般要打开自动时间步、采用完全 NR 法、线性搜索和预测器等。

⑩检查结果。

8.2 常用弹塑性材料模型及其应用

8.2.1 双线性随动强化模型 BKIN

双线性随动强化模型采用 Mises 屈服准则和随动强化准则，以两条直线段描述材料的应力-应变关系。通过弹性模量、屈服应力和切线模量定义应力应变关系曲线，可定义六种温度下的曲线关系，切线模量不能小于零，也不能大于弹性模量。适用于服从 Mises 屈服准则，初始为各向同性材料的小应变问题，如大多数金属材料。该模型考虑了包辛格效应，若与 HILL 选项组合可模拟各向异性随动强化塑性。

命令方式：TB,BKIN,MAT,NTEMP,,TBOPT

数据输入：TBDATA,STLOC,Yieldstress,Tangentmodulus

例如：不考虑温度时 Q235 钢材的命令流如下：

```
MP,EX,1,2.1E11                          ! 定义第 1 种材料的弹性模量为 2.1E11Pa
TB,BKIN,1                               ! 定义第 1 种材料为 BKIN 模型
TBDATA,1,235E6,7.9E8                    ! 定义第 1 种材料的屈服应力为 235MPa 和切线模量为 7.9E8Pa
TBPLOT,BKIN,1                           ! 绘制第 1 种材料的应力-应变曲线
TBLIST,BKIN,1                           ! 列表显式第 1 种材料数据
若考虑温度影响时 Q235 钢材的命令流如下：
MPTEMP,1,0,300                                     ! 定义两个温度点的温度 T1 = 0.0,T2 = 300
MP,EX,1,2.1E11,-2.043E8,1.162E6,-2.162E3           ! 定义弹性模量随温度变化的曲线
! 上式中定义的曲线常数分别为 C0 = 2.1E11,C1 = -2.043E8,C2 = 1.162E6,C3 = -2.162E3
TB,BKIN,1,2                             ! 定义 BKIN 模型，指定有两个温度点数据
TBTEMP,0.0                              ! 定义第 1 温度点温度为 0 度时的数据
TBDATA,1,235E6,7.9E8                    ! 定义该温度下的屈服应力和切线模量
TBTEMP,300                              ! 定义第 2 温度点温度为 300 度时的数据
TBDATA,1,148E6,3.2E6                    ! 定义该温度下的屈服应力和切线模量
TBPLOT,BKIN,1                           ! 绘制第 1 种材料的应力-应变曲线
TBLIST,BKIN,1                           ! 列表显式第 1 种材料数据
```

1. 轴向受拉具中心圆孔板

如图 8-4 所示一具中心圆孔的钢板，设材料的屈服应力为 235MPa，弹性模量为 210GPa，泊松系数为 0.3，采用理想弹塑性模型对其进行弹塑性分析。图中尺寸分别如下：$a=0.8\text{m}$，$b=0.2\text{m}$，$r=0.07\text{m}$，$t=0.01\text{m}$，$p=70\text{MPa}$。分析的命令流如下：

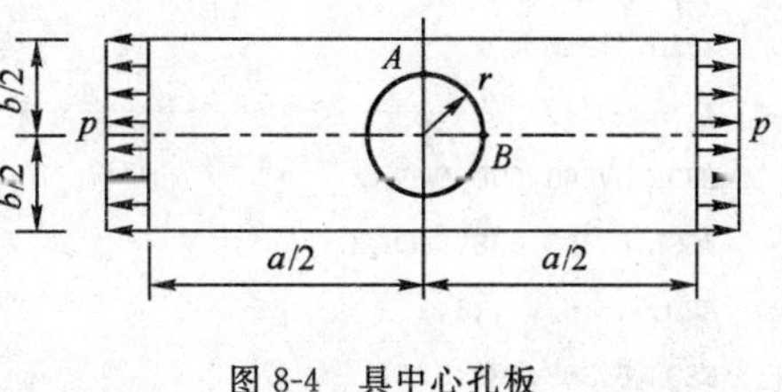

图 8-4　具中心孔板

```
! EX8.1   轴向受拉具中心圆孔板
```

```
FINISH$/CLEAR$/PREP7
A = 0.8$B = 0.2$R = 0.07$P = 70E6                      ! 定义几何参数与荷载
ET,1,PLANE82,,,3$R,1,0.01                              ! 定义带厚度的平面应力及厚度
MP,EX,1,2.1E11$MP,PRXY,1,0.3                           ! 定义材料的弹性模量及泊松系数
TB,BKIN,1$TBDATA,1,235E6,0.0                           ! 定义 BKIN 模型及数据
BLC4,,,A/2,B/2$CYL4,,,R$ASBA,1,2                       ! 创建两个面并相减
WPROTA,,,90$WPOFF,,,B/2$ASBW,ALL                       ! 移动和旋转工作平面,切分面
LSEL,S,LENGTH,,B/2$LESIZE,ALL,,,10                     ! 选择线并定义线的网格划分数目
LSEL,S,LENGTH,,A/2 - B/2$LESIZE,ALL,,,20
LSEL,S,LENGTH,,B/2 - R$LESIZE,ALL,,,8
LSEL,ALL$LCCAT,6,8                                     ! 连接线以便映射网格划分
MSHAPE,0$MSHKEY,1$AMESH,ALL                            ! 定义网格形状和网格类型,划分网格
ARSYM,Y,ALL$ARSYM,X,ALL$NUMMRG,ALL                     ! 对称生成全部网格并消除重合图素
LSEL,S,LOC,X,0$DL,ALL,,UX                              ! 选择线施加边界条件
LSEL,S,LOC,Y,0$DL,ALL,,UY
LSEL,S,LOC,X,-A/2$SFL,ALL,PRES,-P                      ! 选择线施加均布荷载
LSEL,S,LOC,X,A/2$SFL,ALL,PRES,-P$ALLSEL,ALL
/SOLU$ANTYPE,0$AUTOTS,ON$NSUBST,50                     ! 静态求解、自动时间步、定义子步数
OUTRES,ALL,ALL$SOLVE$FINISH                            ! 定义输出结果类型、求解
/POST1                                                 ! 进入后处理器 POST1 查看结果
PLDISP$PLNSOL,S,X                                      ! 显示变形图与 σx 分布云图
PLNSOL,EPEL,X                                          ! 显示 X 方向的弹性应变分布云图
PLNSOL,EPPL,X                                          ! 显示 X 方向的塑性应变分布云图(可查看塑性区域)
PLNSOL,EPTO,X                                          ! 显示 X 方向的总应变分布云图
PLNSOL,NL,SRAT                                         ! 显示应力比率(大于 1 的区域为塑性区)
/POST26                                                ! 进入后处理 POST26 绘制结果曲线
NUMVAR,30                                              ! 定义容许变量个数(缺省为 10 个)
!-----------------------------------------------------------------------------------------
NSOL,2,698,U,Y                                         ! 将节点 698 的 Uy 定义为变量 2
PROD,3,2,,,,,,-1000                                    ! 将变量 2 乘 -1 000,换算为 mm 并变号
PROD,4,1,,,,,P/1E6                                     ! 将变量 1(时间)乘 P/1E6,且换算为 MPa 单位
/AXLAB,X,AUY(mm)                                       ! 定义 X 轴说明为 Auy(mm)
/AXLAB,Y,P(MPa)                                        ! 定义 Y 轴说明为 P(MPa)
XVAR,3$PLVAR,4                                         ! 定义 X 轴为变量 3,绘制变量 4
!-----------------------------------------------------------------------------------------
ESOL,5,353,698,EPPL,X                                  ! 将单元 353 节点 698 的 X 方向塑性应变定义为变量 5
ESOL,6,353,698,EPEL,X                                  ! 将单元 353 节点 698 的 X 方向弹性应变定义为变量 6
ADD,7,5,6,,,,,1,1                                      ! 将变量 5 和变量 6 相加,定义为变量 7
ESOL,8,353,698,S,X                                     ! 将单元 353 节点 698 的 X 方向应力定义为变量 8
PROD,9,8,,,,,,1/1E6                                    ! 将变量 8 除以 1E6 变为 MPa 单位
/AXLAB,X,STRAIN - X$/AXLAB,Y,SIGX - X(MPa)             ! 定义坐标轴说明
```

```
XVAR,7$PLVAR,9                                    ! 定义 X 轴为变量 7,绘制变量 9
! ------------------------------------------------------------------------
! 同上方法,绘制 A 点等效应力-等效应变曲线(与 BKIN 曲线相同)
ESOL,10,353,698,S,EQV$ESOL,11,353,698,EPEL,EQV$ESOL,12,353,698,EPPL,EQV
ADD,13,11,12,,,,,1,1$PROD,14,10,,,,,,1/1E6$XVAR,13
/AXLAB,X,STRAIN-EQV$/AXLAB,Y,SIGX-EQV(MPa)$PLVAR,14
! ------------------------------------------------------------------------
```

上述模型中 A 点的弹性解分别为 $\sigma_x=489.1$MPa 和 $U_y=-0.1061$mm,弹塑性解分别为 $\sigma_x=236.2$MPa 和 $U_y=-0.1326$mm。

2. 超静定梁的塑性极限分析

梁的塑性极限分析理论有静力法和机动法,而 ANSYS 的弹塑性分析会得到荷载作用下结构的全过程响应,同样会得到结构的塑性极限荷载及塑性铰的位置。

如图 8-5a)所示超静定梁,其截面尺寸如图 8-5c)所示(图中尺寸单位为 mm),设材料的屈服应力为 300MPa,弹性模量为 210GPa,泊松系数为 0.3,采用理想弹塑性模型。根据塑性极限分析理论,该工字形截面的极限弯矩为 $M_P=278.4$kN·m;该超静定梁达到极限状态时,在 A 点和 B 点出现塑性铰(如图 8-5b)所示),即 A 和 B 点截面的弯矩应为 M_P,并不难求得极限荷载 $P_p=243.6$kN。用 ANSYS 分析的命令流如下:

```
! EX8.2  超静定梁的塑性极限分析
FINISH$/CLEAR$/PREP7$P = 260E3                    ! 定义荷载 P = 260kN
ET,1,BEAM189$KEYOPT,1,7,1                         ! 定义单元类型与 KEYOPT
MP,EX,1,2.1E11$MP,PRXY,1,0.3                      ! 定义弹性模量与泊松系数
TB,BKIN,1$TBDATA,1,300E6,0.0                      ! 定义 BKIN 模型与数据
SECTYPE,1,BEAM,I                                  ! 定义梁截面为工字形
SECDATA,0.12,0.12,0.24,0.02,0.02,0.04             ! 输入截面数据
K,1$K,2,1.6$K,3,2.4$K,4,4.0$K,5,2,2.0             ! 创建关键点及方位点
L,1,2$L,2,3$L,3,4                                 ! 创建线
LATT,1,,1,,5,,1$LESIZE,ALL,0.1                    ! 赋予线属性和网格尺寸
DK,1,ALL$DK,4,UY$FK,2,FY,-P$FK,3,FY,-P            ! 施加边界条件与荷载
LMESH,ALL$FINISH                                  ! 划分网格
/SOLU$AUTOTS,ON$NSUBST,64                         ! 进入求解层,定义求解选项并求解
OUTRES,ALL,ALL$SOLVE$FINISH
/POST1$SET,LAST$SET,PREVIOUS                      ! 进入 POST1 并设置结果的荷载步
*GET,RTIME,ACTIVE,0,SET,TIME                      ! 获得最终收敛的时间
ETABLE,MI,SMISC,2$ETABLE,MJ,SMISC,15              ! 定义单元表
PLLS,MI,MJ                                        ! 绘制弯矩图(可得到 A 和 B 点的弯矩)
/ESHAPE,1$/CONTOUR,,9,1.0E-4,,0.03                ! 设置单元形状和云图格式
PLNSOL,EPPL,EQV                                   ! 绘制等效塑性应变云图(查看塑性区)
/POST26$NSOL,2,64,U,Y$PROD,3,2,,,,,,-1000         ! 进入 POST26,定义变量并换算为 mm 单位
PROD,4,1,,,,,,P/1E3                               ! 将时间变量换算为荷载 kN
```

```
/AXLAB,X,N64UY(mm)$/AXLAB,Y,P(kN)          ! 定义 X 和 Y 轴说明
PLTIME,0,RTIME$XVAR,3$PLVAR,4              ! 定义绘制时间范围,绘制荷载-位移曲线
```

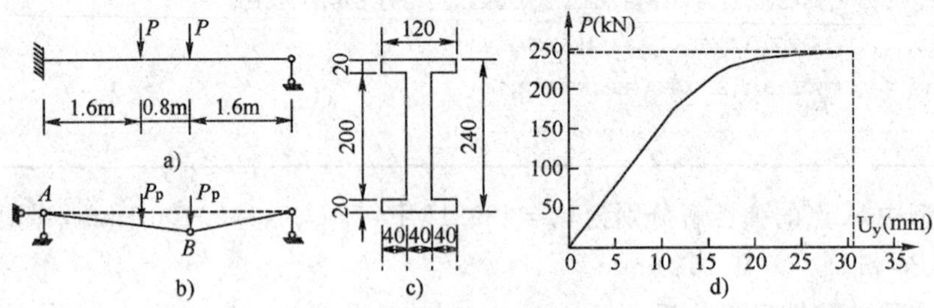

图 8-5 工字形截面的超静定梁

ANSYS 结果的荷载-位移曲线如图 8-5d)所示,当荷载超过 246.764kN 时不再收敛,也即最大荷载为 246.764kN,与理论解的误差约为 1%(理论解不考虑轴向变形的影响),而截面的极限弯矩与理论解相等。从后处理所绘制的弯矩图和塑性应变云图可以看出塑性铰的位置,与理论分析相同。

8.2.2 多线性随动强化模型 MKIN 与 KINH

多线性随动强化可采用 MKIN(固定表)和 KINH(通用)材料模型,它们都用多线性的应力-应变曲线模拟随动强化效应,考虑包辛格效应。此模型适用于服从 Mises 屈服准则的小应变塑性分析,如金属材料。

MKIN 模型最多允许五个应力-应变数据点,最多五条温度相关曲线。并且附加限制条件有:各条应力-应变曲线必须用同一组应变值,即采用一组应变值与各种温度下的不同应力对应;曲线的第一个点必须和弹性模量一致,不允许有大于弹性模量的斜率段;当实际应变值超过输入曲线终点时,假定为理想塑性材料行为。

KINH 模型为通用模型,可定义多达 40 条温度相关曲线,每条曲线上允许定义更多的数据点(多达 20 个点)。不同温度的曲线必须有相同数量的点,但不同曲线的应变值可以不同。其余与 MKIN 模型相同。

MKIN 模型的定义与数据输入命令:

命令格式:TB,MKIN,MAT,NTEMP,,TBOPT

数据输入:TBTEMP,,STRAIN

TBDATA,STLOC,C1,C2,C3,C4,C5

KINH 模型的定义与数据输入命令:

命令格式:TB,KINH,MAT,NTEMP,NPTS,TBOPT

数据输入:TBTEMP,TEMP

TBPT,Oper,X,Y

例如,MKIN 和 KINH 模型可按如下命令定义:

```
MP,EX,1,2.1E11$MP,PRXY,1,0.3              ! 定义弹性模量及泊松系数
```

```
TB,MKIN,1                                          ! 定义 MKIN 材料模型
TBTEMP,,STRAIN                                     ! 说明下一行数据为一组应变值
TBDATA,,0.00112,0.08,0.12,0.15,0.20                ! 输入一组应变
TBTEMP,0.0                                         ! 说明下一行数据为对应的应力值
TBDATA,,235E6,340E6,400E6,420E6,330E6              ! 输入对应的应力数据
TBPLOT                                             ! 绘制定义的应力-应变曲线
! ------------------------------------------------------------------------------------
MP,EX,1,2.1E11$MP,PRXY,1,0.3                       ! 定义弹性模量及泊松系数
TB,KINH,1,1,11                                     ! 定义 KINH 材料模型,且有 11 个数据点
TBPT,,0.0009524,200E6$TBPT,,0.005,215E6            ! 定义 11 个数据点(应变-应力对应)
TBPT,,0.020,230E6$TBPT,,0.025,235E6$TBPT,,0.080,340E6$TBPT,,0.10,370E6
TBPT,,0.12,400E6$TBPT,,0.15,420E6$TBPT,,0.16,415E6$TBPT,,0.18,390E6
TBPT,,0.20,330E6$TBPLOT
```

如将 EX8.2 例中的理想弹塑性材料模型改为上面的 KINH 模型,也可获得结构的极限荷载。为比较方便,若将 EX8.2 中理想弹塑性材料的屈服应力按 235MPa 计算,则截面的极限弯矩为 218.08kN·m,极限荷载为 190.82kN;若采用上述 KINH 模型时,当荷载达到 260kN 时的弯矩图如图 8-6a)所示,节点 62 的荷载-位移曲线如图 8-6b)所示,因材料的应力-应变曲线不同故存在较大差别。分析的命令流如下:

```
! EX8.3  超静定梁的塑性极限分析——KINH 模型
! 设置结果点数目为 5000(缺省为 1000)
FINISH$/CLEAR$/CONFIG,NRES,5000$/PREP7$P = 260E3
! 定义单元、弹性常数、KINH 模型及数据
ET,1,BEAM189$MP,EX,1,2.1E11$MP,PRXY,1,0.3
TB,KINH,1,1,11$TBPT,,0.0009524,200E6$TBPT,,0.005,215E6$TBPT,,0.020,230E6
TBPT,,0.025,235E6$TBPT,,0.080,340E6$TBPT,,0.10,370E6$TBPT,,0.12,400E6
TBPT,,0.15,420E6$TBPT,,0.16,415E6$TBPT,,0.18,390E6$TBPT,,0.20,330E6
! 定义梁截面、创建模型、施加边界条件和荷载
SECTYPE,1,BEAM,I$SECDATA,0.12,0.12,0.24,0.02,0.02,0.04
K,1$K,2,1.6$K,3,2.4$K,4,4.0$K,5,2,2.0$L,1,2$L,2,3$L,3,4$LATT,1,,1,,5,,1$LESIZE,ALL,0.1
DK,1,ALL$DK,4,UY$FK,2,FY,-P$FK,3,FY,-P$LMESH,ALL$FINISH
! 进入求解层、设置求解选项
/SOLU$AUTOTS,ON$NSUBST,64$OUTRES,ALL,ALL$SOLVE$FINISH
! 进入 POST1 后处理,绘制弯曲图
/POST1$SET,LAST$ETABLE,MI,SMISC,2$ETABLE,MJ,SMISC,15$PLLS,MI,MJ
! 进入 POST26,绘制荷载-位移曲线(62 点的竖向位移与荷载曲线)
/POST26$NSOL,2,62,U,Y$PROD,3,2,,,,,,-1000$PROD,4,1,,,,,,P/1E3
/AXLAB,X,N64UY(MM)$/AXLAB,Y,P(KN)$XVAR,3$PLVAR,4
! 绘制荷载-曲率曲线
ESOL,5,22,60,SMISC,8$PROD,6,5,,,,,,-1$XVAR,6$PLVAR,4
```

荷载-位移曲线如图 8-6a)所示(单位:kN·M),最大弯矩显然远大于理想弹塑性模型的极限弯矩。截面的荷载-位移曲线如图 8-6b)所示,与图 8-5d)存在较大差别。

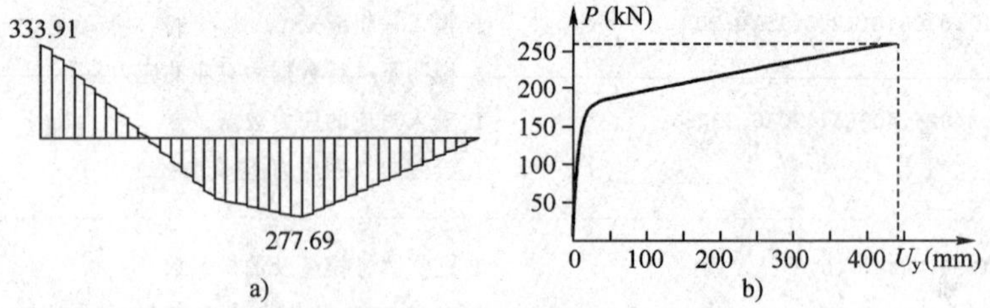

图 8-6 弯矩图(kN·m)及荷载-位移曲线

8.2.3 非线性随动强化模型 CHAB

双线性和多线性随动强化模型属于"线性随动强化",而非线性随动强化考虑了强化与塑性间的非线性及屈服面平移的影响。非线性随动强化适用于大应变和循环加载,可模拟单调强化和包辛格效应,可模拟非对称应力加载条件下的材料塑性棘轮(Ratcheting)效应和安定(Shakedown)效应。把 Chaboche 模型与等向强化模型 BISO、MISO、NLISO 组合,可模拟周期强化或软化;若与 HILL 势结合,可模拟复合材料行为等。

这种模型是多分量非线性随动强化,允许迭加几种随动强化模型。该模型有 2N+1 个常数(其中 N 为随动强化模型数目,用 TB 中的 NPTS 参数定义),用 TB、TBTEMP 和 TBDATA 命令定义材料常数。

命令格式: TB,CHAB,MAT,NTEMP,NPTS

数据输入: TBTEMP,TEMP

TBDATA,STLOC,C1,C2,C3,C4,C5

其中:C1~C2n+1——实常数 0 分别为:

C1——屈服应力;C2——第一随动模型的 C1 常数;C3——第一随动模型的 γ_1 常数;

C4——第二随动模型的的 C2 常数;C5——第二随动模型的 γ_2 常数;

……

C2n——最后随动模型的 C_n 常数;C2n+1——最后随动模型的 γ_n 常数。

如图 8-7a)所示为带槽口平板的 1/4 结构,受非对称循环载荷作用,利用 Chaboche 非线性随动强化模型模拟棘轮效应,棘轮效应如图 8-7b)所示。分析的命令流如下:

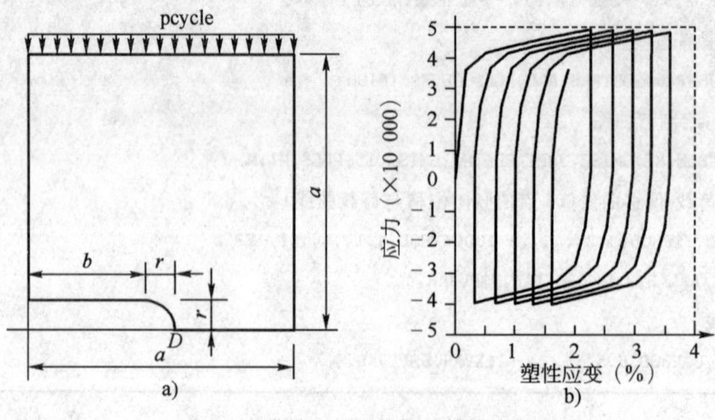

图 8-7 带槽口平板结构及棘轮效应

```
! EX8.4   带槽口平板的棘轮效应分析
FINISH$/CLEAR
*AFUN,RAD$A = 5$B = 0.2$R = 0.05$NOCYCLE = 10                 ! 设置函数单位、结构参数及半循环数
/PREP7$ET,1,PLANE182                                          ! 定义单元类型
MP,EX,1,26.3E6$MP,PRXY,1,0.3                                  ! 定义弹性模量和泊松系数
TB,CHAB,1,,3$TBDATA,1,18.8E3                                  ! 定义 CHAB 模型及其数据
TBDATA,2,60E6,20E3$TBDATA,4,12856E3,800$TBDATA,6,455E3,9
BLC4,,,B,R$CYL4,B,,R$BLC4,,,A,A$ASBA,3,ALL                    ! 创建几何模型
MSHAPE,0$MSHKEY,0$ESIZE,A/10$SMRTSIZE,6                       ! 设置网格划分方式及网格密度参数
AMESH,ALL                                                     ! 划分网格
LSEL,S,LOC,X,0,B + R$LSEL,R,LOC,Y,0,R                         ! 选择槽口部分的线
LREFINE,ALL,,,1,4$LREFINE,ALL,,,1,4                           ! 局部加密网格
ALLSEL,ALL
FINISH$/SOLU$ANTYPE,STATIC$NLGEOM,ON                          ! 进入求解层,打开大变形效应
OUTRES,ALL,ALL                                                ! 定义结果输出选项
NSUBST,10 * NOCYCLE,1E5,10 * NOCYCLE                          ! 定义子步数,以捕捉最大值
TIME,NOCYCLE * ACOS( - 1)                                     ! 定义时间,为 NOCYCLE×π
! 下面定义函数加载的函数荷载,函数方程为 - 6.52E3/1.5 - 32E3/1.5 * SIN({TIME})
*DIM,PCYCLE,TABLE,6,10,1
PCYCLE (0,0,1) = 0.0, - 999$ PCYCLE (2,0,1) = 0.0$ PCYCLE (3,0,1) = 0.0$ PCYCLE (4,0,1) = 0.0
PCYCLE (5,0,1) = 0.0$ PCYCLE (6,0,1) = 0.0$ PCYCLE (0,1,1) = 1.0, - 1,0, - 6.52E3,0,0,0
PCYCLE (0,2,1) = 0.0, - 2,0,1.5,0,0, - 1$ PCYCLE (0,3,1) = 0, - 3,0,1, - 1,4, - 2
PCYCLE (0,4,1) = 0.0, - 1,0,32E3,0,0,0$ PCYCLE (0,5,1) = 0.0, - 2,0,1.5,0,0, - 1
PCYCLE (0,6,1) = 0.0, - 4,0,1, - 1,4, - 2$ PCYCLE (0,7,1) = 0.0, - 1,9,1,1,0,0
PCYCLE (0,8,1) = 0.0, - 2,0,1, - 4,3, - 1$ PCYCLE (0,9,1) = 0.0, - 1,0,1, - 3,2, - 2
PCYCLE (0,10,1) = 0.0,99,0,1, - 1,0,0
LSEL,S,LOC,Y,A$NSLL,S,1$SF,ALL,PRES, % PCYCLE %               ! 施加函数荷载
LSEL,S,LOC,X,0$NSLL,S,1$D,ALL,UX                              ! 施加约束
LSEL,S,LOC,Y,0$NSLL,S,1$D,ALL,UY$ALLSEL,ALL                   ! 施加约束
SOLVE$FINISH$/POST26                                          ! 求解并进入 POST26 处理
ANSOL,2,NODE(B + R,0,0),S,Y,YSTRESS                           ! 定义 D 点 Y 方向应力为变量 2
ANSOL,3,NODE(B + R,0,0),EPPL,Y,YPSTRAIN                       ! 定义 D 点 Y 方向塑性应变为变量 3
ANSOL,4,NODE(B + R,0,0),NL,EPEQ,YACCUPS                       ! 定义 D 点积累塑性应变为变量 4
XVAR,3$PLVAR,2                                                ! 绘制应力-塑性应变图(棘轮)
XVAR,4$PLVAR,1                                                ! 绘制累积塑性应变-时间曲线(棘轮之棘齿)
```

8.2.4 双线性等向强化模型 BISO 与多线性等向强化模型 MISO

双线性等向强化与双线性随动强化类似,也用双直线描述材料的应力—应变关系,但采用等向强化的 Mises 屈服准则。该模型通常用于金属塑性的大应变情况,但不宜用于循环加载时的情况。该模型与非线性随动强化(CHAB)组合,可模拟材料的等向强化行为;也可与 HILL 势组合模拟各向异性塑性及等向强化,或与 RATE 组合可模拟率相关黏塑性等。

命令格式：TB,BISO,MAT,NTEMP,,TBOPT

数据输入：TBTEMP,TEMP

TBDATA,STLOC,Yieldstress,Tangentmodulus

多线性等向强化模型与多线性随动强化模型类似，也采用多线性的应力-应变曲线，但采用等向强化 Mises 屈服准则。该模型通常用于比例加载和金属塑性的大应变情况。MISO 模型可包括 20 条不同温度曲线，每条曲线可以有最多 100 个不同的应力-应变点。在各条曲线上，应变点可以不同。可将该模型与非线性随动强化(CHAB)组合，以模拟周期强化或弱化；也可与 HILL 势组合模拟各向异性塑性及等向强化，或与 RATE 组合可模拟率相关黏塑性。

命令格式：TB,MISO,MAT,NTEMP,NPTS,TBOPT

数据输入：TBTEMP,TEMP

TBPT,Oper,X,Y

应用这两个模型时应当注意，曲线的第一个点必须与弹性模量相对应，不允许有大于弹性模量或小于零的斜率段，当应变超过输入曲线终点时，假定为理想塑性材料行为。

8.2.5 非线性等向强化模型 NLISO

该模型基于 Voce 强化准则，NLISO 模型是 MISO 模型的一个变种，即指数饱和强化项扩展到线性项。其优点是将材料行为定义为特殊函数，其中四个材料常数通过 TBDATA 命令来定义。可通过将材料拉伸应力-应变曲线适当地试配得到材料常数。与 MISO 模型不同的是，不需要注意如何恰当地定义成对的材料应力-应变点。但是，这一模型仅适用于拉伸曲线与 NLISO 模型曲线相同者。该模型适用于大应变分析，且可与非线性随动强化(CHABCHE)组合，用于定义材料的等向强化行为；也可以与 HILL 势组合，用于模拟各向异性塑性及等向强化；或与 RATE 组合，用于模拟率相关黏塑性。

命令格式：TB,MISO,MAT,NTEMP,NPTS,TBOPT

数据输入：TBTEMP,TEMP

TBDATA,STLOC,C1,C2,C3,C4

其中：C1——屈服强度 k。

C2——Voce 强化准则材料常数 R_0。

C3——Voce 强化准则材料常数 R_∞。

C4——Voce 强化准则材料常数 b。

所定义的应力-应变关系如下：

$$\sigma = k + R_0 \varepsilon^{pl} + R_\infty (1 - \exp(-b\varepsilon^{pl})) \tag{8-13}$$

表 8-2 为某种镁合金的应力-应变曲线，采用 MISO 模型和 NLISO 模型分别描述如下。对于 NLISO 模型的四个常数，经过试配分别为 C1=100E6，C2=150E6，C3=180E6，b=220。

某种镁合金的应力-应变曲线 表 8-2

应变(%)	0.181 9	0.324 6	0.500 0	0.614 5	0.773 5	0.885 5	1.000 0	1.203 0	1.433 0	1.641 5
应力(MPa)	100.0	147.5	193.8	214.4	233.2	242.0	249.6	259.9	269.4	277.1

```
! MISO模型的定义
MP,EX,1,1E8/0.1819$MP,PRXY,1,0.26
TB,MISO,1,,10
TBPT,,0.001819,100E6$TBPT,,0.003246,147.5E6$TBPT,,0.005,193.8E6
TBPT,,0.006145,214.4E6$TBPT,,0.007735,233.2E6$TBPT,,0.008855,242.0E6
TBPT,,0.01,249.6E6$TBPT,,0.01203,259.9E6$TBPT,,0.01433,269.4E6
TBPT,,0.016415,277.1E6
! NLISO模型的定义
MP,EX,1,1E8/0.1819$MP,PRXY,1,0.26
TB,NLISO,1$TBDATA,1,100E6,150E6,180E6,220
```

8.2.6 组合模型

ANSYS允许使用几种材料模型的组合，不同的组合模拟不同的材料性质。主要组合如下：

- CHAB＋xISO(表示BISO、MISO或NLISO)：用于塑性分析。
- RATE＋xISO：用于黏塑性分析。
- CREEP＋xISO或BKIN：用于隐式蠕变和塑性分析。
- HILL＋xISO、BKIN、MKIN或KINH：用于各向异性塑性分析。
- HILL＋CHAB：用于各向异性塑性分析。
- HILL＋CHAB＋xISO：用于各向异性塑性分析。
- HILL＋RATE＋xISO：用于各向异性黏塑性分析。
- HILL＋CREEP：用于各向异性蠕变和塑性分析。
- HILL＋CREEP＋xISO：用于各向异性蠕变和塑性分析。

8.3 非线性屈曲与全过程分析

结构全过程分析可分为以下两种：

(1)结构、材料和荷载等均随时间而变(时变结构)，如桥梁施工和大坝施工等，其持续时间很长，在施工过程中结构不断变化或体系转换，材料性质也不断变化(如混凝土弹性模量、强度、金属蠕变等)，荷载及环境条件也在发生变化，模拟该施工过程和因素变化而进行的力学分析，可称为施工全过程分析。

(2)结构条件不变，而仅考虑某个加载过程中结构随时间的力学响应，也可称为全过程分析，如非线性全过程分析等。非线性全过程分析包括几何非线性、材料非线性和状态非线性，而非线性屈曲仅为全过程分析的部分结果。本节主要介绍几何非线性全过程分析，其他全过程分析见相关章节。

8.3.1 悬臂梁

如图8-8所示的悬臂梁，结构构造与材料性质如图所示。

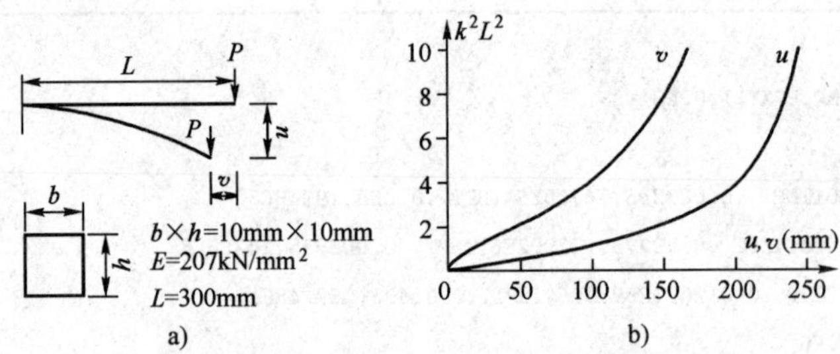

图 8-8　悬臂梁结构计算参数及集中力荷载-位移曲线

a)结构、截面尺寸与材料；b)荷载-位移曲线

1. 端部受集中力的悬臂梁

端部受集中力的悬臂梁，结构计算参数如图 8-8a）所示。当划分 5 个 BEAM3 单元时，计算结果和理论解的误差在 1%之内，随着单元数目的增加，其精度初始提高很快，随后提高的很慢或几乎不再提高。表 8-3 为 10 个单元的 ANSYS 计算结果与理论解的比较，无量刚参数 $k^2L^2=PL^2/EI$，即 $P=k^2EI$。ANSYS 计算的荷载-位移曲线如图 8-8b）所示，其命令流如下：

计算结果与理论结果的比较（位移单位：mm）　　表 8-3

k^2L^2	计算 u	解析 u	误差‰	计算 v	解析 v	误差‰
2	148.343	148.038	2.1	48.266	48.192	1.5
4	201.507	200.988	2.6	98.931	98.682	2.5
6	223.935	223.371	2.5	130.614	130.377	1.8
8	236.151	235.494	2.8	151.743	151.449	1.9
10	243.931	243.183	3.1	166.851	166.500	2.1

```
! EX8.5　端部受集中力的悬臂梁几何非线性分析
FINISH$/CLEAR$/PREP7
EE = 207E3$B = 10$H = 10$LCD = 300                    ! 定义参数:弹性模量、高度、宽度及长度
AA = B * H$ IZ = B * H * H * H/12                     ! 计算截面面积、惯性矩
PHZ = EE * IZ/LCD/LCD                                 ! 计算基本荷载
ET,1,BEAM3$R,1,AA,IZ,H                                ! 定义单元与实常数
MP,EX,1,EE$MP,PRXY,1,0.3                              ! 定义材料特性
K,1$K,2,LCD$L,1,2                                     ! 创建关键点和线
LESIZE,ALL,,,10$LMESH,ALL$FINISH                      ! 定义该线划分单元数,并划分单元
/SOLU
DK,1,ALL                                              ! 关键点 1 施加全部约束
ANTYPE,0$NLGEOM,1$NSUBST,20                           ! 定义分析类型、激活大位移选项、定义子步数
OUTRES,ALL,ALL                                        ! 输出每一子步的结果
 * DO,I,1,10$FK,2,FY,- I * PHZ$TIME,I * PHZ           ! 循环施加荷载,并定义时间标识
SOLVE$ * ENDDO
/POST26
NSOL,2,2,U,Y$ NSOL,3,2,U,X                            ! 定义悬臂端 Y/X 方向位移为变量 2/3
PROD,4,2,,,,,,- 1$PROD,5,3,,,,,,- 1                   ! 对变量符号进行更改
```

```
XVAR,4$PLVAR,1                                          ! 绘制 P-Uy 曲线
XVAR,5$PLVAR,1                                          ! 绘制 P-Ux 曲线
```

2. 端部受集中弯曲的悬臂梁

如图 8-9a)所示的悬臂梁,端部受弯矩 M 作用,且设 $M=n\pi EI_z/L$,理论解为结构在弯矩作用下的变形是一圆曲线,其半径为 $R=EI_z/M=L/(n\pi)$。当 $n=2$ 时,结构形成一闭合的圆。图 8-9a)中的虚线构形即为理论曲线,而实线构形为计算曲线。计算时采用 10 个 BEAM3 单元,计算了 $n=0.1\sim4$ 的 40 个荷载步时的结果,比较结果表明,计算结果与理论结果的最大误差均在 0.1%左右。图 8-9b)给出了荷载位移曲线,图 8-9a)给出了不同 n 时的变形图,当 n 以 0.5 步长增加时,结构转角则以 90°增加,当 $n=2$ 和 4 时,结构转角分别为 360°和 720°。单元数目的增加对计算结果影响很小,仅构形是否顺滑而已,命令流如下:

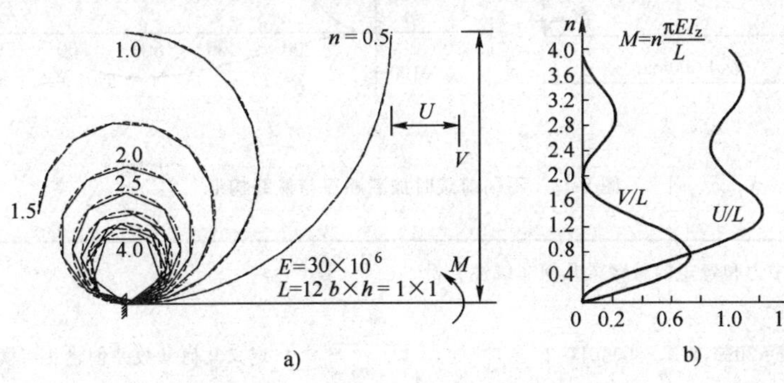

图 8-9 端部受弯矩悬臂梁的变形与位移曲线

```
! EX8.6  受弯矩作用悬臂梁几何非线性分析
FINISH$/CLEAR$/PREP7
CDL = 12$GDH = 1$KDB = 1$TXML = 30E6                    ! 定义几何参数和材料常数
MJA = GDH * KDB$GXJI = KDB * GDH * GDH * GDH/12.0       ! 求得面积和惯性矩
HZM = ACOS( - 1) * TXML * KDB * GDH * GDH * GDH/12.0/CDL  ! 定义荷载(n = 1 时)
ET,1,BEAM3$MP,EX,1,TXML$R,1,MJA,GXJI,GDH                ! 定义单元、材料性质、实常数
K,1$K,2,CDL$L,1,2$LESIZE,ALL,,,10$LMESH,ALL$FINISH      ! 创建几何模型和有限元模型
/SOLU$DK,1,ALL                                          ! 进入求解层,施加约束
ANTYPE,0$NLGEOM,1$NSUBST,100$OUTRES,ALL,ALL             ! 定义求解控制选项
 * DO,I,1,40$FK,2,MZ,I/10.0 * HZM$LSWR,I$ * ENDDO       ! 定义荷载步文件
LSSOLVE,1,40                                            ! 求解荷载步文件
/POST1$PLDISP,0$/POST26                                 ! 进入后处理
NSOL,2,2,U,Y$XVAR,2$PLVAR,1
```

3. 集中力与弯曲共同作用

当集中力和弯矩共同作用时,可同时施加集中力和弯矩,也可先施加其中之一,然后再施加另外一个。如前文介绍,对于保守系统最终结果与加载历史无关,然而当存在多解时(如发

生跳越)则可能与加载过程相关。对受集中力与弯曲共同作用的悬臂梁,当弯矩一定时,集中力小于某个值时,加载顺序与结果无关;但当集中力超过某个值后,其结果就与加载顺序有关。也就是说,悬臂梁受集中力与弯曲共同作用时,因某个条件下存在多解,故与加载顺序相关。如 8-10a)所示结构及截面尺寸,当 $M=5\text{kN}\cdot\text{m}$,$P=8\text{kN}$ 和 $P=7\text{kN}$ 时的最终构形形如图 8-10b)所示。当 $P=8\text{kN}$ 时加载顺序不同,最终构形也不同;而当 $P=7\text{kN}$ 时,最终构形与加载顺序无关。也就是说,由于在集中力与弯曲共同作用下存在多解,故其最终结果与加载顺序相关。

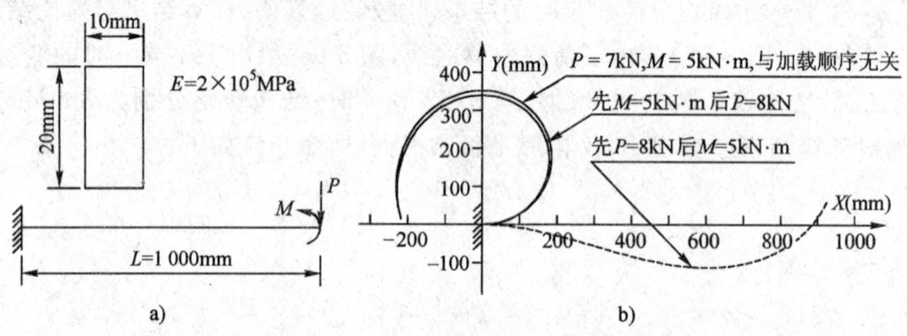

图 8-10 不同荷载时加载顺序与最终构形

```
! EX8.7  端部受集中力和弯矩的悬臂梁几何非线性分析
FINISH$/CLEAR$/PREP7
L0 = 1000$B0 = 10$H0 = 20$K,1$K,2,L0$L,1,2          ! 定义几何参数并创建几何模型
ET,1,BEAM3$MP,EX,1,2.0E5$MP,PRXY,1,0.3              ! 定义单元及材料性质
R,1,B0 * H0,B0 * H0 * H0 * H0/12,H0                 ! 定义实常数
LESIZE,ALL,,,20$LMESH,ALL$DK,1,ALL                  ! 定义单元划分数、划分单元、施加约束
/SOLU$OUTRES,ALL,ALL$NLGEOM,ON                      ! 定义输出、打开大变形选项
TIME,1$NSUBST,10$FK,2,FY,-7000$LSWRITE,1            ! 定义第一荷载步荷载(可修改并运行)
TIME,2$FK,2,MZ,5E6$NSUBST,20$ARCLEN,ON              ! 定义第二荷载步,并打开弧长法
LSWRITE,2$LSSOLVE,1,2                               ! 求解两个荷载步
FINISH$/POST1$PLDISP                                ! 进入后处理
```

8.3.2 压杆的大挠度分析

1. 理论解

如图 8-11 所示的中心受压柱,其弹性稳定的临界荷载为 $P_{cr}=\pi^2 EI/L^2$。当采用大挠度理论分析时,柱 $L/2$ 高度处的水平位移 δ 和荷载 P 分别为:

$$\delta/L = a/k \tag{8-14}$$

$$P/P_{cr} = 4k^2/\pi^2 \tag{8-15}$$

上式计算步骤为:通过给定的 θ 角先求得参数 $a=\sin\dfrac{\theta}{2}$;然后求得系数 k,k 为第一类椭圆

积分且表达式为 $k=\int_0^{\pi/2}\frac{\mathrm{d}\phi}{\sqrt{1-a^2\sin^2\phi}}$，可通过积分表查得；最后通过式(8-14)和式(8-15)求得水平位移 δ 和荷载 P，计算过程如表 8-4 所示。

理论解与计算结果的比较　　表 8-4

θ(°)	$a=\sin(\theta/2)$	k	P/P_{cr}理论解	δ/L 计算解	δ/L 理论解	误差(%)
0	0.000 0	1.570 8	1.000 0	0.000 0	0.022 6	100.0
10	0.087 2	1.573 8	1.003 8	0.055 4	0.099 3	79.3
20	0.173 6	1.582 8	1.015 3	0.109 7	0.129 2	17.8
30	0.258 8	1.598 1	1.035 1	0.162 0	0.170 8	5.5
40	0.342 0	1.620 0	1.063 6	0.211 1	0.215 2	1.9
50	0.422 6	1.649 0	1.102 1	0.256 3	0.258 6	0.9
60	0.500 0	1.685 8	1.151 8	0.296 6	0.297 6	0.3
70	0.573 6	1.731 2	1.214 7	0.331 3	0.331 5	0.1
80	0.642 8	1.786 8	1.293 9	0.359 7	0.359 5	−0.1
90	0.707 1	1.854 1	1.393 2	0.381 4	0.380 9	−0.1
100	0.766 0	1.935 6	1.518 4	0.395 8	0.395 1	−0.2
110	0.819 2	2.034 7	1.677 9	0.402 6	0.401 7	−0.2
120	0.866 0	2.156 5	1.884 8	0.401 6	0.400 6	−0.2
130	0.906 3	2.308 8	2.160 4	0.392 5	0.391 5	−0.3
140	0.939 7	2.504 6	2.542 4	0.375 2	0.374 0	−0.3
150	0.965 9	2.768 1	3.105 4	0.348 9	0.348 0	−0.3
160	0.984 8	3.153 4	4.030 1	0.312 3	0.311 3	−0.3
170	0.996 2	3.831 7	5.950 4	0.260 0	0.259 1	−0.4

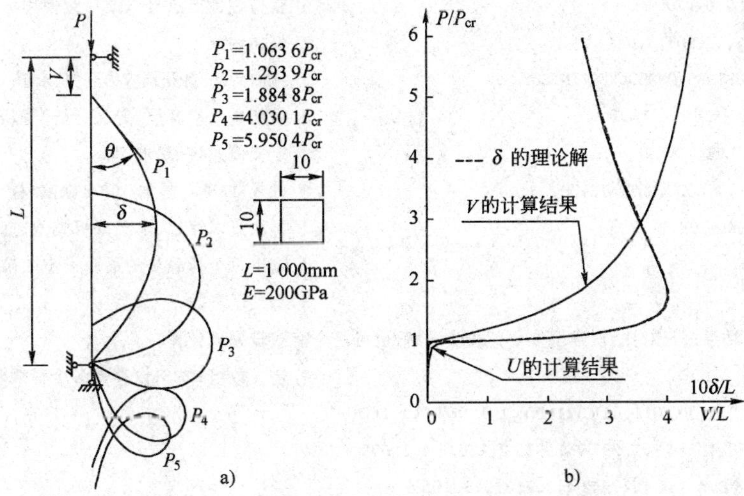

图 8-11　中心受压柱不同荷载下的构形和位移曲线

2. ANSYS 分析过程

采用 BEAM3 梁单元，单元长度为压杆长度的 5%。用 ANSYS 作几何非线性分析时，首先要打开大位移选项，并根据问题类型设置求解控制选项；其次是引入缺陷(模型更新)"激起"

非线性分析，对大多数实际问题分析中，需要引入缺陷以进行非线性分析，但对如拱一类结构则不必引入缺陷而直接进行非线性分析。对理想柱、梁侧倾的非线性分析，必须进行模型更新(可采用实际缺陷或采用 ANSYS 设置)，否则无法进行非线性分析。就本例而言，必须给出一定的初始缺陷(初弯曲)才能进行非线性分析，初始缺陷的大小对 1 倍屈曲荷载附近影响比较大，而后影响逐渐减少，本例采用 1‰压杆长度为初始缺陷。

在求解策略上，本例没有使用弧长法，当荷载位移曲线变化比较剧烈时，调正荷载子步大小即可收敛。压杆高度中点最大横向位移的理论解和 ANSYS 计算结果如表 8-4 所示。

从图 8-11 和表 8-4 可看出，在 $1.1P_{cr}$荷载附近，由于理论解没有初始缺陷，与引入缺陷的计算结果没有可比性，但荷载大于该值后，即后屈曲特性上吻合很好。

分析结果讨论如下：

当 $k<\pi/2$ 时，$P<_{cr}$，除 $\theta=0$ 外没有其他解，即直线平衡是唯一的形式，也就是此时直线平衡是稳定的平衡状态。

当 $k>\pi/2$ 时，$P>P_{cr}$，此时柱子有两种平衡状态，即除不稳定的直线平衡形式外，还存在稳定的弯曲平衡形式。此荷载位移曲线被称为后屈曲平衡路径或第二平衡路径，它与原始平衡路径(直线平衡形式)的交点成为分支点或分叉点。

```
! EX8.8  中心受压铰接柱的几何非线性分析
FINISH$/CLEAR$/FILNAME,COLU$/PREP7                      ! 定义文件名
AA = 100.0$AI = 10000/12.0$L0 = 1000$EM = 2E5           ! 定义几何参数
PCR = ACOS(-1) * ACOS(-1) * EM * AI/L0/L0               ! 计算临界荷载参量
ET,1,BEAM3$MP,EX,1,EM$R,1,AA,AI,10                      ! 定义单元和实常数
K,1,0$K,2,0,L0/2$K,3,0,L0$L,1,2$L,2,3                   ! 创建几何模型
LESIZE,ALL,,,20$LMESH,ALL                               ! 划分单元
NODE1 = NODE(0,L0,0)$FINISH                             ! 获得柱顶节点号以便后续使用
/SOLU$DK,1,UX,,,,UY$DK,3,UX                             ! 施加约束
FK,3,FY,-PCR$PSTRES,ON$SOLVE$FINISH                     ! 施加荷载、打开预应力开关、求解
/SOLU$ANTYPE,1$BUCOPT,LANB,1                            ! 重新进入求解层、定义分析类型和提取方法
MXPAND,1,,,1$SOLVE$FINISH                               ! 定义模态扩展、求解
/PREP7$UPGEOM,1,,,COLU,RST$FINISH                       ! 进入/PREP7,施加 100% 缺陷(柱中 1mm)
/SOLU$ANTYPE,0$NLGEOM,1                                 ! 再次进求解层、定义分析类型、打开大位移选项
OUTRES,ALL,LAST                                         ! 输出每个荷载步的最后子步结果(对比)
NSUBST,100                                              ! 定义子步数
! 此处为与理论结果进行对比,设置了多个荷载步求解(也可一个荷载步完成计算)
*DIM,HZXS,,22                                           ! 定义数组 HZXS,以存储各个荷载步的荷载系数
HZXS(1) = 1.000 0,1.003 8,1.015 3,1.035 1,1.063 6,1.102 1
HZXS(7) = 1.151 8,1.214 7,1.293 9,1.393 2,1.518 4,1.677 9
HZXS(13) = 1.884 8,2.160 4,2.542 4,2.7,2.9,3.105 4
HZXS(19) = 3.4,3.8,4.030 1,5.950 4
*DO,I,1,22$FK,3,FY,-PCR*HZXS(I)                         ! 循环定义荷载
LSWR,I$*ENDDO                                           ! 定义 22 个荷载步文件
```

```
LSSOLVE,1,22                          ! 求解 22 个荷载步文件
/POST26                               ! 进入时程后处理
NSOL,2,2,U,X,DDUZ                     ! 定义节点 2 的 Ux 为变量 2
NSOL,3,NODE1,U,Y                      ! 定义节点 NODE1 的 Uy 为变量 3
VPUT,HZXS,4                           ! 将数组 HZXS 赋给变量 4
PROD,5,2,,,,,,10/L0                   ! 将变量 2 乘 10/L0 赋给变量 5
PROD,6,3,,,,,,1/L0                    ! 将变量 3 乘 1/L0 赋给变量 6
XVAR,5$PLVAR,4                        ! 以变量 5 为 X 轴绘制变量 4
XVAR,6$PLVAR,4                        ! 以变量 6 为 X 轴绘制变量 4
PRVAR,5,6                             ! 输出变量 5 和变量 6 的值
```

8.3.3 平面桁架

如图 8-12 所示桁架的几何非线性分析为经典的跳越问题。荷载与顶点位移的理论关系为：

$$P = EA_0x(x-\sin\theta_0)(x-2\sin\theta_0) \tag{8-16}$$

式中，E 为弹性模量；A_0 为杆件初始截面积；$x=V/L_0$；V 为顶点的竖向位移；其余符号如图 8-12 中所示。如取 $A_0=10\text{mm}^2$，$E=200\text{GPa}$，$L_0=100\text{mm}$，$\theta_0=6°$，荷—移曲线的 ANSYS 解和理论解如图所示，两条曲线几乎重合。但随着 θ_0 的增大，曲线两个顶点附近的误差会越来越大，这与式的假定有关。本例分析的命令流如下：

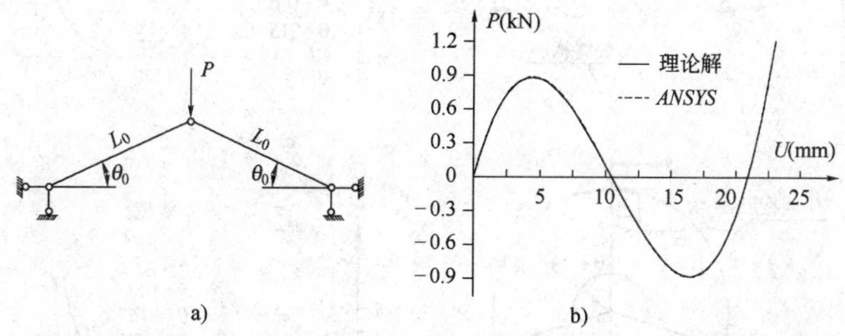

图 8-12 二力杆结构及荷载-位移曲线

```
! EX8.9  二力杆几何非线性分析
FINISH$/CLEAR$/PREP7
! 定义参数:长度、角度、角度单位、距离、高度、面积和弹性模量
L0 = 100$CTA = 6$ * AFUN,DEG$L1 = 2 * L0 * COS(CTA)$H1 = L0 * SIN(CTA)$AA = 10$EM = 2E5
! 定义平面杆单元、材料性质、实常数;创建几何模型
ET,1,LINK1$MP,EX,1,EM$R,1,AA$K,1$K,2,0.5 * L1,H1$K,3,L1$L,1,2$L,2,3
LESIZE,ALL,,,1$LMESH,ALL                      ! 定义每线划分为 1 个单元、划分单元
DK,1,ALL$DK,3,ALL$FK,2,FY,-1200               ! 施加约束和荷载
/SOLU$ANTYPE,0$NLGEOM,1$NSUBST,100            ! 分析类型、激活大位移选项、定义荷载子步
OUTRES,ALL,ALL$ARCLEN,ON$SOLVE                ! 输出每一子步的结果、打开弧长法、求解
```

```
/POST26$NSOL,2,2,U,Y$PROD,3,2,,,,,,-1          ! 进入后处理、定义变量、位移符号变换
PROD,4,1,,,,,,1200$XVAR,3$PLVAR,4              ! 变量变换、定义 X 轴绘制变量
```

8.3.4 拱结构

拱轴线一般为曲线，如抛物线或悬链线或圆弧线等，可采用两节点梁单元或三节点梁单元模拟，但采用三节点梁单元（如 BEAM189）可更精确的模拟曲线梁。下面以两例说明拱结构的几何非线性分析过程和方法。

1. 平面圆弧拱

为进行结果比较，深拱结构如图 8-13 所示。其中，图 8-13a）为两端铰接拱，变形为正对称形式；图 8-13b）也为两端铰接拱，但通过模型更新（施加缺陷）后其变形为反对称形式；图 8-13c）为一端固结一端铰结。采用 BEAM3 单元模拟，不同的单元个数对结果有一定的影响，但当单元个数大于 60 后，结果几乎不再改变。一般而言，单元个数对屈曲前影响较小，而对屈曲

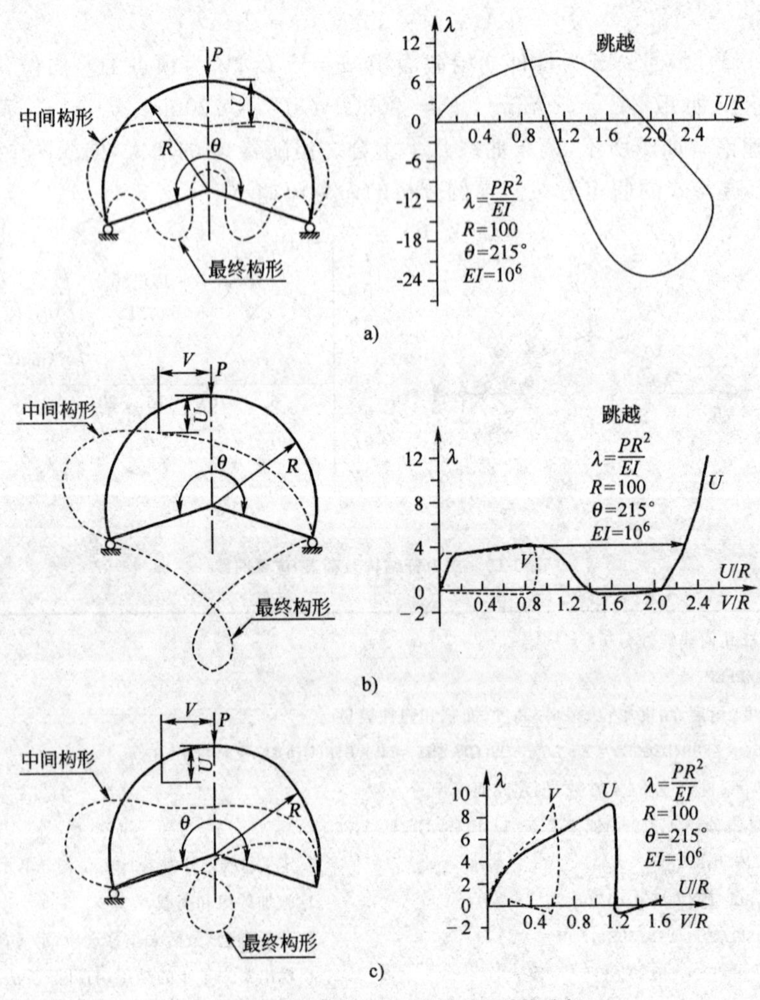

图 8-13 不同约束条件下深拱的非线性分析

后路径影响较大，因此对于屈曲后路径分析应该采用较多的单元。

三种结构及其分析的命令流分别如下：

```
! EX8.10  两铰拱几何非线性分析——正对称变形
FINISH$/CLEAR$/PREP7
! 定义几何参数，创建几何模型，生成有限元模型
R0 = 100$EI = 1E6$CSYS,1$K,1,R0,197.5$K,2,R0,90$K,3,R0,-17.5$L,1,2$L,2,3$CSYS,0
ET,1,BEAM3$MP,EX,1,1.0$MP,PRXY,1,0$R,1,1E5,EI,0.5$LESIZE,ALL,,,30$LMESH,ALL
/SOLU$ANTYPE,0$NLGEOM,1$ARCLEM,1                  ! 打开大位移选项和弧长法
NSUBST,100$OUTRES,ALL,ALL                         ! 设置子步数和输出结果控制
DK,1,UX,,,,UY$DK,3,UX,,,,UY                       ! 施加铰接约束条件
FK,2,FY,-1200$SOLVE                               ! 施加集中荷载，并求解
/POST26$NSOL,2,2,U,Y                              ! 进入后处理，定义变量 2 为节点 2 的 Y 方向位移
NSOL,3,2,U,X                                      ! 定义变量 3 为节点 2 的 X 方向位移
PROD,4,2,,,,,,-1/R0                               ! 将变量 2 乘以 1/R0，并定义为变量 4
PROD,5,1,,,,,,1200 * R0 * R0/EI                   ! 将变量 1 乘以 1200 * R0 * R0/(EI)，并定义为变量 5
XVAR,4$PLVAR,5                                    ! 以变量 4 为 X 轴，绘制变量 5
! ----------------------------------------------------------------------------------------
! EX8.11  两铰拱几何非线性分析——反对称变形
FINISH$/CLEAR$/FILNAME,DSSA                         ! 定义文件名为 DSSA
! 定义几何参数，创建几何模型，生成有限元模型
/PREP7$R0 = 100$EI = 1E6$CSYS,1$K,1,R0,197.5$K,2,R0,90$K,3,R0,-17.5$L,1,2$L,2,3
CSYS,0$ET,1,3$MP,EX,1,1.0$MP,PRXY,1,0$R,1,1E5,EI,0.5$LESIZE,ALL,,,30$LMESH,ALL
/SOLU$ANTYPE,0$PSTRES,ON                          ! 定义分析类型，打开预应力开关
DK,1,UX,,,,UY$DK,3,UX,,,,UY                       ! 施加铰接约束条件
FK,2,FY,-100$SOLVE$FINISH                         ! 施加荷载，并求解
/SOLU$ANTYPE,1                                    ! 重新进入求解层，定义分析类型为屈曲分析
BUCOPT,LANB,1$MXPAND,1,,,1                        ! 设置模态提取方法和扩展选项
SOLVE$FINISH                                      ! 求解
/PREP7$UPGEOM,0.02,,,DSSA,RST                     ! 进入前处理层，更新模型引入缺陷
/SOLU$ANTYPE,0                                    ! 再次进入求解层，定义分析类型为静力分析
NLGEOM,1$ARCLEM,1                                 ! 打开大位移选项和弧长法
NSUBST,100$OUTRES,ALL,ALL                         ! 设置子步数和输出结果控制
FK,2,FY,-1200$SOLVE                               ! 施加集中荷载，并求解
/POST26$NSOL,2,2,U,Y$NSOL,3,2,U,X$PROD,4,2,,,,,,-1/R0$PROD,5,1,,,,,,1200 * R0 * R0/EI
PROD,6,3,,,,,,-1/R0$XVAR,4$PLVAR,5$XVAR,6$PLVAR,5
! ----------------------------------------------------------------------------------------
! EX8.12  铰-固拱非线性分析
FINISH$/CLEAR$/PREP7
! 定义几何参数，创建几何模型，生成有限元模型
R0 = 100$EI = 1E6$CSYS,1$K,1,R0,197.5$K,2,R0,90$K,3,R0,-17.5$L,1,2$L,2,3$CSYS,0
ET,1,BEAM3$MP,EX,1,1.0$MP,PRXY,1,0$R,1,1E5,EI,0.5$LESIZE,ALL,,,30$LMESH,ALL
```

```
! 施加约束、荷载并求解
/SOLU$ANTYPE,0$DK,1,UX,,,,UY$DK,3,ALL$NLGEOM,1$ARCLEM,1
ARCTRM,U,160.0,2,UY$NSUBST,1000$OUTRES,NSOL,ALL$FK,2,FY,-1000$SOLVE
/POST26$NSOL,2,2,U,Y$NSOL,3,2,U,X$PROD,4,2,,,,,,-1/R0$PROD,5,1,,,,,,1000*R0*R0/EI
PROD,6,3,,,,,,-1/R0$XVAR,4$PLVAR,5$XVAR,6$PLVAR,5
```

2. 完善拱和缺陷拱的屈曲讨论

如图 8-14a)所示的平面两铰圆弧拱,拱顶受集中力作用。该结构属于对称结构对称荷载,通过特征值屈曲分析,其一阶屈曲模态为反对称失稳模态,屈曲荷载 P_{cr1} =13 375.16N;第二阶屈曲模态为对称失稳模态,屈曲荷载 P_{cr2} =30 039.00N。

如不施加缺陷即采用完善结构进行几何非线性分析,当所施加的荷载为 30000N 时其荷载与顶点的挠度曲线如图 8-14b)中的"完善结构"所示,而其变形一直为正对称形式。从其荷载位移曲线或计算结果可得,该结构非线性屈曲的极限荷载为 P_{cp1} =15 000N。就本例而言,非线性屈曲的极限荷载大于一阶屈曲模态的值 P_{cr1} =13 375.16N,说明特征值分析的第一阶屈曲模态不一定是非线性屈曲模态的上限。

如施加缺陷(采用特征值一阶屈曲模态形状的百分比)即采用不完善结构进行几何非线性分析,荷载与拱顶的挠度曲线如图 8-14b)中的"缺陷结构"所示。当施加缺陷的比例为 9%时,即轴线偏移了 0.09m,通过非线性屈曲分析得到其极限荷载为 P_{cp2} =12840N。引入的缺陷越大极限荷载越小,为求得尽量大的极限荷载应施加尽量小的缺陷,但缺陷很小时与正对称变形相同。显然具有缺陷结构的极限荷载小于特征值分析的第一阶屈曲荷载,其变形初始为正对称形式,随着荷载的增大受初始缺陷的影响,结构从正对称变形形式跳越到反对称变形形式。

本例结构对称荷载对称,是非线性屈曲的特例,此处仅用于说明完善结构、缺陷结构、特征值屈曲等的关系。

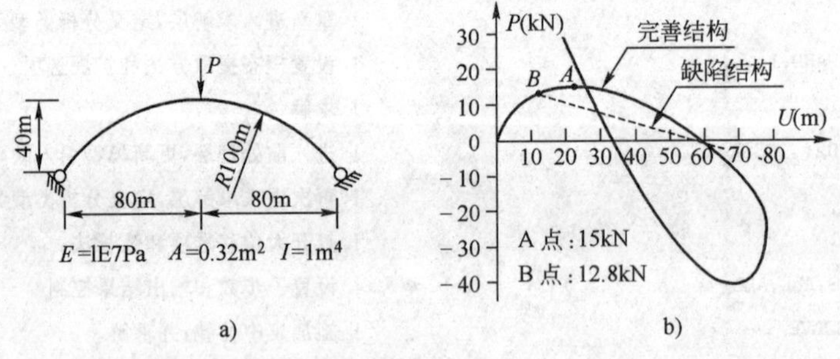

图 8-14 完善拱和缺陷拱的非线性屈曲

```
! EX8.13 完善拱的几何非线性分析——正对称变形
FINISH$/CLEAR$/PREP7
! 定义几何参数、单元类型、材料性质、几何模型和有限元模型等
R0=100$E=1E7$A=0.32$I0=1$H0=40$L0=160$ET,1,BEAM3$MP,EX,1,E$R,1,A,I0,0.5
K,1,-L0/2$K,2,0,H0$K,3,L0/2$LARC,1,2,3,R0$LARC,2,3,1,R0$LESIZE,ALL,,,100$LMESH,ALL
! 进入求解层、打开大位移选项、打开弧长法、设置输出选项、施加约束和荷载、求解等
```

```
/SOLU$ANTYPE,0$NLGEOM,1$ARCLEN,1$OUTRES,ALL,ALL$NSUBST,100
DK,1,UX,,,,UY$DK,3,UX,,,,UY$FK,2,FY,-30000$SOLVE$FINISH
！进入后处理，绘制曲线
/POST26$NSOL,2,2,U,Y$PROD,3,2,,,,,,-1$PROD,4,1,,,,,,30$XVAR,3$PLVAR,4
！
```

```
！EX8.14　缺陷拱的几何非线性分析
FINISH$/CLEAR$/FILNAME,EX814$/PREP7
！定义几何参数、单元类型、材料性质、几何模型和有限元模型等
R0=100$E=1E7$A=0.32$I0=1$H0=40$L0=160$ET,1,BEAM3$MP,EX,1,E$R,1,A,I0,0.5
K,1,-L0/2$K,2,0,H0$K,3,L0/2$LARC,1,2,3,R0$LARC,2,3,1,R0$LESIZE,ALL,,,100$LMESH,ALL
！进入求解层、施加约束和荷载、打开预应力开关、求解等
/SOLU$DK,1,UX,,,,UY$DK,3,UX,,,,UY$FK,2,FY,-1$PSTRES,ON$SOLVE$FINISH
！再次进入求解层、进行特征值屈曲分析
/SOLU$ANTYPE,1$BUCOPT,LANB,2$SOLVE$FINISH
！进入前处理层，根据一阶模态施加缺陷
/PREP7$UPGEOM,0.09,1,1,EX814,RST$FINISH
！再次进入求解层，打开大位移选项和弧长法、设置弧长法求解终止条件等
/SOLU$ANTYPE,0$NLGEOM,1$ARCLEM,1$ARCTRM,U,80,2,UY
NSUBST,500$OUTRES,ALL,ALL$FK,2,FY,-30000$SOLVE$FINISH
！进入后处理，绘制曲线
/POST26$NSOL,2,2,U,Y$PROD,3,2,,,,,,-1$PROD,4,1,,,,,,30$XVAR,3$PLVAR,4
```

3. 空间拱

平面拱仅可进行面内非线性分析，然而拱桥既可能发生面内失稳也可能发生面外失稳，因此应以空间模型分析实际拱桥，以获得最小的特征值屈曲荷载或极限荷载。

如图 8-15a）所示的抛物线拱肋，计算跨度为 40m，计算矢高为 8m，拱桥线方程为 $y=-x^2/50+8$，截面为箱形。承受自重及集中荷载作用，对其进行特征值屈曲分析和几何非线性分析。

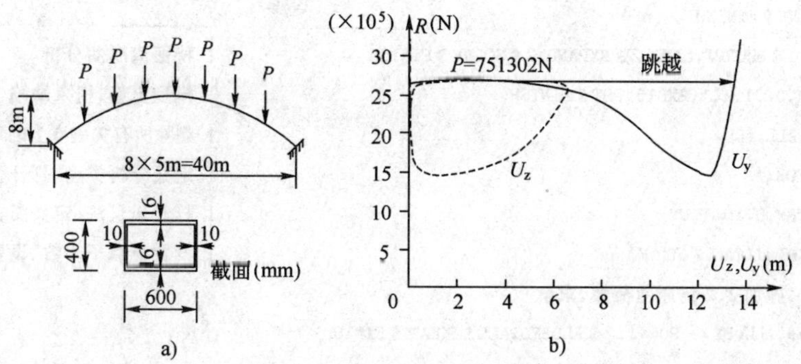

图 8-15　拱的面外屈曲

由于采用抛物线拱轴，创建模型时以直代曲，采用 BEAM189 单元分析。经特征值屈曲分析其一阶屈曲模态为面外失稳，外荷载的屈曲荷载为 753 350N；二阶屈曲模态为面

内失稳，外荷载的屈曲荷载为 1 313 650N。特征值分析时，需要不断修改外荷载的数值，直到屈曲荷载系数达到 1 为止，且一阶和二阶模态应分别调整外荷载，分别使得屈曲荷载系数为 1。

几何非线性分析时，如不引入缺陷，则结构对称荷载对称，不能得到正确的极限荷载。因此，应通过模型更新引入缺陷，可根据一阶屈曲模态施加一定的缺陷(称为一致缺陷)，从而获得正确的极限荷载。一般规范的验收标准容许拱轴偏位 10mm 或 $L/6\,000$，本例则施加 10mm 偏位缺陷。通过分析结果可知，初始随着荷载的增大面外位移逐渐增大，当外荷载 P 增大到 751 302kN 时，结构突然发生跳越，直接跳到正对称的下凹变形形式，丧失稳定平衡。可以认为当存在 10mm 偏位时，其极限荷载为 751302N，略小于一阶模态的屈曲荷载。

```
! EX8.15  空间拱的几何非线性分析
FINISH $/CLEAR $/FILNAME,EX815 $/PREP7
! 定义单元类型、定义材料常数
ET,1,BEAM189 $ MP,EX,1,2.1E11 $ MP,PRXY,1,0.3 $ MP,DENS,1,7850
! 定义梁截面为箱形,并定义截面数据
SECTYPE,1,BEAM,HREC $ SECDATA,0.6,0.4,0.01,0.01,0.016,0.016
*DO,I,1,21 $ XI = I - 1 $ YI = - XI * XI/50 + 8 $ K,I,XI,YI $ * ENDDO        ! 创建关键点、线等
*DO,I,1,20 $ L,I,I + 1 $ * ENDDO
! 合并重合图素、定义方位点、赋予几何图素属性、划分单元
LSYMM,X,ALL $ NUMMRG,ALL
K,100,,10 $ LATT,1,,1,,100,,1 $ LESIZE,ALL,,,
3 $ LMESH,ALL $ FINISH
/SOLU $ KSEL,S,LOC,Y,0 $ DK,ALL,ALL $ KSEL,ALL                            ! 施加约束
ACEL,,9.8                                                                 ! 施加加速度,计算自重影响(注意加速度
                                                                          与自重方向相反)
P0 = 753350 $! P0 = 1313650                                               ! 定义 P0,该参数为试算确定,试算目的
                                                                          使得屈曲系数等于 1
! 选择关键点,定义元件,施加荷载、打开预应力开关、求解等
KSEL,S,,,1,16,5 $ KSEL,A,,,27,37,5 $ CM,KCM,KP $ FK,ALL,FY, -   P0 $
ALLSEL,ALL
PSTRES,ON $ SOLVE $ FINISH
/SOLU $ ANTYPE,1 $ BUCOPT,LANB,2 $ MXPAND,2 $ SOLVE $ FINISH             ! 特征值屈曲分析
/PREP7 $ UPGEOM,0.01,1,1,EX815,RST $ FINISH                               ! 模型更新,引入缺陷
/SOLU $ FKDELE,ALL,ALL                                                    ! 删除所有关键点上的集中荷载
ANTYPE,0 $ NLGEOM,1                                                       ! 定义分析类型、打开大位移选项
ARCLEM,1 $ ARCTRM,U,15,1,UY                                               ! 打开弧长法、定义弧长法求解终止条件
NSUBST,20 $ OUTRES,ALL,ALL $ SOLVE                                        ! 设置荷载子步数、设置输出选项、求解
! 选择元件 KCM,施加 1.2 倍屈曲荷载,求解
CMSEL,S,KCM $ FK,ALL,FY, - P0 * 1.2 $ ALLSEL,ALL $ SOLVE $ FINISH
! 时程后处理,绘制曲线
/POST26 $ NSOL,2,1,U,Y $ PROD,3,2,,,,,, - 1 $ RFORCE,4,173,F,Y
XVAR,3 $ PLVAR,4 $ NSOL,5,1,U,Z $ XVAR,5 $ PLVAR,4
```

8.3.5 空间刚架与网壳

空间刚架结构和网壳结构都属于杆系结构，多采用梁单元模拟，根据杆件构造和受力特征也可辅以杆单元模拟。除非常明确的铰接连接外，杆件连接可采用刚接，而不必考虑连接节点的弹性刚度；虽然节点的连接既非铰接亦非刚接，而是弹性连接，但一般节点弹性刚度对结构内力和变形的影响都很小，均在可忽略范围之内。

1. 空间刚架

图 8-16a)是一空间刚架体系，很多学者都进行过研究，假定六个边结点均为滑动铰支座。用 ANSYS 的 BEAM4 单元模拟，当中间六杆划分为三个单元以上时，不同单元数目的计算结果之间的误差在 0.5%之内，计算结果如图 8-16b)所示。

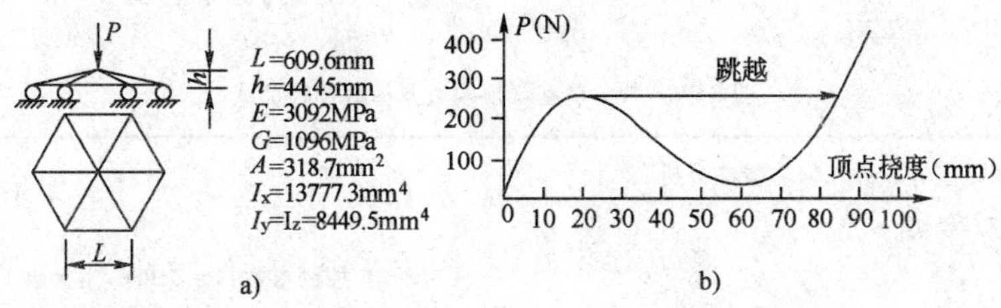

图 8-16 空间刚架构造及其荷载位移曲线

该例分析的命令流如下：

```
! EX8.16  空间 12 单元刚架几何非线性分析
FINISH $/CLEAR $/PREP7
ET,1,BEAM4 $ MP,EX,1,3092 $ MP,PRXY,1,3092/2/1096 - 1          ! 定义单元类型、材料性质
R,1,318.7,8449.5,8449.5,1,1,,$ RMORE,,13777.3                   ! 定义实常数
L = 24 * 25.4 $ H = 1.75 * 25.4                                 ! 定义几何参数(英寸和毫米换算)
CSYS,1 $ K,1,L,0 $ KGEN,6,1,1,,,60 $ CSYS,0 $ K,7,0,0,H         ! 创建关键点
*DO,I,1,5 $ L,I,I + 1 $ *ENDDO                                  ! 创建线
L,6,1 $ *DO,I,1,6 $ L,I,7 $ *ENDDO
LESIZE,ALL,,,3 $ LMESH,ALL                                      ! 定义单元划分数、划分单元
KSEL,S,LOC,Z,0 $ DK,ALL,UZ $ KSEL,ALL                           ! 选择关键点并施加约束
DK,7,UX,,,,UY $ FINISH
! 进入求解层，打开相应选项、定义求解控制设置等
/SOLU $ ANTYPE,0 $ NLGEOM,1 $ NSUBST,20 $ OUTRES,ALL,ALL
FK,7,FZ, - 200 $ SOLVE                                          ! 第一荷载步直接求解
ARCLEN,1 $ FK,7,FZ, - 500 $ SOLVE                               ! 第二荷载步打开弧长法并求解
/POST26 $ NODE1 = NODE(0,0,KZ(7))                               ! 获得关键点 7 位置处的节点号
NSOL,2,NODE1,U,Z $ PROD,3,2,,,,,, - 1 $ XVAR,3 $ PLVAR,1        ! 定义变量等绘制曲线
```

2. 六角星型穹顶

结构简图和结果如图 8-17 所示，六个支承为铰结，分别计算了一种空间桁架和两种空间

刚架。空间桁架采用 LINK8 单元;空间刚架采用 BEAM4 单元,且当每根杆件单元数目超过 3 个时,ANSYS 计算的结果已经非常接近。从图中可以看出,当杆件抗弯刚度较小时均发生跳越,而当刚度超过一定数值后,就不再发生跳越。

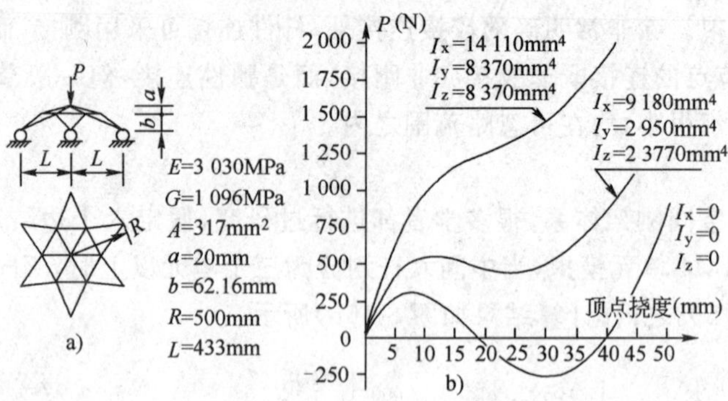

图 8-17　六角星型穹顶构造及荷载位移曲线

```
! EX8.17  六角星型穹顶的几何非线性分析
FINISH $/CLEAR $/PREP7
ELESTIF = 2                                          ! 控制参数:1 = LINK8,实常数 1;2 = BEAM4,实常数
                                                       2;3 = BEAM4,实常数 3
R1 = 500 $ R2 = 250 $ B = 62.16 $ A = 20             ! 定义几何参数
 * IF,ELESTIF,EQ,1,THEN                              ! 如果 ELESTIF = 1,则定义 LINK8 单元
ET,1,LINK8 $ * ELSE
ET,2,BEAM4 $ * ENDIF                                 ! 否则定义 BEAM4 单元
MP,EX,1,3030.0 $ MP,PRXY,1,3030/1096/2-1             ! 定义材料性质(杆和梁单元通用)
R,1,317                                              ! 材料组 1 为杆单元所用
R,2,317,23770,2950,1,1,,$ RMORE,,9180                ! 材料组 2 为梁单元所用
R,3,317,8370,8370,1,1,,$ RMORE,,14110                ! 材料组 3 为梁单元所用
! 创建几何模型(在柱坐标系下的复制关键点,然后按编号创建线)
CSYS,1 $ K,1,R1,30 $ KGEN,6,1,1,,,60 $ K,7,R2,,B $ KGEN,6,7,7,,,60 $ K,13,,,A + B $ CSYS,0
 * DO,I,1,5,1 $ L,I,I + 6 $ L,I,I + 7 $ * ENDDO      ! 注意 * ENDDO 后的命令均按注释处理
L,6,7 $ L,6,12 $ * DO,I,7,11,1 $ L,I,I + 1 $ * ENDDO
L,12,7 $ * DO,I,7,12,1 $ L,I,13 $ * ENDDO
 * IF,ELESTIF,EQ,1,THEN                              ! 如 ELESTIF = 1,则赋予杆元及其属性 1
LATT,1,1,1 $ LESIZE,ALL,,,1                          ! 材料号 1、实常数组 1、单元 1,单元划分数 1
 * ELSEIF,ELESTIF,EQ,2                               ! 如 ELESTIF = 2,则赋予梁元及其属性 2
LATT,1,2,2 $ LESIZE,ALL,,,10                         ! 材料号 1、实常数组 2、单元 2,单元划分数 10
 * ELSEIF,ELESTIF,EQ,3                               ! 如 ELESTIF = 3,则赋予梁元及其属性 3
LATT,1,3,2 $ LESIZE,ALL,,,10 $ * ENDIF               ! 材料号 1、实常数组 3、单元 2,单元划分数 10
LMESH,ALL                                            ! 划分单元
KSEL,S,LOC,Z,0 $ DK,ALL,ALL $ KSEL,ALL $ FINISH      ! 施加约束
/SOLU $ ANTYPE,0 $ NLGEOM,1 $ OUTRES,ALL,ALL         ! 设置求解控制参数
NSUBST,200 $ ARCLEN,1 $ FK,13,FZ,- 1500 $ SOLVE      ! 施加荷载并求解
```

```
/POST26 $ NODE1 = NODE(0,0,KZ(13))                    ! 获得顶点节点号
NSOL,2,NODE1,U,Z,DDUZ $ PROD,3,2,,,,,,-1,1,1          ! 定义变量
PROD,4,1,,,,,,1500,1,1 $ XVAR,3 $ PLVAR,4             ! 绘制曲线
```

8.3.6 板壳结构

板壳结构通常采用 SHELL 系列单元模拟。

1. 单向均匀四边简支受压板特征值屈曲与后屈曲分析

如图 8-18a)所示的单向均匀四边简支受压板,其弹性屈曲荷载(应力)为:

$$\sigma_{cr}=\frac{\pi^2 E}{3(1-\mu^2)}\left(\frac{t}{b}\right)^2 \tag{8-17}$$

式中,E 为弹性模量;μ 为泊松系数;t 为板厚;b 为板宽。

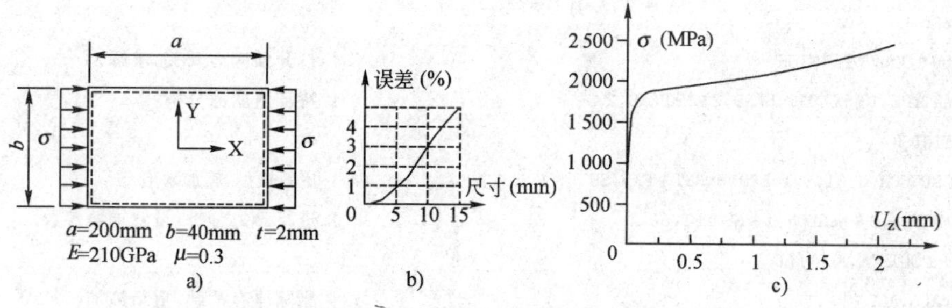

图 8-18　四边简支板构造与后屈曲分析结果

式(8-17)推导过程中,采用了四边简支条件和周边面内自由移动条件。然而,用 ANSYS 进行分析时必须限制刚体位移,因此求解经典问题的关键是边界条件的处理。就本例的整个模型而言,除约束周边面外 Uz 自由度外,可分别约束平行于 X 轴的对称轴面内平动自由度 Uy 和平行于 Y 轴的对称轴面内平动自由度 Ux,该约束条件与式(8-17)的假定相符。当然也可采用 1/4 模型,但施加对称约束条件。

如前所述,分析结果与单元尺寸或划分个数相关。一般地,在分析过程中应考察单元尺寸的影响,多数情况下单元尺寸越小结果越精确,但也有例外。因此,应在获得可接受结果精度的前提下,尽量降低求解代价。可通过定义不同网格密度考察结果的变化,进而获得合适的网格密度。就本例而言,其单元尺寸与误差(理论解与 ANSYS 解的误差)曲线如图 8-18b)所示,该曲线与板厚无关。

在进行该薄板的大挠度分析时,按一级屈曲模态(5 个半波)更新模型施加缺陷。由于薄板对缺陷十分敏感,这里取缩放系数为 1%,即施加 1%×1mm=0.01mm 的面外缺陷进行分析。将图 8-18a)中所示的参数代入式(8-17)中可得到 σ_{cr}=1898.0MPa。图 8-18c)为大挠度分析的荷载与板中点面外位移曲线结果。从图中可以看出,与中心受压柱的荷载位移曲线完全不同,在板屈曲后随着荷载的增大板面外位移逐渐增大,或者说板有能力抵抗与屈曲荷载大很多的荷载,这就是通常所说的板屈后承载能力。当然本例仅进行了大挠度分析,没有考虑材料的屈服问题。

```
! EX8.18  周边简支板的大挠度分析
FINISH $/CLEAR $/FILNAME,EX818 $/PREP7
A = 200 $ B = 40 $ T = 2 $ E = 2.1E5 $ BC = 0.3 $ PI = ACOS( - 1)         ! 定义几何参数
SIGCR = PI * PI * E/(3 * (1 - BC * BC)) * (T/B) * * 2                   ! 按式(8-17)计算参数
ET,1,SHELL63 $ MP,EX,1,E $ MP,PRXY,1,BC $ R,1,T                          ! 定义单元、材料属性、实常数
BLC5,,,A,B $ WPROTA,,,90 $ ASBW,ALL                                      ! 将面切分为四个面,以便施加约束
WPROTA,,90 $ ASBW,ALL $ WPCSYS, - 1
ESIZE,5 $ MSHAPE,0 $ MSHKEY,1 $ AMESH,ALL                                ! 定义单元尺寸、划分类型等、划分单元
/SOLU $ LSEL,S,LOC,X, - A/2 $ LSEL,A,LOC,X,A/2                           ! 选择线施加荷载
SFL,ALL,PRES,SIGCR * T                                                   ! SHELL单元施加的 PRES 为“线荷载”,即力/长度
LSEL,S,LOC,X,0 $ DL,ALL,,UX                                              ! 施加 Y 对称轴线上的约束
LSEL,S,LOC,Y,0 $ DL,ALL,,UY $ LSEL,ALL                                   ! 施加 X 对称轴线上的约束
LSEL,U,LOC,X,0 $ LSEL,U,LOC,Y,0 $ DL,ALL,,UZ                             ! 施加周边 Z 向约束
ALLSEL,ALL
PSTRES,ON $ SOLVE $ FINISH                                               ! 打开预应力开关,求解
/SOLU $ ANTYPE,1 $ BUCOPT,LANB,2 $ MXPAND,2                              ! 特征值屈曲分析
SOLVE $ FINISH
/PREP7 $ UPGEOM,0.01,1,1,EX818,RST $ FINISH                              ! 更新模型,施加缺陷
/SOLU $ ANTYPE,0 $ NLGEOM,1 $ NSUBST,60                                  ! 进行静力分析,设置求解参数
ARCLEN,1 $ OUTRES,ALL,ALL
SFLDELE,ALL,ALL                                                          ! 删除原有荷载,重新施加
LSEL,S,LOC,X, - A/2 $ LSEL,A,LOC,X,A/2                                   ! 施加 1.3 倍的屈曲荷载(可改变)
SFL,ALL,PRES,SIGCR * T * 1.3 $ LSEL,ALL                                  ! 一般施加 1.2～1.5 倍荷载即可
SOLVE $ FINISH                                                           ! 求解
/POST26 $ NODE1 = NODE(0,0,0)                                            ! 时程后处理,绘制曲线等
NSOL,2,NODE1,U,Z $ PROD,3,1,,,,,,SIGCR * 1.3 $ XVAR,2 $ PLVAR,3
```

2. 圆柱壳非线性分析

如图 8-19a)所示柱面壳受集中力作用,其荷载位移曲线如图 8-19b)所示,该柱壳在加载过程中发生跳越。根据结构的对称性,取 1/4 模型进行几何非线性分析,采用 SHELL63 单元。

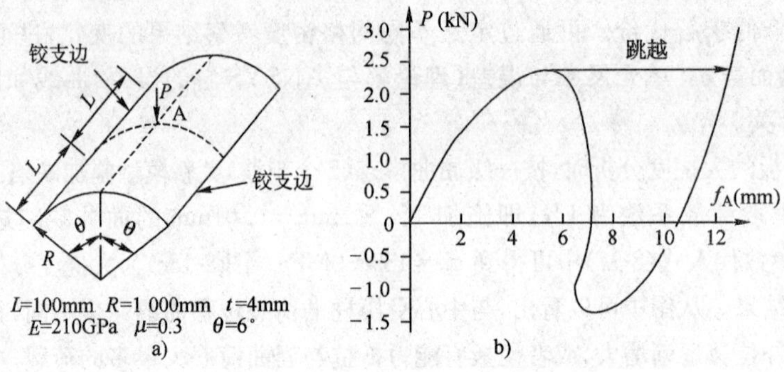

图 8-19　圆柱壳结构及荷载位移曲线

```
! EX8.19  柱壳的几何非线性分析
FINISH $/CLEAR $/PREP7
! 定义几何参数、单元、材料性质、实常数等,创建几何模型和有限元模型
R0 = 1000 $ L0 = 100 $ T = 3 $ THETA = 6 $ ET,1,SHELL63 $ R,1,T $ MP,EX,1,2.1E5 $ MP,PRXY,1,0.3
CSYS,1 $ K,1,R0,90 $ K,2,R0,90 - THETA $ K,3,R0,90 - THETA,L0 $ K,4,R0,90,L0
A,1,2,3,4 $ ESIZE,10 $ MSHKEY,1 $ AMESH,ALL
LSEL,S,LOC,Y,90 $ DL,ALL,,SYMM,X $ LSEL,S,LOC,Z,L0 $ DL,ALL,,SYMM,Z
LSEL,S,LOC,Y,90 - THETA $ DL,ALL,,UX $ DL,ALL,,UY $ DL,ALL,,UZ $ LSEL,ALL $ FINISH
! 设置几何非线性项、施加荷载等求解
/SOLU $ NLGEOM,ON $ NSUBST,100 $ ARCLEN,ON $ OUTRES,ALL,ALL
FK,4,FY, - 3000 $ SOLVE $ FINISH
! 时程后处理,绘制曲线
/POST26 $ NODE1 = NODE(KX(4),KY(4),KZ(4))$ NSOL,2,NODE1,U,Y
PROD,3,2,,,,,, - 1 $ PROD,4,1,,,,,,3000 $ XVAR,3 $ PLVAR,4
```

实体结构的几何非线性过程与上述结构类似,但一般实体结构很少进行几何非线性分析。因结构需要进行实体分析时,其三向尺度必然相差不多,故其几何非线性效应较小,也就没有必要再进行几何非线性分析,但经常要进行实体结构的塑性分析。

8.4 索膜结构

8.4.1 单悬索分析

索的理论计算一般采用两个基本假定:

(1)索为理想柔性的,即不能受压,也不能抗弯;

(2)索的材料符合胡克定律。

索所受均布荷载一般分为两种形式:

(1)沿着索曲线的弦线均匀分布,此时索的形状为抛物线;

(2)沿着索的弧长均匀分布,此时索的形状为悬链线,如索自重作用下的形状。

根据理论分析结果,索的垂度越小二者差别越小,而实际索的垂度都比较小,当采用沿着索弦线均匀分布的荷载时,二者误差较小可为工程所接受。

索在安装时可张拉也可不张拉,不张拉的索仅由自重或外部荷载在索内产生一定的应力,张拉索则由自重、预应力和外部荷载在索内产生应力。依此可将索分为三个力学状态,分别为无应力状态、初始状态和工作状态。无应力状态是指加工放样后的索或索段,该状态索内不存在应力,不承受任何荷载。初始状态指仅承受自重或预应力作用下的自平衡状态,不考虑外部荷载的作用,该状态提供了分析结构在外部荷载作用下所必须的所有初始条件,如结构几何和预应力等。工作状态是指在外部荷载作用下所达到的平衡状态。

单悬索是指安装时不张拉的单根索,即索无初始应力或无初应变。

如图 8-20a)所示的悬索,索受沿索弧长均匀分布荷载 q(如自重),其初始状态的解为:

变形曲线：
$$y=\frac{H}{q}\left[\mathrm{ch}\alpha-\mathrm{ch}\left(\frac{2\beta x}{l}-\alpha\right)\right] \tag{8-18}$$

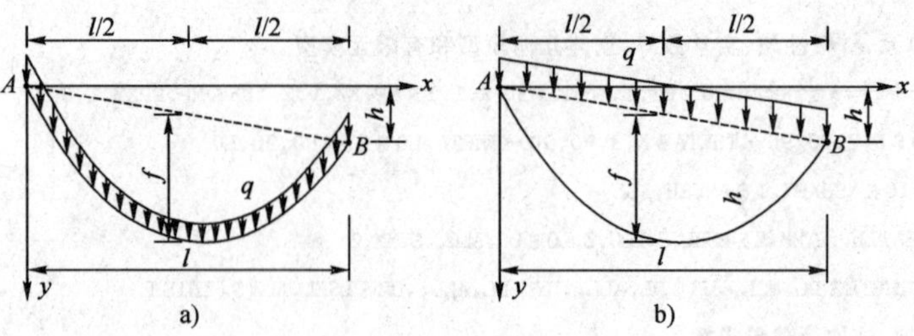

图 8-20 悬索几何与荷载形式

索跨中垂度与水平张力的关系：
$$f=\frac{H}{q}[\mathrm{ch}\alpha-\mathrm{ch}(\beta-\alpha)]-\frac{h}{2} \tag{8-19}$$

索长：
$$S=\frac{2H}{q}\mathrm{sh}\beta\times\mathrm{ch}(\beta-\alpha) \tag{8-20}$$

索最大张力：
$$T=H\times\mathrm{ch}\alpha \tag{8-21}$$

上述各式中：$\beta=\dfrac{ql}{2H}$；$\alpha=\mathrm{Arcsh}\left(\dfrac{\beta h/l}{sh\beta}\right)+\beta$。

而如以图 8-20b)所示的悬索，荷载沿索曲线的弦线均匀分布，其初始状态的解为：

变形曲线：
$$y=\frac{4fx(l-x)}{l^2}+\frac{h}{l}x \tag{8-22}$$

索跨中垂度与水平张力的关系：
$$H=\frac{ql^2}{8f\cos\theta} \tag{8-23}$$

索长近似值：
$$S=L\left[1+\frac{1}{2}\left(\frac{h}{l}\right)^2+\frac{8}{3}\left(\frac{f}{l}\right)^2\right] \tag{8-24}$$

索最大张力近似值：
$$T=H\sqrt{1+16\frac{f^2}{l^2}+\frac{h^2}{l^2}+\frac{8fh}{l^2}} \tag{8-25}$$

任何终态的均布荷载与水平张力均满足类似式(8-18)～(8-25)的关系，再利用索的变形协调条件，可得到索的变形协调方程，从而得到工作状态的结果。

设某单索的截面面积 $A=701.6\mathrm{cm}^2$，弹性模量 $E=78.9\mathrm{GPa}$，$l=120\mathrm{m}$，$q=65\mathrm{N/m}$，$H=9\,000\mathrm{N}$，$h=20\mathrm{m}$，$Q=1\,000\mathrm{N}$ 作用于跨中，根据上述各式求得初始状态的结果如表 8-5 所示。表中弦线均匀分布的取值以悬链线全长之重除以弦长。一般悬索的垂度与跨度之比大多在 1/9～1/20 之间，本例取用下限进行计算比较，也即采用较大垂度，从表中可以看出，采用两种荷载分布形式的误差很小。

计算结果比较 表 8-5

参 数	悬链线解	抛物线解	误差(%)	ANSYS 解	误差(%)
跨中垂度 f(m)	13.376	13.585	−1.6	13.329	0.4
索长 S(m)	125.396	125.768	−0.3	125.369	0.0
最大索力 T(N)	10 636.14	10 587.05	0.5	10 606	0.3

ANSYS 中的 LINK10 为索单元，该单元通过 KEYOPT 设置可仅受拉或仅受压，以模拟张紧索或松弛索。但注意的是，初应变是基于无应力时的索长和当前索长(两节点之间的距

离)计算,因此采用加速度施加自重时应考虑该因素,以避免结果错误。

通过式(8-19)和(8-23)可知,索的垂度和水平张力互为结果,即索的线形为一悬链线族或抛物线族,必须已知其中一个参数才能唯一确定索的线形或张力。一般设计单悬索时,可根据实际要求确定索的垂度,或者根据应力条件预先拟定索的张力,只有这样才能确定索的初始状态,依据该初始状态进行工作状态的相关分析。该问题可归结为已知张力找形或已知形状求索力两类问题。

ANSYS分析单悬索问题时,可采用两种方法,即直接迭代法和找形分析法。

1. 直接迭代法

基本原理是在索曲弦线位置创建模型,采用实际材料性质和实常数,并设置很小的初应变,施加自重荷载(沿弧长分布),逐步更新有限元模型,以索水平张力或索力为收敛条件进行迭代,其最终结果即为索在自重荷载作用下的初始变形。基本过程如下:

(1)创建几何模型和有限元模型:在索弦线位置上创建几何模型,如图8-20中的直线AB。设置实际的材料性质和实常数,设置任意很小的初应变以获得求解稳定性,因索力是荷载作用而产生,故索内不能采用较大的初应变。

(2)求解并不断更新有限元模型:施加自重荷载后求解,更新有限元模型不断改变索的几何,如果求解后的结果不能满足收敛条件,则继续求解直到满足迭代要求的收敛条件。此过程结束后获得初始状态,即在自重荷载作用下索的内力和几何。

(3)施加外荷载求解:在获得初始状态后,施加其他外荷载,进行工作状态分析。

直接迭代法的命令流如下:

```
! EX8.20  悬索直接迭代求解
FINISH $/CLEAR $/FILNAME,EX820 $/PREP7
! 1.定义几何参数和荷载参数等,定义单元类型和材料性质--------------------------------
L0 = 120 $ XH = 20 $ AREA = 7.016E - 4 $ EM = 7.89E10        ! 定义几何参数、面积、弹性模量
Q0 = 65 $ QF = 10000                                         ! 定义索单位重量(N/m)和集中荷载(N)
H0 = 9000                                                    ! 定义自重作用下的水平张力(已知)
ERR0 = 1/1000 $ ENUM = 60 $ ISTRAN = 1.0E - 6                ! 定义迭代条件、单元数目、初应变
ET,1,LINK10 $ R,1,AREA,ISTRAN                                ! 定义单元和实常数
MP,EX,1,EM $ MP,PRXY,1,0.3                                   ! 定义材料性质
MP,DENS,1,Q0/AREA                                            ! 采用换算密度,且为N/m³单位
! 2.在弦线位置创建模型,施加约束和自重荷载--------------------------------
K,1 $ K,2,L0,- XH $ L,1,2                                    ! 创建几何模型
LESIZE,ALL,,,ENUM $ LMESH,ALL                                ! 生成有限元模型
D,NODE(0,0,0),ALL $ D,NODE(L0,- XH,0),ALL                    ! 施加约束
NODE1 = NELEM(ENUM/2,1)                                      ! 获得中间单元的两个节点号
NODE2 = NELEM(ENUM/2,2)                                      ! 以备后面使用
ACEL,,1.0 $ FINISH                                           ! 施加值为1的加速度(自重)
! 求解、进入后处理获得索内力、更新有限元模型、判别收敛条件是否满足--------------------------------
PASS1 = 1
*DOWHILE,PASS1
```

```
/SOLU $ ANTYPE,0 $ NLGEOM,ON $ SSTIF,ON                    ! 定义静态求解、打开大变形与应力刚度选项
NSUBST,20 $ OUTRES,ALL,ALL $ SOLVE $ FINI                  ! 定义子步数、输出结果、求解
/POST1 $ SET,LAST,LAST                                     ! 进入后处理,选择最后荷载步的最后子步
*GET,NFOR,ELEM,ENUM/2,SMISC,1                              ! 获得跨中单元的索力并计算其余弦
COSREF = (NX(NODE2) - NX(NODE1))/DISTND(NODE1,NODE2)
NFOR = NFOR * ABS(COSREF)                                  ! 计算跨中单元的水平张力(可用其他单元)
ERR1 = ABS(NFOR - H0)/H0 $ FINISH                          ! 计算当前索水平张力误差
/PREP7                                                     ! 进入前处理,更新有限元模型
*IF,ERR1,LT,0.05,THEN                                      ! 如果误差小于5%时
UPGEOM,0.1,LAST,LAST,EX820,RST $ *ELSE                     ! 模型更新系数采用较小数值
UPGEOM,1,LAST,LAST,EX820,RST $ *ENDIF                      ! 否则模型更新系数采用较大数值
*IF,ERR1,LT,ERR0,EXIT $ *ENDDO                             ! 如满足迭代条件,退出循环
! 3.获得初始状态索长、无应力索长等------------------------------------------------
/POST1 $ SET,LAST,LAST $ PLESOL,SMISC,1                    ! 绘制索力
ETABLE,EPELT,LEPEL,1                                       ! 定义单元表
S = 0 $ DS = 0
*DO,I,1,ENUM                                               ! 对单元数目循环
*GET,ELENG,ELEM,I,LENG                                     ! 获得当前单元的长度
*GET,EPEL,ELEM,I,ETAB,EPELT                                ! 获得当前单元的应变
S = S + ELENG $ DS = DS + ELENG * EPEL                     ! 计算索长和索的变形
*ENDDO
S0 = S - DS
! 4.求解外荷载作用下的内力和变形--------------------------------------------------
/SOLU $ NLGEOM,ON $ NSUBST,20 $ OUTRES,ALL,ALL
F,NODE1,FY,-QF $ SOLVE $ FINISH
```

2. 找形分析法

通过找形分析获得初始状态的线形,在此基础上进行初始状态和工作状态的分析。基本原理是在索曲弦线位置创建模型,采用很大的初始应变和较小的弹性模量,施加自重荷载,其变形即为初始状态的线形。在此线形下,恢复实际弹性模量,假定很小的初始应变,求得索在自重荷载作用下的初始状态。基本过程如下:

(1)找形分析。

找形分析时应设置较大的初应变,以便较快收敛。可根据初始水平张力和初应变,确定一"假定的较小的弹性模量"。创建几何模型并生成有限元模型,几何模型为索两端点连接的直线。施加荷载和约束后求解,如果自重荷载以加速度施加,要注意加速度施加在未变形的单元上,因此应将密度除以(1-初应变)。

(2)初始状态分析。

找形分析后,恢复真实的弹性模量,并设置很小的初应变以获得求解稳定性。该求解过程中,如果索内水平张力与已知的张力不符,可采用类似"直接迭代法"中的迭代过程。

(3)工作状态分析。

在初始状态分析完成后,即可施加外荷载进行分析,从而获得基于初始状态的外荷载作用

下的结果。

用ANSYS分析的命令流如下：

```
! EX8.21  悬索找形分析法求解
FINISH $/CLEAR $/FILNAME,EX821 $/PREP7                     ! 定义工作文件名
L0 = 120 $ XH = 20.0 $ AREA = 7.016E - 4                   ! 定义水平跨度、高差、面积
Q0 = 65 $ QF = 10000 $ H0 = 9000 $ ENUM = 60               ! 定义均布荷载、集中荷载、水平张力等
ISTRAN = 0.999                                             ! 定义很大的初始应变(接近 1)
EM = H0/(AREA * ISTRAN) * SQRT(L0 * L0 + XH * XH)/L0       ! 求得弹性模量
ET,1,LINK10 $ R,1,AREA,ISTRAN                              ! 定义单元类型、实常数
MP,EX,1,EM $ MP,PRXY,1,0.3                                 ! 定义材料性质
MP,DENS,1,Q0/AREA/(1 - ISTRAN)                             ! 定义密度(通过均布荷载和初应变换算)
K,1 $ K,2,L0, - XH $ L,1,2                                 ! 在弦线位置创建几何模型
LESIZE,ALL,,,ENUM $ LMESH,ALL                              ! 定义单元数目、划分单元
D,NODE(0,0,0),ALL $ D,NODE(L0, - XH,0),ALL                 ! 施加约束(通过坐标获得节点号)
D,ALL,UX $ ACEL,,1.0 $ FINISH                              ! 约束所有节点的 Ux,施加加速度 1.0
/SOLU $ ANTYPE,0 $ NLGEOM,ON                               ! 求解获得初始状态的线形
NSUBST,20 $ OUTRES,ALL,ALL $ SOLVE $ FINISH
/PREP7 $ UPGEOM,1,LAST,LAST,EX821,RST $ FINISH             ! 更新有限元模型
! 1.确定形状后,恢复真实材料特性等,求解初始状态------------------------------------------
FINISH $/PREP7
EM = 7.89E10 $ ISTRAN = 1.0E - 6                           ! 定义弹性模量和很小的初始应变
MP,EX,1,EM $ MP,DENS,1,Q0/AREA                             ! 恢复弹性模量和换算密度
R,1,AREA,ISTRAN $ FINISH                                   ! 恢复实常数
/SOLU $ DDELE,ALL,ALL                                      ! 删除所有约束条件
D,NODE(0,0,0),ALL $ D,NODE(L0, - XH,0),ALL                 ! 重新约束两端点的节点
ACEL,,1.0 $ SOLVE $ FINISH                                 ! 施加加速度并求解
如果该初始状态与所设置的 H0 不同,也可迭代几次
! 2.求解外荷载作用下的内力和变形--------------------------------------------------------
/SOLU $ F,NODE1,FY, - QF $ SOLVE $ FINISH                  ! 施加外荷载并求解
```

对具有张拉应力的斜拉索可采用直接迭代法求解，但应采用真实的初应变，迭代条件为直到某端索力达到张拉力为止，此时的结果就考虑了自重引起的索垂度对索力的影响。如整个索采用一个单元模拟时，可采用等效弹性模量（Emst 公式）考虑索垂度对索力的影响。

8.4.2 菱形单片索网分析

索网结构与单悬索不同，从建筑几何角度出发，可以要求结构在预应力张拉完毕后的初始状态具有给定的外形和几何。从施工方便角度，可以要求各索段具有相同的无应力长度。从受力合理的角度，可以要求结构某些或全部单元在初始状态具有相同的预应力等。一般在设计索网结构时，大多给定期望的预应力状态和几何边界，要求确定初始形状。由于索网结构的内容是十分丰富的，这里仅就给定期望的预应力状态和几何边界介绍如何确定初始形状问题。

形状确定问题简称“找形”,其基本原理是减小弹性刚度的影响,利用结构的应力刚度求得满足边界条件的平衡曲面,当完全不计弹性刚度时获得索网的最小曲面。因此,在找形分析时应采用较小的弹性模量,且不施加外荷载和自重荷载。

找形完毕后,恢复材料的真实弹性模量和初始应变,并施加外荷载进行求解。

如图 8-21 所示的菱形索网,设各索支承在刚性边梁上,各索截面相等且面积为0.001 468 m^2,弹性模量为 210GPa,各索预应力为 800kN。

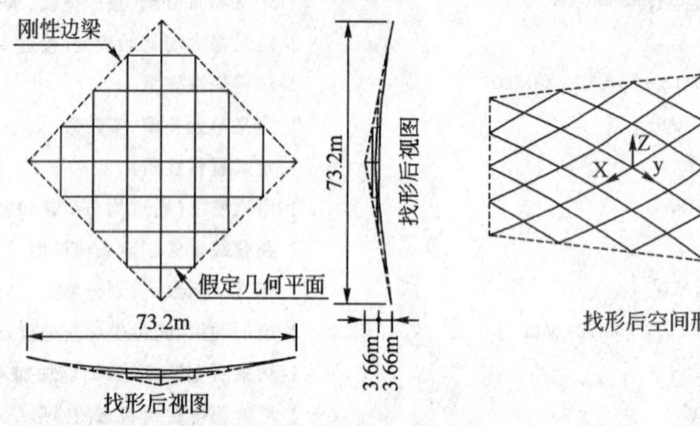

图 8-21　菱形索网几何与形状

```
! EX8.22  菱形索网找形与分析
! 定义几何参数、单元及材料常数等
FINISH $/CLEAR $/FILNAME,EX822 $/PREP7            ! 工作文件名为 EX8.22
NETNUM = 4 $ NETSIZ = 9.15 $ F = 3.66             ! 定义索网数、网格尺寸及垂度
A = 0.001468 $ T0 = 8E5 $ DEADLD = 1E3            ! 定义索面积、初始预应力及外荷载
ET,1,LINK10                                       ! 定义单元类型
ISTRAN = 0.999 $ R,1,A,ISTRAN                     ! 定义很大的初始应变
MP,EX,1,T0/(ISTRAN * A)$ MP,PRXY,1,0.3            ! 定义弹性模量(换算得到)
! 在平面位置创建几何模型并生成有限元模型
K,1 $ K,2,0,NETNUM * NETSIZ                       ! 定义关键点 KP1 和 KP2
K,3,NETNUM * NETSIZ                               ! 定义关键点 KP3
L,1,2 $ L,1,3 $ L,2,3                             ! 创建线,形成索网的 1/4 部分(三角形)
LDIV,ALL,,,NETNUM                                 ! 将所有线等分为 NETNUM 份
 * DO,I,1,NETNUM - 1                              ! 通过循环创建水平和竖线
XI = I * NETSIZ $ YI = (NETNUM - I) * NETSIZ      ! 计算各关键点的 X 和 Y 坐标
L,KP(XI,0,0),KP(XI,YI,0)                          ! 通过坐标获得关键点号并创建线(竖线)
L,KP(0,XI,0),KP(YI,XI,0)$ * ENDDO                 ! 通过坐标获得关键点号并创建线(水平线)
LSEL,U,TAN1,X $ LSEL,U,TAN1,Y $ LDEL,ALL          ! 删除边界线(斜线)
LSEL,ALL $ LOVLAP,ALL                             ! 选择所有线,并执行线搭接生成关键点
LSYMM,X,ALL $ LSYMM,Y,ALL $ NUMMRG,ALL            ! 对称生成其余部分,并合并相同图素
 * DO,I,1,NETNUM + 1                              ! 循环施加各边界关键点约束条件
XI = (I - 1) * NETSIZ $ YI = (NETNUM + 1 - I) * NETSIZ   ! 计算 X 和 Y 坐标
DFV = F -(NETNUM + 1 - I) * 2 * F/NETNUM          ! 计算 X 和 Y 坐标处的支座位移值
DK,KP(XI,YI,0),UX,,,,UY $ DK,KP(XI,YI,0),UZ,DFV
```

```
DK,KP(XI,-YI,0),UX,,,,UY $ DK,KP(XI,-YI,0),UZ,DFV
DK,KP(-XI,YI,0),UX,,,,UY $ DK,KP(-XI,YI,0),UZ,DFV
DK,KP(-XI,-YI,0),UX,,,,UY $ DK,KP(-XI,-YI,0),UZ,DFV $ *ENDDO
LESIZE,ALL,,,1 $ LMESH,ALL                                 ! 定义每条线划分一个单元并划分单元
! 求解并更新有限元模型(打开大变形选项)------------------------------------------
/SOLU $ ANTYPE,0 $ NLGEOM,ON $ NSUBST,10 $ SOLVE $ FINISH
/PREP7 $ UPGEOM,1,LAST,LAST,EX822,RST
! 如果所求得的各索内力相差稍大,可在此基础上再次更新几次模型即可--------------------
*DO,I,1,NETNUM+1                                          ! 将原支座位移设为零
XI=(I-1)*NETSIZ $ YI=(NETNUM+1-I)*NETSIZ                  ! 计算X和Y坐标
DK,KP(XI,YI,0),UZ $ DK,KP(XI,-YI,0),UZ                    ! 施加新的约束条件
DK,KP(-XI,YI,0),UZ $ DK,KP(-XI,-YI,0),UZ $ *ENDDO
*DO,I,1,5 $ FINISH $/SOLU $ SOLVE $ FINISH                 ! 求解并更新有限元模型
/PREP7 $ UPGEOM,1,LAST,LAST,EX822,RST $ *ENDDO
! 恢复真实的材料常数,并施加外荷载求解-----------------------------------------
MP,EX,1,2.0E11 $ R,1,A,T0/(A*2.0E11)                      ! 恢复弹性模量和实常数
/SOLU $ TIME,1 $ SOLVE                                    ! 初始状态求解(形状与索力几乎不变)
TIME,2 $ F,ALL,FZ,-DEADLD*NETSIZ*NETSIZ                    ! 施加外荷载并求解
SOLVE
```

找形分析的结果如图 8-21 中的空间形状示意图,其双曲线形状分别如左图所示。

8.4.3 多片索网分析

多片索网分析与菱形单片索网分析类似,但几何边界和要求复杂一些。

例如,类似德国慕尼黑滑冰馆屋盖结构的外形尺寸如图 8-22a)所示,找平后的空间形状如图 8-22b)所示。该结构由两片索网组成,索网上缘支承在位于屋盖中轴线的抛物线刚性拱上,下缘锚固在椭圆线刚性边梁上。设所有索截面相等且面积为 $0.00222m^2$,索的预应力为 100kN,对其进行找形分析的命令流如下:

```
! EX8.23  两片索网找形与分析
! 1.定义参数、单元类型、材料常数、实常数及变量------------------------------------
FINISH $/CLEAR $/FILNAME,EX823 $/PREP7
NETNX=40 $ NETNY=30 $ NETSIZ=2.2 $ F=10.0 $ A=0.00222 $ T0=1E5 $ ISTRAN=0.999
ET,1,LINK10 $ R,1,A,ISTRAN $ MP,PRXY,1,0.3 $ MP,EX,1,T0/(ISTRAN*A)
XA=NETNX*NETSIZ/2 $ XB=NETNY*NETSIZ/2
! 2.利用循环创建几何模型-------------------------------------------------------
*DO,I,1,NETNX-1 $ XI=I*NETSIZ-XA $ YI=SQRT(1-XI*XI/XA/XA)*XB
K,2*I-1,XI,-YI $ K,2*I,XI,YI $ L,2*I-1,2*I $ *ENDDO
*GET,KPMAX,KP,,COUNT
*DO,I,1,NETNY-1 $ YI=I*NETSIZ-XB $ XI=SQRT(1-YI*YI/XB/XB)*XA
K,KPMAX+2*I-1,-XI,YI $ K,KPMAX+2*I,XI,YI $ L,KPMAX+2*I-1,KPMAX+2*I $ *ENDDO
```

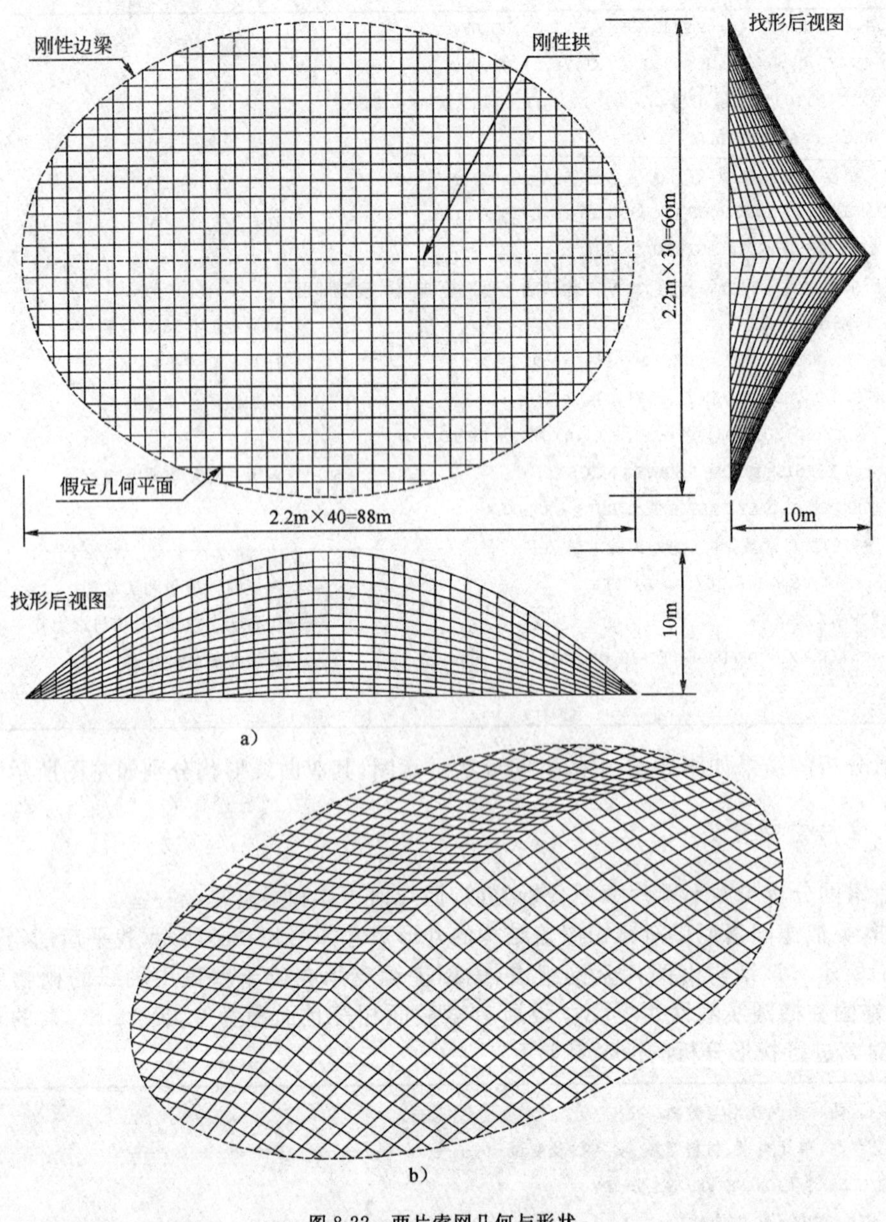

图 8-22 两片索网几何与形状

a)结构与几何边界；b)找形后的空间形状

```
NUMMRG,ALL $ CM,KPCM,KP $ LOVLAP,ALL
！3.施加约束和支座位移(提升)------------------------------------------------
CMSEL,S,KPCM $ DK,ALL,ALL $ ALLSEL,ALL
！提升约束,抛物线形式$ Y = -4 * F/L/L * X * X + F
L0 = NETNX * NETSIZ
 * DO,I,1,NETNX/2 $ XI = (I-1) * NETSIZ $ DY = -4 * F * XI * XI/L0/L0 + F
DK,KP(XI,0,0),UX,,,,UY $ DK,KP(XI,0,0),UZ,DY
```

```
DK,KP( - XI,0,0),UX,,,,UY $ DK,KP( - XI,0,0),UZ,DY $ * ENDDO
! 4.生成有限元模型、求解及更新有限元模型------------------------------------
LESIZE,ALL,,,1 $ LATT,1,1,1 $ LMESH,ALL
/SOLU $ ANTYPE,0 $ NLGEOM,ON $ SSTIF,ON $ NSUBST,10 $ SOLVE $ FINISH
/PREP7 $ UPGEOM,1,LAST,LAST,EX823,RST
! 5.将原约束位移值赋零,以便不断更新模型------------------------------------
* DO,I,1,NETNX/2 $ XI = (I - 1) * NETSIZ $ DK,KP(XI,0,0),UZ $ DK,KP( - XI,0,0),UZ $ * ENDDO
! 循环求解并更新模型,以获得较为均匀的索力。更新次数可酌情确定,更新次数越多索力
! 6.也趋于均匀,但网格畸变也越大,因此能够满足要求即可------------------------
* DO,I,1,5 $ FINISH $/SOLU $ SOLVE $ FINISH
/PREP7 $ UPGEOM,1,LAST,LAST,EX823,RST $ * ENDDO
! 7.恢复材料特性真值和实常数,并求解获得初始状态的参数------------------------
MP,EX,1,1.9E11 $ R,1,A,T0/(1.9E11 * A)$/SOLU $ SOLVE $ FINISH
/POST1 $ SET,1,LAST $ PLESOL,SMISC,1
! 索内力在 99.3～102.1kN 之间,其后可施加外荷载进行分析
```

8.4.4 伞形索网分析

上述单片索网和多片索网均采用刚性边界,也即索网均采用较小的弹性模量以消弱索弹性刚度的影响。当采用索边界或有主副索时,应当考虑边界索和主索弹性刚度的影响,而副索仍然可假定较小的弹性模量找形。如图 8-23 所示的伞形索网,从中间的桅杆上吊挂 4 根主索,其面积为 $0.01m^2$,初始预拉力为 1800kN。边界索面积同主索,初始预拉力为 500kN。内部索面积均为 $0.0006m^2$,初始预拉力为 200kN。找形时控制主索的最大拉力不超过 4000kN,即可利用该条件进行多次模型更新,以获得预期的索力分布。其找形分析的命令流如下:

```
! EX8.24  伞形索网找形分析
! 1.定义参数、单元类型、材料常数、实常数及变量------------------------------
! 主索和边界索采用真实的材料常数和实常数
FINISH $/CLEAR $/FILNAME,EX824 $/PREP7 $ NETN = 36 $ L0 = 60 $ R0 = 1.2 $ NETS = L0/NETN
F = 25.0 $ A1 = 0.01 $ A2 = 0.0006 $ A3 = 0.01 $ T1 = 1800E3 $ T2 = 200E3 $ T3 = 500E3 $ EM = 1.8E11
ISTRAN = 0.999 $ ET,1,LINK10 $ R,1,A1,T1/(A1 * EM)$ R,2,A2,ISTRAN $ R,3,A3,T3/(A3 * EM)
MP,EX,1,T2/(ISTRAN * A2)$ MP,PRXY,1,0.3 $ MP,EX,2,EM $ MP,PRXY,2,0.3
! 2.创建几何模型------------------------------------------------------------
! 创建边界线:利用柱坐标系创建关键点,然后连线
CSYS,1 $ * DO,I,1,12 $ K,I,L0/2,(I - 1) * 30 $ * ENDDO
* DO,I,1,4 $ K,12 + I,R0,(I - 1) * 90 $ * ENDDO
CSYS,0 $ L,1,12 $ * DO,I,1,11 $ L,I,I + 1 $ * ENDDO
! 将边界线切分:按等份数量切出关键点
WPOFF, - L0/2 $ WPROTA,,,90 $ * DO,I,1,NETN - 1 $ WPOFF,,,NETS $ LSBW,ALL $ * ENDDO
WPCSYS, - 1 $ WPOFF,, - L0/2 $ WPROTA,, - 90
* DO,I,1,NETN - 1 $ WPOFF,,,NETS $ LSBW,ALL $ * ENDDO
```

```
WPCSYS,-1 $ CM,OUTLINE,LINE
! 创建边界上点与点的连线
*DO,I,1,NETN-1 $ XI=(I-NETN/2)*NETS $ KSEL,S,LOC,X,XI
*GET,KP1,KP,,NUM,MIN $ KP2=KPNEXT(KP1)$ L,KP1,KP2 $ *ENDDO
*DO,I,1,NETN-1 $ YI=(I-NETN/2)*NETS $ KSEL,S,LOC,Y,YI
*GET,KP1,KP,,NUM,MIN $ KP2=KPNEXT(KP1)$ L,KP1,KP2 $ *ENDDO
ALLSEL,ALL
! 删除对称轴上的线并重建,以考虑桅杆边界;然后搭接命令生成所有关键点和线
LSEL,S,LENGTH,,L0 $ LDELE,ALL $ LSEL,ALL
L,13,1 $ L,14,4 $ L,15,7 $ L,16,10 $ LOVLAP,ALL
! 3.定义元件、赋予属性、划分单元,生成有限元模型……………………………………
LSEL,S,LOC,X,0 $ LSEL,A,LOC,Y,0 $ CM,MAINLIN,LINE
CMSEL,A,OUTLINE $ LSEL,INVE $ CM,MIDLINE,LINE $ LATT,1,2,1
CMSEL,S,MAINLIN $ LATT,2,1,1 $ CMSEL,S,OUTLINE $ LATT,2,3,1 $ ALLSEL,ALL
LESIZE,ALL,,,1 $ LMESH,ALL
! 4.选择边界线上的特征点施加约束,桅杆挂点施加支座位移(提升)……………………
KSEL,S,,,1,12 $ DK,ALL,ALL $ KSEL,S,,,13,16 $ DK,ALL,UX,,,,UY $ DK,ALL,UZ,F $ KSEL,ALL
! 5.求解及更新有限元模型……………………………………………………………
/SOLU $ ANTYPE,0 $ NLGEOM,ON $ NSUBST,10 $ SOLVE $ FINISH
/PREP7 $ UPGEOM,1,LAST,LAST,EX824,RST
! 将原约束位移值赋零,以便不断更新模型。更新次数以主索预拉力满足预期值为止……
KSEL,S,,,13,16 $ DK,ALL,UZ $ KSEL,ALL
*DO,I,1,6 $ FINISH $/SOLU $ SOLVE $ FINISH
/PREP7 $ UPGEOM,1,LAST,LAST,EX824,RST $ *ENDDO
! 6.进入后处理,查看各索拉力分布…………………………………………………
/POST1 $ SET,1,LAST $ PLESOL,SMISC,1
CMSEL,S,MAINLIN $ ESLL,S $ PLESOL,SMISC,1
CMSEL,S,MIDLINE $ ESLL,S $ PLESOL,SMISC,1
CMSEL,S,OUTLINE $ ESLL,S $ PLESOL,SMISC,1
! 找形完成后的形状如图 8-23 中所示
```

8.4.5 膜结构找形分析

膜结构与索结构类似,其分析过程主要有找形分析、承载分析及裁减分析。这里仅就找形分析中的有限元法来说明。膜结构的有限元找形的基本方法有两种,即从初始几何开始迭代和从平面状态开始迭代,前者从一基本几何形状开始,通过不断改变膜面应力经过迭代得到相应的形状;后者从平面状态开始,通过逐步改变控制点的坐标(支座位移)并经过平衡迭代,得到相应的形状。因此,膜结构的找形分析就是通过给定控制点坐标和膜面应力分布状态,寻求与之相对应的平衡曲面形状。

在最小膜曲面中膜面应力相等,而在给定几何边界条件下,往往不存在最小曲面,但存在平衡曲面。因此可利用 ANSYS 获得满足给定几何条件的平衡曲面,在此基础上通过多次修

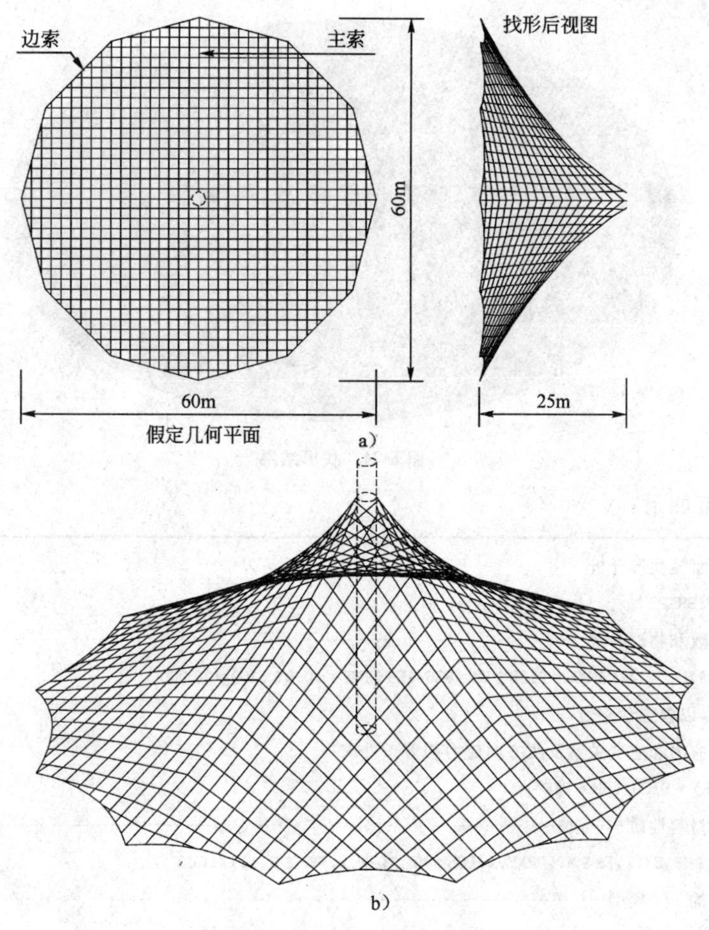

图 8-23 伞型索网几何与形状

a)外形尺寸;b)找形后的空间形状

正使得膜面应力趋于相等,从而获得最小曲面或近似的最小曲面。同样,为保证最终成形状态的应力分布就是初始设定的应力分布状态,找形分析时首先采用小弹性模量(如取实际弹性模量的 $10^{-3}\sim10^{-6}$ 倍),然后再此形状的基础上恢复真实的弹性模量。

利用 ANSYS 进行膜结构找形分析的基本过程为建立平面形状的模型,设定很小的弹性模量,利用几何边界条件(支座位移)和给定的应力条件确定平衡曲面(称为第一次找形);将支座固定,进行模型修正,直到膜面应力趋于相等或满足一定的应力误差为止,得到近似的最小曲面(称为第二次找形)。

某一具有解析解的悬链面,顶园半径 $a=2.5\text{m}$,底圆半径 $b=27.5\text{m}$,高 $h=7.7224\text{m}$,膜的弹性模量为 $6\,000\text{kN/m}^2$,泊松比 $v=0.38$,膜面厚度为 1mm,膜的预应力为 18kN/m。该膜面的解析解为:

$$z=-a\{\ln(\sqrt{x^2+y^2}+\sqrt{x^2+y^2-a^2})-\ln a\}+h \tag{8-26}$$

用 ANSYS 找形分析的结果如图 8-24 所示。从计算结果可知,第一次找形误差较大,坐标误差达 17%左右,膜面应力 σ_1 从 17990~21596 不等,应力分布相差较大。经过第二次找形(20 次迭代),坐标误差在 5%以内,应力 σ_1 从 17900~18009,应力分布较为均匀。

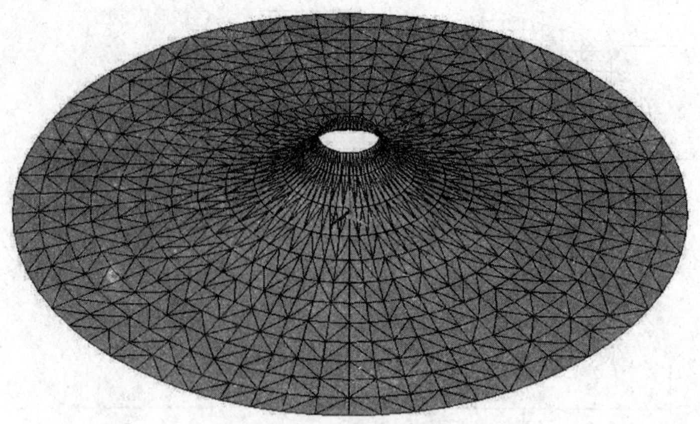

图 8-24 找形结果

该例命令流如下：

```
! EX8.25  悬链面膜找形分析
FINISH $/CLEAR $/PREP7
! 1.设定几何参数和物理参数------------------------------------------------
A = 2.5 $ B = 27.5 $ H = 7.7224 $ BOS = 0.38 $ EM = 6E6/1E3 $ REF = 10.0 $ SIG0 = 18 000
! 计算降温数值,以模拟预应力
! 该表达式通过应力和应变关系及两方向应力相等条件求得
DETT = -(1 - BOS) * SIG0/(EM * REF)
! 2.定义单元和材料性质------------------------------------------------
ET,1,SHELL41,2 $ MP,EX,1,EM $ MP,PRXY,1,BOS $ MP,ALPX,1,REF $ R,1,1/1000
! 创建几何模型的 1/4 模型------------------------------------------------
CYL4,,,A,,B,90
! 划分单元
AATT,1,1,1
LSEL,S,LENGTH,,B - A $ LESIZE,ALL,,,12
LSEL,INVE $ LESIZE,ALL,,,16 $ LSEL,ALL
MSHAPE,1 $ MSHKEY,1 $ AMESH,ALL
! 对称生成全部模型
ARSYM,X,ALL $ ARSYM,Y,ALL $ NUMMRG,ALL
! 3.施加约束条件------------------------------------------------
! 约束底圆周边
LSEL,S,RADIUS,,B $ DL,ALL,,UX $ DL,ALL,,UY $ DL,ALL,,UZ
! 约束顶圆周边并施加位移(提升)
LSEL,S,RADIUS,,A
DL,ALL,,UZ,H $ DL,ALL,,UX $ DL,ALL,,UY $ ALLSEL,ALL
! 4.施加温度荷载,模拟预应力------------------------------------------------
BFA,ALL,TEMP,DETT
! 5.第一次找形分析------------------------------------------------
```

```
/SOLU
ANTYPE,0 $ NLGEOM,ON $ NSUBST,25
OUTRES,ALL,ALL $ SOLVE $ FINISH
! 更新坐标
/PREP7 $ UPCOORD,1 $ FINISH
! 6.修改约束条件,将提升到位的顶圆边界固定,进行第二次找形分析………………………………………………
/SOLU
LSEL,S,RADIUS,,A
DL,ALL,,UZ $ DL,ALL,,UX $ DL,ALL,,UY $ LSEL,ALL $ SOLVE $ FINISH
! 更新坐标
/PREP7 $ UPCOORD,1 $ FINISH
! 设置一定的迭代次数,进行多次迭代,以进一步修正模型
*DO,I,1,20
/SOLU $ SOLVE $ FINISH
/PREP7 $ UPCOORD,1 $ FINISH
*ENDDO
FINISH
! ………………………………………………………………………………………………………………
```

8.5 钢筋混凝土结构

8.5.1 基本概念与技巧

1. 分析模型

通常钢筋混凝土结构的有限元模型主要有三种方式：分离式、组合式和整体式。而利用ANSYS分析时，主要有分离式和整体式两种模型。

分离式模型把钢筋和混凝土作为不同的单元来处理，即混凝土采用8节点三维非线性实体单元SOLID65，钢筋采用LINK8杆单元或PIPE20管单元。

整体式模型也称分布式模型或弥散钢筋模型，即将钢筋连续均匀分布于整个单元中，它综合了混凝土与钢筋对刚度的贡献，其单元仅为SOLID65，通过参数设定钢筋分布情况。

通常混凝土裂缝的处理方式有离散裂缝模型、分布裂缝模型和断裂力学模型。对分离式和整体式有限元模型，ANSYS则均采用分布(弥散)裂缝模型的处理方式。

分离式模型的优点是可考虑钢筋和混凝土之间的黏结和滑移，而整体式模型则无法考虑黏结和滑移，认为混凝土和钢筋之间黏结很好是刚性连接。就建模和计算而言，分离式模型建模复杂，尤其是钢筋较多且布置复杂时，且计算不易收敛，但其结果更加符合实际；而整体式模型建模简单，计算易于收敛，但其结果较分离式模型粗略。对于实际钢筋混凝土结构，由于结构构件多且钢筋布置复杂，建议采用整体式模型进行分析，其结果也足够精确；对于单个构件，如简支梁或柱且要考虑其他因素影响时，可采用分离式模型进行分析，以便于数值试验或与试验结果进行对比分析，从而获得参数分析结果。

2. 材料的本构关系与破坏准则

SOLID65 单元是在 SOLID45 单元的基础上考虑混凝土的特性而建立的，因此该单元除具有 SOLID45 单元的特性外，还能够考虑混凝土的开裂和压碎。混凝土材料的本构关系可采用多线性等向强化模型 MISO、多线性随动强化模型 MKIN、DP 模型等，钢筋可采用双线性随动强化模型 BKIN 和双线性等向强化模型 BISO 等。

当不输入本构关系时，在混凝土开裂和压碎之前，ANSYS 采用缺省的本构关系，即混凝土和钢筋均采用线性本构关系。要输入混凝土的本构关系，则首先确定采用何种单轴受压的应力应变关系。该关系表达式众多，可参考相关资料或规范选取，建议采用 GB 50010—2002 推荐公式或 Hongnestad 公式。

SOLID65 将破坏分为四种情况，即通过主应力状态确定为四个区域，在不同的区域采用不同的破坏准则。在压-压-压区域($0\geqslant\sigma_1\geqslant\sigma_2\geqslant\sigma_3$)，采用 Willam-Warnker 五参数破坏准则，如满足破坏准则混凝土将被压碎；在拉-压-压区域($0\geqslant\sigma_1\geqslant\sigma_2\geqslant\sigma_3$)，基本采用 Willam-Warnker 破坏准则，如满足破坏准则混凝土在垂直于主应力 σ_1 的平面发生开裂；在拉-拉-压区域($\sigma_1\geqslant0\geqslant\sigma_2\geqslant\sigma_3$)，不再采用 Willam-Warnker 破坏准则，极限抗拉强度随 σ_3 绝对值的增大而降低，如满足破坏条件，在垂直拉应力的方向上产生开裂；在拉-拉-拉区域($\sigma_1\geqslant\sigma_2\geqslant\sigma_3\geqslant0$)，应力超过混凝土的极限抗拉强度就发生开裂，也即在垂直拉应力的方向上都可能发生开裂。

上述破坏准则的参数输入通过命令 TB,CONCR 和命令 TBDATA 输入。一般格式为：

```
TB,CONCR,1,1,9
TBDATA,, C1,C2,C3,C4,C5,C6
TBDATA,, C7,C8,C9
```

各参数意义分别如下：

C1——张开裂缝的剪力传递系数 β_t；　C2——闭合裂缝的剪力传递系数 β_c；

C3——单轴抗拉强度 f_t；　C4——单轴抗压强度 f_c；

C5——双轴抗压强度 f_{cb}；　C6——围压大小 σ_h^a(用于 C7 和 C8)；

C7——围压下的双轴抗压强度 f_1；　C8——围压下的单轴抗压强度 f_2；

C9——拉应力释放系数 T_c。

破坏准则通过 C3～C8 五个参数确定，缺省时也可仅由 C3 和 C4 确定，此时 $f_{cb}=1.2f_c$，$f_1=1.45f_c$，$f_2=1.725f_c$，且满足 $|\sigma_h|\leqslant\sqrt{3}f_c$，即缺省设置适用于围压较小的情况。当围压较大时，应根据材料试验给定全部五个参数，否则结果可能不正确。

张开裂缝的剪力传递系数 β_t 对计算结果影响较大，此值在 0～1.0 之间，一般取 0.3～0.5，也有对梁取 0.5、对深梁取 0.25、对剪力墙取 0.125 等经验数值，建议取较大的数值；闭合裂缝的剪力传递系数 β_c 一般取 0.9～1.0。

拉应力释放系数 T_c 缺省时为 0.6，可通过 SOLID65 单元的 KEYOPT(7)=1 改变此值。当 KEYOPT(7)=0 时，不考虑拉应力释放，即为脆性开裂；当 KEYOPT(7)=1 时，为半脆性开裂，这样设置易于收敛。

3. 收敛控制与策略

钢筋混凝土结构计算的最大困难在于正常收敛。当接近结构失效时，正常收敛将非常困难。这是很正常的不收敛，可通过后处理将收敛的结果提取出来以供分析之用。但有时会在很小的荷载作用下，就发生不收敛现象，这是非正常的不收敛。为解决非正常不收敛直到正常不收敛或正常收敛，需要考虑如下的主要影响因素：

(1)SOLID65 单元的 KEYOPT 选项。

KEYOPT(1)=0 或 1 时，分别为考虑或不考虑形函数的附加项，不考虑形函数的附加项易于收敛，即 KEYOPT(1)=1。考虑与否对结果有一定的影响，尤其是对开裂后压碎之前的结果。

KEYOPT(7)=1 或 0 时，分别为考虑或不考虑拉应力释放，考虑拉应力释放易于收敛。

(2)分析模型。

在满足要求的情况下尽量采用整体式分析模型，其收敛情况较分离式模型强很多。

(3)网格密度。

网格密度也是单元尺寸大小问题，单元尺寸越小，越容易造成应力集中，从而造成开裂越早。一般而言，混凝土单元尺寸不宜小于 50mm。并且在可能出现应力集中的部位应控制网格密度不宜太大。对于不同的结构，合适的网格密度需要在不断调整中获得。

(4)子步数。

NSUBST 的设置非常重要，设置太大或太小都不能达到正常收敛。可根据收敛过程追踪图分析，如果实际范数曲线在收敛范数曲线以上很长且不能收敛，可考虑增大此值。合适的子步数也需要在不断调整中获得，但该值的正常范围很大，一旦开始收敛再改变此值对帮助收敛效果不明显。

(5)收敛准则与精度。

改变收敛准则对正常收敛及结果影响均很大，缺省时采用的是位移收敛准则和力收敛准则。当收敛困难时，可考虑改变收敛准则，但一定要谨慎。当为力加载时，建议采用位移收敛准则，尤其是出现应力软化或计算下降段时；当为位移加载时，建议采用力收敛准则。改变收敛精度不能彻底解决收敛的问题，适当放宽收敛条件可加速收敛，但放宽收敛条件可能导致错误的结果，一般采用 2%～3%。

(6)混凝土压碎的设置。

当不考虑混凝土压碎时，计算容易收敛；而考虑混凝土压碎，则比较难收敛，即便是没有达到压碎应力时。该选项对结果的影响并不大，尤其是定义了混凝土的应力应变曲线时。因此，分析时建议关掉压碎选项，如果必须设置压碎选项，则需通过不断调整以获得正常收敛，以改变收敛准则和收敛精度最为有效。

关闭开裂选项时将参数 C3 设为－1，关闭压碎选项时将参数 C4 设为－1。

(7)加载点和支承处处理。

实际荷载多为面荷载，很少有点荷载(集中力)直接作用，采用点荷载时引起应力奇异，引起加载点过早开裂或压碎，造成收敛困难。支承处同样会引起应力集中，造成收敛困难。解决方法是在加载点增加弹性垫板或施加面荷载防止产生应力奇异，增大支承处的单元尺寸可防止应力集中。

(8)下降段求解与黏接滑移。

需要计算下降段时，应采用位移加载，采用力加载时很难计算出下降段。

钢筋和混凝土粘结滑移可采用界面单元(如双弹簧单元等)，也可采用折减钢筋弹性模量的近似方法，建议其折减量为 60%～80%。当为反复荷载作用时，由于滑移量较大，建议采用界面单元方法。

(9)其他选项。

打开线性搜索、预测等项,可加速收敛,但有时花费巨大且不能根本上解决收敛问题。

打开开裂和压碎时,不宜打开应力刚化效应和大变形效应,这将造成收敛困难。

8.5.2 分离式模型示例

本小节用钢筋混凝土简支梁的数值模拟为示例,对 ANSYS 的使用方法进行说明。

如图 8-25 所示的钢筋混凝土简支梁,混凝土采用 C30,钢筋全部采用 HRB335。跨中集中荷载 P 作用于一刚性垫板上,垫板尺寸为 150×100mm。

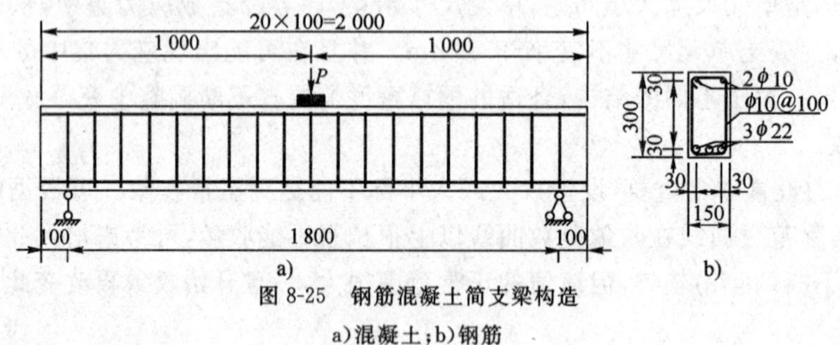

图 8-25 钢筋混凝土简支梁构造

a)混凝土;b)钢筋

1. 模型与单元

建立分离式有限元模型,混凝土采用 SOLID65 单元,钢筋采用 LINK8 单元,不考虑钢筋和混凝土之间的黏结滑移。创建分离式模型时,将几何实体以钢筋位置切分,划分网格时将实体的边线定义为钢筋即可。加载点以均布荷载近似代替钢垫板,支座处则采用线约束。考虑到模型的对称性,创建 1/4 模型以减少花费。单元尺寸以 50mm 左右为宜。

2. 材料性质

当有试验资料时应采用试验数据,为方便起这里均采用《混凝土结构设计规范》(GB 50010—2002)规定的强度设计值。

(1)混凝土材料。

混凝土立方体抗压强度标准值 $f_{cu,k}=30\text{MPa}$。,单轴抗压强度 $f_c=14.3\text{MPa}$,单轴抗拉强度 $f_t=1.43\text{MPa}$,张开裂缝的剪力传递系数 $\beta_t=0.5$,闭合裂缝的剪力传递系数 $\beta_c=0.95$,弹性模量 $E_c=3\times10^4\text{MPa}$,泊松比 $v_c=0.2$,拉应力释放系数采用缺省值 $T_c=0.6$。

混凝土单轴应力应变关系上升段采用 GB 50010—2002 规定的公式,下降段则采用 Hongnestad 的处理方法,即:

当 $\varepsilon_c\leqslant\varepsilon_0$ 时:
$$\sigma_c=f_c\left[1-\left(1-\frac{\varepsilon_c}{\varepsilon_0}\right)^n\right] \tag{8-27}$$

当 $\varepsilon_0<\varepsilon_c\leqslant\varepsilon_{cu}$时:
$$\sigma_c=f_c\left[1-0.15\left(\frac{\varepsilon_c-\varepsilon_0}{\varepsilon_{cu}-\varepsilon_0}\right)\right] \tag{8-28}$$

按照规范计算和规定可分别求得 $n=2$、$\varepsilon_0=0.002$、$\varepsilon_{cu}=0.0033$,上述曲线可用一系列数据点拟合以便输入,此处采用多线性等向强化模型 MISO 模拟。如图 8-26a)所示为混凝土应力应变关系曲线,需要注意的是,输入的混凝土弹性模量为初始弹性模量。

(2)钢筋。

钢筋的屈服强度 $f_y=300$MPa，弹性模量 $E_s=2.0\times10^5$MPa，泊松比 $v_s=0.3$。

钢筋的应力应变关系可采用理想弹塑性模型，为帮助收敛也可采用具有强化阶段的弹塑性模型。这里采用双线性等向强化模型 BISO 模拟。如图8-26b)所示为钢筋应力应变关系曲线。

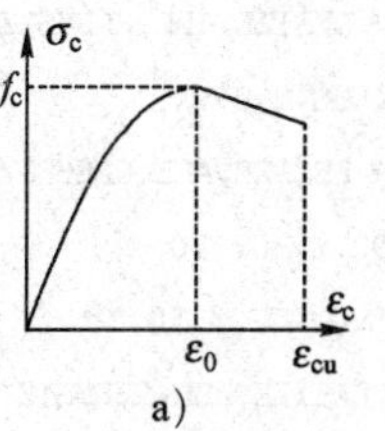

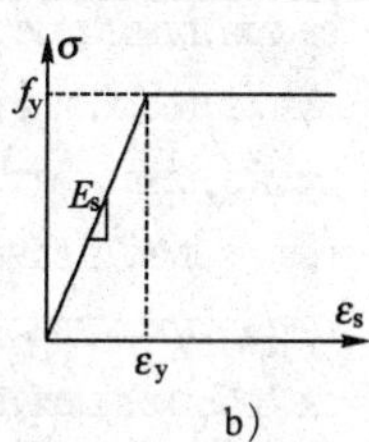

图 8-26　材料的应力应变关系曲线

a)混凝土；b)钢筋

3. 命令流

这里仅给出力加载的命令流，位移加载时可将力荷载换为约束，并施加支座位移即可。

```
! EX8.26  钢筋混凝土简支梁数值分析--------------------------------------------------
! 分离式模型,1/4 模型分析,力加载,位移收敛准则,收敛误差设为 1.5%
! 关闭压碎,KEYOPT(1) = 0,KEYOPT(7) = 1
FINISH $/CLEAR $/CONFIG,NRES,2000 $/PREP7                    ! 设置结果的荷载子步最大为 2000
! 1.定义单元与材料性质--------------------------------------------------------------
ET,1,SOLID65,,,,,,,1 $ ET,2,LINK8                            ! 定义单元及 KEYOPT 参数
MP,EX,1,13585 $ MP,PRXY,1,0.2                                ! 定义混凝土材料的弹性模量和泊松比
FC = 14.3 $ FT = 1.43                                        ! 混凝土单轴抗压强度和单轴抗拉强度
TB,CONCR,1 $ TBDATA,,0.5,0.95,FT,-1                          ! 定义混凝土材料及相关参数,关闭压碎
TB,MISO,1,,11                                                ! 定义混凝土应力应变曲线,用 MISO 模型
TBPT,,0.0002,FC*0.19 $ TBPT,,0.0004,FC*0.36 $ TBPT,,0.0006,FC*0.51
TBPT,,0.0008,FC*0.64 $ TBPT,,0.0010,FC*0.75 $ TBPT,,0.0012,FC*0.84
TBPT,,0.0014,FC*0.91 $ TBPT,,0.0016,FC*0.96 $ TBPT,,0.0018,FC*0.99
TBPT,,0.002,FC $ TBPT,,0.0033,FC*0.85
MP,EX,2,2.0E5 $ MP,PRXY,2,0.3                                ! 钢筋材料的弹性模量和泊松比
TB,BISO,2 $ TBDATA,,300,0                                    ! 钢筋的应力应变关系,用 BISO 模型
PI = ACOS(-1)                                                ! 定义参数 π 及钢筋实常数(面积)
R,1,0.25*PI*22*22 $ R,2,0.25*PI*22*22/2 $ R,3,0.25*PI*10*10 $ R,4,0.25*PI*10*10/2
! 2.创建几何模型--------------------------------------------------------------------
BLC4,,,150/2,300,2000/2                                      ! 创建 1/4 梁体模型,并在钢筋位置进行切分
*DO,I,1,9 $ WPOFF,,,100 $ VSBW,ALL $ *ENDDO                  ! 循环切分,切出箍筋位置
WPCSYS,-1 $ WPOFF,,,50 $ VSBW,ALL                            ! 再次切分,切出拟加载面
WPCSYS,-1 $ WPROTA,,-90 $ WPOFF,,,30 $ VSBW,ALL              ! 切出拉区钢筋竖向位置
WPOFF,,,240 $ VSBW,ALL                                       ! 切出压区钢筋竖向位置
WPCSYS,-1 $ WPOFF,30 $ WPROTA,,,90 $ VSBW,ALL                ! 切出钢筋水平位置
WPCSYS,-1
! 3.划分钢筋网格--------------------------------------------------------------------
ELEMSIZ = 50                                                 ! 网格尺寸变量,这里设为 50mm
LSEL,S,LOC,X,30 $ LSEL,R,LOC,Y,30                            ! 拉区外侧钢筋,定义组件,设置属性等
CM,ZJ,LINE $ LATT,2,1,2 $ LESIZE,ALL,ELEMSIZ
LSEL,S,LOC,X,75 $ LSEL,R,LOC,Y,30                            ! 拉区中间钢筋,定义组件,设置属性等
```

```
CM,ZJB,LINE $ LATT,2,2,2 $ LESIZE,ALL,ELEMSIZ
LSEL,S,LOC,X,30 $ LSEL,R,LOC,Y,270                         ! 压区钢筋,定义组件,设置属性等
CM,JLJ,LINE $ LATT,2,3,2 $ LESIZE,ALL,ELEMSIZ
LSEL,S,TAN1,Z $ LSEL,R,LOC,Y,30,270                        ! 对称位置外的箍筋,定义组件,设置属性等
LSEL,R,LOC,X,30,70 $ LSEL,U,LOC,Z,50
CM,GJ,LINE $ LATT,2,3,2 $ LESIZE,ALL,ELEMSIZ
LSEL,S,LOC,Z,0 $ LSEL,R,LOC,Y,30,270                       ! 对称位置处的箍筋,定义组件,设置属性等
LSEL,R,LOC,X,30,70 $ CM,GJB,LINE $ LATT,2,4,2 $ LESIZE,ALL,ELEMSIZ $ LSEL,ALL
CMSEL,S,ZJ $ CMSEL,A,ZJB $ CMSEL,A,JLJ $ CMSEL,A,GJ $ CMSEL,A,GJB $ CM,GJ,LINE
LMESH,ALL $ LSEL,ALL                                       ! 选择所有钢筋划分单元网格
! /ESHAPE,1 $ EPLOT                                        ! 可查看钢筋布置情况(带单元形状)
! 4.划分混凝土网格---------------------------------------------------------------------------
VATT,1,,1 $ MSHKEY,1 $ ESIZE,ELEMSIZ $ VMESH,ALL $ ALLSEL,ALL
! 5.施加荷载和约束---------------------------------------------------------------------------
LSEL,S,LOC,Y,0 $ LSEL,R,LOC,Z,900                          ! 选择支承位置的线
DL,ALL,,UY                                                 ! 施加约束竖向约束(此处采用线约束)
ASEL,S,LOC,Z,0 $ DA,ALL,SYMM                               ! 选择跨中对称面,施加对称约束
ASEL,S,LOC,X,75 $ DA,ALL,SYMM                              ! 选择水平对称面,施加对称约束
P0 = 180000 $ Q0 = P0/150/100                              ! 假定 P0 = 180kN,并求均布荷载 Q0
ASEL,S,LOC,Z,0,50 $ ASEL,R,LOC,Y,300                       ! 选择加载面
SFA,ALL,1,PRES,Q0 $ ALLSEL,ALL                             ! 施加均布荷载 Q0
! 6.求解控制设置与求解-----------------------------------------------------------------------
/SOLU $ ANTYPE,0 $ NSUBST,100 $ OUTRES,ALL,ALL $ AUTOS,ON
NEQIT,50                                                   ! 设置每个荷载子步的迭代次数为 50
CNVTOL,U,,0.015                                            ! 采用位移收敛准则,且收敛误差为 1.5%
SOLVE
! 7.进入 POST1 查看结果----------------------------------------------------------------------
/POST1 $ SET,LAST $ PLDISP,1                               ! 设置最后荷载步,查看变形
ESEL,S,TYPE,,2                                             ! 选择所有钢筋单元
ETABLE,SAXL,LS,1 $ PLLS,SAXL,SAXL                          ! 定义单元表,绘制钢筋应力图
ESEL,S,TYPE,,1                                             ! 选择混凝土单元
/DEVICE,VECTOR,ON $ PLCRACK                                ! 设置矢量模型,绘制裂缝和压碎图
! 注意用圆形表示开裂平面,用八面体表示压碎。已经开裂的裂缝闭合后,则在圆内打叉表
! 示。每个积分点可在三个垂直方向开裂,用红色表示某积分点的第一次开裂,用绿色表示
! 该积分点的第二次开裂,用蓝色表示该积分点的第三次开裂
! 8.进入时程后处理查看结果-------------------------------------------------------------------
/POST26
NSOL,2,205,U,Y $ PROD,3,2,,,,,,-1                          ! 变量 2 为节点竖向位移,变量 3 将其反号
PROD,4,1,,,,,,P0/1000                                      ! 变量 4 为时间变量乘以 P0,并变为 kN 单位
XVAR,3 $ PLVAR,4                                           ! 定义变量 3 为 X 轴,变量 4 为 Y 轴绘图
!-------------------------------------------------------------------------------------------
```

4. 结果分析

采用上述命令流改变参数或略加改动采用位移加载，可得到各种参数变化时的计算结果，如图 8-27 所示为其中的四种情况的计算结果，采用极限状态法可求得本例模型的极限荷载弯矩为 $M=70.67\text{kN}\cdot\text{m}$，极限荷载为 $P=161.54\text{kN}$。

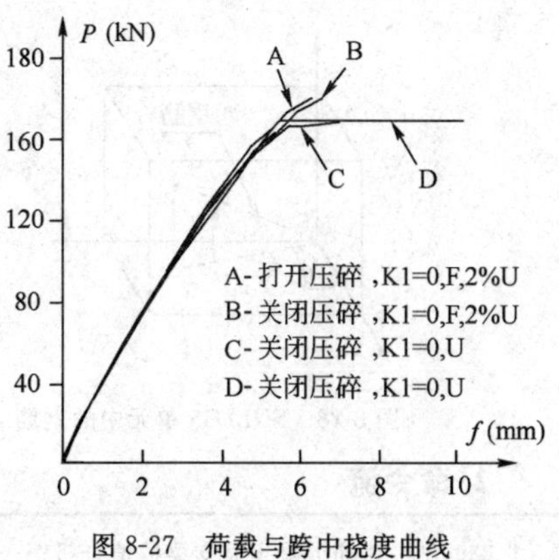

图 8-27　荷载与跨中挠度曲线

图中 A 曲线为考虑混凝土压碎时，计入 SOLID65 单元形函数的附加项，并且采用力加载方式和位移收敛模式情况下的荷载挠度曲线。若不采用位移收敛准则，而采用缺省的收敛准则时，会导致较早的不收敛。当采用位移收敛准则时，从图中可以看出曲线末端是不正常的。

图中 B 曲线与 A 曲线的参数差别仅为关闭了混凝土压碎开关，该曲线与 A 曲线有差别，但差别不大。从图中可以看出曲线末端也是不正常的。

图中 C 曲线为关闭混凝土压碎时，计入 SOLID65 单元形函数的附加项，采用位移加载方式和缺省的收敛模式情况下的荷载挠度曲线，该曲线是正常的。D 曲线与 C 曲线的参数差别是不计入 SOLID65 单元形函数的附加项，可以看出此种情况更容易收敛。C 曲线和 D 曲线的最大荷载分别为 168.05kN 和 170.06kN，与极限荷载的误差在 5%左右。

8.5.3　整体式模型示例

如前所述，对实际钢筋混凝土结构或结构复杂时，优先采用整体式模型。以上小节的钢筋混凝土简支梁为例，说明整体式模型的使用方法和注意事项，并与分离式模型计算方法比较。

1. 带筋 SOLID65 单元的实常数

当采用整体式模型时，除可定义 TB,CONCR、混凝土应力应变关系和钢筋应力应变关系外，SOLID65 单元还要输入钢筋的相关参数，这里有必要介绍如下：

SOLID65 单元可定义四种材料，即一种混凝土材料和三种钢筋材料，也就是说可配置三种不同方向的钢筋，钢筋的方向通过与单元坐标系相关的两个角度定义。其实常数如下：

MAT1，VR1，THETA1，PHI1，MAT2，VR2，THETA2，PHI2，MAT3，VR3，THETA3，PHI3，CSTIF

其中：

MAT1、MAT2、MAT3——该单元三种钢筋的材料号；

VR1、VR2、VR3——该单元三种钢筋的体积配筋率(某种钢筋体积/单元体积)；

THETA1、THETA2、THETA3——该单元三种钢筋与单元坐标系 x 轴的三个夹角 θ_i(度)；

PHI1、PHI2、PHI3——该单元三种钢筋与单元坐标系 xoy 面的三个夹角 ϕ_i(度)；

CSTIF——开裂面或压碎单元的刚度系数(缺省为 10^{-6})。

图 8-28 和图 8-29 分别为单元中的钢筋方向的一般定义和三种钢筋布置的具体角度，可在矢量模式通过/ESHAPE 命令查看钢筋的布置情况。由于钢筋定义基于单元，要注意单元坐标系缺省时与总体坐标系方向相同。钢筋的体积率与单元有关，因此在设置实常数时，要考

虑单元的划分，以保证钢筋体积率的正确性。实常数对应的是混凝土单元，故当某个单元有三个方向的配筋时，其实常数也是一次完成定义的。具体定义详见下面的命令流。

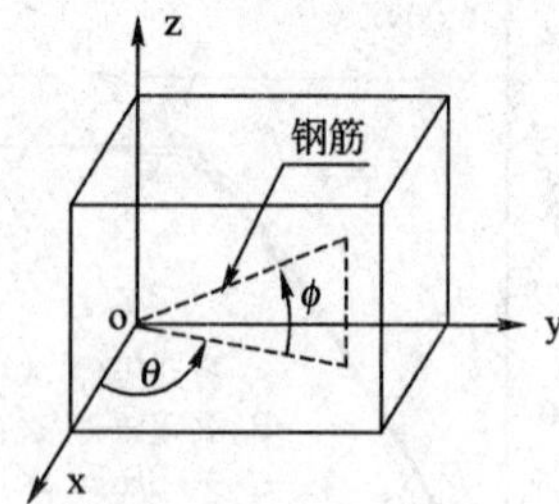

图 8-28　SOLD65 单元中的钢筋

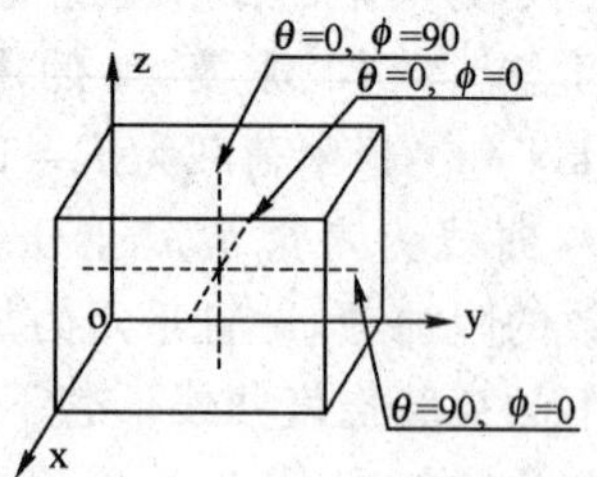

图 8-29　三种钢筋的角度(单位:度)

2. 命令流

```
! EX8.27　钢筋混凝土简支梁数值分析-------------------------------------------------------
! 整体式模型,1/4 模型,力加载,位移收敛准则,误差 1.5%
! 打开压碎,KEYOPT(1) = 0,KEYOPT(7) = 1
FINISH $/CLEAR $/CONFIG,NRES,2000 $/PREP7
! 1.定义单元与材料性质----------------------------------------------------------------------
ET,1,SOLID65,,,,,,,1                                         ! 定义混凝土单元
MP,EX,1,13585 $ MP,PRXY,1,0.2                                ! 定义混凝土弹性模量和泊松比
MP,EX,2,2.0E5 $ MP,PRXY,2,0.3                                ! 定义钢筋弹性模量和泊松比
FC = 14.3 $ FT = 1.43                                        ! 混凝土单轴抗压强度和单轴抗拉强度
TB,CONCR,1 $ TBDATA,,0.5,0.95,FT,FC                          ! 定义混凝土材料及相关参数,考虑压碎
TB,MISO,1,,11                                                ! 定义混凝土应力应变曲线,用 MISO 模型
TBPT,,0.0002,FC * 0.19 $ TBPT,,0.0004,FC * 0.36 $ TBPT,,0.0006,FC * 0.51
TBPT,,0.0008,FC * 0.64 $ TBPT,,0.0010,FC * 0.75 $ TBPT,,0.0012,FC * 0.84
TBPT,,0.0014,FC * 0.91 $ TBPT,,0.0016,FC * 0.96 $ TBPT,,0.0018,FC * 0.99
TBPT,,0.002,FC $ TBPT,,0.0033,FC * 0.85                      ! 混凝土应力应变曲线数据点定义完毕
TB,BISO,2 $ TBDATA,,300,0                                    ! 钢筋的应力应变关系,用 BISO 模型
PI = ACOS(-1)
V1 = 0.25 * PI * 22 * 22 * 1.5/(75 * 60)                     ! 计算拉区混凝土中纵筋的体积配筋率
V2 = 0.25 * PI * 10 * 10/(75 * 60)                           ! 计算压区混凝土中纵筋的体积配筋率
V3 = 0.25 * PI * 10 * 10 * 9.5/(1000 * 75)                   ! 计算混凝土中竖向箍筋体积配筋率
V4 = 0.25 * PI * 10 * 10 * 9.5/(1000 * 60)                   ! 计算混凝土中水平箍筋体积配筋率
R,1,2,V1,0,90,2,V4 $ RMORE,0,0,2,V3,90,0                     ! 定义拉区混凝土单元的实常数
R,2,2,V2,0,90,2,V4 $ RMORE,0,0,2,V3,90,0                     ! 定义压区混凝土单元的实常数
R,3,2,V3,90,0                                                ! 定义中间区域混凝土单元的实常数
! 2.创建几何模型----------------------------------------------------------------------------
BLC4,,,150/2,300,2000/2                                      ! 创建 1/4 梁体模型,并根据配筋切分为几个区域
WPROTA,,-90 $ WPOFF,,,60 $ VSBW,ALL                          ! 切出拉区混凝土区域
WPOFF,,,180 $ VSBW,ALL                                       ! 切出压区混凝土区域
WPCSYS,-1 $ WPOFF,,,50 $ VSBW,ALL                            ! 切出加载区域
```

```
WPOFF,,,850 $ VSBW,ALL $ WPCSYS,-1                                    ! 切出约束区域
! 3.定义属性划分单元网格-------------------------------------------------------
VSEL,S,LOC,Y,0,60 $ VATT,1,1,1                                        ! 设置拉区混凝土单元属性
VSEL,S,LOC,Y,240,300 $ VATT,1,2,1                                     ! 设置压区混凝土单元属性
VSEL,S,LOC,Y,60,240 $ VATT,1,3,1                                      ! 设置中间混凝土单元属性
ESIZE, 50 $ VSEL,ALL                                                  ! 设置网格尺寸,这里设为 50mm
MSHKEY,1 $ VMESH,ALL                                                  ! 划分单元网格
! DEVICE,VECTOR,ON $/ESHAPE,1                                         ! 用此两个命令可查看钢筋设置
! 4.施加荷载和约束(同上)-------------------------------------------------------
LSEL,S,LOC,Y,0 $ LSEL,R,LOC,Z,900 $ DL,ALL,,UY $ ASEL,S,LOC,Z,0 $ DA,ALL,SYMM
ASEL,S,LOC,X,75 $ DA,ALL,SYMM $ P0 = 180000 $ Q0 = P0/150/100
ASEL,S,LOC,Z,0,50 $ ASEL,R,LOC,Y,300 $ SFA,ALL,1,PRES,Q0 $ ALLSEL,ALL
! 5.求解控制设置(同上)---------------------------------------------------------
/SOLU $ ANTYPE,0 $ NSUBST,50 $ OUTRES,ALL,ALL $ AUTOS,ON $ NEQIT,50
CNVTOL,U,,0.015 $ SOLVE
! 6.进入 POST1 查看结果--------------------------------------------------------
/POST1 $ SET,LAST $ PLDISP,1                                          ! 设置最后荷载步,查看变形
ETABLE,REB1,SMISC,2                                                   ! 用单元表定义单元中第一种钢筋的应力
PLETAB,REB1                                                           ! 绘制钢筋应力分布(拉压区纵筋和中间区箍筋)
/DEVICE,VECTOR,ON $ PLCRACK                                           ! 设置矢量模型,绘制裂缝和压碎图
! 7.进入时程后处理(同上)-------------------------------------------------------
/POST26 $ NSOL,2,69,U,Y $ PROD,3,2,,,,,,-1 $ PROD,4,1,,,,,,P0/1000 $ XVAR,3 $ PLVAR,4
! ----------------------------------------------------------------------------
```

通过多次计算,整体模型的计算结果与分离式模型的计算结果几乎完全相同,但收敛速度要快的多。

8.6 预应力混凝土结构

8.6.1 建模方法

在有限元分析中,预应力混凝土结构的传统分析方法是将力筋的作用以荷载的形式作用于结构,即所谓的等效荷载法。为详尽的分析预应力混凝土结构的力学行为,宜采用"实体力筋法",即力筋和混凝土分别用不同的单元模拟,预应力通过不同的方法施加。

1.等效荷载法

等效荷载法在静定结构中的优越性并不显著,而在超静定结构分析中则显出其优越性。用一组"等效"荷载替代预应力筋的作用施加到结构上,因此结构分析时对单元基本无限制,可采用的单元形式主要有 BEAM 系列、SHELL 系列和 SOLID 系列。考虑到该方法的特点,一般作为结构受力分析或施工控制时可采用 BEAM 和 SHELL 系列单元,而使用 SOLID 单元系列则较为困难,尤其是当结构庞大而复杂时。

等效荷载法的优点是建模简单,不必考虑力筋的具体位置直接建模,网格划分简单;对结

构在预应力作用下的整体效应比较容易求得。其主要缺点是：

(1)预应力筋是预应力混凝土结构的重要组成部分，它与构件的其他部分协同工作、共同作用共同变形，无论是张拉阶段或是使用阶段其内力和变形都会发生变化。而等效荷载法只用一组不变的等效外荷载代替了预应力筋的作用，因而无法真正反映预应力混凝土结构在外荷载作用下的变形行为。

(2)等效荷载的计算以弯矩为基础，而实际上预应力筋对结构的作用是通过摩擦及拉压作用实现的，因此在张拉力的作用下，预应力对混凝土将产生一个径向作用力。虽然这个径向力不大，但由于对于大跨轻柔结构，产生的挠度或反拱往往不小。故以弯矩为主的等效荷载法存在理论上的缺陷，当然也就无法考虑力筋对混凝土作用的分布和方向。

(3)难以求得结构细部受力行为，否则荷载必须施加在力筋的位置上，而这又失去建模的方便性。并且当力筋线形不是二次曲线时，其等效荷载将比较复杂。

(4)张拉过程难以模拟，且无法模拟应力损失引起的力筋各处应力不同的因素。

(5)细部计算结果与实际情况误差较大，不宜进行详尽的应力分析。

2. 实体力筋法

实体力筋法中的实体可采用的单元有 SHELL 系列和 SOLID 系列，对混凝土结构一般采用 SOLID 系列比较好。在弹性阶段应力分析中，可采用弹性的 SOLID 系列，而要考虑开裂和极限分析，可采用 SOLID65 单元。力筋可采用 LINK 单元系列。

预应力的模拟方法有降温法和初应变法。降温方法比较简单，同时可以设定力筋不同位置的预应力不同分布，即能够对应力损失进行模拟；初应变法通常不能考虑预应力损失，否则每个单元的实常数各不相等，工作量较大。

实体力筋法可消除等效荷载法的缺点，对预应力混凝土结构的应力分析能够精确的模拟。该法在力学模型上有三种处理方法，即实体切分法、节点耦合法、约束方程法。

(1)实体切分法：基本思路是先以混凝土结构的几何尺寸创建实体模型，然后用工作平面和力筋线拖拉形成的面，将混凝土实体切分，用切分后体上的一条与力筋线型相同的线定义为力筋线。这样不断切分下去，最终形成许多复杂的体和多条力筋线，然后分别进行单元划分、施加预应力、荷载、边界条件后进行求解。这种方法是基于几何模型的处理，力筋位置准确，求解结果精确，但当力筋线型复杂时，建模比较麻烦，甚至导致布尔运算失败。

(2)节点耦合法：基本思路是分别建立实体和力筋的几何模型，创建几何模型时不必考虑二者的关系。然后对几何模型的实体和力筋线分别进行独立的单元划分，单元划分后采用耦合节点自由度将力筋单元和实体单元联系起来，这种方法是基于有限元模型的处理。

基本步骤可归结如下：

①建立混凝土实体几何模型，此时不考虑力筋；

②建立力筋线的几何模型，此时不考虑混凝土实体的存在；

③将几何模型按一定的要求划分单元，单元划分各自独立；

④选择所有力筋线及其力筋的相关节点，并定义选择集；

⑤将上述力筋节点存入数组；

⑥选择所有节点，并去掉力筋节点的选择集，即选择除力筋节点外的所有节点；

⑦按力筋节点数组搜寻所有最近的混凝土单元节点号，并存入数组中；

⑧耦合力筋节点与最近的混凝土单元节点自由度；

⑨施加边界条件和荷载，求解。

这种方法建模比较简单，但要熟悉 APDL 编程。缺点是当混凝土单元划分不够密时，力筋节点位置可能有些走动，造成一定的误差，为消除该误差，势必将混凝土单元划分的较密，即以牺牲计算效率获得上述优点。该方法是解决大量复杂力筋线型的有效方法。

(3)约束方程法：在节点耦合法中，是通过点(混凝土单元上的一个节点)点(力筋上的一个节点)自由度耦合的，这样需要找寻最近的节点然后耦合，略显麻烦。所以，可通过 CEINTF 命令在混凝土单元节点和力筋单元节点之间建立约束方程，与利用节点耦合法建模相比较，更为简单。在分别建立几何模型和单元划分后，只需选择力筋节点，CEINTF 命令自动选择混凝土单元的数个节点(在容差 TOLER 范围内)与力筋的一个节点建立约束方程。通过多组约束方程，将力筋单元和混凝土单元连接为整体。显然，该法可提高工作效率，且对混凝土网格密度要求不高，并且提高了计算效率。该法也比较符合实际情况，计算结果较为精确。

实体力筋法模拟预应力筋在力筋端点存在较大的误差，这是因为实际结构存在锚头和锚下垫板或锚座等，张拉力传递到一定的混凝土面上而不是一个点；该方法没有考虑力筋和混凝土之间的相对滑动。就力筋的应力而言，按照圣文南原理，应查看 1～2 个梁高范围内的应力与张拉力相等为宜。下面通过示例说明实体力筋法的三种建模方法。

8.6.2 实体力筋法的三种建模示例

一曲线配筋的预应力混凝土简支梁如图 8-30 所示，力筋线形为“直线＋圆曲线＋直线”形式，曲线半径为 R＝9 00mm。已知预应力筋的面积为 139mm^2，其张拉力为 180kN，弹性模量为 1.95×10^5MPa，质量密度为 7 921kg/m^3(根据单位质量换算而来)。混凝土标号为 C50，其弹性模量为 3.45×10^4MPa，质量密度为 2 300kg/m^3。

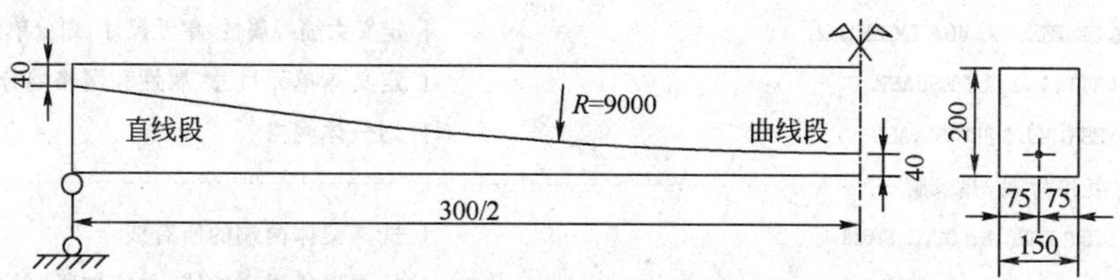

图 8-30 曲线配筋的预应力混凝土简支梁构造(单位，mm)

混凝土采用 SOLID95 单元模拟，力筋采用 LINK8 单元模拟，预应力通过初应变施加，三种建模方法的计算结果和理论结果如表 8-6 所示，命令流分别如下：

三种建模方法计算结果比较 表 8-6

计算方法	变形(mm)	跨中上缘应力(MPa)	跨中下缘应力(MPa)
理论计算		3.93	−15.67
实体切分法	2.141	3.943	−15.687
节点耦合法	2.147	3.954	−15.525
约束方程法	2.141	3.945	−15.685

```
! EX8.28  预应力简支梁弹性分析——实体切分法
FINISH $/CLEAR $/PREP7
```

```
！0.定义变量
EMST = 1.95E5 $ AS = 139 $ TF = 180E3                    ！力筋弹性模量、面积、张拉力
DENSS = 7921E - 12 $ EMCON = 3.45E4                      ！力筋质量密度、混凝土弹性模量
DENSC = 2300E - 12                                       ！混凝土质量密度
R0 = 9000 $ B = 150 $ H = 200 $ D0 = 40                  ！曲线半径、梁宽、梁高、力筋关键点位置
DD = 200 - 2 * D0 $ SPANL = 3000                         ！力筋最高最低点距离、跨度
D1 = (39 - 3 * SQRT(29))/35 * DD - D0                    ！切线交点到梁底的距离(考虑与半径、跨度关系)
！1.定义单元与材料性质
ET,1,SOLID95 $ ET,2,LINK8                                ！定义单元类型和材料性质
MP,EX,1,EMCON $ MP,PRXY,1,0.2 $ MP,DENS,1,DENSC
MP,EX,2,EMST $ MP,PRXY,2,0.3 $ MP,DENS,2,DENSS $ R,1
R,2,AS,TF/(EMST * AS) * 1.0271                           ！定义力筋实常数,此处的放大系数根据 1～2 个
！梁高范围内的力筋应力与张拉力相等的原则,经试算确定。
！2.切分体形成力筋线
BLC4,,,B,H,SPANL                                         ！创建梁体(全部几何体,未采用对称性)
LSEL,NONE                                                ！选择线空集,为后面的布尔运算提供方便
K,9,-10,H-D0 $ K,10,-10,-D1,SPANL/2                     ！在梁体侧面外的某个平面内创建关键点
K,11,-10,H-D0,SPANL $ L,9,10 $ L,10,11                   ！创建点和线
LFILLT,13,14,R0 $ LCOMB,ALL                              ！线倒角和线合并运算,形成力筋形状的线
K,14,B+10,H-D0 $ L,9,14                                  ！创建拟拖拉路径线,路径线超过梁侧面
ADRAG,13,,,,,,14 $ LSEL,ALL $ VSBA,1,7                   ！拖拉线创建曲面,并用该曲面切分体
WPOFF,B/2 $ WPROTA,,,90 $ VSBW,ALL                       ！用工作平面再次切分体,形成力筋线
WPCS,-1 $ WPOFF,,,SPANL/2 $ VSBW,ALL                     ！在跨中将体切分,便于控制划分单元
！3.划分单元网格
LSEL,S,RADIUS,,R0 $ LSEL,R,LOC,X,B/2                     ！选择力筋线
LATT,2,2,2 $ LESIZE,ALL,40 $ LMESH,ALL                   ！定义力筋线属性、单元尺寸、划分单元
ESIZE,40 $ VATT,1,1,1 $ MSHAPE,0                         ！定义体单元尺寸、属性和网格划分控制
MSHKEY,1 $ VMESH,ALL $ ALLSEL,ALL                        ！划分体网格
！4.定义约束和荷载,并求解
LSEL,S,LOC,Z,0 $ LSEL,A,LOC,Z,SPANL                      ！选择梁体两端的所有线
LSEL,R,LOC,Y,0 $ DL,ALL,,UY                              ！从中选择梁底的线,并施加竖向约束
DK,KP(0,0,0),UX,,,,UZ                                    ！定义梁体一端的一个关键点的约束
DK,KP(0,0,SPANL),UX                                      ！定义梁体另一端的对应关键点的约束
ALLSEL,ALL
/SOLU $ ACEL,,9800 $ SOLVE $ FINISH                      ！施加荷载并求解
！5.查看结果
/POST1 $ PLDISP,1                                        ！显示变形图
ETABLE,SIGS,LS,1 $ PLLS,SIGS,SIGS,1                      ！定义单元表并绘制应力分布图
PATH,KZHX,2                                              ！定义路径,该路径由两点坐标确定
PPATH,1,,0,0,SPANL/2                                     ！定义路径的第一点坐标(跨中梁顶横向)
PPATH,2,,B,0,SPANL/2                                     ！定义路径的第二点坐标
PDEF,SIGC,S,Z $ PLPATH,SIGC                              ！映射结果,并绘制跨中梁顶横向应力分布
```

```
PATH,KZSX,2                                          ! 定义路径,绘制跨中梁高方向上的应力分布
PPATH,1,,B/2,0,SPANL/2 $ PPATH,2,,B/2,H,SPANL/2 $ PDEF,SIGC,S,Z $ PLPATH,SIGC
! ------------------------------------------------------------------------------------------
! EX8.29  预应力简支梁弹性分析——节点耦合法--------------------------------------------------
FINISH $/CLEAR $/PREP7
! 0.定义变量(同 EX8.28)----------------------------------------------------------------------
EMST = 1.95E5 $ AS = 139 $ TF = 180E3 $ DENSS = 7921E - 12 $ EMCON = 3.45E4
DENSC = 2300E - 12 $ R0 = 9000 $ B = 150 $ H = 200 $ D0 = 40 $ DD = 200 - 2 * D0 $ SPANL = 3000
D1 = (39 - 3 * SQRT(29))/35 * DD - D0
! 1.定义单元与材料性质(同 EX8.28)------------------------------------------------------------
ET,1,SOLID95 $ ET,2,LINK8
MP,EX,1,EMCON $ MP,PRXY,1,0.2 $ MP,DENS,1,DENSC
MP,EX,2,EMST $ MP,PRXY,2,0.3 $ MP,DENS,2,DENSS $ R,1 $ R,2,AS,TF/(EMST * AS) * 1.01225
! 2.分别创建体和力筋线----------------------------------------------------------------------
BLC4,,,B,H,SPANL                                     ! 创建梁体(全部几何体,未采用对称性)
LSEL,NONE                                            ! 选择线空集,为后面的布尔运算提供方便
K,9,B/2,H - D0 $ K,10,B/2, - D1,SPANL/2              ! 力筋实际位置所在平面创建关键点
K,11,B/2,H - D0,SPANL $ L,9,10 $ L,10,11             ! 创建关键点和线
LFILLT,13,14,R0 $ LCOMB,ALL                          ! 线倒角和线合并运算,形成力筋线
WPOFF,,,SPANL/2 $ LSBW,ALL                           ! 将力筋线在跨中切分
CM,SLINE,LINE $ LSEL,ALL                             ! 定义力筋线为元件,并选择所有线
VSBW,ALL $ WPCSYS, - 1                               ! 将体在跨中切分
! 3.分别划分单元网格------------------------------------------------------------------------
CMSEL,S,SLINE $ LATT,2,2,2                           ! 选择力筋线,定义线的属性
LESIZE,ALL,40 $ LMESH,ALL                            ! 定义力筋单元尺寸、划分单元
ESIZE,40 $ VATT,1,1,1                                ! 定义体单元尺寸和属性
LSEL,S,LENGTH,,H $ LESIZE,ALL,,,10                   ! 选择高度方向的线,定义划分的单元个数
LSEL,ALL                                             ! 选择所有线
MSHAPE,0 $ MSHKEY,1 $ VMESH,ALL                      ! 定义体单元网格划分控制,划分单元网格
! 4.定义节点耦合自由度----------------------------------------------------------------------
CMSEL,S,SLINE $ NSLL,S,1                             ! 选择力筋线及其所属的所有力筋节点
CM,GSNODE,NODE                                       ! 定义力筋节点为元件
* GET,SENUM,NODE,,COUNT                              ! 得到力筋节点的个数
* DIM,SNODE,,SENUM                                   ! 定义力筋节点号数组,存放力筋节点号
* DIM,CNODE,,SENUM                                   ! 定义混凝土节点号数组,存放最近的节点号
* GET,NODEI,NODE,,NUM,MIN                            ! 得到力筋节点号中的最小编号
SNODE(1) = NODEI                                     ! 存入力筋节点号数组
* DO,I,2,SENUM                                       ! 循环得到下一个力筋节点号,并存入数组
SNODE(I) = NDNEXT(SNODE(I - 1))                      ! 采用函数 NDNEXT(NODE)
* ENDDO                                              ! 循环结束,得到全部的力筋节点号
ALLSEL,ALL                                           ! 选择所有实体为当前集
CMSEL,U,GSNODE                                       ! 从当前选择集中去掉力筋节点
```

```
*DO,I,1,SENUM                                    ! 循环查找与力筋节点距离最近的混凝土节点
NODEI = SNODE(I)                                 ! 令力筋的节点号为变量 NODEI
NODEJ = NNEAR(NODEI)                             ! 得到与该力筋节点最近的混凝土节点号
CNODE(I) = NODEJ                                 ! 将相应的混凝土节点号存入数组
NSEL,U,,,NODEJ                                   ! 从当前选择集中去掉刚得到的混凝土节点
*ENDDO                                           ! 循环结束
ALLSEL,ALL
*DO,I,1,SENUM                                    ! 循环定义节点耦合集
CP,NEXT,ALL,SNODE(I),CNODE(I)                    ! 定义力筋节点和相应其最近的混凝土节点自由
*ENDDO                                           ! 度全部耦合,即 Ux,Uy,Uz
! 5.定义约束、荷载并求解(同 EX8.28)------------------------------------------------------------
LSEL,S,LOC,Z,0 $ LSEL,A,LOC,Z,SPANL $ LSEL,R,LOC,Y,0 $ DL,ALL,,UY
DK,KP(0,0,0),UX,,,,UZ $ DK,KP(0,0,SPANL),UX $ ALLSEL,ALL
/SOLU $ ACEL,,9800 $ SOLVE $ FINISH
! 6.查看结果(同 EX8.28,从略)------------------------------------------------------------------
! ----------------------------------------------------------------------------------------------
! EX8.30  预应力简支梁弹性分析——约束方程法
FINISH $/CLEAR $/PREP7
! 0.定义变量(同 EX8.28)---------------------------------------------------------------------
EMST = 1.95E5 $ AS = 139 $ TF = 180E3 $ DENSS = 7921E-12 $ EMCON = 3.45E4
DENSC = 2300E-12 $ R0 = 9000 $ B = 150 $ H = 200 $ D0 = 40 $ DD = 200-2*D0 $ SPANL = 3000
D1 = (39-3*SQRT(29))/35*DD-D0
! 1.定义单元与材料性质(同 EX8.28)-----------------------------------------------------------
ET,1,SOLID95 $ ET,2,LINK8
MP,EX,1,EMCON $ MP,PRXY,1,0.2 $ MP,DENS,1,DENSC
MP,EX,2,EMST $ MP,PRXY,2,0.3 $ MP,DENS,2,DENSS $ R,1 $ R,2,AS,TF/(EMST*AS)*1.0271
! 2.分别创建体和力筋线(同 EX8.29)-----------------------------------------------------------
BLC4,,,B,H,SPANL $ LSEL,NONE $ K,9,B/2,H-D0 $ K,10,B/2,-D1,SPANL/2
K,11,B/2,H-D0,SPANL $ L,9,10 $ L,10,11 $ LFILLT,13,14,R0 $ LCOMB,ALL
WPOFF,,,SPANL/2 $ LSBW,ALL $ CM,SLINE,LINE $ LSEL,ALL $ VSBW,ALL $ WPCSYS,-1
! 3.分别划分单元网格(同 EX8.29)-------------------------------------------------------------
CMSEL,S,SLINE $ LATT,2,2,2 $ LESIZE,ALL,40 $ LMESH,ALL
ESIZE,40 $ VATT,1,1,1 $ LSEL,S,LENGTH,,H $ LESIZE,ALL,,,10 $ LSEL,ALL
MSHAPE,0 $ MSHKEY,1 $ VMESH,ALL
! 4.定义约束方程-------------------------------------------------------------------------------
CMSEL,S,SLINE $ NSLL,S,1                         ! 选择力筋线及其所属的所有力筋节点
CEINTF,,UX,UY,UZ $ ALLSEL,ALL                    ! 定义约束方程,选择所有实体图素
! 5.定义约束、荷载并求解(同 EX8.28)------------------------------------------------------------
LSEL,S,LOC,Z,0 $ LSEL,A,LOC,Z,SPANL $ LSEL,R,LOC,Y,0 $ DL,ALL,,UY
DK,KP(0,0,0),UX,,,,UZ $ DK,KP(0,0,SPANL),UX $ ALLSEL,ALL
/SOLU $ ACEL,,9800 $ SOLVE $ FINISH               ! 查看结果同前,从略
```

从上述三种方法的计算结果可知，当力筋关键节点位置存在混凝土节点时，后两种方法的网格密度也不一定要大很多。从建模和结果看，约束方程法用于实际结构最为简单，且因力筋节点与附近的多个混凝土节点建立约束方程，其效果也比较理想，所以推荐约束方程法用于实际结构的仿真分析中。

8.7 岩土与结构

岩土工程的数值分析相当复杂，主要表现在加载条件复杂，如应力路线转折和主应力轴旋转、反复荷载下土的液化、爆炸等动力荷载下的砂土液化和黏土流动等；研究对象复杂，如结构性黏土、非饱和土（黄土的湿陷，膨胀土的湿胀和冻土的融陷）、渐进破坏过程、土与结构共同作用等。本节主要介绍 ANSYS 中的与此相关的基础问题。

8.7.1 材料模型

土是岩石风化而成的碎散颗粒的集合体，一般包含有固、液、气三相，在其漫长的形成过程中，受风化、搬运、沉积、固结和地壳运动等因素影响，其本构模型即应力应变关系十分复杂。弹性本构模型主要有：线弹性模型、非线性弹性模型（如邓肯-张（Duncan-Chang）双曲线模型、K-G 类模型等）、高阶的非线弹性理论模型（如 Cauchy 弹性理论、Green 超弹性模型等），其中，邓肯-张模型应用较为广泛。弹塑性本构模型主要有：剑桥模型（Cam-Clay）、莱特-邓肯（Lade-Duncan）模型、清华弹塑性模型等。其中，剑桥模型应用较为广泛。土体的屈服准则或破坏准则主要有：屈雷斯卡（Tresca）准则与广义屈雷斯卡准则、密塞斯（Von Mises）和广义密塞斯准则、莱特-邓肯准则等。

在土的弹塑性本构模型中，如采用理想弹塑性本构模型，则其弹性变形部分采用线弹性，塑性变形采用理想塑性，此时其屈服准则和破坏准则意义相同，如剑桥模型；刚塑性模型不考虑弹性变形部分，其塑性变形部分也采用理想塑性，其屈服准则和破坏准则意义也相同。这两种模型的屈服准则可采用莫尔-库仑准则、屈雷斯卡准则和广义密塞斯准则及其广义准则。

但在增量弹塑性本构模型中，弹性节段和塑性阶段不能截然分开，其屈服准则和破坏准则具有不同的意义，如清华弹塑性模型等和莱特-邓肯模型等。

每种本构模型均定义或隐含了各自的屈服准则或破坏准则、硬化准则及流动法则，例如，剑桥模型实际上采用的是广义密塞斯屈服准则。每种本构模型或准则都是基于某种土体的性质建立起来的，因此都有其适用范围。

ANSYS 中的 Drucker-Prager（简称 DP）屈服准则是莫尔-库仑准则的近似，通常称为 DP 准则或广义密塞斯准则，是在密塞斯准则的基础上考虑平均主应力对土抗剪强度的影响而发展的一种准则。DP 准则的屈服面不随材料的逐渐屈服而改变，因此没有强化准则，其本构模型采用理想弹塑性，可采用关联流动法则或非关联流动法则。该准则的屈服强度随着侧限压力的增加而增加，考虑了由于屈服而引起的体积膨胀，但不考虑温度变化的影响。该模型适用于颗粒状材料，如土、岩体、混凝土等。

DP 屈服准则可表示为：

$$\sigma_e = 3\beta\sigma_m + \sqrt{\frac{1}{2}\{S\}^T[M]\{S\}} = \sigma_y \tag{8-29}$$

式中，$\{S\}$为偏应力；$\sigma_m = \frac{1}{3}(\sigma_x + \sigma_y + \sigma_z)$为平均应力；$[M]$为一常系数矩阵。

材料常数 β 和屈服强度 σ_y 的表达式如下：

$$\beta = \frac{2\sin\phi}{\sqrt{3}(3-\sin\phi)} \tag{8-30}$$

$$\sigma_y = \frac{6c\cos\phi}{\sqrt{3}(3-\sin\phi)} \tag{8-31}$$

式中，ϕ 为材料的内摩擦角；c 为材料的黏聚力。

DP 准则参数输入通过命令 TB,DP 和命令 TBDATA 输入。一般格式为：

TB,DP,MAT

TBDATA,, C1,C2,C3

各参数意义分别如下：

C1——材料的黏聚力(力/面积)；C2——材料的内摩擦角(度)；

C3——材料的剪胀角(度)，用于控制材料体积膨胀的大小。当剪胀角等于摩擦角时采用关联流动法则，此时体积将严重膨胀；当剪胀角为 0 或小于摩擦角时，采用非关联流动法则，此时体积不膨胀或发生较小膨胀。

关于 DP 准则的讨论。莫尔-库仑准则在 π 平面上为不等角的六边形(见图 8-31)，ANSYS 中的 DP 准则为该六边形外角点的外接圆，当然还可通过不同的近似方法得到各种准则以修正 ANSYS 中的 DP 准则，如内角点的外接圆、内切圆、等面积圆、匹配圆等，其材料常数 β 和屈服强度 σ_y 的计算式如表 8-7 所示。ANSYS 通过输入内摩擦角 ϕ 和黏聚力 c 只能采用如式(8-30)和式(8-31)的材料常数，如要采用这些修正准则，可通过各准则的 β 和 σ_y 与 DP 准则的 β 和 σ_y 相等的条件反求得 ϕ 和 c，进而获得这些修正准则的应用。

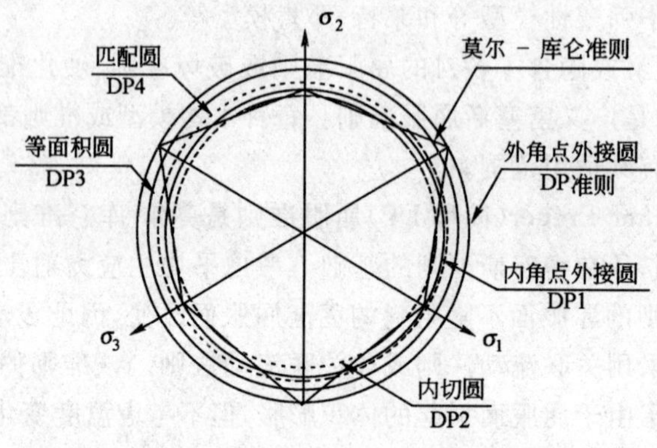

图 8-31　各屈服准则在 π 平面上的曲线

各准则的参数计算表

表 8-7

准则	与莫尔-库仑准则关系	β	σ_y
DP	六边形外角点外接圆	$\frac{2\sin\phi}{\sqrt{3}(3-\sin\phi)}$	$\frac{6c\cos\phi}{\sqrt{3}(3-\sin\phi)}$
DP1	六边形内角点外接圆	$\frac{2\sin\phi}{\sqrt{3}(3+\sin\phi)}$	$\frac{6c\cos\phi}{\sqrt{3}(3+\sin\phi)}$
DP2	六边形内切圆	$\frac{\sin\phi}{\sqrt{3(3+\sin^2\phi)}}$	$\frac{3c\cos\phi}{\sqrt{3(3+\sin^2\phi)}}$
DP3	与六边形等面积圆	$\frac{2\sqrt{3}\sin\phi}{\sqrt{23\pi(9-\sin^2\phi)}}$	$\frac{6\sqrt{3}c\cos\phi}{\sqrt{2\sqrt{3}\pi(9-\sin^2\phi)}}$
DP4	与莫尔-库仑准则匹配圆	$\frac{\sin\phi}{3}$	$c\cos\phi$

如欲采用 DP2 准则，可根据已知的得 ϕ 和 c 采用 DP2 准则对应的表达式求得 β 和 σ_y，然后用此 β 和 σ_y 代入 DP 准则对应的表达式，从中求出对应的 ϕ 和 c，在输入到 ANSYS 中即可实现 DP2 准则。

8.7.2 土体与结构计算

土与结构共同作用有其特殊性，因两者刚度相差很大，一般在两者的界面上不满足变形协调条件，此时就需要采用接触单元予以处理，如桩与土、挡土墙与土、涵洞与土、隧道衬砌与土等。若采用相关公式通过计算获得土压力，将此土压力作用在结构上则与一般结构分析没有差别，此时不考虑两者之间的共同作用。

必须说明，当考虑土与结构的共同作用时，所取土的计算参数对结果影响较大。但因土性质十分复杂，计算参数的取值也比较困难。一般情况下，可采用参数识别或试算方法，即利用勘测资料初步确定土性参数，通过计算结果与试验结果（部分或少量试验）对比修正土性参数，直到二者基本符合为止，然后再进行大规模的计算与分析。若直接根据勘测资料确定土性参数，需仔细评判结果的正确性。

1. 桩土共同作用分析

如图 8-32 所示的混凝土方桩，桩长 10m，断面尺寸为 2m×2m，入土深度为 8m，设桩顶作用一竖向均布荷载，分析桩顶的沉降及桩和土的应力分布。

设混凝土材料的弹性模量为 2.6×10^{10} Pa，泊松系数为 0.167，密度为 2500kg/m^3。

土体参数：弹性模量为 2.6×10^{8} Pa，泊松系数为 0.42，密度为 1900kg/m^3，黏聚力为 19kPa，摩擦角为 31°，膨胀角为 29°。

土与桩的摩擦系数为 0.2。

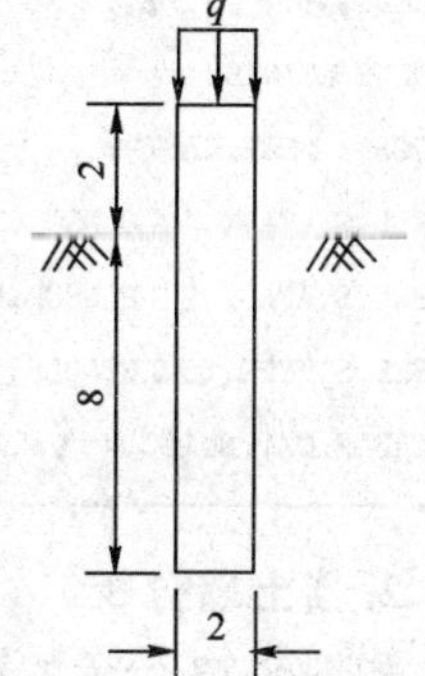

图 8-32 桩土构造（单位：m）

因桩仅受竖向均布荷载，利用对称性取 1/4 模型进行分析，若桩受水平力作用就不能取 1/4 模型分析。土体模型不可能取无限远计算，在几个方向尺寸取值应通过结果考察最终确定，这里不妨取 1/4 土体尺寸为 7m×7m×24m。土和结构采用面面接触，一般结构刚度大于土体刚度，故以结构上的面为目标面，而土体上的面为接触面。

若通过考察结果后发现不尽合理，如在远边界上地面沉降较大或支承反力较大，就应适当加大土体尺寸，以获得更加合理的结果。理论上所取土体的尺寸应使周边边界上的反力或应力很小为宜，如在水平应力和竖向应力相对很小时为合适的土体尺寸。

以下为桩土接触分析的命令流：

```
! EX8.31   桩土接触分析
FINISH $/CLEAR $/PREP7                                          ! 定义桩平面尺寸、桩地面以上高度、桩入土深度
APILE = 1.0 $ HPIL1 = 2.0 $ HPIL2 = 8.0 $ ASOIL = 7.0 $ HSOIL = 24.0   ! 定义土体平面尺寸、厚度
ET,1,SOLID45 $ ET,2,170 $ ET,3,173                              ! 定义单元类型
KEYOPT,3,9,0 $ KEYOPT,3,12,2                                    ! 定义接触单元选项
MP,EX,1,2.6E10 $ MP,PRXY,1,0.167 $ MP,DENS,1,2500               ! 桩的材料性质
MP,EX,2,2.6E8 $ MP,PRXY,2,0.42 $ MP,DENS,2,1900                 ! 土材料性质
TB,DP,2 $ TBDATA,,19000,31,29                                   ! 定义 DP 材料及材料参数
MP,MU,3,0.2 $ R,1 $ R,2 $ R,3                                   ! 定义接触单元的摩擦系数
BLC4,,,ASOIL,ASOIL,-HSOIL $ BLC4,,,1,1,-HPIL2 $ VSBV,1,2        ! 1/4 模型土体
WPOFF,APILE $ WPROTA,,,90 $ VSBW,ALL                            ! 切分土体
WPOFF,,APILE $ WPROTA,,90 $ VSBW,ALL $ WPCSYS,-1                ! 切分土体
WPOFF,,,-HPIL2 $ VSBW,ALL $ NUMCMP,ALL                          ! 切分土体并压缩编号
VATT,2,2,1 $ ESIZE,0.5 $ MSHKEY,1 $ VMESH,ALL                   ! 划分土体网格
VSEL,NONE $ BLC4,,,APILE,APILE,HPIL1 + HPIL2                    ! 创建桩体
VATT,1,1,1 $ VMESH,ALL                                          ! 划分桩体网格
ASEL,S,,,37,39,2 $ ASEL,A,,,34 $ NSLA,S,1                       ! 选择桩体接触面
REAL,3 $ TYPE,2 $ MAT,3 $ ESURF,ALL $ ALLSEL,ALL                ! 定义目标单元
ASEL,S,,,6,10,2 $ NSLA,S,1 $ REAL,3 $ TYPE,3 $ ESURF,ALL        ! 选择土体面，定义接触单元
ASEL,S,LOC,X,0 $ ASEL,A,LOC,Y,0 $ DA,ALL,SYMM                   ! 选择面并定义对称约束
ASEL,S,LOC,X,ASOIL $ ASEL,A,LOC,Y,ASOIL $ DA,ALL,ALL            ! 定义周边边界约束
ASEL,S,LOC,Z,-HSOIL $ DA,ALL,UZ                                 ! 定义底面约束
ASEL,S,LOC,Z,HPIL1 $ SFA,ALL,1,PRES,50E4 $ ALLSE,ALL            ! 施加荷载
/SOLU $ ANTYPE,STATIC $ NLGEOM,ON $ AUTOTS,ON                   ! 打开大变形与自动时间步
ACEL,,,9.8 $ TIME,1 $ NSUBST,100 $ OUTRES,ALL,ALL               ! 施加自重、定义时间等
SOLVE $ FINISH                                                  ! 求解并退出求解层
/POST1 $ SET,LAST                                               ! 读入最后荷载步结果
ESEL,S,REAL,,1 $ PLNSOL,U,Z $ PLNSOL,S,Z                        ! 查看桩体结果项
ESEL,S,REAL,,2 $ PLNSOL,U,Z $ PLNSOL,S,EQV                      ! 查看土体结果项
ESEL,S,TYPE,,3 $ ETABLE,ST1,NMISC,41 $ PLETAB,ST1               ! 查看接触状态
ETABLE,CZ1,NMISC,45 $ PLETAB,CZ1                                ! 查看接触压力
```

2. 挡土墙分析

如图 8-33 所示的混凝土挡土墙，对此挡土墙进行分析。设混凝土材料的弹性模量为 2.6

$\times 10^{10}$ Pa，泊松系数为 0.167，密度为 2500kg/m^3。

土体参数：弹性模量为 2.6×10^7 Pa，泊松系数为 0.32，密度为 1700kg/m^3，不考虑黏聚力，摩擦角和膨胀角均为 30°，墙底与土的摩擦系数为 0.45。

通常挡土墙都比较长，可按平面应变问题考虑，如此其计算模型相对较小，计算花费也很小。在考虑其相互作用时，也涉及确定合适的土体尺寸问题。与桩土问题类似，也需要根据计算结果确定合适的土体尺寸，一般根据边界土体应力确定即可。

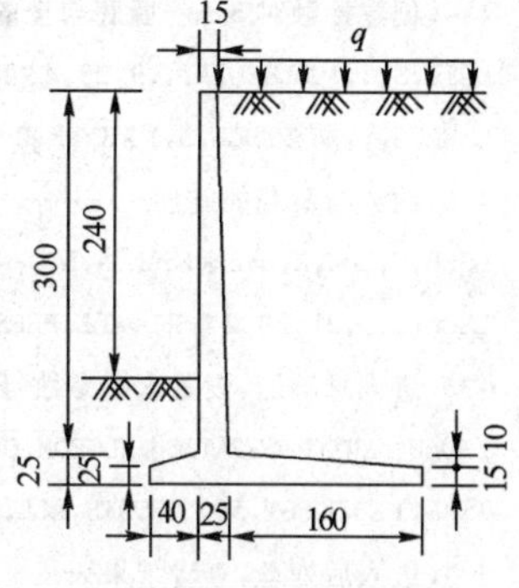

图 8-33 挡土墙一般构造(单位：cm)

下面是分析的命令流：

```
! EX8.32  挡土墙分析
! 1.定义荷载、单元类型、墙体材料性质、土体材料性质、定义 DP 材料、接触摩擦系数等
FINISH $/CLEAR $/PREP7 $ QK = 1E5 $ ET,1,PLANE82,,,2 $ ET,2,CONTA172 $ ET,3,TARGE169
MP,EX,1,2.6E10 $ MP,PRXY,1,0.167 $ MP,DENS,1,2500
MP,EX,2,2.6E7 $ MP,PRXY,2,0.32 $ MP,DENS,2,1700
TB,DP,2 $ TBDATA,,0,30,30 $ MP,MU,3,0 $ MP,MU,4,0.45 $ R,1 $ R,2 $ R,3 $ R,4 $ R,5
! 2.创建墙体截面关键点、线、面，切分该面以便生成四边形网格，划分网格等
K,1 $ K,2,2.25 $ K,3,2.25,0.15 $ K,4,0.65,0.25 $ K,5,0.55,3.25 $ K,6,0.4,3.25 $ K,7,0.4,0.25 $ K,8,0,0.15
*DO,I,1,7 $ L,I,I+1 $ *ENDDO
L,8,1 $ AL,ALL $ WPROTA,,,90 $ WPOFF,,,0.4 $ ASBW,ALL
WPOFF,,,0.25 $ ASBW,ALL $ WPOFF,,0.25 $ WPROTA,,90 $ ASBW,ALL $ CM,WALL,AREA
WPCSYS,-1 $ MSHKEY,1 $ ESIZE,0.05 $ AATT,1,1,1 $ AMESH,ALL
! 3.创建土体截面关键点、线、面，切分该面，划分网格等
KSEL,NONE $ LSEL,NONE $ ASEL,NONE
K,11 $ K,12,2.25 $ K,13,2.25,0.15 $ K,14,0.65,0.25 $ K,15,0.55,3.25 $ K,16,6,3.25
K,17,6,-6 $ K,18,-6,-6 $ K,19,-6,0.85 $ K,20,0.4,0.85 $ K,21,0.4,0.25 $ K,22,0,0.15
*DO,I,11,21 $ L,I,I+1 $ *ENDDO
L,11,22 $ AL,ALL $ KWPAVE,12 $ WPROTA,,,90 $ ASBW,ALL $ KWPAVE,22 $ ASBW,ALL
WPROTA,,90 $ ASBW,ALL $ KWPAVE,11 $ ASBW,ALL $ WPCSYS,-1 $ CM,SOIL,AREA
AATT,2,2,1 $ ESIZE,0.1 $ SR=5 $ LSEL,S,LENGTH,,6 $ LSEL,S,,,18,28,10
LESIZE,ALL,0.1,,,SR $ LSEL,S,,,41,43,2 $ LESIZE,ALL,0.1,,,1/SR $ LSEL,S,,,37,40,3
LESIZE,ALL,0.1,,,SR $ LSEL,S,,,34,35 $ LESIZE,ALL,0.1,,,1/SR $ LSEL,S,,,29,30
LESIZE,ALL,0.1,,,1/SR $ LSEL,S,,,19,22,3 $ LESIZE,ALL,0.1,,,SR $ LSEL,ALL
AMESH,ALL $ ALLSEL,ALL
! 4.创建接触对 1——墙背与土的接触
LSEL,S,,,2,4,1 $ NSLL,S,1 $ TYPE,3 $ REAL,3 $ ESURF
LSEL,S,,,15,17,1 $ NSLL,S,1 $ TYPE,2 $ REAL,3 $ MAT,3 $ ESURF
! 4.创建接触对 2——墙前与土的接触
LSEL,S,,,6,8,1 $ NSLL,S,1 $ TYPE,3 $ REAL,4 $ ESURF
LSEL,S,,,23,25,1 $ NSLL,S,1 $ TYPE,2 $ REAL,4 $ MAT,3 $ ESURF
```

```
! 4.创建接触对 3——墙底与土的接触--------------------------------------------
LSEL,S,,,1 $ LSEL,A,,,9,13,4 $ NSLL,S,1 $ TYPE,3 $ REAL,5 $ ESURF
LSEL,S,,,14 $ NSLL,S,1 $ TYPE,2 $ REAL,5 $ MAT,4 $ ESURF $ ALLSEL,ALL
! 5.约束与荷载的施加--------------------------------------------------------
LSEL,S,LOC,X,-6 $ LSEL,A,LOC,X,6 $ DL,ALL,,ALL $ LSEL,S,LOC,Y,-6 $ DL,ALL,,ALL
LSEL,S,,,27,29,2 $ SFL,ALL,PRES,QK $ ALLSEL,ALL
! 6.进入求解层,设置求解参数等------------------------------------------------
/SOLU $ ANTYPE,STATIC $ NLGEOM,ON $ AUTOTS,ON $ ACEL,,9.8
TIME,1 $ NSUBST,50 $ OUTRES,ALL,ALL $ SOLVE $ FINISH
! 7.进入后处理,查看结果------------------------------------------------------
/POST1 $ SET,LAST $ ESEL,S,REAL,,1 $ PLDISP,1 $ PLNSOL,S,1
! -------------------------------------------------------------------------
```

第9章 结构动力分析

结构动力分析研究结构在动荷载作用的响应(如位移、应力、加速度等的时间历程),以确定结构的承载能力和动力特性等。

本章在介绍结构动力分析的基础上,主要介绍 ANSYS 动力分析的方法。

9.1 基础知识

结构体系的运动方程为:

$$[M]\{\ddot{u}\}+[C][\dot{u}]+[K]\{u\}=\{F(t)\} \tag{9-1}$$

当作用力为零时得自由振动方程:

$$[M]\{\ddot{u}\}+[C]\{\dot{u}\}+[K]\{u\}=0 \tag{9-2}$$

自由振动方程若忽略阻尼得到无阻尼自由振动方程:

$$[M]\{\ddot{u}\}+[K]\{u\}=0 \tag{9-3}$$

上式中,$[M]$为质量矩阵;$[C]$为阻尼矩阵;$[K]$为刚度矩阵;$\{u\}$为节点位移向量;$\{\ddot{u}\}$为节点加速度向量;$[\dot{u}]$为节点速度向量;$\{F(t)\}$为节点荷载向量。

在上述三式中,刚度矩阵和质量矩阵都比较熟悉,下面主要介绍阻尼矩阵和荷载项。

1. 动荷载

动荷载是时间的函数,如果动荷载的变化是时间的确定函数,则称为确定性荷载,如简谐荷载、冲击荷载和突加荷载等。如果动荷载随时间的变化不能用确定时间函数表示,则称为非确定性荷载,如脉动风和地震波等荷载。

在 ANSYS 中,动力分析包括模态分析、谐响应分析、瞬态动力分析和谱分析。模态分析用于确定结构的振动特性,即固有频率和振型,它们是动力分析的重要参数。谐响应分析用于确定线性结构在承受随时间按正弦规律变化的荷载时的稳态响应,分析结构的持续动力特性。

瞬态动力分析用于确定结构在承受任意随时间变化荷载的动力响应，如冲击荷载和突加荷载等。谱分析是将模态分析的结果和已知谱结合，进而确定结构的动力响应，如不确定荷载或随时间变化的荷载（如地震、风载、波浪、喷气推力等）。

2. 阻尼

阻尼机理非常复杂，它与结构周围介质的黏性、结构本身的黏性、内摩擦耗能、地基土的能量耗散等有关。通常结构采用瑞利（Rayleigh）阻尼，即：

$$[C]=\alpha[M]+\beta[K] \tag{9-4}$$

式中，α 为 Alpha 阻尼，也称质量阻尼系数；β 为 Beta 阻尼，也称刚度阻尼系数。这两个阻尼系数可通过振型阻尼比计算得到，即：

$$\alpha=\frac{2\omega_i\omega_j(\xi_i\omega_j-\xi_j\omega_i)}{\omega_j^2-\omega_i^2} \tag{9-5}$$

$$\beta=\frac{2(\xi_j\omega_j-\xi_i\omega_i)}{\omega_j^2-\omega_i^2} \tag{9-6}$$

式中，ω_i 和 ω_j 分别为结构的第 i 和第 j 固有频率；ξ_i 和 ξ_j 为相应于第 i 和第 j 振型的阻尼比，由试验确定。一般可取 $i=1,j=2$，相应的阻尼比约在 2%～20%范围内变化。

ANSYS 在形成结构的阻尼时可考虑如下 5 种阻尼之和得到阻尼矩阵，即瑞利阻尼、恒定阻尼、材料阻尼、单元阻尼和振型阻尼，计算表达式如下：

$$[C]=\alpha[M]+(\beta+\beta_c)[K]+\sum_{j=1}^{N_m}\left[\left(\beta_j^m+\frac{2}{\Omega}\beta_j^\xi\right)[K_j]\right]+\sum_{k=1}^{N_e}[C_k]+[C_\xi] \tag{9-7}$$

式中，$[C]$为结构的阻尼矩阵；$[M]$为结构质量矩阵；$[K]$为结构的刚度矩阵；$[K_j]$为与材料 j 相关的刚度矩阵；$[C_k]$为单元刚度阻尼；$[C_\xi]$为与频率有关的阻尼矩阵。

α 为质量阻尼系数，用命令 ALPHAD 输入，也可通过 MP 定义，但谱分析中通过 MP 定义的为质量阻尼比。α 和 β 可通过式(9-5)和(9-6)求得，如通过模态分析获得结构的两阶圆频率，然后再结合振型阻尼比（也可假定采用常阻尼比）计算。

β 为刚度阻尼系数，用命令 BETAD 输入，也可通过 MP 定义。

β_c 为变刚度阻尼系数，可通过常阻尼比 ξ 和强制频率范围求得，用命令 DMPRAT 和 HARFRQ 输入。用命令 DMPRA 定义的常阻尼比为实际阻尼与临界阻尼之比，是结构分析中指定阻尼最简单的方法，但只能用于谐响应分析、模态叠加法的瞬态分析、谱分析等。结构的常阻尼比一般在 2%～7%之间。

N_m 为材料数，用命令 MP 定义不同材料的阻尼系数；β_j^m 为材料的刚度矩阵阻尼系数，用命令 MP 中的 DAMP 项定义。β_j^ξ 为材料的常刚度矩阵阻尼系数（与频率无关），用命令 MP 中的 DMPR 项定义。

N_C 为有单元阻尼的单元数。某些单元本身具有粘性阻尼特征，如 COMBIN 系列单元，可通过 MP 命令定义。

C_ξ 可通过常阻尼比和振型阻尼比计算获得。常阻尼比同上，而振型阻尼比对不同振型有不同的阻尼比，可用于谐响应分析、模态叠加法的瞬态分析、谱分析，通过 MDAMP 命令定义，最多可达300个阻尼比数据。各类分析可用阻尼如表9-1所示。

各类分析可用阻尼 表9-1

分析类型		α,β阻尼	材料相关阻尼		常阻尼比	振型阻尼	单元阻尼①
命令		ALPHAD BETAD	MP,DAMP	MP,DMPR	DMPRAT	MDAMP	(COMBIN7等)
静力分析,屈曲分析		NO	NO	NO	NO	NO	NO
模态分析	无阻尼	NO②	NO②	NO	NO②	NO	NO
	有阻尼	YES	YES	NO⑤	NO	NO	YES
谐响应分析	完全法	YES	YES	YES	YES	NO	YES
	缩减法	YES	YES	NO	YES	NO	YES
	模态叠加法	YES③	YES④③	YES⑤	YES	YES	YES③
瞬态分析	完全法	YES	YES	NO	NO	NO	YES
	缩减法	YES	YES	NO	NO	NO	YES
	模态叠加法	YES③	YES④③	NO	YES	YES	YES③
谱分析	SPRS,MPRS⑥	YES⑦	YES	NO	YES	YES	NO
	DDAM⑥	YES⑦	YES	NO	YES	YES	NO
	PSD⑥	YES	NO	NO	YES	YES	NO
子结构		YES	YES	NO	NO	NO	YES

注:①包括超单元阻尼。

②如果指定了则计算用于谱分析的有效阻尼比。

③如果使用QR阻尼模态提取方法,在前处理或模态分析过程中定义的阻尼将被忽略。

④如果经模态扩展则转换成振型阻尼。

⑤只有使用QR阻尼模态提取方法,在模态叠加法谐响应分析中采用使用。

⑥阻尼只用于模态合并,不用于计算模态系数。

⑦表示只可用β阻尼,不可用α阻尼。

9.2 模态分析

ANSYS的模态分析是一线性分析,任何非线性特性(如塑性和接触单元)即使定义了也将忽略。可进行有预应力模态分析、大变形静力分析后有预应力模态分析、循环对称结构的模态分析、有预应力的循环对称结构的模态分析、无阻尼和有阻尼结构的模态分析。

模态分析中模态的提取方法有七种,即分块兰索斯法、子空间迭代法、缩减法或凝聚法、PowerDynamics法、非对称法、阻尼法、QR阻尼法,缺省时采用分块兰索斯法。

9.2.1 模态分析的基本过程

模态分析过程由四个主要步骤组成:建模、加载及求解、扩展模态、观察结果。

1. 建模

建模与静力分析相同,主要有:定义单元类型、单元实常数、材料性质、几何模型、有限元模型等。这里需要注意两个问题:

(1)在模态分析中只有线性行为是有效的。如果指定了非线性单元,它们将被当作是线性的。如分析中包含了接触单元,则系统取其初始状态的刚度值并且不再改变此刚度值。

(2)材料性质可以是线性、各向同性或正交各向异性、恒定或与温度相关。在模态分析中必须定义弹性模量 EX(或某种形式的刚度)和密度 DENS(或某种形式的质量)。而非线性特性将被忽略。

2. 加载及求解

首先定义分析类型、定义载荷和边界条件、定义加载过程和定义求解选项,然后进行固有频率的求解。

在一般的模态分析(预应力效应除外的模态分析)中,唯一有效的"荷载"是零位移约束。如果在某个自由度上指定了一个非零位移约束,程序将以零位移约束替代。可以施加除位移约束之外的其他载荷,但在模态提取时将被忽略,程序会计算出相应于所加载荷的载荷向量,并将这些向量写到振型文件中以便在模态叠加法谐响应分析或瞬态分析中使用。

需要定义的求解选项有:

(1)命令 MODOPT:定义模态分析方法、模态数目、频率范围、模态归一化控制等。一般采用分块兰索斯法即可。非对称法、阻尼法和 QR 阻尼法在 ANSYS/Professional 产品中无效。除缩减法以外,其他模态提取方法都须设置模态数目。对于非对称法和阻尼法,应当提取比必要的阶数更多的模态以降低丢失模态的可能性。其他设置可采用缺省值或根据结构特点定义。

(2)命令 MXPAND:定义模态扩展数目、频率范围、单元计算控制等。该选项虽然只在采用缩减法、非对称法和阻尼法时要求设置,但如果要得到完整的振型,不管采用何种方法都要设置该项。如果想得到单元求解结果,则不论采用何种模态提取方法都需设置 Elcalc=YES,模态分析中的"应力"并不代表结构中的实际应力,而只是给出一个各阶模态之间相对的应力分布的概念,缺省为不计算应力。在用单点响应谱分析和动力学设计分析方法中,模态扩展可能要放在谱分析之后,按命令 MXPAND 设置的重要性因子 SIGNIF 数值有选择地进行,可用 EXPASS 设置不扩展。

如果在求解时定义模态扩展,则可省略第三步的单独的模态扩展。

(3)命令 LUMPM:定义质量矩阵公式,缺省为一致质量矩阵。在大多数应用中可采用一致质量矩阵。但对有些包含"薄膜"结构的问题,如细长梁或非常薄的壳等,采用集中质量矩阵近似经常可产生较好的结果。

(4)命令 PSTRES:用于确定是否考虑预应力效应的影响。缺省时不包括预应力效应,即结构是处于无应力状态。如希望包含预应力效应的影响,则必须先进行静力学或瞬态分析生成单元文件。如果预应力效应选项是打开的,同时要求当前及随后的求解过程中质量矩阵的设置应和静力分析中质量矩阵的设置必须一致。

(5)阻尼选项:只在有阻尼的模态提取法中使用,在其他模态提取法中忽略阻尼。如果在模态分析后将进行单点响应谱分析,则可在无阻尼模态分析中指定阻尼,虽然阻尼并不影响特征值解,但它将被用于计算每个模态的有效阻尼比,此阻尼比将用于计算谱产生的响应。

(6)参与系数:参与系数列表显示提取的每个模态的参与系数、模态系数和质量分布百分数。在总体直角坐标系三个轴向和转动方向上,均假定施加单位位移谱激励,就计算出参与系数和模态系数。

3. 模态扩展

扩展模态指将振型写入结果文件，如果要在后处理器中察看振型，就必须先进行扩展。模态扩展如在求解时已经用 MXPAND 命令定义，则不需要单独执行该步。

模态扩展的过程是在求解完成后，再次进入求解层，用 MXPAND 命令定义相应的参数，然后再次求解即可。

4. 观察结果

模态分析的结果被写入结果文件 Jobname. RST 中，包括：固有频率、振型、相对应力分布。

可查看各荷载步(对应模态数目)的结果，可用 SET 设置荷载步，用 PLDISP 观察振型，用 MLIST 列出主自由度，定义单元表观察应力分布，用 PLNSOL 或 PLESOL 显示节点或单元结果等。许多其他的后处理功能如将结果映象到一个路径上和载何工况组合等，在 POST1 中均可使用。

9.2.2 一般结构的模态分析

以平面等截面悬臂梁为例说明模态分析的基本过程，设截面尺寸为 $b\times h=0.2\times0.3\text{m}$，跨度 $L=6\text{m}$，质量密度 $\rho=7\,800\text{kg/m}^3$，弹性模量 $E=2.1\times10^{11}\text{Pa}$，则其前三阶频率的理论解为：

$$f_1=\frac{1.875^2}{2\pi}\sqrt{\frac{EI}{\overline{m}L^4}},f_2=\frac{4.694^2}{2\pi}\sqrt{\frac{EI}{\overline{m}L^4}},f_3=\frac{7.855^2}{2\pi}\sqrt{\frac{EI}{\overline{m}L^4}}$$

其中，$\overline{m}$ 为单位长度质量。将已知数据代入公式可求理论解为：

$$f_1=6.984\text{Hz},f_2=43.772\text{Hz},f_3=122.575\text{Hz}$$

ANSYS 计算的前三阶频率分别为 6.982、43.627、121.590Hz，与理论解的误差很小，前三阶振型如图 9-1 所示。

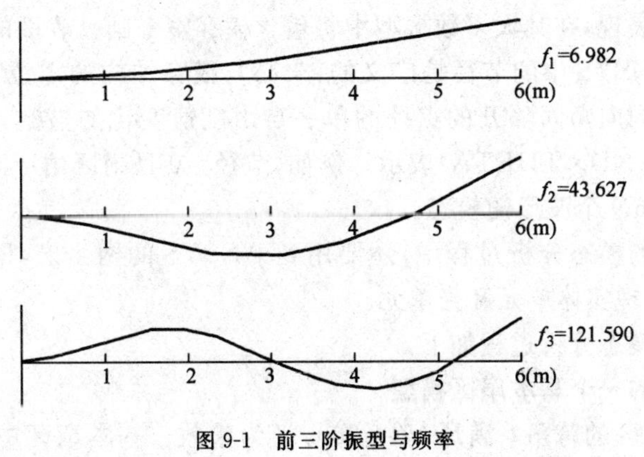

图 9-1 前三阶振型与频率

```
! EX9.1                                          平面悬臂梁的模态分析
FINISH$/CLEAR$/PREP7
ET,1,BEAM3$MP,EX,1,2.1E11$MP,PRXY,1,0.3          定义单元类型、材料性质
MP,DENS,1,7800$R,1,0.06,0.00045,0.3              ! 定义质量密度、单元实常数
```

```
K,1$K,2,6$L,1,2                               ! 创建几何模型(关键点、线)
LESIZE,ALL,,,20$LMESH,ALL                     ! 划分单元(定义网格尺寸、划分单元)
DK,1,ALL$FINISH                               ! 施加约束条件
/SOLU$ANTYPE,2                                ! 进入求解层、定义分析类型
MODOPT,LANB,3,,,,1                            ! 定义模态分析方法、模态数目、归一控制
MXPAND,3,,,YES                                ! 模态扩展(振型数据)数目、计算应力
LUMPM,OFF                                     ! 采用一致质量矩阵(缺省设置,可不要该句)
SOLVE                                         ! 求解
! 在求解层可获得各阶模态频率、参与系数、模态系数、阻尼比等参数
*DIM,FI,,3$*DIM,PFI,,3$*DIM,MCI,,3$*DIM,DAI,,3
*DO,I,1,3$*GET,FI(I),MODE,I,FREQ$*GET,PFI(I),MODE,I,PFACT
*GET,MCI(I),MODE,I,MCOEF$*GET,DAI(I),MODE,I,DAMP$*ENDDO$FINISH
/POST1$SET,LIST                               ! 进入后处理并将结果列表
SET,1,2                                       ! 设置荷载子步 2(第二阶)的结果为当前
PLDISP,1$PLNSOL,U,Y                           ! 绘制振型图、Uy 图
ETABLE,MI,SMISC,6$ETABLE,MJ,SMISC,12          ! 定义单元表(弯矩分布)
PLLS,MI,MJ                                    ! 绘制弯矩分布图
```

9.2.3 循环对称结构的模态分析

如果结构呈现出循环对称(如风轮或正齿轮)特点,可以通过仅对它的一部分建模来计算结构整体的固有频率和振型,该方法不但节省大量计算费用,还可只需建部分模型便可观察整个结构的振型。循环对称结构中用于建模的部分称为基本扇区,正确的基本扇区能够在全局柱坐标系(CSYS,1)中重复 N 次生成整个模型。

在循环对称结构模态分析中,需要理解“节径”概念。“节径”源于简单的几何体,如圆盘在某阶模态下振动时的表现,在其大多数振型中将包含横穿整个圆盘表面的板外位移为零的线,通常称为节径。但 ANSYS 中的节径是广义的,未必与横穿结构的零位移线条数相符。节径数是以等于扇区角的周向角间隔开的点处的单一自由度值变化的整数。若节径数等于 ND,此变化可用函数 COS(ND×THETA)表示。例如,节径=0 且扇区角=60 度的扇区将产生沿周向有 0、6、12、……、6N 个波形的模态。

在循环对称结构的模态分析过程中,还要用到 ANSYS 的两个宏,即 CYCGEN 和 CYCSOL,这两个宏均可处理实体单元和壳单元。

循环对称结构的模态分析过程如下:

1. 创建循环结构的一个基本扇区模型

如前所述,基本扇区的跨角 θ 满足 $N\theta=360$,N 为整数。基本扇区中不能有超单元,但允许存在耦合或约束方程。如果有边界条件,可以施加到基本扇区上,并利用 CYCGEN,'LOAD'(第 4 步),或者在后面(第 5 步)步骤施加。

基本扇区必须在周向有相匹配的低(low)角度侧面和高(high)角度侧面,匹配是指在两侧面上有相应的节点,且对应节点相隔的几何角度为扇区角。侧面可以是任何形状,不必是柱坐标空间中的“平面”。

2. 将最低度角侧面上的节点定义为组件

选择在最低度角侧面上的节点并将它们定义为一个组件，对另一侧面上的节点也可定义为一个组件，也可以不定义。组件命令为 CM,LOW,NODE。如果不定义组件 HIGH 则两个侧面上的节点必须对应，否则必须定义组件 HIGH。

3. 选择所有图素，并设置柱坐标系

用命令 ALLSEL 选择所有图素，用 CSYS,1 设置为总体柱坐标系，以应用 CYCGEN 宏。

4. 运行宏 CYCGEN

宏 CYCGEN 创建第二个扇区，并且累加在基本扇区上。这两个扇区的节点编号是不同的，但存在一个恒定的偏移量(在宏中自定确定)。它们都将用于模态分析。

如执行不带参数的宏 CYCGEN，则需要继续下面的第 5 步；

如执行 CYCGEN,'LOAD'，则会把基本扇区中的耦合及约束方程复制到新生成的扇区中去，此时跳过第 5 步，从第 6 步继续。

5. 继续在 PREP7 中定义所需要的边界条件

边界条件必须在两个扇区上都定义。如果没有预应力，就不必施加对称边界条件。

6. 进入求解器，指定分析类型为模态分析并设置分析选项。

只能采用子空间法或分块 Lanczos 法进行循环对称结构的模态分析，同时指定要扩展的模态数。分别采用命令 ANTYPE 和 MODOPT 完成定义。

7. 运行宏 CYCSOL 并定义节径范围和扇区

命 令：CYCSOL, NDMIN, NDMAX, NSECTOR, LOW, [HIGH], TOL, KMOVE, KPAIRS,SYSNUM

其中：

NDMIN,NDMAX——最小节径数和最大节径数；

NSECTOR——整个模型的扇区数，即形成完成结构所需的扇区数；

LOW,HIGH——最低角度侧面上的节点组件和最高角度侧面上的节点组件；

TOL——执行 CECYC 命令的误差范围；

KMOVE——如 KMOVE=1 则删除重和节点；

KPAIRS——如 KPAIRS=1 则显示相应的节点对；

SYSNUM——循环对称结构的柱坐标系编号(缺省为 1)。

该宏对每个节径数执行一次单独的特征值提取过程，NDMIN 和 NDMAX 合理的范围是：

若扇区数 NSECTOR 为偶数，则可接受的节径数范围是 0～NSECTOR/2；

若扇区数 NSECTOR 为奇数，则可接受的节径数范围是 0～(NSECTOR－1)/2。

计算完成后(CYCSOL 自动求解)结果文件将包含有多个荷载步(Loadsteps)，每个荷载步对应一个节径数，第一个荷载步对应节径数 NDMIN，第二个对应 NDMIN＋1，依次类推，最后一个荷载步对应节径数 NDMAX。在每一个荷载步内，子步(Substeps)对应属于当前节径数的模态。结果文件不显示模态的阶数，但可依据频率的大小(可能存在等频模态)排序。

8. 进入通用后处理器，扩展模型

命令 EXPAND 用于扩展模型以供显示，必须指定希望扩展出的扇区数。

下面以 9-2 所示的等厚度带孔圆环为例，说明循环对称结构模态分析的过程。

设圆环的厚度，$h=0.2\text{m}$，$R_0=0.5\text{m}$，$R_1=1.5\text{m}$，$R_2=3.5\text{m}$，$R_3=2.5\text{m}$，质量密度 $\rho=7\,800\text{kg/m}^3$，弹性模量 $E=2.1\times10^{11}\text{Pa}$。

如下是用完整结构和循环结构进行模态分析的命令流，其各自的频率和振型可通过后处理查看，此处不再列出。

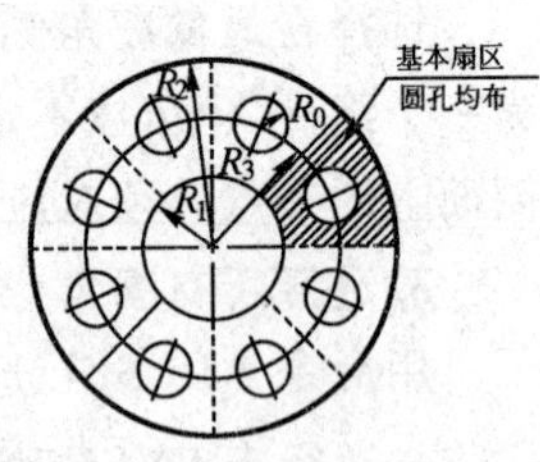

图 9-2 等厚度带孔圆环板

```
! EX9.2  等厚度圆环孔板的模态分析——一般结构
FINISH$/CLEAR$/PREP7
R0 = 0.5$R1 = 1.5$R2 = 3.5$R3 = 2.5$H = 0.2$NH = 8         ! 定义几何参数及扇区数
ET,1,SOLID45$MP,EX,1,2.1E11                                 ! 定义单元类型与材料性质
MP,PRXY,1,0.3$MP,DENS,1,7800$R,1                            ! 质量密度等性质
*AFUN,DEG$CYL4,,,R1,0,R2,45                                 ! 定义三角函数角度为度,创建扇区
CYL4,R3*COS(22.5),R3*SIN(22.5),R0                           ! 创建圆孔
ASBA,1,2$NUMCMP,ALL$VOFFST,1,H                              ! 面布尔运算、编号压缩、创建体
ESIZE,0.15$VSWEEP,ALL$CSYS,1                                ! 设置网格尺寸、划分网格、激活柱坐标系
VGEN,8,ALL,,,,45$NUMMRG,ALL                                 ! 生成整个模型、黏接所有图素
/SOLU                                                       ! 进入求解层
ASEL,S,LOC,X,R1$DA,ALL,ALL$ASEL,ALL                         ! 选择内环面、施加约束
ANTYPE,2$MODOPT,LANB,10$MXPAND,10                           ! 模态扩展数
SOLVE$FINISH                                                ! 求解
/POST1$SET,LIST                                             ! 进入后处理查看结果
! 计算结果的前两阶频率分别为 35.046Hz 和 35.888Hz ......................................
! EX9.3  等厚度圆环孔板的模态分析——循环对称结构......................................
FINISH$/CLEAR$/PREP7
R0 = 0.5$R1 = 1.5$R2 = 3.5$R3 = 2.5$H = 0.2$NH = 8         ! 定义几何参数及扇区数
ET,1,SOLID45$MP,EX,1,2.1E11                                 ! 定义单元类型与材料性质
MP,PRXY,1,0.3$MP,DENS,1,7800$R,1                            ! 质量密度等性质
*AFUN,DEG$CYL4,,,R1,0,R2,45                                 ! 定义三角函数角度为度,创建扇区
CYL4,R3*COS(22.5),R3*SIN(22.5),R0                           ! 创建圆孔
ASBA,1,2$NUMCMP,ALL$VOFFST,1,H                              ! 面布尔运算、编号压缩、创建体
ESIZE,0.15$VSWEEP,ALL                                       ! 设置网格尺寸、划分网格
CSYS,1$NSEL,S,LOC,Y,0$CM,LOW,NODE                           ! 定义最低角度侧面的节点组件
NSEL,S,LOC,Y,45$CM,HIGH,NODE                                ! 定义最高角度侧面的节点组件
ALLSEL,ALL                                                  ! 选择所有图素
CYCGEN                                                      ! 执行宏命令 CYCGEN
NSEL,S,LOC,X,R1$D,ALL,ALL$ALLSEL,ALL                        ! 施加约束
/SOLU$ANTYPE,2$MODOPT,LANB,10                               ! 定义分析类型、提取方法
MXPAND,10$CYCSOL,0,4,8,'LOW'                                ! 扩展模态数、执行宏 CYCSOL 求解
/POST1$SET,LIST                                             ! 进入后处理,查看结果
```

9.2.4 有预应力模态分析

有预应力(对应无应力)模态分析用于计算有预应力结构的固有频率和模态,如有载结构、张紧的弦、旋转涡轮片等的模态分析。除了首先要通过进行静力分析把荷载产生的应力(预应力)加到结构上外,有预应力模态分析的过程和一般模态分析基本上一样。

其基本过程及注意事项如下:

1. 打开预应力效应获取静力分析解

建模与其他分析相同,求解前打开预应力效应(命令 PSTRES,ON),然后获得静力解。静力分析中的集中质量矩阵的设置必须与随后的有预应力模态分析中的集中质量矩阵设置一致。

2. 重新进入求解器并获取模态分析解

重新进入求解器,再用一次用命令 PRSTES,ON 打开预应力效应。注意:在静力分析中生成的文件 Jobname.EMAT 和 Jobname.ESAV 必须都存在。

3. 进入后处理器查看结果

步骤 1 也可以是一个瞬态分析,但要在需要的时间点保存.EMAT 和.ESAV 文件。

以图 9-1 所示的悬臂梁为例,在悬臂端作用一 6000kN 的轴向压力,此时梁中的应力为 -100MPa,结果其一阶频率为 1.967 与原一阶频率 6.982 相差甚远。命令流如下:

```
! EX9.4  平面悬臂梁的预应力模态分析----------------------------------------
FINISH$/CLEAR$/PREP7
ET,1,BEAM3$MP,EX,1,2.1E11$MP,PRXY,1,0.3              ! 定义单元类型与材料性质
MP,DENS,1,7800$R,1,0.06,0.00045,0.3                  ! 定义质量密度和单元实常数
K,1$K,2,6$L,1,2$LESIZE,ALL,,,20$LMESH,ALL            ! 创建几何模型并划分网格
DK,1,ALL$FK,2,FX,-6E6$FINISH                         ! 施加约束和荷载
/SOLU$PSTRES,ON$SOLVE$FINISH                         ! 打开预应力效应并进行静力求解
/SOLU$ANTYPE,2                                       ! 再次进入求解层,定义模态分析
PSTRES,ON                                            ! 再次打开预应力效应
MODOPT,LANB,3$MXPAND,3$SOLVE$FINISH                  ! 定义模态提取方法和数目,求解
/POST1$SET,LIST                                      ! 进入后处理,查看结果
! -----------------------------------------------------------------------
```

9.2.5 大变形预应力模态分析

大变形预应力模态分析用于计算高度变形后结构的固有频率和振型,即在荷载作用下,结构的变形非常大(考虑几何非线性影响),需要考虑结构变形及其应力对固有频率和振型的影响。此时的模态分析与预应力模态分析过程基本相同,但特征值的求解用 PSOLVE 命令而不是 SOLVE,用较简单命令流说明求解过程如下:

1. 建模

```
/PREP7……$FINISH                                     ! 同常规建模,包括几何或有限元模型、边界条件、
                                                     荷载等
```

2. 静力分析

```
/SOLU$ANTYPE,STATIC                    ! 进入求解层,定义静力分析
NLGEOM,ON                              ! 打开大变形效应
PSTRES,ON                              ! 打开预应力效应(某些情况下使用 SSTIF,ON 可帮助收敛)
EMATWRITE,YES                          ! 写出 EMAT 文件,这是 PSOLVE 求解所必须的文件
……
SOLVE$FINISH                           ! 进行大变形静力求解
```

3. 模态分析

```
/SOLU$ANTYPE,MODAL                     ! 进入求解层,定义模态分析
UPCOORD,1.0,ON                         ! 修正坐标以得到正确的应力,同时将位移清零
PSTRES,ON                              ! 打开预应力效应
MODOPT……                               ! 定义模态提取方法、模态数目等
MXPAND……                               ! 定义模态扩展数目等
PSOLVE,EIGxxxx                         ! 求解特征值(频率)和特征向量(振型)等
! 可采用与 MODOPT 命令相匹配的 EIGLANB、EIGFULL、EIGUNSYM、EIGDAMP 等
FINISH
```

4. 模态扩展

```
/SOLU                                  ! 进入求解层
EXPASS,ON                              ! 指定模态扩展
PSOLVE,EIGEXP                          ! 特征向量扩展(振型)
FINISH
```

5. 后处理查看结果

```
/POST1$SET,LIST
```

以上述悬臂梁为例,在悬臂端作用−6 000kN 的轴向压力和 1 000kN 的竖向力,对该结构进行大变形预应力模态分析。从分析结果可知,一般模态分析、预应力模态分析、大变形预应力模态分析的一阶频率为分别为 6.982Hz、1.967Hz、4.774Hz,可见存在较大的差别。

```
! EX9.5  大变形预应力模态分析……………………………………………………………………………
! 1.创建模型、施加边界条件和荷载……………………………………………………………………
FINISH$/CLEAR$/PREP7
ET,1,BEAM3$MP,EX,1,2.1E11$MP,PRXY,1,0.3$MP,DENS,1,7 800$R,1,0.06,0.000 45,0.3
K,1$K,2,6$L,1,2$LESIZE,ALL,,,20$LMESH,ALL$DK,1,ALL
FK,2,FY,-1E6$FK,2,FX,-6E6$FINISH
! 2.大变形静力分析………………………………………………………………………………………
/SOLU$ANTYPE,0                                     ! 进入求解层、定义静力求解类型
NLGEOM,ON$PSTRES,ON                                ! 打开大变形和预应力效应
EMATWRITE,YES                                      ! 指定写出 EMAT 文件
```

```
NSUBST,20$OUTRES,ALL,ALL                   ! 设置荷载步及结果输出频度
SOLVE$FINISH                               ! 静力求解
! 3.模态分析-------------------------------------------------------------
/SOLU$ANTYPE,2                             ! 进入求解层、定义模态求解类型
UPCOORD,1,ON                               ! 更新坐标,并将位移清零
PSTRES,ON                                  ! 打开预应力效应
MODOPT,LANB,3$MXPAND,3                     ! 定义模态提取方法、模态数目、扩展模态数
PSOLVE,EIGLANB                             ! 用分块兰索斯法求特征值和特征向量
FINISH                                     ! 此时从输出窗口可看到频率,但在/POST1 无结果
! 4.扩展模态-------------------------------------------------------------
/SOLU$EXPASS,ON                            ! 再次进入求解层,打开扩展
PSOLVE,EIGEXP                              ! 扩展特征向量
! 5.后处理查看结果---------------------------------------------------------
/POST1$SET,LIST                            ! 可查看频率和振型等结果
```

9.3 谐响应分析

任何持续的周期荷载将在结构系统中产生持续的周期响应,该周期响应称为谐响应。谐响应分析是用于确定线性结构在承受随时间按正弦规律变化的荷载时的稳态响应,其目的是计算出结构在几种频率下的响应,并得到一些响应值(通常是位移)对频率的曲线,从这些曲线上可以找到"峰值"响应,并进一步观察峰值频率对应的应力。谐响应分析只计算结构的稳态受迫振动,而不考虑在激励开始时的瞬态振动。谐响应分析能预测结构的持续动力特性,从而克服共振、疲劳及其他受迫振动引起的不良影响。

谐响应分析是一种线性分析,任何非线性特性如塑性和接触等,即使定义了也将被忽略。谐响应分析也可以分析有预应力结构。

谐响应分析可采用完全法、缩减法和模态叠加法等三种方法。如将简谐载荷定义为有时间历程的载荷函数,进行相应的瞬态动力分析,也可称为第四种方法。

(1)完全法是三种方法中最简单的,它采用完整的系统矩阵计算谐响应而不是缩减矩阵,矩阵可为对称或非对称,其特点是:

①容易使用,因为不必关心如何选取主自由度或振型;

②使用完整矩阵,因此不涉及质量矩阵的近似;

③允许有非对称矩阵,这种矩阵在声学或轴承问题中很典型;

④用单一处理过程计算出所有的位移和应力;

⑤可定义各种类型的荷载:节点力、外加的(非零)位移、单元荷载(压力和温度);

⑥可在几何模型上定义载荷;

⑦当采用波前求解器时这种方法通常比其他方法费用高。但在采用 JCG 求解器或 ICCG 求解器时,完全法的效率很高。

(2)缩减法通过采用主自由度和缩减矩阵来降低问题的规模。主自由度处的位移被计算

出来后，解可以扩展到初始的完整自由度集上，其特点是：

①在采用 Frontal 求解器时比完全法更快且费用小；

②可以考虑预应力效应；

③初始解只计算主自由度处的位移，要得到完整的位移、应力和力的解需执行扩展过程；

④不能施加单元荷载(压力、温度等等)；

⑤所有荷载必须施加在用户定义的主自由度上，不能在几何模型上加载。

(3)模态叠加法通过模态分析得到的振型乘上因子并求和计算结构响应，其特点是：

①对于许多问题，此法比 Reduced 或完全法更快且费用小；

②模态分析中施加的荷载可以通过 LVSCALE 命令用于谐响应分析中；

③可以使解按结构的固有频率聚集，可得到更平滑、更精确的响应曲线图；

④可以考虑预应力效应；

⑤允许考虑振型阻尼(阻尼系数为频率的函数)；

⑥不能施加非零位移；

⑦在模态分析中使用 PowerDynamics 法时，初始条件中不能有预加的荷载。

(4)谐响应分析的三种方法存在共同的限制：

①所有荷载必须随时间按正弦规律变化；

②所有荷载必须有相同的频率，谐响应分析不能计算频率不同的多个荷载同时作用时的响应，但在 POST1 中可以对两种荷载工况进行叠加得到总体响应。

③不考虑非线性特性；

④不考虑瞬态效应；

⑤重启动分析不可用，如要再施加其他简谐荷载，需另进行一次新的分析。

可以通过瞬态动力分析克服上述限制，此时将简谐荷载表示为有时间历程的荷载函数。

9.3.1 完全法谐响应分析

完全法谐响应分析过程由三个主要步骤组成：建模、加载求解、观察结果。

1. 建模

建模与其他分析基本相同，但必须注意以下两点：

(1)在谐响应分析中，只有线性行为是有效的。如果有非线性单元，它们将按线性单元处理。例如，如果分析中包含接触单元，则它们的刚度取初始状态值并在计算过程中不再发生变化。

(2)必须指定杨氏模量 EX(或某种形式的刚度)和密度 DENS(或某种形式的质量)。材料特性可以是线性、各向同性或各向异性、恒温或和温度相关，非线性材料特性将被忽略。

2. 加载求解

该过程包括定义分析类型、模型荷载、载荷步及其相关选项，然后求解。

(1)求解类型及选项。

用 ANTYPE,3 或 ANTYPE,HARMIC 定义谐响应分析。

用命令 HROPT 定义谐响应分析的求解方法及其他参数。

用命令 HROUT 定义谐响应分析的输出选项，如实部和虚部、频率分割、模态贡献等。

用命令 LUMPM 定义质量矩阵，如一致质量矩阵或是集中质量矩阵等。

用命令 EQSLV 选择求解器，如缺省的波前(Frontal)求解器、JCG 求解器、ICCG 求解器。

用命令 NSUBST 定义计算任何数目的谐响应解，解或子步将均布在指定的频率范围内(HARFRQ)。例如，在 30～40Hz 范围内要求出 10 个解，程序将计算出在频率为 31，32，33，…，39 和 40Hz 处的响应，而不计算频率范围低端处(30Hz)的响应。

用命令 KBC 定义荷载方式，即阶跃荷载或渐变荷载。

用命令 HARFRQ 指定强制频率范围(单位为 Hz，即简谐荷载的频率范围)。

定义阻尼中必须指定某种形式的阻尼，否则在共振频率处的响应将无限大。命令 ALPHAD 和 BETAD 指定的是和频率相关的阻尼系数，而 DMPRAT 指定的是对所有频率为恒定值的阻尼比。

(2)加载。

谐响应分析中，可施加约束、集中力、面荷载、体荷载及惯性荷载。除惯性载荷外，可在几何模型或有限元模型上定义荷载。施加的所有荷载随时间按正弦规律变化，一个完整的简谐荷载需要输入三条信息：幅值、相位角和强制频率范围(如图 9-3 所示)。

幅值 F_0 指荷载的最大值，用加载命令进行施加。

相位角 ϕ 指荷载滞后(或领先)于参考时间的量度。当要同时定义多个相互间存在相位差的简谐荷载时，必须分别指定相位角。但相位角不能直接输入，而是用加载命令的 VALUE 和 VALUE2 来指定有相位角荷载的实部 F_r 和虚部 F_i。面载荷和体载荷只能指定 0 相位角(即不能定义载荷的虚部)。实部、虚部、幅值及相位角关系如下：

$$F_0 = \sqrt{F_r^2 + F_i^2} \tag{9-8}$$

$$F_r = F_0 \cos\phi \tag{9-9}$$

$$F_i = F_0 \sin\phi \tag{9-10}$$

$$\phi = arc\tan\left(\frac{F_i}{F_r}\right) \tag{9-11}$$

强制频率范围指简谐荷载的频率(单位 Hz)范围。

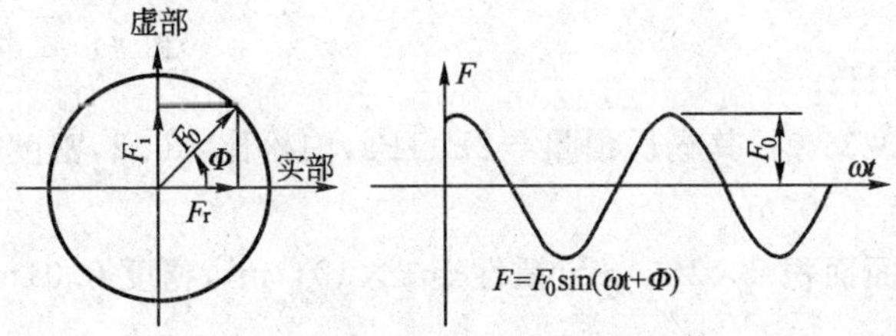

图 9-3 实部、虚部、幅值及相位角关系

(3)求解。

直接求解即可。

如果要计算其他荷载和频率范围(即另外的载荷步)的结果，可重复以上过程。如果希望进行时间历程后处理(POST26)，载荷步之间的频率范围不能存在重叠。多步荷载的求解当然也可采用荷载步文件方法。

3. 观察结果

谐响应分析的结果(如节点位移、节点和单元应力、节点和单元应变、单元力、节点反力等)被保存到结果文件,该文件包含的所有数据在解所对应的强制频率处按简谐规律变化。如果在结构中定义了阻尼,结构响应与激励荷载之间不同步,所有结果将以复数形式即实部和虚部进行存储。如果施加的荷载之间不同步(存在初始相差),同样也会产生复数结果。

后处理时一般顺序先用 POST26 找到临界强制频率——模型中所关注点处产生最大位移(或应力)时的频率,然后用 POST1 在这些临界强制频率处观察整个模型的响应。也就是说,POST26 用于观察模型中指定点在整个频率范围内的结果,而 POST1 用于观察整个模型在指定频率点的结果。

(1)使用 POST26。

POST26 中的变量(结果项)是与频率对应的,1 号变量被内定为频率。使用命令 NSOL、ESOL 和 RFORC 可分别定义节点解、单元解和反作用力等变量。

绘制变量-频率关系曲线,用命令 PLCPLX 指定选用幅值、相位角、实部、虚部任一方式表达解的形式。用命令 EXTREM 可列出变量的极值。

(2)使用 POST1。

用命令 SET 读入所需谐响应分析结果,但它将读入实部或者虚部,不能同时将二者都读入。结果的实际大小由实部和虚部的 SRSS 值(平方和取平方根)给出,可通过荷载工况操作得到。而在 POST26 中可得到模型中的指定点处的真实结果。

用通用后处理的相关命令显示结构的变形、应力、应变等的等值线或者矢量图等。

如图 9-4 所示的工作台,在工作台面中央位置安装有一台电动机,电机转子偏心在旋转时的偏心荷载就是一个简谐激励,计算工作台在该激励下结构的响应。已知条件如下:

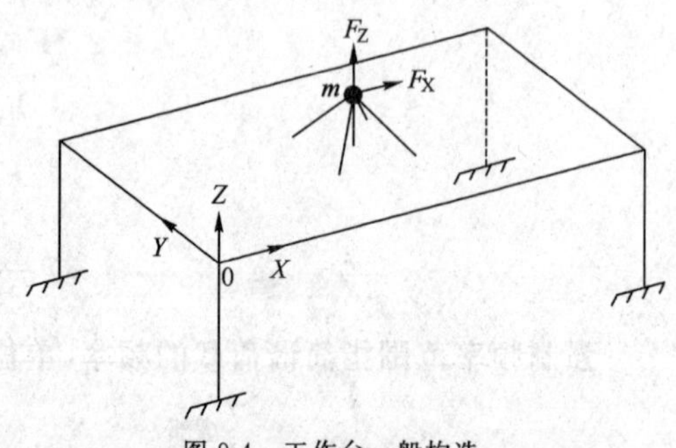

图 9-4 工作台一般构造

电机质量为 $m=99$kg,质量重心高出台面 0.1m;

简谐激励为:$Fx=100$N,$Fz=100$N 且与 Fx 落后 90 度相位角;

频率范围为:0~10Hz;

所有的材料均为 Q235 钢,其杨氏模量=2E11Pa,泊松比=0.3,密度=7 800kg/m^3;

工作台面板:厚度=0.02m;

腿的几何特性:截面面积 2×10^{-4} m^2,惯性矩 2×10^{-8} m^4,宽度 0.01m,高度 0.02m。

分析的命令流如下:

```
! EX9.6  工作台的谐响应分析——完全法………………………………………………
! 1.建模:创建几何模型和有限元模型(同一般分析方法)………………………………
FINISH$/CLEAR$/PREP7
WIDTH = 1$LENGTH = 2$HIGH = -1$MASS_HIG = 0.1          ! 定义几何参数
ET,1,SHELL63$ET,2,BEAM4$ET,3,MASS21                    ! 定义三种单元
```

```
MP,EX,1,2E11$MP,PRXY,1,0.3$MP,DENS,1,7800                    ! 定义材料性质与质量密度
R,1,0.02$R,2,2E-4,2E-8,2E-8,0.01,0.02$R,3,99                ! 定义板厚、梁单元实常数、质量
RECT,,LENGTH,,WIDTH$K,5,,,HIGH                              ! 创建几何模型与腿下端关键点
K,6,LENGTH,,HIGH$K,7,LENGTH,WIDTH,HIGH                      ! 创建其余关键点
K,8,,WIDTH,HIGH$L,1,5$*REP,4,1,1                            ! 创建腿线
ESIZ,0.1$AMESH,ALL                                          ! 对面划分单元
TYPE,2$REAL,2$LMESH,5,8                                     ! 对腿划分梁单元
N,500,LENGTH/2,WIDTH/2,MASS_HIG                             ! 在质量重心创建节点,编号为 500
TYPE,3$REAL,3$EN,500,500                                    ! 定义质量单元
CERIG,500,136,ALL$CERIG,500,138,ALL                         ! 创建刚性区(应根据电机尺寸确定)
CERIG,500,154,ALL$CERIG,500,156,ALL                         ! 创建刚性区(此处对称选取四个点)
NSEL,S,LOC,Z,HIGH$D,ALL,ALL$NSEL,ALL                        ! 施加约束
FINISH
! 2.进行模态分析(此处仅为获得结构的模态参数,同常规模态分析方法)--------------------------------
/SOLU$ANTYPE,MODAL$MODOPT,LANB,10$MXPAND,10,,,YES$SOLVE$FINISH
! 上述分析可得到结构的 10 阶模态参数,基频为 3.197 7Hz
! 3.谐响应分析------------------------------------------------------------------------------
/SOLU$ANTYPE,HARMIC                                         ! 定义分析类型为谐响应分析(也可采用 ANTYPE,3 定义)
HROPT,FULL                                                  ! 采用完全法进行谐响应分析(缺省,也可略去此句)
ALPHAD,5                                                    ! 定义质量阻尼系数
F,500,FX,100                                                ! 在电机质量重心施加 X 方向的简谐力 100N
F,500,FZ,0,100                                              ! 施加 Z 方向的简谐力 100N,其与 Fx 相位差为 90 度
HARFRQ,0,10                                                 ! 定义简谐计算强制频率范围为 0~10Hz
NSUBST,50                                                   ! 定义计算谐响应解的数目,数目大可使频率-响应曲线圆滑
SOLVE$FINI                                                  ! 求解后退出
! 4.时程后处理(查看节点响应与频率的关系,得到峰值对应的频率)--------------------------------------
/POST26$NSOL,2,500,U,X                                      ! 定义变量 2 为节点 500 的 X 方向位移
NSOL,3,500,U,Z                                              ! 定义变量 3 为节点 500 的 Z 方向位移
/GRID,1                                                     ! 设置绘图区网格
PLCPLX,0                                                    ! 以振幅显示结果(还可分别为相位、实部、虚部)
PLVA,2,3                                                    ! 绘制响应-频率曲线(X 轴为频率),最大在 3.2 左右
! 5.通用后处理(查看峰值频率处结构的整体响应)--------------------------------------------------
/POST1$SET,LIST                                             ! 列出所有结果
SET,1,16$PLDISP,1                                           ! 读入频率为 3.2 时的实部结果,并显示变形
SET,1,16,,1$PLDISP,1                                        ! 读入频率为 3.2 时的虚部结果,并显示变形
LCDEF,1,1,16,0                                              ! 定义频率为 3.2 时的实部结果为荷载工况 1
LCDEF,2,1,16,1                                              ! 定义频率为 3.2 时的虚部结果为荷载工况 2
LCZERO$LCASE,1                                              ! 数据库清零并读入荷载工况 1
LCOPER,SRSS,2                                               ! 计算当前数据库与荷载工况 2 结果的平方和再开方
PLDISP,1                                                    ! 以振幅形式显示结构的总体变形
```

9.3.2 缩减法谐响应分析

缩减法用缩减矩阵计算谐响应的解，其分析过程有：建模、加载并求得缩减解、观察缩减解结果、扩展解、观察已扩展的解结果。建模过程与完全法相同，其他过程分述如下：

1. 加载并求得缩减解

缩减解是指在主自由度上的解，获得缩减解的主要步骤如下：

(1)进入 ANSYS 求解器。

(2)指定分析类型和分析选项。

缩减解法的选项与完全法基本相同，但缩减法可以考虑预应力效应。当然在其前面的静力分析（或瞬态分析）中同样要打开预应力效应，并得到相应的单元文件。

(3)定义主自由度。

主自由度是表征结构动力学特性的基本自由度，在缩减法谐响应分析中，要求在施加了力或非零位移的位置处也要设置主自由度。

ANSYS 采用的矩阵缩减基础理论是 Guyan 缩减法计算缩减矩阵，其关键假设是对于较低的频率，从自由度（被缩减掉的自由度）上的惯性力和从主自由度传递过来的弹性力相比是可以忽略的。因此，最终结果是缩减的刚度矩阵是精确的，而缩减的质量和阻尼矩阵是近似的。

选择主自由度是缩减法分析中很重要的一步，其求解度将取决于主自由度的位置和数目。对于给定的问题，可以选择多种不同的主自由度集，在大多种情形下都可以得到能够接受的结果。用命令 M 和 MGEN 来选择主自由度，也可用 TOTAL 命令让程序在求解过程中选择主自由度。一般情况这两种方式兼用，即自己选择少量主自由度，让程序选择一些自由度，这样可弥补那些可能被遗漏的结果。

选择主自由度的基本准则：

①主自由度的总数至少应是感兴趣的模态数的两倍；

②将结构或部件要振动的方向选为主自由度；

③在相对较大质量或较大转动惯量但刚度相对较低的位置选择主自由度；

④如果最关注的是弯曲模态，则可以忽略转动和“拉伸”自由度；

⑤如果要选的自由度属于一个耦合约束集，则只须选中耦合集中第一个（首要的）自由度；

⑥在施加力或非零位移的位置选择主自由度；

⑦对于轴对称壳模型，选择模型中的平行于或接近平行于中心线部分的所有节点的全局自由度为主自由度，这样可避免主自由度间的振荡运动。

检查主自由度集有效性的最好方法是用两倍（或一半）数目的主自由度再次进行分析，然后比较结果。另一种方法是观察在模态分析中输出的缩减质量分布，缩减质量在运动的主要方向上的分量至少占结构整个质量的 10%～15%。

程序选择主自由度的分布将取决于求解时单元被处理的顺序，但对结果影响很小。对于有统一的大小和特征的网格（如平板），应当用命令 M 和 MGEN 人为地指定一些主自由度。在质量分布不规则的结构中也应做同样的处理，因为程序选出的主自由度可能集中在高质量区。

(4)在模型上加载。

施加简谐荷载与完全法相同，但缩减法只能施加位移和力，不能施加压力、温度和加速度，并且力和非零位移只能施加在主自由度上。

(5)指定载荷步选项。

除 OUTRES 和 ERESX 命令不可用外，其余选项和完全法相同。OUTPR 命令用于控制主自由度处节点解的输出情况。

(6)求解：命令 SOLVE。

(7)离开求解器：命令 FINISH。

2. 观察缩减法求解的结果

缩减法谐响应分析的结果保存在缩减法响应位移文件 Jobname. RFRQ 中。结果由主自由度处的位移组成，如果指定了阻尼或施加了异步(存在相差)荷载，位移将为复数形式。可以在 POST26 中把主自由度上的位移定义为频率的函数并进行观察，但此时不能用 POST1，因为完整自由度上的解还未得到。

使用 POST26 的步骤与完全法描述的基本一样，但存在以下差别：

(1)在定义 POST26 变量前，用 FILE 命令指定从 Jobname. RFRQ 中读取结果数据。例如，分析项目名为 HARME8，FILE 命令将为：FILE，HARME8，RFRQ。

(2)因可处理的只有节点自由度数据(在主自由度上)，故只能用 NSOL 命令定义变量。

3. 扩展解

扩展过程是根据缩减解计算出所有自由度上的位移、应力和力的解，该计算只能按指定的频率和相位角进行。因此，在开始扩展过程前，应当先观察缩减解的结果(用 POST26)并找到临界频率和相位角。扩展过程并不是必须的，如果主要关心的是结构上给定点的位移，那么缩减解就可以满足要求。而如果想确定非主自由度处的位移或者对应力解感兴趣，那么就必须进行扩展过程。扩展过程如下：

(1)重新进入 ANSYS 求解器。

(2)激活扩展过程及其选项。

用命令 EXPASS 设定扩展过程，即 EXPASS，ON。

用命令 NUMEXP 设置要扩展的解的数目和扩展频率范围。解的数目是指在一个频率范围内均布的要扩展出的解的数目。例如，NUMEXP，4，1 000，2 000 指定在频率范围 1 000 至 2 000 间扩展出 4 个解(即扩展在频率为 1 250，1 500，1 750 和 2 000 处的解)。如果不需要扩展出多个解，可以用命令 EXPSOL 指定要扩展的单一解(指定解对应的载荷步、子步号或对应的频率值)。

如果在一个频率范围内要扩展多个解，建议对实部和虚部都进行扩展(命令 HREXP，ALL)，这样可在 POST26 中合并实部和虚部，以便观察位移、应力及其他结果的峰值。如果扩展的是单一解，则可以用 HREXP，angle 指定峰值位移发生时的相位角，在/POST1 中可直接看幅值。

用命令 HROPT 确定谐响应位移解的输出方式，可选实部/虚部方式(缺省)或振幅/相位角方式。

用命令 OUTPR、OUTRES、EREXS 等设置输出控制。

(3)执行扩展过程:命令 SOLVE。

(4)对其他解的扩展。

重复步骤(2)和(3),每一次扩展过程在结果文件中被保存为一个单独的载荷步。

(5)离开求解层,到后处理器中观察结果。

4. 观察已扩展解的结果

扩展过程的结果由节点位移、节点和单元应力、节点和单元应变、单元力、节点反作用力等组成。可在 POST1 中观察这些结果,如果已在几个频率处扩展了解,则可在 POST26 中得到结果对频率的关系曲线。结果的观察步骤与完全法基本相同,但如果指定了在某个相位角处扩展解,则在每个频率处只生成一个解,可用命令 SET 从结果文件中读取。

例如,一长为 3m 底宽为 1m 的三角形悬臂板,其钢板厚为 20mm,在板顶端作用一垂直板面的简谐荷载,幅值为 1kN,系统常阻尼比为 5%,用缩减法求其在 0～20Hz 范围内的谐响应。

```
! EX9.7  悬臂三角板的谐响应分析——缩减法
FINISH$/CLEAR$/FILNAME,EX97$/PREP7                    ! 定义工作文件名,以便读入结果采用
! 1.定义单元类型、材料性质、实常数、创建模型、施加约束等
ET,1,SHELL63$MP,EX,1,2.1E11$MP,NUXY,1,0.3$MP,DENS,1,7800$R,1,0.02
K,1$K,2,3$K,3,3,0.5$A,1,2,3,3$ARSYM,Y,1$NUMMRG,KP
LESIZE,2,,,1$LESIZE,5,,,1$ESIZE,,6$AMESH,ALL$LSEL,S,LOC,X,3$DL,ALL,,ALL
! 2.谐响应分析(采用缩减法)
/SOLU$ANTYPE,HARMIC                                   ! 定义谐响应分析类型
HROPT,REDUCE$HROUT,ON                                 ! 定义谐响应分析方法、输出控制
NSEL,S,LOC,Y,0$M,ALL,UZ$NSEL,ALL                      ! 选择节点,定义主自由度
TOTAL,9                                               ! 定义程序选择主自由度
F,1,FZ,1000$HARFRQ,0,20$DMPRAT,0.05                   ! 施加荷载、定义强制频率范围,定义常阻尼比
NSUBST,100$KBC,1$SOLVE$FINISH                         ! 定出解的数目、荷载形式,然后求解
! 3.观察缩减解(查看峰值响应对应的频率)
/POST26$FILE,EX97,RFRQ                                ! 进入/POST26,读入文件 EX97.RFRQ
NSOL,2,1,U,Z                                          ! 定义节点 1 的 Uz 为变量 2
PLCPLX,0$PLVAR,2                                      ! 以幅值形式显示响应-频率曲线
PLCPLX,1$PLVAR,2$FINISH                               ! 以相位形式显示响应-频率曲线
! 3.8Hz 对应的 Uz 幅值为 0.7951m,对应的相位为 -76.88°
! 4.扩展解(单点)
/SOLU$EXPASS,ON                                       ! 进入求解层,打开扩展开关
EXPSOL,,,3.8                                          ! 在 3.8Hz 处获得扩展解
HREXP,-76.88$OUTRES,ALL,ALL                           ! 定义扩展相位角、定义扩展结果输出
SOLVE$FINISH                                          ! 求解并退出求解器
! 当采用 HREXP,ALL 时则给出 0°和 90°时的扩展解,否则仅给出一个解(可看幅值)
! 5.观察扩展解(单点)
/POST1$SET,LIST                                       ! 结果列表,仅一个解
PLDISP,1$PLNSOL,S,X                                   ! 显示位移响应和 X 方向应力响应
```

```
! 由于指定了扩展相位角,则上述显示的是幅值,即总响应,否则查看实部或虚部等结果
! 4A.扩展解(多点)------------------------------------------------------------
/SOLU$EXPASS,ON                           ! 进入求解层,打开扩展开关
NUMEXP,3,3.0,4.0$HREXP,ALL                ! 在3.0～4.0Hz间扩展六个解,且实/虚部均扩展
OUTRES,ALL,ALL$SOLVE$FINISH               ! 输出所有结果,求解后退出
! 5A.观察扩展解(多点)--------------------------------------------------------
/POST1$SET,LIST                           ! 结果列表,有六个解,实部和虚部各三个
SET,1,2$PLDISP,1                          ! 读取3.8Hz对应的实部显示,0.1805
SET,1,2,,1$PLDISP,1                       ! 读取3.8Hz对应的虚部显示,0.7744
! 幅值可由实部和虚部计算得为0.7951。下面以荷载工况形式合并实部和虚部
LCDEF,1,1,2,0$LCDEF,2,1,2,1$LCZERO$LCASE,1$LCOPER,SRSS,2
PLDISP,1$PLNSOL,S,X                       ! 以幅值形式显示变形和应力
! --------------------------------------------------------------------------
```

9.3.3 模态叠加法谐响应分析

模态叠加法通过对振型乘以因子并求和来计算谐响应,模态叠加法的分析过程主要有:建模、获取模态分析解、获取模态叠加法谐响应分析解、扩展模态叠加解、观察结果等。

1.获取模态分析解

模态分析的方法详见前述,但对于模态叠加法尚应注意以下几点:

(1)模态提取方法应采用分块兰索斯法、子空间迭代法、缩减法、PowerDynamics法、QR阻尼法,其他方法如非对称法和阻尼法在模态叠加法中不能采用。

(2)如果采用PowerDynamic模态提取法,则不能施加非零荷载或位移(即只有u=0是可加的初始条件)。PowerDynamic模态提取法不生成荷载矢量。

(3)确保提取出所有对谐响应有贡献的模态。

(4)缩减法提取模态时必须包括施加简谐荷载的主自由度。

(5)QR阻尼法提取模态时必须在前处理或模态分析阶段指定阻尼(模态叠加法谐响应分析过程中定义的阻尼将被忽略)。可以指定的阻尼有ALPHAD、BETAD、MP,DAMP或单元阻尼,QR阻尼法不支持DMPRAT和MDAMP。

(6)如果需要施加简谐变化的单元荷载(压力、温度和加速度等),必须在模态分析中进行施加。这些荷载在模态分析中虽被忽略,但程序将计算出相应的荷载向量并将其写入振型文件,以便在谐响应分析求解时使用。

(7)模态叠加法不需要扩展模态(但如要观察振型,就应当扩展模态)。

(8)在模态分析与谐响应分析过程之间,不能改变模型数据(如节点旋转等)。

2.获取模态叠加法谐响应解

基本步骤如下:

(1)进入求解层。

(2)指定分析类型及分析选项。

与完全法基本相同,但需要注意:

①用命令 HROPT 选择模态叠加法并指定求解的模态数。模态数将决定谐响应解的精度,通常模态数应当覆盖简谐荷载频率范围的 50%以上。

②用命令 HROUT 将解按结构的固有频率进行聚集,以得到更光滑、更精确的响应曲线;同时可以选择在各频率处输出一个包含了各阶模态对总响应贡献的列表。

(3)在模型上施加荷载。

施加荷载的方法与完全法类似,但只可施加力、加速度和模态分析中生成的荷载向量,可用命令 LVSCALE 来施加在模态分析中生成的荷载向量。如果采用缩减法模态分析得到的振型,力只能加在主自由度上。

(4)指定载荷步选项。

除了可以指定振型阻尼外,与缩减法中相应步骤基本一样。如果用命令 HROUT 选择了 Clustering 选项,就可用命令 NSUBST 指定分布在固有频率两侧的解的数目。缺省情形下计算出四个解,但是可以指定二到十个解。

(5)求解。

(6)离开求解层。

3. 扩展模态叠加解

扩展过程与缩减法相同。

4. 观察结果

结果由简谐变化的位移,应力和反作用力组成,可以用 POST26 或 POST1 观察这些结果,与缩减法中所述相同。关于模态叠加法的例子详见 ANSYS 的帮助文件。

9.3.4 有预应力的谐响应分析

有预应力的谐响应分析用于计算有预应力结构的动力学响应,如小提琴的弦、斜拉索、有应力的结构等,它假定简谐变化的应力比预应力本身小得多。

有预应力的完全法和缩减法谐响应分析都首先进行结构静力分析,其他过程基本上与无预应力谐响应分析相同,只是在静力分析和谐响应分析中都必须打开预应力效应(PSTRES,ON)。而模态叠加法则首先进行有预应力的模态分析,其后与一般的模态叠加法分析相同。

设一根两端固定的斜索,其长度为 110m,与水平面呈 38°角。计算面积为 0.006 272m^2,单位质量为 53kg/m,弹性模量为 1.95×10^5MPa,泊松系数取 0.2。已知其索力为 4 000kN,不计其抗弯刚度,在索下端 4m 长度处作用一简谐荷载,方向与索垂直,力的幅值为 1kN,对该索进行谐响应分析。

```
! EX9.8  斜索的谐响应分析
! 创建模型、施加荷载与约束
FINISH$/CLEAR$/PREP7$A = 0.006272$EM = 1.95E11$ET,1,LINK1  MP,EX,1,EM$MP,PRXY,1,0.3$MP,DENS,1,53/A$R,1,A
CSYS,1$K,1$K,2,110,38$L,1,2$LESIZE,ALL,,,55$LMESH,ALL$NROTAT,ALL
D,1,ALL$D,2,UY,,,56$F,2,FX,4E6
! 进行静力分析(打开预应力开关)
```

```
/SOLU$ANTYPE,0$PSTRES,ON$ACEL,,9.8$SOLVE$FINISH
! 进行谐响应分析(打开预应力开关、改变约束条件等)
/SOLU$ANTYPE,HARMIC$HROPT,FULL$PSTRES,ON
ACEL,0,0,0$FDELE,2,FX$DDEL,3,UY,56$F,4,FY,1000
ALPHAD,0.1$KBC,1$HARFRQ,0,7$NSUBST,100$OUTRES,ALL,ALL$SOLVE$FINISH
! 进入/POST26 查看响应-频率曲线(如图 9-5 所示)
/POST26$NSOL,2,29,U,Y$NSOL,3,29,U,X$PLVAR,2,3
! 进入/POST1 查看整个模型在某个频率处的响应
/POST1$SET,LIST$SET,1,18$PLDISP,1
! ------------------------------------------------------------------------
```

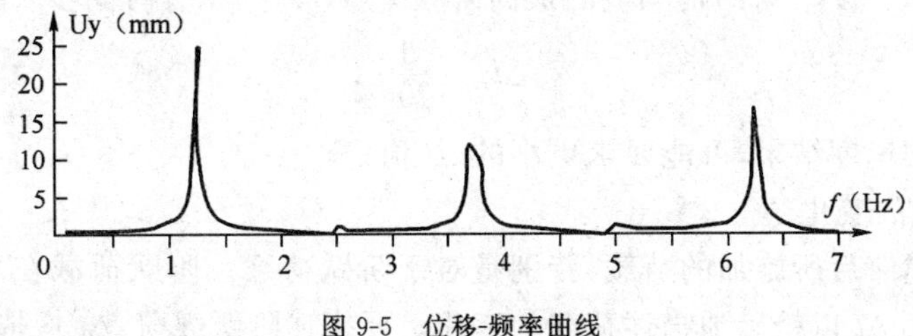

图 9-5　位移-频率曲线

9.4 瞬态动力分析

瞬态动力分析可采用三种方法：完全法、缩减法和模态叠加法。

(1)完全法：采用完整的系统矩阵计算瞬态响应，在三种方法中功能最强，可包括各类非线性特性(如塑性、大变形、大应变等)。其特点是：容易使用，不必关心选择主自由度或振型；可考虑各种类型的非线性特性；采用完整的系统矩阵，无质量矩阵近似；一次分析就能得到所有的位移和应力；可施加所有类型的荷载：节点力、外加的(非零)位移和单元载荷(压力和温度)，还可通过 TABLE 数组参数指定表边界条件；可在几何模型上施加的荷载；缺点是它比其他方法开销大。

(2)模态叠加法：通过对模态分析得到的振型乘上因子并求和来计算结构的响应。其特点是：一般情况下它比缩减法或完全法计算速度快且花费更小；可通过 LVSCALE 命令将模态分析中施加的单元荷载引入到瞬态动力分析中；可考虑振型阻尼；整个瞬态动力分析过程中时间步长必须保持恒定，不能采用自动时间步长；唯一可考虑的非线性是简单的点点接触(间隙条件)；不能施加强制位移非零位移。

(3)缩减法：通过采用主自由度和缩减矩阵而压缩问题规模，在主自由度的位移计算出来后，再将解扩展到原有的完整自由度集上。其特点是：比完全法快且花费小；初始解只计算主自由度的位移，扩展后得到完整空间上的位移、应力和力；不能施加单元荷载(压力，温度等)，但可施加加速度；所有荷载必须加在主自由度上(即不能在几何模型上施加荷载)；整个瞬态动力分析过程中时间步长必须保持恒定，不能采用自动时间步；唯一可考虑的非线性是简单的点点接触(间隙条件)。

9.4.1 瞬态动力分析的几个关键问题

几个关键问题主要包括积分时间步长、自动时间步、荷载步、初始条件等。

1. 积分时间步长的选取

积分时间步长(Δt)的大小不仅影响到计算效率,而且会影响到瞬态动力分析求解的精度和收敛性。时间步长越小,精度越高。太大的积分时间步长会影响较高阶模态的响应,太小的时间积分步长将增加分析的费用。最优的积分时间步长应以下列四个准则作为参考:

(1)Δt 与结构的响应频率。

结构的动力响应可以看作是各阶模态响应的组合,Δt 应小到能够解出对结构整体响应有贡献的最高阶模态。设 f 为结构响应的最高阶频率(Hz),则积分时间步长 Δt 应为:

$$\Delta t = \frac{1}{20f} \tag{9-12}$$

如果要得到加速度结果,可能要求更小的 Δt 值。

(2)Δt 与荷载的变化。

响应总是倾向滞后所施加的荷载,特别是对于阶跃荷载。阶跃荷载在发生阶跃的时间点附近要求采用较小 Δt 以精确地描述荷载的变化。要描述阶跃载荷,Δt 应取 $1/(180f)$左右。

(3)Δt 与接触。

在涉及接触或碰撞的问题中,Δt 应小到足以捕捉到两个接触表面之间的动量传递,否则将发生明显的能量损失,导致碰撞不是完全弹性的。Δt 可用下式确定:

$$f_c = \frac{\sqrt{k/m}}{2\pi}; \qquad \Delta t = \frac{1}{Nf_c} \tag{9-13}$$

式中,k 为间隙刚度;m 为作用在间隙上的有效质量,N 为每周的点数。

要使能量损失最小,N 应大于 30。如果要得到加速度结果,可能要取更大的 N 值。对缩减法和模态叠加法,N 至少为 7 以确保求解的稳定性。如果接触时间和接触质量比整个瞬态过程时间和系统质量小得多,则可取 N 小于 30,因此时能量损失对总响应的影响很小。

(4)Δt 与弹性波。

如果对波传播效果感兴趣,则 Δt 应小到当波在单元之间传播时足以捕捉到波动效应。例如,打很长的桩时,杆件在长度方向的变形以纵波的方式传递,要捕捉这种弹性波,Δt 应足够小。

$$c = \sqrt{E/\rho}; \qquad \Delta t \leqslant \frac{\Delta x}{3c} \tag{9-14}$$

式中,Δx 为单元长度的近似值;c 为弹性波的波速。

大部分非线性问题中,当 Δt 满足上述四个准则时,就可捕捉到非线性行为,但也有少数例外情形,如当结构在荷载作用下趋于刚化,则必须求解被激活的高阶模态。

在用合适的准则计算出 Δt 后,在分析中应该用最小的步长值。可以采用自动时间步长,让 ANSYS 程序决定在求解中何时增大或减小时间步长。

应避免使用过小的时间步长,特别是建立初始条件时,因为过小的数值可能引起数值计算困难。例如,就计算时间大小而言,小于相对 10^{-10} 数量级的时间步长就会引起数值计算困难。

2. 自动时间步长

自动时间步长按响应频率和非线性效果自动调整求解期间的积分时间步长。自动时间步长可减少子步总数,从而节省计算花费。如果存在非线性,自动时间步长还会适当地增加荷载并在达不到收敛时回溯到先前收敛的解(采用二分法)。用命令 AUTOTS 激活自动时间步长。

有些情况下不宜激活自动时间步长,如:

①只是在结构的局部有动力行为的问题(例如涡轮叶片和轮毂组件),此时系统部件的低频能量部分远远高于高频部分。

②受恒定激励的问题(如地震载荷),此时时间步长趋于连续变化。

③运动学问题(如刚体运动),此时刚体运动对响应频率项的贡献将占主导地位。

需要说明的是,在用缩减法和模态叠加法的瞬态动力分析中不能使用自动时间步。

3. 荷载步

在瞬态动力分析中荷载随时间变化即荷载是时间的函数,必须将荷载-时间关系划分为合适的荷载步。载荷-时间曲线上的每个"折点"(阶跃荷载不同)对应一个载荷步,如图 9-6 所示,图中每个数字表示一个荷载步。

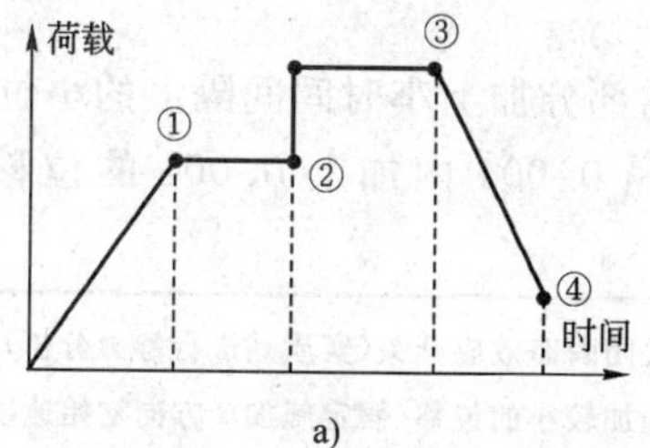

a)

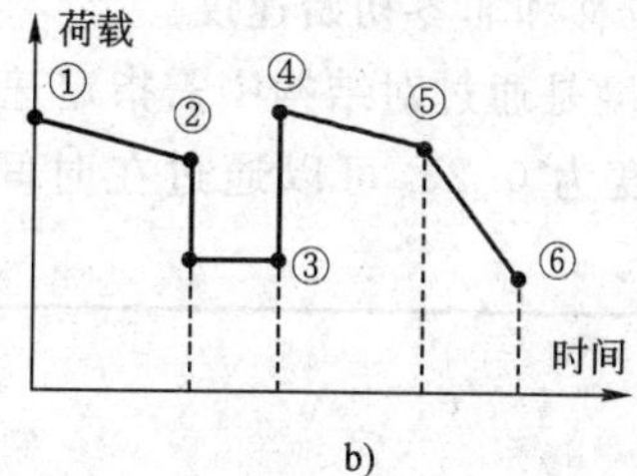

b)

图 9-6 荷载-时间关系曲线及荷载步划分示意图

第一个荷载步通常被用来建立初始条件,然后为第二和后继瞬态荷载步施加荷载并设置荷载选项。对于每个荷载步,都要指定荷载值和时间值,同时指定其他的荷载步选项,如采用阶跃加载还是斜坡加载方式、是否采用自动时间步长等。

如前文所述,求解可以采用连续 SOLVE 方式;也可采用荷载步文件法,即将每个荷载步写入荷载步文件,最后一次性求解所有荷载步。

荷载的施加可采用直接施加、表荷载施加、函数荷载施加等方式。

4. 初始条件

式(9-1)的求解需要两个初始条件,即初始位移和初始速度。

缺省情况下,假定初始位移和初始速度均为零。初始加速度一般为零,但可通过在一个小的时间间隔内施加合适的加速度荷载来指定非零的初始加速度。初始条件的处理采用如下命令:

命令:IC,NODE,Lab,VALUE,VALUE2,NEND,NINC

其中:

NODE——拟施加初始条件的节点号,也可为 ALL(选择集中的所有节点)或组件名称。

Lab——施加初始条件的自由度标识符,也可为 ALL。对结构分析,主要有 Ux、Uy、Uz

(位移或速度)及 ROTx、ROTy、ROTz(转角或角速度)。

VALUE——一阶自由度的初始值(如位移或转角),缺省值由程序确定,如结构分析中为 0.0。该初始值位于节点坐标系中,角度的单位为弧度。

VALUE2——二阶自由度的初始值(如速度或角速度),余同 VALUE 中。

NEND,NINC——节点范围的上限及节点编号增量,同 D 命令的意义。

另外两个命令是 ICDELE 和 ICLIST,分别为删除节点的初始条件和初始条件列表。

初始条件有多种组合,这里分述如下:

(1)零初始位移和零初始速度。

这是缺省情况,不需要定义任何条件。在第一个荷载步中可以加上对应于荷载-时间关系曲线的第一个拐角处的荷载。

(2)非零初始位移和/或非零初始速度。

用命令 IC 施加即可,IC 命令定义的初始条件只能在第一个荷载步施加。

但注意不要定义矛盾的初始条件,如在某单一自由度处定义了初始速度,而在所有其他自由度处的初始速度设为 0.0,就会产生冲突的初始条件。大多数情形下要在模型的每个未约束自由度处定义初始条件。

(3)零初始位移和非零初始速度。

非零初始速度是通过对结构中需指定速度的部分加上小时间间隔上的小位移实现的。例如,如果初始速度为 0.25,可以通过在时间间隔 0.004 内加上 0.001 的位移实现,命令流如下:

```
TIMINT,OFF                      ! 关闭瞬态效应开关(实质是进行静力分析)
D,ALL,UY,0.001                  ! 施加较小的位移(假定施加 Y 方向初始速度)
TIME,0.004                      ! 时间间隔,速度为 0.001/0.004 = 0.25
LSWRITE,1                       ! 写入荷载步文件
DDEL,ALL,UY                     ! 删除施加的位移约束
TIMINT,ON                       ! 打开瞬态效应开关
```

(4)非零初始位移和非零初始速度。

和(3)类似,不过施加的位移是真实数值而非伪数值。例如,若初始位移为 1.0 且初始速度为 2.5,则应当在时间间隔 0.4 内施加一个值为 1.0 的位移,命令流如下:

```
TIMINT,OFF                      ! 关闭瞬态效应开关
D,ALL,UY,1.0                    ! 施加初始位移 1.0
TIME,0.4                        ! 时间间隔,初始速度为 1.0/0.4 = 2.5
LSWRITE,1                       ! 写入荷载步文件
DDEL,ALL,UY                     ! 删除施加的位移约束
TIMINT,ON                       ! 打开瞬态效应开关
```

(5)非零初始位移和零初始速度。

需要用两个子步(NSUBST,2)实现,所加位移在两个子步间是阶跃变化(KBC,1)。如果位移不是阶跃变化(或只用一个子步),所加位移将随时间变化,从而产生非零初始速度。例

如，初始位移为1.0而初始速度为0.0，相应的命令流如下：

```
TIMINT,OFF                              ! 关闭瞬态效应开关
D,ALL,UY,1.0                            ! 施加初始位移 1.0
TIME,0.001                              ! 较小的时间间隔
NSUBST,2                                ! 定义两个荷载步
KBC,1                                   ! 指定为阶跃荷载
LSWRITE,1                               ! 写入荷载步文件
TIMINT,ON                               ! 打开瞬态效应开关，进行瞬态分析
TIME,…                                  ! 定义实际时间间隔
DDELE,ALL,UY                            ! 删除位移约束
KBC,0
```

(6)非零初始加速度。

可以近似地通过在小的时间间隔内指定要加的加速度实现。例如，施加初始加速度为9.81的命令如下：

```
ACEL,,9.81                              ! 施加 Y 方向初始加速度
TIME,0.001                              ! 定义较小的时间间隔
NSUBST,2                                ! 定义两个荷载步
KBC,1                                   ! 指定为阶跃荷载
LSWRITE,1                               ! 写入荷载步文件
TIME,…                                  ! 定义实际时间间隔
DDELE,…                                 ! 删除位移约束(根据实际情况而定)
KBC,0                                   ! 指定荷载方式(根据实际荷载情况而定)
……                                      进行其后的瞬态分析
```

只所以用不同的方法施加初始条件，是有些情况下用命令IC施加很不方便。例如，抬高悬臂梁的端部，然后放开使其自由振动，则为非零初始位移和零初始速度的条件，要用命令IC施加初始条件时必须知道各节点的位移，显然不如进行一次静力分析作为瞬态分析的初始条件简便。

9.4.2 完全法瞬态动力分析

完全法瞬态分析的主要步骤有：建模、建立初始条件、设置求解选项、施加荷载、写入荷载步文件、瞬态分析求解、观察结果等。以下详细介绍完全法的过程与步骤。

1. 建模

与其他分析过程相同，首先要指定文件名和分析标题，然后用PREP7定义单元类型、单元实常数、材料性质及几何模型等。对于完全法瞬态动力分析，注意下面几点：

(1)可用线性和非线性单元。

(2)必须指定弹性模量EX(或某种形式的刚度)和密度DENS(或某种形式的质量)。材料特性可为线性或非线性、各向同性或各向异性、恒定或与温度有关等材料性质。

(3)网格密度应当密到足以确定所需要的最高阶振型。

(4)对应力或应变感兴趣的区域比只考察位移的区域的网格密度要细一些。

(5)如果要包含非线性特性,网格密度应当密到足以捕捉到非线性效应。例如,塑性分析要求在较大塑性变形梯度的区域有合理的积分点密度。

(6)如果对波传播效果有要求,网格密度应当密到足以解算出波动效应。

2. 建立初始条件

在执行瞬态动力分析之前,必须建立初始条件和荷载步。

第一个荷载步通常被用来建立初始条件,然后为第二和后继瞬态载荷步施加荷载并设置载步选项。对每个荷载步,都要指定荷载值和时间值,同时指定其他选项等。

3. 设置求解选项

求解控制选项在 GUI 方式中采用五个页片夹定义,分别为基本控制选项、瞬态控制选项、求解选项、非线性选项、高级 NL 选项等,分别说明如下:

(1)基本控制选项。

用命令 ANTYPE,4 或 ANTYPE,TRANS 定义瞬态动力分析类型。

用命令 NLGEOM 定义是否考虑大变形效应,缺省为不考虑大变形效应。

用命令 AUTOTS 定义是否打开自动时间步,缺省为不打开自动时间步。

用命令 DELTIM 或 NSUBST 直接或间接定义积分时间步长及上下限值,建议直接定义。

用命令 OUTRES 设置结果的输出频率控制,缺省时只写入荷载步的最后一个子步的结果。特别地,缺省时当写入结果数目超过 1 000 时,程序则出错终止。可用命令/CONFIG,NRES 改变此设置,以将更多的结果写入数据文件。

(2)瞬态控制选项。

用命令 TIMINT 设置是否考虑时间积分效应(瞬态效应),缺省时为考虑时间分析效应。如果关闭该效应,则当作静力进行求解。进行完静力分析之后接着进行瞬态分析时,该选项十分有用。

用命令 KBC 设置阶跃荷载或斜坡荷载。

用命令 ALPHAD 和 BETAD 设置质量阻尼系数和刚度阻尼系数,也可定义其他阻尼。

用命令 TINTP 设置瞬态积分参数,它控制 Newmark 时间积分技术,缺省值为采用恒定的平均值加速度积分算法。

(3)求解选项。

用命令 EQSLV 选择求解器,缺省时由程序选择。

用命令 RESCONTROL 设置重启动文件的写入频率。

(4)非线性选项。

用命令 LNSRCH 设置是否打开线性搜索。

用命令 PRED 设置是否打开 DOF 结果预测。

用命令 NEQIT 定义平衡迭代的最大次数。

用命令 RATE 设置是否考虑蠕变效应。

用命令 CNVTOL 设置收敛准则。

用命令 CUTCONTROL 设置回退控制参数。

与结构静力分析中的设置相同,详见 4.3.1 中的解释。

(5)高级 NL 选项。

用命令 NCNV 设置终止分析选项。

用命令 ARCLEN 激活弧长法。

用命令 ARCTRM 设置弧长法求解的终止控制。

与结构静力分析中的设置相同,详见 4.3.1 中的解释。

(6)其他设置。

• 用命令 SSTIF 定义是否打开应力刚化效应。
• 用命令 NROPT 定义 NR 法选项。
• 用命令 PSTRES 定义是否打开预应力效应。
• 用命令 MP,DAMP 定义材料阻尼,用 MP 定义单元阻尼。
• 用命令 DMPRAT 和 MDAMP 定义常阻尼比和振型阻尼(模态叠加法瞬态分析)。
• 用命令 LUMPM 设置质量矩阵模式。
• 用命令 CRPLIM 设置蠕变准则。
• 用命令 OUTPR 设置结果数据写进输出文件(JOBNAME. OUT)。
• 用命令 ERESX 定义结果外推方式。

4. 施加荷载及写入荷载步文件

可施加的荷载为约束、力、表面荷载、替荷载和惯性荷载。除惯性荷载外,其他荷载可施加到几何模型或有限元模型上。

用命令 LSWRITE 将荷载步写入荷载步文件。有时,可能需要有一个额外的延伸到荷载曲线上最后一个时间点之外的载荷步,以考察在瞬态荷载施加后结构的响应。

重复上述步骤,将所有荷载步写入文件。对于每个载荷步,能够设置下列选项:TIMINT,TINTP,ALPHAD,BETAD,MP,DAMP,TIME,KBC,NSUBST,DELTIM,AUTOTS,NEQIT,CNVTOL,PRED,LNSRCH,CRPLIM,NCNV,CUTCONTROL,OUTPR,OUTRES,ERESX,和 RESCONTROL。

5. 瞬态分析求解

用命令 LSSOLVE 求解多荷载步,求解完毕后退出求解层。

6. 观察结果

瞬态动力分析生成的结果保存在结构分析结果文件 Jobname. RST 中,所有数据都是时间的函数。主要包含:节点位移(Ux、Uy、Uz、ROTx、ROTy、ROTz)、节点和单元应力、节点和单元应变、单元力、节点反力等。

可用时间历程后处理器 POST26 或者通用后处理器 POST1 来观察这些结果。POST26 用于观察模型中指定点处随时间变化的结果,POST1 用于观察指定时间点整个模型的结果。

(1)时程后处理 POST26。

POST26 要用到结果-时间关系表(变量),1 号变量被内定为时间。

定义变量可用的命令有:NSOL(基本数据即节点位移)、ESOL(派生数据即单元解数据,如应力)、RFORCE(反作用力数据)、FORCE(合力,或合力的静力分量,阻尼分量,惯性力分量)、SOLU(时间步长、平衡迭代次数、响应频率等)。在缩减法或模态叠加法中,用命令 FORCE 只能得到静力。

定义变量后，可用命令 PLVAR 绘制变量曲线，或用 PLVAR 和 EXTREM 列出变量值。通过观察完整模型关心点的时间历程结果，就可以确定需要用 POST1 后处理器进一步处理的临界时间点。

在 POST26 中还可以使用其他后处理功能，例如，在变量间进行数学运算(复数运算)，可获得节点的速度和加速度等结果。

(2)通用后处理 POST1。

用命令 SET 读入需要的结果集，可根据荷载步及子步序号或根据时间数值指定数据集。其余操作与静力分析中完全一致。

如果指定的时刻没有可用结果，得到的结果将是和该时刻相距最近的两个时间点对应结果之间的线性插值。

9.4.3 模态叠加法瞬态动力分析

模态叠加法通过乘以放大系数后的振型(从模态分析得到)叠加求和来计算结构的动力响应，其分析过程主要有：建模、获取模态解、获取模态叠加法瞬态分析解、扩展模态叠加解、观察结果。建模和观察结果与完全法瞬态分析相同，下面主要介绍不同的过程：

1. 获取模态解。

模态分析前文已经介绍，需注意的问题与模态叠加法谐响应分析相同。

2. 获取模态叠加法瞬态分析解。

获取模态叠加法瞬态动力分析解的步骤如下：

(1)进入求解层。

(2)定义分析类型和控制选项。

模态叠加法瞬态动力分析不像完全法那样可用完整的求解控制对话框，而只能利用 ANSYS 求解命令或所对应菜单进行设置。并且不能使用重启动、不可用非线性选项(如 NLGEOM、SSTIF、NROPT)。

用命令 TRNOPT 定义求解的模态数，该数目决定了瞬态分析解的精度，至少应当包含对动力响应有影响的所有模态。例如，如果希望激活较高阶频率，指定的模态数应当包括较高阶模态。缺省情形下，采用在模态分析中计算出的所有模态。

(3)间隙条件。

用命令 GP、GPLIST、GPDELE 分别定义、列表、删除间隙条件。

间隙条件只可以指定在两个主节点之间或主节点与基础之间。在使用非缩减法时，主自由度就是非约束的激活自由度，如采用 QR 阻尼法则不支持间隙条件。

间隙条件类似于间隙单元，是被指定在瞬态分析过程中预期会发生接触(碰撞)的表面之间。ANSYS 程序通过使用一个等效的节点荷载向量表示在间隙关闭时会产生的间隙力。

定义间隙条件的一些准则如下：

①使用足够的间隙条件以在接触表面间得到平滑的接触应力分布。

②定义合理的间隙刚度。如果刚度太低，接触表面可能重合太多。如果刚度太高，在碰撞期间要求一个非常小的时间步长。通常，建议指定一个比毗邻单元刚度高 1～2 个数量级大小的间隙刚度。可以用公式 AE/L 估算毗邻单元的刚度，这里 A 是间隙条件周围的有贡献的面

积,E 是交界面上较软材料的弹性模量,L 是交界面上第一层单元的深度。

③利用 GP 命令的 DAMP 项可以输入非线性间隙阻尼,此时运行速度比使用间隙单元 COMBIN40 的完全瞬态分析法要快,仅当 TRNOPT=MSUP 允许非线性间隙阻尼功能,缩减法瞬态分析将忽略阻尼条件。

(4)施加荷载。

在模态叠加法瞬态动力分析中有下列加载限制:

①可施加的荷载有力、平移加速度和模态分析中生成的荷载向量。外加的非零位移将被忽略。可用 LVSCALE 命令施加在模态分析中生成的荷载向量。如果使用缩减法提取的模态振型,则力只能加在主自由度上。

②如果在瞬态分析中要用多荷载步定义加载历程,则第一个荷载步用于建立初始条件,第二个和后继的荷载步用于瞬态加载。

(5)建立初始条件。

唯一要明确地建立的初始条件是初始位移,即初始速度和初始加速度为零,一般总以给定荷载的静力求解作为初始条件。对于伪静力分析,模态叠加方法在零时刻产生的结果较差。

可于第一个荷载步的选项主要有:TINTP、LVSCALE、ALPHAD、BETAD、DMPRAT、MP,DAMP、DELTIM、OUTPR 等。在第一个荷载步中的 DELTIM,在整个瞬态分析过程中保持恒定。如果在第一荷载步用了 TIME 命令,其设置将被忽略,因为第一步求解总是 TIME =0 时刻的静力解。

(6)用命令 LSWRITE 将第一个荷载步写入载荷步文件。

(7)定义瞬态荷载部分的荷载和选项,将每一个荷载步写入荷载步文件。

对瞬态荷载有效的选项所用命令有:TIME、LVSCALE、KBC、OUTPR、OUTRES。唯一可用于这些命令的标识符是 NSOL(即节点解)。

(8)输出控制。

在模态分析时,如果选用分块兰索斯法和子空间法,通过命令 OUTRES,NSOL 用节点分量来限制写进缩减位移文件 Jobname. RDSP 的位移数据。这样,扩展过程将仅生成写进. RDSP 文件的单元和它们所有节点的结果。为了使用这个选项,首先执行命令 OUTRES,NSOL,NONE 禁止写出所有结果项,然后执行命令 OUTRES,NSOL,FREQ,COMP 指定输出感兴趣的项。重复执行 OUTRES 命令,指定希望写入. RDSP 文件的其他节点分量。只允许输出一个频率——ANSYS 只能使用 OUTRES 命令指定的最后一个频率。

(9)瞬态分析求解:用命令 LSSOLVE。

不论在模态分析中采用的是子空间法、分块兰索斯法、缩减法、PowerDynamic 还是 QR 法,模态叠加法瞬态分析解都会被写到缩减位移文件 Jobname. RDSP 中,因此如要获得应力结果就需要扩展解。

3. 扩展模态叠加解

扩展处理的步骤和在缩减法中描述的相同。如果模态分析中用了缩减法,则扩展处理需要 Jobname. TRI 文件。扩展处理的输出有结构分析结果文件 Jobname. RST,其中包含已扩展的结果。

4. 观察结果

结果由用于扩展解的每一个时间点处的位移、应力和反作用力组成,可以用 POST26 或 POST1 观察这些结果,与完全法相同。

9.4.4 缩减法瞬态动力分析

缩减法是用缩减矩阵来计算动力响应,其分析过程的主要步骤有:建模、获取缩减解、观察缩减法求解结果、扩展解、观察扩展解的结果。其中第一步和完全法中的相同,但不允许有非线性特性(简单的点点接触除外,它是被指定为间隙条件而非单元类型)。

1. 获取缩减解

缩减解指在主自由度处的解,进入求解层后的基本工作如下:

(1)定义分析类型和控制选项:同模态叠加法。

(2)定义主自由度。

在定义了间隙条件、力或非零位移的位置处定义主自由度,其选择主自由度的准则与谐响应分析基本相同。可用命令 M、MGEN、TOTAL、MLIST、MDELE 定义或修改主自由度。

(3)定义间隙条件:同模态叠加法。

(4)定义初始条件。

同完全法中一样,第一个荷载步用于建立初始条件。这里唯一需要明确设置的初始条件是初始位移(初始速度和加速度必须为零)。由于在后继的荷载步中不能删除位移,因此它们不能用于指定初始速度。在瞬态动力学分析中,总是首先进行静力学分析做为初始求解,目的是用给定的荷载确定初始位移。

在第一个荷载步中用相关命令定义控制选项:TINTP、ALPHAD、BETAD、MP,DAMP、DELTIM、OUTPR。

在缩减法瞬态动力学分析中有下列加载限制:

①只能施加位移、力和平移加速度(如重力)荷载。如果模型包含旋转过节点坐标系的节点,并在它们上定义有主自由度,那么不允许施加加速度荷载。

②只能在主自由度上施加力和非零位移荷载。

(5)将第一个荷载步用命令 LSWRITE 写入荷载步文件。

(6)指定载荷步及其选项。

指定瞬态荷载部分对应的荷载和选项,并将每一个荷载步写入一个荷载步文件。用于瞬态荷载步的选项有命令:TIME、KBC、OUTPR。

(7)瞬态求解:用命令 LSSOLVE 求解后,离开求解层。

2. 观察缩减法求解的结果

缩减法瞬态动力分析求解的结果保存在缩减位移文件 Jobname. RDSP 中。主要包含主自由度随时间变化的位移,可以用 POST26 观察主自由度处位移(不能用 POST1,因为现在所有自由度处的完整解还没有得到)。

在 POST26 中定义变量前,用 FILE 命令指定从 Jobname. RDSP 中读取的数据。只有节点自由度数据(在主自由度处)可以使用,因此只可以用 NSOL 命令来定义变量。

3. 扩展解

扩展处理是根据缩减解计算出在所有自由度处的完整的位移、应力和力的解，且计算仅在给定的时间点上进行。

(1)重新进入求解层：必须用命令 FINISH 明确地退出求解器，然后重新进入求解层。

(2)激活扩展处理及其选项：用命令 EXPASS、NUMEXP、EXPSOL 定义。

(3)定义输出控制：用命令 OUTPR、OUTRES、ERESX 定义。

(4)开始扩展计算：用命令 SOLVE 扩展计算。

(5)重复步骤(2)(3)(4)扩展其余的解。

(6)离开求解层：用命令 FINISH。

4. 观察已扩展解的结果

扩展处理的结果保存在结构分析结果文件 Jobname. RST 中，文件中包含被扩展的各时间点处的计算出数据，如节点位移、节点和单元应力、节点和单元应变、单元力、节点反作用力等。

可用 POST1 观察这些结果，与完全法中相同。如果在几个时间点处扩展了解，也可用 POST26 得到应力-时间、应变-时间的关系曲线。

9.4.5 有预应力的瞬态动力分析

有预应力瞬态动力分析计算有预应力结构的动力响应，对不同的瞬态动力分析方法，预应力分析步骤是各不相同的。

1. 有预应力的完全法瞬态动力分析

可以通过在初始的静荷载步中施加预应力荷载，以在完全法瞬态动力分析中包含预应力效果(在随后的荷载步中不要删除这些载荷)。分析的过程包含两个步骤：

(1)第一步分析。

建模后进入求解层，定义瞬态分析类型(ANTYPE，TRANS)、施加所有预应力荷载、关闭时间积分效果(TIMINT，OFF)、打开应力刚化效应(SSTIF，ON)、设时间为很小的值(TIME)，然后将第一个荷载步写入文件。

如果预应力由非线性行为引起，则可能需要用几个荷载步来完成静态预应力分析。当存在几何非线性时，可以用命令 NLGEOM，ON 来捕捉预应力效果。

(2)瞬态分析。

在所有的后继荷载步中，打开时间积分效应(TIMINT，ON)，并用前面介绍的完全法进行瞬态动力分析。

2. 有预应力的模态叠加法瞬态动力分析

为了在模态叠加法分析中包含预应力效果，必须首先进行有预应力模态分析。只要有预应力模态分析结果存在，与其他模态叠加法分析过程类似。

3. 有预应力的缩减法瞬态动力分析

该法的前提是瞬态应力比预应力本身要小得多，如果不满足此假设，应当采用完全法瞬态动力分析。其主要步骤有两个：

(1)建模并在打开预应力效应获取静力分析解。

(2)重新进入求解层并求得缩减法瞬态分析解,同样也要打开预应力效应。

9.4.6 瞬态动力分析实例

1.工作台的瞬态动力分析(完全法)

如图 9-4 所示工作台,在工作台面上作用如图 9-7 所示的压力荷载,对其进行瞬态动力分析。瞬态动力分析结果:台面中心竖向位移时程和加速度时程如图 9-8 所示。

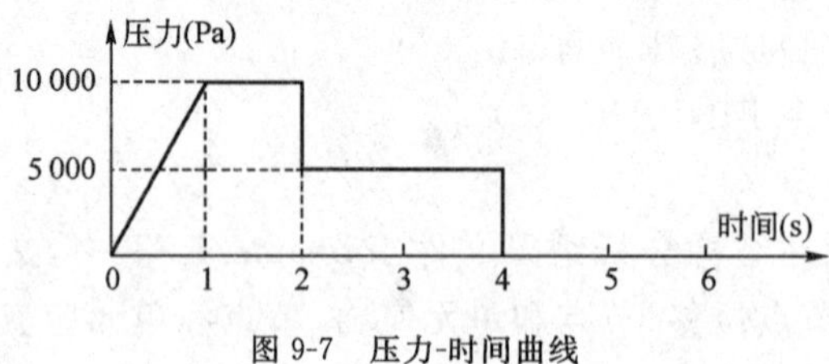

图 9-7 压力-时间曲线

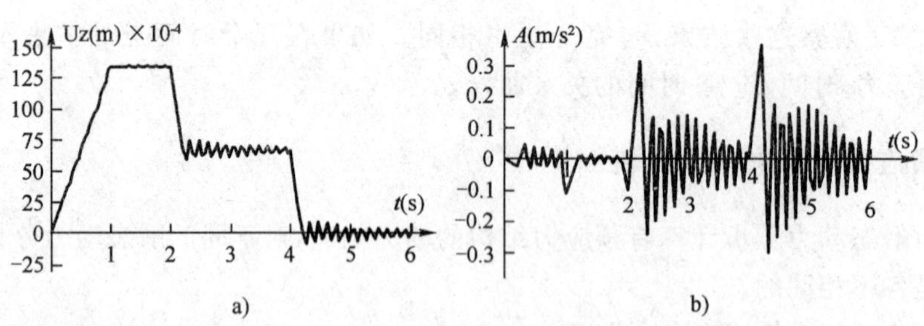

图 9-8 台面中心竖向位移时程和加速度时程曲线

a)位移时程;b)加速度时程

```
! EX9.9  工作台的瞬态动力分析——完全法
FINISH$/CLEAR$/PREP7
! 1.创建模型(定义几何参数、定义单元与材料性质、创建几何模型和有限元模型)
WIDTH = 1$LENGTH = 2$HIGH = -1$ET,1,SHELL63$ET,2,BEAM4
MP,EX,1,2E11$MP,PRXY,1,0.3$MP,DENS,1,7800$R,1,0.02$R,2,2E-4,2E-8,2E-8,0.01,0.02
RECT,,LENGTH,,WIDTH$K,5,,,HIGH$K,6,LENGTH,,HIGH$K,7,LENGTH,WIDTH,HIGH
K,8,,WIDTH,HIGH$L,1,5$ * REP,4,1,1$ESIZ,0.1$AMESH,ALL
TYPE,2$REAL,2$LMESH,5,8
! 2.瞬态分析
/SOLU$ANTYPE,TRANS                              ! 定义瞬态分析类型
NSEL,S,LOC,Z,HIGH$D,ALL,ALL$ALLS                ! 施加约束条件
OUTRES,ALL,ALL                                  ! 设置输出控制
ALPHAD,5                                        ! 定义质量阻尼系数
TIME,1$DELTIM,0.2,0.05,0.5                      ! 定义 TIME 为 1 和积分时间步长控制
AUTOTS,ON$KBC,0                                 ! 打开自动时间步、定义为斜坡荷载
SFA,1,,PRES,10000                               ! 施加压力荷载 10000
LSWRITE,1                                       ! 写入第 1 个荷载步文件
```

```
TIME,2$LSWRITE,2                              ! 定义 TIME 为 2,其他不变,写入荷载步文件
TIME,4$SFA,1,,PRES,5000                       ! 定义 TIME 为 4,施加荷载为 5000
KBC,1$LSWRITE,3                               ! 定义为阶跃荷载,写入第 3 个荷载荷步文件
TIME,6$SFA,1,,PRES,0                          ! 定义 TIME 为 6,荷载改为 0
KBC,1$LSWRITE,4                               ! 定义为阶跃荷载,写入第 4 个荷载荷步文件
LSSOLVE,1,4                                   ! 求解荷载步文件
FINISH                                        ! 退出求解层
! 3.时程后处理-------------------------------------------------------------
/POST26$NSOL,2,146,U,Z                        ! 定义节点 146 向上的位移(Uz)为变量 2
/GRID,1$PLVAR,2                               ! 绘制变量 2 的时程曲线
DERIV,3,2,1,,VCEN$DERIV,4,3,1,,ACEN           ! 对变量 2 微分计算,再对变量 3 微分计算
PLVAR,3$PLVAR,4                               ! 绘制速度和加速度时程曲线(节点 Z 向)
! 4.通用后处理-------------------------------------------------------------
/POST1$SET,LIST$PLDISP                        ! 结果列表、变形图
ANTIME,30,0.5,,1,2,0,6                        ! 生成动画文件
```

2.悬臂梁突加荷载的瞬态动力分析(完全法和缩减法)

在悬臂梁的悬臂端突加一集中荷载,分析突加荷载后的瞬态响应(不考虑大变形影响)。该问题的初始条件为零初始位移和零初始速度,因此对于完全法可采用缺省的初始条件,且只要在很小的时间间隔内施加荷载即可(如某个荷载步的第一子步施加,将 DELTIM 设置的足够小)。而对于缩减法就需要进行一次静力分析,以产生初始条件。

设悬臂梁截面尺寸为 0.01×0.01m,弹性模量为 2.1×10^{11} Pa,泊松比为 0.3,密度为 7 800kg/m^3,悬臂梁长为 1m。悬臂端竖向位移时程曲线如图 9-9 所示,在静力作用下悬臂端的位移为 0.190 5m,而瞬态分析的最大位移为 0.379m,动力放大系数为 1.99≈2。

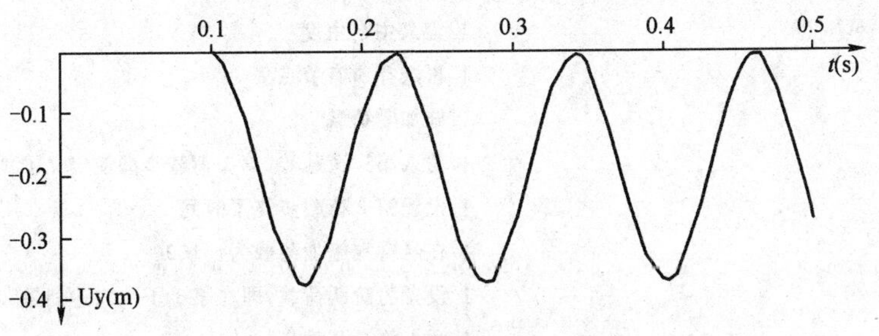

图 9-9 悬臂端竖向位移时程曲线

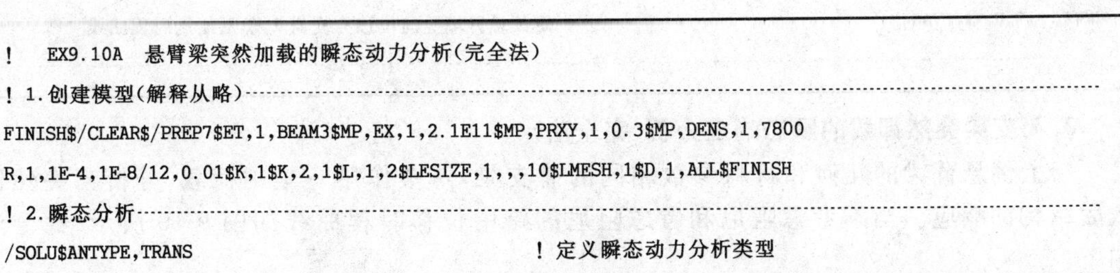

```
!   EX9.10A  悬臂梁突然加载的瞬态动力分析(完全法)
! 1.创建模型(解释从略)------------------------------------------------------
FINISH$/CLEAR$/PREP7$ET,1,BEAM3$MP,EX,1,2.1E11$MP,PRXY,1,0.3$MP,DENS,1,7800
R,1,1E-4,1E-8/12,0.01$K,1$K,2,1$L,1,2$LESIZE,1,,,10$LMESH,1$D,1,ALL$FINISH
! 2.瞬态分析----------------------------------------------------------------
/SOLU$ANTYPE,TRANS                             ! 定义瞬态动力分析类型
```

```
TRNOPT,FULL                         ! 定义分析方法为完全法(缺省,此句可略去)
OUTRES,ALL,ALL                      ! 输出所有子步的所有结果(当数据量大时可据需而定)
TIMINT,OFF                          ! 关闭瞬态效应进行静力分析(第 1 荷载步可略)
F,2,FY,0                            ! 施加荷载,因等于零,也可省略此句
TIME,0.1                            ! 设置第 1 荷载步终了时间,因施加荷载故时间值可任意
LSWRITE,1                           ! 写入第 1 荷载步
TIMINT,ON                           ! 打开瞬态效应
AUTOTS,ON                           ! 打开自动时间步长
DELTIM,1.0E-8                       ! 定义很小的时间步长,在该荷载步的第 1 子步完成加载
F,2,FY,-100                         ! 在悬臂端施加荷载为-100N
TIME,0.5                            ! 设置第 2 荷载步终了时间(可据需要而定)
KBC,1                               ! 设置为阶跃荷载,即在第 1 子步内达到最大值
LSWRITE,2                           ! 写入第 2 荷载步
LSSOLVE,1,2                         ! 求解 1~2 荷载步(采用连续 SOLVE 也可)
FINISH                              ! 退出求解层(此处可略去,直接进入 POST26 也可)
/POST26                             ! 进入时程处理器
NSOL,2,2,U,Y$PLVAR,2                ! 定义悬臂端竖向位移为变量 2,然后绘制时程曲线
!------------------------------------------------------------------------------
! EX9.10B  悬臂梁突然加载的瞬态动力分析(缩减法)
FINISH$/CLEAR$/PREP7$ET,1,BEAM3$MP,EX,1,2.1E11$MP,PRXY,1,0.3$MP,DENS,1,7800
R,1,1E-4,1E-8/12,0.01$K,1$K,2,1$L,1,2$LESIZE,1,,,10$LMESH,1$D,1,ALL$FINISH
/SOLU$ANTYPE,TRANS                  ! 定义瞬态动力分析类型
TRNOPT,REDUC                        ! 定义分析方法为缩减法
DELTIM,0.001                        ! 定义时间步长(恒定,且不能采用自动时间步)
OUTRES,ALL,ALL                      ! 输出所有子步的所有结果
NSEL,S,,,2,11$M,ALL,UY              ! 定义主自由度
NSEL,ALL                            ! 再选择所有节点集
F,2,FY,0                            ! 施加零荷载
LSWRITE,1                           ! 写入第 1 荷载步(第 1 荷载步即使定义了 TIME 也无效)
TIME,0.5                            ! 设置第 2 荷载步终了时间
F,2,FY,-100                         ! 在悬臂端施加荷载为-100N
KBC,1                               ! 设置为阶跃荷载,即在第 1 子步内达到最大值
LSWRITE,2                           ! 写入第 2 荷载步
LSSOLVE,1,2                         ! 求解 1~2 荷载步
/POST26$FILE,,RDSP                  ! 从 RDSP 文件读入结果数据
NSOL,2,2,U,Y$PLVAR,2                ! 定义悬臂端竖向位移为变量 2,然后绘制时程曲线
!------------------------------------------------------------------------------
```

3. 简支梁突然卸载的瞬态响应分析(完全法)

与上例悬臂梁的几何和材料参数相同的简支梁,跨中作用一集中荷载,分析当突然卸载后结构的响应。当不考虑阻尼和考虑阻尼的跨中位移时程曲线如图 9-10 所示,命令流如下:

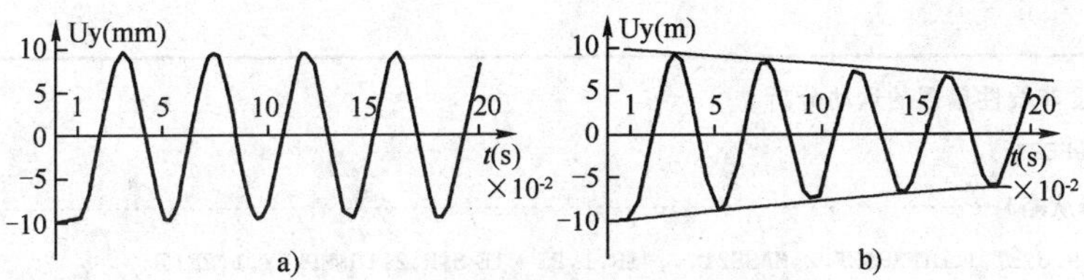

图 9-10 跨中竖向位移时程曲线

a)无阻尼;b)有阻尼

```
! EX9.11  简支梁突然卸载的瞬态动力分析(完全法)
FINISH$/CLEAR$/PREP7$ET,1,BEAm3$MP,EX,1,2.1E11$MP,PRXY,1,0.3
MP,DENS,1,7800$R,1,1E-4,1E-8/12,0.01$K,1$K,2,1$L,1,2$LESIZE,1,,,10$LMESH,1
D,1,UX,,,,,UY$D,2,UY$FINISH                               ! 创建模型(解释从略)
/SOLU$ANTYPE,TRANS$TRNOPT,FULL$OUTRES,ALL,ALL              ! 定义瞬态分析及控制
TIMINF,OFF$F,7,FY,-100$TIME,0.01$LSWRITE,1                 ! 第 1 荷载步
TIMINT,ON$DELTIM,1.0E-8$AUTOTS,ON$TIME,0.2$KBC,1           ! 打开瞬态分析等选项
ALPHAD,5                                                   ! 注释后不考虑阻尼则为自由振动
FDELE,7,ALL$LSWRITE,2                                      ! 删除荷载,写入第 2 荷载步
LSSOLVE,1,2,1                                              ! 求解 1～2 荷载步
FINISH
/POST26$NSOL,2,7,U,Y$PLVAR,2                               ! 观察结果
! ------------------------------------------------------------------------------------------
```

4. 非零初始位移悬臂梁的瞬态分析(完全法)

同上述悬臂几何与材料参数,假设将悬臂端抬高 0.2m,然后突然放开使其发生振动。该问题的初始条件为非零初始位移和零初始速度,需要进行静力分析,且至少在两个子步内完成,位移作用为阶跃方式,即用时间间隔内的等位移获得零初始速度。分析的命令流如下:

```
! EX9.12  悬臂梁抬高后突放的瞬态动力分析(完全法)
FINISH$/CLEAR$/PREP7$ET,1,BEAm3$MP,EX,1,2.1E11$MP,PRXY,1,0.3$MP,DENS,1,7800
R,1,1E-4,1E-8/12,0.01$K,1$K,2,1$L,1,2$LESIZE,1,,,10$LMESH,1$D,1,ALL$FINISH
/SOLU$ANTYPE,TRANS$OUTRES,BASIC,1                          ! 瞬态分析及输出控制
TIMINF,OFF$TIME,0.05$D,2,UY,0.2                            ! 关闭瞬态效应、定义时间、施加位移
KBC,1$NSUBST,5$SOLVE                                       ! 定义阶跃方式、设置荷载步数、求解第 1 荷载步
TIMINT,ON$DELTIM,1E-6,,0.01                                ! 打开瞬态效应、定义时间步长控制
AUTOTS,ON$TIME,0.4                                         ! 打开自动时间步、定义时间点
DDELE,2,ALL$SOLVE$FINISH                                   ! 删除节点 2 的约束、求解第 2 荷载步、退出
/POST26$NSOL,2,7,U,Y$PLVAR,2                               ! 绘制位移时程曲线
```

5. 大角度非线性单摆的运动分析

当摆角大于 5°时,为大角度单摆。此时要进行非线性瞬态分析以确定单摆的运动规律。该问题的初始条件为非零加速度。其分析的命令流如下:

```
! EX9.13  大角度非线性单摆的运动分析
FINISH$/CLEAR$/PREP7
! 创建模型(解释从略)------------------------------------------------------------------------
PI = ACOS(-1)$G = 9.8$ET,1,LINK8$ET,2,MASS21,,,4$R,1,PI * 1E-6$R,2,10$MP,EX,1,2E11
N,1$N,2,6,-8$E,1,2$TYPE,2$REAL,2$E,2$D,1,ALL$FINISH
! 瞬态分析------------------------------------------------------------------------------
/SOLU$ANTYPE,TRANS$NLGEOM,ON$OUTRES,ALL,ALL
! 第 1 荷载步:施加加速度、阶跃方式、定义小时间间隔、两个子步,然后写入荷载步文件
ACEL,,G$KBC,1$TIME,0.001$NSUBST,2$LSWRITE,1
! 第 2 荷载步:定义时间点、荷载子步数、打开自动时间步、写入荷载步文件
TIME,10$NSUBST,50$AUTOTS,ON$LSWRITE,2
LSSOLVE,1,2,1
! 进入时程后处理:定义位移变量、绘制时程曲线
/POST26$NSOL,2,2,U,X$NSOL,3,2,U,Y$PLVAR,2,3
! 进入通用后处理:查看结果、制作动画
/POST1$SET,LIST$SET,LAST$PLDISP,1$ANTIME,30,0.2,,,2,0,10
```

6. 质量块-简支梁跌落冲击接触瞬态分析

如图 9-11 所示,一质量块从高为 H 的空中跌落,冲击其下方的简支梁,分析简支梁的振动和质量块运动性态。

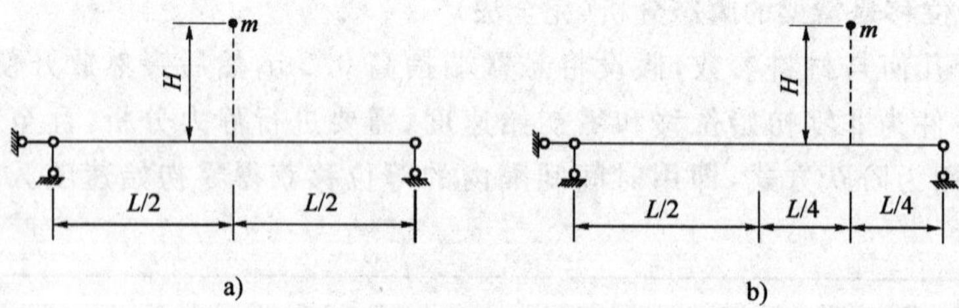

图 9-11 质量块-简支梁示意

a)冲击跨中;b)冲击 1/4 跨

分析结果表明,当不考虑几何非线性时,质量块在冲击简支梁后在竖向方向反弹,然后再次跌落并冲击简支梁,期间简支梁首先与质量块一起振动,直到质量块脱开后简支梁才做有阻尼自由振动,如此多次冲击后,由于阻尼的作用,整个系统慢慢趋于静止。在整个过程中,质量块多次冲击简支梁然后反弹,接触状态也多次发生变化。图 9-12 为不考虑几何非线性并击中跨中时的跨中竖向位移时程曲线。

当考虑几何非线性时,质量块的反弹方向发生变化,可能一次冲击后就与简支梁脱开无二次冲击,此时质量块做抛物运动,而简支梁做有阻尼的自由振动。图 9-13 为考虑几何非线性并击中 1/4 跨度处时的跨中竖向位移时程曲线,可用动画观察质量块运动轨迹曲线。

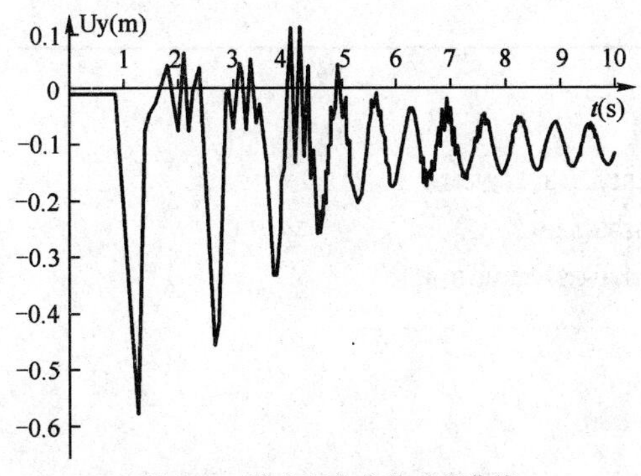

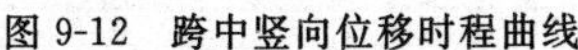

图 9-12 跨中竖向位移时程曲线

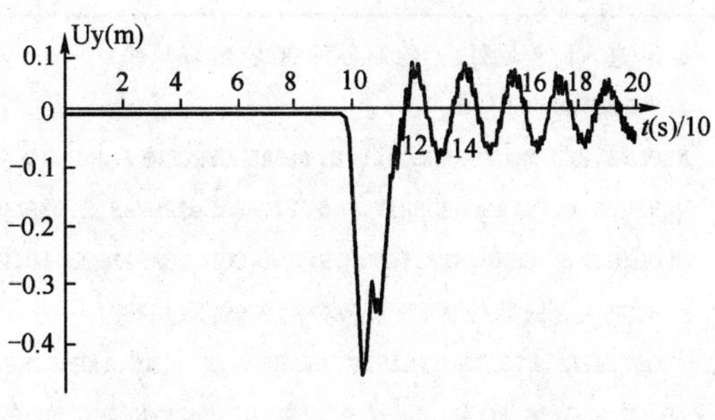

图 9-13 冲击 1/4 跨时跨中竖向位移时程曲线

```
! ---------------------------------------------------------------------------------------
! EX9.14A  质量块跌落冲击简支梁的瞬态分析
! 1.创建模型(定义质量单元、梁单元、接触单元、目标单元及其性质等,创建模型)------------------
FINISH$/CLEAR$/CONFIG,NRES,5000$/PREP7
H=4                                          ! 定义跌落高度 4m
ET,1,MASS21,,,4                              ! 定义质量单元(2D 且无转动惯量的质量单元)
ET,2,BEAm3$ET,3,CONTA175,,1                  ! 定义梁单元、定义点面接触单元(罚函数法)
ET,4,TARGE169                                ! 定义 2D 接触目标单元
R,1,10$R,2,1E-4,1E-8/12,0.01                 ! 定义质量块的质量为 10kg、梁单元实常数
R,3,,,-350000,,,-4.5                         ! 定义接触刚度和接触范围
MP,EX,1,2.1E11$MP,PRXY,1,0.3                 ! 定义弹性模量和泊松系数
MP,DENS,1,7800                               ! 定义质量密度 7800kg/m³
N,1,0,H$TYPE,1$REAL,1$E,1                    ! 创建质量单元
TYPE,3$REAL,3$E,1                            ! 定义接触单元
K,1,-1.0$K,2,1.0$L,1,2                       ! 定义梁几何模型(2m 跨度的简支梁)
LESIZE,ALL,,,10$LATT,1,2,2                   ! 定义网格属性
LMESH,1                                      ! 划分梁单元网格
LSEL,S,,,1$ESLL$TYPE,4                       ! 选择线、节点、指定单元类型
REAL,3$ESURF$ALLSEL,ALL                      ! 生成目标单元
DK,1,UX,,,,UY$DK,2,UY$FINIS                  ! 对梁体施加简支约束
! 2.瞬态求解(先进行静力分析、后瞬态分析)-------------------------------------------------
/SOLU$ANTYPE,TRANS                           ! 设置瞬态分析类型
TIMINT,OFF$TIME,0.001                        ! 关闭时间积分效应,设定时间
D,1,ALL$ACEL,,9.8                            ! 将质量单元约束以消除刚体运动,施加加速度
NSUBST,2$KBC,1$SOLVE                         ! 设置荷载步,阶跃荷载,求解
TIMINT,ON$ALPHAD,0.5                         ! 打开时间积分效应、定义质量阻尼系数
OUTRES,ALL,ALL                               ! 输出所有子步的所有结果
DELTIM,0.001,,0.2                            ! 定义时间步长
AUTOTS,ON$TIME,10                            ! 打开自动时间步、定义时间
DDELE,1,ALL$SOLVE$FINISH                     ! 删除质量单元约束、求解后退出
```

```
! 3.进入时程后处理,绘制各种曲线(解释从略)-----------------------------------------------------------
/POST26$NUMVAR,30
NSOL,2,8,U,Y,UY$NSOL,3,1,U,Y,BALLUY$DERIV,4,2,1,,VCEN$DERIV,5,3,1,,VBALL
DERIV,6,4,1,,ACEN$DERIV,7,5,1,,ABALL$PLVAR,2,3$PLVAR,4,5$PLVAR,6,7
ESOL,8,2,1,CONT,STAT$ESOL,9,2,1,CONT,GAP$ESOL,10,2,1,CONT,PRES$PLVAR,8,9,10
! 4.进入普通后处理,观察各种结果(解释从略)------------------------------------------
/POST1$SET,LIST$SET,LAST$/DSCALE,,1$/AUTO,1$PLDISP
/DIST,1,3,1$/FOCUS,1,,0.9,,1$PLDISP,1$ANTIME,50,0.2,,,2,0,10
! -------------------------------------------------------------------------------------------
! EX9.14B  质量块跌落冲击简支梁后的弹飞瞬态分析
FINISH$/CLEAR$/CONFIG,NRES,5000$/PREP7$H = 4
ET,1,MASS21,,,4$ET,2,BEAM3$ET,3,CONTA175,,1$ET,4,TARGE169$R,1,10
R,2,1E-4,1E-8/12,0.01$R,3,,,-350000,,,-4.5$MP,EX,1,2.1E11$MP,PRXY,1,0.3$MP,DENS,1,7800
N,1,0.5,H$TYPE,1$REAL,1$E,1$TYPE,3$REAL,3$E,1
K,1,-1.0$K,2,1.0$L,1,2$LESIZE,ALL,,,10$LATT,1,2,2$LMESH,1
LSEL,S,,,1$ESLL$TYPE,4$REAL,3$ESURF$ALLSEL,ALL
DK,1,UX,,,,UY$DK,2,UY$FINISH
/SOLU$ANTYPE,TRANS$NLGEOM,ON$TIMINT,OFF$TIME,0.001
D,1,ALL$ACEL,,9.8$NSUBST,2$KBC,1$SOLVE
TIMINT,ON$ALPHAD,0.5$OUTRES,ALL,ALL$DELTIM,0.001,,0.2$AUTOTS,ON
TIME,2$DDELE,1,ALL$SOLVE$FINISH
/POST26$NUMVAR,30$NSOL,2,8,U,Y,UY$NSOL,3,1,U,Y,BALLUY
NSOL,4,1,U,X,BALLUX$PLVAR,2,3,4
/POST1$SET,LIST$SET,LAST$/DSCALE,,1$/AUTO,1$PLDISP,1
/FOCUS,1,,0.9,,1$PLDISP,1$ANTIME,50,0.2,,,2,0,2
! -------------------------------------------------------------------------------------------
```

7.梁上移动荷载的瞬态分析

匀速移动常量力作用下梁的振动分析,忽略了移动荷载的质量,适用于移动荷载质量与结构质量小很多时的情况,如大跨度公路桥梁在行驶车辆作用下的振动分析等。以如图 9-14 所示简支梁为例,设梁体材料的弹性模量为 210GPa,密度为 7 800kg/m^3,移动速度可任意假定。

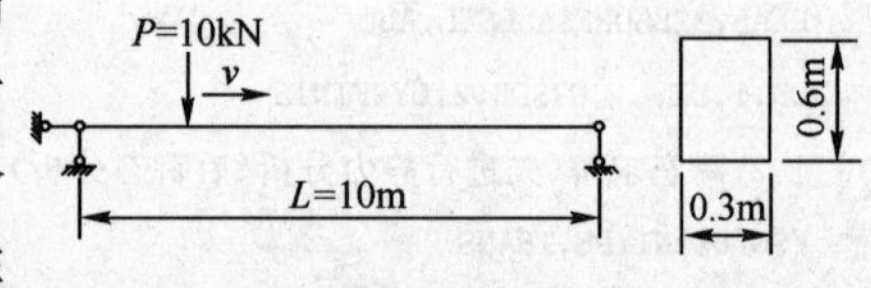

图 9-14 匀速移动常量力作用于简支梁

自重作用下简支梁跨中静挠度为 1.579 9mm,荷载 P 作用在跨中时跨中静挠度为 0.183 7mm。通过瞬态动力分析可知,考虑自重时跨中挠度的时程曲线如图 9-15 所示,不考虑自重时跨中挠度的时程曲线是图 9-15 的平移,也就将图 9-15 的竖坐标轴刻度+1.579 9 即可,当然本例没有考虑非线性效应才有此结果。通过该例说明通过瞬态动力分析可获得“自重+动荷载”作用的全部响应,如总位移和结构内力等。通过改变速度、跨度、力等参数可以考察这些参数对动力效应的影响。分析的命令流如下:

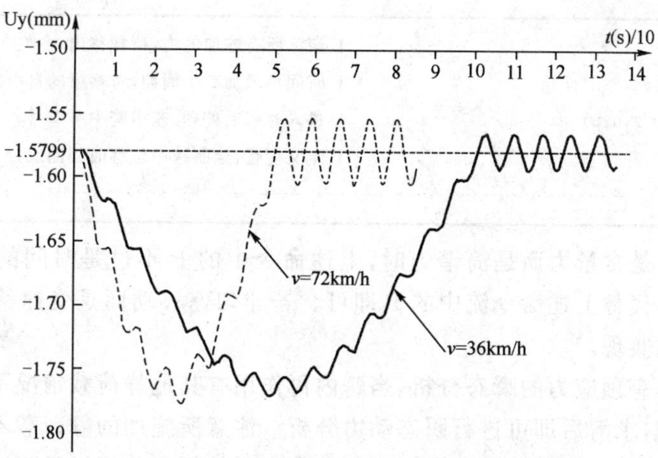

图 9-15　匀速移动常量力简支梁跨中竖向位移时程曲线

```
1! EX9.15  梁上移动荷载的瞬态分析
FINI$/CLE$/CONFIG,NRES,2000$/PREP7                    ! 设置子步结果限值
LB = 10$NE = 50$NN = NE + 1                           ! 梁长 10m、单元数 50 个、节点数 NE + 1 个
P = 10000$V = 72 * 1E3/3600                           ! 荷载 10kN、移动速度 v = 72km/h 并换算为 m/s
DELTL = LB/NE$DELTT = DELTL/V                         ! 计算单元长度、移动一个单元所需时间
EM = 2.1E11$AREA = 0.18$IM = 0.0054                   ! 设置弹性模量、面积和惯性矩等参数
DENG = 7800$GRA = 9.8                                 ! 设置密度 7800kg/m3 和重力加速度 9.8m/s2 等参数
F1 = ACOS(-1)/2/LB/LB * SQRT(EM * IM/(AREA * DENG))   ! 计算自振频率也可进行模态分析
ET,1,BEAM3                                            ! 定义单元为 BEAM3
MP,EX,1,EM$MP,NUXY,1,0.2                              ! 定义材料性质
MP,DENS,1,DENG$R,1,AREA,IM,1.0                        ! 定义密度和单元实常数
*DO,I,1,NN$N,I,(I-1) * DELTL$ * ENDDO                 ! 创建节点
*DO,I,1,NE$E,I,I + 1$ * ENDDO                         ! 创建单元
D,1,UX,,,,,UY$D,NN,UY$FINISH                          ! 定义约束并退出前处理
! 瞬态分析过程-----------------------------------------------------------
/SOLU$ANTYPE,TRANS$SSTIF,ON                           ! 定义为瞬态动力分析、打开预应力效应
TIMINT,OFF                                            ! 关闭时间积分效应,进行静力分析
ACEL,,GRA                                             ! 施加加速度
TIME,1E-5$NSUBST,2$KBC,1$SOLVE                        ! 定义时间、荷载步、荷载作用方式,并求解
! 如果仅考虑移动荷载的单独作用,不进行静力分析即可
TIMINT,ON                                             ! 打开时间积分效应,进行瞬态分析
OUTRES,ALL,ALL$DELTIM,DELTT/10                        ! 定义输出控制、时间步长
KBC,1$AUTOTS,ON                                       ! 定出荷载作用方式、打开自动时间步
*DO,I,1,NN                                            ! 循环定义移动荷载位置并求解
TIME,I * DELTT                                        ! 定义时间点为 I×DELTT(与速度有关)
FDELE,ALL,ALL$F,I,FY,-P                               ! 先删除以前施加的力,然后施加当前力
SOLVE                                                 ! 求解。也可写入荷载步文件最后求解
*ENDDO                                                ! 循环结束,在梁上加载结束
```

```
FDELE,ALL,ALL                               ! 删除所有施加的力,荷载移出
TIME,LB/V+5/F1$SOLVE                        ! 时间再增加 5 个周期,考察梁的自由振动
/POST26$NC=NODE(LB/2,0,0)                   ! 进入时程后处理,获得跨中节点号
NSOL,2,NC,U,Y$PLVAR,2                       ! 定义变量,绘制跨中位移时程曲线
! ------------------------------------------------------------------------------------
```

当移动荷载不是常量力而是简谐力时,上述命令中的 P 不过是时间的函数而已,此时可用函数计算后的值代替上述命令流中的 P 即可。若非匀速移动而是变速移动,可通过调整到达各个点处的时间实现。

该例实际上是有预应力的瞬态分析,当跨内再作用有其他静荷载情况下,可在静力分析时一次施加所有荷载,求解后即可进行瞬态动力分析。注意所施加的静荷载不能再改变(如删除等),否则就会产生动力效应,为充分说明具有预应力时的瞬态分析详见下面的例子。

8. 梁上移动质量或弹簧-质量的瞬态分析

当移动荷载的质量与结构质量相当或不能忽略时,就必须考虑移动质量惯性力的影响。当不考虑该惯性力影响,以移动荷载代替移动质量就成为上述“梁上移动荷载的瞬态分析”问题。

移动质量问题比移动荷载问题要复杂的多,当仅为移动质量时(见图 9-16a)),可用两种方法求解。其一是利用位移加载和自由度耦合,基本思路是根据移动速度对质量块施加位移,将质量块与所移到的节点进行耦合;其二是利用生死单元,基本思路是在质量块到达的位置上都建立质量单元,然后利用单元生死技术,根据移动速度杀死到达位置前的单元,并激活到达位置上的单元。当为移动弹簧-质量时(图 9-16b)),利用生死单元方法更加方便。移动质量与移动荷载在同一速度下的时程曲线存在明显差别。图 9-17 为同一速度下弹簧刚度不同时的跨中竖向位移时程曲线。通过改变不同参数,可研究各种参数对结构振动的影响。

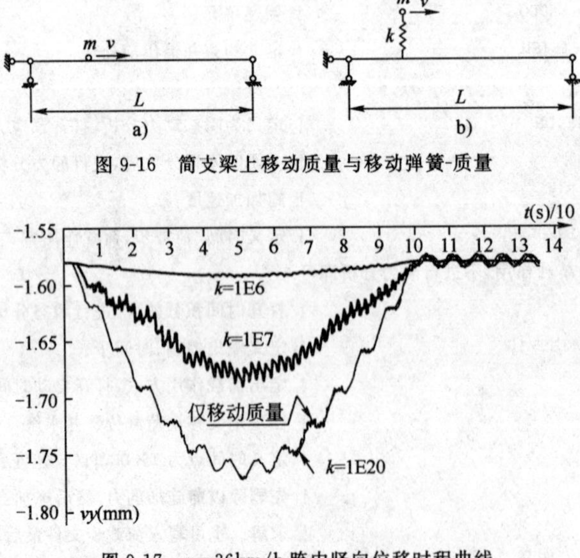

图 9-16 简支梁上移动质量与移动弹簧-质量

图 9-17 v=36km/h 跨中竖向位移时程曲线

```
! EX9.16A  梁上移动质量的瞬态分析(位移荷载 + 耦合法)
FINISH$/CLEAR$/CONFIG,NRES,2000$/PREP7              ! 设置子步结果限值
LB = 10$NE = 50$NN = NE + 1$NN1 = NN + 1$NE1 = NE + 1  ! 梁长度、单元及节点数等参数定义
P = 10000$V = 36 * 1E3/3600                          ! 荷载、移动速度 36km/h
DELTL = LB/NE$DELTT = DELTL/V                        ! 单元长度、移动一个单元时间参数
EM = 2.1E11$AREA = 0.18$IM = 0.0054                  ! 几何参数定义
DENG = 7800$GRA = 9.8                                ! 密度和重力加速度
F1 = ACOS(-1)/2/LB/LB* SQRT(EM* IM/(AREA* DENG))      ! 自振频率
ET,1,BEAM3$ET,2,MASS21,,,4                           ! 定义梁单元和质量单元类型
MP,EX,1,EM$MP,NUXY,1,0.2$MP,DENS,1,DENG              ! 定义材料常数
R,1,AREA,IM,1.0$R,2,P/GRA                            ! 定义梁单元实常数和质量单元的质量
*DO,I,1,NN$N,I,(I-1) * DELTL$ *ENDDO                 ! 生成节点
*DO,I,1,NE$E,I,I + 1$ *ENDDO                         ! 生成梁单元
N,NN1$TYPE,2$REAL,2$E,NN1                            ! 定义节点、创建质量单元
D,1,UX,,,,,UY$D,NN,UY$D,NN1,ALL                      ! 施加梁约束和质量单元约束
/SOLU$ANTYPE,4                                       ! 定义瞬态分析
! 1.进行静力分析------------------------------------------------------------
SSTIF,ON$TIMINT,OFF                                  ! 打开预应力效应(或 NLGEOM,ON)、关闭瞬态效应
TIME,1E-5$ACEL,,GRA                                  ! 定义时间、施加加速度
NSUBST,2$KBC,1$SOLVE                                 ! 定义两个荷载步、阶跃荷载、求解
TIMINT,ON$OUTRES,ALL,ALL                             ! 打开瞬态效应、设置输出控制
DELTIM,DELTT/10$KBC,1                                ! 定义时间步长、阶跃荷载设置
! 2.进行质量在梁跨内的瞬态分析-----------------------------------------------
AUTOTS,ON                                            ! 打开自动时间步
DDELE,NN1,UY                                         ! 删除质量单元的 Uy 约束
*DO,I,1,NN                                           ! 循环求解
CPDELE,ALL                                           ! 删除所有既有耦合方程
D,NN1,UX,(I-1) * DELTL                               ! 对质量节点施加位移(根据速度施加)
CP,NEXT,UY,I,NN1                                     ! 将质量节点与梁节点耦合 Uy 自由度
TIME,I * DELTT                                       ! 定义该荷载步结束的时间
SOLVE                                                ! 求解。也可采用写入荷载步文件方法
*ENDDO                                               ! 结束循环
! 3.质量移出梁跨的瞬态分析---------------------------------------------------
CPDELE,ALL                                           ! 删除所有耦合方程
D,NN1,UX,LB + 1$D,NN1,UY                             ! 将质量块移出梁跨并施加 Uy 约束
TIME,LB/V + 5/F1$SOLVE$FINI                          ! 定义时间、求解等
/POST26$NC = NODE(LB/2,0,0)                          ! 进入时程后处理、获得跨中节点号(偶数单元时)
NSOL,2,NC,U,Y$PLVAR,2                                ! 定义变量、绘制时程曲线
! --------------------------------------------------------------------------
! EX9.16B  梁上移动弹簧-质量的瞬态分析(生死单元方法)
! 基本参数同上,创建质量单元、弹簧单元、梁模型
```

```
FINISH$/CLEAR$/CONFIG,NRES,2000$/PREP7LB = 10$NE = 50$NN = NE + 1$P = 10000$V = 36 * 1E3/3600$DELTL = LB/NE$
DELTT = DELTL/V
EM = 2.1E11$AREA = 0.18$IM = 0.0054$DENG = 7800
F1 = ACOS(-1)/2/LB/LB * SQRT(EM * IM/(AREA * DENG))
ET,1,MASS21,,,4$R,1,P/9.8                          ! 定义质量单元(2D 无转动)及实常数
KSTIF = 1E7$ET,2,14,,2$R,2,KSTIF                   ! 定义弹簧刚度参数、弹簧单元、实常数
ET,3,BEAM3$MP,EX,3,EM$MP,NUXY,3,0.2                ! 定义梁单元类型、材料常数
MP,DENS,3,DENG$R,3,AREA,IM,1.0                     ! 定义梁单元密度与实常数
TYPE,1$REAL,1                                      ! 设置单元类型 1、实常数 1
*DO,I,1,NN$N,I,(I-1) * DELTL,0.5$E,I$ * ENDDO      ! 定义质量单元节点、生成质量单元
*DO,I,1,NN$N,NN + I,(I-1) * DELTL$ * ENDDO         ! 定义梁单元节点
TYPE,2$REAL,2                                      ! 设置单元类型 2、实常数 2
*DO,I,1,NN$EN,100 + I,I,NN + I$ * ENDDO            ! 生成弹簧单元
TYPE,3$REAL,3$MAT,3                                ! 设置单元类型 3、实常数 3、材料 3
*DO,I,1,NE$E,NN + I,NN + I + 1$ * ENDDO            ! 生成梁单元
D,NN + 1,UX,,,,,UY$D,NN + NN,UY$FINISH             ! 施加梁单元的约束
! 开始瞬态分析--------------------------------------------------------------------
/SOLU$ANTYPE,4$NLGEOM,ON                           ! 定义瞬态分析、打开大变形等
NROPT,FULL$ACEL,,9.8                               ! 设为全牛顿迭代法、施加加速度
ESEL,S,REAL,,1$EKILL,ALL$ALLSEL,ALL                ! 杀死所有质量单元
TIMINT,OFF$TIME,1E-5$NSUBST,2$KBC,1$SOLV           ! 关闭瞬态效应等设置,然后求解
TIMINT,ON$OUTRES,ALL,ALL                           ! 打开瞬态效应、设置输出控制
DELTIM,DELTT/10$KBC,1$AUTOTS,ON                    ! 定义时间步长、阶跃荷载、自动时间步
EALIVE,1$TIME,DELTT$SOLVE                          ! 激活质量单元 1、定义时间、求解
*DO,I,2,NN-1                                       ! 循环:先杀死上个激活的质量单元
EKILL,I-1$EALIVE,I$TIME,I * DELTT$SOLVE            ! 再激活当前位置的质量单元
*ENDDO                                             ! 定义时间、求解,直到接近移出梁跨
EKILL,I$TIME,NN * DELTT$SOLVE                      ! 移到最后一点的求解
ESEL,S,REAL,,1$EKILL,ALL$ALLSEL,ALL                ! 杀死所有质量单元
TIME,LB/V + 5/F1$SOLVE                             ! 求解移出梁跨后的响应
/POST26$NC = NODE(LB/2,0,0)                        ! 进入时程后处理
NSOL,2,NC,U,Y$PLVAR,2                              ! 定义变量、绘制时程曲线
```

9. 有预应力简支梁移动荷载的瞬态分析

如图 9-18 所示简支梁,在自重和静荷载作用下,承受一匀速移动的集中力作用,分析整个结构的响应。如前所述,有预应力的瞬态分析是在定义瞬态分析类型后,关闭时间积分效应、打开预应力效应、施加所有静荷载等,进行一次静力分析,然后再进行通常的瞬态分析。分析结果包括了静荷载和动荷载的响应,注意在后续的瞬态分析中静荷载不能改变,否则这些"荷载改变"会产生动力效应。图 9-19 为跨中竖向位移的时程曲线,可以看出总位移由自重和静荷载引

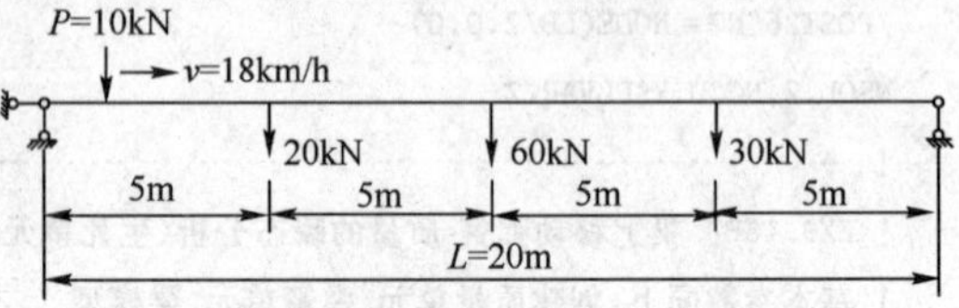

图 9-18　自重和静力荷载作用下简支梁的移动力

起的静位移与移动荷载产生的动位移组成。

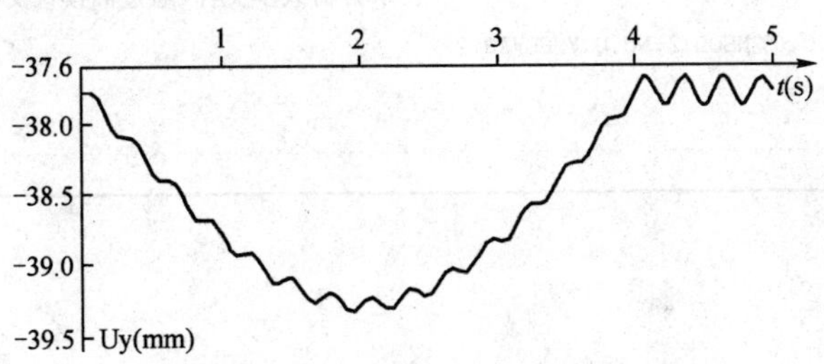

图 9-19 简支梁跨中竖向位移时程曲线

```
! EX9.17  有预应力时梁上移动荷载的瞬态分析
! 建模基本同 EX9.15,解释从略
FINISH$/CLEAR$/CONFIG,NRES,4000$/PREP7
LB = 20$NE = 100$NN = NE + 1$P = 10000$V = 18 * 1E3/3600$DELTL = LB/NE$DELTT = DELTL/V
EM = 2.1E11$AREA = 0.2$IM = 0.006$DENG = 7800$GRA = 9.8
ET,1,BEAM3$MP,EX,1,EM$MP,NUXY,1,0.2$MP,DENS,1,DENG$R,1,AREA,IM,1.0
*DO,I,1,NN$N,I,(I-1) * DELTL$ * ENDDO
*DO,I,1,NE$E,I,I + 1$ * ENDDO
D,1,UX,,,,,UY$D,NN,UY$FINISH
/SOLU$ANTYPE,TRANS                          ! 定义瞬态分析类型
SSTIF,ON$TIMINT,OFF                         ! 打开预应力效应(或打开大变形效应)、关闭积分时间步
TIME,1E-5$ACEL,,GRA                         ! 定义时间、施加重力加速度
F,NODE(5,0,0),FY, - 20E3                    ! 施加静荷载 20kN,用函数获得节点号
F,NODE(10,0,0),FY, - 60E3                   ! 施加静荷载 60kN(如此处无节点不可用函数获得节点号)
F,NODE(15,0,0),FY, - 30E3                   ! 施加静荷载 30kN
NSUBST,2$KBC,1$LSWRITE,1                    ! 定义两个荷载步、阶跃荷载、写入荷载步文件
TIMINT,ON$OUTRES,ALL,ALL                    ! 打开瞬态分析效应、定义输出控制参数
DELTIM,DELTT/10                             ! 定义子步时间长度
KBC,1$AUTOTS,ON                             ! 阶跃荷载、打开自动时间步
TIME,1 * DELTT$F,1,FY,-P                    ! 定义第 2 荷载步结束时间、施加动荷载
LSWRITE,2                                   ! 写入荷载步文件
*DO,I,2,NN                                  ! 以循环方式写入其余荷载步文件
TIME,I * DELTT                              ! 定义时间,以 I × DELTT 确定
*GET,PI1,NODE,I-1,F,FY                      ! 获得前一点所施加的荷载
*GET,PI,NODE,I,F,FY                         ! 获得当前点所施加的荷载
F,I-1,FY,PI1 + P                            ! 如前一点有静载,则去掉 P;如仅有 P,则删除
F,I,FY,PI-P                                 ! 如当前点有静载,则增加 P;如无荷载,则施加 P
LSWRITE,I + 1                               ! 写入荷载步文件
*ENDDO                                      ! 循环结束(上述荷载施加基于静荷载为节点荷载)
FDELE,NN,ALL                                ! 删除最后点上的动荷载(荷载移出结构)
TIME,LB/V + 1.0                             ! 时间为移出后增加 1 秒
LSWRITE,NN + 2                              ! 写入荷载步文件
```

```
LSSOLVE,1,NN+2                                  ! 求解荷载步文件(通过阅读该文件,可查看相关内容)
/POST26$NC=NODE(LB/2,0,0)$NSOL,2,NC,U,Y$PLVAR,2
ESOL,3,50,51,M,Z$PLVAR,3
! ----------------------------------------------------------------------------------------
```

9.5 谱分析

谱分析是用模态分析结果与已知谱结合进而计算模型的位移和应力的分析技术。谱分析替代时间-历程分析,主要用于分析结构对随机荷载或随时间变化荷载(如地震、风载、海洋波浪、喷气发动机推力、火箭发动机振动等)的动力响应。

所谓"谱"是指谱值与频率的关系曲线,它反映了时间-历程荷载的强度和频率信息。ANSYS 的谱分析有三种类型:响应谱分析、动力设计分析方法(简称 DDAM)、功率谱密度(简称 PSD),而响应谱分析又分为单点响应谱(简称 SPRS)和多点响应谱(简称 MPRS)。

(1)响应谱代表单自由度系统对一个时间-历程荷载的响应,它是响应与频率的关系曲线,其中响应可以是位移、速度、加速度、力等。单点响应谱在模型的一个点集上定义一条(或一族)响应谱曲线,而多点响应谱在模型的不同点集上可定义不同的响应谱曲线。

(2)动力设计分析方法是一种用于分析船用装备抗振性的技术,它所使用的谱是根据某些研究的经验公式和设计表得到的。

(3)功率谱密度谱是一种概率统计方法,是对随机变量均方值的度量。一般用于随机振动分析,连续瞬态响应只能通过概率分布函数进行描述,即出现某个水平响应所对应的概率。功率谱密度是结构在随机荷载激励下响应的统计结果,是一条功率谱密度值-频率值的关系曲线,其中功率谱密度可以是位移功率谱密度、速度功率谱密度、加速度功率谱密度、力功率谱密度等形式。与响应谱分析相似,随机振动分析也可为单点或多点分析。在单点随机振动分析时,要求在结构的一个点集上指定一个功率谱密度谱;在多点随机振动分析时,则要求在模型的不同点集上指定不同的功率谱密度谱。

响应谱和动力设计分析方法都是定量分析技术,因为分析的输入输出数据都是实际的最大值。但是,随机振动分析是一种定性分析技术,分析的输入输出数据都只代表它们在确定概率下的可能性发生水平。

9.5.1 单点响应谱分析

单点响应谱分析有六个步骤:建模、获得模态解、获得谱解、扩展模态、合并模态、观察结果。结构的振型和固有频率是谱分析所必须的数据,因此要先进行模态分析。在扩展模态时,只需扩展到对最后进行谱分析有影响的模态即可。

1. 建模

与其他分析类型建模过程相似,但需注意谱分析仅考虑线性行为,任何非线性单元均作为线性处理,如果含有接触单元,则其刚度始终是初始刚度;且必须定义材料弹性模量和密度,材料的任何非线性将被忽略,但允许材料特性是线性的、各向同性或各向异性及随温度变化或不随温度变化。

2. 获得模态解

模态分析在前面已经介绍，但用于谱分析时还需注意以下几点：

(1)使用分块兰索斯法(缺省)、子空间法或缩减法提取模态。非对称法、阻尼法、QR 阻尼法以及 PowerDynamics 法对谱分析无效。

(2)所提取的模态数目应足以表征在感兴趣的频率范围内结构所具有的响应。

(3)材料阻尼必须在模态分析中进行指定。

(4)必须在施加激励谱的位置施加自由度约束。

(5)求解结束后明确退出求解层。

3. 获得谱解

(1)进入求解器：命令：/SOLU。

(2)定义分析类型及分析选项。

用命令 ANTYPE，SPECTR 或 ANTYPE，8 定义谱分析类型。

用命令 SPOPT 定义谱分析类型和所需扩展模态数，如 SPOPT，SPRS，25 等。扩展模态数应足以覆盖谱所决定的频率范围，并足够表征结构的响应特性。求解的精度取决于所使用的模态数，模态数越大精度越高。如果要计算单元应力，命令 SPOPT 中的选项必须置为 YES。

(3)定义荷载步选项。

主要命令有 SVTYP、SED、FREQ、SV、BETAD、MDAMP、DMPRAT 等。

如果指定多种阻尼，ANSYS 程序将计算出对应每个频率的有效阻尼比，然后对谱曲线取对数计算出与该有效阻尼比对应的谱值；如果不指定任何阻尼，程序将自动选用阻尼最低的谱曲线。可以选用的阻尼及命令有：用命令 BETAD 定义刚度阻尼系数，即与频率相关阻尼比；用命令 DMPRAT 定义常阻尼比，即在所有频率上具有恒定的阻尼比；用命令 MDAMP 定义模态阻尼；命令 MP 的 DAMP 选项可定义材料相关阻尼，但只限于模态分析，还可以指定材料相关的恒定阻尼比。

其他几个命令解释如下：

①定义单点响应谱类型。

命令：SVTYP，KSV，FACT

其中：

KSV ——响应谱类型。

=0 为速度谱(长度/时间)；

=1 为力谱(力的放大系数)；

=2 为加速度谱(长度/时间 2)；

=3 为位移谱(长度)；

=4 为 PSD 荷载。

FACT——谱值的比例系数，缺省为 1.0。

如 KSV 的解释，谱的类型可以是位移、速度、加速度、力或 PSD。除了力谱以外，所有谱都是地震谱，即它们都是假定作用于结构的基础上(模态分析中施加有约束的节点)。力谱用

F 或 FK 命令定义于非基础节点上，方向通过 Fx、Fy 和 Fz 方向指定。PSD 谱在内部被转换成位移响应谱并被限定为平面窄带谱。

②定义激励方向。

命令：SED，SEDX，SEDY，SEDZ。

其中：

SEDX、SEDY、SEDZ——总体直角坐标系的坐标点，通过原点到该点的方向即为激励方向。如 SED，0，1，0 定义了激励方向为总体坐标系的＋Y 轴方向。命令 SED 仅是定义激励方向，如果有两个方向的激励，则需要进行两次谱分析（分别输入不同的谱），然后进行叠加或组合。如采用矢量和也可仅进行一次谱分析。

③定义谱值与频率关系曲线（SV-FREQ 曲线）的频率点。

命令：FREQ，FREQ1，FREQ2，FREQ3，FREQ4，FREQ5，FREQ6，FREQ7，FREQ8，FREQ9

其中：

FREQ1～FREQ9——SV-FREQ 曲线的频率点（Hz），FREQ1 必须大于零，且这些点为升序排列，频率点之间采用对数插值。重复该命令可定义更多的频率点，最大为 20 个点。如 FREQ1～FREQ9 为空，则删除 SV-FREQ 曲线，缺省时无该曲线。

④定义 SV-FREQ 曲线的谱值点。

命令：SV，DAMP，SV1，SV2，SV3，SV4，SV5，SV6，SV7，SV8，SV9

其中：

DAMP——该响应曲线的阻尼比，如与既有值相等，则该 SV 定义的谱值点增加到既有曲线上。可定义 4 条不同阻尼比的曲线，且为升序方式定义。

SV1～SV9——与 FREQ 命令中 FREQ1～FREQ9 相对应的谱值。重复该命令可定义更多的谱值点，最大为 20 个点。当 SV-FREQ 曲线超出 20 个点时可将该曲线分为多个谱段，对各个谱段进行分析（下面“获得更多的响应谱解”一步），最后再处理结果即可。

可用命令 STAT 列表显示已定义的 SV-FREQ 曲线。命令 PSDFRQ 定义多点响应谱或 PSD 的 SV-FREQ 曲线。命令 ROCK 还可定义摆动谱。

（4）开始求解计算。

用命令 SOLVE 求解计算。

求解的输出结果包括参与系数表，该表列出了参与系数、模态系数以及每阶模态的质量分布，模态系数乘以振型就是每阶模态的最大响应。用 * GET 命令提取模态系数后，将其作为 SET 命令中的一个比例系数来完成这个过程。

（5）获得更多的响应谱解。

只要重复（3）和（4）步即可，注意此时的求解结果不要写进原来的结果文件。

（6）退出求解层。

4. 扩展模态

（1）打开扩展模态选项：命令 EXPAND，ON。

（2）模态扩展。

模态扩展作为独立的求解过程前文有详细讲述，这里需注意以下几点：

①只选择重要的模态进行扩展(见 MXPAND 命令的 SIGNIF 项)。

②只有扩展模态才能在以后的模态合并过程中进行模态合并操作。

③如果对谱所产生的应力感兴趣,这时必须进行应力计算。在缺省情况下,模态扩展过程是不包含应力计算的,同时意味着谱分析将不包含应力结果数据。

④如果需要扩展所有模态,只要在模态求解过程中执行 MXPAND 命令,就同时进行模态扩展过程。

5. 合并模态

合并模态作为一个独立的求解阶段,包括以下步骤:

(1)进入求解层:/SOLU。

(2)指定分析类型:ANTYPE,SPECTR。

(3)选择模态合并方法。

单点响应谱分析有五种模态合并方法:即 SRSS 法、CQC 法、DSUM 法、GRP 法和 NRLSUM 法。其中,NRLSUM 法是 DDAM 谱分析中的典型方法。其命令分别为 SRSS、CQC、DSUM、GRP 和 NRLSUM,这些命令中均有 Label 选项(可值可选 DISP、VELO、ACEL),即允许三种类型的响应计算,分别是位移(位移、应力和荷载响应等)、速度(速度、应力速度和力速度)、加速度(加速度、应力加速度和力加速度等)。

DSUM 法也允许输入地震谱或冲击谱的延续时间。

CQC 法必须定义阻尼。如使用了材料相关阻尼(MP,DAMP),在模态扩展时就必须计算单元结果(MXPAND 命令中 Elcalc 选项设置为 YES)。

(4)开始求解。

用命令:SOLVE。

模态合并时将建立一个 POST1 命令文件(Jobname. MCOM)。读入这个文件,POST1 命令文件将利用模态扩展的结果文件(Jobname. RST)进行模态合并。文件 Jobname. MCOM 包含有 POST1 命令,它们将按指定模态合并方法计算出结构的总响应,获得最大的模态响应。

(5)退出求解器。

6. 观察结果

单点响应谱分析的结果是以 POST1 命令的形式写入模态合并文件(Jobname. MCOM)中的,这些命令依据模态合并方法指定的某种方式合并最大模态响应,最终计算出结构的总响应。总响应包括总的位移(或总速度、总加速度)及在模态扩展过程中得到结果-总应力(或总应力速度、总应力加速度)、总应变(或总应变速度、总应变加速度)、总的反作用力(或总反作用力速度、总反作用力加速度)。

使用 POST1 后处理器观察结果。如果要利用结果文件直接合并派生应力(如 S1、S2、S3、SEQV 和 SI 等),需先读入文件 Jobname. MCOM,再执行 SUMTYPE 命令。

(1)读入 Jobname. MCOM 文件。

用命令/INPUT 读入 Jobname. MCOM 文中,该文件由一系列命令组成。

(2)显示结果。

命令 PLDISP 显示变形。

命令 PLNSOL 和 PLESOL 显示节点和单元结果。PLNSOL 或 PLESOL 命令的显示结果将受到 SUMTYPE 命令设置的影响(SUMTYPE,COMP 或 SUMTYPE,PRIN)。

使用 PLETAB 命令能以等值线形式显示单元表数据,用 PLLS 命令能显示线单元数据。

命令 PLVECT 以向量方式显示结果。

命令 PRNSOL、PRESOL、PRRSOL 等可列表显示结果。

单点响应谱分析为上述六个典型步骤,也可简化处理。如写入谱荷载的定义命令(SV、SVTYPE、SED 和 FREQ 命令),上面的第二步和第三步(即模态求解和求得谱解)可以合并到模态分析求解(ANTYPE,MODAL)中。如写入模态合并命令,上面的第四步和第五步(即模态扩展和模态合并)也可以合并到模态分析求解中。

典型的单点响应谱分析过程详见 9.5.4 中的例子。

9.5.2 随机振动分析

随机振动(PSD)分析步骤与单点响应谱分析过程类似,其建模和获得模态解的过程则相同,如在获得模态解时进行了扩展模态,则不同的三个步骤如获得谱解、合并模态、观察结果,下面仅就这三个步骤说明如下:

1. 获得谱解

(1)进入求解器。

(2)定义分析类型和分析选项。

用命令 SPOPT,PSD 定义 PSD 分析类型。如要得到应力结果,则打开命令 SPOPT 的应力计算开关选项,且必须在扩展模态过程中指定过计算应力,这时才能计算由谱引起的应力。

(3)定义载荷步选项。

所用命令主要有:PSDUNIT、PSDFRQ、PSDVAL、ALPHAD、BETAD、DMPRAT、MDAMP 等命令,其中相关阻尼的命令同前,在 PSD 分析中如不指定阻尼使用 1% 的 DMPRAT。

①定义功率谱密度类型。

命令:PSDUNIT,TBLNO,Type,GVALUE

其中:

TBLNO——功率谱密度-频率表的个数。

Type——功率谱密度类型。

=DISP 为位移谱(位移^2/Hz);

=VELO 为速度谱(速度^2/Hz),

=ACEL 为加速度谱(加速度^2/Hz);

=ACCG 为加速度(g^2/Hz);

=FORC 为力谱(力^2/Hz);

=PRES 为压力谱(压力^2/Hz)。缺省时为加速度谱(ACEL)。

GVALUE——当为 ACCG 时不同单位的重力加速度值,缺省为 386.4 英寸/秒^2。

力和压力谱只能在节点激励,其余则为基础激励。如果施加压力功率谱密度,则应在模态分析时就施加压力。该命令也用于多点响应谱分析。

②定义功率谱密度-频率表。

命令:PSDFRQ,TBLNO1,TBLNO2,FREQ1,FREQ2,FREQ3,FREQ4,FREQ5,FREQ6,FREQ7

命令:PSDVAL,TBLNO,SV1,SV2,SV3,SV4,SV5,SV6,SV7

其中:

TBLNO1、TBLNO2——表号。当用命令 COVAL 或 QDVAL 时 TBLNO1 则为表中的行号,而 TBLNO2 则为表中的列号。

FREQ1~FREQ7——功率谱密度-频率表的频率点,重复定义可高达 50 个点。

SV1~SV7——各频率点对应的谱值。

(4)在节点上施加功率谱密度(PSD)激励。

用命令 D、DK、DL 和 DA 施加基础激励,用命令 F 或 FK 施加节点激励,用命令 LVSCALE 施加压力 PSD。当指定值 1.0 时,该节点就施加功率谱密度激励,如指定值 0.0(或空值)时,该节点的功率谱密度激励将被删除。激励的方向由 D 命令中 Ux、Uy、Uz 的符号或者 F 命令中 Fx、Fy、Fz 的符号定义。对于节点激励,非 1.0 的值充当激励缩放系数;对于压力功率谱密度,引入模态分析中生成的荷载向量(LVSCALE 命令),也可以使用缩放系数。

(5)计算 PSD 参与系数。

用命令 PFACT 计算 PSD 或 MPRS 的参与系数,该命令的使用方法如下:

命令:PFACT,TBLNO,Excit,Parcor

其中:

TBLNO——指定计算参与系数的 PSD 表号。

Excit ——指定是对基础激励还是节点激励的计算。

=BASE 则为基础激励(缺省);

=NODE 则为节点激励。

Parcor——激励类型。

=WAVE 为由 PSDWAV 命令定义的激励类型;

=SPAT 为由 PSDSPL 命令定义的激励类型。

(6)定义其他 PSD 激励。

如果同一模型上有多个 PSD 激励,就按每一个功率谱密度表重复上面第(3)(4)(5)步的过程。然后根据实际情况确定各激励间的相关程度,恰当地选用:共谱值命令 COVAL、二次谱值命令 QDVAL、空间关系命令 PSDSPL、波传播关系命令 PSDWAV 等。

在使用 PSDSPL 或 PSDWAV 命令时,PFACT 命令的 Parcor 域分别设置为 SPAT 或 WAVE。对于多点基础激励,PSDSPL 和 PSDWAV 间的关系可能会大大增加 CPU 的计算量。在使用 PSDSPL 和 PSDWAV 命令(例如,Fy 不能施加到一个节点而 Fz 施加到另外一个节点)时,节点激励和基础激励输入必须是一致的。PSDSPL 和 PSDWAV 命令不能用于压力 PSD 分析。

(7)设置输出控制项。

仅一条输出控制命令 PSDRES,它定义写入结果文件的输出数据的数量和格式。可以计算出三种结果数据:位移解、速度解、或加速度解,每一种解都可以是绝对值或对于基准值的相对值。

(8)开始求解计算。

(9)退出求解层。

2. 合并模态

模态合并可以作为独立的求解步骤,其基本过程如下:

(1)进入求解器。

(2)指定分析类型:用 ANTYPE,SPECTR 定义谱分析。

(3)选择模态合并方法。

在随机振动中,只有 PSD 模态合并方法,即命令 PSDCOM。如果不执行 PSDCOM 命令,程序将不计算结构的 1σ 响应。PSD 模态合并方法中的 SIGNIF 和 COMODE 选项指定参加模态合并的数目,如果检验这两个选项,可打印获得谱解中模态协方差矩阵,研究趋向于最终结果的模态的相对分布。

(4)开始求解。

(5)退出求解器。

3. 观察结果

随机振动分析的结果都写入结果文件 Jobname. RST,它包括:模态分析结果中的扩展模态形状、基础激励静力解。如果进行模态合并(PSDCOM 命令)且利用 PSDRES 命令设置输出,则可得到 1σ 位移解(位移、应力、应变、力)、1σ 速度解(速度、应力速度、应变速度、力速度)、1σ 加速度解(加速度、应力加速度、应变加速度、力加速度)。先在 POST1 后处理器中观察上述信息,然后在 POST26 处理器中计算响应 PSD。

(1)在 POST1 后处理器中观察结果。

在观察结果之前,先要了解结果文件中结果数据结构,如表 9-2 所示。

PSD 分析结果数据组织结构 表 9-2

载荷步	子步	内容
1	1 2 3 等	第 1 阶模态的扩展了的模态解 第 2 阶模态的扩展了的模态解 第 3 阶模态的扩展了的模态解 等等
2	1 2 等	第 1 个 PSD 表的单位静态解 第 2 个 PSD 表的单位静态解 等等
3	1	1σ 位移解
4	1	1σ 速度解(如果指定)
5	1	1σ 加速度解(如果指定)

如果只定义了节点 PSD 激励,第 2 载荷步的结果将是空的。同样,如果用 PSDRES 命令放弃了位移、速度或加速度的求解,对应的载荷步也将是空的。

用 SET 命令将想要观察的结果数据读入数据库,然后使用 SPRS 分析中相同的选项来显示结果。在随机振动分析中,“应力”并不是实际的应力而是应力的统计值,由 PLNSOL 命令显示的节点平均应力可能是不合理的。

(2)在 POST26 中计算响应 PSDs。

计算响应 PSDs 的步骤：

①进入时间-历程后处理器。

②存储频率向量。

命令：STORE,PSD,NPTS

其中：

NPTS——加在固有频率两边以使得频率向量变得平滑的频率点的数目(缺省值是 5)，频率向量保存为 1。

③用命令 NSOL、ESOL、RFORCE 定义结果变量。

④用命令 RPSD 计算响应 PSD 并将其保存到一个指定变量，然后可用 PLVAR 命令来显示响应 PSD。

(3)在 POST26 中计算协方差。

可以计算结果文件中任意两个量(位移、速度和/或加速度)之间的协方差，步骤如下：

①进入时间-历程后处理器。

②用命令 NSOL、ESOL、RFORCE 定义结果变量。

③用命令 CVAR 计算每一个响应分量(相对或绝对响应)的大小，并保存到指定的对应变量中。然后用 PLVAR 命令来绘制伴(相对的)模态分布图，同时包含准静态和对总体协方差响应混合部分的分布。

④获得协方差：用命令 * GET,NameVARI,n,EXTREM,CVAR。

9.5.3　动力设计分析方法和多点响应谱分析简介

1. 动力设计分析方法 DDAM 谱分析

除了以下五点外，DDAM 谱分析与单点响应谱分析相同：

(1)所有的输入数据(几何尺寸、材料性质、单元实常数等)必须采用英制单位，即英寸(不是英尺)和磅等。

(2)选择 DDAM 而不是 SPRS 作为谱分析类型(SPOPT 命令)。

(3)使用 ADDAM 和 VDDAM 命令，而不是使用 SVTYPE、SV 和 FREQ 等命令来定义谱值及其类型。使用 SED 命令指定激励的总方向。使用 ADDAM 和 VDDAM 命令定义计算系数，根据 ANSYS 理论手册的相关经验方程计算模态系数。

(4)NRL 求和法(NRLSUM 命令)是最适用的模态合并法。模态合并处理方法与单点响应谱分析时是一样的，且模态合并要求指定阻尼。

(5)执行 ADDAM 和 VDDAM 命令时已经指定阻尼，在求解中也就不需定义阻尼。如果定义阻尼，只将其用于模态合并中，在求解过程中将被忽略。

2. 多点响应谱分析

除了以下六点外，MPRS 分析与 PSD 分析的过程相同：

(1)选用 MPRS 而不是 PSD 作为谱分析类型(SPOPT 命令)。

(2)“PSD-频率”关系表对应谱值-频率关系。

(3)各谱之间不能定义任何程度的相关性(即假定各谱之间是不相关的)。

(4)只计算(相对于基础激励的)相对结果,不计算绝对结果。

(5)除了 PSDCOM 的模态合并方法以外,其他所有模态合并方法都可以选用。

(6)多点响应谱分析的结果是以 POST1 的命令格式写入到模态合并文件(Jobname. MCOM)中。这些命令依据求解器中模态合并命令指定的某种方式合并最大的模态响应,最终计算出结构的总响应。总响应包括总位移、总应力、总应变和总的反作用力。在求解器中,执行模态合并命令(即 SRSS、CQC、GRP、DSUM 和 NRLSUM 命令)时 Label 项如果设置成 VELO 或 ACEL,对应的速度和加速度响应也将写入到模态合并文件中。

9.5.4 响应谱分析实例

1. 单点响应谱的典型分析过程

一平面框架结构,设弹性模量为 3.0×10^{10} Pa,截面尺寸为 0.2m × 0.3m,密度为 2 500kg/m^3,结构常阻尼比设为 $\xi=0.02$,场地类别为第一组Ⅲ场,按 7 度多遇地震,其水平地震影响系数最大值为 0.08,按《建筑抗震设计规范》(GB 50011—2001)的设计反应谱对其进行地震响应分析。

根据设计地震分组和场地类别可查得特征周期值 $T_g=0.45$s,并根据公式先分别计算曲线下降段的衰减系数、直线下降段的下降斜率调整系数和阻尼调整系数,然后再根据设计反应谱求出地震影响系数,再用地震影响系数乘以重力加速度即得加速度谱值(用命令 FREQ 和 SV 输入,详细计算见命令流中)。

考虑到某些过程可以合并,简化后的命令流也一并给出。

```
! EX9.18A  单点响应谱典型分析过程
FINISH$/CLEAR
! 0.加速度谱计算,按《建筑抗震设计规范》(GB 50011—2001)的设计反应谱计算------------------
TG = 0.45$REFMAX = 0.08$GRA = 9.8! 特征周期、水平地震影响系数、重力加速度取值
KES = 0.02$ETA1 = 0.02 + (0.05-KES)/8                    ! 阻尼比、直线下降段的下降斜率调整系数计算
ETA2 = 1 + (0.05-KES)/(0.06 + 1.7 * KES)                 ! 阻尼调整系数计算
GAMA = 0.9 + (0.05-KES)/(0.5 + 5 * KES)                  ! 曲线下降段的衰减系数计算
* DIM,TTT,,14                                            ! 定义存放周期的数组,取 14 个点描述谱曲线
* DIM,FRE,,14$ * DIM,ACE,,14                             ! 定义存放频率及对应加速度的数组
TTT(1) = 0,0.1,0.45,0.5,0.6,0.8,1.0,1.5,2.0,2.25,3.0,4.0,5.0,6.0
                                                         ! 定义 14 个点的周期值
ACE(1) = 0.45 * REFMAX * GRA                             ! 计算第 1 点对应的加速度(0 到 0.1 为斜直线)
ACE(2) = ETA2 * REFMAX * GRA                             ! 计算第 2 点对应的加速度(0.1 到 0.45 为水平直线)
ACE(3) = ACE(2)                                          ! 计算第 3 点对应的加速度
* DO,I,4,10                                              ! 循环计算曲线段对应的加速度
ACE(I) = (TG/TTT(I)) * * GAMA * ETA2 * REFMAX * GRA$ * ENDDO
* DO,I,11,14                                             ! 循环计算斜直线段对应的加速度
TEMPI = ETA2 * 0.2 * * GAMA-ETA1 * (TTT(I)-5 * TG)
ACE(I) = TEMPI * REFMAX * GRA$ * ENDDO
FRE(14) = 1E5                                            ! 将频率求出,并采用升序排列
```

```
*DO,I,2,14$FRE(15-I) = 1/TTT(I)$*ENDDO                    ! 求频率
*DO,I,1,14$TTT(15-I) = ACE(I)$*ENDDO                      ! 将加速度数组倒置并临时存放在TTT数组中
*DO,I,1,14$ACE(I) = TTT(I)$*ENDDO                         ! 再将TTT数组导入与频率对应的加速度
! 1.建模(与常规建模相同,解释从略)……………………………………
/PREP7$ET,1,BEAM3$MP,EX,1,3E10$MP,PRXY,1,0.2$MP,DENS,1,2500$R,1,0.6,0.00045,0.3
K,1$K,2,,4$K,3,4,4$K,4,4$L,1,2$L,2,3$L,3,4$ESIZE,0.5$LMESH,ALL
DK,1,ALL$DK,4,ALL$FINISH
! 2.获得模态解(与常规相同,解释从略)……………………………………
/SOLU$ANTYPE,MODAL$MODOPT,LANB,10$SOLVE$FINISH
! 3.获得谱解……………………………………
/SOLU$ANTYPE,SPECTR                                        ! 定义谱分析类型
SPOPT,SPRS,10,YES                                          ! 定义谱分析方法、模态数、求应力等
DMPRAT,0.02$SED,1                                          ! 定义常阻尼比、定义激励方向为X方向
SVTYP,2                                                    ! 定义单点响应谱类型为加速度谱
*DO,I,1,14                                                 ! 用循环定义谱曲线
FREQ,FRE(I)$SV,,ACE(I)$*ENDDO
SOLVE$FINISH                                               ! 求解后退出
! 4.扩展模态(与常规相同,解释从略)……………………………………
/SOLU$ANTYPE,MODAL$EXPASS,ON$MXPAND,10,,,YES,0.005$SOLVE$FINISH
! 5.模态合并……………………………………
/SOLU$ANTYPE,SPECTR                                        ! 定义谱分析类型
SRSS,0.15,DISP$SOLVE$FINISH                                ! 定义模态合并方法、求解后退出
! 6.观察结果……………………………………
/SOLU$/POST1$SET,LIST                                      ! 进入普通后处理、查看结果列表
/INPUT,,MCOM                                               ! 读入合并命令流文件(模态合并时自动生成)
PLDISP,1$PRNSOL,DOF$PRESOL,ELEM$PRRSOL,F
SET,1,1$ETABLE,M1,SMISC,6$ETABLE,M2,SMISC,12$PLLS,M1,M2
! ……………………………………
! 以下为简化步骤的命令流文件(EX9.18B单点响应谱简化分析过程)
FINISH$/CLEAR$/PREP7! 1.建模与加速度谱计算同上(此处略去)
! 2.获得模态解(定义为模态分析,将一些命令全部写在此处即可)……………………………………
/SOLU$ANTYPE,MODAL$MODOPT,LANB,10$MXPAND,10,,,YES,0.005
SED,1$SVTYP,2$*DO,I,1,14$FREQ,FRE(I)$SV,,ACE(I)$*ENDDO
SRSS,0.15,DISP$SOLVE$FINISH
! 3.观察结果同上……………………………………
```

2. 随机振动和随机疲劳分析过程

某Q235钢板梁结构如图9-20所示,计算在Y方向的地震位移响应谱作用下整个结构的响应。相关数据如下:

钢材:弹性模量为2×10^{11}Pa,泊松系数为0.3,密度为$7800kg/m^3$;

钢板:厚度为2mm;

柱:截面尺寸为4mm×4mm;

基础位移激励谱:频率(Hz)=0.5,1.0,2.4,3.8,17,18,20,32;

位移(mm)=0.01,0.02,0.03,0.02,0.005,0.01,0.015,0.01。

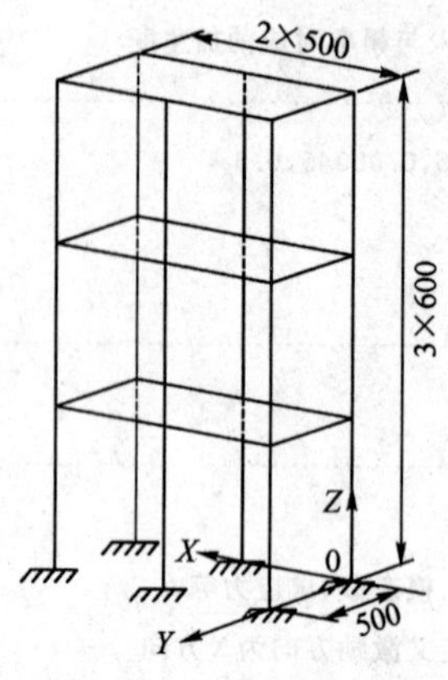

图 9-20　板梁结构模型(单位:mm)

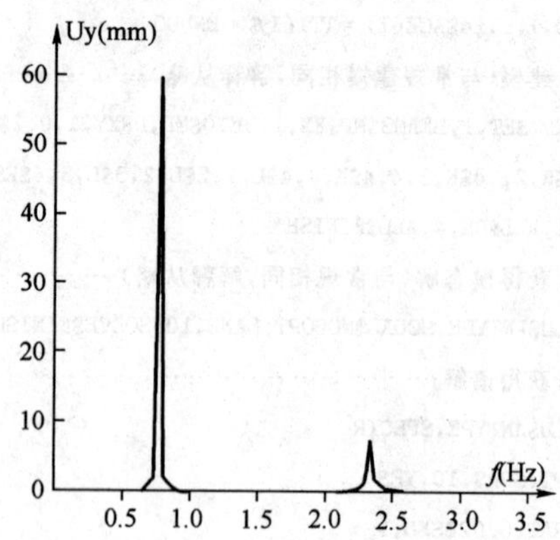

图 9-21　顶层板中心位移响应谱曲线

```
! EX9.19  板梁结构 PSD 分析
FINISH$/CLEAR$/PREP7$ET,1,4$ET,2,63                      ! 定义单元类型
R,1,0.002$R,2,1.6E-5,64E-12/3,64E-12/3,4E-3,4E-3         ! 定义实常数
MP,EX,1,2E11$MP,NUXY,1,0.3$MP,DENS,1,7800                ! 定义材料性质
K,1$K,2,,,0.6$K,3,,,1.2$K,4,,,1.8$L,1,2$L,2,3$L,3,4      ! 定义一根柱子关键点和线
LGEN,2,ALL,,,,0.5$LGEN,3,ALL,,,0.5                       ! 复制生成所有柱线
A,2,6,14,10$AGEN,2,ALL,,,0.5$AGEN,3,ALL,,,,,0.6          ! 创建板面并复制生成所有面
NUMMRG,ALL$NUMCMP,ALL                                    ! 消除重合图素、压缩图素编号
LSEL,S,TAN1,X$LSEL,R,TAN1,Y                              ! 选择柱线
LATT,1,2,1$LESIZE,ALL,,,10$LMESH,ALL                     ! 划分为梁单元
AATT,1,1,2$ESIZE,0.05$MSHKEY,1$AMESH,ALL                 ! 划分面为 SHELL63 单元
NSEL,S,LOC,Z,0$D,ALL,ALL$ALLSEL,ALL                      ! 施加约束
/SOLU$ANTYPE,MODAL$MODOPT,LANB,14                        ! 定义模态分析类型及其参数
MXPAND,14,,,YES$SOLVE$FINISH                             ! 模态扩展、求解后退出
/SOLU$ANTYPE,SPECTR                                      ! 设定谱分析类型
SPOPT,PSD,14,YES$PSDUNIT,1,DISP                          ! PSD 分析类型及参数、定义位移谱
PSDFRQ,1,,0.5,1.0,2.4,3.8,17                             ! 定义频率
PSDFRQ,1,,18,20,32
PSDVAL,1,0.01E-3,0.02E-3,0.03E-3,0.02E-3,0.5E-5          ! 定义与频率对应的谱值
PSDVAL,1,0.01E-3,0.015E-3,0.01E-3
NSEL,S,LOC,Z,0$D,ALL,UY,1.0$ALLSEL,ALL                   ! 定义为 Y 方向节点位移谱激励
PFACT,1,BASE                                             ! 计算参与系数
PSDRES,DISP,ABS$PSDRES,VELO,ABS                          ! 定义输出控制
PSDRES,ACEL,ABS$SOLVE$FINISH                             ! 求解并退出
/SOLU$ANTYPE,SPECTR                                      ! 定义谱分析
PSDCOM,0.001,14$SOLVE$FINISH                             ! 模态合并及其参数,求解后退出
```

```
/POST1$SET,LIST                                          ！进入后处理,查看列表
SET,1,2$PRNSOL,DOF$PRESOL,ELEM$PRRSO,F                   ！读入某荷载步结果并列表显示
SET,3,1$PLNSOL,S,EQV                                     ！读入 1σ 解,显示等效应力云图
NSORT,S,EQV$PRNSOL,S,PRIN                                ！对节点等效应力排序并显示
/POST26$STORE,PSD,1                                      ！进入时程后处理,存储频率为变量 1
NC=NODE(0.5,0.25,1.8)$NSOL,2,NC,U,Y                      ！定义 NC 节点的 Uy 为变量 2
RPSD,3,2,,1,1$RPSD,4,2,,2,1$RPSD,5,2,,3,1                ！计算 NC 点的位移、速度、加速度响应
XVAR,1$PLTIME,0,4                                        ！指定 X 轴变量、频率范围
PLVAR,3                                                  ！绘位移响应-频率曲线
PLVAR,4$PLVAR,5                                          ！绘速度和加速度响应-频率曲线
！-------------------------------------------------------------------------------------
```

参 考 文 献

[1] 王勖成,邵敏编著.有限单元法基本原理和数值方法.北京:清华大学出版社,1997.
[2] 谢贻权,何福宝主编.弹性和塑性力学中的有限单元法.北京:机械工业出版社,1987.
[3] 徐秉业,刘信声编著.结构塑性极限分析.北京:中国建筑工业出版社,1985.
[4] 殷有泉.固体力学非线性有限元引论.北京:北京大学出版社,清华大学出版社,1987.
[5] 刘鸿文主编.高等材料力学.北京:高等教育出版社,1985.
[6] 吴明德编.弹性杆件稳定理论.北京:高等教育出版社,1988.
[7] 吴连元编著.板壳稳定性理论.南京:华中理工大学出版社,1996.
[8] 何福保,沈亚鹏编著.板壳理论.西安:西安交通大学出版社,1993.
[9] 陈至达.杆、板、壳大变形理论.北京:科学出版社,1994.
[10] 黄克智等编著.板壳理论.北京:清华大学出版社,1987.
[11] 陈骥编著.钢结构稳定理论与设计.北京:科学出版社,2003.
[12] 沈世钊,徐崇宝,赵臣著.悬索结构设计.北京:中国建筑工业出版社,1997.
[13] 项海帆主编.高等桥梁结构理论.北京:人民交通出版社,2001.
[14] 李传习,夏桂云编著.大跨度桥梁结构计算理论.北京:人民交通出版社,2002.
[15] 李广信主编.高等土力学.北京:清华大学出版社,2004.
[16] 宋一凡编著.公路桥梁动力学.北京:人民交通出版社,2000.
[17] 王新敏.杆系结构强非线性分析的数值模拟.2004ANSYS 中国用户年会论文集,ANSYS—CHINA,2004.9.
[18] 邓楚键,何国杰,郑颖人.基于 M-C 准则的 D-P 系列准则在岩土工程中的应用研究.岩土工程学报,2006.6.